AutoCAD 2018 中文版室内装潢设计从入门到精通

■ 刘炳辉 井水兰 编著

人民邮电出版社
北京

图书在版编目（CIP）数据

AutoCAD 2018中文版室内装潢设计从入门到精通 / 刘炳辉，井水兰编著. -- 北京 : 人民邮电出版社，2018.12（2024.2重印）
ISBN 978-7-115-48975-3

Ⅰ. ①A… Ⅱ. ①刘… ②井… Ⅲ. ①室内装饰设计－计算机辅助设计－AutoCAD软件 Ⅳ. ①TU238.2-39

中国版本图书馆CIP数据核字(2018)第169660号

内 容 提 要

本书主要讲解利用 AutoCAD 2018 绘制各种各样的室内装潢设计图的实例与技巧。

全书共分 4 篇 15 章：第 1 篇为基础知识，分别介绍室内设计基本概念、AutoCAD 2018 入门、二维绘图命令、编辑命令、辅助工具和室内设计主要单元绘制方法；第 2 篇到第 4 篇分别围绕住宅室内设计、别墅室内设计和咖啡吧室内设计 3 个典型案例综合展开讲述。各章之间紧密联系，前后呼应。

本书面向初、中级用户及想要了解室内设计的技术人员，旨在帮助读者用较短的时间快速熟练地掌握使用 AutoCAD 2018 绘制各种各样室内设计实例的应用技巧，并提高室内设计的水平。

为了方便广大读者更加形象、直观地学习本书，随书配送了丰富的学习资源，包含全书实例操作过程 AVI 视频文件和实例源文件。

◆ 编　　著　刘炳辉　井水兰
责任编辑　俞　彬
责任印制　马振武
◆ 人民邮电出版社出版发行　　北京市丰台区成寿寺路 11 号
邮编　100164　　电子邮件　315@ptpress.com.cn
网址　http://www.ptpress.com.cn
三河市君旺印务有限公司印刷
◆ 开本：787×1092　1/16
印张：23.75　　2018 年 12 月第 1 版
字数：685 千字　　2024 年 2 月河北第11次印刷

定价：59.00 元

读者服务热线：(010)81055410　印装质量热线：(010)81055316
反盗版热线：(010)81055315
广告经营许可证：京东市监广登字 20170147 号

前　言

室内（Interior）是指建筑物的内部空间，而室内设计（Interior Design）就是对建筑物的内部空间进行的环境和艺术设计。室内设计作为独立的综合性学科，于20世纪60年代初形成。现代室内设计是根据建筑空间的使用性质和所处环境，运用物质技术手段和艺术处理手法，从内部把握空间，设计其形状和大小。室内设计的根本目的在于创造满足物质与精神两方面需要的空间环境。因此，室内设计具有物质功能和精神功能的两重性，设计在满足物质功能需求的基础上，更重要的是要满足精神功能的要求，要创造风格、意境和情趣来满足人们的审美要求。

AutoCAD不仅具有强大的二维平面绘图功能，而且具有出色的、灵活可靠的三维建模功能，是进行室内装饰图形设计的有力工具。使用AutoCAD绘制建筑室内装饰图形，不仅可以利用人机交互界面实时地进行修改，快速地把个人的创意反映到设计中去，而且可以感受修改后的效果，从多个角度任意进行观察。

伴随着人们对生活居住环境和空间的需求，我国将迎来公共场馆、住宅及写字楼等建设高潮，建筑室内装饰工程领域急需掌握AutoCAD的各种人才。对一个室内设计师或技术人员来说，能够熟练掌握和运用AutoCAD设计建筑装饰图形是非常必要的。本书以最新简体中文版AutoCAD 2018作为设计软件，结合各种建筑装饰工程的特点，在详细介绍室内设计常见家具、洁具和电器等各种装饰配置图形绘制方法外，还精心挑选了常见的和具有代表性的建筑室内空间，如单元住宅、别墅、休闲娱乐场馆等多种室内类型，论述了在现代室内空间装饰设计中，如何使用AutoCAD绘制各种建筑室内空间的平面图、地坪图、顶棚图和立面图及构造详图等相关装饰图的方法与技巧。

一、本书特色

图书市场上的AutoCAD室内设计学习书籍比较多，但读者要挑选一本自己中意的书却很困难，因此，本书在编写时力求突出以下五大特色。

作者权威

本书作者有多年的计算机辅助室内设计领域工作和教学的经验，本书是作者总结自己的设计经验以及教学的心得体会，历时多年精心编著，力求全面细致地展现出AutoCAD 2018在室内设计应用领域的各种功能和使用方法。

实例专业

本书中引用的实例都来自室内设计工程实践，实例典型，真实实用。这些实例经过作者精心提炼和改编，不仅可以让读者学好知识点，更重要的是能帮助读者掌握实际的操作技能。

提升技能

本书从全面提升室内设计与AutoCAD应用能力的角度出发，结合具体的案例来讲解如何利用AutoCAD 2018进行室内设计，真正让读者懂得计算机辅助室内设计，从而独立地完成各种室内设计工作。

内容全面

本书在有限的篇幅内，包罗了AutoCAD常用的功能及常见的室内设计类型，涵盖了AutoCAD绘图基础、室内设计基础技能、综合室内设计等知识。如同“秀才不出门，便知天下事”，读者只要有本书在手，便可以全面地学习AutoCAD室内设计知识。本书不仅有透彻的讲解，还有非常典型的工程实例。通过实例的演练，能够帮助读者找到一条学习AutoCAD室内设计的捷径。

知行合一

本书结合典型的室内设计实例，详细讲解AutoCAD 2018室内设计知识要点及各种典型室内设计方案的设计思想和思路分析，可以让读者在学习案例的过程中潜移默化地掌握AutoCAD 2018软件操作技巧，同时培养了工程设计实践能力。

二、本书组织结构和主要内容

本书是以最新的AutoCAD 2018版本为演示平台，全面介绍AutoCAD室内设计从基础到实例的全部知识，帮助读者从入门走向精通。全书分为4篇共15章。

1. 基础知识篇——介绍必要的基本操作方法和技巧：

第1章主要介绍室内设计基本概念；

第2章主要介绍AutoCAD 2018入门知识；

第3章主要介绍二维绘图命令；

第4章主要介绍编辑命令；

第5章主要介绍辅助工具；

第6章主要介绍室内设计中主要单元的绘制。

2. 住宅室内设计实例篇——以某典型住宅室内设计为例，详细讲解室内设计的基本方法：

第7章主要介绍住宅室内装潢平面图的绘制；

第8章主要介绍住宅室内装潢立面、顶棚与构造详图的绘制；

第9章主要介绍住宅室内设计平面图的绘制；

第10章主要介绍住宅顶棚布置图的绘制；

第11章主要介绍住宅立面图的绘制。

3. 别墅室内设计实例篇——以某别墅室内设计为例，详细讲解室内设计的基本方法：

第12章主要介绍别墅建筑平面图的绘制；

第13章主要介绍别墅建筑室内设计图的绘制。

4. 咖啡吧室内设计实例篇——以某咖啡吧室内设计为例，详细讲解室内设计的基本方法：

第14章主要介绍咖啡吧室内设计平面及顶棚图的绘制；

第15章主要介绍咖啡吧室内设计立面及详图的绘制。

三、扫码看视频

为了方便读者学习，本书以二维码的方式提供了大量视频教程，扫描“云课”二维码即可获得全书视频，也可扫描正文中的二维码观看对应章节的视频。

云课

四、本书资源

本书除利用传统的纸面讲解外，随书配送了丰富的学习资源。扫描“资源下载”二维码，即可获得下载方式。

资源下载

资源中有两个重要的目录希望读者关注，“源文件”目录下是本书所有实例操作需要的原始文件和结果文件，以及上机实验的原始文件和结果文件。“动画演示”目录下是本书所有实例的操作过程视频AVI文件。

另外，为了延伸读者的学习范围，资源中还赠送了AutoCAD官方认证的考试大纲和考试样题、AutoCAD绘图技巧大全、100个实用AutoCAD图样等超值资源。

提示：关注“职场研究社”公众号，回复关键词“48975”即可获得所有资源的获取方式。

五、致谢

本书由河北省人民医院的刘炳辉和井水兰两位高级工程师主编，Autodesk公司中国认证考试管理中心首席专家胡仁喜博士审校。薄亚、方月、刘浪、穆礼渊、郑传文、韩冬梅、李瑞、张秀辉、张亭、秦志霞、井晓翠、解江坤、闫国超、吴秋彦、毛瑢、张红松、陈晓鸽、左昉、禹飞舟、杨肖、吕波、贾燕、刘建英等参与了具体章节的编写或为本书的出版提供了必要的帮助，对他们的付出表示真诚的感谢。

由于时间仓促，加上编者水平有限，书中不足之处在所难免，望广大读者发送邮件到win760520@126.com批评指正，也可以与本书责任编辑俞彬联系交流（电子邮件yubin@ptpress.com.cn）。也欢迎读者加入三维书屋图书学习交流QQ群：597056765或379090620就软件安装方法、本书学习问题等展开交流探讨。

作者

2017年8月

目 录

第1篇 基础知识

第2篇 住宅室内设计实例

第3篇 别墅室内设计实例

第1篇　基础知识

本篇主要介绍室内装潢设计的一些基础知识，包括 AutoCAD 入门和室内设计理论等知识，还展示了 AutoCAD 应用于室内装潢设计的一些基本功能，为后面的具体设计做准备。

第1章

室内设计基本概念

本章将介绍室内设计的基本概念和基本理论。只有掌握了基本概念才能理解和领会室内设计布置图中的内容和安排方法，更好地学习室内设计的知识。

重点与难点

- 室内设计原理
- 室内设计制图的内容
- 室内设计制图的要求和规范

1.1 室内设计原理

1.1.1 概述

室内设计的原理是指导室内建筑师进行室内设计时最重要的理论技术依据。

室内设计原理包括设计主体——人、设计构思、理想室内空间创造。

设计主体——人，是室内设计的主体。室内空间创造目的就是满足人的生理需求，其次是心理因素的要求。两者区分主次，但是密不可分，缺一不可。因此，室内设计原理的基础就是围绕人的活动规律制定出的理论，其内容包括空间使用功能的确定、人的活动流线分析、室内功能区分和虚拟界定及人体尺寸等。

设计构思，是室内设计活动中的灵魂。一套好的建筑室内设计，应是通过使用有效的设计构思方法得到的。好的构思，能够给设计提供丰富的创意和无限的生机。构思的内容和阶段包括初始阶段、深化阶段、设计方案的调整及对空间创造境界升华时的各种处理的规则和手法。

理想室内空间创造，是一种以科学技术建立的，兼有高度审美法则创造的诗话意境。它的标准有以下两个。

（1）对于使用者，它应该是使用功能和精神功能达到了完美统一的理想生活环境。

（2）对于空间本身，它应该是具有形、体、质高度统一的有机空间构成。

1.1.2 室内设计主体——人

人的活动决定了室内设计的目的和意义，人是室内环境的使用者和创造者。有了人，才区分出了室内和室外。人的活动规律之一是动态和静态交替进行：动态－静态－动态－静态。人的活动规律之二是个人活动－多人活动交叉进行。

人们在室内空间活动时，按照一般的活动规律，可将活动空间分为3种功能区——静态功能区、动态功能区和静动双重功能区，如图1-1～图1-3所示。

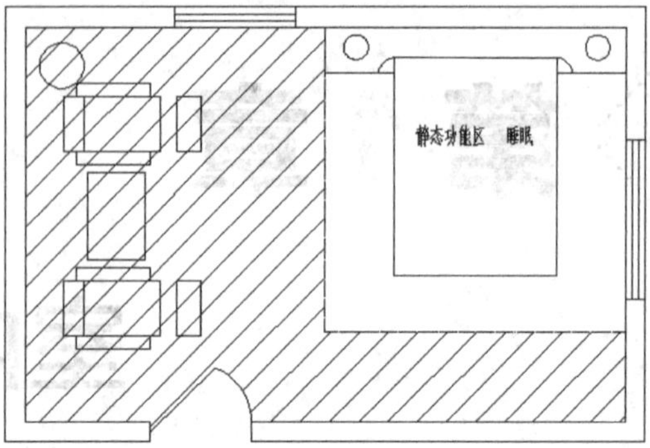

图1-1　静态功能区

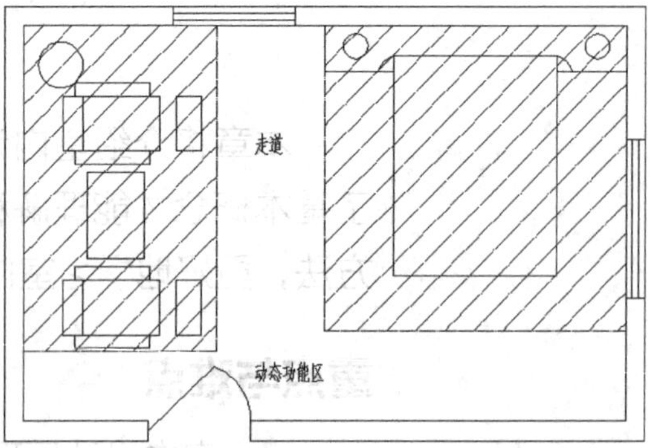

图1-2　动态功能区

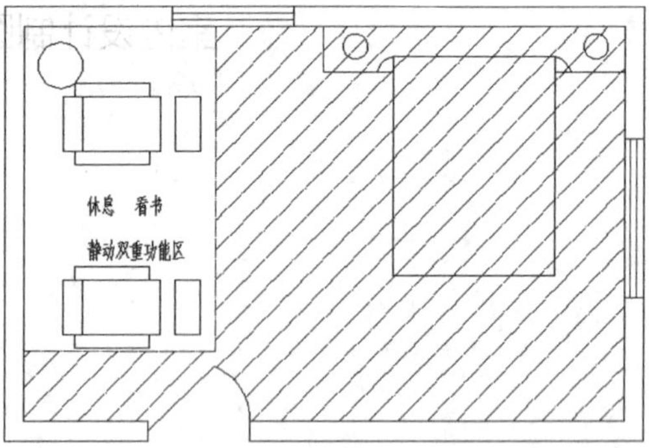

图1-3　静动双重功能区

同时，要明确使用空间的性质，性质通常是由使用功能决定的。虽然往往许多空间中设置了其他使用功能的设施，但要明确其主要的使用功能，如在起居室内设置酒吧台、视听区等，其主要功能仍然是起居室。

空间流线分析是室内设计中的重要步骤，目的是以下几点。

（1）明确空间主体——人的活动规律和使用功能的参数，如数量、体积、常用位置等。

（2）明确设备、物品的运行规律、摆放位置、数量、体积等。

（3）分析各种活动因素的平行、互动、交叉关系。

（4）通过以上3部分的分析，提出初步设计思路和设想。

空间流线分析从构成情况上分为水平流线和垂直流线，从使用状况上来讲可分为单人流线和多人流线，从流线性质上可分为单一功能流线和多功能流线。例如，某室内单人水平流线图如图1-4所示，某大厅多人水平流线图如图1-5所示。

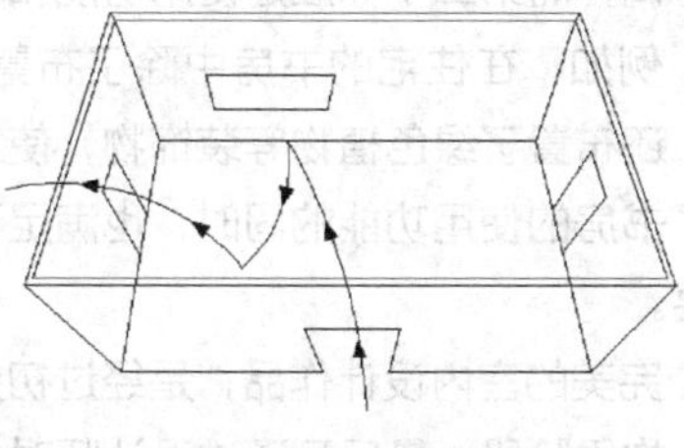

图1-4　单人水平流线图

图1-5　多人水平流线图

功能流线组合形式分为中心型、自由型、对称型、簇型和线型等，如图1-6所示。

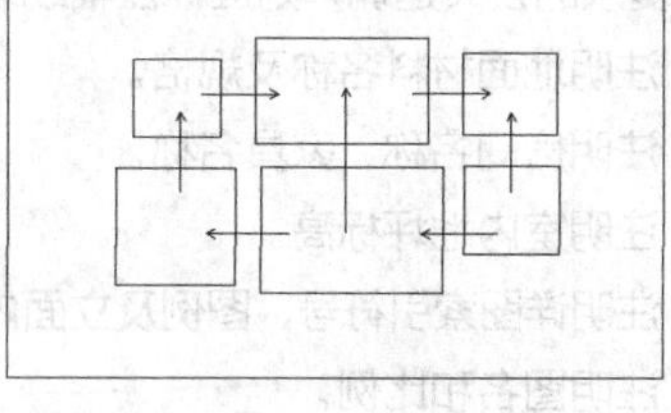

（a）中心型

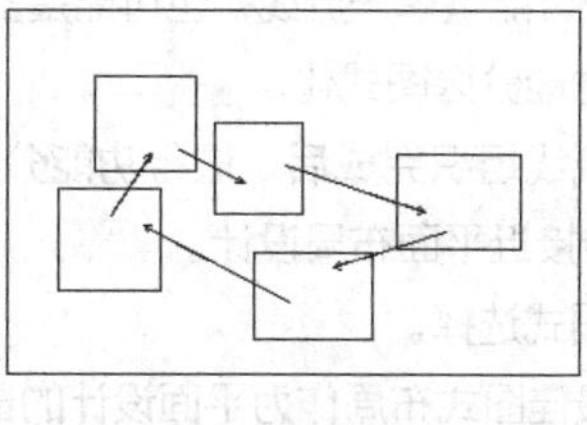

（b）自由型

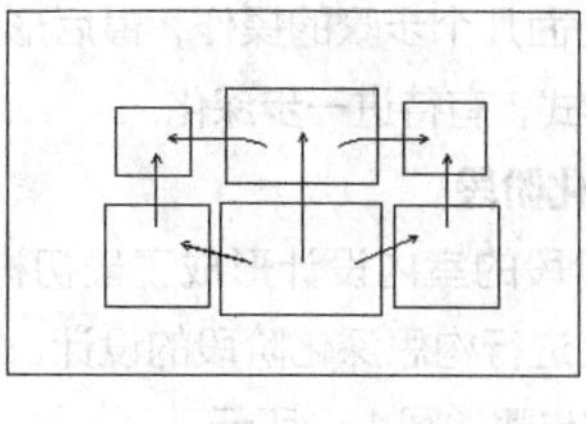

（c）对称型

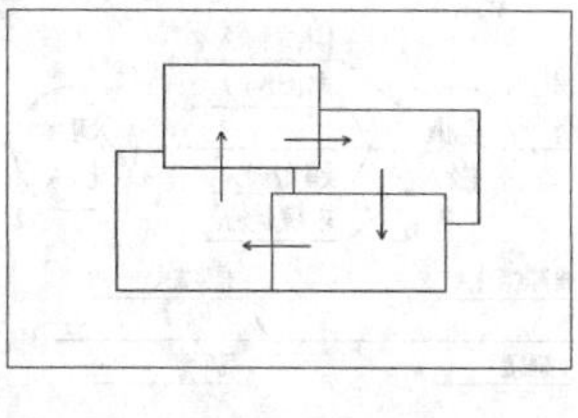

（d）簇型

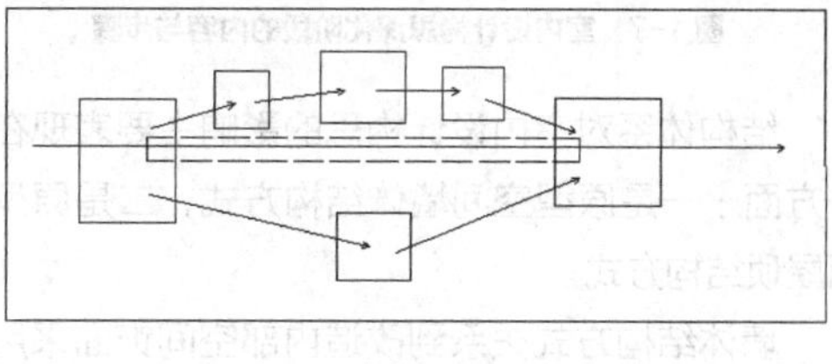

（e）线型

图1-6　功能流线组合形式

1.1.3　室内设计构思

1. 初始阶段

室内设计的构思在设计过程中起着举足轻重的作用。在设计初始阶段进行的设计构思能使后续工作有效、完美地进行。构思的初始阶段主要包括以下内容。

（1）空间性质和使用功能认定。

室内设计是在建筑主体完成后的原型空间内进行，因此，室内设计的首要工作就是要认定原型空间的使用功能，也就是原型空间的使用性质。

（2）水平流线组织。

当原型空间认定以后，第一步就是进行流线分析和组织，包括水平流线和垂直流线。流线功能按需要划分，可能是单一流线，也可能是多种流线。

（3）功能分区图式化。

空间流线组织完成后，进行功能分区图式化布置，进一步接近平面布局设计。

（4）图式选择。

选择最佳图式布局作为平面设计的最终依据。

（5）平面初步组合。

经过前面几个步骤的操作，最后形成了空间平面组合的形式，有待进一步深化。

2. 深化阶段

初始阶段的室内设计形成了最初构思方案后，在此基础上进行构思深化阶段的设计。深化阶段的构思内容和步骤如图 1-7 所示。

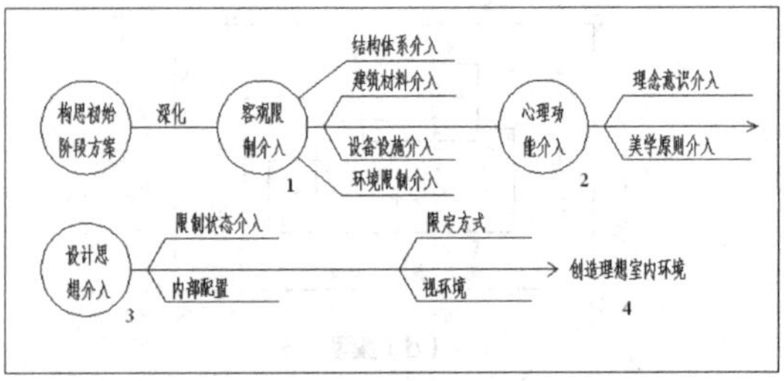

图 1-7　室内设计构思深化阶段的内容与步骤

结构体系对室内设计构思的影响主要表现在两个方面：一是原型空间墙体结构方式，二是原型空间屋顶结构方式。

墙体结构方式关系到改造内部空间饰面采用的方法和材料。基本的原型空间墙体结构方式有板柱墙、砌块墙、柱间墙和轻隔断墙。

屋顶结构方式关系到室内设计的顶棚做法。屋顶结构主要分为构架结构体系、梁板结构体系、大跨度结构体系和异型结构体系。

另外，室内设计要考虑建筑所用材料对设计内涵、色彩、光影和情趣的影响，室内外露管道和布线的处理，对通风条件、采光条件、噪声、空气和温度的影响等。

随着人们对室内要求的提高，还要结合个人喜好，定好室内设计的基调。一般人们对室内的格调要求有3种类型：现代新潮观念、怀旧情调观念和随意舒适观念（折中型）。

1.1.4 创造理想室内空间

经过前面两个构思阶段的设计，已形成较完美的设计方案。创建室内空间的第一个标准就是要使其具备形态、体积、质量，即形、体、质三个方向的统一协调，而第二个标准是使用功能和精神功能的统一。例如，在住宅的书房中除了布置写字台、书柜外，还布置了绿色植物等装饰物，使室内空间在满足了书房的使用功能的同时，也满足了人们的精神需要。

一个完美的室内设计作品，是经过初始构思阶段和深化构思阶段，最后又通过设计师对各种因素和功能的协调平衡创造出来的。要提高室内设计的水平，就要综合利用各个领域的知识和深入的构思设计。最终，形成室内设计的基本图纸方案，一般包括平面图、顶棚图、立面图、构造详图和透视图。

1.2 室内设计制图的内容

如前所述，一套完整的室内设计图一般包括平面图、顶棚图、立面图、构造详图和透视图。下面简述各种图样的概念及内容。

1.2.1 室内平面图

室内平面图是以平行于地面的切面在距地面 1.5mm 左右的位置将上部切去而形成的正投影图。室内平面图中应表达的内容如下。

（1）墙体、隔断及门窗；各空间大小及布局；家具陈设；人流交通路线、室内绿化等；若不单独绘制地面材料平面图，则应该在平面图中表示地面材料。

（2）标注各房间尺寸、家具陈设尺寸及布局尺寸，对于复杂的公共建筑，则应标注轴线编号。

（3）注明地面材料名称及规格。

（4）注明房间名称、家具名称。

（5）注明室内地坪标高。

（6）注明详图索引符号、图例及立面内视符号。

（7）注明图名和比例。

（8）若需要辅助文字说明的平面图，还要注明文字说明、统计表格等。

1.2.2 室内顶棚图

室内顶棚图是根据顶棚在其下方假想的水平镜面上的正投影绘制而成的镜像投影图。顶棚图中应表达的内容如下。

（1）顶棚的造型及材料说明。

（2）顶棚灯具和电器的图例、名称规格等说明。

（3）顶棚造型尺寸标注、灯具和电器的安装位置标注。

（4）顶棚标高标注。

（5）顶棚细部做法的说明。

（6）详图索引符号、图名、比例等。

1.2.3 室内立面图

以平行于室内墙面的切面将前面部分切去后，剩余部分的正投影图即室内立面图。立面图的主要内容如下。

（1）墙面造型、材质及家具陈设在立面上的正投影图。

（2）门窗立面及其他装饰元素立面。

（3）立面各组成部分尺寸、地坪吊顶标高。

（4）材料名称及细部做法说明。

（5）详图索引符号、图名、比例等。

1.2.4 构造详图

为了放大个别设计内容和细部做法，多以剖面图的方式表达局部剖开后的情况，这就是构造详图。它表达的内容有以下几点。

（1）以剖面图的绘制方法绘制出各材料断面、构配件断面及相互关系。

（2）用细线表示出剖视方向上看到的部位轮廓及相互关系。

（3）标出材料断面图例。

（4）用指引线标出构造层次的材料名称及做法。

（5）标出其他构造做法。

（6）标注各部分尺寸。

（7）标注详图编号和比例。

1.2.5 透视图

透视图是根据透视原理在平面上绘制出能够反映三维空间效果的图形，它与人的视觉空间感受相似。室内设计常用的透视图绘制方法有一点透视、两点透视（成角透视）和鸟瞰图3种。

透视图可以通过人工绘制，也可以应用计算机绘制，它能直观表达设计思想和效果，故也称为效果图或表现图，它是一个完整的设计方案不可缺少的部分。鉴于本书重点是介绍应用AutoCAD 2018绘制二维图形，因此本书中不包含这部分内容。

1.3 室内设计制图的要求和规范

1.3.1 图幅、图标及会签栏

1. 图幅

图幅即图面的大小。根据国家规范的规定，按图面的长和宽的大小确定图幅的等级。室内设计常用的图幅有A0（也称0号图幅，其余依次类推）、A1、A2、A3及A4，每种图幅的长宽尺寸如表1-1所示，表中的尺寸代号意义如图1-8和图1-9所示。

表1-1 图幅标准（单位：mm）

图幅代号 / 尺寸代号	A0	A1	A2	A3	A4
$b \times l$	841×1189	594×841	420×594	297×420	210×297
c	10			5	
a	25				

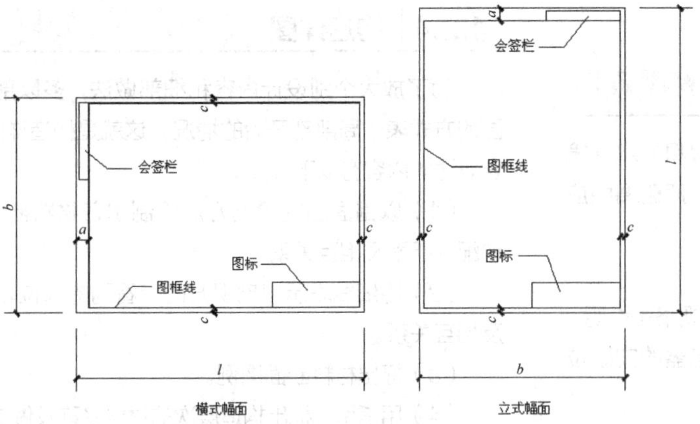

图1-8　A0～A3图幅格式

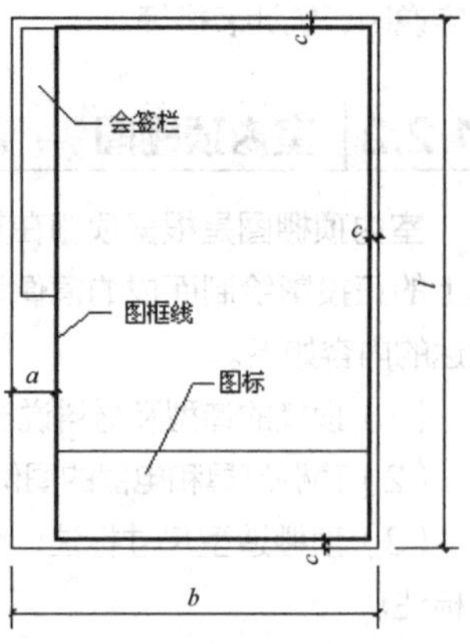

图1-9　A4图幅格式

2. 图标

图标即图纸的图标栏，它包括设计单位名称、工程名称、签字区、图名区及图号区等内容。一般图标格式如图1-10所示；如今不少设计单位采用自己个性化的图标格式，但是仍必须包括这几项内容。

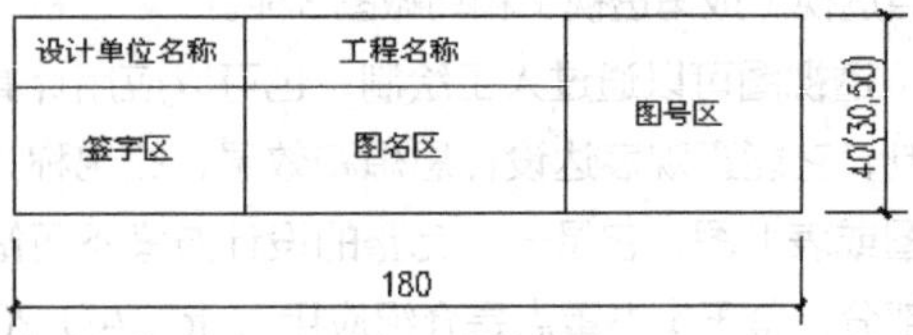

图1-10　图标格式

3. 会签栏

会签栏是用于各工种负责人审核后签名的表格，它包括专业、姓名、日期等内容，具体内容根据需要设置。图1-11所示为其中一种格式。对于不需要会签的图样，可以不设此栏。

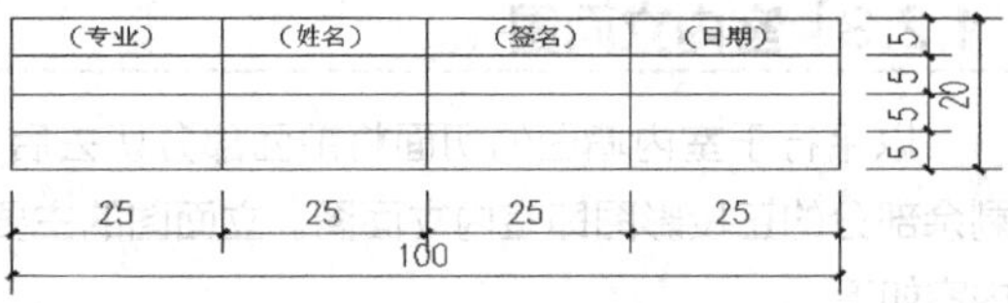

图1-11　会签栏格式

1.3.2 线型要求

室内设计图主要由各种线条构成，不同的线型表示不同的对象和不同的部位，代表着不同的含义。为了图面能够清晰、准确、美观地表达设计思想，工程实践中采用了一套常用的线型，并规定了它们的使用范围，常用线型如表1-2所示。在AutoCAD 2018中，可以通过图层中“线型”和“线宽”的设置来选定所需线型。

表1-2　常用线型

名称		线型	线宽	适用范围
实线	粗	——	b	建筑平面图、剖面图、构造详图的被剖切截面的轮廓线，建筑立面图、室内立面图外轮廓线，图框线
	中	——	0.5b	室内设计图中被剖切的次要构件的轮廓线，室内平面图、顶棚图、立面图、家具三视图中构配件的轮廓线等
	细	——	≤0.25b	尺寸线、图例线、索引符号、地面材料线及其他细部刻画用线
虚线	中	- - - -	0.5b	主要用于构造详图中不可见的实物轮廓线
	细	- - - -	≤0.25b	其他不可见的次要实物轮廓线

续表

名称		线型	线宽	适用范围
点画线	细		≤0.25b	轴线、构配件的中心线、对称线等
折断线	细		≤0.25b	省画图样时的断开界限
波浪线	细		≤0.25b	构造层次的断开界线，有时也表示省略画出时的断开界限

> **注意** 标准实线宽度b=0.4～0.8mm。

1.3.3 尺寸标注

利用AutoCAD对室内设计图进行标注时，要注意下面一些标注原则。

（1）尺寸标注应力求准确、清晰、美观大方。在同一张图样中，标注风格应保持一致。

（2）尺寸线应尽量标注在图样轮廓线以外，从内到外依次标注从小到大的尺寸，不能将大尺寸标在内，而小尺寸标在外，如图1-12所示。

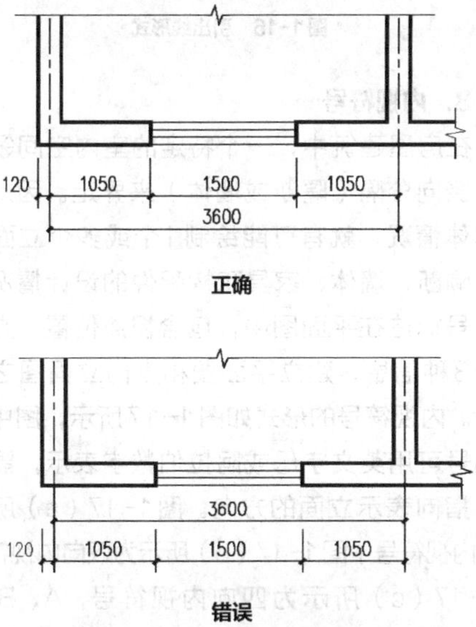

图1-12 尺寸标注正误对比

（3）最靠近图样的一道尺寸线与图样轮廓线之间的距离不应小于10mm，相邻两道尺寸线之间的距离一般为7～10mm。

（4）尺寸界线朝向图样的端头，距图样轮廓的距离应大于或等于2mm，不宜直接与之相连。

（5）在图线拥挤的地方，应合理安排尺寸线的位置，但不宜与图线、文字及符号相交；可以考虑将轮廓线用作尺寸界线，但不能作为尺寸线。

（6）对于连续相同的尺寸，可以采用“均分”或“（EQ）”字样代替，如图1-13所示。

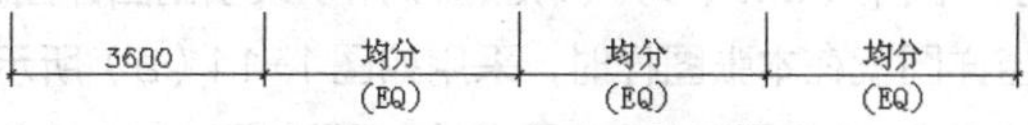

图1-13 相同尺寸的字样代替

1.3.4 文字说明

在一幅完整的图样中，用图线方式表现得不充分和无法用图线表示的地方，就需要进行文字说明，例如，材料名称、构配件名称、构造做法、统计表及图名等。文字说明是图样内容的重要组成部分，制图规范对文字标注中的字体、字的大小、字体字号搭配等方面做了一些具体规定。

（1）一般原则：字体端正，排列整齐，清晰准确，美观大方，避免过于个性化的文字标注。

（2）字体：一般标注推荐采用仿宋字，标题可用楷体、隶书、黑体字等，案例如下。

仿宋：室内设计（小四）室内设计（四号）室内设计（二号）

黑体：室内设计（四号）室内设计（小二）

楷体：室内设计（四号）室内设计（二号）

隶书：室内设计（三号）室内设计（一号）

字母、数字及符号：0123456789abcdefghijk% @或*0123456789abcdefghijk% @*。

（3）字的大小：标注的文字高度要适中。同一类型的文字采用同一大小的字，较大的字用于较概括性的说明内容，较小的字用于较细致的说明内容。

（4）字体及大小的搭配注意体现层次感。

1.3.5 常用图示标志

1. 详图索引符号及详图符号

室内平面图、立面图、剖面图中，在需要另设详图表示的部位，标注一个索引符号，以表明该详图的位置，这个索引符号就是详图索引符号。详图索引符号采用细实线绘制，圆圈直径10mm，如图1-14所示，图中（d）、（e）、（f）、（g）用于索引剖面详图，当详图就在本张图样时，采用如图1-14（a）所示的形式，当详图不在本张图样时，采用如图1-14（b）、（c）、（d）、（e）、（f）、（g）所示的形式。

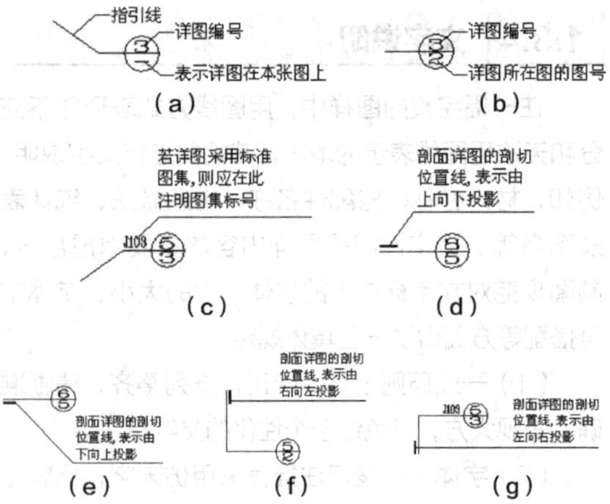

图1-14　详图索引符号

详图符号即详图的编号，用粗实线绘制，圆圈直径14mm，如图1-15所示。

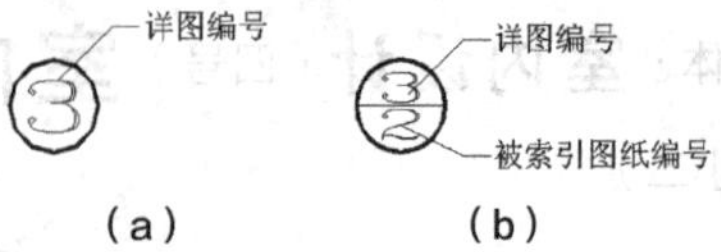

图1-15　详图符号

2. 引出线

由图样引出一条或多条线段指向文字说明，该线段就是引出线。引出线与水平方向的夹角一般采用0°、30°、45°、60°和90°，常见的引出线形式如图1-16所示。图1-16（a）～（d）为普通引出线，图1-16（e）～（h）为多层构造引出线。使用多层构造引出线时，应注意构造分层的顺序要与文字说明的分层顺序一致。文字说明可以放在引出线的端头，如图1-16（a）～（h）所示，也可放在引出线水平段之上，如图1-16（i）所示。

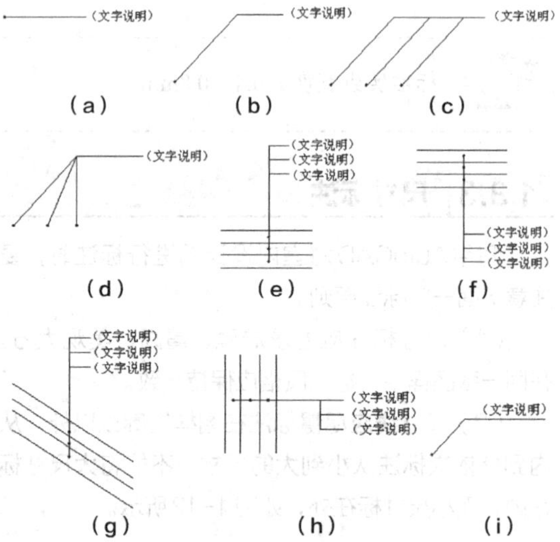

图1-16　引出线形式

3. 内视符号

在房屋建筑中，一个特定的室内空间领域总是以竖向分隔（隔断或墙体）来界定。因此，根据具体情况，就有可能绘制1个或多个立面图来表达隔断、墙体、家具和构配件的设计情况。内视符号标注在平面图中，包含视点位置、方向和编号3种信息，建立平面图和室内立面图之间的联系。内视符号的形式如图1-17所示，图中立面图编号可用英文字母或阿拉伯数字表示，黑色的箭头指向表示立面的方向。图1-17（a）所示为单向内视符号；图1-17（b）所示为双向内视符号；图1-17（c）所示为四向内视符号，A、B、C、D顺时针标注。

图1-17　内视符号

其他常用符号及其说明如表1-3所示。

表1-3　室内设计图常用符号及其说明

符　号	说　明	符　号	说　明
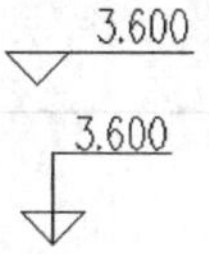	标高符号，线上数字为标高值，单位为m。下面一种在标注位置比较拥挤时采用	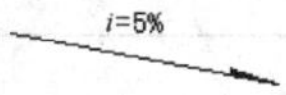	表示坡度
	标注剖切位置的符号，标数字的方向为投影方向，“1”与剖面图的编号“1-1”对应		标注绘制断面图的位置，标数字的方向为投影方向，“2”与断面图的编号“2-2”对应
	对称符号。在对称图形的中轴位置画此符号，可以省画另一半图形		指北针
	楼板开方孔	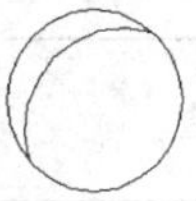	楼板开圆孔
@	表示重复出现的固定间隔，如“双向木格栅@500”	Φ	表示直径，如Φ30
平面图 1:100	图名及比例		索引详图名及比例
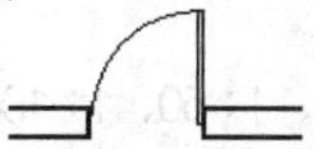	单扇平开门	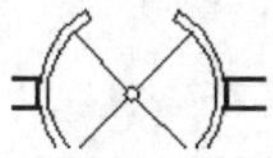	旋转门
	双扇平开门	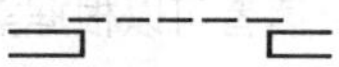	卷帘门
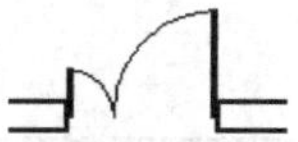	子母门		单扇推拉门
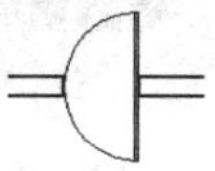	单扇弹簧门		双扇推拉门
	四扇推拉门	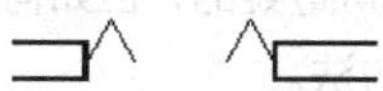	折叠门
	窗	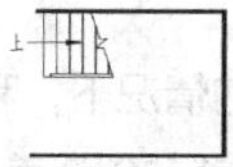	首层楼梯
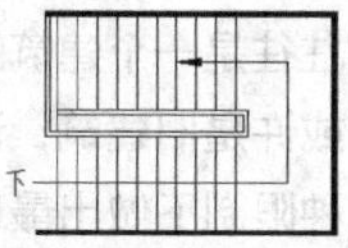	顶层楼梯	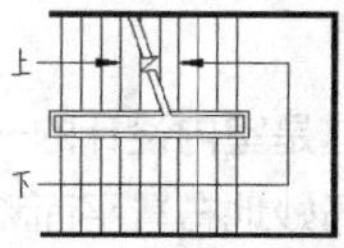	中间层楼梯

1.3.6 常用材料图例

室内设计图中经常应用材料图例来表示材料，在无法用图例表示的地方，也采用文字说明。常用的材料图例如表1-4所示。

表1-4 常用材料图例

材料图例	说明	材料图例	说明
	自然土壤		夯实土壤
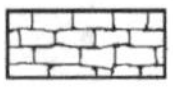	毛石砌体	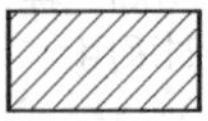	普通砖
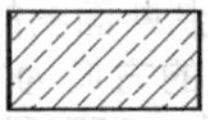	石材		砂、灰土
	空心砖		松散材料
	混凝土		钢筋混凝土
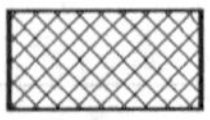	多孔材料	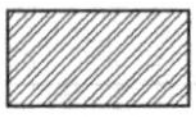	金属
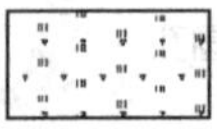	矿渣、炉渣	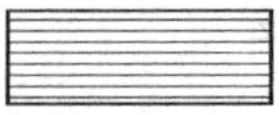	玻璃
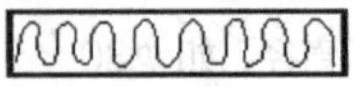	纤维材料		防水材料，上下两种根据绘图比例大小选用
	木材	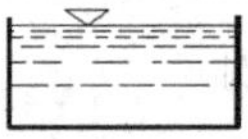	液体，须注明液体名称

1.3.7 常用绘图比例

下面列出常用的绘图比例，读者可以根据实际情况灵活使用。

（1）平面图：1∶50、1∶100等。

（2）立面图：1∶20、1∶30、1∶50、1∶100等。

（3）顶棚图：1∶50、1∶100等。

（4）构造详图：1∶1、1∶2、1∶5、1∶10、1∶20等。

1.4 室内装饰设计手法

室内设计要美化环境是无可置疑的，但如何达到美化的目的，有许多不同的方法。

1. 现代室内设计方法

该方法就是在满足功能要求的情况下，利用材料、色彩、质感、光影等有序地布置并创造美感。

2. 空间分割方法

组织和划分平面与空间，这是室内设计的一个主要方法。利用该设计方法，巧妙地布置平面和利用空间，有时可以突破原有的建筑平面、空间的限制来满足室内需要。在另一种情况下，设计又能使室内空间流通、平面灵活多变。

3. 民族特色方法

在表达民族特色方面，应采用一定的设计方法，使室内充满民族韵味，而不是民族符号、民族语言的堆砌。

4. 其他设计方法

突出主题、人流导向、制造气氛等都是室内设计的方法。

室内设计人员首先拿到的往往是一个建筑的外壳，这个外壳或许是新建筑，或许是旧建筑，设计的魅力就在于在原有建筑的各种限制下做出最理想的方案。

> 注意　他山之石，可以攻玉。多看、多交流将有助于提高设计水平和鉴赏能力。

第2章

AutoCAD 2018 入门

本章将循序渐进地介绍有关 AutoCAD 2018 绘图的基本知识，了解如何设置图形的系统参数，熟悉建立新的图形文件、打开已有文件的方法，掌握设置图层属性的操作等，为后面的绘图设计准备必要的前提知识。

重点与难点

- 配置绘图系统
- 设置绘图环境
- 图层设置

2.1 操作界面

AutoCAD的操作界面是显示、编辑图形的区域。启动AutoCAD 2018后的默认界面如图2-1所示，这个界面是AutoCAD 2009版本以后出现的新界面风格，为了便于学习本书，我们采用AutoCAD默认的草图与注释界面介绍。

一个完整的草图与注释操作界面包括标题栏、绘图区、十字光标、坐标系图标、菜单栏、功能区、命令行窗口、状态栏、导航栏、布局标签和快速访问工具栏等。

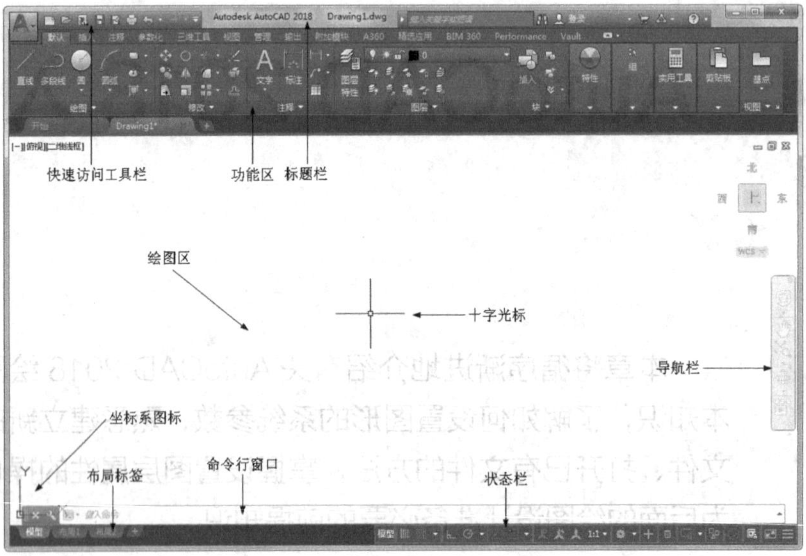

图 2-1 AutoCAD 2018 中文版的操作界面

2.1.1 标题栏

在AutoCAD 2018中文版操作界面的最上端是标题栏。在标题栏中，显示了系统当前正在运行的应用程序（AutoCAD 2018）和用户正在使用的图形文件。在用户第一次启动AutoCAD时，在AutoCAD 2018操作界面的标题栏中，将显示AutoCAD 2018在启动时创建并打开的图形文件名称Drawing1.dwg，如图2-2所示。

图 2-2 启动 AutoCAD 时的标题栏

2.1.2 绘图区

绘图区是指功能区下方的大片空白区域，绘图区是用户使用AutoCAD 2018绘制图形的区域，设计图形的主要工作都是在绘图区中完成的。

在绘图区中有一个十字光标，其十字线交点反映了光标在当前坐标系中的位置，十字线的方向与当前用户坐标系的*X*轴和*Y*轴方向平行，如图2-1所示。

1. 修改绘图窗口中十字光标的大小

光标的十字线长度默认为屏幕大小的5%，用户可以根据绘图的实际需要更改大小。改变光标大小的方法如下。

在绘图窗口中选择菜单栏中的“工具”→“选项”命令，屏幕上将会弹出“选项”对话框。打开“显示”选项卡，在“十字光标大小”文本框中直接输入数值，或者拖动文本框后的滑块，即可对十字光标的大小进行调整，如图2-3所示。

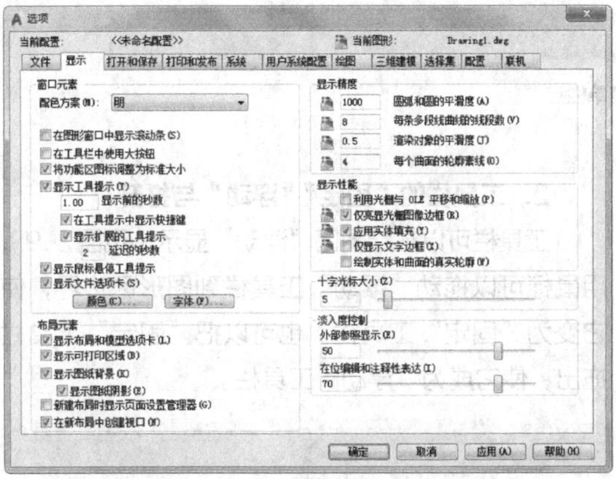

图 2-3 “选项”对话框中的“显示”选项卡

此外，还可以通过设置系统变量CURSORSIZE的值，实现对光标大小的更改。命令行提示如下：

```
命令：CURSORSIZE↙
输入 CURSORSIZE 的新值 <5>:
```

在提示下输入新值即可，默认值为5%。

2. 修改绘图窗口的颜色

在默认情况下，AutoCAD 2018的绘图窗口是黑色背景、白色线条，这不符合大多数用户的习惯，因此修改绘图窗口颜色是大多数用户都需要进行的操作。

修改绘图窗口颜色的步骤如下。

（1）在如图2-3所示的选项卡中单击“窗口元素”选项组中的“颜色”按钮，打开如图2-4所示的“图形窗口颜色”对话框。

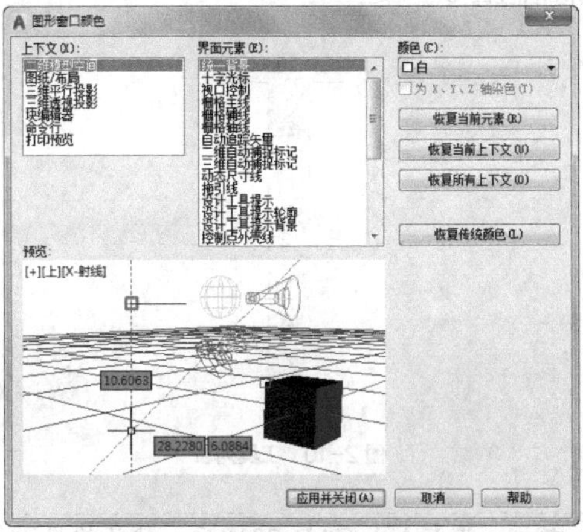

图 2-4 “图形窗口颜色”对话框

（2）单击“图形窗口颜色”对话框中的“颜色”选项，在弹出的下拉列表中选择需要的窗口颜色，然后单击“应用并关闭”按钮，此时AutoCAD 2018的绘图窗口变成了窗口背景色，通常按视觉习惯选择白色为窗口颜色。

2.1.3 坐标系图标

在绘图区域的左下角，有一个箭头指向图标，称为坐标系图标，表示用户绘图时正使用的坐标系形式，坐标系图标的作用是为点的坐标确定一个参照系。根据工作需要，用户可以选择将其关闭，方法是选择“视图”→“显示”→“UCS图标”→“开”菜单命令，如图2-5所示。

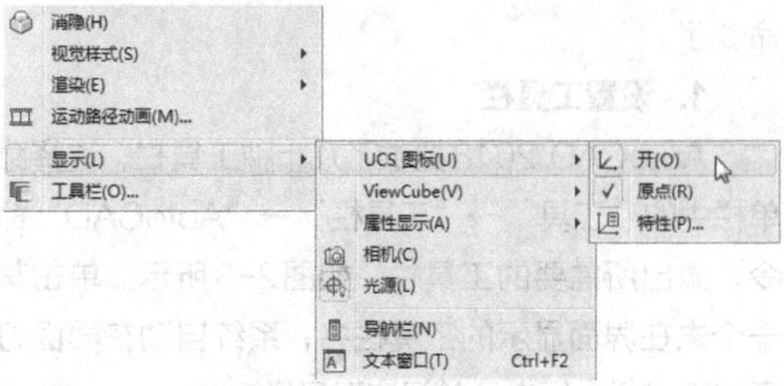

图 2-5 “视图”菜单

2.1.4 菜单栏

在AutoCAD快速访问工具栏处调出菜单栏，如图2-6所示，调出后的菜单栏如图2-7所示。同其他Windows程序一样，AutoCAD的菜单也是下拉形式的，并在菜单中包含子菜单。AutoCAD的菜单栏中包含“文件”“编辑”“视图”“插入”“格式”“工具”“绘图”“标注”“修改”“参数”“窗口”“帮助”共12个菜单。这些菜单几乎包含了AutoCAD的所有绘图命令，后面的章节将对这些菜单功能做详细的讲解。

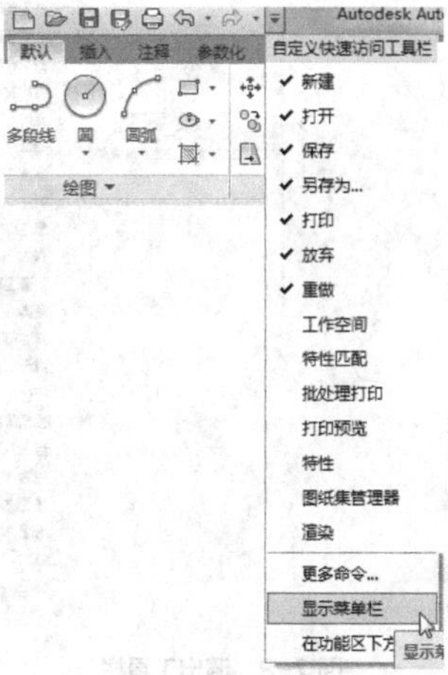

图 2-6 调出菜单栏

图 2-7 菜单栏

2.1.5 工具栏

工具栏是一组按钮工具的集合，把光标移动到某个按钮上，稍停片刻即在该按钮的一侧显示相应的功能提示，同时在状态栏中显示对应的说明和命令名，此时，单击按钮就可以启动相应的命令了。

1. 设置工具栏

AutoCAD 2018提供了几十种工具栏，选择菜单栏中的“工具”→“工具栏”→“AutoCAD”命令，调出所需要的工具栏，如图2-8所示。单击某一个未在界面显示的工具栏名，系统自动在界面打开该工具栏；反之，关闭该工具栏。

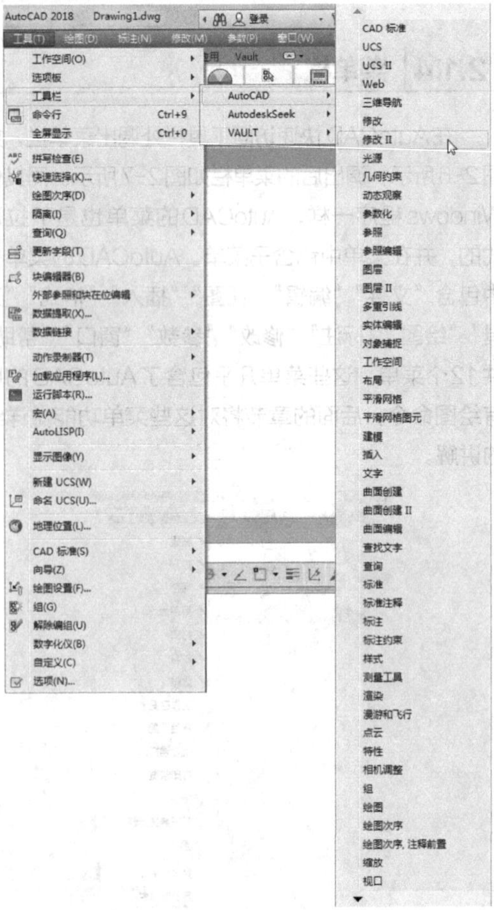

图 2-8 调出工具栏

2. 工具栏的“固定”“浮动”与打开

工具栏可以在绘图区“浮动”显示（见图2-9），用鼠标可以拖动“浮动”工具栏到图形区边界，使它变为“固定”工具栏。也可以把“固定”工具栏拖出，使它成为“浮动”工具栏。

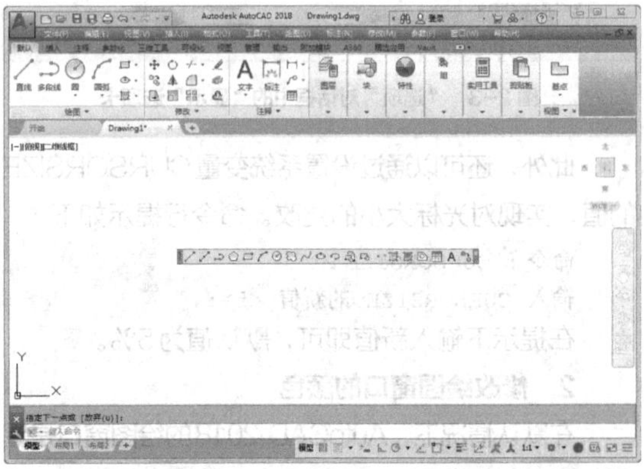

图 2-9 “浮动”工具栏

在有些按钮的右下角带有一个小三角，在该按钮上按住鼠标左键，会弹出相应的工具列表（见图2-10），将光标移动到其中适用的按钮上后松开鼠标左键，该按钮就成为当前按钮。单击当前按钮，执行相应命令。

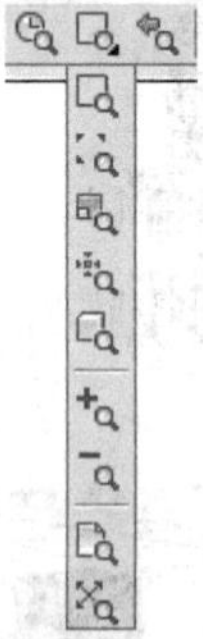

图 2-10 工具列表

> **注意** 安装AutoCAD 2018后，默认的界面如图2-1所示，为了快速简便地进行绘图操作，我们一般选择菜单栏中的“工具”→“工具栏”→“AutoCAD”命令，将“绘图”和“修改”工具栏打开，如图2-11所示。

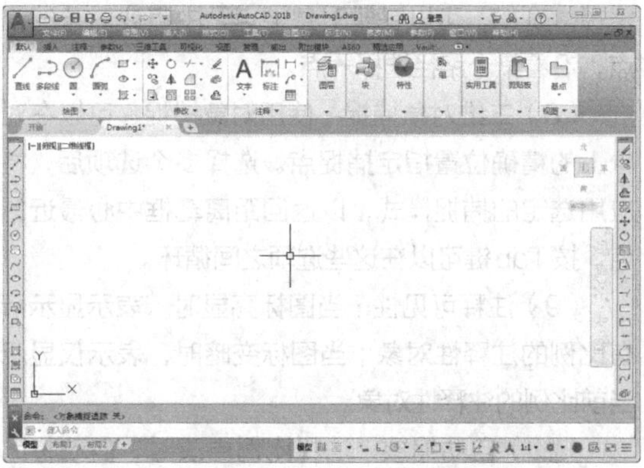

图 2-11　打开“绘图”和“修改”工具栏的操作界面

2.1.6 命令行窗口

命令行窗口是输入命令和显示命令提示的区域，默认的命令行窗口位于绘图区下方，显示若干文本行。对于命令行窗口，有以下几点需要说明。

（1）拖动拆分条，可以扩大或缩小命令行窗口。

（2）可以拖动命令行窗口，将其放置在屏幕的其他位置。默认情况下，命令行窗口位于绘图窗口的下方。

（3）对当前命令行窗口中输入的内容，可以按F2键用文本编辑的方法进行编辑。AutoCAD 2018的文本窗口和命令行窗口相似，它可以显示当前AutoCAD进程中命令的输入和执行过程，如图2-12所示。在AutoCAD 2018中执行某些命令时，系统会自动切换到文本窗口，列出有关信息。

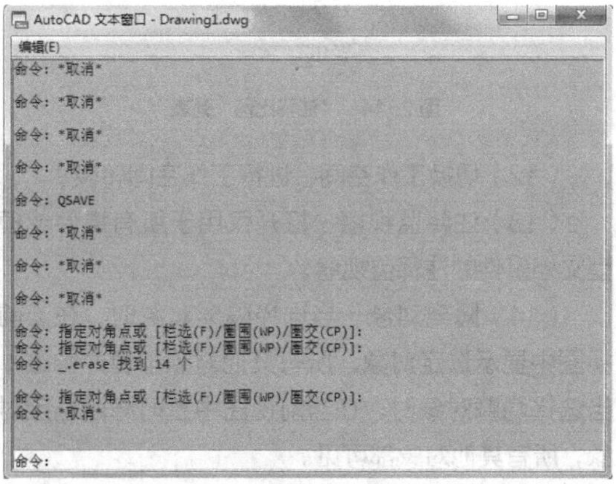

图 2-12　文本窗口

（4）AutoCAD通过命令行窗口反馈各种信息，包括出错信息，因此，用户要时刻关注在命令行窗口中出现的信息。

2.1.7 布局标签

AutoCAD 2018系统默认设定一个模型空间布局标签和“布局1”“布局2”两个图纸空间布局标签。

1. 布局

布局是系统为绘图设置的一种环境，包括图纸大小、尺寸单位、角度设定、数值精确度等，在系统默认的3个标签中，这些环境变量都是默认设置。用户可以根据实际需要改变这些变量的值。用户也可以设置符合自己需要的新标签，具体方法将在后面章节介绍。

2. 模型空间与图纸空间

AutoCAD 2018的空间分为模型空间和图纸空间。模型空间是我们通常绘图的环境，而在图纸空间中，用户可以创建称为“浮动视口”的区域，以不同视图显示所绘图形。用户可以在图纸空间中调整浮动视口，并决定所包含视图的缩放比例。如果选择图纸空间，则可打印多个视图，用户可以打印任意布局的视图。在后面的章节中，将专门详细地讲解有关模型空间与图纸空间的相关知识，请注意学习体会。

AutoCAD 2018系统默认打开模型空间，用户可以通过鼠标左键单击选择需要的布局。

2.1.8 状态栏

状态栏在操作界面的底部，依次有“坐标”“模型空间”“栅格”“捕捉模式”“推断约束”“动态输入”“正交模式”“极轴追踪”“等轴测草图”“对象捕捉追踪”“二维对象捕捉”“线宽”“透明度”“选择循环”“三维对象捕捉”“动态UCS”“选择过滤”“小控件”“注释可见性”“自动缩放”“注释比例”“切换工作空间”“注释监视器”“单位”“快捷特性”“锁定用户界面”“隔离对象”“图形性能”“全屏显示”和“自定义”30个功能按钮。单击部分开关按钮，可以实现这些功能的开关。通过部分按钮也可以更改图形或绘图区的状态。

> **注意** 默认情况下，不会显示所有功能按钮，用户可以单击状态栏最右侧的“自定义”按钮，在弹出的“自定义”菜单中选择要在状态栏显示的功能按钮。状态栏上显示的功能按钮可能会发生变化，具体取决于当前的工作空间及当前显示的是“模型”选项卡还是“布局”选项卡。下面对状态栏上的部分按钮做简单介绍，如图2-13所示。

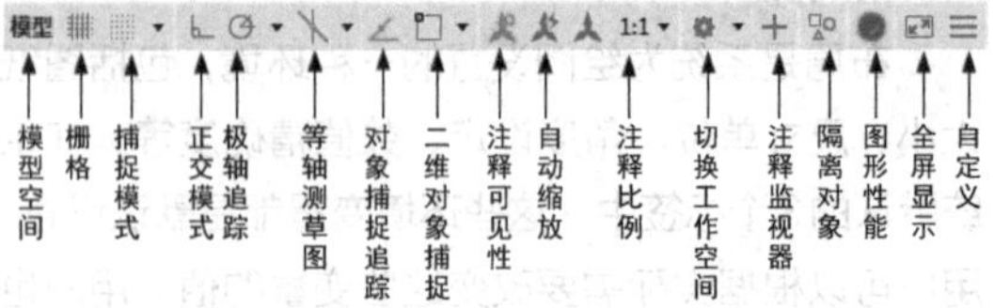

图 2-13　状态栏

（1）模型空间：在模型空间与图纸空间之间进行转换。

（2）栅格：栅格是覆盖用户坐标系（UCS）的整个*XY*平面的直线或点的矩形图案。使用栅格类似于在图形下放置一张坐标纸。利用栅格可以对齐对象并直观显示对象之间的距离。

（3）捕捉模式：对象捕捉对于在对象上指定精确位置非常重要。不论何时提示输入点，都可以指定对象捕捉。默认情况下，当光标移到对象的对象捕捉位置时，将显示标记和工具提示。

（4）正交模式：将光标限制在水平或垂直方向上移动，以便于精确地创建和修改对象。

（5）极轴追踪：使用极轴追踪，光标将按指定角度进行移动。创建或修改对象时，可以使用“极轴追踪”来显示由指定的极轴角度所定义的临时对齐路径。

（6）等轴测草图：通过设定“等轴测捕捉/栅格”选项，可以很容易地沿三个等轴测平面之一对齐对象。尽管等轴测图形看似三维图形，但它实际上是二维表示，因此不能期望提取三维距离和面积、从不同视点显示对象或自动消除隐藏线。

（7）对象捕捉追踪：使用对象捕捉追踪，可以沿着基于对象捕捉点的对齐路径进行追踪。已获取的点将显示一个小加号（+），一次最多可以获取7个追踪点。获取点之后，当在绘图路径上移动光标时，将显示相对于获取点的水平、垂直或极轴对齐路径。例如，可以基于对象端点、中点或对象的交点，沿着某个路径选择一点。

（8）二维对象捕捉：使用对象捕捉，可以在对象上的精确位置指定捕捉点。选择多个选项后，将应用选定的捕捉模式，以返回距离靶框中心最近的点。按Tab键可以在这些选项之间循环。

（9）注释可见性：当图标亮显时，表示显示所有比例的注释性对象；当图标变暗时，表示仅显示当前比例的注释性对象。

（10）自动缩放：注释比例更改时，自动将比例添加到注释性对象。

（11）注释比例：单击“注释比例”按钮，弹出“注释比例”列表，如图2-14所示，可以根据需要选择适当的注释比例。

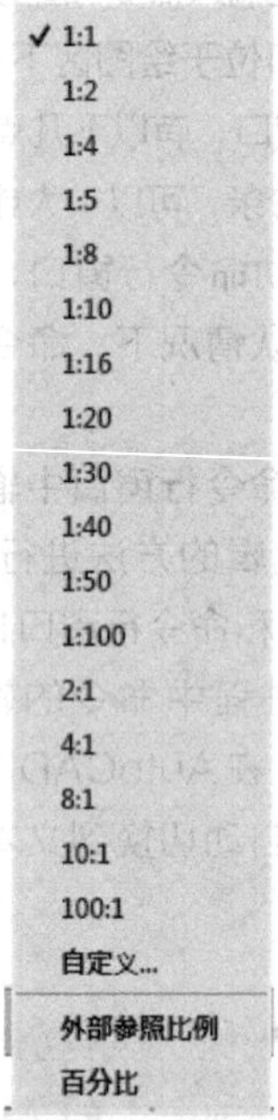

图 2-14　“注释比例”列表

（12）切换工作空间：进行工作空间转换。

（13）注释监视器：打开仅用于所有事件或模型文档事件的注释监视器。

（14）隔离对象：当选择隔离对象时，在当前视图中显示选定对象，所有其他对象都暂时隐藏；当选择隐藏对象时，在当前视图中暂时隐藏选定对象，所有其他对象都可见。

（15）图形性能：设定图形卡的驱动程序及设置硬件加速的选项。

（16）全屏显示：单击该按钮，可以清除工具栏、功能区和选项板等界面元素，使AutoCAD的绘图窗口全屏显示，如图2-15所示。

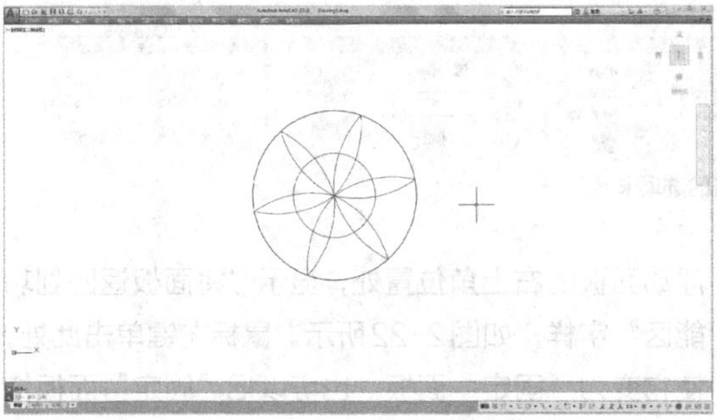

图 2-15　全屏显示

（17）自定义：状态栏可以提供重要信息，而无须中断工作流。使用MODEMACRO系统变量可将应用程序所能识别的大多数数据显示在状态栏中。使用该系统变量的计算、判断和编辑功能，可以完全按照用户的要求构造状态栏。

2.1.9 滚动条

在打开的AutoCAD 2018默认界面中，是不显示滚动条的。选择菜单栏中的“工具”→“选项”命令，系统打开“选项”对话框，单击“显示”选项卡，将“窗口元素”选项组中的“在图形窗口中显示滚动条”复选框勾选上，如图2-16所示。

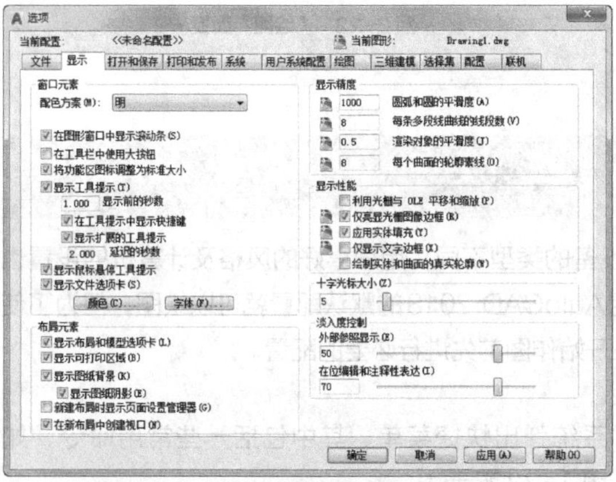

图 2-16　“选项”对话框中的“显示”选项卡

单击“确定”按钮，即可把滚动条调出来，如图2-17所示。

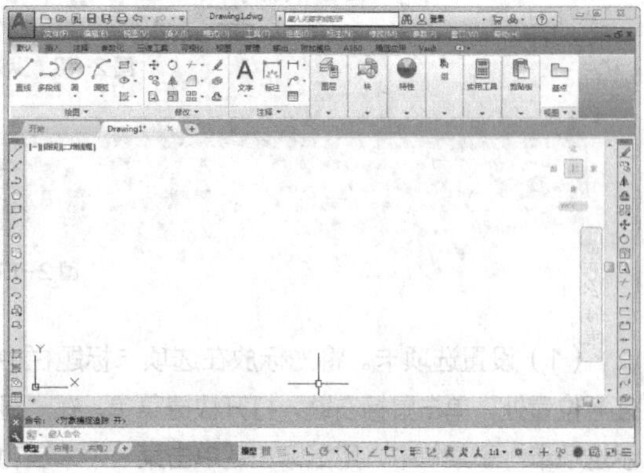

图 2-17　显示滚动条

滚动条包括垂直和水平滚动条，用于上下或左右移动绘图窗口内的图形。用鼠标拖动滚动条中的滑块或单击滚动条两侧的三角按钮，即可移动图形。

2.1.10 快速访问工具栏和交互信息工具栏

1. 快速访问工具栏

该工具栏包括“新建”“打开”“保存”“另存为”“打印”“放弃”“重做”“工作空间”等常用的工具。用户可以单击本工具栏后面的下拉按钮，在弹出的下拉菜单中设置添加需要的常用工具。

2. 交互信息工具栏

该工具栏包括“搜索”“Autodesk A360”“Autodesk App Store”“保持连接”“帮助”等常用的数据交互访问工具。

2.1.11 功能区

在默认情况下，功能区包括“默认”选项卡、“插入”选项卡、“注释”选项卡、“参数化”选项卡、“视图”选项卡、“管理”选项卡、“输出”选项卡、“附加模块”选项卡、“A360”选项卡、“精选应用”选项卡及“Vault”选项卡，如图2-18所示（所有的选项卡如图2-19所示）。每个选项卡集成了相关的操作工具，方便了用户的使用。用户可以单击功能区选项卡后面的▲按钮，控制功能区的展开与收缩。

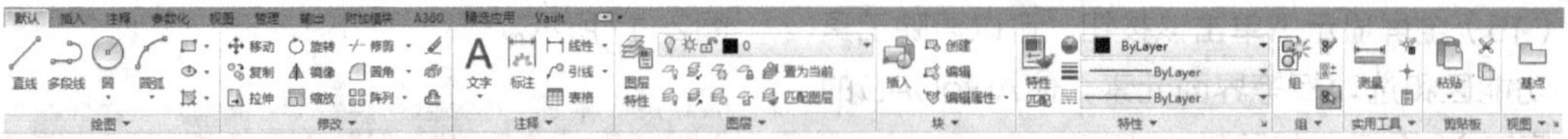

图 2-18　默认情况下出现的选项卡

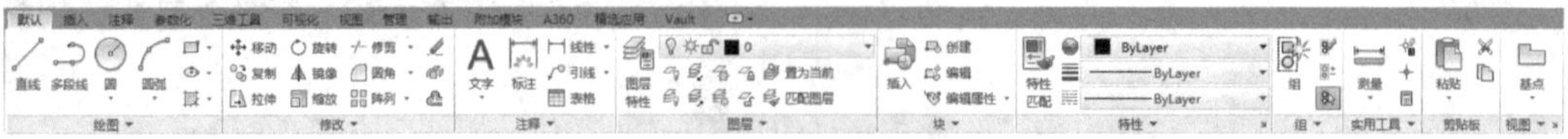

图 2-19　所有的选项卡

（1）设置选项卡。将光标放在选项卡标题栏中任意位置处，单击鼠标右键，打开快捷菜单，在“显示选项卡”子菜单中，用鼠标左键单击某一个未在功能区显示的选项卡名，系统自动在功能区打开该选项卡；反之，关闭该选项卡（调出面板的方法及调出选项板的方法与此类似，这里不再赘述），如图2-20所示。

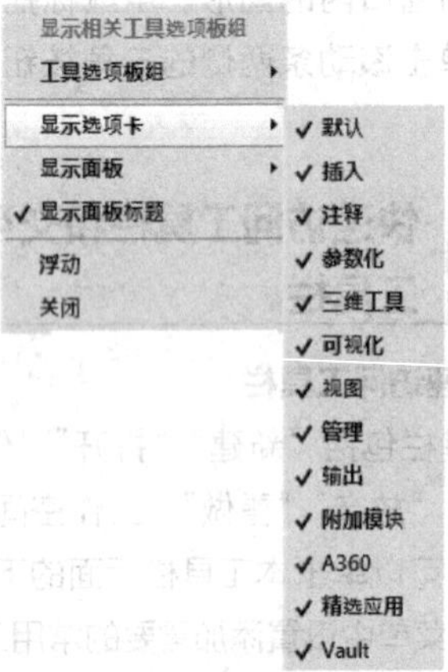

图 2-20　快捷菜单中的“显示选项卡”子菜单

（2）选项卡中面板的“固定”与“浮动”。面板可以在绘图区“浮动”（见图2-21），将光标放到浮动面板的右上角位置处，显示“将面板返回到功能区”字样，如图2-22所示。鼠标左键单击此处，使它变为“固定”面板。也可以把“固定”面板拖出，使它成为“浮动”面板。

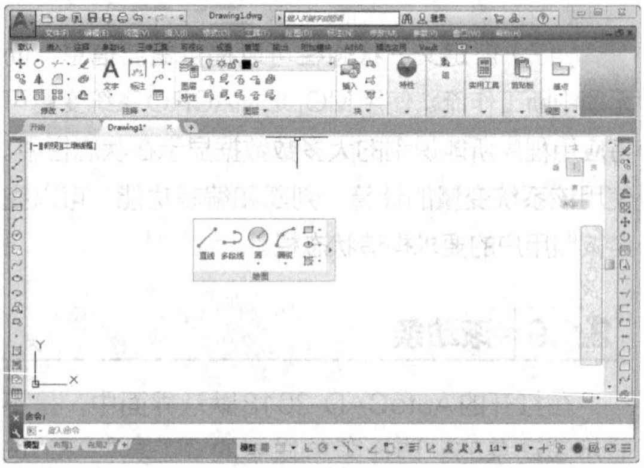

图 2-21　“浮动”面板

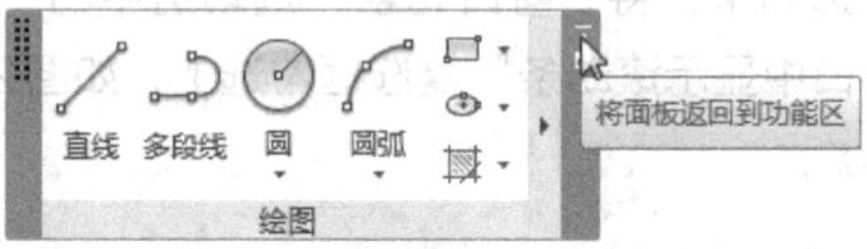

图 2-22　“绘图”面板

2.2　配置绘图系统

由于每台计算机所使用的显示器、输入设备和输出设备的类型不同，用户喜好的风格及计算机的设置也是不同的，所以每台计算机都是独特的。一般来讲，使用AutoCAD 2018的默认配置就可以绘图，但为了使用定点设备或打印机，以及提高绘图的效率，推荐用户在开始作图前先进行必要的配置。

执行方式

命令行：PREFERENCES。

菜单：“工具”→“选项”。

快捷菜单：选项（在绘图区单击鼠标右键，系统弹出快捷菜单，其中包括一些常用命令，如图2-23所示）。

操作步骤

执行上述命令后，系统自动打开“选项”对

话框。用户可以在该对话框中选择有关选项，对系统进行配置。下面只对其中主要的几个选项卡进行说明，其他配置选项，在后面用到时再做具体说明。

图 2-23 “选项”快捷菜单

2.2.1 显示配置

在“选项”对话框中的第2个选项卡为“显示”，该选项卡控制AutoCAD 2018窗口的外观，如图2-3所示。在该选项卡中，可以设定滚动条显示与否、AutoCAD 2018的版面布局、各实体的显示精度及AutoCAD运行时的其他各项性能参数等。前面已经讲述了设定十字光标的大小和绘图窗口的颜色等知识，其余有关选项的设置可参照十字“帮助”文件学习。

在设置实体显示精度时，请务必记住，显示精度越高，则计算机计算的时间越长，千万不要将其设置得太高。显示精度设定在一个合理的程度上是很重要的。

2.2.2 系统配置

在“选项”对话框中的第5个选项卡为“系统”，如图2-24所示。该选项卡用于设置AutoCAD 2018系统的有关特性。

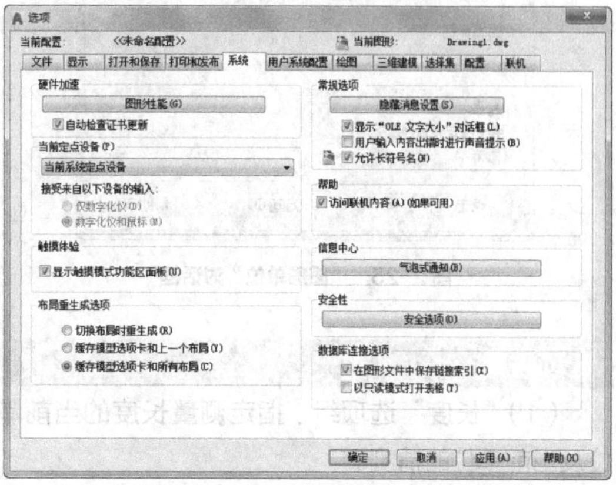

图 2-24 “系统”选项卡

（1）“硬件加速”选项组：控制与图形显示系统的配置相关的设置。设置及其名称会随着产品而变化。

（2）“当前定点设备”选项组：安装及配置定点设备，如数字化仪和鼠标。具体如何配置和安装，请参照定点设备的用户手册。

（3）“常规选项”选项组：确定是否选择系统配置的有关基本选项。

（4）“布局重生成选项”选项组：确定切换布局时是否重生成或缓存模型选项卡和布局。

（5）“数据库连接选项”选项组：确定数据库连接的方式。

2.3 设置绘图环境

2.3.1 绘图单位设置

执行方式

命令行：DDUNITS（或UNITS）。

菜单：“格式”→“单位”。

操作步骤

执行上述命令后，系统弹出“图形单位”对话框，如图2-25所示。该对话框用于定义长度和角度的单位及其格式。

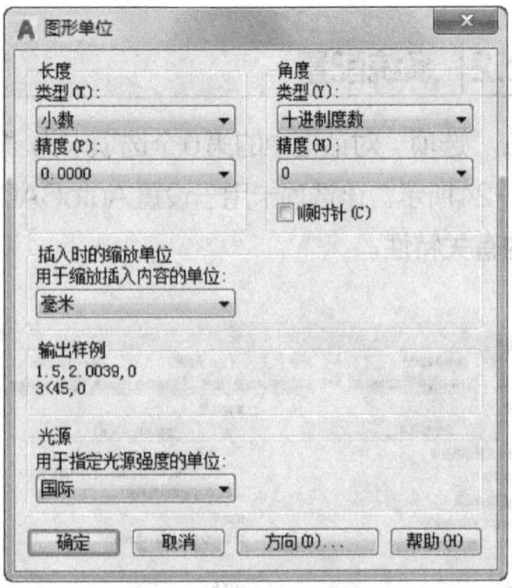

图 2-25 “图形单位”对话框

选项说明

（1）“长度”选项组：指定测量长度的当前单位及当前单位的精度。

（2）“角度”选项组：指定测量角度的当前单位、精度及旋转方向，默认方向为逆时针。

（3）“插入时的缩放单位”选项组：控制使用工具选项板（如设计中心）拖入当前图形及其块的测量单位。如果块或图形创建时使用的单位与该选项指定的单位不同，则在插入这些块或图形时，将对其按比例缩放。插入比例是源块或图形使用的单位与目标图形使用的单位之比。如果插入块时不按指定单位缩放，则选择“无单位”选项。

（4）“输出样例”选项组：显示当前输出的样例值。

（5）“光源”选项组：用于指定光源强度的单位。

（6）“方向”按钮：单击该按钮，系统弹出“方向控制”对话框，如图2-26所示。可以在该对话框中进行方向控制设置。

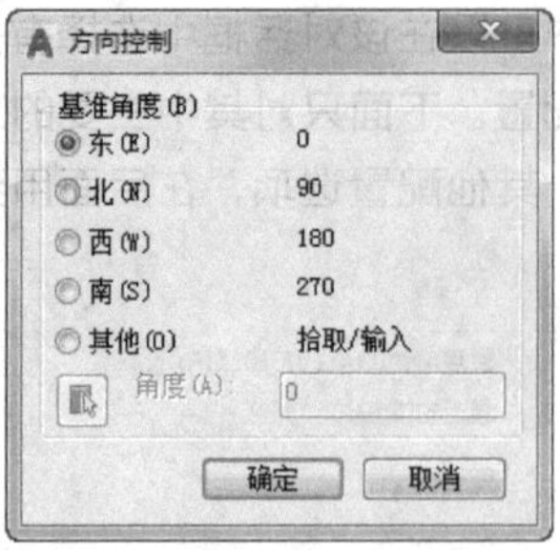

图 2-26 “方向控制”对话框

2.3.2 图形边界设置

执行方式

命令行：LIMITS。

菜单：“格式”→“图形界限”。

操作步骤

命令：LIMITS↙
重新设置模型空间界限。
指定左下角点或 ［开（ON）/关（OFF）］ <0.0000, 0.0000>：（输入图形边界左下角的坐标后回车）
指定右上角点 <12.0000,9.0000>：（输入图形边界右上角的坐标后回车）

选项说明

（1）开（ON）：使绘图边界有效。系统将在绘图边界以外拾取的点视为无效。

（2）关（OFF）：使绘图边界无效。用户可以在绘图边界以外拾取点或实体。

（3）动态输入角点坐标：动态输入功能可以直接在屏幕上输入角点坐标，输入了横坐标值后，按“,”键，接着输入纵坐标值，如图2-27所示。也可以按光标位置直接单击鼠标左键确定角点位置。

图 2-27 动态输入

2.4 文件管理

本节将介绍有关文件管理的一些基本操作方法，包括新建文件、打开已有文件、保存文件等。这些都是进行AutoCAD 2018操作最基础的知识。

2.4.1 新建文件

执行方式

命令行：NEW。

菜单："文件"→"新建"。

操作步骤

执行上述命令后，系统弹出如图2-28所示的"选择样板"对话框，在"文件类型"下拉列表中有3种格式的图形样板，后缀分别是.dwt、.dwg、.dws。

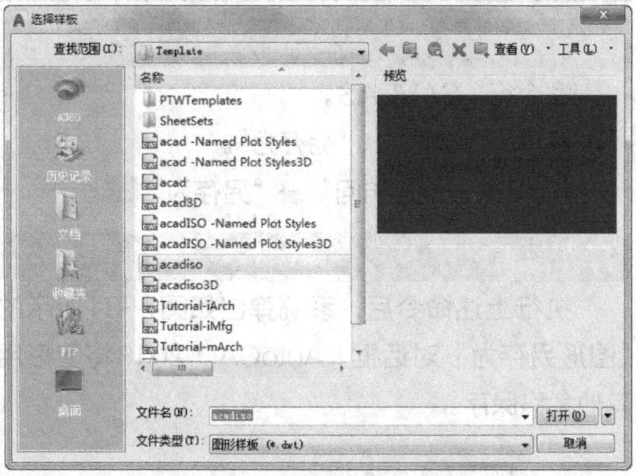

图2-28　"选择样板"对话框

在每种图形样板文件中，系统根据绘图任务的要求进行统一的图形设置，如设置绘图单位类型、精度要求、绘图界限、捕捉、网格、正交、图层、图框、标题栏、尺寸及文本格式、线型和线宽等。

使用图形样板文件开始绘图的优点在于，在完成绘图任务时不但可以保持图形设置的一致性，而且可以大大提高工作效率。用户也可以根据自己的需要设置新的样板文件。

一般情况下，.dwt文件是标准的样板文件，通常将一些标准性的样板文件设成.dwt文件，.dwg文件是普通的样板文件，而.dws文件是包含标准图层、标注样式、线型和文字样式的样板文件。

2.4.2 快速创建新文件

使用快速创建新文件功能，是开始创建新图形的最快捷方法。

执行方式

命令行：QNEW。

工具栏："快速访问"→"新建"。

操作步骤

执行上述命令后，系统立即从所选的图形样板创建新文件，而不显示任何对话框或提示。

在运行快速创建新文件功能之前，必须进行如下设置。

（1）将FILEDIA系统变量设置为1，将STARTUP系统变量设置为0，命令行提示与操作如下。

```
命令： FILEDIA↙
输入 FILEDIA 的新值 <1>:↙
命令： STARTUP↙
输入 STARTUP 的新值 <3>:0↙
```

（2）选择默认图形样板文件。方法是选择"工具"→"选项"菜单命令，打开"选项"对话框，在"文件"选项卡（见图2-29）下，单击展开"样板设置"选项组，然后在"快速新建的默认样板文件名"选项中选择需要的样板文件路径及样板文件名。

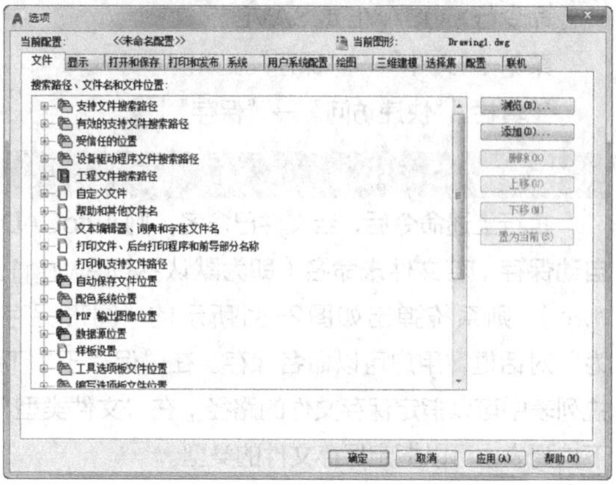

图2-29　"选项"对话框的"文件"选项卡

2.4.3 打开文件

执行方式

命令行：OPEN。

菜单："文件"→"打开"。

工具栏："快速访问"→"打开"。

操作步骤

执行上述命令后，系统弹出如图2-30所示的"选择文件"对话框，在"文件类型"列表中用户可选.dwg文件、.dwt文件、.dxf文件和.dws文件。.dxf文件是用文本形式存储的图形文件，能够被其他程序读取，许多第三方应用软件都支持.dxf格式。选择所需的文件后，单击“打开”按钮，即可打开文件。

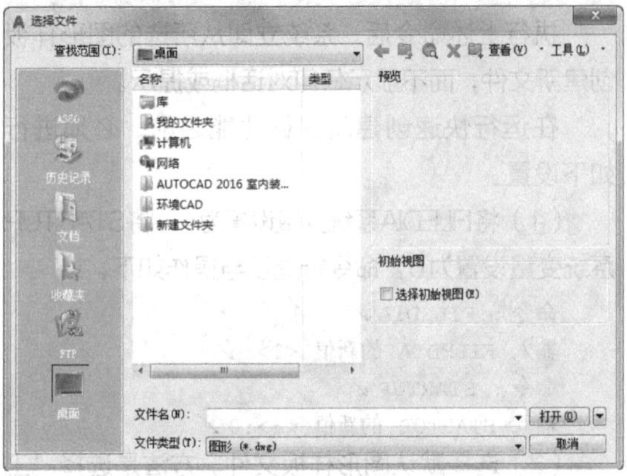

图2-30 “选择文件”对话框

2.4.4 保存文件

执行方式

命令行：QSAVE或SAVE。

菜单：“文件”→“保存”。

工具栏：“快速访问”→“保存”。

操作步骤

执行上述命令后，若文件已命名，则AutoCAD自动保存；若文件未命名（即为默认名Drawing1.dwg），则系统弹出如图2-31所示的“图形另存为”对话框，用户可以命名保存。在“保存于”下拉列表中可以指定保存文件的路径；在“文件类型”下拉列表中可以指定保存文件的类型。

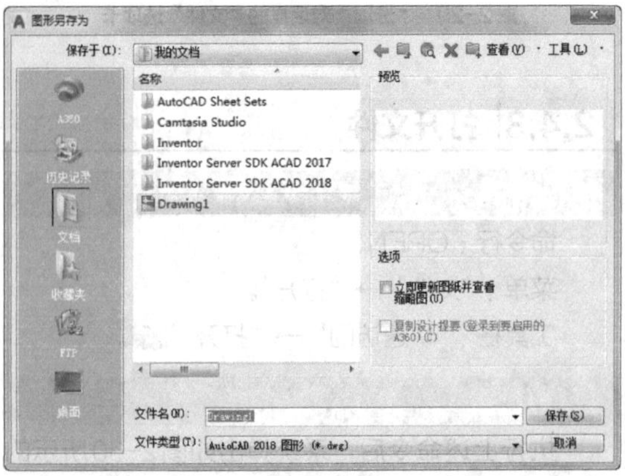

图2-31 “图形另存为”对话框

为了防止因意外操作或计算机系统故障导致正在绘制的图形文件的丢失，可以对当前图形文件设置自动保存，步骤如下。

（1）利用系统变量SAVEFILEPATH设置所有“自动保存”文件的位置，如C:\HU\。

（2）利用系统变量SAVEFILE储存“自动保存”文件名。该系统变量储存的文件名文件是只读文件，用户可以从中查询自动保存的文件名。

（3）利用系统变量SAVETIME指定在使用“自动保存”功能时，多长时间保存一次图形。

2.4.5 另存为

执行方式

命令行：SAVEAS。

菜单：“文件”→“另存为”。

工具栏：“快速访问”→“另存为”。

操作步骤

执行上述命令后，系统弹出如图2-31所示的“图形另存为”对话框，AutoCAD 2018将图形用其他名称保存。

2.4.6 退出

执行方式

命令行：QUIT或EXIT。

菜单：“文件”→“退出”。

按钮：AutoCAD 2018操作界面右上角的“关闭”按钮x。

操作步骤

执行上述命令后，若用户对图形所做的修改尚未保存，则会弹出如图2-32所示的提示对话框。单击“是”按钮，系统将保存文件，然后退出；单击“否”按钮，系统将不保存文件。若用户对图形所做的修改已经保存，则直接退出。

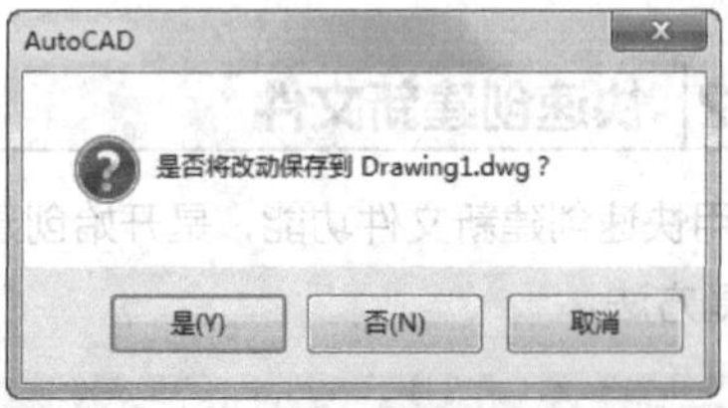

图2-32 提示对话框

2.4.7 图形修复

执行方式

命令行：DRAWINGRECOVERY。

菜单：“文件”→“图形实用工具”→“图形修复管理器”。

操作步骤

执行上述命令后，系统弹出如图2-33所示的图形修复管理器，打开“备份文件”列表中的文件，可以重新保存，从而进行修复。

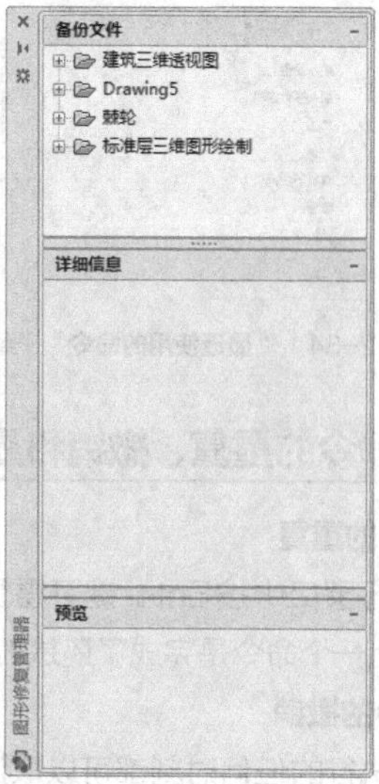

图 2-33 图形修复管理器

2.5 基本输入操作

在AutoCAD 2018中，有一些基本的输入操作方法，这些基本方法是进行AutoCAD绘图的必备知识基础，也是深入学习AutoCAD功能的前提。

2.5.1 命令输入方式

AutoCAD交互绘图必须输入必要的指令和参数。有多种AutoCAD命令输入方式（以画直线为例）。

1. 在命令行窗口输入命令名

命令字符可不区分大小写。例如，命令LINE和line的效果是相同的。执行命令时，在命令行提示中经常会出现命令选项。在输入绘制直线命令“LINE”后，命令行提示与操作如下。

```
命令： LINE↙
指定第一个点：(在屏幕上指定一点或输入一个点的坐标)
指定下一点或 [放弃(U)]:
```

选项中不带括号的提示为默认选项，因此可以直接输入直线段的起点坐标或在屏幕上指定一点。如果要选择其他选项，则应该首先输入该选项的标识字符，如“放弃”选项的标识字符“U”，然后按系统提示输入数据即可。在命令选项的后面有时还带有尖括号，尖括号内的数值为默认数值。

2. 在命令行窗口输入命令缩写字

常用的命令缩写字包括L（Line）、C（Circle）、A（Arc）、Z（Zoom）、R（Redraw）、M（More）、CO（Copy）、PL（Pline）、E（Erase）等。

3. 选取“绘图”菜单中的“直线”选项

选取该选项后，在状态栏中可以看到对应的命令说明及命令名。

4. 单击工具栏中的对应图标

单击该图标后，在状态栏中也可以看到对应的命令说明及命令名。

5. 在命令行打开快捷菜单

如果在前面刚使用过要输入的命令，则可以在命令行单击鼠标右键，打开快捷菜单，在“最近使用的命令”子菜单中选择需要的命令，如图2-34所示。“最近使用的命令”子菜单中储存最近使用的6个命令，如果6次操作以内经常重复使用某个命令，这种方法就比较快速简洁。

6. 在绘图区单击鼠标右键

直接在绘图区单击鼠标右键，系统立即重复执行上次使用的命令，这种方法适用于重复执行某个命令。

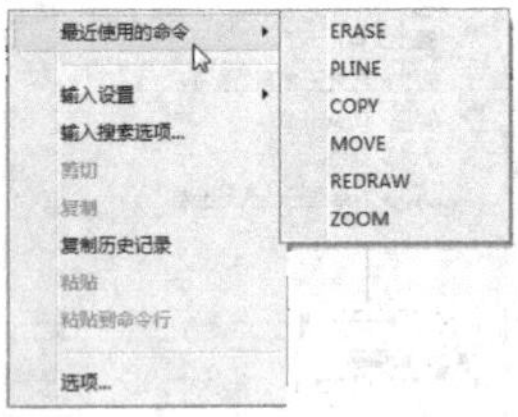

图 2-34 “最近使用的命令”子菜单

2.5.2 命令的重复、撤销和重做

1. 命令的重复

在命令行窗口中按Enter键可重复调用上一个命令，不管上一个命令是完成了还是被取消了。

2. 命令的撤销

在命令执行的任何时刻都可以取消和终止命令的执行。

执行方式

命令行：UNDO。

菜单：“编辑”→“放弃”。

工具栏：“快速访问”→“放弃”。

快捷键：Esc。

3. 命令的重做

已被撤销的命令还可以恢复重做，即恢复撤销的最后一个命令。

执行方式

命令行：REDO。

菜单：“编辑”→“重做”。

工具栏：“快速访问”→“重做”。

可以一次执行多重放弃或多重重做操作。单击快速访问工具栏中“放弃”或“重做”按钮后的下三角按钮，在弹出的下拉列表中，可以选择要放弃或重做的操作，如图2-35所示。

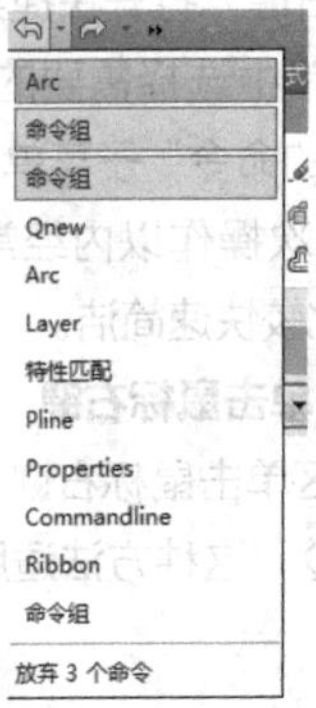

图 2-35 多重放弃或重做

2.5.3 透明命令

在AutoCAD 2018中，有些命令不仅可以直接在命令行中使用，而且还可以在其他命令的执行过程中插入并执行，待该命令执行完毕后，系统继续执行原命令，这种命令称为透明命令。透明命令一般为修改图形设置或打开辅助绘图工具的命令。

例如，在ARC命令的执行过程中，插入执行ZOOM命令，命令行提示与操作如下。

命令：ARC↙
指定圆弧的起点或 [圆心(C)]：'ZOOM（透明使用显示缩放命令 ZOOM）
>>（执行 ZOOM 命令）
正在恢复执行 ARC 命令。
指定圆弧的起点或 [圆心(C)]：（继续执行原命令）

2.5.4 按键定义

在AutoCAD 2018中，除了可以通过在命令行窗口输入命令、单击工具栏图标或选择菜单项来执行命令外，还可以使用键盘上的一组功能键或快捷键，快速实现指定功能，如按F1键，系统将调用AutoCAD帮助对话框。

系统使用AutoCAD传统标准（Windows之前）或Microsoft Windows标准解释快捷键。有些功能键或快捷键在AutoCAD的菜单中已经指出，如“粘贴”功能的快捷键为Ctrl+V，这些只要在使用的过程中多加留意，就会熟练掌握。快捷键的定义参见菜单命令后面的说明。

2.5.5 命令执行方式

有的命令有两种执行方式，可以通过对话框或通过命令行输入命令。如指定使用命令行方式，可以在命令名前加短划线来表示，如“-LAYER”表示用命令行方式执行“图层”命令。而如果在命令行输入“LAYER”，系统则会自动打开“图层”对话框。

另外，有些命令同时存在命令行、菜单、工具栏和功能区4种执行方式，这时如果选择菜单、工具栏或功能区方式，命令行会显示该命令，并在前面加一个下划线，如通过菜单或工具栏方式执行“直线”命令时，命令行会显示“_line”，命令的执行过程及结果与命令行方式相同。

2.5.6 坐标系统与数据的输入方法

1. 坐标系

AutoCAD采用两种坐标系：世界坐标系（WCS）与用户坐标系（UCS）。刚进入AutoCAD 2018时出现的坐标系统就是世界坐标系，是固定的坐标系统。世界坐标系也是坐标系统中的基准，绘制图形时多数情况下都是在这个坐标系统下进行的。

可以通过“UCS”命令设置当前用户坐标系的原点和方向。

执行方式

命令行：UCS。

菜单：“工具”→“工具栏”→“AutoCAD”→“UCS”。

工具栏：“UCS”→“UCS”。

AutoCAD有两种视图显示方式：模型空间和图纸空间。模型空间是指单一视图显示法，我们通常使用的都是这种显示方式；图纸空间是指在绘图区域创建图形的多视图。用户可以对其中每一个视图进行单独操作。在默认情况下，当前UCS与WCS重合。图2-36（a）所示为模型空间下的UCS图标，通常放在绘图区左下角处；如当前UCS和WCS重合，则出现一个W字，如图2-36（b）所示；也可以指定它放在当前UCS的实际坐标原点位置，此时出现一个十字，如图2-36（c）所示；图2-36（d）所示为图纸空间下的坐标系图标。

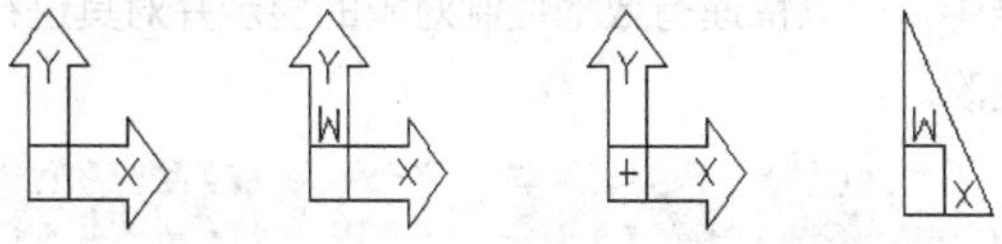

（a）（b）（c）（d）

图2-36 坐标系图标

2. 数据输入方法

在AutoCAD 2018中，点的坐标可以用直角坐标、极坐标、球面坐标和柱面坐标表示，每一种坐标又分别具有两种坐标输入方式：绝对坐标和相对坐标。其中直角坐标和极坐标最为常用，下面主要介绍一下它们的输入方法。

（1）直角坐标法：用点的x、y坐标值表示的坐标。

例如，在命令行输入点坐标的提示下，输入“15,18”，则表示输入了一个x、y的坐标值分别为15、18的点，此为绝对坐标输入方式，表示该点的坐标是相对于当前坐标原点的坐标值，如图2-37（a）所示。如果输入“@10,20”，则为相对坐标输入方式，表示该点的坐标是相对于前一点的坐标值，如图2-37（c）所示。

（2）极坐标法：用长度和角度表示的坐标，只能用来表示二维点的坐标。

在绝对坐标输入方式下，表示为“长度<角度”，如“25<50”，其中长度为该点到坐标原点的距离，角度为该点至原点的连线与x轴正向的夹角，如图2-37（b）所示。

在相对坐标输入方式下，表示为“@长度<角度”，如“@25<45”，其中长度为该点到前一点的距离，角度为该点至前一点的连线与x轴正向的夹角，如图2-37（d）所示。

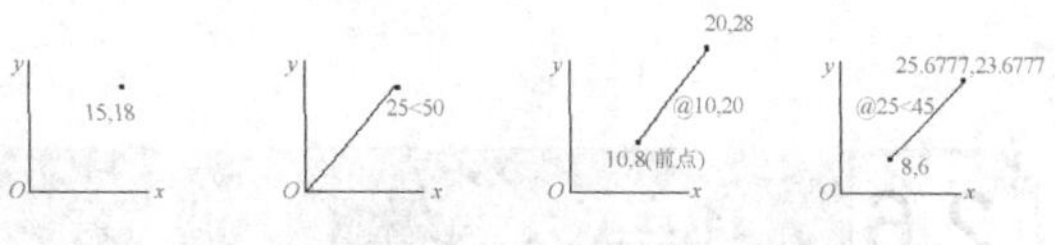

（a）（b）（c）（d）

图2-37 数据输入方法

3. 动态数据输入

单击状态栏上的“动态输入”按钮，将其切换到“开”的状态，可以在屏幕上动态地输入某些参数数据。例如，在绘制直线时，光标附近会动态地显示“指定第一个点”以及后面的坐标框，当前显示的是光标所在位置，可以输入数据，两个数据之间以逗号隔开，如图2-38所示。指定第一点后，系统动态显示直线的角度，同时要求输入线段长度值，如图2-39所示，其输入效果与“@长度<角度”方式相同。

图2-38 动态输入坐标值

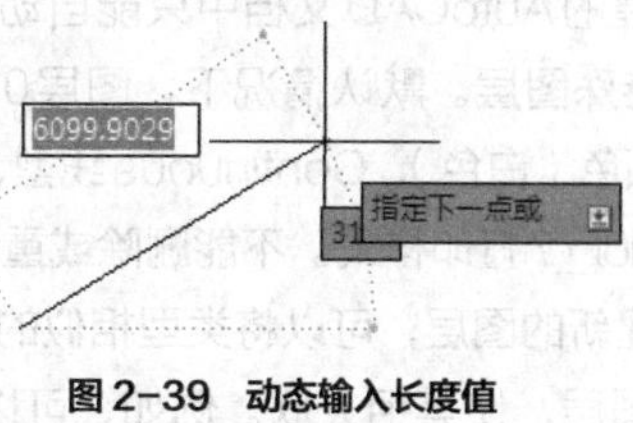

图2-39 动态输入长度值

4. 点的输入

绘图过程中，常需要输入点的位置，AutoCAD提供了如下几种输入点的方式。

（1）用键盘直接在命令行窗口中输入点的坐标。

（2）用鼠标等定标设备移动光标，单击鼠标左键在屏幕上直接取点。

（3）用目标捕捉方式捕捉屏幕上已有图形的特殊点（如端点、中点、中心点、插入点、交点、切点、垂足点等）。

5. 距离值的输入

在AutoCAD命令中，有时需要提供高度、宽度、半径、长度等距离值。AutoCAD提供了两种输入距离值的方式。

（1）用键盘在命令行中直接输入数值。

（2）在屏幕上拾取两点，以两点的距离值定出所需数值。

例如，要绘制一条10mm长的线段，命令行提示与操作如下。

```
命令：LINE↙
指定第一个点：（在屏幕上指定一点）
指定下一点或 [放弃(U)]：
```

这时在屏幕上移动光标指明线段的方向，但不要单击鼠标左键确认，如图2-40所示，然后在命令行输入10，这样就在指定方向上准确地绘制了长度为10mm的线段。

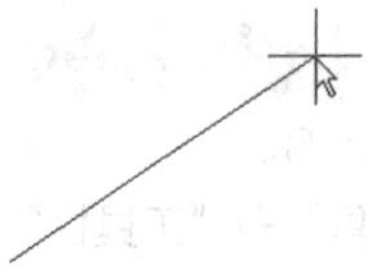

图2-40 绘制直线

2.6 图层设置

AutoCAD中的图层就如同在手工绘图中使用的重叠透明图纸，如图2-41所示，可以使用图层来组织不同类型的信息。在AutoCAD 2018中，图形的每个对象都位于一个图层上，所有图形对象都具有图层、颜色、线型和线宽这4个基本属性。在绘制时，图形对象将创建在当前的图层上。每个AutoCAD文档中图层的数量是不受限制的，每个图层都有自己的名称。

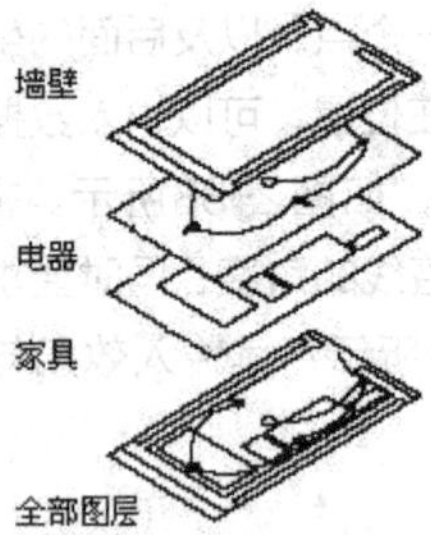

图2-41 图层示意图

2.6.1 建立新图层

新建的AutoCAD文档中只能自动创建一个名为0的特殊图层。默认情况下，图层0将被指定使用7号颜色（白色）、Continuous线型、“默认”线宽和Color_7打印样式。不能删除或重命名图层0。通过创建新的图层，可以将类型相似的对象指定给同一个图层，使其相关联。例如，可以将构造线、文字、标注和标题栏置于不同的图层上，并为这些图层指定通用特性。通过将对象分类放到各自的图层中，可以快速有效地控制对象的显示并对其进行更改。

执行方式

命令行：LAYER。

菜单：“格式”→“图层”。

工具栏：“图层”→“图层特性管理器”，如图2-42所示。

图2-42 “图层”工具栏

功能区：单击“默认”选项卡“图层”面板中的“图层特性”按钮。

操作步骤

执行上述命令后，系统弹出图层特性管理器，如图2-43所示。

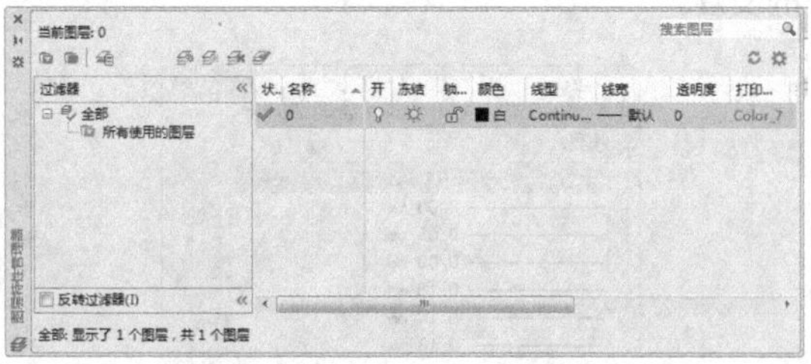

图2-43 图层特性管理器

单击图层特性管理器中的“新建”按钮，建立新图层，默认的图层名为“图层1”。可以根据绘图需要，更改图层名称，例如，改为实体层、中心线层或标准层等。

在一个图形中可以创建的图层数及在每个图层中可以创建的对象数实际上是无限的。图层最长可使用255个字符的字母和数字命名。图层特性管理器按名称的字母顺序排列图层。

> **注意** 如果要建立多个图层，无须重复单击“新建”按钮。更有效的方法是：在建立一个新的图层“图层1”后，改变图层名，在其后输入一个逗号“，”，这样就会又自动建立一个新图层“图层2”，依次建立各个图层。也可以按两次Enter键，建立另一个新的图层。图层的名称也可以更改，直接双击图层名称，键入新的名称即可。

2.6.2 设置图层

在每个图层属性设置中，包括图层名称、关闭/打开图层、冻结/解冻图层、锁定/解锁图层、图层线条颜色、图层线条线型、图层线条宽度、图层打印样式及图层是否打印9个参数。可以通过多种方法设置图层，下面分别介绍设置图层颜色、线型和线宽的方法。

1. 用图层特性管理器设置图层

（1）设置图层颜色。

在工程制图中，整个图形包含多种不同功能的图形对象，如实体、剖面线与尺寸标注等，为了便于直观区分它们，就有必要针对不同的图形对象使用不同的颜色，例如，实体层使用白色，剖面线层使用青色等。

要改变图层的颜色时，在图层特性管理器中，单击图层所对应的颜色图标，弹出“选择颜色”对话框，如图2-44所示。它是一个标准的颜色设置对话框，可以使用“索引颜色”“真彩色”和“配色系统”3个选项卡来选择颜色。系统显示的RGB配比，即Red（红）、Green（绿）和Blue（蓝）3种颜色。

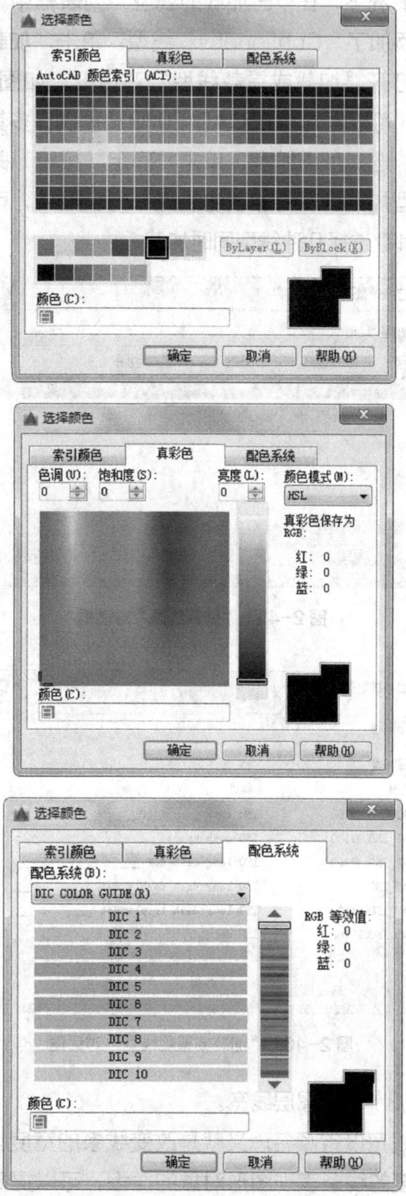

图2-44 “选择颜色”对话框

（2）设置图层线型。

线型是指作为图形基本元素的线条的组成和显

示方式，如实线、点画线等。在许多的绘图工作中，常常以线型划分图层。为某一个图层设置适合的线型后，在绘图时，只需将该图层设为当前工作层，即可绘制出符合线型要求的图形对象，极大地提高了绘图的效率。

在图层特性管理器中，单击图层所对应的线型图标，弹出“选择线型”对话框，如图2-45所示。默认情况下，在“已加载的线型”列表框中，系统中只添加了“Continuous”线型。单击“加载”按钮，打开“加载或重载线型”对话框，如图2-46所示，可以看到AutoCAD 2018还提供许多其他的线型。选择所需线型，单击“确定”按钮，即可把该线型加载到“已加载的线型”列表框中，可以按住Ctrl键选择几种线型同时加载。

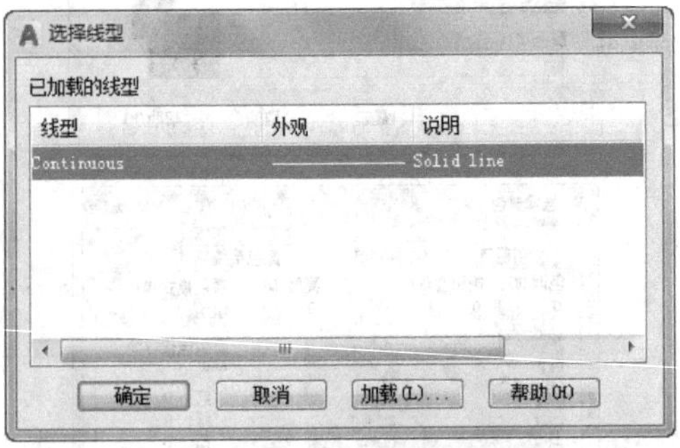

图2-45 “选择线型”对话框

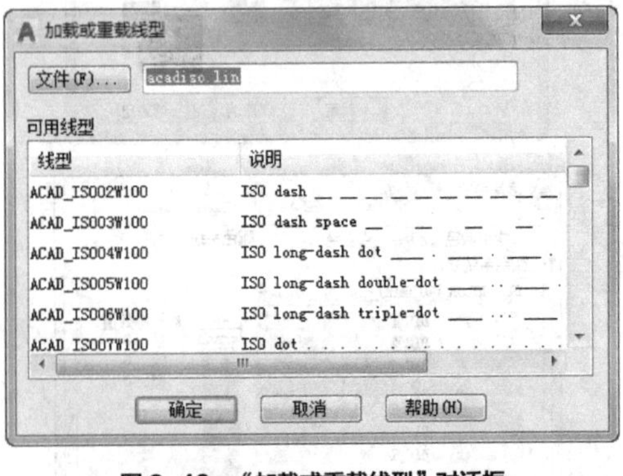

图2-46 “加载或重载线型”对话框

（3）设置图层线宽。

线宽设置顾名思义就是改变线条的宽度。用不同宽度的线条表现图形对象的类型，可以提高图形的表达能力和可读性。例如，绘制外螺纹时大径使用粗实线，小径使用细实线。

在图层特性管理器中，单击图层所对应的线宽图标，弹出“线宽”对话框，如图2-47所示。选择一个线宽，单击“确定”按钮，完成对图层线宽的设置。

图2-47 “线宽”对话框

图层线宽的默认值为0.25mm。在状态栏为“模型”状态时，显示的线宽同计算机的像素有关。线宽为零时，显示为一个像素的线宽。单击状态栏中的“线宽”按钮，将其切换到“开”的状态，屏幕上显示图形的线宽，显示的线宽与实际线宽成比例，如图2-48所示，但线宽不随着图形的放大和缩小而变化。“线宽”功能关闭时，不显示图形的线宽，图形的线宽均为默认宽度值显示。可以在“线宽”对话框选择需要的线宽。

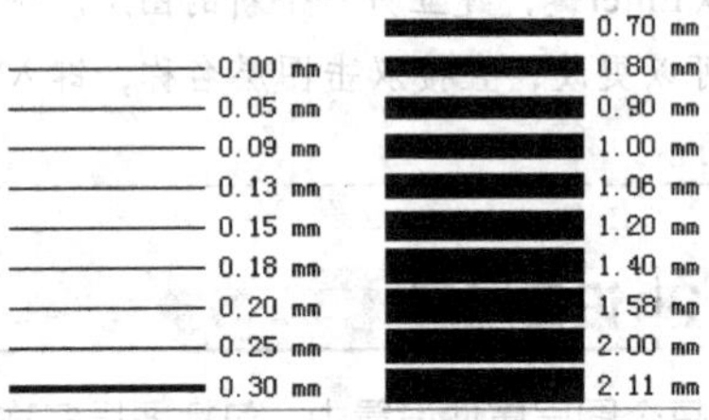

图2-48 线宽显示效果图

2. 通过命令行或菜单设置图层

可以直接通过命令行或菜单设置图层的颜色、线宽、线型。

（1）设置图层颜色。

执行方式

命令行：COLOR。

菜单：“格式”→“颜色”。

操作步骤

执行上述命令后，系统弹出“选择颜色”对话框，如图2-44所示。

（2）设置图层线型。

执行方式

命令行：LINETYPE。

菜单："格式"→"线型"。

操作步骤

执行上述命令后，系统弹出"线型管理器"对话框，如图2-49所示。该对话框的使用方法与图2-45所示的"选择线型"对话框类似。

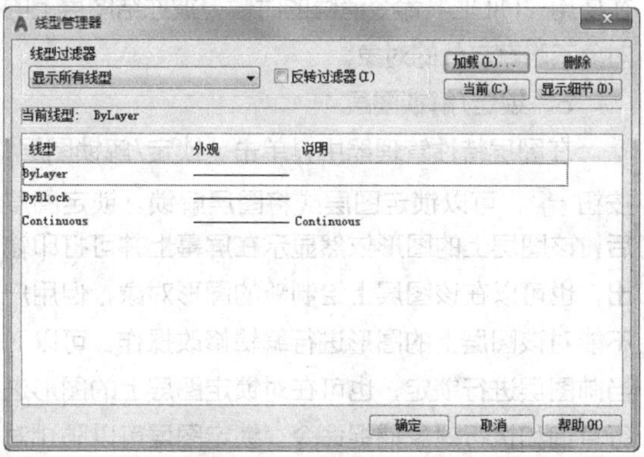

图 2-49 "线型管理器"对话框

（3）设置图层线宽。

执行方式

命令行：LINEWEIGHT或LWEIGHT。

菜单："格式"→"线宽"。

操作步骤

执行上述命令后，系统弹出"线宽设置"对话框，如图2-50所示。该对话框的使用方法与图2-47所示的"线宽"对话框类似。

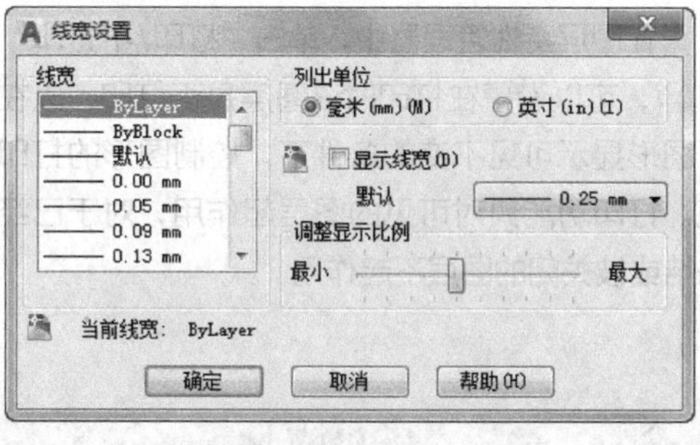

图 2-50 "线宽设置"对话框

3. 利用"特性"工具栏设置图层

AutoCAD提供了一个"特性"工具栏，如图2-51所示。在绘图区选择任何对象，都将在"特性"工具栏上自动显示它所在的图层、颜色、线型等属性。

图 2-51 "特性"工具栏

可以在"特性"工具栏上的"颜色""线型""线宽""打印样式"下拉列表中选择需要的参数值。如果在"颜色"下拉列表中选择"选择颜色"选项，如图2-52所示，系统就会打开"选择颜色"对话框；同样，如果在"线型"下拉列表中选择"其他"选项，如图2-53所示，系统就会打开"线型管理器"对话框，如图2-49所示。

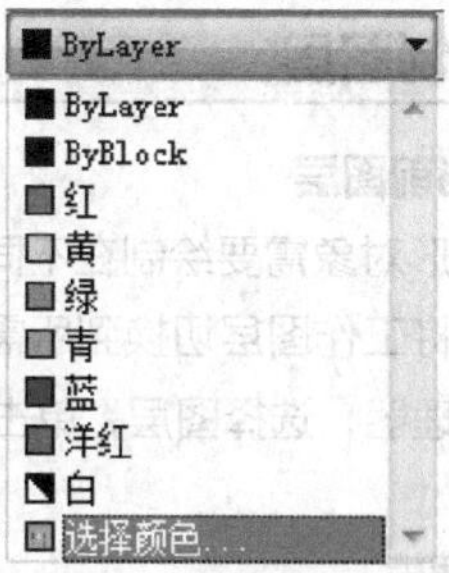

图 2-52 "选择颜色"选项

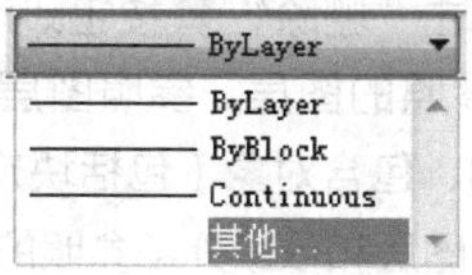

图 2-53 "其他"选项

4. 用"特性"选项板设置图层

执行方式

命令行：DDMODIFY或PROPERTIES。

菜单："修改"→"特性"。

工具栏："标准"→"特性"。

功能区：单击"默认"选项卡"特性"面板中的"对话框启动器"按钮或单击"视图"选项卡"选项板"面板中的"特性"按钮。

操作步骤

执行上述命令后，系统弹出"特性"选项板，如图2-54所示。在其中可以方便地设置或修改图层的颜色、线型、线宽等属性。

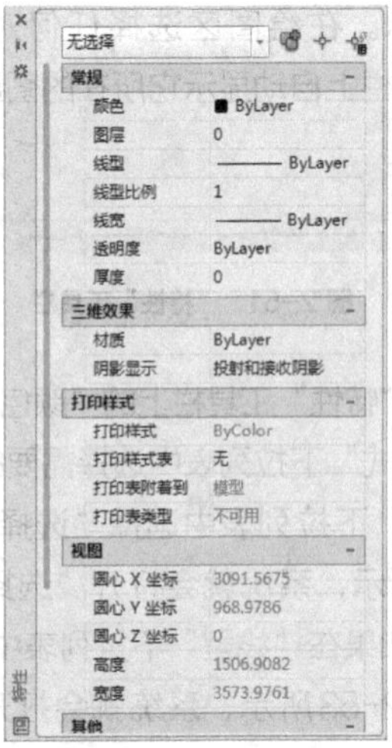

图 2-54 “特性”选项板

2.6.3 控制图层

1. 切换当前图层

不同的图形对象需要绘制在不同的图层中，在绘制前，需要将工作图层切换到所需的图层上。打开图层特性管理器，选择图层，单击“当前”按钮完成设置。

2. 删除图层

在图层特性管理器的图层列表框中选择要删除的图层，单击“删除”按钮即可删除该图层。只能删除未参照的图层。参照图层包括图层0及DEFPOINTS、包含对象（包括块定义中的对象）的图层、当前图层和依赖外部参照的图层。不包含对象（包括块定义中的对象）的图层、非当前图层和不依赖外部参照的图层都可以删除。

3. 关闭/打开图层

在图层特性管理器中，单击“开/关图层”按钮，可以控制图层的可见性。当图层打开时，图标小灯泡呈鲜艳的颜色，该图层上的图形可以显示在屏幕上或绘制在绘图仪上。当单击该按钮后，图标小灯泡呈灰暗色时，该图层上的图形不显示在屏幕上，而且不能被打印输出，但仍然作为图形的一部分保留在文件中。

4. 冻结/解冻图层

在图层特性管理器中，单击“在所有视口中冻结/解冻”按钮，可以冻结图层或将图层解冻。图标呈雪花灰暗色时，该图层是冻结状态；图标呈太阳鲜艳色时，该图层是解冻状态。冻结图层上的对象不能显示，也不能打印，同时也不能编辑修改该图层上的图形对象。在冻结了图层后，该图层上的对象不影响其他图层上对象的显示和打印。例如，在使用“HIDE”命令消隐的时候，被冻结图层上的对象不隐藏其他的对象。

5. 锁定/解锁图层

在图层特性管理器中，单击“锁定/解锁图层”按钮，可以锁定图层或将图层解锁。锁定图层后，该图层上的图形依然显示在屏幕上并可打印输出，也可以在该图层上绘制新的图形对象，但用户不能对该图层上的图形进行编辑修改操作。可以对当前图层进行锁定，也可在对锁定图层上的图形进行查询和执行对象捕捉命令。锁定图层可以防止对图形的意外修改。

6. 打印样式

在AutoCAD 2018中，可以使用一个称为“打印样式”的新的对象特性。打印样式控制对象的打印特性，包括颜色、抖动、灰度、笔号、虚拟笔、淡显、线型、线宽、线条端点样式、线条连接样式和填充样式。使用打印样式给用户提供了很大的灵活性，因为用户可以设置打印样式来替代其他对象特性，也可以按用户需要关闭这些替代设置。

7. 打印/不打印

在图层特性管理器中，单击“打印/不打印”按钮，可以设置在打印时该图层是否打印，以在保证图形显示可见不变的条件下，控制图形的打印特征。打印功能只对可见的图层起作用，对于已经被冻结或被关闭的图层不起作用。

2.7 绘图辅助工具

要快速顺利地完成图形绘制工作，有时要借助一些辅助工具，例如，用于准确确定绘制位置的精确定位工具和调整图形显示范围与方式的显示工具等。下面简要介绍这两种非常重要的绘图辅助工具。

2.7.1 精确定位工具

在绘制图形时，可以使用直角坐标和极坐标精确定位点，但是有些点（如端点、中心点等）的坐标我们是不知道的，要想精确地指定这些点，可想而知是很难的，有时甚至是不可能的。AutoCAD提供了精确定位工具，使用这类工具，我们可以很容易地在屏幕中捕捉到这些点，进行精确的绘图。

1. 栅格

AutoCAD的栅格由有规则的点矩阵组成，延伸到指定为图形界限的整个区域。使用栅格与在坐标纸上绘图是十分相似的，利用栅格可以对齐对象并直观显示对象之间的距离。如果放大或缩小图形，可能需要调整栅格间距，使其更适合新的比例。虽然栅格在屏幕上是可见的，但它并不是图形对象，因此它不会被打印成图形中的一部分，也不会影响在何处绘图。

可以单击状态栏上的“栅格”按钮或按F7键打开或关闭栅格。启用栅格并设置栅格在*X*轴方向和*Y*轴方向上的间距的方法如下。

执行方式

命令行：DSETTINGS、DS、SE或DDRMODES。

菜单：“工具”→“绘图设置”。

快捷菜单：“栅格”按钮处右键单击→“网格设置”。

操作步骤

执行上述命令，系统弹出“草图设置”对话框，如图2-55所示。

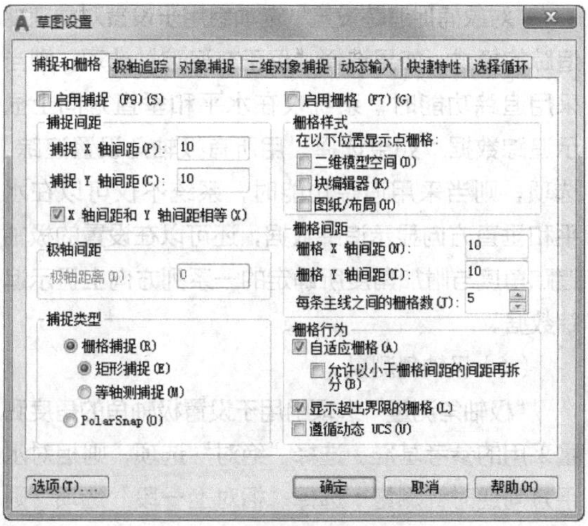

图2-55 “草图设置”对话框

如果需要显示栅格，选中“启用栅格”复选框。在“栅格*X*轴间距”文本框中，输入栅格点之间的水平距离，单位为毫米。如果使用与水平距离相同的间距设置垂直分布的栅格点，则按Tab键；否则，在“栅格*Y*轴间距”文本框中输入栅格点之间的垂直距离。

如果栅格的间距设置得太小，当进行“打开栅格”操作时，AutoCAD将在文本窗口中显示“栅格太密，无法显示”的信息，而不在屏幕上显示栅格点。或者使用“缩放”命令时，将图形缩放得很小，也会出现同样提示，不显示栅格。

捕捉可以使用户直接使用鼠标快速地定位目标点。捕捉模式有几种不同的形式：栅格捕捉、对象捕捉、极轴捕捉和自动捕捉。在下文中将详细讲解。

另外，可以使用“GRID”命令通过命令行方式设置栅格，功能与“草图设置”对话框类似。

2. 捕捉

捕捉是指AutoCAD可以生成一个隐含分布于屏幕上的栅格，这种栅格能够捕捉光标，使得光标只能落到其中的一个栅格点上。栅格捕捉可分为“矩形捕捉”和“等轴测捕捉”两种类型。默认设置为“矩形捕捉”类型，即捕捉点的阵列类似于栅格，如图2-56所示，用户可以指定捕捉栅格在*X*轴方向和*Y*轴方向上的间距，也可改变捕捉栅格与图形界限的相对位置。与栅格不同之处在于：捕捉间距的值必须为正实数；另外，捕捉栅格不受图形界限的约束。“等轴测捕捉”表示捕捉模式为等轴测模式，此模式是绘制正等轴测图时的工作环境，如图2-57所示。在“等轴测捕捉”模式下，栅格和光标十字线成绘制等轴测图时的特定角度。

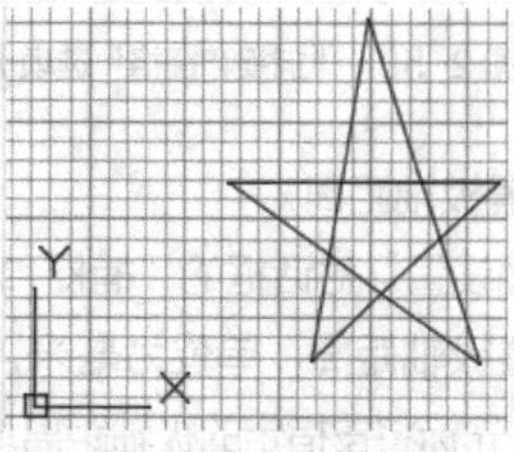

图2-56 “矩形捕捉”实例

在绘制图2-56和图2-57中的图形时，输入参数点时光标只能落在栅格点上。两种模式切换方法：打开“草图设置”对话框，进入“捕捉和栅格”选项卡，在“捕捉类型”选项组中，切换“矩形捕捉”模式与“等轴测捕捉”模式。

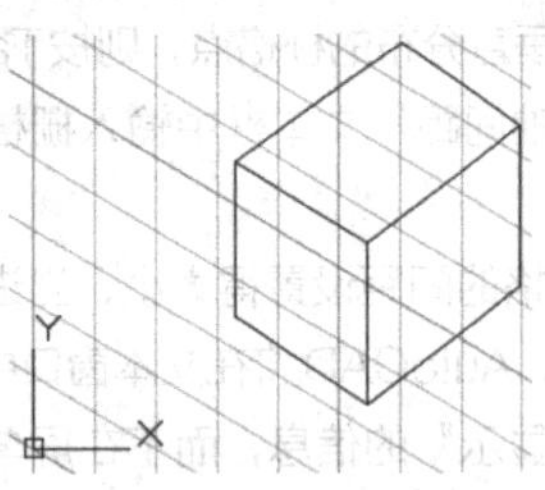

图 2-57 “等轴测捕捉”模式

3. 极轴追踪

极轴追踪是在创建或修改对象时，按事先给定的角度增量和距离增量来追踪特征点，即捕捉相对于初始点，且满足指定极轴距离和极轴角的目标点。

极轴追踪设置主要是设置追踪的距离增量和角度增量，以及与之相关联的捕捉模式。这些设置可以通过“草图设置”对话框的“捕捉和栅格”选项卡与“极轴追踪”选项卡来实现，如图2-58和图2-59所示。

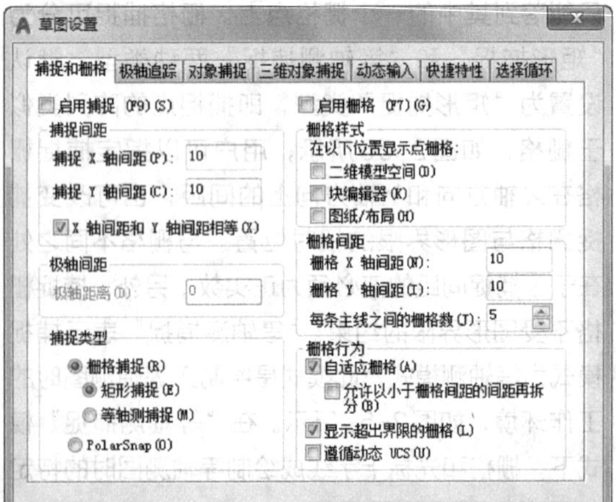

图 2-58 “捕捉和栅格”选项卡

（1）设置极轴距离。

在“草图设置”对话框的“捕捉和栅格”选项卡中，可以设置极轴距离，单位为毫米，如图2-58所示。绘图时，光标将按指定的极轴距离增量进行移动。

（2）设置极轴角度。

在“草图设置”对话框的“极轴追踪”选项卡中，可以设置极轴角增量角度，如图2-59所示。设置时，可以使用“增量角”下拉列表中的90、45、30、22.5、18、15、10和5的极轴角增量，也可以直接输入其他任意角度。光标移动时，如果接近极轴角，将显示对齐路径和工具栏提示。例如，图2-60所示为当极轴角增量设置为30°，光标移动90°时显示的对齐路径。

“附加角”用于设置极轴追踪时是否采用附加角度追踪。选中“附加角”复选框，通过“新建”按钮或“删除”按钮来增加、删除附加角度值。

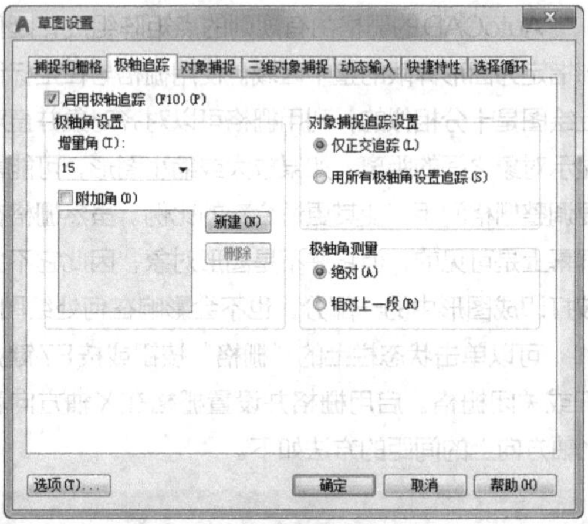

图 2-59 “极轴追踪”选项卡

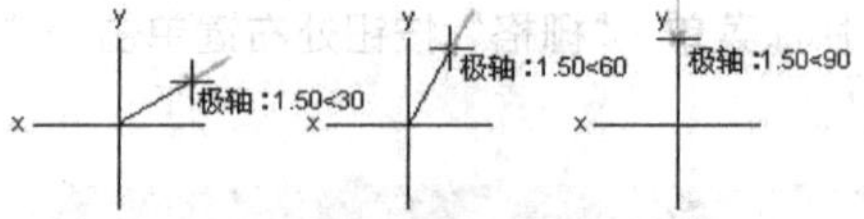

图 2-60 设置极轴角度

（3）对象捕捉追踪设置。

“对象捕捉追踪设置”选项组用于设置对象捕捉追踪的模式。如果选择“仅正交追踪”选项，则当采用追踪功能时，系统仅在水平和垂直方向上显示追踪数据；如果选择“用所有极轴角设置追踪”选项，则当采用追踪功能时，系统不仅可以在水平和垂直方向显示追踪数据，还可以在设置的极轴追踪角度与附加角度所确定的一系列方向上显示追踪数据。

（4）极轴角测量。

“极轴角测量”选项组用于设置极轴角的角度测量采用的参考基准。选择“绝对”选项，则相对水平方向逆时针测量；选择“相对上一段”选项，则以上一段对象为基准进行测量。

4. 对象捕捉

AutoCAD给所有的图形对象都定义了特征点，对象捕捉则是指在绘图过程中，通过捕捉这些特征点，迅速准确地将新的图形对象定位在现有对象的确切位置上，例如，圆的圆心、线段中点或两个对象的交点等。在AutoCAD 2018中，可以通过单击状态栏中“二维对象捕捉”按钮，或者在“草图设置”对话框的“对象捕捉”选项卡中选择“启用对象捕捉”复选框，来完成启用对象捕捉功能。在绘图过程中，对象捕捉功能的调用可以通过以下方式完成。

（1）通过“对象捕捉”工具栏。

在绘图过程中，当系统提示需要指定点位置时，可以单击“对象捕捉”工具栏（见图2-61）中相应的特征点按钮，再把光标移动到要捕捉的对象上的特征点附近，AutoCAD会自动提示并捕捉到这些特征点。例如，如果需要用直线连接一系列圆的圆心，可以将“圆心”设置为对象捕捉特征点。如果有两个可能的捕捉点落在选择区域，AutoCAD将捕捉离光标中心最近的符合条件的点。在指定捕捉点时，还有可能需要检查哪一个对象捕捉有效，例如，在指定位置有多个对象捕捉符合条件，在指定点之前，按Tab键可以遍及所有可能的点。

图 2-61 “对象捕捉”工具栏

（2）通过“对象捕捉”快捷菜单。

在需要指定点位置时，还可以按住Ctrl键或Shift键，单击鼠标右键，弹出“对象捕捉”快捷菜单，如图2-62所示。从该菜单上可以选择某一种特征点执行对象捕捉，把光标移动到要捕捉对象上的特征点附近，即可捕捉到这些特征点。

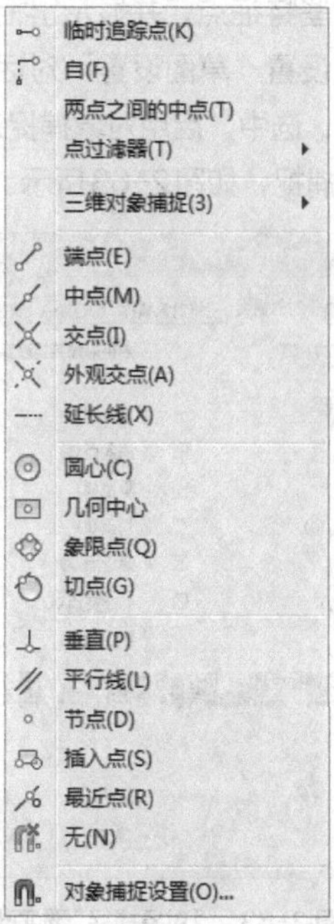

图 2-62 “对象捕捉”快捷菜单

（3）使用命令行。

当需要指定点位置时，在命令行中输入相应特征点的关键字，把光标移动到要捕捉对象上的特征点附近，即可捕捉到这些特征点。对象捕捉特征点的关键字如表2-1所示。

表2-1 对象捕捉特征点的关键字

模　式	关 键 字	模　式	关 键 字	模　式	关 键 字
临时追踪点	TT	捕捉自	FROM	端点	END
中点	MID	交点	INT	外观交点	APP
延长线	EXT	圆心	CEN	象限点	QUA
切点	TAN	垂足	PER	平行线	PAR
节点	NOD	最近点	NEA	无捕捉	NON

对象捕捉不可单独使用，必须配合别的绘图命令一起使用。仅当AutoCAD提示输入点时，对象捕捉才生效。如果试图在命令提示下使用对象捕捉，AutoCAD将显示错误信息。

对象捕捉只影响屏幕上可见的对象，包括锁定图层、布局视口边界和多段线上的对象。不能捕捉不可见的对象，如未显示的对象、关闭或冻结图层上的对象或虚线的空白部分。

5. 自动对象捕捉

在绘制图形的过程中，使用对象捕捉的频率非常高，如果每次在捕捉时都要先选择捕捉模式，将使工作效率大大降低。出于此种考虑，AutoCAD 2018提供了自动对象捕捉模式。如果启用自动捕捉功能，当光标距指定的捕捉点较近时，系统会自动精确地捕捉这些特征点，并显示出相应的标记及该捕捉的提示。设置“草图设置”对话框中的“对象捕捉”选项卡，选中“启用对象捕捉追踪”复选框，可以调用自动捕捉，如图2-63所示。

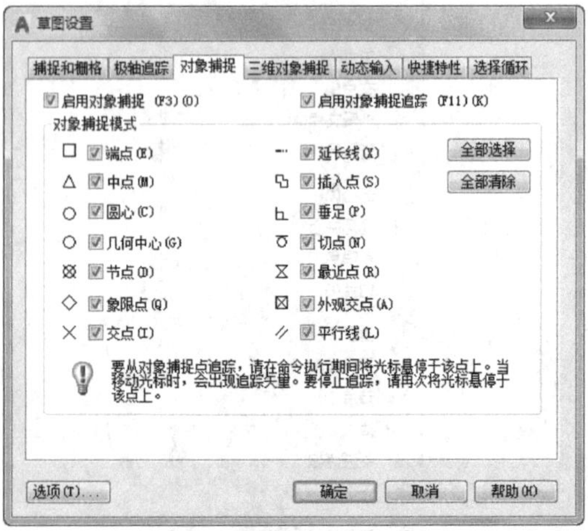

图2-63 “对象捕捉”选项卡

用户可以设置自己经常要用的捕捉方式。一旦设置了捕捉方式后，在每次运行时，所设定的目标捕捉方式就会被激活，而不是仅对一次选择有效。当同时使用多种捕捉方式时，系统将捕捉距光标最近，同时又是满足多种目标捕捉方式之一的点。当光标距要获取的点非常近时，按Shift键将暂时不获取对象。

6. 正交绘图

正交绘图模式，即在命令的执行过程中，光标只能沿*X*轴或*Y*轴移动。所有绘制的线段和构造线都将平行于*X*轴或*Y*轴，因此它们相互垂直成90°相交，即正交。使用正交绘图，对于绘制水平线和垂直线非常有用，特别是当绘制构造线时经常使用。而且当捕捉模式为等轴测模式时，它还迫使直线平行于3个轴测轴中的一个。

设置正交绘图可以直接单击状态栏中的“正交模式”按钮或按F8键，相应地会在文本窗口中显示开/关提示信息。也可以在命令行中输入“ORTHO”命令，开启或关闭正交绘图模式。

因为不能同时打开正交模式和极轴追踪，因此正交模式打开时，AutoCAD会关闭极轴追踪。如果再次打开极轴追踪，AutoCAD将关闭正交模式。

2.7.2 图形显示工具

对于一个较为复杂的图形来说，在观察整幅图形时，往往无法对其局部细节进行查看和操作，而当在屏幕上显示一个细部时又看不到其他部分，为解决这类问题，AutoCAD提供了“缩放”“平移”“视口”命令等一系列图形显示控制命令，可以用来任意地放大、缩小或移动屏幕上的图形，或者同时从不同的角度、不同的部位来显示图形。AutoCAD还提供了“重画”和“重生成”命令来刷新屏幕、重新生成图形。

1. 图形缩放

图形缩放命令类似于照相机的镜头，可以放大或缩小屏幕所显示的范围，只改变视图的比例，但是对象的实际尺寸并不发生变化。当放大图形一部分的显示尺寸时，可以更清楚地查看这个区域的细节；相反，如果缩小图形的显示尺寸，则可以查看更大的区域，如整体浏览。

“缩放”命令在绘制大幅面机械图，尤其是装配图时非常有用，是使用频率最高的命令之一。这个命令可以透明地使用，也就是说，该命令可以在其他命令执行时运行。用户完成涉及透明命令的过程时，AutoCAD会自动地返回到在用户调用透明命令前正在运行的命令。执行图形缩放的方法如下。

执行方式

命令行：ZOOM。

菜单：“视图”→“缩放”→“实时”。

工具栏：“标准”→“实时缩放”。

功能区：单击“视图”选项卡“导航”面板中的“范围”下拉菜单中的“实时”按钮。

操作步骤

执行上述命令后，系统提示如下。

```
[全部(A)/中心点(C)/动态(D)/范围(E)/上一个(P)/比例(S)/窗口(W)] <实时>:
```

选项说明

（1）实时：这是“缩放”命令的默认操作，即在输入“ZOOM”命令后，直接按Enter键，将自动执行实时缩放操作。实时缩放就是通过上下移动鼠标交替进行放大和缩小。在进行实时缩放时，系统会显示一个“+”号或“-”号。当缩放比例接近极限时，AutoCAD将不再与光标一起显示“+”号或“-”号。按Enter键或Esc键，可以从实时缩放操作中退出。

（2）全部（A）：执行“ZOOM”命令后，在提示文字后键入“A”，按Enter键，即可执行“全部”缩放操作。不论图形有多大，该操作都将显示图形的边界或范围，即使对象不包括在边界以内，它们也将被显示。因此，使用“全部（A）”缩放选项，可查看当前视口中的整个图形。

（3）中心点（C）：通过确定一个中心点，该选项可以定义一个新的显示窗口。操作过程中需要指定中心点及输入比例或高度。默认新的中心点就是视图的中心点，默认的输入高度就是当前视图的高度，直接按Enter键后，图形将不会被放大。输入比例数值越大，图形放大倍数也越大。也可以在数值后面紧跟一个×，如3×，表示在放大时不是按照绝对值变化，而是按相对于当前视图的相对值缩放。

（4）动态（D）：通过操作一个表示视口的视图框，可以确定所需显示的区域。选择该选项，在绘图窗口中出现一个小的视图框，按住鼠标左键左右移动可以改变该视图框的大小，定形后释放左键，再按下鼠标左键移动视图框，确定图形中的放大位置，系统将清除当前视口并显示一个特定的视图选择屏幕。这个特定屏幕，由有关当前视图及有效视图的信息所构成。

（5）范围（E）：可以使图形缩放至整个显示范围。图形的范围由图形所在的区域构成，剩余的空白区域将被忽略。选择这个选项，图形中所有的对象都将尽可能地被放大。

（6）上一个（P）：在绘制一幅复杂的图形时，有时需要放大图形的一部分以进行细节的编辑。当编辑完成后，有时希望回到前一个视图，这种操作可以使用“上一个（P）”选项来实现。当前视口由“缩放”命令的各种选项及移动视图、恢复视图、平行投影或透视命令引起的任何变化，系统都将做保存。每一个视口最多可以保存10个视图。连续使用“上一个（P）”选项可以恢复前10个视图。

（7）比例（S）：提供了3种使用方法。在提示信息下，直接输入比例因子，AutoCAD将按照此比例因子放大或缩小图形的尺寸。如果在比例因子后面加一个“×”，则表示相对于当前视图计算的比例因子。使用比例因子的第三种方法就是相对于图纸空间，例如，可以在图纸空间阵列布排或打印出模型的不同视图。为了使每一张视图都与图纸空间单位成比例，可以使用“比例（S）”选项，每一个视图可以有单独的比例。

（8）窗口（W）：这是最常使用的选项。通过确定一个矩形窗口的两个对角来指定所需缩放的区域，对角点可以由鼠标指定，也可以输入坐标确定。指定窗口的中心点将成为新的显示屏幕的中心点。窗口中的区域将被放大或缩小。调用“ZOOM”命令时，可以在没有选择任何选项的情况下，利用鼠标在绘图窗口中直接指定缩放窗口的两个对角点。

> **注意** 这里所提到的放大、缩小或移动等操作，仅仅是对图形在屏幕上的显示进行控制，图形本身并没有任何改变。

2. 图形平移

当图形幅面大于当前视口时，例如，使用图形缩放命令将图形放大，如果需要在当前视口之外观察或绘制一个特定区域，可以使用图形平移命令来实现。平移命令能将在当前视口以外的图形的一部分移动进来查看或编辑，但不会改变图形的缩放比例。执行图形平移的方法如下。

执行方式

命令行：PAN。

菜单：“视图”→“平移”→“实时”。

工具栏：“标准”→“实时平移”。

快捷菜单：在绘图区单击鼠标右键→“平移”。

功能区：单击“视图”选项卡“导航”面板中的“平移”按钮。

激活“平移”命令之后，光标形状将变成一只“小手”，可以在绘图窗口中任意移动，说明当前正处于平移模式。单击并按住鼠标左键将光标锁定在当前位置，即“小手”已经抓住图形，然后，拖动图形使其移动到所需位置上。释放鼠标左键将停止平移图形。可以反复按下鼠标左键进行拖动与释放操作，将图形平移到其他位置上。

“平移”命令预先定义了一些不同的菜单选项与按钮，它们可用于在特定方向上平移图形，在激活“平移”命令后，这些选项可以从菜单“视图”→“平移”中调用。

（1）实时：是平移命令中最常用的选项，也是默认选项，前面提到的平移操作都是指实时平移，通过鼠标的拖动来实现任意方向上的平移。

（2）点：这个选项要求确定位移量，这就需要确定图形移动的方向和距离。可以通过输入点的坐标或用鼠标指定点的坐标来确定位移。

（3）左：该选项向右移动图形后，使屏幕左部的图形进入显示窗口。

（4）右：该选项向左移动图形后，使屏幕右部的图形进入显示窗口。

（5）上：该选项向底部平移图形后，使屏幕顶部的图形进入显示窗口。

（6）下：该选项向顶部平移图形后，使屏幕底部的图形进入显示窗口。

2.8 上机实验

【练习1】设置绘图环境

1. 目的要求

任何一个图形文件都有一个特定的绘图环境，包括图形边界、绘图单位、角度等。设置绘图环境通常有两种方法：设置向导与单独的命令设置方法。通过学习设置绘图环境，可以促进用户对图形总体环境的认识。

2. 操作提示

（1）选择菜单栏中的“文件”→“新建”命令，系统打开“选择样板”对话框，单击“打开”按钮，进入绘图界面。

（2）选择菜单栏中的“格式”→“图形界限”命令，设置界限为“(0,0)，(297,210)”，在命令行中可以重新设置模型空间界限。

（3）选择菜单栏中的“格式”→“单位”命令，系统打开“图形单位”对话框，设置长度类型为“小数”，精度为“0.00”；角度类型为十进制度数，精度为“0”；用于缩放插入内容的单位为“毫米”，用于指定光源强度的单位为“国际”；角度方向为“顺时针”。

【练习2】熟悉操作界面

1. 目的要求

操作界面是用户绘制图形的平台，操作界面的各个部分都有其独特的功能，熟悉操作界面有助于用户方便快速地进行绘图。本练习要求用户了解操作界面各部分的功能，掌握改变绘图区颜色和光标大小的方法，能够熟练地打开、移动、关闭工具栏。

2. 操作提示

（1）启动AutoCAD 2018进入操作界面。

（2）调整操作界面大小。

（3）设置绘图区的颜色与光标大小。

（4）分别利用功能区、命令行、菜单命令和工具栏绘制一条线段。

【练习3】管理图形文件

1. 目的要求

图形文件管理包括文件的新建、打开、保存、退出等。本练习要求用户熟练掌握文件的打开、自动保存及赋名保存的方法。

2. 操作提示

（1）启动AutoCAD 2018，进入操作界面。

（2）打开一幅已经保存过的图形。

（3）进行自动保存设置。

（4）在图形上绘制任意图线。

（5）将图形以新的名称保存。

（6）退出该图形。

【练习4】数据操作

1. 目的要求

AutoCAD 2018人机交互的最基本内容就是数

据输入。本练习要求用户熟练地掌握各种数据的输入方法。

2. 操作提示

（1）在命令行输入“LINE”命令。

（2）输入线段起点在直角坐标方式下的绝对坐标值。

（3）输入下一点在直角坐标方式下的相对坐标值。

（4）输入下一点在极坐标方式下的绝对坐标值。

（5）输入下一点在极坐标方式下的相对坐标值。

（6）单击直接指定下一点的位置。

（7）单击状态栏中的“正交模式”按钮，将其切换到“开”的状态，用光标指定下一点的方向，在命令行输入一个数值。

（8）单击状态栏中的“动态输入”按钮，将其切换到“开”的状态，拖动光标，系统会动态显示角度，拖动到选定角度后，在长度文本框中输入长度值。

（9）按Enter键，结束绘制线段的操作。

第3章

二维绘图命令

二维图形是指在二维平面空间绘制的图形，主要由一些图形元素组成，如点、直线、圆弧、圆、椭圆、矩形、多边形、多段线、样条曲线、多线等。AutoCAD 2018 提供了大量的绘图工具，可以帮助用户完成二维图形的绘制。本章主要包括直线、圆、圆弧、椭圆、椭圆弧、矩形、多边形、点、多段线、样条曲线和多线的绘制以及图案填充等内容。

重点与难点

- 直线类
- 圆类图形
- 平面图形
- 点
- 多段线
- 样条曲线
- 多线
- 图案填充

3.1 直线类

直线类命令主要包括“直线”和“构造线”命令。这两个命令是AutoCAD 2018中最简单的绘图命令。

3.1.1 绘制线段

执行方式

命令行：LINE。

菜单：“绘图”→“直线”。

工具栏：“绘图”→“直线”。

功能区：单击“默认”选项卡“绘图”面板中的“直线”按钮。

操作步骤

```
命令：LINE↙
指定第一个点：(输入直线段的起点，用鼠标指定点或者给定点的坐标)
指定下一点或 [放弃(U)]：（输入直线段的端点，也可以用鼠标指定一定角度后，直接输入直线段的长度）
指定下一点或 [放弃(U)]：(输入下一直线段的端点。输入选项U表示放弃前面的输入；右击或按Enter键，结束命令)
指定下一点或 [闭合(C)/放弃(U)]：（输入下一直线段的端点，或输入选项C使图形闭合，结束命令）
```

选项说明

（1）若按Enter键响应“指定第一个点”的提示，则系统会把上次绘制线段（或弧）的终点作为本次操作的起始点。特别地，若上次操作为绘制圆弧，按Enter键响应后，绘出通过圆弧终点的与该圆弧相切的直线段，该线段的长度由鼠标在屏幕上指定的一点与切点之间线段的长度确定。

（2）在“指定下一点”的提示下，用户可以指定多个端点，从而绘出多条直线段。但是，每一条直线段都是一个独立的对象，可以单独地进行编辑操作。

（3）绘制两条以上的直线段后，若用选项“C”响应“指定下一点”的提示，系统会自动连接起始点和最后一个端点，从而绘出封闭的图形。

（4）若用选项“U”响应提示，则会擦除最近一次绘制的直线段。

（5）若设置正交方式（单击状态栏上的“正交模式”按钮），则只能绘制水平直线段或竖直直线段。

（6）若设置动态数据输入方式（单击状态栏上的“动态输入”按钮），则可以动态输入坐标或长度值。下面的命令同样可以设置动态数据输入方式，效果与非动态数据输入方式类似。除了特别需要（以后不再强调），否则只按非动态数据输入方式输入相关数据。

3.1.2 绘制构造线

执行方式

命令行：XLINE。

菜单：“绘图”→“构造线”。

工具栏：“绘图”→“构造线”。

功能区：单击“默认”选项卡“绘图”面板中的“构造线”按钮。

操作步骤

```
命令：XLINE↙
指定点或 [水平(H)/垂直(V)/角度(A)/二等分(B)/偏移(O)]：(给出点)
指定通过点：(给定通过点，画一条双向的无限长直线)
指定通过点：(继续给出点，继续画线，按Enter键，结束命令)
```

选项说明

（1）选项中有“指定点”“水平”“垂直”“角度”“二等分”和“偏移”6种方式绘制构造线。

（2）构造线常用于辅助绘图，可以模拟手工绘图中的辅助绘图线。用特殊的线型显示，在绘图输出时，不作输出。

实例教学

扫一扫

下面以绘制简易餐桌为例，介绍创建图层、设置图层属性的操作及“直线”命令的使用方法。

STEP 绘制步骤

❶ 创建新图层。单击“默认”选项卡“图层”面板中的“图层特性”按钮，弹出图层特性管理器。单击“新建”按钮，名为“图层1”的新图层就

创建好了，如图 3-1 所示。

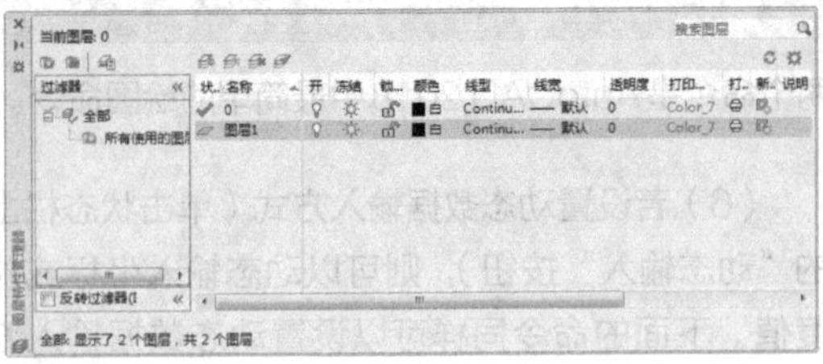

图 3-1　新建图层

❷ 重新命名该图层。双击“图层 1”名称，输入“1”，按 Enter 键，新的图层就被命名为“1”图层了。然后建立新图层并命名为“2”。

❸ 设置图层颜色属性。双击“1”图层的颜色属性“白色”，弹出如图 3-2 所示的“选择颜色”对话框。单击其中的黄色，然后单击“确定”按钮，可以看到在图 3-1 所示的图层特性管理器中，“1”图层的颜色变为黄色。再将“2”图层的颜色设为绿色。

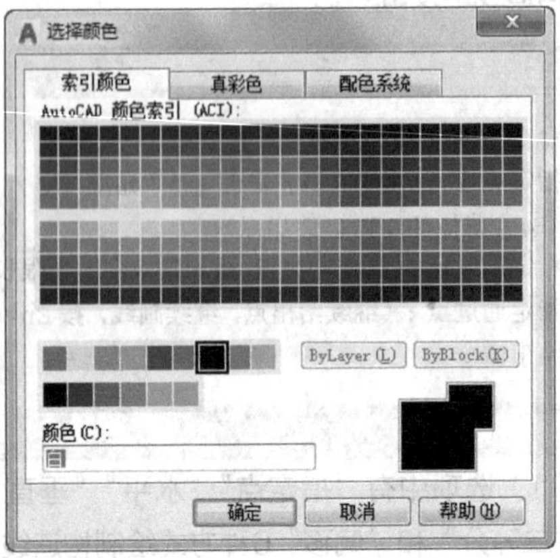

图 3-2　“选择颜色”对话框

❹ 设置线型属性。在图 3-1 所示的图层特性管理器中单击“1”图层的线型属性“Continuous”，弹出如图 3-3 所示的“选择线型”对话框。

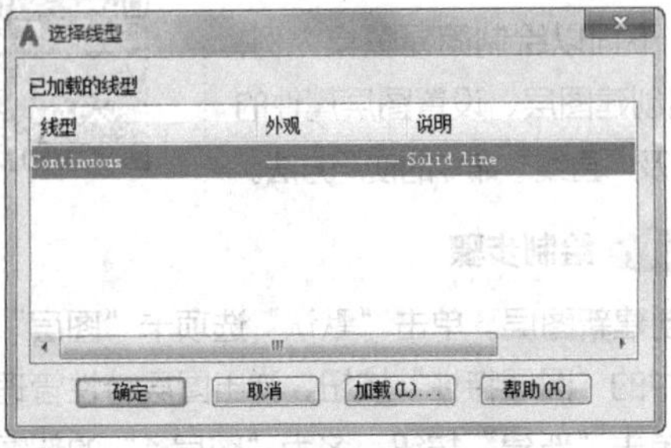

图 3-3　“选择线型”对话框

如果要加载“CENTER”线型，单击“加载”按钮，弹出“加载或重载线型”对话框，如图 3-4 所示。找到“CENTER”线型，单击“确定”按钮，即可加载该线型，如图 3-5 所示。本例中的线型不需要修改，均保持系统默认的“Continuous”线型即可。

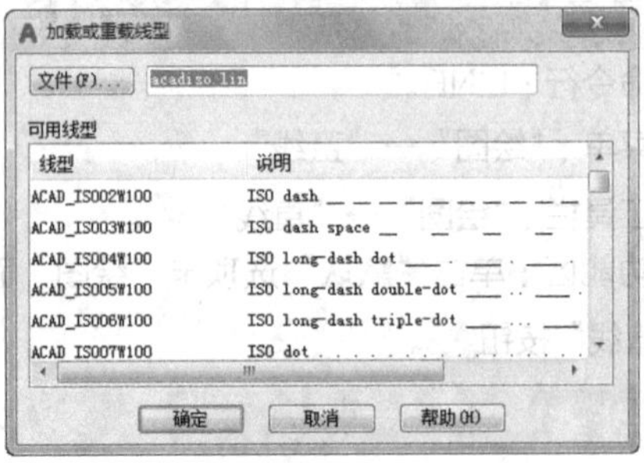

图 3-4　“加载或重载线型”对话框

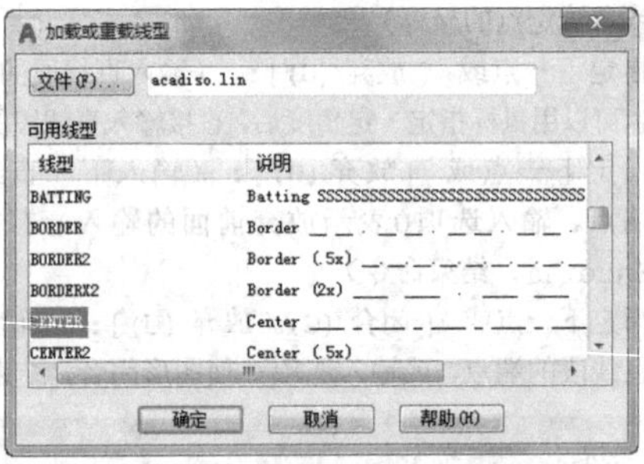

图 3-5　加载“CENTER”线型

❺ 设定线宽属性。单击“1”图层的线宽属性“默认”，弹出如图 3-6 所示的“线宽”对话框。选择“0.30mm”的线宽，单击“确定”按钮，则粗实线图层的线宽设定为 0.30mm。

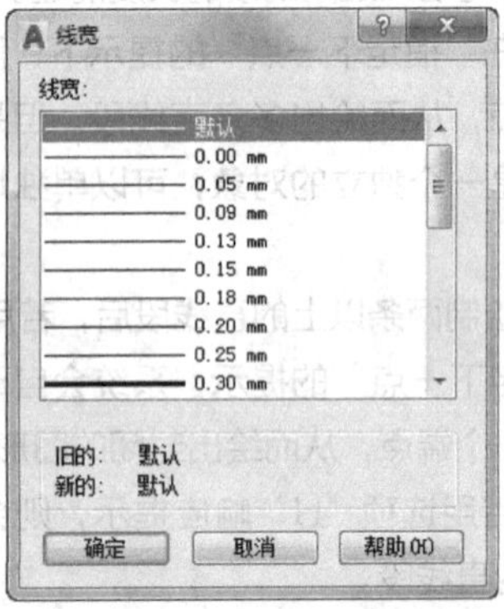

图 3-6　“线宽”对话框

❻ 设定其他图层。在本例中，一共建立两个图层，

其属性如下。

（1）“1”图层，颜色为黄色，线宽为 0.30mm，其余属性默认。

（2）“2”图层，颜色为绿色，其余属性默认。结果如图 3-7 所示。

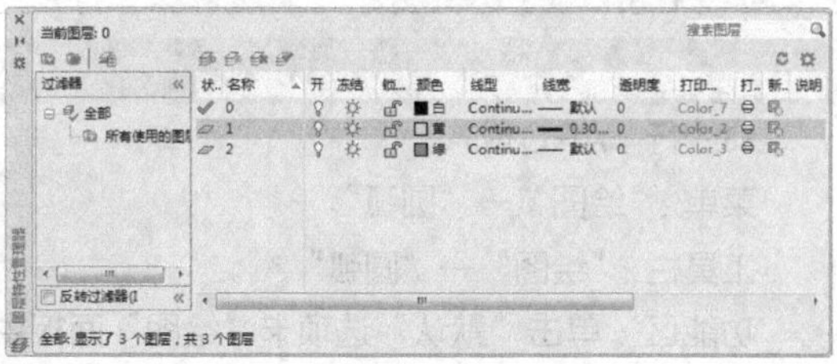

图 3-7 新建图层及其属性

❼ 将当前图层设为“1”图层，单击“默认”选项卡“绘图”面板中的“直线”按钮，绘制连续线段。命令行提示与操作如下。

```
命令： _line
指定第一个点： 0,0↙
指定下一点或 [放弃（U）]： @1200,0↙
指定下一点或 [放弃（U）]： @0,1200↙
指定下一点或 [闭合（C）/放弃（U）]： @-1200,0↙
指定下一点或 [闭合（C）/放弃（U）]： c↙
```

单击状态栏中的“线宽”按钮，将其切换到“开”的状态，如图 3-8 所示，绘制结果如图 3-9 所示。

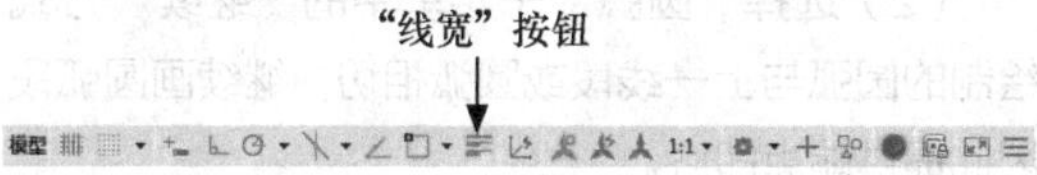

图 3-8 线宽显示

❽ 将当前图层设为“2”图层，单击“默认”选项卡“绘图”面板中的“直线”按钮，绘制餐桌外轮廓。命令行提示与操作如下。

```
命令： _line
指定第一个点： 20,20↙
指定下一点或 [放弃（U）]： @1160,0↙
指定下一点或 [放弃（U）]： @0,1160↙
指定下一点或 [闭合（C）/放弃（U）]： @-1160,0↙
指定下一点或 [闭合（C）/放弃（U）]： c↙
```

绘制结果如图 3-10 所示，一个简易的餐桌就绘制完成了。

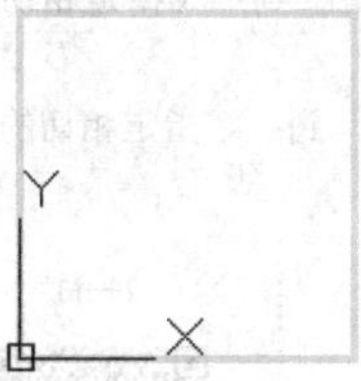

图 3-9 绘制连续线段

图 3-10 简易餐桌

❾ 单击快速访问工具栏中的“另存为”按钮，保存图形。命令行提示与操作如下。

```
命令： _SAVEAS （将绘制完成的图形以“简易餐桌.dwg”为文件名保存在指定的路径中）
```

> **注意**
> （1）输入坐标时，逗号必须是在英文状态下，否则会出现错误。
> （2）一般每个命令有多种执行方式，这里只给出了命令行执行方式，其他执行方式的操作方法与命令行执行方式相同。

3.2 圆类图形

圆类命令主要包括“圆”“圆弧”“椭圆”“椭圆弧”及“圆环”等命令，这几个命令是 AutoCAD 2018 中最简单的圆类命令。

3.2.1 绘制圆

执行方式

命令行：CIRCLE。

菜单：“绘图”→“圆”。

工具栏：“绘图”→“圆”。

功能区：单击“默认”选项卡“绘图”面板中的“圆”按钮。

操作步骤

```
命令： CIRCLE↙
指定圆的圆心或 [三点（3P）/两点（2P）/切点、切点、半径（T）]： （指定圆心）
指定圆的半径或 [直径（D）]： （直接输入半径数值或用鼠标指定半径长度）
```

选项说明

（1）三点（3P）：用指定圆周上三点的方法

画圆。

（2）两点（2P）：指定直径的两端点画圆。

（3）切点、切点、半径（T）：先指定两个相切对象，然后给出半径画圆。

（4）直径（D）：指定直径画圆。

“绘图”→“圆”菜单中多了一种“相切、相切、相切”的方法，当选择此方式时，命令行提示与操作如下。

```
指定圆上的第一个点： _tan 到：（指定相切的第一个圆弧）
指定圆上的第二个点： _tan 到：（指定相切的第二个圆弧）
指定圆上的第三个点：_tan 到：（指定相切的第三个圆弧）
```

实例教学

扫一扫

下面以绘制圆餐桌为例，介绍“圆”命令的使用方法。

STEP 绘制步骤

❶ 设置绘图环境。选取菜单栏中的“格式”→“图形界限”命令，设置图幅界限为 297mm×210mm。

❷ 单击“默认”选项卡“绘图”面板中的“圆”按钮，绘制圆。命令行提示与操作如下。

```
命令： circle
指定圆的圆心或 [三点(3P)/两点(2P)/切点、切点、半径(T)]： 100,100↙
指定圆的半径或 [直径(D)]： 50↙
```

绘制结果如图 3-11 所示。

图 3-11　绘制圆

重复“圆”命令，以（100,100）为圆心，绘制半径为 40 的圆，结果如图 3-12 所示。

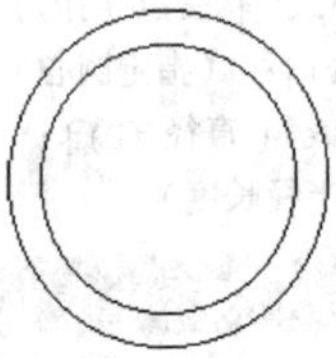

图 3-12　圆餐桌

❸ 单击快速访问工具栏中的“另存为”按钮，保存图形。命令行提示与操作如下。

```
命令： _SAVEAS （将绘制完成的图形以“圆餐桌.dwg”为文件名保存在指定的路径中）
```

3.2.2 绘制圆弧

执行方式

命令行：ARC或A。

菜单：“绘图”→“圆弧”。

工具栏：“绘图”→“圆弧”。

功能区：单击“默认”选项卡“绘图”面板中的“圆弧”按钮。

操作步骤

```
命令： ARC↙
指定圆弧的起点或 [圆心(C)]：（指定起点）
指定圆弧的第二点或 [圆心(C)/端点(E)]：（指定第二点）
指定圆弧的端点：（指定端点）
```

选项说明

（1）用命令行方式画圆弧时，可以根据系统提示选择不同的选项，具体功能和用“绘图”菜单中的“圆弧”子菜单提供的 11 种方式的功能相似。

（2）选择“圆弧”子菜单中的“继续”方式，绘制的圆弧与上一线段或圆弧相切，继续画圆弧段，因此提供端点即可。

实例教学

扫一扫

下面以绘制如图 3-13 所示的椅子为例，介绍“圆弧”命令的使用方法。

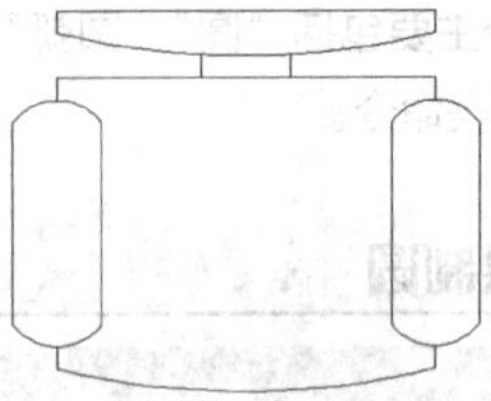

图 3-13　椅子

STEP 绘制步骤

❶ 单击“默认”选项卡“绘图”面板中的“直线”按钮，绘制椅子的初步轮廓，结果如图 3-14 所示。

❷ 利用“圆弧”命令，绘制图形，命令行提示与操作如下。

> 命令：ARC↙
> 指定圆弧的起点或 [圆心(C)]：(用鼠标指定左上方竖线段端点1，如图3-14所示)
> 指定圆弧的第二点或 [圆心(C)/端点(E)]：(用鼠标在上方两竖线段正中间指定一点2)
> 指定圆弧的端点：(用鼠标指定右上方竖线段端点3)

结果如图 3-15 所示。

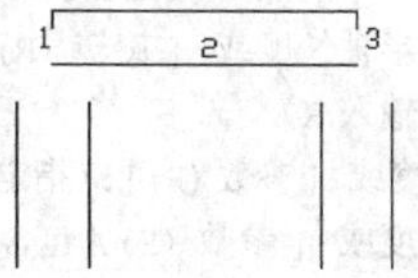

图 3-14 椅子的初步轮廓

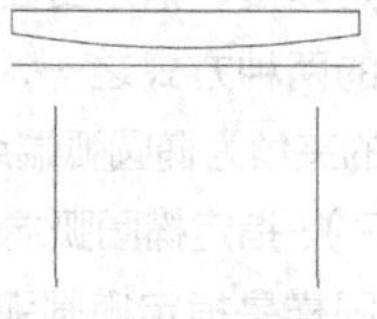

图 3-15 绘制圆弧

❸ 利用“直线”命令，绘制图形，命令行提示与操作如下。

> 命令：LINE↙
> 指定第一个点：(用鼠标在刚才绘制的圆弧上指定一点)
> 指定下一点或 [放弃(U)]：(在竖直方向上用鼠标在中间水平线段上指定一点)
> 指定下一点或 [放弃(U)]：↙

用同样的方法，在圆弧上指定一点为起点，向下绘制另一条竖线段。结果如图3-16所示。

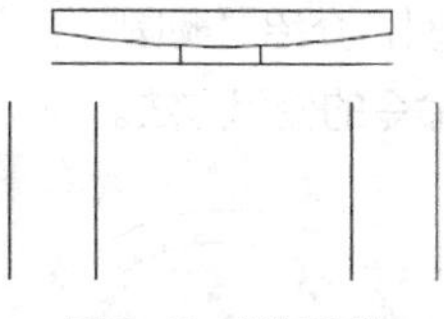

图 3-16 绘制直线

再以图3-14中1、3两点下面的水平线段的端点为起点，各向下适当距离绘制两条竖直线段。结果如图3-17所示。

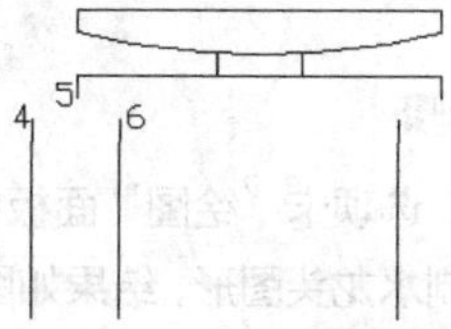

图 3-17 绘制直线

❹ 利用“圆弧”命令，绘制扶手位置的圆弧。命令行提示与操作如下。

> 命令：ARC↙
> 指定圆弧的起点或 [圆心(C)]：(用鼠标指定左边第一条竖线段的端点4，如图3-17所示)
> 指定圆弧的第二点或 [圆心(C)/端点(E)]：(用鼠标指定上面刚绘制的竖线段的端点5)
> 指定圆弧的端点：(用鼠标指定左下方第二条竖线段的端点6)

结果如图 3-18 所示。

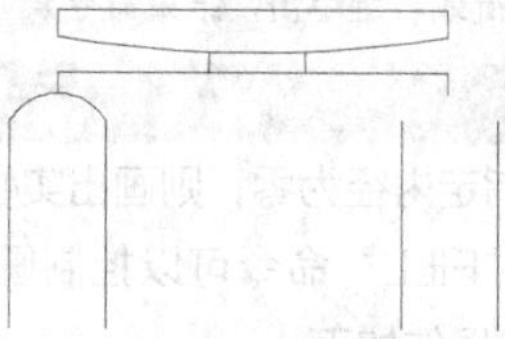

图 3-18 绘制圆弧

❺ 利用“圆弧”命令，同样方法绘制其他扶手位置处的圆弧，结果如图 3-19 所示。

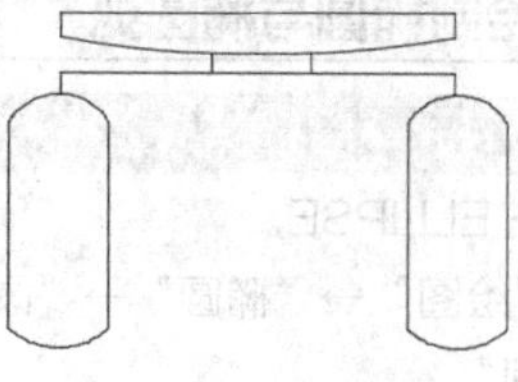

图 3-19 绘制其他圆弧

❻ 单击“默认”选项卡“绘图”面板中的“直线”按钮，在扶手下侧圆弧中点绘制适当长度的竖直线段，如图 3-20 所示。

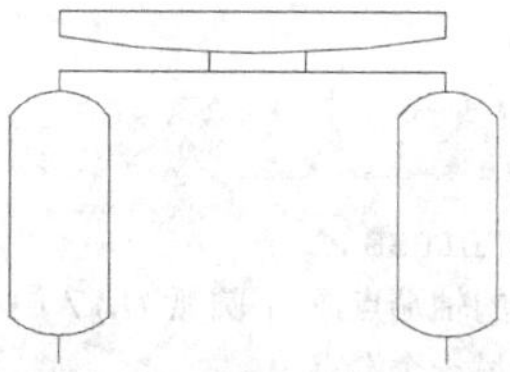

图 3-20 绘制竖直线

❼ 利用“圆弧”命令，在上一步绘制的两条竖直线端点位置处绘制适当的圆弧，最后完成的图形如图 3-13 所示。

3.2.3 绘制圆环

执行方式

命令行：DONUT。

菜单：“绘图”→“圆环”。

功能区：单击“默认”选项卡“绘图”面板中的“圆环”按钮。

操作步骤

命令：DONUT↙
指定圆环的内径 ＜默认值＞：（指定圆环内径）
指定圆环的外径 ＜默认值＞：（指定圆环外径）
指定圆环的中心点或 ＜退出＞：（指定圆环的中心点）
指定圆环的中心点或 ＜退出＞：（继续指定圆环的中心点，则继续绘制具有相同内外径的圆环。按Enter键、空格键或右键单击，结束命令）

选项说明

（1）若指定内径为零，则画出实心填充圆。

（2）用“FILL”命令可以控制圆环是否填充。命令行提示与操作如下。

命令：FILL↙
输入模式 ［开（ON）/关（OFF）］＜开＞：（选择“ON”表示填充，选择“OFF”表示不填充）

3.2.4 绘制椭圆与椭圆弧

执行方式

命令行：ELLIPSE。

菜单：“绘图”→“椭圆”→“圆心”“轴、端点”或“圆弧”。

工具栏：“绘图”→“椭圆”或“绘图”→“椭圆弧”。

功能区：单击“默认”选项卡“绘图”面板中的“圆心”按钮、“轴、端点”按钮或“椭圆弧”按钮。

操作步骤

命令：ELLIPSE↙
指定椭圆的轴端点或 ［圆弧（A）/中心点（C）］：
指定轴的另一个端点：
指定另一条半轴长度或 ［旋转（R）］：

选项说明

（1）指定椭圆的轴端点：根据两个端点，定义椭圆的第一条轴。第一条轴的角度确定了整个椭圆的角度。第一条轴既可定义为椭圆的长轴，也可定义为椭圆的短轴。

（2）旋转（R）：通过绕第一条轴旋转圆来创建椭圆。相当于将一个圆绕椭圆轴翻转一个角度后的投影视图。

（3）中心点（C）：通过指定的中心点创建椭圆。

（4）圆弧（A）：该选项用于创建一段椭圆弧，与“工具栏：绘制→椭圆弧”结果相同。其中第一条轴的角度确定了椭圆弧的角度。第一条轴既可定义为椭圆弧长轴，也可定义为椭圆弧短轴。选择该项，系统继续提示如下。

指定椭圆弧的轴端点或 ［中心点（C）］：（指定端点或输入C）
指定轴的另一个端点：（指定另一端点）
指定另一条半轴长度或 ［旋转（R）］：（指定另一条半轴长度或输入R）
指定起始角度或 ［参数（P）］：（指定起始角度或输入P）
指定终止角度或 ［参数（P）/包含角度（I）］：

其中各选项含义如下。

- 指定起始角度、指定终止角度：指定椭圆弧端点的两种方式之一，光标与椭圆中心点连线的夹角为椭圆弧端点位置的角度。
- 参数（P）：指定椭圆弧端点的另一种方式，该方式同样是指定椭圆弧端点的角度，通过以下矢量参数方程式创建椭圆弧。

  $p(u) = c + a\cos u + b\sin u$

  其中，c是椭圆的中心点，a和b分别是椭圆的长轴和短轴，u为光标与椭圆中心点连线的夹角。
- 包含角度（I）：定义从起始角度开始的包含角度。

实例教学

下面以绘制如图3-21所示的盥洗盆为例，介绍“椭圆”与“椭圆弧”命令的使用方法。

扫一扫

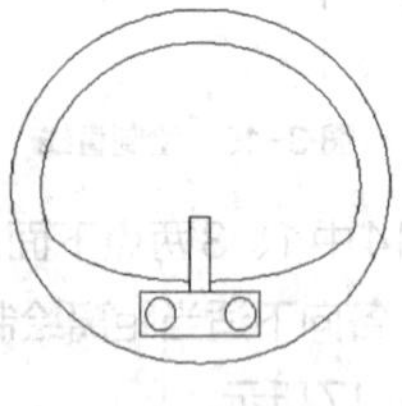

图 3-21 盥洗盆

STEP 绘制步骤

❶ 单击“默认”选项卡“绘图”面板中的“直线”按钮，绘制水龙头图形，结果如图3-22所示。

❷ 单击“默认”选项卡“绘图”面板中的“圆”按

钮，绘制两个水龙头旋钮，结果如图 3-23 所示。

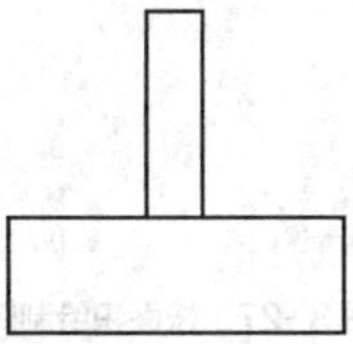

图 3-22 绘制水龙头

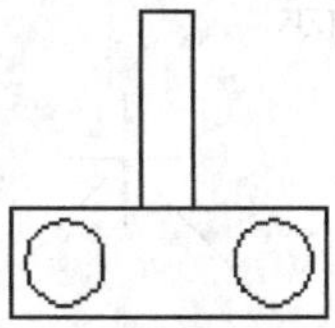

图 3-23 绘制旋钮

❸ 单击“默认”选项卡“绘图”面板中的“椭圆”按钮，绘制盥洗盆外沿。命令行提示与操作如下。

命令：_ellipse
指定椭圆的轴端点或 [圆弧 (A) / 中心点 (C)]：(用鼠标指定椭圆轴端点)
指定轴的另一个端点：(用鼠标指定另一端点)
指定另一条半轴长度或 [旋转 (R)]：(用鼠标在屏幕上拉出另一半轴长度)

绘制结果如图 3-24 所示。

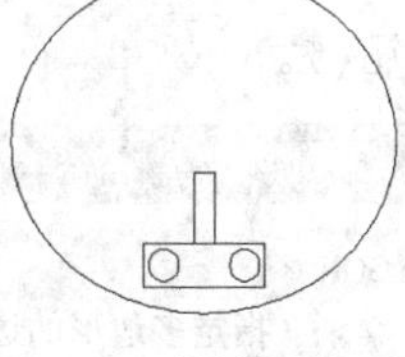

图 3-24 绘制盥洗盆外沿

❹ 单击“默认”选项卡“绘图”面板中的“椭圆弧”按钮，绘制盥洗盆部分内沿。命令行提示与操作如下。

命令：_ellipse
指定椭圆的轴端点或 [圆弧 (A) / 中心点 (C)]：_a
指定椭圆弧的轴端点或 [中心点 (C)]：C↙
指定椭圆弧的中心点：(单击状态栏中的“二维对象捕捉”按钮，捕捉刚才绘制的椭圆中心点，关于“捕捉”，后面进行介绍)
指定轴的端点：(适当指定一点)
指定另一条半轴长度或 [旋转 (R)]：(在适当位置指定半轴长度)
指定绕长轴旋转的角度：(用鼠标指定椭圆轴端点)
指定起始角度或 [参数 (P)]：(用鼠标拉出起始角度)
指定终止角度或 [参数 (P) / 包含角度 (I)]：(用鼠标拉出终止角度)

绘制结果如图 3-25 所示。

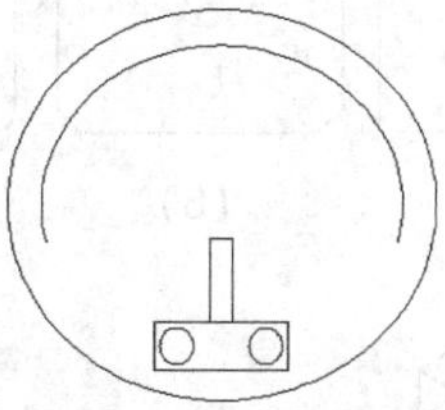

图 3-25 绘制盥洗盆部分内沿

❺ 单击“默认”选项卡“绘图”面板中的“圆弧”按钮，绘制盥洗盆其他部分内沿，最终结果如图 3-21 所示。

3.3 平面图形

3.3.1 绘制矩形

执行方式

命令行：RECTANG或REC。

菜单：“绘图”→“矩形”。

工具栏：“绘图”→“矩形”。

功能区：单击“默认”选项卡“绘图”面板中的“矩形”按钮。

操作步骤

命令：RECTANG↙
指定第一个角点或 [倒角 (C) / 标高 (E) / 圆角 (F) / 厚度 (T) / 宽度 (W)]：
指定另一个角点或 [面积 (A) / 尺寸 (D) / 旋转 (R)]：

选项说明

(1) 指定第一个角点：通过指定两个角点来确定矩形，如图 3-26 (a) 所示。

（2）倒角（C）：指定倒角距离，绘制带倒角的矩形，如图3-26（b）所示。每一个角点的逆时针和顺时针方向的倒角可以相同，也可以不同，其中第一个倒角距离是指角点逆时针方向的倒角距离，第二个倒角距离是指角点顺时针方向的倒角距离。

（3）标高（E）：指定矩形标高（*Z*坐标），即把矩形画在标高为*Z*、和*XOY*坐标面平行的平面上，并作为后续矩形的标高值。

（4）圆角（F）：指定圆角半径，绘制带圆角的矩形，如图3-26（c）所示。

（5）厚度（T）：指定矩形的厚度，如图3-26（d）所示。

（6）宽度（W）：指定线宽，如图3-26（e）所示。

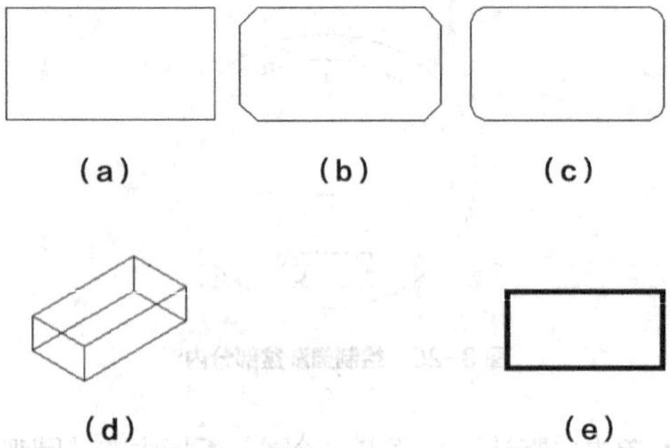

图3-26　绘制矩形

（7）尺寸（D）：使用长和宽创建矩形。第二个指定点将矩形定位在与第一角点相关的4个位置之一。

（8）面积（A）：通过指定面积和长或宽来创建矩形。选择该项，系统提示如下。

```
输入以当前单位计算的矩形面积 <20.0000>：（输入面积值）
计算矩形标注时依据 [长度（L）/宽度（W）] <长度>：（按 Enter 键或输入 W）
输入矩形长度 <4.0000>：（指定长度或宽度）
```

指定长度或宽度后，系统自动计算出另一个维度并绘制出矩形。如果矩形有倒角或圆角，则在长度或宽度计算中，会考虑此设置，如图3-27所示。

（9）旋转（R）：旋转所绘制矩形的角度。选择该项，系统提示如下。

```
指定旋转角度或 [拾取点（P）] <135>：（指定角度）
指定另一个角点或 [面积（A）/尺寸（D）/旋转（R）]：（指定另一个角点或选择其他选项）
```

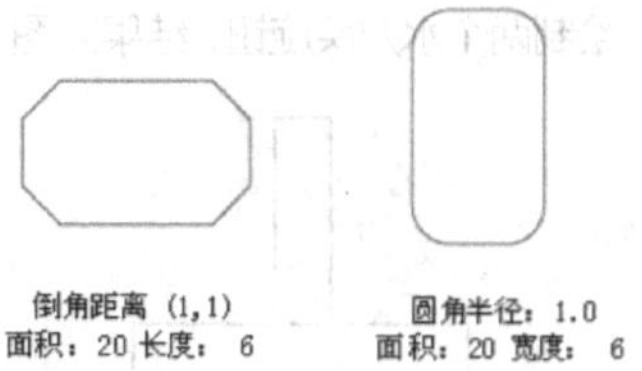

图3-27　按面积绘制矩形

指定旋转角度后，系统按指定旋转角度创建矩形，如图3-28所示。

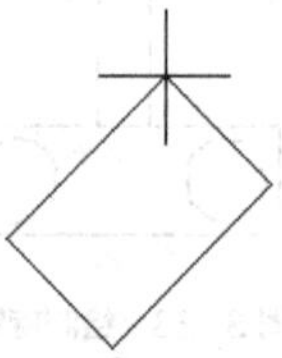

图3-28　按指定旋转角度创建矩形

3.3.2　绘制多边形

执行方式

命令行：POLYGON。

菜单："绘图"→"多边形"。

工具栏："绘图"→"多边形"。

功能区：单击"默认"选项卡"绘图"面板中的"多边形"按钮。

操作步骤

```
命令：POLYGON↙
输入侧面数 <4>：（指定多边形的边数，默认值为4）
指定正多边形的中心点或 [边（E）]：（指定中心点）
输入选项 [内接于圆（I）/外切于圆（C）] <I>：（指定是内接于圆或外切于圆，I表示内接于圆，如图3-29（a）所示，C表示外切于圆，如图3-29（b）所示）
指定圆的半径：（指定外接圆或内切圆的半径）
```

选项说明

如果选择"边（E）"选项，则只要指定多边形的一条边，系统就会按逆时针方向创建该正多边形，如图3-29（c）所示。

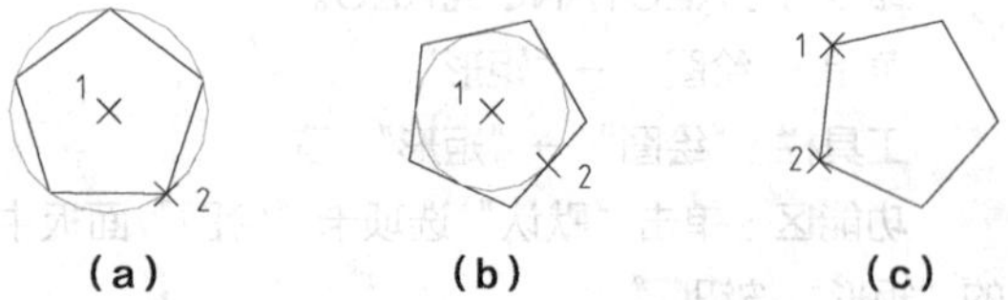

图3-29　画多边形

实例教学

扫一扫

下面以绘制如图3-30所示的八角凳为例，介绍“多边形”命令的使用方法。

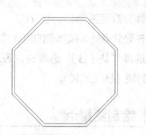

图 3-30 八角凳

STEP 绘制步骤

❶ 选择菜单栏中的“格式”→“图形界限”命令，设置图幅界限：297×210。

❷ 单击“默认”选项卡“绘图”面板中的“多边形”按钮，绘制外轮廓线。命令行提示与操作如下。

```
命令： _polygon
输入侧面数 <8>： 8↙
指定正多边形的中心点或 [边(E)]: 0,0↙
输入选项 [内接于圆(I)/外切于圆(C)] <I>: c↙
指定圆的半径： 100↙
```

绘制结果如图3-31所示。

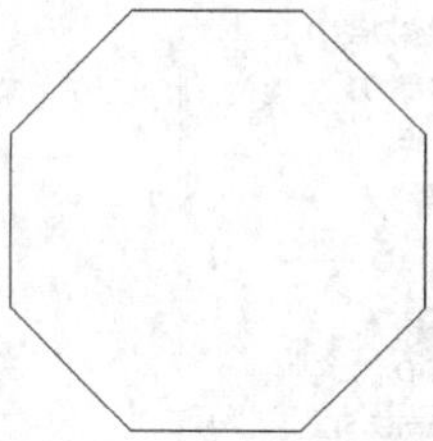

图 3-31 绘制外轮廓线

❸ 单击“默认”选项卡“修改”面板中的“偏移”按钮，绘制内轮廓线。命令行提示与操作如下。

```
命令： _offset
当前设置： 删除源=否 图层=源 OFFSETGAPTYPE=0
指定偏移距离或 [通过(T)/删除(E)/图层(L)] <通过>： 5↙
选择要偏移的对象，或 [退出(E)/放弃(U)] <退出>：(选择外轮廓线)
指定要偏移的那一侧上的点，或 [退出(E)/多个(M)/放弃(U)] <退出>：(用鼠标单击轮廓线内一点)
选择要偏移的对象，或 [退出(E)/放弃(U)] <退出>： *取消*
```

绘制结果如图3-30所示。

3.4 点

点在AutoCAD 2018中有多种不同的表示方式，用户可以根据需要进行设置，如设置等分点和测量点。

3.4.1 绘制点

执行方式

命令行：POINT。

菜单：“绘图”→“点”→“单点”或“多点”。

工具栏：“绘图”→“点”。

功能区：单击“默认”选项卡“绘图”面板中的“多点”按钮。

操作步骤

```
命令： POINT↙
当前点模式： PDMODE=0 PDSIZE=0.0000
指定点：(指定点所在的位置)
```

选项说明

（1）通过菜单方法进行操作时（见图3-32），“单点”命令表示只输入一个点，“多点”命令表示可输入多个点。

（2）可以单击状态栏中的“二维对象捕捉”开关按钮，设置点的捕捉模式，帮助用户拾取点。

（3）点在图形中的表示样式共有20种，可通过“DDPTYPE”命令或“格式”→“点样式”菜单命令，打开“点样式”对话框来设置点样式，如图3-33所示。

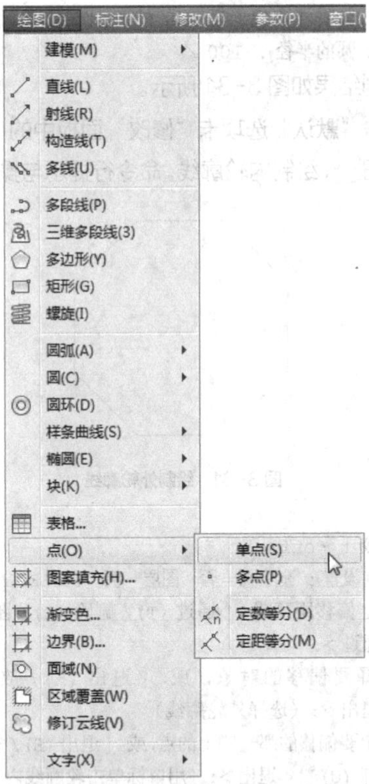

图 3-32 “点”子菜单

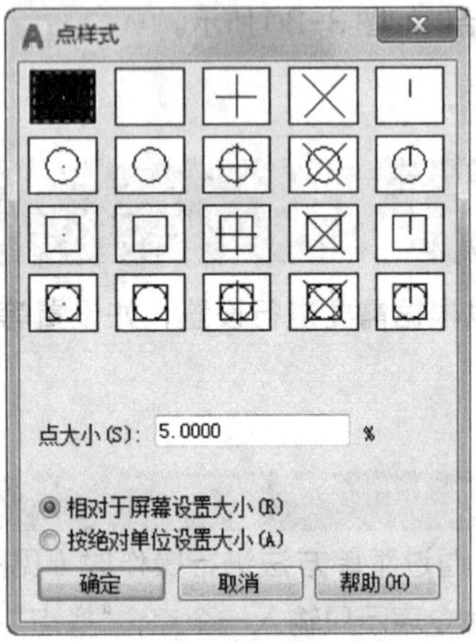

图 3-33 “点样式”对话框

3.4.2 绘制等分点

执行方式

命令行：DIVIDE或DIV。

菜单：“绘图”→“点”→“定数等分”。

功能区：单击“默认”选项卡“绘图”面板中的“定数等分”按钮。

操作步骤

命令：DIVIDE ↙

选择要定数等分的对象：（选择要等分的实体）

输入线段数目或 [块(B)]：（指定实体的等分数）

选项说明

（1）等分数范围为2～32767。

（2）在等分点处，按当前的点样式画出等分点。

（3）选择“块（B）”选项时，表示在等分点处插入指定的块（BLOCK）。

3.4.3 绘制测量点

执行方式

命令行：MEASURE或ME。

菜单：“绘图”→“点”→“定距等分”。

功能区：单击“默认”选项卡“绘图”面板中的“定距等分”按钮。

操作步骤

命令：MEASURE ↙

选择要定距等分的对象：（选择要设置测量点的实体）

指定线段长度或 [块(B)]：（指定分段长度）

选项说明

（1）设置的起点一般是指线段的绘制起点。

（2）选择“块（B）”选项时，表示在测量点处插入指定的块。

（3）在测量点处，按当前的点样式画出测量点。

（4）最后一个测量段的长度不一定等于指定分段的长度。

实例教学

下面以绘制如图3-34所示的地毯为例，介绍“点”命令的使用方法。

扫一扫

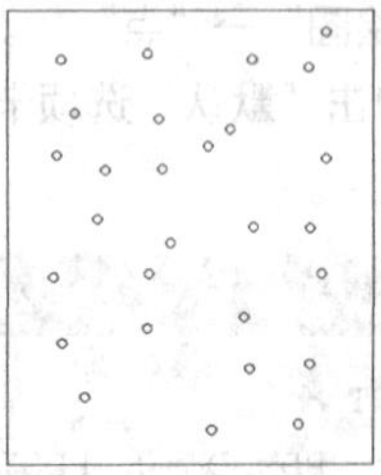

图 3-34 地毯

STEP 绘制步骤

❶ 选择菜单栏中的“格式”→“点样式”命令，在弹出的“点样式”对话框中选择“○”样式。

❷ 单击“默认”选项卡“绘图”面板中的“矩形”按钮，绘制地毯外轮廓线。命令行提示与操作如下。

```
命令：_rectang
指定第一个角点或 [倒角(C)/标高(E)/圆角(F)/厚度(T)/宽度(W)]：100,100↙
指定另一个角点或 [面积(A)/尺寸(D)/旋转(R)]：@800,1000↙
```

绘制结果如图 3-35 所示。

❸ 单击“默认”选项卡“绘图”面板中的“点”按钮，绘制地毯内装饰点。命令行提示与操作如下。

```
命令：_point
当前点模式： PDMODE=33 PDSIZE=20.0000
指定点：（在屏幕上单击指定各点）
```

绘制结果如图 3-34 所示。

图 3-35 地毯外轮廓线

3.5 多段线

多段线是一种由线段和圆弧组合而成的，不同线宽的连续线条，这种线由于组合形式的多样及线宽的不同，弥补了直线和圆弧功能的不足，适合绘制各种复杂的图形轮廓，因而得到了广泛的应用。

3.5.1 绘制多段线

执行方式

命令行：PLINE 或 PL。

菜单：“绘图”→“多段线”。

工具栏：“绘图”→“多段线”。

功能区：单击“默认”选项卡“绘图”面板中的“多段线”按钮。

操作步骤

```
命令：PLINE↙
指定起点：（指定多段线的起点）
当前线宽为 0.0000
指定下一个点或 [圆弧(A)/半宽(H)/长度(L)/放弃(U)/宽度(W)]：（指定多段线的下一点）
```

选项说明

多段线主要由不同长度的连续线段或圆弧组成，如果在上述提示中选择“圆弧（A）”命令，则命令行提示如下。

```
[角度(A)/圆心(CE)/方向(D)/半宽(H)/直线(L)/半径(R)/第二个点(S)/放弃(U)/宽度(W)]：
```

3.5.2 编辑多段线

执行方式

命令行：PEDIT 或 PE。

菜单：“修改”→“对象”→“多段线”。

工具栏：“修改 II”→“编辑多段线”。

快捷菜单：选择要编辑的多线段，在绘图区右键单击，从打开的快捷菜单中选择“多段线”→“编辑多段线”命令。

功能区：单击“默认”选项卡“修改”面板中的“编辑多段线”按钮。

操作步骤

```
命令：PEDIT↙
选择多段线或 [多条(M)]：（选择一条要编辑的多段线）
输入选项 [闭合(C)/合并(J)/宽度(W)/编辑顶点(E)/拟合(F)/样条曲线(S)/非曲线化(D)/线型生成(L)/放弃(U)]：
```

选项说明

（1）合并（J）：以选中的多段线为主体，合并其他直线段、圆弧或多段线，使其成为一条多段线。能合并的条件是各段线的端点首尾相连，如图3-36所示。

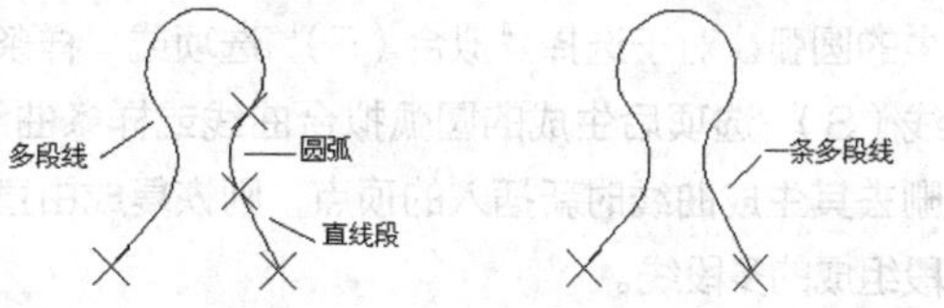

（a）合并前　　（b）合并后

图 3-36 合并多段线

（2）宽度（W）：修改整条多段线的线宽，使其具有同一线宽，如图3-37所示。

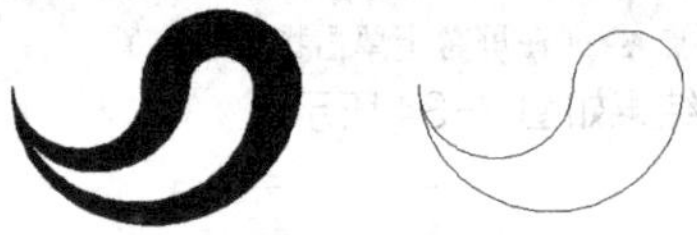

（a）修改前　　（b）修改后

图 3-37　修改整条多段线的线宽

（3）编辑顶点（E）：选择该项后，在多段线起点处出现一个斜的十字叉“×”，它为当前顶点的标记，并在命令行出现进行后续操作的如下提示。

```
[下一个(N)/上一个(P)/打断(B)/插入(I)/移动(M)/重生成(R)/拉直(S)/切向(T)/宽度(W)/退出(X)] <N>:
```

这些选项允许用户进行移动、插入顶点和修改任意两点间的线的线宽等操作。

（4）拟合（F）：从指定的多段线生成由光滑圆弧连接而成的圆弧拟合曲线，该曲线经过多段线的各顶点，如图3-38所示。

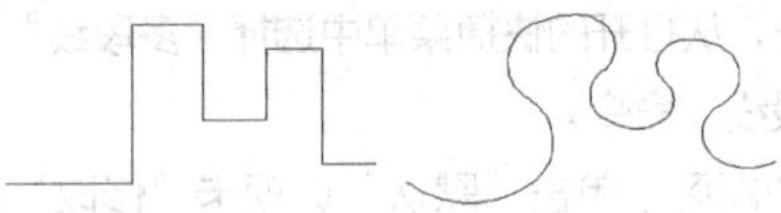

（a）修改前　　（b）修改后

图 3-38　生成圆弧拟合曲线

（5）样条曲线（S）：以指定的多段线的各顶点作为控制点生成B样条曲线，如图3-39所示。

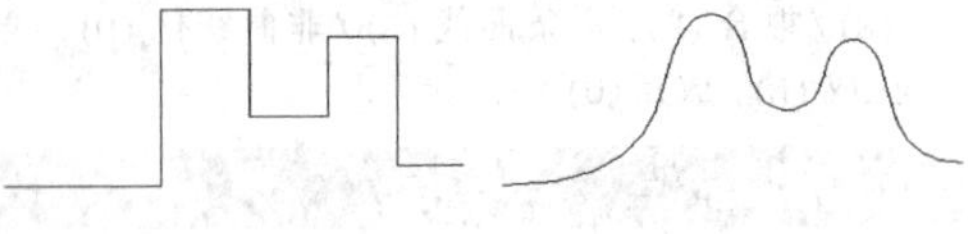

（a）修改前　　（b）修改后

图 3-39　生成 B 样条曲线

（6）非曲线化（D）：用直线代替指定的多段线中的圆弧。对于选择“拟合（F）”选项或“样条曲线（S）”选项后生成的圆弧拟合曲线或样条曲线，删去其生成曲线时新插入的顶点，则恢复成由直线段组成的多段线。

（7）线型生成（L）：当多段线的线型为点画线时，控制多段线的线型生成方式开关。选择此项，系统提示如下。

```
输入多段线线型生成选项 [开(ON)/关(OFF)] <关>:
```

选择“ON”时，将在每个顶点处允许以短划开始或结束生成线型；选择“OFF”时，将在每个顶点处允许以长划开始或结束生成线型，如图3-40所示。“线型生成”不能用于包含带变宽的线段的多段线。

（a）关　　（b）开

图 3-40　控制多段线的线型（线型为点画线时）

实例教学

扫一扫

下面以绘制如图3-41所示的古典酒樽为例，介绍“多段线”命令的使用方法。

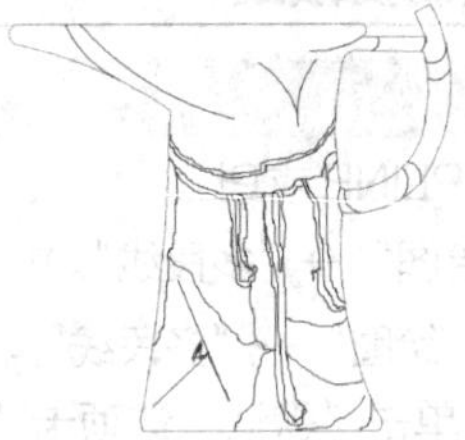

图 3-41　古典酒樽

STEP 绘制步骤

❶ 单击“默认”选项卡“绘图”面板中的“多段线”按钮，绘制外部轮廓。命令行提示与操作如下。

```
命令：_pline
指定起点：0,0↙
当前线宽为 0.0000
指定下一个点或 [圆弧(A)/半宽(H)/长度(L)/放弃(U)/宽度(W)]：a↙
指定圆弧的端点(按住 Ctrl 键以切换方向)或[角度(A)/圆心(CE)/方向(D)/半宽(H)/直线(L)/半径(R)/第二个点(S)/放弃(U)/宽度(W)]：s↙
指定圆弧上的第二个点：-1,5↙
指定圆弧的端点：0,10↙
指定圆弧的端点(按住 Ctrl 键以切换方向)或[角度(A)/圆心(CE)/闭合(CL)/方向(D)/半宽(H)/直线(L)/半径(R)/第二个点(S)/放弃(U)/宽度(W)]：s↙
指定圆弧上的第二个点：9,80↙
```

指定圆弧的端点：12.5,143↙

指定圆弧的端点（按住 Ctrl 键以切换方向）或[角度(A)/圆心(CE)/闭合(CL)/方向(D)/半宽(H)/直线(L)/半径(R)/第二个点(S)/放弃(U)/宽度(W)]：s↙

指定圆弧上的第二个点：-21.7,161.9↙

指定圆弧的端点：-58.9,173↙

指定圆弧的端点（按住 Ctrl 键以切换方向）或[角度(A)/圆心(CE)/闭合(CL)/方向(D)/半宽(H)/直线(L)/半径(R)/第二个点(S)/放弃(U)/宽度(W)]：s↙

指定圆弧上的第二个点：-61,177.7↙

指定圆弧的端点：-58.3,182↙

指定圆弧的端点（按住 Ctrl 键以切换方向）或[角度(A)/圆心(CE)/闭合(CL)/方向(D)/半宽(H)/直线(L)/半径(R)/第二个点(S)/放弃(U)/宽度(W)]：l↙

指定下一点或 [圆弧(A)/闭合(C)/半宽(H)/长度(L)/放弃(U)/宽度(W)]：100.5,182↙

指定下一点或 [圆弧(A)/闭合(C)/半宽(H)/长度(L)/放弃(U)/宽度(W)]：a↙

指定圆弧的端点（按住 Ctrl 键以切换方向）或[角度(A)/圆心(CE)/闭合(CL)/方向(D)/半宽(H)/直线(L)/半径(R)/第二个点(S)/放弃(U)/宽度(W)]：s↙

指定圆弧上的第二个点：102.3,179↙

指定圆弧的端点：100.5,176↙

指定圆弧的端点（按住 Ctrl 键以切换方向）或[角度(A)/圆心(CE)/闭合(CL)/方向(D)/半宽(H)/直线(L)/半径(R)/第二个点(S)/放弃(U)/宽度(W)]：l↙

指定下一点或 [圆弧(A)/闭合(C)/半宽(H)/长度(L)/放弃(U)/宽度(W)]：129.7,176↙

指定下一点或 [圆弧(A)/闭合(C)/半宽(H)/长度(L)/放弃(U)/宽度(W)]：125,186.7↙

指定下一点或 [圆弧(A)/闭合(C)/半宽(H)/长度(L)/放弃(U)/宽度(W)]：132,190.4↙

指定下一点或 [圆弧(A)/闭合(C)/半宽(H)/长度(L)/放弃(U)/宽度(W)]：a↙

指定圆弧的端点（按住 Ctrl 键以切换方向）或[角度(A)/圆心(CE)/闭合(CL)/方向(D)/半宽(H)/直线(L)/半径(R)/第二个点(S)/放弃(U)/宽度(W)]：s↙

指定圆弧上的第二个点：141.3,149.3↙

指定圆弧的端点：127,109.8↙

指定圆弧的端点（按住 Ctrl 键以切换方向）或 [角度(A)/圆心(CE)/闭合(CL)/方向(D)/半宽(H)/直线(L)/半径(R)/第二个点(S)/放弃(U)/宽度(W)]：s↙

指定圆弧上的第二个点：110.7,99.8↙

指定圆弧的端点：91.6,97.5↙

指定圆弧的端点（按住 Ctrl 键以切换方向）或[角度(A)/圆心(CE)/闭合(CL)/方向(D)/半宽(H)/直线(L)/半径(R)/第二个点(S)/放弃(U)/宽度(W)]：s↙

指定圆弧上的第二个点：93.8,51.2↙

指定圆弧的端点：110,3.6↙

指定圆弧的端点（按住 Ctrl 键以切换方向）或[角度(A)/圆心(CE)/闭合(CL)/方向(D)/半宽(H)/直线(L)/半径(R)/第二个点(S)/放弃(U)/宽度(W)]：s↙

指定圆弧上的第二个点：109.4,1.9↙

指定圆弧的端点：108.3,0↙

指定圆弧的端点（按住 Ctrl 键以切换方向）或[角度(A)/圆心(CE)/闭合(CL)/方向(D)/半宽(H)/直线(L)/半径(R)/第二个点(S)/放弃(U)/宽度(W)]：l↙

指定下一点或 [圆弧(A)/闭合(C)/半宽(H)/长度(L)/放弃(U)/宽度(W)]：c↙

绘制结果如图 3-42 所示。

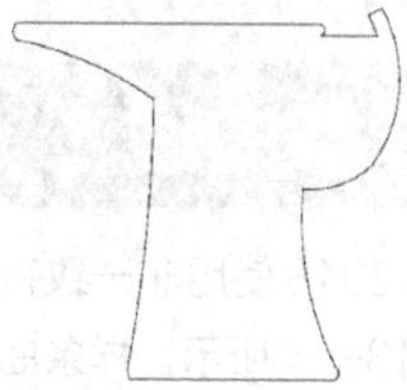

图 3-42 绘制外部轮廓

❷ 单击“默认”选项卡“绘图”面板中的“多段线”按钮，绘制把手。命令行提示与操作如下。

命令：_pline

指定起点：97.3,169.8↙

当前线宽为 0.0000

指定下一个点或 [圆弧(A)/半宽(H)/长度(L)/放弃(U)/宽度(W)]：127.6,169.8↙

指定下一点或 [圆弧(A)/闭合(C)/半宽(H)/长度(L)/放弃(U)/宽度(W)]：a↙

指定圆弧的端点（按住 Ctrl 键以切换方向）或[角度(A)/圆心(CE)/闭合(CL)/方向(D)/半宽(H)/直线(L)/半径(R)/第二个点(S)/放弃(U)/宽度(W)]：s↙

指定圆弧上的第二个点：131,155.3↙

指定圆弧的端点：130.1,142.2↙

指定圆弧的端点（按住 Ctrl 键以切换方向）或[角度(A)/圆心(CE)/闭合(CL)/方向(D)/半宽(H)/直线(L)/半径(R)/第二个点(S)/放弃(U)/宽度(W)]：s↙

指定圆弧上的第二个点：119.5,117.9↙

指定圆弧的端点：94.9,107.8↙

指定圆弧的端点（按住 Ctrl 键以切换方向）或[角度(A)/圆心(CE)/闭合(CL)/方向(D)/半宽(H)/直线(L)/半径(R)/第二个点(S)/放弃(U)/宽度(W)]：s↙

指定圆弧上的第二个点：92.7,107.8↙

指定圆弧的端点：90.8,109.1↙

指定圆弧的端点（按住 Ctrl 键以切换方向）或[角度(A)/圆心(CE)/闭合(CL)/方向(D)/半宽(H)/直线(L)/半径(R)/第二个点(S)/放弃(U)/宽度(W)]：s↙

指定圆弧上的第二个点：88.3,136.3↙

指定圆弧的端点：91.4,163.3↙

指定圆弧的端点（按住 Ctrl 键以切换方向）或[角度(A)/圆心(CE)/闭合(CL)/方向(D)/半宽(H)/直线(L)/半径(R)/第二个点(S)/放弃(U)/宽度(W)]：s↙

```
指定圆弧上的第二个点：93,167.8 ↙
指定圆弧的端点：97.3,169.8 ↙
指定圆弧的端点（按住 Ctrl 键以切换方向）或［角度(A)/圆心(CE)/闭合(CL)/方向(D)/半宽(H)/直线(L)/半径(R)/第二个点(S)/放弃(U)/宽度(W)］:（按Esc键，结束“多段线”命令）
```

绘制结果如图 3-43 所示。

❸ 用户可以根据自己的喜好，在酒樽上加上自己喜欢的图案，如图 3-41 所示。

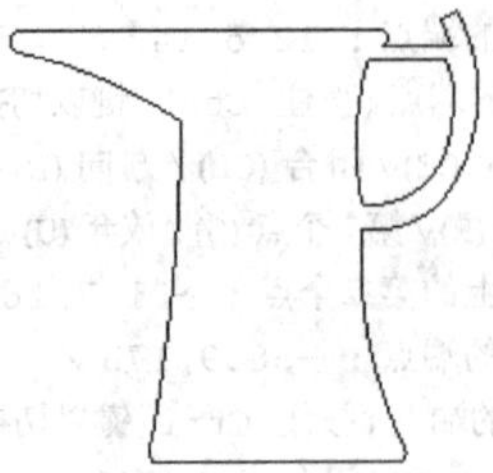

图 3-43　绘制把手

3.6 样条曲线

AutoCAD 2018使用非一致有理B样条（NURBS）曲线。NURBS曲线在控制点之间产生一条光滑的样条曲线，如图3-44所示。样条曲线可用于创建形状不规则的曲线，例如，为地理信息系统（GIS）或汽车设计绘制轮廓线。

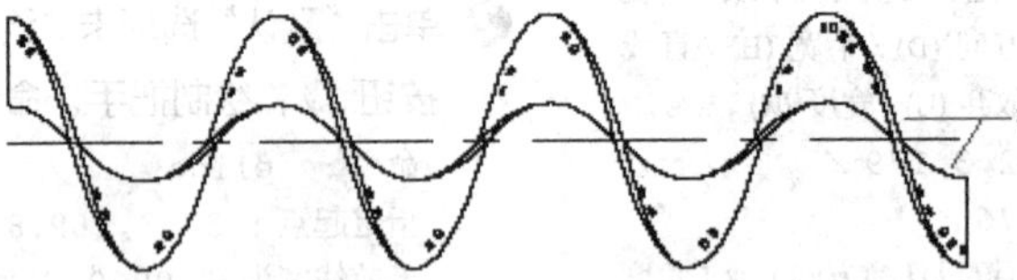

图 3-44　样条曲线

3.6.1 绘制样条曲线

执行方式

命令行：SPLINE。

菜单：“绘图”→“样条曲线”。

工具栏：“绘图”→“样条曲线”。

功能区：单击“默认”选项卡“绘图”面板中的“样条曲线拟合”按钮或“样条曲线控制点”按钮。

操作步骤

```
命令：SPLINE ↙
指定第一个点或［对象(O)］:（指定一点或选择“对象(O)”选项）
指定下一点：（指定一点）
指定下一个点或［闭合(C)/拟合公差(F)］<起点切向>:
```

选项说明

（1）对象（O）：将二维或三维的二次或三次样条曲线的拟合多段线转换为等价的样条曲线，然后（根据DELOBJ系统变量的设置）删除该拟合多段线。

（2）闭合（C）：将最后一点定义为与第一点一致，并使它在连接处与样条曲线相切，这样可以闭合样条曲线。选择该项后，系统继续提示如下。

```
指定切向：（指定点或按 Enter 键）
```

用户可以指定一点来定义切向矢量，或者通过使用“切点”或“垂足”对象捕捉模式使样条曲线与现有对象相切或垂直。

（3）拟合公差（F）：修改当前样条曲线的拟合公差。根据新的拟合公差，以现有点重新定义样条曲线。拟合公差表示样条曲线拟合时所指定的拟合点集的拟合精度。拟合公差越小，样条曲线与拟合点越接近。公差为0时，样条曲线将通过该点。输入大于0的拟合公差时，将使样条曲线在指定的公差范围内通过拟合点。在绘制样条曲线时，可以通过改变样条曲线的拟合公差以查看效果。

（4）起点切向：定义样条曲线的第一点和最后

一点的切向。

如果在样条曲线的两端都指定切向，可以通过输入一个点或使用“切点”或“垂足”对象捕捉模式使样条曲线与已有的对象相切或垂直。如果按Enter键，AutoCAD 2018将计算默认切向。

3.6.2 编辑样条曲线

执行方式

命令行：SPLINEDIT。

菜单：“修改”→“对象”→“样条曲线”。

工具栏：“修改Ⅱ”→“编辑样条曲线”。

功能区：单击“默认”选项卡“修改”面板中的“编辑样条曲线”按钮。

操作步骤

命令：SPLINEDIT↙
选择样条曲线：（选择要编辑的样条曲线。若选择的样条曲线是用SPLINE命令创建的，其近似点以夹点的颜色显示出来；若选择的样条曲线是用PLINE命令创建的，其控制点以夹点的颜色显示出来）
输入选项 [拟合数据（F）/闭合（C）/移动顶点（M）/精度（R）/反转（E）/放弃（U）]：

选项说明

（1）拟合数据（F）：编辑近似数据。选择该项后，创建该样条曲线时指定的各点将以小方格的形式显示出来。

（2）移动顶点（M）：移动样条曲线上的当前点。

（3）精度（R）：调整样条曲线的定义精度。

（4）反转（E）：反转样条曲线的方向，该项操作主要用于应用程序。

实例教学

下面以绘制如图3-45所示的雨伞为例，介绍“样条曲线”命令的使用方法。

扫一扫

图 3-45 雨伞

STEP 绘制步骤

❶ 单击“默认”选项卡“绘图”面板中的“圆弧”按钮，绘制雨伞的外框。命令行提示与操作如下。

命令：_arc
指定圆弧的起点或 [圆心（C）]：C↙
指定圆弧的圆心：（在屏幕上指定圆心）
指定圆弧的起点：（在屏幕上圆心位置的右边指定圆弧的起点）
指定圆弧的端点（按住 Ctrl 键以切换方向）或 [角度（A）/弦长（L）]：A↙
指定夹角（按住 Ctrl 键以切换方向）：180↙（注意角度的逆时针方向）

结果如图3-46所示。

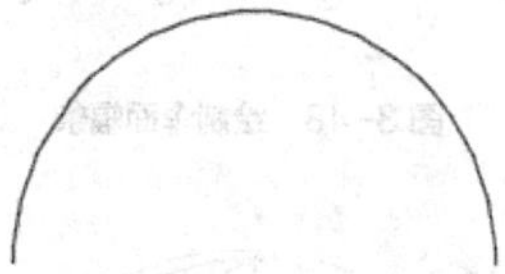

图 3-46 绘制圆弧

❷ 单击“默认”选项卡“绘图”面板中的“样条曲线拟合”按钮，绘制雨伞的底边。命令行提示与操作如下。

命令：_spline
指定第一个点或 [对象（O）]：（指定样条曲线的第一个点1，如图3-47所示）
指定下一点：（指定样条曲线的下一个点2）
指定下一点或 [闭合（C）/拟合公差（F）] <起点切向>：（指定样条曲线的下一个点3）
指定下一点或 [闭合（C）/拟合公差（F）] <起点切向>：（指定样条曲线的下一个点4）
指定下一点或 [闭合（C）/拟合公差（F）] <起点切向>：（指定样条曲线的下一个点5）
指定下一点或 [闭合（C）/拟合公差（F）] <起点切向>：（指定样条曲线的下一个点6）
指定下一点或 [闭合（C）/拟合公差（F）] <起点切向>：（指定样条曲线的下一个点7）
指定下一点或 [闭合（C）/拟合公差（F）] <起点切向>：↙
指定起点切向：（在点1左边顺着曲线往外指定一点并右击确认）
指定端点切向：（在点7右边顺着曲线往外指定一点并右击确认）

结果如图3-47所示。

❸ 单击“默认”选项卡“绘图”面板中的“圆弧”按钮，绘制起点在正中点8，第二个点在点9，端点在点2的圆弧，如图3-48所示。重复“圆

弧”命令，绘制其他的伞面辐条，绘制结果如图 3-49 所示。

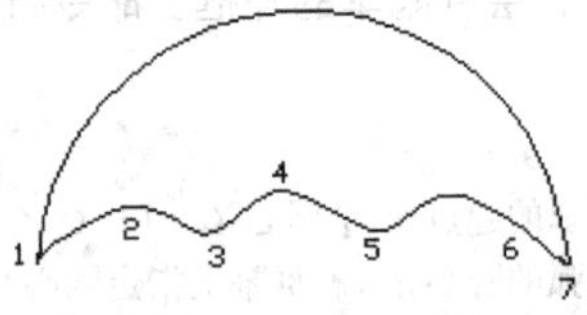

图 3-47 绘制雨伞的底边

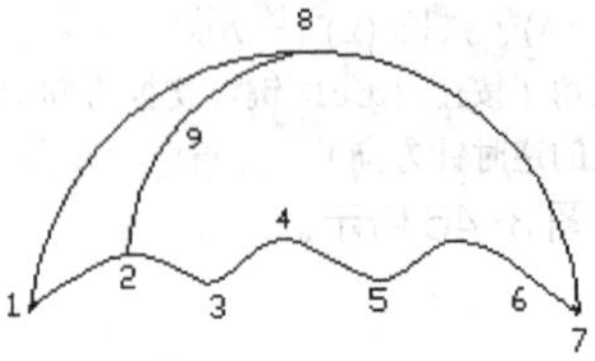

图 3-48 绘制伞面辐条

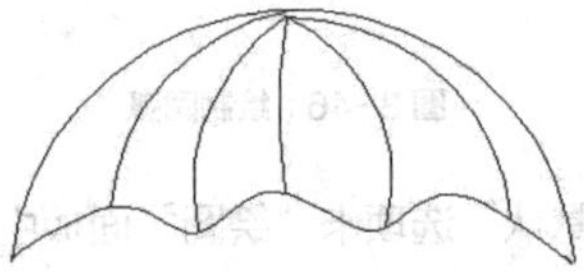
图 3-49 绘制伞面

❹ 单击“默认”选项卡“绘图”面板中的“多段线”按钮，绘制伞顶和伞把。命令行提示与操作如下。

```
命令：_pline
指定起点：(在图 3-48 所示的点 8 位置指定伞顶起点)
当前线宽为 3.0000
指定下一个点或 [圆弧(A)/半宽(H)/长度(L)/放弃(U)/宽度(W)]: W↙
指定起点宽度 <3.0000>: 4↙
指定端点宽度 <4.0000>:↙
指定下一个点或 [圆弧(A)/半宽(H)/长度(L)/放弃(U)/宽度(W)]:(指定伞顶终点)
指定下一点或 [圆弧(A)/闭合(C)/半宽(H)/长度(L)/放弃(U)/宽度(W)]: U↙(位置不合适，取消)
指定下一个点或 [圆弧(A)/半宽(H)/长度(L)/放弃(U)/宽度(W)]:(重新在往上的适当位置指定伞顶终点)
指定下一点或 [圆弧(A)/闭合(C)/半宽(H)/长度(L)/放弃(U)/宽度(W)]:(右击确认)
命令：_pline
指定起点：(在图 3-48 所示的点 8 的正下方点 4 位置附近，指定伞把起点)
当前线宽为 4.0000
指定下一个点或 [圆弧(A)/半宽(H)/长度(L)/放弃(U)/宽度(W)]: H↙
指定起点半宽 <1.0000>: 1.5↙
指定端点半宽 <1.5000>:↙
指定下一个点或 [圆弧(A)/半宽(H)/长度(L)/放弃(U)/宽度(W)]:(往下适当位置指定下一点)
指定下一点或 [圆弧(A)/闭合(C)/半宽(H)/长度(L)/放弃(U)/宽度(W)]:A↙
指定圆弧的端点(按住 Ctrl 键以切换方向)或[角度(A)/圆心(CE)/闭合(CL)/方向(D)/半宽(H)/直线(L)/半径(R)/第二个点(S)/放弃(U)/宽度(W)]:(指定圆弧的端点)
指定圆弧的端点(按住 Ctrl 键以切换方向)或[角度(A)/圆心(CE)/闭合(CL)/方向(D)/半宽(H)/直线(L)/半径(R)/第二个点(S)/放弃(U)/宽度(W)]:(鼠标右击确认)
```

结果如图 3-45 所示。

3.7 多线

多线是一种复合线，由连续的直线段复合组成。多线的一个突出优点是能够提高绘图效率，保证图线之间的统一性。

3.7.1 绘制多线

执行方式

命令行：MLINE。

菜单：“绘图”→“多线”。

操作步骤

```
命令：MLINE↙
当前设置：对正 = 上，比例 = 20.00，样式 = STANDARD
指定起点或 [对正(J)/比例(S)/样式(ST)]:(指定起点)
指定下一点：(给定下一点)
指定下一点或 [放弃(U)]:(继续给定下一点，绘制线段。输入“U”，则放弃前一段的绘制；右击或按 Enter 键，结束命令)
指定下一点或 [闭合(C)/放弃(U)]:(继续给定下一点，绘制线段。输入“C”，则闭合线段，结束命令)
```

选项说明

（1）对正（J）：该项用于给定绘制多线的基准。共有“上”“无”和“下”3种对正类型。其中，“上（T）”表示以多线上侧的线为基准，以此类推。

（2）比例（S）：选择该项，要求用户设置平行线的间距。输入值为零时，平行线重合；输入值为负时，多线的排列倒置。

（3）样式（ST）：该项用于设置当前使用的多线样式。

3.7.2 定义多线样式

执行方式

命令行：MLSTYLE。

菜单：“格式”→“多线样式”。

操作步骤

执行该命令后，弹出如图3-50所示的“多线样式”对话框。在该对话框中，用户可以对多线样式进行定义、保存和加载等操作。

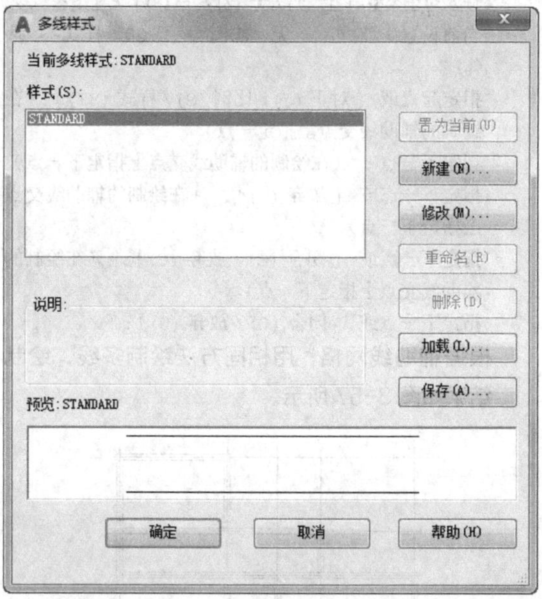

图 3-50 “多线样式”对话框

3.7.3 编辑多线

执行方式

命令行：MLEDIT。

菜单：“修改”→“对象→“多线”。

操作步骤

执行该命令后，弹出“多线编辑工具”对话框，如图3-51所示。

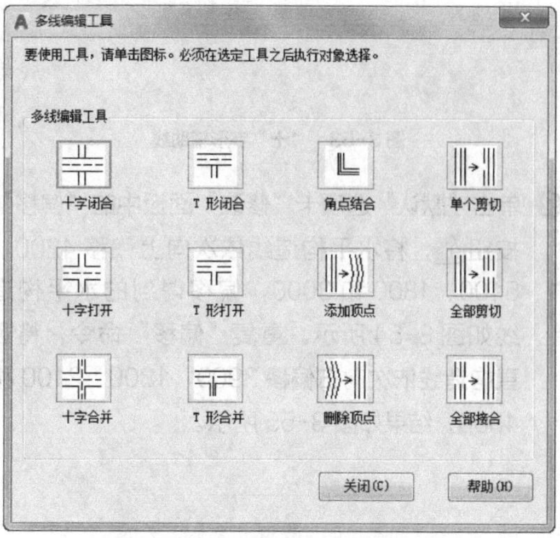

图 3-51 “多线编辑工具”对话框

利用该对话框，可以创建或修改多线的模式。对话框中分4列显示了示例图形。其中，第一列管理十字交叉形式的多线，第二列管理T形多线，第三列管理拐角接合点和节点形式的多线，第四列管理多线被剪切或连接的形式。

单击选择某个示例图形，然后单击“关闭”按钮，就可以调用该项编辑功能。

实例教学

扫一扫

下面以绘制如图3-52所示的墙体为例，介绍“多线”命令的使用方法。

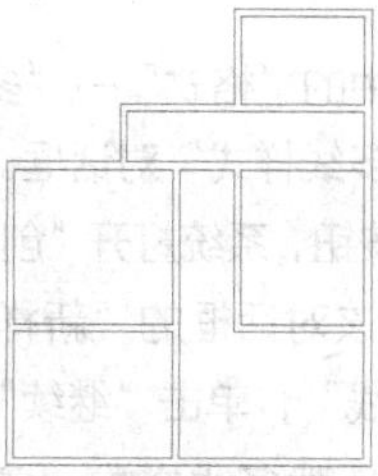

图 3-52 墙体

STEP 绘制步骤

❶ 单击“默认”选项卡“绘图”面板中的“构造线”按钮，绘制出一条水平构造线和一条竖直

构造线，组成“十”字形辅助线，如图 3-53 所示。

图 3-53 “十”字形辅助线

❷ 单击“默认”选项卡“修改”面板中的“偏移”按钮，将水平构造线依次向上偏移 4200、5100、1800 和 3000，偏移得到的水平构造线如图 3-54 所示。重复“偏移”命令，将竖直构造线依次向右偏移 3900、1800、2100 和 4500，结果如图 3-55 所示。

图 3-54 水平构造线

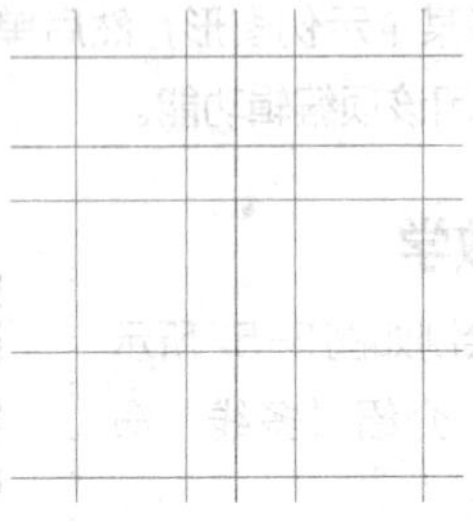

图 3-55 墙体的辅助线网格

❸ 选取菜单栏中的“格式”→“多线样式”命令，系统打开“多线样式”对话框。在该对话框中单击“新建”按钮，系统打开“创建新的多线样式”对话框，在该对话框的“新样式名”文本框中键入“墙体线”，单击“继续”按钮。

❹ 系统弹出“新建多线样式：墙体线”对话框，然后进行如图 3-56 所示的设置。单击“确定”按钮，返回“多线样式”对话框。单击“置为当前”按钮，将新建的“墙体线”多线样式设置为当前样式。单击“确定”按钮，关闭对话框。

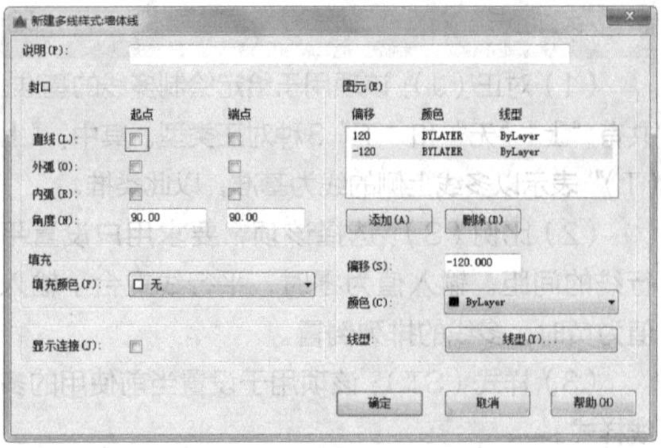

图 3-56 设置多线样式

❺ 选择菜单栏中的“绘图”→“多线”命令，绘制多线墙体。命令行提示与操作如下。

命令：_mline
当前设置：对正 = 上，比例 = 20.00，样式 = 墙体线
指定起点或 [对正 (J) / 比例 (S) / 样式 (ST)]：S↙
输入多线比例 <20.00>：1↙
当前设置：对正 = 上，比例 = 1.00，样式 = 墙体线
指定起点或 [对正 (J) / 比例 (S) / 样式 (ST)]：J↙
输入对正类型 [上 (T) / 无 (Z) / 下 (B)] <上>：Z↙
当前设置：对正 = 无，比例 = 1.00，样式 = 墙体线
指定起点或 [对正 (J) / 比例 (S) / 样式 (ST)]：(在绘制的辅助线交点上指定一点)
指定下一点：(在绘制的辅助线交点上指定下一点)
指定下一点或 [放弃 (U)]：(在绘制的辅助线交点上指定下一点)
指定下一点或 [闭合 (C) / 放弃 (U)]：(在绘制的辅助线交点上指定下一点)
指定下一点或 [闭合 (C) / 放弃 (U)]:C↙

根据辅助线网格，用相同方法绘制多线，绘制结果如图 3-57 所示。

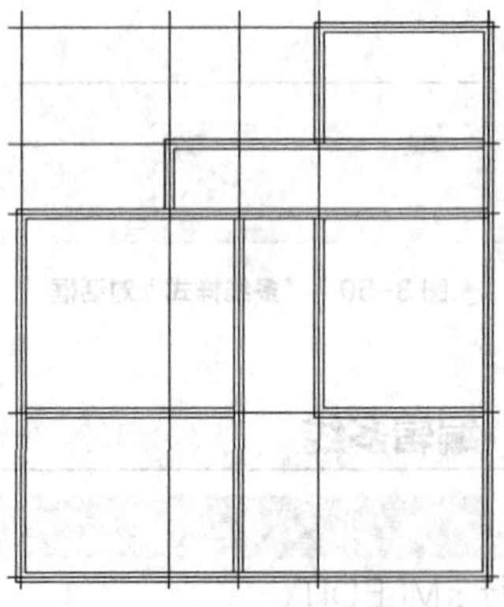

图 3-57 全部多线绘制结果

❻ 编辑多线。选择菜单栏中的“修改”→“对象”→“多线”命令，系统弹出“多线编辑工具”对话框，如图 3-58 所示。选择其中的“T 形合并”选项，单击“关闭”按钮后，命令行提示与操作如下。

```
命令：_mledit
选择第一条多线：(选择多线)
选择第二条多线：(选择多线)
选择第一条多线或 [放弃(U)]:
```

重复“MLEDIT”命令，继续进行多线编辑，编辑的最终结果如图 3-52 所示。

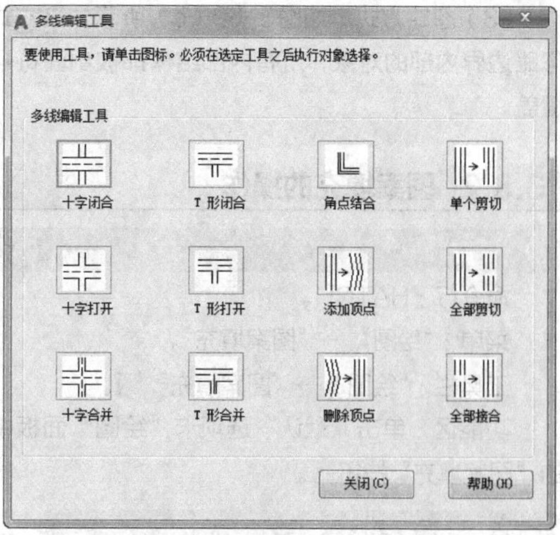

图 3-58 “多线编辑工具”对话框

3.8 图案填充

当需要用一个重复的图案填充某个区域时，可以使用“BHATCH”命令建立一个相关联的填充阴影对象，即所谓的图案填充。

3.8.1 基本概念

1. 图案边界

当进行图案填充时，首先要确定图案填充的边界。定义边界的对象只能是直线、双向射线、单向射线、多段线、样条曲线、圆弧、圆、椭圆、椭圆弧、面域等对象或用这些对象定义的块，而且作为边界的对象，在当前屏幕上必须全部可见。

2. 孤岛

在进行图案填充时，我们把位于总填充域内的封闭区域称为孤岛，如图3-59所示。在用“BHATCH”命令进行图案填充时，AutoCAD允许用户以拾取点的方式确定填充边界，即在希望填充的区域内任意拾取一点，AutoCAD会自动确定出填充边界，同时也确定该边界内的孤岛。如果用户是以点取对象的方式确定填充边界的，则必须确切地点取这些孤岛，有关知识将在下一节中介绍。

3. 填充方式

在进行图案填充时，需要控制填充的范围，AutoCAD系统为用户设置了以下3种填充方式，实现对填充范围的控制。

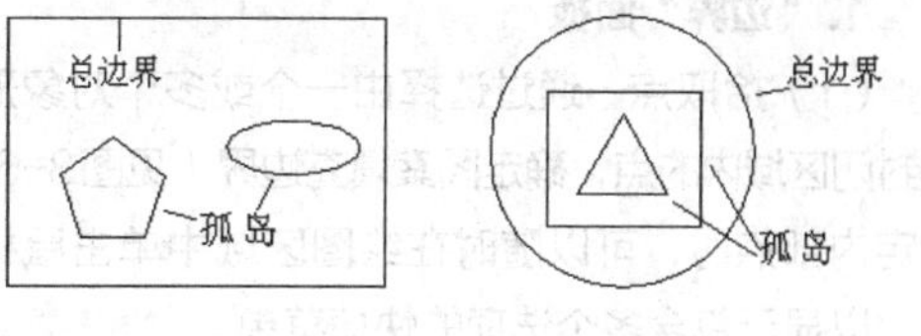

(a) (b)

图 3-59 孤岛

（1）普通方式：如图3-60（a）所示，该方式从边界开始，从每条填充线或每个剖面符号的两端向里画，遇到内部对象与之相交时，填充线或剖面符号断开，直到遇到下一次相交时再继续画。采用这种方式时，要避免填充线或剖面符号与内部对象的相交次数为奇数。该方式为系统内部的默认方式。

（2）最外层方式：如图3-60（b）所示，该方式从边界开始，向里画剖面符号，只要在边界内部与对象相交，则剖面符号由此断开，而不再继续画。

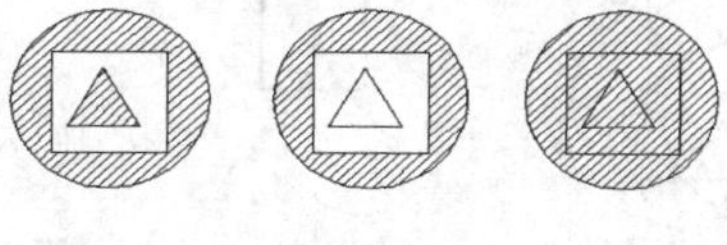

(a) (b) (c)

图 3-60 填充方式

（3）忽略方式：如图3-60（c）所示，该方式忽略边界内部的对象，所有内部结构都被剖面符号覆盖。

3.8.2 图案填充的操作

执行方式

命令行：HATCH。

菜单："绘图"→"图案填充"。

工具栏："绘图"→"图案填充"。

功能区：单击"默认"选项卡"绘图"面板中的"图案填充"按钮。

操作步骤

执行上述命令后，系统打开如图3-61所示的"图案填充创建"选项卡，各选项和按钮含义介绍如下。

图3-61 "图案填充创建"选项卡

1. "边界"面板

（1）拾取点：通过选择由一个或多个对象形成的封闭区域内的点，确定图案填充边界（见图3-62）。指定内部点时，可以随时在绘图区域中单击鼠标右键，以显示包含多个选项的快捷菜单。

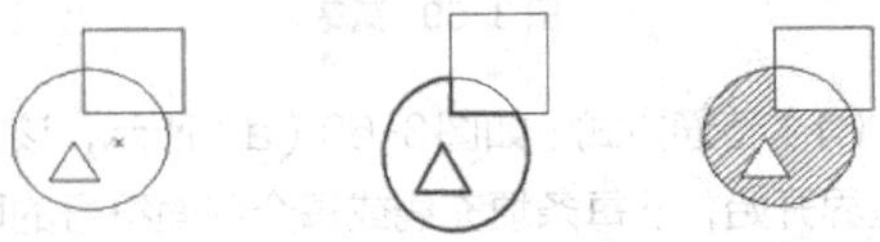

选择一点　填充区域　填充结果

图3-62 边界确定

（2）选择：指定基于选定对象的图案填充边界。使用该选项时，不会自动检测内部对象，必须选择选定边界内的对象，以按照当前孤岛检测样式填充这些对象（见图3-63）。

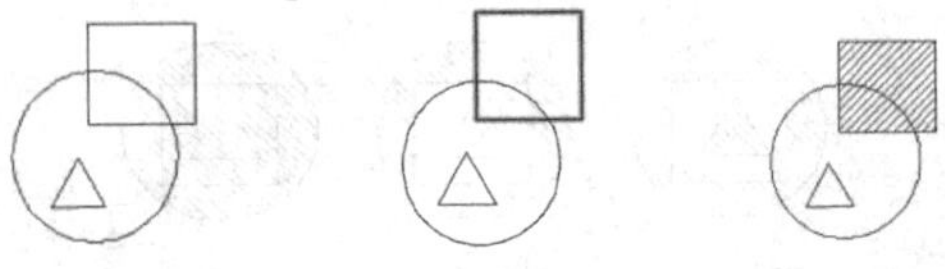

原始图形　选择边界对象　填充结果

图3-63 选择边界对象

（3）删除：从边界定义中删除之前添加的任何对象（见图3-64）。

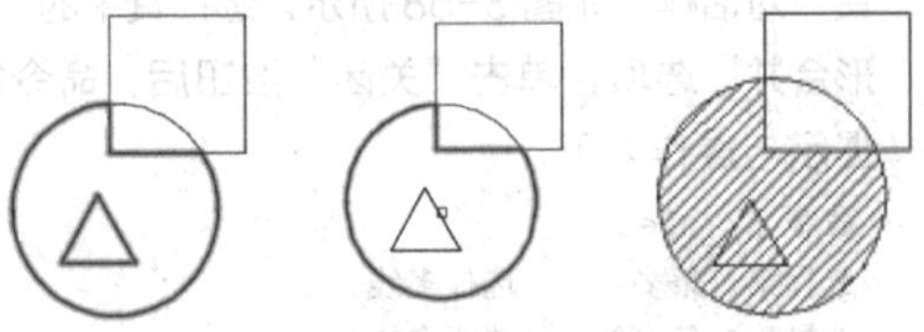

选取边界对象　删除边界对象　填充结果

图3-64 删除孤岛后的边界

（4）重新创建：围绕选定的图案填充或填充对象创建多段线或面域，并使其与图案填充对象相关联（可选）。

（5）显示边界对象：选择构成选定关联图案填充对象的边界的对象，使用显示的夹点可修改图案填充边界。

（6）保留边界对象：指定如何处理图案填充边界对象，包括如下选项。

- 不保留边界：（仅在图案填充创建期间可用）不创建独立的图案填充边界对象。
- 保留边界-多段线：（仅在图案填充创建期间可用）创建封闭图案填充对象的多段线。
- 保留边界-面域：（仅在图案填充创建期间可用）创建封闭图案填充对象的面域对象。

（7）选择新边界集：指定对象的有限集（称为边界集），以便通过创建图案填充时的拾取点进行计算。

2. "图案"面板

在"图案"面板中，显示所有预定义和自定义图案的预览图像。

3. "特性"面板

（1）图案填充类型：指定是使用纯色、渐变色、图案，还是用户定义的填充。

（2）图案填充颜色：替代实体填充和填充图案的当前颜色。

（3）背景色：指定填充图案背景的颜色。

（4）图案填充透明度：设定新图案填充或填充的透明度，替代当前对象的透明度。

（5）图案填充角度：指定图案填充或填充的角度。

（6）填充图案比例：放大或缩小预定义或自定义填充图案。

（7）相对于图纸空间：（仅在布局中可用）相对于图纸空间单位缩放填充图案。使用此选项，可很容易地做到以适合于布局的比例显示填充图案。

（8）双向：（仅当“图案填充类型”设定为“用户定义”时可用）将绘制第二组直线，与原始直线成 90° 角，从而构成交叉线。

（9）ISO 笔宽：（仅对于预定义的 ISO 图案可用）基于选定的笔宽缩放 ISO 图案。

4.“原点”面板

（1）设定原点：直接指定新的图案填充原点。

（2）左下：将图案填充原点设定在图案填充边界矩形范围的左下角。

（3）右下：将图案填充原点设定在图案填充边界矩形范围的右下角。

（4）左上：将图案填充原点设定在图案填充边界矩形范围的左上角。

（5）右上：将图案填充原点设定在图案填充边界矩形范围的右上角。

（6）中心：将图案填充原点设定在图案填充边界矩形范围的中心。

（7）使用当前原点：将图案填充原点设定在 HPORIGIN 系统变量中存储的默认位置。

（8）存储为默认原点：将新图案填充原点的值存储在 HPORIGIN 系统变量中。

5.“选项”面板

（1）关联：指定图案填充或填充为关联图案填充。关联的图案填充或填充在用户修改其边界对象时将会更新。

（2）注释性：指定图案填充为注释性。此特性会自动完成缩放注释过程，从而使注释能够以正确的大小在图纸上打印或显示。

（3）特性匹配。

- 使用当前原点：使用选定图案填充对象（除图案填充原点外）设定图案填充的特性。
- 用源图案填充原点：使用选定图案填充对象（包括图案填充原点）设定图案填充的特性。

（4）允许的间隙：设定将对象用作图案填充边界时可以忽略的最大间隙。默认值为 0，此值指定对象必须封闭区域而没有间隙。

（5）创建独立的图案填充：控制当指定了几个单独的闭合边界时，是创建单个图案填充对象，还是创建多个图案填充对象。

（6）孤岛检测。

- 普通孤岛检测：从外部边界向内填充。如果遇到内部孤岛，填充将关闭，直到遇到孤岛中的另一个孤岛。
- 外部孤岛检测：从外部边界向内填充。此选项仅填充指定的区域，不会影响内部孤岛。
- 忽略孤岛检测：忽略所有内部的对象，填充图案时将通过这些对象。

（7）绘图次序：为图案填充或填充指定绘图次序。选项包括不指定、后置、前置、置于边界之后和置于边界之前。

6.“关闭”面板

关闭图案填充创建：退出“HATCH”命令，并关闭“图案填充创建”选项卡。也可以按 Enter 键或 Esc 键退出“HATCH”命令。

3.8.3 渐变色的操作

执行方式

命令行：GRADIENT。

菜单：“绘图”→“渐变色”。

工具栏：“绘图”→“渐变色”。

功能区：单击“默认”选项卡“绘图”面板中的“渐变色”按钮。

操作步骤

执行上述命令后，系统打开如图3-65所示的“图案填充创建”选项卡，各面板中的按钮含义与图案填充的类似，这里不再赘述。

图 3-65 “图案填充创建”选项卡

3.8.4 边界的操作

执行方式

命令行：BOUNDARY。

菜单：“绘图”→“边界”。

功能区：单击“默认”选项卡“绘图”面板中的“边界”按钮。

操作步骤

执行上述命令后，系统打开如图3-66所示的“边界创建”对话框，各选项的含义如下。

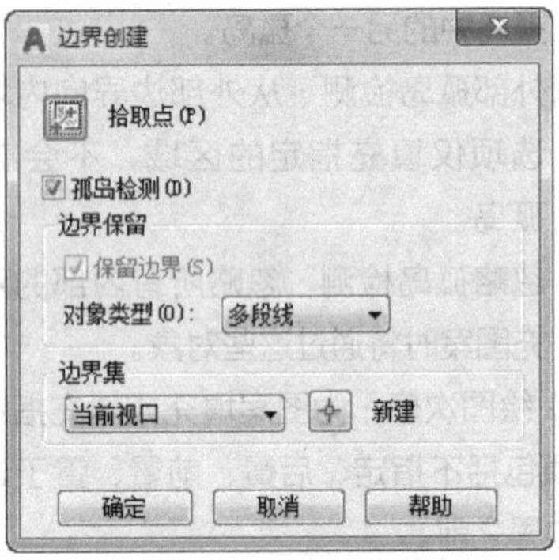

图3-66 “边界创建”对话框

（1）拾取点：根据围绕指定点构成封闭区域的现有对象来确定边界。

（2）孤岛检测：控制“BOUNDARY”命令是否检测内部闭合边界，该边界称为孤岛。

（3）对象类型：控制新边界对象的类型。“BOUNDARY”命令将边界作为面域或多段线对象创建。

（4）边界集：通过指定点定义边界时，确定“BOUNDARY”命令要分析的对象集。

3.8.5 编辑填充的图案

利用“HATCHEDIT”命令，可以编辑已经填充的图案。

执行方式

命令行：HATCHEDIT。

菜单：“修改”→“对象”→“图案填充”。

工具栏：“修改II”→“编辑图案填充”。

快捷菜单：选中填充的图案，右键单击，在打开的快捷菜单中选择“图案填充编辑”命令（见图3-67）。

快捷方法：直接选择填充的图案，打开“图案填充编辑器”选项卡（见图3-68）。

功能区：单击“默认”选项卡“修改”面板中的“编辑图案填充”按钮。

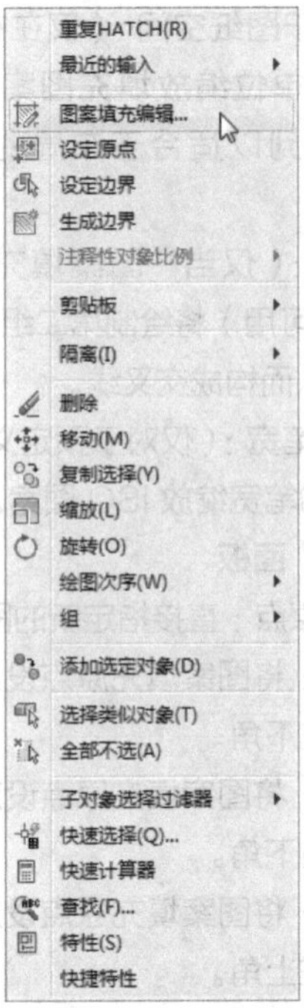

图3-67 快捷菜单

图3-68 “图案填充编辑器”选项卡

实例教学

扫一扫

下面以创建如图3-69所示的庭院一角为例，介绍图案填充的方法。

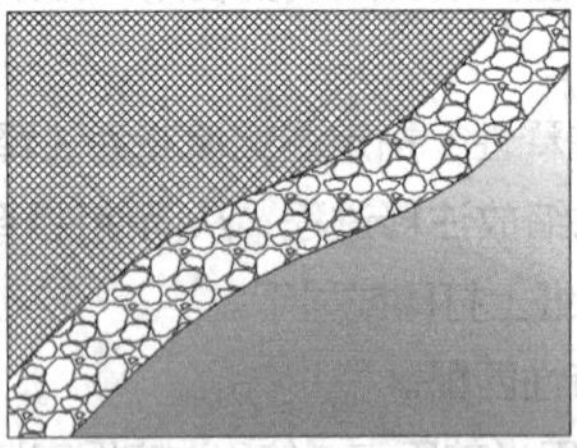

图3-69 庭院一角

STEP 绘制步骤

❶ 单击“默认”选项卡“绘图”面板中的“矩形”按钮和“样条曲线拟合”按钮，绘制庭院一角的外形，如图3-70所示。

❷ 单击“默认”选项卡“绘图”面板中的“图案填充”按钮，系统弹出“图案填充创建”选项

卡，选择“GRAVEL”图案，如图 3-71 所示。在绘图区两条样条曲线组成的小路中拾取一点，按 Enter 键，完成鹅卵石小路的填充，如图 3-72 所示。

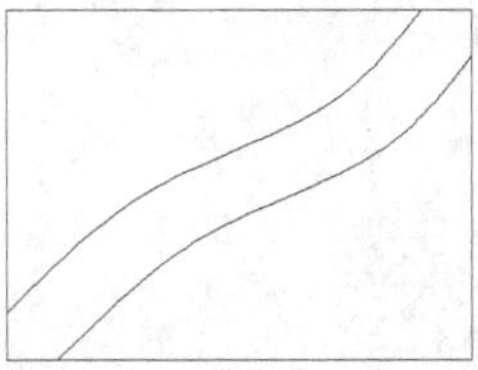

图 3-70　庭院一角的外形

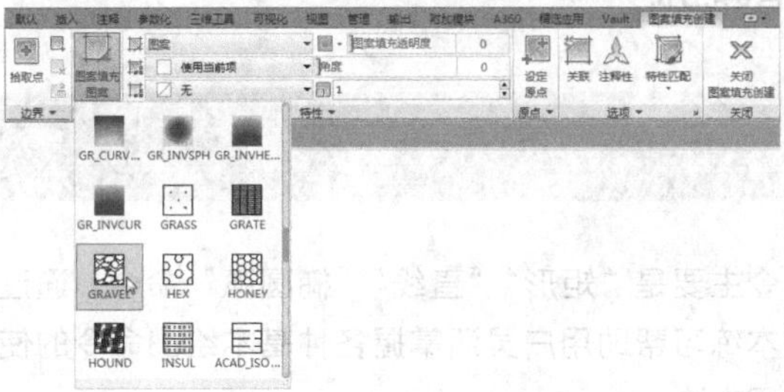

图 3-71　选择填充图案

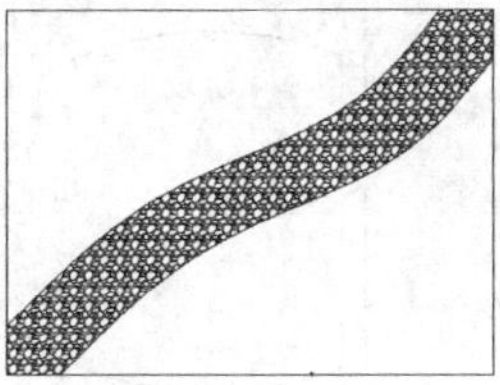

图 3-72　填充小路

❸ 从图 3-72 中可以看出，填充图案过于细密，可以对其进行编辑修改。双击该填充图案，系统打开“图案填充编辑器”选项卡，将图案填充“比例”改为“3”，如图 3-73 所示。单击“关闭图案填充编辑器”按钮，修改后的填充图案如图 3-74 所示。

图 3-73　“图案填充编辑器”选项卡

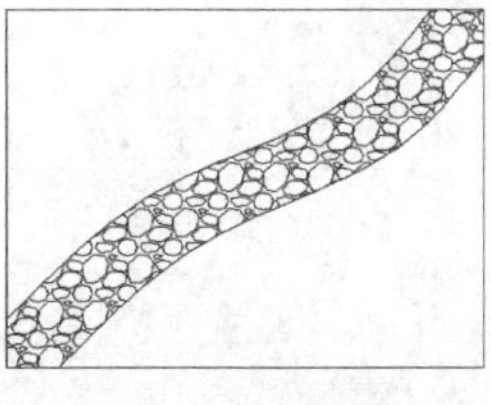

图 3-74　修改后的填充图案

❹ 单击“默认”选项卡“绘图”面板中的“图案填充”按钮，系统弹出“图案填充创建”选项卡。选择“ANSI37”图案，设置“比例”为“3”，如图 3-75 所示。在绘制的图形左上方拾取一点，按 Enter 键，完成草坪的填充，如图 3-76 所示。

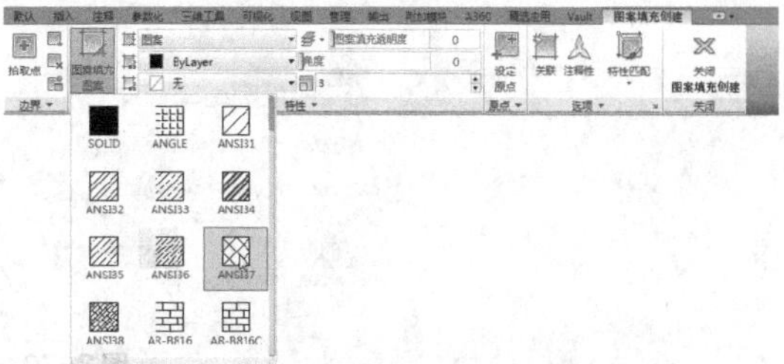

图 3-75　“图案填充创建”选项卡

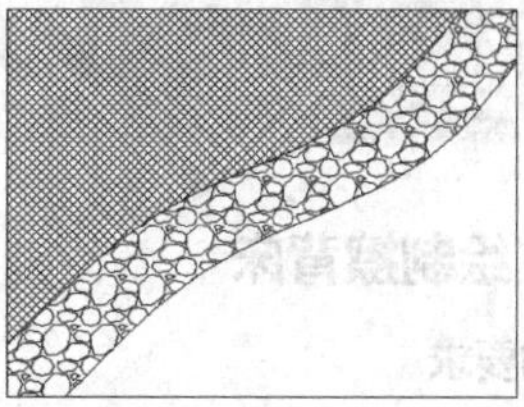

图 3-76　填充草坪

❺ 单击“默认”选项卡“绘图”面板中的“图案填充”按钮，系统弹出“图案填充创建”选项卡。在“特性”面板的“图案填充类型”下拉列表中，选择“渐变色”选项，如图 3-77 所示。单击“渐变色 1”下拉列表中的“更多颜色”按钮，打开“选择颜色”对话框，选择如图 3-78 所示的绿色，单击“确定”按钮，返回“图案填充创建”选项卡。选择如图 3-79 所示的“GR_LINEAR”颜色变化方式，在绘制的图形右下方拾取一点，按 Enter 键，完成池塘的填充。最终绘制结果如图 3-69 所示。

图 3-77　“图案填充创建”选项卡

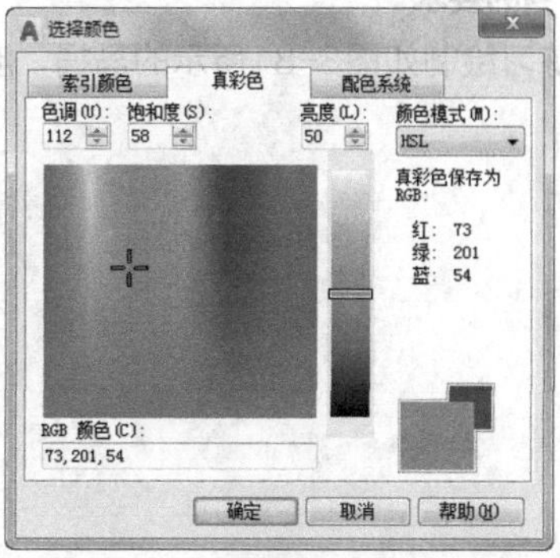

图 3-78　“选择颜色”对话框

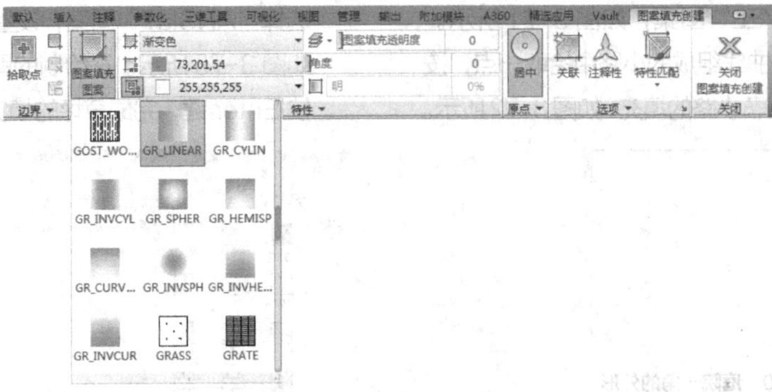

图 3-79　选择颜色变化方式

3.9 上机实验

【练习 1】绘制擦背床

1. 目的要求

本练习绘制如图3-80所示的擦背床，涉及的命令主要是“直线”和“圆”命令。通过本练习帮助用户灵活掌握直线和圆的绘制方法。

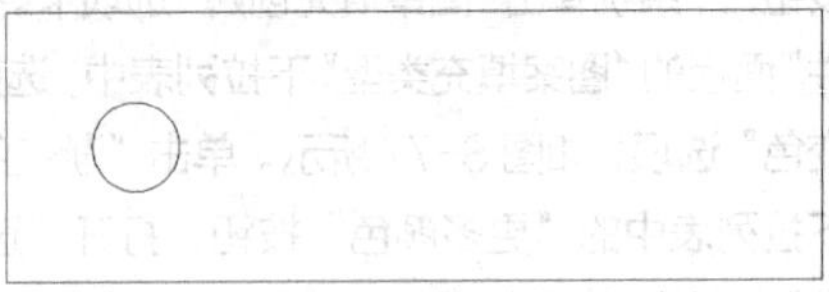

图 3-80　擦背床

2. 操作提示

（1）单击“默认”选项卡“绘图”面板中的“直线”按钮，取适当的尺寸，绘制矩形外轮廓。

（2）单击“默认”选项卡“绘图”面板中的“圆”按钮，绘制圆。

【练习 2】绘制马桶

1. 目的要求

本练习绘制如图3-81所示的马桶，涉及的命令主要是“矩形”“直线”“椭圆弧”命令。通过本练习帮助用户灵活掌握各种基本绘图命令的使用方法。

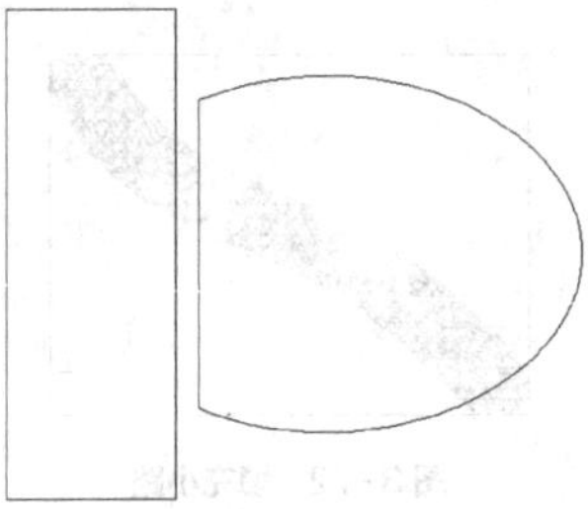

图 3-81　马桶

2. 操作提示

（1）单击“默认”选项卡“绘图”面板中的“椭圆弧”按钮，绘制马桶外沿。

（2）单击“默认”选项卡“绘图”面板中的“直线”按钮，连接椭圆弧两个端点，绘制马桶后沿。

（3）单击“默认”选项卡“绘图”面板中的“矩形”按钮，在左边绘制一个矩形框作为水箱。

第 4 章

编辑命令

二维图形的编辑操作配合绘图命令的使用，可以进一步完成复杂图形对象的绘制工作，并且可使用户合理安排和组织图形，保证绘图准确，减少重复，因此，对编辑命令的熟练掌握和使用有助于提高设计和绘图的效率。本章主要包括选择对象、删除及恢复类命令、复制类命令、改变位置类命令、改变几何特性类命令和对象编辑等内容。

重点与难点

- 选择对象
- 删除及恢复类命令
- 复制类命令
- 改变位置类命令
- 改变几何特性类命令
- 对象编辑

4.1 选择对象

AutoCAD 2018提供两种编辑图形的途径。

(1)先执行编辑命令，然后选择要编辑的对象。

(2)先选择要编辑的对象，然后执行编辑命令。

这两种途径的执行效果是相同的，但选择对象是进行编辑的前提。AutoCAD 2018提供了多种对象选择方法，如单击选取方法、用选择窗口选择对象、用选择线选择对象、用对话框选择对象等。AutoCAD 2018可以把选择的多个对象组成整体，如选择集和对象组，进行整体编辑与修改。

4.1.1 构造选择集

选择集可以仅由一个图形对象构成，也可以是一个复杂的对象组，如位于某一特定层上的具有某种特定颜色的一组对象。选择集的构造可以在调用编辑命令之前或之后进行。

AutoCAD提供以下几种方法来构造选择集。

(1)先选择一个编辑命令，然后选择对象，按Enter键，结束操作。

(2)使用“SELECT”命令。在命令行输入“SELECT”，然后根据选择的选项，出现选择对象提示，按Enter键，结束操作。

(3)用点取设备选择对象，然后调用编辑命令。

(4)定义对象组。

无论使用哪种方法，AutoCAD 2018都将提示用户选择对象，并且光标的形状由十字光标变为拾取框。

下面结合“SELECT”命令说明选择对象的方法。

“SELECT”命令可以单独使用，也可以在执行其他编辑命令时被自动调用，此时屏幕提示如下。

选择对象：

等待用户以某种方式选择对象作为回答。AutoCAD 2018提供多种选择方式，可以键入“？”查看这些选择方式。按Enter键后，出现如下提示。

需要点或窗口(W)/上一个(L)/窗交(C)/框(BOX)/全部(ALL)/栏选(F)/圈围(WP)/圈交(CP)/编组(G)/添加(A)/删除(R)/多个(M)/前一个(P)/放弃(U)/自动(AU)/单个(SI)/子对象(SU)/对象(O)

各选项的含义如下。

(1)点：该选项表示直接通过点取的方式选择对象。用鼠标或键盘移动拾取框，使其框住要选取的对象并单击，就会选中该对象并以高亮度显示。

(2)窗口(W)：用由两个对角顶点确定的矩形窗口选取位于其范围内部的所有图形，与边界相交的对象不会被选中，如图4-1所示。在指定对角顶点时，应该按照从左向右的顺序。

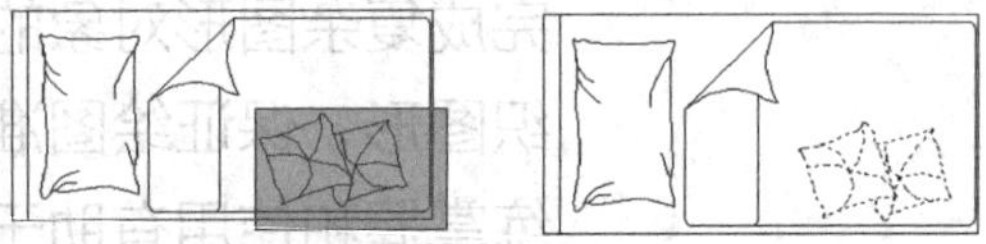

(a)图中深色覆盖部分为选择窗口　(b)选择后的图形

图4-1 “窗口”对象选择方式

(3)上一个(L)：在“选择对象：”提示下键入“L”后，按Enter键，系统会自动选取最后绘制的一个对象。

(4)窗交(C)：该方式与上述“窗口”方式类似，区别在于它不但选中矩形窗口内部的对象，也选中与矩形窗口边界相交的对象，如图4-2所示。

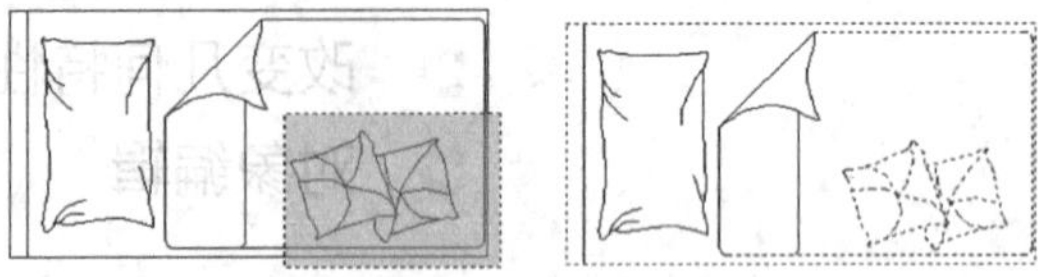

(a)图中深色覆盖部分为选择窗口　(b)选择后的图形

图4-2 “窗交”对象选择方式

(5)框(BOX)：使用时，系统根据用户在屏幕上给出的两个对角点的位置而自动引用“窗口”或“窗交”方式。若从左向右指定对角点，则为“窗口”方式；反之，则为“窗交”方式。

（6）全部（ALL）：选取图面上的所有对象。

（7）栏选（F）：用户临时绘制一些直线，这些直线不必构成封闭图形，凡是与这些直线相交的对象均被选中，如图4-3所示。

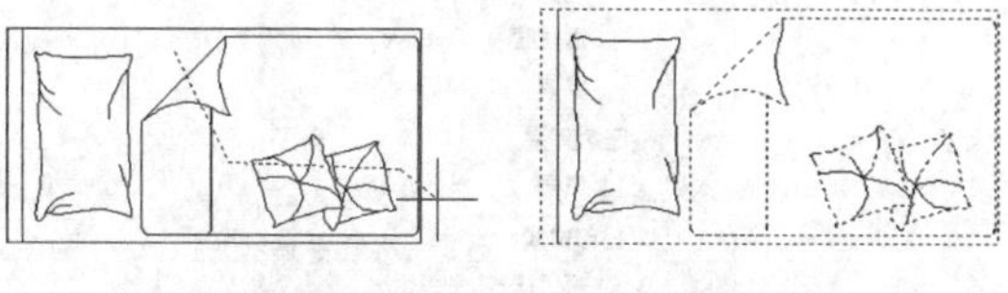

（a）图中虚线为选择线　　（b）选择后的图形

图 4-3　“栏选”对象选择方式

（8）圈围（WP）：使用一个不规则的多边形来选择对象。根据提示，用户顺次输入构成多边形的所有顶点的坐标，最后按Enter键，系统将自动连接第一个顶点到最后一个顶点的各个顶点，形成封闭的多边形。凡是被多边形围住的对象均被选中（不包括边界），执行结果如图4-4所示。

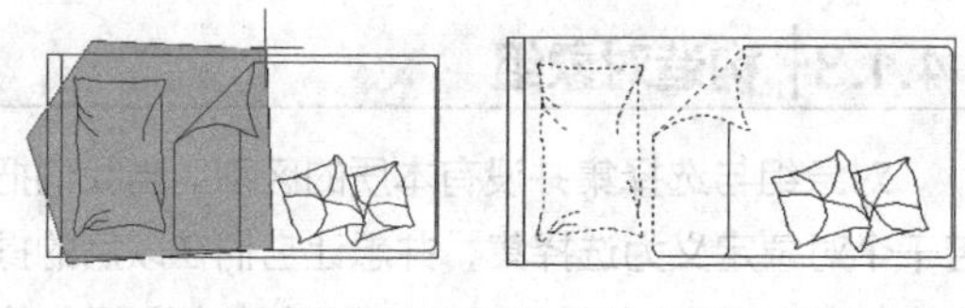

（a）图中深色多边形为选择窗口　　（b）选择后的图形

图 4-4　“圈围”对象选择方式

（9）圈交（CP）：类似于“圈围”方式，在“选择对象：”提示后键入“CP”，后续操作与“圈围”方式相同。区别在于：与多边形边界相交的对象也被选中。

（10）编组（G）：使用预先定义的对象组作为选择集。事先将若干个对象组成对象组，用组名引用。

（11）添加（A）：添加下一个对象到选择集。也可用于从移走模式（Remove）到选择模式的切换。

（12）删除（R）：按住Shift键选择对象，可以从当前选择集中移走该对象。对象由高亮度显示状态变为正常显示状态。

（13）多个（M）：指定多个点，非高亮度显示对象。这种方法可以加快在复杂图形上选择对象的过程。若两个对象交叉，两次指定交叉点，则可以选中这两个对象。

（14）前一个（P）：用关键字“P”回应“选择对象：”的提示，则把上次编辑命令中的最后一次构造的选择集或最后一次使用“Select”（DDSELECT）命令预置的选择集作为当前选择集。这种方法适用于对同一选择集进行多种编辑操作的情况。

（15）放弃（U）：用于取消加入选择集的对象。

（16）自动（AU）：选择结果视用户在屏幕上的选择操作而定。如果选中单个对象，则该对象为自动选择的结果；如果选择点落在对象内部或外部的空白处，系统会提示如下。

```
指定对角点：
```

此时，系统会采取一种窗口的选择方式。对象被选中后，变为虚线形式，并以高亮度显示。

> **注意** 若矩形框从左向右定义，即第一个选择的对角点为左侧的对角点，矩形框内部的对象被选中，矩形框外部的及与矩形框边界相交的对象不会被选中。若矩形框从右向左定义，矩形框内部及与矩形框边界相交的对象都会被选中。

（17）单个（SI）：选择指定的第一个对象或对象集，而不继续提示进行下一步的选择。

（18）子对象（SU）：使用户可以逐个选择原始形状，这些形状是复合实体的一部分或三维实体上的顶点、边和面。

（19）对象（O）：结束选择子对象的功能，使用户可以使用对象选择方法。

4.1.2 快速选择

有时需要选择具有某些共同属性的对象来构造选择集，如选择具有相同颜色、线型或线宽的对象，当然可以使用前面介绍的方法来选择这些对象，但如果要选择的对象数量较多且分布在较复杂的图形中，就会导致很大的工作量，AutoCAD 2018提供了“QSELECT”命令来解决这个问题。调用“QSELECT”命令后，打开“快速选择”对话框，如图4-5所示，利用该对话框可以根据用户指定的过滤标准快速创建选择集。

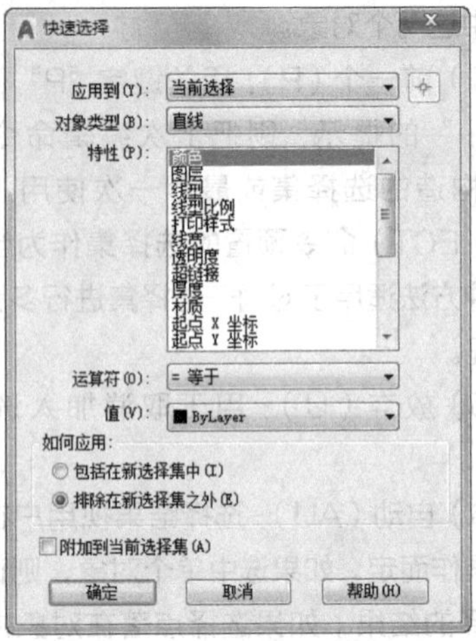

图 4-5 “快速选择”对话框

执行方式

命令行：QSELECT。

菜单：“工具”→“快速选择”。

快捷菜单：在绘图区右键单击，从打开的快捷菜单上选择“快速选择”命令（见图4-6）。

选项板：“特性”选项板→“快速选择”（见图4-7）。

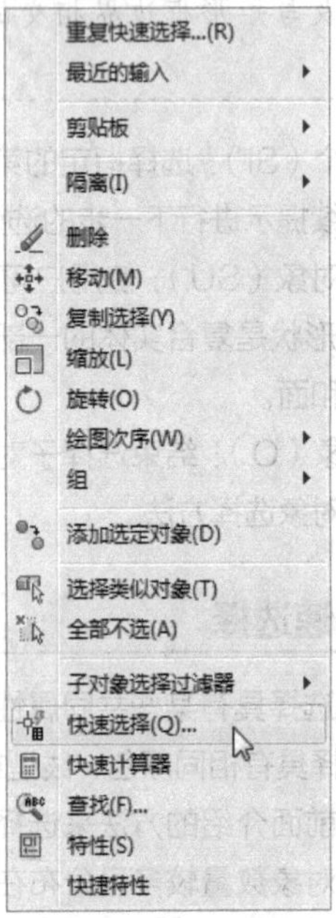

图 4-6 快捷菜单

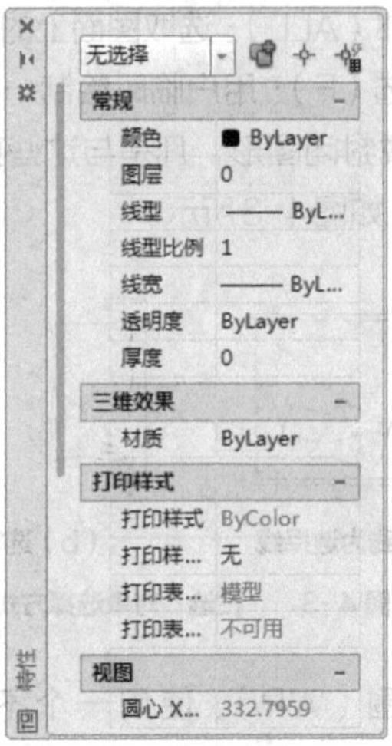

图 4-7 “特性”选项板

操作步骤

执行上述命令后，系统弹出“快速选择”对话框。在该对话框中，可以选择符合条件的对象或对象组。

4.1.3 构造对象组

对象组与选择集并没有本质的区别。当我们把若干个对象定义为选择集，并想让它们在以后的操作中始终作为一个整体时，可以给这个选择集命名并保存起来，这个被命名的对象选择集就是对象组。

如果对象组可以被选择（位于锁定层上的对象组不能被选择），那么可以通过它的组名引用该对象组，并且一旦组中任何一个对象被选中，那么组中的全部对象成员都会被选中。

执行方式

命令行：GROUP。

操作步骤

执行上述命令后，系统打开“对象编组”对话框。利用该对话框可以查看或修改存在的对象组的属性，也可以创建新的对象组。

4.2 删除及恢复类命令

这一类命令主要用于删除图形的某部分或对已被删除的部分进行恢复，包括“删除”“放弃”“重做”等命令。

4.2.1 删除命令

如果所绘制的图形不符合要求或绘错了图形，则可以使用“ERASE”命令把它删除。

执行方式

命令行：ERASE。

菜单：“修改”→“删除”。

快捷菜单：选择要删除的对象，在绘图区右键单击，从打开的快捷菜单中选择“删除”命令。

工具栏：“修改”→“删除”。

功能区：单击“默认”选项卡“修改”面板中的“删除”按钮。

操作步骤

可以先选择对象，然后调用“删除”命令；也可以先调用“删除”命令，然后再选择对象。选择对象时，可以使用前面介绍的各种对象选择的方法。

当选择多个对象时，多个对象都被删除；若选择的对象属于某个对象组，则该对象组的所有对象都被删除。

4.2.2 恢复命令

若误删除了图形，则可以使用“OOPS”或“U”命令恢复误删除的对象。

执行方式

命令行：OOPS或U。

工具栏：“快速访问”→“放弃”。

快捷键：Ctrl+Z。

操作步骤

在命令行输入“OOPS”或“U”，按Enter键。

4.3 复制类命令

本节将详细介绍AutoCAD 2018的复制类命令。利用这些复制类命令，可以方便地绘制和编辑图形。

4.3.1 复制命令

执行方式

命令行：COPY。

菜单：“修改”→“复制”。

工具栏：“修改”→“复制”。

快捷菜单：选择要复制的对象，在绘图区右键单击，从打开的快捷菜单中选择“复制选择”命令。

功能区：单击“默认”选项卡“修改”面板中的“复制”按钮。

操作步骤

```
命令：COPY↙
选择对象：（选择要复制的对象）
```

用前面介绍的对象选择方法选择一个或多个对象，按Enter键，结束选择操作。系统继续提示如下。

```
当前设置： 复制模式 = 多个
指定基点或 [位移(D)/模式(O)] <位移>:
```

选项说明

（1）指定基点：指定一个坐标点后，AutoCAD 2018把该点作为复制对象的基点，并提示如下。

```
指定位移的第二点或 <用第一点作位移>:
```

指定第二个点后，系统将根据这两点确定的位移矢量把选择的对象复制到第二点处。

如果此时直接按Enter键，即选择默认的“用第一点作位移”，则第一个点被当作相对于*X*、*Y*、*Z*的位移。例如，如果指定基点为（2，3），并在下一个提示下按Enter键，则该对象从它当前的位置开始，在*X*方向上移动两个单位，在*Y*方向上移动3个单位。复制完成后，系统会继续提示如下。

```
指定位移的第二点：
```

这时，可以不断指定新的第二点，从而实现多重复制。

（2）位移（D）：直接输入位移值，表示以选择对象时的拾取点为基准，以拾取点坐标为移动方向，纵横比移动指定位移后所确定的点为基点。例如，选择对象时的拾取点坐标为（2，3），输入位移为5，则表示以（2，3）点为基准，沿纵横比为3：2的方向移动5个单位所确定的点为基点。

（3）模式（O）：控制是否自动重复该命令。确定复制模式是单个还是多个。

实例教学

下面以绘制如图4-8所示的汽车为例，介绍“复制”命令的使用方法。

扫一扫

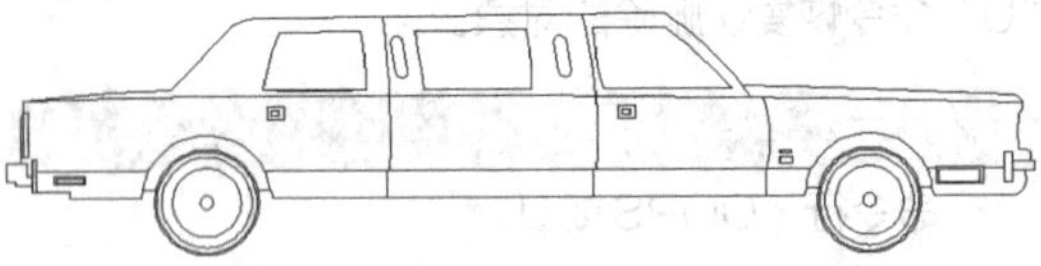

图 4-8　汽车

STEP 绘制步骤

❶ 打开图层特性管理器，新建如图 4-9 所示的两个图层。

（1）“1”图层，颜色为绿色，其余属性默认。

（2）“2”图层，颜色为白色，其余属性默认。

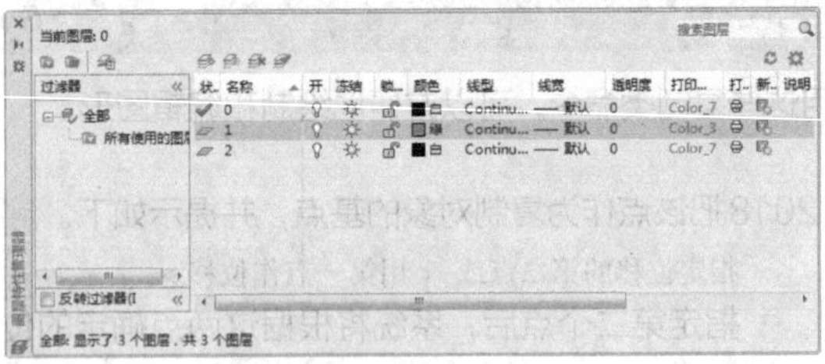

图 4-9　图层特性管理器

❷ 选择菜单栏中的“视图”→“缩放”→“圆心”命令，将绘图区域缩放到适当大小。

❸ 单击“默认”选项卡“绘图”面板中的“多段线”按钮，绘制车壳。命令行提示与操作如下。

```
命令：_pline
指定起点：5,18↙
指定下一个点或 [圆弧 (A)/半宽 (H)/长度 (L)/放弃 (U)/宽度 (W)]：@0,32↙
指定下一点或 [圆弧 (A)/闭合 (C)/半宽 (H)/长度 (L)/放弃 (U)/宽度 (W)]：@54,4↙
指定下一点或 [圆弧 (A)/闭合 (C)/半宽 (H)/长度 (L)/放弃 (U)/宽度 (W)]：85,77↙
指定下一点或 [圆弧 (A)/闭合 (C)/半宽 (H)/长度 (L)/放弃 (U)/宽度 (W)]：216,77↙
指定下一点或 [圆弧 (A)/闭合 (C)/半宽 (H)/长度 (L)/放弃 (U)/宽度 (W)]：243,55↙
指定下一点或 [圆弧 (A)/闭合 (C)/半宽 (H)/长度 (L)/放弃 (U)/宽度 (W)]：333,51↙
指定下一点或 [圆弧 (A)/闭合 (C)/半宽 (H)/长度 (L)/放弃 (U)/宽度 (W)]：333,18↙
指定下一点或 [圆弧 (A)/闭合 (C)/半宽 (H)/长度 (L)/放弃 (U)/宽度 (W)]：306,18↙
指定下一点或 [圆弧 (A)/闭合 (C)/半宽 (H)/长度 (L)/放弃 (Ua)/宽度 (W)]：a↙
指定圆弧的端点（按住 Ctrl 键以切换方向）或
[角度 (A)/圆心 (CE)/闭合 (CL)/方向 (D)/半宽 (H)/直线 (L)/半径 (R)/第二个点 (S)/放弃 (U)/宽度 (W)]：r↙
指定圆弧的半径：21.5↙
指定圆弧的端点（按住 Ctrl 键以切换方向）或
[角度 (A)]：a↙
指定夹角：180↙
指定圆弧的弦方向（按住 Ctrl 键以切换方向）
<180>:↙
指定圆弧的端点（按住 Ctrl 键以切换方向）或
[角度 (A)/圆心 (CE)/闭合 (CL)/方向 (D)/半宽 (H)/直线 (L)/半径 (R)/第二个点 (S)/放弃 (U)/宽度 (W)]：l↙
指定下一点或 [圆弧 (A)/闭合 (C)/半宽 (H)/长度 (L)/放弃 (U)/宽度 (W)]：87,18↙
指定下一点或 [圆弧 (A)/闭合 (C)/半宽 (H)/长度 (L)/放弃 (U)/宽度 (W)]：a↙
指定圆弧的端点（按住 Ctrl 键以切换方向）或
[角度 (A)/圆心 (CE)/闭合 (CL)/方向 (D)/半宽 (H)/直线 (L)/半径 (R)/第二个点 (S)/放弃 (U)/宽度 (W)]：r↙
指定圆弧的半径：21.5↙
指定圆弧的端点（按住 Ctrl 键以切换方向）或
[角度 (A)]：a↙
指定夹角：180↙
指定圆弧的弦方向（按住 Ctrl 键以切换方向）
<180>:↙
指定圆弧的端点（按住 Ctrl 键以切换方向）或
[角度 (A)/圆心 (CE)/闭合 (CL)/方向 (D)/半宽 (H)/直线 (L)/半径 (R)/第二个点 (S)/放弃 (U)/宽度 (W)]：l↙
指定下一点或 [圆弧 (A)/闭合 (C)/半宽 (H)/长度 (L)/放弃 (U)/宽度 (W)]：c↙
```

绘制结果如图 4-10 所示。

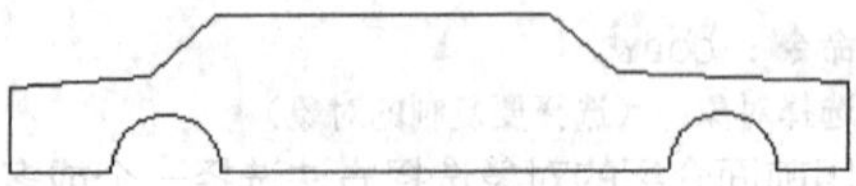

图 4-10　绘制车壳

❹ 绘制车轮。

（1）单击“默认”选项卡“绘图”面板中的“圆”按钮，以（65.5，18）为圆心，绘制半径分别为 17.3 和 11.3 的圆，如图 4-11 所示。

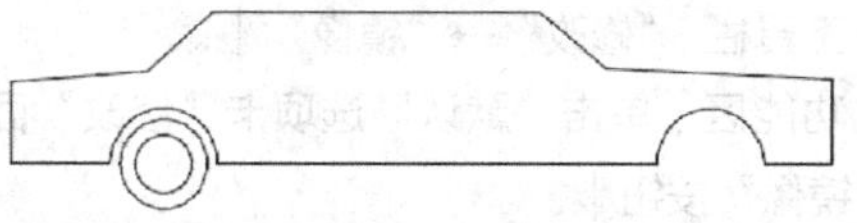

图 4-11　绘制车轮外轮廓

（2）将当前图层设为“1”图层，以（65.5，18）为圆心，绘制半径分别 16、17.3、14.8 的圆，如图 4-12 所示。

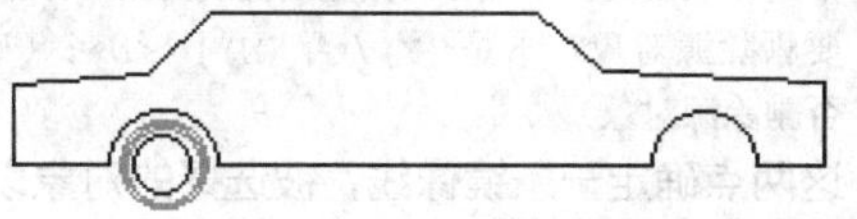

图 4-12　绘制车轮内轮廓

（3）单击“默认”选项卡“绘图”面板中的“直线”按钮，将车轮与车体连接起来，如图 4-13 所示。

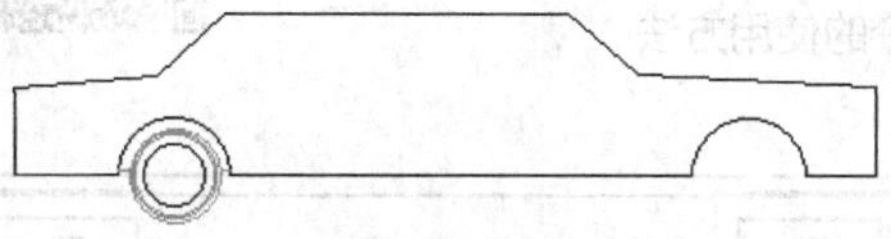

图 4-13　绘制连接线

❺ 复制车轮。

单击“默认”选项卡“修改”面板中的“复制”按钮，复制绘制的所有圆。命令行提示与操作如下。

```
命令： _copy
选择对象： （选择车轮的所有圆及连接线）
选择对象： ↙
指定基点或位移，或者 [ 重复 (M)]: 65.5,18 ↙
指定第二个点或 [ 阵列 (A)] < 使用第一个点作为位移 >: 284.5,18 ↙
指定第二个点或 [ 阵列 (A)/ 退出 (E)/ 放弃 (U)] < 退出 >↙
```

复制结果如图 4-14 所示。

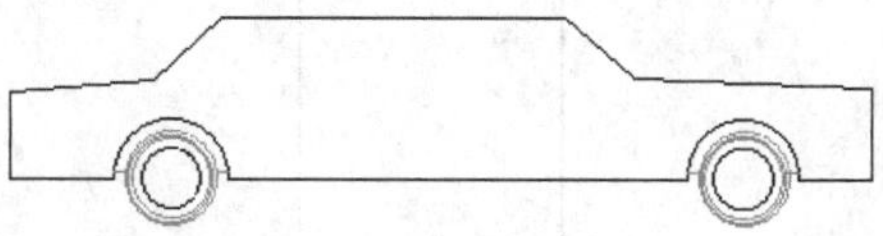

图 4-14　复制车轮

❻ 绘制车门。

（1）将当前图层设为“2”图层，单击“默认”选项卡“绘图”面板中的“直线”按钮，指定坐标点（5，27）与（333，27），绘制一条直线，如图 4-15 所示。

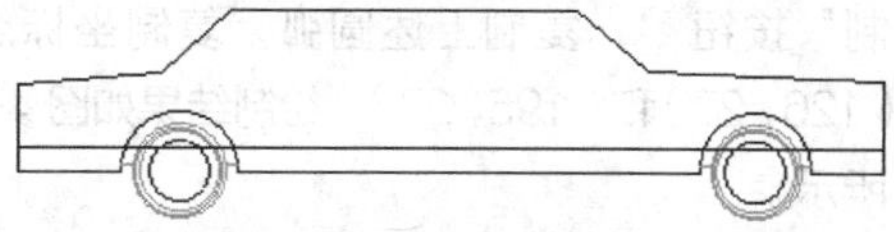

图 4-15　绘制直线

（2）单击“默认”选项卡“绘图”面板中的“圆弧”按钮，利用三点方式绘制圆弧，绘制坐标点为（5，50），（126，52），（333，47），如图 4-16 所示。

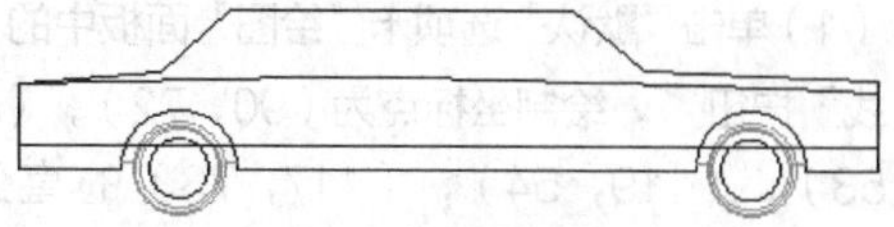

图 4-16　绘制圆弧

（3）单击“默认”选项卡“绘图”面板中的“直线”按钮，绘制坐标点为（125，18），（@0，9）与（194，18），（@0，9）的直线，如图 4-17 所示。

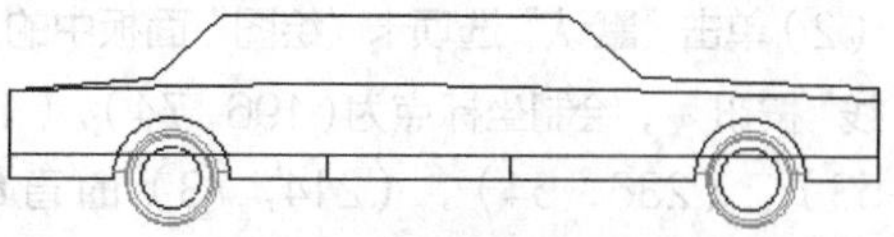

图 4-17　绘制直线

（4）单击“默认”选项卡“绘图”面板中的“圆弧”按钮，绘制圆弧起点为（126，27），第二点为（126.5，52），圆弧端点为（124，77）的圆弧，如图 4-18 所示。

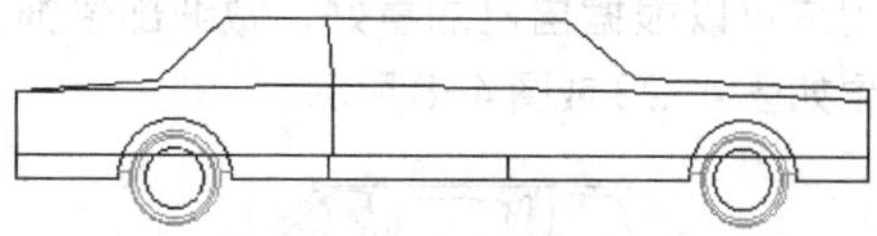

图 4-18　绘制圆弧

（5）单击“默认”选项卡“修改”面板中的“修剪”按钮，对绘制的水平直线进行修剪处理，如图 4-19 所示。（“修剪”命令将在后面的章节详细讲解。）

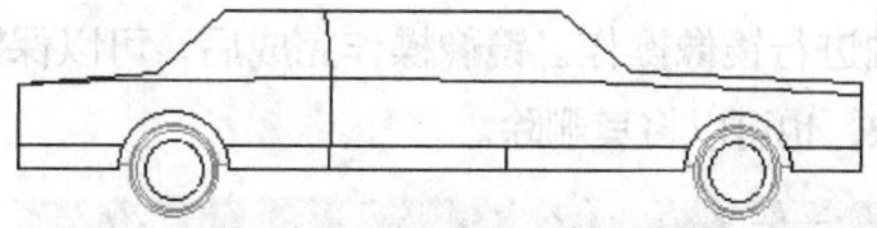

图 4-19　修剪图形

（6）单击“默认”选项卡“修改”面板中的“复

制”按钮，复制上述圆弧，复制坐标点为（126，27）和（195，27），绘制结果如图 4-20 所示。

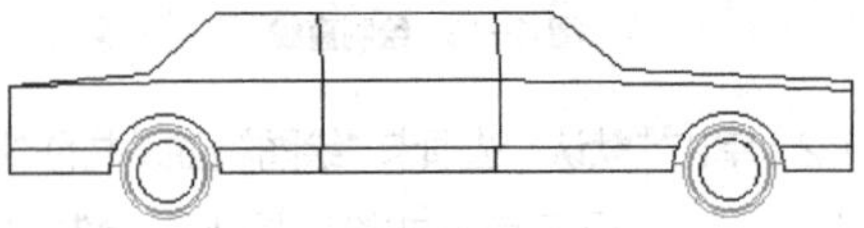

图 4-20　绘制车门

❼ 绘制车窗。

（1）单击“默认”选项卡“绘图”面板中的“直线”按钮，绘制坐标点为（90，72），（84，53），（119，54），（117，73）的直线，绘制结果如图 4-21 所示。

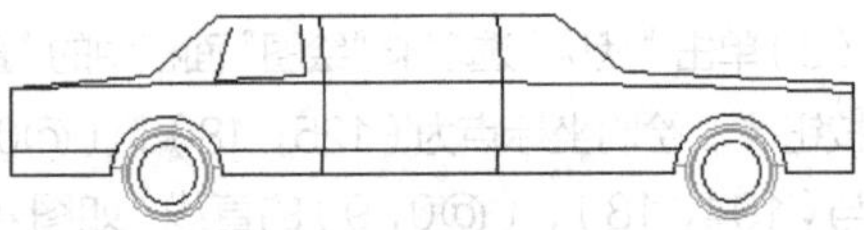

图 4-21　绘制直线

（2）单击“默认”选项卡“绘图”面板中的“直线”按钮，绘制坐标点为（196，74），（198，53），（236，54），（214，73）的直线，绘制结果如图 4-22 所示。

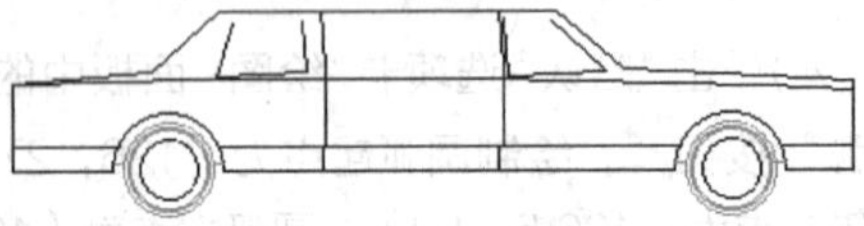

图 4-22　绘制直线

❽ 用户可以根据自己的喜好，做细部修饰，结果如图 4-23 或图 4-8 所示。

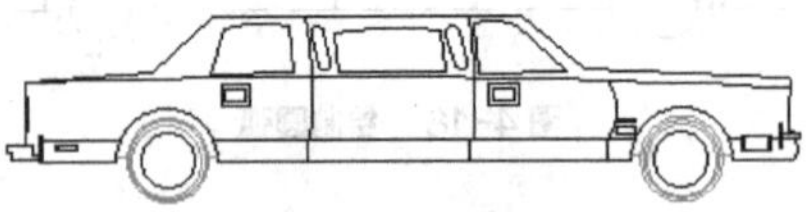

图 4-23　汽车

4.3.2 镜像命令

镜像对象是指把选择的对象以一条镜像线为对称轴进行镜像操作。镜像操作完成后，可以保留源对象，也可以将其删除。

执行方式

命令行：MIRROR。

菜单：“修改”→“镜像”。

工具栏：“修改”→“镜像”。

功能区：单击“默认”选项卡“修改”面板中的“镜像”按钮。

操作步骤

命令：MIRROR↙
选择对象：（选择要镜像的对象）
指定镜像线的第一点：（指定镜像线的第一个点）
指定镜像线的第二点：（指定镜像线的第二个点）
要删除源对象？［是（Y）/否（N）］<N>：（确定是否删除源对象）

这两点确定一条镜像线，被选择的对象以该线为对称轴进行镜像。

实例教学

扫一扫

下面以绘制如图4-24所示的办公桌为例，介绍“镜像”命令的使用方法。

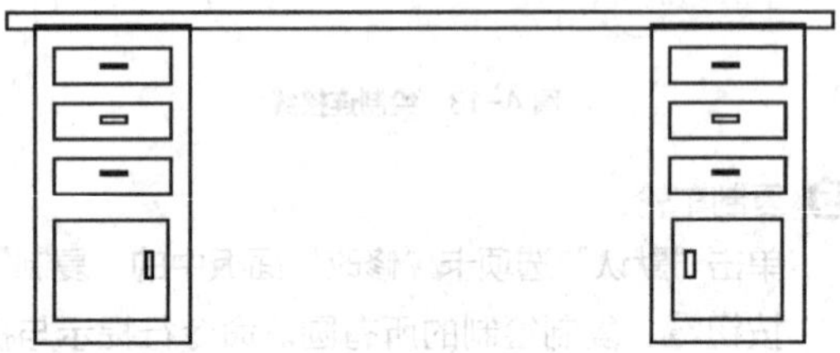

图 4-24　办公桌

STEP 绘制步骤

❶ 单击“默认”选项卡“绘图”面板中的“矩形”按钮，在合适的位置绘制矩形，如图 4-25 所示。

图 4-25　绘制矩形

❷ 单击“默认”选项卡“绘图”面板中的“矩形”按钮，在合适的位置绘制一系列的抽屉和柜门，结果如图 4-26 所示。

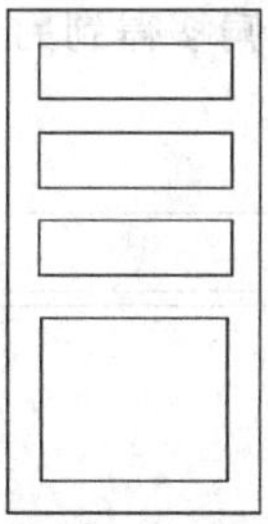

图 4-26 绘制抽屉和柜门

❸ 单击“默认”选项卡“绘图”面板中的“矩形”按钮，在合适的位置绘制一系列的把手，结果如图 4-27 所示。

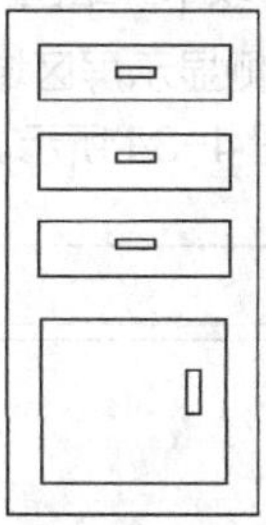

图 4-27 绘制把手

❹ 单击“默认”选项卡“绘图”面板中的“矩形”按钮，在合适的位置绘制桌面，结果如图 4-28 所示。

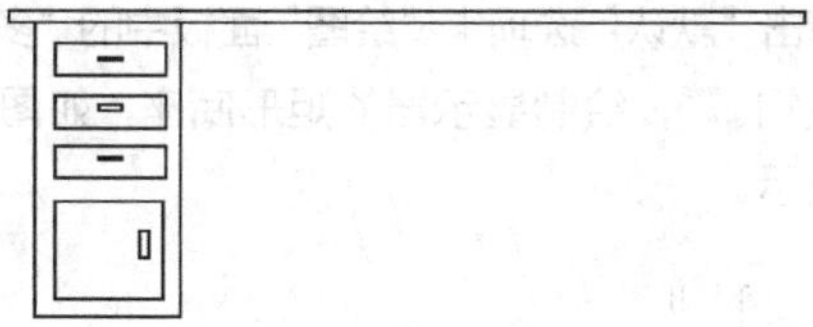

图 4-28 绘制桌面

❺ 单击“默认”选项卡“修改”面板中的“镜像”按钮，将左边的一系列矩形以桌面矩形的顶边中点和底边中点的连线为对称轴进行镜像。命令行提示与操作如下。

命令：_mirror
选择对象：（选取左边的一系列矩形）
选择对象：↙
指定镜像线的第一点：（选择桌面矩形的底边中点）
指定镜像线的第二点：（选择桌面矩形的顶边中点）
要删除源对象吗？ [是 (Y) / 否 (N)] <N>：↙

绘制结果如图 4-24 所示。

4.3.3 偏移命令

偏移对象是指保持选择的对象的形状，在不同的位置以不同的尺寸大小新建一个对象。

执行方式

命令行：OFFSET。

菜单：“修改”→“偏移”。

工具栏：“修改”→“偏移”。

功能区：单击“默认”选项卡“修改”面板中的“偏移”按钮。

操作步骤

命令： OFFSET ↙
当前设置： 删除源 = 否 图层 = 源 OFFSETGAPTYPE=0
指定偏移距离或 [通过 (T) / 删除 (E) / 图层 (L)] < 通过 >：（指定距离值）
选择要偏移的对象，或 [退出 (E) / 放弃 (U)] < 退出 >：（选择要偏移的对象，按 Enter 键，结束选择操作）
指定要偏移的那一侧上的点，或 [退出 (E) / 多个 (M) / 放弃 (U)] < 退出 >：（指定偏移方向）

选项说明

（1）指定偏移距离：输入一个距离值，或按 Enter 键，使用当前的距离值，系统把该距离值作为偏移距离，如图 4-29 所示。

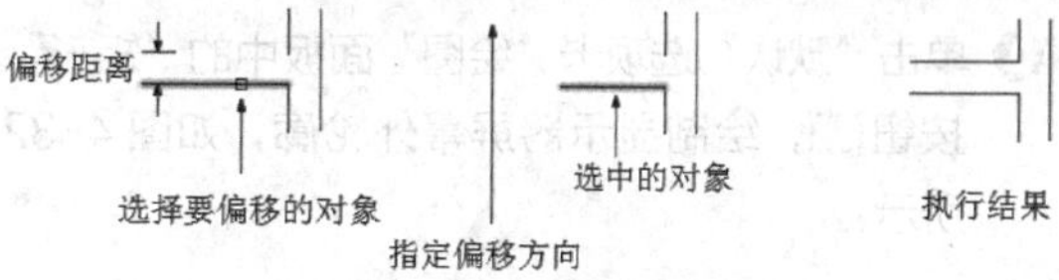

图 4-29 指定偏移对象的距离

（2）通过（T）：指定偏移对象的通过点。选择该选项后，出现如下提示。

选择要偏移的对象或 < 退出 >：（选择要偏移的对象，按 Enter 键，结束选择操作）
指定通过点：（指定偏移对象的一个通过点）

操作完毕后，系统根据指定的通过点绘出偏移对象，如图 4-30 所示。

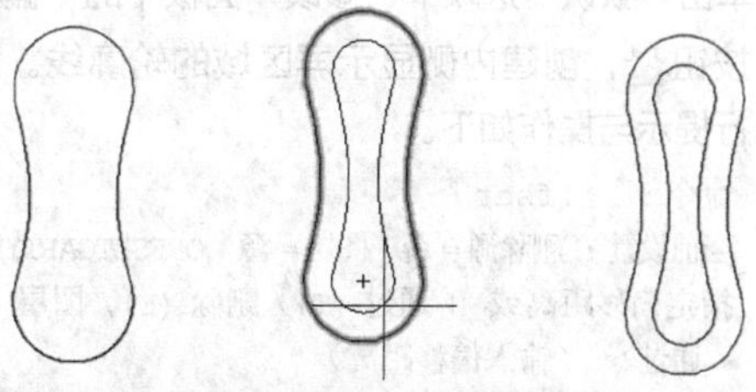

图 4-30 指定偏移对象的通过点

（3）删除（E）：偏移后，将源对象删除。选择该选项后，出现如下提示。

要在偏移后删除源对象吗？［是（Y）/ 否（N）］<当前>：

（4）图层（L）：确定将偏移对象创建在当前图层上，还是源对象所在的图层上。选择该选项后，出现如下提示。

输入偏移对象的图层选项［当前（C）/ 源（S）］<当前>：

实例教学

扫一扫

下面以绘制如图4-31所示的显示器为例，介绍“偏移”命令的使用方法。

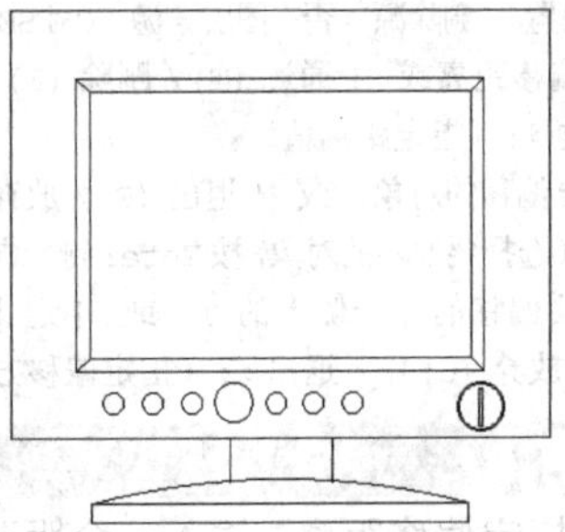

图 4-31　显示器

STEP 绘制步骤

❶ 单击“默认”选项卡“绘图”面板中的“矩形”按钮，绘制显示器屏幕外轮廓，如图 4-32 所示。

图 4-32　绘制外轮廓

❷ 单击“默认”选项卡“修改”面板中的“偏移”按钮，创建内侧显示屏区域的轮廓线。命令行提示与操作如下。

命令：_offset
当前设置：删除源 = 否　图层 = 源　OFFSETGAPTYPE=0
指定偏移距离或［通过（T）/ 删除（E）/ 图层（L）］<通过>：（输入偏移距离）
选择要偏移的对象，或［退出（E）/ 放弃（U）］<退出>：（选择要偏移的图形）
指定要偏移的那一侧上的点，或［退出（E）/ 多个（M）/ 放弃（U）］<退出>：（指定偏移方向）

用同样的方法偏移得到另一个矩形，结果如图 4-33 所示。

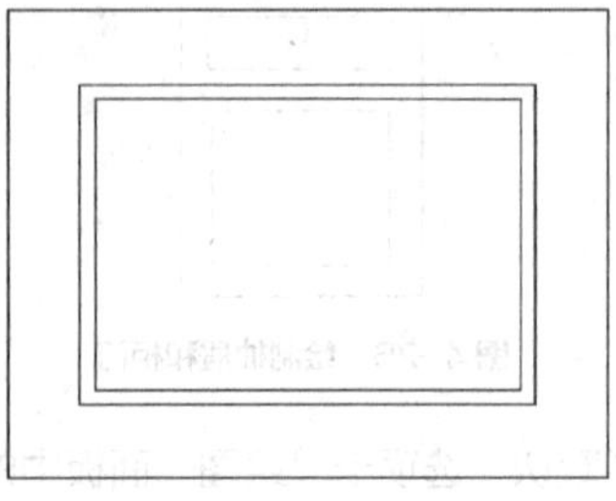

图 4-33　绘制内侧矩形

❸ 单击“默认”选项卡“绘图”面板中的“直线”按钮，将内侧显示屏区域的轮廓线的交角处连接起来，如图 4-34 所示。

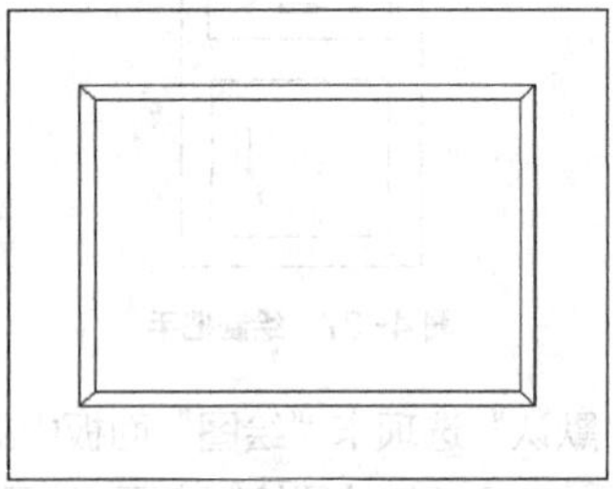

图 4-34　连接交角处

❹ 单击“默认”选项卡“绘图”面板中的“多段线”按钮，绘制显示器的矩形底座，如图 4-35 所示。

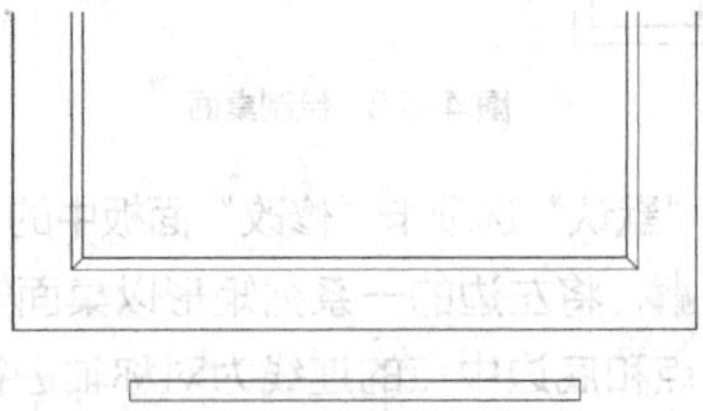

图 4-35　绘制矩形底座

❺ 单击“默认”选项卡“绘图”面板中的“圆弧”按钮，绘制底座的弧线造型，如图 4-36 所示。

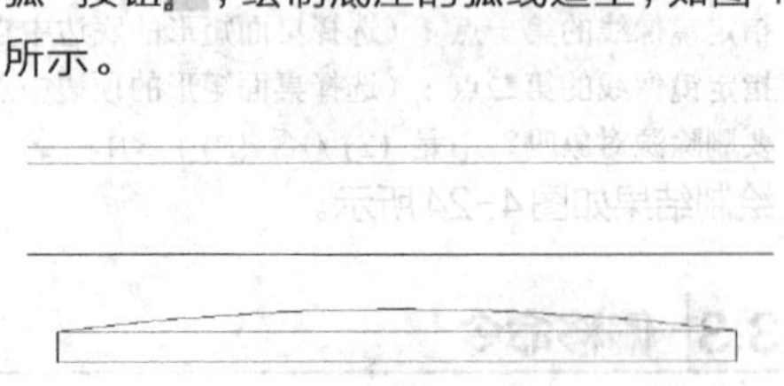

图 4-36　绘制连接弧线

❻ 单击“默认”选项卡“绘图”面板中的“直线”按钮，绘制底座与显示屏之间的连接线。单击“默认”选项卡“修改”面板中的“镜像”按钮，绘制另一条连接线。命令行提示与操作如下。

命令：_mirror
选择对象：(选择刚绘制的连接线)
选择对象：↙
指定镜像线的第一点：(选择屏幕外轮廓的顶边中点)
指定镜像线的第二点：(选择屏幕外轮廓的底边中点)
要删除源对象吗？[是(Y)/否(N)] <N>：↙

结果如图4-37所示。

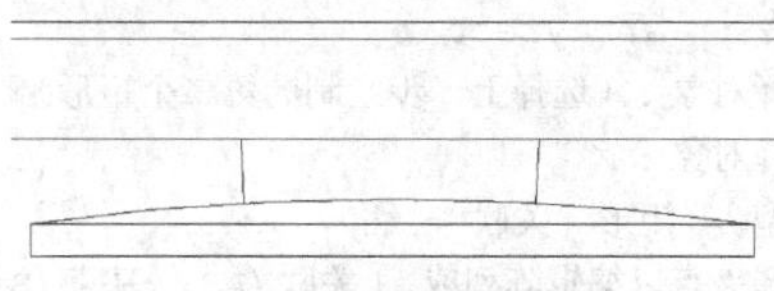

图4-37　绘制连接线

❼ 单击“默认”选项卡“绘图”面板中的“圆”按钮，创建显示器的多个大小不同的圆形调节按钮，如图4-38所示。

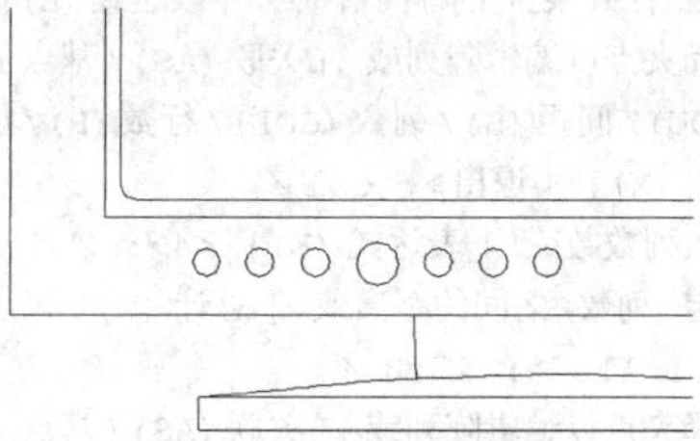

图4-38　创建调节按钮

❽ 在显示屏的右下角绘制电源开关按钮。单击“默认”选项卡“绘图”面板中的“圆”按钮，先绘制两个同心圆，如图4-39所示。

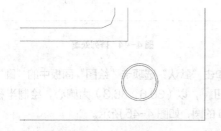

图4-39　绘制圆形开关

❾ 单击“默认”选项卡“绘图”面板中的“多段线”按钮，绘制开关按钮的矩形造型，如图4-40所示。

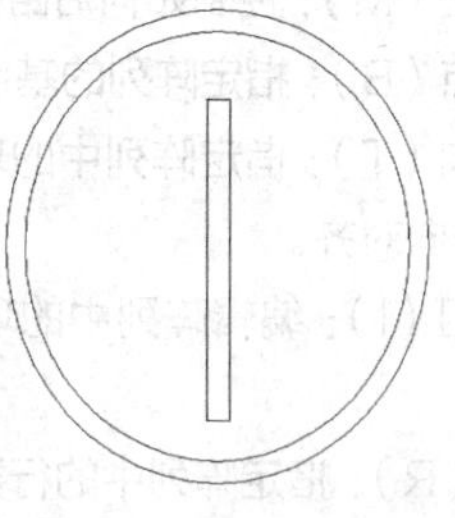

图4-40　绘制开关按钮的矩形造型

图形绘制完成，结果如图4-31所示。

4.3.4 阵列命令

阵列是指将对象按矩形、环形或路径排列。

执行方式

命令行：ARRAY。

菜单：“修改”→“阵列”→“矩形阵列”“路径阵列”或“环形阵列”。

工具栏：“修改”→“矩形阵列”、“路径阵列”或“环形阵列”。

功能区：单击“默认”选项卡“修改”面板中的“矩形阵列”按钮、“环形阵列”按钮或“路径阵列”按钮。

操作步骤

命令：ARRAY↙
选择对象：(使用对象选择方法选择对象，按 Enter 键，结束选择)
输入阵列类型 [矩形(R)/路径(PA)/极轴(PO)] <矩形>:PA↙
类型 = 路径　关联 = 是
选择路径曲线：(使用一种对象选择方法)
选择夹点以编辑阵列或 [关联(AS)/方法(M)/基点(B)/切向(T)/项目(I)/行(R)/层(L)/对齐项目(A)/Z方向(Z)/退出(X)] <退出>：I↙
指定沿路径的项目间的距离或 [表达式(E)]：(指定距离)
指定项目数或 [填写完整路径(F)/表达式(E)]：(指定项目数)
选择夹点以编辑阵列或 [关联(AS)/方法(M)/基点(B)/切向(T)/项目(I)/行(R)/层(L)/对齐项目(A)/Z方向(Z)/退出(X)] <退出>：↙

选项说明

(1) 关联(AS)：指定是否在阵列中创建项目作为关联阵列对象，或作为独立对象。

（2）方法（M）：控制如何沿路径分布项目。

（3）基点（B）：指定阵列的基点。

（4）切向（T）：指定阵列中的项目如何相对于路径的起始方向对齐。

（5）项目（I）：编辑阵列中的项目数或项目之间的距离。

（6）行（R）：指定阵列中的行数和行间距以及它们之间的增量标高。

（7）层（L）：指定阵列中的层数和层间距。

（8）对齐项目（A）：指定是否对齐每个项目以与路径的方向相切。对齐相对于第一个项目的方向。

（9）Z方向（Z）：控制是否保持项目的原始Z方向或沿三维路径自然倾斜项目。

（10）退出（X）：退出命令。

（11）表达式（E）：使用数学公式或方程式获取值。

实例教学

扫一扫

下面以绘制如图4-41所示的VCD为例，介绍阵列命令的使用方法。

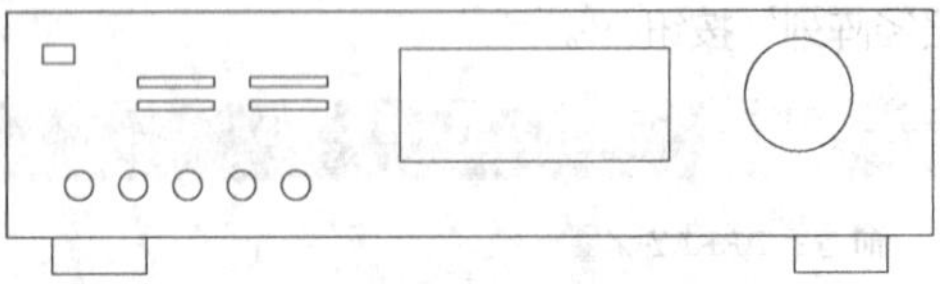

图4-41 VCD

STEP 绘制步骤

❶ 单击“默认”选项卡“绘图”面板中的“矩形”按钮，绘制角点坐标为{（0，15），（396，107）}，{（19.1，0），（59.3，15）}，{（336.8，0），（377，15）}的3个矩形，如图4-42所示。

图4-42 绘制矩形

❷ 单击“默认”选项卡“绘图”面板中的“矩形”按钮，绘制角点坐标为{（15.3，86），（28.7，93.7）}，{（55.5，66.9），（88，70.7）}，{（166.5，45.9），（283.2，91.8）}的3个矩形，如图4-43所示。

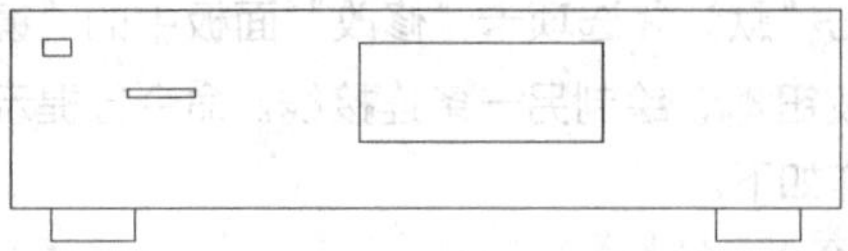

图4-43 绘制另外3个矩形

❸ 单击“默认”选项卡“修改”面板中的“矩形阵列”按钮，阵列对象为上一步绘制的第二个矩形，行数为2，列数为2，行间距为9.6，列间距为47.8，命令行提示与操作如下。

```
命令：_arrayrect
选择对象：（选择上一步绘制的第二个矩形）
选择对象：↙
类型 = 矩形  关联 = 否
选择夹点以编辑阵列或 [关联(AS)/基点(B)/计数(COU)/间距(S)/列数(COL)/行数(R)/层数(L)/退出(X)] <退出>: r↙
输入行数数或 [表达式(E)] <3>: 2↙
指定 行数 之间的距离或 [总计(T)/表达式(E)] <319.1987>: 9.6↙
指定 行数 之间的标高增量或 [表达式(E)] <0>:↙
选择夹点以编辑阵列或 [关联(AS)/基点(B)/计数(COU)/间距(S)/列数(COL)/行数(R)/层数(L)/退出(X)] <退出>: col↙
输入列数数或 [表达式(E)] <4>: 2↙
指定 列数 之间的距离或 [总计(T)/表达式(E)] <611.1187>: 47.8↙
选择夹点以编辑阵列或 [关联(AS)/基点(B)/计数(COU)/间距(S)/列数(COL)/行数(R)/层数(L)/退出(X)] <退出>:↙
```

阵列结果如图4-44所示。

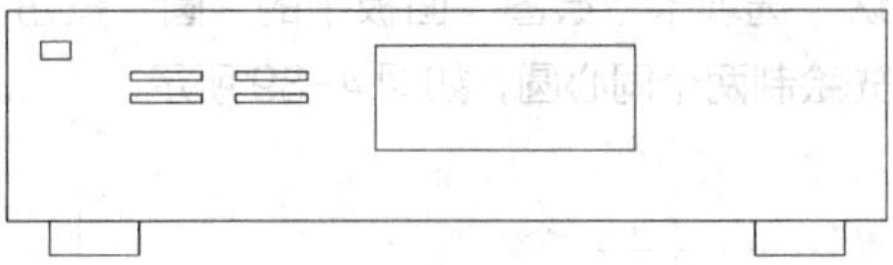

图4-44 阵列处理

❹ 单击“默认”选项卡“绘图”面板中的“圆”按钮，以（30.6，36.3）为圆心，绘制半径为6的圆，如图4-45所示。

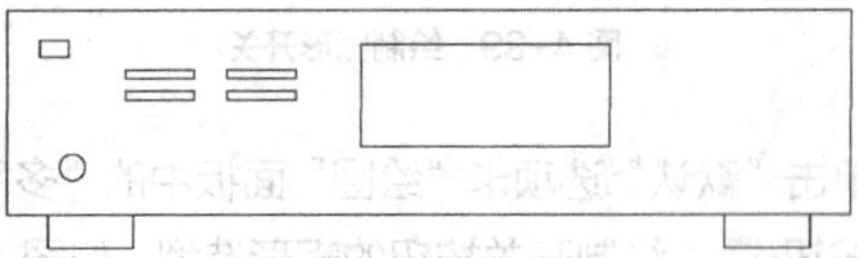

图4-45 绘制圆1

❺ 单击“默认”选项卡“绘图”面板中的“圆”按钮，以（338.7，72.6）为圆心，绘制半径为23的圆，如图4-46所示。

❻ 单击“默认”选项卡“修改”面板中的“矩形阵列”按钮，阵列对象为上述步骤中绘制的第一个圆，行数为1，列数为5，列间距为23，绘制结果如图4-41所示。

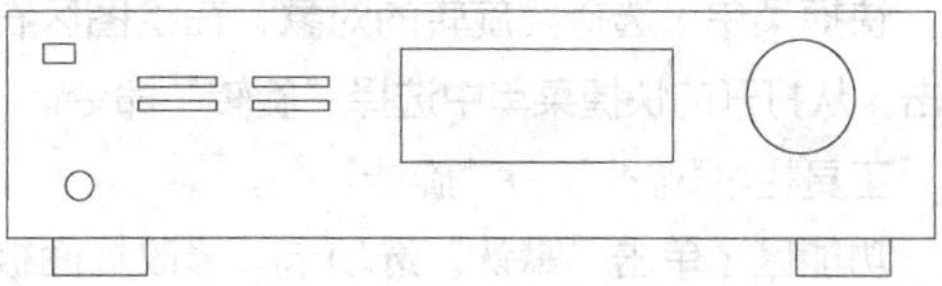

图 4-46 绘制圆 2

4.4 改变位置类命令

这一类编辑命令的功能是按照指定要求改变当前图形或图形的某部分的位置，主要包括“移动”“旋转”和“缩放”等命令。

4.4.1 移动命令

执行方式

命令行：MOVE。

菜单：“修改”→“移动”。

快捷菜单：选择要移动的对象，在绘图区右键单击，从打开的快捷菜单中选择“移动”命令。

工具栏：“修改”→“移动”。

功能区：单击“默认”选项卡“修改”面板中的“移动”按钮。

操作步骤

命令：MOVE↙
选择对象：（选择对象）↙

用前面介绍的对象选择方法选择要移动的对象，按Enter键，结束选择。系统继续提示如下。

指定基点或位移：（指定基点或移至点）
指定基点或 ［位移（D）］ <位移>：（指定基点或位移）
指定第二个点或 <使用第一个点作为位移>：

“移动”命令的选项功能与“复制”命令类似。

实例教学

扫一扫

下面以绘制如图4-47所示的组合电视柜为例，介绍“移动”命令的使用方法。

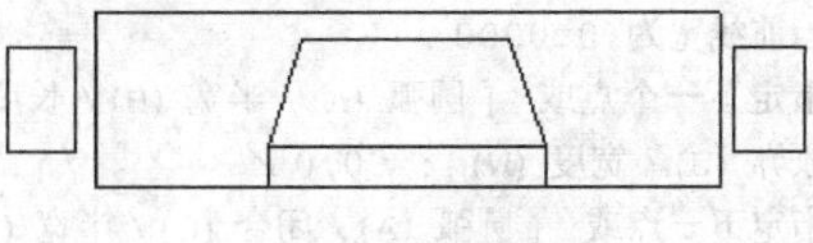

图 4-47 组合电视柜

STEP 绘制步骤

❶ 打开源文件/建筑图库/电视柜图形，如图4-48所示。

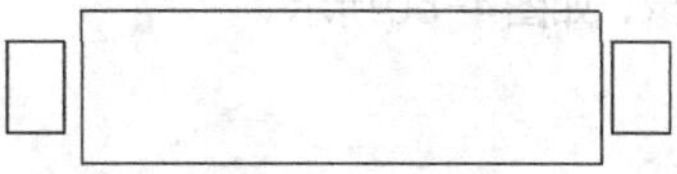

图 4-48 电视柜图形

❷ 打开源文件/建筑图库/电视图形，如图4-49所示。

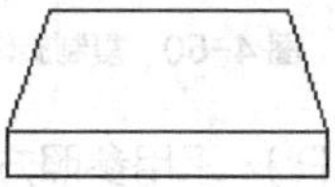

图 4-49 电视图形

❸ 单击“默认”选项卡“修改”面板中的“移动”按钮，以电视图形外边的中点为基点，电视柜外边的中点为第二点，将电视图形移动到电视柜图形上。命令行提示与操作如下。

命令：_move
选择对象：（选择电视图形）
选择对象：↙
指定基点或 ［位移（D）］ <位移>：（选择电视图形外边的中点）
指定第二个点或 <使用第一个点作为位移>：（选择电视柜外边的中点）

绘制结果如图4-47所示。

4.4.2 旋转命令

执行方式

命令行：ROTATE。

菜单：“修改”→“旋转”。

快捷菜单：选择要旋转的对象，在绘图区右键单击，从打开的快捷菜单中选择“旋转”命令。

工具栏：“修改”→“旋转”。

功能区：单击“默认”选项卡“修改”面板中的“旋转”按钮。

操作步骤

命令：ROTATE↙
UCS 当前的正角方向： ANGDIR=逆时针 ANGBASE=0
选择对象：（选择要旋转的对象）
指定基点：（指定旋转的基点。在对象内部指定一个坐标点）
指定旋转角度，或 [复制（C）/参照（R）] <0>：（指定旋转角度或其他选项）

选项说明

（1）复制（C）：选择该项，旋转对象的同时，保留原对象，如图4-50所示。

旋转前　　　　旋转后

图4-50 复制旋转

（2）参照（R）：采用参照方式旋转对象时，系统提示如下。

指定参照角 <0>：（指定要参考的角度，默认值为0）
指定新角度：（输入旋转后的角度值）

操作完毕后，对象被旋转至指定的角度位置。

> **注意** 可以用拖动鼠标的方法旋转对象。选择对象并指定基点后，从基点到当前光标位置会出现一条连线，选择的对象会动态地随着该连线与水平方向的夹角的变化而旋转，按Enter键，确认旋转操作，如图4-51所示。

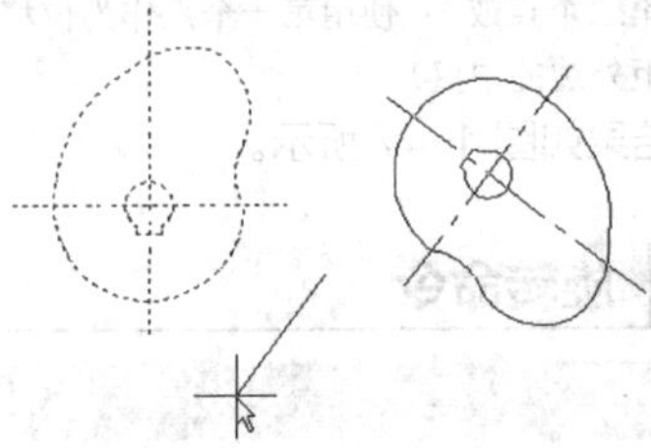

图4-51 拖动鼠标旋转对象

实例教学

扫一扫

下面以绘制如图4-52所示的电脑为例，介绍“旋转”命令的使用方法。

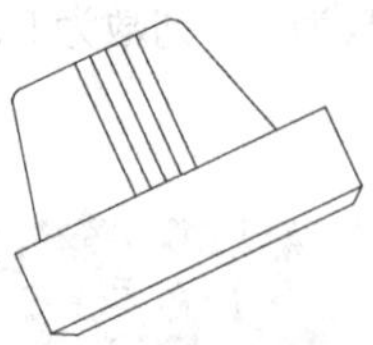

图4-52 电脑

STEP 绘制步骤

❶ 打开图层特性管理器，新建两个图层，如图4-53所示。

（1）“1”图层，颜色为红色，其余属性默认。

（2）“2”图层，颜色为绿色，其余属性默认。

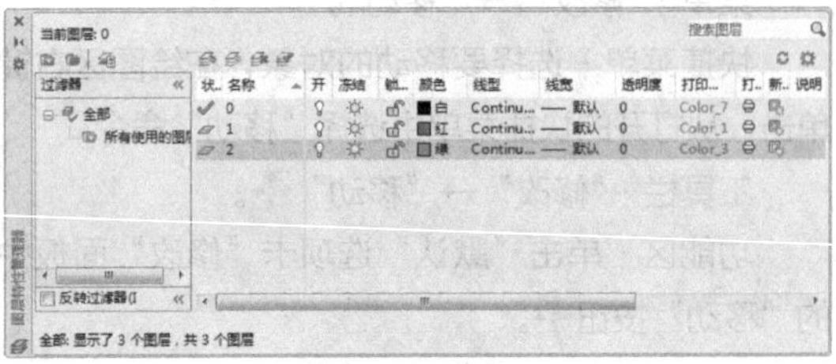

图4-53 新建图层

❷ 将“1”图层设为当前图层。单击“默认”选项卡“绘图”面板中的“矩形”按钮，绘制对角点坐标分别为（0，16）和（450，130）的矩形，绘制结果如图4-54所示。

图4-54 绘制矩形

❸ 单击“默认”选项卡“绘图”面板中的“多段线”按钮，绘制多段线。命令行提示与操作如下。

命令：_pline
指定起点：0,16↙
当前线宽为 0.0000
指定下一个点或 [圆弧（A）/半宽（H）/长度（L）/放弃（U）/宽度（W）]：30,0↙
指定下一点或 [圆弧（A）/闭合（C）/半宽（H）/长度（L）/放弃（U）/宽度（W）]：430,0↙

```
指定下一点或 [圆弧(A)/闭合(C)/半宽(H)/长度(L)/放弃(U)/宽度(W)]: 450,16↙
指定下一点或 [圆弧(A)/闭合(C)/半宽(H)/长度(L)/放弃(U)/宽度(W)]:↙
命令: _pline
指定起点: 37,130↙
当前线宽为 0.0000
指定下一个点或 [圆弧(A)/半宽(H)/长度(L)/放弃(U)/宽度(W)]: 80,308↙
指定下一点或 [圆弧(A)/闭合(C)/半宽(H)/长度(L)/放弃(U)/宽度(W)]: a↙
指定圆弧的端点(按住 Ctrl 键以切换方向)或[角度(A)/圆心(CE)/闭合(CL)/方向(D)/半宽(H)/直线(L)/半径(R)/第二个点(S)/放弃(U)/宽度(W)]: 101,320↙
指定圆弧的端点(按住 Ctrl 键以切换方向)或[角度(A)/圆心(CE)/闭合(CL)/方向(D)/半宽(H)/直线(L)/半径(R)/第二个点(S)/放弃(U)/宽度(W)]: l↙
指定下一点或 [圆弧(A)/闭合(C)/半宽(H)/长度(L)/放弃(U)/宽度(W)]: 306,320↙
指定下一点或 [圆弧(A)/闭合(C)/半宽(H)/长度(L)/放弃(U)/宽度(W)]: a↙
指定圆弧的端点(按住 Ctrl 键以切换方向)或[角度(A)/圆心(CE)/闭合(CL)/方向(D)/半宽(H)/直线(L)/半径(R)/第二个点(S)/放弃(U)/宽度(W)]: 326,308↙
指定圆弧的端点(按住 Ctrl 键以切换方向)或[角度(A)/圆心(CE)/闭合(CL)/方向(D)/半宽(H)/直线(L)/半径(R)/第二个点(S)/放弃(U)/宽度(W)]: l↙
指定下一点或 [圆弧(A)/闭合(C)/半宽(H)/长度(L)/放弃(U)/宽度(W)]: 380,130↙
指定下一点或 [圆弧(A)/闭合(C)/半宽(H)/长度(L)/放弃(U)/宽度(W)]:(按Esc键,结束命令)
```

绘制结果如图 4-55 所示。

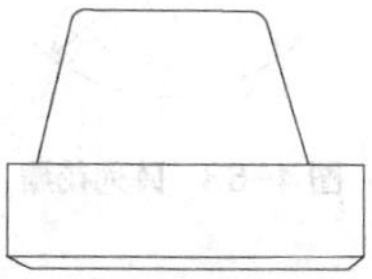

图 4-55　绘制多段线

❹ 将“2”图层设为当前图层。单击“默认”选项卡“绘图”面板中的“直线”按钮，在电脑后盖内部绘制一条直线，如图 4-56 所示。

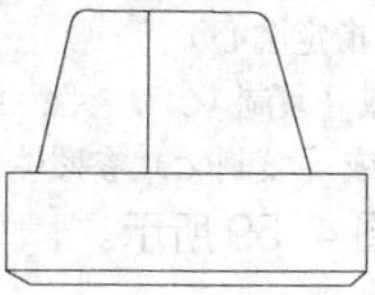

图 4-56　绘制直线

❺ 单击“默认”选项卡“修改”面板中的“矩形阵列”按钮，阵列对象为步骤 4 中绘制的直线，设置行数为 1，列数为 5，列间距为 22，阵列结果如图 4-57 所示。

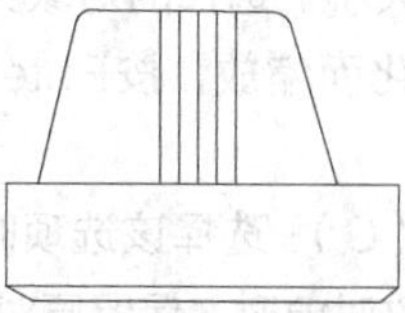

图 4-57　阵列

❻ 单击“修改”工具栏中的“旋转”按钮，旋转绘制的电脑。命令行提示与操作如下。

```
命令: _rotate
UCS 当前的正角方向: ANGDIR=逆时针 ANGBASE=0
选择对象:(选择图 4-57 中的电脑)
选择对象:↙
指定基点: 0,0↙
指定旋转角度,或 [复制(C)/参照(R)] <0>: 25↙
```

旋转结果如图 4-52 所示。

4.4.3 缩放命令

执行方式

命令行：SCALE。

菜单：“修改”→“缩放”。

快捷菜单：选择要缩放的对象，在绘图区右键单击，从打开的快捷菜单中选择“缩放”命令。

工具栏：“修改”→“缩放”。

功能区：单击“默认”选项卡“修改”面板中的“缩放”按钮。

操作步骤

```
命令: SCALE↙
选择对象: (选择要缩放的对象)
指定基点: (指定缩放操作的基点)
指定比例因子或 [复制(C)/参照(R)] <1.0000>:
```

选项说明

（1）参照（R）：采用参考方向缩放对象时，系统提示如下。

```
指定参照长度 <1>:(指定参考长度值)
指定新的长度或 [点(P)] <1.0000>:(指定新长度值)
```

若新长度值大于参考长度值，则放大对象；否则，缩小对象。操作完毕后，系统以指定的基点按指定的比例因子缩放对象。如果选择“点（P）”选项，则指定两点来定义新的长度。

（2）指定比例因子：选择对象并指定基点后，从基点到当前光标位置会出现一条线段，线段的长度即为比例大小。选择的对象会动态地随着该连线长度的变化而缩放，按Enter键，确认缩放操作。

（3）复制（C）：选择该选项时，可以复制缩放对象，即缩放对象时，保留原对象，如图4-58所示。

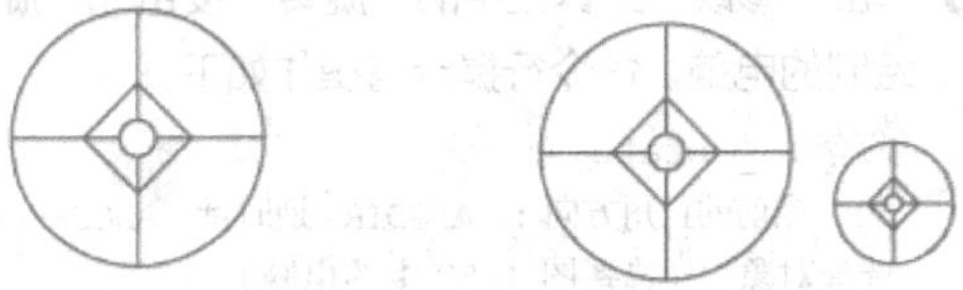

缩放前　　缩放后

图 4-58　复制缩放

实例教学

扫一扫

下面以绘制如图4-59所示的装饰盘为例，介绍“缩放”命令的使用方法。

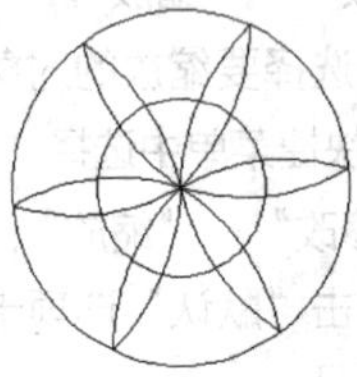

图 4-59　装饰盘

STEP 绘制步骤

❶ 单击“默认”选项卡“绘图”面板中的“圆”按钮，以（100，100）为圆心，绘制半径为200的圆作为盘外轮廓线，如图4-60所示。

图 4-60　绘制圆形

❷ 单击“默认”选项卡“绘图”面板中的“圆弧”按钮，绘制花瓣线，如图4-61所示。

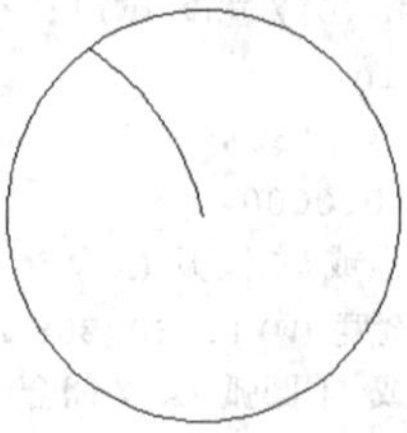

图 4-61　绘制花瓣线

❸ 单击“默认”选项卡“修改”面板中的“镜像”按钮，镜像花瓣线，如图4-62所示。

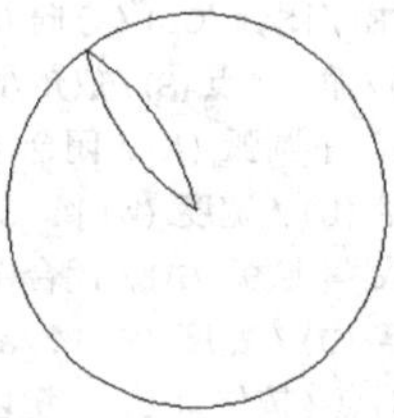

图 4-62　镜像花瓣线

❹ 单击“默认”选项卡“修改”面板中的“环形阵列”按钮，选择花瓣为源对象，以圆心为阵列中心点阵列花瓣，如图4-63所示。

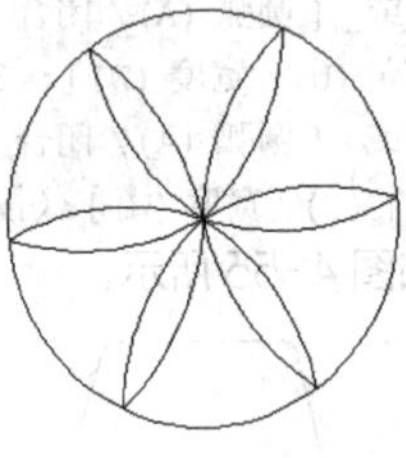

图 4-63　阵列花瓣

❺ 单击“默认”选项卡“修改”面板中的“缩放”按钮，缩放一个圆作为装饰盘内装饰圆。命令行提示与操作如下。

```
命令：_scale
选择对象：(选择圆)
指定基点：(指定圆心)
指定比例因子或 [复制(C)/参照(R)]<1.0000>: C↙
指定比例因子或 [复制(C)/参照(R)]<1.0000>:0.5↙
```

绘制结果如图4-59所示。

4.5 改变几何特性类命令

这一类编辑命令在对指定对象进行编辑后，使编辑对象的几何特性发生改变。改变几何特性类命令包括“倒角”“圆角”“打断”“剪切”“延伸”“拉长”“拉伸”等命令。

4.5.1 圆角命令

圆角是指用指定的半径连接两个对象的一段平滑圆弧。系统规定可以用圆角连接一对直线段、非圆弧的多段线段、样条曲线、双向无限长线、射线、圆、圆弧和椭圆。

执行方式

命令行：FILLET。

菜单：“修改”→“圆角”。

工具栏：“修改”→“圆角”。

功能区：单击“默认”选项卡“修改”面板中的“圆角”按钮。

操作步骤

命令：FILLET↙
当前设置：模式 = 修剪，半径 = 0.0000
选择第一个对象或 [放弃(U)/多段线(P)/半径(R)/修剪(T)/多个(M)]：(选择第一个对象或别的选项)
选择第二个对象，或按住 Shift 键选择要应用角点的对象：(选择第二个对象)

选项说明

（1）多段线（P）：在一条二维多段线的两个直线段的节点处插入圆滑的弧。选择多段线后，系统会根据指定的圆弧的半径把多段线各顶点用圆滑的弧连接起来。

（2）修剪（T）：决定在圆角连接两条边时，是否修剪这两条边，如图4-64所示。

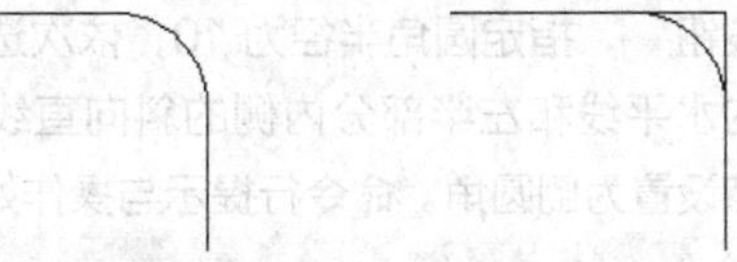

（a）修剪方式　　（b）不修剪方式

图 4-64　圆角连接

（3）多个（M）：可以同时对多个对象进行圆角编辑，而不必重新调用命令。

（4）按住Shift键并选择两条直线，可以快速创建零距离倒角或零半径圆角。

实例教学

扫一扫

下面以绘制如图4-65所示的坐便器为例，介绍“圆角”命令的使用方法。

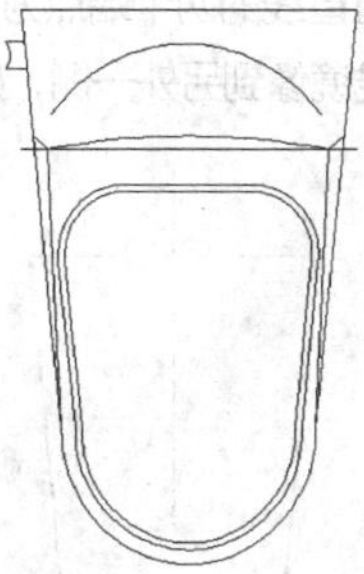

图 4-65　坐便器

STEP 绘制步骤

❶ 打开“对象捕捉”工具栏，如图 4-66 所示，以便在绘图过程中使用。

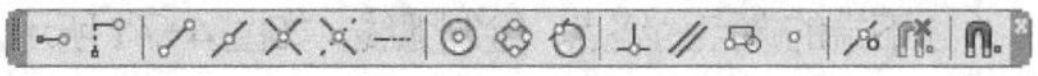

图 4-66　“对象捕捉”工具栏

❷ 单击“默认”选项卡“绘图”面板中的“直线”按钮，绘制一条长度为 50 的水平直线。重复“直线”命令，单击“对象捕捉”工具栏中的“捕捉到中点”按钮，单击水平直线的中点，此时水平直线的中点会出现一个绿色的小三角提示。过水平直线的中点绘制一条垂直的直线，并移动到合适的位置，作为绘图的辅助线，如图 4-67 所示。

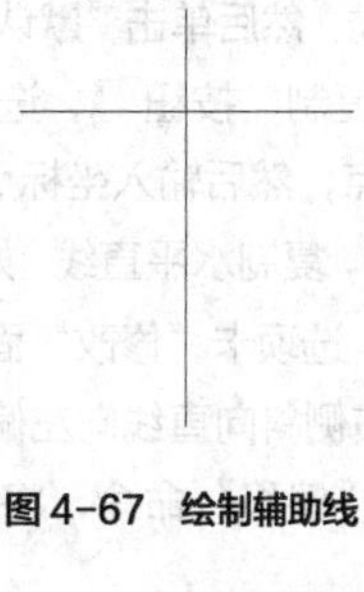

图 4-67　绘制辅助线

❸ 单击“默认”选项卡“绘图”面板中的“直线”按钮，单击水平直线的左端点，输入坐标点（@6，-60）绘制直线，如图 4-68 所示。

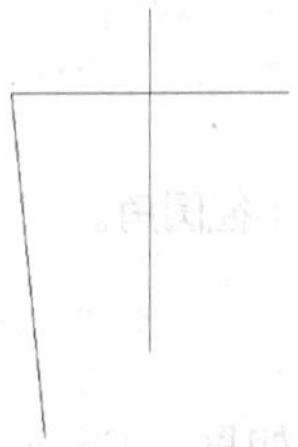

图 4-68　绘制直线

❹ 单击“默认”选项卡“修改”面板中的“镜像”按钮，以竖直直线的两个端点为镜像点，将刚刚绘制的斜向直线镜像到另外一侧，如图 4-69 所示。

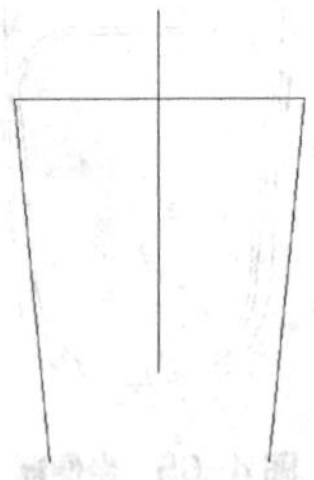

图 4-69　镜像直线

❺ 单击“默认”选项卡“绘图”面板中的“圆弧”按钮，以左侧斜线下端的端点为起点，如图 4-70 所示。以竖直辅助线上的一点为第二点，以右侧斜线下端的端点为终点，绘制弧线，如图 4-71 所示。

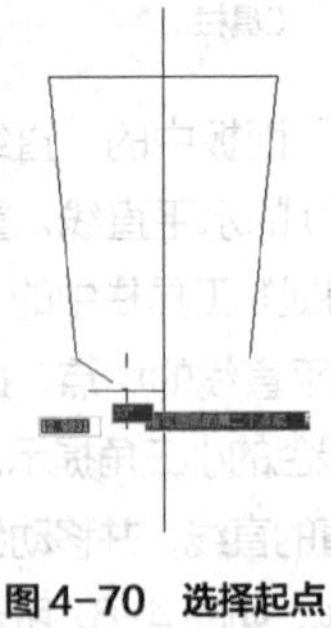

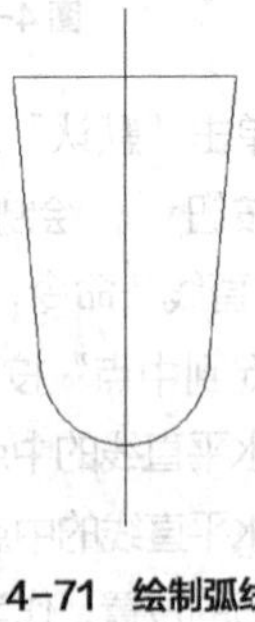

图 4-70　选择起点　　图 4-71　绘制弧线

❻ 选择水平直线，然后单击“默认”选项卡“修改”面板中的“复制”按钮，选择其与竖直直线的交点为基点，然后输入坐标点（@0,-20）和（@0,-25），复制水平直线，如图 4-72 所示。

❼ 单击“默认”选项卡“修改”面板中的“偏移”按钮，将右侧斜向直线向左偏移 2，如图 4-73 所示。重复“偏移”命令，将圆弧和左侧斜向直线复制到内侧，如图 4-74 所示。

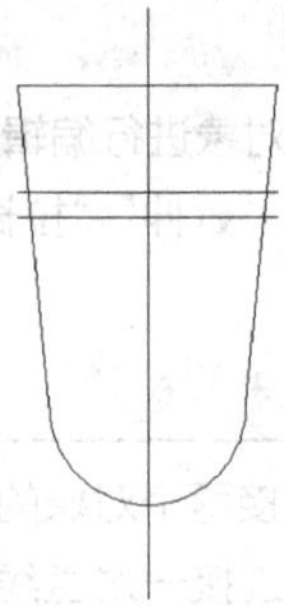

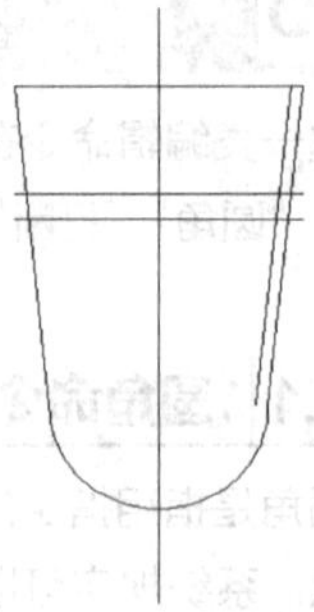

图 4-72　增加辅助线　图 4-73　偏移直线

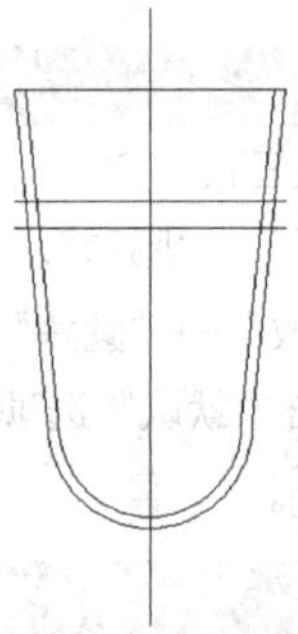

图 4-74　偏移其他图形

❽ 单击“默认”选项卡“绘图”面板中的“直线”按钮，将中间的水平线与内侧斜线的交点和外侧斜线的下端点连接起来，如图 4-75 所示。

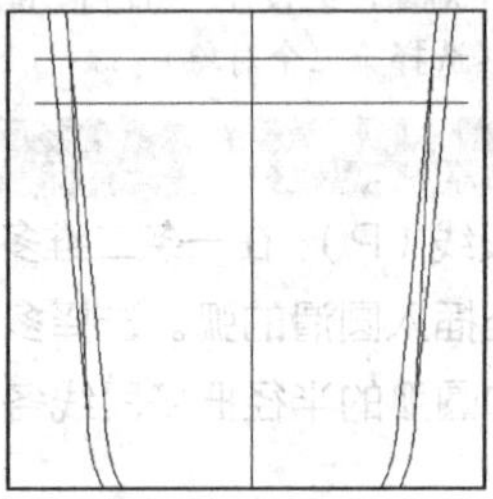

图 4-75　绘制直线

❾ 单击“默认”选项卡“修改”面板中的“圆角”按钮，指定圆角半径为 10，依次选择最下面的水平线和左半部分内侧的斜向直线，将其交点设置为倒圆角。命令行提示与操作如下。

```
命令：_fillet
当前设置：模式 = 修剪，半径 = 0.0000
选择第一个对象或 [放弃(U)/多段线(P)/半径(R)/修剪(T)/多个(M)]:(选择最下面的水平线)
选择第二个对象，或按住 Shift 键选择对象以应用角点或 [半径(R)]: r↙
指定圆角半径 <0.0000>: 10↙
```

选择第二个对象，或按住 Shift 键选择对象以应用角点或 [半径(R)]:(选择左半部分内侧的斜向直线)

结果如图 4-76 所示。

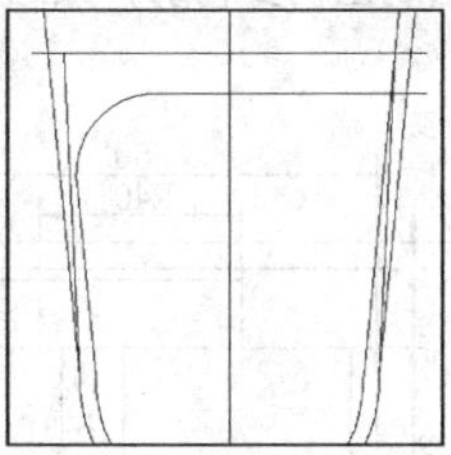

图 4-76 倒圆角

依照此方法，将右侧的交点也设置为倒圆角，半径也是 10，结果如图 4-77 所示。

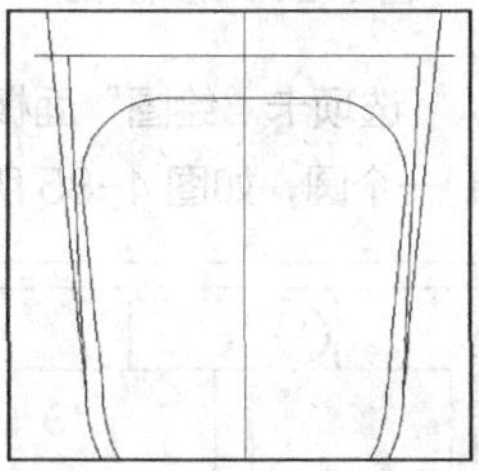

图 4-77 另外一侧倒圆角

⑩ 单击“默认”选项卡“修改”面板中的“偏移”按钮，将椭圆部分向内侧偏移 1，如图 4-78 所示。

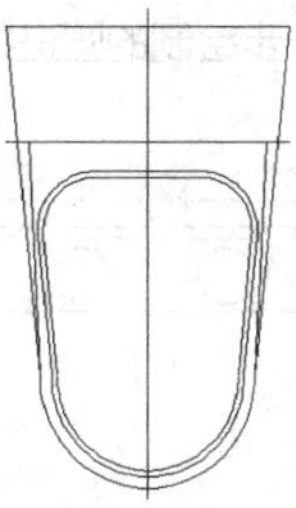

图 4-78 偏移内侧椭圆

⑪ 在上侧添加弧线和斜向直线，再在左侧添加冲水按钮，如图 4-79 所示。

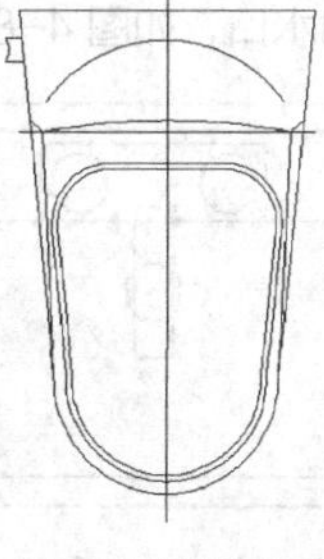

图 4-79 绘制上侧图形

⑫ 删去竖直辅助线，完成坐便器的绘制，结果如图 4-65 所示。

4.5.2 倒角命令

倒角是指用斜线连接两个不平行的线型对象，可以用斜线连接直线段、双向无限长线、射线和多段线。

执行方式

命令行：CHAMFER。

菜单：“修改”→“倒角”。

工具栏：“修改”→“倒角”。

功能区：单击“默认”选项卡“修改”面板中的“倒角”按钮。

操作步骤

命令：CHAMFER↙

(“不修剪”模式）当前倒角距离 1 = 0.0000，距离 2 = 0.0000

选择第一条直线或 [放弃(U)/多段线(P)/距离(D)/角度(A)/修剪(T)/方式(E)/多个(M)]:(选择第一条直线或别的选项)

选择第二条直线，或按住 Shift 键选择要应用角点的直线：(选择第二条直线)

选项说明

（1）距离（D）：选择两个倒角距离。倒角距离是指从被连接的对象与斜线的交点到被连接的两对象的可能的交点之间的距离，如图4-80所示。这两个倒角距离可以相同，也可以不相同，若二者均为0，则系统不绘制连接的斜线，而是把两个对象延伸至相交，并修剪超出的部分。

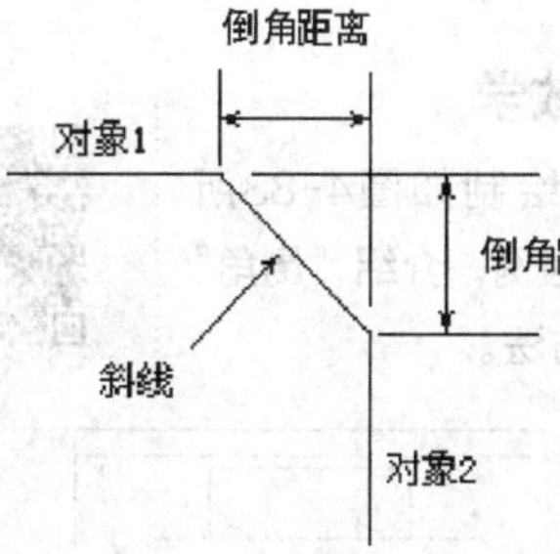

图 4-80 倒角距离

（2）角度（A）：设置距选定对象的交点的倒角距离以及与第一个对象的角度。如图 4-81 所示。

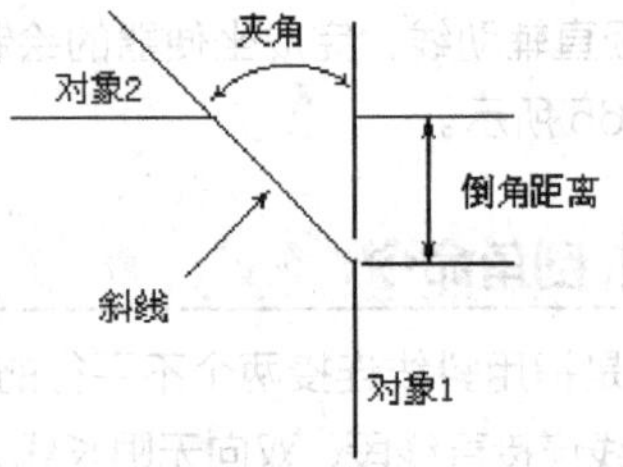

图 4-81　倒角距离与夹角

（3）多段线（P）：对多段线的各个交叉点进行倒角编辑。为了得到最好的连接效果，一般设置倒角距离是相等的值。系统根据指定的倒角距离把多段线的每个交叉点都作斜线连接，连接的斜线成为多段线新添加的构成部分，如图4-82所示。

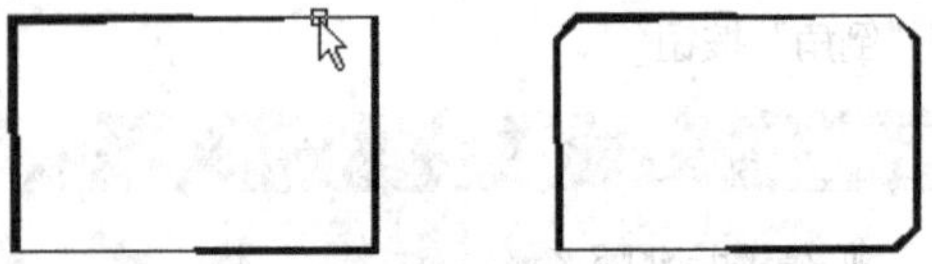

（a）选择多段线　　（b）倒角结果

图 4-82　斜线连接多段线

（4）修剪（T）：与圆角连接命令“FILLET”相同，该选项决定连接对象后，是否剪切原对象。

（5）方式（E）：决定采用“距离”方式还是“角度”方式来倒角。

（6）多个（M）：同时对多个对象进行倒角编辑。

> **注意** 有时用户在执行圆角和倒角命令时，发现命令不执行或执行后没什么变化，那是因为系统默认圆角半径和倒角距离均为0，如果不事先设定圆角半径或倒角距离，系统就以默认值执行命令，所以看起来好像没有执行命令。

实例教学

扫一扫

下面以绘制如图4-83所示的洗菜盆为例，介绍“倒角”命令的使用方法。

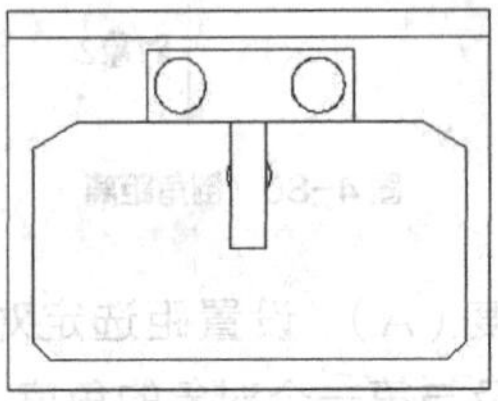

图 4-83　洗菜盆

STEP 绘制步骤

❶ 单击“默认”选项卡“绘图”面板中的“直线”按钮，绘制出初步轮廓，大约尺寸如图 4-84 所示。

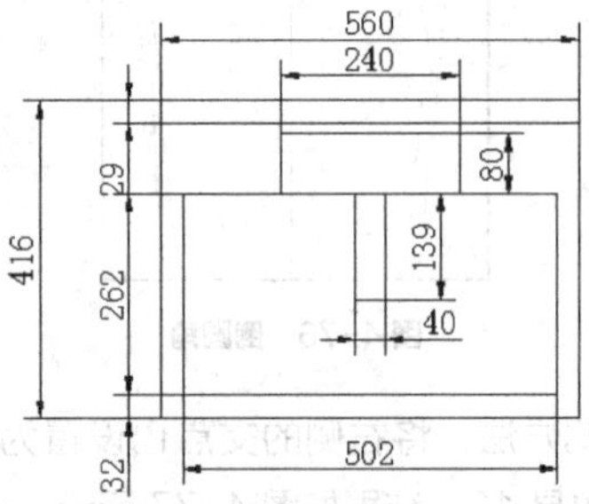

图 4-84　初步轮廓图

❷ 单击“默认”选项卡“绘图”面板中的“圆”按钮，绘制一个圆，如图 4-85 所示。

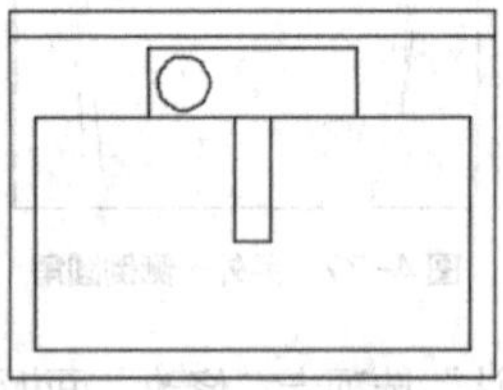

图 4-85　绘制圆

❸ 单击“默认”选项卡“修改”面板中的“复制”按钮，对上一步绘制的圆进行复制，如图 4-86 所示。

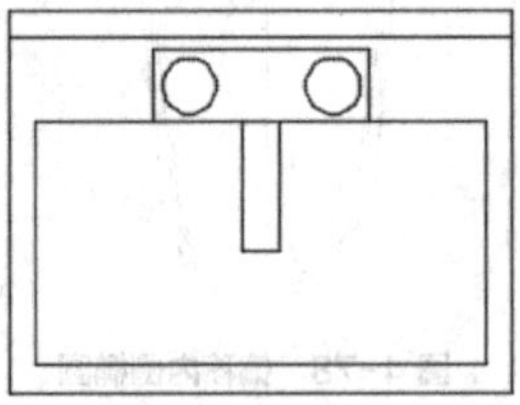

图 4-86　复制圆

❹ 单击“默认”选项卡“绘图”面板中的“圆”按钮，绘制出水口，如图 4-87 所示。

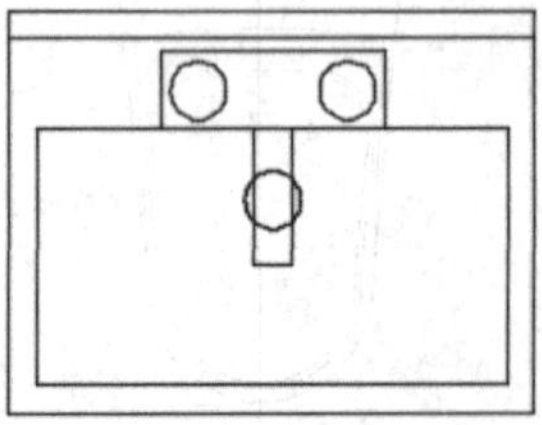

图 4-87　绘制出水口

❺ 单击“默认”选项卡“修改”面板中的“修剪”按钮，对水龙头进行修剪。命令行提示与操作如下（“修剪”命令将在下一节详细介绍）。

命令 :_trim
当前设置 ：投影 =UCS，边 = 无
选择剪切边 ...
选择对象或 < 全部选择 >:（选择水笼头的两条竖线）
选择对象 ：↙
选择要修剪的对象，或按住 Shift 键选择要延伸的对象，或 [栏选 (F) / 窗交 (C) / 投影 (P) / 边 (E) / 删除 (R) / 放弃 (U)]:（选择两竖线之间的圆弧）
选择要修剪的对象，或按住 Shift 键选择要延伸的对象，或 [栏选 (F) / 窗交 (C) / 投影 (P) / 边 (E) / 删除 (R) / 放弃 (U)]: （选择两竖线之间的另一圆弧）
选择要修剪的对象，或按住 Shift 键选择要延伸的对象，或 [栏选 (F) / 窗交 (C) / 投影 (P) / 边 (E) / 删除 (R) / 放弃 (U)]: ↙

绘制结果如图 4-88 所示。

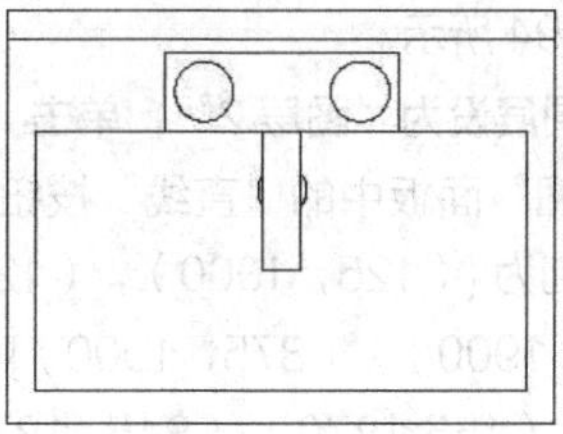

图 4-88 绘制水龙头和出水口

❻ 利用“倒角”命令，对洗菜盆四角进行倒角。命令行提示与操作如下。

命令 :CHAMFER ↙
（“修剪”模式） 当前倒角距离 1 = 0.0000，距离 2 = 0.0000
选择第一条直线或 [放弃 (U) / 多段线 (P) / 距离 (D) / 角度 (A) / 修剪 (T) / 方式 (E) / 多个 (M)]: D ↙
指定第一个倒角距离 <0.0000>: 50 ↙
指定第二个倒角距离 <50.0000>: 30 ↙
选择第一条直线或 [放弃 (U) / 多段线 (P) / 距离 (D) / 角度 (A) / 修剪 (T) / 方式 (E) / 多个 (M)]:M↙
选择第一条直线或 [放弃 (U) / 多段线 (P) / 距离 (D) / 角度 (A) / 修剪 (T) / 方式 (E) / 多个 (M)]:（选择左上角横线段）
选择第二条直线 ：（选择左上角竖线段）
选择第一条直线或 [放弃 (U) / 多段线 (P) / 距离 (D) / 角度 (A) / 修剪 (T) / 方式 (E) / 多个 (M)]:（选择右上角横线段）
选择第二条直线 ：（选择右上角竖线段）
命令 ： CHAMFER ↙
（“修剪”模式） 当前倒角距离 1 = 50.0000，距离 2 = 30.0000
选择第一条直线或 [放弃 (U) / 多段线 (P) / 距离 (D) / 角度 (A) / 修剪 (T) / 方式 (E) / 多个 (M)]: A ↙
指定第一条直线的倒角长度 <20.0000>: ↙
指定第一条直线的倒角角度 <0>: 45 ↙
选择第一条直线或 [放弃 (U) / 多段线 (P) / 距离 (D) / 角度 (A) / 修剪 (T) / 方式 (E) / 多个 (M)]: M ↙
选择第一条直线或 [放弃 (U) / 多段线 (P) / 距离 (D) / 角度 (A) / 修剪 (T) / 方式 (E) / 多个 (M)]:（选择左下角横线段）
选择第二条直线 ：（选择左下角竖线段）
选择第一条直线或 [放弃 (U) / 多段线 (P) / 距离 (D) / 角度 (A) / 修剪 (T) / 方式 (E) / 多个 (M)]:（选择右下角横线段）
选择第二条直线 ：（选择右下角竖线段）

结果如图 4-83 所示。

4.5.3 修剪命令

执行方式

命令行 ：TRIM。

菜单 ：“修改”→“修剪”。

工具栏 ：“修改”→“修剪”。

功能区 ：单击“默认”选项卡“修改”面板中的“修剪”按钮。

操作步骤

命令：TRIM ↙
当前设置 ： 投影 =UCS，边 = 无
选择剪切边 ...
选择对象或 < 全部选择 >:（选择用作修剪边界的对象）
选择对象：↙
选择要修剪的对象，或按住 Shift 键选择要延伸的对象，或 [栏选 (F) / 窗交 (C) / 投影 (P) / 边 (E) / 删除 (R) / 放弃 (U)]:

选项说明

（1）按 Shift 键 ：在选择对象时，如果按住 Shift 键，系统就自动将“修剪”命令转换成“延伸”命令，“延伸”命令将在下节介绍。

（2）边（E）：选择此选项时，可以选择对象的修剪方式——延伸和不延伸。

- 延伸（E）：延伸边界进行修剪。在此方式下，如果剪切边没有与要修剪的对象相交，系统会延伸剪切边直至与要修剪的对象相交，然后再修剪，如图 4-89 所示。

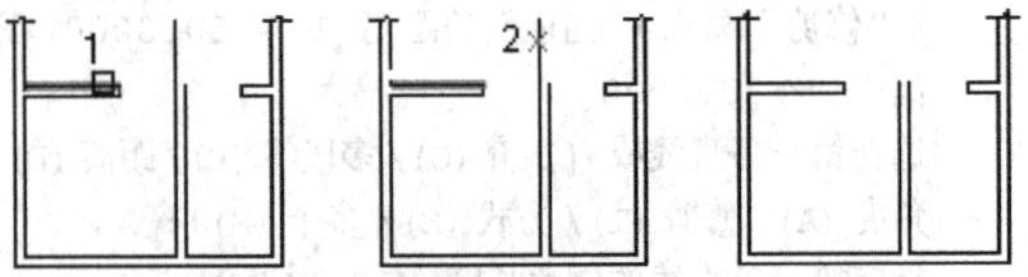

（a）选择剪切边　（b）选择要修剪的对象（c）修剪后的结果

图 4-89　延伸方式修剪对象

- 不延伸（N）：不延伸边界修剪对象。只修剪与剪切边相交的对象。

（3）栏选（F）：选择此选项时，系统以栏选的方式选择被修剪对象，如图4-90所示。

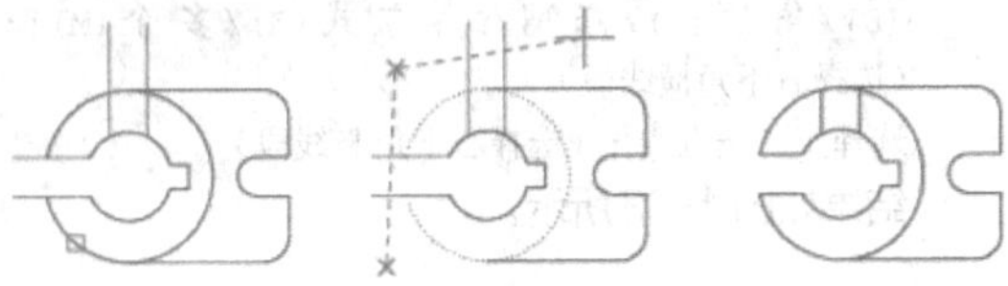

（a）选定剪切边　（b）栏选要修剪的对象　（c）修剪结果

图 4-90　栏选选择修剪对象

（4）窗交（C）：选择此选项时，系统以窗交的方式选择被修剪对象，如图4-91所示。

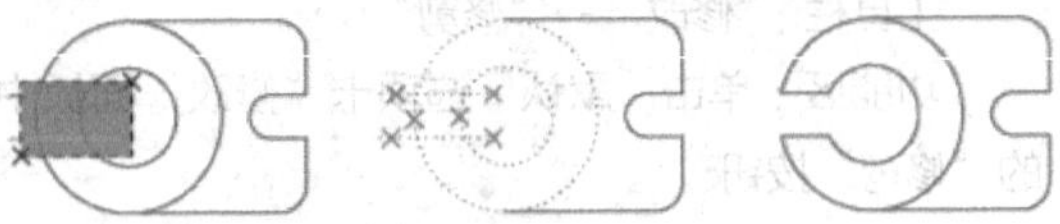

（a）选定剪切边（b）窗交选定要修剪的对象（c）修剪结果

图 4-91　窗交选择修剪对象

选择的对象可以互为边界和被修剪对象，此时系统会在选择的对象中自动判断边界，如图4-89所示。

实例教学

扫一扫

下面以绘制如图4-92所示的床为例，介绍“修剪”命令的使用方法。

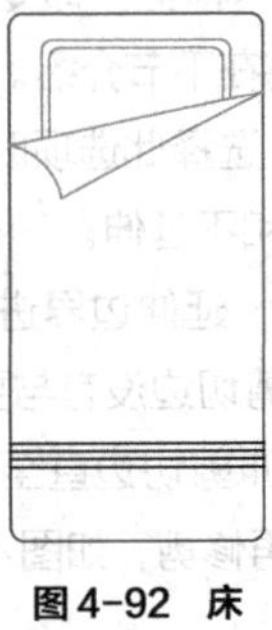

图 4-92　床

STEP 绘制步骤

❶ 图层设计。新建 3 个图层，如图 4-93 所示，其属性如下。

（1）图层 1，颜色为蓝色，其余属性默认。

（2）图层 2，颜色为绿色，其余属性默认。

（3）图层 3，颜色为白色，其余属性默认。

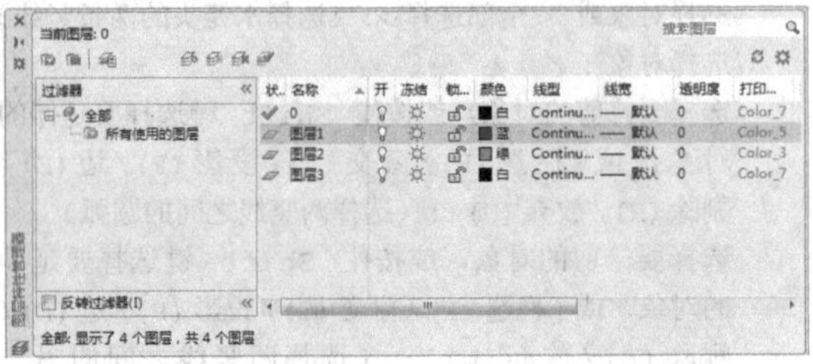

图 4-93　新建图层

❷ 将当前图层设为“图层 1”，单击“默认”选项卡“绘图”面板中的“矩形”按钮，绘制角点坐标为（0，0），（@1000，2000）的矩形，如图 4-94 所示。

❸ 将当前图层设为“图层 2”，单击“默认”选项卡“绘图”面板中的“直线”按钮，绘制坐标点分别为{（125，1000），（125,1900），（875，1900），（875，1000）}和{（155，1000），（155,1870），（845，1870），（845，1000）}的直线，如图 4-95 所示。

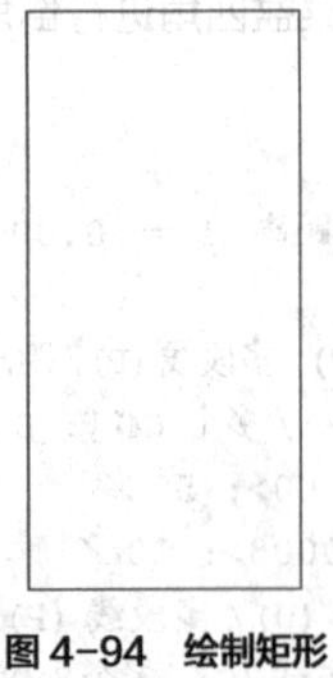

图 4-94　绘制矩形

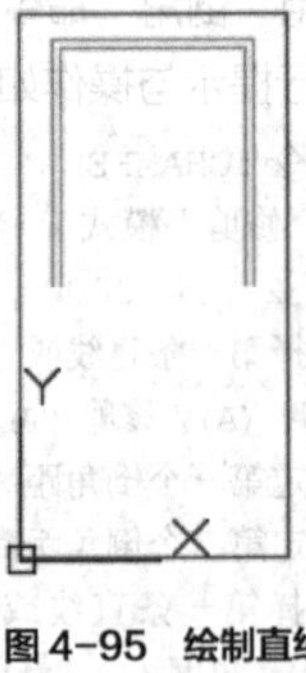

图 4-95　绘制直线

❹ 将当前图层设为“图层 3”，单击“默认”选项卡“绘图”面板中的“直线”按钮，绘制坐标点为（0，280），（@1000，0）的直线，绘制结果如图 4-96 所示。

❺ 单击“默认”选项卡“修改”面板中的“矩形阵列”按钮，阵列对象为最近绘制的直线，设置行数为 4，列数为 1，行间距为 30，绘制结

果如图 4-97 所示。

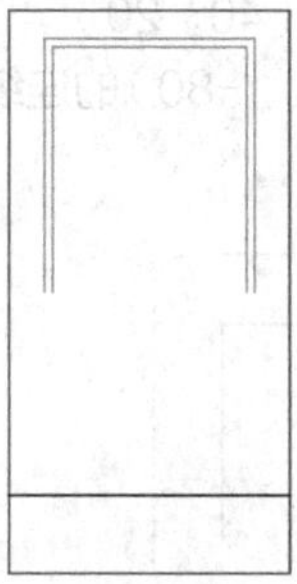

图 4-96 绘制直线

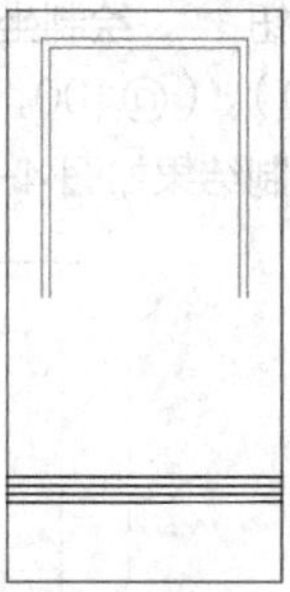

图 4-97 阵列处理

❻ 单击“默认”选项卡“修改”面板中的“圆角”按钮，将外轮廓线的圆角半径设为 50，内衬圆角半径为 40，绘制结果如图 4-98 所示。

❼ 将当前图层设为“图层2”，单击“默认”选项卡“绘图”面板中的“直线”按钮，绘制坐标点为(0，1500)，(@1000，200)，(@-800，-400)的直线，如图 4-99 所示。

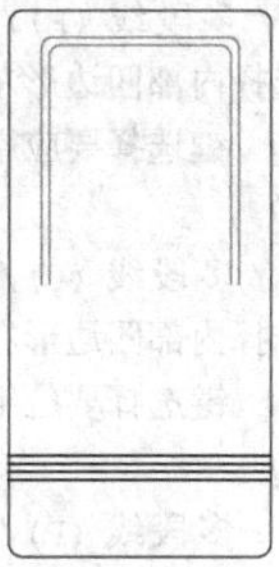

图 4-98 圆角处理

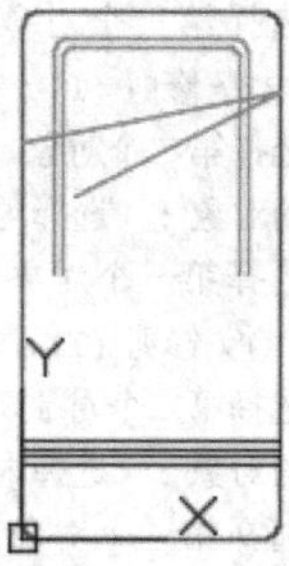

图 4-99 绘制折线

❽ 单击“默认”选项卡“绘图”面板中的“圆弧”按钮，绘制起点为(200，1300)，第二点为(130，1430)，圆弧端点为(0，1500)的圆弧，绘制结果如图 4-100 所示。

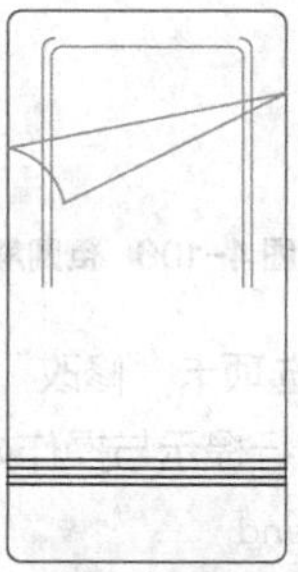

图 4-100 绘制圆弧

❾ 单击“默认”选项卡“修改”面板中的“修剪”按钮，修剪图形。命令行提示与操作如下。

命令：_trim
当前设置：投影 =UCS，边 = 无
选择剪切边 ...
选择对象或 <全部选择>：(选择步骤 7 绘制的第一条直线)
选择对象：↙
选择要修剪的对象，或按住Shift键选择要延伸的对象，或[栏选(F)/窗交(C)/投影(P)/边(E)/删除(R)/放弃(U)]：(选择矩形内部斜直线下方的竖直直线)

绘制结果如图 4-92 所示。

4.5.4 延伸命令

延伸对象是指延伸对象直至另一个对象的边界线，如图4-101所示。

(a)选择边界 (b)选择要延伸的对象 (c)执行结果

图 4-101 延伸对象

执行方式

命令行：EXTEND。

菜单：“修改”→“延伸”。

工具栏：“修改”→“延伸”。

功能区：单击“默认”选项卡“修改”面板中的“延伸”按钮。

操作步骤

命令：EXTEND ↙
当前设置：投影 =UCS，边 = 无
选择边界的边 ...
选择对象或 <全部选择>：(选择边界对象)

此时可以通过选择对象来定义边界。若直接按Enter键，则选择所有对象作为可能的边界对象。

系统规定可以用作边界对象的对象有直线段、射线、双向无限长线、圆弧、圆、椭圆、二维和三维多段线、样条曲线、文本、浮动的视口、区域。如果选择二维多段线作为边界对象，系统会忽略其宽度，而把对象延伸至多段线的中心线上。

选择边界对象后，系统继续提示如下。

选择要延伸的对象，或按住 Shift 键选择要修剪的对象，或 [栏选 (F) / 窗交 (C) / 投影 (P) / 边 (E) / 放弃 (U)]：

选项说明

（1）如果要延伸的对象是适配样条多段线，则延伸后会在多段线的控制框上增加新节点。如果要延伸的对象是锥形的多段线，系统会修正延伸端的宽度，使多段线从起始端平滑地延伸至新的终止端。如果延伸操作导致新终止端的宽度为负值，则取宽度值为0，如图4-102所示。

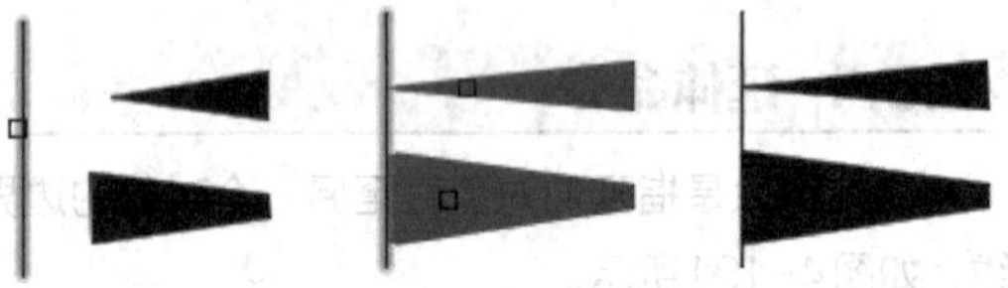

（a）选择边界对象 （b）选择要延伸的多段线 （c）延伸后的结果

图 4-102 延伸对象

（2）选择对象时，如果按住Shift键，系统就自动将"延伸"命令转换成"修剪"命令。

实例教学

下面以绘制如图4-103所示的沙发为例，介绍"延伸"命令的使用方法。

扫一扫

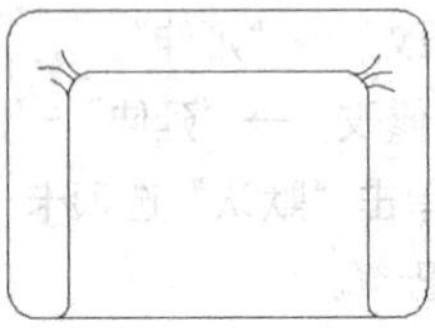

图 4-103 沙发

STEP 绘制步骤

❶ 单击"默认"选项卡"绘图"面板中的"矩形"按钮，绘制圆角为 10，第一角点坐标为（20，20），长度和宽度分别为 140 和 100 的矩形作为沙发的外框，如图 4-104 所示。

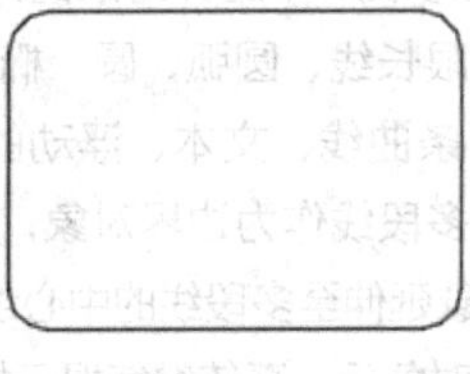

图 4-104 绘制沙发外轮廓

❷ 单击"默认"选项卡"绘图"面板中的"直线"按钮，绘制坐标分别为（40，20），（@0，80），（@100，0），（@0，-80）的连续线段，绘制结果如图 4-105 所示。

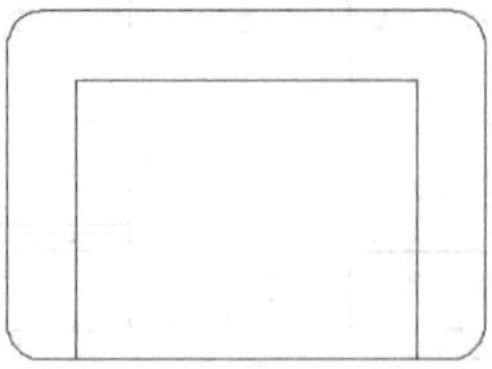

图 4-105 绘制线段

❸ 单击"默认"选项卡"修改"面板中的"分解"按钮和"圆角"按钮，修改沙发轮廓，命令行提示如下。

命令：_explode
选择对象：（选择外面倒圆矩形）
选择对象：↙
命令：_fillet
当前设置：模式 = 修剪，半径 = 6.0000
选择第一个对象或 [放弃 (U) / 多段线 (P) / 半径 (R) / 修剪 (T) / 多个 (M)]：（选择内部四边形左边）
选择第二个对象，或按住 Shift 键选择要应用角点的对象：（选择内部四边形上边）
选择第一个对象或 [放弃 (U) / 多段线 (P) / 半径 (R) / 修剪 (T) / 多个 (M)]：（选择内部四边形右边）
选择第二个对象，或按住 Shift 键选择要应用角点的对象：（选择内部四边形上边）
选择第一个对象或 [放弃 (U) / 多段线 (P) / 半径 (R) / 修剪 (T) / 多个 (M)]：↙

❹ 单击"修改"工具栏中的"圆角"按钮，选择内部四边形左边和外部矩形下边左端为对象，进行圆角处理，绘制结果如图 4-106 所示。

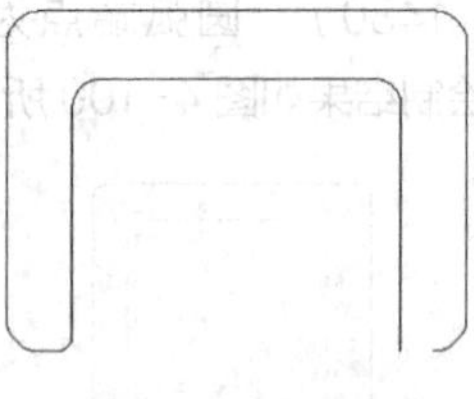

图 4-106 倒圆角

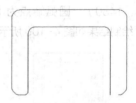

❺ 单击"默认"选项卡"修改"面板中的"延伸"按钮，命令行提示与操作如下。

命令：_ extend
当前设置：投影 =UCS，边 = 无
选择边界的边 ...
选择对象或 <全部选择>：（选择如图 4-106 所示的右下角圆弧）

选择对象：↙
选择要延伸的对象，或按住 Shift 键选择要修剪的对象，或[栏选(F)/窗交(C)/投影(P)/边(E)/放弃(U)]：(选择如图4-106所示的左端短水平线)
选择要延伸的对象，或按住 Shift 键选择要修剪的对象，或[栏选(F)/窗交(C)/投影(P)/边(E)/放弃(U)]：↙

结果如图 4-107 所示。

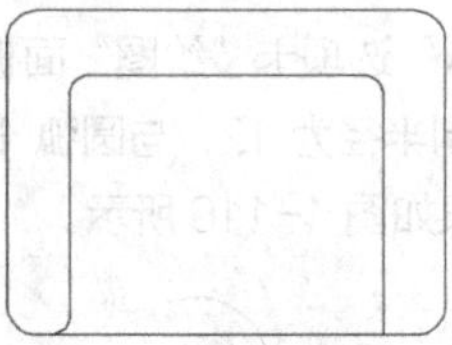

图 4-107 延伸直线

❻ 单击"默认"选项卡"修改"面板中的"圆角"按钮，以不修剪模式选择内部四边形右边和外部矩形下边为倒圆角对象，进行圆角处理，如图 4-108 所示。

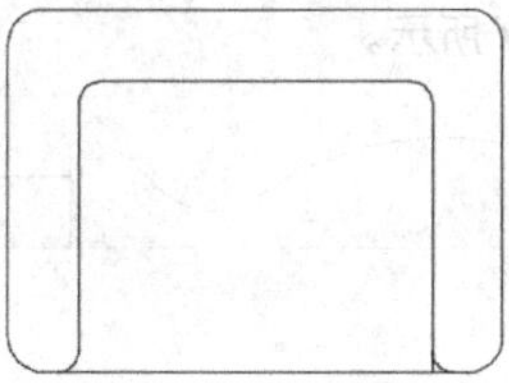

图 4-108 圆角处理

❼ 单击"默认"选项卡"修改"面板中的"修剪"按钮，以刚倒出的圆角圆弧为边界，对内部四边形右边下端进行修剪，结果如图 4-109 所示。

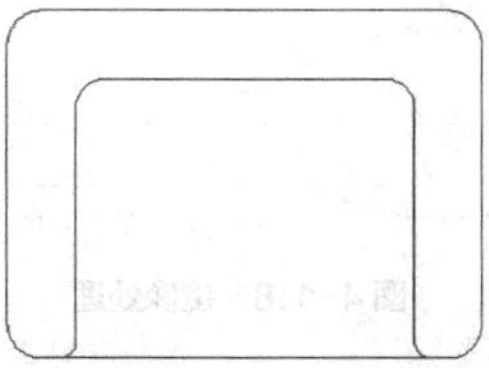

图 4-109 修剪图线

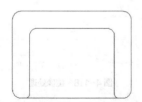

❽ 单击"默认"选项卡"绘图"面板中的"圆弧"按钮，绘制沙发皱纹。在沙发拐角位置绘制 6 条圆弧，最终结果如图 4-103 所示。

4.5.5 拉伸命令

拉伸对象是指拖拉选择的对象，使其形状发生改变。拉伸对象时，应指定拉伸的基点和移至点。利用一些辅助工具如捕捉、钳夹功能及相对坐标等可以提高拉伸的精度。

执行方式

命令行：STRETCH。

菜单："修改"→"拉伸"。

工具栏："修改"→"拉伸"。

功能区：单击"默认"选项卡"修改"面板中的"拉伸"按钮。

操作步骤

命令：STRETCH↙
以交叉窗口或交叉多边形选择要拉伸的对象...
选择对象：C↙
指定第一个角点：指定对角点：找到 2 个(采用交叉窗口的方式选择要拉伸的对象)
指定基点或 [位移(D)] <位移>:(指定拉伸的基点)
指定第二个点或 <使用第一个点作为位移>:(指定拉伸的移至点)

此时，若指定第二个点，系统将根据这两点决定的矢量拉伸对象。若直接按Enter键，系统会把第一个点的坐标作为X轴和Y轴的分量值。

> 注意 用交叉窗口选择拉伸对象时，落在交叉窗口内的端点被拉伸，落在外部的端点保持不动。

实例教学

扫一扫

下面以绘制如图4-110所示的门把手为例，介绍"拉伸"命令的使用方法。

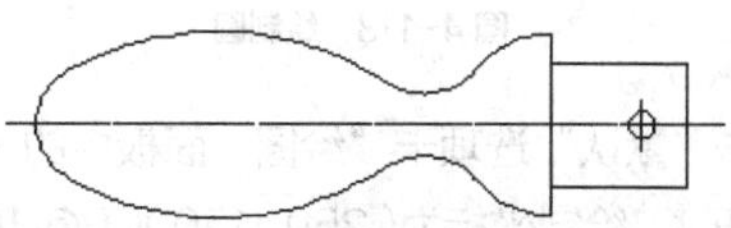

图 4-110 门把手

STEP 绘制步骤

❶ 设置图层。

选择菜单栏中的"格式"→"图层"命令，弹出图层特性管理器，新建两个图层，如图 4-111 所示。

(1) 第一个图层命名为"轮廓线"，线宽属性为 0.30mm，其余属性默认。

（2）第二个图层命名为“中心线”，颜色设为红色，线型加载为 CENTER，其余属性默认。

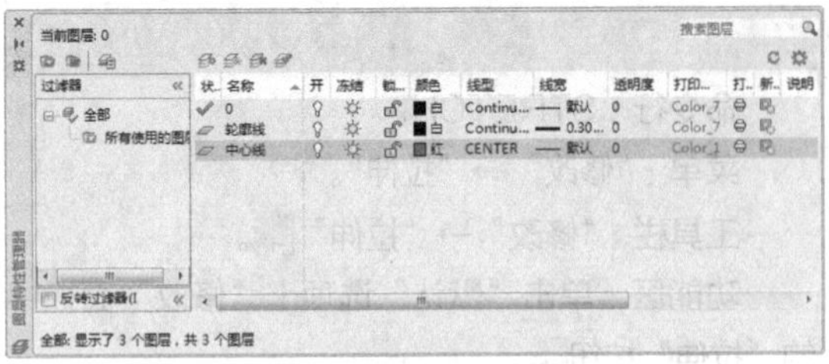

图 4-111　图层特性管理器

❷ 将“中心线”层设置为当前图层。单击“默认”选项卡“绘图”面板中的“直线”按钮，绘制坐标分别为（150，150），（@120，0）的中心线，结果如图 4-112 所示。

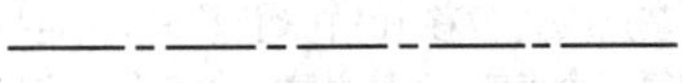

图 4-112　绘制中心线

❸ 将“轮廓线”层设置为当前图层。单击“默认”选项卡“绘图”面板中的“圆”按钮，以（160，150）为圆心，绘制半径为 10 的圆。重复“圆”命令，以（235，150）为圆心，绘制半径为 15 的圆。再绘制半径为 50 的圆与前两个圆相切，结果如图 4-113 所示。

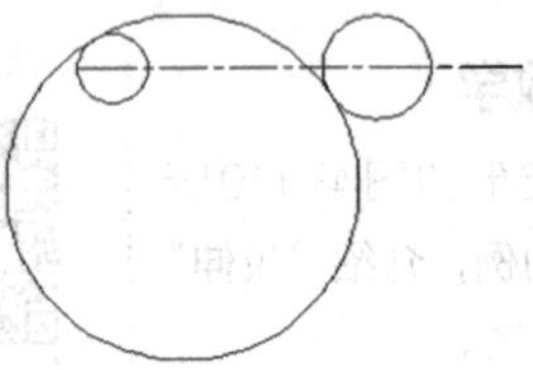

图 4-113　绘制圆

❹ 单击“默认”选项卡“绘图”面板中的“直线”按钮，绘制坐标为（250，150），（@10<90），（@15<180）的两条直线。重复“直线”命令，绘制坐标为（235，165），（235，150）的直线，结果如图 4-114 所示。

图 4-114　绘制直线

❺ 单击“默认”选项卡“修改”面板中的“修剪”按钮，进行修剪处理，结果如图 4-115 所示。

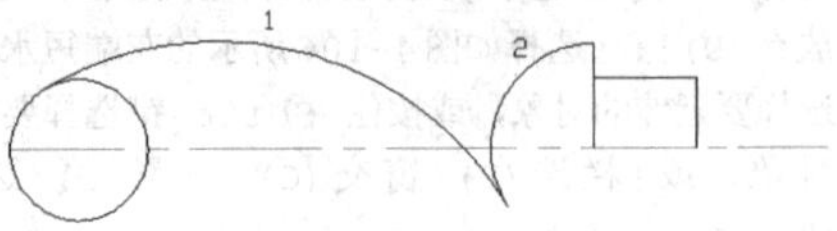

图 4-115　修剪处理

❻ 单击“默认”选项卡“绘图”面板中的“圆”按钮，绘制半径为 12，与圆弧 1 和圆弧 2 相切的圆，结果如图 4-116 所示。

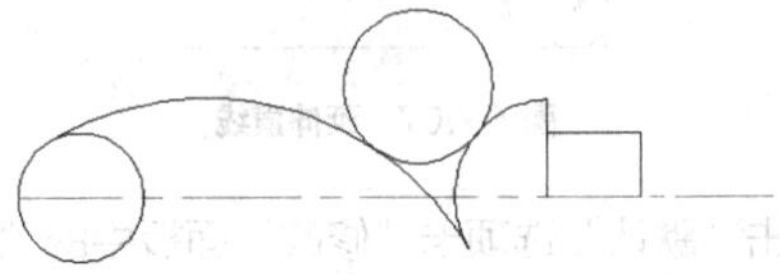

图 4-116　绘制圆

❼ 单击“默认”选项卡“修改”面板中的“修剪”按钮，将多余的圆弧进行修剪，结果如图 4-117 所示。

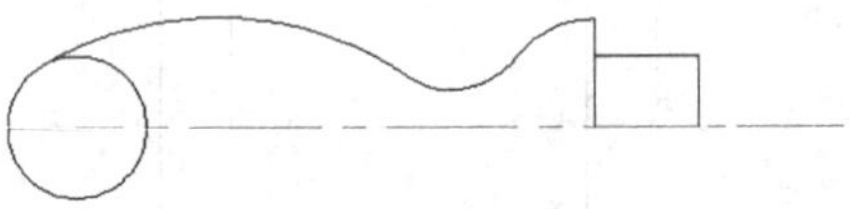

图 4-117　修剪处理

❽ 单击“默认”选项卡“修改”面板中的“镜像”按钮，以（150，150），（250，150）为两镜像点，对图形进行镜像处理，结果如图 4-118 所示。

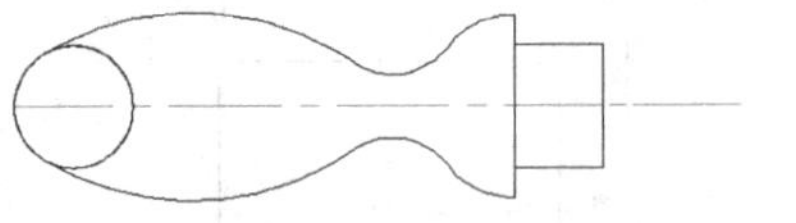

图 4-118　镜像处理

❾ 单击“默认”选项卡“修改”面板中的“修剪”按钮，进行修剪处理，结果如图 4-119 所示。

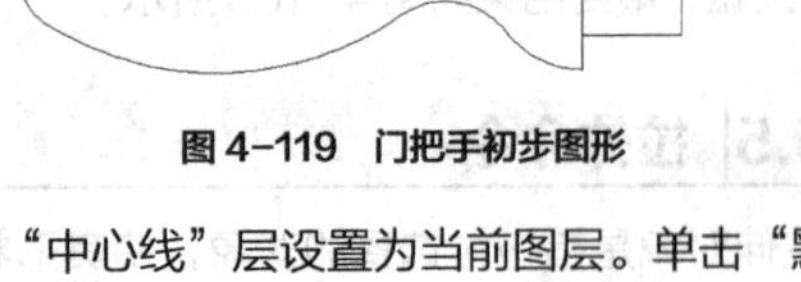

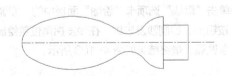

图 4-119　门把手初步图形

❿ 将“中心线”层设置为当前图层。单击“默认”选项卡“绘图”面板中的“直线”按钮，在

门把手接头处中间位置绘制适当长度的竖直线段，作为销孔定位中心线，如图 4-120 所示。

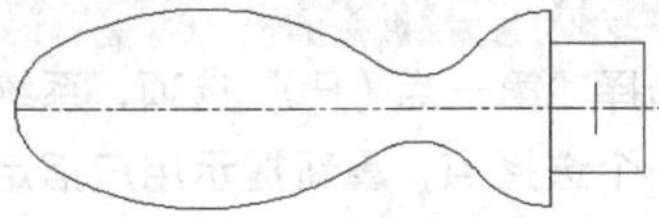

图 4-120 绘制销孔中心线

⑪ 将“轮廓线”层设置为当前图层。单击“默认”选项卡“绘图”面板中的“圆”按钮，以中心线交点为圆心，绘制适当半径的圆作为销孔，如图 4-121 所示。

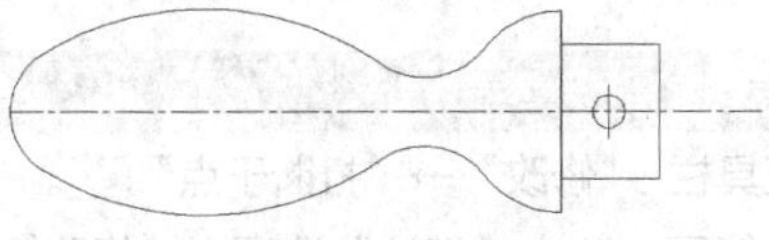

图 4-121 绘制销孔

⑫ 单击“默认”选项卡“修改”面板中的“拉伸”按钮，拉伸接头长度。命令行提示与操作如下。

命令：_stretch
以交叉窗口或交叉多边形选择要拉伸的对象...
选择对象：找到 1 个（以如图 4-122 所示的交叉窗口选择对象）
选择对象：↙
指定基点或 [位移(D)] <位移>:（指定拉伸的基点）
指定第二个点或 <使用第一个点作为位移>:（在适当位置指定拉伸的移至点）

结果如图 4-110 所示。

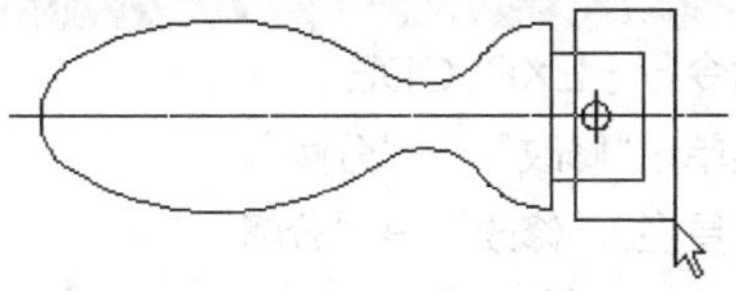

图 4-122 选择拉伸对象

4.5.6 拉长命令

执行方式

命令行：LENGTHEN。

菜单：“修改”→“拉长”。

功能区：单击“默认”选项卡“修改”面板中的“拉长”按钮。

操作步骤

命令：LENGTHEN ↙
选择对象或 [增量(DE)/百分比(P)/总计(T)/动态(DY)]:（选定对象）
当前长度：30.5001（给出选定对象的长度，如果选择圆弧，则还将给出圆弧的包含角）
选择对象或 [增量(DE)/百分比(P)/总计(T)/动态(DY)]:（选择拉长或缩短的方式，如选择“增量(DE)”方式）
输入长度增量或 [角度(A)] <0.0000>:（输入长度增量数值。如果选择圆弧段，则可输入选项“A”给定角度增量）
选择要修改的对象或 [放弃(U)]:（选定要修改的对象，进行拉长操作）
选择要修改的对象或 [放弃(U)]:（继续选择，按 Enter 键，结束命令）

选项说明

（1）增量（DE）：用指定增加量的方法来改变对象的长度或角度。

（2）百分比（P）：用指定要修改对象的长度占总长度的百分比的方法来改变圆弧或直线段的长度。

（3）总计（T）：用指定新的总长度或总角度值的方法来改变对象的长度或角度。

（4）动态（DY）：在这种模式下，可以使用拖拉鼠标的方法来动态地改变对象的长度或角度。

实例教学

下面以绘制如图 4-123 所示的挂钟为例，介绍“拉长”命令的使用方法。

扫一扫

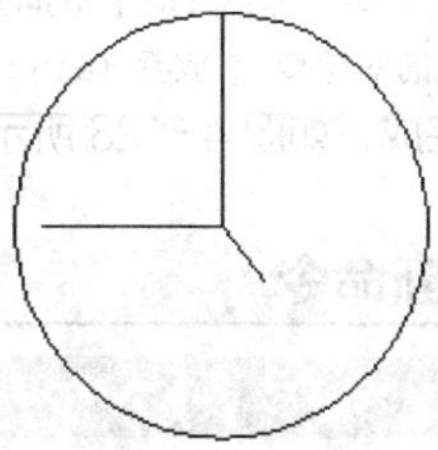

图 4-123 挂钟

STEP 绘制步骤

❶ 单击“默认”选项卡“绘图”面板中的“圆”按钮，以（100，100）为圆心，绘制半径为 20 的圆形作为挂钟的外轮廓线，如图 4-124 所示。

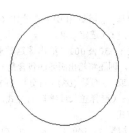

图 4-124　绘制圆形

❷ 单击“默认”选项卡“绘图”面板中的“直线”按钮，绘制坐标为{(100，100)，(100，118)}，{(100，100)，(82，100)}，{(100，100)，(105，94)}的3条直线作为挂钟的指针，如图4-125所示。

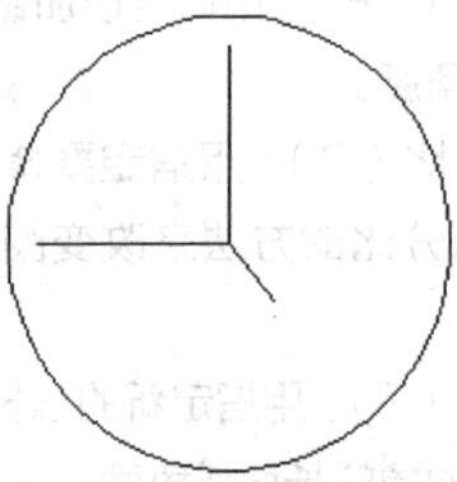

图 4-125　绘制指针

❸ 选择菜单栏中的“修改”→“拉长”命令，将秒针拉长至圆的边。命令行提示与操作如下。

命令：_lengthen
选择要测量的对象或 [增量(DE)/百分比(P)/总计(T)/动态(DY)] <总计(T)>: de
输入长度增量或 [角度(A)] <0.0000>:(选择秒针的上端点)
输入长度增量或 [角度(A)] 指定第二点：(选择圆)
选择要修改的对象或 [放弃(U)]：(选择秒针)

绘制挂钟完成，如图4-123所示。

4.5.7 打断命令

执行方式

命令行：BREAK。

菜单：“修改”→“打断”。

工具栏：“修改”→“打断”。

功能区：单击“默认”选项卡“修改”面板中的“打断”按钮。

操作步骤

命令：BREAK↙
选择对象：(选择要打断的对象)
指定第二个打断点或 [第一点(F)]：(指定第二个断开点或键入F)

选项说明

如果选择“第一点(F)”选项，系统将丢弃前面的第一个选择点，重新提示用户指定两个打断点。

4.5.8 打断于点

打断于点是指在对象上指定一点，从而把对象在此点拆分成两部分，此命令与“打断”命令类似。

执行方式

工具栏：“修改”→“打断于点”。

功能区：单击“默认”选项卡“修改”面板中的“打断于点”按钮。

操作步骤

输入此命令后，命令行提示如下。

选择对象：(选择要打断的对象)
指定第二个打断点或 [第一点(F)]：_f(系统自动执行“第一点(F)”选项)
指定第一个打断点：(选择打断点)
指定第二个打断点：@(系统自动忽略此提示)

4.5.9 分解命令

执行方式

命令行：EXPLODE。

菜单：“修改”→“分解”。

工具栏：“修改”→“分解”。

功能区：单击“默认”选项卡“修改”面板中的“分解”按钮。

操作步骤

命令：EXPLODE↙
选择对象：(选择要分解的对象)

选择一个对象后，该对象会被分解。系统继续提示该行信息，允许分解多个对象。

4.5.10 合并命令

可以将直线、圆弧、椭圆弧和样条曲线等独立的对象合并为一个对象，如图4-126所示。

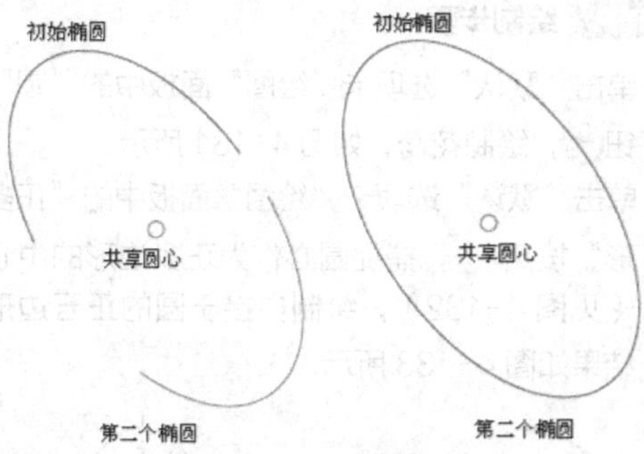

图 4-126 合并对象

执行方式

命令行：JOIN。

菜单："修改"→"合并"。

工具栏："修改"→"合并"⁺⁺。

功能区：单击"默认"选项卡"修改"面板中的"合并"按钮⁺⁺。

操作步骤

命令：JOIN↙
选择源对象：(选择一个对象)
选择要合并到源的直线：(选择另一个对象)
找到 1 个
选择要合并到源的直线：↙
已将 1 条直线合并到源

4.6 对象编辑

在对图形进行编辑时，还可以对图形对象本身的某些特性进行编辑，从而方便地进行图形绘制。

4.6.1 钳夹功能

利用钳夹功能可以快速方便地编辑对象。AutoCAD在图形对象上定义了一些特殊点，称为夹点，利用夹点可以灵活地控制对象，如图4-127所示。

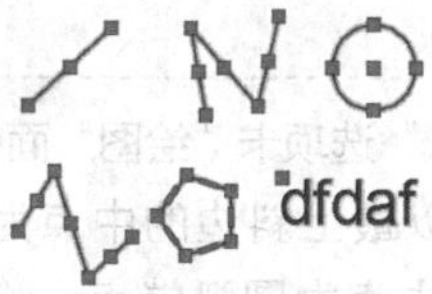

图 4-127 夹点

要使用钳夹功能编辑对象，必须先打开钳夹功能，打开方法是：选择"工具"→"选项"命令，弹出"选项"对话框。在"选择集"选项卡中，选中"显示夹点"复选框。在该选项卡中，还可以设置代表夹点的小方格的尺寸和颜色。

也可以通过GRIPS系统变量来控制是否打开钳夹功能，1代表打开，0代表关闭。

打开了钳夹功能后，应该在编辑对象之前先选择对象，夹点表示了对象的控制位置。

使用夹点编辑对象，要选择一个夹点作为基点，称为基准夹点。然后，选择一种编辑操作：镜像、移动、旋转、拉伸和缩放。可以用空格键、Enter键或键盘上的快捷键循环选择这些功能。

下面仅以其中的拉伸对象操作为例进行讲述，其他操作类似。

在图形上拾取一个夹点，该夹点改变颜色，此点为夹点编辑的基准夹点，这时系统提示如下。

** 拉伸 **
指定拉伸点或 [基点 (B) / 复制 (C) / 放弃 (U) / 退出 (X)]：

在上述拉伸编辑提示下，输入"镜像"命令或右键单击，在快捷菜单中选择"镜像"命令，如图4-128所示。系统就会转换为"镜像"操作，其他操作类似。

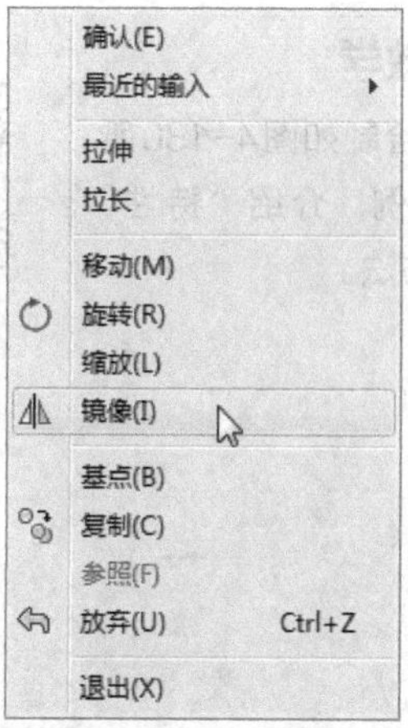

图 4-128 快捷菜单

4.6.2 修改对象属性

执行方式

命令行：DDMODIFY或PROPERTIES。

菜单：“修改”→“特性”，或者“工具”→“选项板”→“特性”。

工具栏：“标准”→“特性”。

功能区：单击“默认”选项卡“特性”面板中的“对话框启动器”按钮，或者单击“视图”选项卡“选项板”面板中的“特性”按钮。

操作步骤

执行上述命令后，AutoCAD打开“特性”选项板，如图4-129所示。利用它可以方便地设置或修改对象的各种属性。

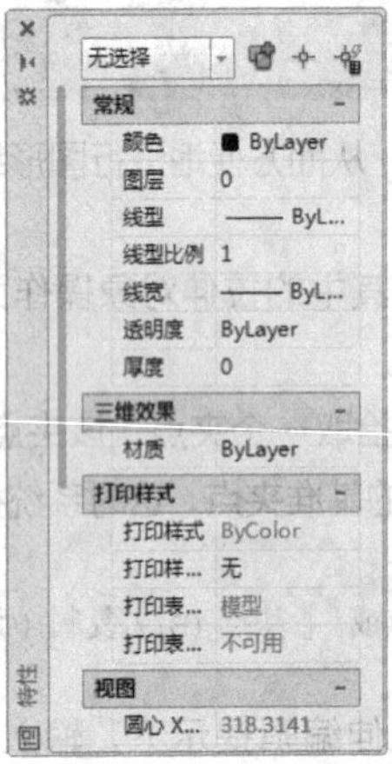

图4-129 “特性”选项板

不同的对象的属性种类和值不同，修改属性值，对象的属性即可改变。

实例教学

下面以绘制如图4-130所示的花朵为例，介绍“特性”命令的使用方法。

扫一扫

图4-130 花朵

STEP 绘制步骤

❶ 单击“默认”选项卡“绘图”面板中的“圆”按钮，绘制花蕊，如图4-131所示。

❷ 单击“默认”选项卡“绘图”面板中的“正多边形”按钮，捕捉圆心作为正多边形的中心点（见图4-132），绘制内接于圆的正五边形，结果如图4-133所示。

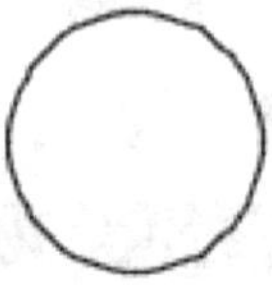

图4-131 绘制花蕊

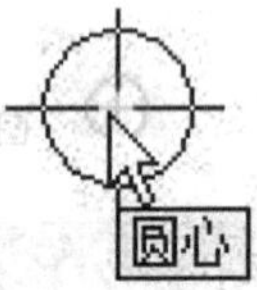

图4-132 捕捉圆心

图4-133 绘制正五边形

> 注意 一定要先绘制中心的圆，因为正五边形的外接圆与此圆同心，必须通过捕捉获得正五边形的外接圆圆心位置。如果反过来，先画正五边形，再画圆，会发现无法捕捉正五边形的外接圆圆心。

❸ 单击“默认”选项卡“绘图”面板中的“圆弧”按钮，以最上斜边的中点为圆弧起点，左上斜边的中点为圆弧端点，绘制圆弧，结果如图4-134所示。重复“圆弧”命令，绘制另外4段圆弧，结果如图4-135所示。然后删除正五边形，结果如图4-136所示。

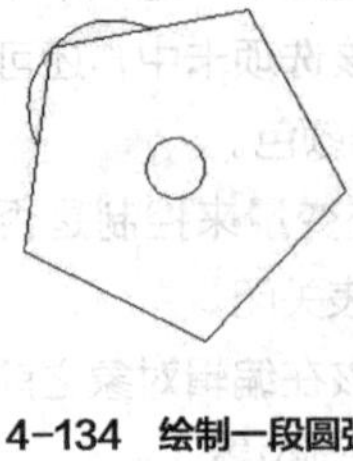

图4-134 绘制一段圆弧

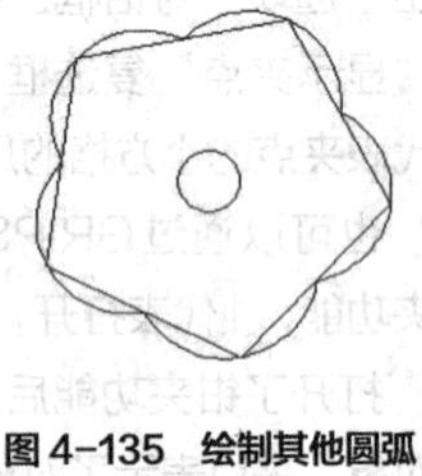

图4-135 绘制其他圆弧

❹ 单击“默认”选项卡“绘图”面板中的“多段线”按钮，绘制枝叶。花枝的宽度为4，叶子的起点半宽为12，端点半宽为3。同样方法绘制另两片叶子，结果如图4-137所示。

图 4-136　删除正五边形

图 4-137　绘制枝叶

❺ 选择枝叶，枝叶上显示夹点，在一个夹点上单击鼠标右键，打开快捷菜单，选择其中的“特性”命令，如图 4-138 所示。系统打开“特性”选项板，在“颜色”下拉列表中选择“绿”选项，如图 4-139 所示。

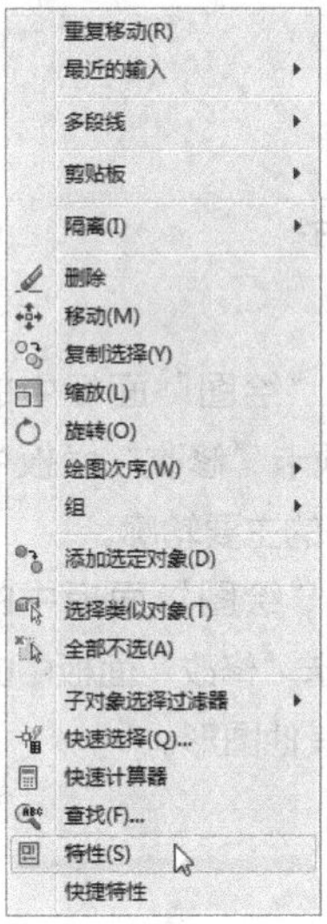

图 4-138　快捷菜单

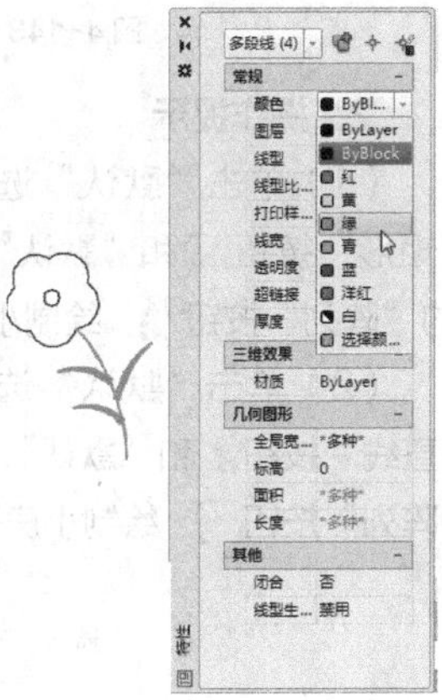

图 4-139　修改枝叶颜色

❻ 按照步骤 5 的方法修改花朵颜色为红色，花蕊颜色为洋红色，最终结果如图 4-130 所示。

4.6.3 特性匹配

利用特性匹配功能可以将目标对象的属性与源对象的属性进行匹配，使目标对象的属性与源对象的属性相同。利用特性匹配功能可以方便快捷地修改对象属性，并保持不同对象的属性相同。

执行方式

命令行：MATCHPROP。

菜单：“修改”→“特性匹配”。

功能区：单击“默认”选项卡“特性”面板中的“特性匹配”按钮。

操作步骤

命令：MATCHPROP ↙
选择源对象：（选择源对象）
选择目标对象或 [设置(S)]：（选择目标对象）

图4-140（a）所示为两个属性不同的对象，以左边的圆为源对象，对右边的矩形进行特性匹配，结果如图4-140（b）所示。

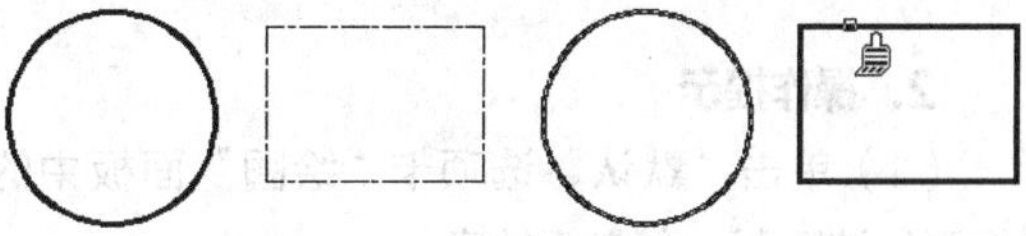

（a）原图　　（b）结果

图 4-140　特性匹配

4.7 上机实验

【练习 1】绘制燃气灶

1. 目的要求

本练习绘制如图4-141所示的燃气灶，涉及的命令主要是“矩形”“直线”“圆”“样条曲线”“阵列”“镜像”命令。通过本练习帮助用户灵活掌握各种基本绘图命令的操作方法。

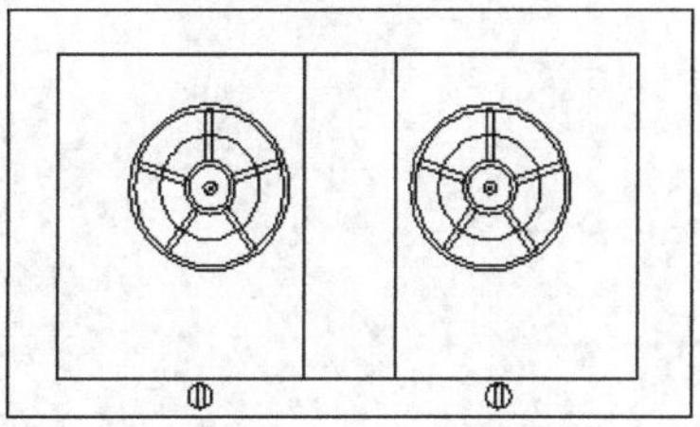

图 4-141　燃气灶

2. 操作提示

（1）单击“默认”选项卡“绘图”面板中的“矩形”按钮和“直线”按钮，绘制燃气灶外轮廓。

（2）单击“默认”选项卡“绘图”面板中的“圆”按钮和“样条曲线”按钮，绘制支撑骨架。

（3）单击“默认”选项卡“修改”面板中的“阵列”按钮和“镜像”按钮，绘制燃气灶。

【练习 2】绘制门

1. 目的要求

本练习绘制如图4-142所示的门，涉及的命令主要是“矩形”“偏移”命令。通过本练习帮助用户灵活掌握各种基本绘图命令的操作方法。

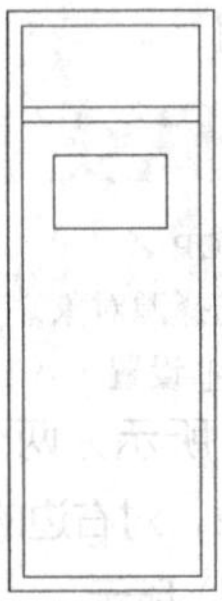

图 4-142 门

2. 操作提示

（1）单击“默认”选项卡“绘图”面板中的“矩形”按钮，绘制门轮廓。

（2）单击“默认”选项卡“修改”面板中的“偏移”按钮，绘制门。

【练习 3】绘制小房子

1. 目的要求

本练习绘制如图4-143所示的小房子，涉及的命令主要是“矩形”“直线”“阵列”命令。通过本练习帮助用户灵活掌握各种基本绘图命令的操作方法。

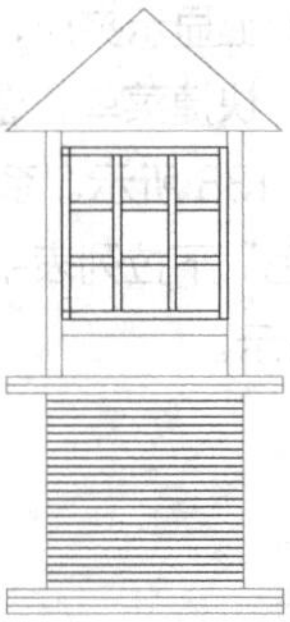

图 4-143 小房子

2. 操作提示

（1）单击“默认”选项卡“绘图”面板中的“矩形”按钮和“默认”选项卡“修改”面板中的“阵列”按钮，绘制小房子的主要轮廓。

（2）单击“默认”选项卡“绘图”面板中的“直线”按钮和“默认”选项卡“修改”面板中的“阵列”按钮，绘制小房子的其他图形。

第 5 章

辅助工具

文字注释是图形中很重要的一部分内容，在进行各种设计时，通常不仅要绘出图形，还要在图形中标注一些文字；图表在 AutoCAD 图形中也有大量的应用，如明细表、参数表和标题栏等；尺寸标注也是绘图设计过程中相当重要的一个环节。本章主要包括查询工具、图块、设计中心、工具选项板、文本标注、表格、尺寸标注等内容。

重点与难点

- 查询工具
- 图块及其属性
- 设计中心与工具选项板
- 文本标注
- 表格
- 尺寸标注

5.1 查询工具

为方便用户及时了解图形信息，AutoCAD提供了很多查询工具，这里简要进行说明。

5.1.1 距离查询

执行方式

命令行：MEASUREGEOM。

菜单："工具"→"查询"→"距离"。

工具栏："查询"→"距离"。

功能区：单击"默认"选项卡"实用工具"面板"测量"下拉菜单中的"距离"按钮。

操作步骤

命令：MEASUREGEOM↙

输入选项 [距离(D)/半径(R)/角度(A)/面积(AR)/体积(V)] <距离>：D

指定第一点：(指定第一个点)

指定第二个点或 [多个点(M)]：(指定第二个点或输入"m"表示多个点)

选项说明

多个点(M)：如果使用此选项，将显示连续点之间的总距离。

5.1.2 面积查询

执行方式

命令行：MEASUREGEOM。

菜单："工具"→"查询"→"面积"。

工具栏："查询"→"面积"。

功能区：单击"默认"选项卡"实用工具"面板"测量"下拉菜单中的"面积"按钮。

操作步骤

命令：MEASUREGEOM↙

输入选项 [距离(D)/半径(R)/角度(A)/面积(AR)/体积(V)] <距离>：AR

指定第一个角点或 [对象(O)/增加面积(A)/减少面积(S)/退出(X)] <对象>：(指定角点或输入其他选项)

指定下一个点或 [弧(A)/长度(L)/放弃(U)]：

选项说明

(1)指定角点：计算由指定点所定义的面积和周长。

(2)增加面积(A)：打开"加"模式，并在定义区域时即时保持总面积。

(3)减少面积(S)：从总面积中减去指定的面积。

5.2 图块及其属性

把一组图形对象组合成图块加以保存，需要的时候可以把图块作为一个整体以任意比例和旋转角度插入到图中任意位置，这样不仅避免了大量的重复工作，提高了绘图速度和工作效率，而且可大大节省磁盘空间。

5.2.1 图块操作

1. 定义图块

执行方式

命令行：BLOCK。

菜单栏："绘图"→"块"→"创建"。

工具栏："绘图"→"创建块"。

功能区：单击"默认"选项卡"块"面板中的"创建"按钮，或者单击"插入"选项卡"块定义"面板中的"创建块"按钮。

操作步骤

执行上述命令后，系统弹出如图5-1所示的"块定义"对话框。利用该对话框指定定义对象和基点及其他参数，可定义图块并命名。

图 5-1 “块定义”对话框

2. 保存图块

执行方式

命令行：WBLOCK。

操作步骤

执行上述命令后，系统弹出如图5-2所示的“写块”对话框。利用此对话框可把图形对象保存为图块或把图块转换成图形文件。

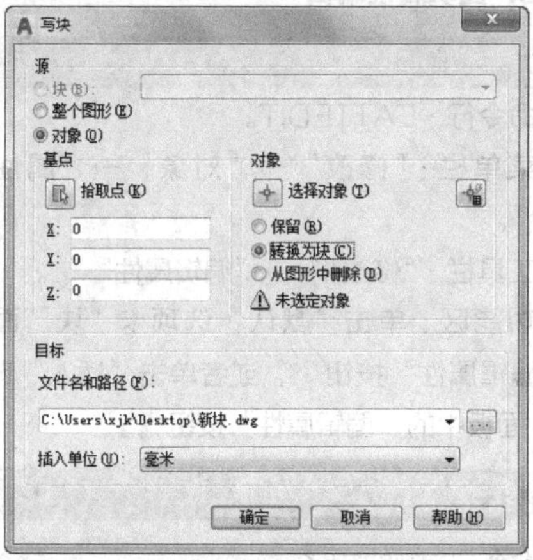

图 5-2 “写块”对话框

3. 插入图块

执行方式

命令行：INSERT。

菜单栏：“插入”→“块”。

工具栏：“插入”→“插入块”，或者“绘图”→“插入块”。

功能区：单击“默认”选项卡“块”面板中的“插入块”按钮，或者单击“插入”选项卡“块”面板中的“插入块”按钮。

操作步骤

执行上述命令后，系统弹出“插入”对话框，如图5-3所示。利用此对话框设置插入点位置、插入比例及旋转角度，可以指定要插入的图块及插入位置。

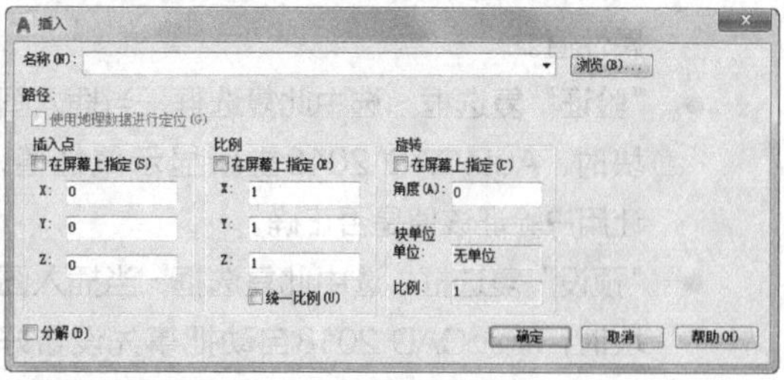

图 5-3 “插入”对话框

5.2.2 图块的属性

1. 属性定义

执行方式

命令行：ATTDEF。

菜单栏：“绘图”→“块”→“定义属性”。

功能区：单击“默认”选项卡“块”面板中的“定义属性”按钮，或者单击“插入”选项卡“块定义”面板中的“定义属性”按钮。

操作步骤

执行上述命令后，系统弹出“属性定义”对话框，如图5-4所示。

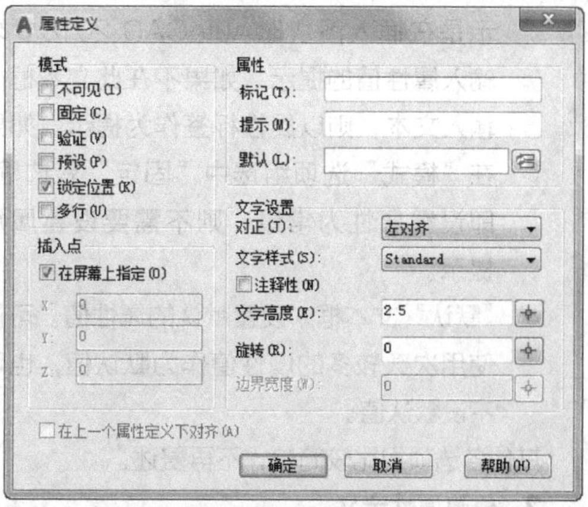

图 5-4 “属性定义”对话框

选项说明

（1）“模式”选项组。

- “不可见”复选框：选中此复选框，属性为不可见显示方式，即插入图块并输入属性值后，属性值在图中并不显示出来。

- “固定”复选框：选中此复选框，属性值为常量，即属性值在属性定义时给定，在插入图块时，AutoCAD 2018不再提示输入属性值。
- “验证”复选框：选中此复选框，当插入图块时，AutoCAD 2018重新显示属性值，让用户验证该值是否正确。
- “预设”复选框：选中此复选框，当插入图块时，AutoCAD 2018自动把事先设置好的默认值赋予图块属性，而不再提示输入属性值。
- “锁定位置”复选框：选中此复选框，当插入图块时，AutoCAD 2018锁定块参照中属性的位置。解锁后，属性可以相对于使用夹点编辑的块的其他部分移动，并且可以调整多行属性的大小。
- “多行”复选框：选中此复选框，指定属性值可以包含多行文字。

（2）“属性”选项组。

- “标记”文本框：输入属性标签。属性标签可由除空格和感叹号以外的所有字符组成。AutoCAD 2018自动把小写字母改为大写字母。
- “提示”文本框：输入属性提示。属性提示是在插入图块时AutoCAD 2018要求输入属性值的提示。如果不在此文本框内输入文本，则以属性标签作为提示。如果在“模式”选项组选中“固定”复选框，即设置属性为常量，则不需要设置属性提示。
- “默认”文本框：设置默认的属性值。可把使用次数较多的属性值作为默认值，也可不设默认值。

其他各选项组比较简单，不再赘述。

2. 修改属性定义

执行方式

命令行：DDEDIT。

菜单栏：“修改”→“对象”→“文字”→“编辑”。

操作步骤

命令：DDEDIT ↙
选择注释对象或 [放弃 (U) / 模式 (M)]：

在此提示下选择要修改的属性定义，AutoCAD 2018打开“属性定义”对话框，如图5-5所示，可以在该对话框中修改属性定义。

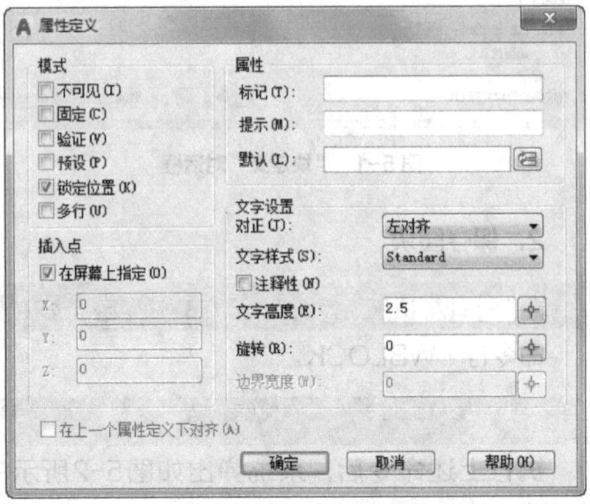

图 5-5 “属性定义”对话框

3. 图块属性编辑

执行方式

命令行：EATTEDIT。

菜单栏：“修改”→“对象”→“属性”→“单个”。

工具栏：“修改II”→“编辑属性”。

功能区：单击“默认”选项卡“块”面板中的“编辑属性”按钮，或者单击“插入”选项卡“块”面板中的“编辑属性”按钮。

操作步骤

命令：EATTEDIT ↙
选择块：

选择块后，系统弹出“增强属性编辑器”对话框，如图5-6所示。该对话框不仅可以编辑属性值，还可以编辑属性的文字选项和图层、线型、颜色等特性值。

实例教学

下面以创建如图5-7所示的指北针图块为例，介绍图块属性命令的使用方法。

扫一扫

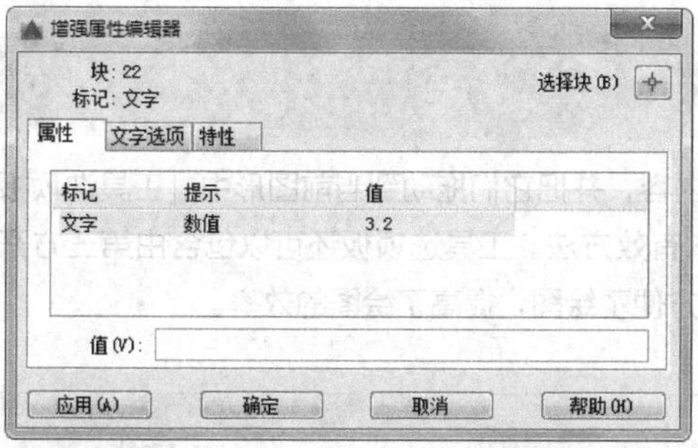

图 5-6 “增强属性编辑器”对话框

图 5-7 指北针图块

STEP 绘制步骤

❶ 单击“默认”选项卡“绘图”面板中的“圆”按钮，绘制一个直径为 24 的圆，如图 5-8 所示。

图 5-8 绘制圆

❷ 单击“默认”选项卡“绘图”面板中的“直线”按钮，绘制圆的竖直直径，如图 5-9 所示。

图 5-9 绘制竖直直径

❸ 单击“默认”选项卡“修改”面板中的“偏移”按钮，使直径向左右两边各偏移 1.5，如图 5-10 所示。

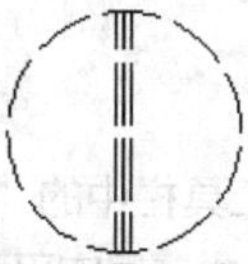

图 5-10 偏移直线

❹ 单击“默认”选项卡“修改”面板中的“修剪”按钮，选取圆作为修剪边界，修剪偏移后的直线，如图 5-11 所示。

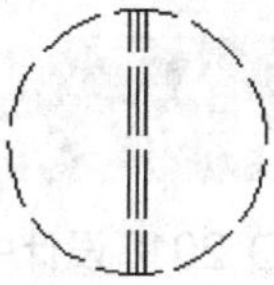

图 5-11 修剪直线

❺ 单击“默认”选项卡“绘图”面板中的“直线”按钮，绘制直线，如图 5-12 所示。

图 5-12 绘制直线

❻ 单击“默认”选项卡“修改”面板中的“删除”按钮，删除多余直线，如图 5-13 所示。

图 5-13 删除直线

❼ 单击“默认”选项卡“绘图”面板中的“图案填充”按钮，打开“图案填充创建”选项卡，在“图案”面板中选择“SOLID”图标，选择指针作为图案填充对象进行填充，如图 5-7 所示。

❽ 执行“wblock”命令，弹出“写块”对话框，如图 5-14 所示。单击“拾取点”按钮，拾取指北针的顶点为基点，单击“选择对象”按钮，拾取图 5-7 中的图形为对象，输入图块名称“指北针图块”并指定路径，单击“确定”按钮进行保存。

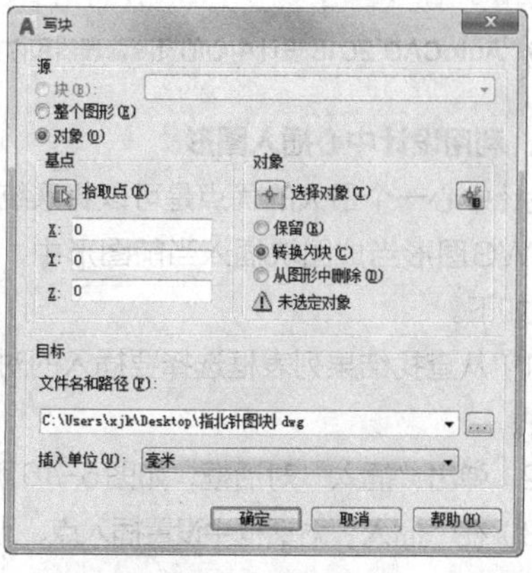

图 5-14 “写块”对话框

5.3 设计中心与工具选项板

使用AutoCAD 2018设计中心可以很容易地组织设计内容，并把它们拖动到当前图形中。工具选项板是选项卡形式的区域，提供组织、共享和放置块及填充图案的有效方法。工具选项板还可以包含由第三方开发人员提供的自定义工具。设计中心与工具选项板的使用大大方便了绘图，提高了绘图的效率。

5.3.1 设计中心

1. 启动设计中心

执行方式

命令行：ADCENTER。

菜单栏："工具"→"选项板"→"设计中心"。

工具栏："标准"→"设计中心"。

功能区：单击"视图"选项卡"选项板"面板中的"设计中心"按钮。

快捷键：Ctrl + 2。

执行上述命令，系统打开设计中心。第一次启动设计中心时，它默认打开的选项卡为"文件夹"。内容显示区采用大图标显示，左边的资源管理器采用树形结构，浏览资源的同时，在内容显示区显示所浏览资源的有关细目或内容，如图5-15所示。也可以搜索资源，方法与Windows资源管理器类似。

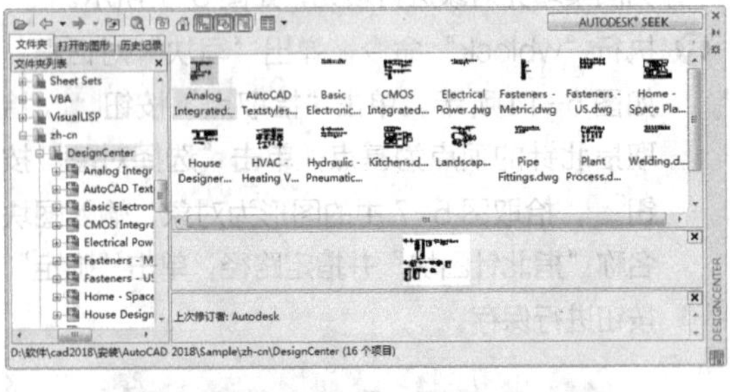

图 5-15 AutoCAD 2018 设计中心的资源管理器和内容显示区

2. 利用设计中心插入图形

设计中心一个最大的优点是可以将系统文件夹中的DWG图形当成图块插入当前图形中，具体操作步骤如下。

（1）从查找结果列表框选择要插入的对象，双击对象。

（2）弹出"插入"对话框，如图5-16所示。

（3）在"插入"对话框中设置插入点、比例和旋转角度等数值。

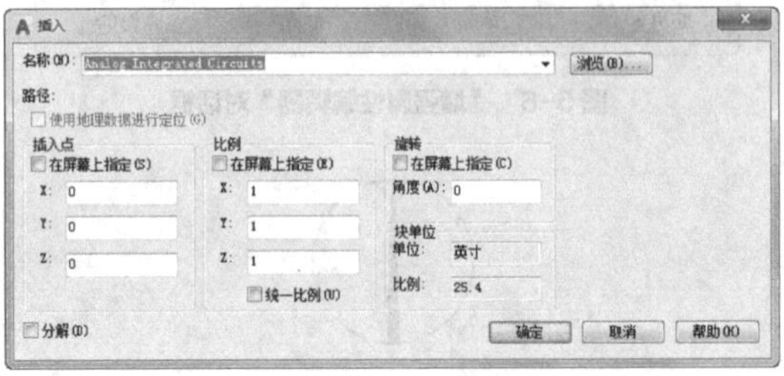

图 5-16 "插入"对话框

（4）单击"确定"按钮，被选择的对象根据指定的参数插入图形当中。

实例教学

扫一扫

下面利用设计中心辅助绘制如图5-17所示的居室平面图。

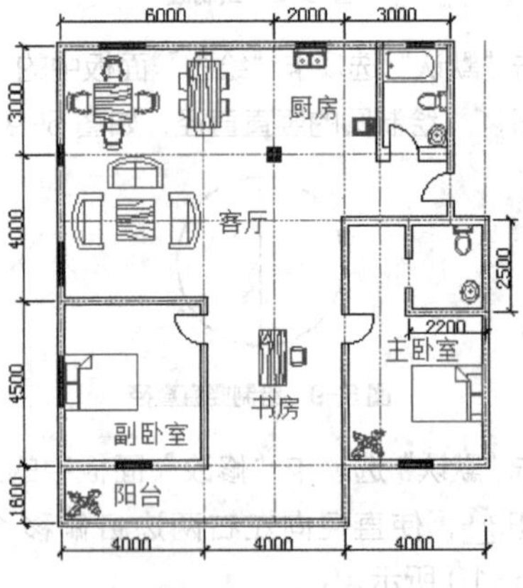

图 5-17 居室平面图

STEP 绘制步骤

❶ 单击快速访问工具栏中的"打开"按钮，打开"建筑图库"中"居室平面图"的建筑主体，如图5-18所示。

❷ 启动设计中心。

（1）选择菜单栏中的"工具"→"选项板"→"设计中心"命令，打开如图5-19所示的设计中心，其左侧为资源管理器。

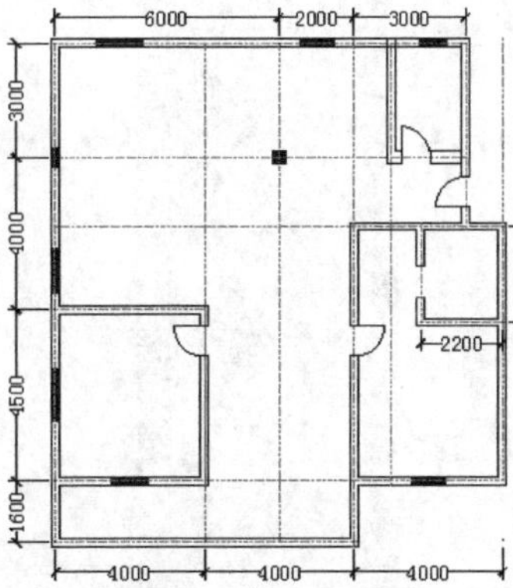

图 5-18 建筑主体

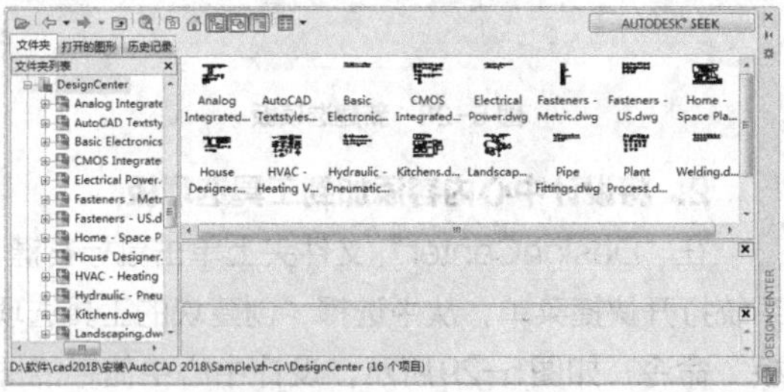

图 5-19 设计中心

（2）双击左侧的“Kitchens.dwg”文件，在右侧的内容显示区显示如图 5-20 所示的内容；单击左侧的“块”图标，出现如图 5-21 所示的厨房设计常用的燃气灶、水龙头、橱柜和微波炉等模块。

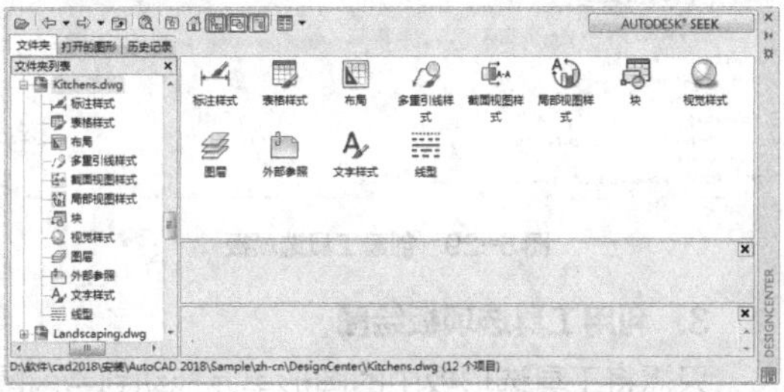

图 5-20 Kitchens.dwg

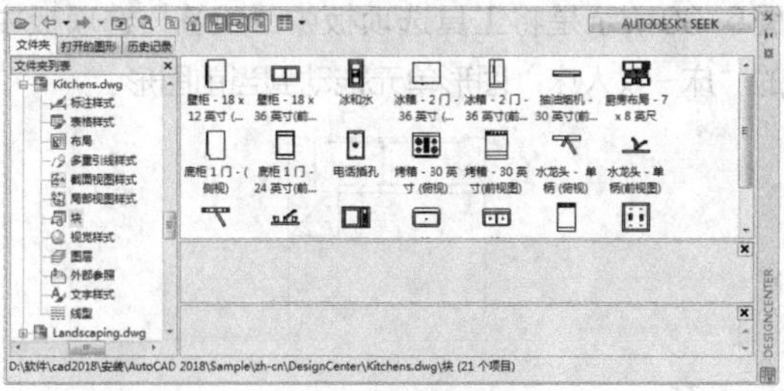

图 5-21 图形模块

❸ 新建“内部布置”图层，双击图 5-21 中的“微波炉”图标，弹出如图 5-22 所示的“插入”对话框，设置插入点为（19 618，21 000），缩放比例为 25.4，旋转角度为 0，插入的图块如图 5-23 所示，插入图块的效果如图 5-24 所示。重复上述操作，把 Home-Space Planner 与 House Designer 中的相应模块插入图形中，结果如图 5-25 所示。

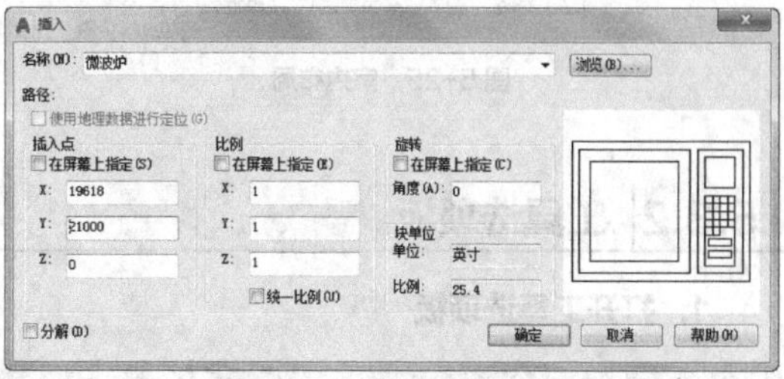

图 5-22 “插入”对话框

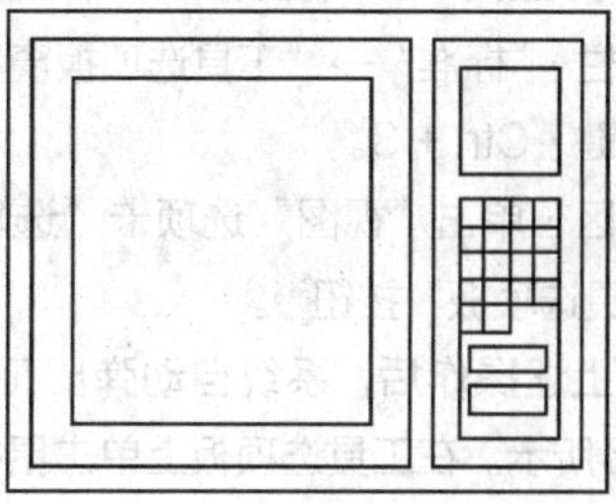

图 5-23 插入的图块

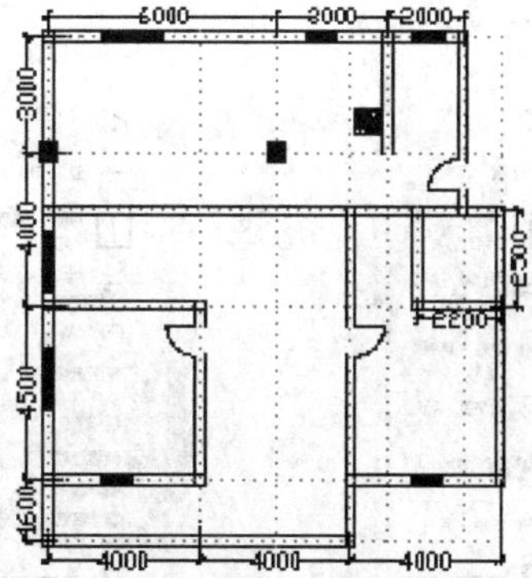

图 5-24 插入图块效果

❹ 单击“默认”选项卡“注释”面板中的“多行文字”按钮A，将“客厅”“厨房”等名称输入相应的位置，结果如图 5-17 所示。

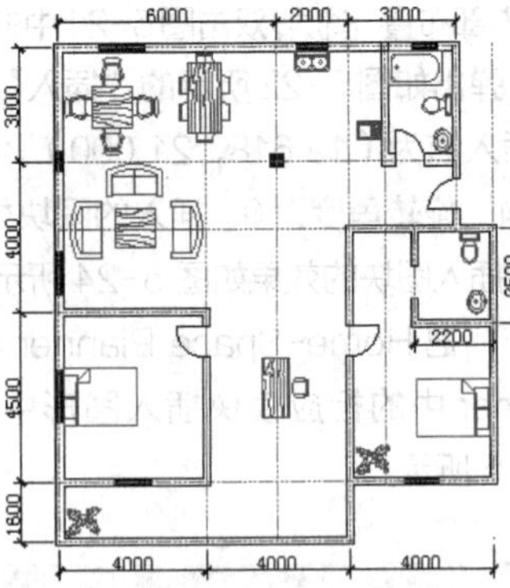

图 5-25 室内布局

5.3.2 工具选项板

1. 打开工具选项板

执行方式

命令行：TOOLPALETTES。

菜单：“工具”→“选项板”→“工具选项板”。

工具栏：“标准”→“工具选项板窗口”。

快捷键：Ctrl + 3。

功能区：单击“视图”选项卡“选项板”面板中的“工具选项板”按钮。

执行上述操作后，系统自动弹出工具选项板，如图5-26所示。在工具选项板上单击鼠标右键，在系统弹出的快捷菜单中选择“新建选项板”命令，如图5-27所示。系统新建一个空白选项板，可以命名该选项板，如图5-28所示。

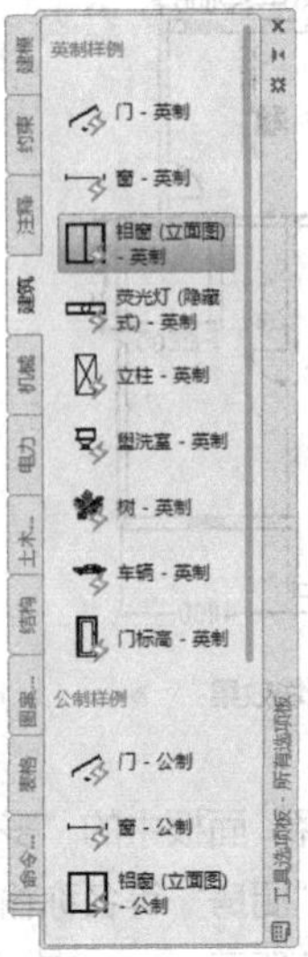

图 5-26 工具选项板

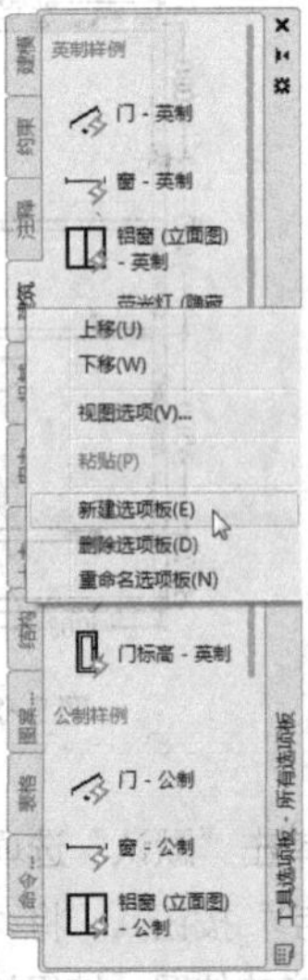

图 5-27 快捷菜单

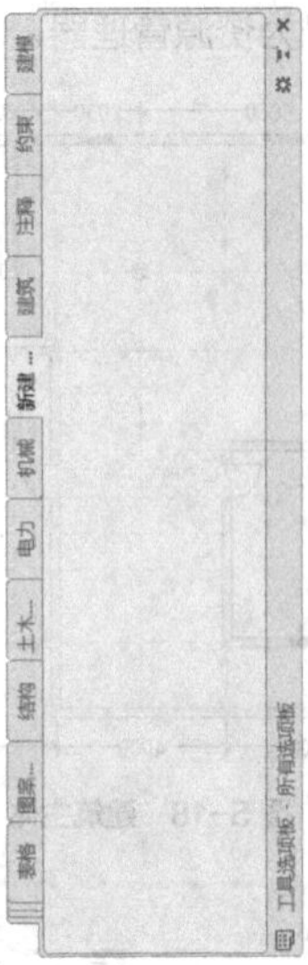

图 5-28 新建选项板

2. 将设计中心内容添加到工具选项板

在“DesignCenter”文件夹上单击鼠标右键，系统打开快捷菜单，从中选择“创建块的工具选项板”命令，如图5-29所示，设计中心中储存的图元就出现在工具选项板中新建的“DesignCenter”选项板上。这样就可以将设计中心与工具选项板结合起来，建立一个快捷方便的工具选项板。

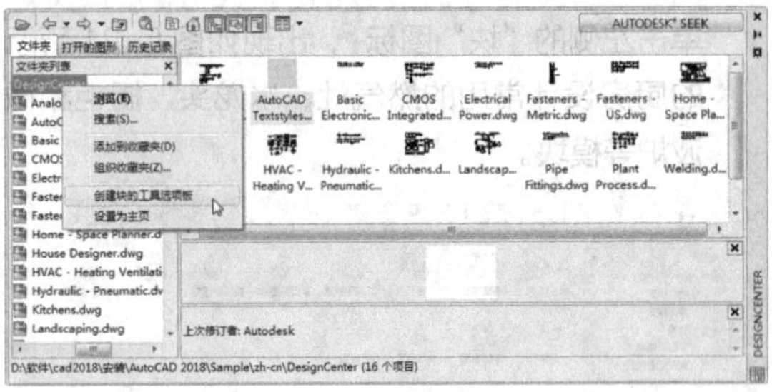

图 5-29 创建工具选项板

3. 利用工具选项板绘图

只需将工具选项板中的图形单元拖动到当前图形，该图形单元就以图块的形式插入当前图形中。图5-30所示是将工具选项板中“建筑”选项板中的“床-双人床”图形单元拖动到当前图形。

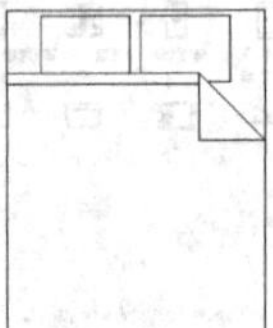

图 5-30 双人床

5.4 文本标注

文本是建筑图形的基本组成部分，在图签、说明、图纸目录等地方都要用到文本。本节讲述文本标注的基本方法。

5.4.1 设置文字样式

执行方式

命令行：STYLE或DDSTYLE。

菜单："格式"→"文字样式"。

工具栏："文字"→"文字样式" 。

功能区：单击"默认"选项卡"注释"面板中的"文字样式"按钮，或者单击"注释"选项卡"文字"面板中的"对话框启动器"按钮。

操作步骤

执行上述命令后，系统弹出"文字样式"对话框，如图5-31所示。

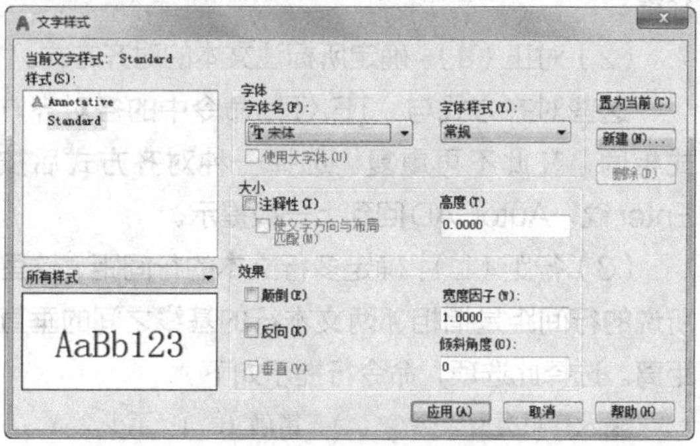

图5-31 "文字样式"对话框

利用该对话框可以新建文字样式或修改当前文字样式。图5-32～图5-34所示为各种文字样式。

室内设计

室内设计

室 内 设 计

室内设计

室内设计

图5-32 同一字体的不同样式

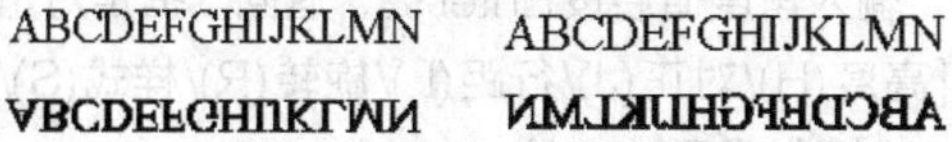

(a) (b)

图5-33 文字倒置标注与反向标注

abcd

a

b

c

d

图5-34 垂直标注文字

5.4.2 单行文本标注

执行方式

命令行：TEXT或DTEXT。

菜单："绘图"→"文字"→"单行文字"。

工具栏："文字"→"单行文字" 。

功能区：单击"默认"选项卡"注释"面板中的"单行文字"按钮，或者单击"注释"选项卡"文字"面板中的"单行文字"按钮。

操作步骤

命令：TEXT↙

当前文字样式：Standard 当前文字高度：0.2000

指定文字的起点或 [对正(J)/样式(S)]：

选项说明

（1）指定文字的起点：在此提示下，直接在作图屏幕上点取一点作为文本的起始点，命令行提示如下。

指定高度 <0.2000>：(确定字符的高度)

指定文字的旋转角度 <0>：(确定文本行的倾斜角度)

输入文字：（输入文本）

输入文字：（输入文本或回车）

（2）对正（J）：用来确定文本的对齐方式，对齐方式决定文本的哪一部分与所选的插入点对齐。选择此选项，AutoCAD提示如下。

输入选项 [左(L)/居中(C)/右(R)/对齐(A)/中间(M)/布满(F)/左上(TL)/中上(TC)/右上(TR)/左中(ML)/正中(MC)/右中(MR)/左下(BL)/中下(BC)/右下(BR)]：

在此提示下选择一个选项作为文本的对齐方式。当文本串水平排列时，AutoCAD为标注文本串定义了如图5-35所示的顶线、中线、基线和底线，各种对齐方式如图5-36所示，图中大写字母对应上述提示中各命令。

图 5-35　文本行的底线、基线、中线和顶线

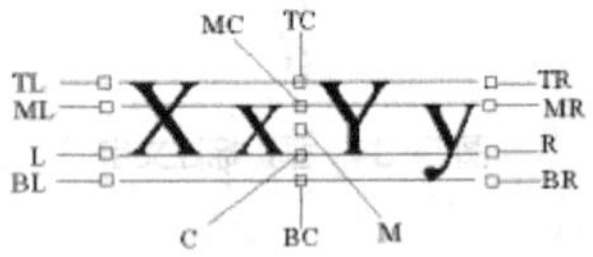

图 5-36　文本的对齐方式

实际绘图时，有时需要标注一些特殊字符，例如，直径符号、上划线、下划线、“度”符号等。由于这些符号不能直接从键盘上输入，AutoCAD提供了一些控制码，用来实现这些要求。常用的控制码如表5-1所示。

表5-1　AutoCAD常用控制码

控制码	功　能	控制码	功　能
%% O	上划线	\u+0278	电相位
%% U	下划线	\u+E101	流线
%% D	“度”符号	\u+2261	标识
%% P	正负符号	\u+E102	界碑线
%% C	直径符号	\u+2260	不相等
%%%	百分号	\u+2126	欧姆
\u+2248	几乎相等	\u+03A9	欧米加
\u+2220	角度	\u+214A	地界线
\u+E100	边界线	\u+2082	下标2
\u+2104	中心线	\u+00B2	上标2
\u+0394	差值		

5.4.3 多行文本标注

执行方式

命令行：MTEXT。

菜单：“绘图”→“文字”→“多行文字”。

工具栏：“绘图”→“多行文字”A，或者“文字”→“多行文字”A。

功能区：单击“默认”选项卡“注释”面板中的“多行文字”按钮A，或者单击“注释”选项卡“文字”面板中的“多行文字”按钮A。

操作步骤

```
命令：MTEXT ↙
当前文字样式："Standard"　当前文字高度：1.9122
指定第一角点：（指定矩形框的第一个角点）
指定对角点或 [高度(H)/对正(J)/行距(L)/旋转(R)/样式(S)/宽度(W)/栏(C)]：
```

选项说明

（1）指定对角点：直接在屏幕上拾取一个点作为矩形框的第二个角点，AutoCAD以这两个点为对角点形成一个矩形区域，其宽度作为将来要标注的多行文本的宽度，而且第一个点作为第一行文本顶线的起点。响应后AutoCAD打开“文字编辑器”选项卡和多行文字编辑器，可利用此编辑器输入多行文本并对其格式进行设置。关于对话框中各选项的含义与编辑器功能，稍后再详细介绍。

（2）对正（J）：确定所标注文本的对齐方式。

这些对齐方式与“TEXT”命令中的各对齐方式相同，在此不再重复。选择一种对齐方式后按Enter键，AutoCAD回到上一级提示。

（3）行距（L）：确定多行文本的行间距，这里所说的行间距是指相邻两文本行的基线之间的垂直距离。选择此选项，命令行提示如下。

```
输入行距类型 [至少(A)/精确(E)]<至少(A)>:
```

在此提示下有两种方式确定行间距：“至少”方式和“精确”方式。“至少”方式下，AutoCAD根据每行文本中最大的字符自动调整行间距。“精确”方式下，AutoCAD给多行文本赋予一个固定的行间距。可以直接输入一个确切的间距值，也可以输入“*n*x”的形式，其中“*n*”是一个具体数，表示行间距设置为单行文本高度的*n*倍，而单行文本高度是本行文本字符高度的1.66倍。

（4）旋转（R）：确定文本行的倾斜角度。选择此选项，命令行提示如下。

```
指定旋转角度 <0>：（输入倾斜角度）
```

输入角度值后按Enter键，返回“指定对角点或[高度(H)/对正(J)/行距(L)/旋转(R)/样式(S)/宽度(W)]：”提示。

（5）样式（S）：确定当前的文字样式。

（6）宽度（W）：指定多行文本的宽度。可在屏幕上拾取一点，将其与前面确定的第一个角点组成的矩形框的宽度作为多行文本的宽度，也可以输入一个数值，精确设置多行文本的宽度。

在创建多行文本时，只要指定文本行的起始点和宽度后，AutoCAD就会打开“文字编辑器”选项卡和多行文字编辑器，如图5-37和图5-38所示。该编辑器与Microsoft Word编辑器界面相似，事实上该编辑器与Word编辑器在某些功能上趋于一致。这样既增强了多行文字的编辑功能，又能使用户更熟悉和方便地使用。

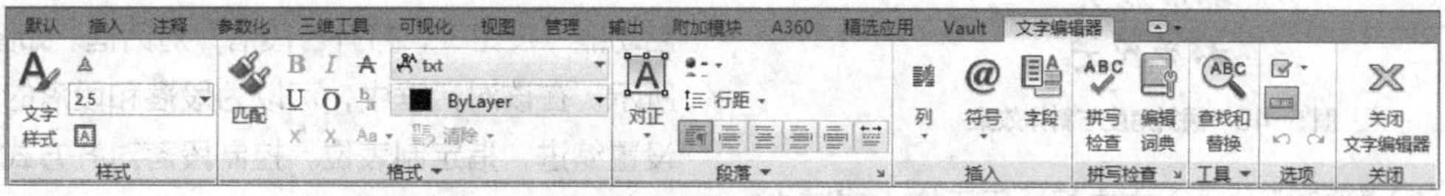

图 5-37 “文字编辑器”选项卡

图 5-38 多行文字编辑器

（7）栏（C）：可以将多行文字对象的格式设置为多栏。可以指定栏和栏之间的宽度、高度及栏数，以及使用夹点编辑栏宽和栏高。其中提供了3个栏选项：“不分栏”“静态”和“动态”。

“文字编辑器”选项卡用来控制文本文字的显示特性。可以在输入文本文字前设置文本的特性，也可以改变已输入的文本文字特性。要改变已有文本文字的显示特性，首先应选择要修改的文本。将光标定位到文本文字开始处，按住鼠标左键，拖到文本末尾，即可选中文本。

下面介绍“文字编辑器”选项卡中部分选项的功能。

（1）“文字高度”下拉列表框：用于确定文本的字符高度，可在多行文字编辑器中设置新的字符高度，也可从此下拉列表框中选择已设定过的高度值。

（2）“加粗”按钮**B**和“斜体”按钮*I*：用于设置加粗和斜体效果，但这两个按钮只对TrueType字体有效。

（3）“删除线”按钮A：用于在文字上添加水平删除线。

（4）“下划线”按钮U和“上划线”按钮O：用于设置文字的上划线和下划线。

（5）“堆叠”按钮$\frac{b}{a}$：用于层叠所选的文本文字，也就是创建分数形式。当文本中某处出现“/”“^”或“#”3种层叠符号之一时，选中需层叠的文字，则符号左边的文字作为分子，右边的文字作为分母进行层叠。

AutoCAD提供了如下3种分数形式。

- 如单选中“abcd/efgh”后单击此按钮，则得到如图5-39（a）所示的分数形式。
- 如果选中“abcd^efgh”后单击此按钮，则得到如图5-39（b）所示的形式，此形式多用于标注极限偏差。
- 如果选中“abcd # efgh”后单击此按钮，则创建斜排的分数形式，如图5-39（c）所示。

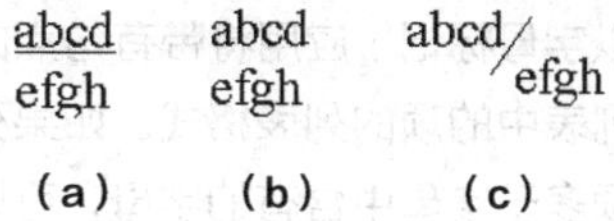

图 5-39 文本层叠

如果选中已经层叠的文本对象后单击此按钮，则恢复到非层叠形式。

（6）“上标”按钮X^2：将选定文字转换为上标，即在键入线的上方设置稍小的文字。

（7）“下标”按钮X_2：将选定文字转换为下标，即在键入线的下方设置稍小的文字。

（8）“清除”下拉列表：删除选定字符的字符格式，或删除选定段落的段落格式，或删除选定字符与段落中的所有格式。

（9）“倾斜角度”（0/）文本框：用于设置文字的倾斜角度。

倾斜角度与斜体效果是两个不同的概念，前

者可以设置任意倾斜角度，后者是在任意倾斜角度的基础上设置斜体效果，如图5-40所示。第一行倾斜角度为0°，非斜体效果；第二行倾斜角度为12°，非斜体效果；第三行倾斜角度为12°，斜体效果。

图 5-40　倾斜角度与斜体效果

（10）“追踪”（a·b）文本框：用于增大或减小选定字符之间的间距。1.0表示设置常规间距，设置大于1.0表示增大间距，设置小于1.0表示减小间距。

（11）“宽度因子”（ ）文本框：用于扩展或收缩选定字符。1.0表示此字体中字母的常规宽度，可以增大该宽度或减小该宽度。

（12）“项目符号和编号”下拉列表：显示用于创建列表的如下选项。缩进列表以与第一个选定的段落对齐。

- 关闭：如果选择此选项，将从应用了列表格式的选定文字中删除字母、数字和项目符号。不更改缩进状态。
- 以数字标记：应用将带有句点的数字用于列表中的项的列表格式。
- 以字母标记：应用将带有句点的字母用于列表中的项的列表格式。如果列表含有的项多于字母中含有的字母，可以使用双字母继续序列。
- 以项目符号标记：应用将项目符号用于列表中的项的列表格式。
- 起点：在列表格式中启动新的字母或数字序列。如果选定的项位于列表中间，则选定项下面的未选中的项也将成为新列表的一部分。
- 连续：将选定的段落添加到上面最后一个列表，然后继续序列。如果选择了列表项而非段落，选定项下面的未选中的项将继续序列。
- 允许自动项目符号和编号：在键入时应用列表格式。以下字符可以用作字母和数字后的标点，但不能用作项目符号：句点（.）、逗号（,）、右括号（)）、右尖括号（>）、右方括号（]）和右花括号（}）。
- 允许项目符号和列表：如果选择此选项，列表格式将应用到外观类似列表的多行文字对象中的所有纯文本。

（13）段落：单击“段落”面板中的“对话框启动器”按钮 ，打开“段落”对话框。如图5-41所示。在该对话框中，可以为段落和段落的第一行设置缩进，指定制表位，控制段落对齐方式、段落间距和段落行距。

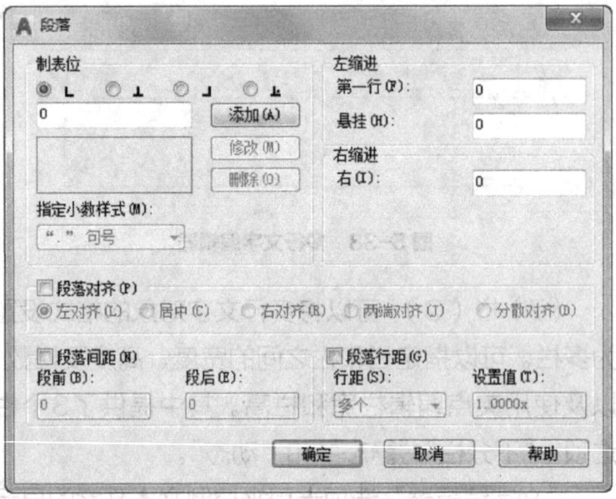

图 5-41　“段落”对话框

（14）“符号”按钮@：用于输入各种符号。单击此按钮，系统打开符号列表，如图5-42所示，可以从中选择符号输入文本中。

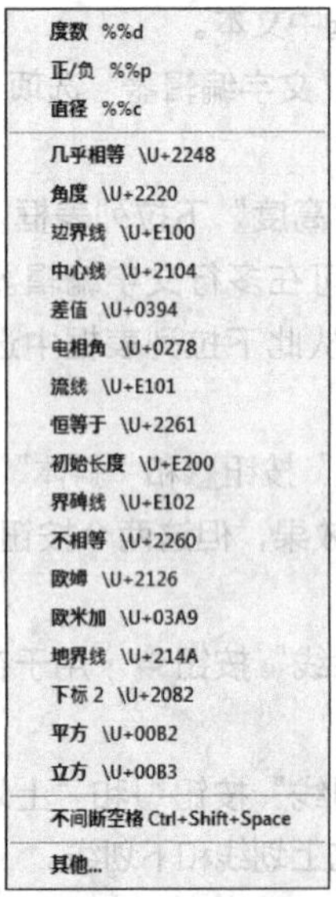

图 5-42　符号列表

（15）“字段”按钮：用于插入一些常用或预设字段。单击此按钮，系统打开“字段”对话框，如图5-43所示，用户可从中选择字段，插入标注文本中。

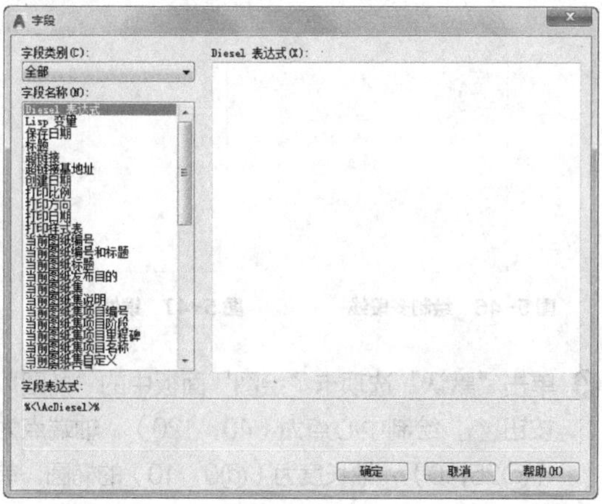

图5-43 “字段”对话框

（16）“拼写检查”按钮：确定键入时拼写检查处于打开还是关闭状态。

（17）“编辑词典”按钮：单击该按钮，打开“词典”对话框，从中可添加或删除在拼写检查过程中使用的自定义词典。

（18）输入文字：选择此项，系统打开“选择文件”对话框，如图5-44所示。选择任意ASCII或RTF格式的文件。输入的文字保留原始字符格式和样式特性，但可以在多行文字编辑器中编辑和格式化输入的文字。选择要输入的文本文件后，可以替换选定的文字或全部文字，或在文字边界内将插入的文字附加到选定的文字中。输入文字的文件必须小于32KB。

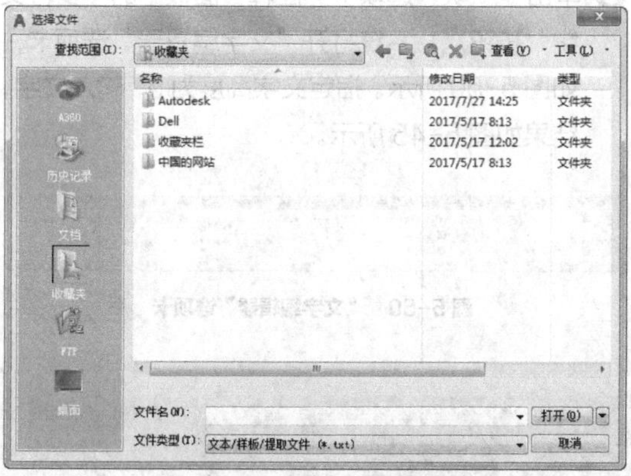

图5-44 “选择文件”对话框

（19）编辑器设置：显示“文字格式”工具栏的选项列表。

（20）“标尺”按钮：在多行文字编辑器顶部显示或关闭标尺。拖动标尺末尾的箭头可更改文字对象的宽度。列模式处于活动状态时，还显示高度和列夹点。

多行文字是由任意数目的文字行或段落组成的，布满指定的宽度，还可以沿垂直方向无限延伸。多行文字中，无论行数是多少，单个编辑任务中创建的每个段落集将构成单个对象，用户可对其进行移动、旋转、删除、复制、镜像或缩放操作。

5.4.4 多行文本编辑

执行方式

命令行：DDEDIT。

菜单：“修改”→“对象”→“文字”→“编辑”。

工具栏：“文字”→“编辑”。

操作步骤

命令：DDEDIT↙

选择注释对象或 [放弃(U)/模式(M)]:

要求选择想要修改的文本，同时光标变为拾取框。用拾取框单击对象，如果选取的文本是用“TEXT”命令创建的单行文本，可对其直接进行修改。如果选取的文本是用“MTEXT”命令创建的多行文本，选取后则打开多行文字编辑器（见图5-38），可根据前面的介绍对各项设置或内容进行修改。

实例教学

扫一扫

下面以绘制如图5-45所示的酒瓶为例，介绍“多行文字”命令的使用方法。

图5-45 酒瓶

STEP 绘制步骤

❶ 单击“默认”选项卡“绘图”面板中的“多段线”按钮，绘制多段线。命令行提示与操作如下。

```
命令: _pline
指定起点: 40,0↙
当前线宽为 0.0000
指定下一个点或 [圆弧(A)/半宽(H)/长度(L)/放弃(U)/宽度(W)]: @-40,0↙
指定下一点或 [圆弧(A)/闭合(C)/半宽(H)/长度(L)/放弃(U)/宽度(W)]: @0,119.8↙
指定下一点或 [圆弧(A)/闭合(C)/半宽(H)/长度(L)/放弃(U)/宽度(W)]: a↙
指定圆弧的端点(按住 Ctrl 键以切换方向)或[角度(A)/圆心(CE)/闭合(CL)/方向(D)/半宽(H)/直线(L)/半径(R)/第二个点(S)/放弃(U)/宽度(W)]: 22,139.6↙
指定圆弧的端点(按住 Ctrl 键以切换方向)或[角度(A)/圆心(CE)/闭合(CL)/方向(D)/半宽(H)/直线(L)/半径(R)/第二个点(S)/放弃(U)/宽度(W)]: l↙
指定下一点或 [圆弧(A)/闭合(C)/半宽(H)/长度(L)/放弃(U)/宽度(W)]: 29,190.7↙
指定下一点或 [圆弧(A)/闭合(C)/半宽(H)/长度(L)/放弃(U)/宽度(W)]: 29,222.5↙
指定下一点或 [圆弧(A)/闭合(C)/半宽(H)/长度(L)/放弃(U)/宽度(W)]: a↙
指定圆弧的端点(按住 Ctrl 键以切换方向)或[角度(A)/圆心(CE)/闭合(CL)/方向(D)/半宽(H)/直线(L)/半径(R)/第二个点(S)/放弃(U)/宽度(W)]: s↙
指定圆弧上的第二个点: 40,227.6↙
指定圆弧的端点: 51.2,223.3↙
指定圆弧的端点(按住 Ctrl 键以切换方向)或[角度(A)/圆心(CE)/闭合(CL)/方向(D)/半宽(H)/直线(L)/半径(R)/第二个点(S)/放弃(U)/宽度(W)]:↙
```

绘制结果如图5-46所示。

❷ 单击“默认”选项卡“修改”面板中的“镜像”按钮，以(40，0)，(40，10)为镜像点，镜像绘制的多段线，结果如图5-47所示。

❸ 单击“默认”选项卡“绘图”面板中的“直线”按钮，绘制坐标点为{(0，94.5)，(@80，0)}，{(0,48.6)，(@80,0)}，{(29,190.7)，(@22,0)}，{(0,50.6)，(@80,0)}，{(0,96.5)，(@80，0)}的直线，如图5-48所示。

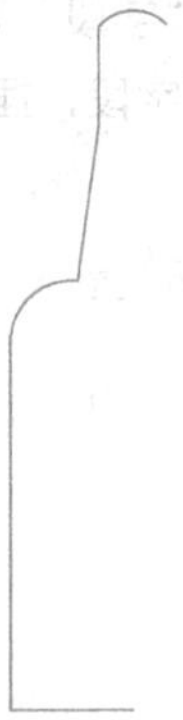

图5-46 绘制多段线

图5-47 镜像处理

❹ 单击“默认”选项卡“绘图”面板中的“椭圆”按钮，绘制中心点为(40，120)，轴端点为(@25，0)，轴长度为(@0，10)的椭圆。单击“默认”选项卡“绘图”面板中的“圆弧”按钮，以3点方式绘制坐标为(22，139.6)，(40，136)，(58，139.6)的圆弧，如图5-49所示。

图5-48 绘制直线

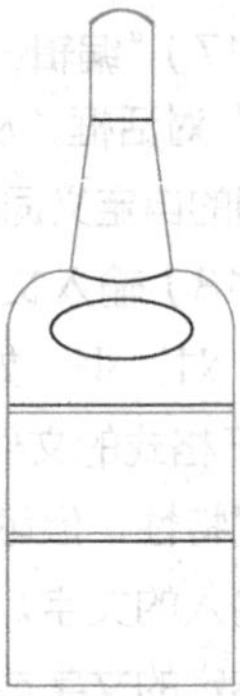

图5-49 绘制椭圆和圆弧

❺ 单击“默认”选项卡“注释”面板中的“多行文字”按钮A，系统打开“文字编辑器”选项卡，如图5-50所示。指定文字高度为5，输入文字，结果如图5-45所示。

图5-50 “文字编辑器”选项卡

5.5 表格

在以前的版本中，要绘制表格必须采用绘制图线、图线结合偏移或复制等编辑命令来完成，这样的操作过程烦琐而复杂，不利于提高绘图效率。从AutoCAD 2005开始，新增加了一个“表格”绘图功能，有了该功能，创建表格就变得非常容易，用户可以直接插入设置好样式的表格，而不用绘制由单独的图线组成的栅格。

5.5.1 设置表格样式

执行方式

命令行：TABLESTYLE。

菜单：“格式”→“表格样式”。

工具栏：“样式”→“表格样式”。

功能区：单击“默认”选项卡“注释”面板中的“表格样式”按钮，或者单击“注释”选项卡“表格”面板中的“对话框启动器”按钮。

操作步骤

执行上述命令后，系统打开“表格样式”对话框，如图5-51所示。

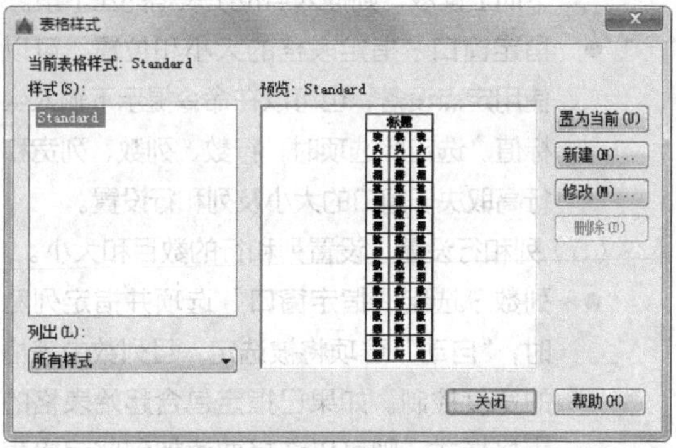

图5-51 “表格样式”对话框

选项说明

（1）“新建”按钮：单击该按钮，系统弹出“创建新的表格样式”对话框，如图5-52所示。输入新的表格样式名后，单击“继续”按钮，系统打开“新建表格样式”对话框，如图5-53所示。从中可以定义新的表格样式，分别控制表格中数据、列标题和总标题的有关参数，如图5-54所示。

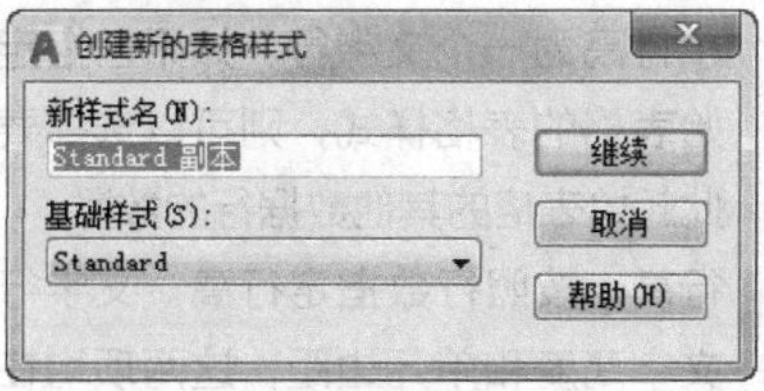

图5-52 “创建新的表格样式”对话框

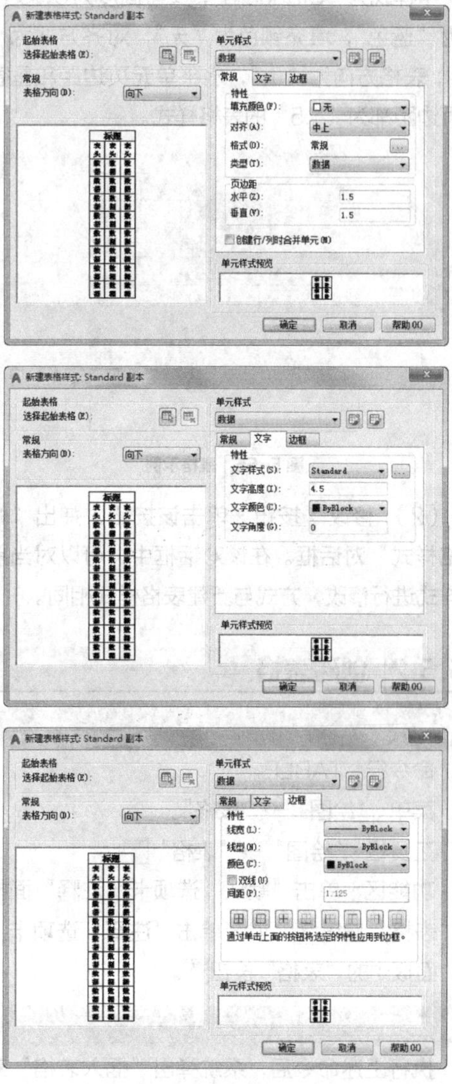

图5-53 “新建表格样式”对话框

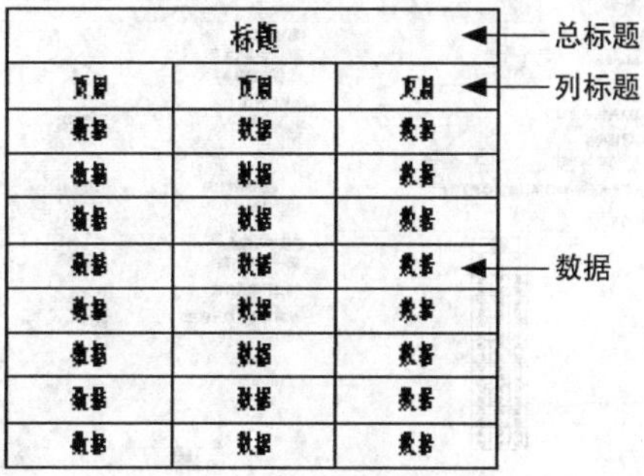

图5-54 表格样式

图5-55所示为数据文字样式为“Standard”，文字高度为4.5，文字颜色为“红色”，填充颜色为“黄色”，对齐方式为“右下”；没有列标题行，总标题文字样式为“Standard”，文字高度为6，文字颜色为“蓝色”，填充颜色为“无”，对齐方式为“正中”；表格方向为“上”，水平单元页边距和垂直单元页边距都为“1.5”的表格样式。

数据	数据	数据
数据	数据	数据
数据	数据	数据
数据	数据	数据
数据	数据	数据
数据	数据	数据
数据	数据	数据
数据	数据	数据
数据	数据	数据
标题		

图 5-55　表格示例

（2）“修改”按钮：单击该按钮，弹出“修改表格样式”对话框。在该对话框中，可以对当前表格样式进行修改，方式与新建表格样式相同。

5.5.2 创建表格

执行方式

命令行：TABLE。

菜单：“绘图”→“表格”。

工具栏：“绘图”→“表格”▦。

功能区：单击“默认”选项卡“注释”面板中的“表格”按钮▦，或者单击“注释”选项卡“表格”面板中的“表格”按钮▦。

操作步骤

执行上述命令后，系统弹出“插入表格”对话框，如图5-56所示。

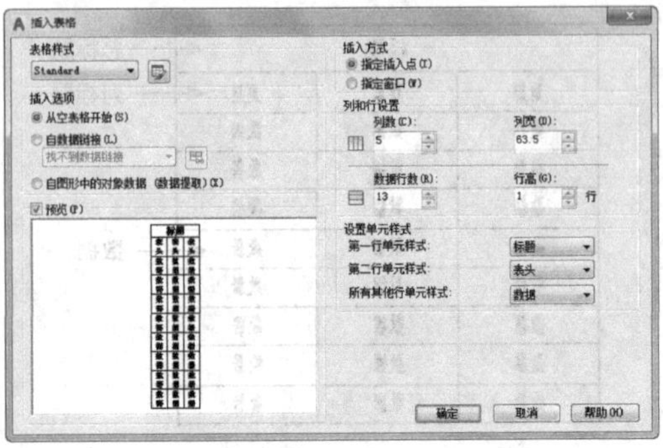

图 5-56　“插入表格”对话框

选项说明

（1）表格样式：在要创建表格的当前图形中选择表格样式。单击下拉列表框旁边的按钮，弹出“表格样式”对话框，用户可以创建新的表格样式。

（2）插入选项：指定插入表格的方式。

- 从空表格开始：创建可以手动填充数据的空表格。
- 自数据链接：从外部电子表格中的数据创建表格。
- 自图形中的对象数据（数据提取）：启动“数据提取”向导。

（3）预览：显示当前表格样式的样例。

（4）插入方式：指定表格位置。

- 指定插入点：指定表格左上角的位置。可以使用定点设备，也可以在命令提示下输入坐标值。如果表格样式将表格的方向设置为由下而上读取，则插入点位于表格的左下角。
- 指定窗口：指定表格的大小和位置。可以使用定点设备，也可以在命令提示下输入坐标值。选定此选项时，行数、列数、列宽和行高取决于窗口的大小及列和行设置。

（5）列和行设置：设置列和行的数目和大小。

- 列数：选定“指定窗口”选项并指定列宽时，“自动”选项将被选定，且列数由表格的宽度控制。如果已指定包含起始表格的表格样式，则可以选择要添加到此起始表格的其他列的数量。
- 列宽：指定列的宽度。选定“指定窗口”选项并指定列数时，则选定了“自动”选项，且列宽由表格的宽度控制，最小列宽为一个字符。
- 数据行数：指定行数。选定“指定窗口”选项并指定行高时，则选定了“自动”选项，且行数由表格的高度控制。带有标题行和表头行的表格样式最少应有3行。最小行高为一个文字行。如果已指定包含起始表格的表格样式，则可以选择要添加到此起始表格的其他数据行的数量。
- 行高：按照行数指定行高。文字行高基于文字高度和单元边距，这两项均在表格样式中设置。选定“指定窗口”选项并指定行数时，则选定了“自动”选项，且行高由表格的高度控制。

（6）设置单元样式：对于那些不包含起始表格的表格样式，指定新表格中行的单元格式。

- 第一行单元样式：指定表格中第一行的单元样式。默认情况下，使用标题单元样式。
- 第二行单元样式：指定表格中第二行的单元样式。默认情况下，使用表头单元样式。
- 所有其他行单元样式：指定表格中所有其他行的单元样式。默认情况下，使用数据单元样式。

在上面的“插入表格”对话框中进行相应设置后，单击“确定”按钮，系统在指定的插入点或窗口自动插入一个空表格，并显示“文字编辑器”选项卡和多行文字编辑器，用户可以逐行逐列输入相应的文字或数据，如图5-57所示。

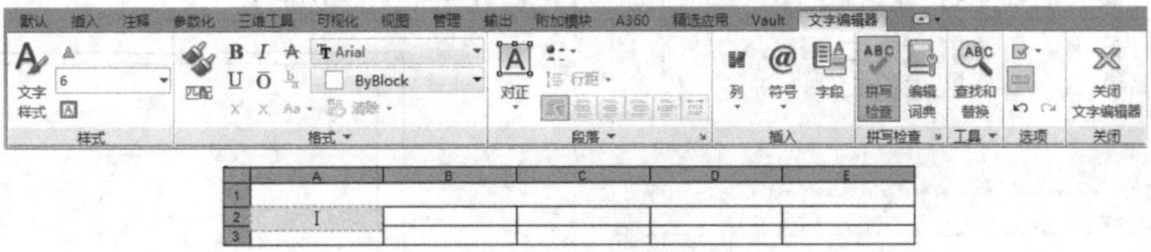

图 5-57 “文字编辑器”选项卡和多行文字编辑器

5.5.3 编辑表格文字

执行方式

命令行：TABLEDIT。

定点设备：表格内双击。

操作步骤

执行上述命令，系统打开多行文字编辑器，用户可以对指定表格单元的文字进行编辑。

实例教学

下面以绘制如图5-58所示的A3室内制图样板图为例，介绍表格的使用方法。

扫一扫

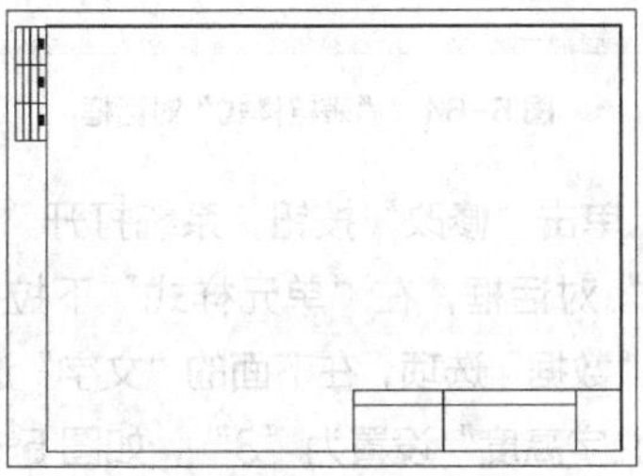

图 5-58 A3 室内制图样板图

STEP 绘制步骤

❶ 设置单位和图形边界。

（1）打开 AutoCAD 程序，则系统自动建立新图形文件。

（2）设置单位。选择菜单栏中的“格式”→“单位”命令，AutoCAD 打开“图形单位”对话框。设置“长度”的类型为“小数”，“精度”为0；“角度”的类型为“十进制度数”，“精度”为0，系统默认逆时针方向为正，缩放单位设置为“无单位”，如图 5-59 所示。

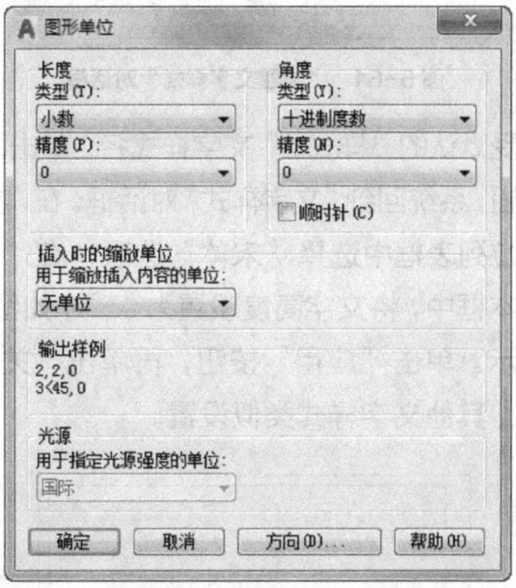

图 5-59 “图形单位”对话框

（3）设置图形边界。国标对图纸的幅面大小做了严格规定，在这里，不妨按国标 A3 图纸幅面设置图形边界。A3 图纸的幅面为 420mm×297mm，执行“LIMITS”命令，命令行提示与操作如下。

```
命令: LIMITS↙
```

```
重新设置模型空间界限:
指定左下角点或 [开(ON)/关(OFF)] <0.0000,0.0000>: ↙
指定右上角点 <12.0000,9.0000>: 420,297 ↙
```

❷ 设置图层。

打开图层特性管理器，创建如图 5-60 所示的图层。这些不同的图层分别存放不同的图线或图形的不同部分。

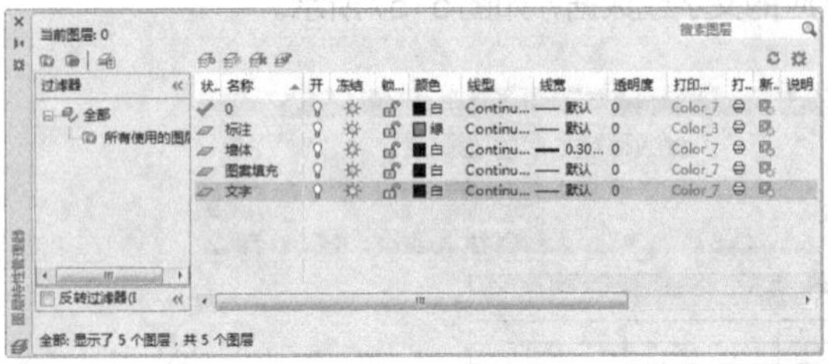

图 5-60 图层特性管理器

❸ 设置文本样式。

单击“默认”选项卡“注释”面板中的“文字样式”按钮，打开“文字样式”对话框，单击“新建”按钮，系统打开“新建文字样式”对话框，如图 5-61 所示。

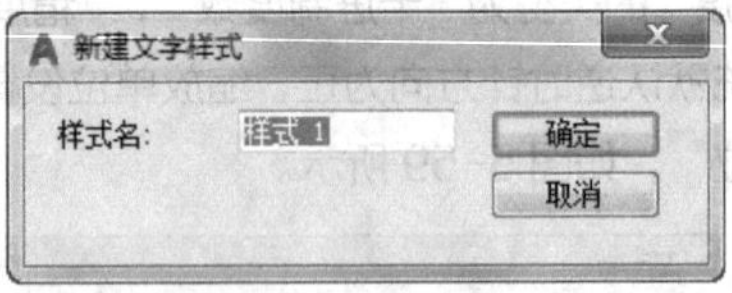

图 5-61 “新建文字样式”对话框

接受默认的“样式 1”文字样式名，单击“确定”按钮，系统回到“文字样式”对话框。在“字体名”下拉列表框中选择“宋体”选项；在“高度”文本框中，将文字高度设置为“5”，如图 5-62 所示。单击“应用”按钮，再单击“关闭”按钮。其他文字样式类似设置。

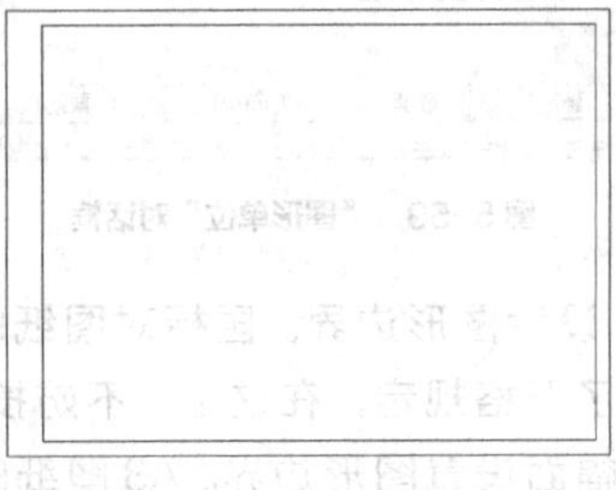

图 5-62 绘制图框线

❹ 绘制图框线和标题栏。

（1）单击“默认”选项卡“绘图”面板中的“矩形”按钮，设置角点的坐标分别为{(0, 0)，(420, 297)}和{(25,10)，(410,287)}，绘制两个矩形，如图 5-62 所示（外框表示设置的图纸范围）。

（2）单击“默认”选项卡“绘图”面板中的“直线”按钮，绘制标题栏，坐标分别为{(230,10)，(230,50)，(410,50)}，{(280,10)，(280,50)}，{(360,10)，(360,50)}，{(230,40)，(360,40)}，如图 5-63 所示。

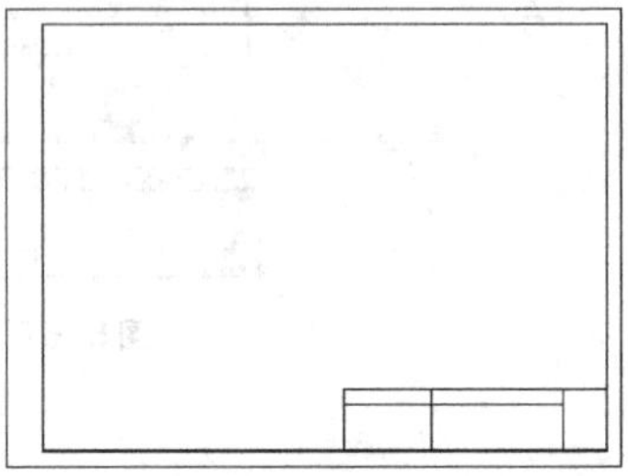

图 5-63 绘制标题栏

❺ 绘制会签栏。

（1）单击“默认”选项卡“注释”面板中的“表格样式”按钮，打开“表格样式”对话框，如图 5-64 所示。

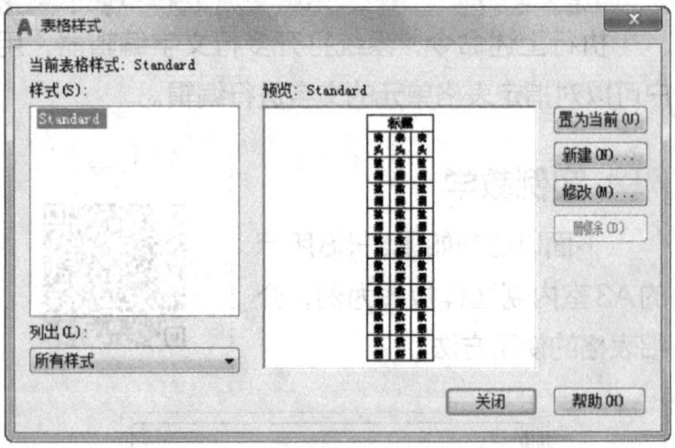

图 5-64 “表格样式”对话框

（2）单击“修改”按钮，系统打开“修改表格样式”对话框，在“单元样式”下拉列表框中选择“数据”选项，在下面的“文字”选项卡中，将“文字高度”设置为“3”，如图 5-65 所示。再打开“常规”选项卡，将“页边距”选项组中的“水平”和“垂直”选项都设置成“1”，如图 5-66 所示。

表格的行高 = 文字高度 +2× 垂直页边距，此处设置为 3+2×1=5。

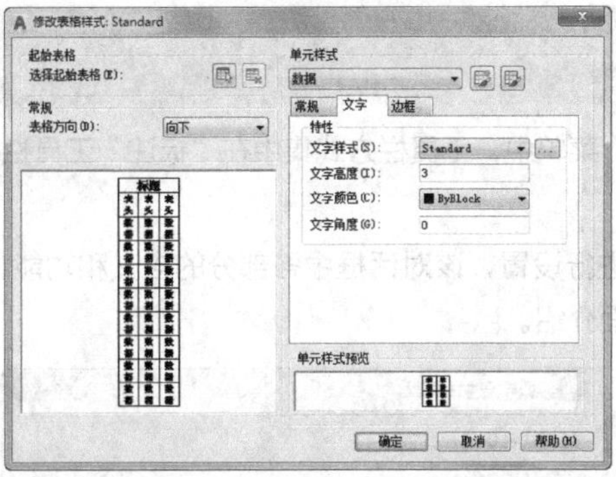

图 5-65 “修改表格样式”对话框

图 5-66 设置“常规”选项卡

（3）单击“确定”按钮，返回“表格样式”对话框，单击“关闭”按钮，完成表格样式的设置。

（4）单击“默认”选项卡“注释”面板中的“表格”按钮，系统打开“插入表格”对话框。在“列和行设置”选项组中，将“列数”设置为 3，将“列宽”设置为 25，将“数据行数”设置为 2（加上标题行和表头行共 4 行），将“行高”设置为 1 行（即行高为 5）；在“设置单元样式”选项组中，将“第一行单元样式”“第二行单元样式”和“所有其他行单元样式”都设置为“数据”，如图 5-67 所示。

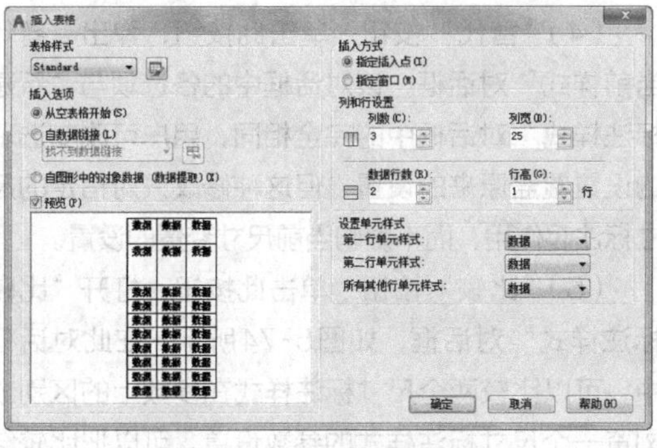

图 5-67 “插入表格”对话框

（5）单击“确定”按钮，关闭对话框。在图框线左上角指定表格位置，系统生成表格，同时打开“文字编辑器”选项卡，如图 5-68 所示。在各单元格依次输入文字，如图 5-69 所示，最后回车或单击“文字编辑器”选项卡上的“关闭文字编辑器”按钮，完成的表格如图 5-70 所示。

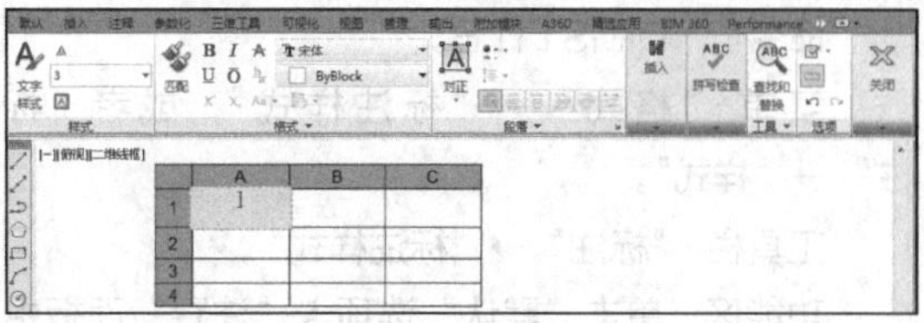

图 5-68 生成表格

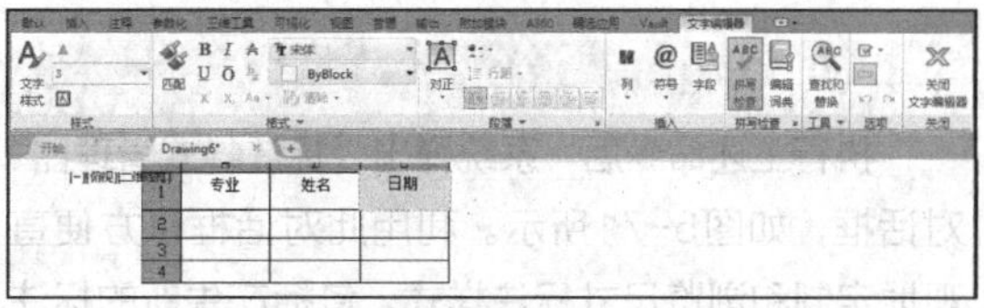

图 5-69 输入文字

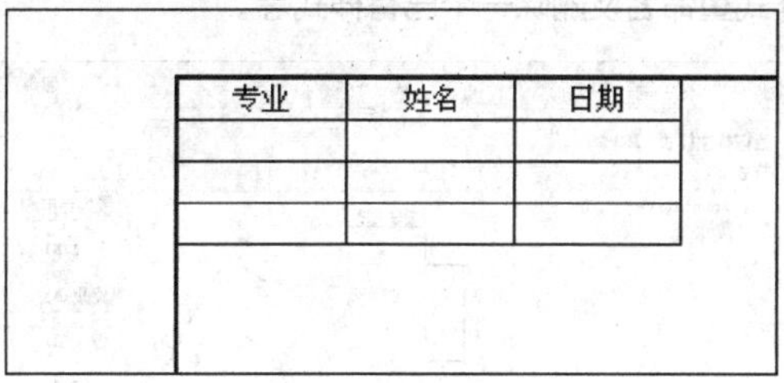

图 5-70 完成表格

（6）单击“默认”选项卡“修改”面板中的“旋转”按钮，把会签栏旋转 -90°，结果如图 5-58 所示。这就得到了一个样板图形，带有自己的标题栏和会签栏。

❻ 保存成样板图文件。

样板图及绘图环境设置完成后，可以将其保存成样板图文件。单击快速访问工具栏中的“保存”按钮，打开“图形另存为”对话框。在“文件类型”下拉列表中选择“AutoCAD 图形样板（*.dwt）”选项，输入文件名为“A3”，单击“保存”按钮保存文件。下次绘图时，可以打开该样板图文件，在此基础上开始绘图。

5.6 尺寸标注

在本节中，尺寸标注相关命令的菜单方式集中在“标注”菜单中，工具栏方式集中在“标注”工具栏中。

5.6.1 设置尺寸样式

执行方式

命令行：DIMSTYLE。

菜单：“格式”→“标注样式”，或者“标注”→“样式”。

工具栏：“标注”→“标注样式”。

功能区：单击“默认”选项卡“注释”面板中的“标注样式”按钮，或者单击“注释”选项卡“标注”面板中的“对话框启动器”按钮。

操作步骤

执行上述命令后，系统弹出“标注样式管理器”对话框，如图5-71所示。利用此对话框可方便直观地定制和浏览尺寸标注样式，包括产生新的标注样式、修改已存在的样式、设置当前尺寸标注样式、样式重命名及删除一个已有样式等。

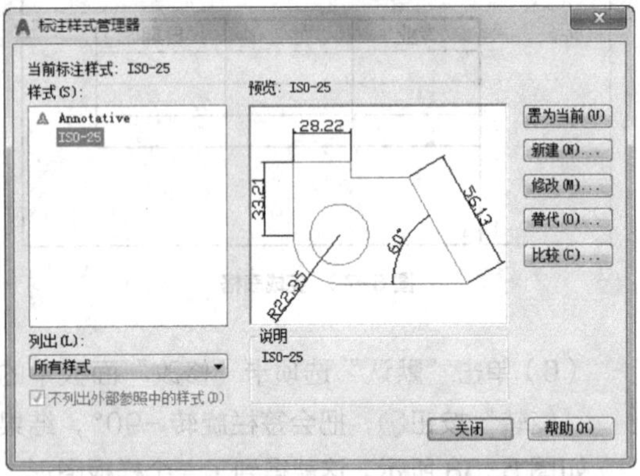

图5-71 “标注样式管理器”对话框

选项说明

（1）“置为当前”按钮：单击此按钮，把在“样式”列表框中选中的样式设置为当前样式。

（2）“新建”按钮：单击此按钮，弹出“创建新标注样式”对话框，如图5-72所示。利用此对话框可创建一个新的尺寸标注样式。单击“继续”按钮，系统弹出“新建标注样式”对话框，如图5-73所示。利用此对话框可对新样式的各项特性进行设置，该对话框中各部分的含义和功能将在后面介绍。

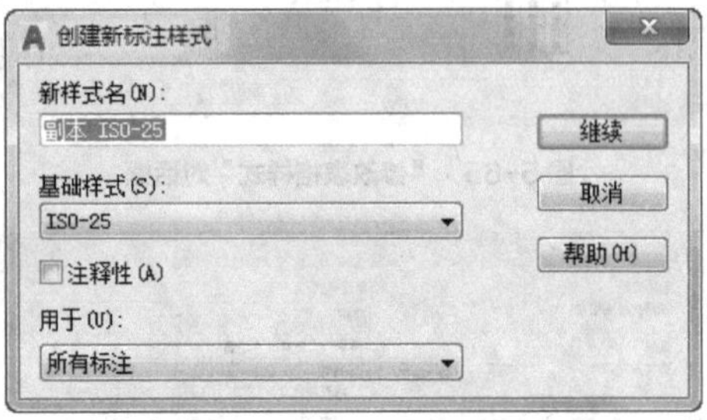

图5-72 “创建新标注样式”对话框

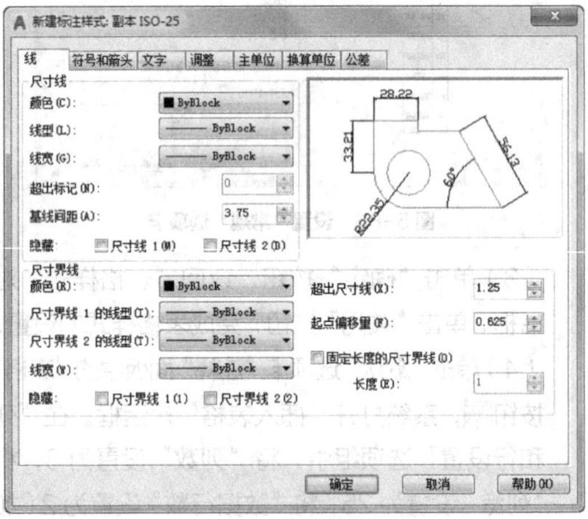

图5-73 “新建标注样式”对话框

（3）“修改”按钮：单击此按钮，弹出“修改标注样式”对话框，该对话框中的各选项与“新建标注样式”对话框中的完全相同，可以对已有标注样式进行修改。

（4）“替代”按钮：单击此按钮，弹出“替代当前样式”对话框，该对话框中的各选项与“新建标注样式”对话框中的完全相同，用户可改变选项的设置覆盖原来的设置，但这种修改只对指定的尺寸标注起作用，而不影响当前尺寸变量的设置。

（5）“比较”按钮：单击此按钮，打开“比较标注样式”对话框，如图5-74所示。在此对话框中，可以比较两个尺寸标注样式在参数上的区别或浏览一个尺寸标注样式的参数设置。可以把比较结果复制到剪切板上，然后粘贴到其他的Windows应用软件上。

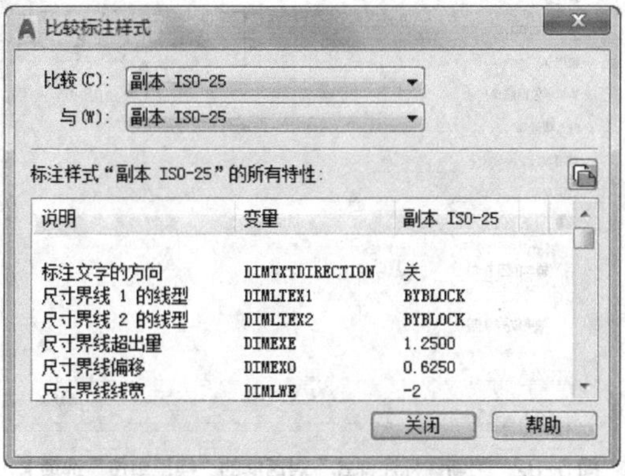

图 5-74 “比较标注样式”对话框

在图5-73所示的“新建标注样式”对话框中，有7个选项卡，分别说明如下。

（1）“线”选项卡：该选项卡对尺寸的尺寸线、尺寸界线的各个参数进行设置，包括尺寸线的颜色、线型、线宽、超出标记、基线间距、隐藏等参数，尺寸界线的颜色、线型、线宽、超出尺寸线、起点偏移量、隐藏等参数，如图5-73所示。

（2）“符号和箭头”选项卡：该选项卡对箭头、圆心标记、弧长符号等参数进行设置，包括箭头的大小、引线、形状等参数，圆心标记的类型和大小，弧长符号的位置，折断标注的折断大小，线性折弯标注的折弯高度因子以及半径标注折弯角度等参数，如图5-75所示。

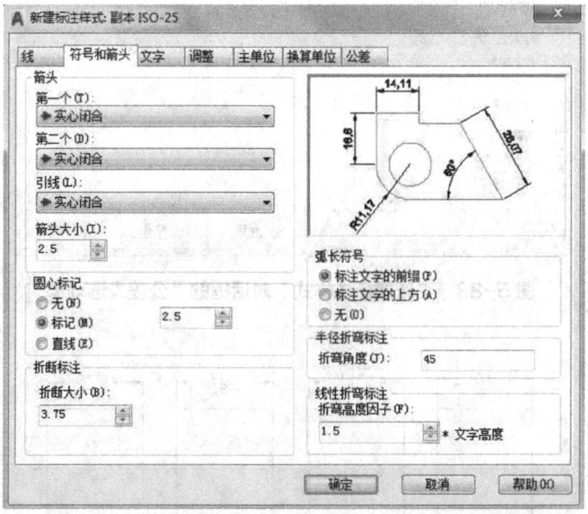

图 5-75 “新建标注样式”对话框的“符号和箭头”选项卡

（3）“文字”选项卡：该选项卡对文字的外观、位置、对齐方式等各个参数进行设置，如图5-76所示。包括文字外观的文字样式、文字颜色、填充颜色、文字高度、分数高度比例、是否绘制文字边框等参数，文字位置的垂直、水平和从尺寸线偏移量等参数。对齐方式有水平、与尺寸线对齐、ISO标准3种方式。图5-77所示为尺寸在垂直方向放置的4种不同情形，图5-78所示为尺寸在水平方向放置的5种不同情形。

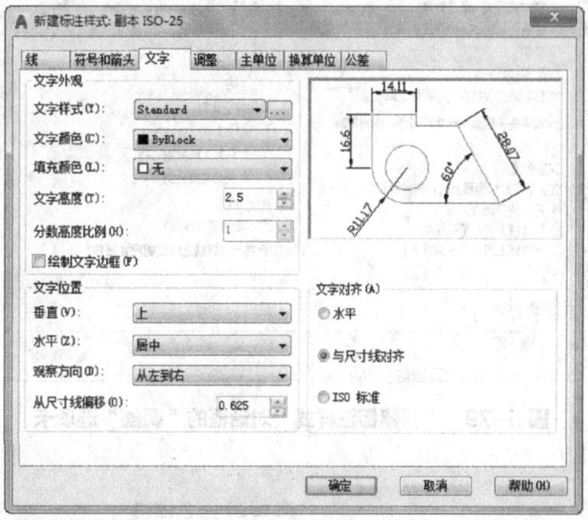

图 5-76 “新建标注样式”对话框的“文字”选项卡

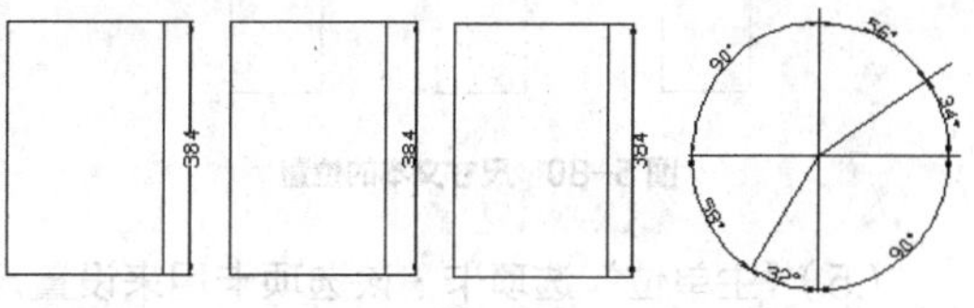

（a）居中 （b）上方 （c）外部 （d）JIS

图 5-77 尺寸文本在垂直方向的放置

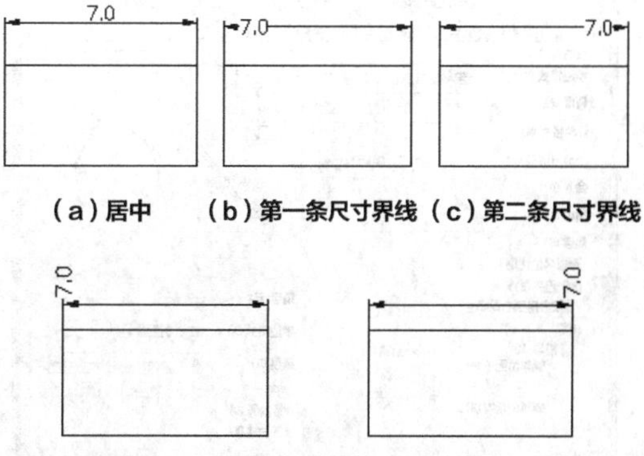

（a）居中 （b）第一条尺寸界线 （c）第二条尺寸界线

（d）第一条尺寸界线上方 （e）第二条尺寸界线上方

图 5-78 尺寸文本在水平方向的放置

（4）“调整”选项卡：该选项卡对调整选项、文字位置、标注特征比例、优化等各个参数进行设置，如图5-79所示。包括调整选项选择，文字不在默认位置时的放置位置，标注特征比例选择及手动放置文字位置等参数。图5-80所示为文字不在默认位置时，其放置位置的3种不同情形。

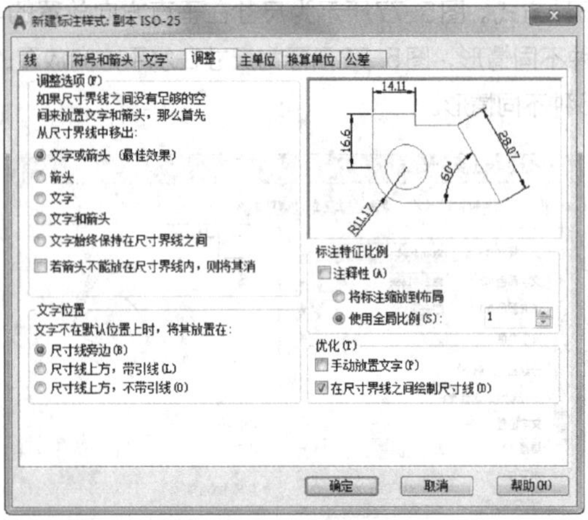

图 5-79 “新建标注样式”对话框的“调整”选项卡

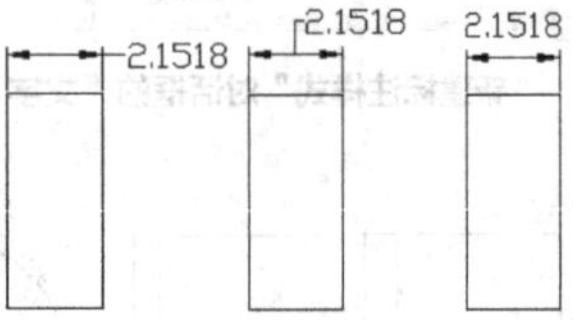

图 5-80 尺寸文本的位置

（5）“主单位”选项卡：该选项卡用来设置尺寸标注的单位格式和精度，以及给尺寸文本添加固定的前缀或后缀，如图5-81所示。

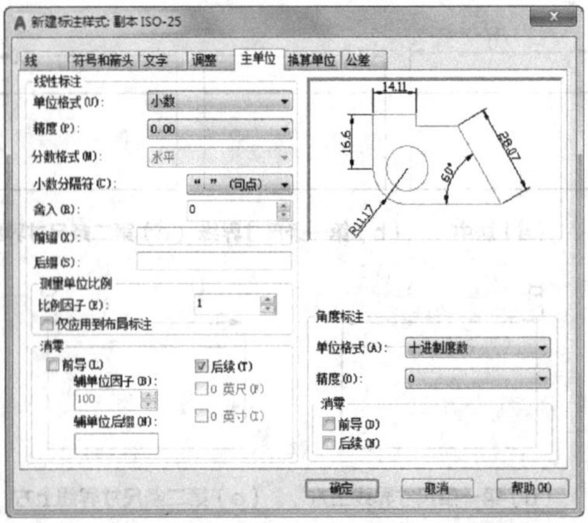

图 5-81 “新建标注样式”对话框的“主单位”选项卡

（6）“换算单位”选项卡：该选项卡用于对换算单位进行设置，如图5-82所示。

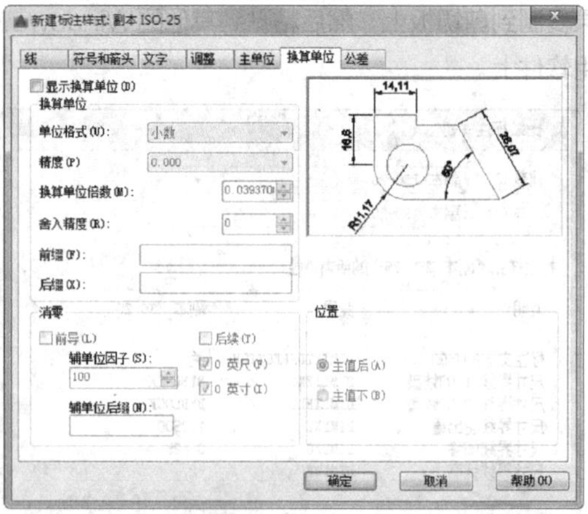

图 5-82 “新建标注样式”对话框的“换算单位”选项卡

（7）“公差”选项卡：该选项卡用于对尺寸公差进行设置，如图5-83所示。其中“方式”下拉列表框列出了AutoCAD提供的5种标注公差的形式，用户可从中选择。这5种形式分别是“无”“对称”“极限偏差”“极限尺寸”和“基本尺寸”，其中“无”表示不标注公差，其余4种标注情况如图5-84所示。在“精度”“上偏差”“下偏差”“高度比例”等文本框中输入相应的参数值。

图 5-83 “新建标注样式”对话框的“公差”选项卡

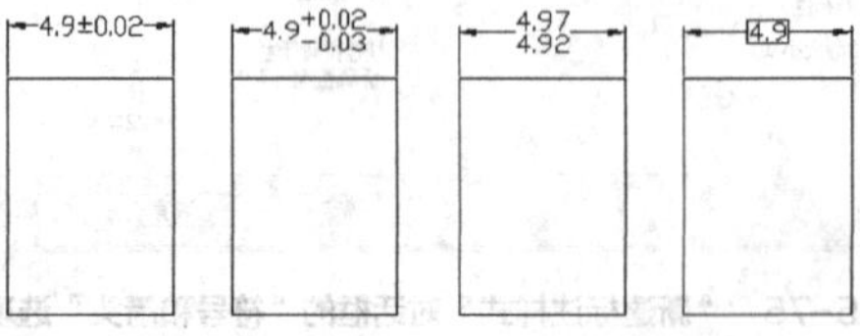

（a）对称 （b）极限偏差 （c）极限尺寸 （d）基本尺寸

图 5-84 公差标注的形式

> **注意** 系统自动在上偏差数值前加“+”号，在下偏差数值前加“-”号。如果上偏差是负值或下偏差是正值，都需要在输入的偏差值前加负号。如下偏差是+0.005，则需要在“下偏差”文本框中输入-0.005。

5.6.2 尺寸标注

1. 线性标注

执行方式

命令行：DIMLINEAR。

菜单：“标注”→“线性”。

工具栏：“标注”→“线性标注”。

功能区：单击“默认”选项卡“注释”面板中的“线性”按钮，或者单击“注释”选项卡“标注”面板中的“线性”按钮。

操作步骤

```
命令：DIMLINEAR ↙
指定第一条尺寸界线原点或 <选择对象>:
```

在此提示下有两种选择，直接回车并选择要标注的对象或确定尺寸界线的起始点，回车并选择要标注的对象或指定两条尺寸界线的起始点后，系统继续提示如下。

```
指定尺寸线位置或 [多行文字(M)/文字(T)/角度(A)/水平(H)/垂直(V)/旋转(R)]:
```

选项说明

（1）指定尺寸线位置：确定尺寸线的位置。用户可移动鼠标选择合适的尺寸线位置，然后按Enter键或单击鼠标左键，AutoCAD则自动测量所标注线段的长度并标注出相应的尺寸。

（2）多行文字（M）：用多行文字编辑器确定尺寸文本。

（3）文字（T）：在命令行提示下输入或编辑尺寸文本。选择此选项后，AutoCAD提示如下。

```
输入标注文字 <默认值>:
```

其中的默认值是AutoCAD自动测量得到的被标注线段的长度，直接按Enter键即可采用此长度值，也可输入其他数值代替默认值。当尺寸文本中包含默认值时，可使用尖括号“< >”表示默认值。

（4）角度（A）：确定尺寸文本的倾斜角度。

（5）水平（H）：水平标注尺寸，不论标注什么方向的线段，尺寸线均水平放置。

（6）垂直（V）：垂直标注尺寸，不论被标注线段沿什么方向，尺寸线总保持垂直。

（7）旋转（R）：输入尺寸线旋转的角度值，旋转标注尺寸。

对齐标注的尺寸线与所标注的轮廓线平行；坐标标注标注点的纵坐标或横坐标；角度标注标注两个对象之间的角度；直径或半径标注标注圆或圆弧的直径或半径；圆心标记则标注圆或圆弧的中心或中心线，具体由“新建（修改）标注样式”对话框“符号和箭头”选项卡“圆心标记”选项组决定。上面所述这几种尺寸标注与线性标注类似，不再赘述。

2. 基线标注

基线标注用于产生一系列基于同一条尺寸界线的尺寸标注，适用于长度尺寸标注、角度标注和坐标标注等。在使用基线标注方式之前，应该先标注出一个相关的尺寸，如图5-85所示。基线标注两平行尺寸线间距由“新建（修改）标注样式”对话框“线”选项卡“尺寸线”选项组中“基线间距”文本框中的值决定。

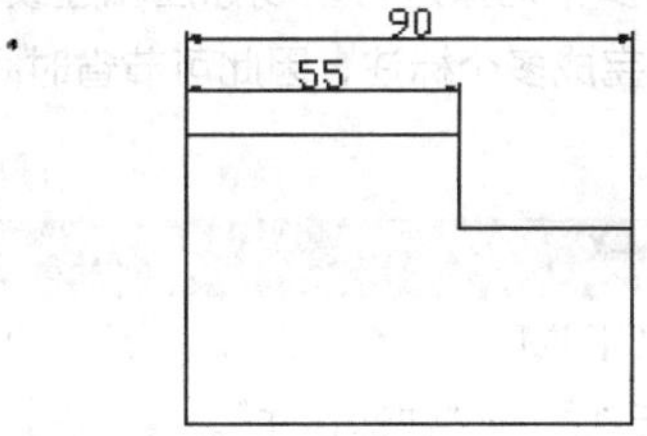

图 5-85 基线标注

执行方式

命令行：DIMBASELINE。

菜单：“标注”→“基线”。

工具栏：“标注”→“基线标注”。

功能区：单击“注释”选项卡“标注”面板中的“基线”按钮。

操作步骤

```
命令：DIMBASELINE ↙
指定第二条尺寸界线原点或 [放弃(U)/选择(S)] <选择>:
```

直接确定另一个尺寸的第二条尺寸界线的起点，

AutoCAD以上次标注的尺寸为基准标注，标注出相应尺寸。

直接回车，系统提示如下。

```
选择基准标注：(选取作为基准的尺寸标注)
```

3. 连续标注

连续标注又叫尺寸链标注，用于产生一系列连续的尺寸标注，后一个尺寸标注均把前一个标注的第二条尺寸界线作为它的第一条尺寸界线。与基线标注一样，在使用连续标注方式之前，应该先标注出一个相关的尺寸。其标注过程与基线标注类似，如图5-86所示。

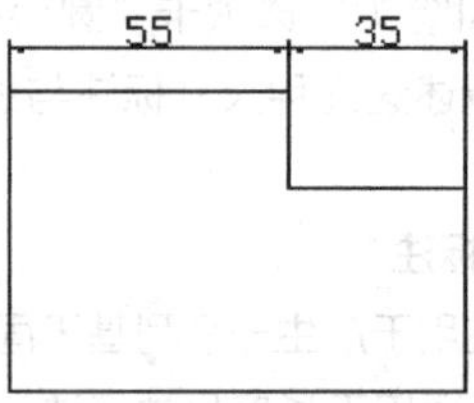

图5-86　连续标注

4. 快速标注

快速尺寸标注命令“QDIM”使用户可以交互地、动态地、自动化地进行尺寸标注。在“QDIM”命令中可以同时选择多个圆或圆弧标注直径或半径，也可同时选择多个对象进行基线标注和连续标注，选择一次即可完成多个标注，因此可节省时间，提高工作效率。

执行方式

命令行：QDIM。

菜单：“标注”→“快速标注”。

工具栏：“标注”→“快速标注”。

功能区：单击“注释”选项卡“标注”面板中的“快速”按钮。

操作步骤

```
命令：QDIM↙
选择要标注的几何图形：(选择要标注尺寸的多个对象后回车)
指定尺寸线位置或 [连续 (C)/并列 (S)/基线 (B)/坐标 (O)/半径 (R)/直径 (D)/基准点 (P)/编辑 (E)/设置 (T)] <连续>：
```

选项说明

（1）指定尺寸线位置：直接确定尺寸线的位置，按默认尺寸标注类型标注出相应尺寸。

（2）连续（C）：产生一系列连续标注的尺寸。

（3）并列（S）：产生一系列交错的尺寸标注，如图5-87所示。

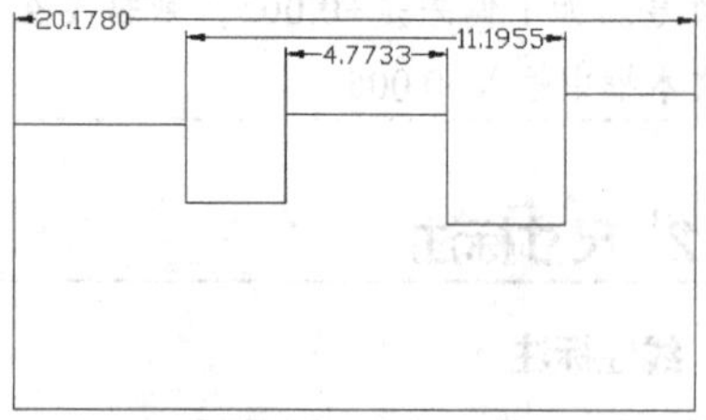

图5-87　交错尺寸标注

（4）基线（B）：产生一系列基线标注的尺寸。后面的“坐标（O）”“半径（R）”“直径（D）”含义与此类同。

（5）基准点（P）：为基线标注和连续标注指定一个新的基准点。

（6）编辑（E）：对多个尺寸标注进行编辑。系统允许对已存在的尺寸标注添加或移去尺寸点。选择此选项，AutoCAD提示如下。

```
指定要删除的标注点或 [添加 (A)/退出 (X)] <退出>：
```

在此提示下，确定要移去的点之后回车，AutoCAD对尺寸标注进行更新。图5-88所示为删除中间两个标注点后的尺寸标注。

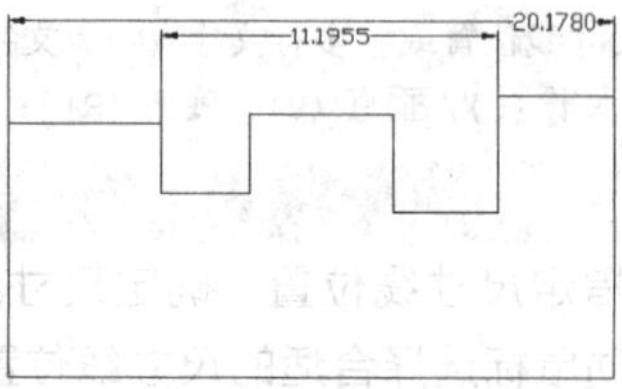

图5-88　删除标注点

5. 引线标注

执行方式

命令行：QLEADER。

操作步骤

```
命令：QLEADER↙
指定第一个引线点或 [设置 (S)] <设置>：
指定下一点：(输入指引线的第二点)
指定下一点：(输入指引线的第三点)
指定文字宽度 <0.0000>：(输入多行文本的宽度)
输入注释文字的第一行 <多行文字 (M)>：(输入单行文本或回车打开多行文字编辑器输入多行文本)
```

输入注释文字的下一行：（输入另一行文本）
输入注释文字的下一行：（输入另一行文本或回车）

也可以在上面的操作过程中选择“设置（S）”选项，在弹出的“引线设置”对话框中进行相关参数设置，如图5-89所示。

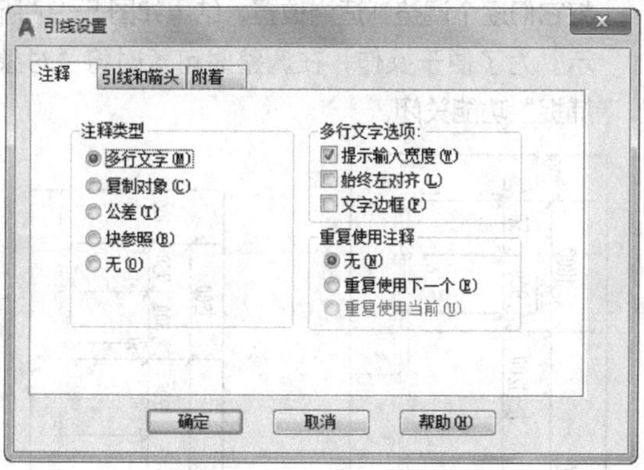

图 5-89 “引线设置”对话框

另外，也可以使用“LEADER”命令进行引线标注，与QLEADER命令类似，不再赘述。

实例教学

扫一扫

下面给如图5-90所示的建筑平面图标注尺寸。

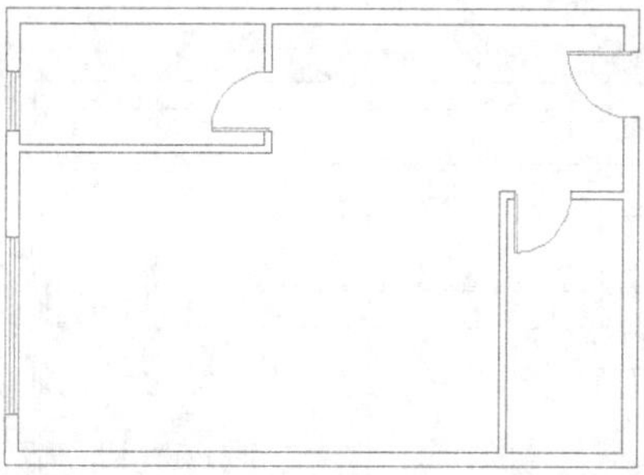

图 5-90 建筑平面图

STEP 绘制步骤

❶ 打开图形。

单击快速访问工具栏中的“打开”按钮。打开“建筑图库”中的“建筑平面图”。

❷ 设置尺寸标注样式。

单击“默认”选项卡“注释”面板中的“标注样式”按钮，弹出“标注样式管理器”对话框，如图 5-91 所示。单击“新建”按钮，在弹出的“创建新标注样式”对话框中设置“新样式名”为“S_50_轴线”。单击“继续”按钮，弹出“新建标注样式”对话框。在如图 5-92 所示的“符号和箭头”选项卡中，设置箭头为“建筑标记”。其他设置保持默认，单击“确定”按钮，返回“标注样式管理器”对话框。单击“关闭”按钮，关闭对话框。此时，“S_50_轴线”样式为当前标注样式。

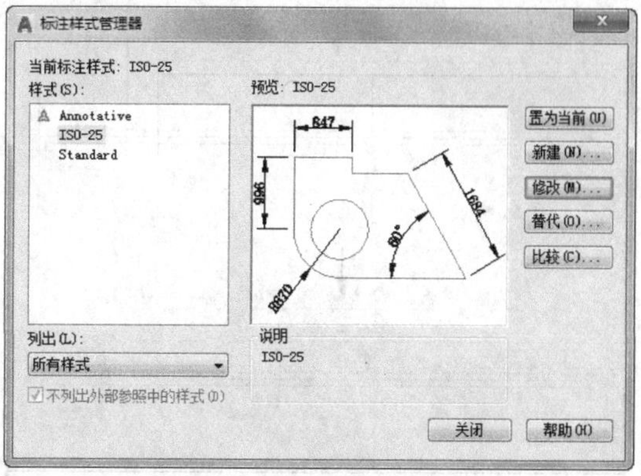

图 5-91 “标注样式管理器”对话框

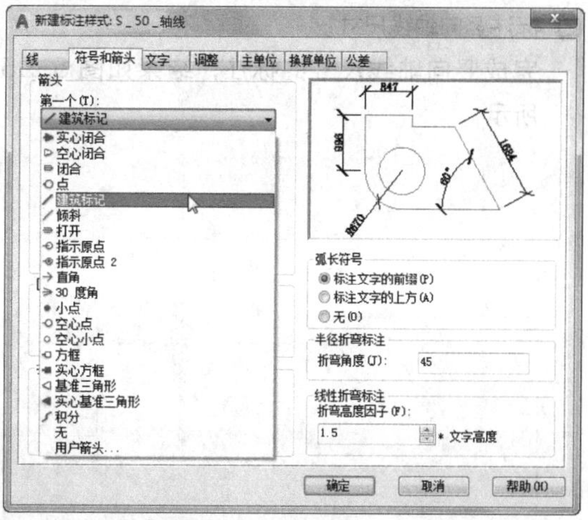

图 5-92 设置“符号和箭头”选项卡

❸ 标注水平轴线尺寸。

把墙体和轴线的上侧放大显示，如图5-93所示。单击“注释”选项卡“标注”面板中的“快速”按钮，当命令行提示“选择要标注的几何图形”时，依次选中竖向的 4 条轴线，右键单击确定选择，向外拖动光标到适当位置确定，该尺寸就标注好了，如图 5-94 所示。

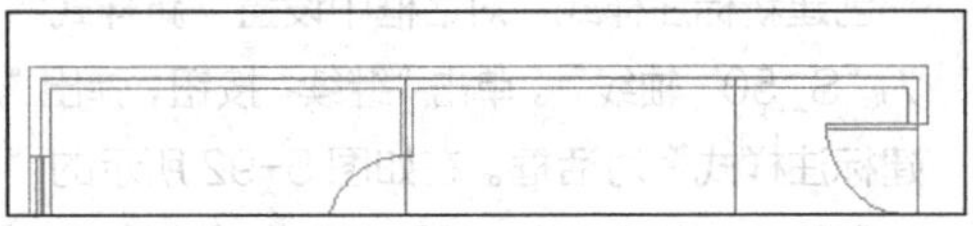

图 5-93　放大显示墙体和轴线

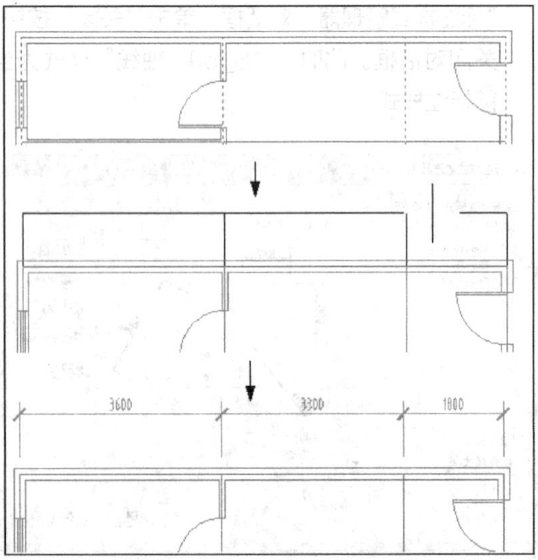

图 5-94　水平轴线尺寸标注操作过程示意图

❹ 标注竖向轴线尺寸。

完成竖向轴线尺寸的标注，结果如图 5-95 所示。

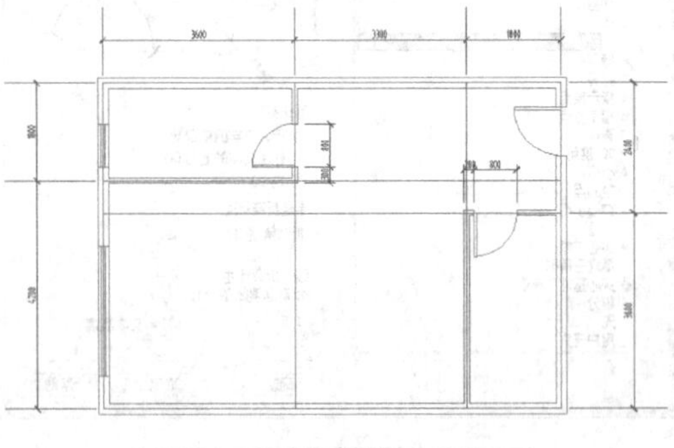

图 5-95　竖向轴线尺寸标注

❺ 标注门窗尺寸。

对于门窗尺寸，有的地方用快速标注不太方便，现改用线性标注。单击“默认”选项卡“注释”面板中的“线性”按钮，依次单击尺寸的两个界线原点，完成每一个需要标注的尺寸，结果如图 5-96 所示。

❻ 标注编辑。

对于自动生成指引线标注的尺寸值，现选择菜单栏中的“工具”→“工具栏”→“AutoCAD”→“标注”命令，将“标注”工具栏调出来，单击其中的“编辑标注”按钮，然后选中尺寸值，将它们逐个调整到适当位置，结果如图 5-97 所示。为了便于操作，在调整时可暂时将“对象捕捉”功能关闭。

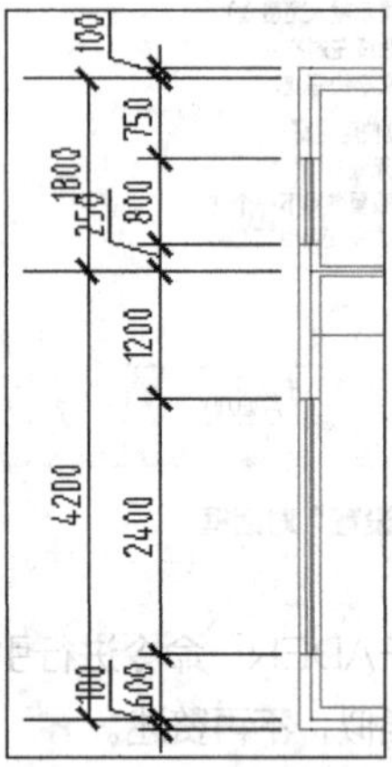

图 5-96　门窗尺寸标注

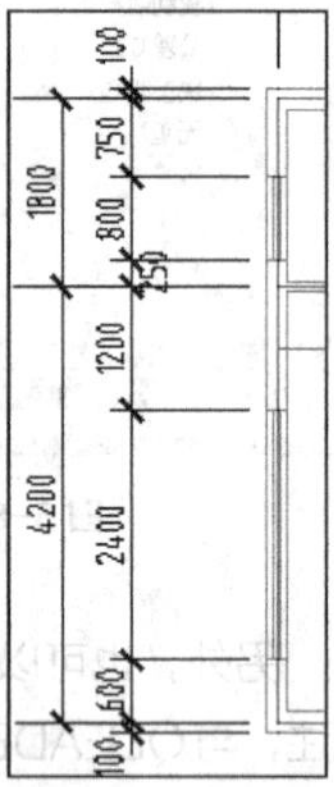

图 5-97　门窗尺寸调整

❼ 标注其他细部尺寸和总尺寸。

按照步骤 5 ～ 6 的方法完成其他细部尺寸和总尺寸的标注，结果如图 5-98 所示，注意总尺寸的标注位置。

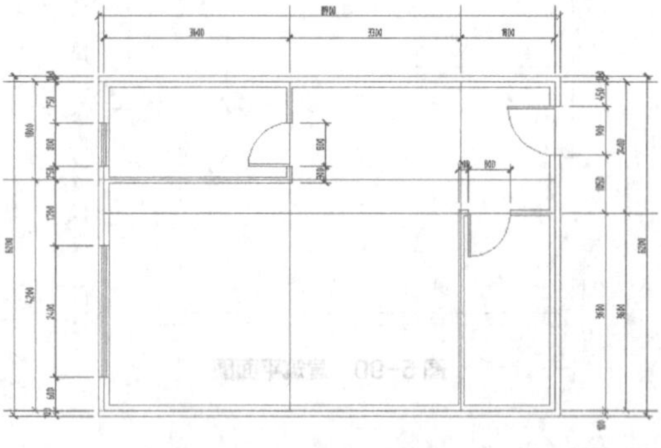

图 5-98　标注建筑平面图尺寸

注意　处理字样重叠的问题，亦可以在标注样式中进行相关设置，这样计算机会自动处理，但处理效果有时不太理想，也可以通过单击“标注”工具栏中的“编辑标注文字”按钮来调整文字位置，读者可以试一试。

5.7 上机实验

【练习 1】绘制会签栏

1. 目的要求

本练习绘制如图5-99所示的会签栏，要求读者利用“表格”和“多行文字”命令，体会表格功能的便捷性。

专业	姓名	日期

图 5-99 会签栏

2. 操作提示

（1）单击“默认”选项卡“注释”面板中的“表格”按钮，绘制表格。

（2）单击“默认”选项卡“注释”面板中的“多行文字”按钮A，标注文字。

【练习 2】标注穹顶展览馆立面图形的标高符号

1. 目的要求

绘制重复性图形单元的最简单快捷的办法是将重复性的图形单元制作成图块，然后将图块插入图形。本练习标注穹顶展览馆立面图形的标高符号，如图5-100所示。通过对标高符号的标注，使读者掌握图块的相关知识。

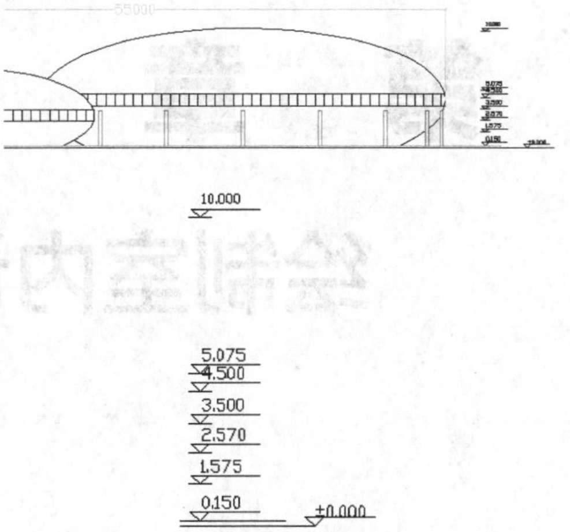

图 5-100 标注标高符号

2. 操作提示

（1）利用“直线”命令绘制标高符号。

（2）定义标高符号的属性，将标高值设置为其中需要验证的标记。

（3）将绘制的标高符号及其属性定义成图块。

（4）保存图块。

（5）在建筑图形中插入标高图块，每次插入时输入不同的标高值作为属性值。

第 6 章

绘制室内设计的常见单元

在进行室内设计时，常常需要绘制家具、电器、洁具和厨具等各种设施，以便更真实和形象地表示装修的效果。本章将介绍在室内装潢设计中一些常见的家具、电器、洁具和厨具等设施的绘制方法，所讲解的实例涵盖了在室内装潢设计中经常使用的家具、电器、洁具和厨具等图形，如沙发、办公桌、电冰箱、洗衣机、洗脸盆、燃气灶和更衣柜等。

重点与难点

- 绘制家具平面布置图
- 绘制电器平面布置图
- 绘制洁具和厨具平面布置图
- 绘制休闲娱乐平面布置图
- 绘制古典风格室内单元
- 绘制装饰花草单元

6.1 绘制家具平面布置图

家具图形各式各样，种类繁多。所有的家具绘制，要根据其造型特点（如对称性等）逐步完成。例如，对沙发造型，先绘制其中单个沙发，再按相同的方法绘制多座沙发；而在单个沙发绘制中，先绘制沙发面，接着绘制两侧扶手，然后绘制沙发靠背，直至完成绘制。其他的家具按类似方法进行绘制。

6.1.1 绘制沙发和茶几

本小节将详细介绍如图6-1所示沙发和茶几的绘制方法与操作技巧，从中学习使用AutoCAD 2018相关命令绘制室内家具的方法。

扫一扫

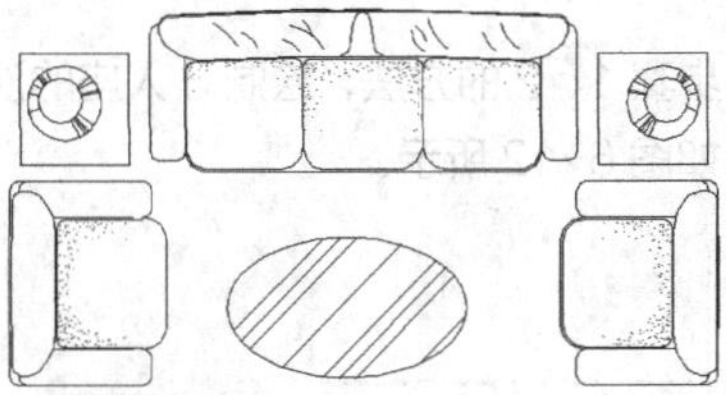

图 6-1　沙发和茶几

STEP 绘制步骤

❶ 单击“默认”选项卡“绘图”面板中的“直线”按钮，使用“直线”命令绘制单个沙发面的4条边，注意其相对位置和长度的关系，如图6-2所示。

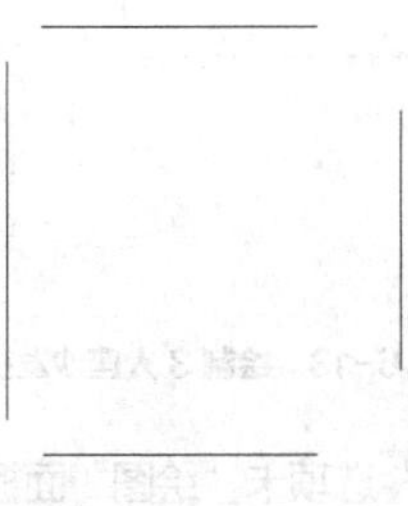

图 6-2　创建沙发面 4 边

❷ 单击“默认”选项卡“绘图”面板中的“圆弧”按钮，将沙发面 4 边连接起来，得到完整的沙发面，如图 6-3 所示。

❸ 单击“默认”选项卡“绘图”面板中的“直线”按钮，绘制侧面扶手边线，如图 6-4 所示。

图 6-3　沙发面

图 6-4　绘制扶手边线

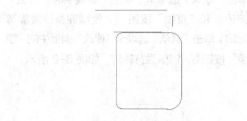

❹ 单击“默认”选项卡“绘图”面板中的“圆弧”按钮，绘制侧面扶手圆弧，如图 6-5 所示。

图 6-5　绘制扶手圆弧

❺ 单击“默认”选项卡“修改”面板中的“镜像”按钮，以中间的轴线位置作为镜像线，镜像得到另外一个方向的扶手轮廓，如图6-6所示。

图 6-6　创建另外一侧扶手

❻ 单击“默认”选项卡“绘图”面板中的“圆弧”按钮，绘制沙发靠背轮廓。单击“默认”选项卡“修改”面板中的“镜像”按钮，镜像靠背轮廓，如图 6-7 所示。

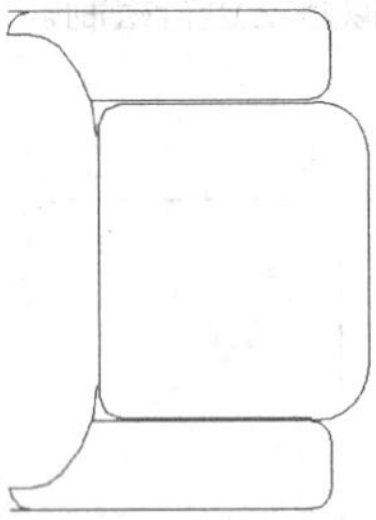

图 6-7 绘制沙发靠背轮廓

❼ 单击“默认”选项卡“绘图”面板中的“圆弧”按钮和“直线”按钮，继续完善沙发靠背轮廓。单击“默认”选项卡“修改”面板中的“镜像”按钮，镜像靠背轮廓，如图 6-8 所示。

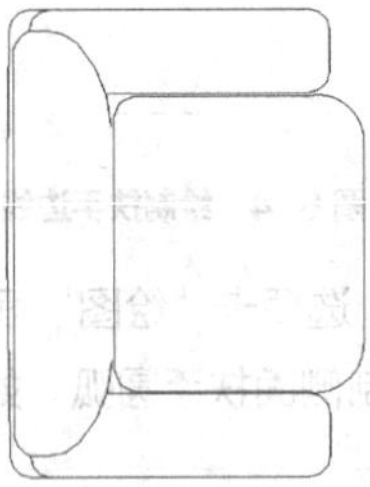

图 6-8 完善沙发靠背

❽ 单击“默认”选项卡“修改”面板中的“偏移”按钮，对沙发面造型进行修改，使其更为形象，如图 6-9 所示。

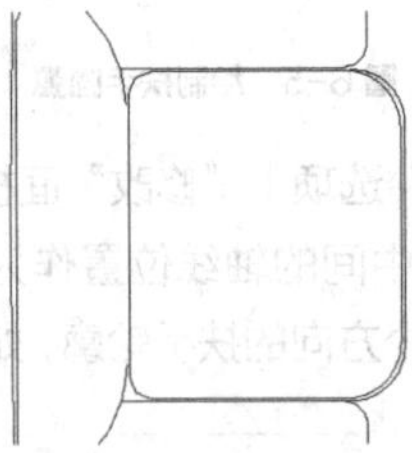

图 6-9 偏移沙发面

❾ 单击“默认”选项卡“绘图”面板中的“点”按钮，细化沙发面造型，如图 6-10 所示。

❿ 单击“默认”选项卡“绘图”面板中的“点”按钮，进一步细化沙发面造型，使其更为形象，如图 6-11 所示。

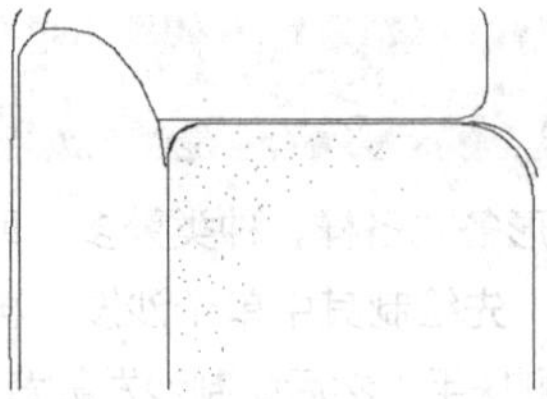

图 6-10 细化沙发面

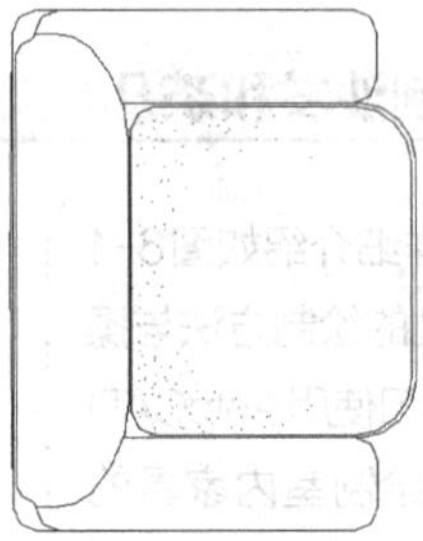

图 6-11 完善沙发面

⓫ 按照步骤 1、2 的方法，绘制 3 人座的沙发面造型，如图 6-12 所示。

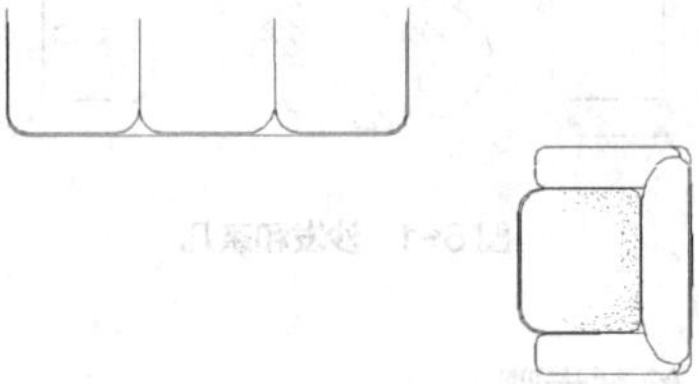

图 6-12 绘制 3 人座沙发面

⓬ 按照步骤 3～5 的方法，绘制扶手造型，如图 6-13 所示。

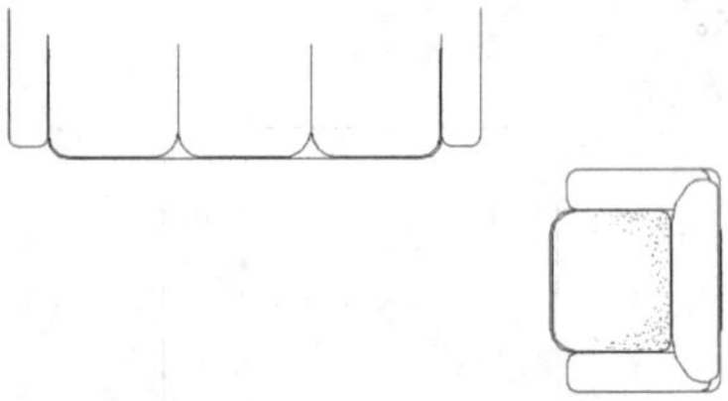

图 6-13 绘制 3 人座沙发扶手

⓭ 单击“默认”选项卡“绘图”面板中的“圆弧”按钮，绘制 3 人座沙发靠背造型，如图 6-14 所示。

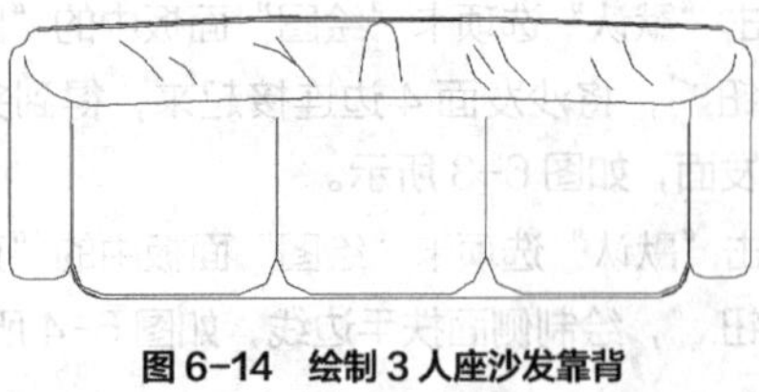

图 6-14 绘制 3 人座沙发靠背

⑭ 单击“默认”选项卡“绘图”面板中的“点”按钮▫，对3人座沙发面造型进行细化，如图6-15所示。

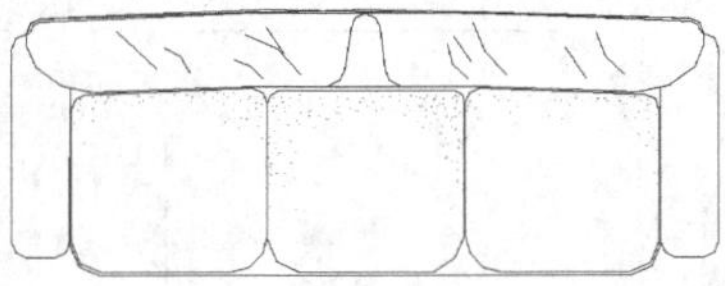

图 6-15 细化 3 人座沙发面

⑮ 单击“默认”选项卡“修改”面板中的“移动”按钮✥，调整两个沙发造型的位置，如图 6-16所示。

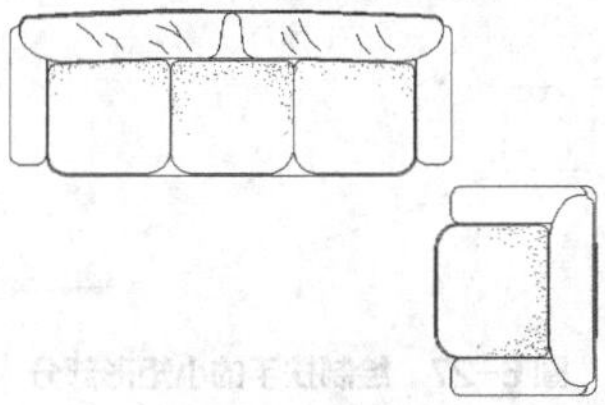

图 6-16 调整沙发位置

⑯ 单击“默认”选项卡“修改”面板中的“镜像”按钮⚠，对单个沙发进行镜像，得到沙发组造型，如图 6-17 所示。

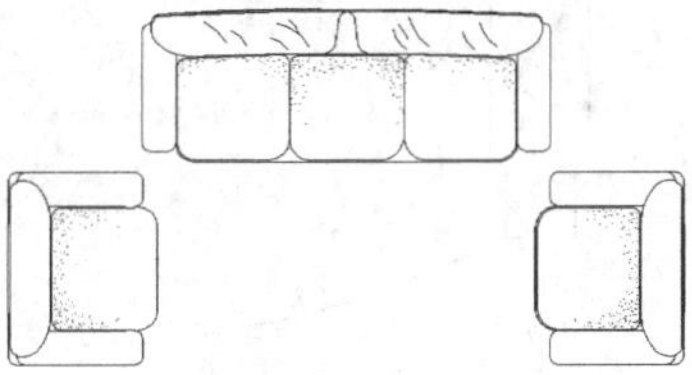

图 6-17 沙发组

⑰ 单击“默认”选项卡“绘图”面板中的“椭圆”按钮◯，绘制一个椭圆形，建立椭圆形的茶几造型，如图 6-18 所示。

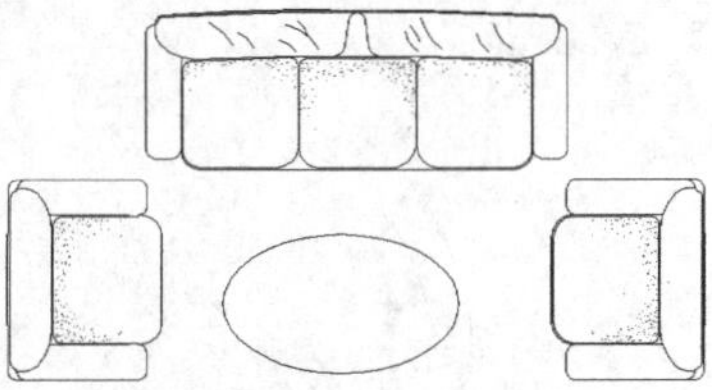

图 6-18 建立椭圆形茶几

⑱ 单击“默认”选项卡“绘图”面板中的“图案填充”按钮▨，对茶几进行图案填充，如图6-19所示。

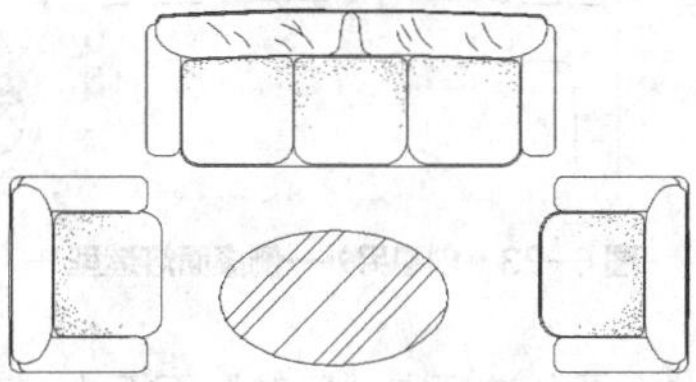

图 6-19 填充茶几图案

⑲ 单击“默认”选项卡“绘图”面板中的“正多边形”按钮⬠，绘制沙发之间的正四边形桌面灯造型，如图 6-20 所示。

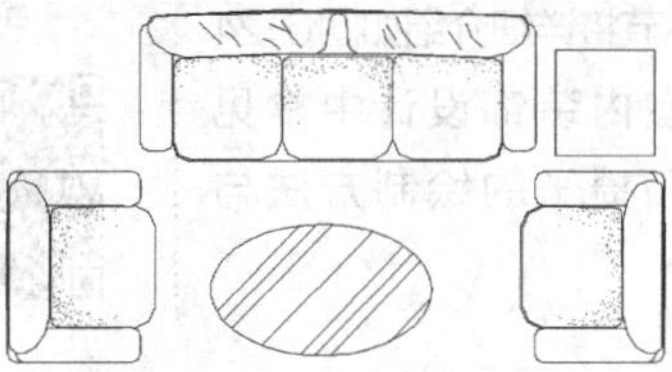

图 6-20 绘制一个正方形

⑳ 单击“默认”选项卡“绘图”面板中的“圆”按钮⊙，绘制 2 个大小和圆心位置不同的圆形，如图 6-21 所示。

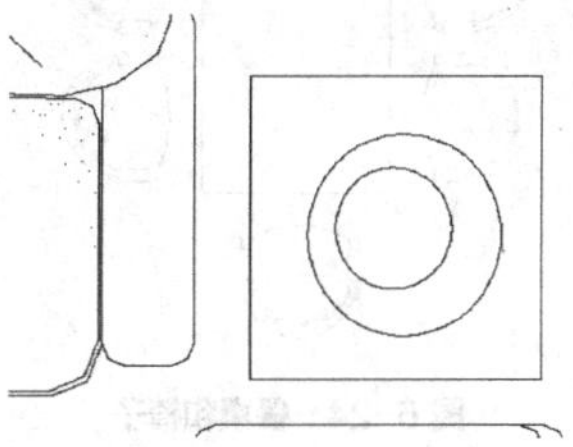

图 6-21 绘制 2 个圆形

㉑ 单击“默认”选项卡“绘图”面板中的“直线”按钮⁄，绘制随机斜线形成灯罩效果，如图 6-22所示。

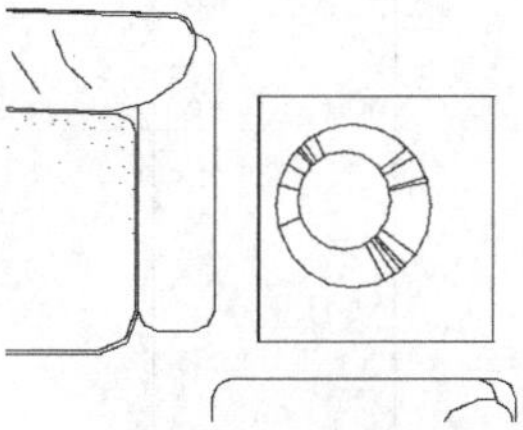

图 6-22 创建灯罩

㉒ 单击“默认”选项卡“修改”面板中的“镜像”按钮⚠，镜像得到 2 个沙发桌面灯造型，如图 6-23 所示。

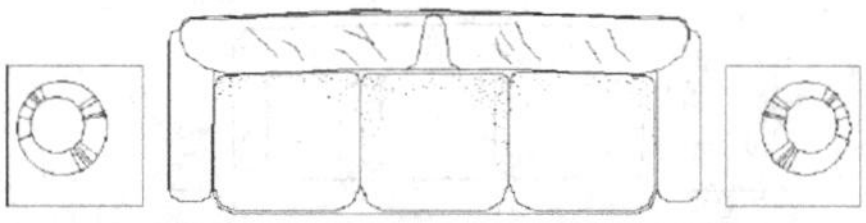

图 6-23　创建另外一侧桌面灯造型

㉓ 单击“视图”选项卡“导航”面板中“范围”下拉菜单中的“实时”按钮，缩放视图进行观察，结果如图 6-1 所示。

6.1.2 绘制餐桌和椅子

本小节将详细介绍如图6-24所示的室内装饰设计中常见的餐桌和椅子的绘制方法与技巧。

扫一扫

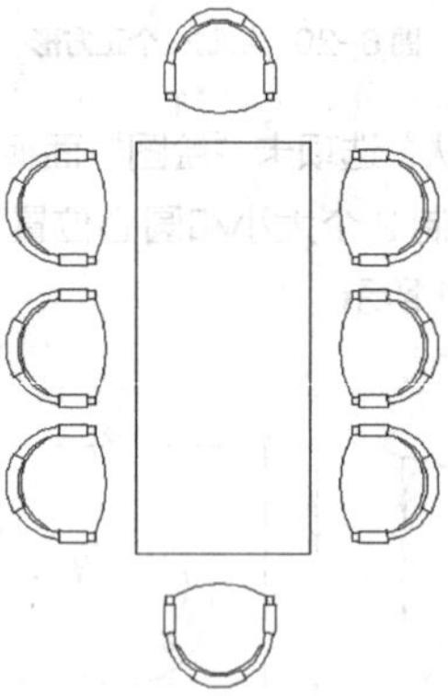

图 6-24　餐桌和椅子

STEP 绘制步骤

❶ 单击“默认”选项卡“绘图”面板中的“多段线”按钮，绘制长方形桌面，如图 6-25 所示。

图 6-25　绘制桌面

❷ 单击“默认”选项卡“绘图”面板中的“圆弧”按钮，绘制椅子造型前端弧线的一半，如图 6-26 所示。

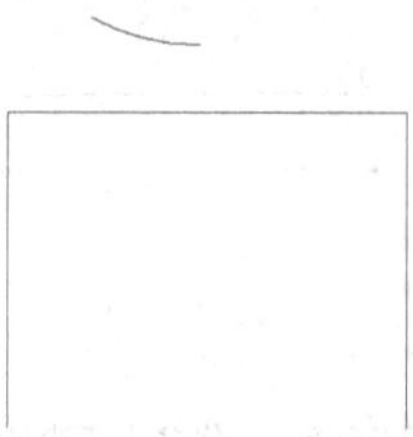

图 6-26　绘制椅子前端弧线的一半

❸ 单击“默认”选项卡“绘图”面板中的“矩形”按钮和“直线”按钮，绘制椅子扶手的部分造型，即弧线上的矩形，如图 6-27 所示。

图 6-27　绘制扶手的小矩形部分

❹ 单击“默认”选项卡“绘图”面板中的“多段线”按钮，根据扶手的大体位置绘制稍大的近似矩形，如图 6-28 所示。

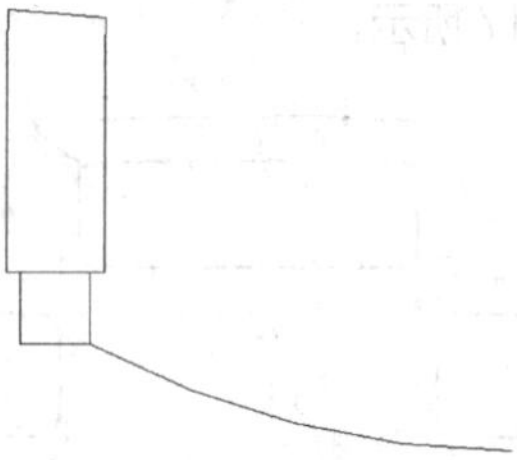

图 6-28　绘制扶手的近似矩形

❺ 单击“默认”选项卡“绘图”面板中的“圆弧”按钮和“默认”选项卡“修改”面板中的“偏移”按钮，绘制椅子弧线靠背造型，如图 6-29 所示。

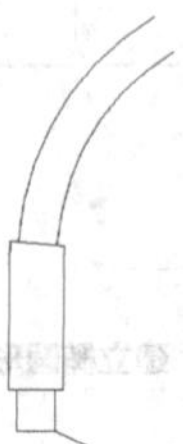

图 6-29　绘制弧线靠背

❻ 单击“默认”选项卡“绘图”面板中的“直线”按钮和“圆弧”按钮及“默认”选项卡“修改”面板中的“偏移”按钮，绘制椅子背部造型，如图 6-30 所示。

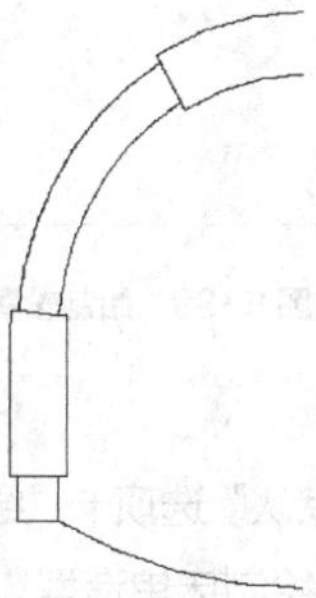

图 6-30 绘制椅子背部造型

❼ 单击“默认”选项卡“绘图”面板中的“圆弧”按钮，在靠背造型内侧绘制弧线造型，如图 6-31 所示。

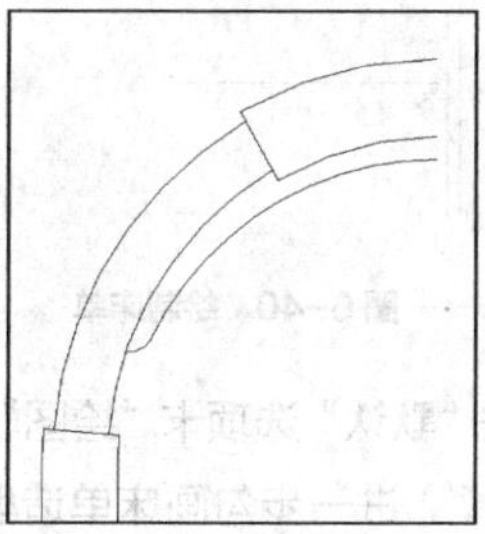

图 6-31 绘制内侧弧线

❽ 单击“默认”选项卡“修改”面板中的“镜像”按钮，通过镜像得到整个椅子造型，如图 6-32 所示。

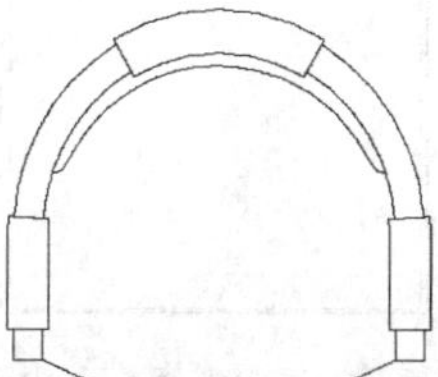

图 6-32 镜像得到整个椅子造型

❾ 单击“默认”选项卡“修改”面板中的“移动”按钮，调整椅子与餐桌的位置，如图 6-33 所示。

❿ 单击“默认”选项卡“修改”面板中的“镜像”按钮，得到餐桌另外一端对称的椅子，如图 6-34 所示。

图 6-33 调整椅子与餐桌的位置

图 6-34 得到餐桌另外一端对称的椅子

⓫ 单击“默认”选项卡“修改”面板中的“复制”按钮，复制一个椅子造型，如图 6-35 所示。

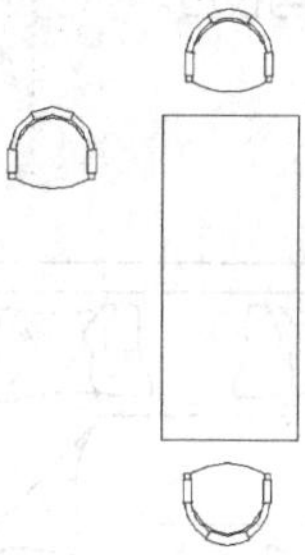

图 6-35 复制椅子

⓬ 单击“默认”选项卡“修改”面板中的“旋转”按钮，将复制的椅子以椅子的中心点为基点旋转 90°，如图 6-36 所示。

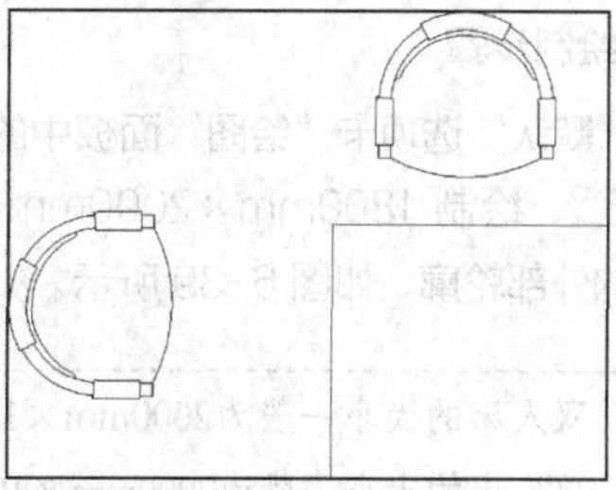

图 6-36 旋转椅子

⑬ 单击“默认”选项卡“修改”面板中的“复制”按钮，通过复制得到餐桌一侧的椅子造型，如图 6-37 所示。

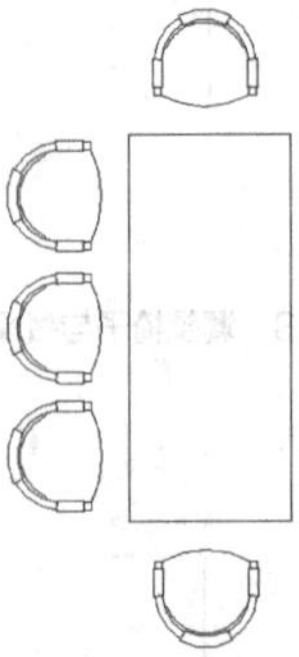

图 6-37　复制得到侧面椅子

⑭ 单击“默认”选项卡“修改”面板中的“镜像”按钮，通过镜像得到餐桌另外一侧的椅子造型，整个餐桌和椅子造型绘制完成，如图 6-24 所示。

6.1.3 绘制双人床

本小节介绍如图6-38所示的双人床的绘制方法与技巧。

扫一扫

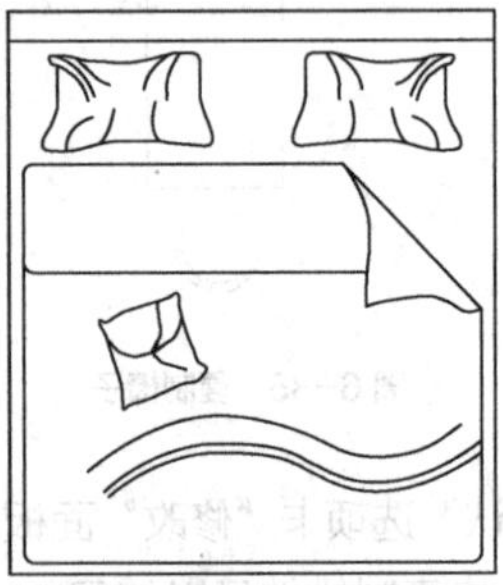

图 6-38　双人床

STEP 绘制步骤

❶ 单击“默认”选项卡“绘图”面板中的“矩形”按钮，绘制 1800mm×2000mm 的矩形双人床的外部轮廓，如图 6-39 所示。

> 注意：双人床的大小一般为2000mm×1800mm，单人床的大小一般为2000mm×1000mm。

图 6-39　绘制轮廓

❷ 绘制床单。

（1）单击“默认”选项卡“绘图”面板中的“直线”按钮，绘制床单造型，如图 6-40 所示。

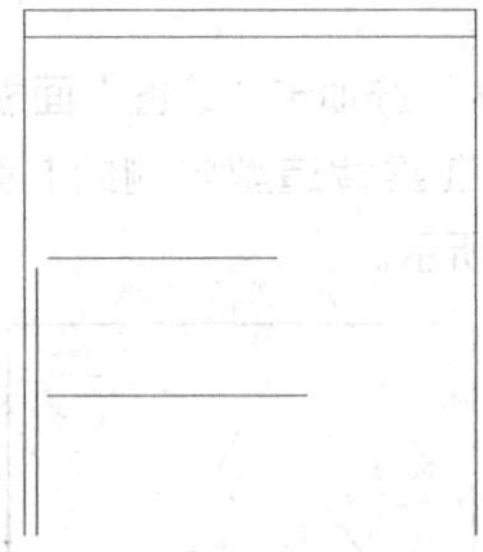

图 6-40　绘制床单

（2）单击“默认”选项卡“绘图”面板中的“圆弧”按钮，进一步勾画床单造型，如图 6-41 所示。

图 6-41　进一步勾画床单

（3）单击“默认”选项卡“绘图”面板中的“直线”按钮和“样条曲线拟合”按钮，对床单细部进行加工，使其自然形象一些，如图 6-42 所示。

（4）单击“默认”选项卡“绘图”面板中的“圆弧”按钮，在床尾部建立床单局部的造型，如图 6-43 所示。

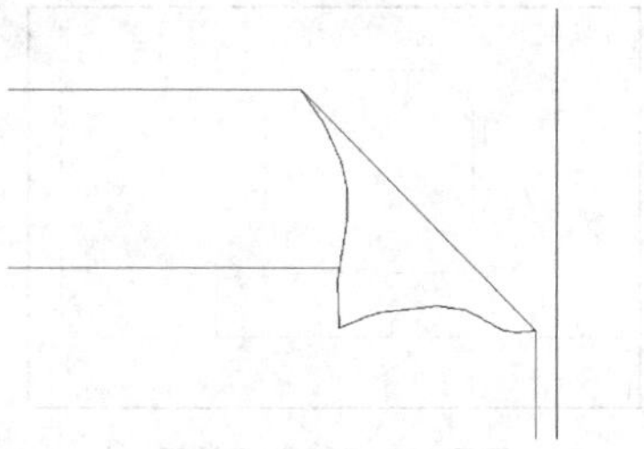

图 6-42　加工床单细部

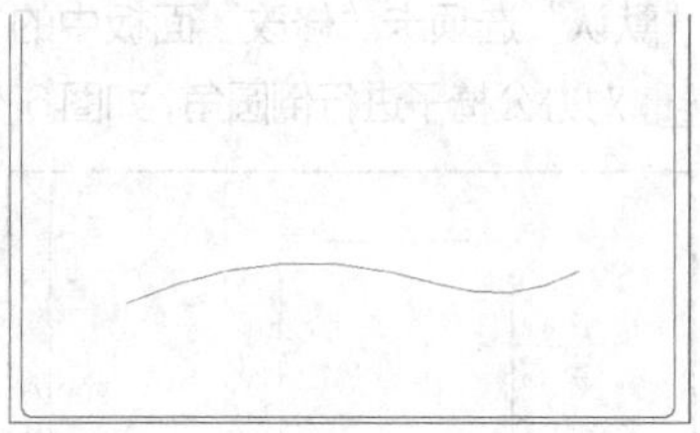

图 6-43　建立床单局部造型

（5）单击“默认”选项卡“修改”面板中的“偏移”按钮，通过偏移得到一组平行的床单局部造型，如图 6-44 所示。

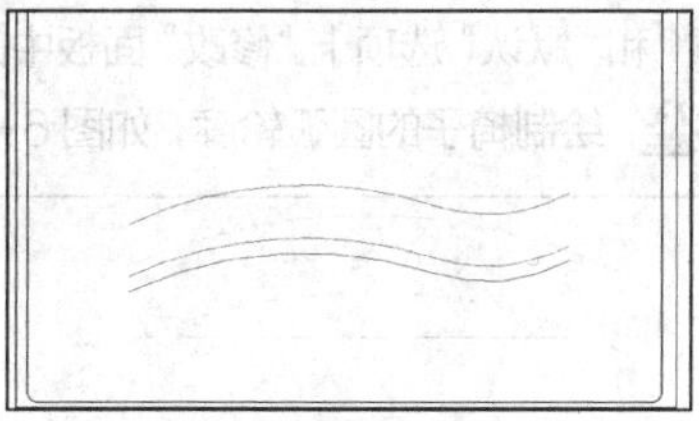

图 6-44　偏移得到平行的床单局部造型

❸ 绘制枕头。

（1）单击“默认”选项卡“绘图”面板中的“样条曲线拟合”按钮，绘制枕头外轮廓造型，如图 6-45 所示。

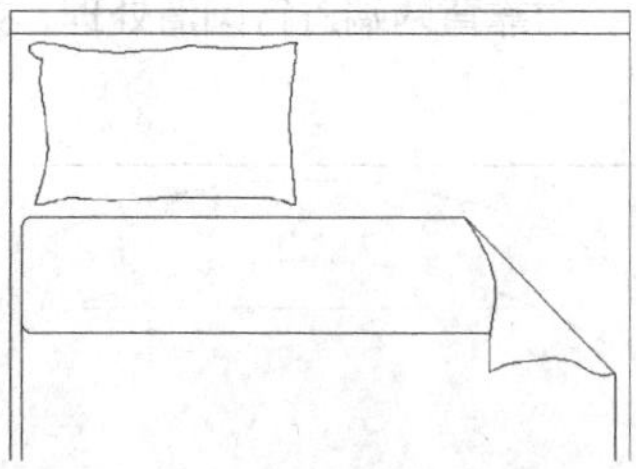

图 6-45　绘制枕头外轮廓

（2）单击“默认”选项卡“绘图”面板中的“圆弧”按钮，绘制枕头折线，如图 6-46 所示。

注意　也可以使用样条曲线命令勾画枕头折线，使其效果更为逼真。

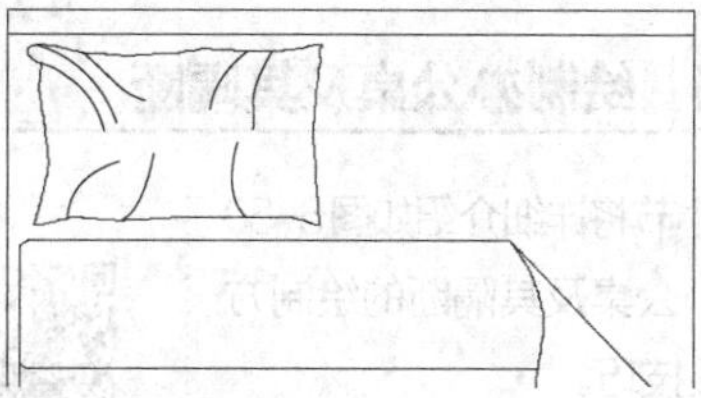

图 6-46　勾画枕头折线

（3）单击“默认”选项卡“修改”面板中的“镜像”按钮，镜像得到另外一个枕头造型，如图 6-47 所示。

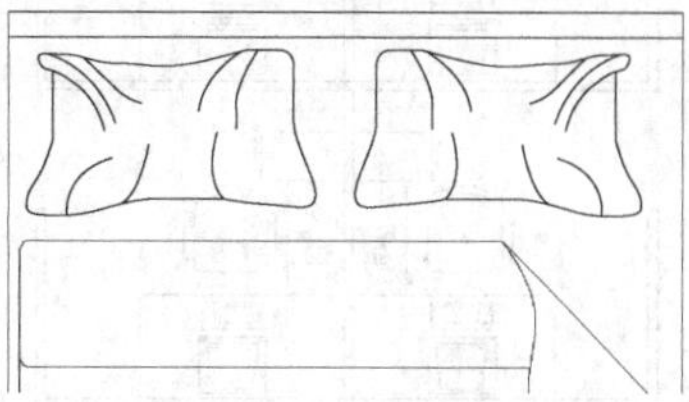

图 6-47　镜像枕头造型

❹ 绘制靠垫。

（1）单击“默认”选项卡“绘图”面板中的“样条曲线拟合”按钮，绘制一个靠垫造型，如图 6-48 所示。

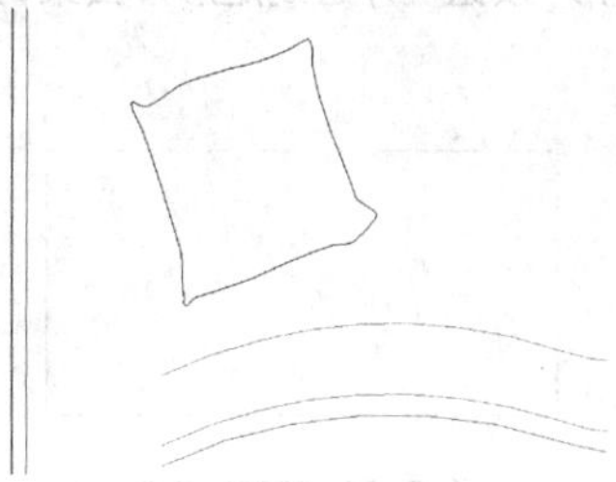

图 6-48　绘制靠垫造型

（2）单击“默认”选项卡“绘图”面板中的“直线”按钮，勾画靠垫内部线条造型，如图 6-49 所示。整个双人床造型绘制完成（见图 6-38）。

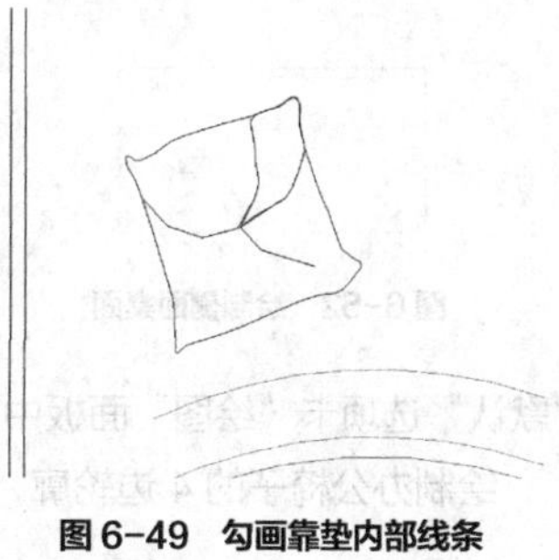

图 6-49　勾画靠垫内部线条

6.1.4 绘制办公桌及其隔断

本小节将详细介绍如图6-50所示的办公桌及其隔断的绘制方法与相关技巧。

扫一扫

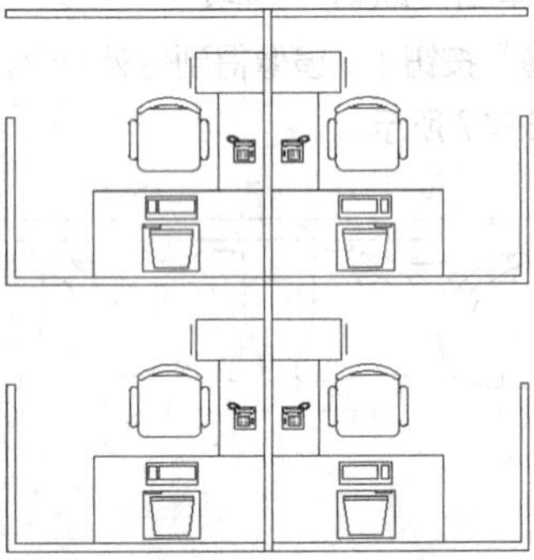

图 6-50 办公桌及其隔断

STEP 绘制步骤

❶ 根据办公桌及其隔断的图形整体情况，先绘制办公桌。单击“默认”选项卡“绘图”面板中的“矩形”按钮，绘制矩形办公桌，如图6-51所示。

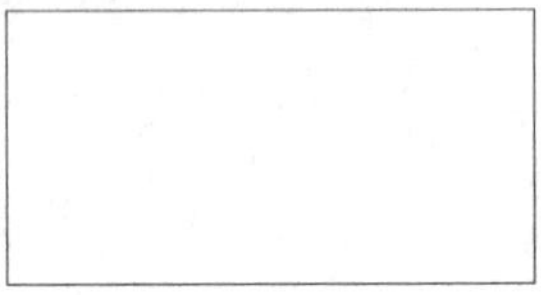

图 6-51 绘制办公桌

❷ 单击“默认”选项卡“绘图”面板中的“多段线”按钮，绘制侧面桌面，如图 6-52 所示。

图 6-52 绘制侧面桌面

❸ 单击“默认”选项卡“绘图”面板中的“直线”按钮，绘制办公椅子的 4 边轮廓，如图 6-53 所示。

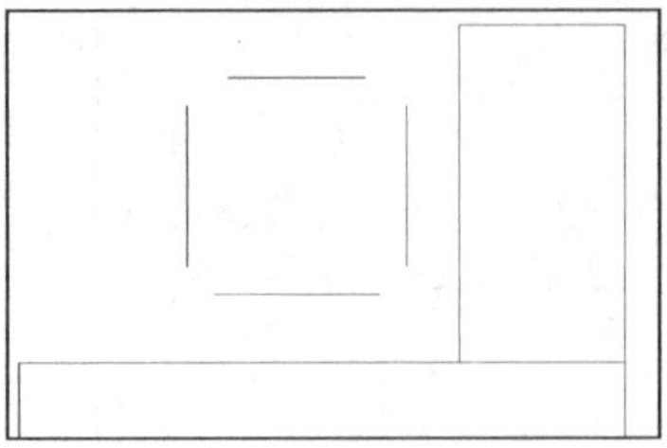

图 6-53 绘制办公椅子

❹ 单击“默认”选项卡“修改”面板中的“圆角”按钮，对办公椅子进行倒圆角，如图 6-54 所示。

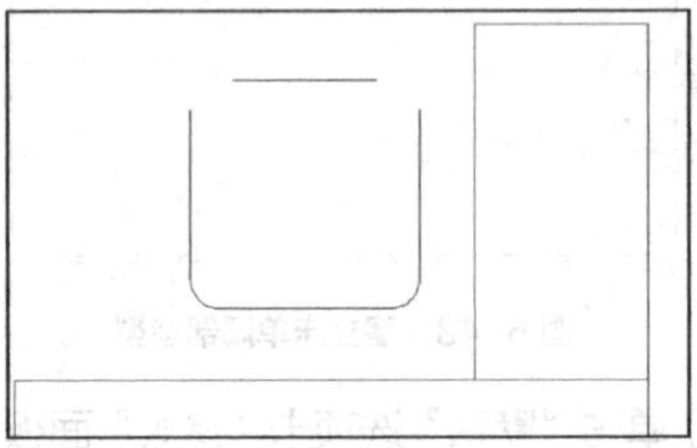

图 6-54 倒圆角

❺ 单击“默认”选项卡“绘图”面板中的“圆弧”按钮和“默认”选项卡“修改”面板中的“偏移”按钮，绘制椅子的圆弧轮廓，如图 6-55 所示。

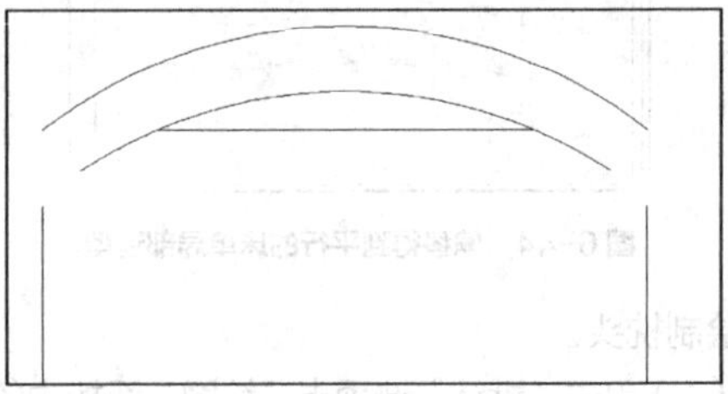

图 6-55 绘制椅子的圆弧轮廓

❻ 单击“默认”选项卡“绘图”面板中的“圆弧”按钮，对靠背两端进行圆滑处理，如图 6-56 所示。

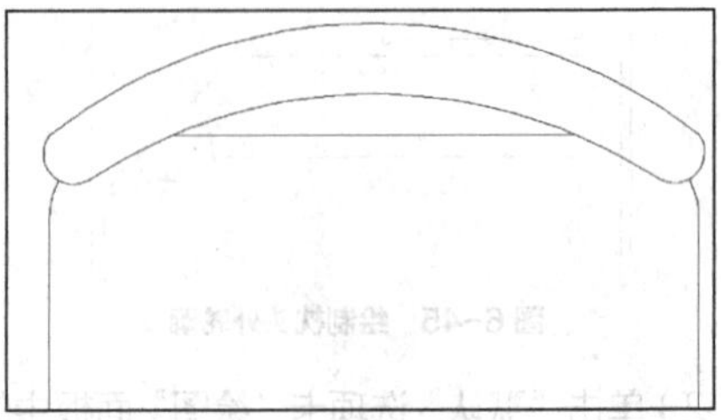

图 6-56 绘制两端圆弧

❼ 单击“默认”选项卡“绘图”面板中的“直线”按钮和“圆弧”按钮，绘制办公椅子侧面扶手，如图 6-57 所示。

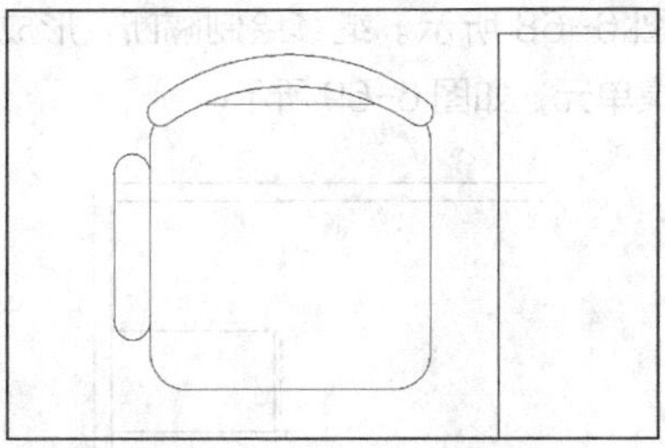

图 6-57 绘制椅子侧面扶手

❽ 单击“默认”选项卡“修改”面板中的“镜像”按钮，镜像得到另外一侧的扶手，如图 6-58 所示。

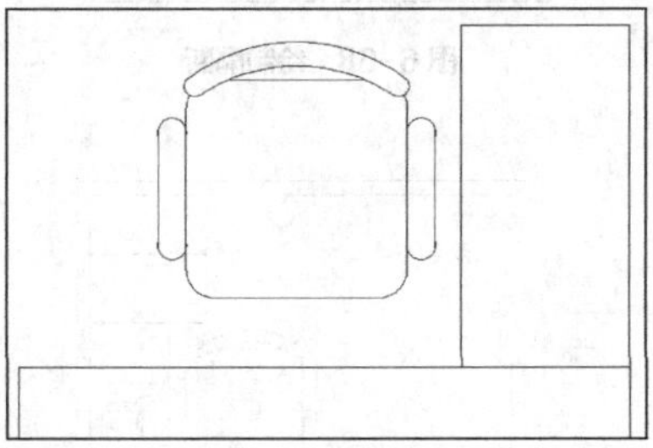

图 6-58 镜像扶手

❾ 单击“默认”选项卡“绘图”面板中的“多段线”按钮和“直线”按钮，绘制侧面桌面的柜子造型，如图 6-59 所示。

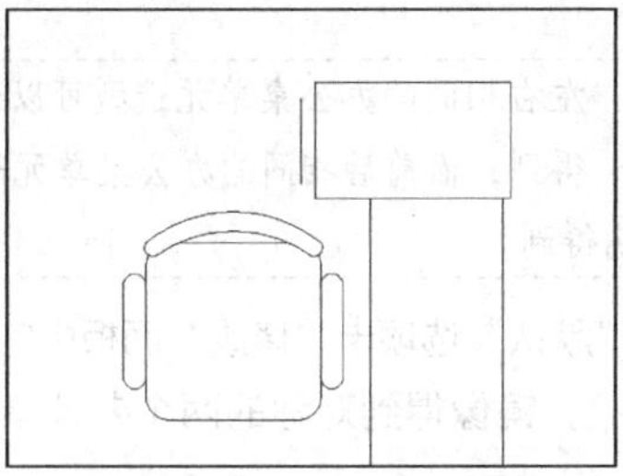

图 6-59 绘制柜子造型

❿ 单击“默认”选项卡“绘图”面板中的“直线”按钮，绘制办公桌上的设备（如电脑等），如图 6-60 所示。

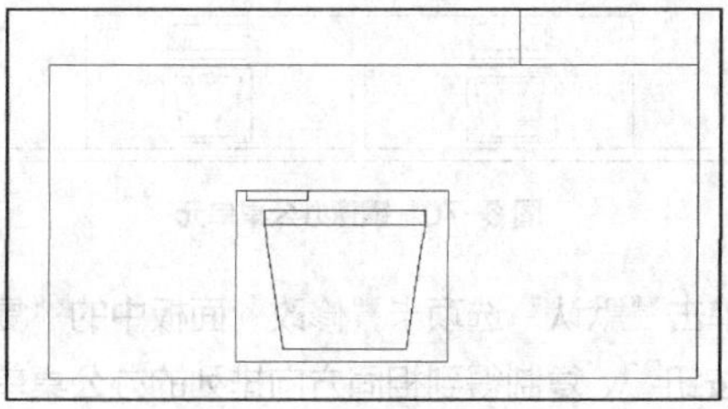

图 6-60 勾画办公设备轮廓

⓫ 单击“默认”选项卡“绘图”面板中的“矩形”按钮，勾画键盘轮廓，办公桌上的设备仅作轮廓近似勾画，如图 6-61 所示。

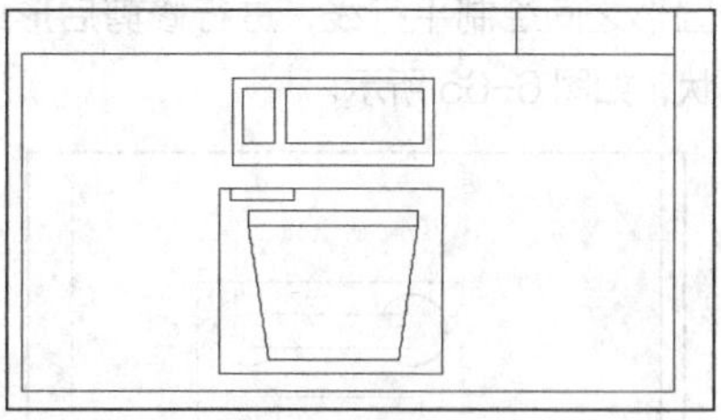

图 6-61 勾画键盘轮廓

⓬ 单击“默认”选项卡“绘图”面板中的“正多边形”按钮，绘制电话轮廓，如图 6-62 所示。

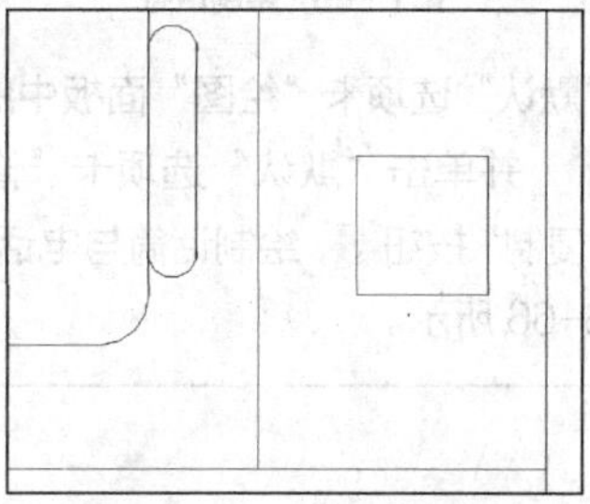

图 6-62 绘制电话轮廓

⓭ 单击“默认”选项卡“绘图”面板中的“多段线”按钮，绘制电话局部造型，如图 6-63 所示。

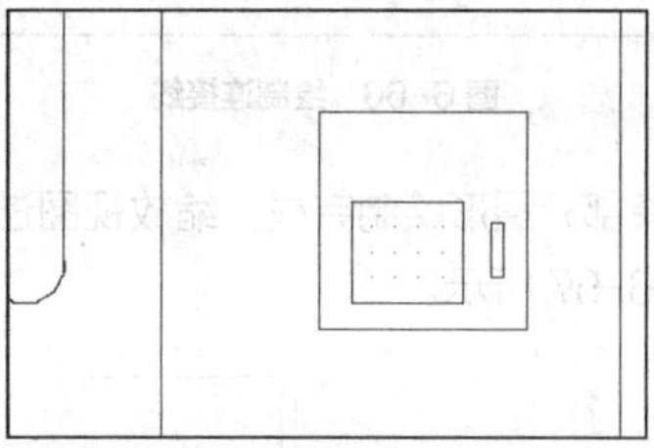

图 6-63 绘制电话局部造型

⓮ 单击“默认”选项卡“绘图”面板中的“圆”按钮，绘制两个相同大小的圆形，如图 6-64 所示。

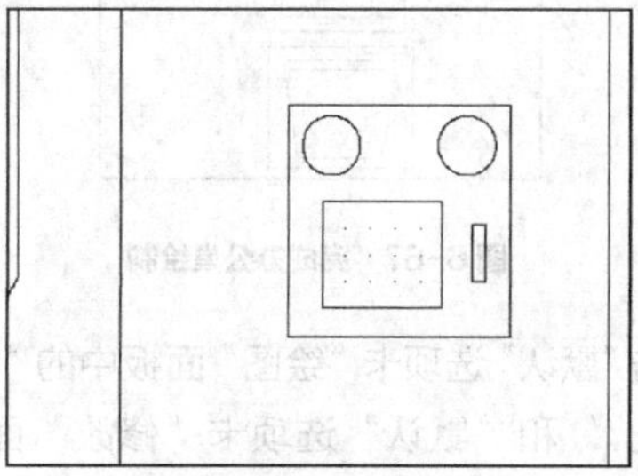

图 6-64 绘制两个圆形

⑮ 单击“默认”选项卡“绘图”面板中的“直线”按钮，并单击“默认”选项卡“修改”面板中的“偏移”按钮与“修剪”按钮，在两个圆形之间绘制平行线，进行修剪后形成话筒形状，如图 6-65 所示。

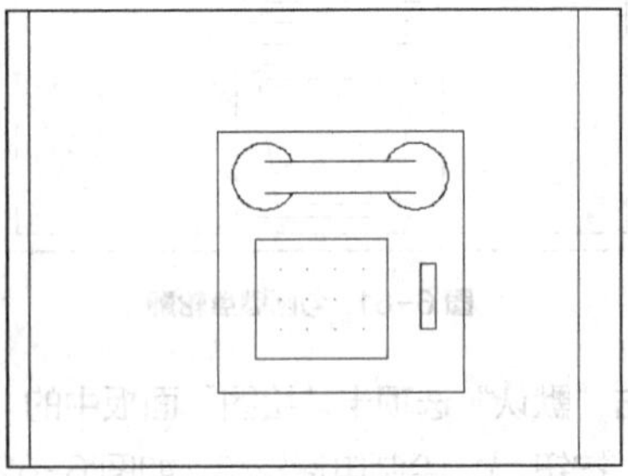

图 6-65　绘制话筒

⑯ 单击“默认”选项卡“绘图”面板中的“直线”按钮，并单击“默认”选项卡“修改”面板中的“复制”按钮，绘制话筒与电话机连接线，如图 6-66 所示。

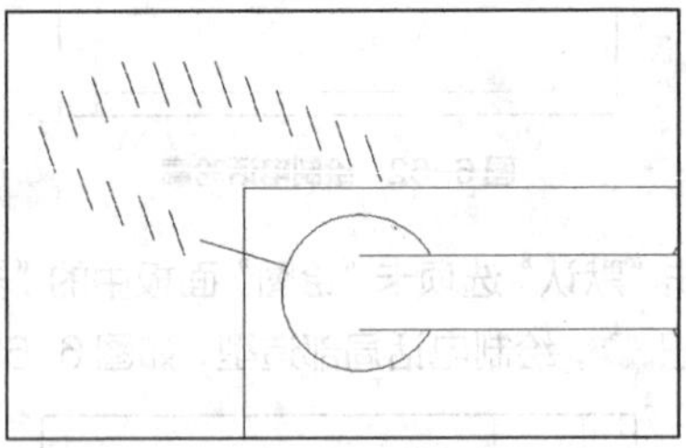

图 6-66　绘制连接线

⑰ 办公桌部分图形绘制完成，缩放视图进行观察，如图 6-67 所示。

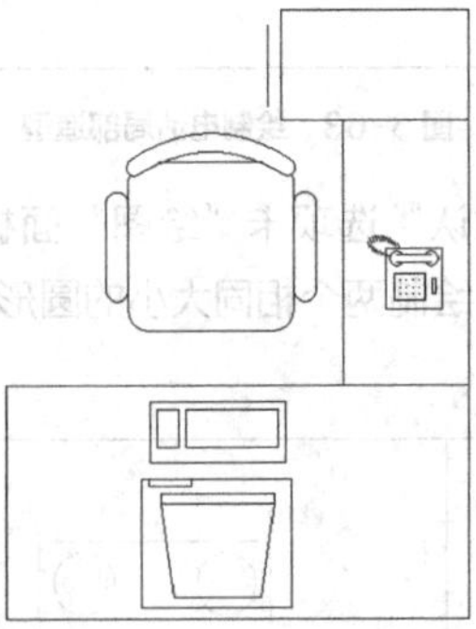

图 6-67　完成办公桌绘制

⑱ 单击“默认”选项卡“绘图”面板中的“多段线”按钮和“默认”选项卡“修改”面板中的“偏移”按钮，绘制办公桌的隔断轮廓线，如图 6-68 所示。继续绘制隔断，形成一个办公桌单元，如图 6-69 所示。

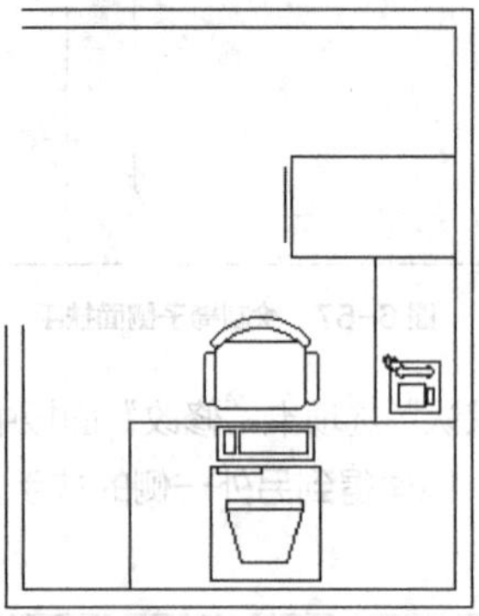

图 6-68　绘制隔断

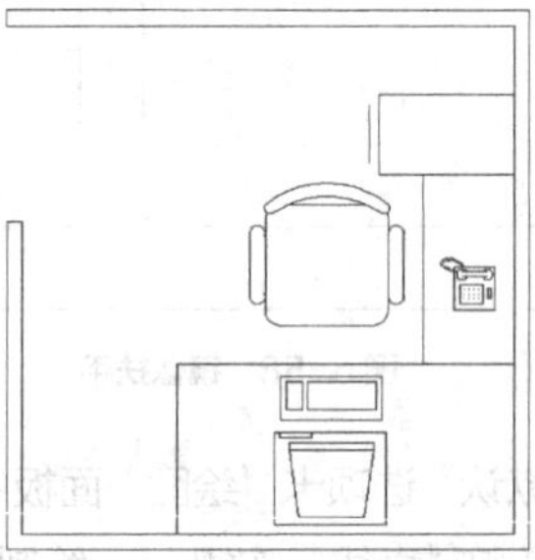

图 6-69　一个办公桌单元

> 注意　左右相同的办公桌单元造型可以通过镜像得到，而前后相同的办公桌单元造型可以通过复制得到。

⑲ 单击“默认”选项卡“修改”面板中的“镜像”按钮，镜像得到对称的两个办公桌单元，如图 6-70 所示。

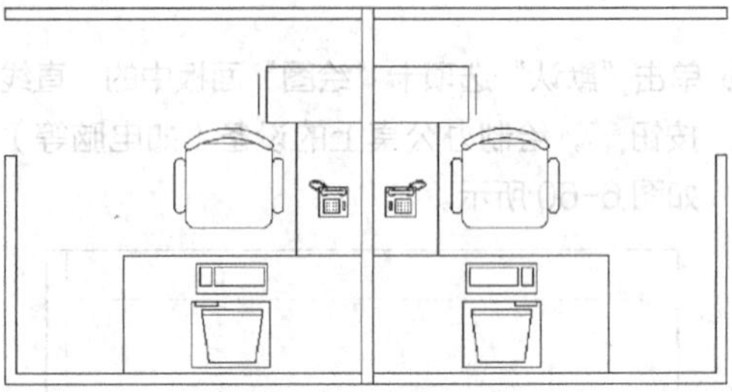

图 6-70　镜像办公桌单元

⑳ 单击“默认”选项卡“修改”面板中的“复制”按钮，复制得到相同方向排列的办公桌单元，结果如图 6-50 所示。

6.2 绘制电器平面布置图

绘制家用电器，以日常生活中常见的电冰箱、洗衣机和落地灯为例。根据电冰箱造型的特点，先勾画电冰箱下部轮廓造型，接着按照与下部轮廓一致的比例，绘制上部轮廓，然后绘制电冰箱的细部造型，例如，显示板、按钮、拉手等。其他电器按照类似方法进行绘制。

6.2.1 绘制电冰箱

本小节将详细介绍如图6-71所示的电冰箱立面造型的绘制方法。

扫一扫

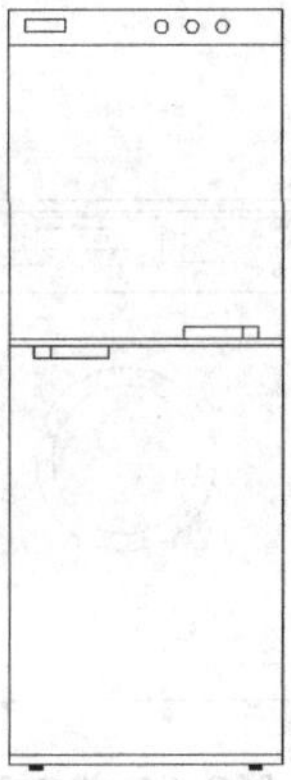

图 6-71 电冰箱

STEP 绘制步骤

❶ 单击“默认”选项卡“绘图”面板中的“矩形”按钮，绘制电冰箱下部轮廓，如图 6-72 所示。

图 6-72 绘制下部轮廓

❷ 单击“默认”选项卡“绘图”面板中的“多段线”按钮，与下部轮廓比例一致，绘制上部轮廓，如图 6-73 所示。

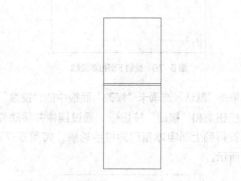

图 6-73 绘制上部轮廓

❸ 单击“默认”选项卡“绘图”面板中的“直线”按钮，在顶部绘制电冰箱显示板，如图 6-74 所示。

图 6-74 绘制显示板

❹ 单击“默认”选项卡“绘图”面板中的“多段线”按钮、“圆”按钮和“默认”选项卡“修改”面板中的“复制”按钮，绘制电冰箱的电子智能按钮，如图 6-75 所示。

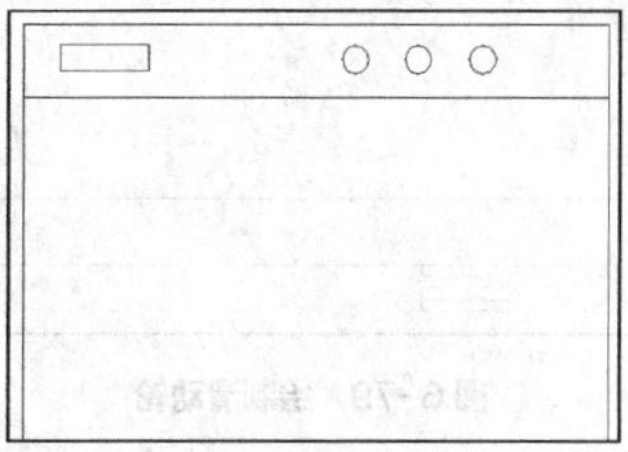

图 6-75 绘制按钮

❺ 单击“默认”选项卡“绘图”面板中的“直线”按钮，在中部位置绘制下部电冰箱门的拉手轮廓，如图6-76所示。

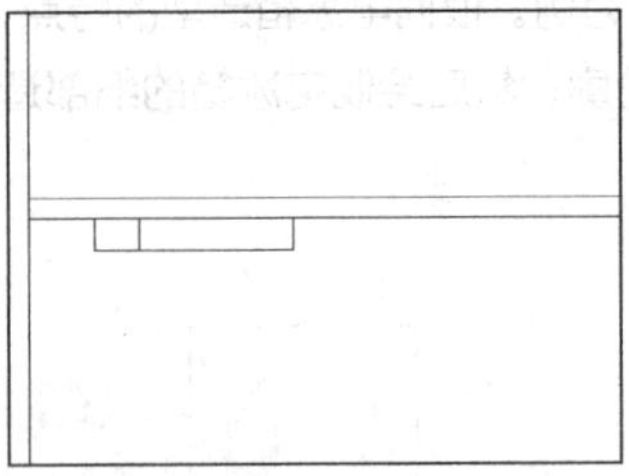

图6-76 绘制下部拉手轮廓

❻ 单击“默认”选项卡“修改”面板中的“镜像”按钮和“移动”按钮，通过镜像并移动位置得到上部电冰箱门的拉手轮廓，如图6-77所示。

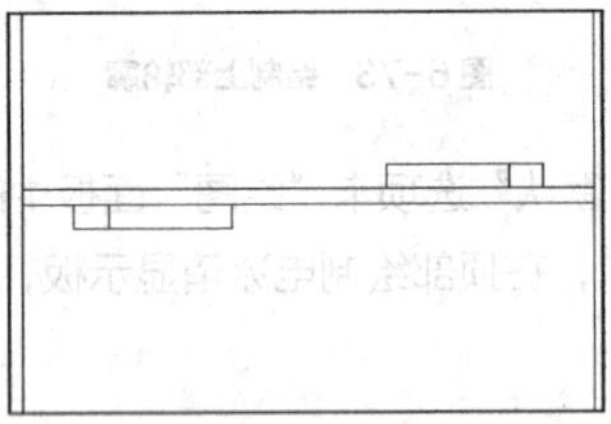

图6-77 绘制上部拉手轮廓

❼ 单击“默认”选项卡“绘图”面板中的“直线”按钮，绘制底部造型，如图6-78所示。

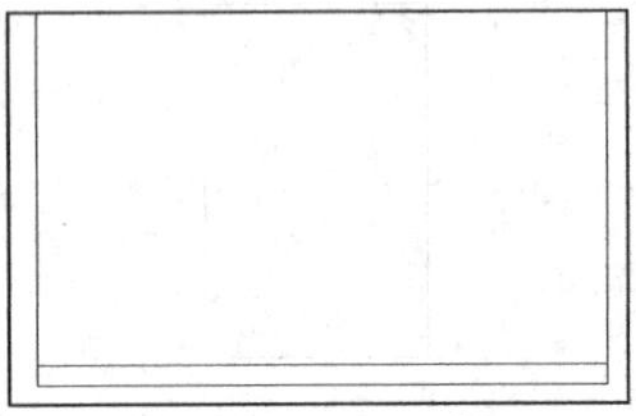

图6-78 绘制底部造型

❽ 单击“默认”选项卡“绘图”面板中的“多段线”按钮和“直线”按钮，绘制电冰箱底部滑动轮，如图6-79所示。

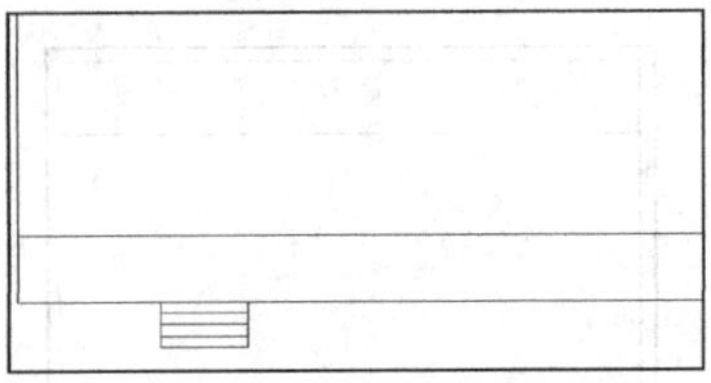

图6-79 绘制滑动轮

❾ 单击“默认”选项卡“修改”面板中的“复制”按钮，复制得到另外一侧对称的滑动轮，如图6-80所示。完成电冰箱的绘制，结果如图6-71所示。

图6-80 复制滑动轮

6.2.2 绘制洗衣机

本小节将详细介绍如图6-81所示的滚筒洗衣机的绘制方法。

扫一扫

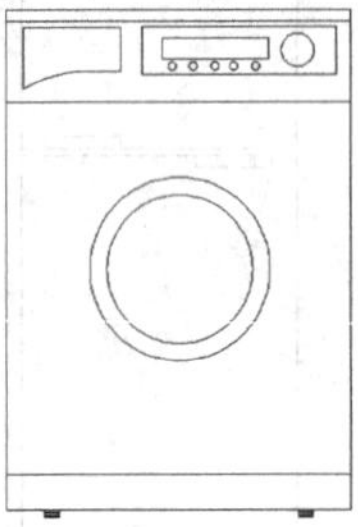

图6-81 洗衣机

STEP 绘制步骤

❶ 单击“默认”选项卡“绘图”面板中的“多段线”按钮，绘制洗衣机的外观轮廓，如图6-82所示。

图6-82 绘制外观轮廓

❷ 单击“默认”选项卡“绘图”面板中的“直线”按钮和“默认”选项卡“修改”面板中的“偏移”按钮，绘制顶部操作面板轮廓，如图6-83所示。

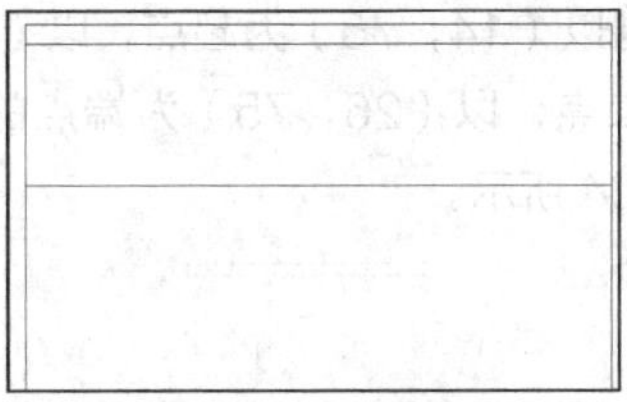

图 6-83　绘制面板轮廓

> **注意**　因该洗衣机的外观轮廓为矩形，所以还可以使用“直线”“矩形”命令来绘制。

❸ 单击“默认”选项卡“绘图”面板中的“直线”按钮，绘制洗衣粉盒子轮廓，如图 6-84 所示。

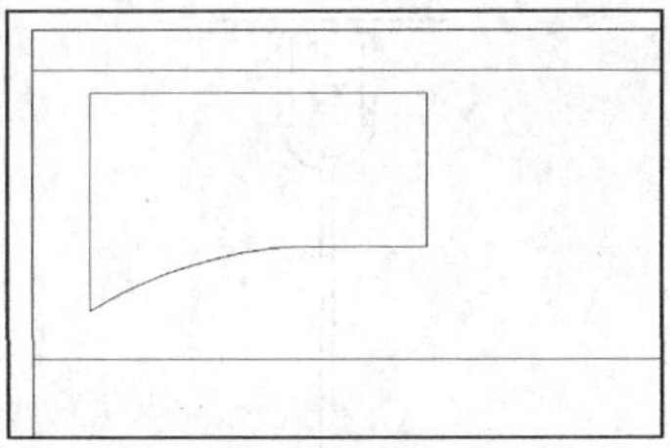

图 6-84　绘制洗衣粉盒子

❹ 单击“默认”选项卡“绘图”面板中的“矩形”按钮，在另外一侧绘制洗衣机操作按钮区域轮廓，如图 6-85 所示。

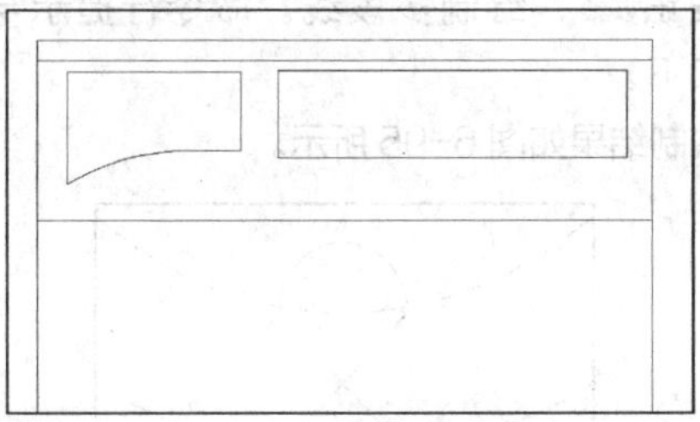

图 6-85　绘制按钮区域轮廓

❺ 单击“默认”选项卡“绘图”面板中的“多段线”按钮，在按钮区域轮廓内绘制显示区域，如图 6-86 所示。

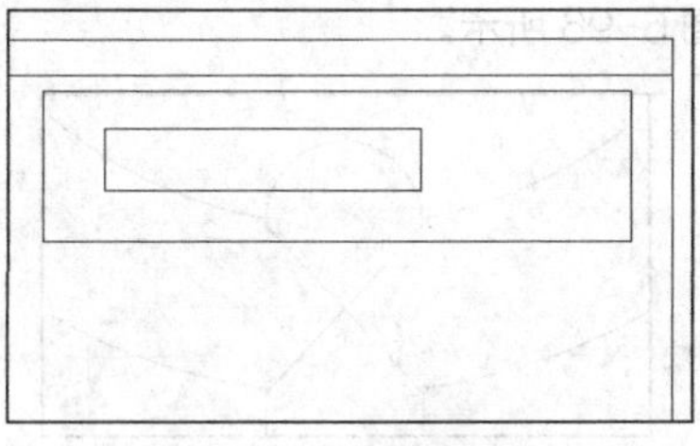

图 6-86　绘制显示区域

❻ 单击“默认”选项卡“绘图”面板中的“圆”按钮和“默认”选项卡“修改”面板中的“复制”按钮，绘制洗衣机的圆形按钮，如图 6-87 所示。

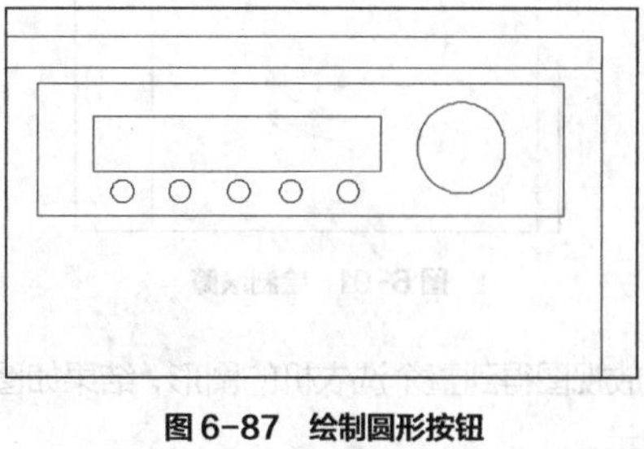

图 6-87　绘制圆形按钮

❼ 单击“默认”选项卡“绘图”面板中的“直线”按钮，绘制洗衣机底部造型，如图 6-88 所示。

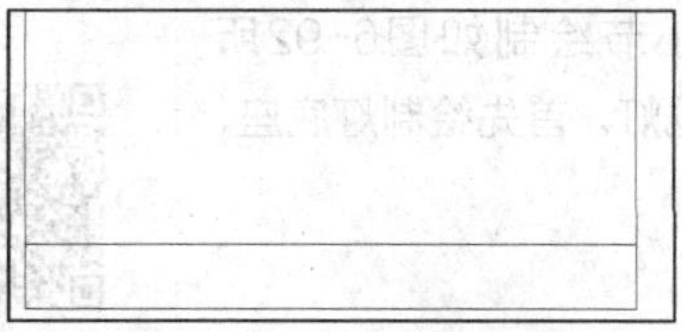

图 6-88　绘制底部造型

❽ 单击“默认”选项卡“绘图”面板中的“多段线”按钮，绘制洗衣机的滑动轮，如图 6-89 所示。

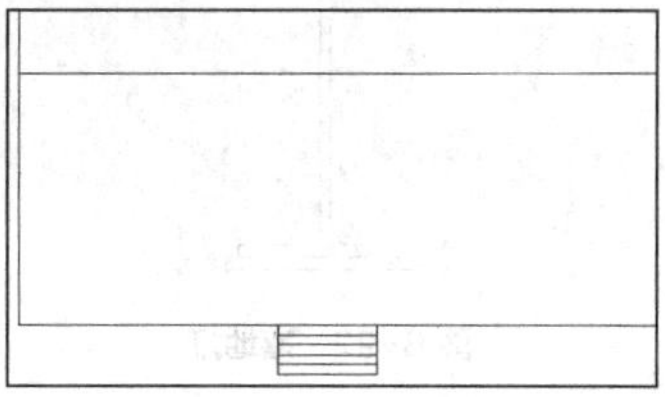

图 6-89　绘制滑动轮

❾ 单击“默认”选项卡“修改”面板中的“镜像”按钮，镜像得到洗衣机的另外一个滑动轮，如图 6-90 所示。

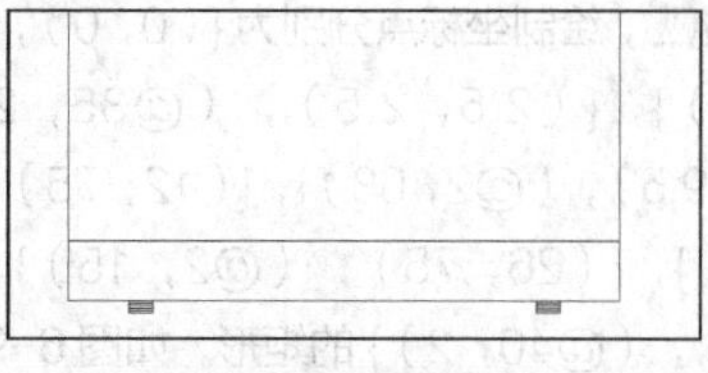

图 6-90　镜像滑动轮

❿ 单击“默认”选项卡“绘图”面板中的“圆”按钮和“默认”选项卡“修改”面板中的“偏移”

按钮，在洗衣机中部位置绘制两个同心圆，形成洗衣机的滚筒图形，如图 6-91 所示。

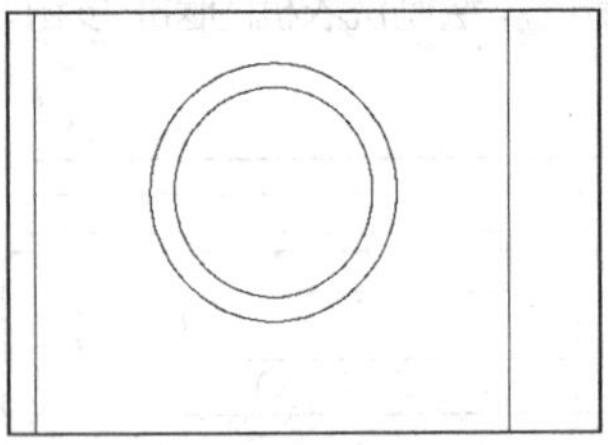

图 6-91　绘制滚筒

⑪ 缩放视图得到整个洗衣机的图形，结果如图 6-81 所示。

6.2.3 绘制落地灯

本小节绘制如图6-92所示的落地灯。首先绘制灯底座，然后

扫一扫

再绘制以（14，75）为起点，以（20，70）为第二点，以（26，75）为端点的圆弧，如图 6-94 所示。

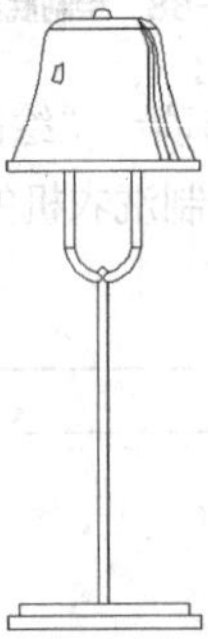

图 6-92　落地灯

STEP 绘制步骤

❶ 选择菜单栏中的“格式”→“图形界限”命令，设置图幅为 297mm×210mm。

❷ 单击“默认”选项卡“绘图”面板中的“矩形”按钮，绘制坐标点分别为{（0，0），（@40，2.5）}，{（2.5，2.5），（@35，2.5）}，{（19,5），（@2，63）}，{（12，75），（@2，15）}，{（26，75），（@2，15）}，{（0，90），（@40，2）}的矩形，如图 6-93 所示。

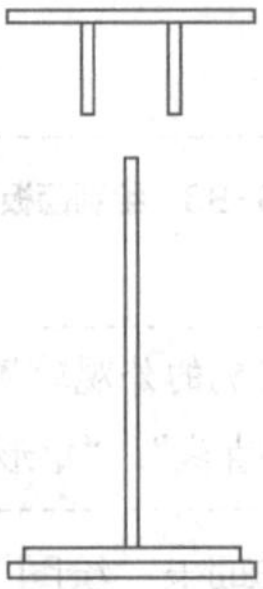

图 6-93　绘制矩形

❸ 单击“默认”选项卡“绘图”面板中的“圆弧”按钮，绘制以（12，75）为起点，以（20，68）为第二点，以（28，75）为端点的圆弧，

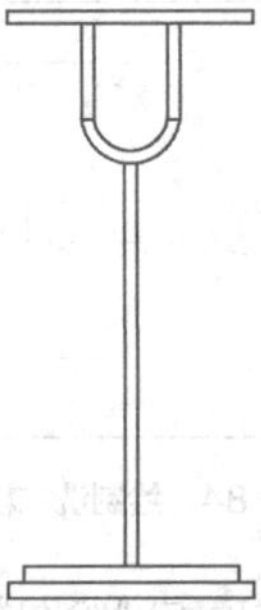

图 6-94　绘制圆弧

❹ 单击“默认”选项卡“绘图”面板中的“多段线”按钮，绘制多段线。命令行提示与操作如下。

绘制结果如图 6-95 所示。

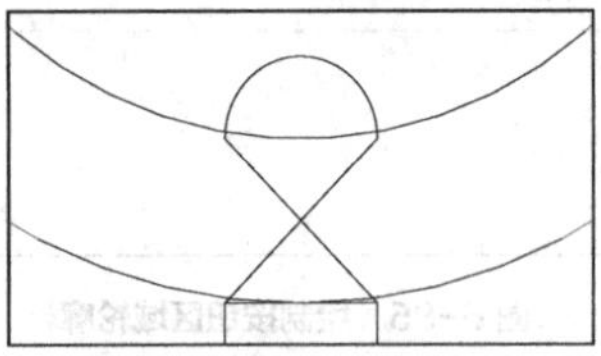

图 6-95　绘制多段线

❺ 单击“默认”选项卡“修改”面板中的“修剪”按钮，对图形中多余的线段进行修剪，结果如图 6-96 所示。

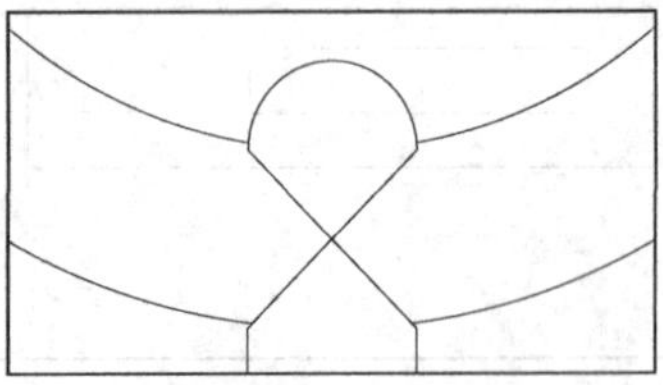

图 6-96　修剪图形

❻ 单击“默认”选项卡“绘图”面板中的“样条曲线拟合”按钮，绘制通过坐标点（1，92），（7.7，115.5），（7.8，116.2），（8.6，118），（11.2，120）与通过坐标点（39，92），（32.3，115.5），（32.2，116.2），（31.4，118），（28.8，120）的样条曲线，结果如图 6-97 所示。

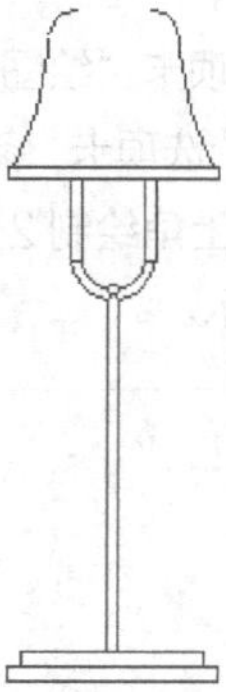

图 6-97 绘制样条曲线

❼ 单击“默认”选项卡“绘图”面板中的“直线”按钮，绘制坐标点为{（11.2，120），（28.8，120）}，{（8.6，118），（31.4，118）}的直线，如图 6-98 所示。

❽ 单击“默认”选项卡“绘图”面板中的“圆弧”按钮，绘制以（18，120）为起点，以（20，122）为第二点，以（22，120）为端点的圆弧，如图 6-99 所示。

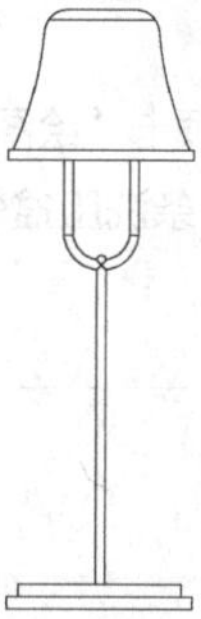

图 6-98 绘制直线

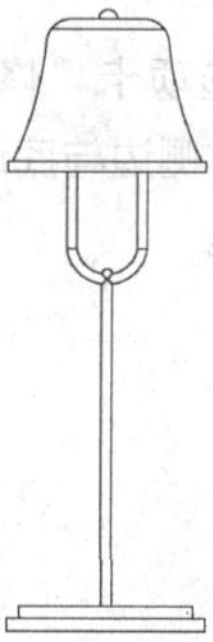

图 6-99 绘制圆弧

❾ 单击“默认”选项卡“绘图”面板中的“样条曲线拟合”按钮和“直线”按钮，细化灯罩图形，结果如图 6-92 所示。

❿ 单击快速访问工具栏中的“保存”按钮，将绘制完成的图形以“落地灯 .dwg”为文件名保存在指定的路径中。

6.3 绘制洁具和厨具平面布置图

根据洗脸盆造型特点，先绘制洗脸盆外部轮廓线，再绘制内部轮廓线，接着创建洗脸盆的水龙头造型，然后勾画一些细部造型，如开关按钮、排水口等。而对于燃气灶造型，先创建燃气灶外侧和内侧的矩形轮廓线，然后绘制内部支架造型，最后绘制点火开关。其他一些类似家具设施，按照相同方法绘制。

6.3.1 绘制洗脸盆

本小节介绍如图6-100所示的洗脸盆的绘制方法与技巧。

扫一扫

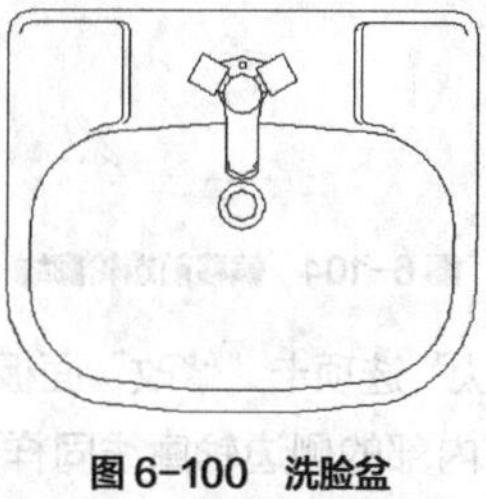

图 6-100 洗脸盆

STEP 绘制步骤

❶ 单击“默认”选项卡“绘图”面板中的“直线”按钮，绘制 3 条洗脸盆轮廓线，如图 6-101 所示。

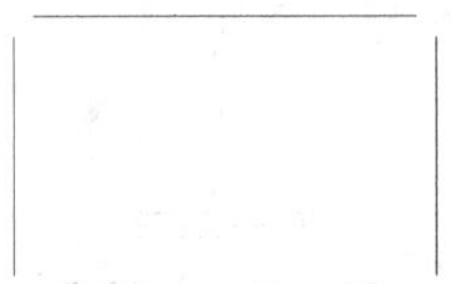

图 6-101 创建轮廓线

❷ 单击“默认”选项卡“修改”面板中的“圆角”按钮，对侧边与底边轮廓线倒圆角，如图 6-102 所示。

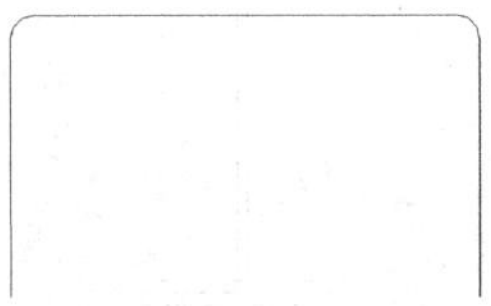

图 6-102 倒圆角

❸ 单击“默认”选项卡“绘图”面板中的“圆弧”按钮和“默认”选项卡“修改”面板中的“镜像”按钮，绘制洗脸盆前端轮廓线，如图 6-103 所示。

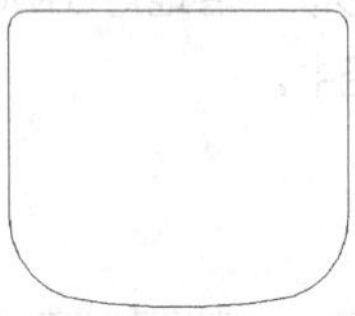

图 6-103 绘制前端轮廓线

❹ 单击“默认”选项卡“修改”面板中的“偏移”按钮，对前端轮廓线进行偏移，得到内部的前端轮廓线，如图 6-104 所示。

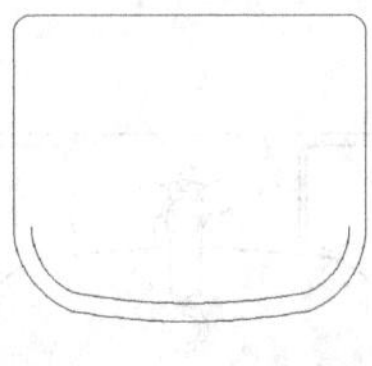

图 6-104 偏移前端轮廓线

❺ 单击“默认”选项卡“修改”面板中的“偏移”按钮，内部的侧边轮廓线同样可以采用偏移方法得到，如图 6-105 所示。

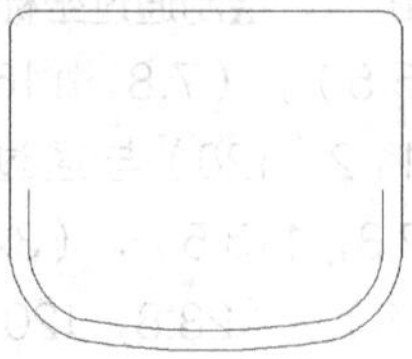

图 6-105 偏移得到内部的侧边轮廓线

❻ 单击“默认”选项卡“绘图”面板中的“圆弧”按钮和“默认”选项卡“修改”面板中的“镜像”按钮，在内部上角绘制 2 条不同方向的弧线，如图 6-106 所示。

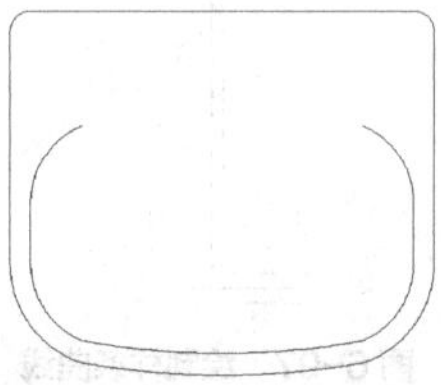

图 6-106 绘制内部上角弧线

❼ 单击“默认”选项卡“绘图”面板中的“圆弧”按钮，连接上一步绘制的 2 条弧线，形成洗脸盆大轮廓，如图 6-107 所示。

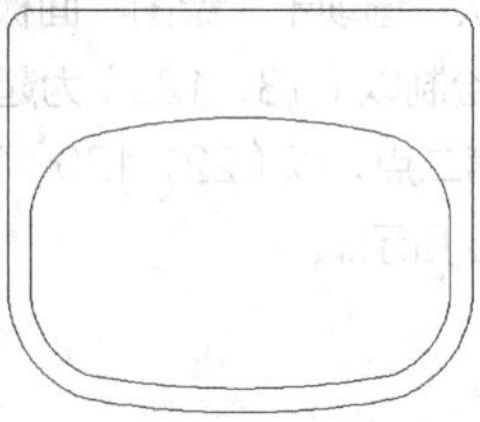

图 6-107 连接弧线

❽ 单击“默认”选项卡“绘图”面板中的“圆”按钮，在内轮廓线上方绘制一个小圆形，作为水龙头造型，如图 6-108 所示。

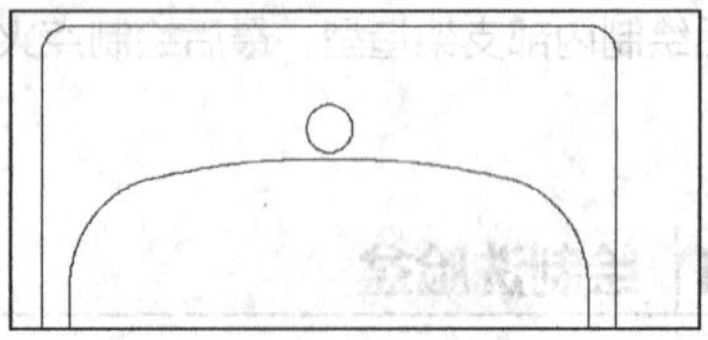

图 6-108 绘制小圆形

❾ 单击“默认”选项卡“绘图”面板中的“多段线”按钮和“直线”按钮，绘制洗脸盆的水龙头开关旋钮造型，如图 6-109 所示。

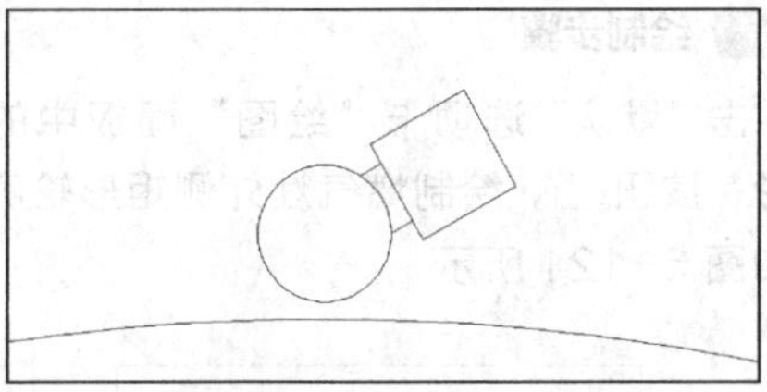

图 6-109 绘制水龙头开关旋钮

⑩ 单击“默认”选项卡“修改”面板中的“镜像”按钮，得到另外一侧的水龙头开关旋钮，如图 6-110 所示。

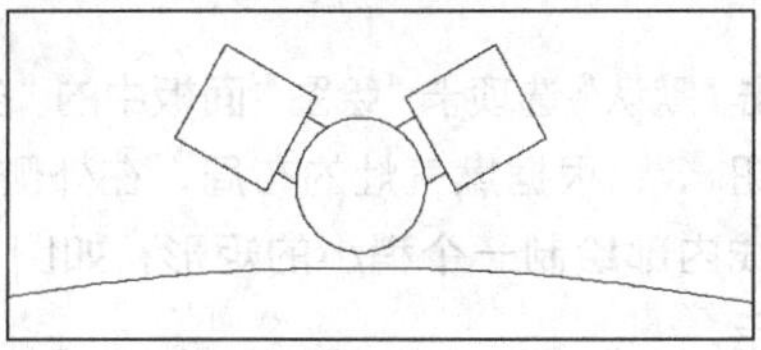

图 6-110 镜像水龙头开关旋钮

⑪ 单击“默认”选项卡“绘图”面板中的“圆”按钮和“圆弧”按钮，在洗脸盆的水龙头造型上侧，细化水龙头开关按钮造型，如图 6-111 所示。

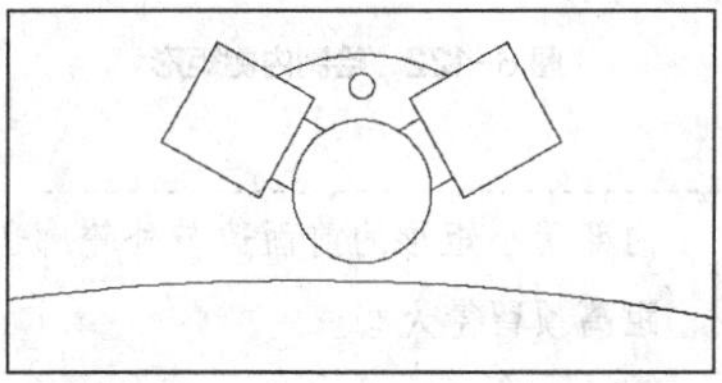

图 6-111 细化水龙头开关按钮造型

⑫ 单击“默认”选项卡“绘图”面板中的“圆弧”按钮和“直线”按钮，绘制水龙头出水嘴轮廓线，如图 6-112 所示。

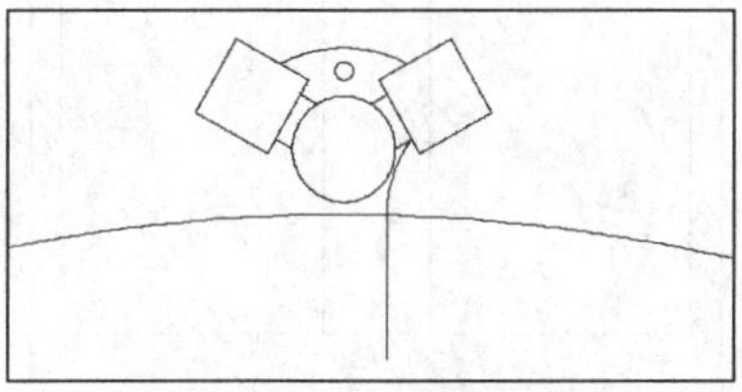

图 6-112 绘制出水嘴轮廓线

⑬ 单击“默认”选项卡“修改”面板中的“镜像”按钮，对出水嘴轮廓线进行镜像，得到对称图形，如图 6-113 所示。

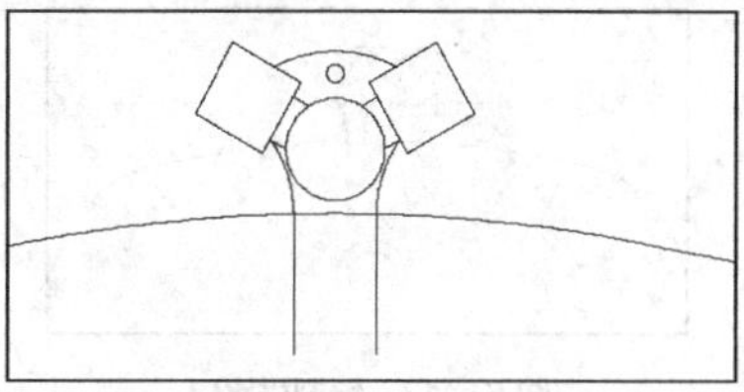

图 6-113 镜像出水嘴轮廓线

⑭ 单击“默认”选项卡“修改”面板中的“修剪”按钮，对出水嘴内侧的图线进行修剪，如图 6-114 所示。

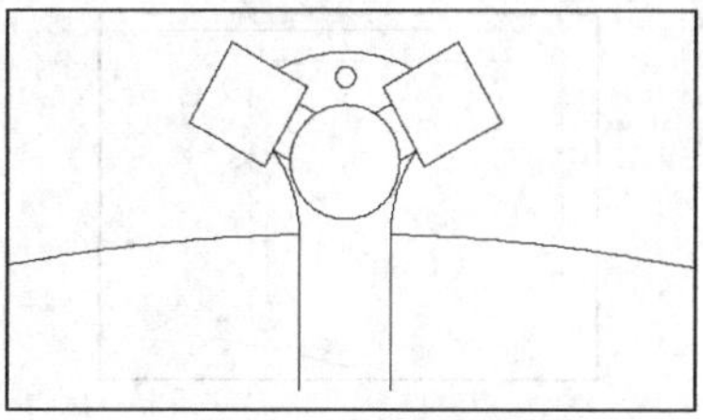

图 6-114 修剪图线

⑮ 单击“默认”选项卡“绘图”面板中的“圆弧”按钮，绘制出水嘴前端弧线，如图 6-115 所示。

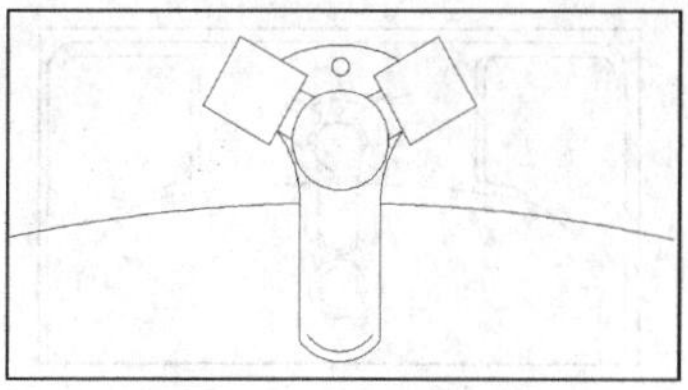

图 6-115 绘制前端弧线

⑯ 缩放视图，单击“默认”选项卡“绘图”面板中的“圆弧”按钮和“默认”选项卡“修改”面板中的“镜像”按钮，在出水嘴前侧面绘制两条弧线，如图 6-116 所示。

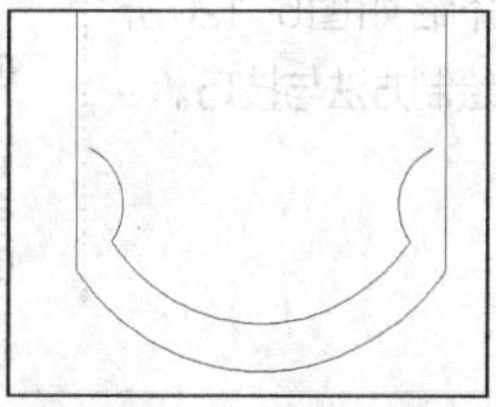

图 6-116 绘制前侧面弧线

⑰ 单击“默认”选项卡“绘图”面板中的“圆”按钮和“默认”选项卡“修改”面板中的“偏移”按钮，在出水嘴前面绘制两个同心圆，作为洗脸盆的排水口，如图 6-117 所示。

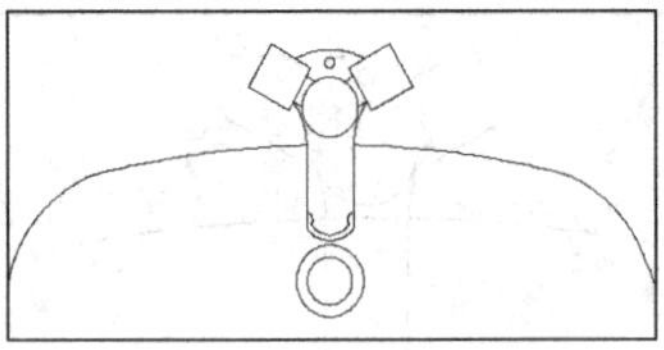

图 6-117　绘制排水口

⑱ 单击“标准”工具栏中的“实时平移”按钮，并单击“默认”选项卡“绘图”面板中的“圆弧”按钮和“直线”按钮，在洗脸盆左上部绘制其细部造型，如图 6-118 所示。

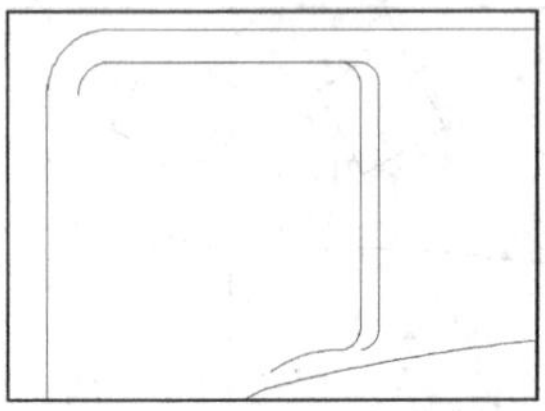

图 6-118　绘制细部造型

⑲ 单击“默认”选项卡“修改”面板中的“镜像”按钮，镜像得到另外一侧相同的细部造型，如图 6-119 所示。

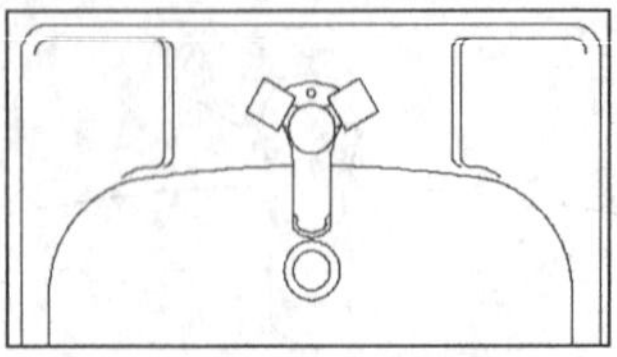

图 6-119　得到另外一侧细部造型

⑳ 完成洗脸盆的绘制，缩放视图观察其效果，如图 6-100 所示。

6.3.2 绘制燃气灶

本小节介绍如图6-120所示的燃气灶的绘制方法与技巧。

扫一扫

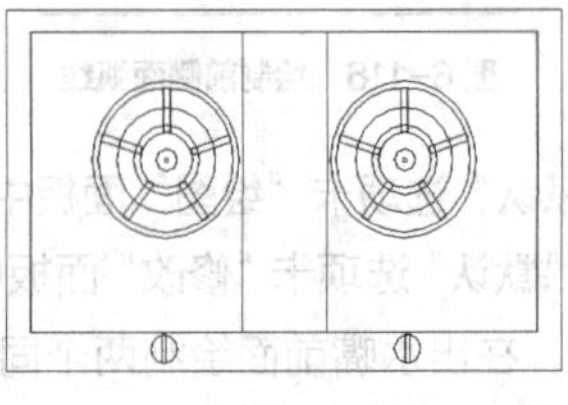

图 6-120　燃气灶

STEP 绘制步骤

❶ 单击“默认”选项卡“绘图”面板中的“矩形”按钮，绘制燃气灶外侧矩形轮廓线，如图 6-121 所示。

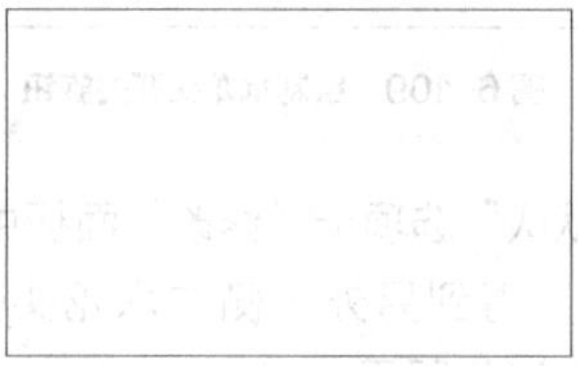

图 6-121　绘制燃气灶外轮廓

❷ 单击“默认”选项卡“绘图”面板中的“多段线”按钮，根据燃气灶的布局，在外侧矩形轮廓线内部绘制一个稍小的矩形，如图 6-122 所示。

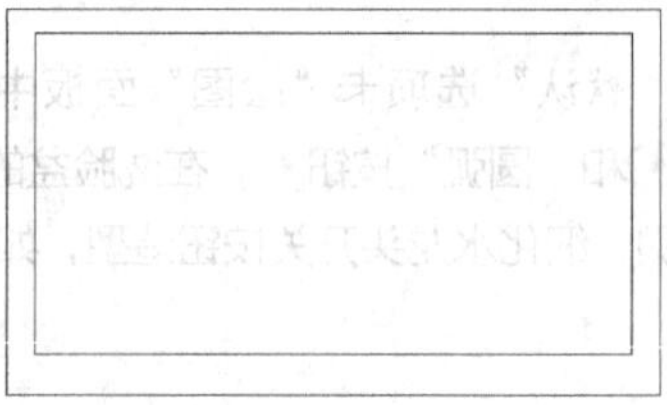

图 6-122　绘制内侧矩形

> 注意　内部稍小矩形的前面边与外轮廓边之间的距离预留得大些。

❸ 单击“默认”选项卡“绘图”面板中的“直线”按钮和“默认”选项卡“修改”面板中的“镜像”按钮，在中部位置绘制两条直线，如图 6-123 所示。

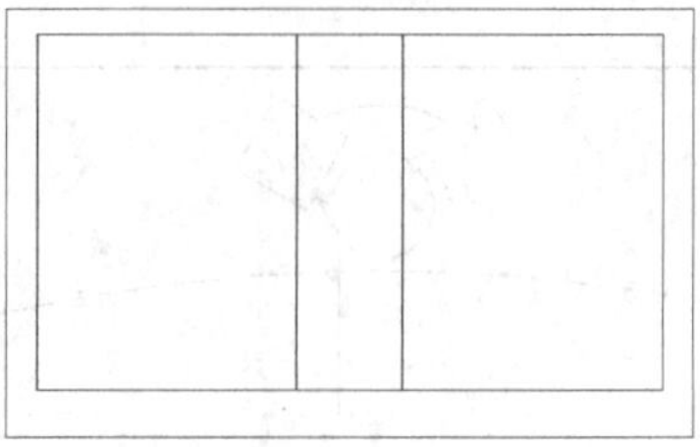

图 6-123　绘制两条直线

❹ 单击“默认”选项卡“绘图”面板中的“圆”按钮，绘制一个圆形作为支架轮廓线，如图 6-124 所示。

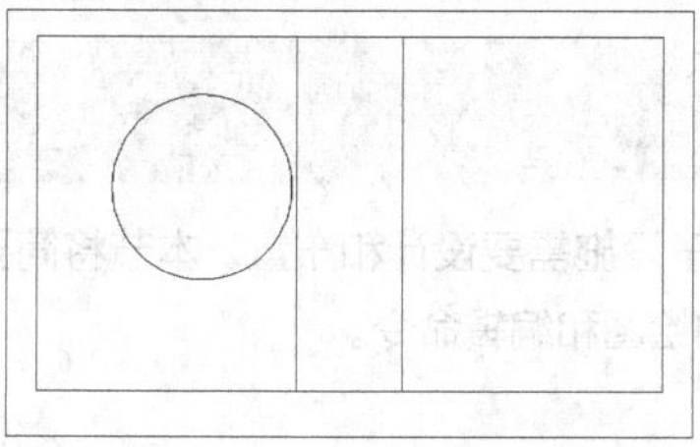

图 6-124 绘制一个圆形

❺ 单击"默认"选项卡"修改"面板中的"偏移"按钮，偏移得到多个不同大小的同心圆，如图 6-125 所示。

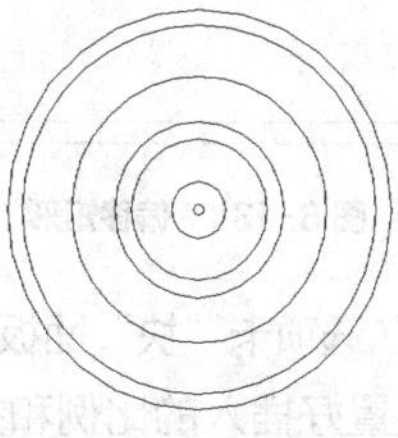

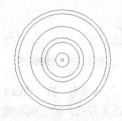

图 6-125 偏移得到多个同心圆

❻ 单击"默认"选项卡"绘图"面板中的"多段线"按钮，在同心圆上部绘制一个矩形作为支架的支撑骨架，如图 6-126 所示。

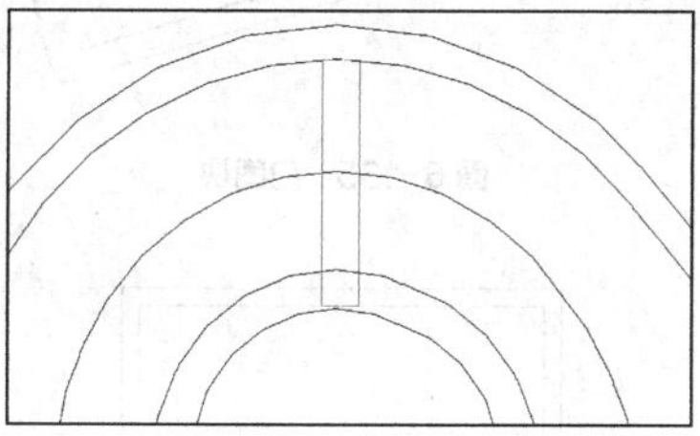

图 6-126 绘制支撑骨架

❼ 单击"默认"选项卡"修改"面板中的"环形阵列"按钮，阵列得到整个支架中的支撑骨架，如图 6-127 所示。

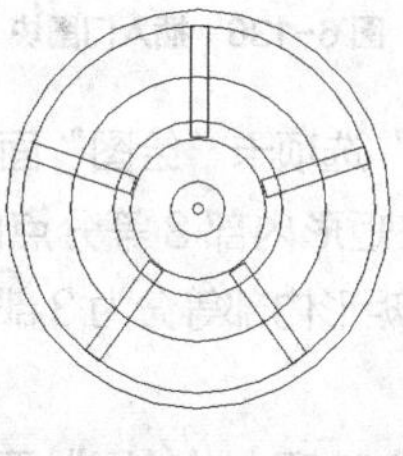

图 6-127 阵列支撑骨架

❽ 单击"默认"选项卡"修改"面板中的"镜像"按钮，镜像得到另外一侧相同的支架，如图 6-128 所示。

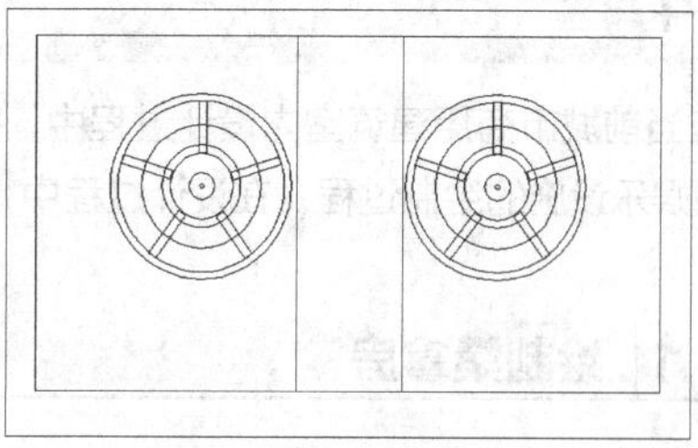

图 6-128 镜像支架

❾ 单击"默认"选项卡"绘图"面板中的"圆"按钮，绘制燃气灶点火开关轮廓线，如图 6-129 所示。

❿ 单击"默认"选项卡"绘图"面板中的"多段线"按钮，创建燃气灶点火开关中间矩形，如图 6-130 所示。

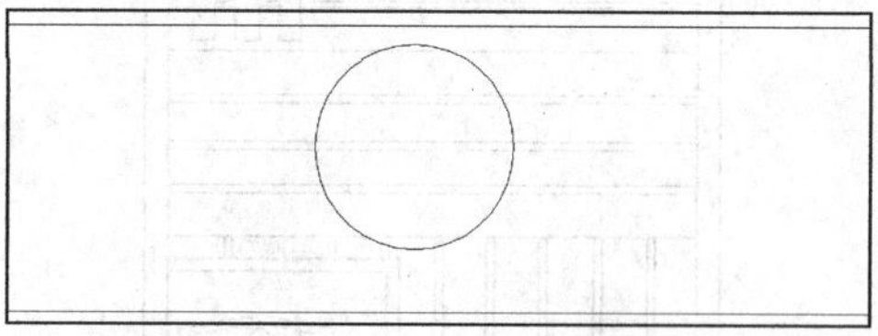

图 6-129 绘制点火开关轮廓线

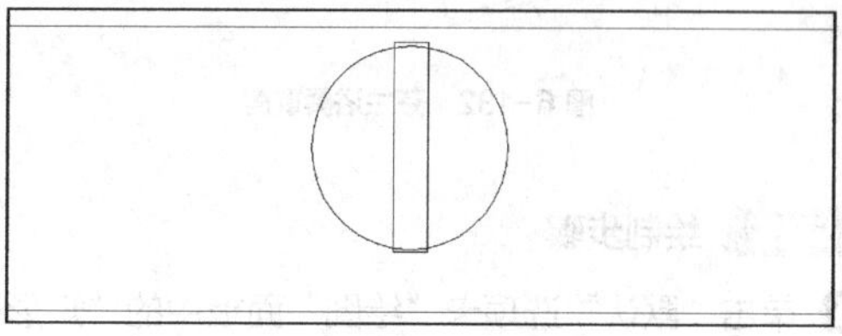

图 6-130 绘制点火开关中间矩形

⓫ 单击"默认"选项卡"修改"面板中的"镜像"按钮，镜像得到另外一侧的点火开关，如图 6-131 所示。

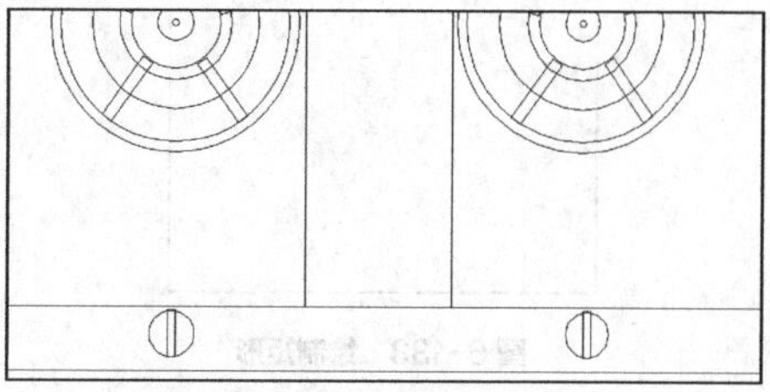

图 6-131 镜像点火开关

⓬ 完成燃气灶绘制，缩放视图进行观察，结果如图 6-120 所示。

6.4 绘制休闲娱乐平面布置图

在当前城市商用建筑室内设计过程中，有大量的室内休闲娱乐设施需要设计和布置。本节将简要讲述这些休闲娱乐设施的绘制过程。在设计过程中，主要用到各种基本的绘图和编辑命令。

6.4.1 绘制桑拿房

桑拿浴的房间可以设计成方形、菱形、八角形等各种形状。本小节以如图6-132所示的芬兰浴桑拿房为例，介绍桑拿房的绘制方法和技巧。

扫一扫

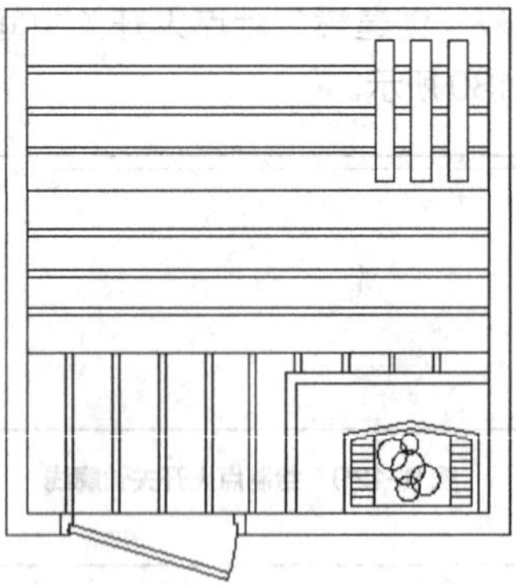

图 6-132 芬兰浴桑拿房

STEP 绘制步骤

❶ 单击“默认”选项卡“绘图”面板中的“矩形”按钮，绘制一个边长为 1500×1500 的矩形，如图 6-133 所示。

图 6-133 绘制矩形

❷ 单击“默认”选项卡“修改”面板中的“偏移”按钮，将矩形向内偏移 60，如图 6-134 所示。

图 6-134 偏移矩形

❸ 单击“插入”选项卡“块”面板中的“插入块”按钮，设置好插入的比例和插入点，在矩形下侧边缘插入门图块。门图块如图 6-135 所示，插入后的结果如图 6-136 所示。

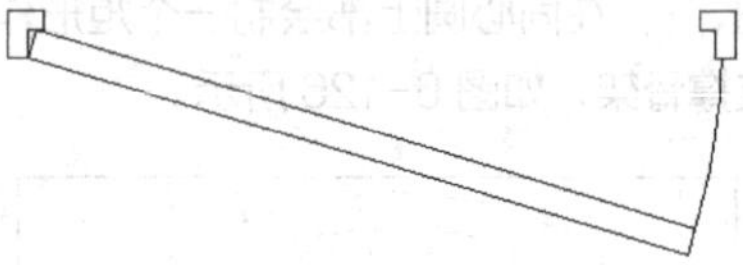

图 6-135 门图块

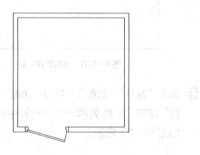

图 6-136 插入门图块

❹ 单击“默认”选项卡“绘图”面板中的“直线”按钮，在矩形内部 3 等分点的位置，绘制水平直线，将矩形内部等分为 3 部分，如图 6-137 所示。

❺ 单击“默认”选项卡“绘图”面板中的“矩形”按钮，在上部绘制 3 个边长为 60×400 的矩形，作为桑拿房中的小座椅，如图 6-138 所示。

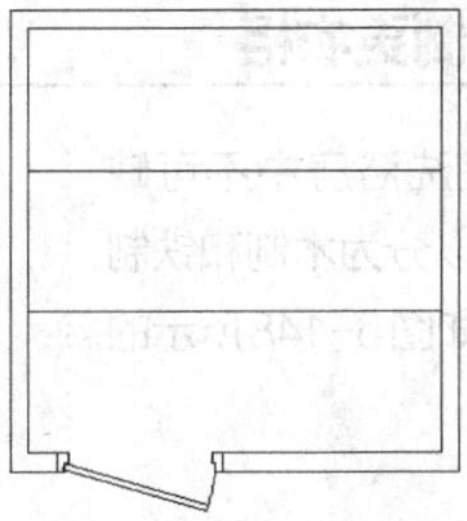

图 6-137 绘制等分直线

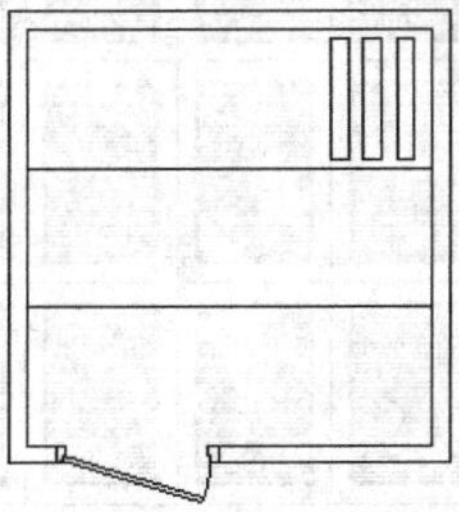

图 6-138 绘制小座椅

❻ 选择菜单栏中的“格式”→“多线样式”命令，新建多线样式“样式一”，将多线按图 6-139 所示进行设置。单击新建的多线样式，在图中绘制地板线，如图 6-140 所示。

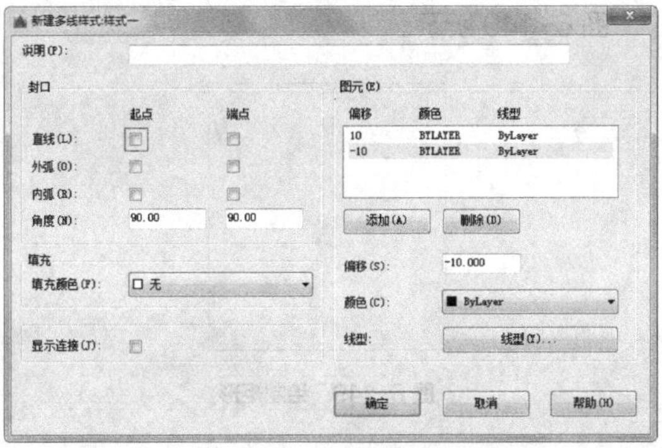

图 6-139 设置多线样式

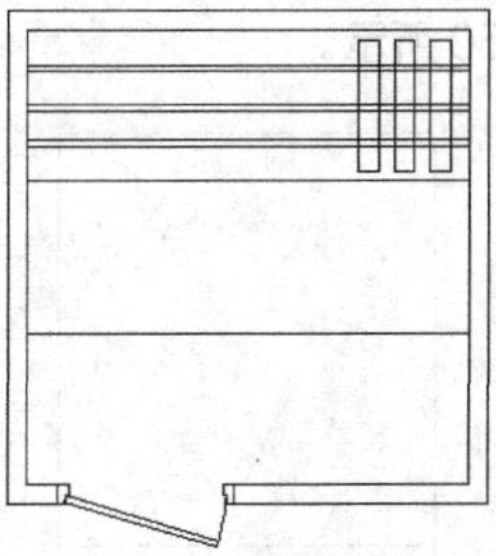

图 6-140 绘制地板线

❼ 由于小座椅在地板的上部，单击“默认”选项卡“修改”面板中的“修剪”按钮，将座椅所覆盖的地板线删除，如图 6-141 所示。用同样的方法，绘制其他区域的地板线，如图 6-142 所示。

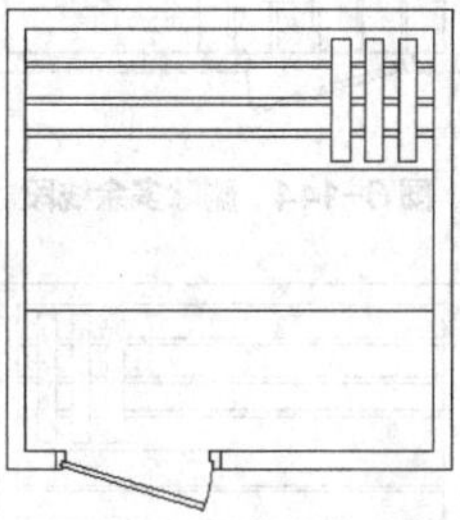

图 6-141 删除多余线段

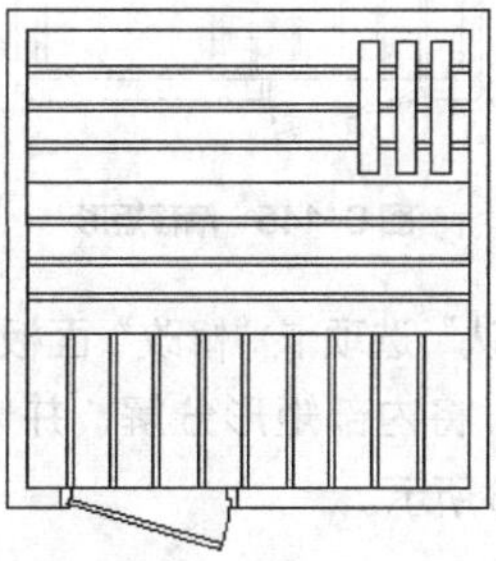

图 6-142 绘制其他地板线

❽ 芬兰浴桑拿房中重要的设施是炭炉，单击“默认”选项卡“绘图”面板中的“矩形”按钮，绘制边长为 600×400 的矩形，如图 6-143 所示。

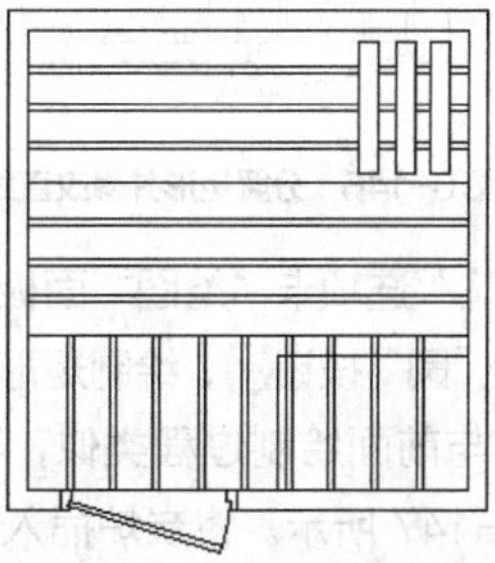

图 6-143 绘制矩形

❾ 单击“默认”选项卡“修改”面板中的“修剪”按钮，将矩形内部的线段删除，如图 6-144 所示。

❿ 单击“默认”选项卡“修改”面板中的“偏移”按钮，将矩形向内侧偏移 30，如图 6-145 所示。

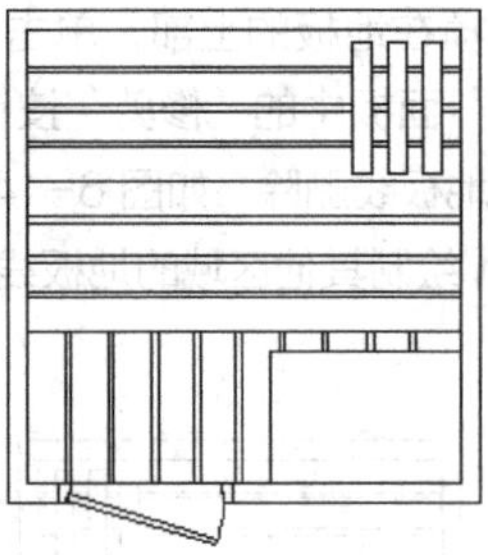

图 6-144　删除多余线段

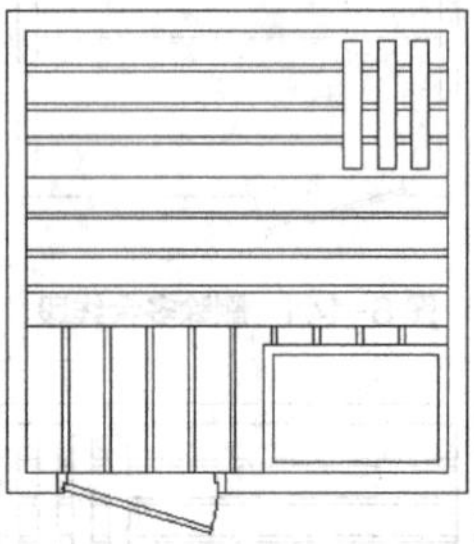

图 6-145　偏移矩形

⑪ 单击“默认”选项卡“修改”面板中的“分解”按钮，将内部矩形分解，并修改直线，如图 6-146 所示。

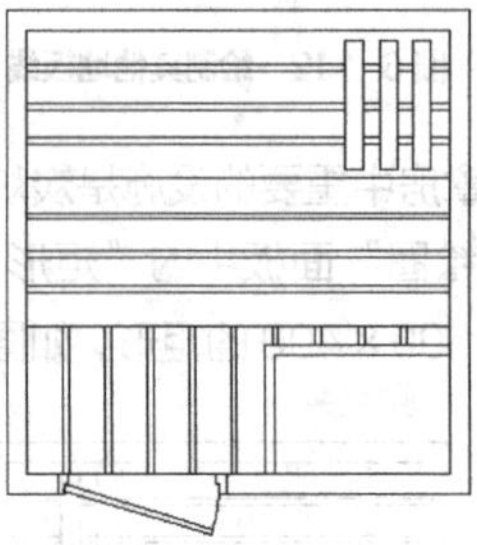

图 6-146　分解矩形并修改直线

⑫ 单击“默认”选项卡“绘图”面板中的“直线”按钮和“圆”按钮，绘制矩形内部的炭炉，具体细节与前面绘制过程类似，不再赘述，结果如图 6-147 所示。将炭炉插入图中右下角，芬兰浴桑拿房绘制完成，结果如图 6-132 所示。

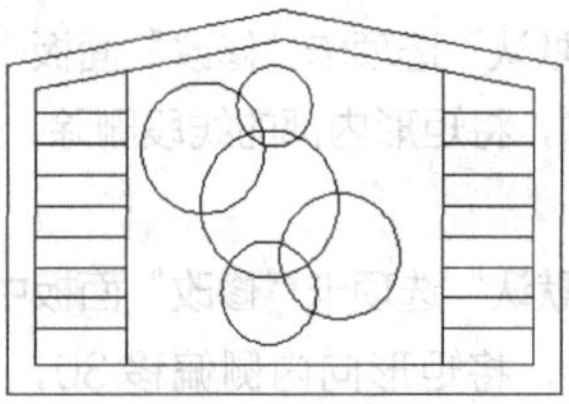

图 6-147　炭炉

6.4.2 绘制更衣柜

更衣柜是洗浴房中不可缺少的设施，可以分为木制和铁制等，本节绘制如图6-148所示的更衣柜。

扫一扫

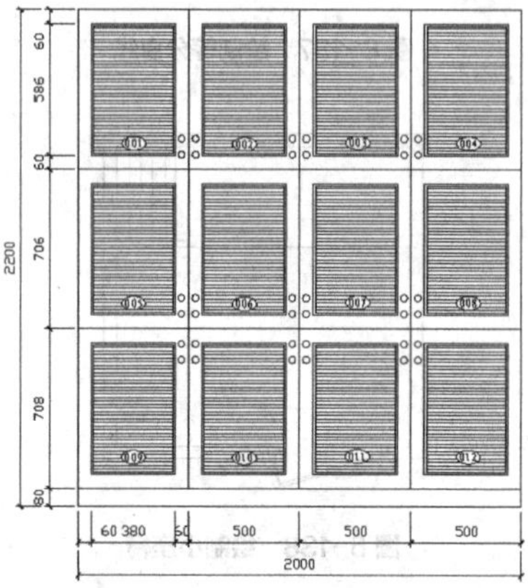

图 6-148　更衣柜

STEP 绘制步骤

❶ 单击“默认”选项卡“绘图”面板中的“矩形”按钮，绘制边长为 2000×2200 的矩形，如图 6-149 所示。

图 6-149　绘制矩形

❷ 单击“默认”选项卡“绘图”面板中的“直线”按钮，在距离底边 80 的位置绘制水平直线，如图 6-150 所示。

图 6-150　绘制直线

❸ 单击“默认”选项卡“修改”面板中的“复制”按钮，将直线向上复制两次，间隔分别为708和706，如图6-151所示。

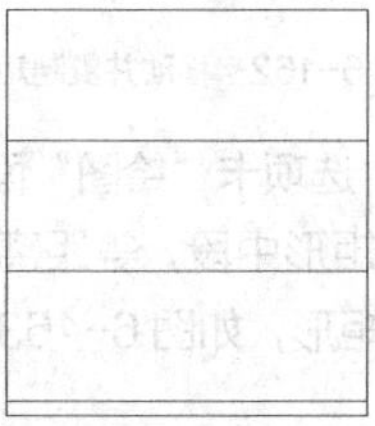

图 6-151 复制直线

❹ 在命令行中输入“divide”命令，将最下方的水平直线等分为4份。单击“默认”选项卡“绘图”面板中的“直线”按钮，绘制3条竖直等分线，如图6-152所示。

图 6-152 绘制等分线

❺ 单击“默认”选项卡“绘图”面板中的“矩形”按钮，在左上角的方格中，绘制边长为380×586的矩形，如图6-153所示。

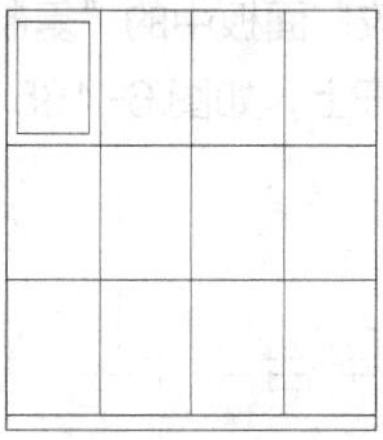

图 6-153 绘制矩形

❻ 单击“默认”选项卡“修改”面板中的“偏移”按钮，将矩形向内侧偏移10，如图6-154所示。

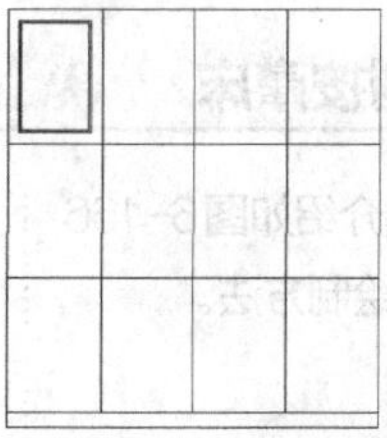

图 6-154 偏移矩形

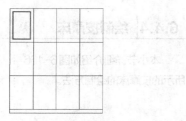

❼ 单击“默认”选项卡“绘图”面板中的“图案填充”按钮，按图6-155所示设置，在矩形内部单击鼠标左键，然后按Enter键进行填充，如图6-156所示。

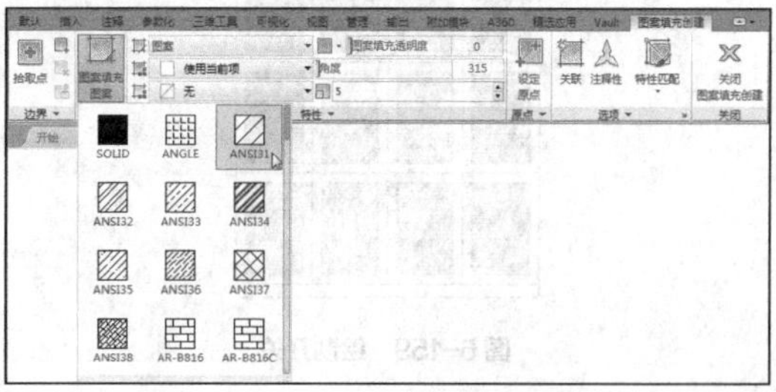

图 6-155 填充图案设置

图 6-156 填充矩形

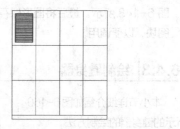

❽ 单击“默认”选项卡“修改”面板中的“矩形阵列”按钮，选择刚刚绘制的矩形和填充图案，设置行数为1，列数为4，列间距为500，阵列图形，如图6-157所示。

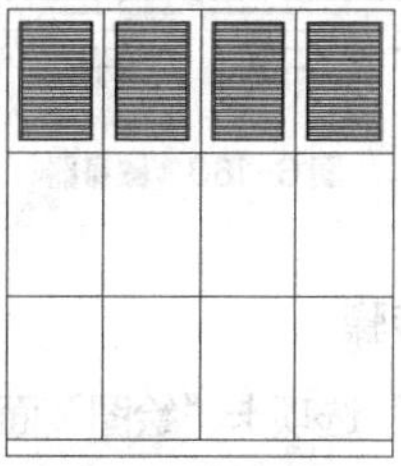

图 6-157 阵列图形

❾ 单击“默认”选项卡“修改”面板中的“复制”按钮，复制图形，如图6-158所示。

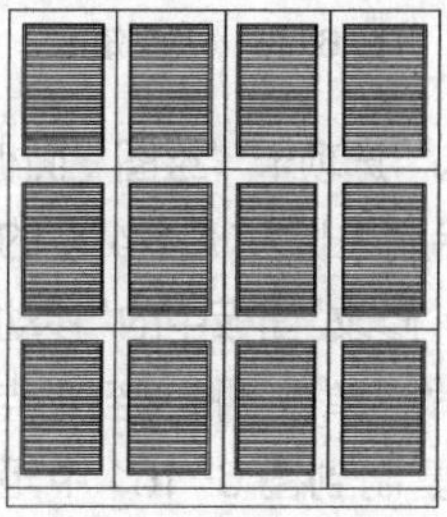

图 6-158 复制图形

⑩ 单击“默认”选项卡“绘图”面板中的“圆”按钮，在柜门的角部绘制直径为 30 的圆，作为柜门的开关，如图 6-159 所示。

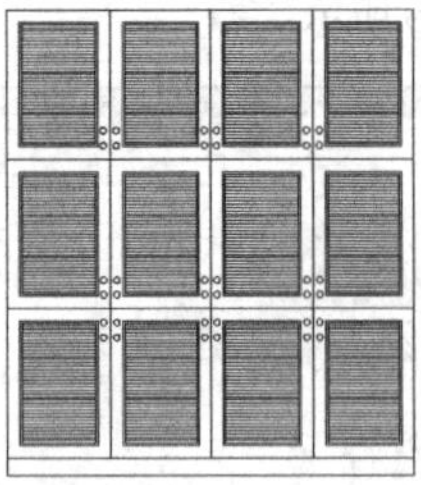

图 6-159 绘制开关

⑪ 在图中绘制柜门编号并进行尺寸标注，结果如图 6-148 所示。最后将图形保存为“更衣柜”图块，以便调用。

6.4.3 绘制健身器

本小节详细介绍如图6-160所示的健身器的绘制方法。

扫一扫

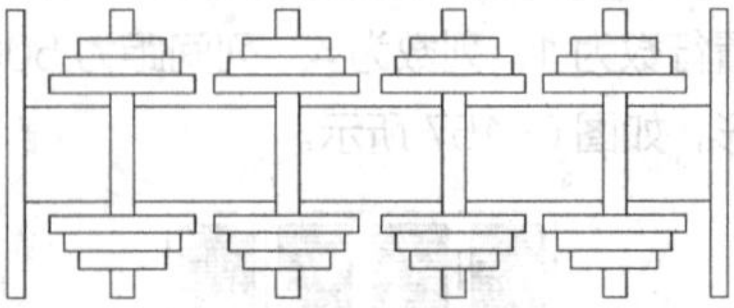

图 6-160 健身器

STEP 绘制步骤

❶ 单击“默认”选项卡“绘图”面板中的“矩形”按钮，绘制边长为 1250×160 的矩形，如图 6-161 所示。

图 6-161 绘制矩形

❷ 单击“默认”选项卡“绘图”面板中的“矩形”按钮，绘制边长为30×480的矩形。单击“默认”选项卡“修改”面板中的“移动”按钮和“复制”按钮，单击“捕捉到中点”按钮，将其移动并复制到图 6-161 中矩形的两端，如图 6-162 所示。

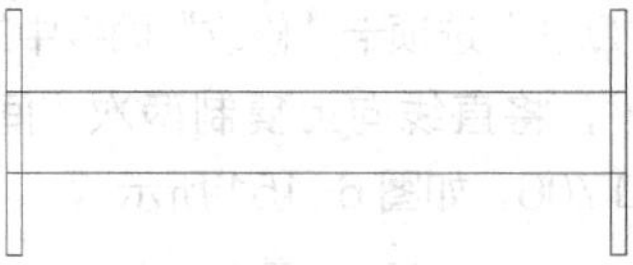

图 6-162 移动并复制矩形

❸ 单击“默认”选项卡“绘图”面板中的“矩形”按钮，在矩形中段，等距离绘制 4 个边长为 40×480 的矩形，如图 6-163 所示。

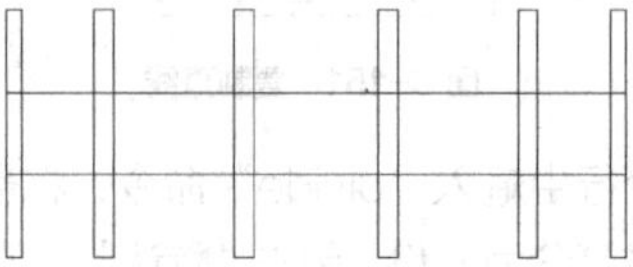

图 6-163 绘制矩形

❹ 单击“默认”选项卡“绘图”面板中的“矩形”按钮，在中部矩形的一侧分别绘制边长为 250×30、200×30、150×30 的矩形作为杠铃盘，如图 6-164 所示。

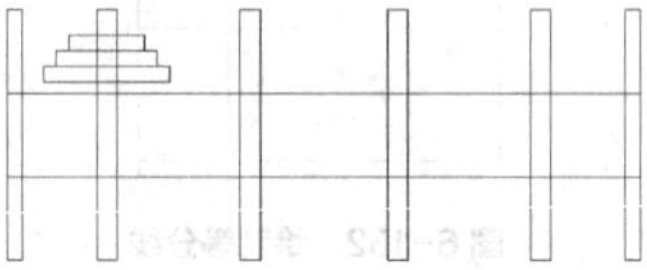

图 6-164 绘制杠铃盘

❺ 单击“默认”选项卡“修改”面板中的“镜像”按钮，将杠铃盘镜像到另外一侧，再单击“默认”选项卡“修改”面板中的“复制”按钮，复制到其他杠铃杆上，如图 6-165 所示。

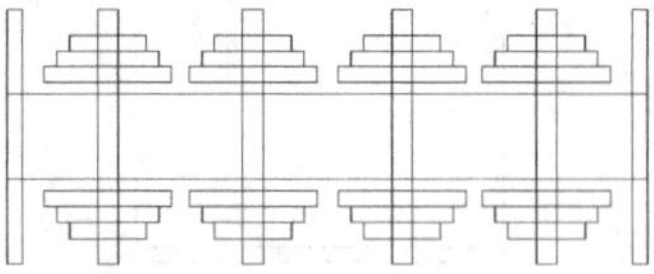

图 6-165 复制杠铃盘

❻ 单击“默认”选项卡“修改”面板中的“修剪”按钮，删除多余覆盖的直线，结果如图 6-160 所示。将图形保存为“健身器”图块，以便调用。

6.4.4 绘制按摩床

本小节详细介绍如图6-166所示的按摩床的绘制方法。

扫一扫

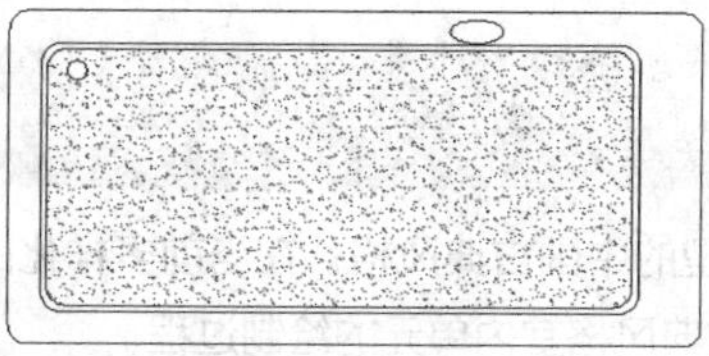

图 6-166 按摩床

STEP 绘制步骤

❶ 单击“默认”选项卡“绘图”面板中的“矩形”按钮，绘制边长为 2210×1040 的矩形，如图 6-167 所示。

图 6-167 绘制矩形

❷ 单击“默认”选项卡“修改”面板中的“偏移”按钮，将矩形向内侧偏移 100，如图 6-168 所示。

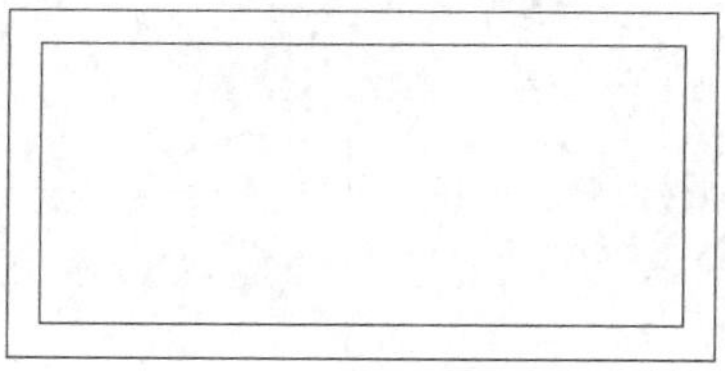

图 6-168 偏移矩形

❸ 单击“默认”选项卡“绘图”面板中的“矩形”按钮，以内部矩形左下角为起点，绘制边长为 1910×840 的矩形，并删除内部的矩形，如图 6-169 所示。

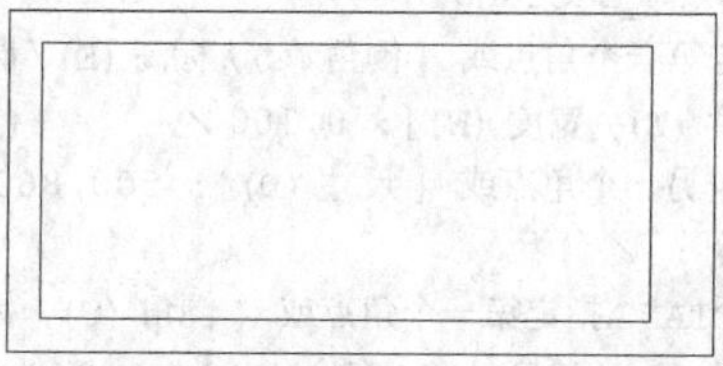

图 6-169 绘制新矩形

❹ 单击“默认”选项卡“修改”面板中的“偏移”按钮，将内部的矩形向内偏移 20，如图 6-170 所示。

图 6-170 偏移内部矩形

❺ 单击“默认”选项卡“修改”面板中的“圆角”按钮，将所有矩形的角进行倒圆角，半径为 60，如图 6-171 所示。

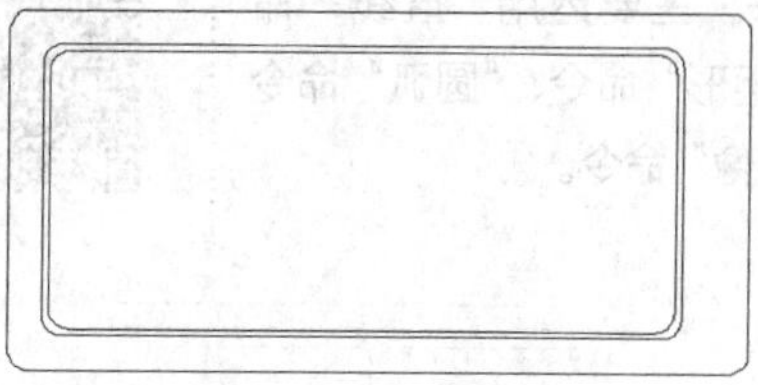

图 6-171 倒圆角

❻ 单击“默认”选项卡“绘图”面板中的“圆”按钮，在内部矩形的左上角绘制半径为 30 的圆，作为排气孔。单击“默认”选项卡“绘图”面板中的“椭圆”按钮，在外部矩形的上侧边缘绘制椭圆，如图 6-172 所示。

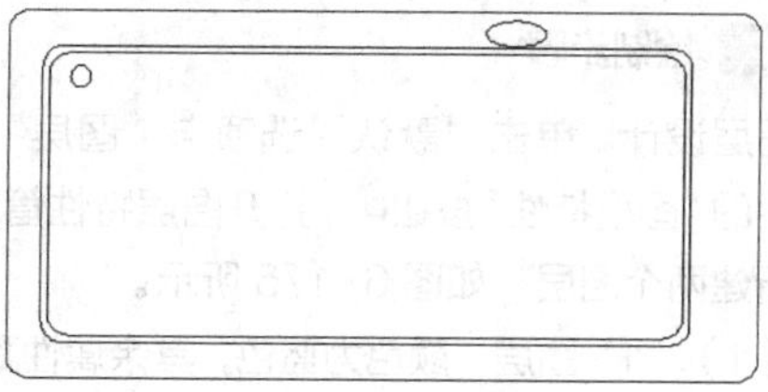

图 6-172 绘制圆和椭圆

❼ 单击“默认”选项卡“绘图”面板中的“图案填充”按钮，按如图 6-173 所示进行设置，在内部矩形中单击鼠标左键，回车确认，填充效果如图 6-166 所示。将图形保存为“按摩床”图块，以便调用。

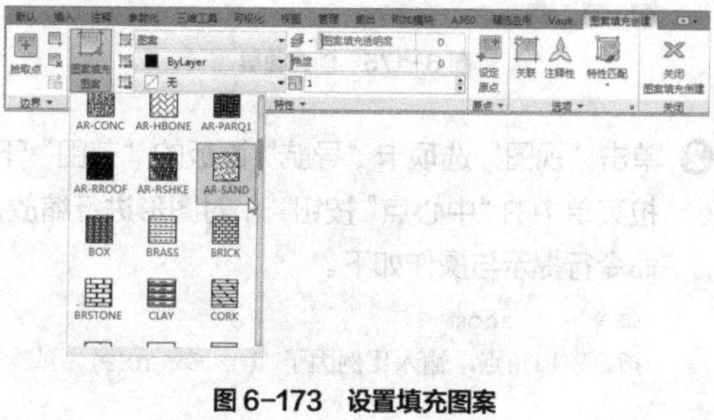

图 6-173 设置填充图案

6.5 绘制古典风格室内单元

我们国家有着悠久的文明历史，其室内建筑装饰也形成了典型的中国古典风格。在当前多样化的建筑室内风格中，古典风格别具一格，有大量的应用。本节将简要讲述古典风格室内单元的绘制过程。

6.5.1 绘制柜子

本节绘制如图6-174所示的柜子，主要运用“直线”命令、“矩形”命令、“圆弧”命令和“镜像”命令。

扫一扫

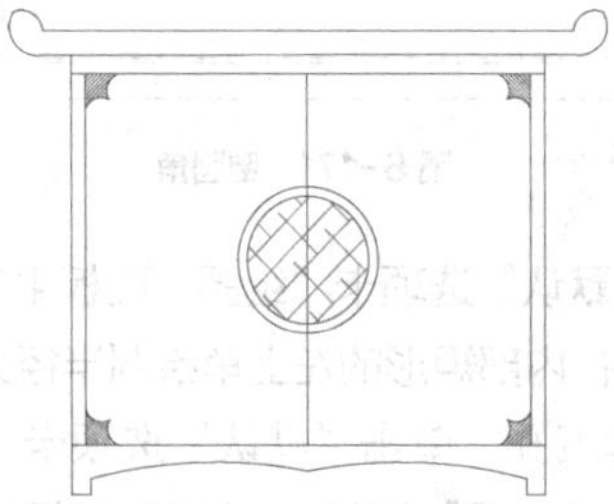

图 6-174　柜子

STEP 绘制步骤

❶ 图层设计。单击“默认”选项卡“图层”面板中的“图层特性”按钮，打开图层特性管理器，新建两个图层，如图 6-175 所示。

（1）“1”图层，颜色为蓝色，其余属性默认。

（2）“2”图层，颜色为白色，其余属性默认。

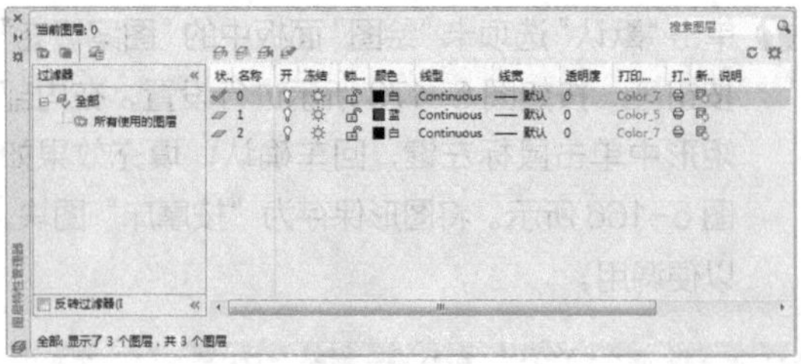

图 6-175　创建图层

❷ 单击“视图”选项卡“导航”面板的“范围”下拉菜单中的“中心点”按钮，对图形进行缩放。命令行提示与操作如下。

```
命令：'_zoom
指定窗口角点，输入比例因子 (nX 或 nXP)，或
[全部 (A)/中心点 (C)/动态 (D)/范围 (E)/上一个 (P)/比例 (S)/窗口 (W)] <实时>：_c
指定中心点：500,500↙
输入比例或高度 <1016.2363>: 1200↙
```

❸ 将图层“1”设置为当前图层。单击“默认”选项卡“绘图”面板中的“直线”按钮，绘制直线。命令行提示与操作如下。

```
命令：_line
指定第一个点：40,32↙
指定下一点或 [放弃 (U)]：@0,-32↙
指定下一点或 [放弃 (U)]：@-40,0↙
指定下一点或 [闭合 (C)/放弃 (U)]：@0,100↙
指定下一点或 [闭合 (C)/放弃 (U)]：↙
命令：↙
LINE 指定第一个点：30,100↙
指定下一点或 [放弃 (U)]：@0,760↙
指定下一点或 [放弃 (U)]：↙
```

绘制结果如图 6-176 所示。

图 6-176　绘制直线

❹ 单击“默认”选项卡“绘图”面板中的“矩形”按钮，绘制矩形。命令行提示与操作如下。

```
命令：_rectang
指定第一个角点或 [倒角 (C)/标高 (E)/圆角 (F)/厚度 (T)/宽度 (W)]：0,100↙
指定另一个角点或 [尺寸 (D)]：500,860↙
命令：↙
RECTANG 指定第一个角点或 [倒角 (C)/标高 (E)/圆角 (F)/厚度 (T)/宽度 (W)]：0,860↙
指定另一个角点或 [尺寸 (D)]：1000,900↙
命令：↙
RECTANG 指定第一个角点或 [倒角 (C)/标高 (E)/圆角 (F)/厚度 (T)/宽度 (W)]：-60,900↙
指定另一个角点或 [尺寸 (D)]：1060,950↙
```

绘制结果如图 6-177 所示。

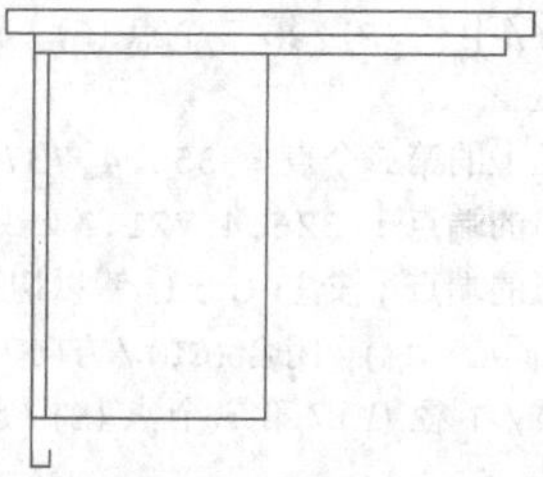

图 6-177 绘制矩形

❺ 单击“默认”选项卡“绘图”面板中的“圆弧”按钮，绘制圆弧。命令行提示与操作如下。

```
命令: _arc
指定圆弧的起点或 [圆心(C)]: 500,47.4↙
指定圆弧的第二个点或 [圆心(C)/端点(E)]: 269,65↙
指定圆弧的端点: 40,32↙
命令:↙
ARC 指定圆弧的起点或 [圆心(C)]: 500,630↙
指定圆弧的第二个点或 [圆心(C)/端点(E)]: 350,480↙
指定圆弧的端点: 500,330↙
命令:↙
ARC 指定圆弧的起点或 [圆心(C)]: 500,610↙
指定圆弧的第二个点或 [圆心(C)/端点(E)]: 370,480↙
指定圆弧的端点: 500,350↙
命令:
ARC 指定圆弧的起点或 [圆心(C)]: 30,172↙
指定圆弧的第二个点或 [圆心(C)/端点(E)]: 50,150.4↙
指定圆弧的端点: 79.4,152↙
命令:↙
ARC 指定圆弧的起点或 [圆心(C)]: 79.4,152↙
指定圆弧的第二个点或 [圆心(C)/端点(E)]: 76.9,121.8↙
指定圆弧的端点: 98,100↙
命令:↙
ARC 指定圆弧的起点或 [圆心(C)]: 30,788↙
指定圆弧的第二个点或 [圆心(C)/端点(E)]: 50,809.6↙
指定圆弧的端点: 79.4,807.7↙
命令:↙
ARC 指定圆弧的起点或 [圆心(C)]: 79.4,807.7↙
指定圆弧的第二个点或 [圆心(C)/端点(E)]: 73.7,837↙
指定圆弧的端点: 101,860↙
命令:↙
ARC 指定圆弧的起点或 [圆心(C)]: -60,900↙
指定圆弧的第二个点或 [圆心(C)/端点(E)]: -120,924↙
指定圆弧的端点: -121.6,988.3↙
命令:↙
ARC 指定圆弧的起点或 [圆心(C)]: -121.6,988.3↙
指定圆弧的第二个点或 [圆心(C)/端点(E)]: -81.1,984.7↙
指定圆弧的端点: -60,950↙
```

绘制结果如图 6-178 所示。

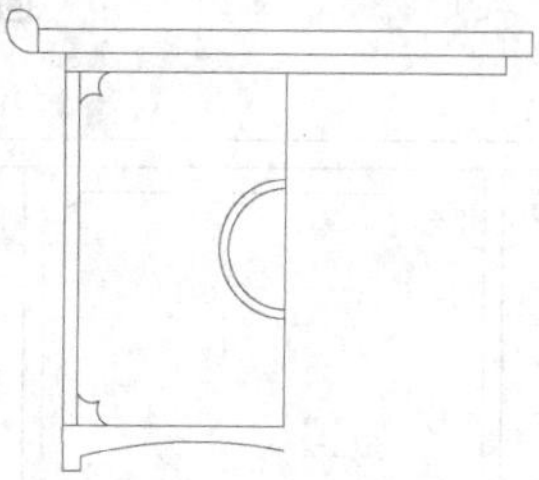

图 6-178 绘制圆弧

❻ 单击“默认”选项卡“修改”面板中的“镜像”按钮，以（500，100），（500，1000）为两镜像点，对图形进行镜像处理，结果如图 6-179 所示。

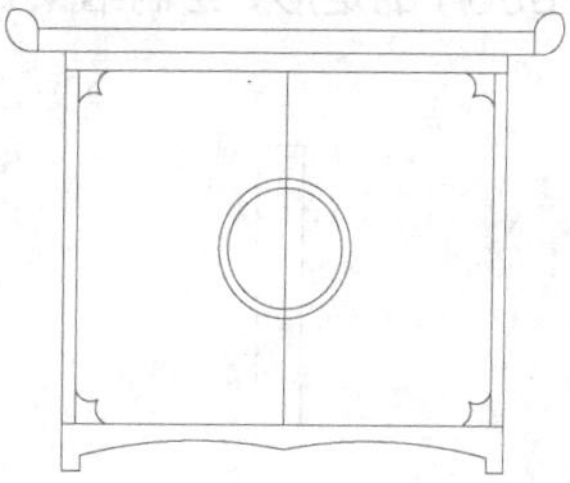

图 6-179 镜像处理

❼ 图案填充。

将图层“2”设置为当前图层。单击“默认”选项卡“绘图”面板中的“图案填充”按钮，选择合适的图案和区域进行填充，结果如图 6-180 所示。

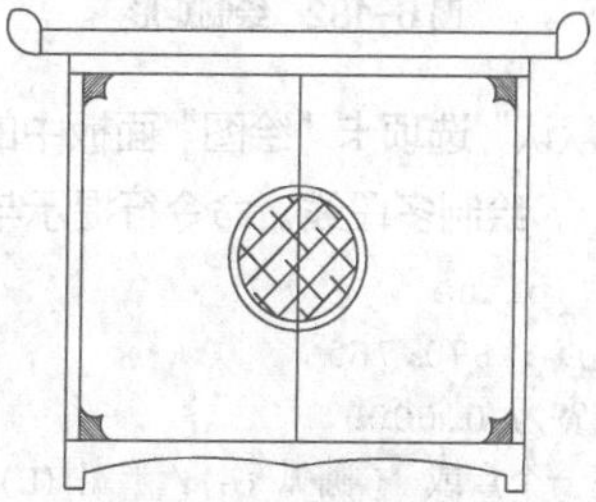

图 6-180 图案填充

❽ 单击“默认”选项卡“修改”面板中的“修剪”

按钮-/--，对多余线段进行修剪，结果如图 6-174 所示。

6.5.2 绘制八仙桌

本节绘制如图6-181所示的八仙桌，主要运用“矩形”命令、“多段线”命令和“镜像”命令。

扫一扫

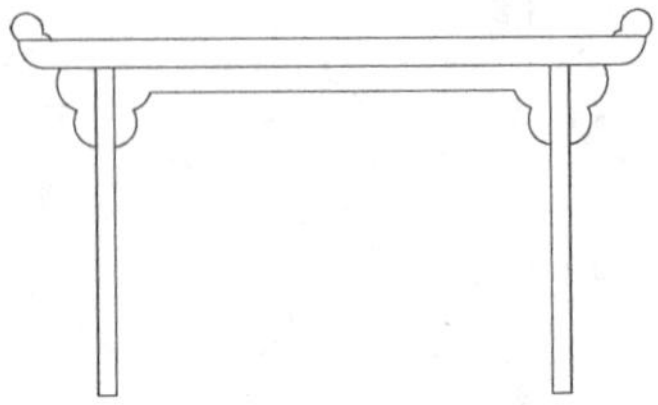

图 6-181 八仙桌

STEP 绘制步骤

❶ 单击“默认”选项卡“绘图”面板中的“矩形”按钮▭，绘制两角点坐标为（225，0），（275，830）的矩形，绘制结果如图 6-182 所示。

图 6-182 绘制矩形

❷ 单击“默认”选项卡“绘图”面板中的“多段线”按钮↩，绘制多段线。命令行提示与操作如下。

```
命令：_pline
指定起点：870,765↙
当前线宽为 0.0000
指定下一个点或 [圆弧(A)/半宽(H)/长度(L)/放弃(U)/宽度(W)]：374,765↙
指定下一点或 [圆弧(A)/闭合(C)/半宽(H)/长度(L)/放弃(U)/宽度(W)]：a↙
指定圆弧的端点（按住 Ctrl 键以切换方向）或[角度(A)/圆心(CE)/闭合(CL)/方向(D)/半宽(H)/直线(L)/半径(R)/第二个点(S)/放弃(U)/宽度(W)]：s↙
指定圆弧上的第二个点：355.4,737.8↙
指定圆弧的端点：326.4,721.3↙
指定圆弧的端点（按住 Ctrl 键以切换方向）或[角度(A)/圆心(CE)/闭合(CL)/方向(D)/半宽(H)/直线(L)/半径(R)/第二个点(S)/放弃(U)/宽度(W)]：s↙
指定圆弧上的第二个点：326.9,660.8↙
指定圆弧的端点：275,629↙
指定圆弧的端点（按住 Ctrl 键以切换方向）或[角度(A)/圆心(CE)/闭合(CL)/方向(D)/半宽(H)/直线(L)/半径(R)/第二个点(S)/放弃(U)/宽度(W)]：↙
命令：_pline
指定起点：225,629.4↙
当前线宽为 0.0000
指定下一个点或 [圆弧(A)/半宽(H)/长度(L)/放弃(U)/宽度(W)]：a↙
指定圆弧的端点（按住 Ctrl 键以切换方向）或[角度(A)/圆心(CE)/方向(D)/半宽(H)/直线(L)/半径(R)/第二个点(S)/放弃(U)/宽度(W)]：s↙
指定圆弧上的第二个点：173.4,660.8↙
指定圆弧的端点：173.9,721.3↙
指定圆弧的端点（按住 Ctrl 键以切换方向）或[角度(A)/圆心(CE)/闭合(CL)/方向(D)/半宽(H)/直线(L)/半径(R)/第二个点(S)/放弃(U)/宽度(W)]：s↙
指定圆弧上的第二个点：126,765.3↙
指定圆弧的端点：131.3,830↙
指定圆弧的端点（按住 Ctrl 键以切换方向）或[角度(A)/圆心(CE)/闭合(CL)/方向(D)/半宽(H)/直线(L)/半径(R)/第二个点(S)/放弃(U)/宽度(W)]：↙
```

绘制结果如图 6-183 所示。

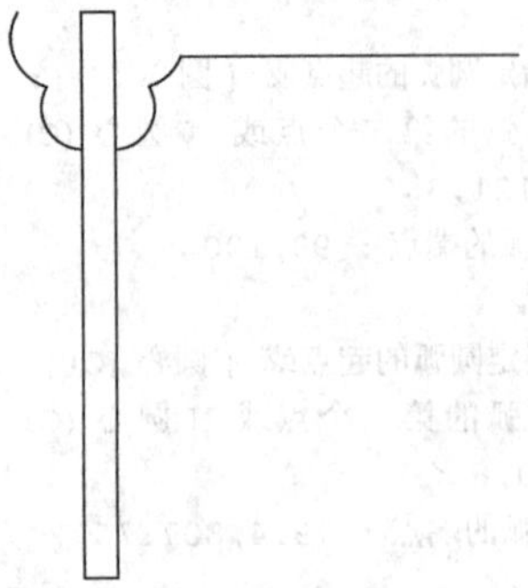

图 6-183 绘制多段线

继续绘制多段线，命令行提示与操作如下。

```
命令：_pline
指定起点：870,830↙
当前线宽为 0.0000
```

```
指定下一个点或 [圆弧(A)/半宽(H)/长度(L)/放弃(U)/宽度(W)]: 88,830↙
指定下一点或 [圆弧(A)/闭合(C)/半宽(H)/长度(L)/放弃(U)/宽度(W)]: a↙
指定圆弧的端点或[角度(A)/圆心(CE)/闭合(CL)/方向(D)/半宽(H)/直线(L)/半径(R)/第二个点(S)/放弃(U)/宽度(W)]: 18,900↙
指定圆弧的端点(按住 Ctrl 键以切换方向)或[角度(A)/圆心(CE)/闭合(CL)/方向(D)/半宽(H)/直线(L)/半径(R)/第二个点(S)/放弃(U)/宽度(W)]: l↙
指定下一点或 [圆弧(A)/闭合(C)/半宽(H)/长度(L)/放弃(U)/宽度(W)]: 870,900↙
指定下一点或 [圆弧(A)/闭合(C)/半宽(H)/长度(L)/放弃(U)/宽度(W)]:↙
命令: _pline
指定起点: 18,900↙
当前线宽为 0.0000
指定下一个点或 [圆弧(A)/半宽(H)/长度(L)/放弃(U)/宽度(W)]: a↙
指定圆弧的端点(按住 Ctrl 键以切换方向)或[角度(A)/圆心(CE)/方向(D)/半宽(H)/直线(L)/半径(R)/第二个点(S)/放弃(U)/宽度(W)]: s↙
指定圆弧上的第二个点: 1.3,941↙
指定圆弧的端点: 36.8,968↙
指定圆弧的端点(按住 Ctrl 键以切换方向)或[角度(A)/圆心(CE)/闭合(CL)/方向(D)/半宽(H)/直线(L)/半径(R)/第二个点(S)/放弃(U)/宽度(W)]: s↙
指定圆弧上的第二个点: 72.6,954↙
指定圆弧的端点: 83,916↙
指定圆弧的端点(按住 Ctrl 键以切换方向)或[角度(A)/圆心(CE)/闭合(CL)/方向(D)/半宽(H)/直线(L)/半径(R)/第二个点(S)/放弃(U)/宽度(W)]: s↙
指定圆弧上的第二个点: 97.8,912↙
指定圆弧的端点: 106,900↙
指定圆弧的端点(按住 Ctrl 键以切换方向)或[角度(A)/圆心(CE)/闭合(CL)/方向(D)/半宽(H)/直线(L)/半径(R)/第二个点(S)/放弃(U)/宽度(W)]:↙
```

绘制结果如图 6-184 所示。

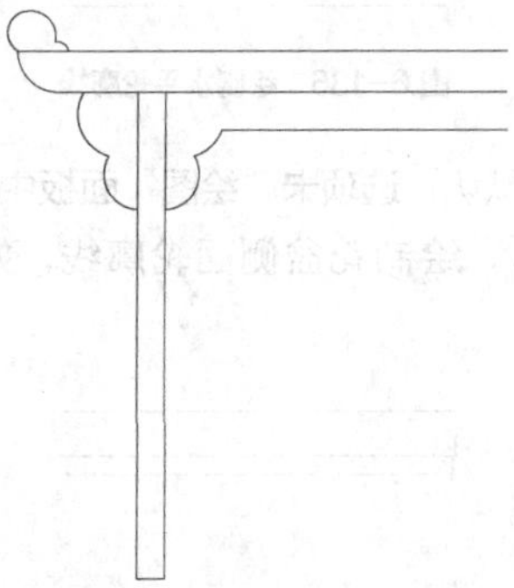

图 6-184 绘制多段线

❸ 单击“默认”选项卡“修改”面板中的“镜像”按钮，以(870，0)，(870，10)为镜像点，对图形进行镜像处理，结果如图 6-181 所示。

6.6 绘制装饰花草单元

装饰花草是室内装潢的重要组成部分，本节介绍花草造型立面图和平面图的绘制方法与技巧。

6.6.1 绘制盆景立面图

本小节绘制如图6-185所示的盆景立面图，主要运用“直线”命令、“镜像”命令和“圆弧”命令。

扫一扫

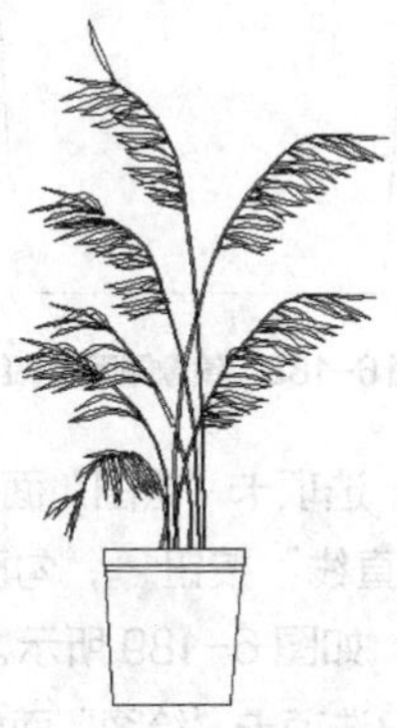

图 6-185 盆景立面图

STEP **绘制步骤**

❶ 单击“默认”选项卡“绘图”面板中的“直线”按钮，绘制水平轮廓线，如图 6-186 所示。

图 6-186 绘制水平轮廓线

❷ 单击“默认”选项卡“绘图”面板中的“直线”按钮，绘制花盆侧面轮廓线，如图 6-187 所示。

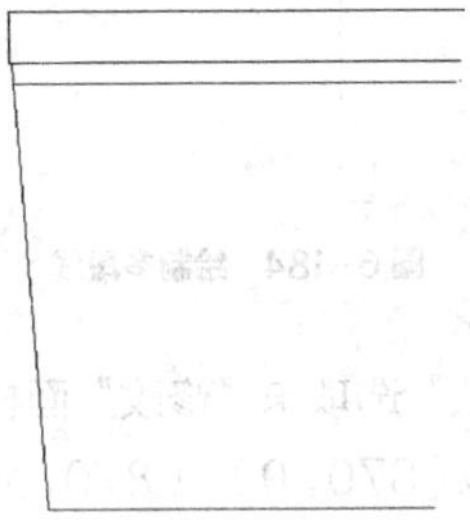

图 6-187 绘制左侧面轮廓线

❸ 单击“默认”选项卡“修改”面板中的“镜像”按钮，镜像花盆侧面轮廓线，如图 6-188 所示。

图 6-188 镜像侧面轮廓线

❹ 单击“默认”选项卡“绘图”面板中的“圆弧”按钮和“直线”按钮，勾画一根花草植物的根部图形，如图 6-189 所示。

❺ 单击“默认”选项卡“绘图”面板中的“直线”按钮，在植物根的上部绘制枝干线条。

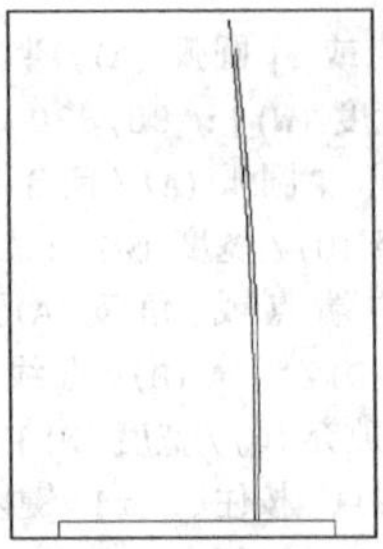

图 6-189 勾画根部图形

❻ 单击“默认”选项卡“绘图”面板中的“圆弧”按钮，绘制植物的上部线条，如图 6-190 所示。

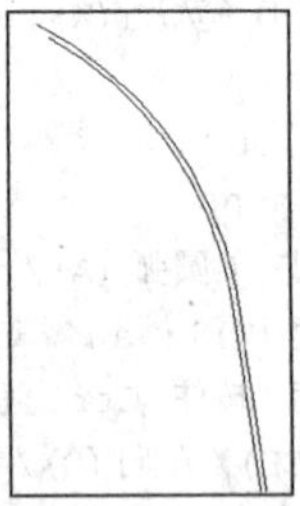

图 6-190 绘制上部线条

❼ 按照步骤 4 ～步骤 6 的方法勾画其他的植物线条，如图 6-191 所示。

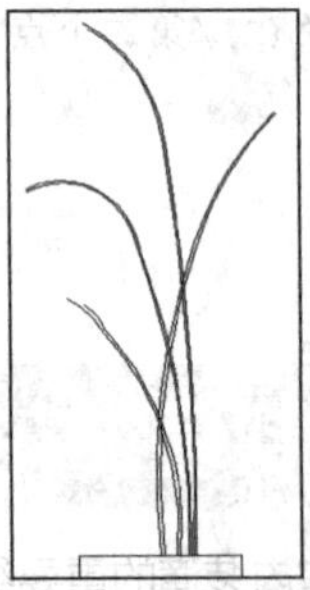

图 6-191 勾画其他植物线条

❽ 继续绘制，完成植物枝干部分的立面造型，如图 6-192 所示。

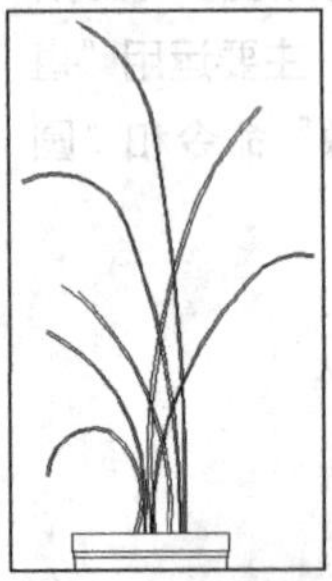

图 6-192 枝干立面

❾ 单击“默认”选项卡“绘图”面板中的“圆弧”按钮，绘制枝干顶部的叶片，如图 6-193 所示。

图 6-193 绘制枝干顶部的叶片

❿ 单击“默认”选项卡“绘图”面板中的“圆弧”按钮，绘制一个枝干上的叶片造型，如图 6-194 所示。

图 6-194 绘制枝干上的叶片

⓫ 按照同样的方法，在其他枝干上进行叶片绘制，结果如图 6-195 所示。

图 6-195 上部叶片造型

⓬ 缩放视图进行观察，结果如图 6-185 所示。

6.6.2 绘制盆景平面图

本小节绘制如图6-196所示的盆景平面图，主要运用“直线”命令、“圆弧”命令、“镜像”命令和“图案填充”命令。

扫一扫

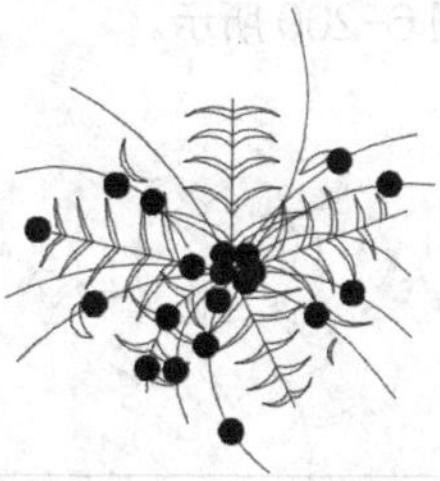

图 6-196 盆景平面图

STEP 绘制步骤

❶ 单击“默认”选项卡“绘图”面板中的“直线”按钮和“圆弧”按钮，绘制放射状造型，如图 6-197 所示。

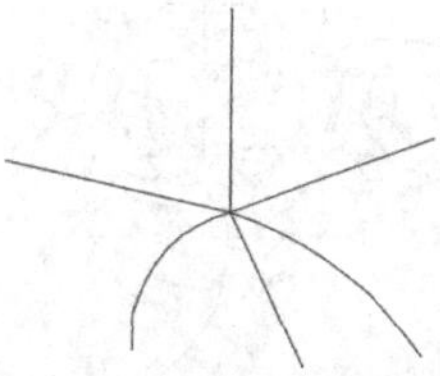

图 6-197 绘制放射状造型

❷ 单击“默认”选项卡“绘图”面板中的“圆弧”按钮，绘制叶状图案，如图 6-198 所示。

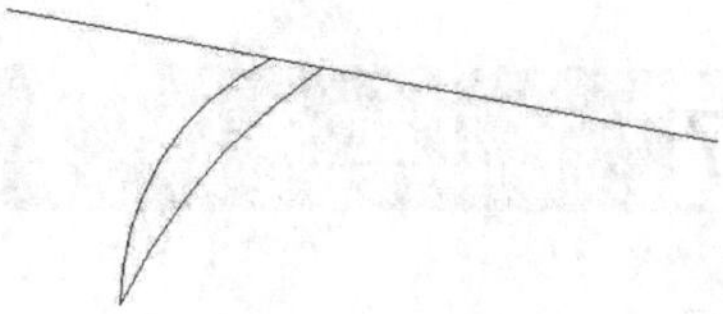

图 6-198 绘制叶状图案

❸ 单击“默认”选项卡“绘图”面板中的“圆弧”按钮，绘制一条线条上的叶状图案，如图 6-199 所示。

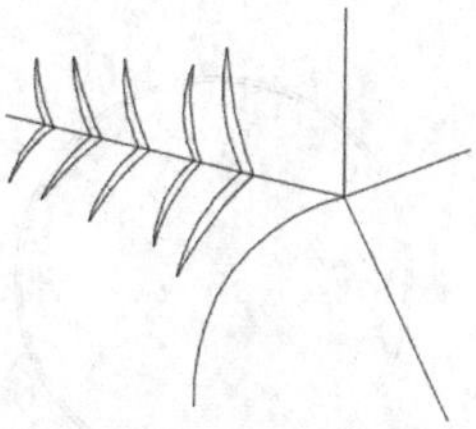

图 6-199 完成叶状图案

❹ 单击“默认”选项卡“修改”面板中的“镜像”按钮，镜像叶状图案。

❺ 按照步骤 2 和步骤 3 的方法完成其他花草造型

绘制，如图 6-200 所示。

图 6-200　花草造型

❻ 单击“默认”选项卡“绘图”面板中的“圆弧”按钮，绘制放射状的弧线，如图 6-201 所示。

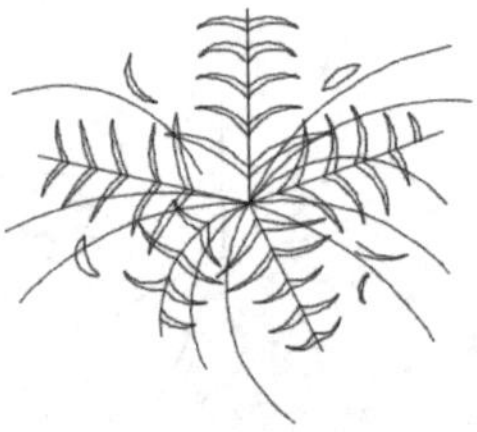

图 6-201　绘制放射状弧线

❼ 单击“默认”选项卡“绘图”面板中的“圆”按钮，绘制适当大小的圆，如图 6-202 所示。

图 6-202　绘制圆

❽ 单击“默认”选项卡“绘图”面板中的“图案填充”按钮，对圆进行填充，创建小实心体，如图 6-203 所示。

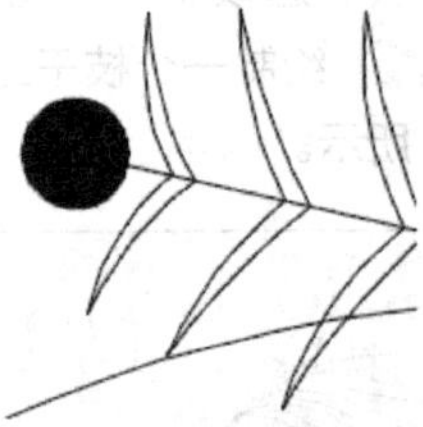

图 6-203　创建小实心体

❾ 按照同样的方法，创建其他位置的小实心体图案，结果如图 6-196 所示。

6.7 上机实验

【练习 1】绘制圆桌

1. 目的要求

本练习绘制如图6-204所示的圆桌，涉及的命令主要是“圆”命令。通过本练习帮助读者灵活掌握圆的绘制方法。

图 6-204　圆桌

2. 操作提示

（1）利用“圆”命令绘制外沿。

（2）利用“圆”命令结合对象捕捉功能绘制同心内沿。

【练习 2】绘制马桶

1. 目的要求

本练习绘制如图6-205所示的马桶，涉及的命令主要是“矩形”“直线”和“椭圆弧”命令。通过本练习帮助读者灵活掌握各种基本绘图命令的操作方法。

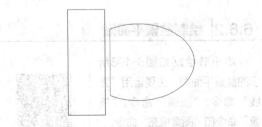

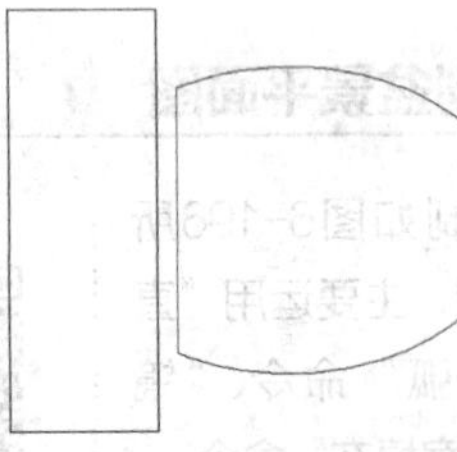

图 6-205　马桶

2. 操作提示

（1）利用“矩形”命令绘制水箱。

（2）利用“椭圆弧”命令绘制马桶盖。

（3）利用“直线”命令完成马桶盖绘制。

【练习 3】绘制壁灯

1. 目的要求

本练习绘制如图6-206所示的壁灯，涉及的命令主要是“直线”“样条曲线”和“多段线”命令。通过本练习帮助读者灵活掌握“样条曲线”和“多段线”命令的操作方法。

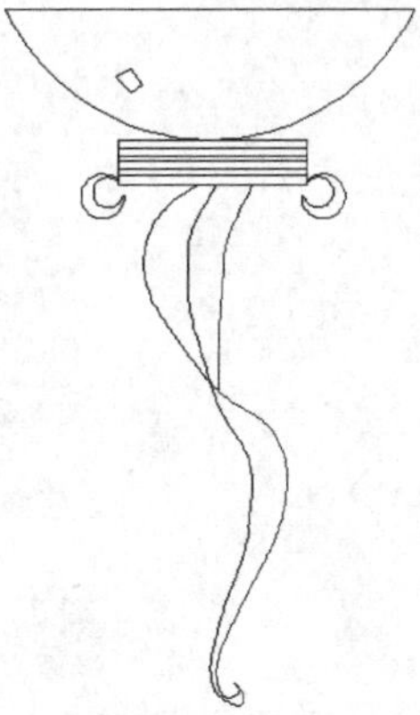

图 6-206 壁灯

2. 操作提示

（1）利用“直线”命令绘制底座。

（2）利用“多段线”命令绘制灯罩。

（3）利用“样条曲线”命令绘制装饰物。

第2篇　住宅室内设计实例

本篇主要围绕一个典型城市单元住宅的室内装潢设计案例展开讲述，包括设计思想分析，平面图、立面图、顶棚图等图样的设计过程。

本篇内容通过实例加深读者对 AutoCAD 功能的理解，掌握典型居住空间室内装潢设计的基本方法和技巧。

第 7 章

绘制住宅室内装潢平面图

在室内装潢设计中，最常碰到的设计项目莫过于普通住宅室内装潢设计，它是初学者快速入门的切入点。在本章中，首先简单介绍住宅室内装潢设计的要点，然后结合实例依次讲解如何利用 AutoCAD 2018 绘制住宅建筑平面图、住宅室内平面图。

本章是 AutoCAD 2018 室内装潢设计绘图的起点，希望读者结合前面讲述的基础知识认真学习，尽量把握规律性的内容，从而达到举一反三。

重点与难点

- 住宅室内装潢设计思想
- 绘制住宅建筑平面图
- 绘制住宅室内平面图

7.1 住宅室内装潢设计思想

为了顺利掌握居室设计图制作，在此简单介绍住宅室内装潢设计的要点。本节首先对普通住宅室内的特性有一个大概的把握，然后依次讲解居室的各个空间组成部分（一般包括起居室、餐厅、卧室、书房、厨房、卫生间及储藏室等）特征及设计要点。

7.1.1 概述

住宅是人类家庭生活的重要场所，在人类生存和发展中发挥着重要的作用。住宅室内设计是在建筑设计成果的基础上进一步深化、完善室内空间环境，使住宅在满足常规功能的同时，更适合特定住户的物质要求和精神要求。如此，室内设计要综合考察家庭人口构成、家庭生活模式、家庭成员对环境的生理需求和心理要求，认真分析各功能空间的特点及它们之间的联系，还要认真学习和研究适合不同人群的室内艺术形式，考虑这些形式通过怎样的材料和技术来实现等。除此之外，还应该考虑材料和技术的绿色环保问题，不能把有污染的材料和不完善的技术带进室内环境。

7.1.2 住宅室内装潢设计原则

住宅室内装潢设计有以下几点原则。

（1）住宅室内装潢设计应遵循实用、安全、经济、美观的基本设计原则。

（2）进行住宅室内装潢设计时，必须确保建筑物安全，不得任意改变建筑物承重结构和建筑构造。

（3）进行住宅室内装潢设计时，不得破坏建筑物外立面，若开安装孔洞，在设备安装后，必须修整，保持原建筑立面效果。

（4）住宅室内装潢设计应在住宅的分户门以内的住房面积范围进行，不得占用公用部位。

（5）进行住宅室内装潢设计时，在考虑客户的经济承受能力的同时，宜采用新型的节能型和环保型装潢材料及用具，不得采用有害人体健康的伪劣建材。

（6）住宅室内装潢设计必须贯彻现行的国家和地方有关防火、环保、建筑、电气、给排水等标准的有关规定。

7.1.3 住宅空间的功能分析

一个普通家庭的日常生活一般都会涉及家人团聚、会客、娱乐、学习、睡觉、做饭、就餐、盥洗、便溺、晾晒及储藏等方面。为了给这些活动提供所需的场所，使家庭生活健康、有序地进行，不论是建筑师还是室内设计师都应当处理好功能空间的关系和功能的分区，这是最基本的要求。

在这里，给读者提供一种典型的住宅室内功能分析图，如图7-1所示，注意动静分区、公私分区、干湿分区。

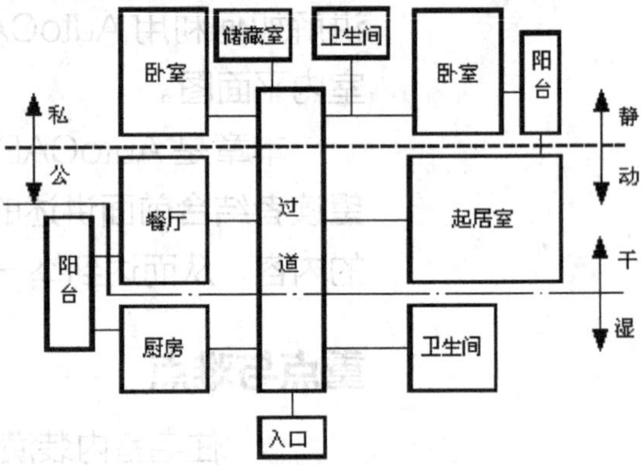

图 7-1 住宅室内功能分析图

7.1.4 各功能空间设计要点

1. 起居室

起居室，习惯上也叫客厅，它是家庭活动的主要场所，是各功能空间的中心。现代生活中，起居室不可缺少的布置就是沙发、茶几、电视机及相关的家庭影音设备，之外还可以布置柜子、陈设物品、绿化或业主喜爱的其他东西。

起居室的设计应注意人体尺度的应用，合理选用家具，合理布置，充分利用空间。另外，注意尽量避开其他人流（如厨房、备餐、卧室等人流）对起居室的干扰。

2. 餐厅

餐桌和椅子是餐厅里的必备家具，根据具体情况还可设置酒柜、吧台等设施。根据住宅的使用面积，有的餐厅单独设立，有的餐厅设在起居室内，有的餐厅设在厨房内，有的就餐空间与起居室合用。不管是哪种情况，力图解决好就餐活动与服务活动对空间尺度的要求，处理好厨房和餐厅之间的流线。

3. 卧室

卧室是睡眠休息的主要场所，兼有学习、化妆、整装和个人其他事务处理的功能。卧室需要安静、舒适、掩蔽，所以它与起居室、厨房等公开性、较嘈杂的部分相对隔离，需注意视线、隔音处理等。有的住宅在卧室的邻近设置单独的卫生间、更衣间，以方便主人较私密的活动。

卧室里的主要家具布置是床、床头柜、衣柜，根据具体情况还可以选择写字台、电视机、书柜、化妆台、沙发等设施。布置时应结合主人的生活习惯，处理好床的位置及方向，把握好家具尺度。

4. 书房

书房是主人看书、学习、工作的主要场所，需要安静、整洁、空气清新，一般布置在向阳、安静、通风良好的位置上。书房里的家具主要是书柜、写字台（含电脑），还可以选择单人床、沙发等。书房的中心是写字台，所以应选择最利于学习工作的位置布置写字台，当然也要结合其他家具布置权衡处理。

5. 厨房

厨房是加工食物和储藏食物的空间。厨房面积较小，但是家具陈设物品却较多，如案台、洗涤池、燃气灶、抽油烟机、落地柜、吊柜、各种厨具餐具，还有冰箱、消毒柜、微波炉，甚至洗衣机等。厨房布置的要点是根据厨房操作流程布置案台设施，充分利用厨房空间，同时保证人操作活动的空间，注意结合给水、排水、煤气等管道的设置情况来综合考虑。

6. 卫生间

卫生间是大小便、洗浴的主要场所，有时，还在卫生间内洗衣服。注意洗脸盆、坐便器、洗浴设备的选用和布置，并结合给水、排水的情况来布置，注意人体尺度的运用。此外，需提醒的是，选用和布置热水器时，应注意安全使用问题。

7. 其他

其他部分包括阳台、储藏室等。阳台一般分为生活阳台和服务阳台。生活阳台与客厅、卧室接近，供观景、休闲之用；服务阳台与厨房、餐厅接近，主要供家务活动、晾晒之用。可以视具体情况和要求设置相关设备、布置绿化等。根据阳台封闭程度，阳台与室内应有一定的高差，以防雨水倒灌。至于储藏室，应注意防潮的问题，可根据储藏的需要设置柜子、陈列架等。

7.1.5 补充说明

对于建筑结构施工已经结束的项目，建议设计者在进行室内设计之前，到现场实地仔细了解工程的室内情况及室外情况。对于室内方面，需要测量各种几何尺寸，充分了解现场的实际情况及既有的空间特征。尽管有的设计师在设计时已收集到相关的建筑图纸，但是结构施工的结果跟建筑图纸表达的内容存在一定差异，例如，开间、进深、层高，梁、柱、墙截面尺寸及位置，地面、屋顶、门窗及结构布置、管道分布情况等。室内工程做法相对精细，这些差异是不能忽略的。对于室外方面，需要了解室外的景观特征，包括山水草木、各种建（构）筑物、道路、噪声、视线等因素；此外，还应该了解邻里的情况。在进行室内设计时，对于健康美好的室外因素，应该尽量利用，对于不健康的因素，应该尽量规避，其目的是为了做好室内设计，实现“以人为本”和“人与自然和谐共处”等设计理念。从另外一个角度讲，现场调查往往给设计师带来设计灵感，同时这也是一种认真负责的态度。

还需说明一点，到目前为止，AutoCAD在室内装潢设计中的主要作用仍然是绘图。首先应该反复分析、构思、推敲设计方案，用手绘的方式将自己的设计思想勾勒出来，最后确定成为一套草图，再上机绘制设计图，不要直接面对AutoCAD。

7.1.6 实例简介

本章采用的实例是单元式多层住宅楼中的一个两室一厅的普通住宅，建筑平面图如图7-2所示，结构形式为砌体结构，层高2.8m。业主为一对工作不久的白领夫妇。本方案力图营造一个简洁明快、经济适用、有现代感的室内空间，以适应业主身份。

扫一扫

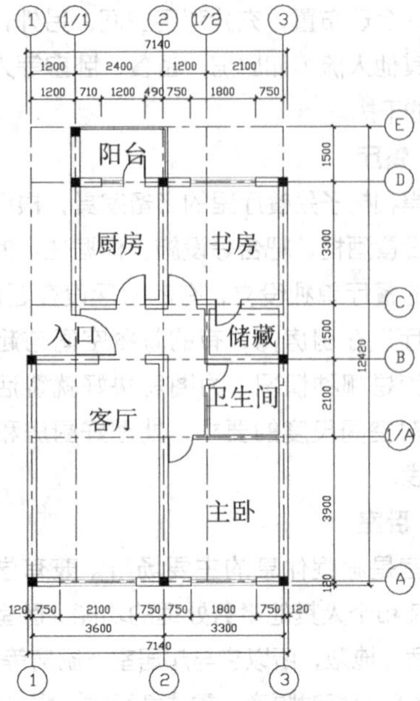

图 7-2　某住宅建筑平面图

7.2 绘制住宅建筑平面图

室内平面图的绘制是在建筑平面图的基础上逐步细化展开的，掌握建筑平面图的绘制是一个必备环节，因此本节讲解应用AutoCAD 2018绘制住宅建筑平面图。

由于建筑、室内制图中，涉及的图样种类较多，所以要根据图样的种类将它们分别绘制在不同的图层里，以便于修改、管理、统一设置图线的颜色、线型、线宽等参数。科学的图层应用和管理相当重要，读者在阅读后续章节时，应注意这个特点。

7.2.1 绘制步骤

建筑平面图的一般绘制步骤如下。

（1）系统设置。

（2）轴线绘制。

（3）墙体绘制。

（4）柱子绘制。

（5）门窗绘制。

（6）阳台、楼梯及台阶绘制。

（7）其他构配件及细部绘制。

（8）尺寸标注及轴号标注。

（9）文字标注。

下面就依此顺序讲解。

7.2.2 系统设置

❶ 单位设置。

在 AutoCAD 2018 中，图 7-2 所示是以 1：1 的比例绘制，到出图时候，再考虑以 1：100 的比例输出。例如，建筑实际尺寸为 3m，在绘图时输入的距离值为 3000。因此，将系统单位设为毫米（mm）。以 1：1 的比例绘制，输入尺寸时不需换算，比较方便。

具体操作是，选择菜单栏中的“格式”→“单位”命令，打开“图形单位”对话框，按图 7-3 所示进行设置，然后单击“确定”按钮完成。

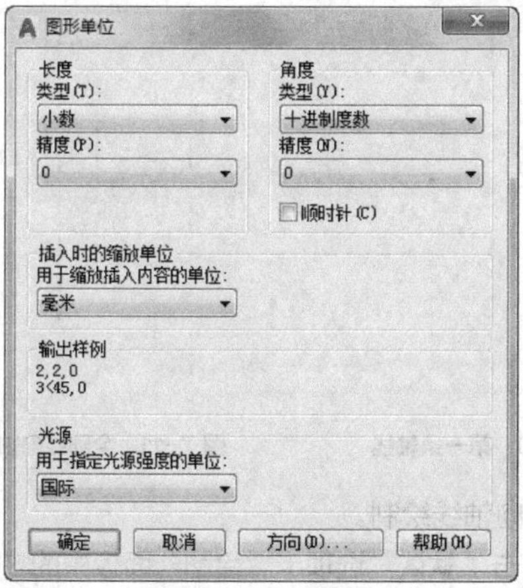

图 7-3 单位设置

❷ 图形界限设置。

将图形界限设置为 A3 图幅。AutoCAD 2018 默认的图形界限为 420mm×297mm，已经是 A3 图幅，但是我们以 1:1 的比例绘图，当以 1:100 的比例出图时，图纸空间将被缩小至 1/100，所以现在将图形界限设为 42000mm×29700mm，扩大到 100 倍。命令行提示与操作如下。

```
命令：LIMITS ↙
重新设置模型空间界限：
指定左下角点或 [开(ON)/关(OFF)] <0,0>: ↙
指定右上角点 <420,297>: 42000,29700 ↙
```

❸ 坐标系设置。

选择菜单栏中的“工具”→“命名 UCS”命令，打开“UCS”对话框，将世界坐标系设为当前（见图 7-4），然后在“设置”选项卡中按图 7-5 所示设置，单击“确定”按钮完成。这样，UCS 标志总位于左下角。

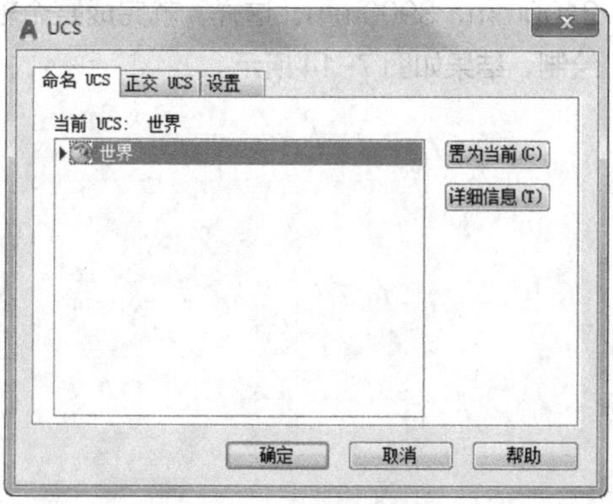

图 7-4 坐标系设置 1

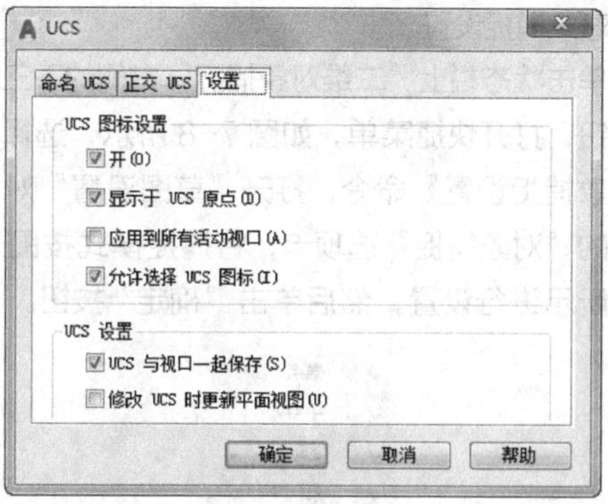

图 7-5 坐标系设置 2

7.2.3 绘制轴线

STEP 绘制步骤

❶ 建立轴线图层。

单击“默认”选项卡“图层”面板中的“图层特性”按钮，打开图层特性管理器，建立一个新图层，命名为“轴线”，颜色选取红色，线型为“CENTER”，线宽为默认，并设置为当前图层，如图 7-6 所示。确定后回到绘图状态。

图 7-6 “轴线”图层参数

选择菜单栏中的“格式”→“线型”命令，打开“线型管理器”对话框，单击右上角“显示细节”按钮 显示细节(D) ，线型管理器下部呈现详细信息，将“全局比例因子”设为 30，如图 7-7 所示。单击“确定”按钮，关闭对话框。这样，点画线、虚线的样式就能在屏幕上以适当的比例显示，如果仍不能正常显示，可以上下调整这个值。

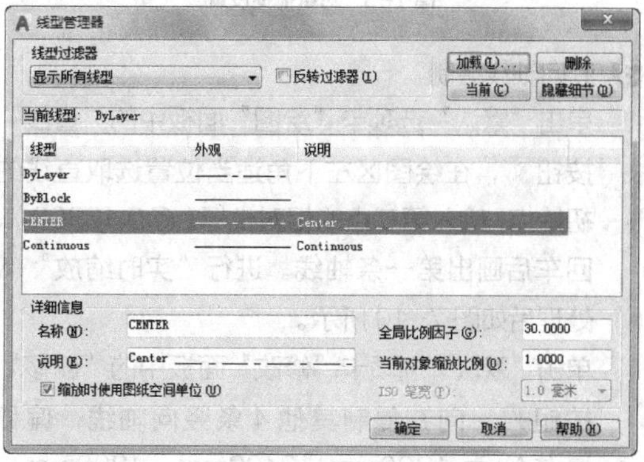

图 7-7 线型显示比例设置

❷ 对象捕捉设置。

单击状态栏上“二维对象捕捉”右侧的下三角按钮，打开快捷菜单，如图 7-8 所示，选择“对象捕捉设置”命令，打开“草图设置”对话框的“对象捕捉”选项卡，将捕捉模式按图 7-9 所示进行设置，然后单击“确定”按钮。

图 7-8　快捷菜单

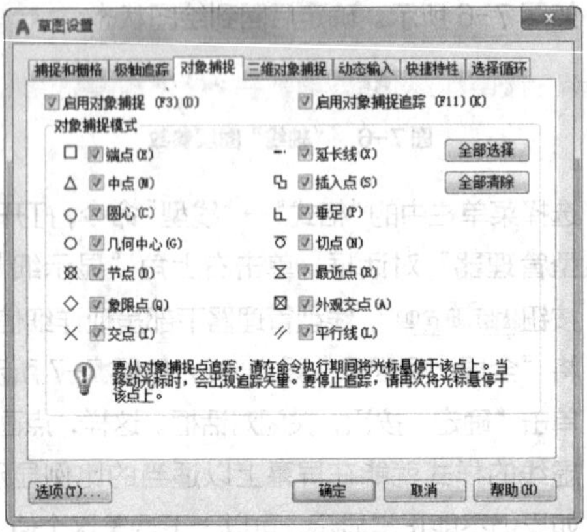

图 7-9　对象捕捉设置

❸ 竖向轴线绘制。

单击“默认”选项卡“绘图”面板中的“直线”按钮，在绘图区左下角适当位置选取直线的初始点，输入第二点的相对坐标(@0,12300)，回车后画出第一条轴线。进行“实时缩放”处理后如图 7-10 所示。

单击“默认”选项卡“修改”面板中的“偏移”按钮，向右复制其他 4 条竖向轴线，偏移量依次为 1200mm、2400mm、1200mm、2100mm，结果如图 7-11 所示。

图 7-10　第一条轴线

图 7-11　全部竖向轴线

❹ 横向轴线绘制。

单击“默认”选项卡“绘图”面板中的“直线”按钮，用鼠标捕捉第一条竖向轴线上的端点作为第一条横向轴线的起点，如图 7-12 所示，移动鼠标单击最后一条竖向轴线上的端点作为第一条横向轴线的终点，如图 7-13 所示，回车完成。

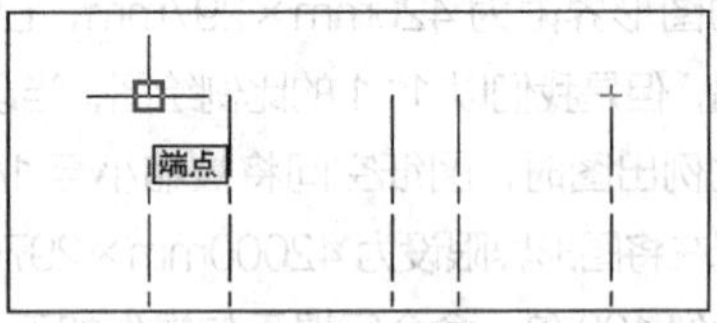

图 7-12　选取起点

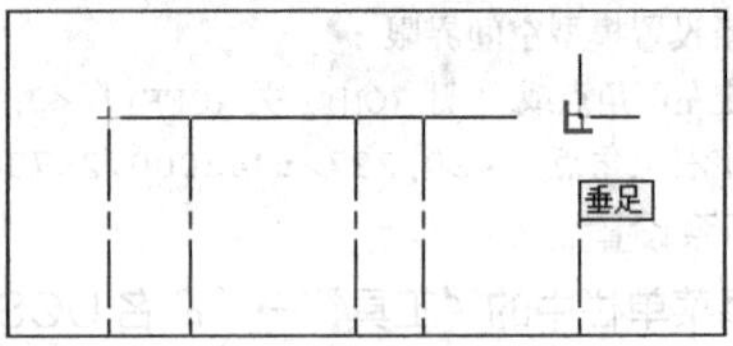

图 7-13　选取终点

单击“默认”选项卡“修改”面板中的“偏移”按钮，向下复制其他 5 条横向轴线，偏移量依次为 1500mm、3300mm、1500mm、2100mm、3900mm。这样，就完成整个轴线绘制，结果如图 7-14 所示。

图 7-14　轴线

7.2.4 绘制墙体

STEP 绘制步骤

❶ 建立图层。

单击“默认”选项卡“图层”面板中的“图层特性”按钮，打开图层特性管理器，建立一个新图层，命名为“墙体”，颜色为白色，线型为实线“Continuous”，线宽为默认，并置为当前图层，如图 7-15 所示。

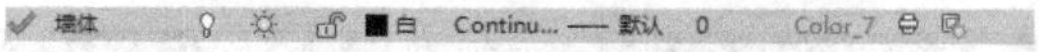

图 7-15 “墙体”图层参数

其次，将“轴线”图层锁定。单击“默认”选项卡“图层”面板中的“图层”下拉按钮，将光标滑到“轴线”层上，单击“锁定 / 解锁”按钮将图层锁定，如图 7-16 所示。

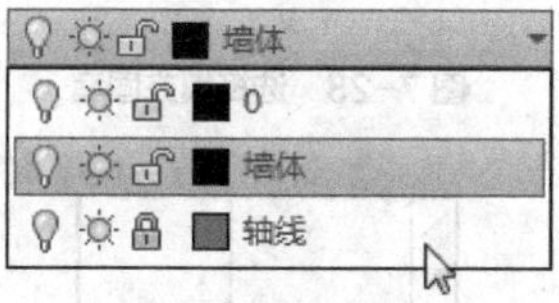

图 7-16 锁定“轴线”图层

❷ 绘制墙体。

（1）设置“多线”的参数。选择菜单栏中的“绘图”→“多线”命令，按命令行提示进行操作。

```
命令：_mline
当前设置：对正 = 上，比例 = 20.00，样式 = STANDARD （初始参数）
指定起点或 [ 对正 (J) / 比例 (S) / 样式 (ST)]: j （选择对正设置，回车）
输入对正类型 [ 上 (T) / 无 (Z) / 下 (B)] <上>: z （选择两线之间的中点作为控制点，回车）
当前设置：对正 = 无，比例 = 20.00，样式 = STANDARD
指定起点或 [ 对正 (J) / 比例 (S) / 样式 (ST)]: s （选择比例设置，回车）
输入多线比例 <20.00>: 240 （输入墙厚，回车）
当前设置：对正 = 无，比例 = 240.00，样式 = STANDARD
指定起点或 [对正 (J) / 比例 (S) / 样式 (ST)]:（回车完成设置）
```

（2）重复“多线”命令，当命令行提示“指定起点或 [对正 (J)/ 比例 (S)/ 样式 (ST)]:”时，用鼠标选取左下角轴线交点为多线起点，参照图 7-2 画出第一段墙体，如图 7-17 所示。用同样的方法画出剩余的 240mm 厚墙体，结果如图 7-18 所示。

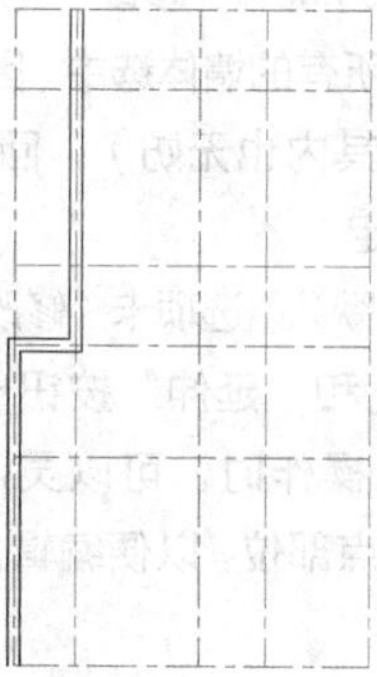

图 7-17 绘制墙体 1

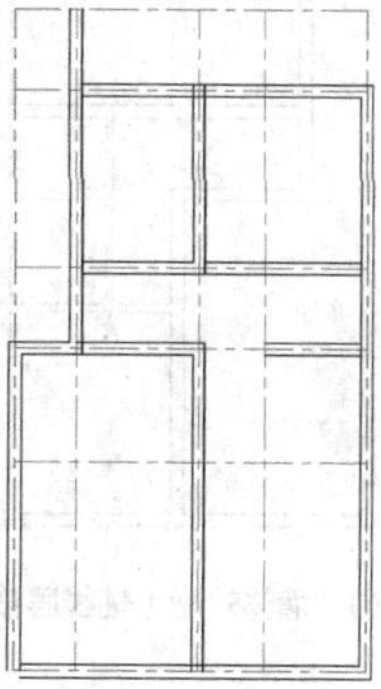

图 7-18 绘制墙体 2

（3）重复“多线”命令，仿照步骤（1）中的方法将墙体的厚度定义为 120mm，即将多线的比例设为 120。绘出剩下的 120mm 厚墙体，结果如图 7-19 所示。

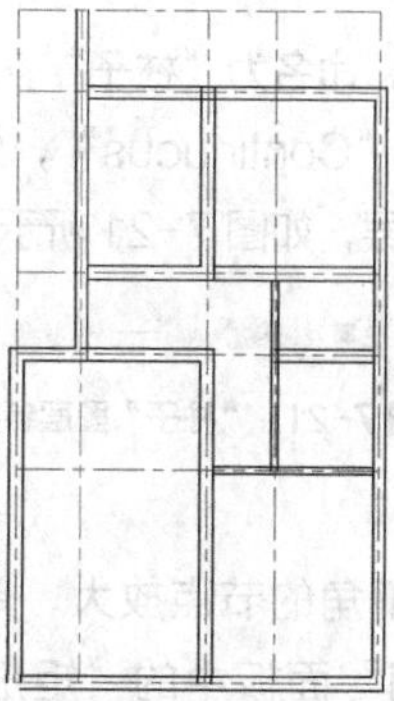

图 7-19 墙体草图

此时墙体与墙体交接处（也称节点）的线条没

有正确搭接，所以用编辑命令进行处理。

（4）由于下面所用的编辑命令的操作对象是单根线段，所以先对多线墙体进行分解处理。单击“默认”选项卡“修改”面板中的“分解”按钮，将所有的墙体选中（因轴线层已锁定，把轴线选在其内也无妨），回车（也可单击鼠标右键）确定。

（5）单击“默认”选项卡“修改”面板中的“修剪”按钮和“延伸”按钮，对每个节点进行处理。操作时，可以灵活借助显示缩放功能缩放节点部位，以便编辑，结果如图7-20所示。

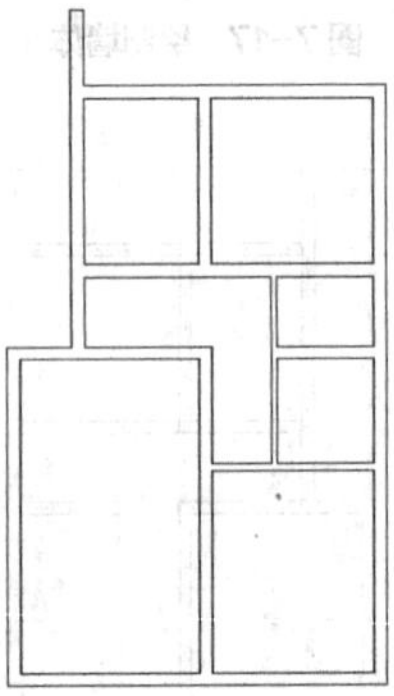

图7-20 墙体轮廓（轴线层被关闭）

7.2.5 绘制柱子

本小节涉及的柱子为钢筋混凝土构造柱，截面大小为240mm×240mm。

STEP 绘制步骤

❶ 建立图层。

建立新图层，命名为“柱子”，颜色选取白色，线型为实线“Continuous”，线宽为默认，并置为当前图层，如图7-21所示。

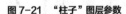

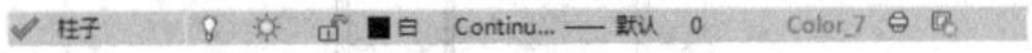

图7-21 “柱子”图层参数

❷ 绘制柱子。

（1）将左下角的节点放大，单击“默认”选项卡“绘图”面板中的“矩形”按钮，捕捉内外墙线的两个角点作为矩形对角线上的两个角点，即可绘出柱子边框，如图7-22所示。

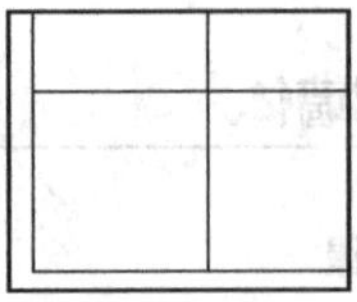

图7-22 柱子轮廓

（2）单击“默认”选项卡“绘图”面板中的“图案填充”按钮，打开“图案填充创建”选项卡，设置填充图案为“SOLID”，如图7-23所示。在柱子轮廓内单击一下，按Enter键完成柱子的填充，如图7-24所示。

图7-23 选择填充图案

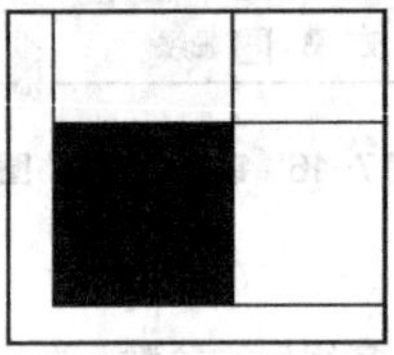

图7-24 填充后的柱子

（3）单击“默认”选项卡“修改”面板中的“复制”按钮，将柱子图案复制到相应的位置上。复制时注意灵活应用对象捕捉功能，这样定位很方便，结果如图7-25所示。

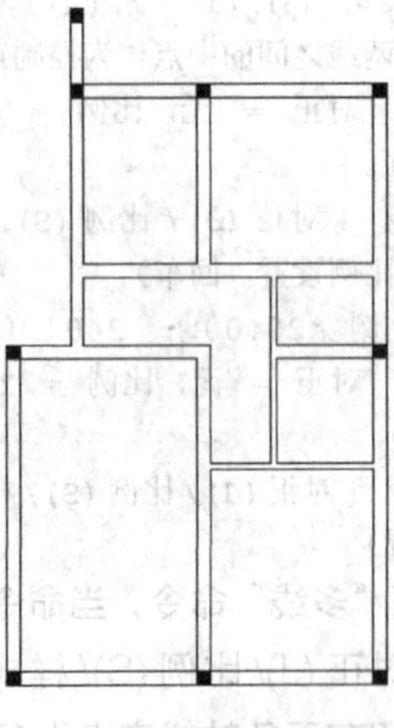

图7-25 柱子布置图

7.2.6 绘制门窗

STEP 绘制步骤

❶ 洞口绘制。

绘制洞口时，常以临近的墙线或轴线作为距离参照来帮助确定洞口位置。门窗洞口尺寸如图 7-26 所示。现在以客厅窗洞为例，拟画洞口宽 2100mm，位于该段墙体的中部，因此洞口两侧剩余墙体的宽度均为 750mm（到轴线），具体操作如下。

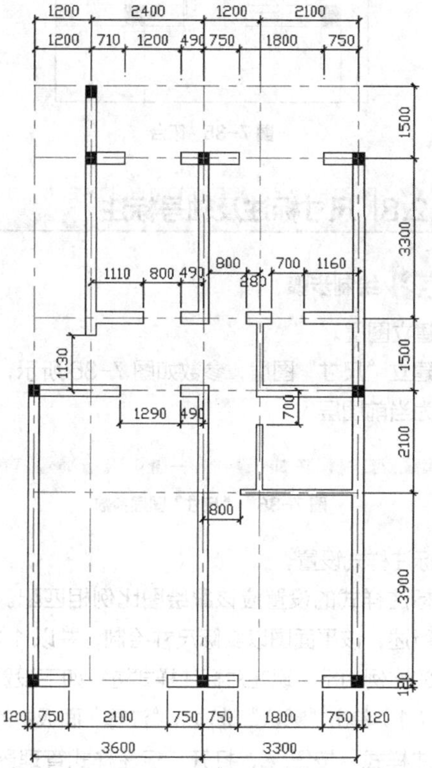

图 7-26 门窗洞口尺寸

（1）打开“轴线”图层，并解锁，将“墙体”图层置为当前图层。单击“默认”选项卡“修改”面板中的“偏移”按钮，将第一根竖向轴线向右复制出两根新的轴线，偏移量依次为 750mm、2100mm。

（2）单击“默认”选项卡“修改”面板中的“延伸”按钮，将它们的下端延伸至外墙线。然后，单击“默认”选项卡“修改”面板中的“修剪”按钮，将两根轴线间的墙线剪掉，如图 7-27 所示。最后单击“默认”选项卡“绘图”面板中的“直线”按钮，将墙体剪断处封口，并将这两根轴线删除，这样一个窗洞口就画好了，结果如图 7-28 所示。

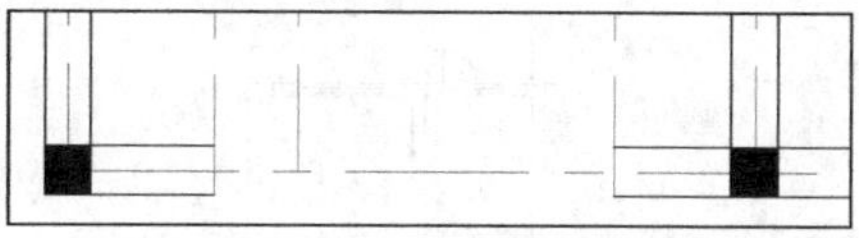

图 7-27 窗洞绘制 1

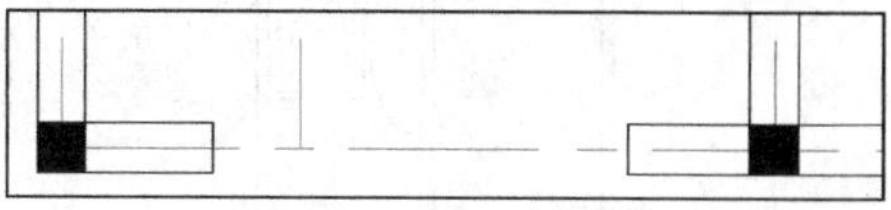

图 7-28 窗洞绘制 2

（3）采用同样的方法，依照图 7-26 中提供的尺寸将余下的门窗洞口画出来，结果如图 7-29 所示。

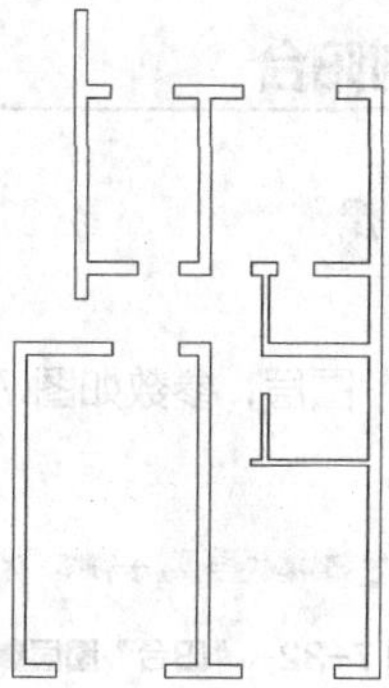

图 7-29 门窗洞口

注意 确定洞口的画法多种多样，上述画法只是其中一种，读者可以灵活处理。

❷ 绘制门窗。

（1）建立“门窗”图层，参数如图 7-30 所示，并置为当前图层。

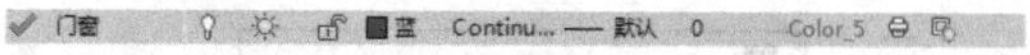

图 7-30 “门窗”图层参数

（2）对于门，可利用前面绘制的图块直接插入，并给出相应的比例缩放，放置到具体的门洞处。放置时需注意门的开取方向，若方向不对，则单击“默认”选项卡“修改”面板中的“镜像”按钮或“旋转”按钮进行左右翻转或内外翻转。如不利用图块，可以直接绘制，并复制到各个洞口上去。至于窗，直接在窗洞上绘制也是比较方便的，不必采用图块插入的方式。首先，在一个窗洞上绘出窗图例。其次，复制到其他窗洞上。在碰到窗宽不相等时，单击“默认”选项卡“修改”面板中的“拉伸”按钮，进行处理，结果如图 7-31 所示。

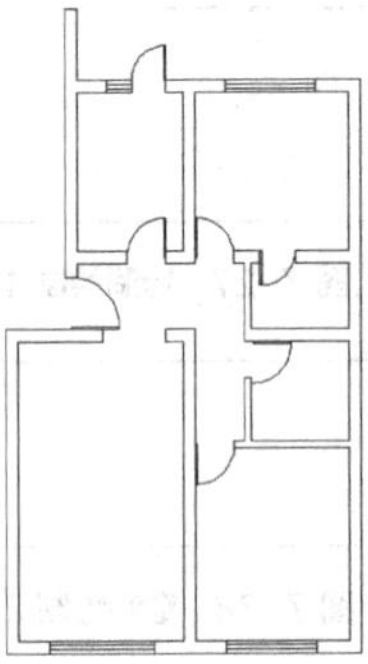

图 7-31　门窗绘制

7.2.7 绘制阳台

STEP 绘制步骤

❶ 建立图层。

建立“阳台”图层，参数如图 7-32 所示，并置为当前图层。

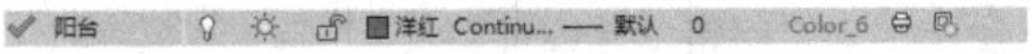

图 7-32　“阳台”图层参数

❷ 绘制阳台。

单击“默认”选项卡“绘图”面板中的“多段线”按钮，以图 7-33 所示的端点为起点，以如图 7-34 所示的端点为终点，绘出第一根多段线。然后单击“默认”选项卡“修改”面板中的“偏移”按钮，向内复制出另一根多段线，偏移量为 60mm，结果如图 7-35 所示。

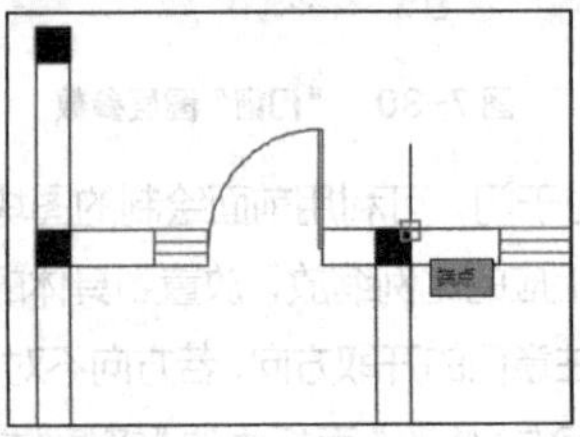

图 7-33　多段线起点

到目前为止，建筑平面图中的图线部分已基本绘制结束，现在只剩下轴号标注、尺寸标注及文字说明。

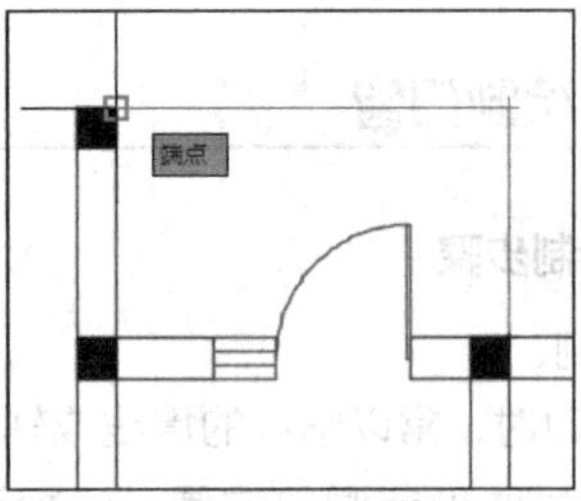

图 7-34　多段线终点

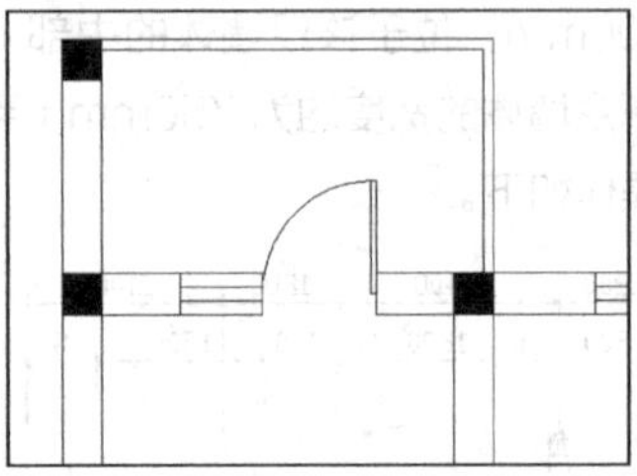

图 7-35　阳台

7.2.8 尺寸标注及轴号标注

STEP 绘制步骤

❶ 建立图层。

建立“尺寸”图层，参数如图 7-36 所示，并置为当前图层。

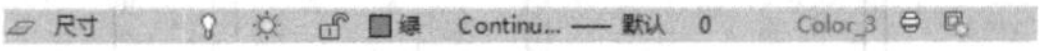

图 7-36　“尺寸”图层参数

❷ 标注样式设置。

标注样式的设置应该跟绘图比例相匹配。如前所述，该平面图以实际尺寸绘制，并以 1：100 的比例输出，现在对标注样式进行如下设置。

（1）单击“默认”选项卡“注释”面板中的“标注样式”按钮，打开“标注样式管理器”对话框。单击“新建”按钮，打开“创建新标注样式”对话框，新建一个标注样式，命名为“建筑”，如图 7-37 所示。

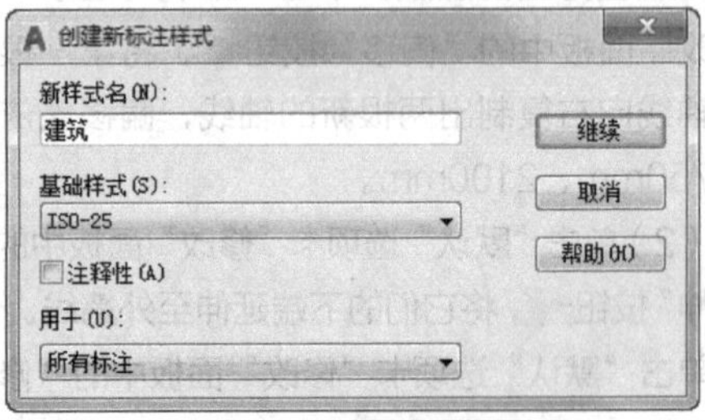

图 7-37　新建标注样式

（2）单击“继续”按钮，打开“新建标注样式：建筑”对话框，将“建筑”样式中的参数按图 7-38 ～图 7-41 所示逐项进行设置。单击“确定”按钮，返回“标注样式管理器”对话框，将“建筑”样式置为当前，如图 7-42 所示。

图 7-38 设置参数 1

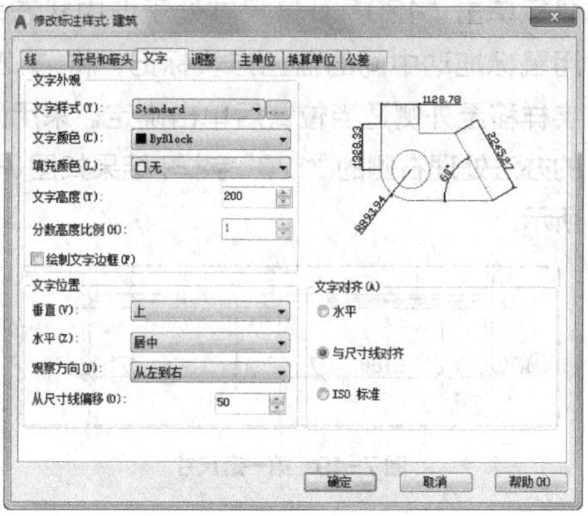

图 7-39 设置参数 2

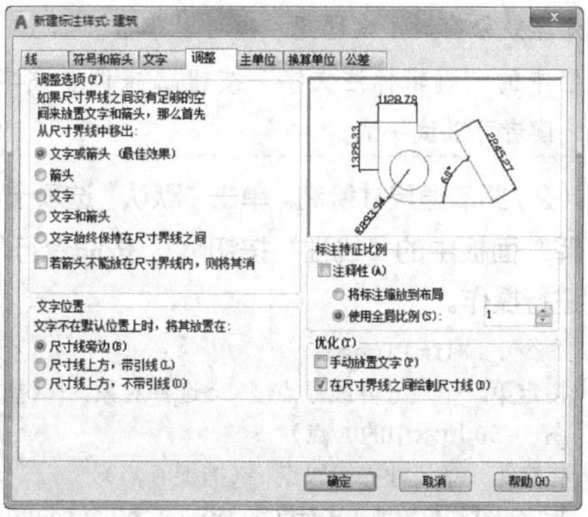

图 7-40 设置参数 3

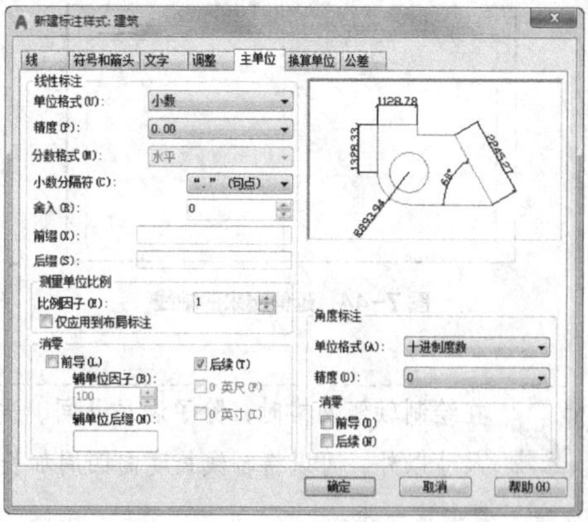

图 7-41 设置参数 4

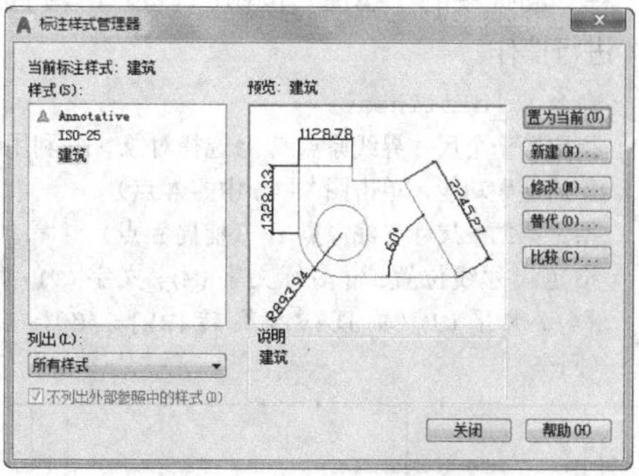

图 7-42 将“建筑”样式置为当前

❸ 尺寸标注。

以图 7-2 底部的尺寸标注为例。

该部分尺寸分为 3 道，第一道为墙体宽度及门窗宽度，第二道为轴线间距，第三道为总尺寸。为了标注轴线的编号，需要轴线向外延伸出来。做法是：由第一根水平轴线向下偏移复制出另一根线段，偏移量为 3200mm（图纸输出时的距离将为 32mm），如图 7-43 所示。单击“默认”选项卡“修改”面板中的“延伸”按钮--/，将需要标注的另外 3 根轴线延伸到该线段，之后删去该线段，结果如图 7-44 所示（为了方便讲解，将“柱子”图层关闭了）。

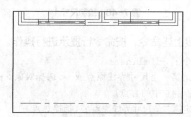
图 7-43 绘制轴线延伸的边界

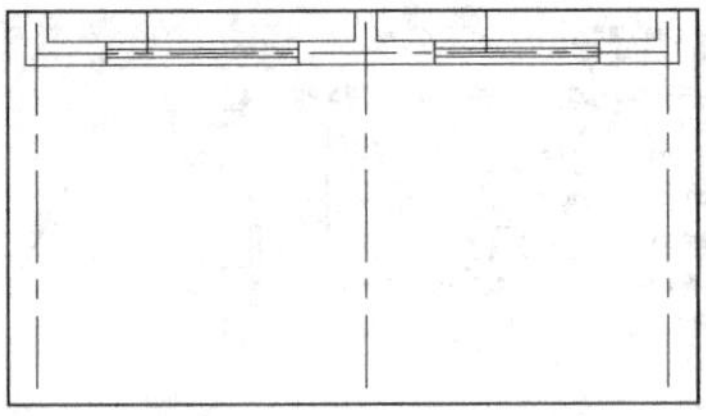

图 7-44　延伸出来的轴线

> **注意**　在绘制轴线网格时，除了满足开间、进深尺寸以外，可以将轴线长度向四周加长一些，便可省去这一步。

（1）第一道尺寸绘制。单击“默认”选项卡“注释”面板中的“线性”按钮，按命令行提示进行操作。

```
命令：_dimlinear
指定第一个尺寸界线原点或 <选择对象>：(利用“对象捕捉”功能，单击图 7-45 中的 A 点)
指定第二条尺寸界线原点：（捕捉 B 点）
指定尺寸线位置或 [多行文字 (M)/文字 (T)/角度 (A)/水平 (H)/垂直 (V)/旋转 (R)]：@0,-1200 (回车)
```

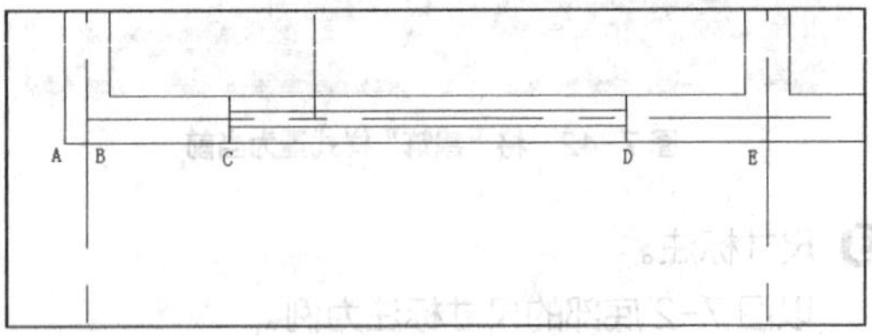

图 7-45　捕捉点示意图

结果如图 7-46 所示。上述操作也可以在选取 A、B 两点后，直接向外拖动鼠标确定尺寸线的放置位置。

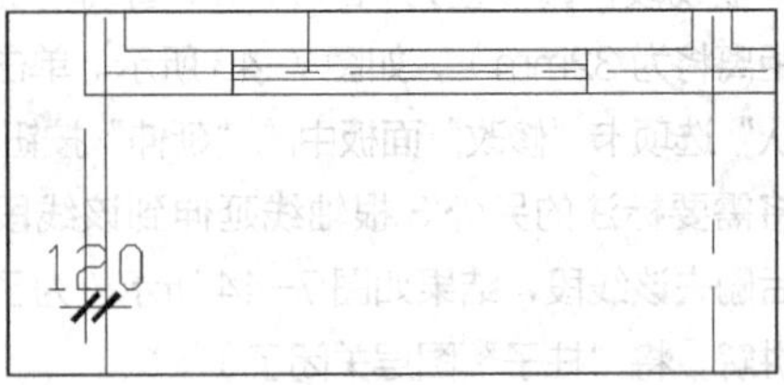

图 7-46　绘制尺寸 1

重复上述命令，按命令行提示进行操作。

```
命令：_dimlinear
指定第一个尺寸界线原点或 <选择对象>：(单击图 7-45 中的 B 点)
指定第二条尺寸界线原点：(捕捉 C 点)
指定尺寸线位置或 [多行文字 (M)/文字 (T)/角度 (A)/水平 (H)/垂直 (V)/旋转 (R)]：@0,-1200 (回车。也可以直接捕捉上一道尺寸线位置)
```

结果如图 7-47 所示。

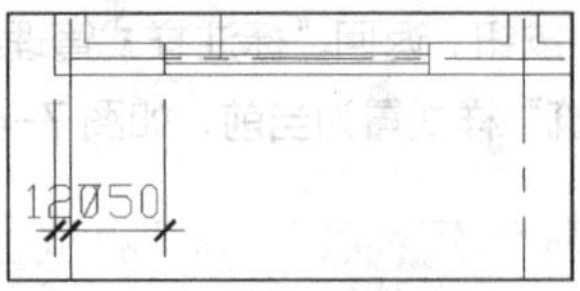

图 7-47　绘制尺寸 2

采用同样的方法依次绘出全部第一道尺寸，结果如图 7-48 所示。

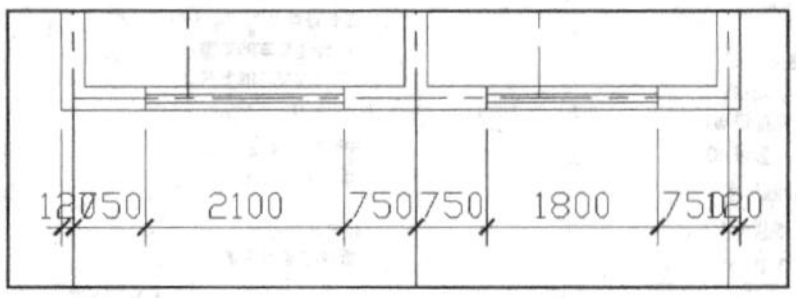

图 7-48　绘制尺寸 3

此时发现，图 7-48 中的尺寸“120”跟“750”字样出现重叠，现在将尺寸“120”移开。用鼠标单击“120”，该尺寸处于选中状态；再用鼠标拖动中间的蓝色方块标记，将“120”字样移至外侧适当位置后单击确定。采用同样的办法处理右侧的“120”字样，结果如图 7-49 所示。

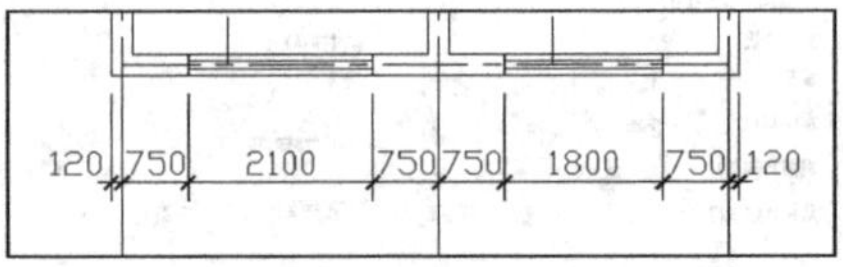

图 7-49　第一道尺寸

> **注意**　处理字样重叠的问题，亦可以在标注样式中进行相关设置，这样系统会自动处理，但处理效果有时不太理想。也可以单击“标注”工具栏中的“编辑标注文字”按钮来调整文字位置，读者可以试一试。

（2）第二道尺寸绘制。单击“默认”选项卡“注释”面板中的“线性”按钮，按命令行提示进行操作。

```
命令：_dimlinear
指定第一个尺寸界线原点或 <选择对象>：(捕捉如图 7-50 所示中的 A 点)
指定第二条尺寸界线原点：(捕捉 B 点)
指定尺寸线位置或 [多行文字 (M)/文字 (T)/角度 (A)/水平 (H)/垂直 (V)/旋转 (R)]：@0,-800 (回车)
```

结果如图 7-51 所示。

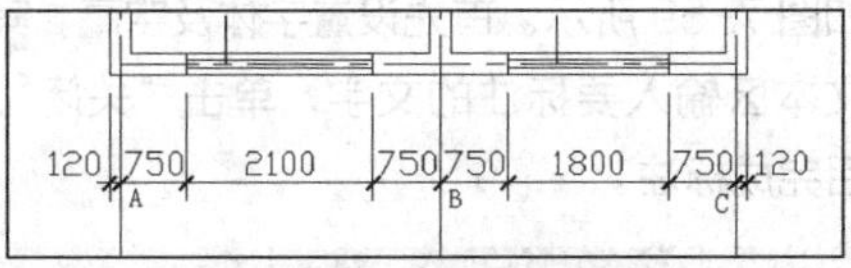

图 7-50 捕捉点示意图

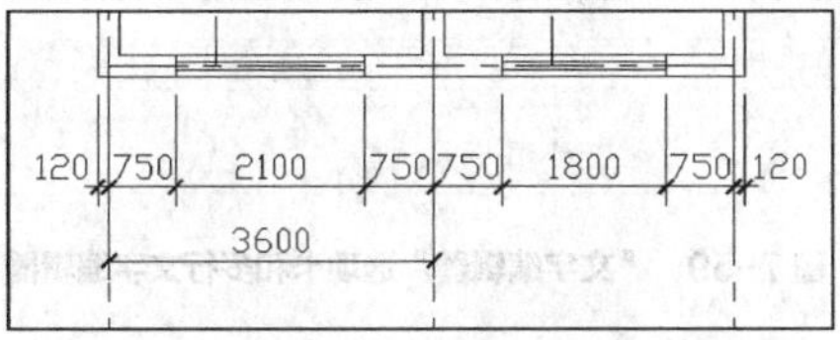

图 7-51 绘制轴线尺寸

重复上述命令，分别捕捉 B、C 点，完成第二道尺寸，结果如图 7-52 所示。

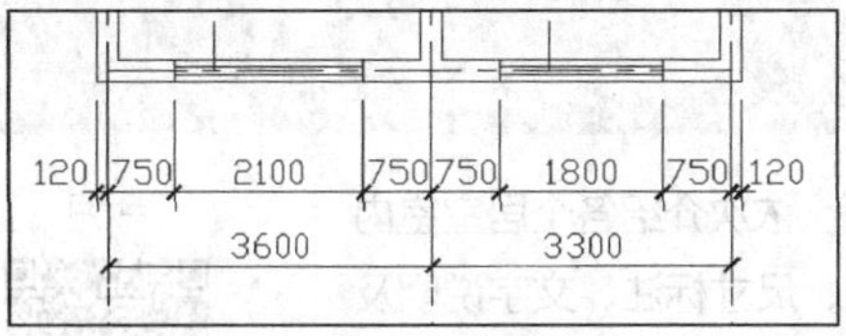

图 7-52 第二道尺寸

（3）第三道尺寸绘制。单击“默认”选项卡“注释”面板中的“线性”按钮，按命令行提示进行操作。

```
命令：_dimlinear
指定第一个尺寸界线原点 < 选择对象 >:（捕捉左下角外墙角点）
指定第二条尺寸界线原点 :（捕捉右下角外墙角点）
指定尺寸线位置或 [ 多行文字 (M) / 文字 (T) / 角度 (A) / 水平 (H) / 垂直 (V) / 旋转 (R)]: @0,-2800 （回车）
```

结果如图 7-53 所示。

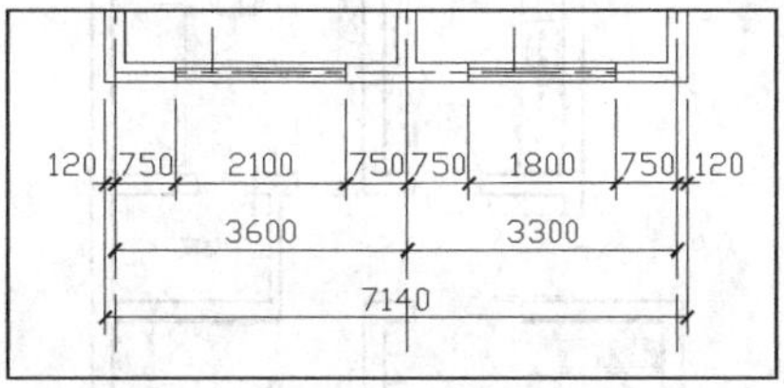

图 7-53 第三道尺寸

❹ 轴号标注。

根据规范要求，横向轴号一般用阿拉伯数字 1、2、3 等标注，纵向轴号用字母 A、B、C 等标注。在轴线端绘制一个直径为 800mm 的圆，在圆的中央标注一个数字“1”，字高 300mm，如图 7-54 所示。

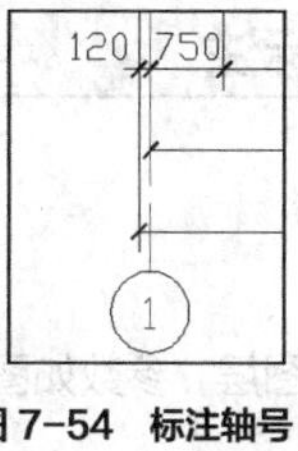

图 7-54 标注轴号 1

将该轴号图例复制到其他轴线端头，双击圈内的数字，打开“文字编辑器”选项卡和多行文字编辑器，如图 7-55 所示，输入修改的数字，在圈外单击确认。

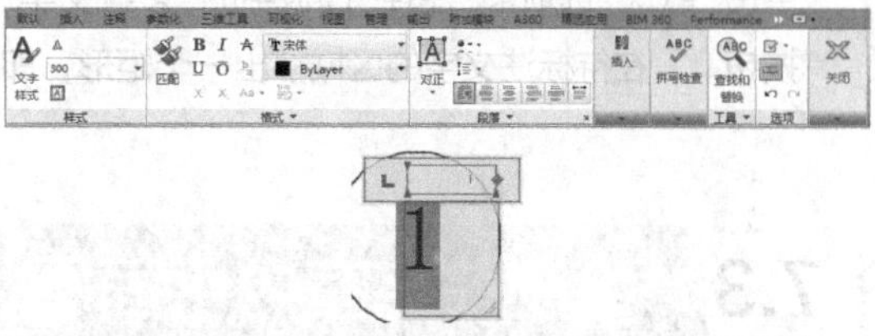

图 7-55 “文字编辑器”选项卡和多行文字编辑器

下方轴号标注结束后，结果如图 7-56 所示。

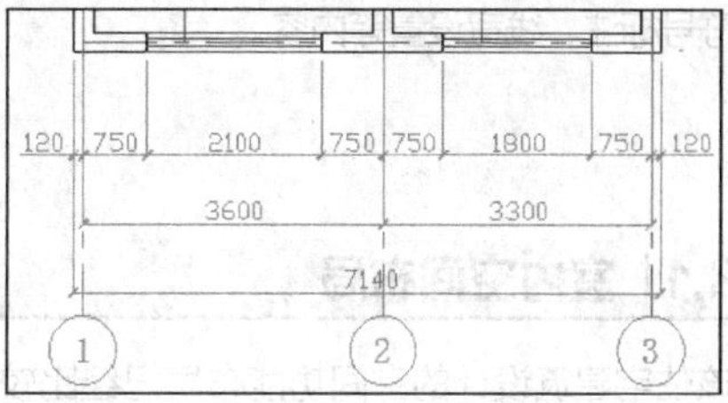

图 7-56 下方尺寸标注和轴号标注结果

采用上述标注方法，完成其他方向的尺寸和轴号标注，结果如图 7-57 所示。

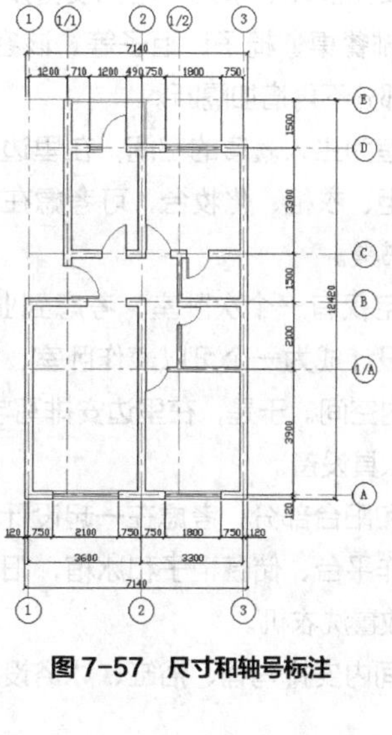

图 7-57 尺寸和轴号标注

7.2.9 文字标注

STEP 绘制步骤

❶ 建立图层。

建立“文字”图层，参数如图 7-58 所示，并置为当前图层。

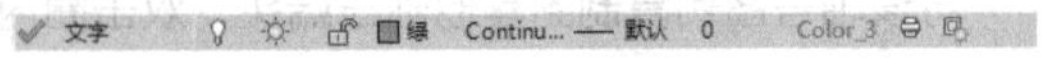

图 7-58 “文字”图层参数

❷ 标注文字。

单击“默认”选项卡“注释”面板中的“多行文字”按钮A，在待标注文字的区域拉出一个矩形，即可打开“文字编辑器”选项卡和多行文字编辑器，如图 7-59 所示。首先设置字体及字高，其次在文本区输入要标注的文字，单击“关闭”按钮后完成标注。

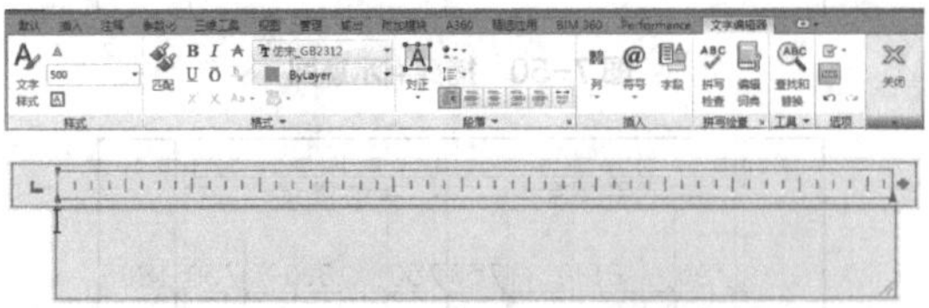

图 7-59 “文字编辑器”选项卡和多行文字编辑器

采用相同的方法，依次标注出其他房间名称。至此，建筑平面图绘制完成，如图 7-2 所示。

7.3 绘制住宅室内平面图

在上一节建筑平面图的基础上，本节展开室内平面图的绘制，依次介绍各个居室室内空间布局、家具家电布置、装饰元素及细部处理、地面材料绘制、尺寸标注、文字说明及其他符号标注、线宽设置等内容。

扫一扫

7.3.1 室内空间布局

该住宅建筑设计的空间功能布局已经比较合理，加之结构形式为砌体结构，也不能随意改动，所以应该尊重原有空间布局，在此基础上作进一步的设计。

客厅部分以会客、娱乐为主，兼作餐厅用。会客部分需安排沙发、茶几、电视设备及柜子；就餐部分需安排餐桌、椅子、柜子等。该客厅比较小，因而这两部分不再增加隔断。

主卧室为主人就寝的空间，在里边需安排双人床、床头柜、衣柜、化妆台，可考虑在适当的位置设置一个书桌。

该住宅仅有一个次卧室，考虑到业主的身份，打算将它设计成为一个可以兼作卧室、书房和客房功能的室内空间。于是，在里边安排写字台、书柜、单人床等家具设备。

厨房和阳台部分，考虑在一起设计。厨房内布置厨房操作平台、储藏柜子和冰箱，阳台设置晾衣设备，并放置洗衣机。

卫生间内安排马桶、浴缸、沐浴设备及洗脸盆等。在进门处的过道内安排鞋柜，储藏室内不安排家具，空间留给业主日后自行处理。

室内空间的布局大致如图 7-60 所示，下面详细介绍如何用 AutoCAD 2018 完成这些平面图内容。

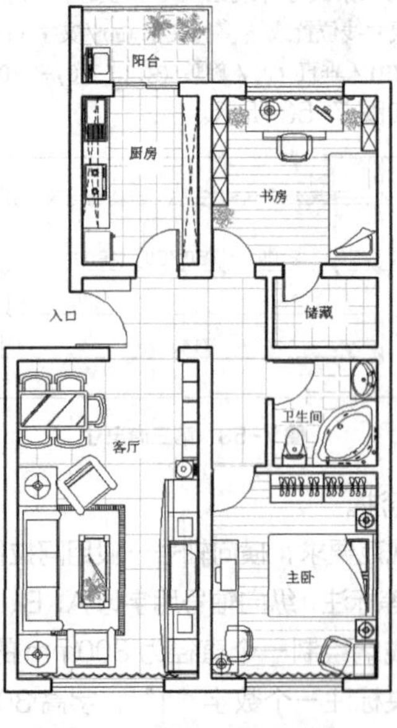

图 7-60 室内空间布局

7.3.2 家具家电布置

STEP 绘制步骤

❶ 准备工作。

（1）用 AutoCAD 2018 打开上一节绘制好的建筑平面图，另存为“住宅室内平面图 .dwg”，然后将“尺寸”“轴线”“柱子”“文字”图层关闭。

（2）建立一个“家具”图层，参数设置如图 7-61 所示，并置为当前图层。

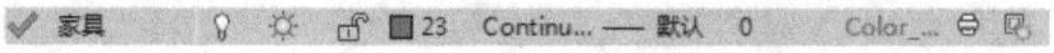

图 7-61 “家具”图层参数

❷ 客厅布置。

（1）布置沙发。单击“视图”选项卡“导航”面板的“范围”下拉菜单中的“缩放”按钮，将居室的客厅部分放大。单击“插入”选项卡“块”面板中的“插入块”按钮，打开“插入”对话框，如图 7-62 所示。单击“浏览”按钮，打开“选择文件”对话框，选择“X:\源文件\图库\沙发.dwg”图块，单击“打开”按钮打开，如图 7-63 所示。单击“插入”对话框中的“确定”按钮，返回绘图区，选择左下角内墙角点为插入点，如图 7-64 所示，单击鼠标左键确定。这样，沙发就布置好了。

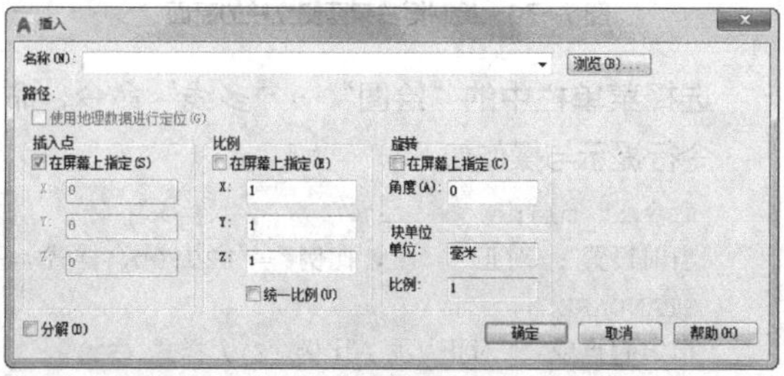

图 7-62 “插入”对话框

（2）布置电视柜。在沙发的对面靠墙位置，布置电视柜及相关的影视设备。

同样采用上面的图块插入方法，打开“X:\源文件\图库\电视柜.dwg”图块，将电视柜插入客厅右下角位置处，结果如图 7-65 所示。

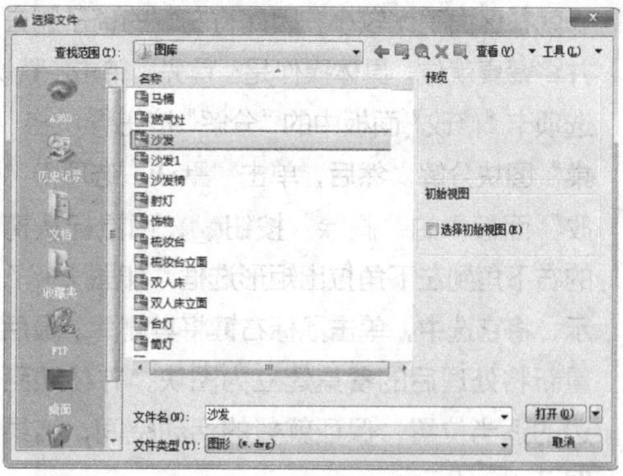

图 7-63 打开“沙发”图块

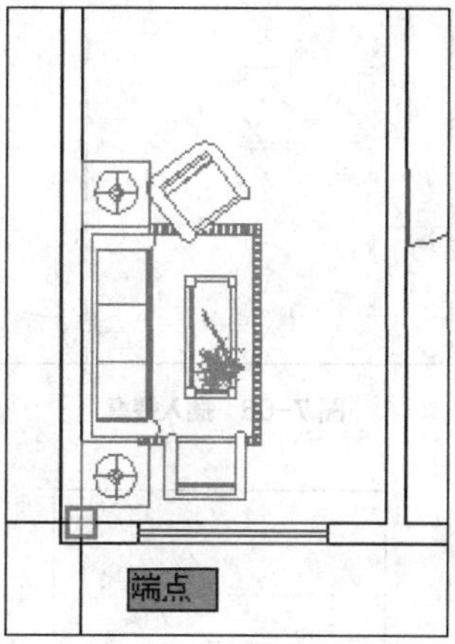

图 7-64 选择插入点

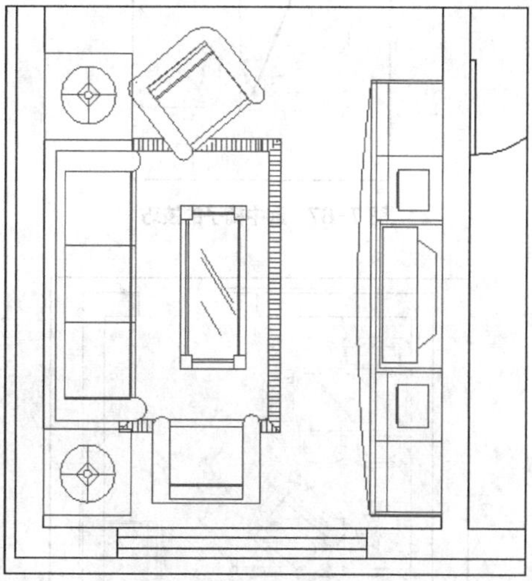

图 7-65 插入电视柜

（3）布置餐桌。单击“插入”选项卡“块”面板中的“插入块”按钮，将“餐桌”图块暂时插入客厅上端的就餐区，如图 7-66 所示。由于就餐区面积比较小，因此将左端的椅子删去，并将餐桌就位。具体操作是：首先，单击“默认”选项卡“修改”面板中的“分解”按钮，将“餐桌”图块分解。然后，单击“默认”选项卡“修改”面板中的“删除”按钮，用鼠标从椅子的右下角到左下角拉出矩形选框，如图 7-67 所示，将它选中，单击鼠标右键将其删除。最后，重新将处理后的餐桌建立为图块，并移动到墙边的适当位置，保证就餐的活动空间，结果如图 7-68 所示。

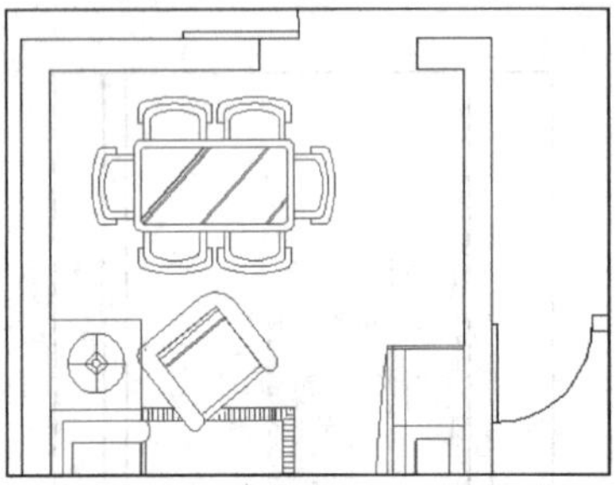

图 7-66　插入餐桌

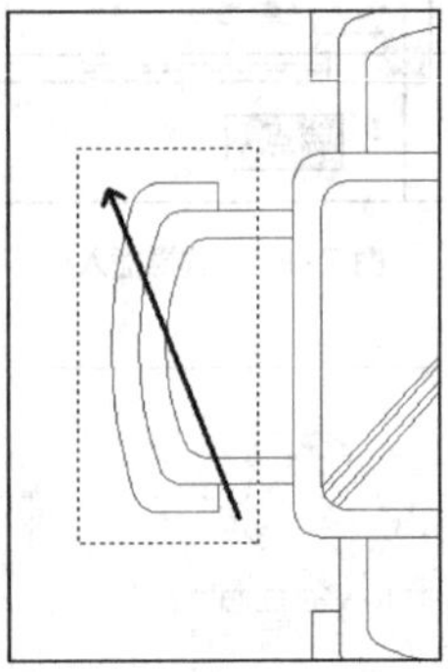

图 7-67　选中椅子的技巧

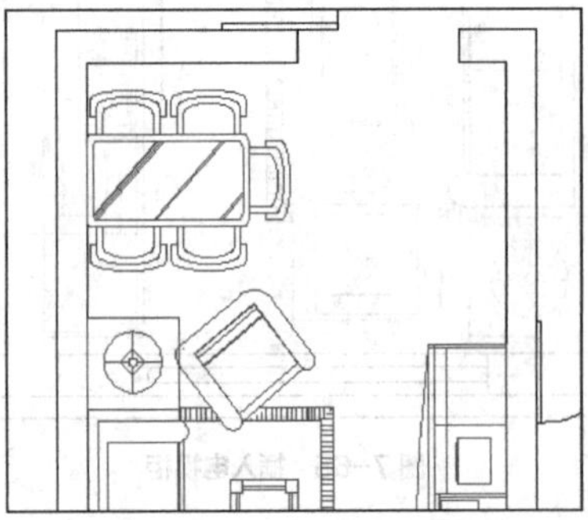

图 7-68　餐桌就位

（4）绘制博古架。在餐桌对面的墙边，绘制一个博古架。

单击“默认”选项卡“绘图”面板中的“矩形”按钮，在居室平面图的旁边单击一点作为矩形的第一个角点，在命令行输入“@-300,-1800”作为第二个角点，绘制出一个 300mm×1800mm 的矩形作为博古架的外轮廓，如图 7-69 所示。

图 7-69　绘制博古架外轮廓

单击“默认”选项卡“修改”面板中的“偏移”按钮，偏移量输入“30”，向内复制出另一个矩形。用“分解”命令把这个矩形分解开，并删除两条长边，将两条短边延伸至轮廓线，绘出博古架两侧立柱的断面，如图 7-70 所示。

图 7-70　绘制博古架两侧立柱的断面

选择菜单栏中的“绘图”→“多线”命令，命令行提示与操作如下。

```
命令：_mline
当前设置：对正 = 上，比例 = 120.00，样式 = STANDARD
指定起点或 [对正(J)/比例(S)/样式(ST)]: J↙
输入对正类型 [上(T)/无(Z)/下(B)] <上>:Z↙
当前设置：对正 = 无，比例 = 120.00，样式 = STANDARD
指定起点或 [对正(J)/比例(S)/样式(ST)]: S↙
输入多线比例 <120.00>: 20↙
当前设置：对正 = 无，比例 = 20.00，样式 = STANDARD
指定起点或 [对正(J)/比例(S)/样式(ST)]:
```

分别在轮廓线两长边上选择起点和终点，绘制出几条横向双线作为博古架被剖切的立件断面，结果如图 7-71 所示。

图 7-71 博古架

将完成的博古架平面建立为图块，命名为“博古架”，并将博古架移动到如图 7-72 所示的位置。

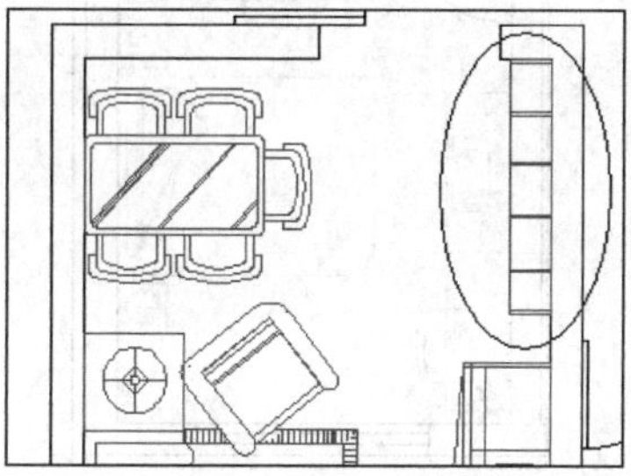

图 7-72 博古架就位

（5）插入饮水机。单击“插入”选项卡“块”面板中的“插入块”按钮，将“饮水机”图块插入图中，如图 7-73 所示。

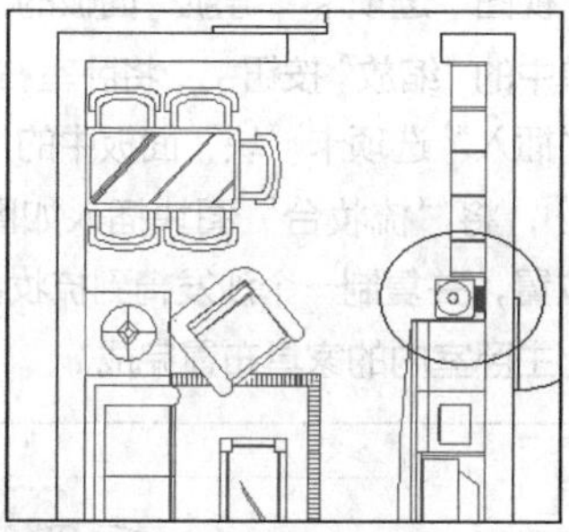

图 7-73 插入饮水机

❸ 主卧室布置。

（1）布置床。卧室里的主角是床。在本实例中，考虑将床布置在门斜对面的墙体中部位置。

单击“视图”选项卡“导航”面板的“范围”下拉菜单中的“缩放”按钮，将居室的主卧室部分放大。单击“插入”选项卡“块”面板中的“插入块”按钮，将“双人床”图块插入主卧室中合适的位置处，如图 7-74 所示。

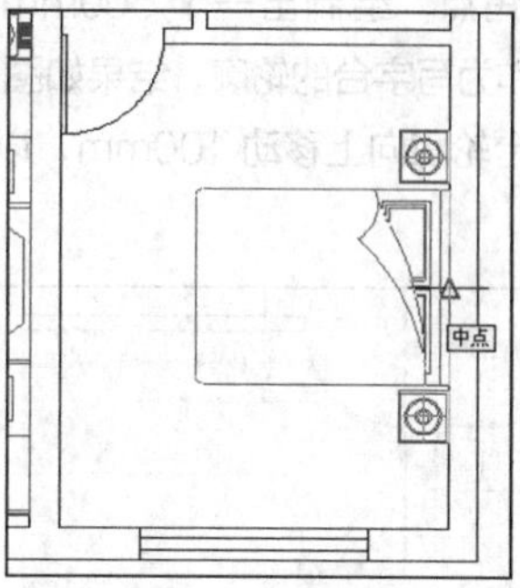

图 7-74 插入双人床

（2）布置衣柜。衣柜也是一个家庭必备的家具，一般情况下，它与卧室联系比较紧密。本例使用面积比较小，将衣柜直接放置于卧室内。

单击“插入”选项卡“块”面板中的“插入块”按钮，将“衣柜”图块插入主卧室中合适的位置处，如图 7-75 所示。

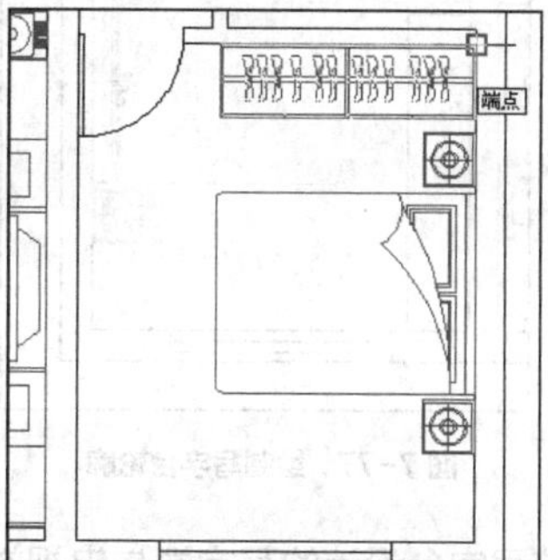

图 7-75 插入衣柜

（3）布置电视柜及写字台。为了方便业主在卧室看书、学习、看电视，在靠近双人床的对面墙面处设计一个联体长条形的写字台，写字台的一端用于看书、学习，另一端放置电视机。

> **注意** 由于该写字台的通用性不太大，所以事先没有做成图块，而是直接绘制。

单击“视图”选项卡“导航”面板的“范围”下拉菜单中的“缩放”按钮，将放置写字台的部分放大。单击“默认”选项卡“绘图”面板中的“矩形”按钮，按图7-76所示捕捉第一个角点，在命令行输入“@500,2400”作为第二个角点，绘制出一个500mm×2400mm的矩形作为写字台的轮廓，结果如图7-77所示。将写字台轮廓向上移动100mm，以便留出窗帘的位置。

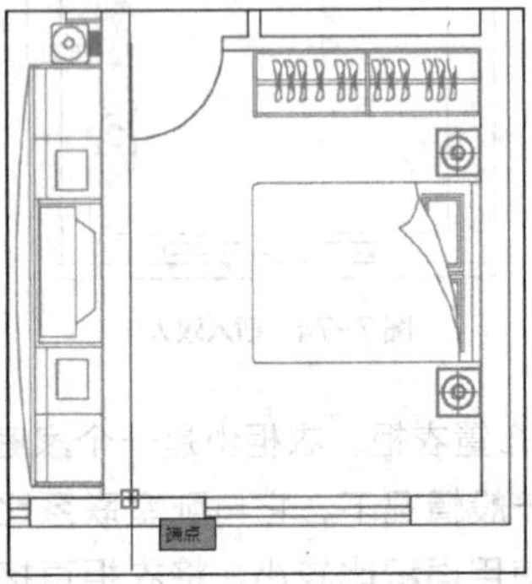

图7-76 选择矩形的角点

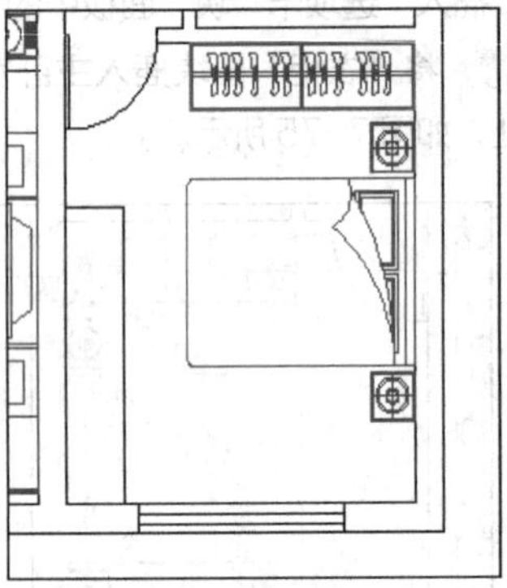

图7-77 绘制写字台轮廓

由于该写字台设计的写字端与电视端的高度不一样，所以在写字台中部高度变化处绘制一条横线。单击“默认”选项卡“绘图”面板中的“直线”按钮，分别捕捉矩形两条长边的中点，绘制一条直线，如图7-78所示。

单击“插入”选项卡“块”面板中的“插入块”按钮，将“沙发椅”图块插入图中，如图7-79所示。同理，单击“插入”选项卡“块”面板中的“插入块”按钮，将“电视机”图块插入写字台的电视端。最后，将“台灯”图块插入写字台上，结果如图7-80所示。

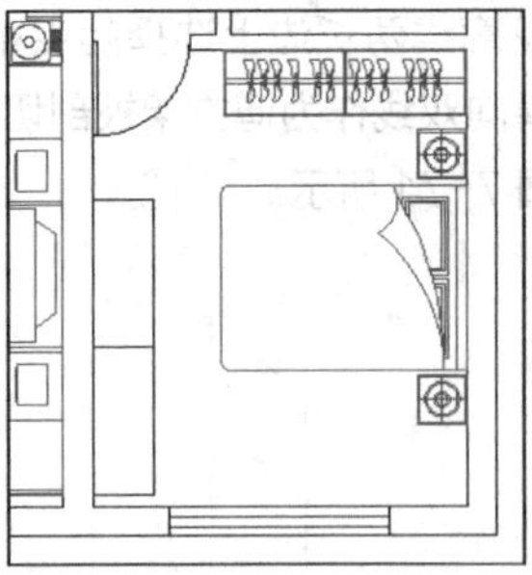

图7-78 绘制写字台分隔线

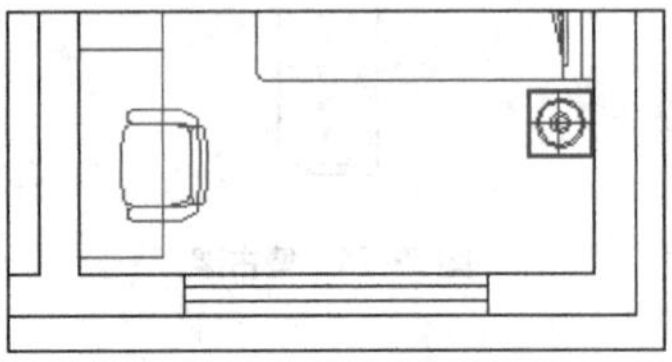

图7-79 插入沙发椅

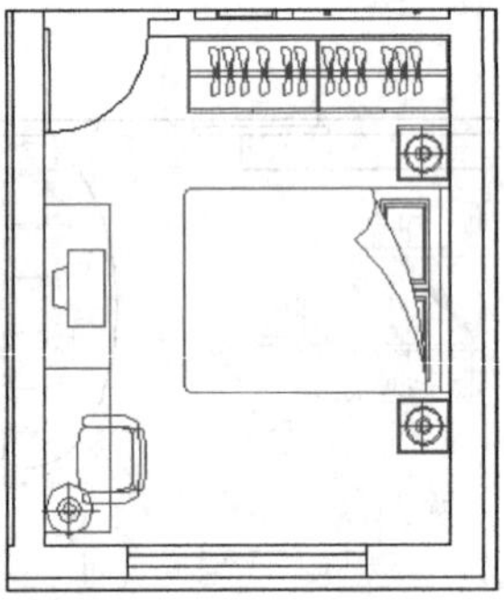

图7-80 完成写字台图块绘制

（4）布置梳妆台。在本实例中，把梳妆台布置在卫生间显然不合适，因此考虑将它布置在卧室的右下角。

单击“视图”选项卡“导航”面板的“范围”下拉菜单中的“缩放”按钮，将卧室右下角放大。单击“插入”选项卡“块”面板中的“插入块”按钮，将“梳妆台”图块插入如图7-81所示的位置，并复制一个沙发椅到梳妆台前。这样，主卧室内的家具布置完成。

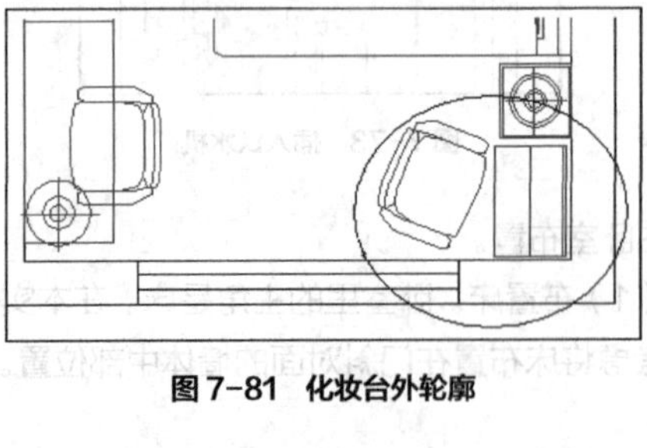

图7-81 化妆台外轮廓

❹ 书房布置。

本例中，书房的主要家具有写字台、书架、单人床。

（1）绘制书架。根据书房的空间特点，专门设计适合它的书架。

在适当的空白处绘制一个 300mm × 2000mm 的矩形作为书架轮廓，然后向内偏移 20mm，复制出另一个矩形。单击“默认”选项卡“修改”面板中的“分解”按钮，将内部矩形打散。单击“默认”选项卡“修改”面板中的“矩形阵列”按钮，选择内部矩形的下边为阵列对象，如图 7-82 所示，输入行数为 4，列数为 1，行偏移为 490，阵列结果如图 7-83 所示。

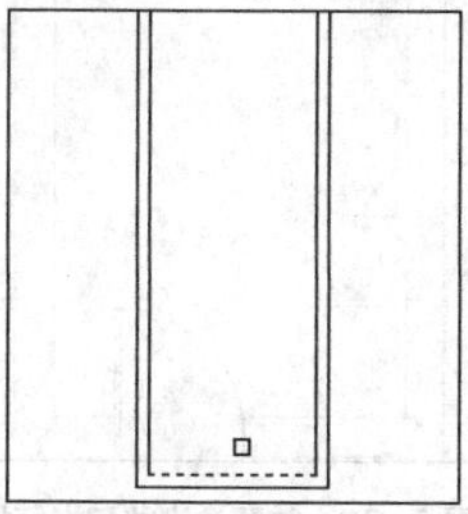

图 7-82 选择阵列对象

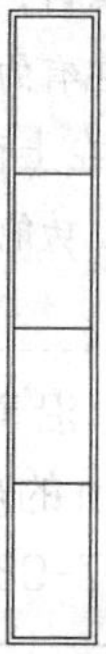

图 7-83 书架平面图

在每一格中加入交叉线，并将它移动到书房内如图 7-84 所示的位置。

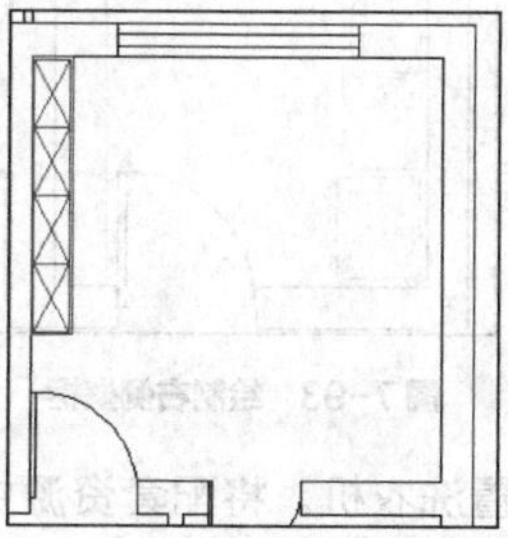

图 7-84 书架 1 就位

采用同样的方法，在书房右上角绘制一个 300mm × 1000mm 的书架，如图 7-85 所示。

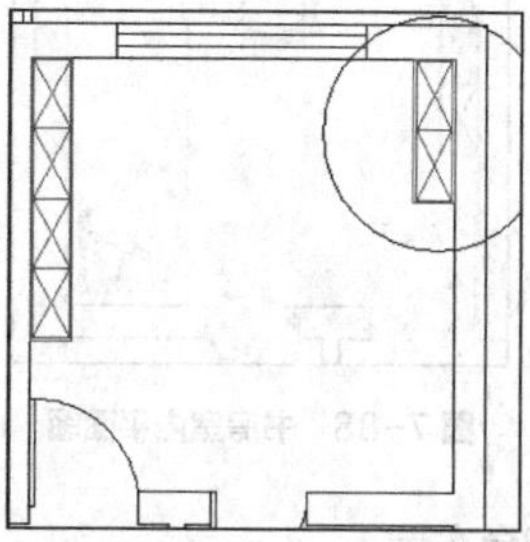

图 7-85 绘制书架 2

注意 绘制书架2时，可以在书架1的基础上采用编辑命令来完成。

（2）布置写字台。绘制一个 600mm × 1800mm 的矩形作为台面，将矩形移到窗前，写字台与窗户距离 50mm，如图 7-86 所示。

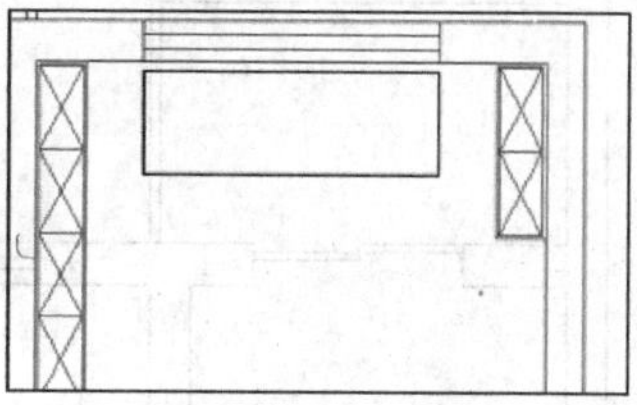

图 7-86 绘制写字台台面

然后，分别插入下列图块。

“X：\源文件\图库\沙发椅 2.dwg”；

“X：\源文件\图库\液晶显示器 .dwg”；

“X：\源文件\图库\台灯 .dwg”。

结果如图 7-87 所示。

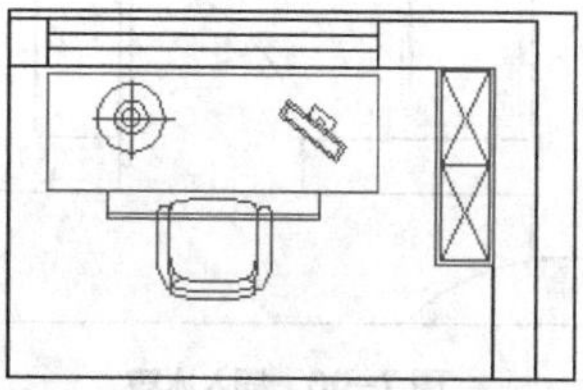

图 7-87 布置书房写字台

（3）布置单人床。附带光盘内存有单人床的图块，将它插入书房右下角即可。单人床文件目录为“X：\源文件\图库\单人床 .dwg”。

书房内的家具布置到此完成，效果如图 7-88 所示。

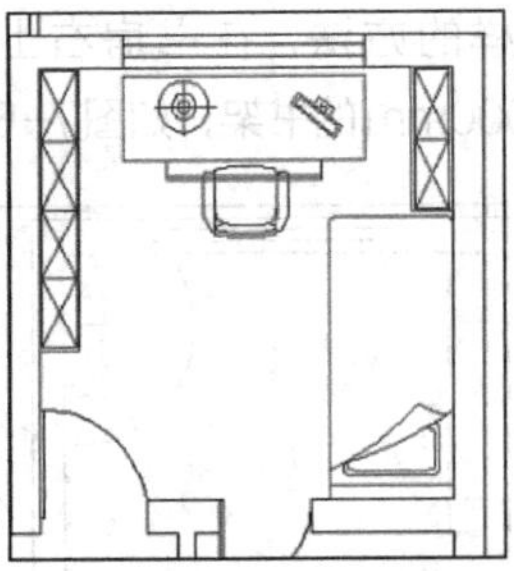
图 7-88 书房室内平面图

❺ 厨房及阳台布置。

在本例厨房设计中，在左侧布置操作平台，并预留出一个冰箱的位置；在右侧布置一排柜子。在阳台放置一个洗衣机，但是，要注意给水排水的问题处理。具体步骤如下。

（1）为了便于厨房与阳台的连通，适当扩大使用面积，将原来的门带窗改为双扇落地玻璃推拉门，如图 7-89 所示。

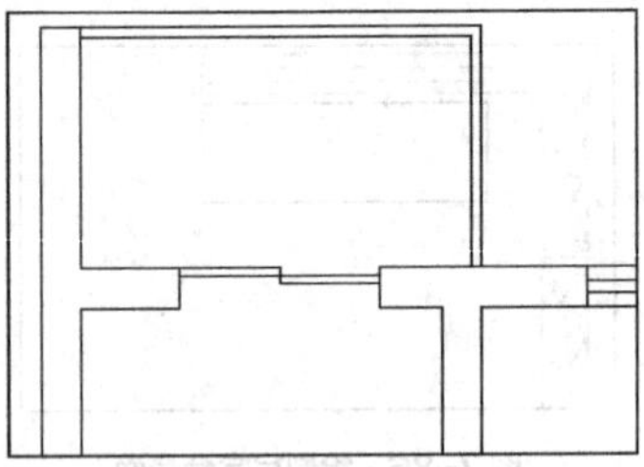
图 7-89 厨房推拉门

（2）布置冰箱。在配套资源里找到冰箱图块“X:\源文件\图库\冰箱.dwg”，插入厨房左下角，让它与墙面至少有 50mm 的距离，如图 7-90 所示。

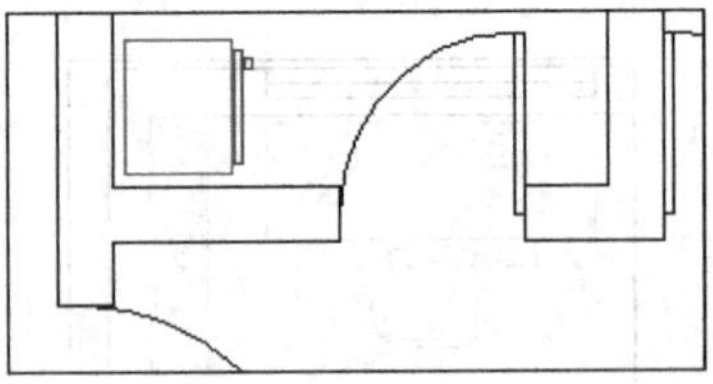
图 7-90 插入冰箱

（3）绘制操作台面。以厨房左上角墙体内角点作为矩形的第一个角点，向下绘制一个 500mm×2400mm 的矩形作为操作台面，如图 7-91 所示。

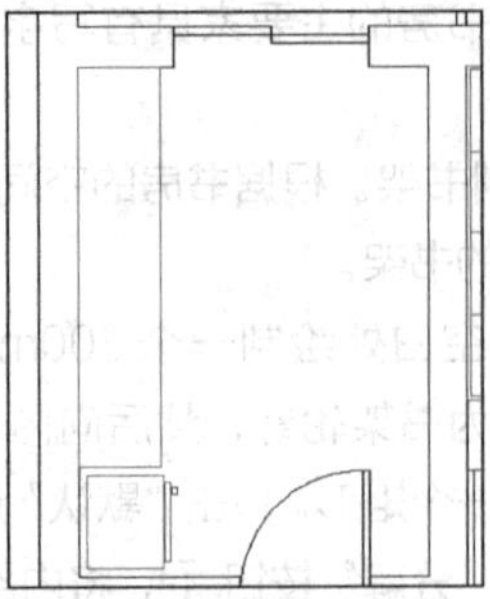
图 7-91 绘制操作台面

依次插入下列目录中的洗涤盆和燃气灶图块。

“X:\源文件\图库\洗涤盆.dwg”；

“X:\源文件\图库\燃气灶.dwg”。

结果如图 7-92 所示。

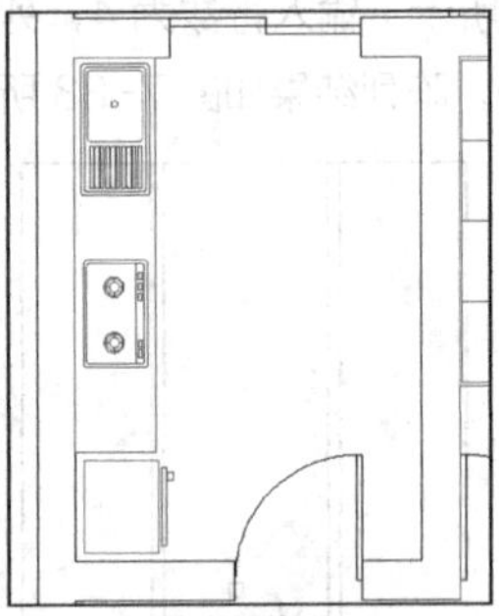
图 7-92 放置洗涤盆和燃气灶

> **注意** 在选择插入点时，有时利用“对象捕捉”很方便，而在有的地方感觉不方便，所以不必拘于用或不用。在上面插入洗涤盆和燃气灶时，打开“对象捕捉”功能反而不便定位，可以将它关闭。

（4）绘制壁柜。沿着右侧墙面绘制一个 300mm×3060mm 的矩形，这样就可以简单地表示壁柜，如图 7-93 所示。

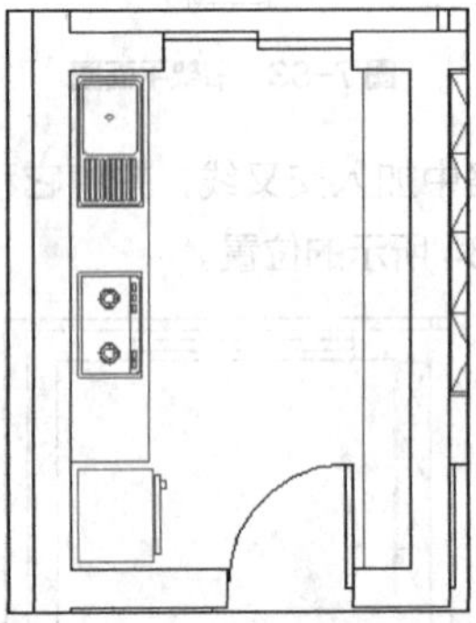
图 7-93 绘制右侧壁柜

（5）布置洗衣机。将配套资源中的“X:\源文件\图库\洗衣机.dwg”插入阳台的左下角，如图 7-94 所示。

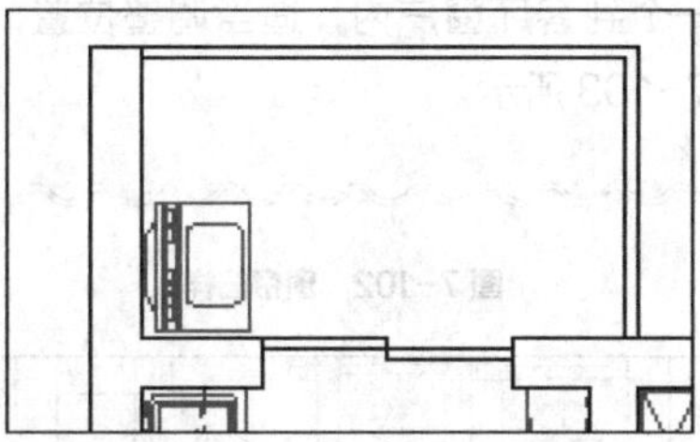

图 7-94 插入洗衣机

（6）绘制吊柜。平面图中吊柜用虚线表示，在厨房左侧的操作台上绘制一个 300mm×2400mm 的吊柜，在右侧绘制一个 300mm×3060mm 的吊柜，具体操作如下。

首先，单击“默认”选项卡“特性”面板中的“线型”下拉按钮，将当前线型设置为虚线“ACAD_ISO02W100”，并选择菜单栏中的“格式”→“线型”命令，将“线型管理器”对话框中的“全局比例因子”设置为 10，如图 7-95 所示。

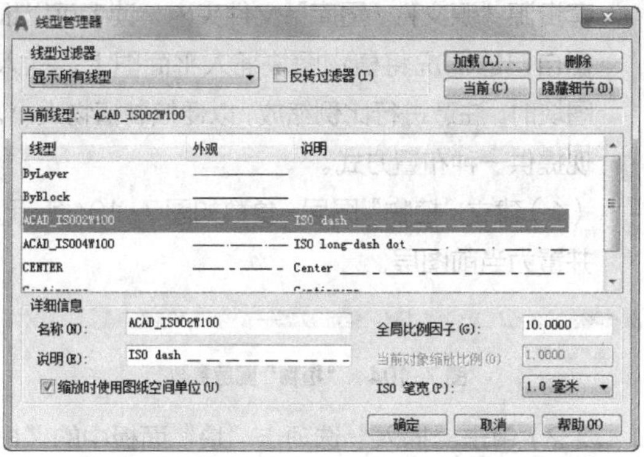

图 7-95 全局比例因子设置

对于左边的吊柜，单击“默认”选项卡“绘图”面板中的“矩形”按钮，沿墙边绘制一个 300mm×2400mm 的矩形，并绘制出该矩形的两条对角线；对于右边的吊柜，直接在原有壁柜矩形中绘出两条对角线即可。

将当前线型还原为“ByLayer”。厨房和阳台的家具布置如图 7-96 所示。

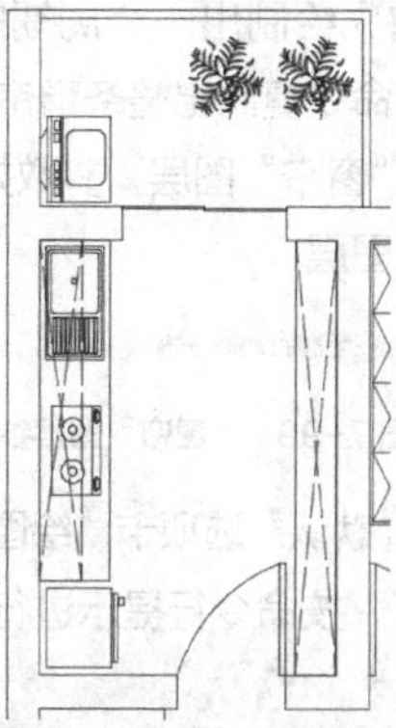

图 7-96 厨房、阳台家具布置

❻ 卫生间布置。

在卫生间内布置一个马桶、一个浴缸、一个洗脸盆，插入的图块文件如下。

“X：\源文件\图库\马桶.dwg”；

“X：\源文件\图库\浴缸.dwg”；

“X：\源文件\图库\洗脸盆.dwg”。

放置的位置如图 7-97 所示。

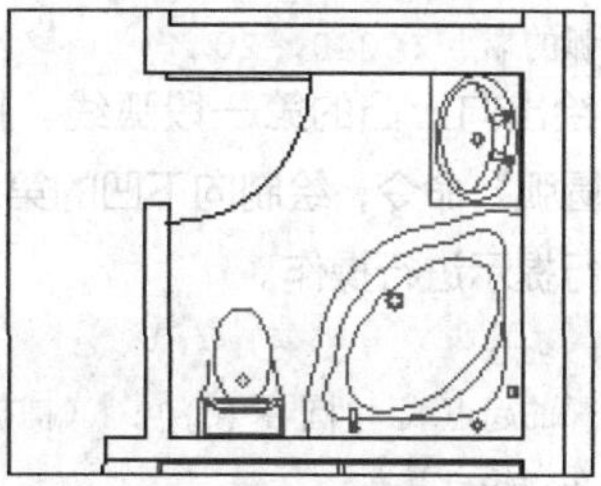

图 7-97 卫生间布置

❼ 过道部分布置。

在本例中，过道部分相当于一个小小的门厅，它是联系各房间的枢纽。但是，过道面积有限，只在入口处设置一个鞋柜，大门对面的墙体做成一个影壁的形式。

表示鞋柜只需简单地绘制一个矩形，鞋柜尺寸为 900mm×250mm，绘制结果如图 7-98 所示。

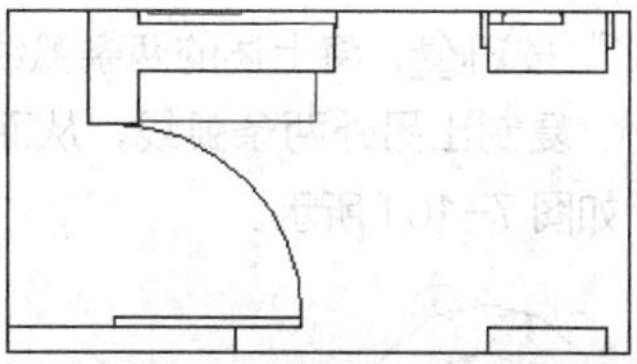

图 7-98 绘制鞋柜

到此为止，该居室的家具及基本的家用电器布置全部结束。

7.3.3 装饰元素及细部处理

STEP 绘制步骤

❶ 绘制窗帘。

室内平面图上的窗帘可以用单根或双根波浪线

来表示。首先绘制出一个周期的波浪线，然后用“阵列”命令复制出整条窗帘图案。

（1）建立“窗帘”图层，参数如图 7-99 所示，并置为当前图层。

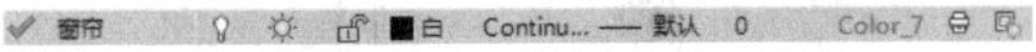

图 7-99 “窗帘”图层参数

（2）单击“默认”选项卡“绘图”面板中的“圆弧”按钮，按命令行提示进行操作。

命令：_arc
指定圆弧的起点或 [圆心 (C)]：（在屏幕空白处任选一点）
指定圆弧的第二个点或 [圆心 (C)/ 端点 (E)]：@40,20 ↙
指定圆弧的端点：@40,-20 ↙

这样，绘出向上凸的第一段弧线。接着回车，重复“圆弧”命令，绘制向下凹的第二段弧线，按命令行提示进行操作。

命令：_arc
指定圆弧的起点或 [圆心 (C)]：（捕捉上一段弧线的终点作为起点）
指定圆弧的第二个点或 [圆心 (C)/ 端点 (E)]：@60,-30 ↙
指定圆弧的端点：@60,30 ↙

结果如图 7-100 所示。

图 7-100 绘制窗帘波浪线的第一个周期

（3）单击“默认”选项卡“修改”面板中的“偏移”按钮，将上述的两条弧线向下偏移 20mm，复制出另外两条弧线，从而形成双波浪线，如图 7-101 所示。

图 7-101 双波浪线图元

（4）单击“默认”选项卡“修改”面板中的“矩形阵列”按钮，选择刚才绘制的双波浪线图元为阵列对象，输入行数为 1，列数为 13，行偏移为 1，列偏移为 200，结果如图 7-102 所示。其总长度为 2600mm，适合于客厅的窗户。

（5）单击“默认”选项卡“修改”面板中的“复制”按钮，将阵列出的窗帘图案复制一个到客厅窗户内，适当调整位置，结果如图 7-103 所示。

图 7-102 窗帘图样

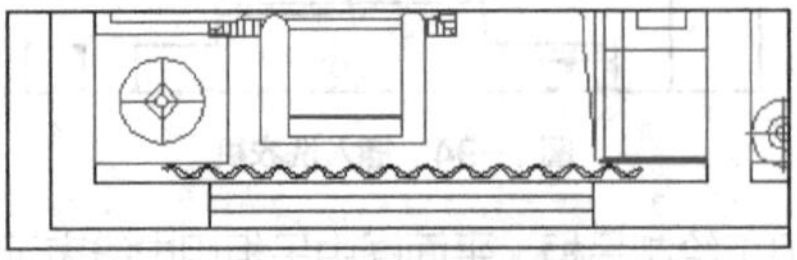

图 7-103 布置客厅窗帘

同理，可以将窗帘图案复制到其他窗户内侧，对于超出的部分，用“删除”命令删除，在此不再赘述。

❷ 布置植物。

在室内平面图中空白处的适当位置布置一些盆景植物，作为点缀装饰之用。在布置时，适可而止，不要繁琐。事先已将植物做成图块，存于配套资源“源文件 / 图库”文件夹内，读者可以根据自己的情况将植物图块插入平面图上。插入图块时，注意进行比例缩放，以便控制植物大小。现提供一种布置方式。

（1）建立“植物”图层，参数如图 7-104 所示，并置为当前图层。

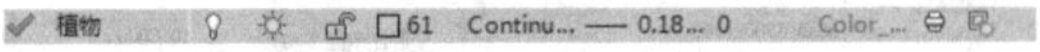

图 7-104 “植物”图层参数

（2）单击“插入”选项卡“块”面板中的“插入块”按钮，插入图库中的植物图块，调整后的效果如图 7-105 所示。

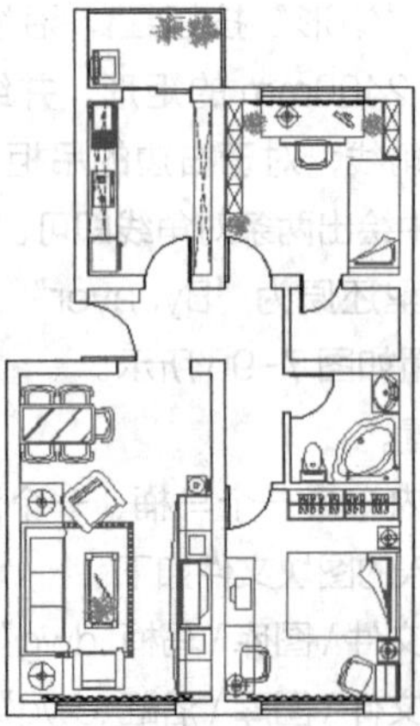

图 7-105 植物布置

7.3.4 绘制地面材料

地面材料是需要在室内平面图中表示的内容之一。当地面做法比较简单时，只用文字对材料、规格进行说明即可，但是，很多时候则要求用材料图例在平面图上直观地表示，同时进行文字说明。当室内平面图比较拥挤时，可以单独另画一张地面材料平面图。下面结合实例说明。

在本例中，将在客厅、过道部位铺设600mm×600mm米黄色防滑地砖，厨房、卫生间、阳台及储藏室铺设300mm×300mm防滑地砖，主卧室和书房铺设150mm宽强化木地板。

STEP 绘制步骤

❶ 准备工作。

（1）建立“地面材料”图层，参数如图 7-106 所示，并置为当前图层。

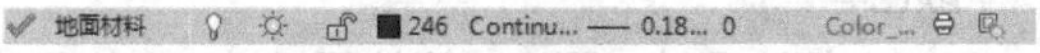

图 7-106 “地面材料”图层参数

（2）关闭“家具”“植物”等图层，让绘图区域只剩下墙体及门窗部分。

❷ 初步绘制地面图案。

（1）单击“默认”选项卡“绘图”面板中的“直线”按钮，把平面图中不同地面材料分隔处用直线划分出来，如图 7-107 所示。

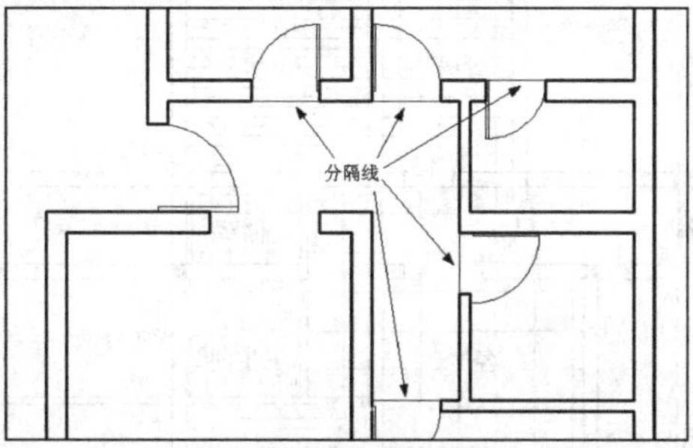

图 7-107 绘制分隔线

（2）对 600mm×600mm 地砖区域（客厅及过道部分）进行放大显示，注意必须保证该区域全部显示在绘图区内。单击“默认”选项卡“绘图”面板中的“图案填充”按钮，打开“图案填充创建”选项卡，将十字形鼠标指针在客厅区域单击一下，选中填充区域。

> **注意** 采用“拾取点”按钮选择填充区域时，如果边界不是闭合的，则无法选中。这时，要么单击“窗口放大”按钮，逐个检查边界处线与线是否连接；要么单击“多段线”按钮，重新绘制一个边界。

（3）对“图案填充创建”选项卡中的参数进行设置。

需要的网格大小是 600mm×600mm，这里提供一个检验的方法，将网格以 1 ：1 的比例填充，放大显示一个网格，选择菜单栏中的“工具”→“查询”→“距离”命令（见图 7-108），查出网格大小（查询结果在命令行中显示）。事先查出“NET”图案的间距是 3，所以填充比例输入 200，如图 7-109 所示，这样就可得到近似于 600mm×600mm 的网格。由于单位精度的问题，这种方式填充的网格线不是十分精确，但是基本上能够满足要求。如果需要绘制精确的网格，那么采用直线阵列的方式完成。

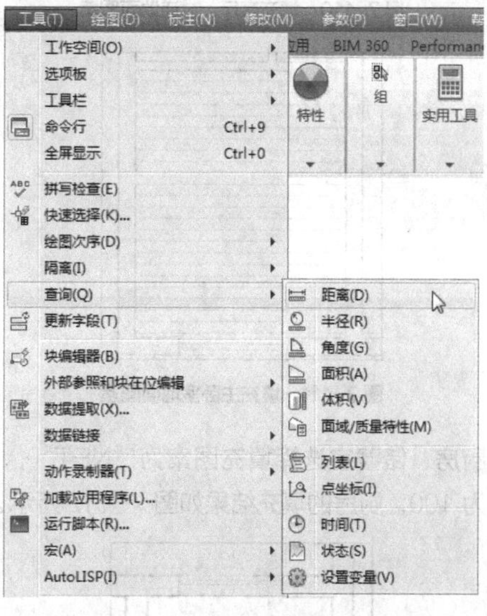

图 7-108 选择菜单栏中的“距离”命令

设置好参数后，按 Enter 键完成填充，结果如图 7-110 所示。

（4）采用同样的方法将其他区域的地面材料绘制出来。主卧室选择填充图案为“LINE”，比例为 50，填充结果如图 7-111 所示。书房地面的填充图案和比例与主卧室相同。

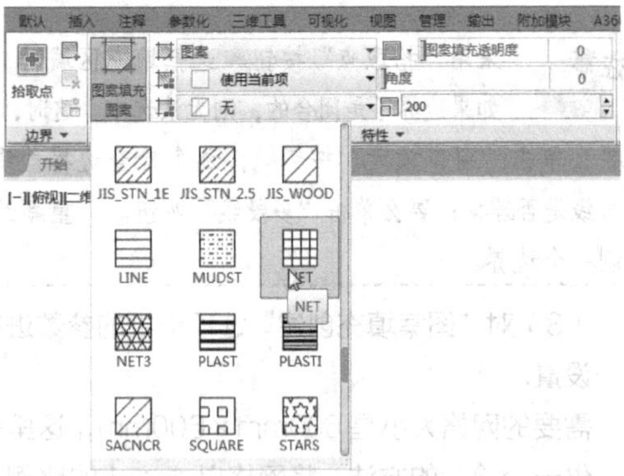

图 7-109 客厅地面图案填充参数

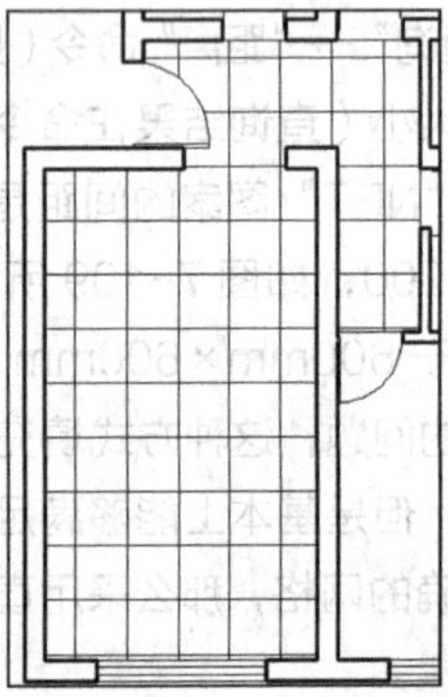

图 7-110 填充客厅、过道地面图案

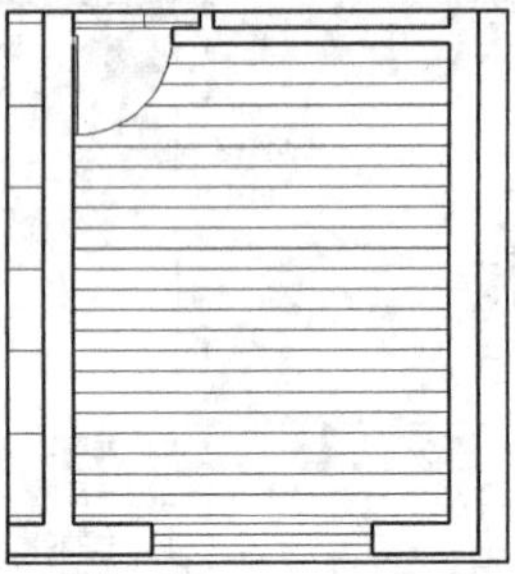

图 7-111 填充主卧室地面图室

厨房、储藏室选择填充图案为“NET”，比例为 100。厨房的填充结果如图 7-112 所示。

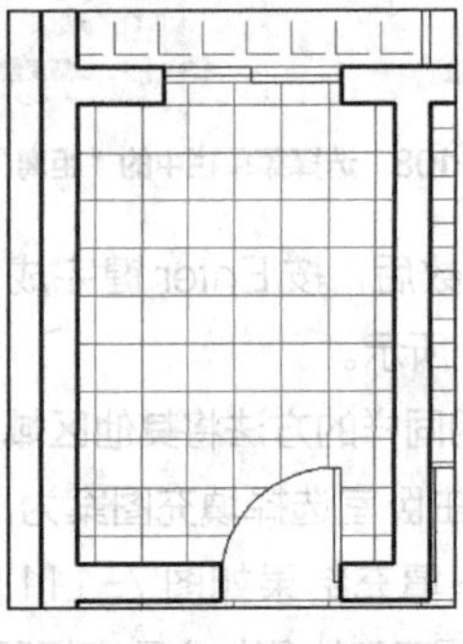

图 7-112 填充厨房地面图案

卫生间、阳台选择填充图案为“ANGLE”，比例为 43。卫生间的填充结果如图 7-113 所示。

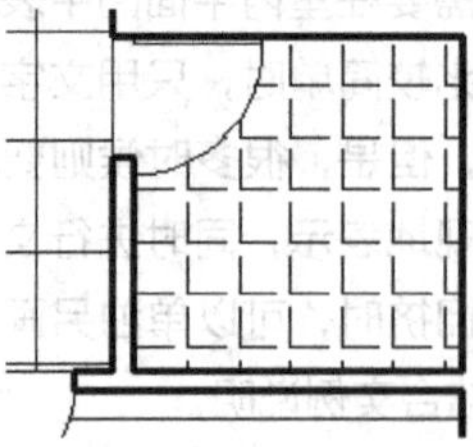

图 7-113 填充卫生间地面图案

到此为止，室内地面材料图案的初步绘制就完成了。

❸ 形成地面材料平面图。

如果想形成一个单独的地面材料平面图，则按以下步骤进行处理。

（1）将文件另存为“地面材料平面图”。

（2）在图中加上文字，说明材料名称、规格及颜色等。

（3）标注尺寸，重点表明地面材料，其他尺寸可以淡化。

（4）加上图名、绘图比例等。

类似的操作在后面的相关内容中会述及，在此给出完成后的地面材料平面图，如图 7-114 所示。

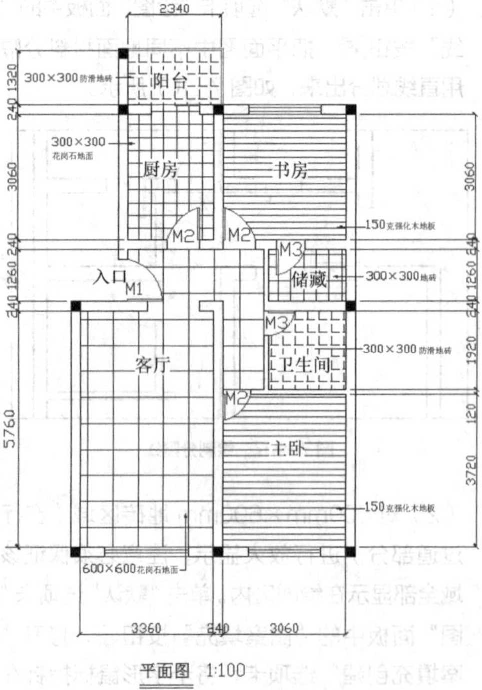

图 7-114 地面材料平面图

❹ 在室内平面图中完善地面材料图案。

如果不单独形成地面材料平面图，则可以在原来的室内平面图中作细部完善，具体操作如下。

（1）关闭“地面材料平面图”，打开“室内平面图”。

（2）打开“家具”“植物”图层。此时会发现，地面材料跟家具互相重叠，比较混乱。现将家具覆盖了的地面材料图案删除。操作方法是：首先，单击“默认”选项卡“修改”面板中的“分解”按钮，将地面填充图案打散。其次，单击“默认”选项卡“修改”面板中的“修剪”按钮，将家具覆盖部分线条剪掉，局部零散线条用“删除”命令处理，最终结果如图 7-115 所示。

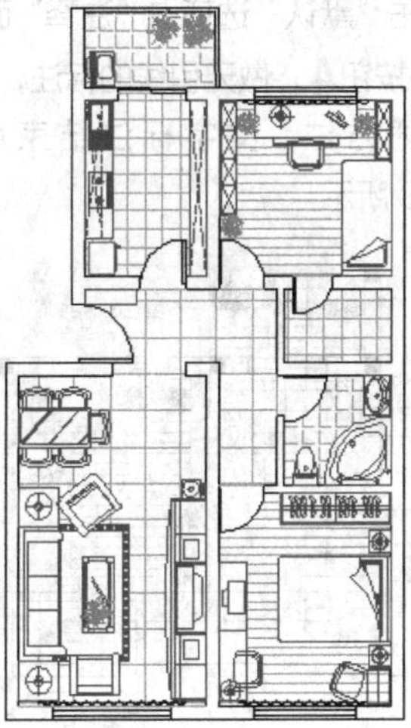

图 7-115 完成后的地面材料图案

7.3.5 文字、符号标注及尺寸标注

STEP 绘制步骤

❶ 准备工作。

在没有正式进行文字、尺寸标注之前，需要根据室内平面图的要求，进行文字样式设置和标注样式设置。

（1）文字样式设置。单击“默认”选项卡“注释”面板中的“文字样式”按钮，打开“文字样式”对话框，将其中各项内容按图 7-116 所示进行设置，同时设为当前状态。

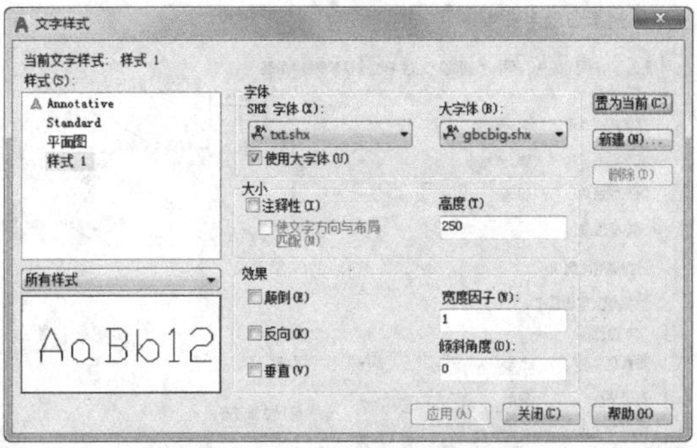

图 7-116 文字样式设置

（2）标注样式设置。单击“默认”选项卡“注释”面板中的“标注样式”按钮，打开“标注样式管理器”对话框，单击“新建”按钮，打开“创建新标注样式”对话框，新建“室内”样式。单击“继续”按钮，打开“新建标注样式：室内”对话框，将其中各项内容按图 7-117～图 7-120 所示进行设置，同时设为当前状态。

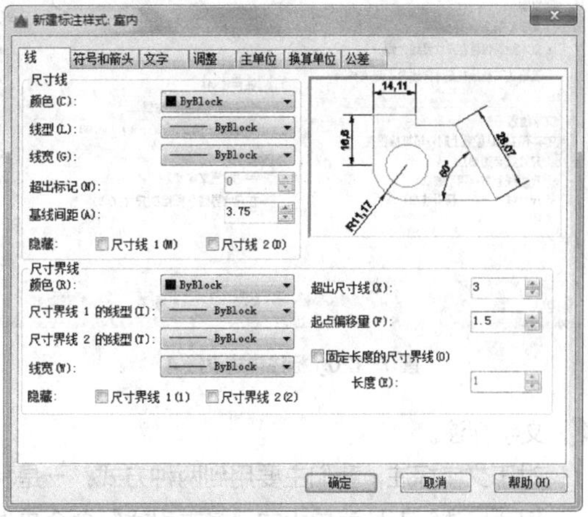

图 7-117 标注样式设置 1

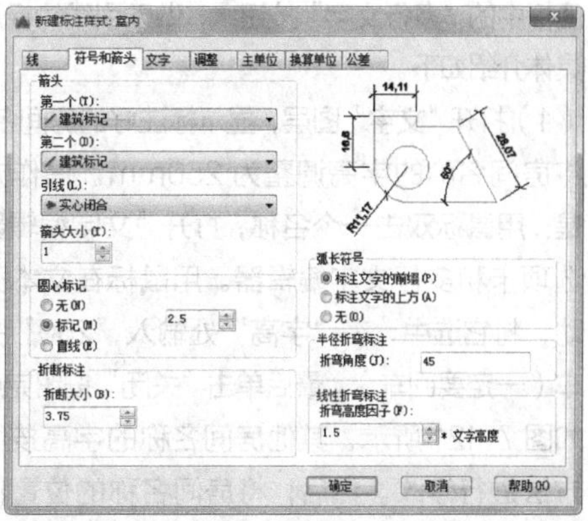

图 7-118 标注样式设置 2

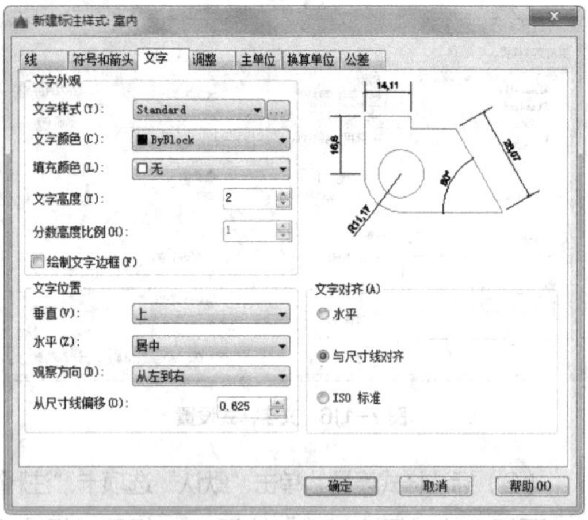

图 7-119　标注样式设置 3

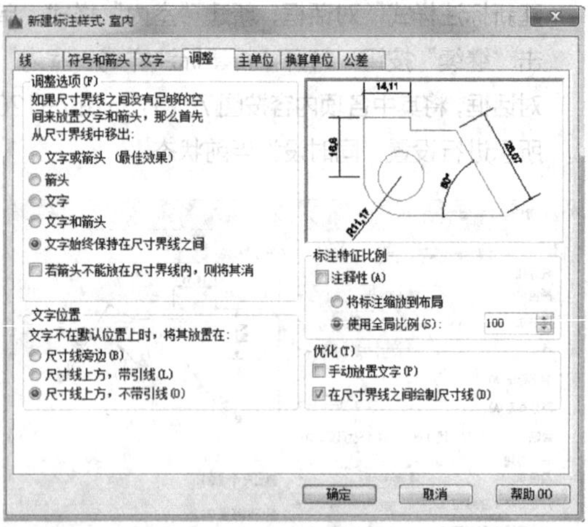

图 7-120　标注样式设置 4

❷ 文字标注。

对于文字标注，我们主要用到两种方式：一是利用“标注”下拉菜单中的“多重引线”命令来做带引线的标注；另一种是单击“默认”选项卡“注释”面板中的“多行文字”按钮A，做无引线的标注。具体介绍如下。

（1）打开“文字”图层，显示标注好的房间名称，将房间名称的字高调整为 250mm。操作方法是：用鼠标双击一个名称，打开“文字编辑器”选项卡和多行文字编辑器。用鼠标在文本上拖动，将它选中，在“字高”处输入“250”并回车（一定要回车），最后单击“关闭”按钮完成，如图 7-121 所示。其他房间名称的字高按同样方法进行修改。然后，将房间名称的位置做适当的调整。

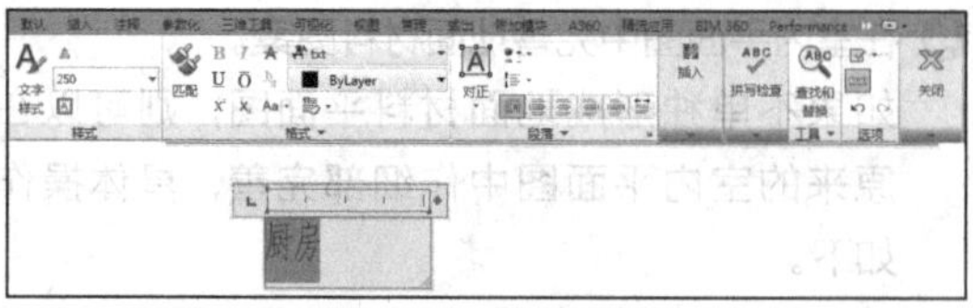

图 7-121　调整字高

（2）以书房右上角较小的书架为例，介绍引线标注的例子。在命令行中执行“QLEADER”命令，然后输入文字“书柜 300×1000”，结果如图 7-122 所示。

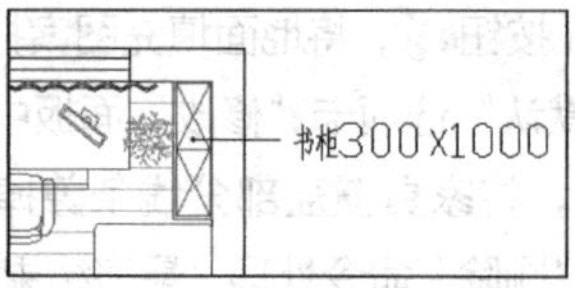

图 7-122　书柜引线标注

（3）单击“默认”选项卡“注释”面板中的“多行文字”按钮A，做无引线的标注，在此不赘述。综合上述方法，文字标注结束后的效果如图 7-123 所示。

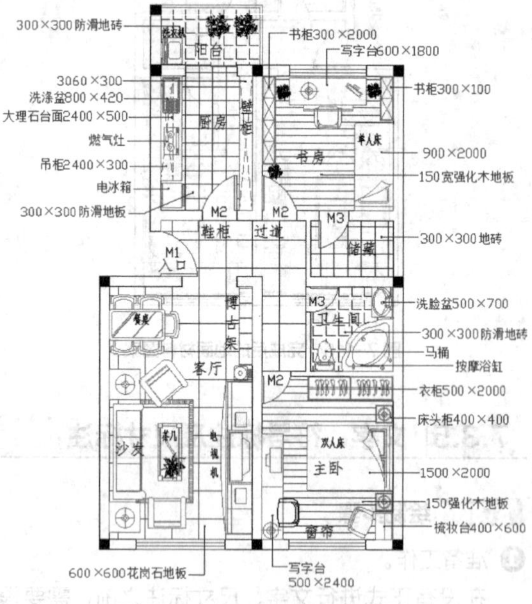

图 7-123　标注文字后的效果

❸ 符号标注。

在该平面图中需要标注的符号主要是室内立面内视符号，为节约篇幅，事先已经将它们做成图块，存于配套资源内，下面在平面图中插入相应的符号。

（1）建立“符号”图层，参数如图 7-124 所示，设为当前图层。

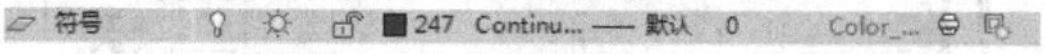

图 7-124 “符号”图层参数

（2）在“X：\源文件\图库”文件夹内找到立面内视符号，插入平面图内。在操作过程中，若符号方向不符，则单击“默认”选项卡“修改”面板中的“旋转”按钮纠正；若标号不符，则将图块分解，然后编辑文字。结果如图 7-125 所示。

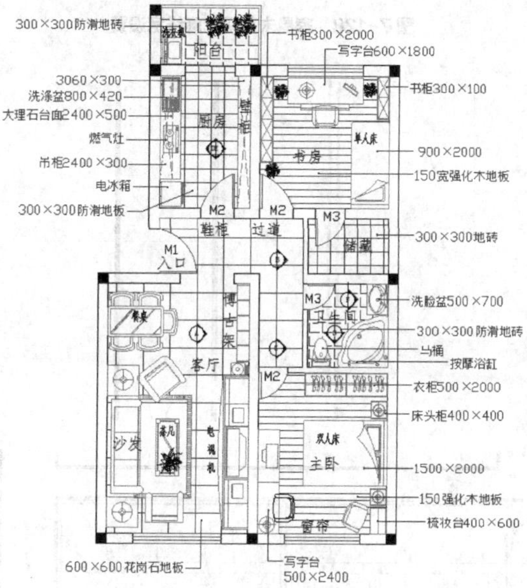

图 7-125 插入立面内视符号

图中立面内视符号指向的方向就意味着要画一个立面图来表达立面设计思想。

❹ 尺寸标注。

在这里标注重点是房间的平面尺寸、主要家具陈设的平面尺寸及主要相对关系尺寸，原来建筑平面图中不必要的尺寸可以删除掉。有关每个尺寸的标注，其主要利用的命令仍然是“线性”命线及相关修改命令。

（1）将“尺寸”图层设为当前图层，暂时将“文字”图层关闭。可以考虑将原来建筑平面图中不必要的尺寸删除。

（2）单击“默认”选项卡“注释”面板中的“线性”按钮，沿周边将房间尺寸标注出来。打开“文字”图层，发现文字标注与尺寸标注重叠，无法看清。

（3）单击“默认”选项卡“修改”面板中的“移动”按钮，将刚才标注的尺寸向外移动，避开文字标注部分，结果如图 7-126 所示。

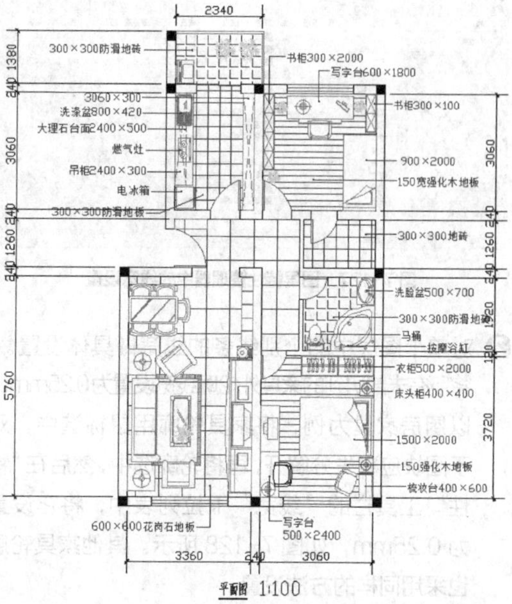

图 7-126 尺寸标注

7.3.6 设置线宽

平面图中的线宽可以分作4个等级：粗实线、中实线、细实线、装饰线。粗实线用于墙柱的剖切轮廓，中实线用于装饰材料、家具的剖切轮廓，细实线用于家具陈设轮廓，装饰线用于尺寸、图例、符号、材料纹理和装饰品线等。

本例的具体线宽值采用0.6mm、0.35mm、0.25mm、0.18mm 4个等级。

在AutoCAD中，可以通过两种途径来设置线宽。一种是在图层特性管理器中对整个图层的线宽进行设置或调整，这时，图层中线型、线宽处于“ByLayer”状态的线条都得到控制；另一种是在同一个图层中，可以将部分线条的线宽由“ByLayer”状态调到具体的线宽值上去。下面结合实例介绍。

STEP 绘制步骤

❶ 打开图层特性管理器，单击各图层的“线宽”位置，将“墙体”“柱子”线宽均设为0.6mm，“阳

台”线宽设为0.25mm，“轴线”“门窗”“家具”“地面材料”“尺寸”“符号”“窗帘”“植物”线宽均设为0.18mm，如图7-127所示。

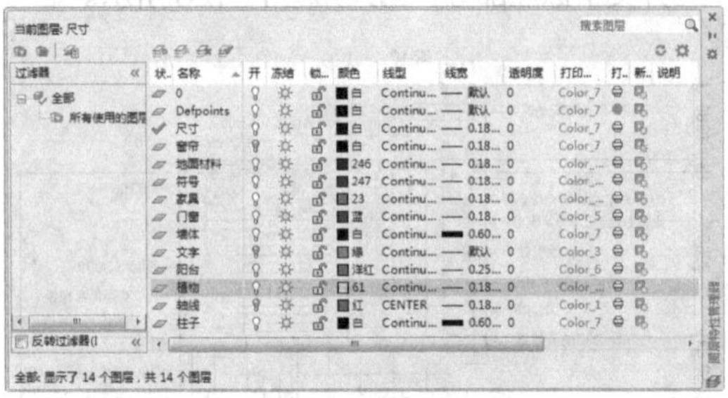

图 7-127 图层特性管理器中的线宽设置

❷ 对单个图层中的个别线条的线宽做具体设置。将所有未剖切到的家具外轮廓线宽设置为0.25mm。以厨房家具为例，将家具轮廓用鼠标选中，对于图块应事先分解开，再将轮廓选中，然后在“特性”工具栏的“线宽”下拉列表中，将它设置为0.25mm，如图7-128所示。其他家具轮廓也采用同样的方法设置。

注意 按住Shift键，可以同时选中多个线条。

将剖切到的博古架、书柜、衣柜轮廓的线宽设置为0.35mm，如图7-129所示。

注意 对于处理家具轮廓线宽设置的问题，另外一种方法是将轮廓线单独放在一个图层里，以另一种颜色区别，通过整体设置这个图层的线宽来解决。

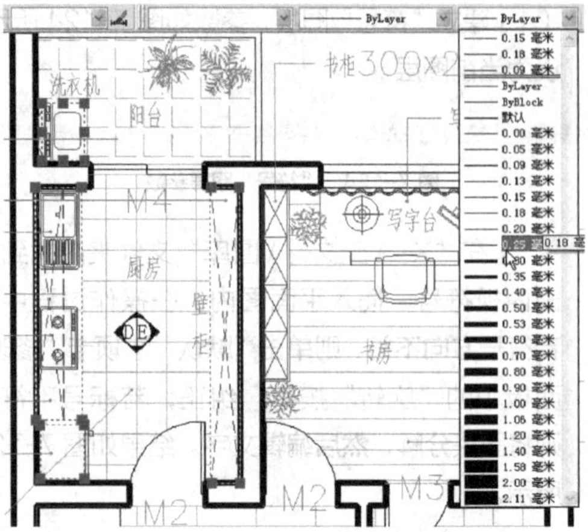

图 7-128 家具未剖切轮廓线宽设置

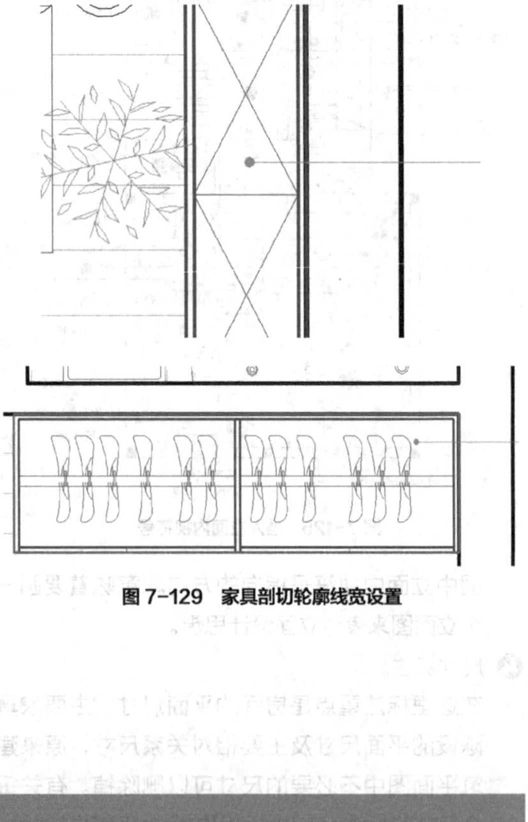

图 7-129 家具剖切轮廓线宽设置

7.4 上机实验

【练习1】绘制董事长室平面图

1. 目的要求

本练习绘制如图7-130所示的董事长室平面图。通过本练习，帮助读者进一步熟悉和掌握室内平面图的绘制方法。

2. 操作提示

（1）绘制轴线。

（2）绘制外部墙线。

（3）绘制柱子。

（4）绘制内部墙线。

（5）绘制门窗和楼梯。

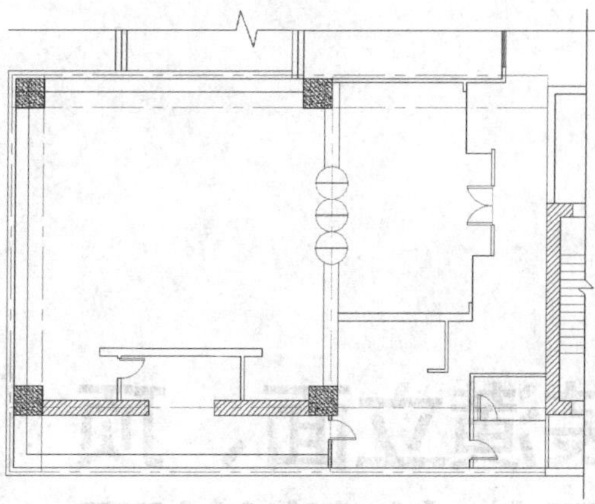

图 7-130 董事长室平面图

【练习 2】绘制餐厅平面图

1. 目的要求

本练习绘制如图 7-131 所示的餐厅平面图。通过本练习，帮助读者进一步熟悉和掌握室内平面图的绘制方法。

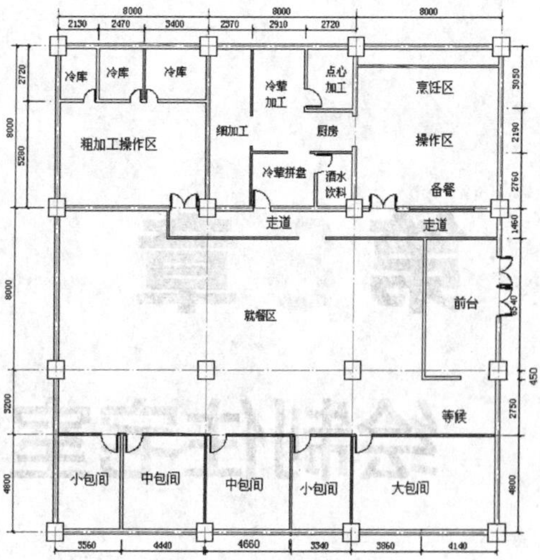

图 7-131 餐厅平面图

2. 操作提示

（1）绘制轴线。

（2）绘制墙体和柱子。

（3）绘制门窗。

（4）标注尺寸和文字。

第 8 章

绘制住宅室内装潢立面、顶棚与构造详图

住宅室内装潢设计的内容比较多，涉及建筑设计的方方面面。本章将在上一章的基础上进一步深入和完善，完整地介绍住宅室内装潢设计的全过程。

重点与难点

- 绘制住宅室内立面图
- 绘制住宅室内顶棚图
- 绘制住宅室内构造详图

8.1 绘制住宅室内立面图

本节依次介绍A、B、C、D、E、F、G 7个室内立面图的绘制。在每一个立面图中，大致按立面轮廓绘制、家具陈设立面绘制、立面装饰元素及细部处理、尺寸标注、文字说明及其他符号标注、线宽设置的顺序来介绍。

实际上，在进行平面设计时，就要同时考虑立面的合理性和可行性；在立面设计中，可能也会发现一些新问题，需要结合平面来综合处理。

作为一套完整的室内装潢设计图，上一章平面图中没有标内视符号的墙面在必要时也应该绘制立面图。本书为了节约篇幅，只挑了几个具有代表性的立面图来介绍。

8.1.1 绘制 A 立面图

扫一扫

A立面图是客厅里主要表现的墙面，在其中需要表现的内容有空间高度上的尺度及协调效果、客厅墙面做法、电视柜及配套设施立面、博古架立面、与墙面交接处吊顶情况及立面装饰处理等，如图8-1所示。

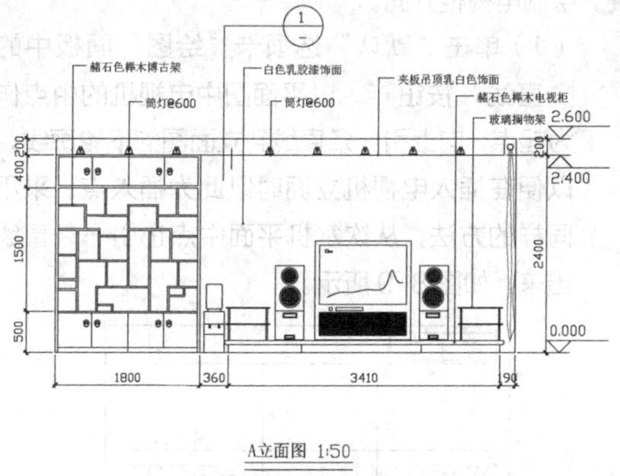

图 8-1 A 立面图

> **注意** 由于要借助室内平面图绘制立面图，而且后面还要利用平面图中的相关设置，因此绘制立面图之前，请将室内平面图另存为“室内立面图”，不要将其中的平面图删去。

STEP 绘制步骤

❶ 绘制轮廓。

（1）打开图层特性管理器，将“文字”“尺寸”“地面材料”图层关闭，建立一个新图层，命名为“立面”，参数按图 8-2 所示进行设置，并置为当前图层。

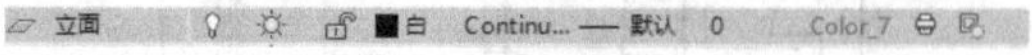

图 8-2 “立面”图层参数

（2）单击“默认”选项卡“修改”面板中的“复制”按钮，将平面图选中，拖动鼠标将它复制到旁边的空白处；然后单击“默认”选项卡“修改”面板中的“旋转”按钮，将它逆时针旋转 90°，结果如图 8-3 所示。以复制出的平面图作为参照，在它的上方绘制立面图。

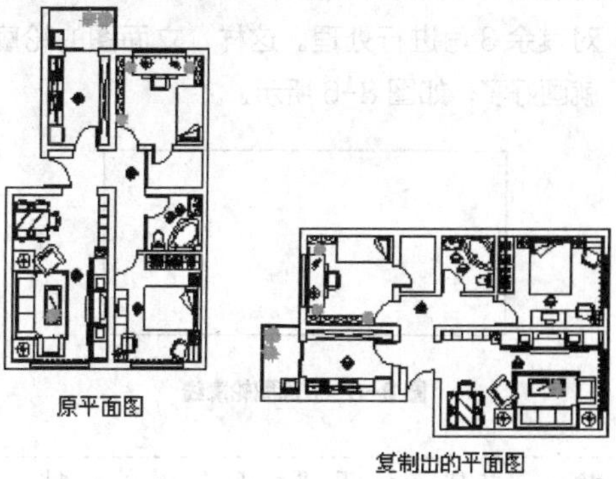

图 8-3 复制出一个平面图

（3）在复制出的平面图上方首先绘制立面图的上下轮廓线。单击“默认”选项卡“绘图”面板中的“直线”按钮，先绘制出一条长于客厅进深的直线，然后单击“修改”工具栏中的“偏移”按钮，复制出另一条直线，偏移距离 2600mm（为客厅的净高），结果如图 8-4 所示。

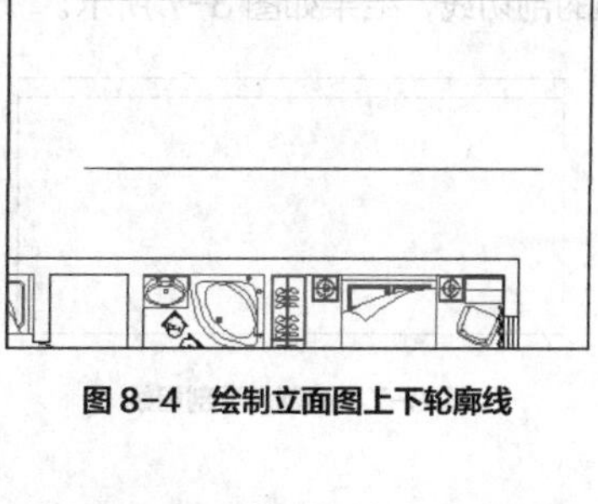

图 8-4 绘制立面图上下轮廓线

（4）单击“默认”选项卡“绘图”面板中的“直线”按钮，分别以客厅的两个内角点向上引两条直线，如图 8-5 所示。

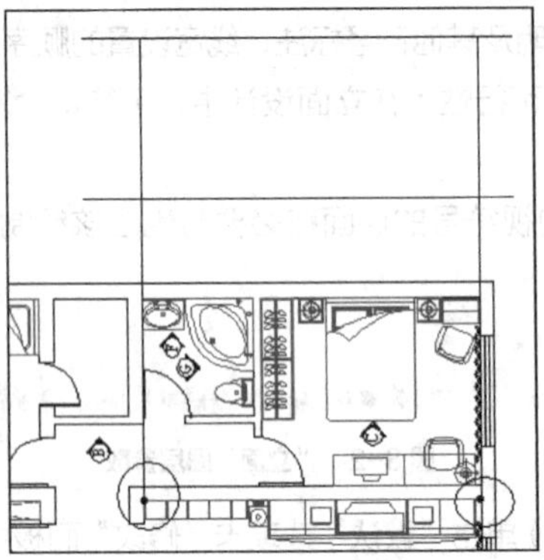

图 8-5　引出左右两条轮廓线

（5）单击“默认”选项卡“修改”面板中的“倒角”按钮，将倒角距离设为 0，然后分别单击靠近一个交点处两条线段的需要保留部分，从而消除不需要的伸出部分。重复“倒角”命令，对其余 3 角进行处理。这样，立面图的轮廓线就画好了，如图 8-6 所示。

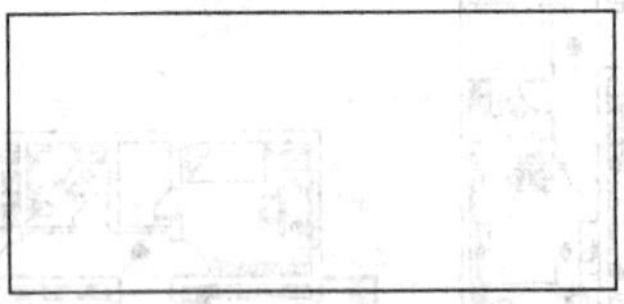

图 8-6　立面图轮廓线

注意　其实直接用“矩形”命令绘制一个 5760mm×2600mm 的矩形作为立面图轮廓线也是可以的，上面介绍的方法是想告诉读者一个由平面图引出立面图的思路。

（6）单击“默认”选项卡“修改”面板中的“偏移”按钮，单击上面一条立面轮廓线，将它向下偏移，复制出另一条直线，偏移距离为 200mm（即墙边吊顶的高度），这条直线为吊顶的剖切线，结果如图 8-7 所示。

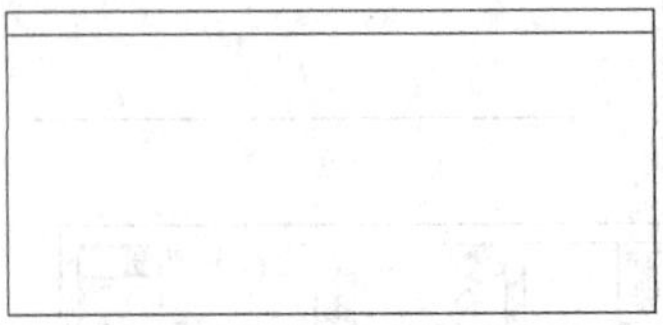

图 8-7　绘制吊顶剖切线

❷ 绘制博古架立面。

将“家具”图层设为当前图层。单击“插入”选项卡“块”面板中的“插入块”按钮，找到“X:\源文件\图库\博古架立面.dwg”图块，以立面轮廓的左下角为插入点，将它插入立面图内，结果如图 8-8 所示。该博古架立面尺寸为 1800mm×2400mm，由上、中、下三部分组成。上、下部分均为柜子，中间部分为博古架陈列区，上端与吊顶齐平。要绘制这样的一个博古架，可以综合利用“直线”“圆”“复制”“偏移”“修剪”“延伸”“倒角”等命令。

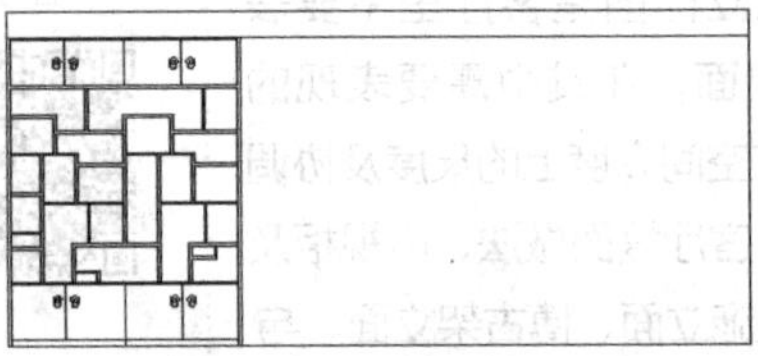

图 8-8　插入博古架立面

❸ 绘制电视柜立面。

（1）单击“默认”选项卡“绘图”面板中的“直线”按钮，以平面图中电视机的中点作为起点，向上引一条直线到立面图的下轮廓线，以便在插入电视机立面时以此为插入点。采用同样的方法，从饮水机平面中点也引一条直线出来，如图 8-9 所示。

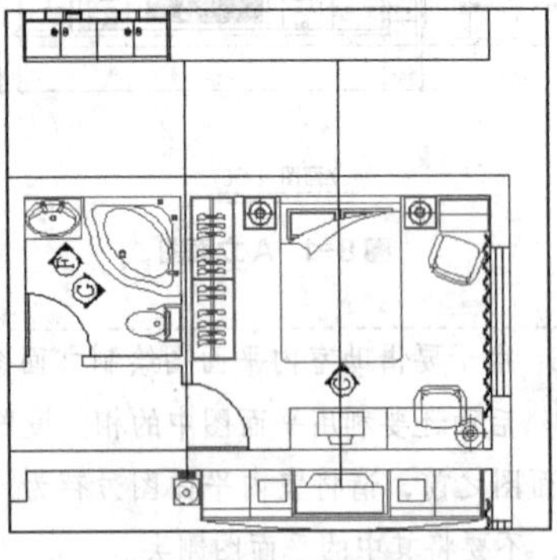

图 8-9　从平面引直线

（2）单击“插入”选项卡“块”面板中的“插入块”按钮，找到“X:\源文件\图库\电视柜立面.dwg”图块，以引线端点为插入点，将它插入相应的图内。重复“插入块”命令，将“X:\源文件\图库\饮水机立面.dwg”图块也插入相应位置，结果如图 8-10 所示。

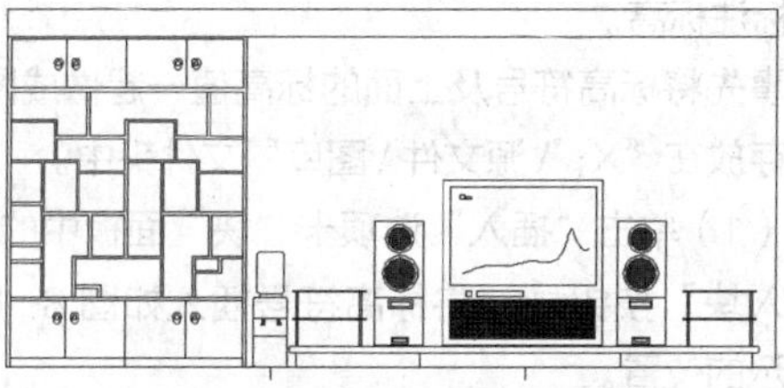

图 8-10 插入电视柜立面和饮水机立面

该电视柜平台高 150mm，中间部分放置电视机和音箱，两端各设计一个搁物架。绘制这个图块用到的命令一般有“直线”“圆”“圆弧”“图案填充”“样条曲线”“复制”“偏移”“修剪”“延伸”“倒角”“镜像”等。

❹ 布置吊顶立面筒灯。

（1）将前面提到的电视柜引线延伸到立面轮廓线上，以便筒灯定位。

（2）单击“插入”选项卡“块”面板中的“插入块”按钮，找到“X:\源文件\图库\筒灯立面 .dwg”图块，以引线端点为插入点，将它插入吊顶剖切线上，如图 8-11 所示。

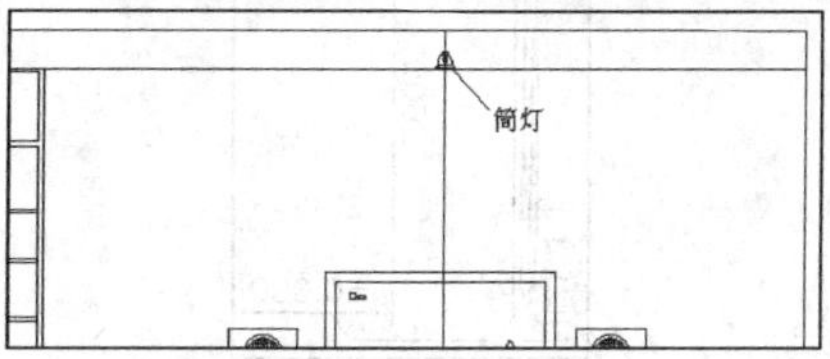

图 8-11 插入第一个筒灯

（3）单击“默认”选项卡“修改”面板中的“矩形阵列”按钮，将筒灯向左阵列出两个，向右阵列出两个（该步骤也可用“镜像”命令），阵列间距为 600mm，结果如图 8-12 所示。

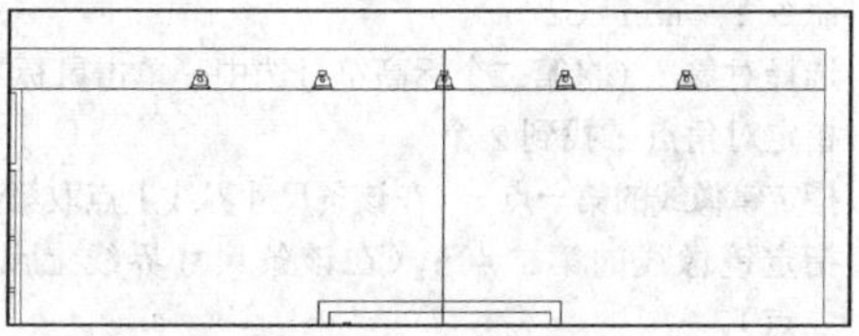

图 8-12 筒灯阵列结果

（4）单击“默认”选项卡“修改”面板中的“复制”按钮，选中中间 3 个筒灯，捕捉引线与吊顶线的交点作为起点，捕捉博古架上端中点作为终点，将它们复制到博古架的上端，筒灯布置结束，如图 8-13 所示。

图 8-13 全部筒灯

（5）将引线删除。此时，还可以在博古架上添加一些陈列物品。

❺ 绘制窗帘。

（1）将右端吊顶线进行修改，留出窗帘盒位置。单击“默认”选项卡“修改”面板中的“偏移”按钮，输入偏移距离 150mm，选取右端轮廓线，向内偏移出一条直线，如图 8-14 所示。

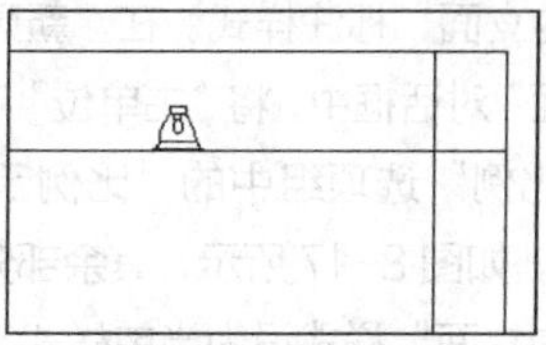

图 8-14 偏移直线

（2）单击“默认”选项卡“修改”面板中的“倒角”按钮，设置倒角距离为 0，对图 8-14 进行倒角处理，结果如图 8-15 所示。

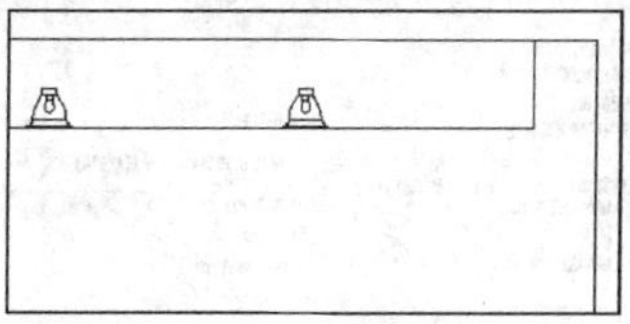

图 8-15 倒角处理

（3）将“窗帘”图层设为当前图层。在窗帘盒内绘制出窗帘滑轨断面示意图，然后单击“默认”选项卡“绘图”面板中的“样条曲线拟合”按钮，随意绘制出窗帘示意图，结果如图 8-16 所示。

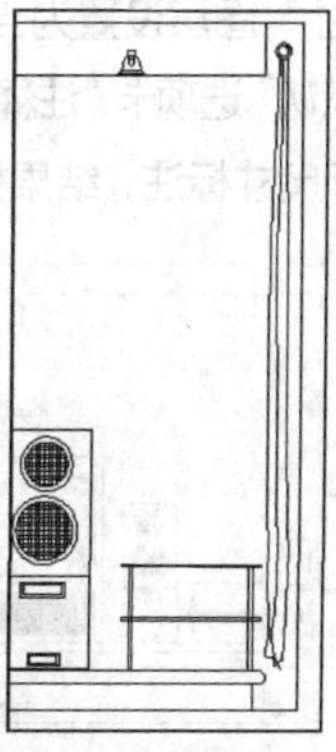

图 8-16 窗帘示意图

❻ 图形比例调整。

室内平面图采用的比例是 1：100，而现在的立面图采用的比例是 1：50，为了使立面图跟平面图匹配，现将立面图比例放大为原来的 2 倍，而将尺寸标注样式中的“比例因子”缩小一半，具体操作如下。

（1）单击“默认”选项卡“修改”面板中的“缩放”按钮，将刚才完成的立面图全部选中，选取左下角为基点，在命令行输入比例因子“2”，回车后，图形的几何尺寸变为原来的 2 倍。

（2）以“室内”标注样式为基础样式，新建一个“室内立面”标注样式。在“新建标注样式：室内立面”对话框中，将“主单位”选项卡的“测量单位比例”选项组中的“比例因子”设置为“0.5”，如图 8-17 所示，其余部分保持不变。将“室内立面”样式设为当前样式。

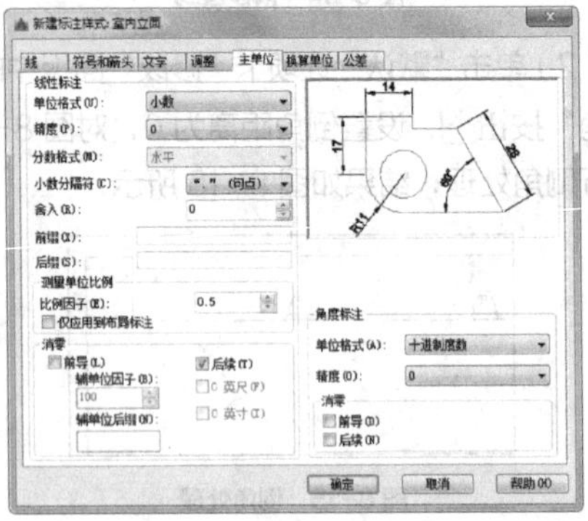

图 8-17　标注样式设置

❼ 尺寸标注。

在该立面图中，应该标注出客厅净高、吊顶高度、博古架尺寸、电视柜尺寸及各陈设相对位置尺寸等，具体操作如下。

（1）将“尺寸”图层设置为当前图层。

（2）单击“默认”选项卡“注释”面板中的“线性”按钮，进行尺寸标注，结果如图 8-18 所示。

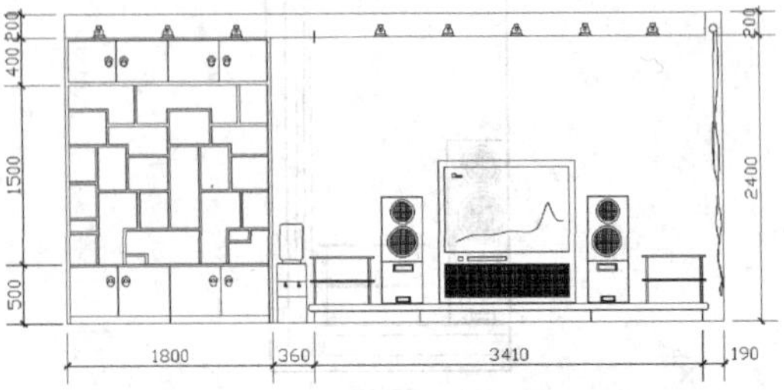

图 8-18　立面尺寸标注

❽ 标注标高。

事先将标高符号及上面的标高值一起做成图块，存放在“X：\源文件\图库”文件夹中。

（1）单击“插入”选项卡“块”面板中的“插入块”按钮，将标高符号插入如图 8-19 所示的位置。

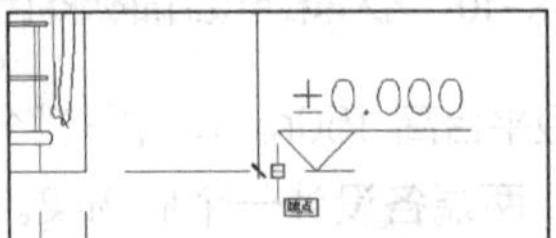

图 8-19　标高符号的插入点

（2）单击“默认”选项卡“修改”面板中的“分解”按钮，将刚插入的标高符号分解开。

（3）将这个标高符号复制到其他两个尺寸界线端点处，然后双击数字，把标高值修改正确，如图 8-20 所示。

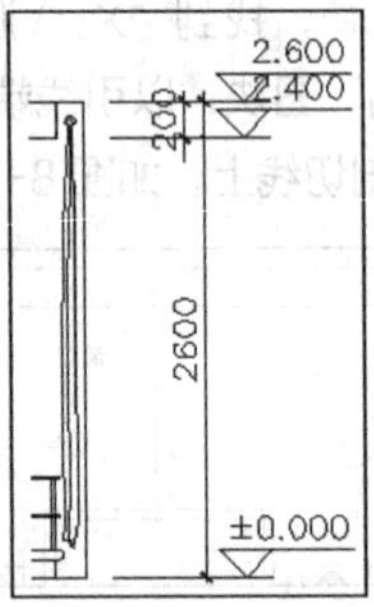

图 8-20　标高的复制与修改

（4）在图 8-20 中的第二、第三个标高值出现重叠，现将第二个标高值向下翻转。单击“默认”选项卡“修改”面板中的“镜像”按钮，按命令行提示进行操作。

```
命令：_mirror
选择对象：（将第二个标高符号选中，单击鼠标右键）
指定对角点：找到 2 个
指定镜像线的第一点：（在该条尺寸界线上点取第一点）
指定镜像线的第二点：（在该条尺寸界线上点取第二点）
要删除源对象？[是(Y)/否(N)] <N>：y（回车）
```

结果如图 8-21 所示。

❾ 文字说明。

在该立面图内，需要说明的是博古架、电视柜、墙面、吊顶的材料、颜色及名称等，还要注明筒灯的分布情况，具体操作如下。

（1）将“文字”图层设置为当前图层。

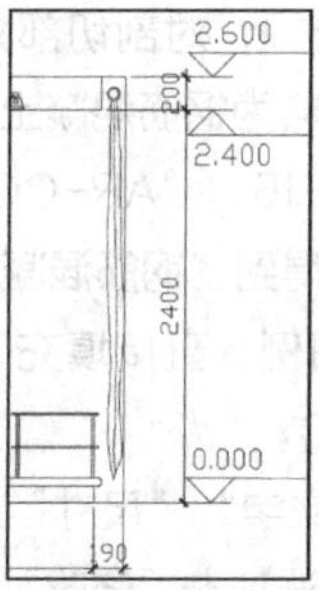

图 8-21　完成标高标注

（2）在命令行执行“QLEADER”命令，首先标注博古架，结果如图 8-22 所示。接着按照图 8-23 所示完成剩下的文字说明。

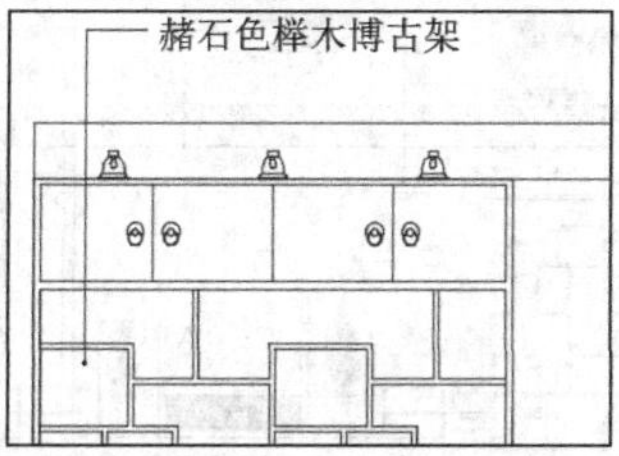

图 8-22　博古架说明

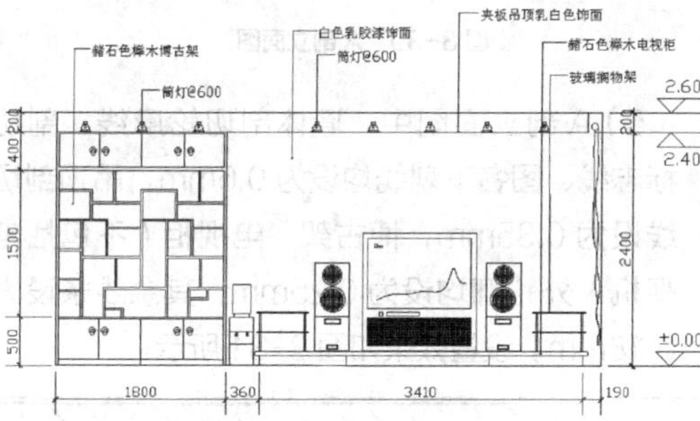

图 8-23　立面文字说明

⑩ 其他符号标注。

在这里，我们绘制一个吊顶做法的详图索引符号，然后注明图名。

（1）将“符号”图层设置为当前图层。

（2）单击“插入”选项卡“块”面板中的“插入块”按钮，找到“X：\源文件\图库\详图索引符号 .dwg”图块，插入如图 8-24 所示的位置。

（3）单击“默认”选项卡“修改”面板中的“分解”按钮，将该符号分解开。分别双击文字部分，将“3”修改为“1”，“8”修改为“一”，表示本套图纸中的第一个详图，它的位置在本张图样内。

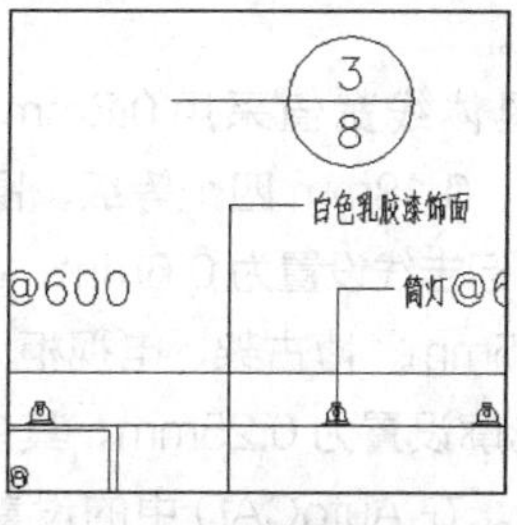

图 8-24　插入详图索引符号的位置

（4）单击“默认”选项卡“绘图”面板中的“直线”按钮，将详图索引符号的引线延伸至吊顶处，并在吊顶处引线右侧增加剖视方向线。用鼠标单击剖视方向线，将它选中，把线宽设置为 0.35mm，结果如图 8-25 所示。

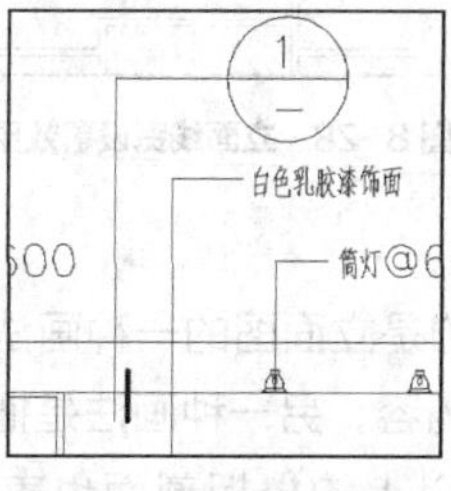

图 8-25　完成详图索引符号

（5）单击“默认”选项卡“注释”面板中的“多行文字”按钮和“绘图”面板中的“直线”按钮，在立面图的下方注明图名及比例，如图 8-26 所示，规格同平面图。

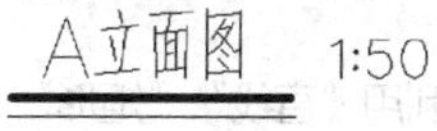

图 8-26　立面图图名及比例

至此，A 立面图就大致完成了，整体效果如图 8-27 所示。

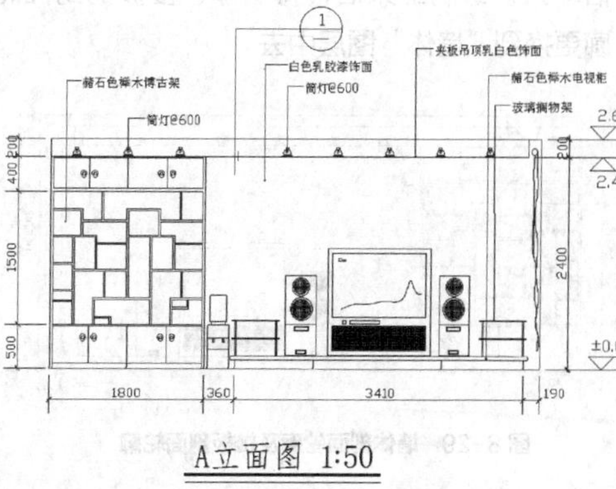

图 8-27　A 立面图

⑪ 线宽设置。

本例的具体线宽值采用 0.6mm、0.35mm、0.25mm、0.18mm 四个等级。图中立面轮廓线、剖切标志线设置为 0.6mm，吊顶剖切线设置为 0.35mm，博古架、电视柜（不包括电视机）外轮廓设置为 0.25mm，其余线条设置为 0.18mm。在 AutoCAD 中的设置方法和原则与平面图相同，效果如图 8-28 所示。

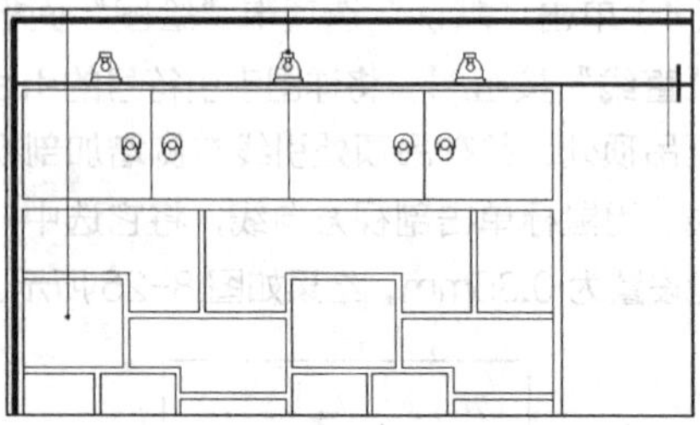

图 8-28 立面线宽设置效果

⑫ 剖立面图。

前面叙述的是立面图的一种画法，即只顾及墙面以内的内容，另一种画法是把两侧的墙体剖面及顶棚以上的楼板剖面也表示出来，这种立面图叫作剖立面图。下面介绍一下它的绘制要点。

（1）将刚绘制结束的 A 立面图整体复制，在复制的立面图上进行后续操作。将“文字”“尺寸”“符号”等图层关闭，设置“立面”图层为当前图层。

（2）综合利用“直线”“矩形”“复制”“偏移”“修剪”“延伸”“倒角”等命令，绘制出墙体剖面轮廓、楼板剖面轮廓及门窗。绘制时参照如图 8-29 所示标注的实际尺寸，但需要扩大 1 倍输入。绘制结束后，将墙体、楼板的剖面轮廓更换到“墙体”图层中去。

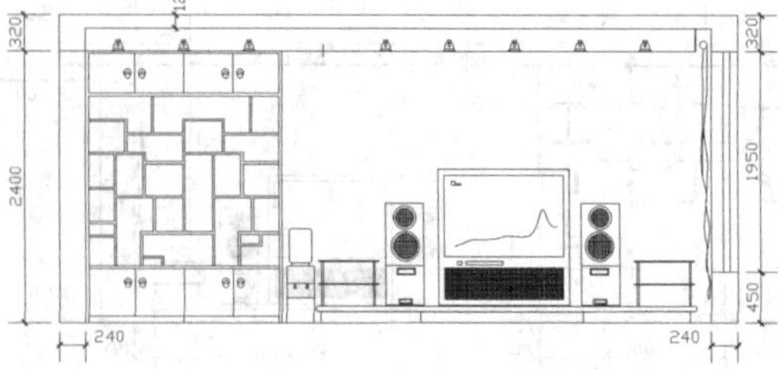

图 8-29 墙体剖面轮廓及楼板剖面轮廓

（3）单击“默认”选项卡“绘图”面板中的“图案填充”按钮，对剖切部分进行图案填充。楼板及圈梁材料为钢筋混凝土，“JIS-LC-20”的填充比例为 10，“AR-CONC”的填充比例为 5，结果就得到了钢筋混凝土的图案。至于窗下部的砖墙图例，直接填充“JIS-LC-20”，填充比例为 10。

（4）打开“文字”“尺寸”“符号”等图层，单击“默认”选项卡“修改”面板中的“移动”按钮，将两侧的尺寸图案分别向外侧移动 240，将图名更改为“A 剖立面图”。至此，绘制基本完成，结果如图 8-30 所示。

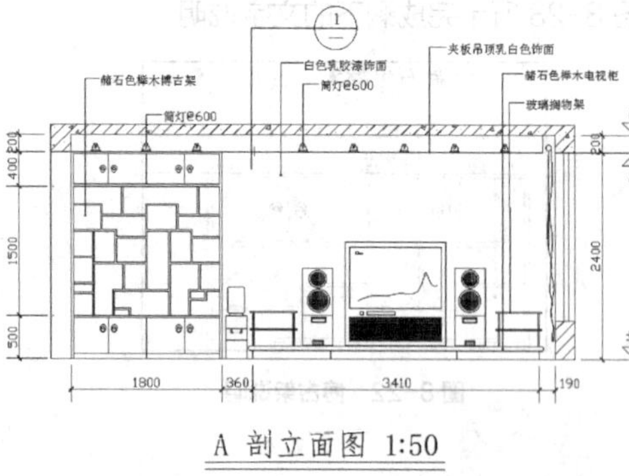

图 8-30 A 剖立面图

（5）A 剖立面图中，墙体剖切轮廓线、剖切标志线、图名下划线均设为 0.6mm，吊顶剖切线设为 0.35mm，博古架、电视柜（不包括电视机）外轮廓均设为 0.25mm，其余线条设为 0.18mm。设置效果如图 8-31 所示。

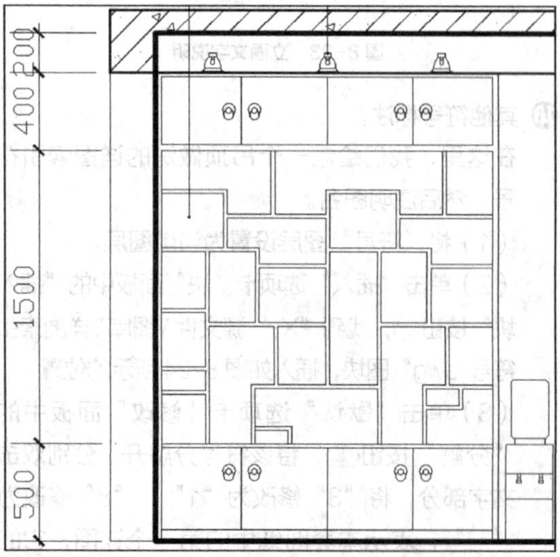

图 8-31 剖立面线宽设置效果

8.1.2 绘制 B 立面图

B立面是与大门相对的墙面，本例的设计力图借鉴中国传统民居的照壁的形式，结合现代居住空间的特点，对该立面进行装饰处理，以求丰富空间感受。该立面图的绘制相对简单，下面做一下介绍。结果如图8-32所示。

扫一扫

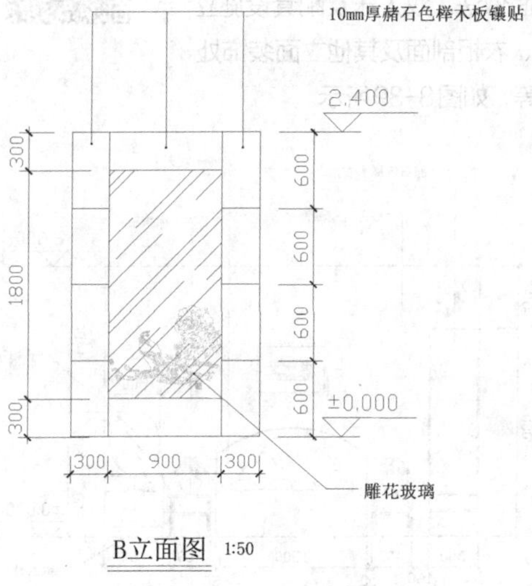

图 8-32 B 立面图

STEP 绘制步骤

❶ 绘制轮廓。

可以直接绘制一个 1500mm×2400mm 的矩形，也可以按照A立面图的方法由平面图引出，结果如图 8-33 所示。

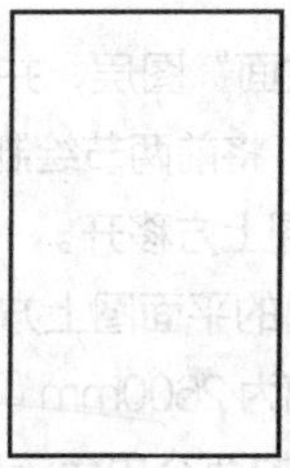

图 8-33 B 立面轮廓

❷ 立面装饰绘制。

在该立面中，要在中部设置一块镜子，镜子的周围镶榉木板作装饰，具体操作如下。

（1）综合利用“直线”“复制”“偏移”等命令在轮廓线内按图 8-34 所示进行分隔。

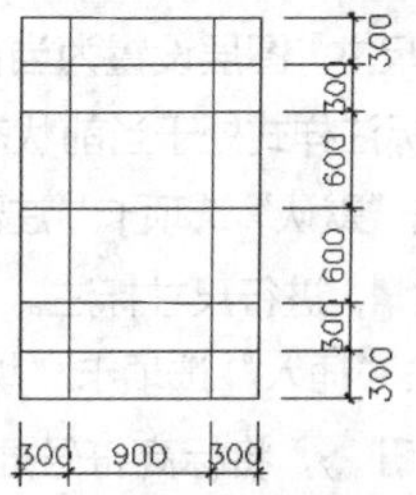

图 8-34 分隔尺寸图

（2）单击“默认”选项卡“修改”面板中的“修剪”按钮，将图中的线段按图 8-35 所示进行修剪。单击“默认”选项卡“修改”面板中的“缩放”按钮，将它放大 1 倍。

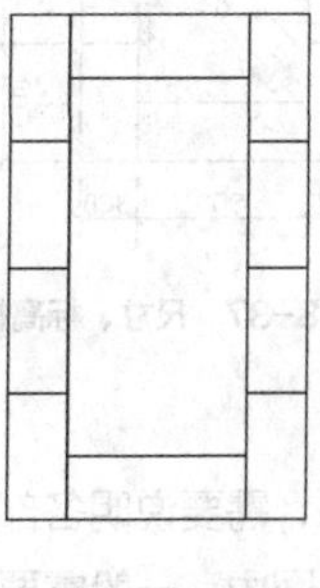

图 8-35 修剪后的线条

（3）中部镜面的处理。首先单击“默认”选项卡“绘图”面板中的“图案填充”按钮，选择“AR-RROOF”图案，角度输入“45”，比例输入“30”，采用“拾取点”的方式选中中间矩形，确定后完成填充。其次，插入镜面花纹图案“X:\源文件\图库\饰物.dwg”到镜面下部，结果如图 8-36 所示。

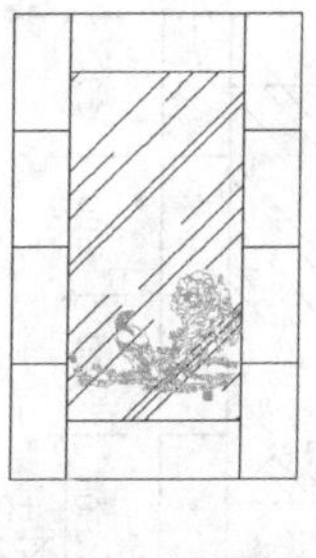

图 8-36 镜面处理

（4）对于周边的榉木板可以不填充图案，感兴趣的读者也可以自己在上面填充木纹。

❸ 尺寸、标高标注。

在该立面图中，应该标注出镜面大小、各块榉木板的大小及标高等，具体操作如下。

（1）将“尺寸”图层设置为当前图层，确认“室内立面”标注样式处于当前状态。

（2）单击“默认”选项卡“注释”面板中的“线性”按钮，进行尺寸标注。

（3）单击“插入”选项卡“块”面板中的“插入块”按钮，将标高符号插入B立面图，并做相应的数字修改，结果如图8-37所示。

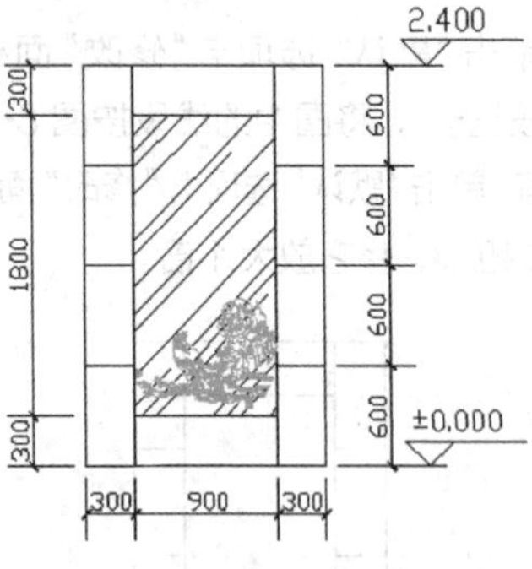

图 8-37 尺寸、标高标注

❹ 文字说明。

在该立面图内，需要说明各部分材料、颜色及名称等。在施工图中，一般需要绘制木板及玻璃镶挂的详图，因此这里就应该标注详图索引符号，限于篇幅，这里将此略去。具体操作如下。

（1）将“文字”图层设置为当前图层。

（2）在命令行中输入“QLEADER”命令，为该图添加文字说明，结果如图8-38所示。

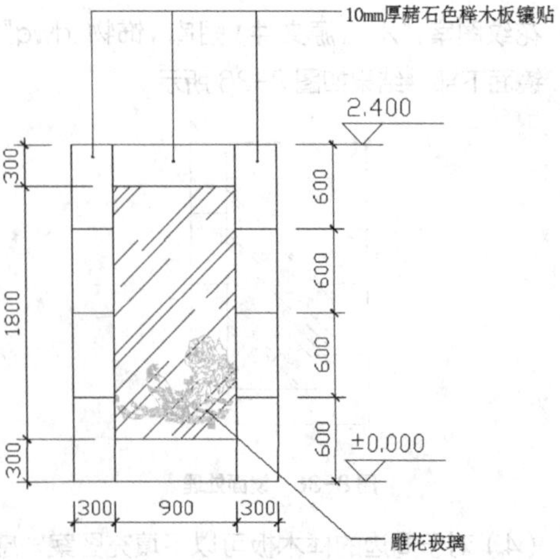

图 8-38 标注文字说明

（3）单击“默认”选项卡“注释”面板中的“多行文字”按钮A和“绘图”面板中的“直线”按钮，在立面图的下方注明图名及比例，结果如图8-32所示。

8.1.3 绘制C立面图

C立面是主卧室的一个主要墙面，在其中需要表现的内容有空间高度上的尺度及协调效果、墙面做法、双人床及配套设施立面、衣柜剖面及其他立面装饰处理等，如图8-39所示。

扫一扫

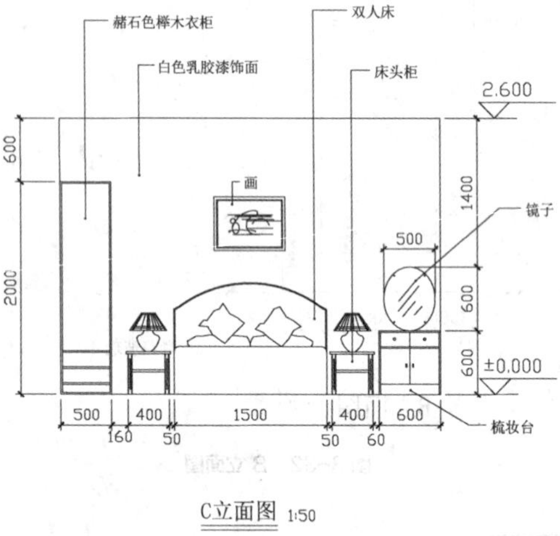

图 8-39 C立面图

STEP 绘制步骤

❶ 绘制轮廓。

首先绘制出立面上下轮廓线，再由平面图引出左右轮廓线。

（1）新建“立面”图层，并将“立面”图层设置为当前图层。将前两节绘制的A、B立面图从复制出的平面图上方移开。

（2）在复制出的平面图上方首先绘制立面的上下轮廓线，距离为2600mm（为主卧室的净高）；分别以主卧室的两个内角点向上面引两条直线作为左右轮廓线；再分别以双人床和梳妆台的中点向上面引两条辅助线，将轮廓线编辑处理后的结果如图8-40所示。

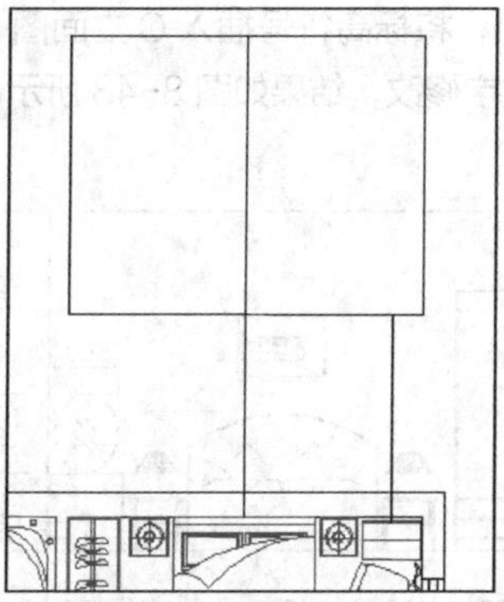

图 8-40 立面轮廓线

❷ 绘制衣柜剖面。

在本立面图中，衣柜处于被剖切的位置，所以衣柜以剖面图绘制。

（1）单击“默认”选项卡“绘图”面板中的“矩形”按钮，以左下角为矩形的第一点，绘制一个 500mm×2000mm 的矩形作为衣柜被剖切的轮廓，如图 8-41 所示。

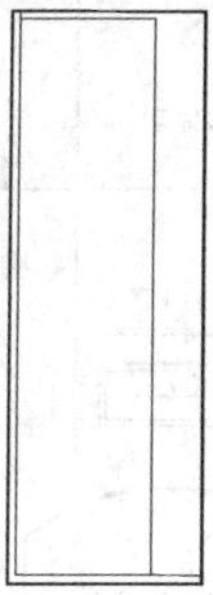

图 8-41 绘制衣柜被剖切的轮廓

（2）单击“默认”选项卡“修改”面板中的“偏移”按钮，将该矩形向内偏移出另一个矩形，偏移距离为 15mm，如图 8-42 所示。

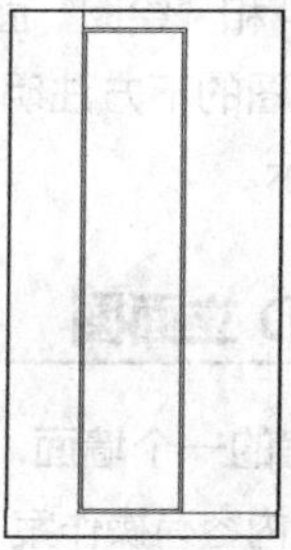

图 8-42 偏移矩形

（3）单击“默认”选项卡“修改”面板中的“偏移”按钮，将下面一条轮廓线依次按偏移距离 100mm、150mm、150mm 复制 3 条水平辅助线。选择菜单栏中的“绘图”→“多线”命令，设置多线比例为 15（隔板厚度），在水平辅助线处绘制出隔板，如图 8-43 所示。

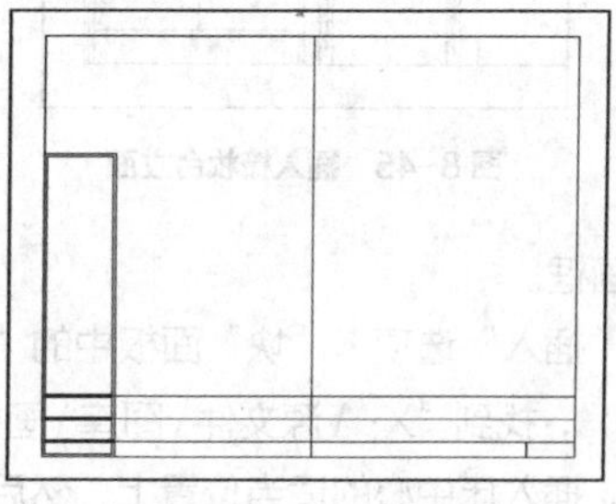

图 8-43 绘制多线

（4）删除水平辅助线，完成衣柜剖面的绘制。

❸ 插入双人床立面。

单击“插入”选项卡“块”面板中的“插入块”按钮，找到“X: \源文件\图库\双人床立面.dwg”图块，以辅助线与下轮廓交点为插入点，将它插入立面图内，如图 8-44 所示。绘制这个图块用到的命令有“直线”“圆”“圆弧”“图案填充”“样条曲线”“复制”“偏移”“修剪”“阵列”“延伸”“倒角”“镜像”等。

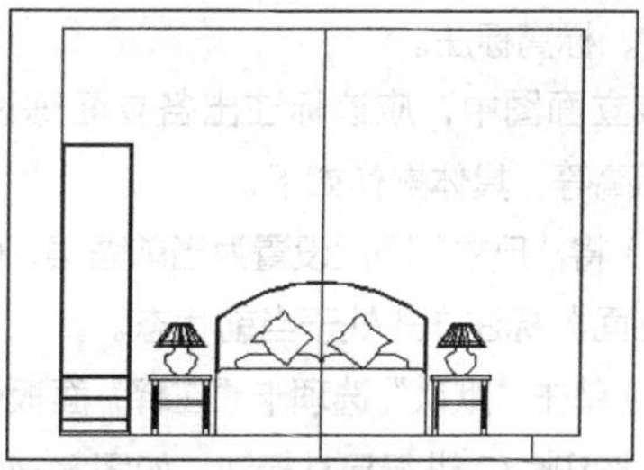

图 8-44 插入双人床立面

❹ 插入梳妆台立面。

单击“插入”选项卡“块”面板中的“插入块”按钮，找到“X: \源文件\图库\梳妆台立面.dwg”图块，以辅助线端点为插入点，将它插入立面图上，然后删去这条辅助线，结果如图 8-45 所示。该梳妆台由下部的小柜子和上部的椭圆形镜子组成。绘制这个图块用到的命令有“直线”“椭圆”“复制”“偏移”“修剪”“延伸”“倒角”“镜像”等。

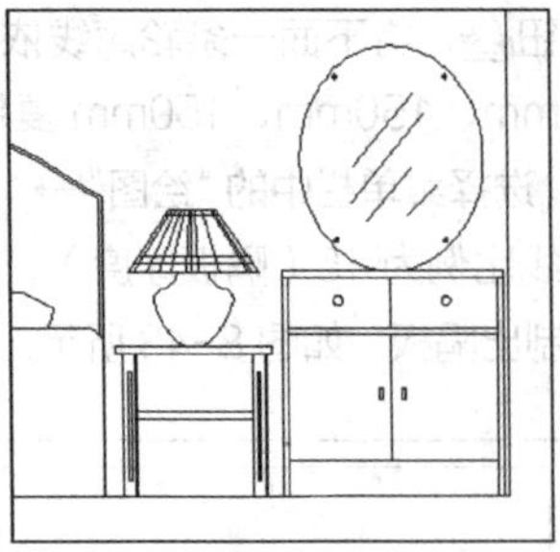

图 8-45 插入梳妆台立面

❺ 插入画框。

单击“插入”选项卡“块”面板中的“插入块”按钮，找到“X: \源文件\图库\画框 .dwg”图块，插入床中心的适当位置上，然后删去辅助线，结果如图 8-46 所示。该立面图的比例仍采用 1 ： 50，为了与平面图匹配，也将它放大 1 倍。

图 8-46 插入画框

❻ 尺寸、标高标注。

在该立面图中，应该标注出各立面陈设的大小及标高等，具体操作如下。

（1）将“尺寸”图层设置为当前图层，确认“室内立面”标注样式处于当前状态。

（2）单击“默认”选项卡“注释”面板中的“线性”按钮，进行尺寸标注，如图 8-47 所示。

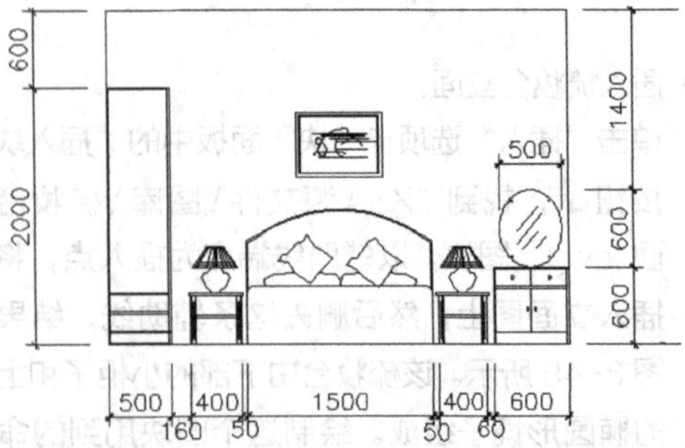

图 8-47 标注尺寸

（3）单击“插入”选项卡“块”面板中的“插入块”按钮，将标高符号插入 C 立面图，并进行相应的数字修改，结果如图 8-48 所示。

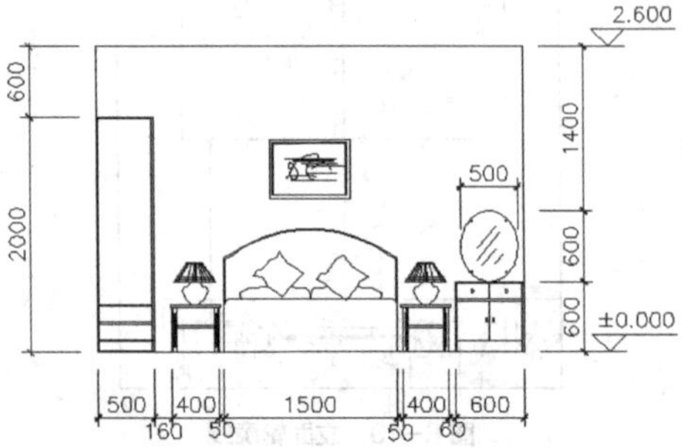

图 8-48 插入标高符号

❼ 文字说明。

在该立面图内，需要说明各部分材料、颜色及名称等，具体操作如下。

（1）将“文字”图层设置为当前图层。

（2）在命令行中输入“QLEADER”命令，为该图形添加文字说明，如图 8-49 所示。

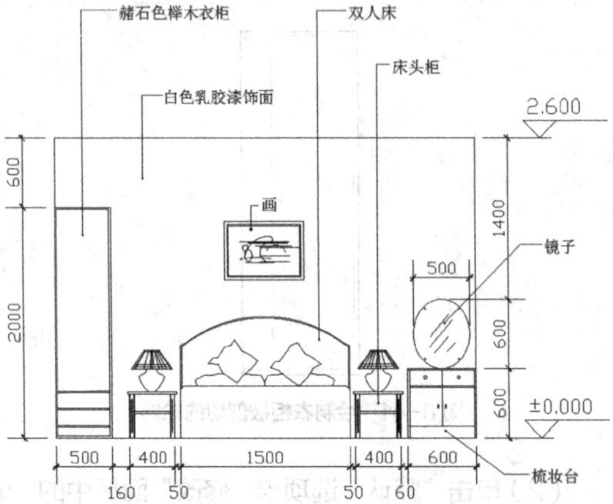

图 8-49 添加文字说明

（3）单击“默认”选项卡“注释”面板中的“多行文字”按钮A和“绘图”面板中的“直线”按钮，在立面图的下方注明图名及比例，结果如图 8-39 所示。

8.1.4 绘制 D 立面图

扫一扫

D立面是厨房的一个墙面，在其中需要表现的内容有操作案台立面、吊柜立面、冰箱立面、墙面做法等，另外，将厨房外的阳台部分也画在里面，故采用剖立面图的形式绘制，如图8-50所示。

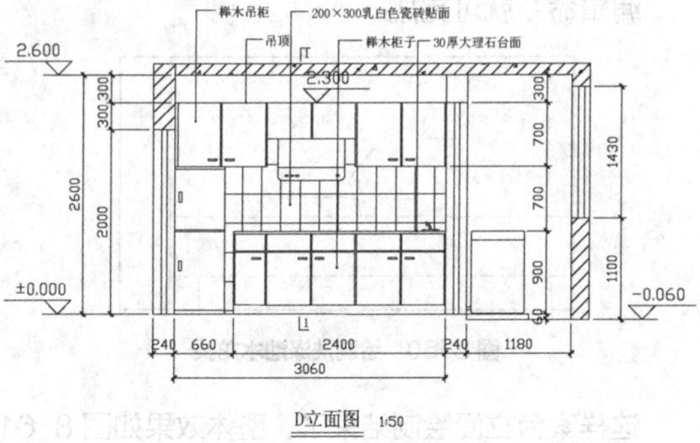

图 8-50 D 立面图

STEP 绘制步骤

❶ 厨房剖面的绘制。

借助平面图的水平尺寸关系，结合厨房空间高度方向的尺寸绘制厨房剖立面图。

（1）将“立面”图层设置为当前图层。将前面复制出来的平面图旋转 180°，让 D 立面所在墙体朝上方，如图 8-51 所示。

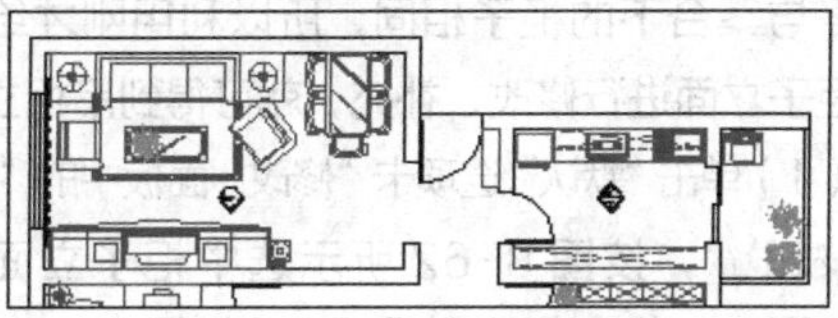

图 8-51 参照平面图

（2）借助平面图，参照如图 8-52 所示的尺寸，绘制出厨房剖面，将辅助线删除后的结果如图 8-53 所示。

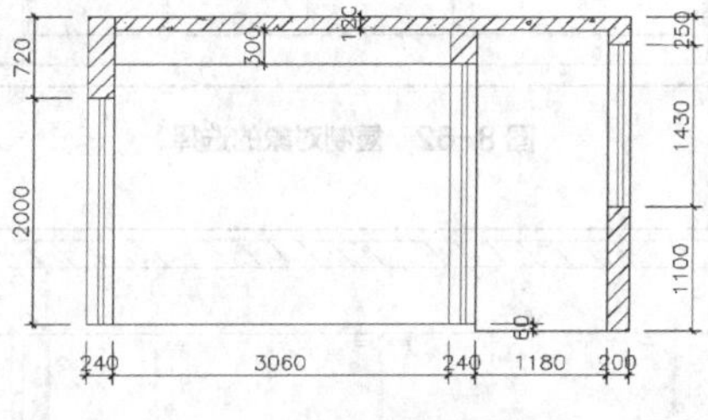

图 8-52 厨房剖面尺寸

其中，材料断面的图案填充参数是：楼板部分，将“JIS-LC-20”和“AR-CONC”这两种图案都填充到里边去，“JIS-LC-20”的填充比例为 5，“AR-CONC”的填充比例为 2，结果就得到了钢筋混凝土的图案；砖墙部分，直接填充“JIS-LC-20”，填充比例为 5。

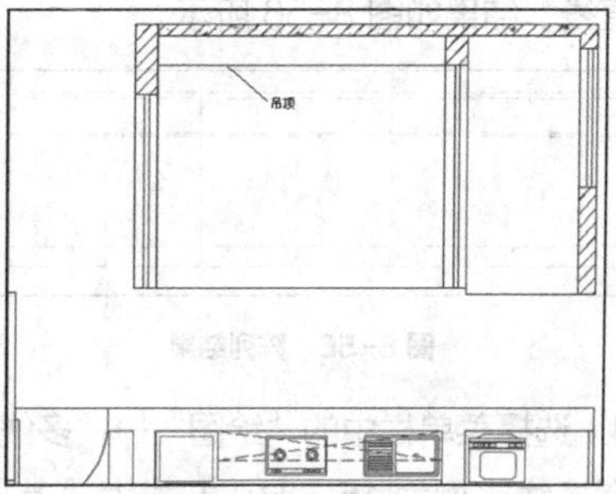

图 8-53 厨房剖面图

厨房的吊顶高度为 300mm，将楼板下部的管道部分掩去。采用塑钢窗将阳台封闭，故阳台栏板上部绘制成窗的图案。为了避免阳台部分的雨水倒灌，地面标高比厨房室内低 60mm。

❷ 绘制案台立面。

在本实例中，案台高为 900mm，长 2400mm，台面为 30mm 厚大理石，内嵌洗涤池和燃气灶，其表面与案台相平，下面可利用的空间设计为柜子。案台左端留出放置冰箱的位置。

（1）单击“默认”选项卡“修改”面板中的“偏移”按钮，输入偏移距离为 900mm，单击地面线，偏移出台面线；重复“偏移”命令，输入偏移距离为 2400mm，单击右侧内墙线，偏移出案台左侧线，如图 8-54 所示。

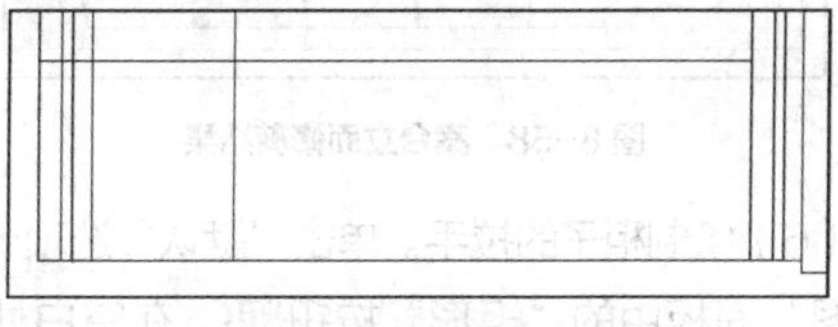

图 8-54 偏移直线 1

（2）重复“偏移”命令，由台面线向下依次偏移出 4 条直线，偏移间距依次为 30mm、180mm、15mm、575mm，结果如图 8-55 所示。

图 8-55 偏移直线 2

（3）单击“默认”选项卡“修改”面板中的“矩形阵列”按钮，输入行数为 1，列数为 5，列偏移为 510，由右侧内墙线向左阵列出 4 条辅助直线，结果如图 8-56 所示。

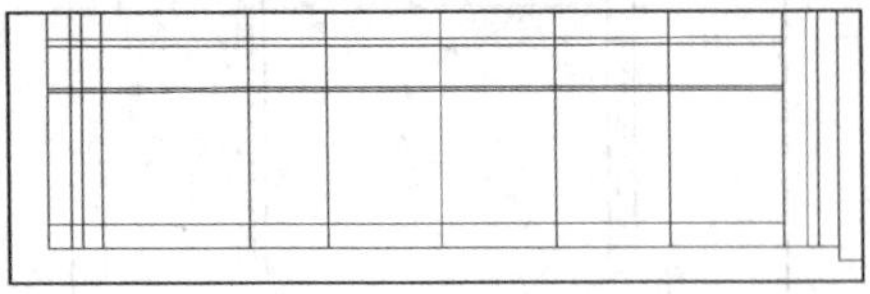

图 8-56　阵列结果

（4）选择菜单栏中的“绘图”→“多线”命令，设置多线比例为 15，对正方式为“上”，绘制柜子左侧的 5 条竖直多线；重复“多线”命令，设置对正方式为“下”，绘制柜子右侧的一条竖直多线，结果如图 8-57 所示。

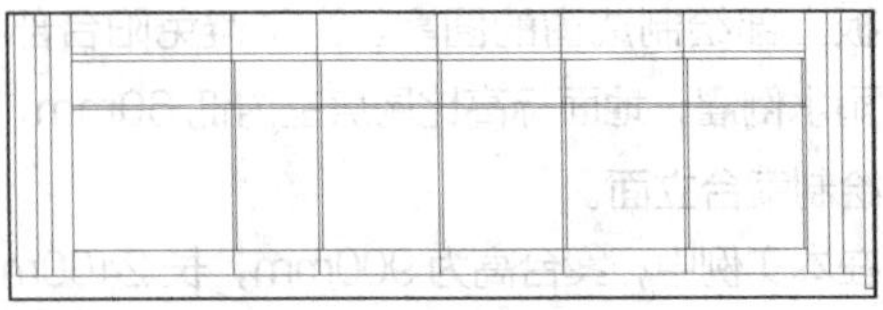

图 8-57　绘制多线

（5）单击“默认”选项卡“修改”面板中的“分解”按钮，将多线分解。单击“默认”选项卡“修改”面板中的“修剪”按钮，修剪掉多余的直线，同时删去多余的辅助线，结果如图 8-58 所示。

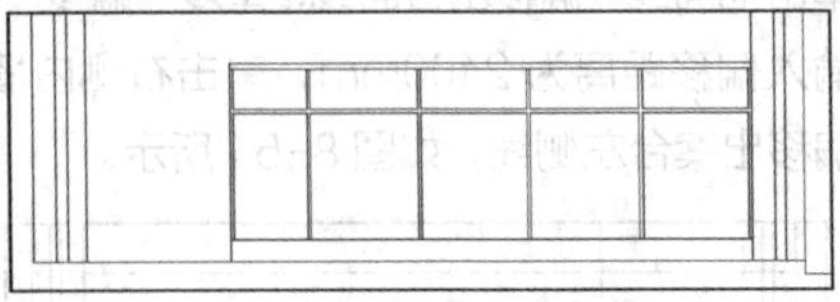

图 8-58　案台立面修剪结果

（6）绘制柜子的拉手。单击“默认”选项卡“绘图”面板中的“矩形”按钮，在空白处绘制一个 100mm×20mm 的矩形；单击“默认”选项卡“修改”面板中的“圆角”按钮，圆角半径设置为“10”，将这个矩形的四角进行圆角处理，这样就绘制出一个拉手的图案；按图 8-59 所示将拉手图案复制、就位。

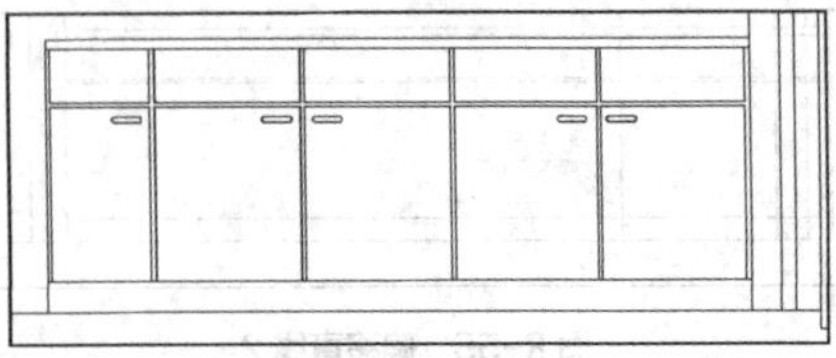

图 8-59　绘制拉手

（7）绘制洗涤池水龙头。洗涤池水龙头如图 8-60 所示，该图案由直线和弧线组成，综合利用“直线”和“弧线”命令及相关的常用编辑命令就可完成。

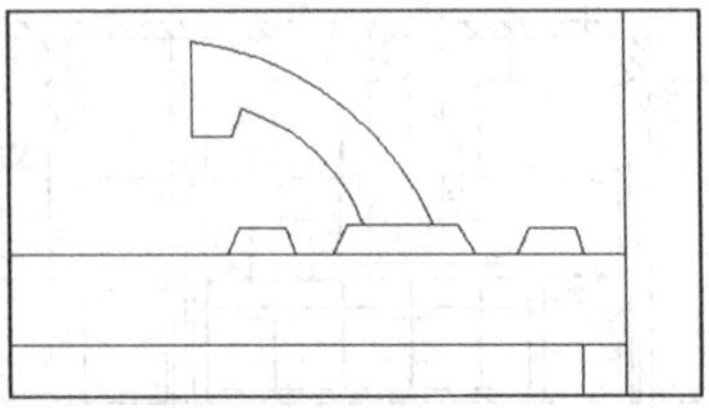

图 8-60　绘制洗涤池水龙头

这样案台立面绘制结束了，整体效果如图 8-61 所示。

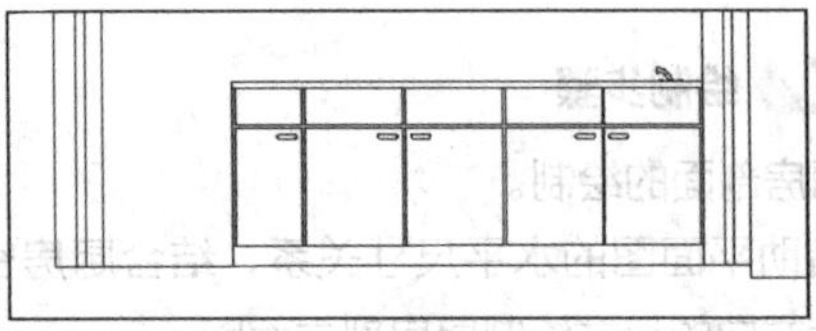

图 8-61　案台立面

❸ 绘制吊柜立面。

本例吊柜高为 700mm，厚 300mm。由于其风格与案台下的柜子相同，所以利用刚才绘制的柜子立面进行修改、补充，就可得到吊柜立面。

（1）单击“默认”选项卡“修改”面板中的“复制”按钮，按图 8-62 所示选中柜子立面的部分图案，将它复制到吊顶下，如图 8-63 所示。

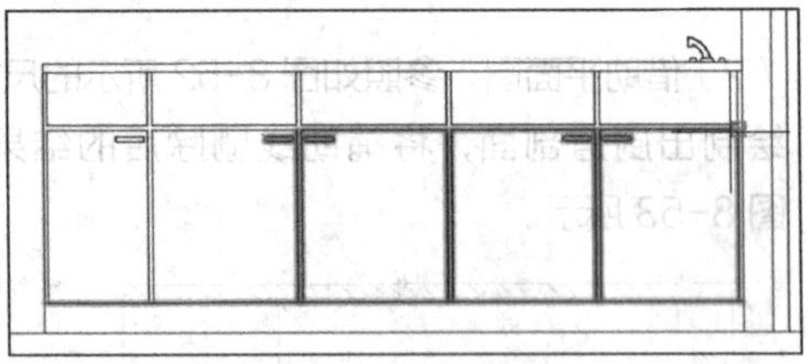

图 8-62　复制对象的选择

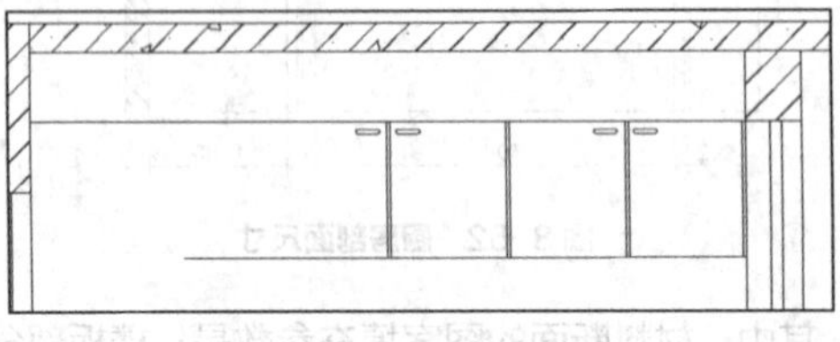

图 8-63　完成复制的结果

（2）由前面可知，复制过来的柜子立面高度为 575mm，而吊柜所需的高度为 700mm，所以单击“默认”选项卡“修改”面板中的“延伸”

按钮，将它向下拉伸 125mm。将拉手移动到柜子下端，结果如图 8-64 所示。

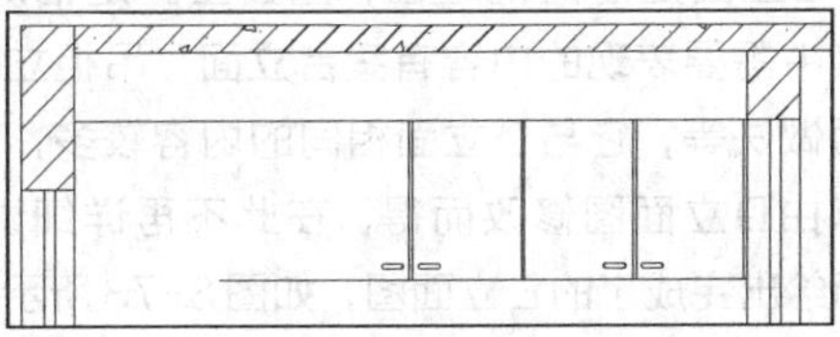

图 8-64 拉伸柜子并移动拉手

（3）单击“默认”选项卡“修改”面板中的“镜像”按钮，以吊顶线的中点及其垂直线上的另一点确定镜像线，将右端部分镜像到左端，将重复多余的线条删除，并做适当的修改，结果如图 8-65 所示。

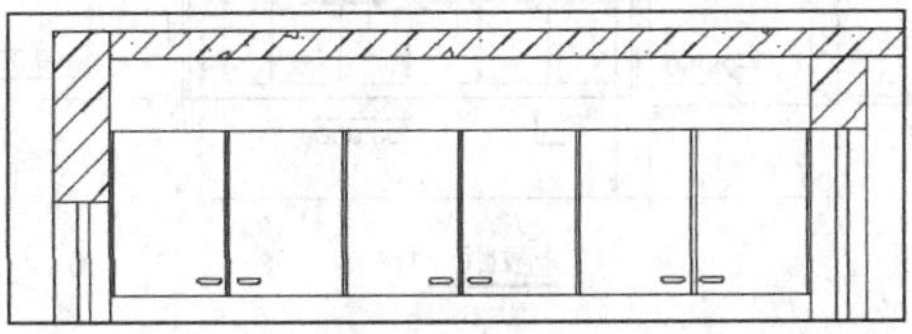

图 8-65 吊柜立面

（4）绘制抽油烟机立面。将中间两格吊柜的下部修剪掉 300mm，如图 8-66 所示。单击“插入”选项卡“块”面板中的“插入块”按钮，找到“X:\源文件\图库\抽油烟机立面.dwg”图块，插入切口下，结果如图 8-67 所示。

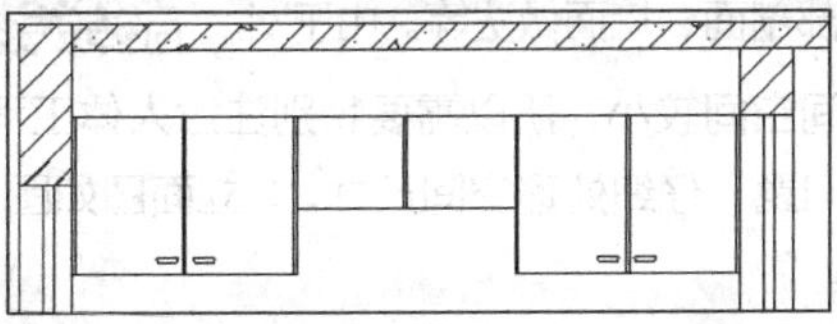

图 8-66 修改吊柜

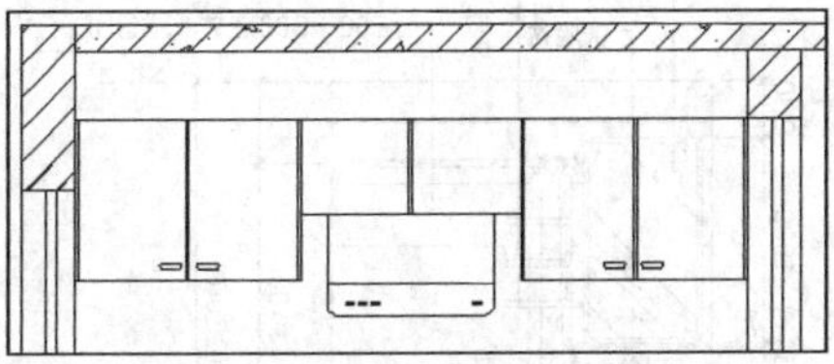

图 8-67 绘制抽油烟机立面

❹ 绘制冰箱立面及洗衣机立面。

单击“插入”选项卡“块”面板中的“插入块”按钮，找到“X:\源文件\图库\冰箱立面.dwg”图块，插入立面图左端；重复“插入块”命令，找到“X:\源文件\图库\洗衣机立面.dwg”图块，插入立面图阳台位置，如图 8-68 所示。

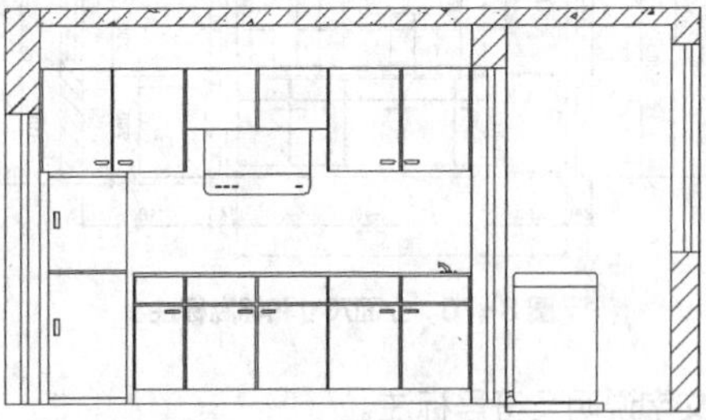

图 8-68 插入冰箱及洗衣机

❺ 绘制墙面材料图案。

厨房的墙面粘贴 200mm×300mm 的乳白色瓷砖。单击“默认”选项卡“绘图”面板中的“图案填充”按钮，选择“LINE”图案，比例设置为“100”，角度为“0”，采用“拾取点”方式在空白墙面上单击一点，然后单击鼠标右键，在弹出的快捷菜单中选择“确认”命令。就在空白墙面上填充出水平线，重复上述命令，将填充比例更改为“68.5”，角度更改为“90”，选择同样的填充区域，填充得到竖向直线，结果如图 8-69 所示。

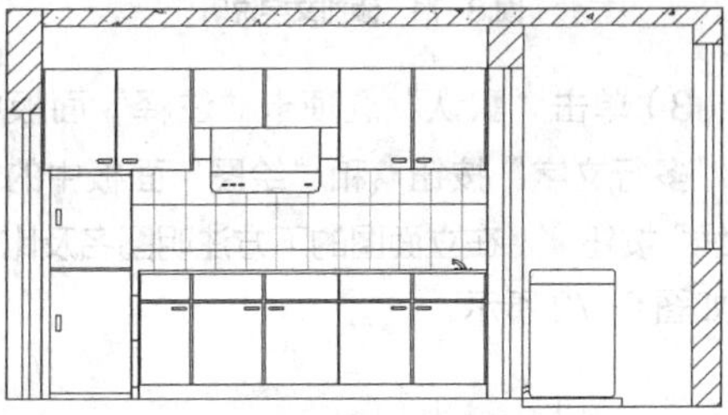

图 8-69 绘制墙面材料图案

❻ 尺寸、标高标注。

在该立面图中，应该标注出各立面陈设的大小及标高等，具体操作如下。

（1）先将已绘制好的 D 立面部分放大 1 倍。

（2）将“尺寸”图层设置为当前图层，确认“室内立面”标注样式处于当前状态。

（3）单击“默认”选项卡“注释”面板中的“线性”按钮，进行尺寸标注。

（4）单击“插入”选项卡“块”面板中的“插入块”按钮，将标高符号插入 D 立面图中，并做相应的数字修改，结果如图 8-70 所示。

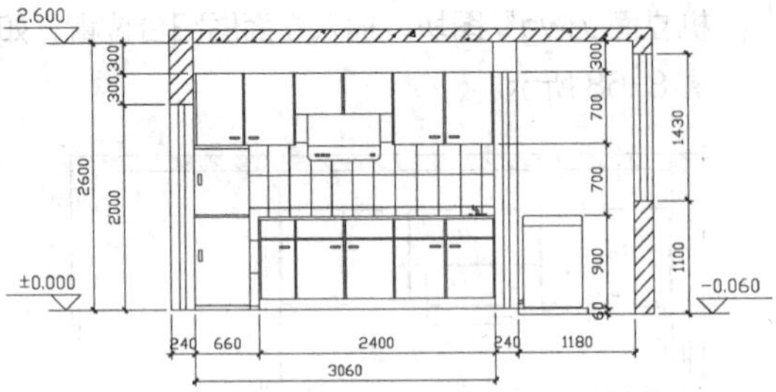

图 8-70　立面尺寸和标高标注

❼ 文字说明及符号标注。

在该立面图内，需要说明各部分材料、颜色及名称等，具体操作如下。

（1）将“文字”图层设置为当前图图层。

（2）在命令行中输入“QLEADER”命令，添加文字说明，如图 8-71 所示。

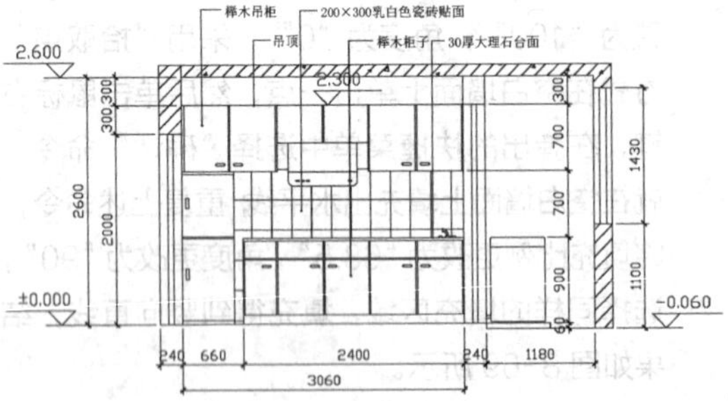

图 8-71　添加文字说明

（3）单击“默认”选项卡“注释”面板中的“多行文字”按钮A和“绘图”面板中的“直线”按钮，在立面图的下方注明图名及比例，如图 8-72 所示。

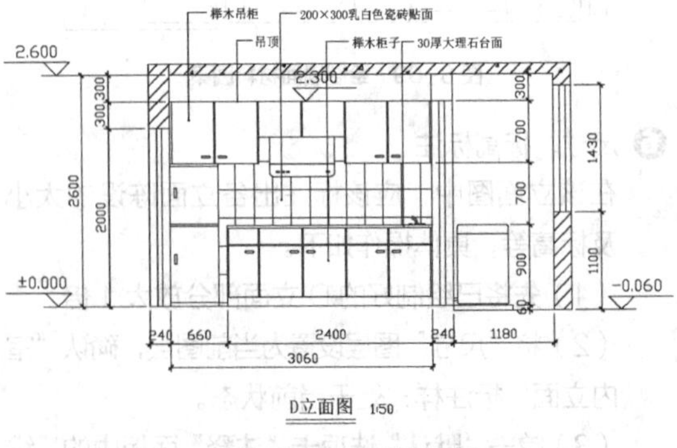

图 8-72　添加图名和比例

（4）为了详细表示厨房的装修构造，需要画一个厨房剖面图，因此在 D 立面图上标注剖切符号，结果如图 8-50 所示。

8.1.5 绘制 E 立面图

E立面是厨房的墙面，与D立面是相对的，在其中需要表现的内容有案台立面、吊柜立面及墙面做法等，它与D立面相同的内容较多，读者可以由D立面图修改而得，在此不再详细讲述，下面给出完成了的E立面图，如图8-73所示，供读者参考。

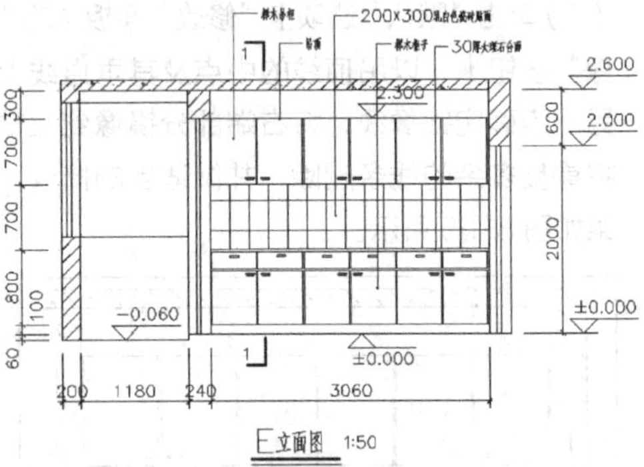

图 8-73　E 立面图

8.1.6 绘制 F 立面图

扫一扫

F立面是卫生间的墙面，在其中需要表现的内容有洗脸盆及搁物架立面、梳妆镜立面、浴缸的局部剖面、墙面做法等。由于卫生间空间较小，所以需要特别注意人体工程学的相关问题，仔细处理空间尺寸。F立面图如图8-74所示。

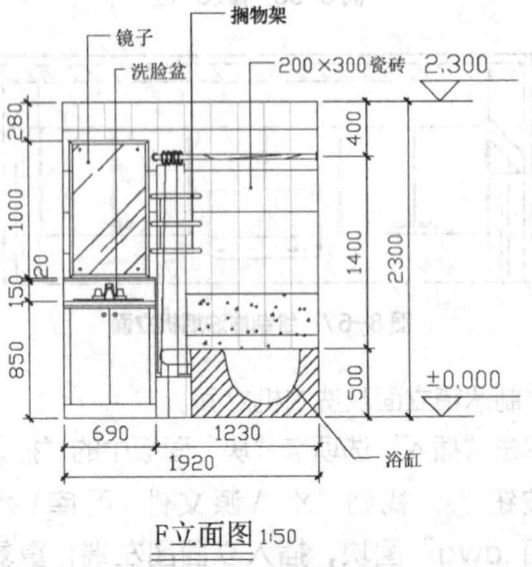

图 8-74　F 立面图

STEP 绘制步骤

❶ 绘制立面轮廓。

直接绘制一个 1920mm×2300mm 的矩形，也可以用绘制立面图的方法由平面图引出，结果如图 8-75 所示。

图 8-75 F 立面轮廓

❷ 插入洗脸盆立面。

本例中，设计一个宽为 690mm、高为 850mm 的盆架，在洗脸盆平台之上设计一个搁物架。它的绘制方法比较简单，前面有类似的叙述，所以已将它做成图块存于配套资源，供读者直接使用。现找到“X：\源文件\图库\卫生间洗脸盆立面 .dwg”图块，以立面轮廓的左下角为插入点，插入立面图中，结果如图 8-76 所示。

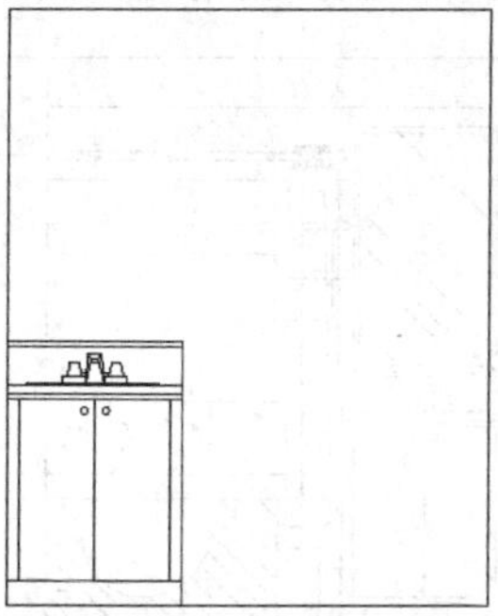

图 8-76 插入洗脸盆立面

❸ 插入镜子。

洗脸盆的上方一般都要挂一块镜子，本立面中镜子宽为 600mm，高为 1000mm，安装在离地面 1020mm 的高度，即洗脸盆搁物台的上方。找到“X：\源文件\图库\镜子 .dwg”图块，以洗脸盆立面上端的搁物台中点为插入点，插入立面图中，结果如图 8-77 所示。

❹ 插入浴缸剖面。

在本立面图中，浴缸被剖切到，故用剖面图表示。找到“X：\源文件\图库\浴缸剖面 .dwg”图块，以立面轮廓右下角为插入点，插入立面图中，结果如图 8-78 所示。

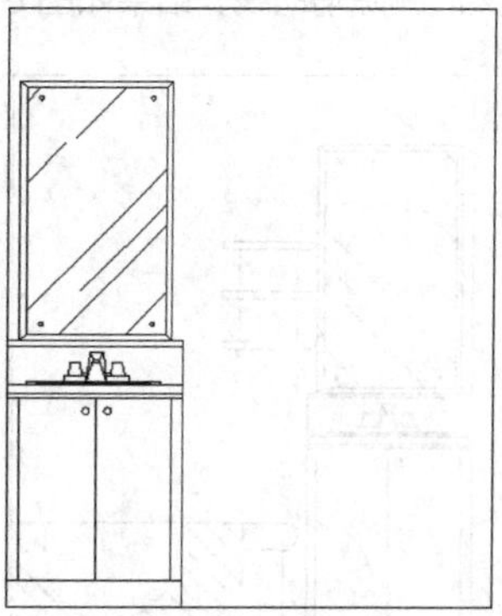

图 8-77 插入镜子

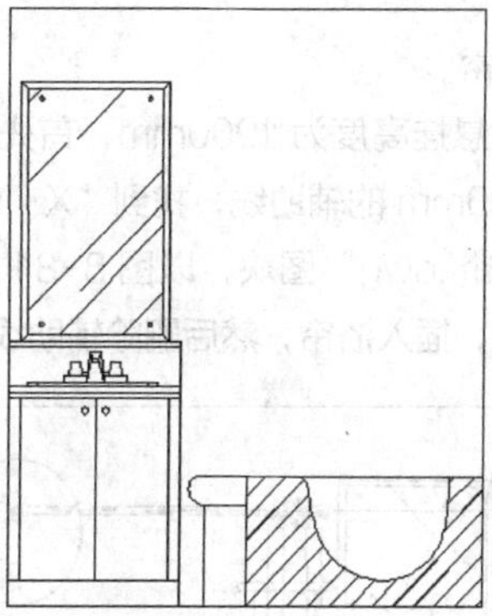

图 8-78 插入浴缸剖面

❺ 插入浴室搁物架。

在 F 立面的浴室墙上增设一个小搁物架，操作方法如下。

（1）绘制辅助线以便确定插入点。分别绘制距左边轮廓线 850mm 和距地面 1200mm 的两条直线，如图 8-79 所示。

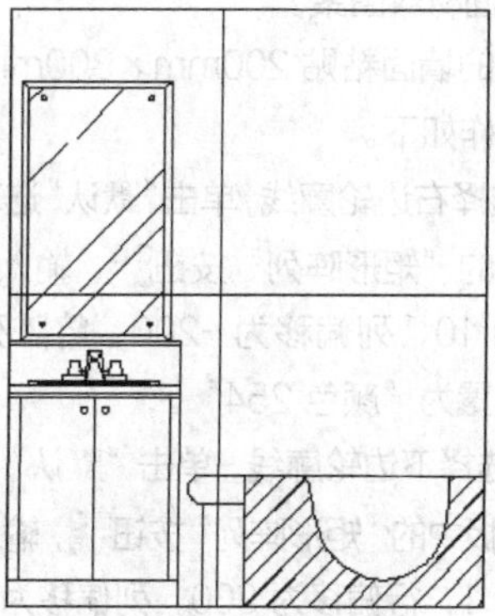

图 8-79 绘制辅助线

（2）找到“X:\源文件\图库\浴室搁物架.dwg”图块，以两条直线交叉点为插入点，插入立面图中，然后删除辅助线，结果如图 8-80 所示。

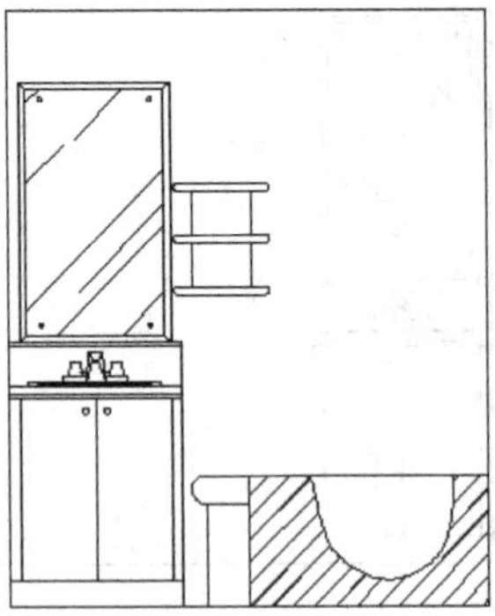

图 8-80 插入搁物架

❻ 插入浴帘。

浴帘的悬挂高度为 1900mm，首先画一条离地面 1900mm 的辅助线，找到“X:\源文件\图库\浴帘.dwg”图块，以图 8-81 所示的点为插入点，插入浴帘，然后删除辅助线。

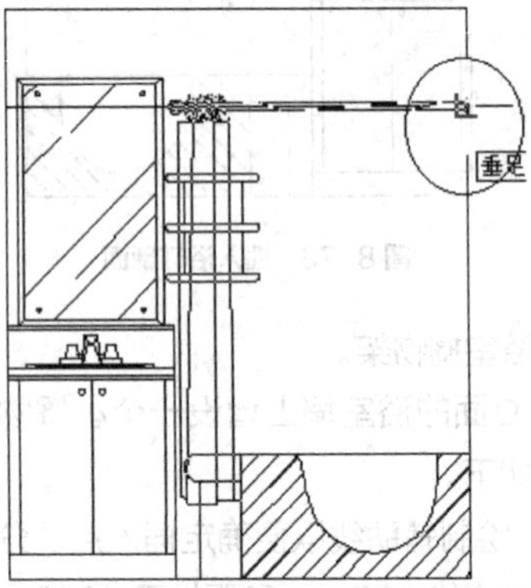

图 8-81 插入浴帘

❼ 绘制墙面材料图案。

卫生间的墙面粘贴 200mm×300mm 的瓷砖，具体操作如下。

（1）选择右边轮廓线，单击“默认”选项卡“修改”面板中的“矩形阵列”按钮，输入行数为 1，列数为 10，列偏移为 -200。将阵列出的直线颜色设置为“颜色 254”。

（2）选择下边轮廓线，单击“默认”选项卡“修改”面板中的“矩形阵列”按钮，输入行数为 8，列数为 1，行偏移为 300，列偏移为 0。

（3）将被墙面陈设物件遮盖的网格线修剪掉，将 900mm 以下的网格填充上“AR-CONC”图案，填充比例为“1”，结果如图 8-82 所示。

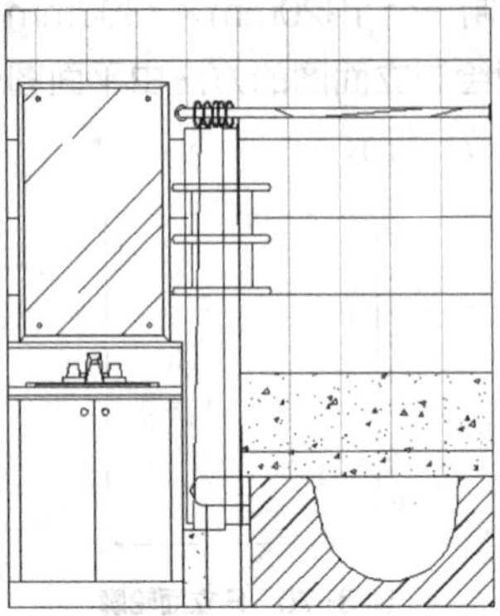

图 8-82 填充墙面材料图案

❽ 尺寸、标高标注。

在该立面图中，应该标注出各立面陈设的大小及标高等，具体操作如下。

（1）先将已绘制好的 F 立面部分放大 1 倍。

（2）将“尺寸”图层设置为当前图层，确认“室内立面”标注样式处于当前状态。

（3）单击“默认”选项卡“注释”面板中的“线性”按钮，进行尺寸标注，如图 8-83 所示。

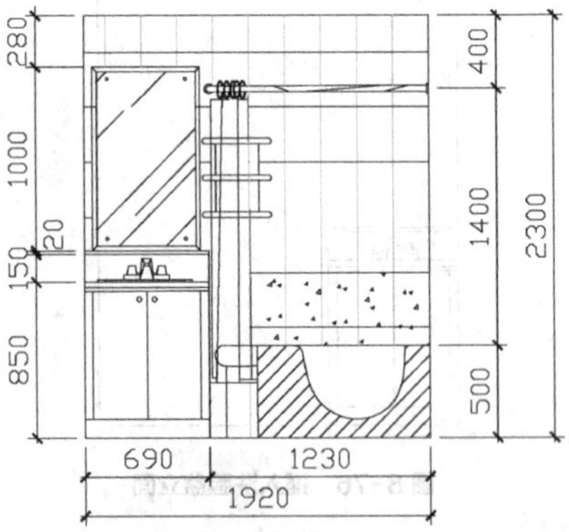

图 8-83 添加尺寸标注

（4）单击“插入”选项卡“块”面板中的“插入块”按钮，将标高符号插入 F 立面图，并做相应的数字修改，如图 8-84 所示。

❾ 文字说明。

在该立面图内，需要说明各部分材料、颜色及名称等，具体操作如下。

（1）将“文字”图层设置为当前图层。

（2）在命令行中输入“QLEADER”命令，添加文字说明，结果如图 8-85 所示。

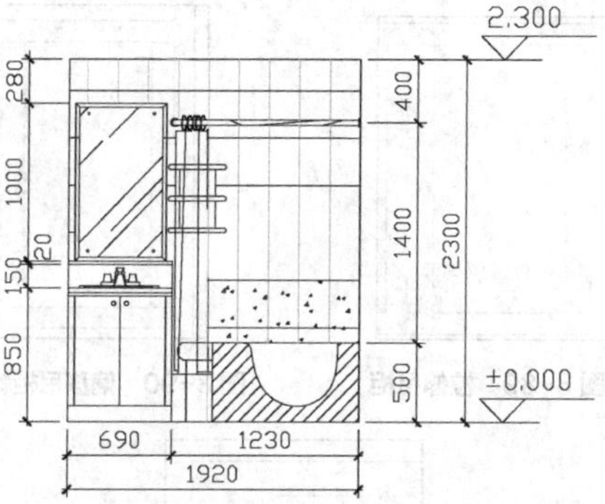

图 8-84　插入标高符号

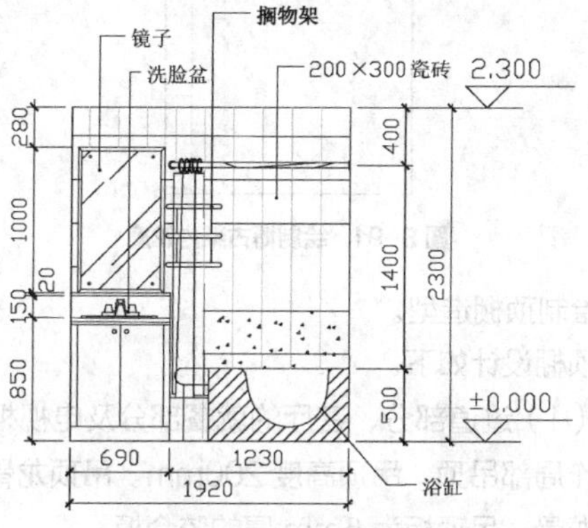

图 8-85　添加文字说明

（3）单击“默认”选项卡“注释”面板中的“多行文字”按钮A和“绘图”面板中的“直线”按钮，在立面图的下方注明图名及比例，结果如图 8-74 所示。

8.1.7 绘制 G 立面图

G立面是卫生间的墙面，在其中需要表现的内容有马桶立面、浴缸的局部剖面、墙面做法等。它与F立面相同的内容较多，读者可以参照F立面图绘制，在此不再详细讲述。下面给出完成了的G立面图，如图8-86所示，供读者参考。

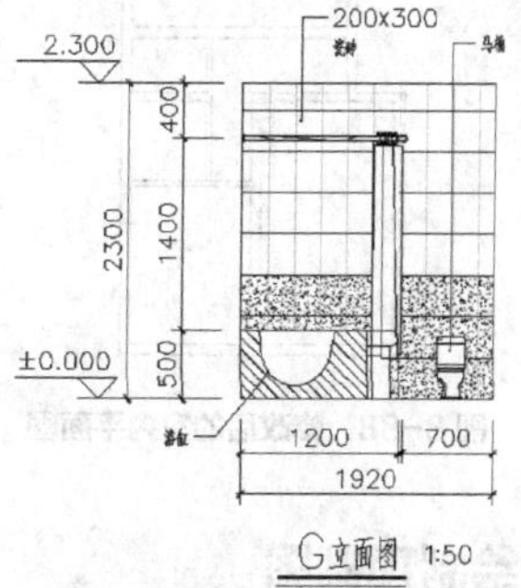

图 8-86　G 立面图

8.2 绘制住宅室内顶棚图

顶棚图是用于表达室内顶棚造型、灯具及相关电器布置的顶棚水平镜像投影图。在绘制顶棚图时，可以利用室内平面图墙线形成的空间分隔，删除其门窗洞口图线，在此基础上完成顶棚图内容，结果如图8-87所示。

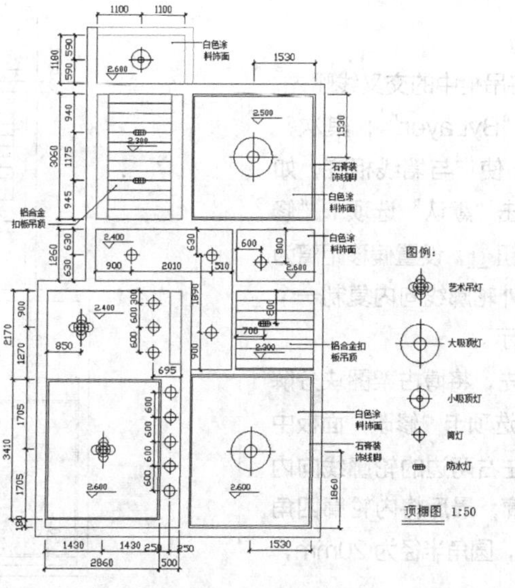

图 8-87　室内顶棚图

8.2.1 修改室内平面图

（1）打开前面绘制好的室内平面图，另存为“室内顶棚图”。

（2）将“墙体”图层设置为当前图层。然后，将其中的轴线、尺寸、门窗、植物、文字、窗帘、地面材料、柱子等内容删去。对于家具，保留客厅的博古架、厨房的两个吊柜（因为它们被剖切到），其余删除。

（3）将墙体的洞口处补全，结果如图8-88所示。

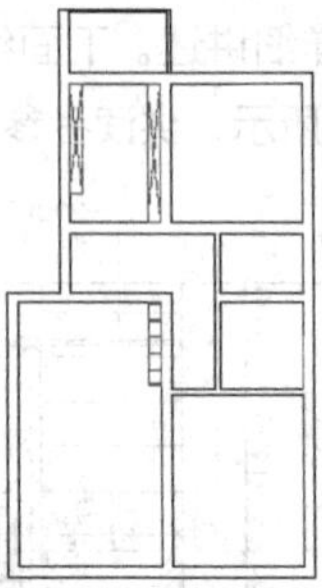

图 8-88 修改后的室内平面图

8.2.2 绘制顶棚图

在本节顶棚图绘制的过程中，按处理被割切到的家具图案、顶棚造型绘制、灯具布置、尺寸标注、文字和符号标注的顺序进行。

扫一扫

STEP 绘制步骤

❶ 处理被剖切到的家具图案。

（1）对于厨房部分，先将吊柜中的交叉线删去，其余线条的线型更改为“ByLayer”；其次，将左边的吊柜纵向拉伸，使它与墙线相齐，如图 8-89 所示；最后，单击“默认”选项卡“修改”面板中的“偏移”按钮，设置偏移距离为 18mm（板厚），由吊柜外轮廓线向内复制一个内轮廓线，如图 8-90 所示。

（2）对于客厅部分，首先，将博古架图块分解开；其次，单击“默认”选项卡“修改”面板中的“偏移”按钮，将左右两边的轮廓线向内偏移 18mm，绘出内轮廓；最后将内轮廓四角用“圆角”命令进行处理，圆角半径为 20mm，结果如图 8-91 所示。

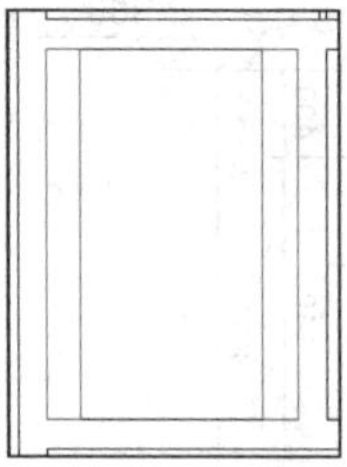

图 8-89 拉伸吊柜

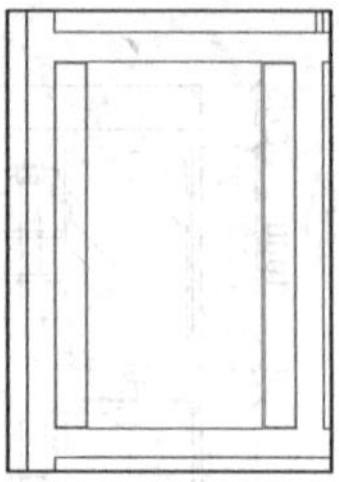

图 8-90 偏移吊柜轮廓线

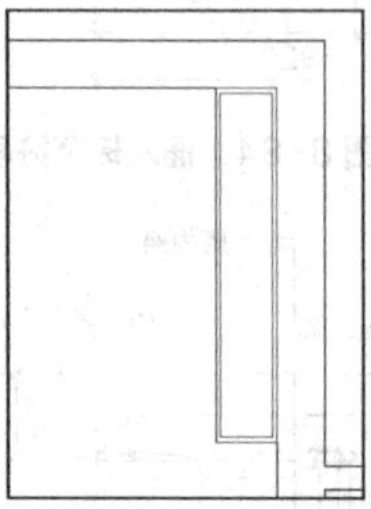

图 8-91 绘制博古架内轮廓

❷ 绘制顶棚造型。

顶棚设计如下。

（1）过道部分、客厅的就餐部分及电视柜上方作局部吊顶，吊顶高度 200mm。吊顶龙骨为木龙骨，吊顶板为 5mm 厚的胶合板。

（2）主卧室、书房不作吊顶处理，顶棚刷乳胶漆。

（3）厨房及卫生间采用铝扣板吊顶，吊顶高度为 300mm。其余部分不作吊顶处理，顶棚表面涂刷乳胶漆。

将上述设计思想表现在顶棚图上，结果如图 8-92 所示。

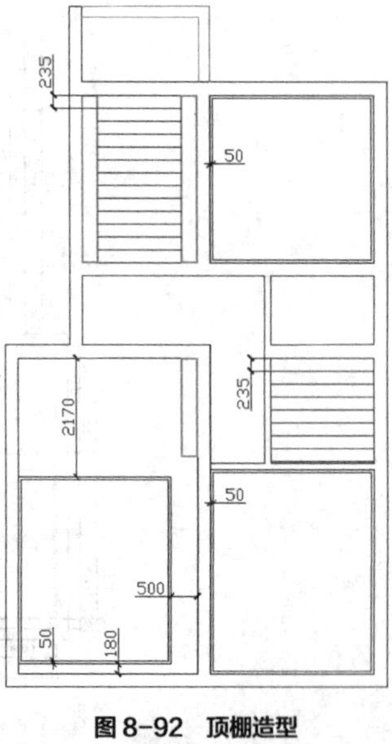

图 8-92 顶棚造型

绘制的要点如下。

（1）建立“顶棚”图层，参数如图 8-93 所示，并设置为当前图层。

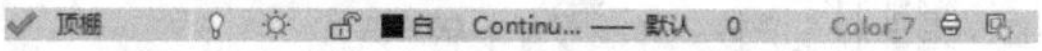

图 8-93 “顶棚”图层参数

（2）顶棚周边的线脚可由内墙线偏移而得到。建议先沿内墙边绘制一个矩形，再由这个矩形向内偏移 50mm。

（3）厨房、卫生间的顶棚间隔为 235mm。

❸ 灯具布置。

灯具的选择与布置需要综合考虑室内美学效果、室内光线环境和绿色环保、节能等方面的因素。本例顶棚图中的灯具布置比较简单，操作步骤如下。

（1）建立一个“灯具”图层，如图 8-94 所示，并设置为当前图层。

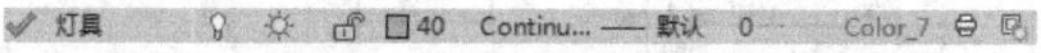

图 8-94 “灯具”图层参数

（2）建议事先把常用的灯具图例制作成图块，以供调用。在插入灯具图块之前，可以在顶棚图上绘制定位的辅助线，这样，灯具能够准确定位，对后面的尺寸标注也是很便利的。

（3）根据灯具布置的设计思想，将各种灯具图块插入顶棚图上。

图 8-95 所示为灯具布置图，其中灯具周围的多余线条即为辅助线，若没有用处时，应把它们删掉。

❹ 尺寸标注。

顶棚图中尺寸标注的重点是顶棚的平面尺寸、灯具、电器的水平安装位置及其他一些顶棚装饰做法的水平尺寸，具体操作如下。

（1）因为取该顶棚图比例为 1∶50，故先将它整体放大 1 倍。

（2）将“尺寸”图层设置为当前图层，在这里的标注样式与“室内立面”样式相同，可以直接利用；为了便于识别和管理，也可以将“室内立面”的样式名改为“顶棚图”，将它置为当前标注样式。

（3）单击“默认”选项卡“注释”面板中的“线性”按钮，进行尺寸标注，结果如图 8-96 所示。

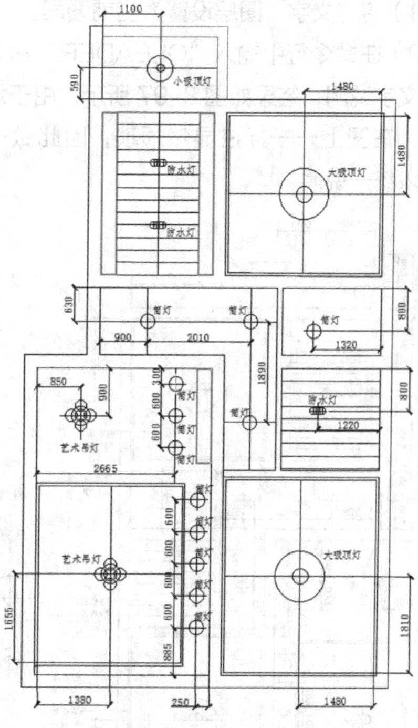

图 8-95 灯具布置

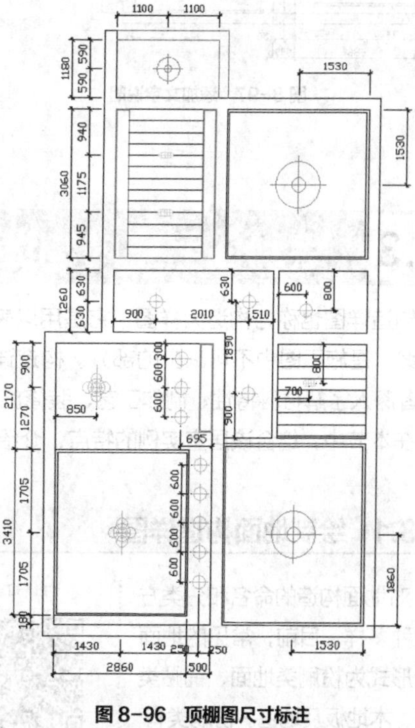

图 8-96 顶棚图尺寸标注

❺ 文字、符号标注。

在顶棚图内，需要说明各顶棚材料名称、灯具名称，注明顶棚标高，有大样图的还应注明索引符号等，具体操作如下。

（1）将“文字”图层设置为当前图层。

（2）在命令行中输入“QLEADER”命令，添加文字说明，结果如图 8-97 所示。由于灯具较多，在图上一一标注显然烦琐，因此做一个图例表统一说明。

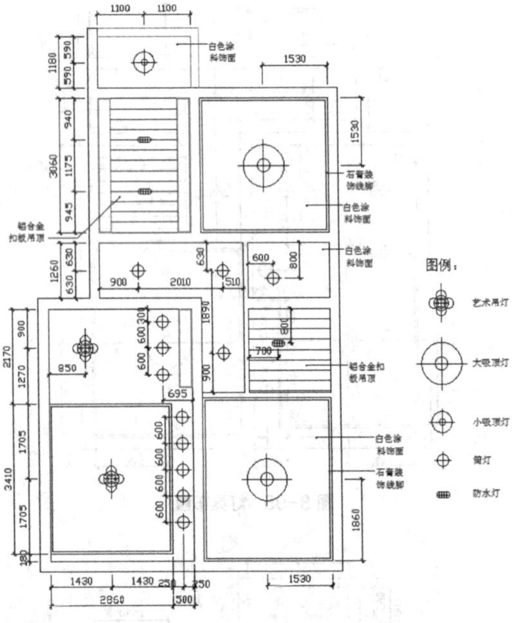

图 8-97　添加文字说明

（3）插入标高图块，注明各部分标高，如图 8-98 所示。

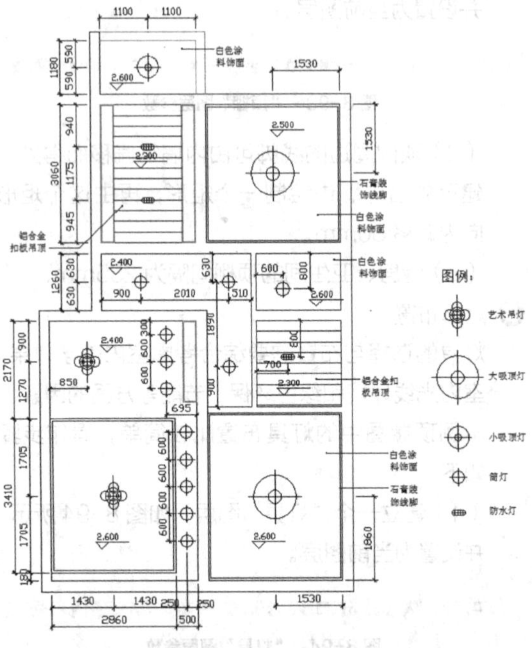

图 8-98　标注标高

（4）注明图名和比例，结果如图 8-87 所示。

8.3 绘制住宅室内构造详图

构造详图也称为构造大样图，它是用以表达室内装修做法中材料的规格及各材料之间搭接组合关系的详细图案，是施工图中不可缺少的部分。构造详图的难度不在于如何绘图，而在于如何设计构造做法，它需要设计者深入了解材料特性、制作工艺、装修施工，它是跟实际操作结合得非常紧密的环节。

在本节中，结合该居室实例的特点，介绍 3 个地面做法、1 个墙面做法、1 个吊顶做法详图的绘制。

8.3.1 绘制地面构造详图

扫一扫

对地面构造的命名和分类方式多种多样。目前，常见的地面构造形式为粉刷类地面、铺贴类地面、木地板及地毯。粉刷类有水泥地面、水磨石地面和涂料地面等；铺贴类内容繁多，常见的有天然石材地面、人工石材地面及各种面砖及塑料地面板材等。不同的地面材料，做法不同，造价和效果也不同，建议初学者在实际生活中多观察、多积累，以便认识和掌握各种地面材料及构造特征。

本实例所涉及的地面主要是铺贴类地面和木地板，下面依次介绍如何利用 AutoCAD 2018 绘制其构造详图。

STEP 绘制步骤

❶ 铺贴类地面。

本实例具体涉及的铺贴材料是大理石（客厅、过道）和防滑瓷砖（厨房、卫生间、阳台和储藏室），地面的基本构造层次是相同的，即由下至上依次为结构层、找平层、粘结层和面层。由于厨房、卫生间长期与水接触，所以应在找平层和粘结层之间增加一个防水层，避免地面出现渗漏现象。

（1）绘制客厅地面构造详图。

在此，结构层是指 120mm 厚的钢筋混凝土楼板；找平层为 20mm 厚的 1∶3 水泥砂浆或细石混凝土；粘结层为 10 ~ 15mm 厚的水泥砂浆；面层为 25mm 厚的 600mm×600mm 大理石板，颜色可以任选，用干水泥粉扫缝，具体绘制操作如下。

注意 绘制详图时可以在前面的图形空间内进行，也可以单独新建一个详图文件。这里直接在“室内立面图”文件中绘制。

① 新建一个“详图”图层，如图 8-99 所示，并设置为当前图层。再建立一个“图案填充”图层，如图 8-100 所示。以“室内”标注样式为基础样式，新建一个“详图”标注样式，在“新建标注样式：详图”对话框的“符号和箭头”选项卡中，将样式中的“引线”改为“小点”；在“主单位”选项卡中，将“比例因子”改为“0.2”，如图 8-101 所示，其他参数保持不变，并设置为当前样式。

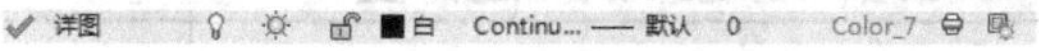

图 8-99 “详图”图层参数

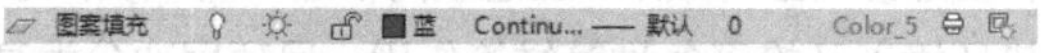

图 8-100 “图案填充”图层参数

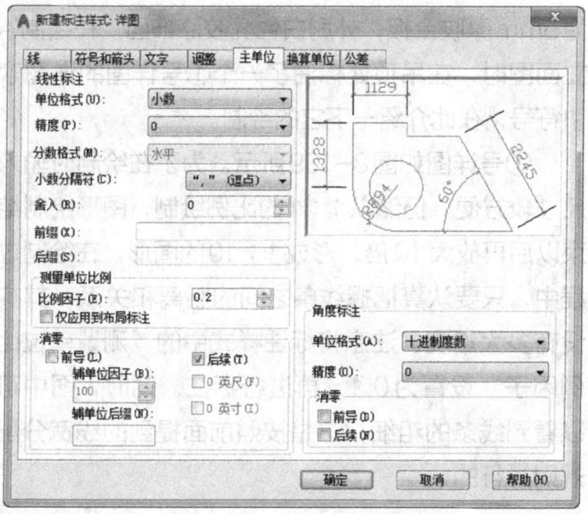

图 8-101 标注样式参数修改

② 绘制结构层、找平层、粘结层和面层的轮廓线。单击“直线”按钮，绘出一条长为 600mm 的直线。单击“偏移”按钮，分别以 120mm、20mm、15mm、25mm 为偏移距离，复制出 4 条直线，如图 8-102 所示。

图 8-102 绘制各层轮廓线

③ 将“图案填充”图层设置为当前图层，单击“默认”选项卡“绘图”面板中的“直线”按钮或“多段线”按钮，绘制出两端的剖切线，如图 8-103 所示。注意剖切线一定要将各层轮廓线封闭，以便进行图案填充。

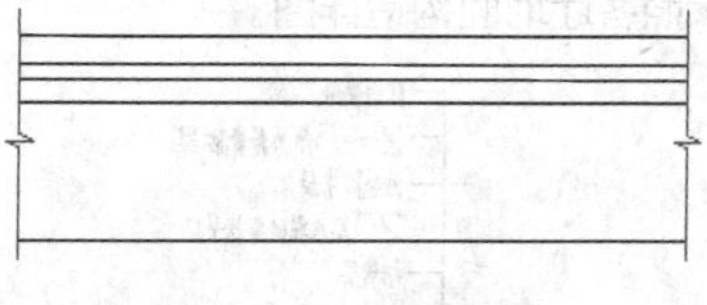

图 8-103 绘制剖切线

④ 单击“默认”选项卡“绘图”面板中的“图案填充”按钮，将各层的材料图例填充入内，由下至上填充参数如下。

钢筋混凝土：图案名“JIS_LC_20”，比例为“1.5”，角度为“0”；图案名“AR_CONC”，比例为“0.5”，角度为“0”。

水泥砂浆：图案名“AR_CONC”，比例为“0.25”，角度为“0”。

大理石：图案名“JIS_STN_2.5”，比例为“15”，角度为“0”。

结果如图 8-104 所示。

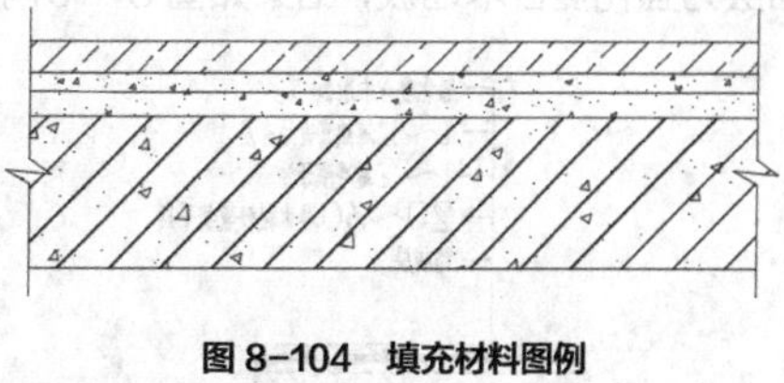

图 8-104 填充材料图例

⑤ 详图的比例选为 1∶20，故将已绘图样整体放大为原来的 5 倍。

⑥ 新建“文字”图层，并将其设置为当前图层，

标注出文字说明，结果如图 8-105 所示。

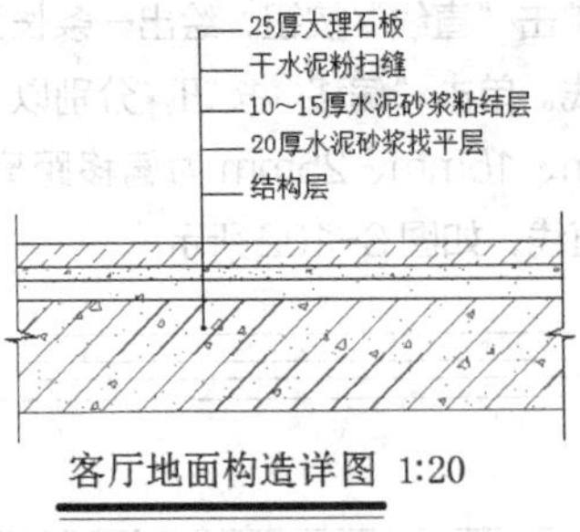

图 8-105　客厅地面构造详图

（2）绘制厨房、卫生间地面构造详图。

在此，结构层是指 120mm 厚的钢筋混凝土楼板；找平层为 20mm 厚的 1：3 水泥砂浆或细石混凝土；防水层为油毡防水层；粘结层为 2～5mm 厚的沥青膏粘结层；面层为防滑瓷砖，颜色可以任选，如图 8-106 所示。具体绘制过程参照客厅地面构造详图。

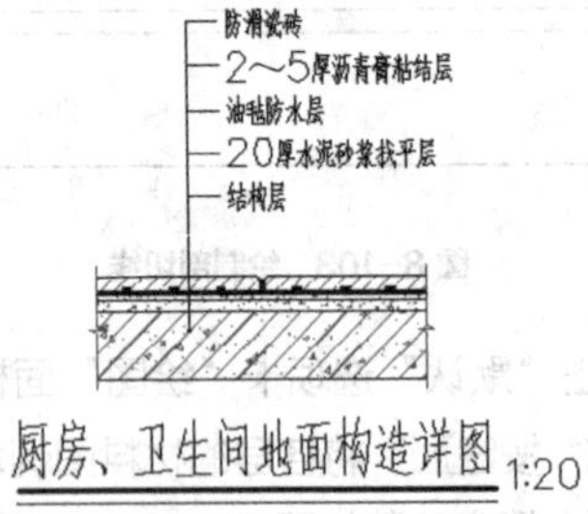

图 8-106　厨房、卫生间地面构造详图

❷ 绘制卧室、书房木地板构造详图。

木地板的做法仍然由基层、结合层、面层组成。地面材料一般有实木、强化复合木地板及软木等。本例中的卧室和书房地面采用的是强化复合木地板，采用粘贴式的做法。基层为 20～30mm 厚的水泥砂浆找平层，外加冷底子油 1～2 道，结合层为 1～2mm 厚的热沥青，面层为强化复合木地板，结果如图 8-107 所示。

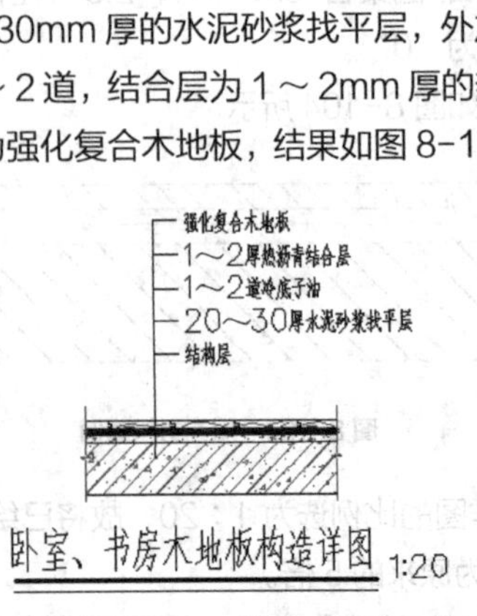

图 8-107　卧室、书房木地板构造详图

8.3.2 绘制墙面构造详图

室内墙面装修的做法多种多样，常见的有抹灰墙面、涂料墙面、铺贴墙面。在此，介绍厨房、卫生间墙面的做法。厨房、卫生间墙面贴 200mm×300mm 的瓷砖，它表面光滑、易擦洗、吸水率低，属于铺贴式墙面。具体做法是：首先用 1：3 水泥砂浆打底并刮毛，其次用 1：2.5 水泥砂浆掺 107 胶将面砖表面刮满，贴于墙上，轻轻敲实平整。绘制的构造详图如图 8-108 所示，其绘制方法没有特别的难点，利用前面绘制的地面构造详图旋转 90° 后，再做相应修改即可。

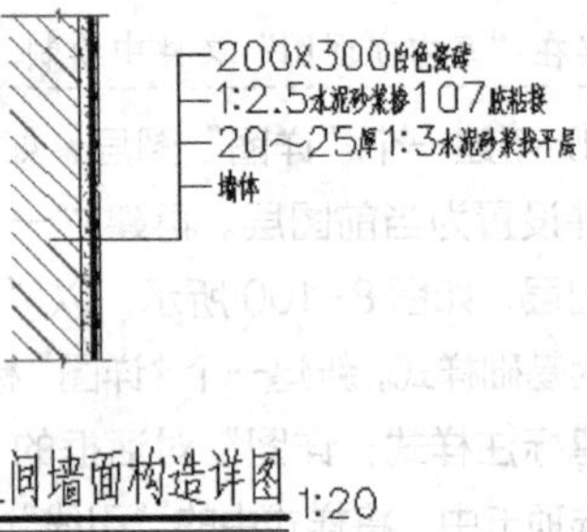

图 8-108　厨房、卫生间墙面构造详图

8.3.3 绘制吊顶构造详图

吊顶是设置在楼板或屋盖下的一个装饰层，它有塑造室内空间效果、营造室内物理环境（声、光、热环境）及掩蔽各种管线等作用。吊顶层次分为基层和面层。本例中客厅的吊顶基层为木龙骨，面层为 5mm 厚胶合板，外刷白色乳胶漆饰面。在绘制 A 立面图时，在吊顶处标注了一个①号详图的详图索引符号，在此介绍一下它的绘制。

①号详图如图 8-109 所示。为了在绘制时输入尺寸较方便，仍然以 1：1 的比例绘制，图形绘制结束以后再放大 10 倍，形成 1：10 的图形。在绘制过程中，只要认真把握线条之间的距离和关系，其实没有多大难度。注意将标注样式中的“测量单位比例因子”设置为 0.1，再进行标注。此时，图中可以看到线条的粗细，这是按照前面提到的线宽分配规则执行的。

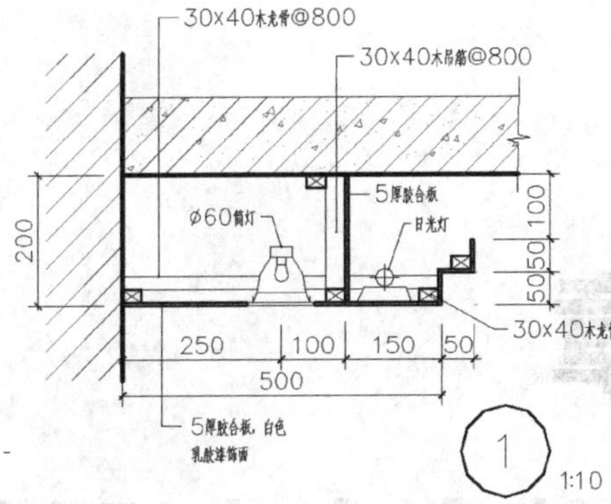

图 8-109 ①号详图

8.4 上机实验

【练习 1】绘制二楼中餐厅 A 立面图

1. 目的要求

本练习绘制如图8-110所示的二楼中餐厅A立面图。通过本练习，可以帮助读者进一步熟悉和掌握立面图的绘制方法。

2. 操作提示

（1）绘图前准备。

（2）绘制A立面图。

（3）填充图形。

（4）标注立面图。

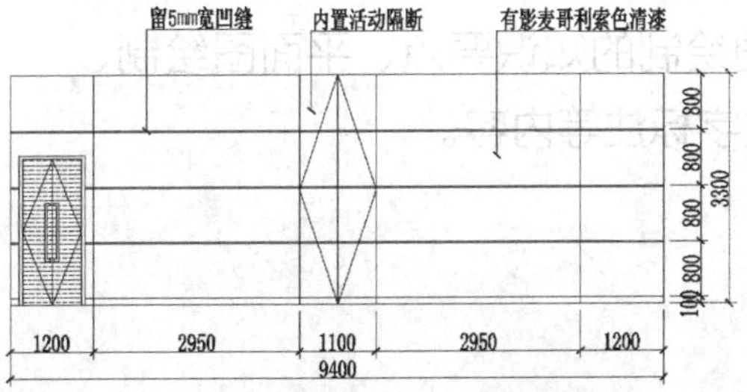

图 8-110 二楼中餐厅 A 立面图

【练习 2】绘制踏步详图

1. 目的要求

本练习绘制如图8-111所示的踏步详图，主要用到“直线”“图案填充”等基本绘图命令和“线性标注”“连续标注”等编辑命令，图形简单，主要用来练习构造详图的绘制方法。

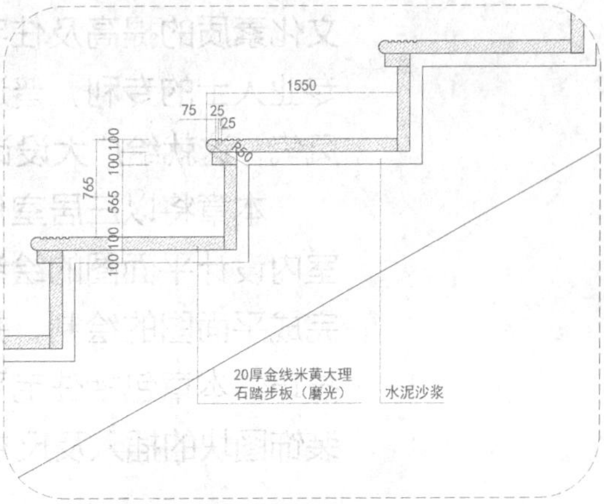

图 8-111 踏步详图

2. 操作提示

（1）绘制轮廓线。

（2）填充图形。

（3）标注详图。

第 9 章

绘制住宅室内设计平面图

随着生活质量不断提高，人们对赖以生存的环境开始重新考虑，并由此提出了更高层次的要求。特别是生活水平和文化素质的提高及住宅条件的改善，“室内设计”已不再是专业人士的专利，普通百姓参与设计或动手布置家居已形成风气，这就给广大设计人员提出了更高的要求。

本章将以三居室住宅建筑室内设计为例，详细讲述住宅室内设计平面图的绘制过程。在讲述过程中，逐步带领读者完成平面图的绘制，并讲述关于住宅平面设计的相关知识和技巧。本章包括住宅平面图绘制的知识要点、平面图绘制、装饰图块的插入及尺寸和文字标注等内容。

重点与难点

- 绘制住宅平面图
- 尺寸和文字的标注

9.1 住宅室内设计思想

9.1.1 住宅室内设计概述

住宅自古以来是人类生活的必需品，随着社会的发展，其使用功能及风格流派也不断地变化和衍生。现代居室不仅仅是人类居住的环境和空间，同时也是房屋居住者的一种品位的体现，一种生活理念的象征。不同风格的住宅能给居住者提供舒适的居住环境，而且还能营造不同的生活气氛，改变居住者的心情。一个好的室内设计是通过设计师精心布置，仔细雕琢，根据一定的设计理念和设计风格完成的。

典型的住宅装饰风格有中式风格、古典主义风格、新古典主义风格、现代简约风格、实用主义风格等。本章将主要介绍现代简约风格的住宅平面图绘制。简约风格是近年来比较流行的一种风格，追求时尚与潮流，非常注重居室空间的布局与使用功能的结合。

9.1.2 设计思路

本章介绍的住宅室内平面图设计方案如图9-1所示，本方案为110m²三室一厅的居室设计，业主为一对拥有一个孩子的年轻夫妇。针对上班族的业主，设计师采用简约明朗的线条，将空间进行了合理的分隔。面对纷扰的都市生活，营造一处能让心灵静谧沉淀的生活空间，是本房业主心中的一份渴望，也是本设计方案中所体现的主要思想。因此，开放式的大厅设计给人以通透之感，避免视觉给人带来的压迫感，可缓解业主工作一天的疲惫。没有夸张，不显浮华，通过干净的设计手法，将业主的工作空间巧妙地融入生活空间中。

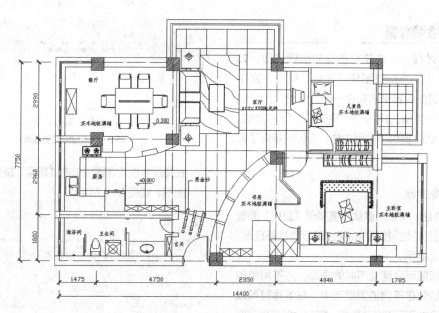

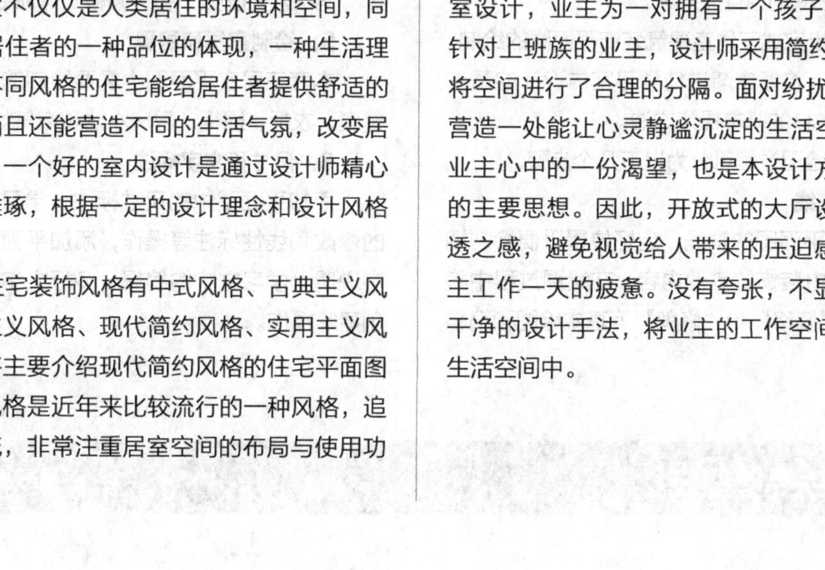

图 9-1 住宅室内平面图

9.1.3 室内设计平面图绘图步骤

室内设计平面图同建筑平面图类似，是将住宅结构利用水平剖切的方法，俯视得到的平面图。其作用是详细说明住宅建筑内部结构、装饰材料、平面形状、位置及大小等，同时还表明室内空间的构成、各个主体之间的布置形式及各个装饰结构之间的相互关系等。

扫一扫

本章将逐步完成三居室建筑装饰平面图的绘制。在学习过程中，将循序渐进地学习室内设计的基本知识及AutoCAD的基本操作方法。

图9-1的绘图过程可分为以下几个步骤。

1. 绘制轴线

首先绘制平面图的轴线，定好位置以便绘制墙线、门窗及室内装饰的其他内容。在绘图过程中将运用“直线”“偏移”和“修剪”等基本绘图和编辑命令。

2. 绘制墙线

在绘制好的轴线上绘制墙线，逐步熟悉“多线”“多线样式”和“复制”等绘图和编辑命令。

3. 绘制门

在绘制门的过程中，重点掌握创建图块和插入图块的操作。

4. 绘制非承重墙

在绘制非承重墙的过程中，掌握“多线样式”“多线”“圆弧”和“偏移”等命令的使用方法。

5. 绘制家具和厨具

本套三居室平面图中需要绘制的家具和厨具有餐桌、衣柜、橱柜、厨房水池和燃气灶等。

6. 尺寸和文字标注

添加平面图中的尺寸标注，学习尺寸标注样式的修改和线性标注等操作，添加平面图中必要的文字说明，学习文字的编辑、多行文字和文字样式的创建等操作。

9.2 绘制轴线

9.2.1 绘图准备

在绘图过程中，往往有不同的绘图内容，如轴线、墙线、装饰布置图块、地板、标注、文字等，如果将这些内容都放置在一起，绘图之后要删除或编辑某一类型的图形时，将带来选取的困难。AutoCAD 2018提供了图层功能，为编辑带来了极大的方便。

STEP 绘制步骤

❶ 新建文件后，单击“默认”选项卡“图层”面板中的“图层特性”按钮，弹出图层特性管理器，如图9-2所示。

在绘图初期可以建立不同的图层，将不同类型的图形绘制在不同的图层当中，在编辑时可以利用图层的显示和隐藏功能、锁定功能来操作图层中的图形。

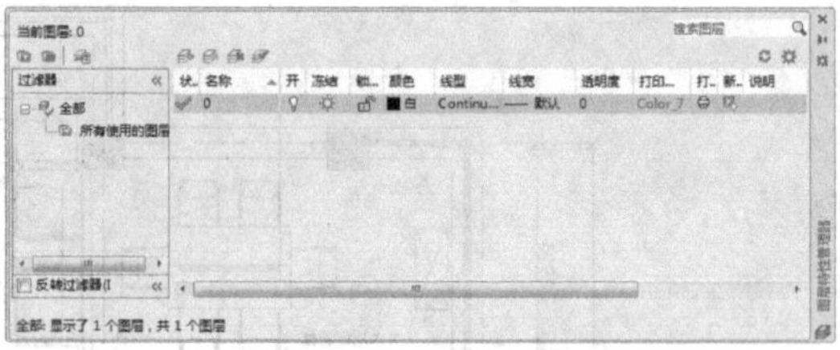

图9-2 图层特性管理器

在图层特性管理器中单击“新建”按钮，新建图层，如图9-3所示。

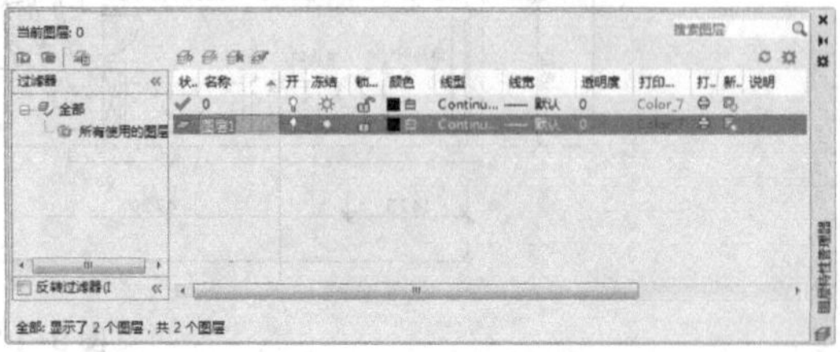

图9-3 新建图层

> **注意** 建议创建几个新图层来组织图形，而不是将整个图形均创建在图层“0”上。

❷ 新建图层的图层名称默认为“图层 1”，将其修改为“轴线”。在图层名称的后面有一些选项，其中对于绘图编辑常用的是“开 / 关图层”“锁定 / 解锁图层”“颜色”“线型”“线宽”选项。单击新建的“轴线”图层的图层颜色，打开“选择颜色”对话框，选择红色为“轴线”图层的颜色。如图 9-4 所示。在绘图中，轴线的颜色应保证不要太显眼，以免影响主要部分的绘制。

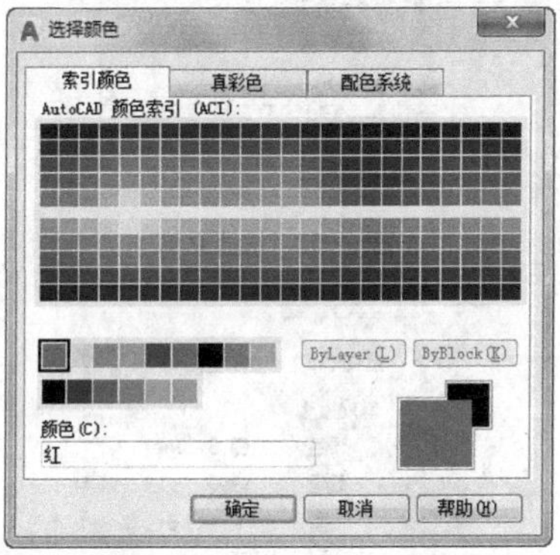

图 9-4 “选择颜色”对话框

❸ 单击“确定”按钮，返回图层特性管理器。接下来设置“轴线”图层的线型。单击“线型”选项，打开“选择线型”对话框，如图 9-5 所示。

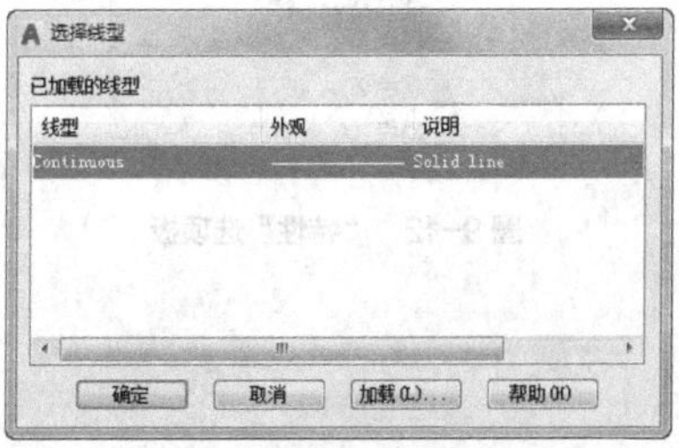

图 9-5 “选择线型”对话框

❹ 轴线一般在绘图中用点画线进行绘制，因此应将“轴线”图层的线型设置为点画线。单击“加载”按钮，打开“加载或重载线型”对话框。

❺ 在“可用线型”列表框中选择“ACAD_ISO04W100”线型，如图 9-6 所示。单击“确定”按钮，返回“选择线型”对话框，选择刚刚加载的线型，单击“确定”按钮，如图 9-7 所示。

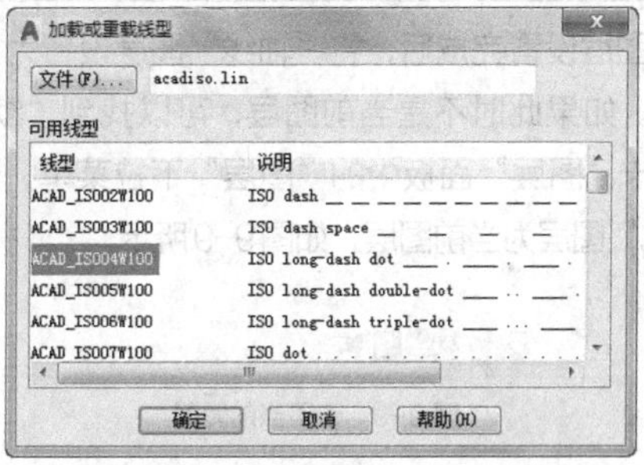

图 9-6 “加载或重载线型”对话框

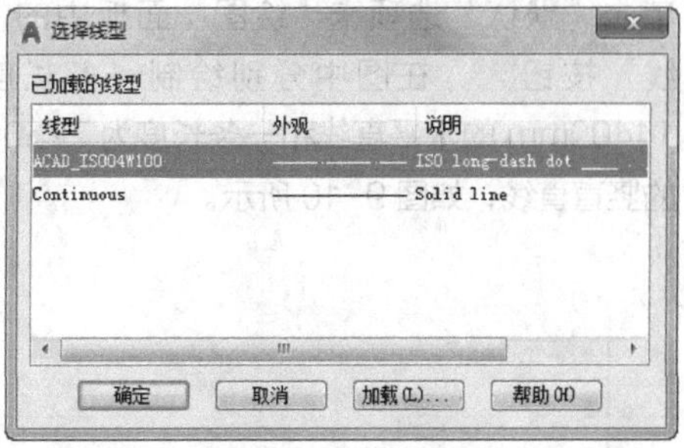

图 9-7 加载线型

❻ “轴线”图层设置完毕。依照此方法按照以下属性，新建其他几个图层。

- “墙线”图层：颜色为白色，线型为实线，线宽为 1.4mm。
- “门窗”图层：颜色为蓝色，线型为实线，线宽为默认。
- “装饰”图层：颜色为蓝色，线型为实线，线宽为默认。
- “地板”图层：颜色为9号色，线型为实线，线宽为默认。
- “文字”图层：颜色为白色，线型为实线，线宽为默认。
- “尺寸”图层：颜色为蓝色，线型为实线，线宽为默认。

设置完成后，结果如图 9-8 所示。

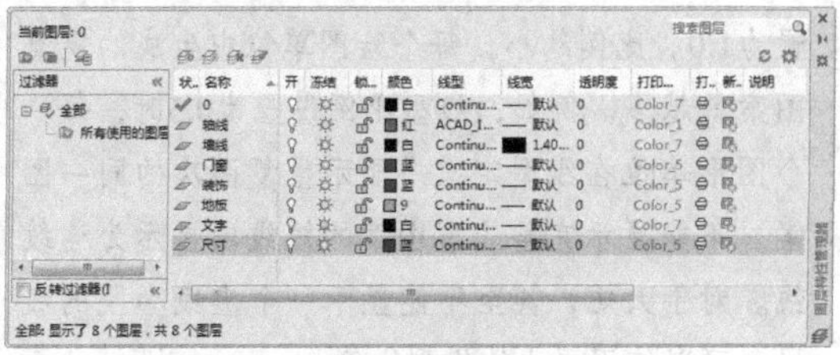

图 9-8 设置图层

9.2.2 绘制轴线

图层设置完成后，将“轴线”图层设置为当前图层。如果此时不是当前图层，可以找到“默认”选项卡“图层”面板中的“图层”下拉菜单，选择“轴线”图层为当前图层，如图9-9所示。

图 9-9 设置当前图层

STEP 绘制步骤

❶ 单击“默认”选项卡“绘图”面板中的“直线”按钮，在图中分别绘制一条长度为14400mm 的水平直线和一条长度为 7750mm 的竖直直线，如图 9-10 所示。

图 9-10 绘制轴线

此时，轴线的线型虽然为点画线，但是由于比例太小，显示出来还是实线的形式。选择刚刚绘制的轴线，然后单击鼠标右键，选取快捷菜单中的“特性”命令，如图 9-11 所示；打开“特性”选项板，将“线型比例”设置为“50”，如图 9-12 所示。按 Enter 键确认，关闭“特性”选项板，此时轴线的显示样式如图 9-13 所示。

> **注意** 通过全局修改或单个修改每个对象的线型比例，可以以不同的比例使用同一个线型。
> 默认情况下，全局线型比例和单个线型比例均设置为1.0。比例越小，每个绘图单位中生成的重复图案就越多。例如，线型比例设置为0.5时，每一个图形单位在线型定义中显示重复两次的同一图案。不能显示完整线型图案的短线段显示为连续线。对于太短，甚至不能显示一个虚线小段的线段，可以使用更小的线型比例。

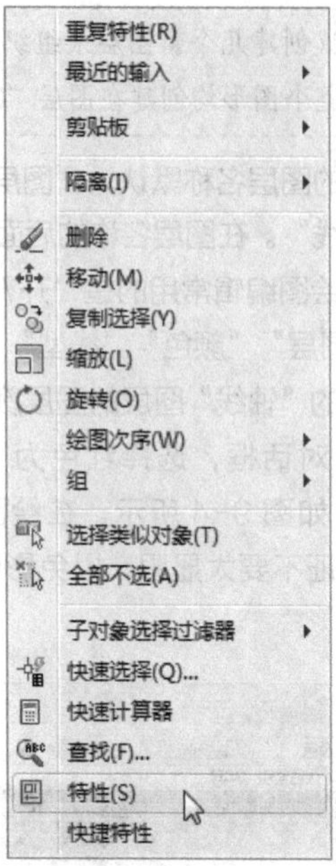

图 9-11 快捷菜单

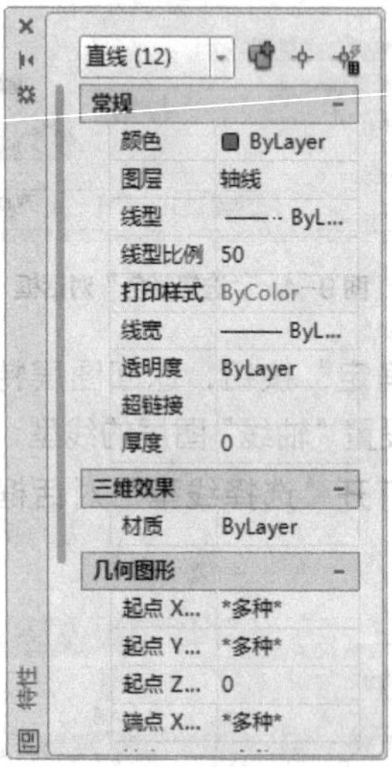

图 9-12 “特性”选项板

图 9-13 轴线显示

❷ 单击“默认”选项卡“修改”面板中的“偏移”按钮，将竖直直线向右偏移 1475mm，如

图 9-14 所示。

图 9-14　偏移竖直直线

❸ 单击“默认”选项卡“修改”面板中的“偏移”按钮，继续偏移其他轴线，水平直线分别向上偏移 1800mm、2440mm、520mm、2990mm；竖直直线分别向右偏移 2990mm、1760mm、2350mm、4040mm、1785mm，如图 9-15 所示。

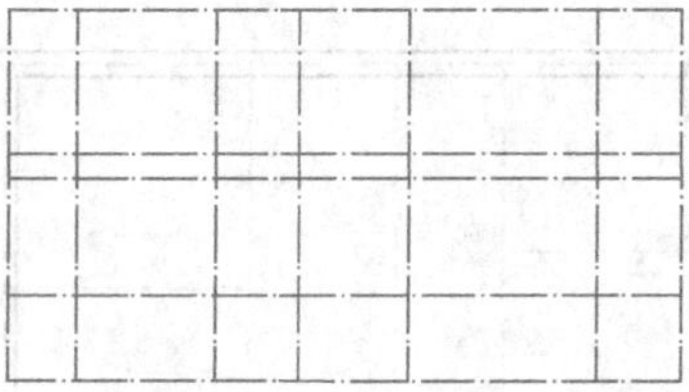

图 9-15　偏移轴线

❹ 单击快速访问工具栏中的“保存”按钮，将文件保存。

❺ 单击“默认”选项卡“修改”面板中的“修剪”按钮，然后选择图中从左数第 5 条竖直直线，作为修剪的基准线，单击鼠标右键，再单击从上数第 3 条水平直线左端上一点，删除左半部分，如图 9-16 所示。重复“修剪”命令，删除其他多余轴线，结果如图 9-17 所示。

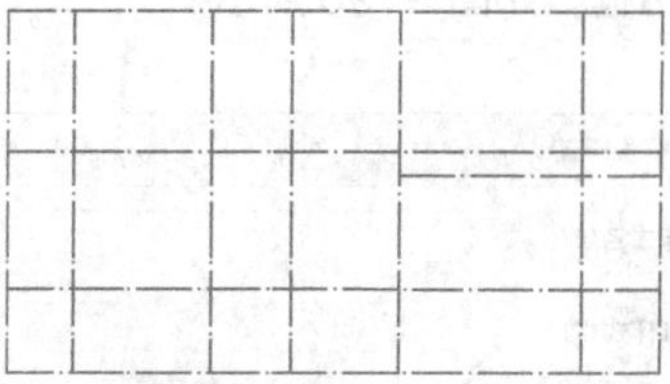

图 9-16　修剪水平轴线

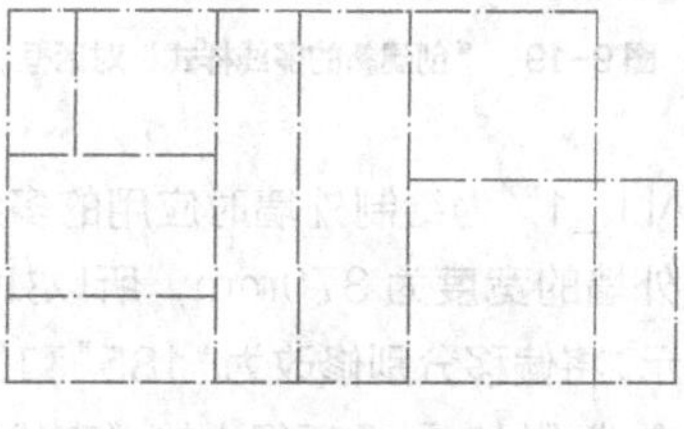

图 9-17　修剪轴线

注意　注意及时保存绘制的图形。这样，不至于在出现意外时丢失已有的图形数据。

9.3　绘制墙线与窗线

9.3.1　新建多线样式

一般建筑结构的墙线均是利用“多线”“修剪”“复制”和“偏移”等命令来完成绘制的。在绘制多线之前，将“墙线”图层设置为当前图层。然后按照以下步骤建立新的多线样式。

STEP 绘制步骤

❶ 选择菜单栏中的“格式”→“多线样式”命令，弹出“多线样式”对话框，如图 9-18 所示。

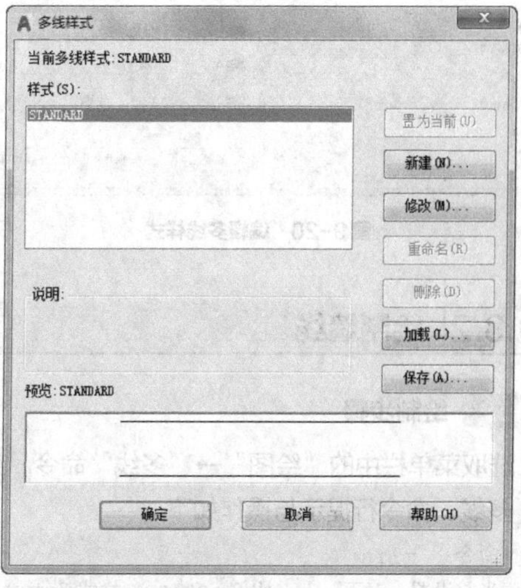

图 9-18　“多线样式”对话框

❷ 在“多线样式”对话框中，可以看到“样式”列表框中只有系统自带的“STANDARD”样式。单击右侧的“新建”按钮，弹出“创建新的多线样式”对话框，如图9-19所示。在“新样式名”文本框中输入“WALL_1”，作为多线样式的名称。单击“继续”按钮，打开编辑多线样式的对话框，如图9-20所示。

图9-19 “创建新的多线样式”对话框

❸ “WALL_1”为绘制外墙时应用的多线样式，由于外墙的宽度为370mm，所以如图9-20中所示，将偏移分别修改为“185”和“-185”，并将左端“封口”选项组中的“直线”后面的两个复选框选中。单击“确定”按钮，回到“多线样式”对话框中，再单击“确定”按钮，回到绘图状态。

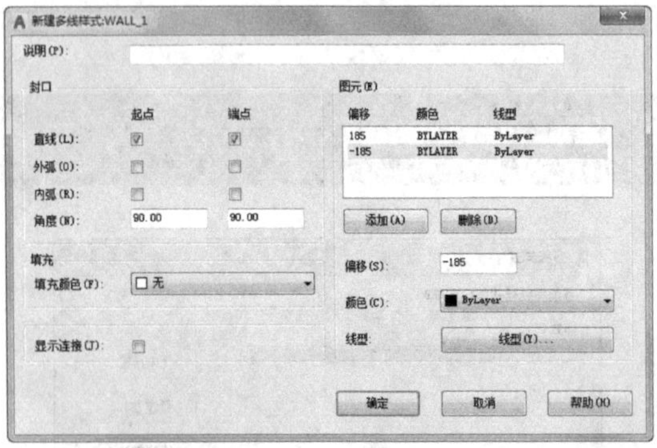

图9-20 编辑多线样式

9.3.2 绘制墙线

STEP 绘制步骤

❶ 选取菜单栏中的“绘图”→“多线”命令，绘制多线。命令行提示与操作如下。

命令：_mline
当前设置：对正＝上，比例＝20.00，样式＝STANDARD
指定起点或 [对正 (J) / 比例 (S) / 样式 (ST)]：st↙（设置多线样式）
输入多线样式名或 [?]：WALL_1↙（多线样式为WALL_1）
当前设置：对正＝上，比例＝20.00，样式＝WALL_1
指定起点或 [对正 (J) / 比例 (S) / 样式 (ST)]：j↙
输入对正类型 [上 (T) / 无 (Z) / 下 (B)]<上>：z↙（设置对正模式为“无”）
当前设置：对正＝无，比例＝20.00，样式＝WALL_1
指定起点或 [对正 (J) / 比例 (S) / 样式 (ST)]：s↙
输入多线比例 <20.00>：1↙（设置线型比例为1）
当前设置：对正＝无，比例＝1.00，样式＝WALL_1
指定起点或 [对正 (J) / 比例 (S) / 样式 (ST)]：（选择底端水平轴线左端）
指定下一点：（选择底端水平轴线右端）
指定下一点或 [放弃 (U)]：

继续绘制其他外墙墙线，结果如图9-21所示。

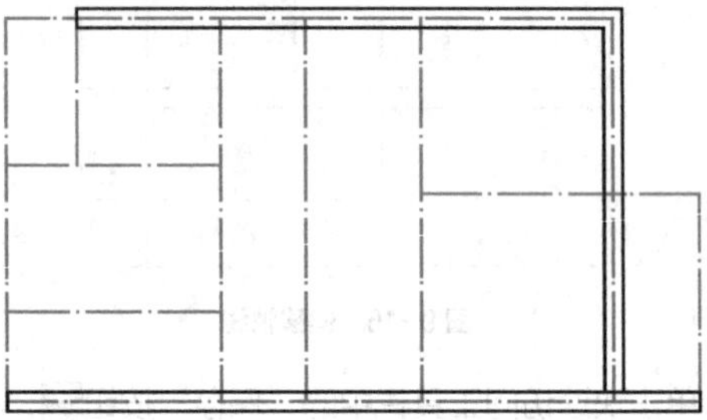

图9-21 绘制外墙墙线

提示 AutoCAD的工具栏并没有显示所有可用命令，在需要时用户要自己添加。例如，“绘图”工具栏中默认没有“多线”命令（mline），就要自己添加。选取菜单栏中的“视图”→“工具栏”命令，系统打开“自定义用户界面”对话框，如图9-22所示。选中“绘图”选项显示相应命令，在列表中找到“多线”，用鼠标把它拖至AutoCAD绘图区，若不放到任何已有工具栏中，则它以单独工具栏出现；否则成为已有工具栏的一员。这时又发现刚拖出的“多线”命令没有图标，就要为其添加图标。方法如下：把命令拖出后，不要关闭“自定义用户界面”对话框，单击选中“多线”命令，并单击对话框右下角的图标，界面右侧会弹出一个面板，此时即可给“多线”命令选择或绘制相应的图标。可以发现，AutoCAD允许我们给每个命令自定义图标。

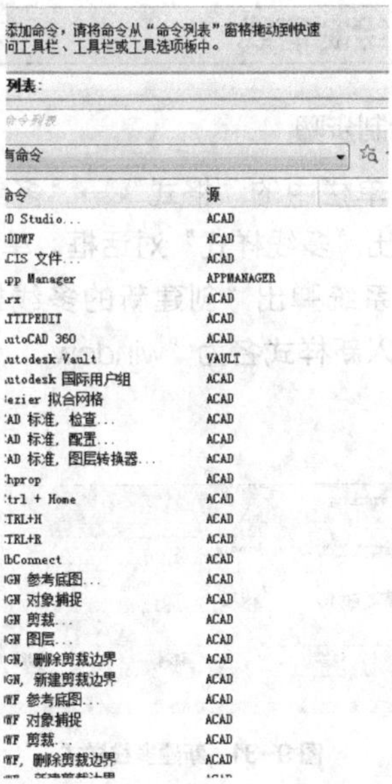

图 9-22 “自定义用户界面”对话框

❷ 按照 9.3.1 节的方法，再次新建多线样式，命名为“WALL_2”，并将偏移量设置为“120”和“-120”，作为内墙墙线的多线样式。然后在图中绘制内墙墙线，如图 9-23 所示。

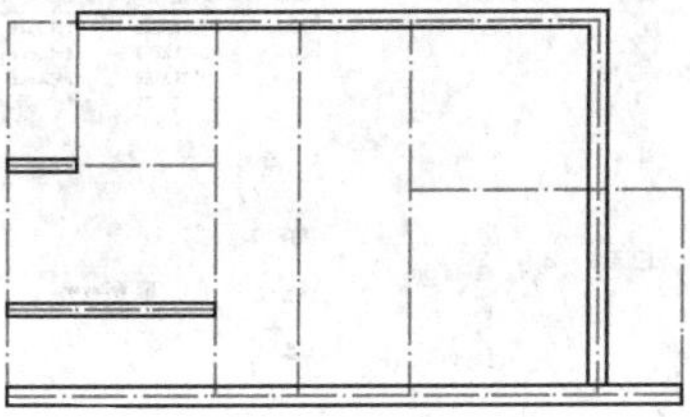

图 9-23 绘制内墙墙线

9.3.3 绘制柱子

本例中柱子的尺寸为500mm×500mm和500mm×400mm两种，首先在空白处将柱子绘制好，然后移动到适当的轴线位置上。

STEP 绘制步骤

❶ 单击“默认”选项卡“绘图”面板中的“矩形”按钮，在图中绘制边长为 500mm×500mm 和 500mm×400mm 的两个矩形，如图 9-24 所示。

❷ 单击“默认”选项卡“绘图”面板中的“图案填充”按钮，弹出“图案填充创建”选项卡，设置如图 9-25 所示，在某一个矩形的中心，单击鼠标左键，按 Enter 键确认，完成图案的填充。

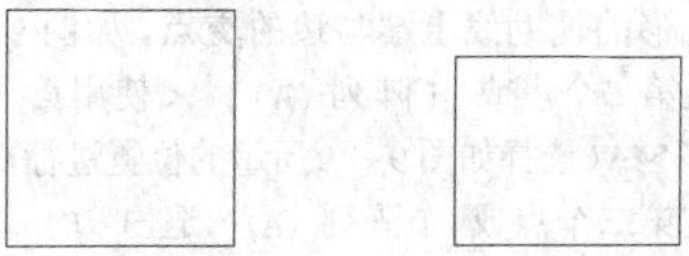

图 9-24 绘制柱子轮廓

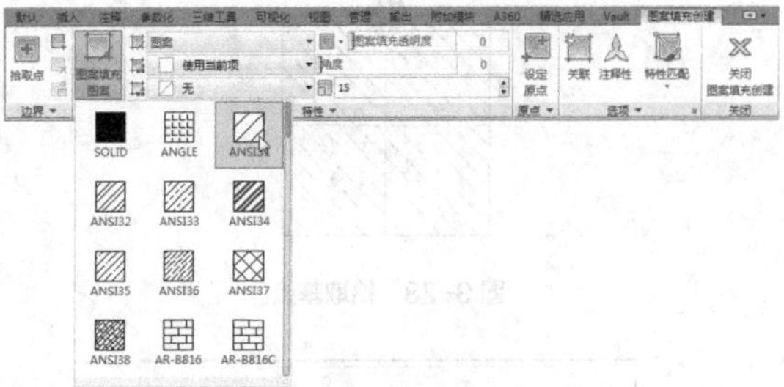

图 9-25 “图案填充创建”选项卡

❸ 按照步骤 2 的方法，填充另外一个矩形。注意，不能同时填充两个矩形，因为如果同时填充，填充的图案将是一个对象，两个矩形的位置就无法变化，不利于编辑。填充后的图形如图 9-26 所示。

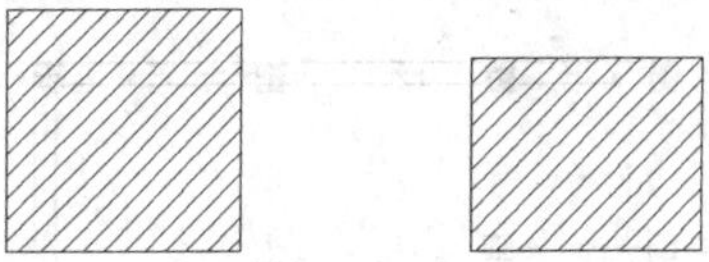

图 9-26 填充图形

由于柱子需要和轴线定位，为了定位方便和准确，在柱子截面的中心绘制两条辅助线，分别通过两个对边的中心，此时可以单击“捕捉到中点”命令按钮，绘制结果如图 9-27 所示。

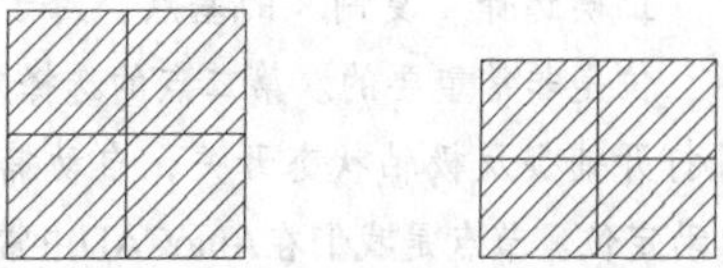

图 9-27 绘制辅助线

❹ 单击“默认”选项卡“修改”面板中的“复制”按钮，将 500mm×500mm 截面的柱子复制到轴线的位置。命令行提示与操作如下。

```
命令：_copy
选择对象：指定对角点：找到 4 个（选择矩形）
```

选择对象：↙
当前设置：复制模式 = 多个
指定基点或［位移（D）/ 模式（O）］< 位移 >：（选择矩形的辅助线上端与边的交点，如图 9-28 所示）
指定第二个点或 ［阵列（A）］ < 使用第一个点作为位移 >：（选择如图 9-29 所示的位置进行复制）
指定第二个点或 ［阵列（A）/ 退出（E）/ 放弃（U）］< 退出 >：↙

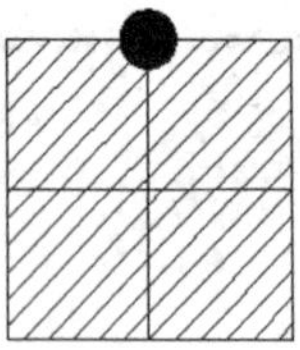

图 9-28　拾取基点

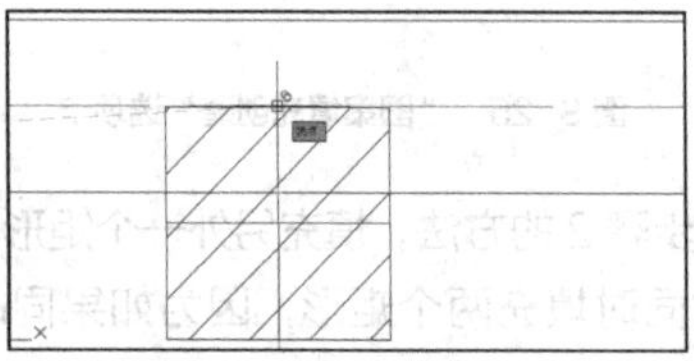

图 9-29　复制图形

❺ 按照同样的方法，将其他柱子截面复制到轴线图中，完成后删除辅助线，结果如图 9-30 所示。

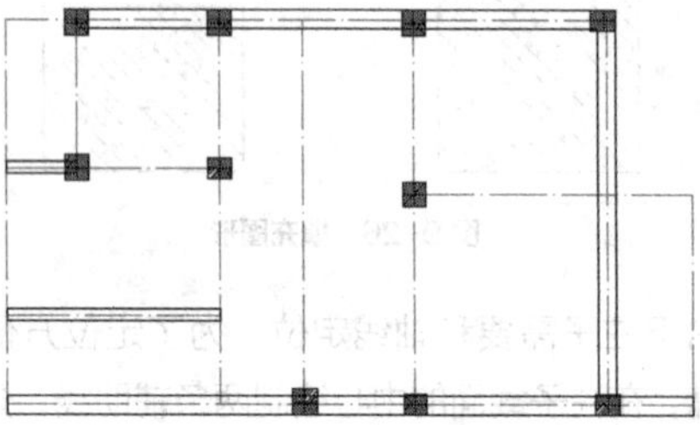

图 9-30　插入柱子

提示　正确选择“复制”的基点，对于图形定位是非常重要的。第二点的选择定位，用户可打开捕捉及极轴状态开关，自动捕捉有关点，自动定位。节点是我们在AutoCAD中常用来做定位、标注及移动、复制等复杂操作的关键点。在实际应用中我们会发现，有时选择了稍微复杂一点的图形并不出现节点，给图形操作带来了麻烦。解决这个问题有小窍门：当选择的图形不出现节点的时候，使用复制的快捷键Ctrl+C，节点就会在选择的图形中显示出来。

9.3.4 绘制窗线

STEP 绘制步骤

❶ 选择菜单栏中的“格式”→“多线样式”命令，弹出“多线样式”对话框。单击“新建”按钮，系统弹出“创建新的多线样式”对话框，输入新样式名为“window”，如图 9-31 所示。

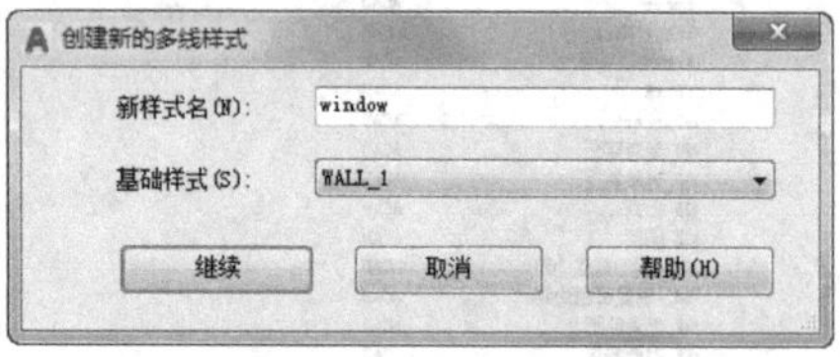

图 9-31　新建多线样式

❷ 单击“继续”按钮，弹出“新建多线样式”对话框，如图 9-32 所示。

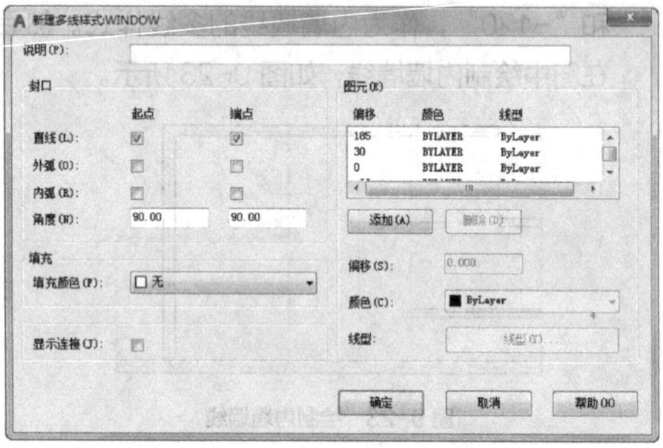

图 9-32　“新建多线样式”对话框

❸ 单击右侧中部的“添加”按钮两次，添加两条线段，将 4 条线的偏移距离分别修改为“185”“30”“-30”“-185”，同时也将“封口”选项选中，如图 9-33 所示。依次单击“确定”按钮，返回绘图区。

❹ 选择菜单栏中的“绘图”→“多线”命令，将多线样式修改为“window”，然后将比例设置为“1”，对正方式为“无”，绘制窗线。绘制时，注意对准轴线及墙线的端点。绘制结果如图 9-34 所示。

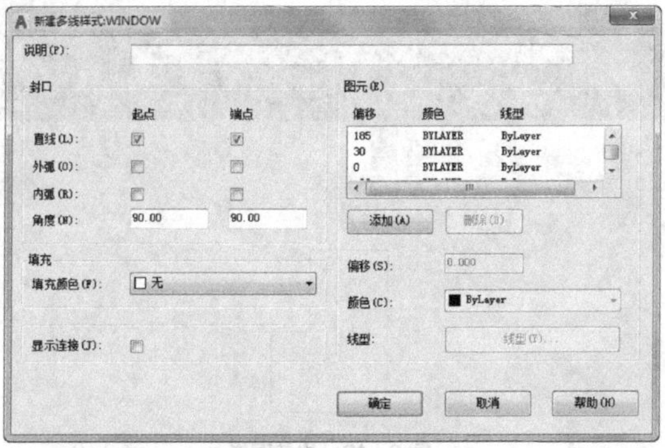

图 9-33 编辑多线样式

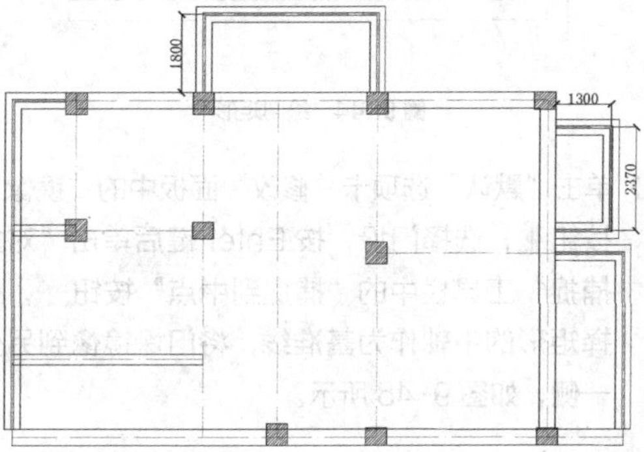

图 9-34 绘制窗线

9.3.5 编辑墙线及窗线

选择菜单栏中的“修改”→“对象”→“多线”命令，弹出“多线编辑”工具对话框，如图9-35所示。其中共包含12种多线样式，用户可以根据自己的需要对多线进行编辑。在本例中，将要对多线与多线的交点进行编辑。

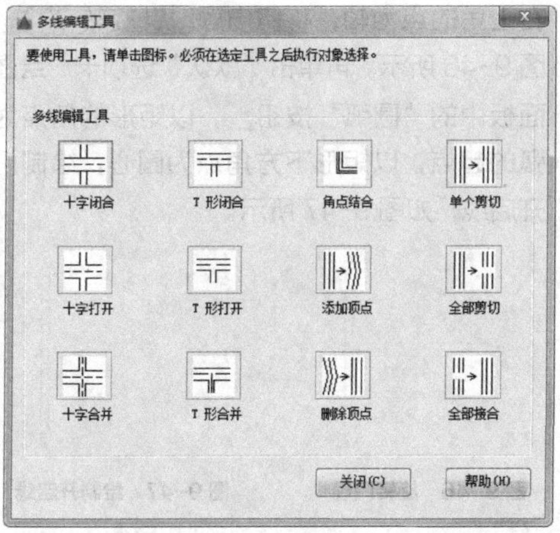

图 9-35 “多线编辑工具”对话框

STEP 绘制步骤

❶ 选择第一个多线编辑工具“十形闭合”，然后选择如图 9-36 所示的多线。首先选择竖直多线，然后选择水平多线，修改后的多线交点如图 9-37 所示。

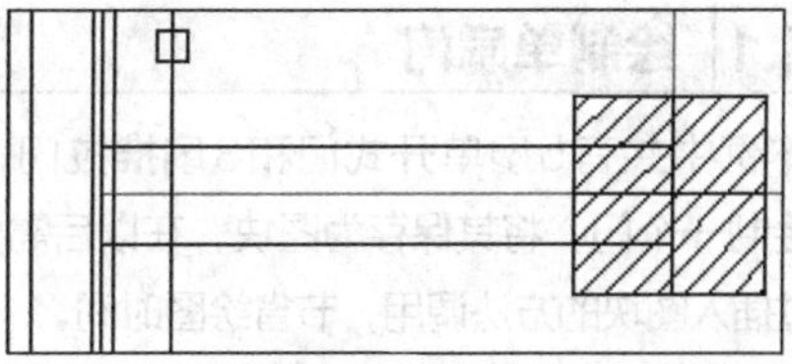

图 9-36 选择多线

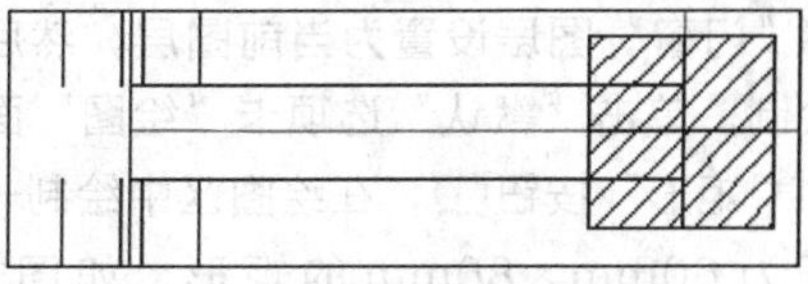

图 9-37 修改后的多线交点

❷ 按照步骤 1 的方法，修改其他多线的交点。同时注意到图 9-36 中水平多线与柱子的交点需要编辑，单击水平多线，可以看到多线显示出其夹点（蓝色小方块），如图 9-38 所示。拖动右边的夹点，将其移动到柱子边缘，如图 9-39 所示。

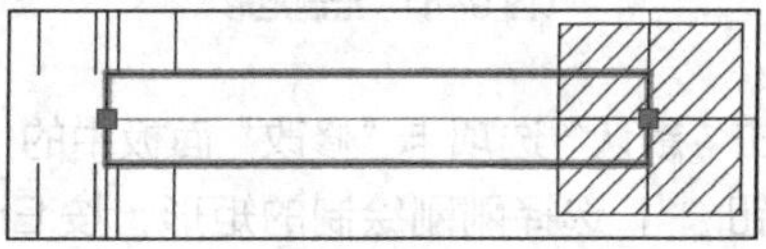

图 9-38 编辑多线

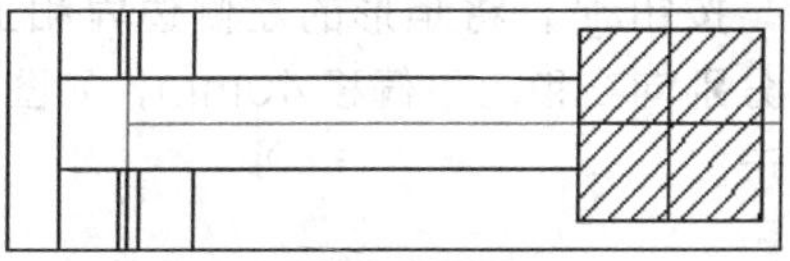

图 9-39 移动夹点

编辑多线的结果如图9-40所示。

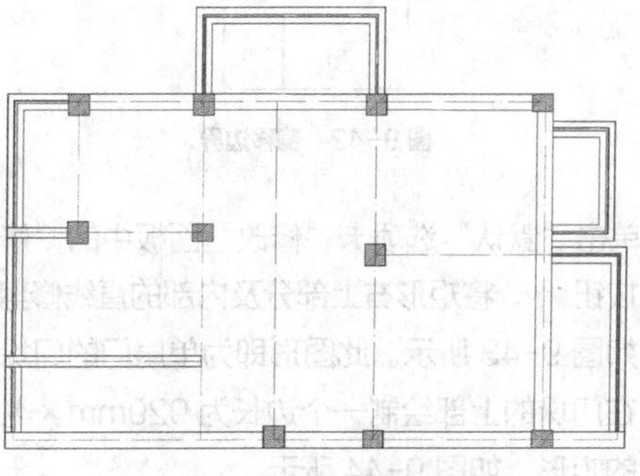

图 9-40 编辑多线结果

9.4 绘制门

本节将介绍门的一般绘制方法。

9.4.1 绘制单扇门

本例中共有5扇单开式门和3扇推拉门，可以首先绘制一个门，将其保存为图块，在以后需要的时候通过插入图块的方法调用，节省绘图时间。

STEP 绘制步骤

❶ 将“门窗”图层设置为当前图层，然后开始绘制。单击“默认”选项卡“绘图”面板中的“矩形”按钮，在绘图区中绘制一个边长为60mm×80mm的矩形，如图9-41所示。

图9-41 绘制矩形

❷ 单击“默认”选项卡“修改”面板中的“分解”按钮，选择刚刚绘制的矩形，按Enter键确认。单击“默认”选项卡“修改”面板中的“偏移”按钮，将矩形的左侧边界和上侧边界分别向右和向下偏移40mm，如图9-42所示。

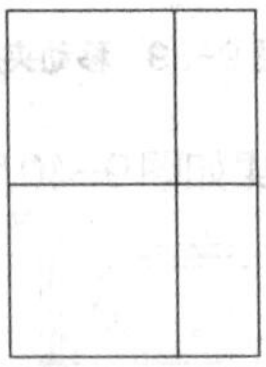

图9-42 偏移边界

❸ 单击“默认”选项卡“修改”面板中的“修剪”按钮，将矩形右上部分及内部的直线修剪掉，如图9-43所示。此图形即为单扇门的门垛，再在门垛的上部绘制一个边长为920mm×40mm的矩形，如图9-44所示。

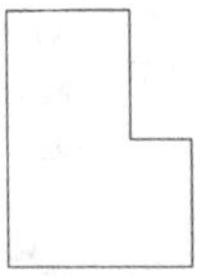

图9-43 修剪图形

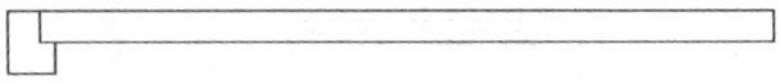

图9-44 绘制矩形

❹ 单击“默认”选项卡“修改”面板中的“镜像”按钮，选择门垛，按Enter键后单击“对象捕捉”工具栏中的“捕捉到中点”按钮，选择矩形的中轴作为基准线，将门垛镜像到另外一侧，如图9-45所示。

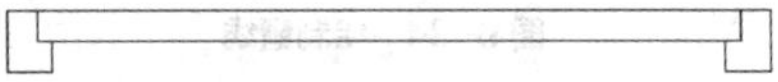

图9-45 镜像门垛

> **注意** 默认情况下，镜像文字、属性和属性定义时，它们在镜像图像中不会反转或倒置。文字的对齐和对正方式在镜像对象前后相同。

❺ 单击“默认”选项卡“修改”面板中的“旋转”按钮，然后选择中间的矩形（即门扇），以右上角的点为轴，将门扇顺时针旋转90°，如图9-46所示。再单击“默认”选项卡“绘图”面板中的“圆弧”按钮，以矩形的角点为圆弧的起点，以矩形下方角点为圆心，绘制门的开启线，如图9-47所示。

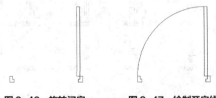

图9-46 旋转门扇

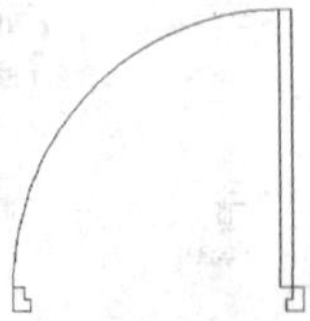

图9-47 绘制开启线

❻ 绘制完成后，在命令行中执行“wblock”命令，

弹出“写块”对话框。基点在图形上选择一点，然后选取保存图块的路径，将名称修改为“单扇门”，选择刚刚绘制的门图块，并选中“对象”选项组中的“从图形中删除”选项，如图 9-48 所示。

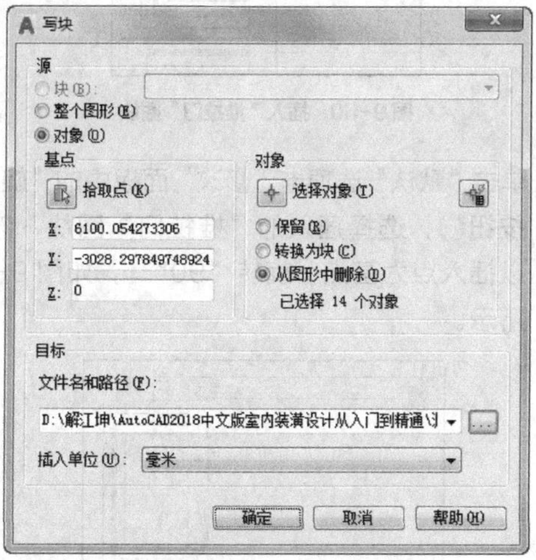

图 9-48 创建门图块

❼ 单击“确定”按钮，保存该图块。

❽ 单击“插入”选项卡“块”面板中的“插入块”按钮，弹出“插入”对话框，选取“单扇门”图块，如图 9-49 所示。单击“确定”按钮，按照如图 9-50 所示的位置插入刚刚绘制的平面图中。此前选择基点时，为了绘图方便，可将基点选择在右侧门垛的中点位置，如图 9-51 所示，这样便于插入定位。

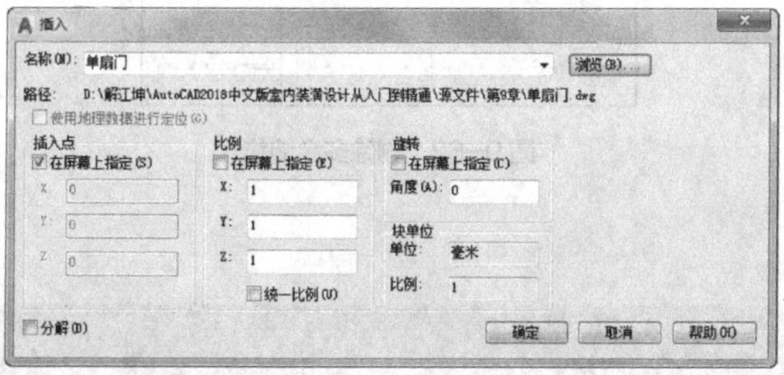

图 9-49 “插入”对话框

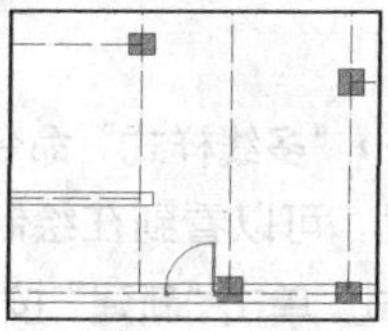

图 9-50 插入门图块

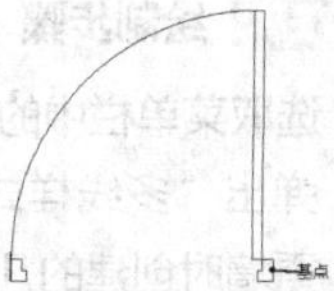

图 9-51 选择基点

❾ 单击“默认”选项卡“修改”面板中的“修剪”按钮，将门图块中间的墙线删除，并在左侧的墙线处绘制封闭直线，如图 9-52 所示。

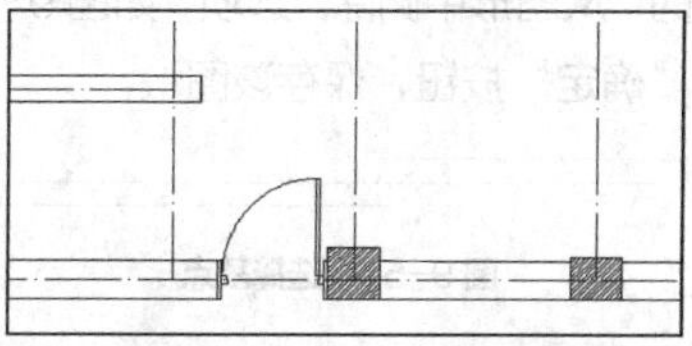

图 9-52 删除多余墙线

❿ 用同样的方法完成其他单扇门的绘制。

9.4.2 绘制推拉门

STEP 绘制步骤

❶ 将“门窗”图层设置为当前图层，单击“默认”选项卡“绘图”面板中的“矩形”按钮，绘制一个边长为 1000mm×60mm 的矩形，如图 9-53 所示。

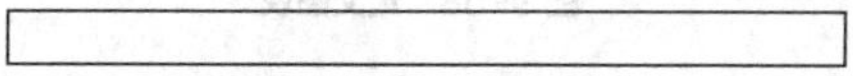

图 9-53 绘制矩形

❷ 单击“默认”选项卡“修改”面板中的“复制”按钮，选择矩形，将其复制到右侧，基点选择时首先选择左侧角点，然后选择右侧角点，复制结果如图 9-54 所示。

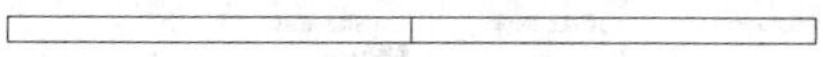

图 9-54 复制矩形

❸ 单击“默认”选项卡“修改”面板中的“移动”按钮，选择右侧矩形，按 Enter 键确认，然后选择两个矩形的交界处直线上端点作为基点，将其移动到直线的下端点，如图 9-55 所示，移动后效果如图 9-56 所示。

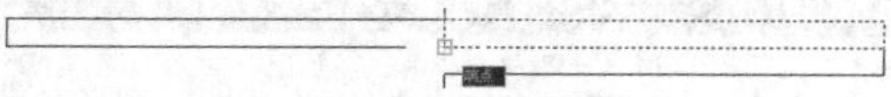

图 9-55 基点选择

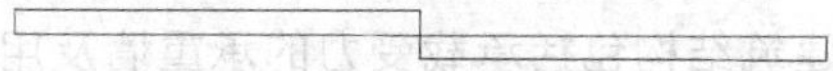

图 9-56 移动矩形

❹ 在命令行中执行“wblock”命令，弹出“写块”

对话框。基点选择如图 9-57 所示的位置，然后选取保存图块的路径，将名称修改为“推拉门”，选择刚刚绘制的门图块，并选中“对象”选项组中的“从图形中删除”选项，如图 9-58 所示。单击“确定”按钮，保存该图块。

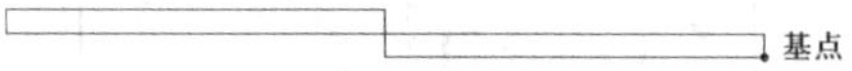

图 9-57　选择基点

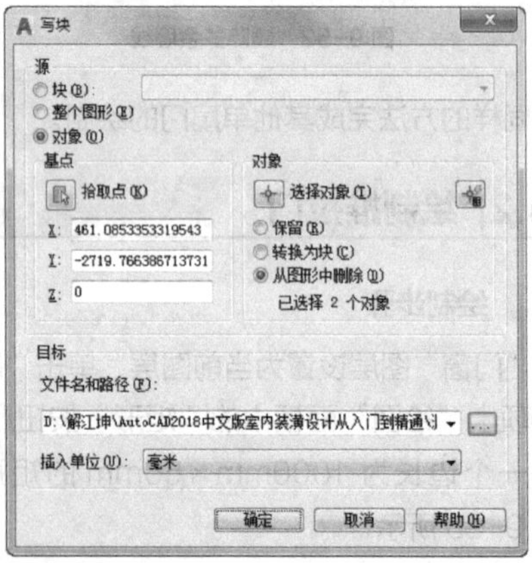

图 9-58　定义图块

❺ 单击“插入”选项卡“块”面板中的“插入块”按钮，弹出“插入”对话框，选取“推拉门”图块，如图 9-59 所示。单击“确定”按钮，将其插入如图 9-60 所示的位置。

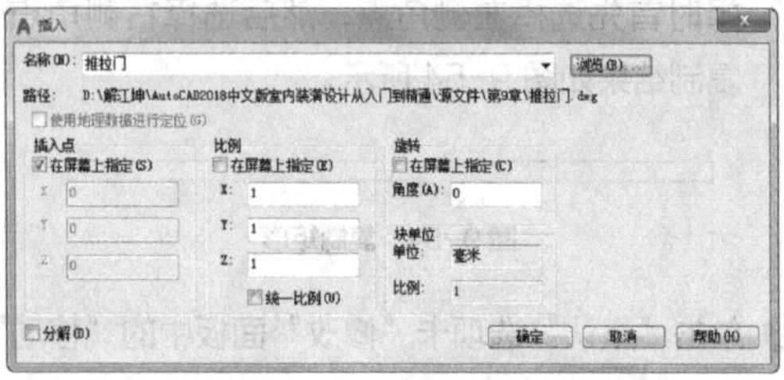

图 9-59　“插入”对话框

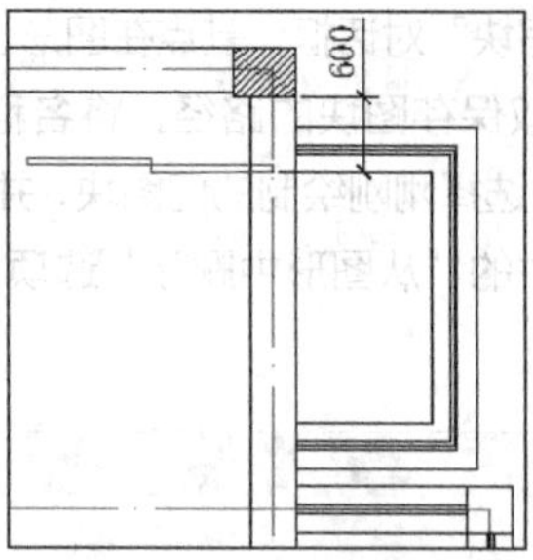

图 9-60　插入“推拉门”图块

❻ 单击“默认”选项卡“修改”面板中的“旋转”按钮，选择插入的“推拉门”图块，然后以插入点为基点，旋转“90°”，如图 9-61 所示。

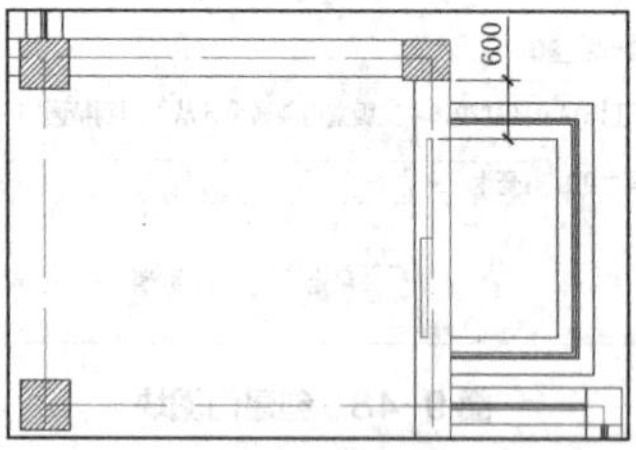

图 9-61　旋转图块

❼ 单击“默认”选项卡“修改”面板中的“修剪”按钮，将门图块间的多余墙线删除，并在墙线处绘制封闭直线，如图 9-62 所示。

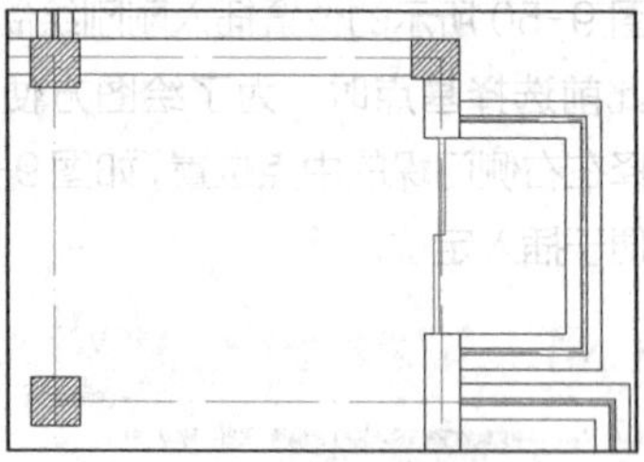

图 9-62　删除多余墙线

9.5　绘制非承重墙

9.5.1　设置隔墙线型

建筑结构包括承载受力的承重墙及用来分割空间、美化环境的非承重墙。在前面绘制了承载受力的承重墙和柱子结构，这一节将绘制非承重墙。

STEP　绘制步骤

❶ 选取菜单栏中的“格式”→“多线样式”命令，弹出“多线样式”对话框，可以看到在绘制承重墙时创建的几种多线样式。单击“新建”按钮，弹出“创建新的多线样式”对话框。新建一个

多线样式，命名为“wall_in”，如图 9-63 所示。

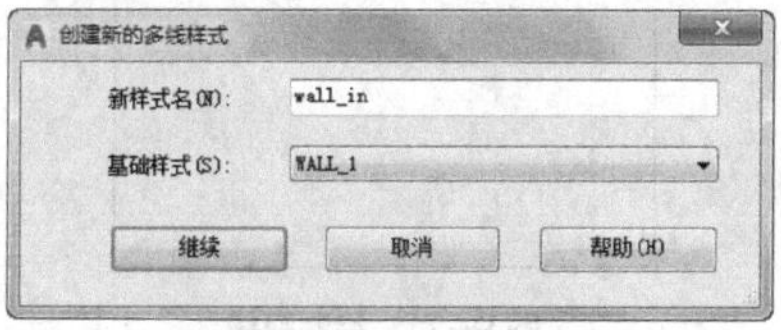

图 9-63　新建多线样式

❷ 单击“继续”按钮，弹出“新建多线样式”对话框，设置多线间距分别为“50”和“-50”，并将端点封闭，如图 9-64 所示。依次单击“确定”按钮，返回绘图区。

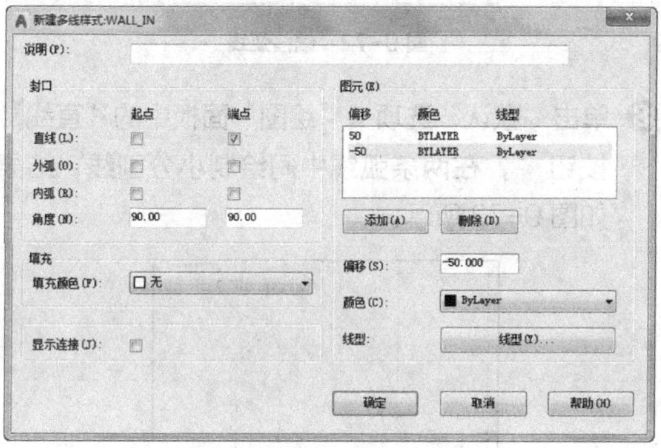

图 9-64　设置隔墙多线样式

9.5.2 绘制隔墙

STEP 绘制步骤

❶ 设置好多线样式后，将当前图层设置为“墙线”图层，按照图 9-65 所示的位置绘制隔墙，绘制方法与外墙类似。图 9-65 中隔墙①的绘制方法为：选取菜单栏中的“绘图”→“多线”命令，设置多线样式为“wall_in”，比例为“1”，对正方式为“上”，由 A 向 B 进行绘制，如图 9-66 所示。

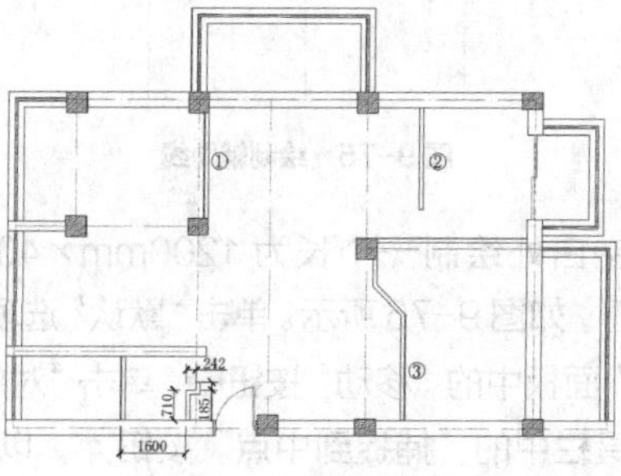

图 9-65　绘制隔墙

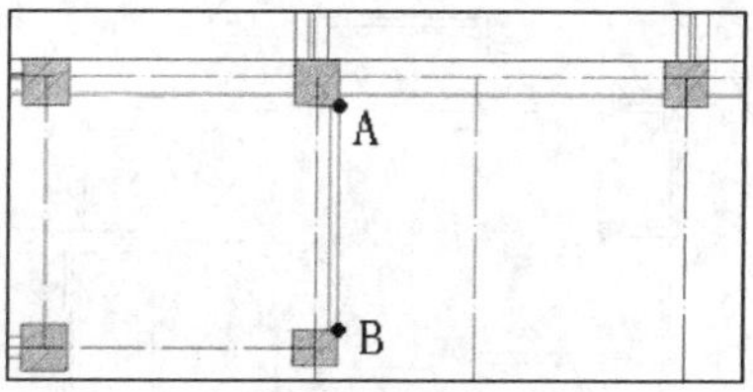

图 9-66　绘制隔墙①

❷ 绘制隔墙②时，多线样式已经修改过了，选取菜单栏中的“绘图”→“多线”命令，当提示指定起点时，首先单击图 9-67 所示的 A 点，然后回车或单击鼠标右键，选择取消。再次选取菜单栏中的“绘图”→“多线”命令，在命令行中依次输入“@1100，0”“@0，-2400”，绘制结果如图 9-67 所示。

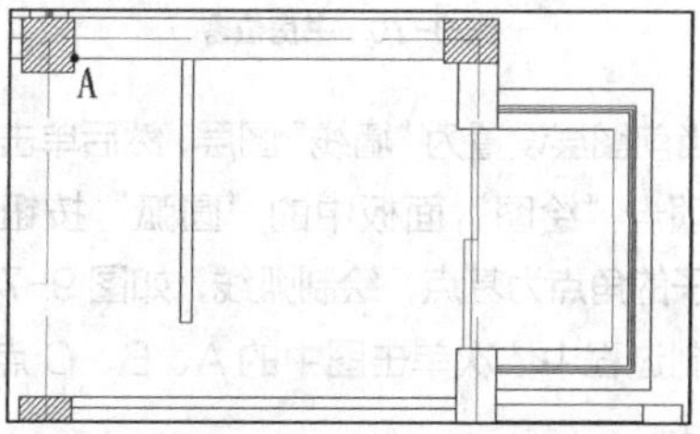

图 9-67　绘制隔墙②

❸ 隔墙③在绘制时同前两种类似，选取菜单栏中的“绘图”→“多线”命令，单击图 9-68 所示的 A 点，在命令行中依次输入“@0, -600”“@700, -700”，单击图中的 B 点，即绘制完成，如图 9-68 所示。按照同样的方法，绘制其他隔墙，绘制完成后，结果如图 9-65 所示。

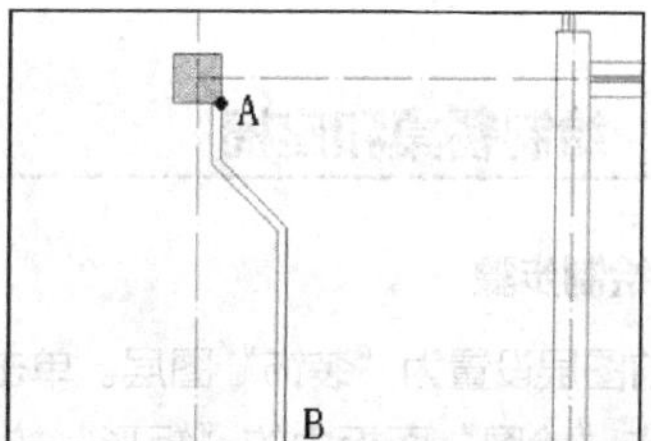

图 9-68　绘制隔墙③

❹ 将“门窗”图层设置为当前图层。单击“默认”选项卡“修改”面板中的“移动”按钮和“修剪”按钮，将门窗插入图中，如图 9-69 所示。

❺ 接下来绘制如图 9-70 所示的阴影部分，即书房区域，其隔墙为弧形。

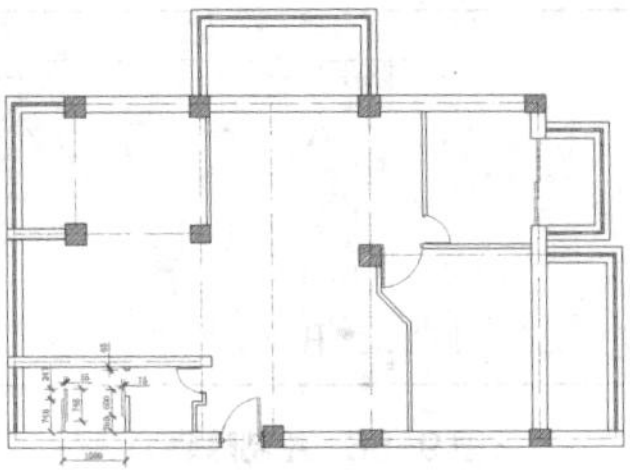

图 9-69 插入门窗

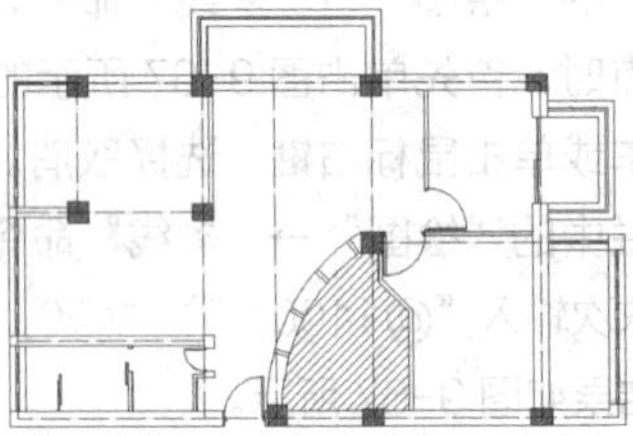

图 9-70 书房位置

❻ 将当前图层设置为“墙线”图层，然后单击“默认”选项卡“绘图”面板中的“圆弧”按钮，以柱子的角点为基点，绘制弧线，如图 9-71 所示。绘制过程中依次单击图中的 A、B、C 点，绘制弧线。

❼ 单击“默认”选项卡“修改”面板中的“偏移”按钮，将弧线向右偏移 380mm，然后修剪弧线，结果如图 9-72 所示。

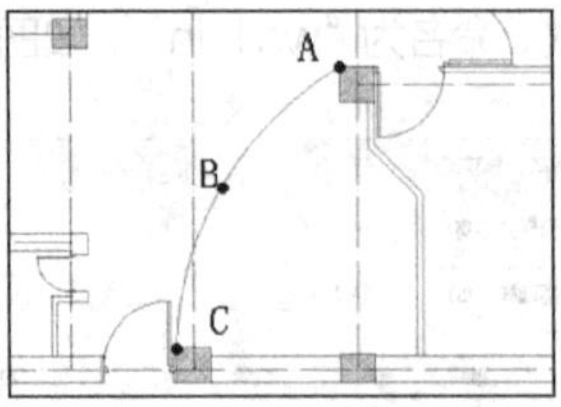

图 9-71 绘制弧线

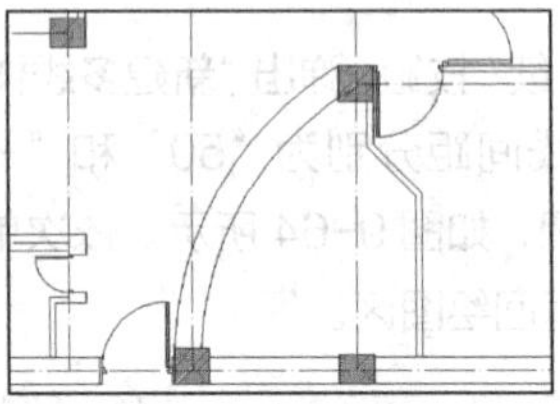

图 9-72 偏移弧线

❽ 单击“默认”选项卡“绘图”面板中的“直线”按钮，在两条弧线中间绘制小分割线，结果如图 9-73 所示。

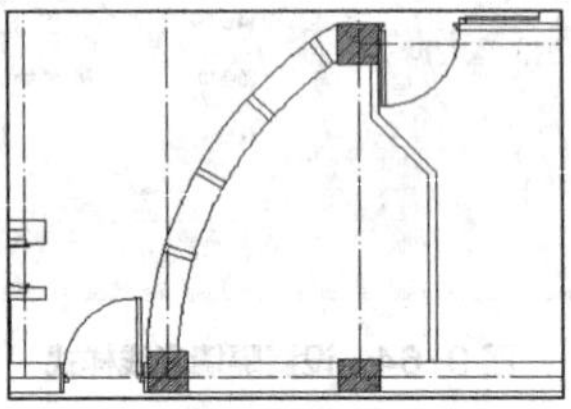

图 9-73 绘制分割线

9.6 绘制家具和厨具

9.6.1 绘制餐桌和座椅

STEP 绘制步骤

❶ 将当前图层设置为“装饰”图层。单击“默认”选项卡“绘图”面板中的“矩形”按钮，绘制一个长为 1500mm×1000mm 的矩形，如图 9-74 所示。

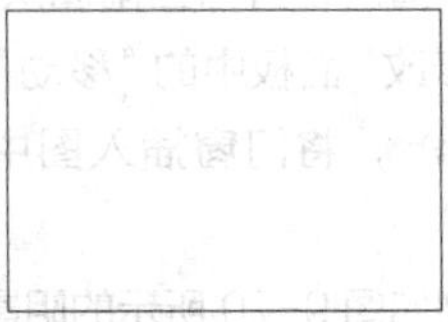

图 9-74 绘制矩形

❷ 单击“对象捕捉”工具栏中的“捕捉到中点”按钮，在矩形的长边和短边方向的中点各绘制一条直线作为辅助线，如图 9-75 所示。

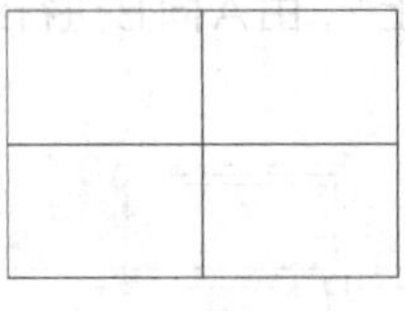

图 9-75 绘制辅助线

❸ 在空白处绘制一个长为 1200mm×40mm 的矩形，如图 9-76 所示。单击“默认”选项卡“修改”面板中的“移动”按钮，单击“对象捕捉”工具栏中的“捕捉到中点”按钮，以矩形底边中点为基点，移动矩形至刚刚绘制的辅助线

交点处，如图 9-77 所示。

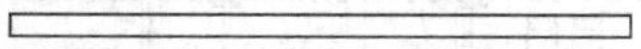

图 9-76　绘制矩形

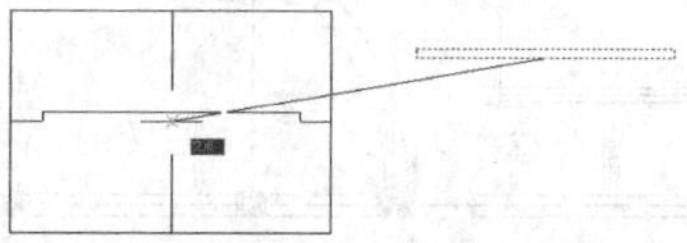

图 9-77　移动矩形

❹ 单击“默认”选项卡“修改”面板中的“镜像”按钮，将刚刚移动的矩形以水平辅助线为轴，镜像到下侧，如图 9-78 所示。

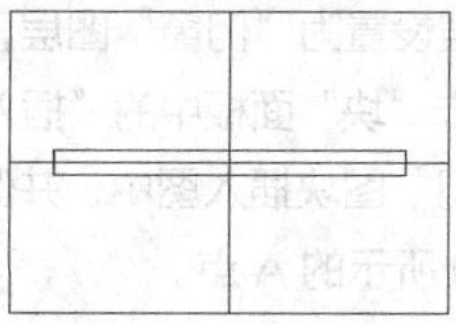

图 9-78　镜像矩形

❺ 在空白处绘制边长为 500mm 的正方形，如图 9-79 所示。

图 9-79　绘制正方形

❻ 单击“默认”选项卡“修改”面板中的“偏移”按钮，偏移距离设置为 20mm，将正方形向内偏移，如图 9-80 所示。在正方形的上侧空白处，绘制一个边长为 400mm × 200mm 的矩形，如图 9-81 所示。

图 9-80　偏移正方形

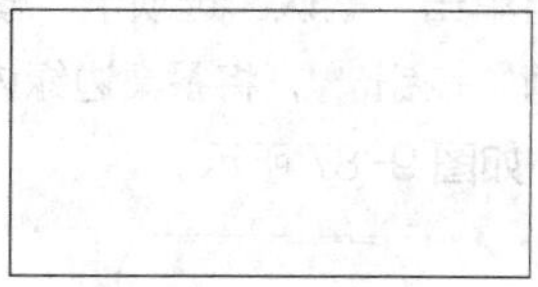

图 9-81　绘制矩形

❼ 单击“默认”选项卡“修改”面板中的“圆角”按钮，设置矩形的圆角半径为 50mm，对矩形的 4 个角倒圆角，如图 9-82 所示。

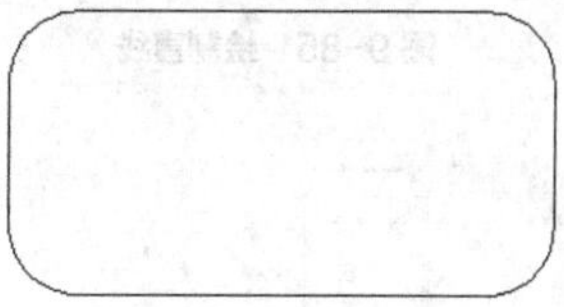

图 9-82　倒圆角

❽ 单击“对象捕捉”工具栏中的“捕捉到中点”按钮，然后单击“默认”选项卡“修改”面板中的“移动”按钮，将圆角矩形移动到正方形一边的中心，如图 9-83 所示。

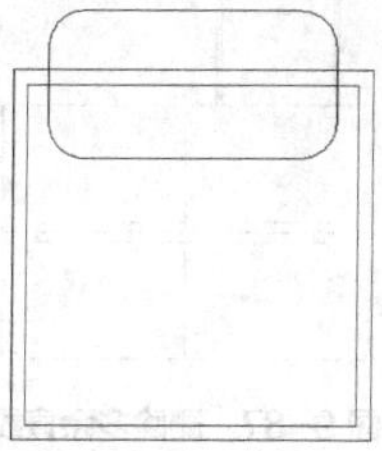

图 9-83　移动矩形

❾ 单击“默认”选项卡“修改”面板中的“修剪”按钮，将圆角矩形内部的直线删除，如图 9-84 所示。

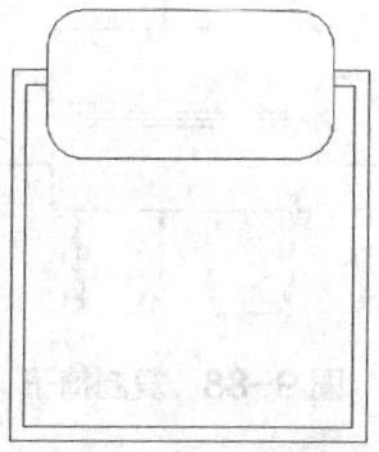

图 9-84　删除多余直线

❿ 在正方形的上方绘制直线，直线的端点及位置如图 9-85 所示。此时椅子的图块绘制完成。移动时，将移动的基点选定为内部正方形的下侧角点，并使其与餐桌的外边重合，如图 9-86

所示。再单击“默认”选项卡“修改”面板中的“修剪”按钮，将餐桌边缘内部的多余线段删除，如图 9-87 所示。

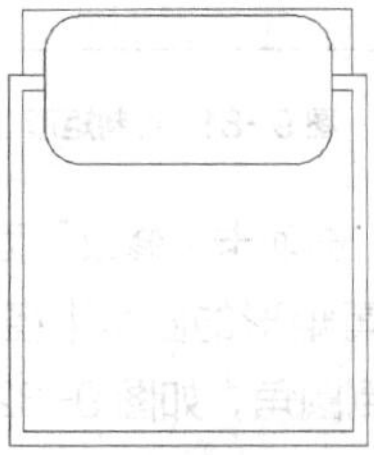

图 9-85 绘制直线

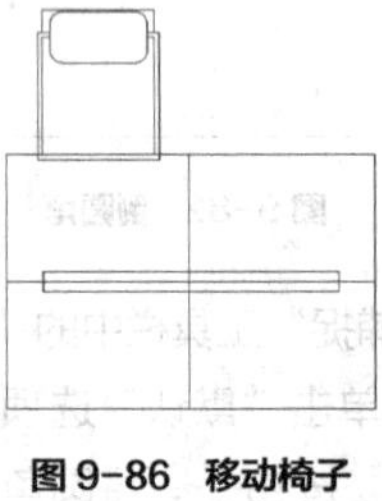

图 9-86 移动椅子

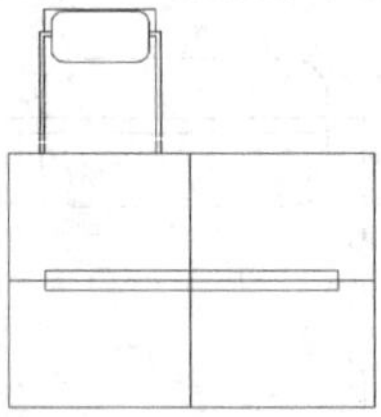

图 9-87 删除多余直线

⑪ 单击“默认”选项卡“修改”面板中的“镜像”按钮及“旋转”按钮，复制椅子的图形，并删除辅助线，最终效果如图 9-88 所示。

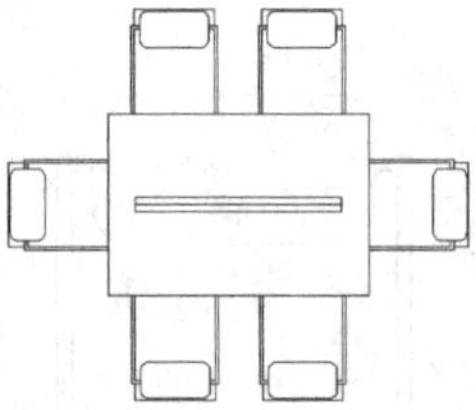

图 9-88 复制椅子

⑫ 将图形保存为“餐桌”图块，然后插入平面图的餐厅中，如图 9-89 所示。

注意 建筑制图时，常会应用到一些标准图块，如卫具、桌椅等，此时用户可以从AutoCAD设计中心直接调用一些建筑图块。

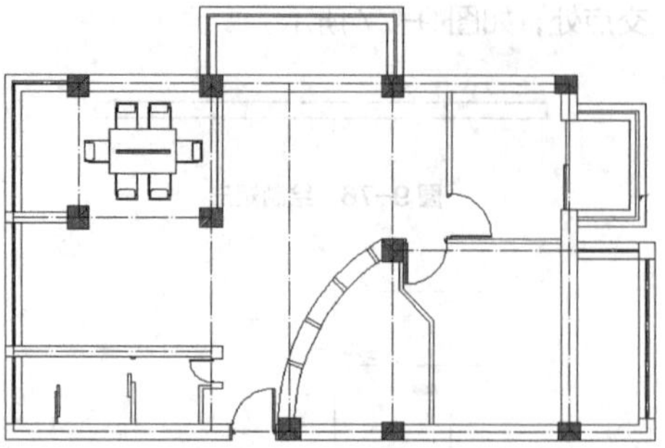

图 9-89 插入“餐桌”图块

9.6.2 绘制书房门窗

STEP 绘制步骤

❶ 将当前图层设置为“门窗”图层，然后单击“插入”选项卡“块”面板中的“插入块”按钮，将“单扇门”图块插入图中，并保证插入基点为如图 9-90 所示的 A 点。

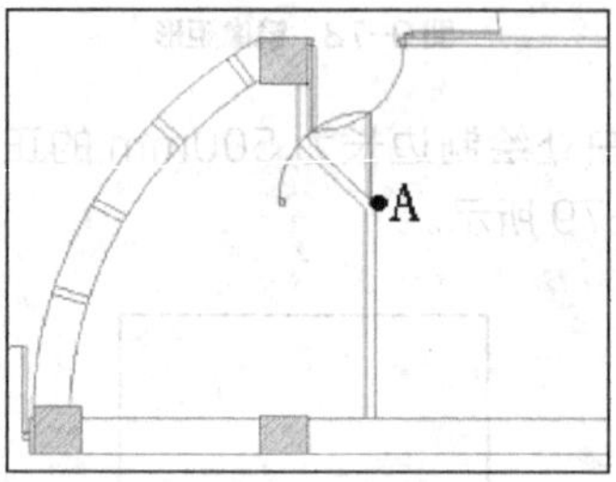

图 9-90 插入“单扇门”图块

❷ 单击“默认”选项卡“修改”面板中的“旋转”按钮，以刚才的插入点 A 为基点，旋转“90°”，如图 9-91 所示。

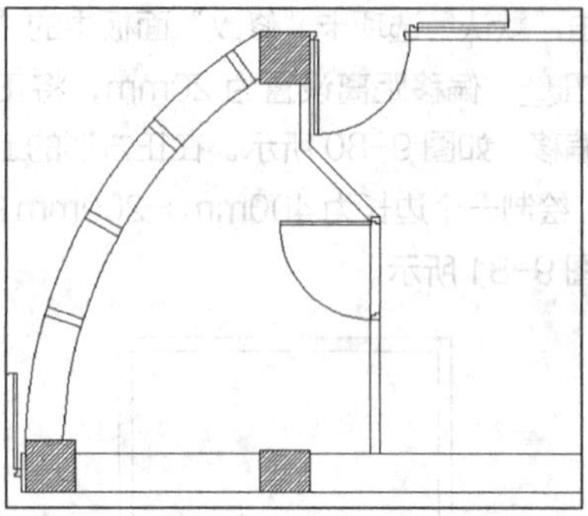

图 9-91 旋转图块

❸ 单击“默认”选项卡“修改”面板中的“移动”按钮，将图块向下移动 200mm，结果如

图 9-92 所示。在门垛的两侧分别绘制一条直线，作为分割的辅助线，如图 9-93 所示。

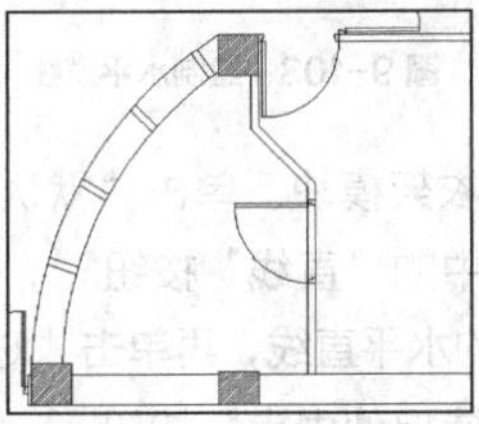

图 9-92 移动图块

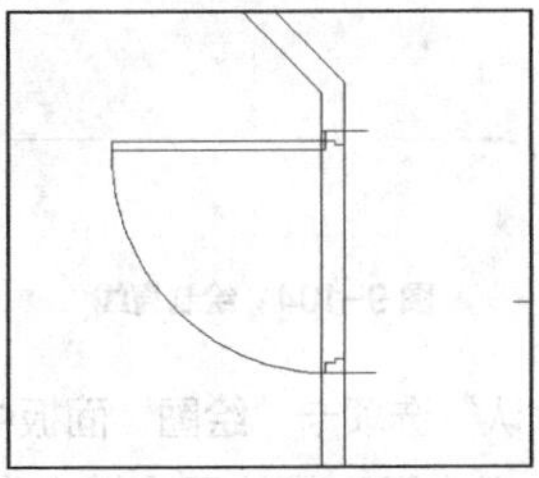

图 9-93 绘制辅助线

❹ 单击“默认”选项卡“修改”面板中的“修剪”按钮，以辅助线为修剪的边界，将隔墙的多线部分修剪掉，并删除辅助线，如图 9-94 所示。

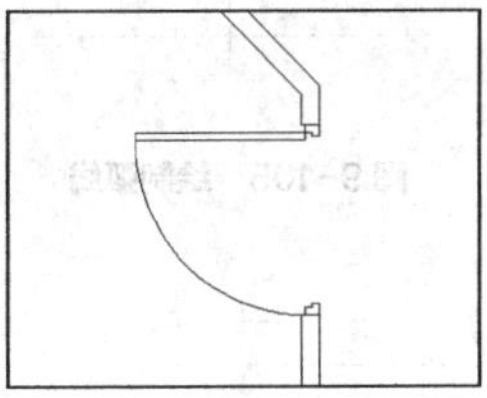

图 9-94 删除隔墙线

❺ 选择菜单栏中的“格式”→“多线样式”命令，弹出“多线样式”对话框，以隔墙多线样式为基准，新建多线样式“window_2”，如图 9-95 所示。在两条多线中间添加一条线，将偏移量分别设置为“50”“0”“-50”，如图 9-96 所示。在书房门的两侧，绘制多线，作为窗线如图 9-97 所示。

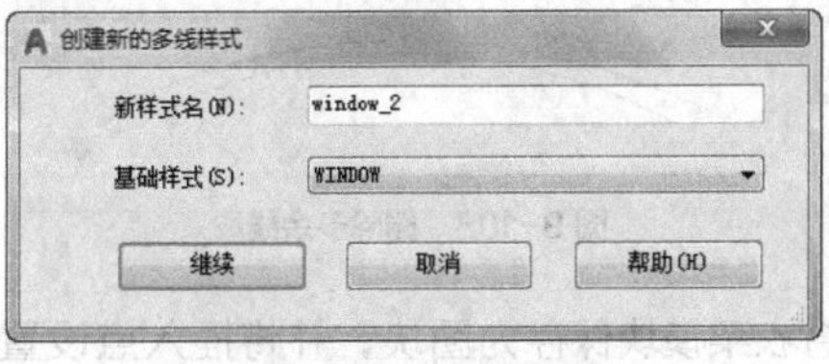

图 9-95 新建多线样式

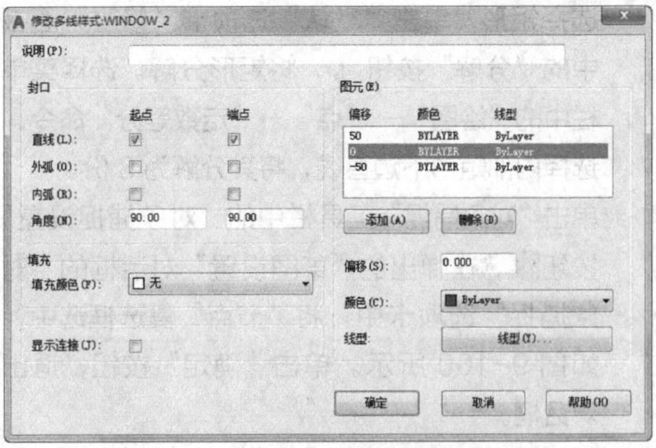

图 9-96 设置多线样式

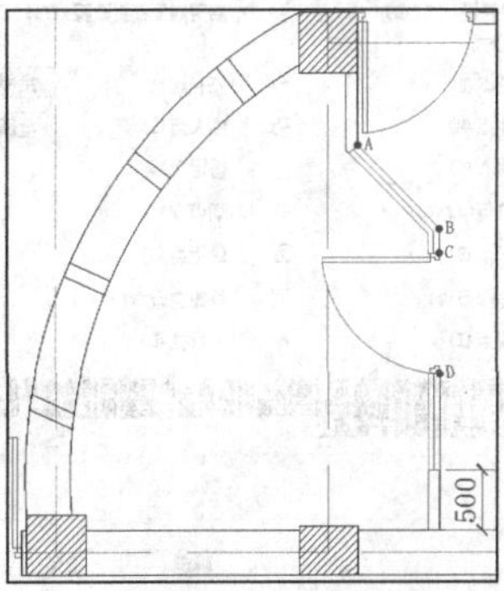

图 9-97 绘制窗线

9.6.3 绘制衣柜

衣柜是卧室中必不可少的设施，设计时要充分注意空间，并考虑人的活动范围。

STEP 绘制步骤

❶ 将“装饰”图层设置为当前图层。绘制一个 2000mm × 500mm 的矩形，如图 9-98 所示。单击“默认”选项卡“修改”面板中的“偏移”按钮，将矩形向内偏移 40mm，结果如图 9-99 所示。

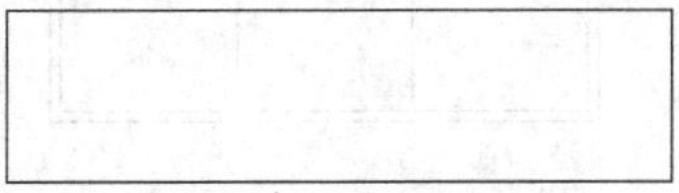

图 9-98 绘制衣柜轮廓

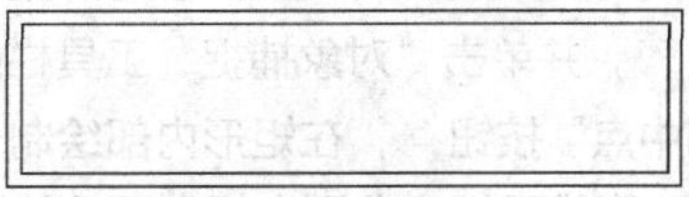

图 9-99 偏移矩形

选择矩形，单击“默认”选项卡“修改”面板中的“分解”按钮，将矩形分解。选择菜单栏中的“绘图”→“点”→“定数等分”命令，选择内部矩形下边直线，将其分解为 3 份。

单击“对象捕捉”工具栏中的“对象捕捉设置”按钮，在弹出的“草图设置”对话框的“对象捕捉”选项卡中，将“节点”复选框选中，如图 9-100 所示。单击“确定”按钮，退出对话框。

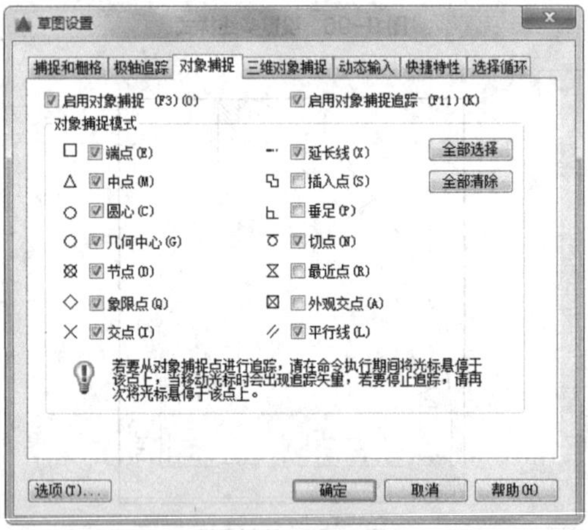

图 9-100　对象捕捉设置

❷ 单击“默认”选项卡“绘图”面板中的“直线”按钮，将光标移动到刚刚等分的直线的 3 分点附近，此时可以看到黄色的提示标志，即捕捉到 3 分点，如图 9-101 所示，绘制两条竖直直线，如图 9-102 所示。

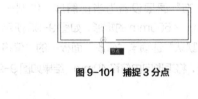

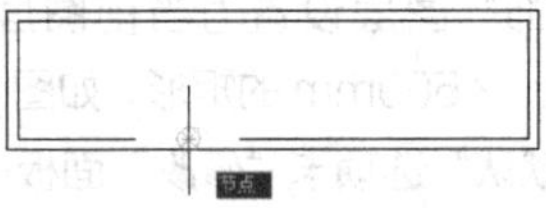

图 9-101　捕捉 3 分点

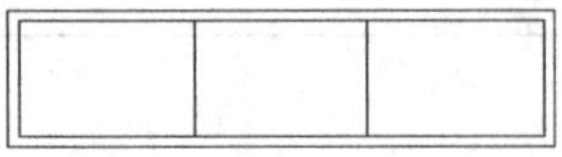

图 9-102　绘制竖直直线

❸ 单击“默认”选项卡“绘图”面板中的“直线”按钮，并单击“对象捕捉”工具栏中的“捕捉到中点”按钮，在矩形内部绘制一条水平直线，直线两端点分别在矩形两侧边的中点，如图 9-103 所示。

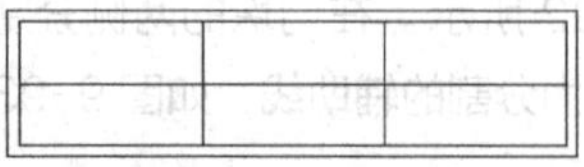

图 9-103　绘制水平直线

❹ 下面绘制衣架模块。单击“默认”选项卡“绘图”面板中的“直线”按钮，绘制一条长为 400mm 的水平直线，再单击“对象捕捉”工具栏中的“捕捉到中点”按钮，绘制一条通过其中点的竖直直线，如图 9-104 所示。

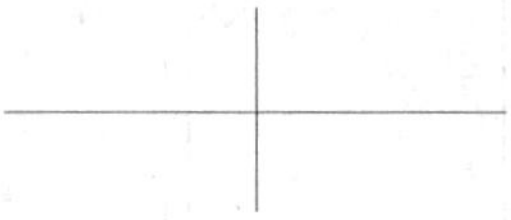

图 9-104　绘制直线

❺ 单击“默认”选项卡“绘图”面板中的“圆弧”按钮，以水平直线的两个端点为端点，绘制一条弧线，如图 9-105 所示。在弧线的两端绘制两个直径为 20mm 的圆，如图 9-106 所示。以圆的下端为端点，绘制另外一条弧线，如图 9-107 所示。

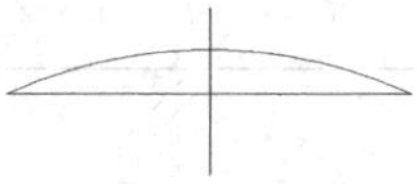

图 9-105　绘制弧线

图 9-106　绘制圆

图 9-107　绘制弧线

❻ 删除辅助线及弧线内部的圆形部分，绘制完成衣架模块，如图 9-108 所示。

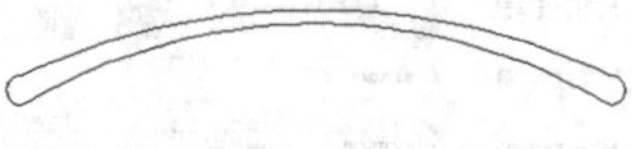

图 9-108　删除多余线段

❼ 将衣架模块保存为图块，并将插入点设置为弧线的中点。然后将其插入衣柜中，如图 9-109

所示。

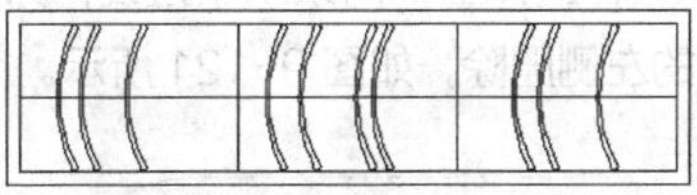

图 9-109 插入衣架模块

❽ 将衣柜插入主卧室中，并绘制另外一个衣柜模块，将其插入儿童房中，如图 9-110 所示。

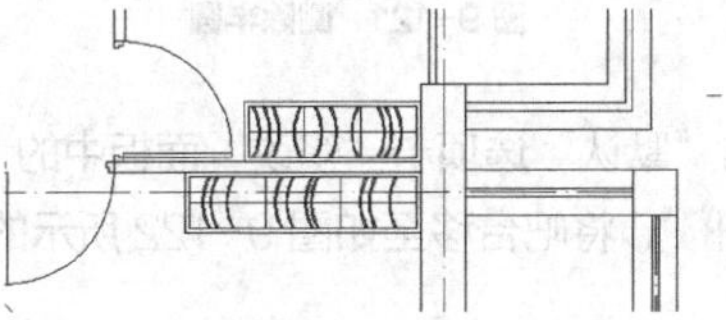

图 9-110 插入衣柜

9.6.4 绘制橱柜

STEP 绘制步骤

❶ 单击“默认”选项卡“绘图”面板中的“矩形”按钮，绘制一个边长为 800mm 的正方形，如图 9-111 所示。

图 9-111 绘制正方形

再绘制一个 150mm × 100mm 的矩形，结果如图 9-112 所示。

图 9-112 绘制矩形

❷ 单击“默认”选项卡“修改”面板中的“镜像”按钮，选择刚刚绘制的矩形，单击“对象捕捉”工具栏中的“捕捉到中点”按钮，以正方形的上边中点为基点，引出垂直对称轴，将矩形镜像到另外一侧，如图 9-113 所示。

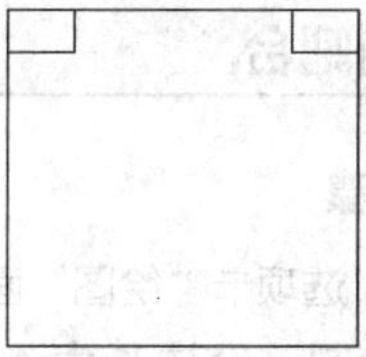

图 9-113 镜像矩形

❸ 单击“默认”选项卡“绘图”面板中的“直线”按钮，单击“对象捕捉”工具栏中的“捕捉到中点”按钮，选择左上角矩形右边的中点为起点，绘制一条水平直线，作为橱柜的门，如图 9-114 所示。

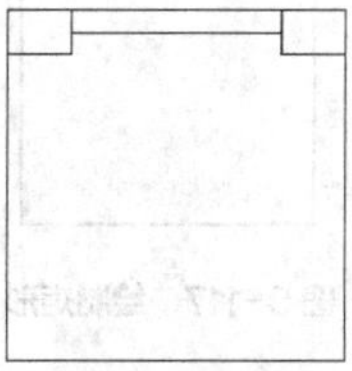

图 9-114 绘制橱柜门

❹ 在橱柜门的右侧绘制一条竖直直线，在直线上侧绘制两个边长为 50mm 的小正方形，作为橱柜门的拉手，如图 9-115 所示。

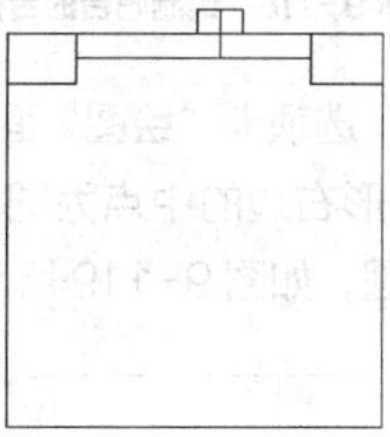

图 9-115 绘制拉手

❺ 单击“默认”选项卡“修改”面板中的“移动”按钮，选择刚刚绘制的橱柜模块，将其移动至厨房的橱柜位置，如图 9-116 所示。

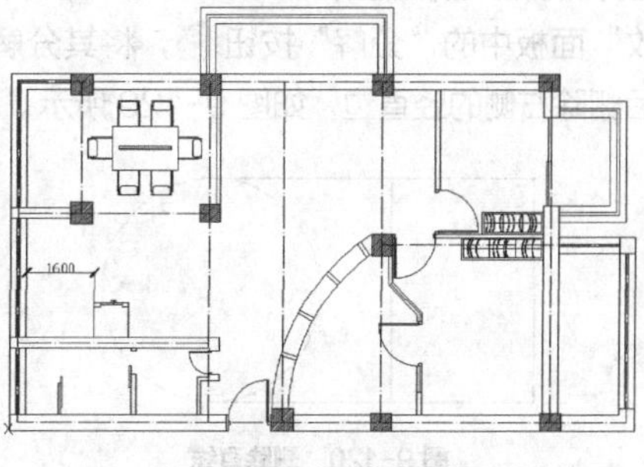

图 9-116 插入橱柜模块

9.6.5 绘制吧台

STEP 绘制步骤

❶ 单击“默认”选项卡“绘图”面板中的“矩形”按钮，绘制一个边长为 400mm×600mm 的矩形，如图 9-117 所示。在其右侧绘制一个边长为 500mm×600mm 的矩形，作为吧台的台板，如图 9-118 所示。

图 9-117　绘制矩形

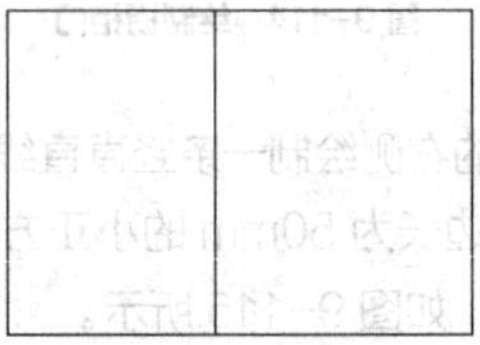

图 9-118　绘制吧台的台板

❷ 单击“默认”选项卡“绘图”面板中的“圆”按钮，以矩形右边的中点为圆心，绘制半径为 300mm 的圆，如图 9-119 所示。

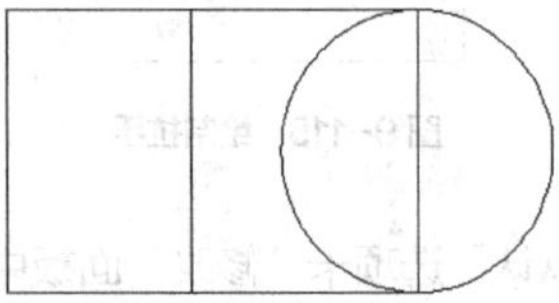

图 9-119　绘制圆

❸ 选择右侧的矩形和圆，单击“默认”选项卡“修改”面板中的“分解”按钮，将其分解，然后删除右侧的竖直边，如图 9-120 所示。

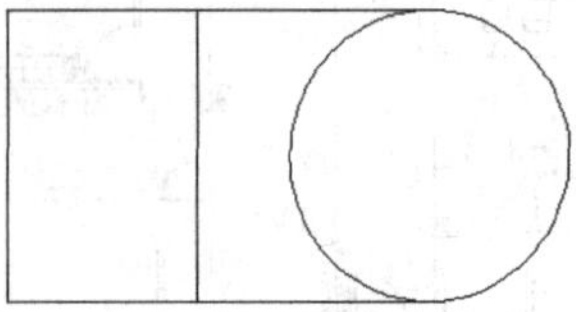

图 9-120　删除直线

❹ 单击“默认”选项卡“修改”面板中的“修剪”按钮，选择上下两条水平直线作为基准线，将圆的左侧删除，如图 9-121 所示。

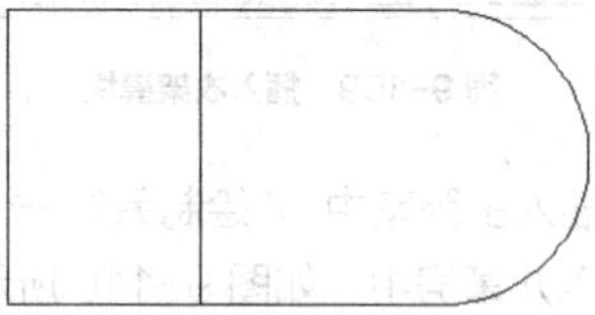

图 9-121　删除半圆

❺ 单击“默认”选项卡“修改”面板中的“移动”按钮，将吧台移至如图 9-122 所示的位置。

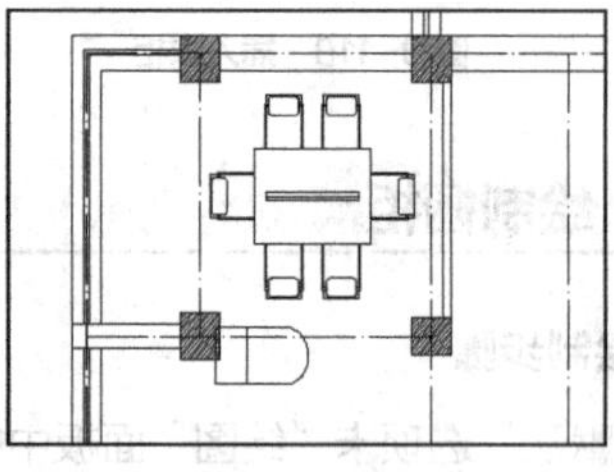

图 9-122　移动吧台

❻ 选择与吧台重合的柱子，单击“默认”选项卡“修改”面板中的“分解”按钮，将柱子分解。然后单击“默认”选项卡“修改”面板中的“修剪”按钮，删除吧台内的柱子部分，如图 9-123 所示。

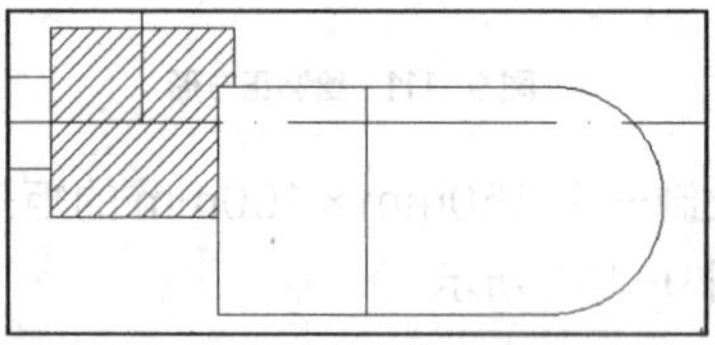

图 9-123　删除吧台内的柱子部分

9.6.6 绘制厨房水池和燃气灶

STEP 绘制步骤

❶ 单击“默认”选项卡“绘图”面板中的“直线”按钮，在橱柜模块的左下角点单击鼠标左键，如图 9-124 所示。依次在命令行中输入“@0，600”“@-1000，0”“@0，1520”“@1800，0”，最后将其端点与吧台相连，完成厨房灶台的绘制，结果如图 9-125 所示。

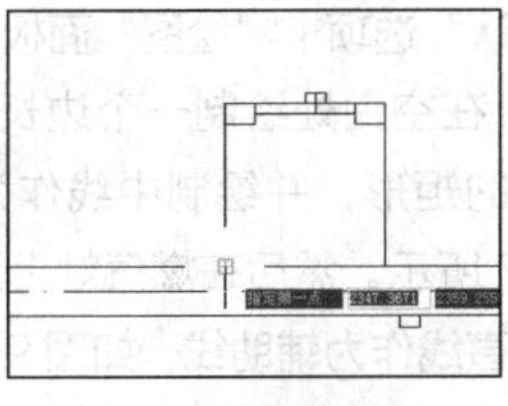

图 9-124　直线起始点

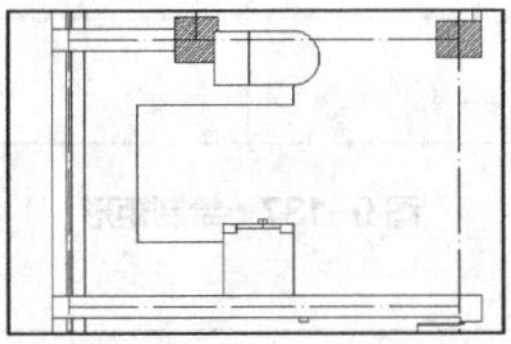

图 9-125　绘制灶台

❷ 单击“默认”选项卡“绘图”面板中的“圆弧”按钮，绘制如图 9-126 所示的弧线，作为客厅与餐厅的分界线，同时也代表第一级台阶。

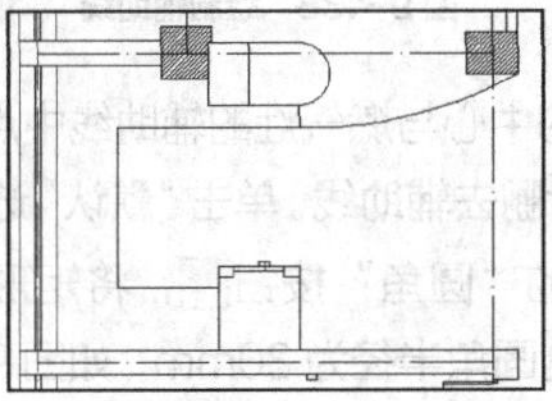

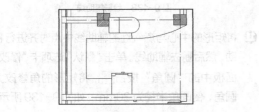

图 9-126　绘制第一级台阶

❸ 选择弧线，单击“默认”选项卡“修改”面板中的“偏移”按钮，在命令行中输入偏移距离为“200”，代表台阶宽度为 200mm，将弧线偏移。单击“默认”选项卡“绘图”面板中的“直线”按钮和“默认”选项卡“修改”面板中的“修剪”，绘制第二级台阶，结果如图 9-127 所示。

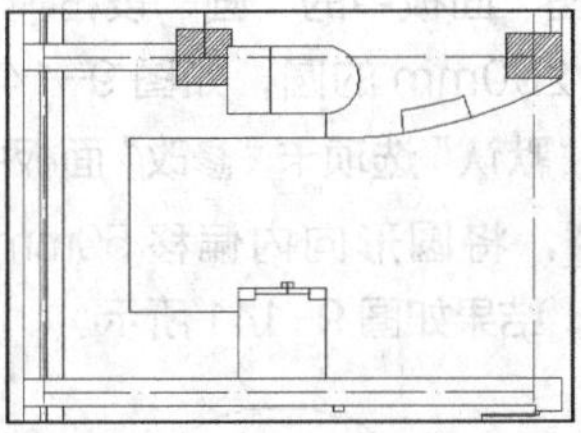

图 9-127　绘制第二级台阶

❹ 单击“默认”选项卡“绘图”面板中的“矩形”按钮，在灶台左下部，绘制一个边长为 500mm × 750mm 的矩形，作为水池轮廓，如图 9-128 所示。在矩形中绘制两个边长为 300mm 的正方形，并排放置，如图 9-129 所示。

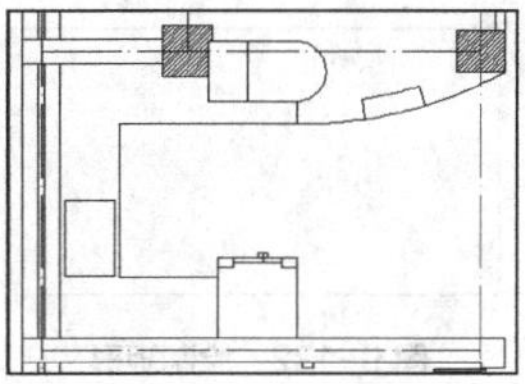

图 9-128　绘制水池轮廓

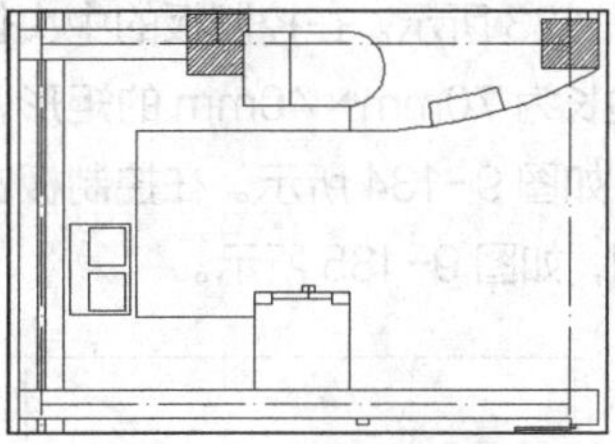

图 9-129　绘制两个正方形

❺ 单击“默认”选项卡“修改”面板中的“圆角”按钮，设置圆角的半径为 50mm，对矩形和正方形倒圆角，如图 9-130 所示。

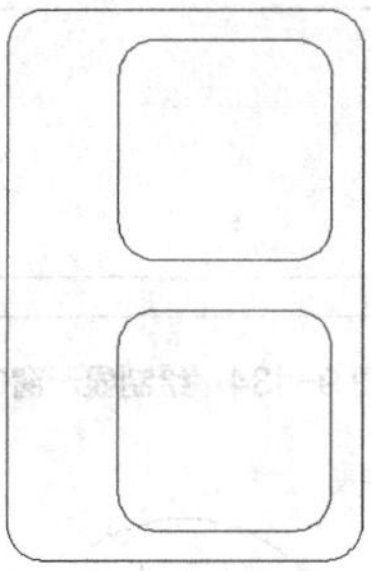

图 9-130　倒圆角

❻ 在两个圆角正方形的中间部位绘制水龙头，如图 9-131 所示。绘制完成后，将其保存为“水池”图块。

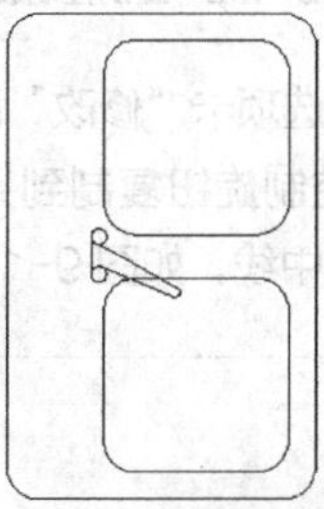

图 9-131　绘制水龙头

❼ 燃气灶的绘制方法与水池类似。单击“默认”选项卡“绘图”面板中的“矩形”按钮，绘

制一个边长为 750mm×400mm 的矩形，如图 9-132 所示。

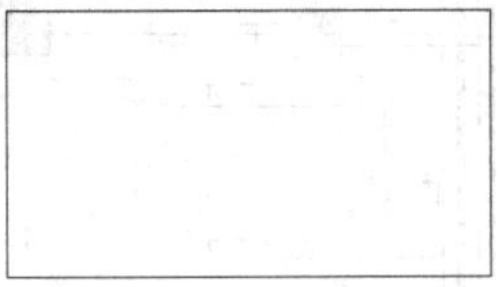

图 9-132 绘制矩形

❽ 在距离底边 50mm 的位置，绘制一条水平直线，如图 9-133 所示。在控制板的中央位置，绘制一个边长为 70mm×40mm 的矩形，作为显示窗口，如图 9-134 所示。在控制板左侧绘制控制旋钮，如图 9-135 所示。

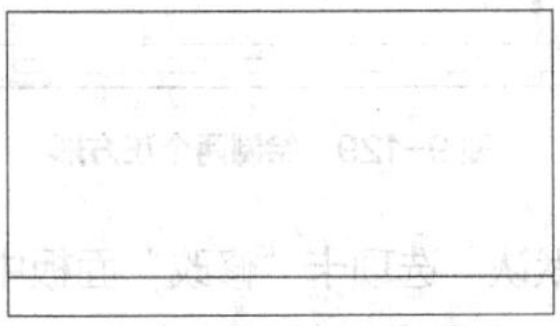

图 9-133 绘制直线

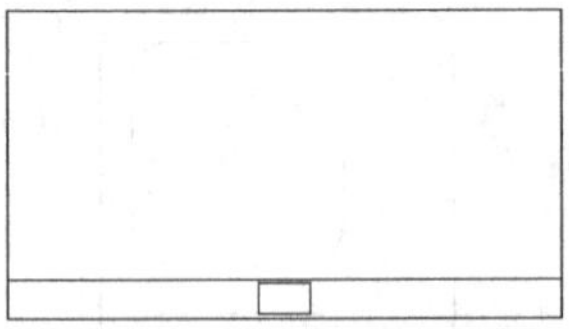

图 9-134 绘制显示窗口

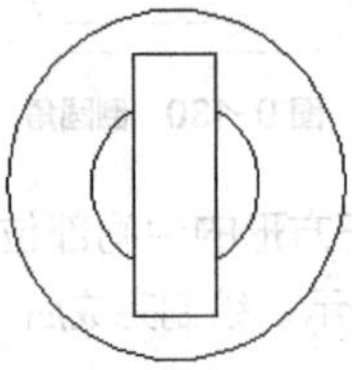

图 9-135 绘制控制旋钮

❾ 单击“默认”选项卡“修改”面板中的“复制”按钮，将控制旋钮复制到另外一侧，对称轴为显示窗口的中线，如图 9-136 所示。

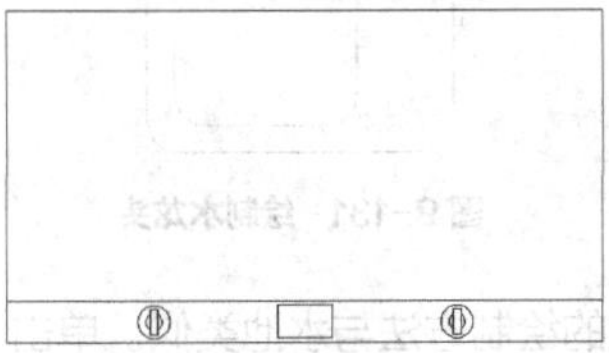

图 9-136 复制控制旋钮

❿ 单击“默认”选项卡“绘图”面板中的“矩形”按钮，在空白处绘制一个边长为 700mm×300mm 的矩形，并绘制中线作为辅助线，如图 9-137 所示。然后在燃气灶上边的中点绘制一条竖直直线作为辅助线，如图 9-138 所示。

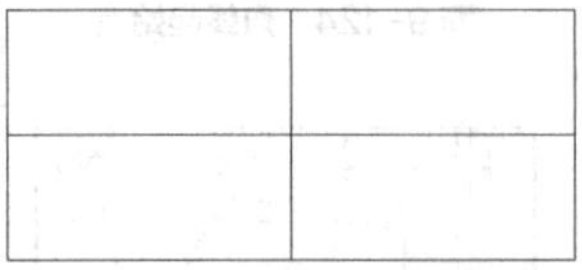

图 9-137 绘制矩形

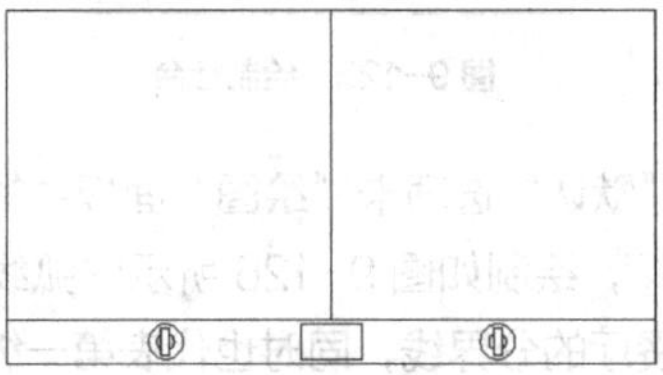

图 9-138 绘制辅助线

⓫ 将矩形的中心与燃气灶的辅助线中点对齐进行移动，然后删去辅助线。单击“默认”选项卡“修改”面板中的“圆角”按钮，将矩形的角修改为圆角，倒圆角半径为 30mm，如图 9-139 所示。

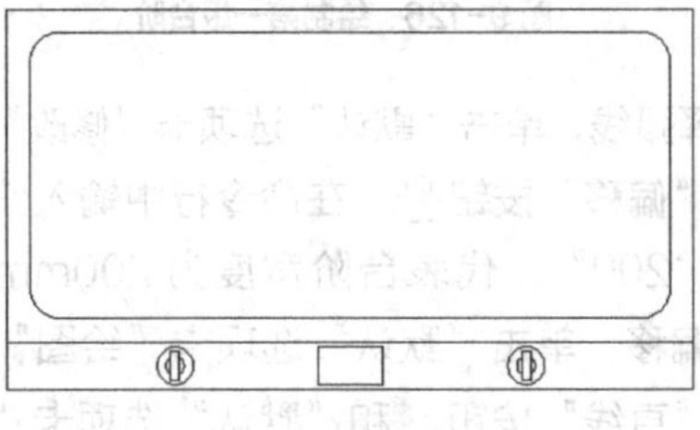

图 9-139 移动矩形并倒圆角

⓬ 下面绘制燃气灶的炉口。首先单击“默认”选项卡“绘图”面板中的“圆”按钮，绘制一个直径为 200mm 的圆，如图 9-140 所示。然后单击“默认”选项卡“修改”面板中的“偏移”按钮，将圆形向内偏移 50mm、70mm、90mm，结果如图 9-141 所示。

图 9-140 绘制圆

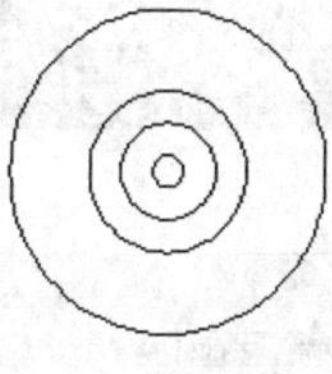

图 9-141 偏移圆形

⑬ 单击“默认”选项卡“绘图”面板中的“矩形”按钮，在图中绘制一个边长为 20mm×60mm 的矩形，并将多余的线删除，如图 9-142 所示。选择刚刚绘制的矩形，单击“默认”选项卡“修改”面板中的“复制”按钮，然后在原位置复制矩形，此时两个矩形重合，在图上看不出。单击“默认”选项卡“修改”面板中的“旋转”按钮，选择矩形，回车，再单击大圆的圆心作为旋转的基准点，在命令行中输入“72”，按 Enter 键，结果如图 9-143 所示。

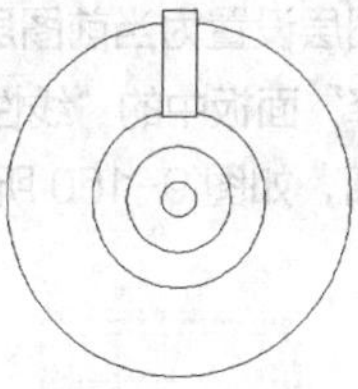

图 9-142 绘制矩形

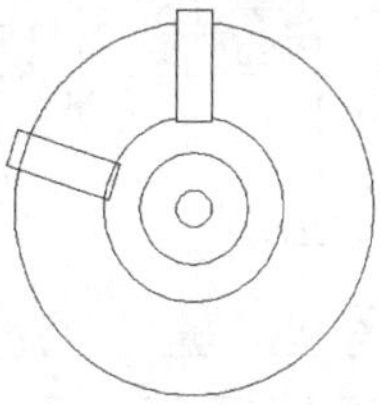

图 9-143 旋转矩形

⑭ 按照步骤 13 的方法，继续旋转复制，共绘制 5 个矩形，并删除矩形内部的圆弧，如图 9-144 所示。

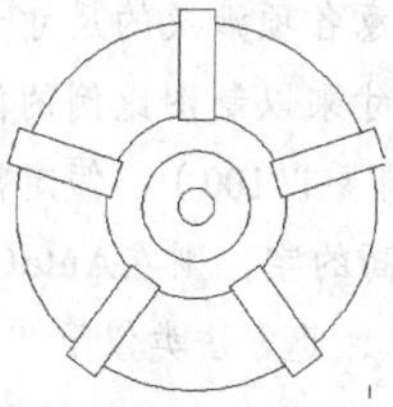

图 9-144 复制矩形

⑮ 单击“默认”选项卡“修改”面板中的“移动”按钮，将绘制好的燃气灶炉口移动到燃气灶的左侧，然后将其复制到另外对称的一侧，如图 9-145 所示。将燃气灶图形保存为“燃气灶”图块，方便以后绘图时使用。

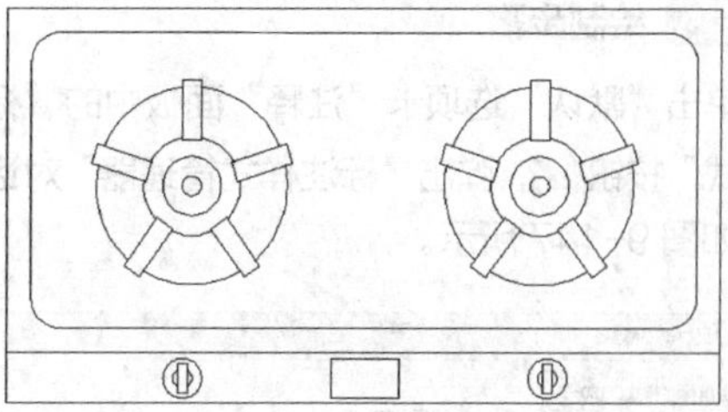

图 9-145 燃气灶图形

⑯ 继续绘制其他房间的装饰图形，然后将“地板”图层设置为当前图层，填充地板，最终图形如图 9-146 所示。

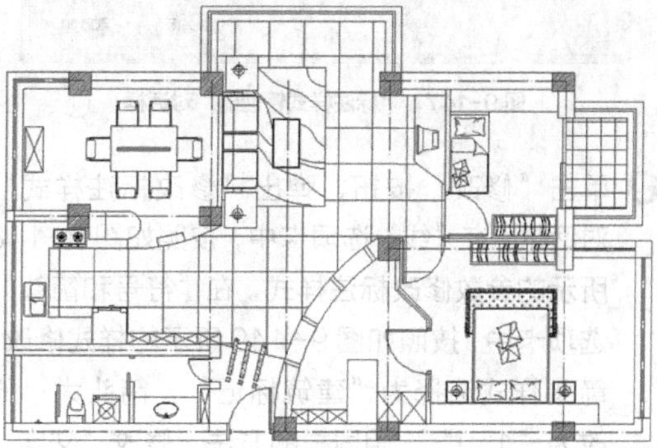

图 9-146 插入装饰图块

> **提示** 目前，国内对建筑CAD制图开发了多套适合我国规范的专业软件，如天正、广厦等，这些以AutoCAD为平台所开发的CAD软件，其通常根据建筑制图的特点，对许多图形进行模块化、参数化，所以在使用这些专业软件时，大大提高了CAD制图的速度，而且格式规范统一，降低了一些单靠CAD制图易出现的小错误，给制图人员带来了极大的方便，节约了大量制图时间。感兴趣的读者也可尝试使用相关软件。

9.7 尺寸和文字标注

9.7.1 尺寸标注

STEP 绘制步骤

❶ 单击“默认”选项卡“注释”面板中的“标注样式”按钮，弹出“标注样式管理器”对话框，如图 9-147 所示。

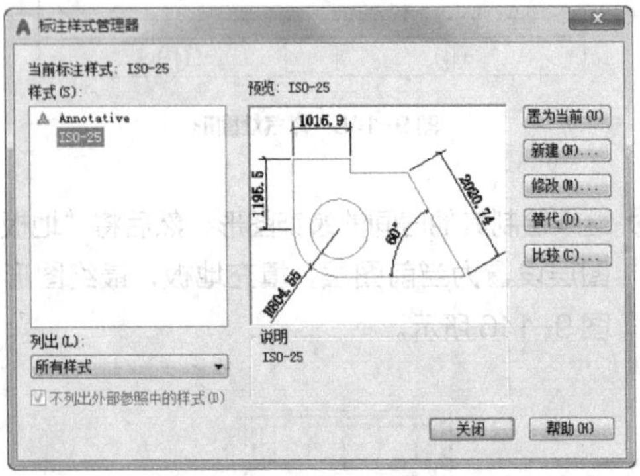

图 9-147 “标注样式管理器”对话框

❷ 单击“修改”按钮，弹出“修改标注样式”对话框，在“线”选项卡中，按照如图 9-148 所示的参数修改标注样式。在“符号和箭头”选项卡中，按照如图 9-149 所示的样式修改，箭头样式选择为“建筑标记”，箭头大小修改为“150”。用同样的方法，修改“文字”选项卡中的文字高度为“150”，尺寸线偏移为“50”。

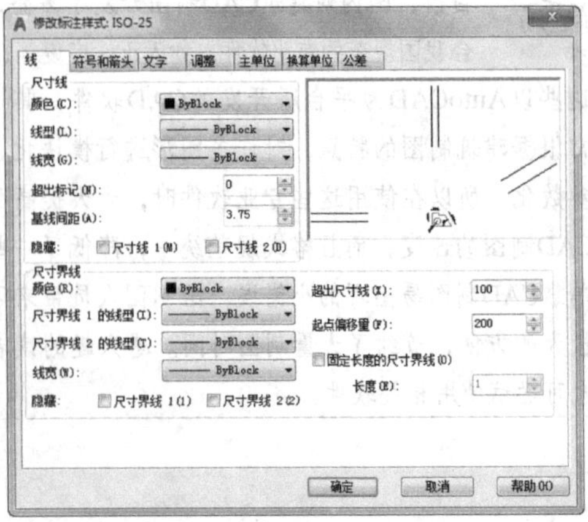

图 9-148 “线”选项卡

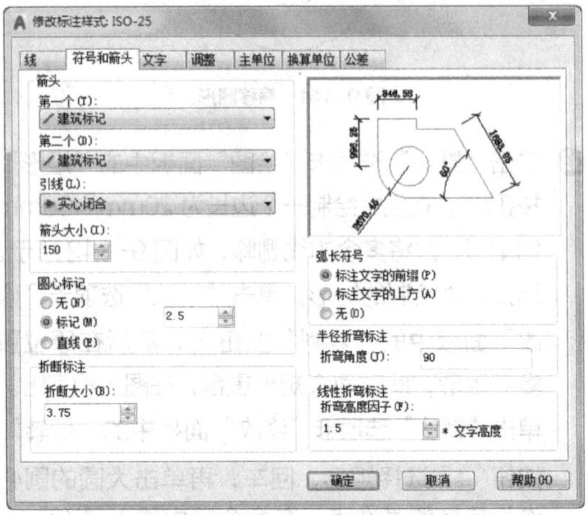

图 9-149 “符号和箭头”选项卡

❸ 将“尺寸”图层设置为当前图层。单击“默认”选项卡“注释”面板中的“线性”按钮，标注轴线间的距离，如图 9-150 所示。

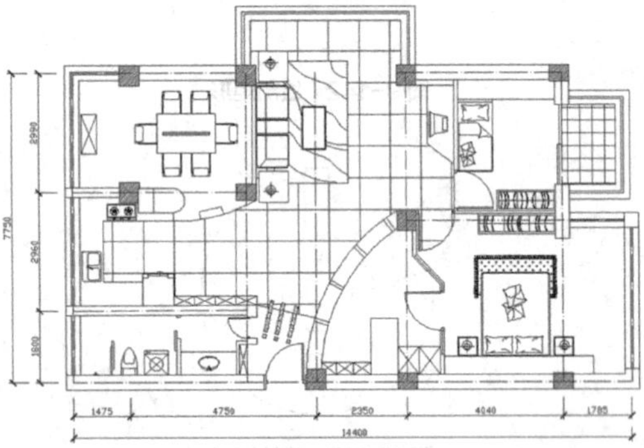

图 9-150 尺寸标注

> **注意** 按《房屋建筑制图统一标准》的要求，对标注样式进行设置，包括文字、单位、箭头等，此处注意各项涉及的尺寸大小值都应以实际图纸上的尺寸乘以制图比例的倒数（如制图比例为1：100，即乘以100）。假定需要在A4图纸上看到3.5mm字高的字，则在AutoCAD中的字高应设置为“350”，此方法类似于“图框”的相对缩放概念。

9.7.2 文字标注

STEP 绘制步骤

❶ 单击"默认"选项卡"注释"面板中的"文字样式"按钮A，弹出"文字样式"对话框，如图 9-151 所示。

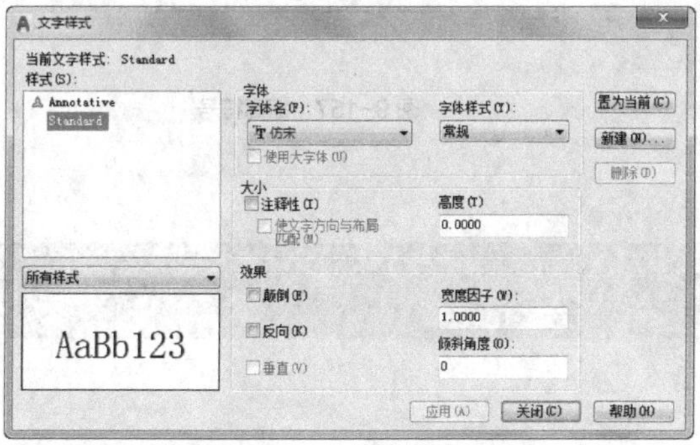

图 9-151 "文字样式"对话框

❷ 单击"新建"按钮，弹出"新建文字样式"对话框，将文字样式命名为"说明"，如图 9-152 所示。

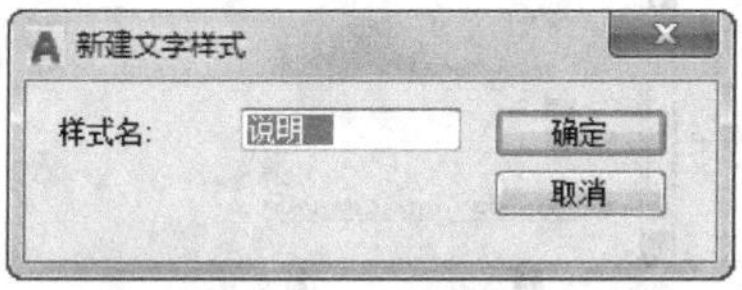

图 9-152 "新建文字样式"对话框

❸ 取消选中"使用大字体"复选框，在"字体名"下拉列表中选择"仿宋"选项，高度设置为"150"，如图 9-153 所示。

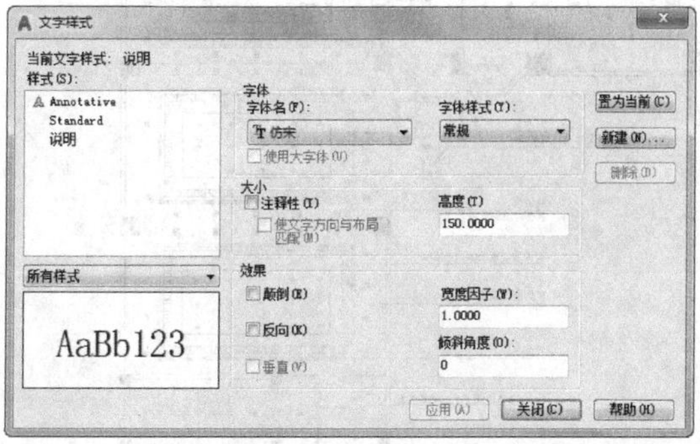

图 9-153 设置字体样式

❹ 将"文字"图层设置为当前图层。在图中相应位置输入需要标注的文字，如图 9-155 所示。

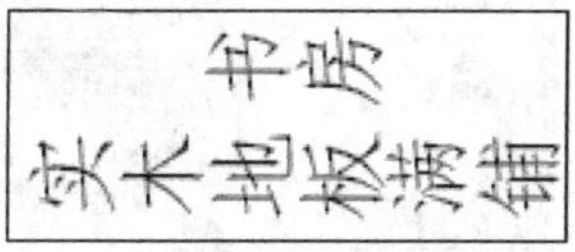

图 9-154 横向汉字

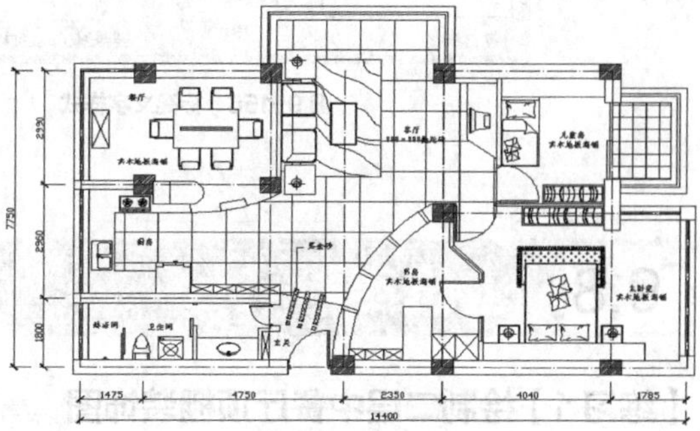

图 9-155 文字标注

> **注意** 在"字体名"下拉列表中，可以看到有些字体前面有"@"标记，如"@仿宋_GB2312"，这说明该字体为横向输入汉字，即输入的汉字逆时针旋转90°，如图9-154所示。另外，在使用CAD时，除了默认的Standard字体外，一般只有两种字体定义。一种是常规定义，字体宽度为0.75。一般所有的汉字、英文字都采用这种字体。第二种字体定义采用与第一种同样的字库，但是字体宽度为0.5。这种字体是在尺寸标注时所采用的专用字体，因为在大多数施工图中，有很多细小的尺寸挤在一起，采用较窄的字体，标注就会减少很多相互重叠的情况发生。

9.7.3 标高标注

STEP 绘制步骤

❶ 单击"默认"选项卡"注释"面板中的"文字样式"按钮A，打开"文字样式"对话框，新建样式"标高"，将文字字体设置为"Times New Roman"，如图 9-156 所示。

❷ 绘制标高符号，如图 9-157 所示。插入标高，最终效果图如图 9-1 所示。

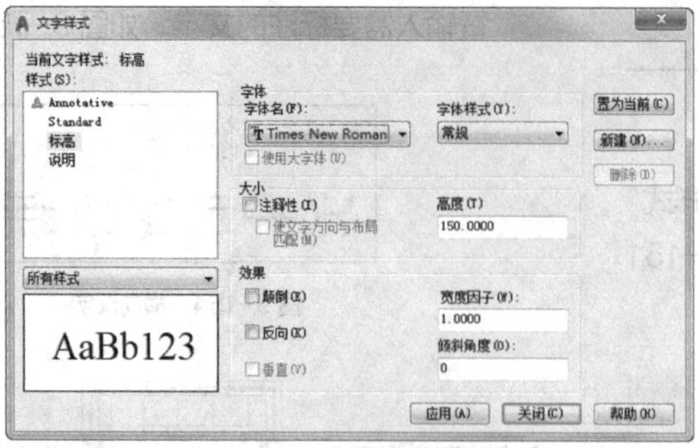

图 9-156　标高文字样式

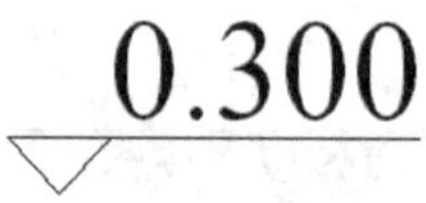

图 9-157　标高符号

9.8 上机实验

【练习 1】绘制二层中餐厅顶棚装饰图

1. 目的要求

本例如图 9-158 所示的主要要求读者通过练习进一步熟悉和掌握餐厅装饰平面图的绘制方法。通过本实验，可以帮助读者学会完成整个装饰平面图绘制的全过程。

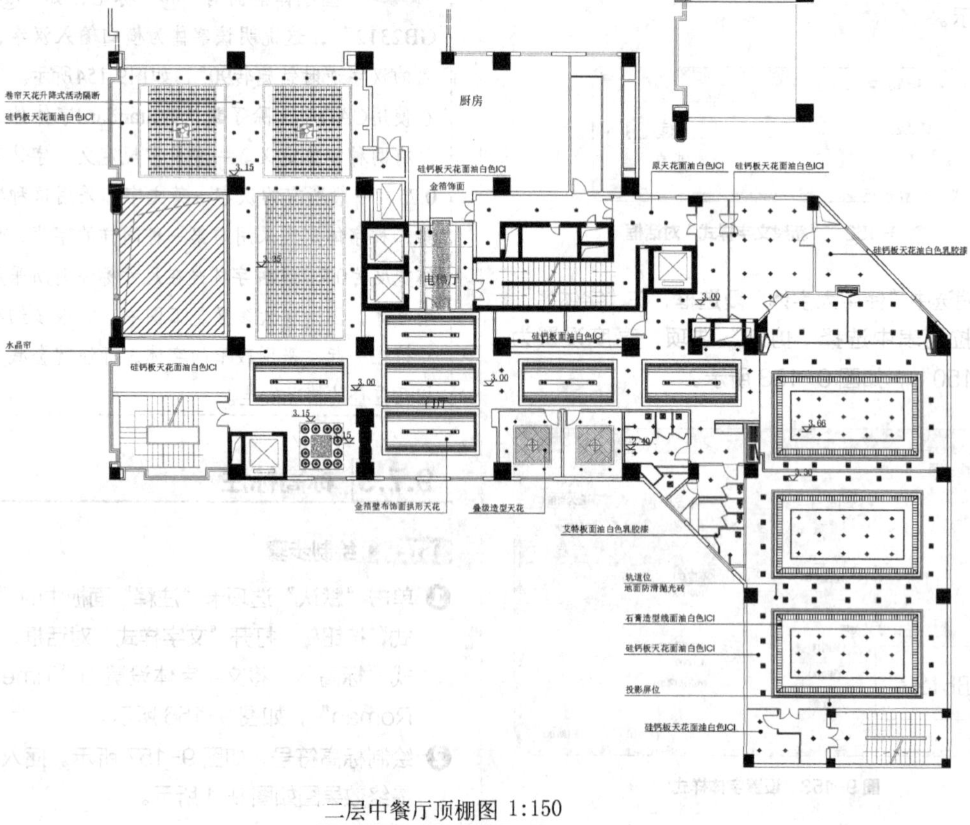

图 9-158　二层中餐厅顶棚装饰图

2. 操作提示

（1）绘图前准备。

（2）绘制灯图块。

（3）布置灯具。

（4）添加文字说明。

【练习 2】绘制二层中餐厅地坪图

1. 目的要求

本例如图 9-159 所示的主要要求读者通过练习进一步熟悉和掌握餐厅地坪图的绘制方法。通过本实验，可以帮助读者学会完成整个地坪图绘制的全过程。

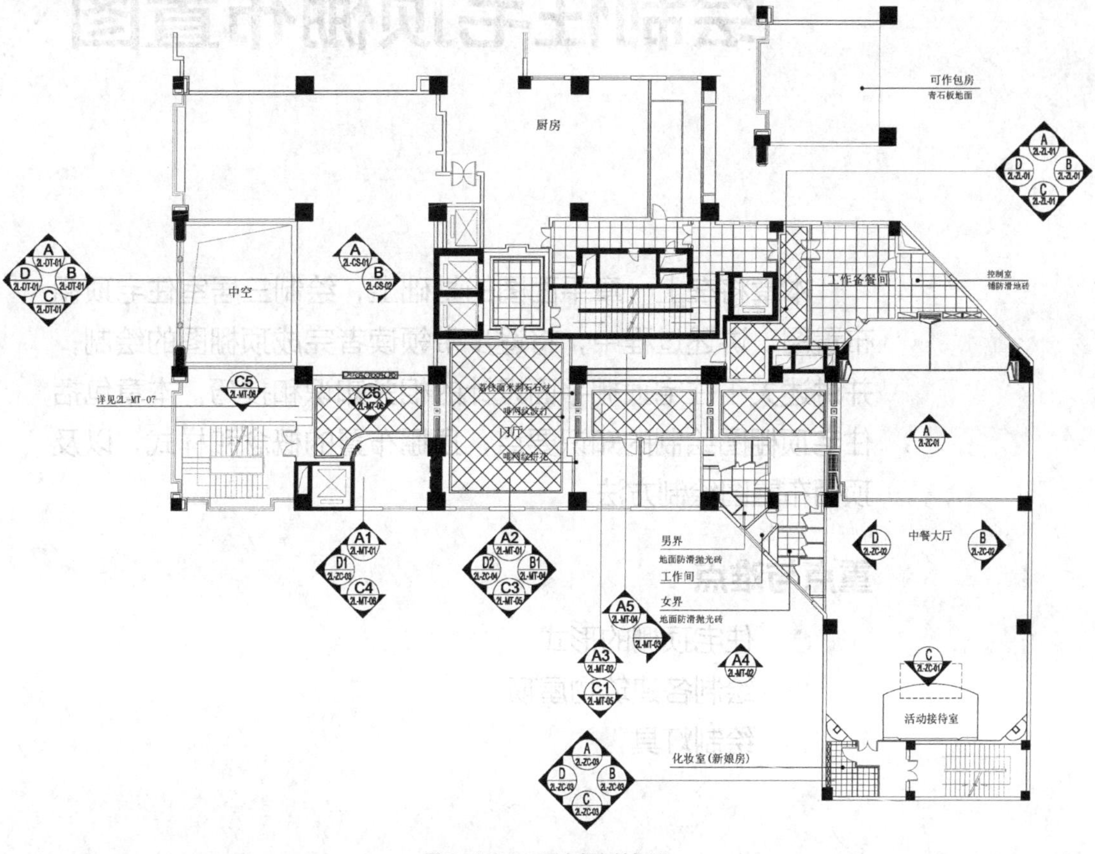

图 9-159　二层中餐厅地坪图

2. 操作提示

（1）绘图前准备。

（2）填充地面图案。

（3）添加文字说明。

第 10 章 绘制住宅顶棚布置图

本章将在上一章平面图的基础上，绘制三居室住宅顶棚布置图。讲述过程中，将逐步带领读者完成顶棚图的绘制，并讲述关于住宅顶棚平面设计的相关知识和技巧。本章包括住宅顶棚图绘制的知识要点，顶棚布置的概念和样式，以及顶棚布置图绘制方法。

重点与难点

- 住宅顶棚的形式
- 绘制各建筑物屋顶
- 绘制灯具

10.1 住宅顶棚设计思想

扫一扫

顶棚是室内装饰不可缺少的重要组成部分，也是室内空间装饰中最富有变化、引人注目的部分。顶棚设计的好坏直接影响到房间整体特点、氛围的体现。例如，古典型风格的顶棚要显得高贵典雅，而简约型风格的顶棚则要充分体现现代气息。从不同的角度出发，依据设计理念进行合理搭配。

1. 顶棚的设计原则

（1）要注重整体环境效果。顶棚、墙面、基面共同组成室内空间，共同创造室内环境效果，设计中要注意三者的协调统一，并在统一的基础上各具自身的特色。

（2）顶棚的装饰应满足适用美观的要求。一般来讲，室内空间效果应是下重上轻，所以要注意顶棚装饰力求简捷完整，突出重点，同时造型要具有轻快感和艺术感。

（3）顶棚的装饰应保证顶面结构的合理性和安全性，不能单纯追求造型而忽视安全。

2. 顶棚设计形式

（1）平整式顶棚。这种顶棚构造简单，外观朴素大方、装饰便利，适用于教室、办公室、展览厅等，它的艺术感染力来自顶棚的形状、质地、图案及灯具的有机配置。

（2）凹凸式顶棚。这种顶棚造型华美富丽，立体感强，适用于舞厅、餐厅、门厅等，要注意各凹凸层的主次关系和高差关系，不宜变化过多，要强调自身节奏韵律感及整体空间的艺术性。

（3）悬吊式顶棚。在屋顶承重结构下面悬挂各种折板、平板或其他形式的吊顶，这种顶棚往往是为了满足声学、照明等方面的要求或为了追求某些特殊的装饰效果，常用于体育馆、电影院等。近年来，在餐厅、茶座、商店等建筑中也常用这种形式的顶棚，从而产生特殊的美感和情趣。

（4）井格式顶棚。这是结合结构梁形式，主次梁交错及井字梁的关系，配以灯具和石膏花饰图案的一种顶棚，朴实大方，节奏感强。

（5）玻璃顶棚。现代大型公共建筑的门厅、中厅等常用这种形式，主要满足大空间采光及室内绿化的需要，使室内环境更富于自然情趣，为大空间增加活力。其形式一般有圆顶形、锥形和折线形。

10.2 绘图准备

10.2.1 复制图形

STEP 绘制步骤

❶ 建立新文件，命名为“顶棚布置图”，并保存到适当的位置。

❷ 打开上一章中绘制的平面图，在“图层”下拉列表中，将“装饰”“文字”“地板”图层关闭，如图 10-1 所示。关闭后图形如图 10-2 所示。

❸ 选中图中的所有图形，然后按快捷键 Ctrl+C 进行复制，再切换到“顶棚布置图”中，按快捷键 Ctrl+V 进行粘贴，将图形复制到当前的文件中。

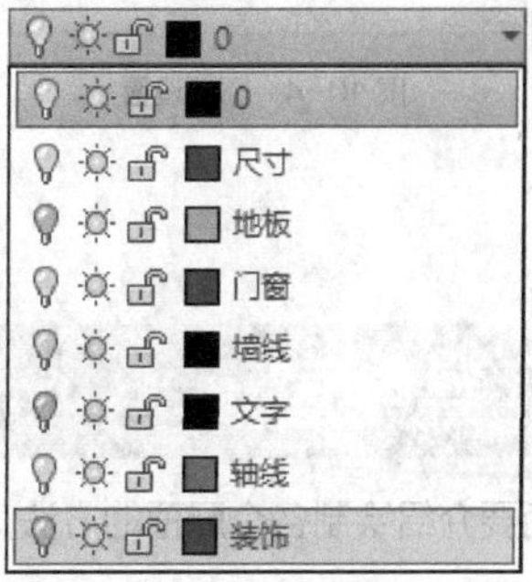

图 10-1 关闭图层

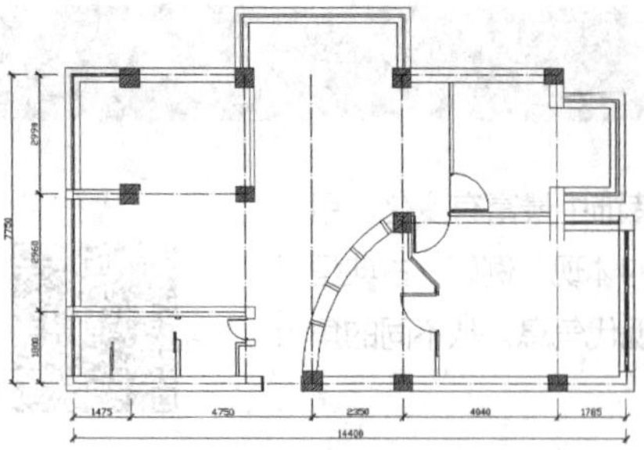

图 10-2 关闭图层后的图形

10.2.2 设置图层

STEP 绘制步骤

❶ 单击“默认”选项卡“图层”面板中的“图层特性”按钮，弹出图层特性管理器，可以看到，随着图形的复制，图形所在的图层也同样复制到本文件中，如图 10-3 所示。

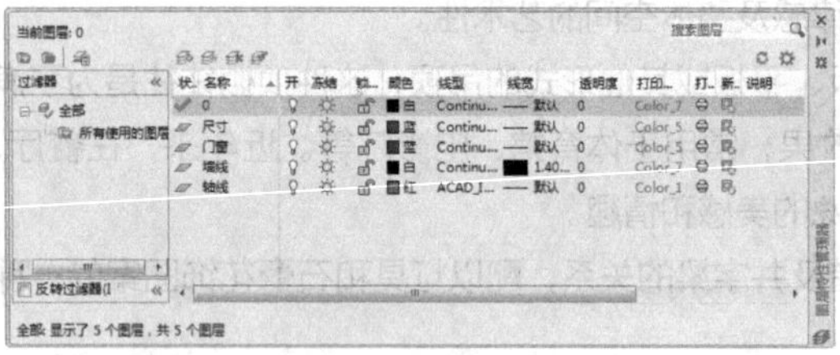

图 10-3 图层特性管理器

❷ 单击“新建”按钮，新建“屋顶”和“灯具”两个图层，图层设置如图 10-4 所示。

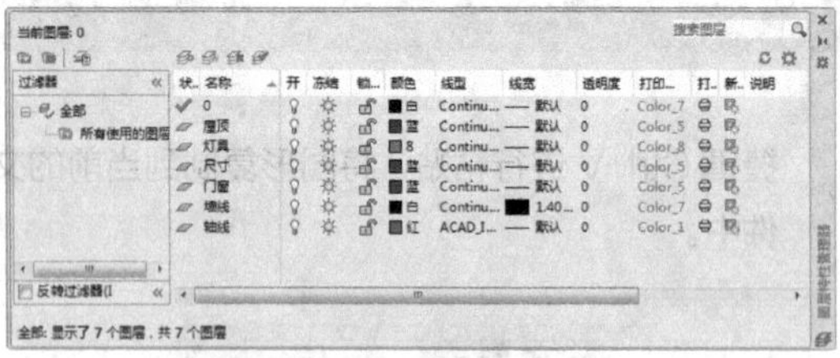

图 10-4 图层设置

提示 为什么有些图层不能删除？

正在使用中的图层（即当前图层）、0图层、拥有对象等特殊图层都是不能删除的。若要删除当前图层，请把它切换到非当前图层，即把其他图层置为当前图层，然后删除该图层即可。

如何删除顽固图层？

当要删除的图层可能含有对象或自动生成的块，可试着冻结需要保留的图层，然后执行“文件”→“图形实用工具”→“清理”命令，如图10-5所示，来删除其他图层。

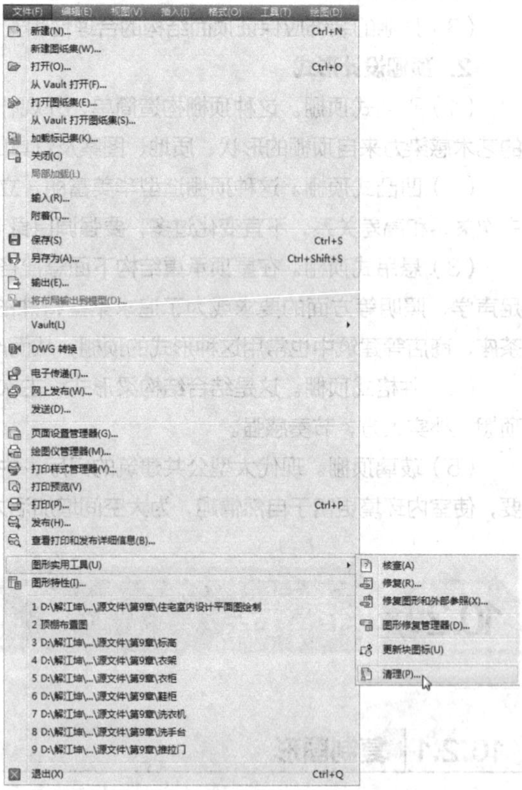

图 10-5 执行“清理”命令

10.3 绘制屋顶

下面简要介绍绘制各个屋顶的方法。

10.3.1 绘制餐厅屋顶

STEP 绘制步骤

❶ 将当前图层设置为“屋顶”图层，选取菜单栏中的“格式”→“多线样式”命令，弹出“多线样式”对话框，如图 10-6 所示。

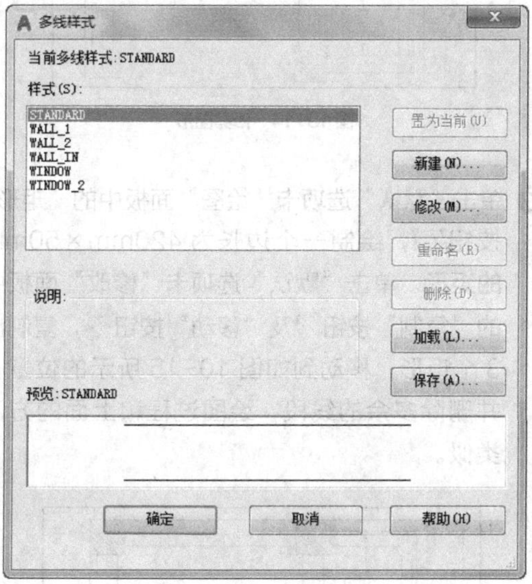

图 10-6 “多线样式”对话框

❷ 单击“新建”按钮，新建多线样式，命名为“ceiling”，按如图 10-7 所示的参数将多线的偏移距离设置为“150”和“-150”。选择菜单栏中的“绘图”→“多线”命令，绘制多线。命令行提示与操作如下。

命令：_mline
当前设置：对正 = 上，比例 =20.00，样式 =STANDARD
指定起点或 [对正 (J) / 比例 (S) / 样式 (ST)]：j ↙
输入对正类型 [上 (T) / 无 (Z) / 下 (B)] <上>：z ↙（设置对正方式为“无”）
当前设置：对正 = 无，比例 =20.00，样式 =STANDARD
指定起点或 [对正 (J) / 比例 (S) / 样式 (ST)]：st ↙
输入多线样式名或 [?]：ceiling ↙（设置多线样式为 ceiling）
当前设置：对正 = 无，比例 =20.00，样式 =CEILING
指定起点或 [对正 (J) / 比例 (S) / 样式 (ST)]：s ↙
输入多线比例 <20.00>：1 ↙（设置绘图比例为 1）
当前设置：对正 = 无，比例 =1.00，样式 =CEILING
指定起点或 [对正 (J) / 比例 (S) / 样式 (ST)]：（选择绘图起点）
指定下一点：（选择绘制终点）
指定下一点或 [放弃 (U)]：↙

按同样的方法，绘制另一条多线，结果如图 10-8 所示。

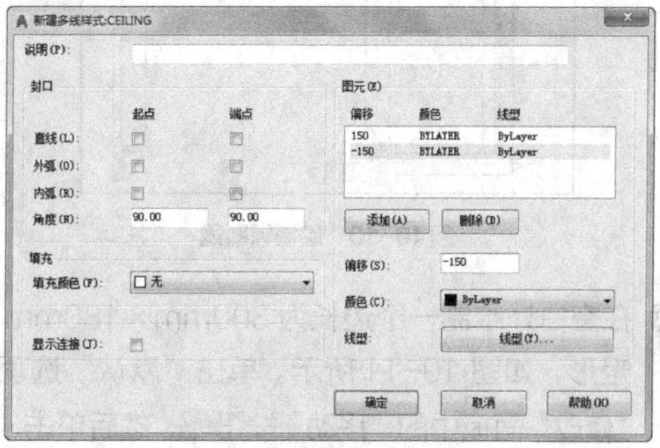

图 10-7 设置多线样式

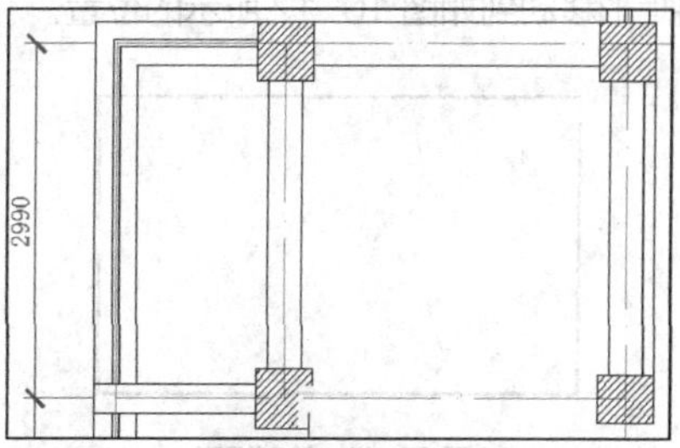

图 10-8 绘制多线

❸ 在餐厅左侧空间绘制一条竖直直线，将空间分割为两部分。然后按住“Shift”键，在绘图区域单击鼠标右键，在弹出的快捷菜单中选择“中点”命令（见图 10-9），在餐厅中部绘制一条辅助线，如图 10-10 所示。

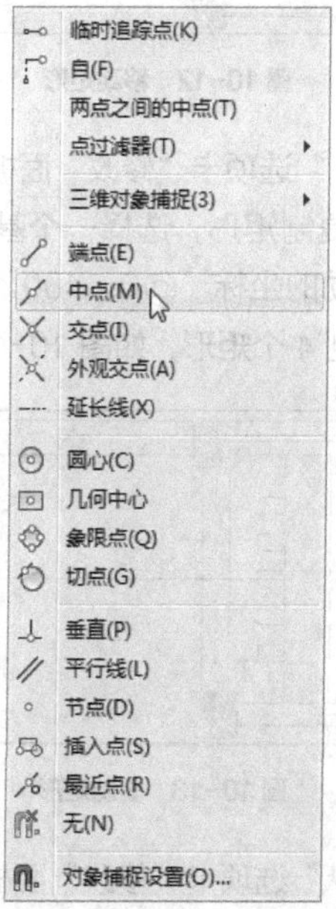

图 10-9 对象捕捉快捷菜单

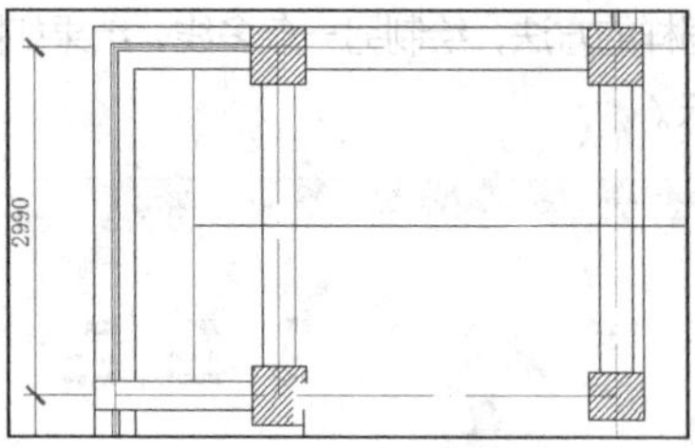

图 10-10　绘制辅助线

❹ 在空白处绘制一个边长为 300mm × 180mm 的矩形，如图 10-11 所示。单击“默认”选项卡“修改”面板中的“移动”按钮，然后单击“对象捕捉”工具栏中的“捕捉到中点”按钮，将矩形移动到如图 10-12 所示的位置。

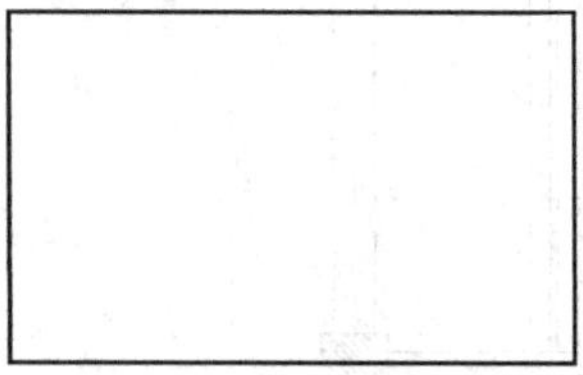

图 10-11　绘制矩形

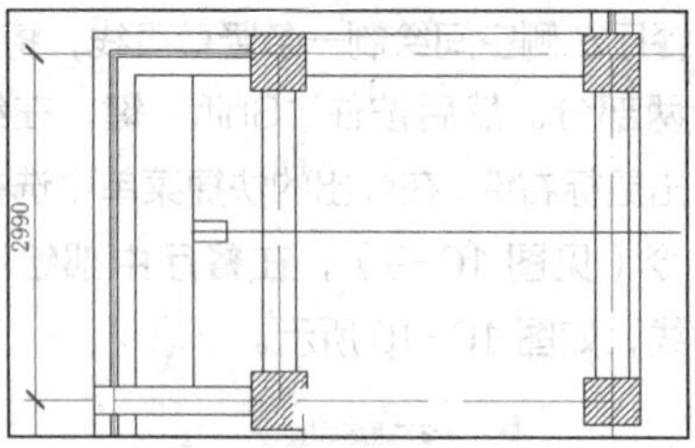

图 10-12　移动矩形

❺ 单击“默认”选项卡“修改”面板中的“复制”按钮，复制矩形，选择一个基点，在命令行中输入移动的坐标“@0，400”，使用同样的方法，复制 4 个矩形，如图 10-13 所示。

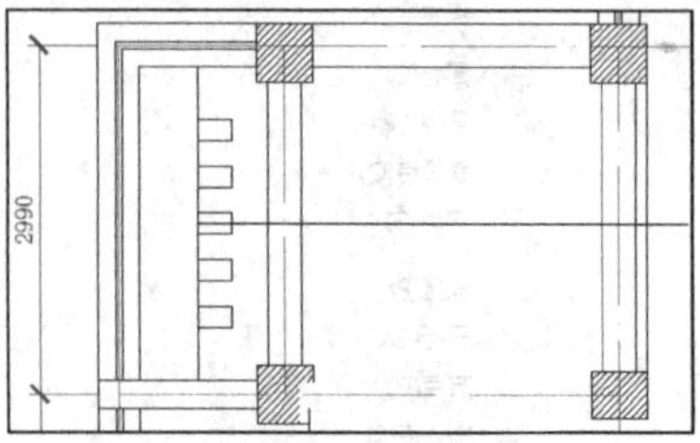

图 10-13　复制矩形

❻ 单击“默认”选项卡“修改”面板中的“分解”按钮，选择 5 个矩形，将矩形分解。单击“默认”选项卡“修改”面板中的“修剪”按钮，将多余的线删除，如图 10-14 所示。

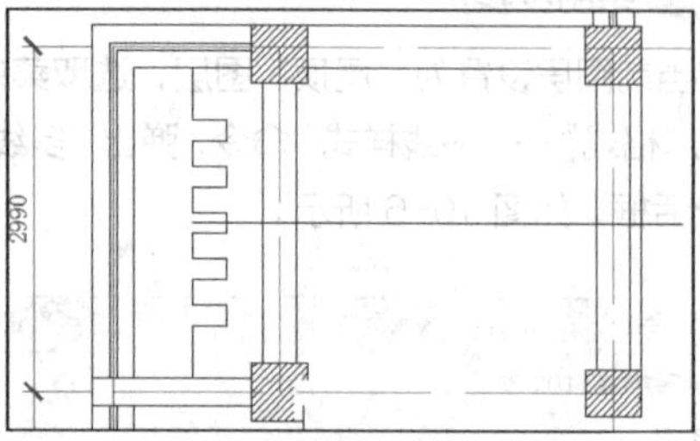

图 10-14　修剪图形

❼ 单击“默认”选项卡“绘图”面板中的“矩形”按钮，绘制一个边长为 420mm × 50mm 的矩形。单击“默认”选项卡“修改”面板中的“复制”按钮及“移动”按钮，复制出 3 个矩形，移动到如图 10-15 所示的位置，并删除多余的线段，绘图过程和上面的方法类似。

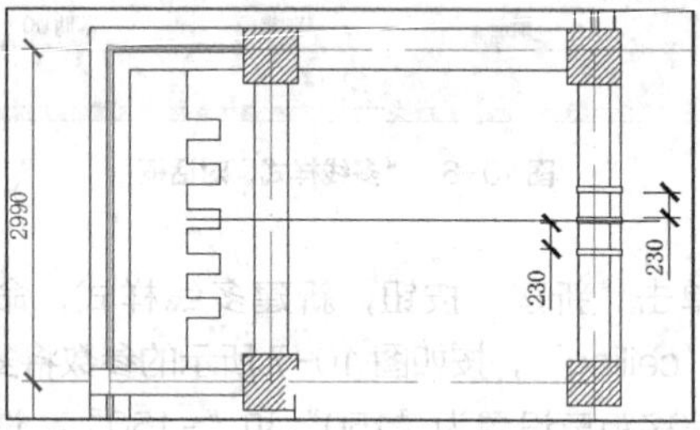

图 10-15　绘制矩形装饰

10.3.2 绘制厨房屋顶

STEP 绘制步骤

❶ 单击“默认”选项卡“绘图”面板中的“直线”按钮，将厨房顶棚分割为如图 10-16 所示的几个部分。

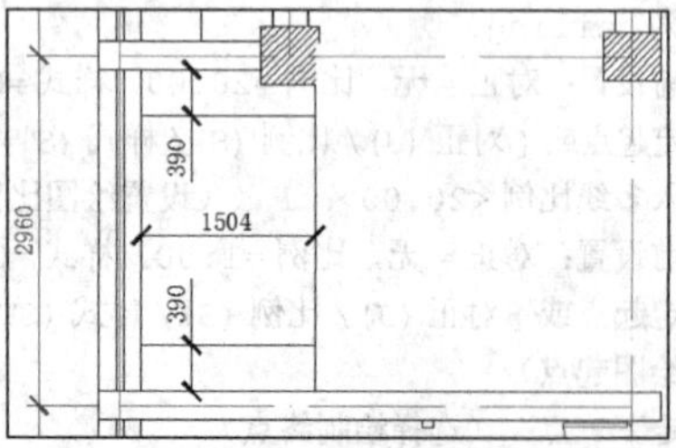

图 10-16　分割屋顶

❷ 选择菜单栏中的“绘图”→“多线”命令，选择多线样式为“ceiling”，绘制多线，如图 10-17 所示。

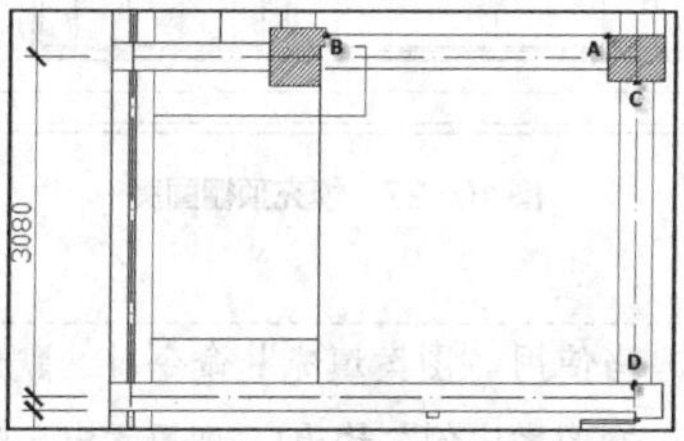

图 10-17 绘制多线

❸ 单击“默认”选项卡“修改”面板中的“分解”按钮，将多线分解，删除多余直线。单击“默认”选项卡“绘图”面板中的“直线”按钮，在厨房右侧的空间绘制两条竖直直线，如图 10-18 所示。

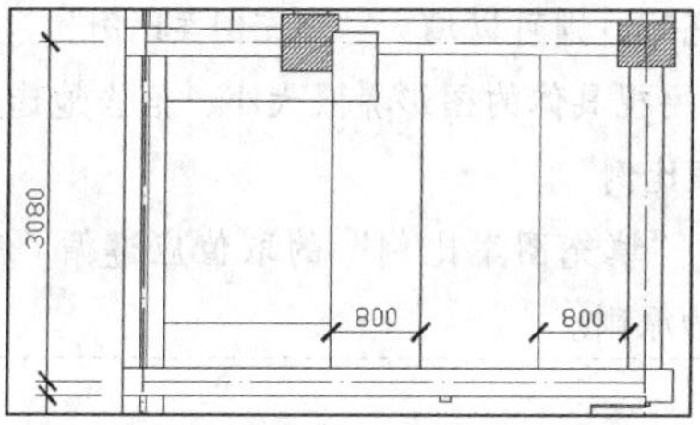

图 10-18 绘制直线

❹ 单击“默认”选项卡“绘图”面板中的“矩形”按钮，同餐厅的屋顶样式一样，绘制边长为 500mm×200mm 的矩形，并修改为如图 10-19 所示的样式。

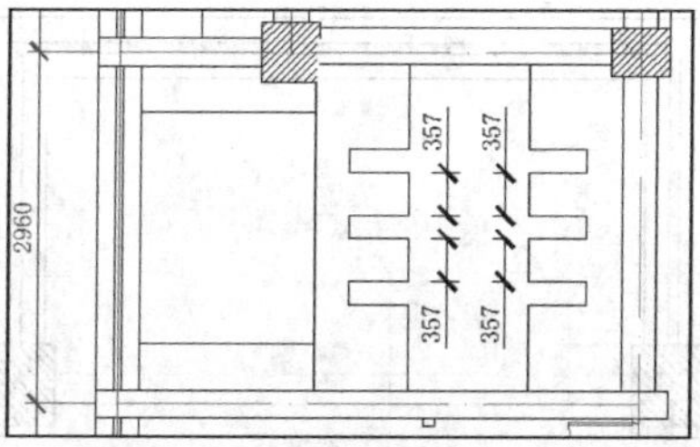

图 10-19 绘制屋顶图形

❺ 单击“默认”选项卡“绘图”面板中的“矩形”按钮，绘制一个边长为 60mm×60mm 的矩形。单击“默认”选项卡“修改”面板中的“移动”按钮，将矩形移动到右侧柱子下方，如图 10-20 所示。

❻ 单击“默认”选项卡“修改”面板中的“矩形阵列”按钮，行数设置为“4”，列数设置为“1”，行间距设置为“-120”，在图中选择刚刚绘制的小矩形，阵列图形，如图 10-21 所示。

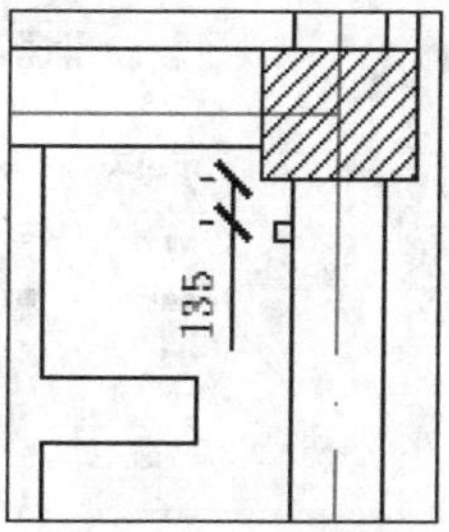

图 10-20 绘制并移动矩形

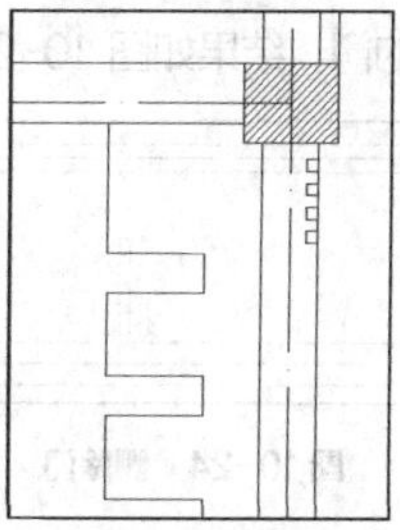

图 10-21 阵列图形

注意 厨房的顶棚造型应与餐厅协调一致。

10.3.3 绘制卫生间屋顶

STEP 绘制步骤

❶ 选择菜单栏中的“格式”→“多线样式”命令，弹出“多线样式”对话框。单击“新建”按钮。弹出“创建新的多线样式”对话框，新建多线样式，并命名为“t_ceiling”，如图 10-22 所示。

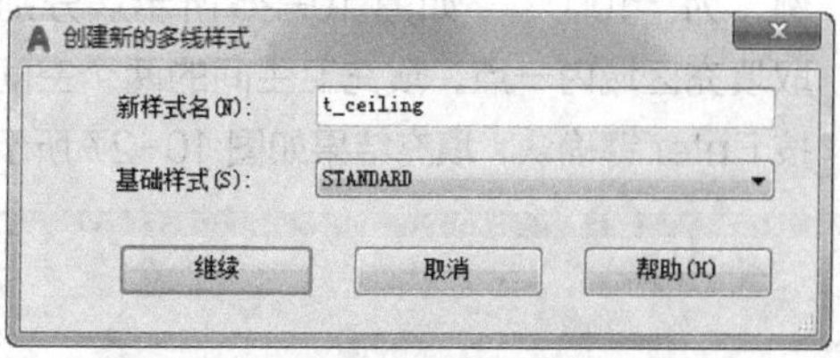

图 10-22 “创建新的多线样式”对话框

❷ 单击“继续”按钮，弹出“新建多线样式”对话框，设置多线的偏移距离分别为“25”和“-25”，如图 10-23 所示。依次单击“确定”按钮，返回绘图区。

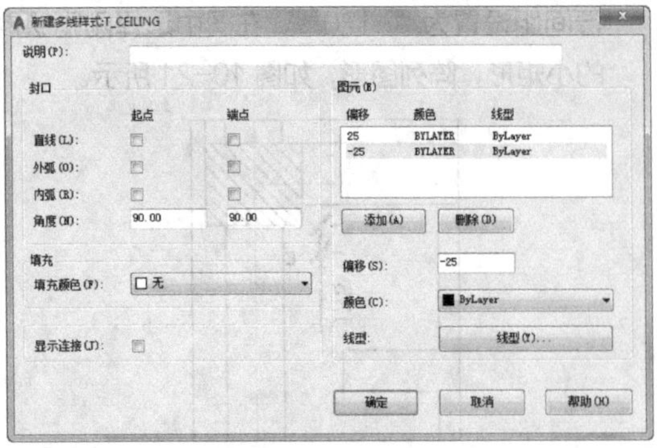

图 10-23　设置多线样式

❸ 删除卫生间的门，结果如图 10-24 所示。

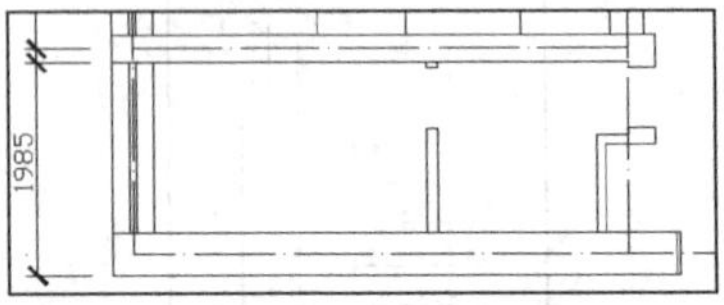

图 10-24　删除门

❹ 选取菜单栏中的“绘图”→“多线”命令，设置对正方式为“上”，在图中绘制顶棚图案，绘制完成后用“多线编辑工具”进行修剪，结果如图 10-25 所示。

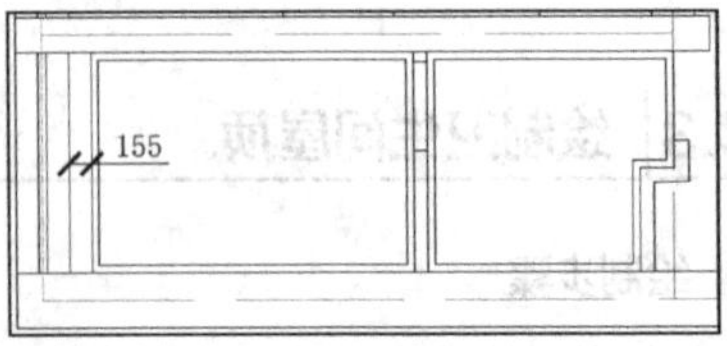

图 10-25　绘制多线

❺ 单击“默认”选项卡“修改”面板中的“图案填充”按钮，弹出“图案填充创建”选项卡，设置“图案填充图案”为“NET”，“填充图案比例”为“100”，如图 10-26 所示。分别拾取填充区域内一点，填充卫生间的两个空间，按 Enter 键确认，填充结果如图 10-27 所示。

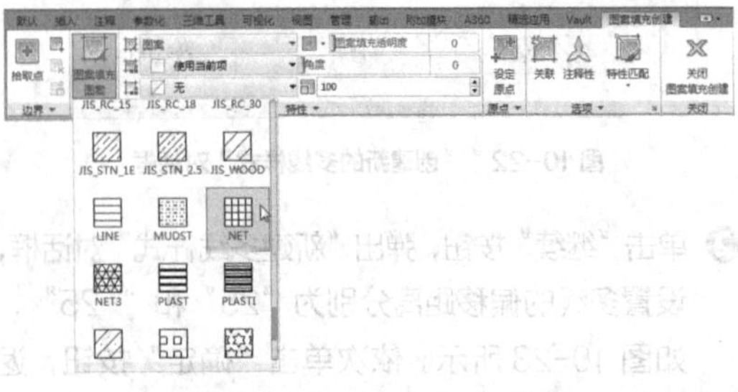

图 10-26　“图案填充创建”选项卡

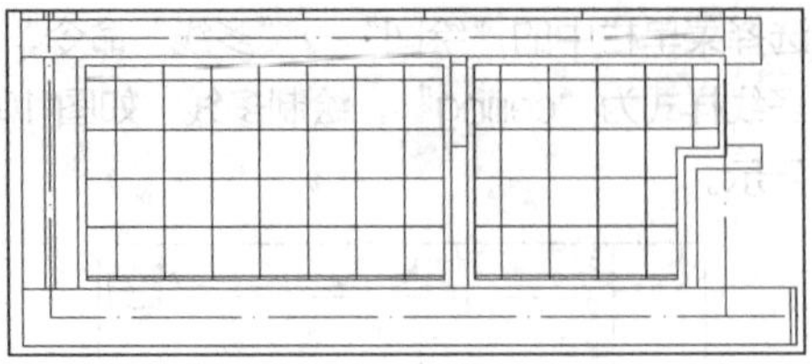

图 10-27　填充顶棚图案

> **提示**
> 当使用“图案填充”命令时，默认的“填充图案比例”均为1，即原本定义时的真实样式。然而，随着界限定义的改变，“填充图案比例”应做相应的改变，否则会使填充图案过密或过疏。在选择“填充图案比例”时，可使用下列技巧进行操作。
> （1）当处理较小区域的图案填充时，可以减小“填充图案比例”；相反，当处理较大区域的图案填充时，则可以增大“填充图案比例”。
> （2）要视具体的图形界限大小，恰当地选择“填充图案比例”。
> （3）“填充图案比例”的取值应遵循“宁大勿小”的原则。

10.3.4　绘制客厅阳台屋顶

STEP 绘制步骤

❶ 单击“默认”选项卡“绘图”面板中的“直线”按钮，绘制直线，如图 10-28 所示。

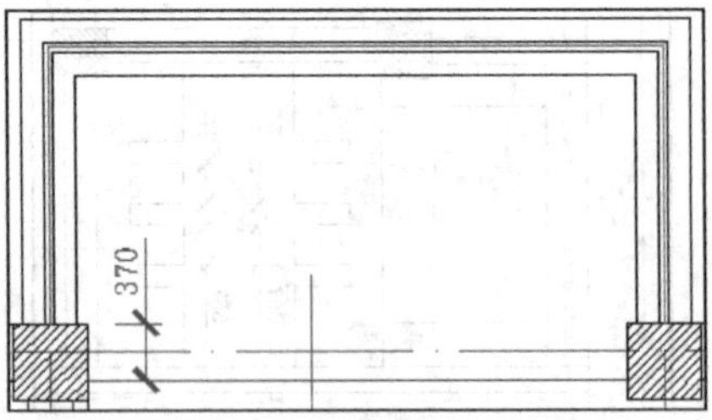

图 10-28　绘制直线

❷ 选择阳台的多线，单击“默认”选项卡“修改”面板中的“分解”按钮，将多线分解。单击“默认”选项卡“修改”面板中的“偏移”按钮，将刚刚绘制的水平直线和阳台轮廓的内侧两条竖直线向内偏移 300mm，如图 10-29 所示。

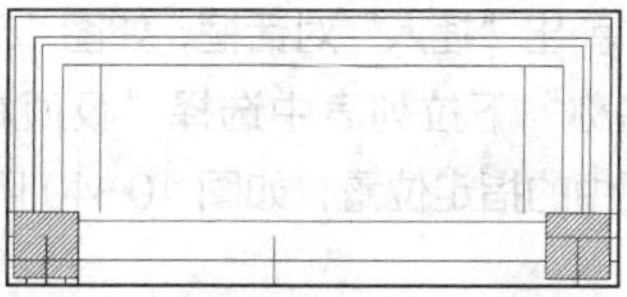

图 10-29 偏移直线

❸ 单击“默认”选项卡“修改”面板中的“修剪”按钮，将直线修改为如图 10-30 所示的形状。

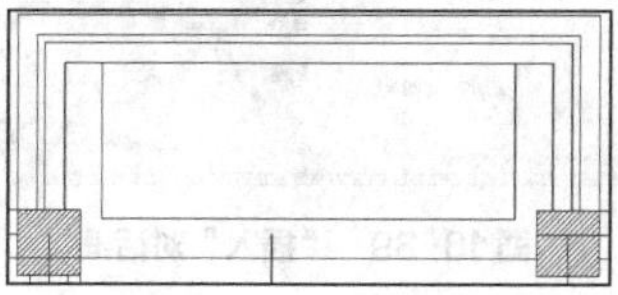

图 10-30 修改直线

❹ 选取菜单栏中的“绘图”→“多线”命令，保持多线样式为“t_ceiling”，设置对正方式为“无”，在水平线的中点绘制多线，如图 10-31 所示。

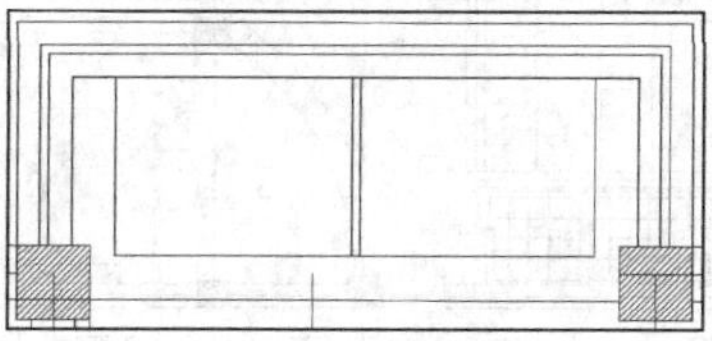

图 10-31 绘制多线

❺ 单击“默认”选项卡“修改”面板中的“矩形阵列”按钮，将行数设置为“1”，列数设置为“5”，列间距为“300”，选择刚刚绘制的多线，阵列结果如图 10-32 所示。

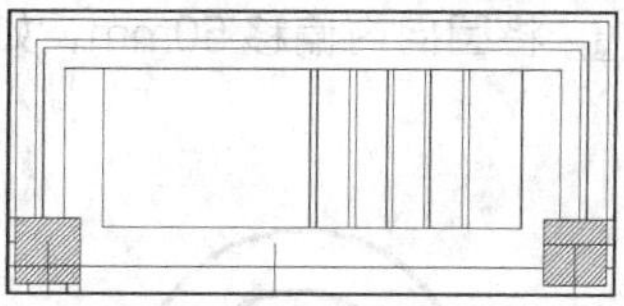

图 10-32 阵列多线

❻ 单击“默认”选项卡“修改”面板中的“镜像”按钮，将右侧的多线镜像到左侧，如图 10-33 所示。

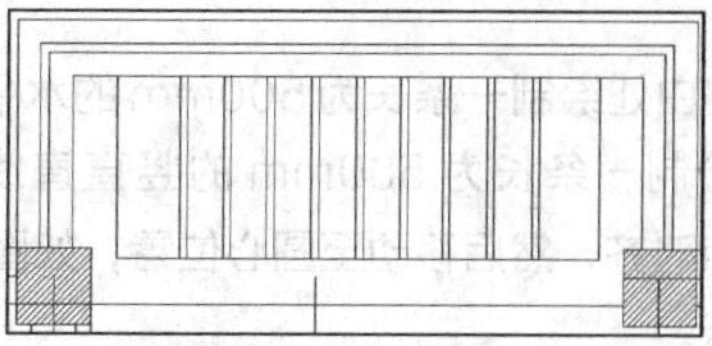

图 10-33 镜像多线

❼ 按照同样的方法，绘制其他室内空间的顶棚图案，结果如图 10-34 所示。

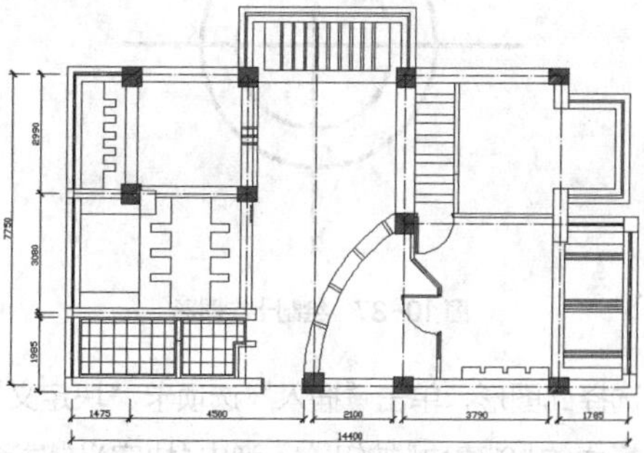

图 10-34 屋顶绘制

10.4 绘制灯具

下面简单介绍绘制各种灯具的方法。

10.4.1 绘制吸顶灯

STEP 绘制步骤

❶ 将当前图层设置为“灯具”图层，单击“默认”选项卡“绘图”面板中的“圆”按钮，绘制一个直径为 300mm 的圆，如图 10-35 所示。

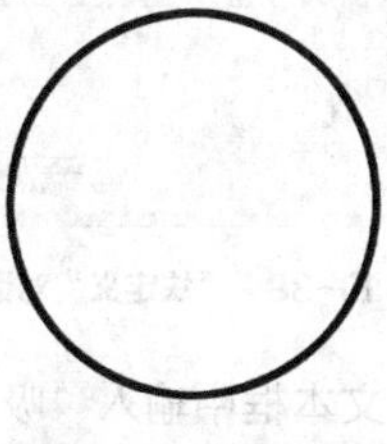

图 10-35 绘制圆

❷ 单击“默认”选项卡“修改”面板中的“偏移”

按钮，将圆向内偏移 50mm，如图 10-36 所示。

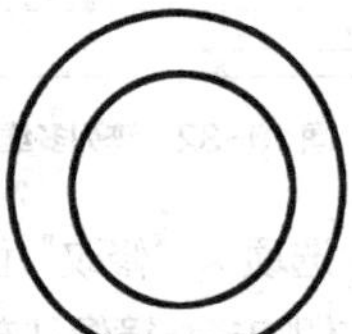

图 10-36 偏移圆形

❸ 在空白处绘制一条长为 500mm 的水平直线，再绘制一条长为 500mm 的竖直直线，将其中点对齐，然后移动至圆心位置，如图 10-37 所示。

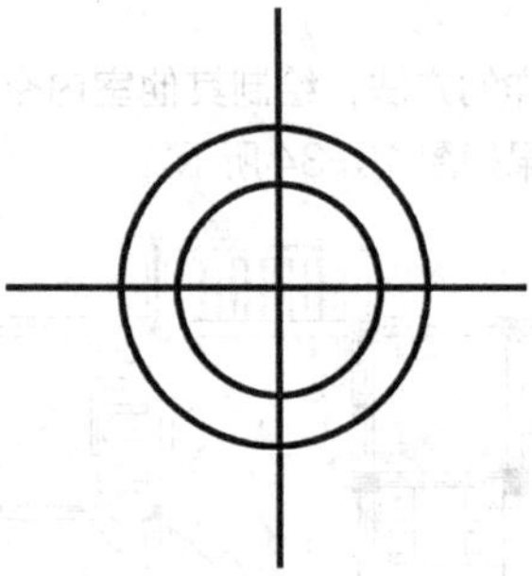

图 10-37 绘制十字图形

❹ 选择此图形，单击“插入”选项卡“块定义”面板中的“创建块”按钮，弹出“块定义”对话框，如图 10-38 所示。

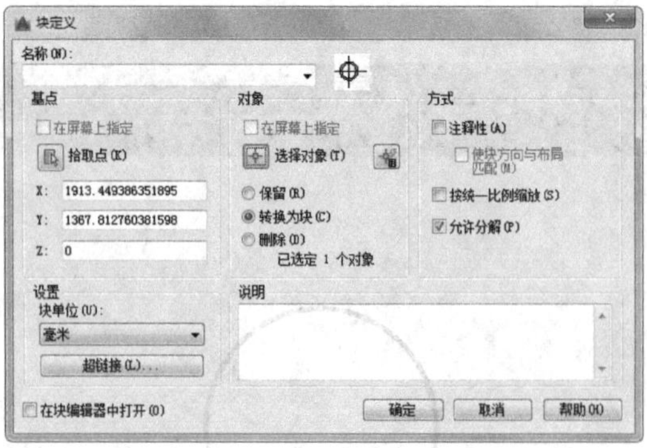

图 10-38 “块定义”对话框

在“名称”文本框中输入“吸顶灯”，将基点选择为圆心，其他保持默认，单击“确定”按钮，保存图块。

❺ 单击“插入”选项卡“块”面板中的“插入”按钮，弹出“插入”对话框，如图 10-39 所示。在“名称”下拉列表中选择“吸顶灯”，将其插入图中的指定位置，如图 10-40 所示。

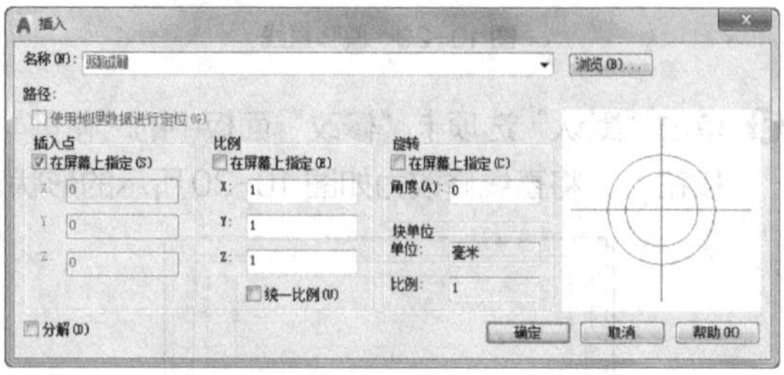

图 10-39 “插入”对话框

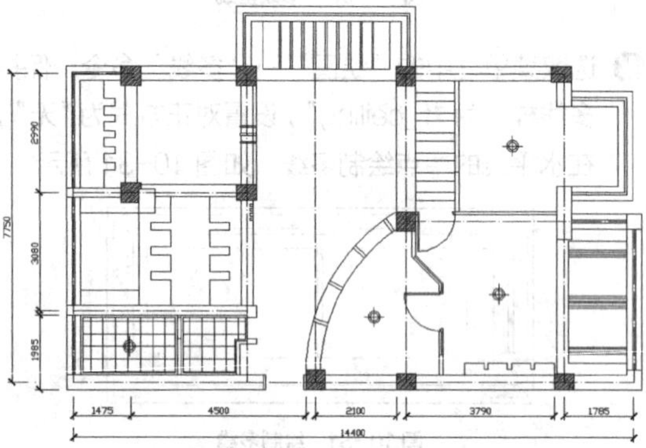

图 10-40 插入吸顶灯

10.4.2 绘制吊灯

STEP 绘制步骤

❶ 单击“默认”选项卡“绘图”面板中的“圆”按钮，绘制一个直径为 400mm 的圆，如图 10-41 所示。

图 10-41 绘制圆

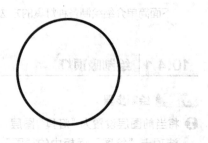

❷ 单击“默认”选项卡“绘图”面板中的“直线”按钮，绘制两条长度均为 600mm 的相交直

线，如图 10-42 所示。

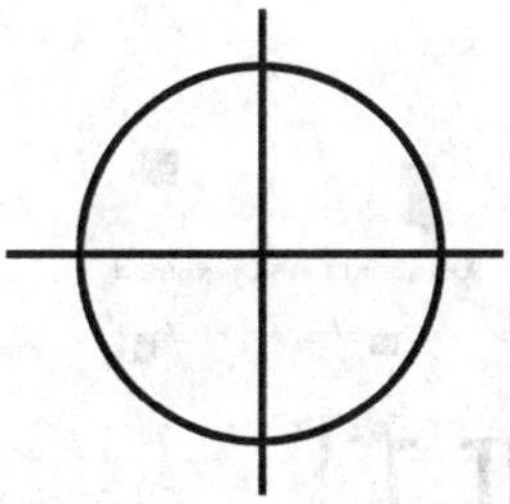

图 10-42 绘制直线

❸ 单击“默认”选项卡“绘图”面板中的“圆”按钮，以直线和圆的交点作为圆心，绘制 4 个直径为 100mm 的小圆，如图 10-43 所示。

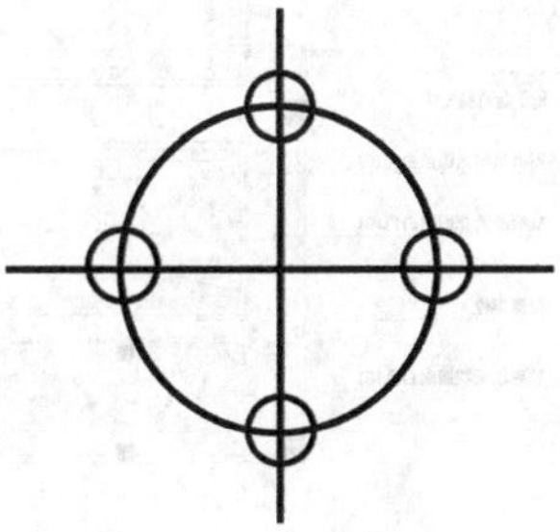

图 10-43 绘制小圆

❹ 同样将此图形保存为图块，命名为“吊灯”，并插入相应的位置。

❺ 绘制如图 10-44 所示的射灯，并插入相应的位置，最后的图形如图 10-45 所示。

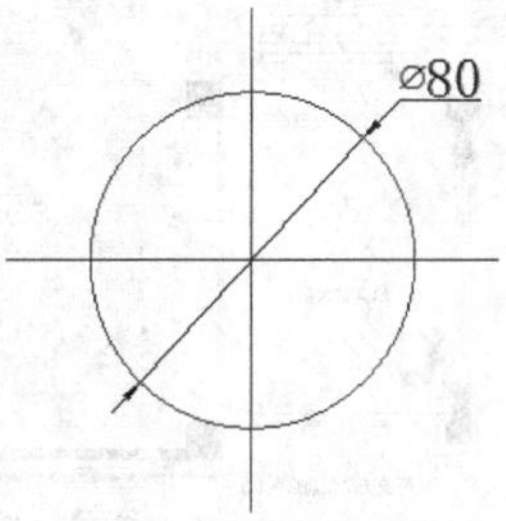

图 10-44 射灯

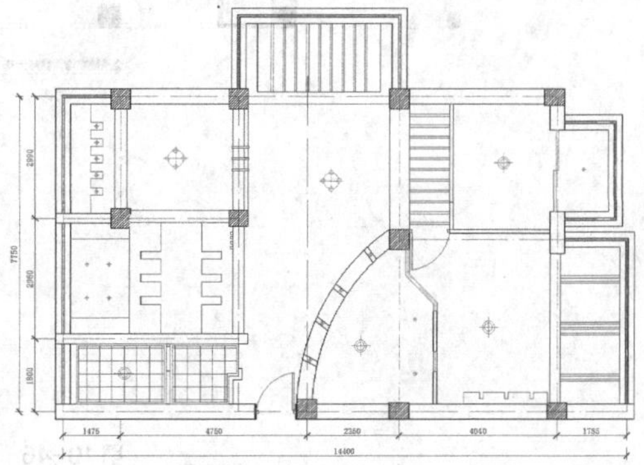

图 10-45 插入吊灯及射灯

10.5 上机实验

【练习 1】绘制二层中餐厅顶棚布置图

1. 目的要求

本练习绘制如图 10-46 所示的二层中餐厅顶棚布置图。通过本练习，可以帮助读者进一步熟悉和掌握顶棚布置图的绘制方法。

2. 操作提示

（1）绘图准备。

（2）绘制屋顶。

（3）绘制灯图块。

（4）布置灯具。

（5）添加文字说明。

【练习 2】绘制三层中餐厅地坪图

1. 目的要求

本练习绘制如图 10-47 所示的三层中餐厅地坪图。通过本练习，可以帮助读者学会完成整个地坪图绘制的全过程。

2. 操作提示

（1）绘图准备。

（2）绘制地坪图形。

（3）填充地坪图案。

（4）添加文字说明。

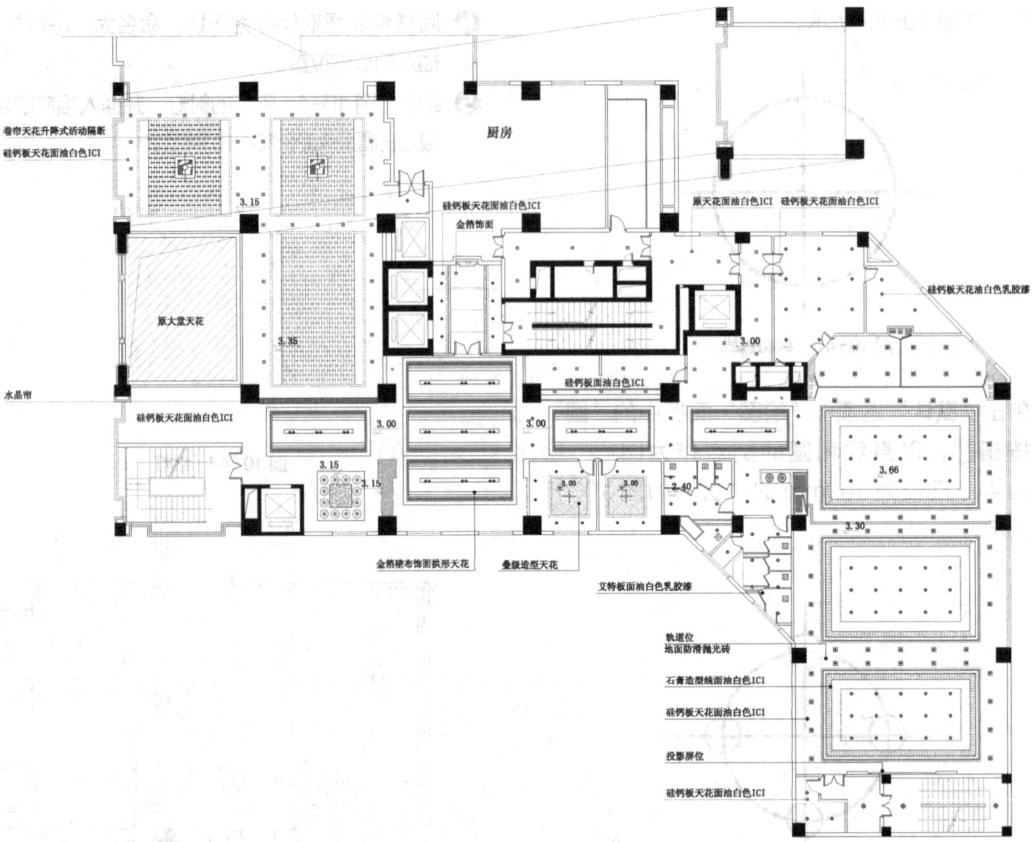

图 10-46　二层中餐厅顶棚布置图

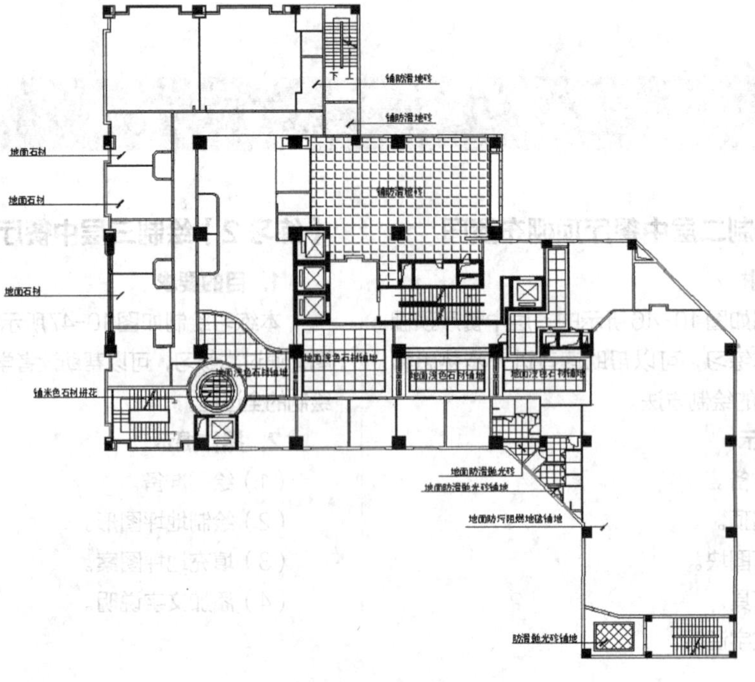

图 10-47　三层中餐厅地坪图

第11章 绘制住宅立面图

本章将绘制住宅中的各立面图，包括客厅立面图、厨房立面图及书房立面图，还将讲解部分陈设的立面图绘制方法。通过本章的学习，使读者掌握装饰图中立面图的基本画法，并初步学习住宅建筑立面的布置方法。

重点与难点

- 绘制客厅立面图
- 绘制厨房、书房立面图

11.1 住宅立面图设计思想

建筑立面图是指用正投影法对建筑的各个外墙面进行投影所得到的正投影图。与平面图一样，建筑的立面图也是表达建筑物的基本图样之一，它主要反映建筑物的外观情况，这是因为建筑物给人的外表美感主要来自其立面的造型和装修。建筑立面图是用来研究建筑立面的造型和装修的。反映主要入口或是比较显著地反映建筑物外貌特征的一面的立面图叫作正立面图，其余的面的立面图相应地称为背立面图和侧立面图。如果按照房屋的朝向来分，可以称为南立面图、东立面图、西立面图和北立面图。如果按照轴线编号来分，也可以有①～⑥立面图、Ⓐ～Ⓓ立面图等。建筑立面图会使用大量图例来表示很多细部，这些细部的构造和做法一般都另有详图。如果建筑物有一部分立面不平行于投影面，可以将这一部分展开到与投影面平行，再画出其立面图，然后在图名后注写“展开”字样。

住宅室内设计涉及的立面图很多，包括各个房间单元的墙面等，有的很简单，不需要单独绘制立面图来表达，对那些装饰比较多或结构相对复杂的立面，则需要配合平面图进行绘制。

本章重点介绍客厅的两个立面图、厨房立面图及书房立面图的绘制。

11.2 绘制客厅立面图

下面讲述绘制客厅立面图的方法。

11.2.1 绘制客厅正立面图

扫一扫

STEP 绘制步骤

❶ 建立新文件，命名为“正立面图”，并保存到适当的位置。

单击“默认”选项卡“图层”面板中的“图层特性”按钮，弹出图层特性管理器，建立图层，如图 11-1 所示。

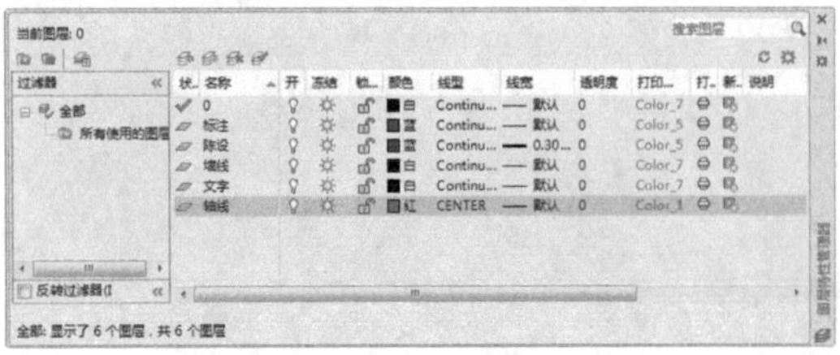

图 11-1　建立图层

❷ 将当前图层设置为“0”图层，即默认图层。单击“默认”选项卡“绘图”面板中的“矩形”按钮，在图中绘制边长为 4930mm × 2700mm 的矩形，作为正立面的绘图区域，如图 11-2 所示。

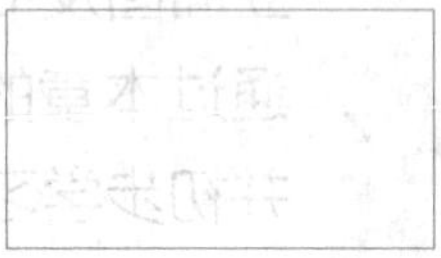

图 11-2　绘制矩形

❸ 将当前图层修改为“轴线”图层，单击“默认”选项卡“绘图”面板中的“直线”按钮，在矩形的左下角点单击鼠标左键，在命令行中依次输入“@1105，0”“@0，2700”，结果如图 11-3 所示。此时轴线的线型虽设置为点画线，但是由于线型比例设置的问题，在图中仍然显示为实线。选择刚刚绘制的直线，单击鼠标右键，选择“属性”命令。将“线型比例”修改为“10”，修改后的轴线如图 11-4 所示。

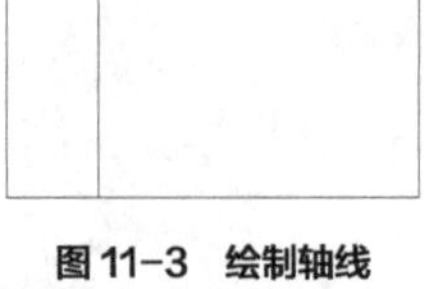

图 11-3　绘制轴线

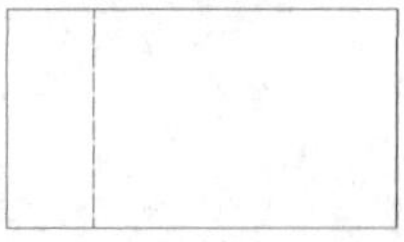

图 11-4　修改轴线的线型比例

❹ 单击“默认”选项卡“修改”面板中的“偏移”按钮，选择绘制的轴线，以下端点为基点，偏移轴线，偏移的距离依次为 445mm、500mm、650mm、650mm、400mm、280mm、800mm、100mm，结果如图 11-5 所示。

图 11-5　偏移轴线

❺ 按照步骤 3～步骤 4 的方法绘制水平轴线，水平轴线之间的间距由下至上依次为 300mm、1100mm、300mm、750mm、250mm，绘制结果如图 11-6 所示。

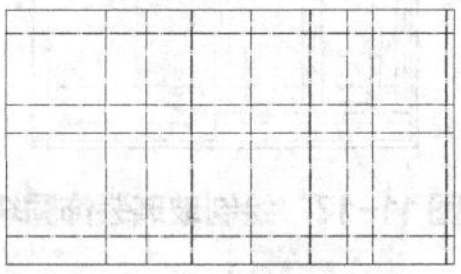

图 11-6　绘制水平轴线

注意　也可以借助平面图的相关图线作为参照绘制立面图。

❻ 将当前图层设置为“墙线”图层，在第一条和第二条竖直轴线上绘制柱线，并绘制顶棚装饰线，如图 11-7 所示。

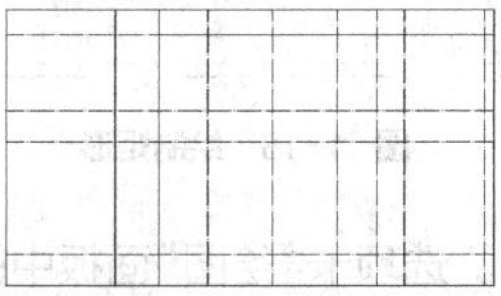

图 11-7　绘制柱线和顶棚装饰线

❼ 单击“默认”选项卡“绘图”面板中的“直线”按钮，在矩形中绘制一条距底边为 100mm 的直线，作为地脚线，如图 11-8 所示。

重复“直线”命令，在柱左侧距上边缘为 150mm 处绘制一条直线，作为屋顶线，如图 11-9 所示。

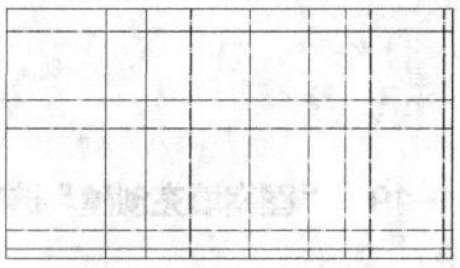

图 11-8　绘制地脚线

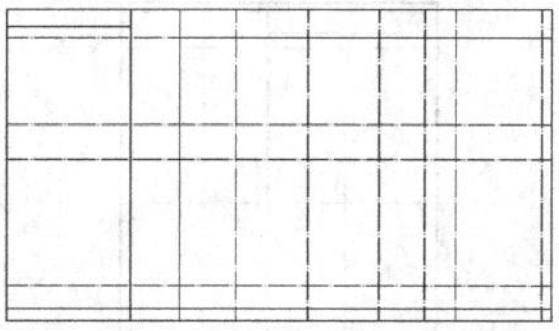

图 11-9　绘制屋顶线

❽ 将当前图层设置为“陈设”图层，绘制装饰图块。柱左侧为落地窗，需绘制窗框和窗帘。首先绘制辅助线，单击“默认”选项卡“绘图”面板中的“直线”按钮，以屋顶线的中点为起点，绘制一条竖直直线，如图 11-10 所示。

单击“默认”选项卡“绘图”面板中的“矩形”按钮，在其上部绘制一个长为 50mm、高为 200mm 的矩形，作为窗帘夹，如图 11-11 所示。

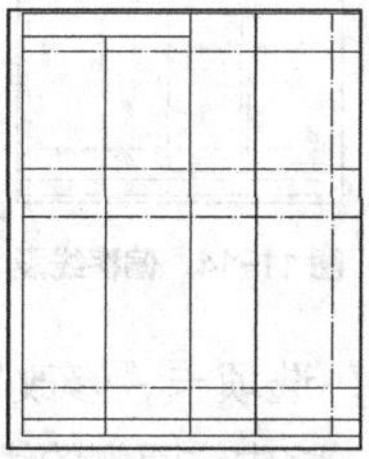

图 11-10　绘制辅助线

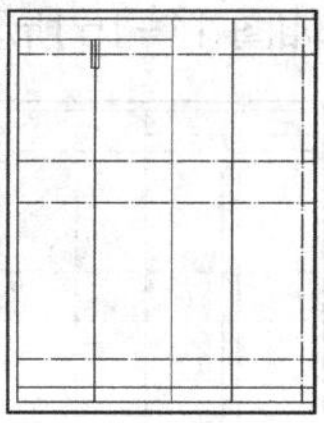

图 11-11　绘制窗帘夹

❾ 单击“默认”选项卡“绘图”面板中的“直线”按钮，在窗户下的地脚线上 50mm 位置绘制一条水平直线，作为窗户的下边缘轮廓线，如图 11-12 所示。单击“默认”选项卡“修改”面板中的“修剪”按钮，将多余直线修剪掉，如图 11-13 所示。

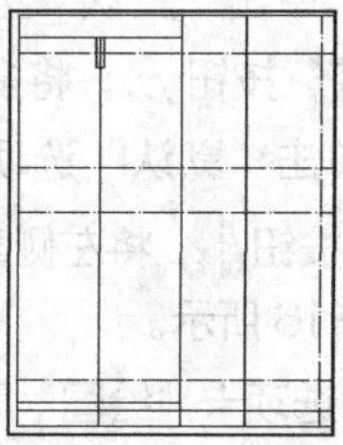

图 11-12　绘制窗户下边缘

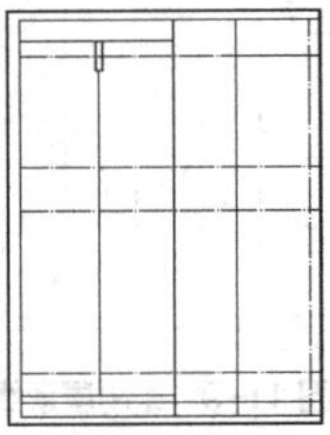

图 11-13 修剪图形

⑩ 单击“默认”选项卡“修改”面板中的“偏移”按钮，将竖直中线向左、右各偏移 50mm，将窗户下边缘线向上偏移 50mm，如图 11-14 所示。

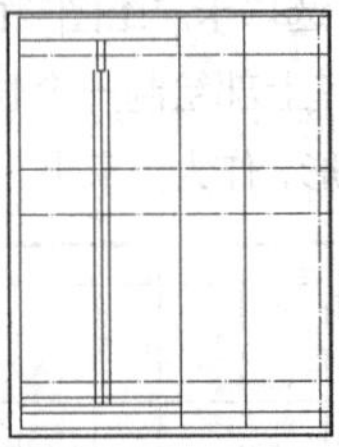

图 11-14 偏移线段

⑪ 单击“默认”选项卡“修改”面板中的“偏移”按钮，将中线两侧的线段分别向两侧偏移 10mm，将上一步得到的水平线段向上偏移 10mm，结果如图 11-15 所示。

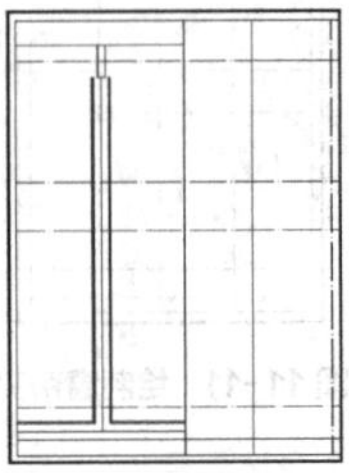

图 11-15 偏移并修剪线段

⑫ 单击“默认”选项卡“绘图”面板中的“圆弧”按钮，绘制窗帘的轮廓线。绘制时要细心，有些线型特殊的曲线，可以单击“默认”选项卡“绘图”面板中的“样条曲线拟合”按钮来绘制线条。单击“默认”选项卡“修改”面板中的“修剪”按钮，将多余线段删除。绘制完成后，单击“默认”选项卡“修改”面板中的“镜像”按钮，将左侧窗帘复制到右侧，结果如图 11-16 所示。

⑬ 单击“默认”选项卡“绘图”面板中的“直线”按钮，在窗户的中间绘制倾斜直线代表玻璃，如图 11-17 所示。

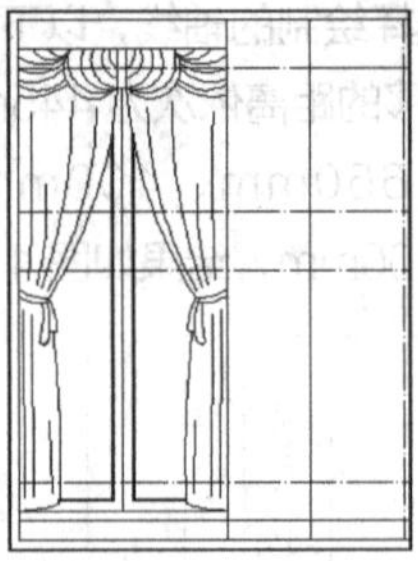

图 11-16 绘制窗帘

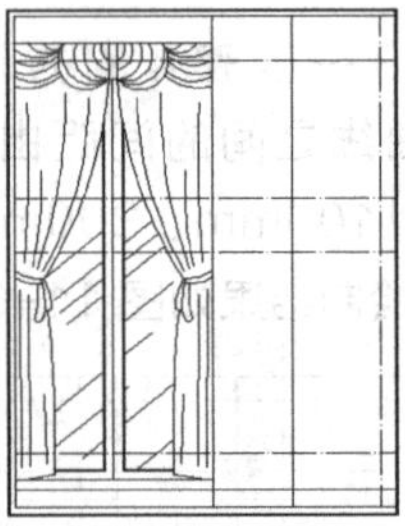

图 11-17 绘制玻璃装饰图块

⑭ 下面绘制顶棚装饰图块。单击“默认”选项卡“绘图”面板中的“矩形”按钮，在顶棚上绘制 6 个装饰小矩形，边长为 200mm×100mm，如图 11-18 所示。

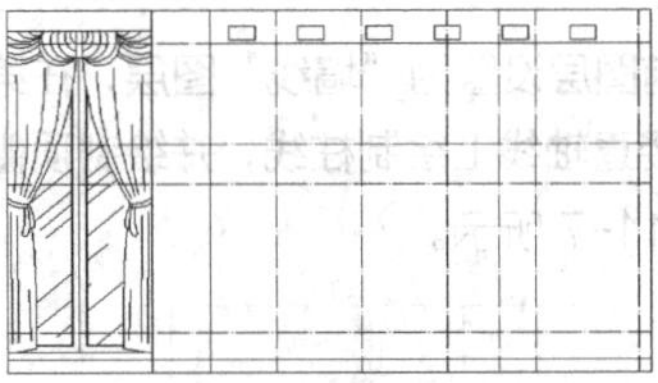

图 11-18 绘制矩形

⑮ 单击“默认”选项卡“绘图”面板中的“图案填充”按钮，弹出“图案填充创建”选项卡，设置如图 11-19 所示。

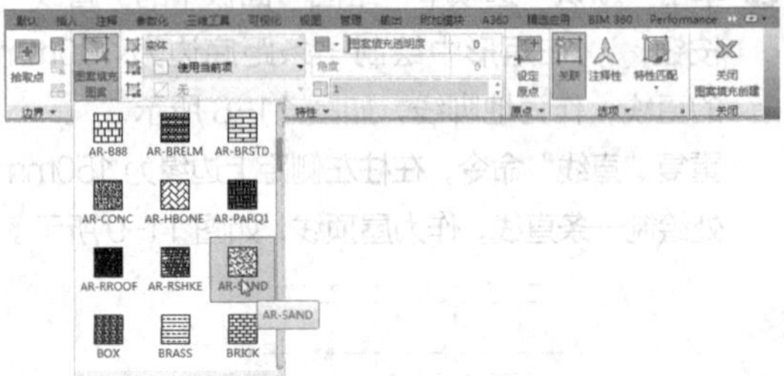

图 11-19 “图案填充创建”选项卡

填充 6 个小矩形，结果如图 11-20 所示。

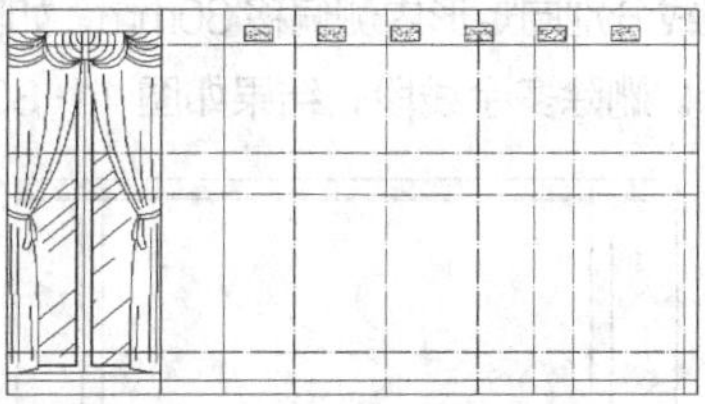

图 11-20 填充装饰图块

⑯ 单击“默认”选项卡“绘图”面板中的“直线”按钮，绘制电视柜的外轮廓线，如图 11-21 中阴影部分所示位置。

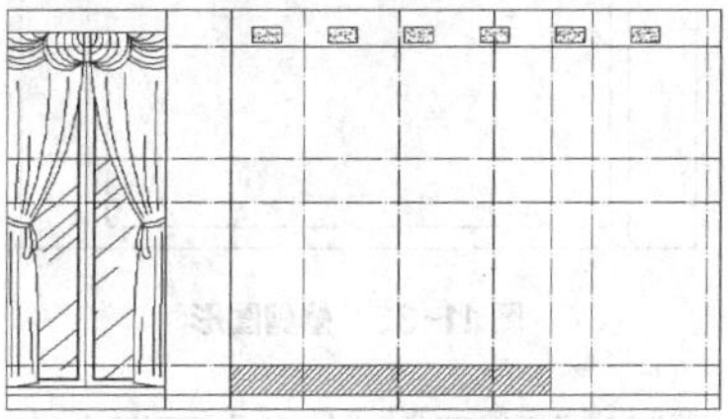

图 11-21 绘制电视柜外轮廓线

⑰ 参见落地窗的直线绘制方法，单击“默认”选项卡“绘图”面板中的“直线”按钮和“默认”选项卡“修改”面板中的“偏移”按钮，将电视柜的隔板绘制出来，如图 11-22 所示。

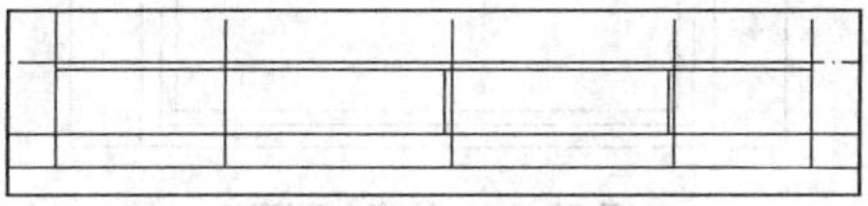

图 11-22 绘制电视柜的隔板

⑱ 电视柜左侧为实木条纹装饰板，先依照轴线的位置绘制一条竖直直线，然后单击“默认”选项卡“绘图”面板中的“矩形”按钮，在中部绘制一个边长为 200mm×80mm 的矩形，如图 11-23 所示。

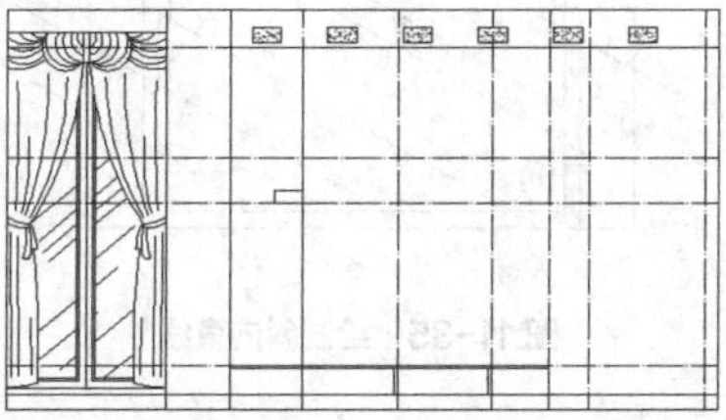

图 11-23 绘制矩形

⑲ 单击“默认”选项卡“修改”面板中的“分解”按钮，将矩形分解。单击“默认”选项卡“修改”面板中的“修剪”按钮，将矩形右侧直线删除，如图 11-24 所示。

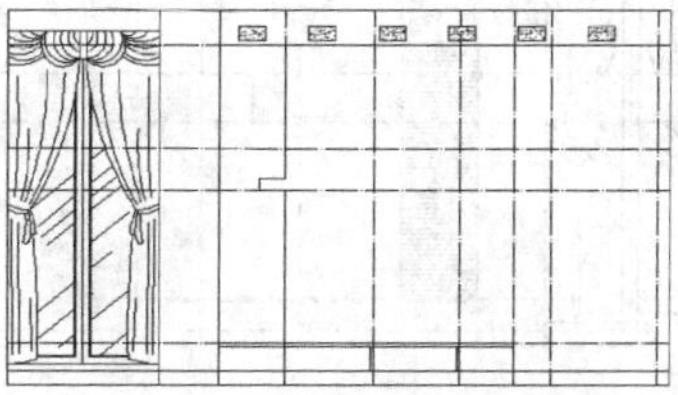

图 11-24 删除直线

⑳ 单击“默认”选项卡“绘图”面板中的“图案填充”按钮，选择填充图案为“LINE”，填充比例为“10”，如图 11-25 所示，填充装饰木板后如图 11-26 所示。

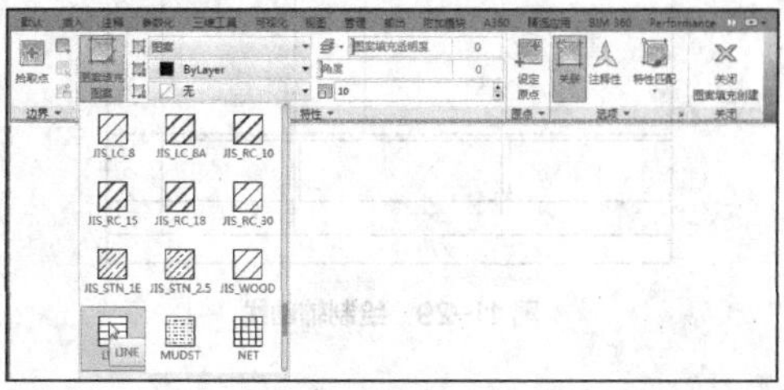

图 11-25 填充设置

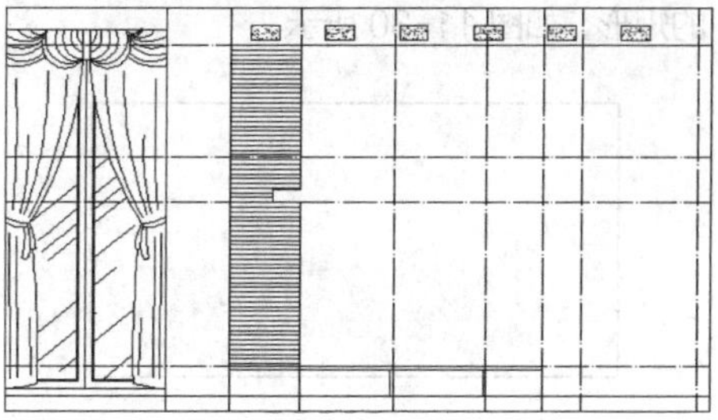

图 11-26 填充装饰木板

㉑ 本住宅设计时，在客厅正面墙面中部设置凹陷部分，起装饰作用。单击“默认”选项卡“绘图”面板中的“矩形”按钮，单击轴线的交点，绘制矩形，如图 11-27 所示。

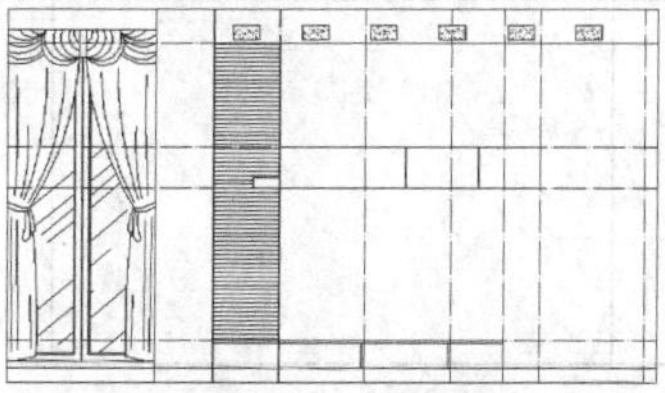

图 11-27 绘制矩形

㉒ 在台阶上绘制摆放的装饰物和灯具，如图 11-28 所示。

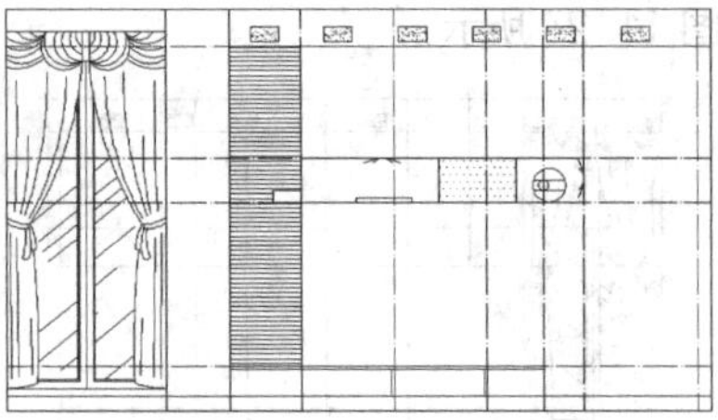

图 11-28　绘制墙壁装饰物和灯具

㉓ 下面绘制电视模块。单击“默认”选项卡“绘图”面板中的“直线”按钮，在电视柜上方绘制辅助线，如图 11-29 所示。

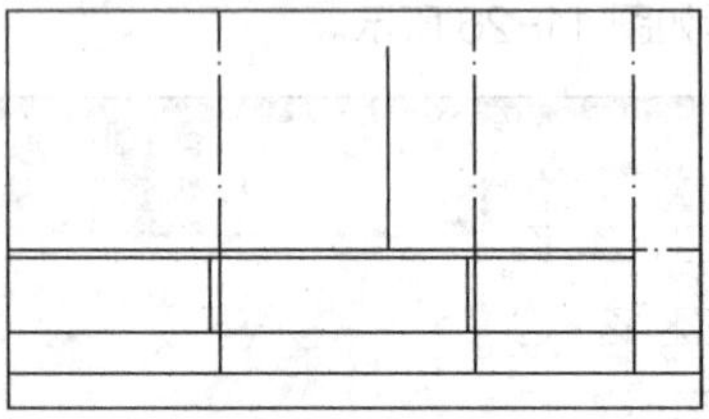

图 11-29　绘制辅助线

㉔ 单击“默认”选项卡“绘图”面板中的“矩形”按钮，在空白处绘制边长为 1000mm×600mm 的矩形，如图 11-30 所示。

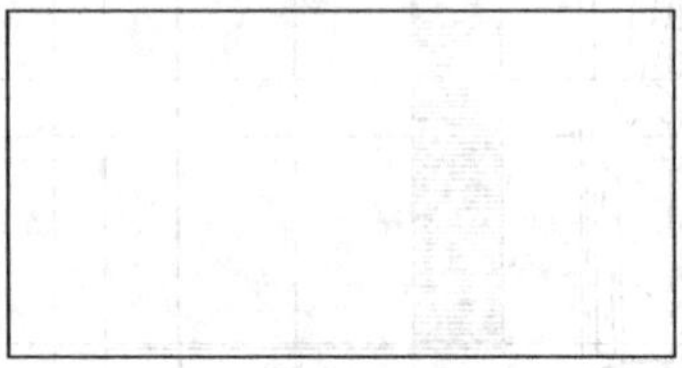

图 11-30　绘制矩形

㉕ 单击“默认”选项卡“修改”面板中的“分解”按钮，将矩形分解。单击“默认”选项卡“修改”面板中的“偏移”按钮，将左、右竖直边各向内偏移 100mm，如图 11-31 所示。

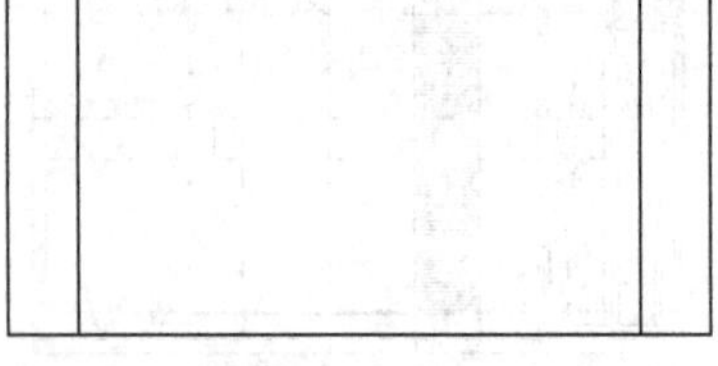

图 11-31　偏移边

㉖ 单击“默认”选项卡“修改”面板中的“偏移”按钮，将水平的两个边及上一步偏移得到的两条竖线分别向矩形内侧偏移 30mm，如图 11-32 所示。删除多余线段，结果如图 11-33 所示。

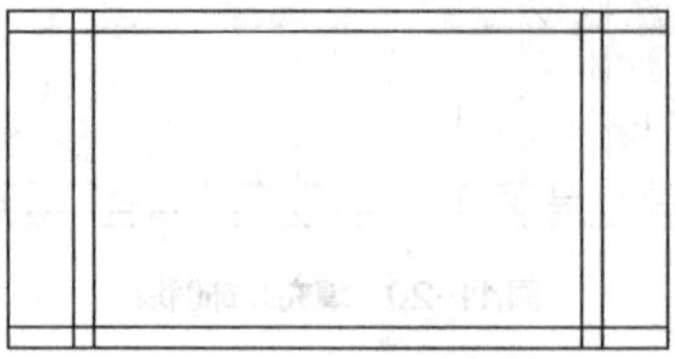

图 11-32　偏移线段

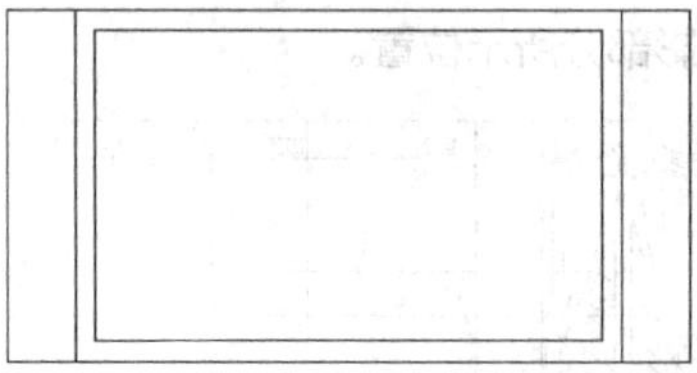

图 11-33　修剪图形

㉗ 单击“默认”选项卡“修改”面板中的“偏移”按钮，将内侧的矩形向内再次偏移，偏移距离为 20mm，如图 11-34 所示。

图 11-34　偏移内侧矩形

㉘ 单击“默认”选项卡“绘图”面板中的“直线”按钮，绘制穿过内侧矩形的斜向直线，可以先绘制一条斜线，然后进行复制，如图 11-35 所示。

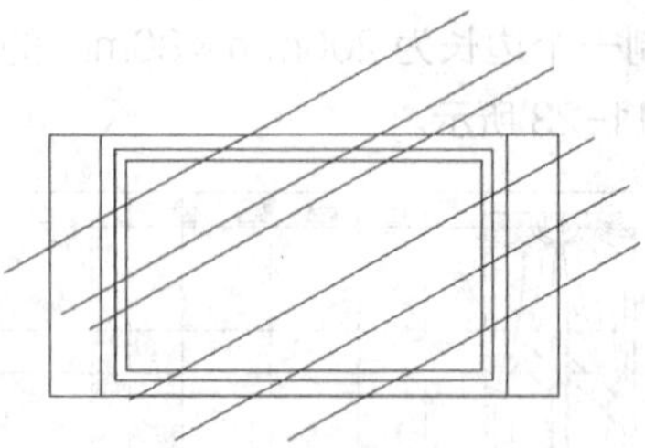

图 11-35　绘制斜向直线

㉙ 单击“默认”选项卡“绘图”面板中的“图案填充”按钮，弹出“图案填充创建”选项卡，设置如图 11-36 所示。在斜线中空白部位间隔选择，按 Enter 键确认，填充后删除斜向直线，如图 11-37 所示。

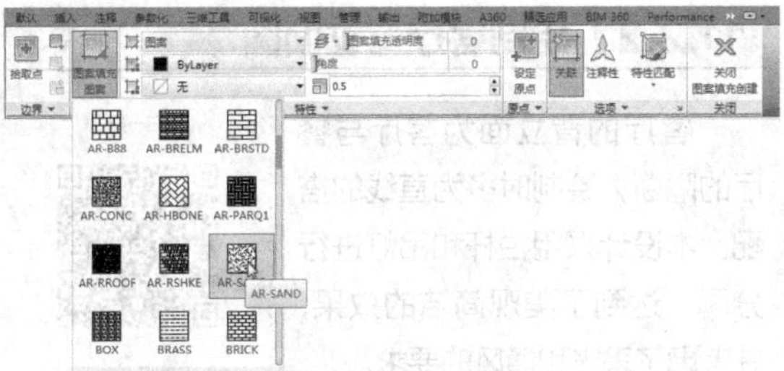

图 11-36　填充设置

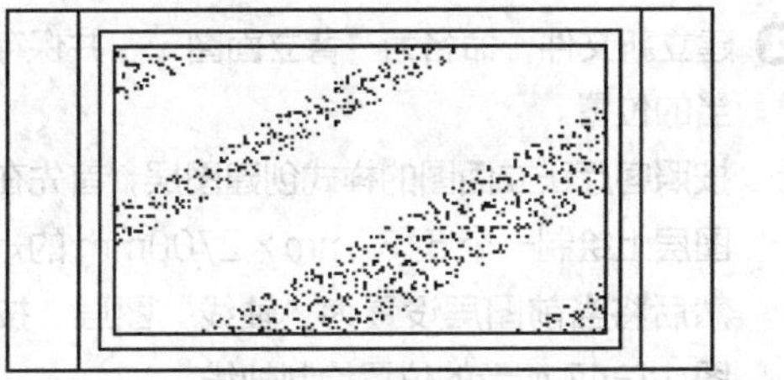

图 11-37　填充图案

㉚ 单击“默认”选项卡“绘图”面板中的“矩形”按钮和“直线”按钮，在电视下部绘制台座，具体细节不再详述。绘制完成后插入立面图中，然后删除辅助线。最后，在电视柜下方填充与顶棚装饰图块相同的图案，结果如图 11-38 所示。

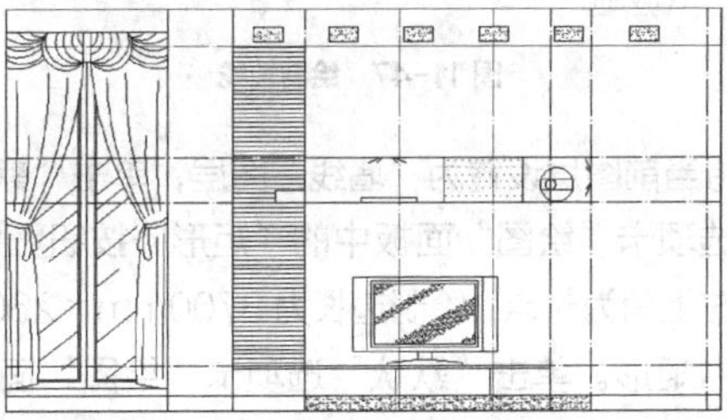

图 11-38　插入电视

㉛ 将当前图层设置为“文字”图层，单击“默认”选项卡“注释”面板中的“文字样式”按钮，打开“文字样式”对话框。单击“新建”按钮，新建文字样式，命名为“文字标注”，如图 11-39 所示。取消选中“使用大字体”复选框，在“字体名”下拉列表中选择“宋体”，文字高度设置为“100”，如图 11-40 所示。

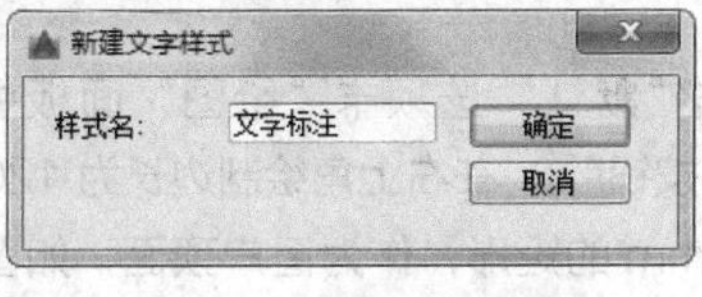

图 11-39　新建文字样式

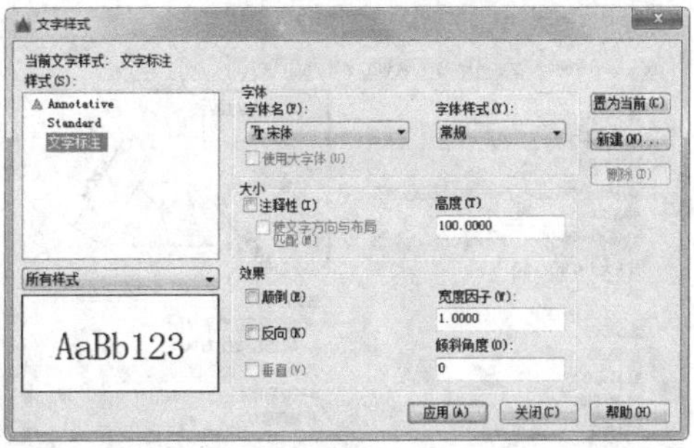

图 11-40　设置文字样式

在图中添加文字标注，如图 11-41 所示。

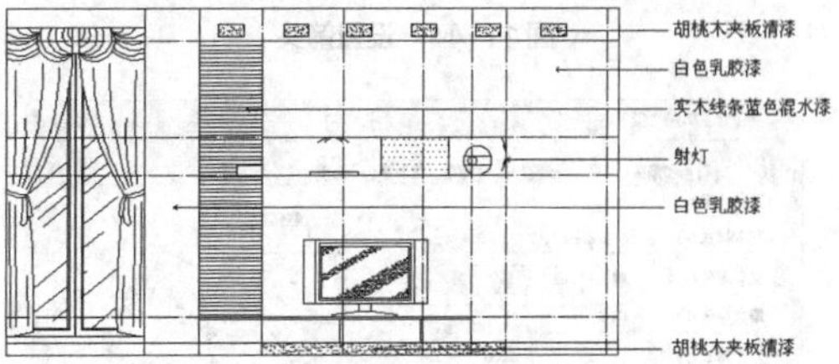

图 11-41　添加文字标注

㉜ 单击“默认”选项卡“注释”面板中的“标注样式”按钮，弹出“标注样式管理器”对话框。单击“新建”按钮，命名为“立面标注”，如图 11-42 所示。单击“继续”按钮，编辑标注样式，如图 11-43～图 11-45 所示。

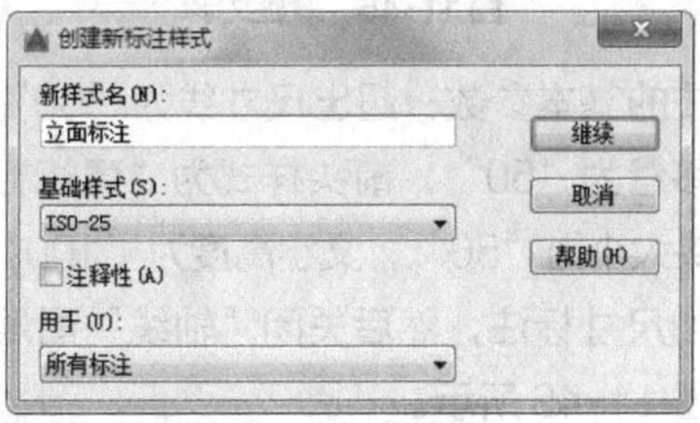

图 11-42　新建标注样式

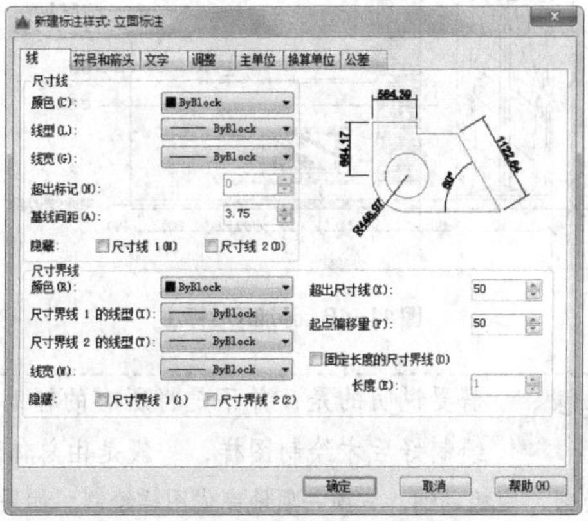

图 11-43　设置尺寸线

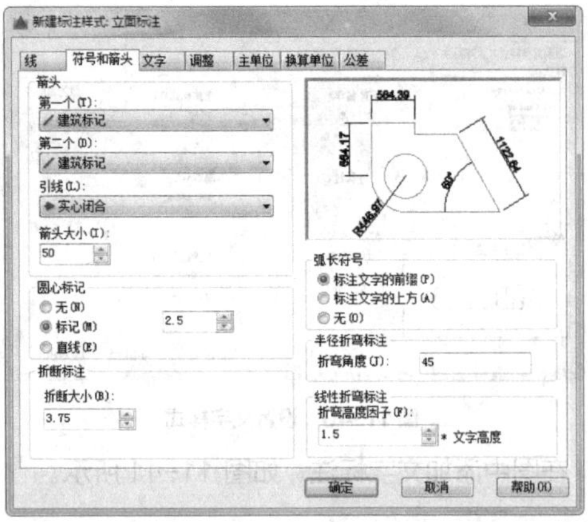

图 11-44 设置箭头

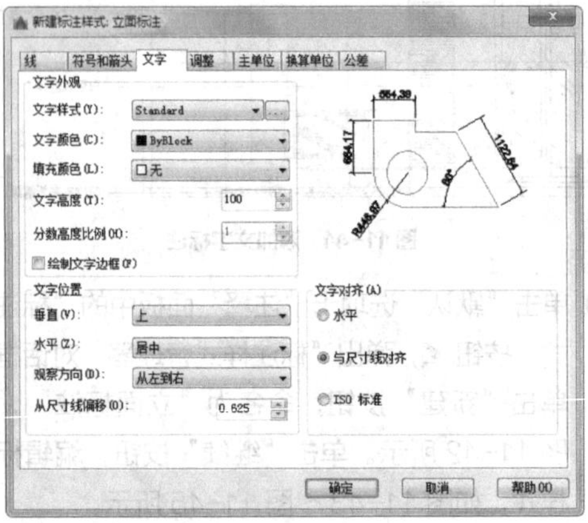

图 11-45 设置文字

标注的基本参数：超出尺寸线为“50”；起点偏移量为“50”；箭头样式为“建筑标记”；箭头大小为“50”；文字高度为“100”。

添加尺寸标注，然后关闭“轴线”图层，结果如图 11-46 所示。

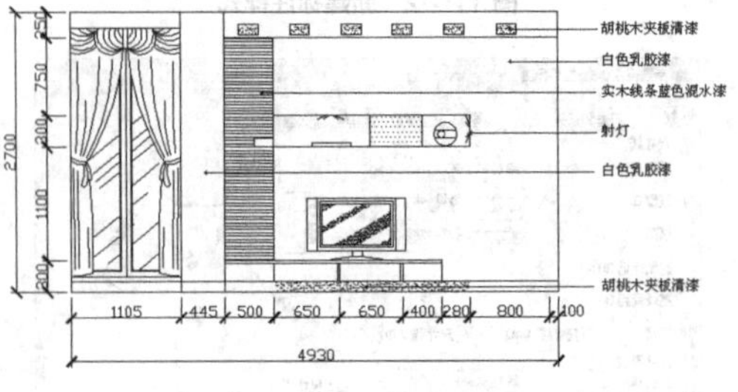

图 11-46 添加尺寸标注

注意 需要说明的是，并不是将所有的辅助线绘制好后才绘制图样，一般是由总体到局部、由粗到细，一项一项地完成图样绘制。如果将所有的辅助线一次绘出，则会密密麻麻，无法分清。

11.2.2 绘制客厅背立面图

客厅的背立面为客厅与餐厅的隔断，绘制时多为直线的搭配。本设计采用栏杆和吊灯进行分隔，达到了美观简洁的效果，并考虑了采光和通风的要求。

扫一扫

STEP 绘制步骤

❶ 建立新文件，命名为“背立面图”，并保存到适当的位置。

按照客厅正立面图的样式创建图层，首先在“0”图层上绘制一个 5160mm×2700mm 的矩形，然后将当前图层设置为“轴线”图层，按照如图 11-47 所示的位置绘制轴线。

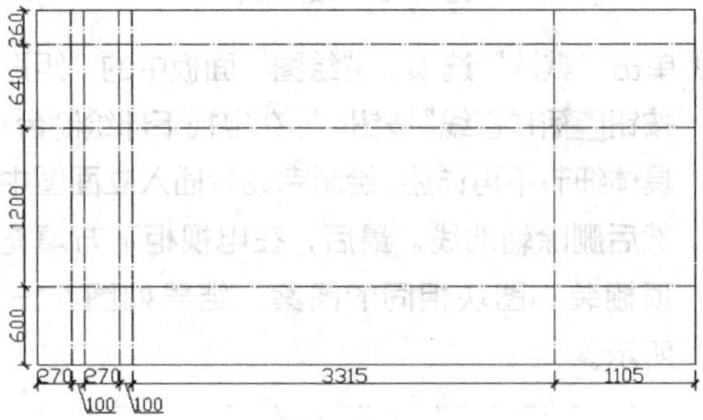

图 11-47 绘制轴线

❷ 将当前图层设置为“墙线”图层，单击“默认”选项卡“绘图”面板中的“矩形”按钮，以左上角为起点，绘制边长为 3700mm×260mm 的矩形。单击“默认”选项卡“绘图”面板中的“直线”按钮，在矩形中间绘制距离上边缘 150mm 的直线，如图 11-48 所示。

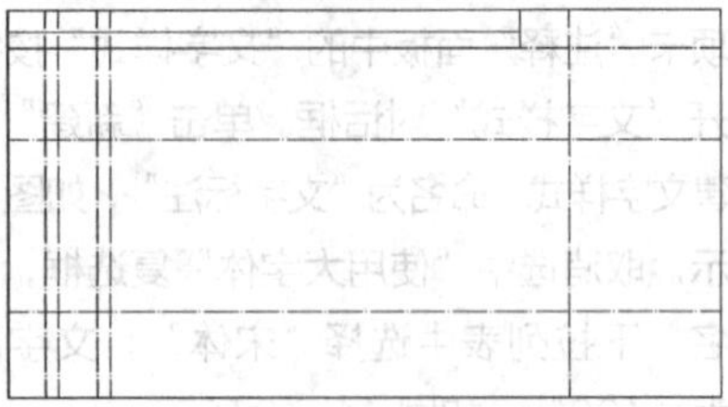

图 11-48 绘制矩形和直线

❸ 单击“默认”选项卡“绘图”面板中的“矩形”按钮，在右上角绘制边长为 1200mm×150mm 的矩形，作为窗户顶面，如图 11-49 所示。

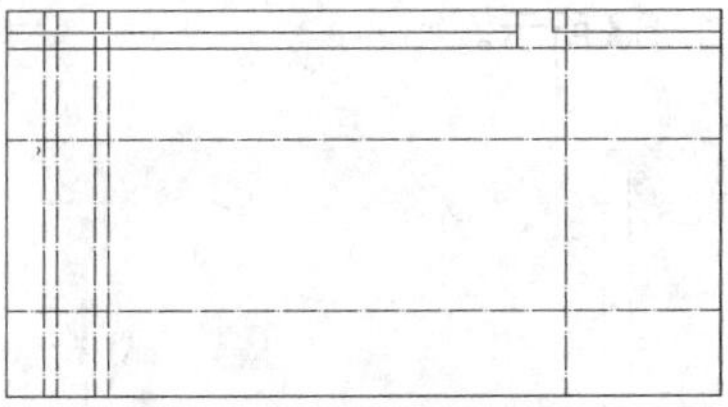

图 11-49 绘制窗户顶面

❹ 选择上一小节正立面图中的窗户，单击“默认”选项卡“修改”面板中的“复制”按钮，将其复制到背立面图中，如图 11-50 所示。

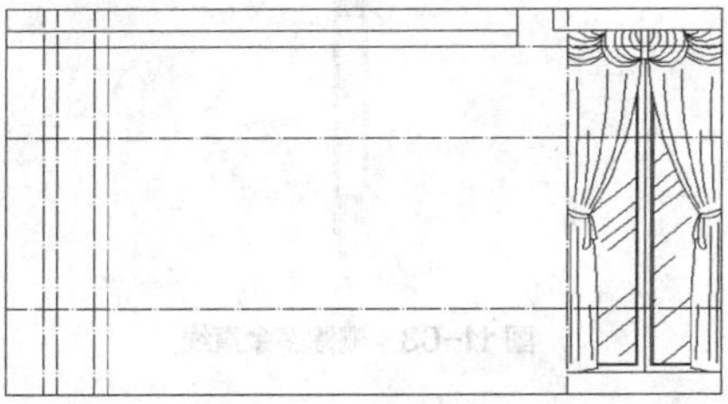

图 11-50 复制窗户图形

❺ 单击“默认”选项卡“绘图”面板中的“直线”按钮，在左侧绘制隔断边界和柱子轮廓，柱子宽度为 445mm，如图 11-51 所示。

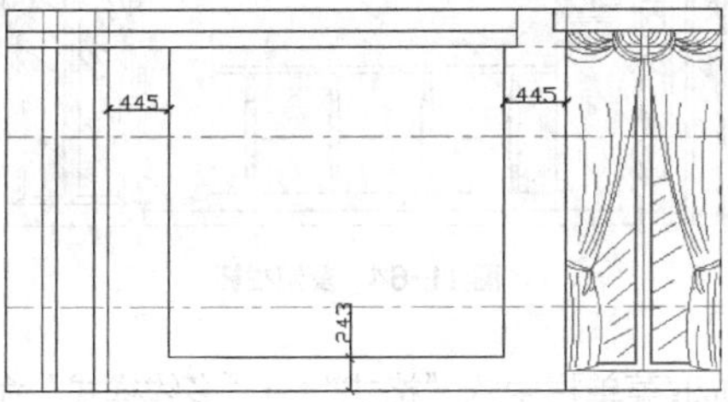

图 11-51 绘制柱子等

❻ 单击“默认”选项卡“绘图”面板中的“矩形”按钮，在两个柱子地面绘制高度为 100mm，宽度为 3400mm 的矩形，作为地脚线，并修剪相关线段，如图 11-52 所示。

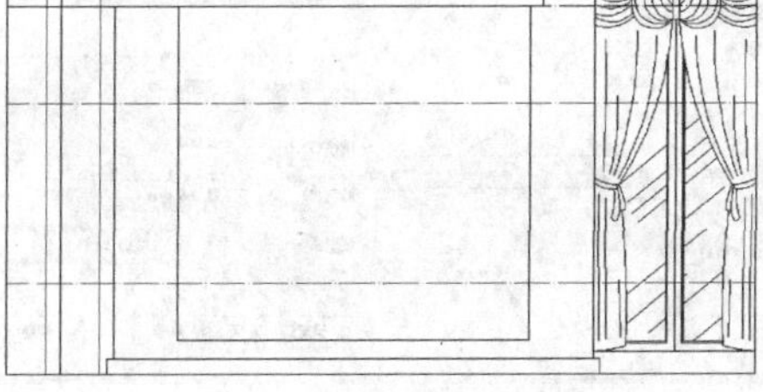

图 11-52 绘制地脚线

❼ 单击“默认”选项卡“修改”面板中的“偏移”按钮，将左侧的隔断线条向两侧偏移 50mm，如图 11-53 所示。

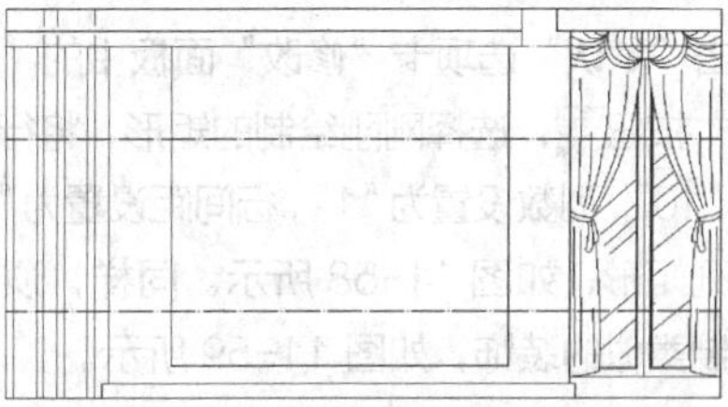

图 11-53 绘制隔断线

❽ 将当前图层设置为“陈设”图层，在隔断线的中间，单击轴线，绘制玻璃边界，并绘制斜线，作为填充的辅助线，如图 11-54 所示。

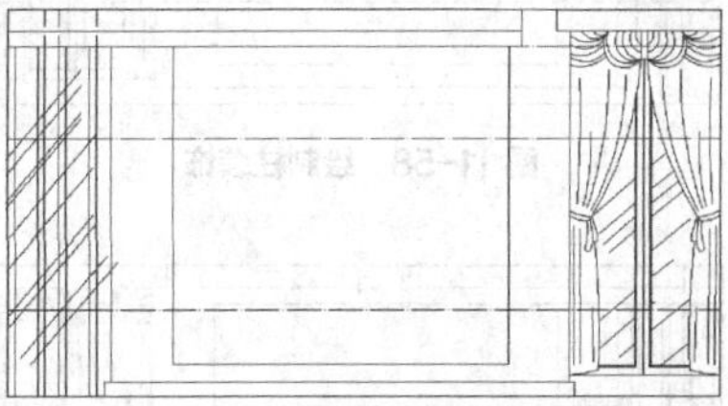

图 11-54 绘制玻璃边界和填充辅助线

❾ 单击“默认”选项卡“绘图”面板中的“图案填充”按钮，弹出“图案填充创建”选项卡，将填充图案选择为“AR-SAND”，填充比例设置为“0.5”，填充斜线间的空间，并删除辅助线，如图 11-55 所示。

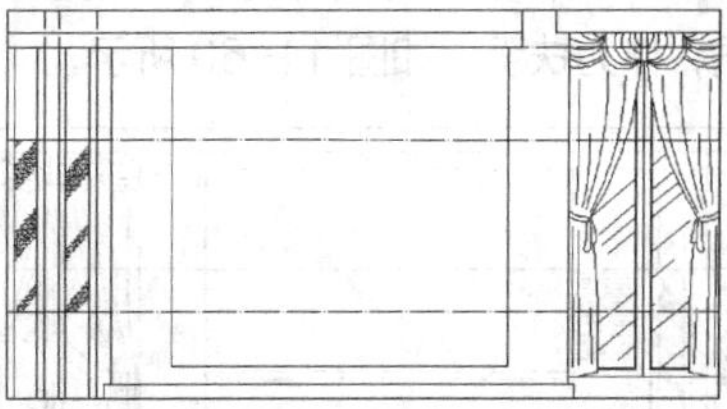

图 11-55 填充玻璃图案

❿ 单击“默认”选项卡“绘图”面板中的“矩形”按钮，在左侧柱子上绘制边长为 460mm×30mm 的矩形，如图 11-56 所示。单击“默认”选项卡“修改”面板中的“修剪”按钮，将矩形内部的柱子轮廓线删除，如图 11-57 所示。

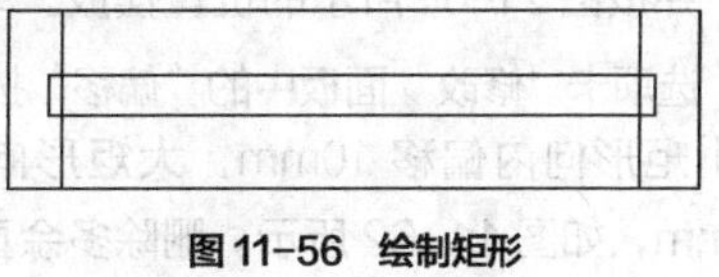

图 11-56 绘制矩形

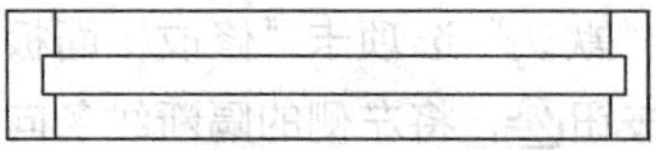

图 11-57 删除多余直线

⑪ 单击“默认”选项卡“修改”面板中的“矩形阵列”按钮，选择刚刚绘制的矩形，将行数设置为“10”，列数设置为“1”，行间距设置为“-60”，阵列矩形，如图 11-58 所示。同样，顶棚上也绘制类似的装饰，如图 11-59 所示。

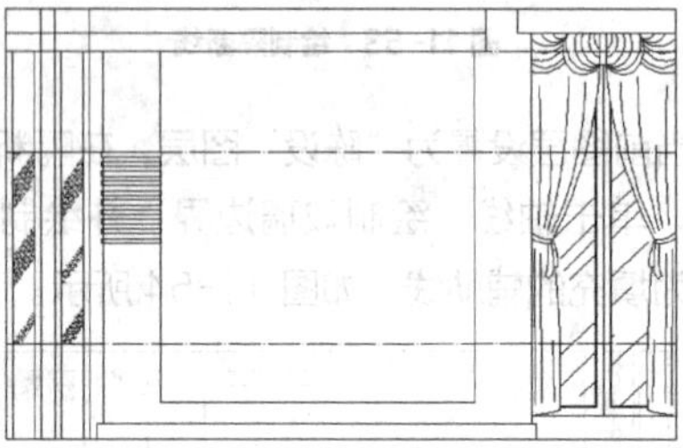

图 11-58 绘制柱装饰

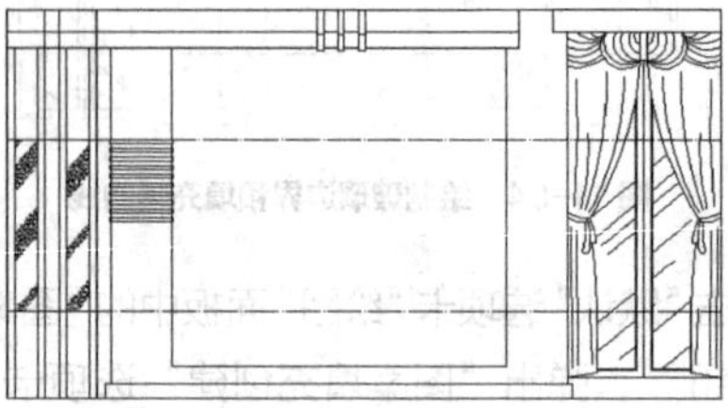

图 11-59 绘制顶棚装饰

⑫ 单击“默认”选项卡“绘图”面板中的“直线”按钮，在柱子中间绘制两条相距为 50mm 的直线，作为扶手，如图 11-60 所示。

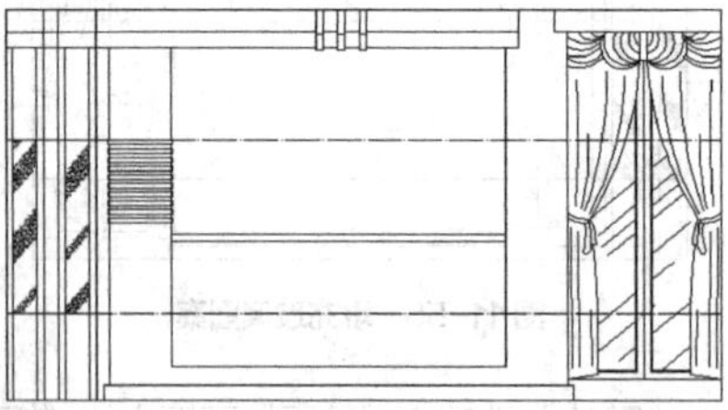

图 11-60 绘制扶手

⑬ 单击“默认”选项卡“绘图”面板中的“矩形”按钮，在空白位置绘制一个边长为 60mm × 600mm 的矩形和两个 50mm × 200mm 的矩形，并按图 11-61 所示的位置摆放。单击“默认”选项卡“修改”面板中的“偏移”按钮，将小矩形向内偏移 10mm，大矩形向外偏移 10mm，如图 11-62 所示。删除多余直线，如图 11-63 所示。

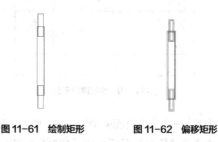

图 11-61 绘制矩形

图 11-62 偏移矩形

图 11-63 删除多余直线

将栏杆复制到扶手下面，调整高度，与地面重合，如图 11-64 所示。

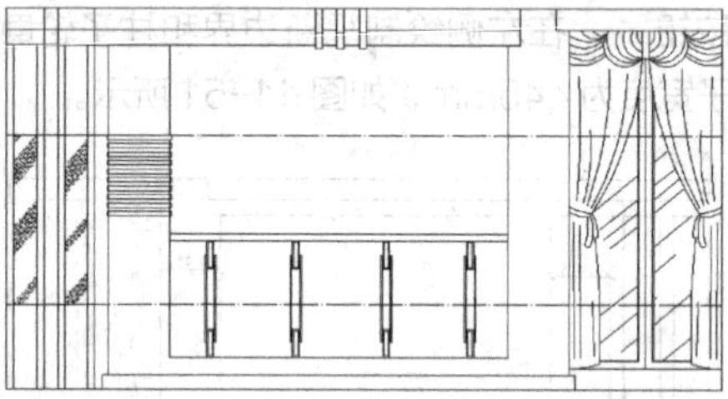

图 11-64 复制栏杆

⑭ 选取菜单栏中的“格式”→“多线样式”命令，弹出“多线样式”对话框，单击“新建”按钮，新建多线样式，命名为“langan”，偏移距离设置为“5”和“－5”，如图 11-65 所示。

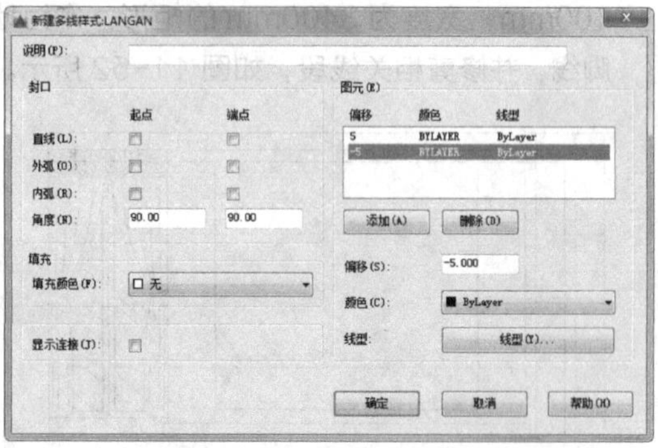

图 11-65 设置多线样式

⑮ 选取菜单栏中的“绘图”→“多线”命令，绘制水平的栏杆，如图 11-66 所示。

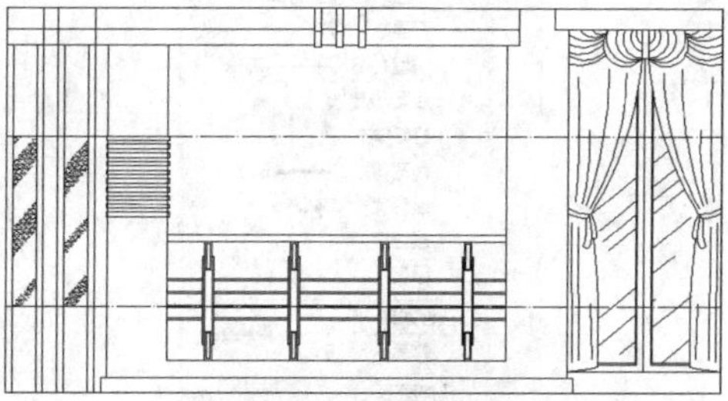

图 11-66 绘制水平栏杆

⑯ 最后添加尺寸标注和文字标注，客厅的背立面图绘制完成，如图 11-67 所示。

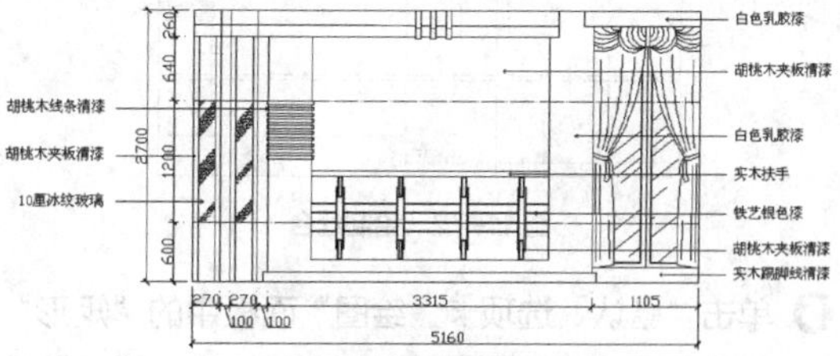

图 11-67 添加尺寸标注和文字标注

11.3 绘制厨房立面图

下面讲述绘制厨房立面图的方法。

扫一扫

STEP 绘制步骤

❶ 按照客厅正立面图的样式创建图层，将当前图层设置为“0”图层，单击“默认”选项卡“绘图”面板中的“矩形”按钮，绘制边长为 4320mm×2700mm 的矩形，作为绘图边界，如图 11-68 所示。

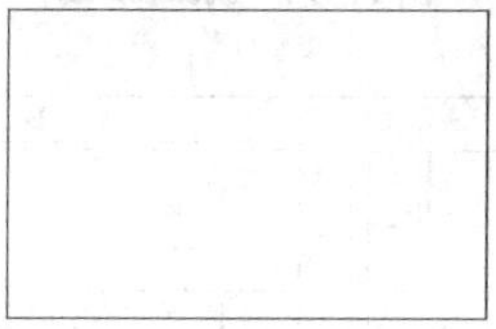

图 11-68 绘制绘图边界

❷ 将当前图层设置为“轴线”图层，以图 11-69 所示的距离绘制轴线。

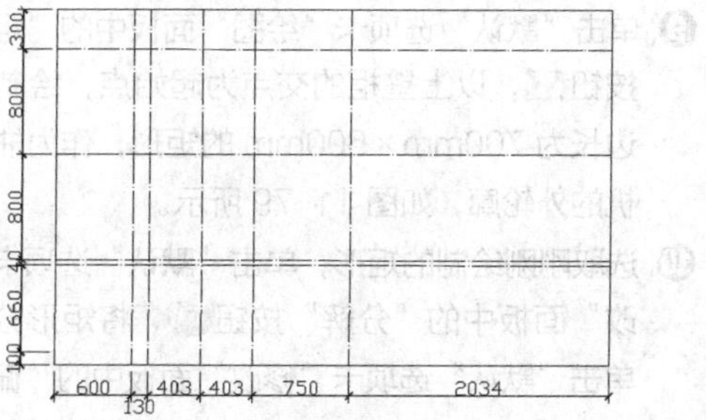

图 11-69 绘制轴线

❸ 复制客厅背立面图中的柱子图形，复制到本图右侧，如图 11-70 所示。同样在顶棚和地面绘制装饰线和踢脚线，并修剪相关线段，如图 11-71 所示。

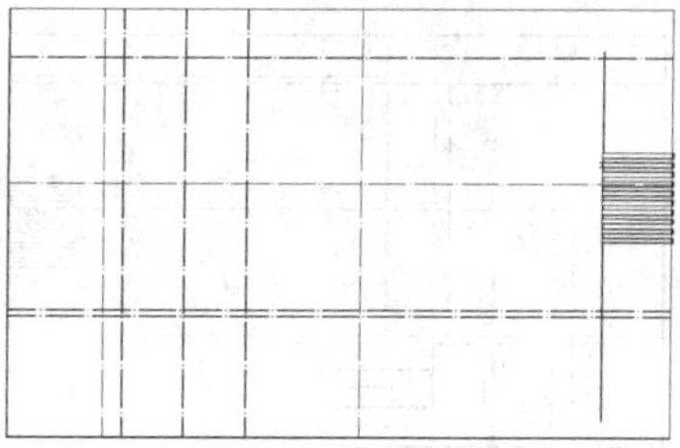

图 11-70 复制柱子

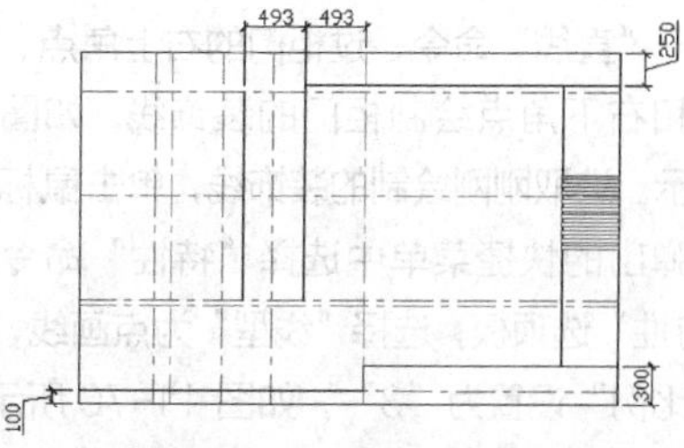

图 11-71 绘制顶棚和踢脚线

❹ 将当前图层设置为“陈设”图层，单击“默认”选项卡“绘图”面板中的“矩形”按钮，通过轴线的交点，绘制灶台的边缘线，并删除多余的柱线，如图 11-72 所示。

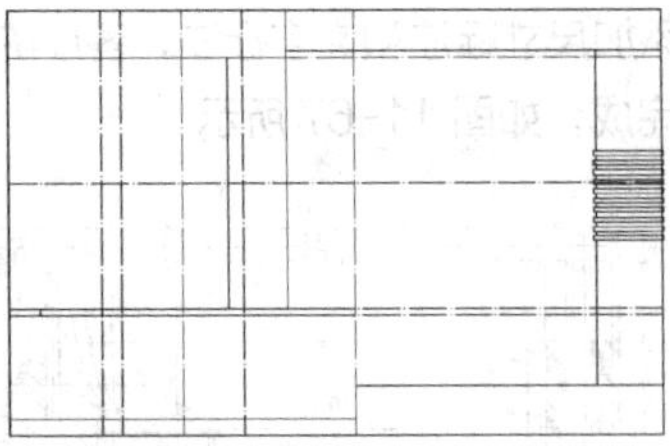

图 11-72 绘制灶台

❺ 单击“默认”选项卡“绘图”面板中的“矩形”按钮，绘制灶台下面的柜门以及分割空间的挡板，如图 11-73 所示。

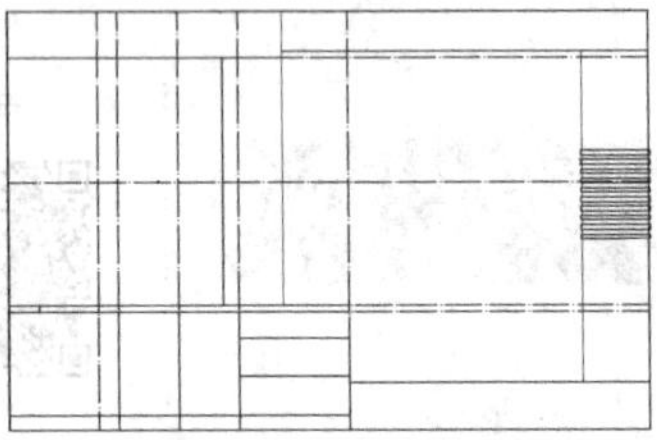

图 11-73 绘制柜门

❻ 单击“默认”选项卡“修改”面板中的“偏移”按钮，选择柜门，向内偏移 10mm。单击“默认”选项卡“绘图”面板中的“矩形”按钮，绘制柜门的把手，如图 11-74 所示。

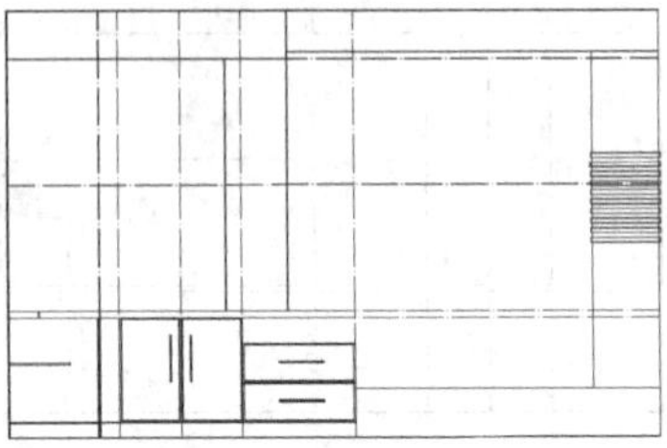

图 11-74 偏移柜门并绘制把手

❼ 执行“直线”命令，过柜门的右上角点、左边中点和右下角点绘制柜门的装饰线，如图 11-75 所示。选取刚刚绘制的装饰线，单击鼠标右键，在弹出的快捷菜单中选择“特性”命令，弹出“特性”选项板，选择“线型”为点画线，将“线型比例”设置为“3”，如图 11-76 所示。

图 11-75 绘制装饰线

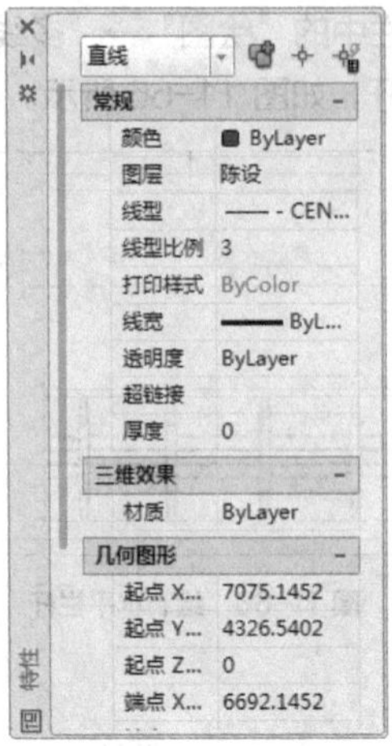

图 11-76 修改线型

❽ 单击“默认”选项卡“修改”面板中的“镜像”按钮，选取刚刚绘制的装饰线，以柜门的中轴线为基准线，镜像到另外一侧，结果如图 11-77 所示。按照步骤 5～步骤 8 的方法，绘制灶台上的壁柜，结果如图 11-78 所示。

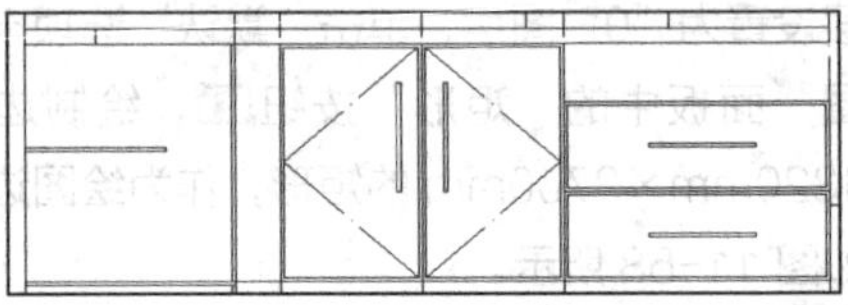

图 11-77 镜像装饰线

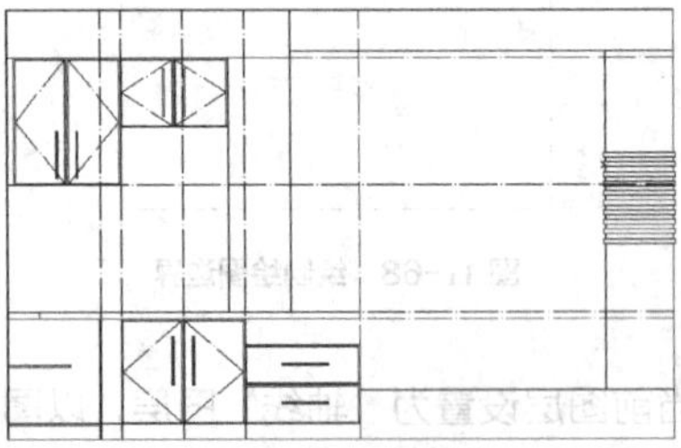

图 11-78 绘制壁柜

❾ 单击“默认”选项卡“绘图”面板中的“矩形”按钮，以上壁柜的交点为起始点，绘制一个边长为 700mm×500mm 的矩形，作为抽油烟机的外轮廓，如图 11-79 所示。

❿ 选取刚刚绘制的矩形，单击“默认”选项卡“修改”面板中的“分解”按钮，将矩形分解。单击“默认”选项卡“修改”面板中的“偏移”按钮，将矩形的下边向上偏移 100mm，如图 11-80 所示。

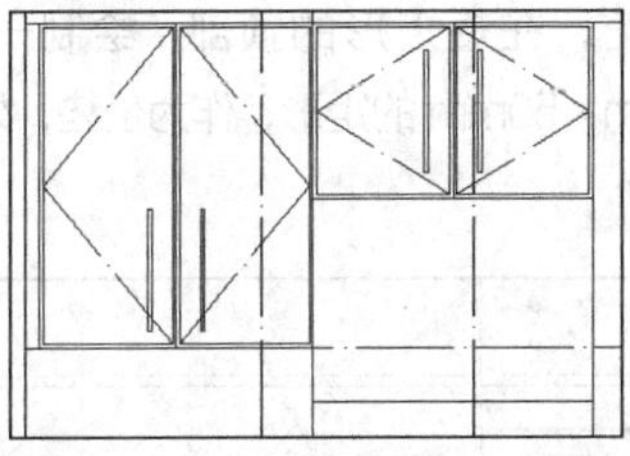

图 11-79 绘制抽油烟机外轮廓

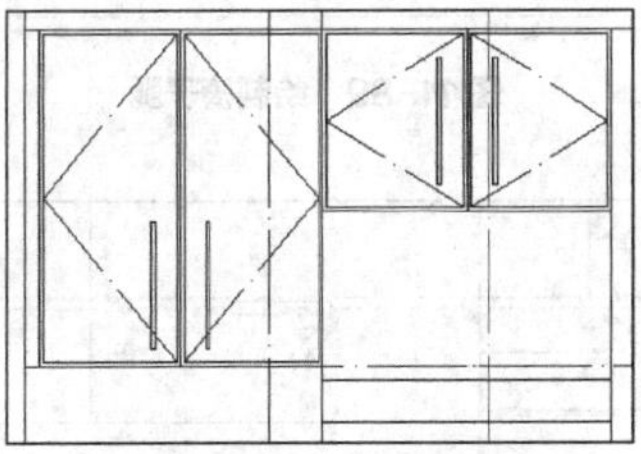

图 11-80 偏移直线

⑪ 单击“默认”选项卡“绘图”面板中的“直线”按钮，选择偏移后直线的左侧端点，然后在命令行中输入“@30，400”，按 Enter 键确认。单击“默认”选项卡“绘图”面板中的“直线”按钮，选择偏移后直线的右侧端点，然后在命令行中输入“@-30，400”，按 Enter 键确认，结果如图 11-81 所示。

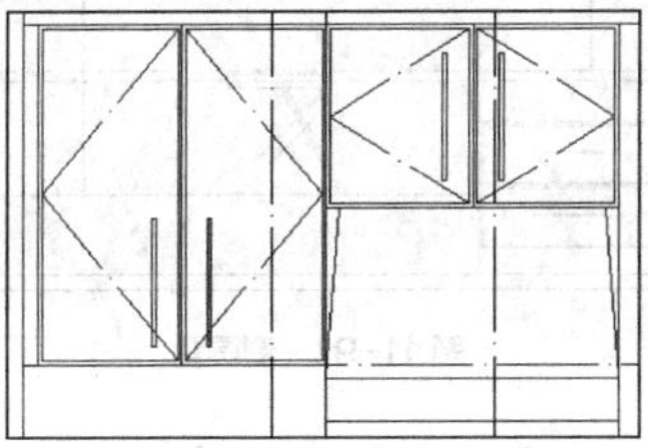

图 11-81 绘制斜线

⑫ 选择步骤 10 中偏移得到的水平直线，单击“默认”选项卡“修改”面板中的“复制”按钮，选择该直线的左端点，然后在命令行中输入复制图形移动的距离“@0，200”“@0，280”“@0，330”“@0，350”“@0，380”“@0，390”“@0，395”，结果如图 11-82 所示。

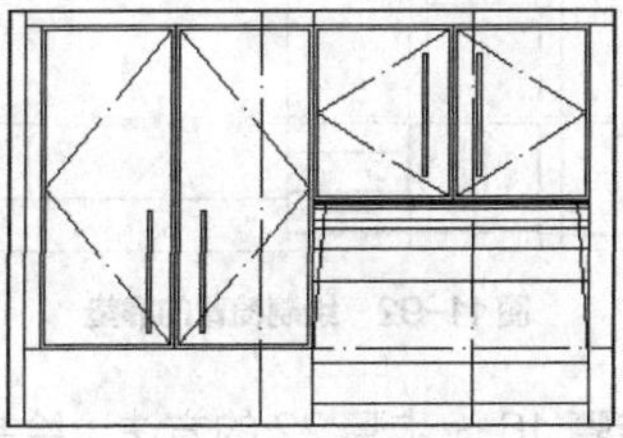

图 11-82 绘制波纹线

⑬ 单击“默认”选项卡“绘图”面板中的“直线”按钮，再单击“对象捕捉”工具栏中的“捕捉到中点”按钮，选择水平底边的中点，绘制辅助线，如图 11-83 所示。重复“直线”命令，在辅助线左边绘制一条长度为 200mm 的竖直线。单击“默认”选项卡“修改”面板中的“镜像”按钮，选择辅助线为对称轴，将刚刚绘制的直线镜像到另外一侧。

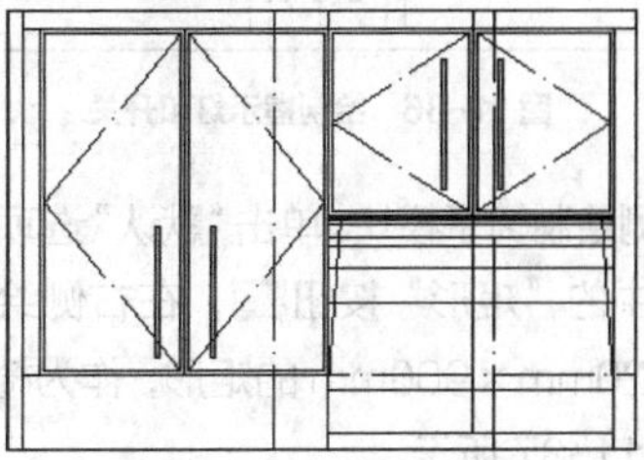

图 11-83 绘制辅助线

⑭ 单击“默认”选项卡“绘图”面板中的“圆弧”按钮，以两条短竖直线的上端点为两个端点，中间点选取在辅助线上，绘制弧线，如图 11-84 所示。再单击“默认”选项卡“修改”面板中的“偏移”按钮，设置偏移距离为 20mm，选择两条短竖直线和弧线，向内部偏移，结果如图 11-85 所示。

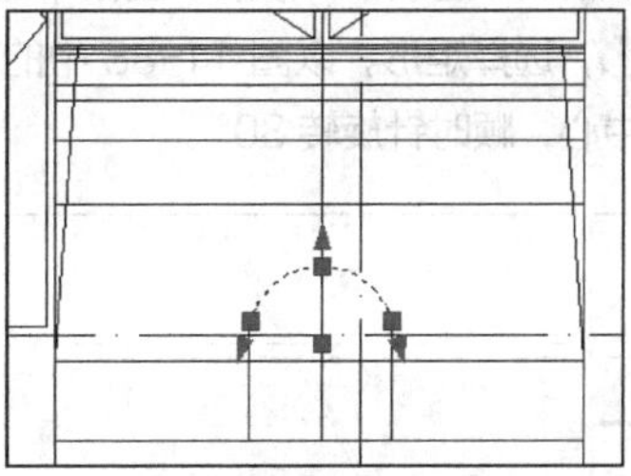

图 11-84 绘制弧线

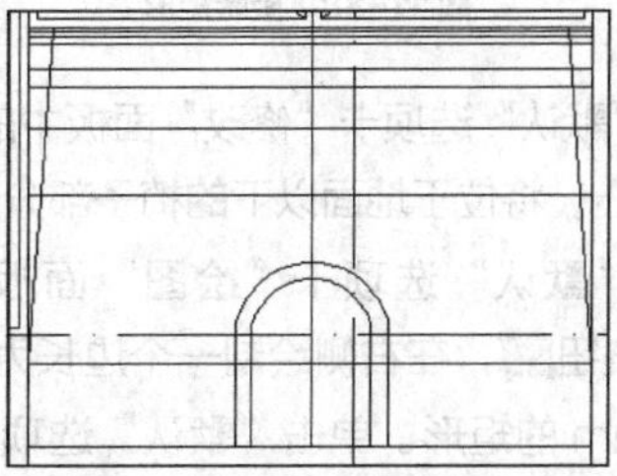

图 11-85 偏移弧线及竖直线

⑮ 单击“默认”选项卡“绘图”面板中的“圆”按钮，在弧线下面绘制直径为 30mm 和 10mm

的圆形，作为抽油烟机的指示灯，再在右侧绘制开关，如图 11-86 所示。

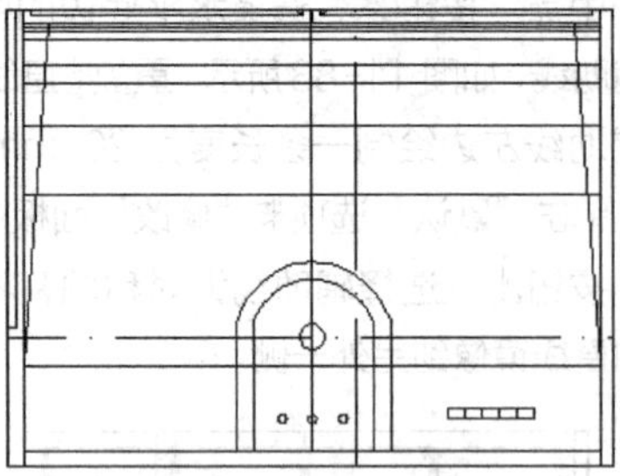

图 11-86 绘制指示灯和开关

⑯ 在右侧绘制椅子模块。单击“默认”选项卡“绘图”面板中的“矩形”按钮，在右侧绘制一个边长为 20mm×900mm 的矩形，作为椅子靠背，如图 11-87 所示。

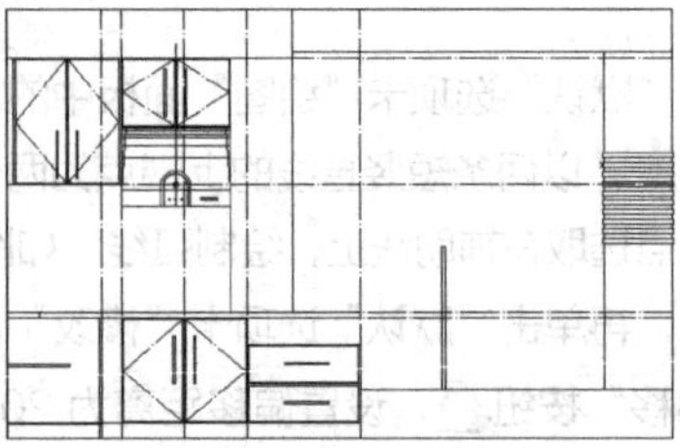

图 11-87 绘制椅子靠背

⑰ 单击“默认”选项卡“修改”面板中的“旋转”按钮，选择矩形，以图 11-88 中的 A 点作为旋转中心，顺时针旋转 30°。

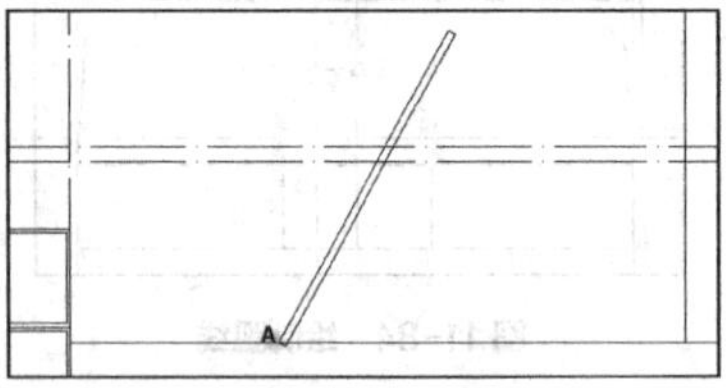

图 11-88 旋转矩形

⑱ 单击“默认”选项卡“修改”面板中的“修剪”按钮，将位于地面以下的椅子部分删除。

⑲ 单击“默认”选项卡“绘图”面板中的“矩形”按钮，在右侧绘制一个边长为 50mm×600mm 的矩形。单击“默认”选项卡“修改”面板中的“旋转”按钮，将矩形逆时针旋转 45°，并删除位于地面以下的部分，如图 11-89 所示。

⑳ 单击“默认”选项卡“绘图”面板中的“矩形”按钮，在短矩形的顶部，绘制一个边长为 400mm×50mm 的矩形，作为坐垫，如图 11-90 所示。

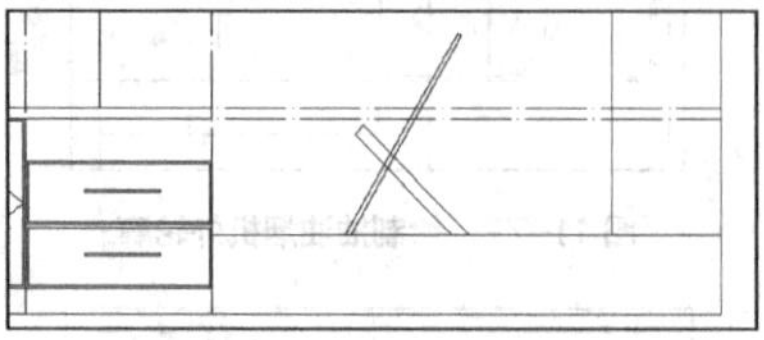

图 11-89 绘制椅子腿

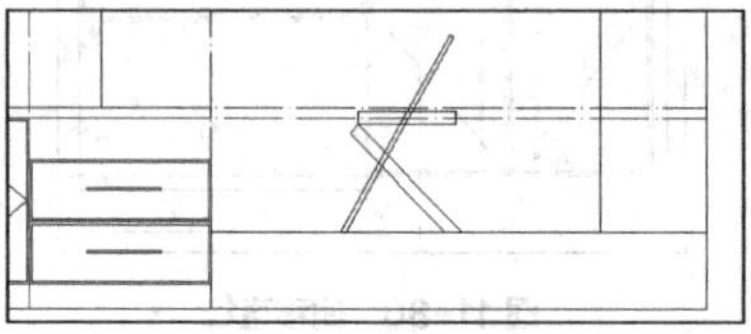

图 11-90 绘制坐垫

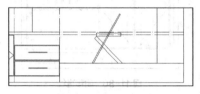

㉑ 单击“默认”选项卡“修改”面板中的“分解”按钮，将矩形分解。单击“默认”选项卡“修改”面板中的“圆角”按钮，选择相交的边，将外侧圆角半径设置为 50mm，内侧圆角半径设置为 20mm，倒圆角结果如图 11-91 所示。

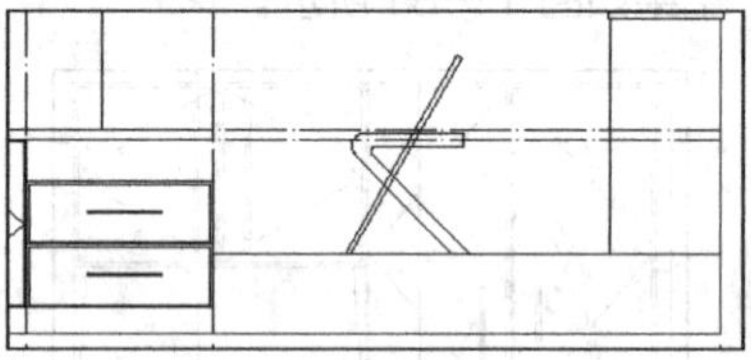

图 11-91 倒圆角

㉒ 单击“默认”选项卡“绘图”面板中的“圆”按钮，以椅背的顶端中点为圆心，绘制一个半径为 80mm 的圆。单击“默认”选项卡“绘图”面板中的“直线”按钮，再绘制直线进行装饰，作为椅背的靠垫，如图 11-92 所示。

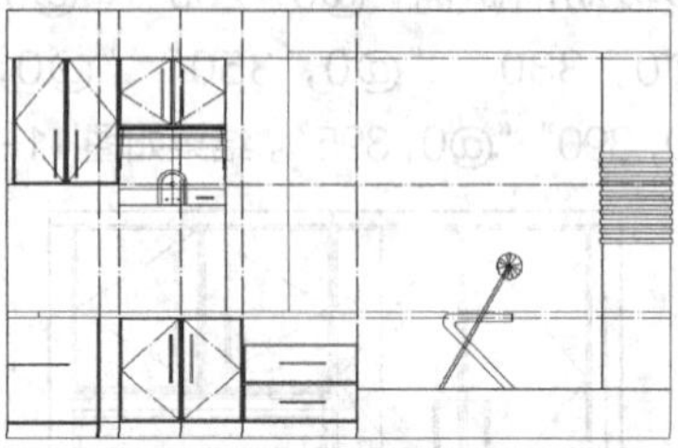

图 11-92 绘制椅背的靠垫

㉓ 按照步骤 16～步骤 22 的方法，绘制此立面图的其他基本设施模块，结果如图 11-93 所示。

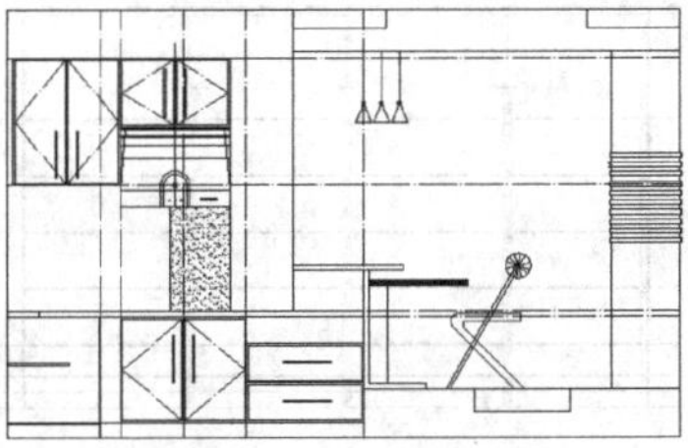

图 11-93　绘制其他设施

㉔ 添加尺寸标注和文字标注，完成厨房立面图的绘制，如图 11-94 所示。

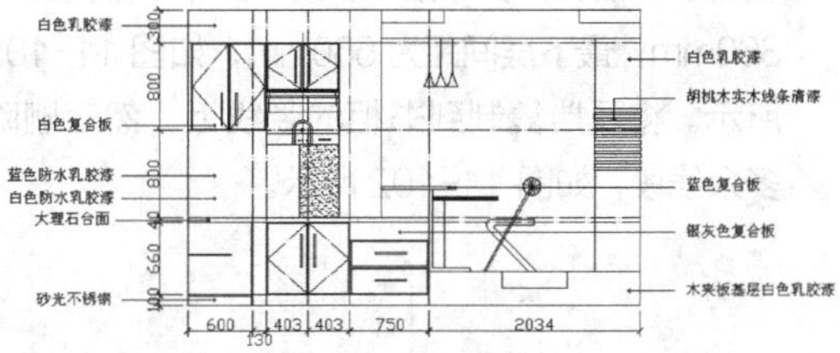

图 11-94　添加尺寸标注和文字标注

11.4 绘制书房立面图

扫一扫

下面简单讲述一下绘制书房立面图的方法。

STEP 绘制步骤

❶ 按照客厅正立面图的样式创建图层，将当前图层设置为“0”图层，单击“默认”选项卡“绘图”面板中的“矩形”按钮，绘制绘图边界，尺寸为 4853mm × 2550mm，如图 11-95 所示。

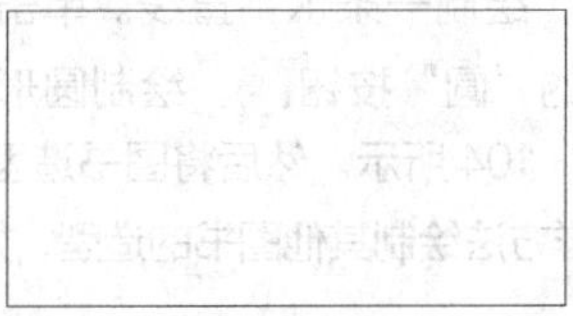

图 11-95　绘制绘图边界

❷ 将当前图层设置为“轴线”图层，绘制如图 11-96 所示的轴线。

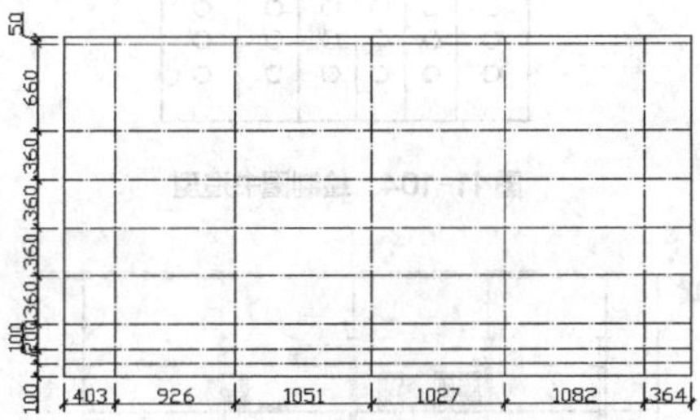

图 11-96　绘制轴线

❸ 将当前图层设置为“陈设”图层，单击“默认”选项卡“绘图”面板中的“直线”按钮，沿轴线绘制书柜的边界和玻璃的分界线，如图 11-97 所示。

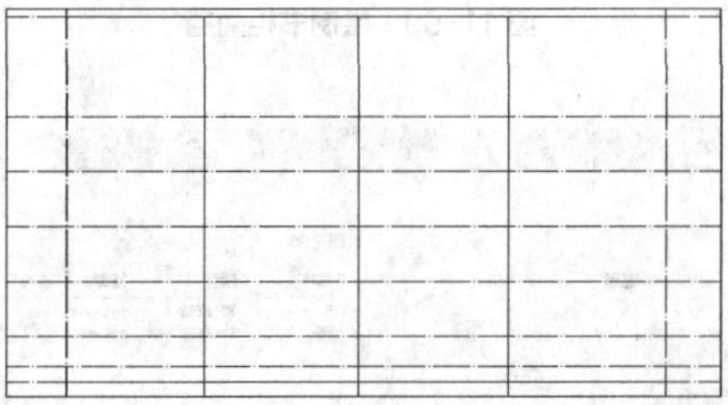

图 11-97　绘制书柜边界和玻璃分界线

❹ 单击“默认”选项卡“绘图”面板中的“多段线”按钮，设置线宽为“10”，绘制书柜的水平板及两侧边缘，如图 11-98 所示。

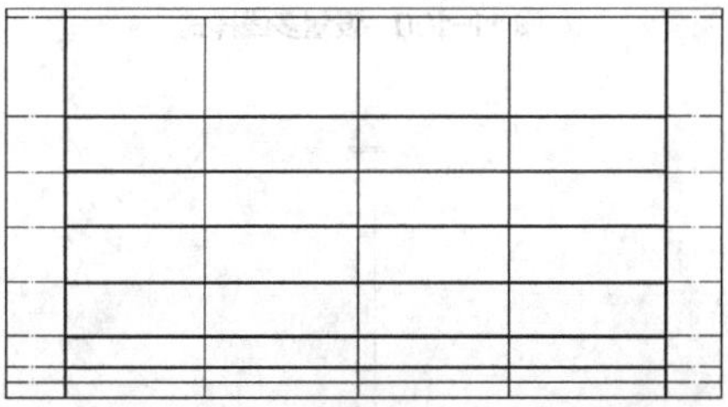

图 11-98　绘制水平板及两侧边缘

❺ 单击“默认”选项卡“绘图”面板中的“矩形”按钮，绘制一个边长为 50mm × 2000mm 的矩形，然后在其上端绘制一个边长为 100mm × 10mm 的矩形，作为书柜隔挡，如图 11-99 所示。

❻ 选取菜单栏中的“格式”→“多线样式”命令，弹出“多线样式”对话框，单击“新建”

按钮，新建多线样式，按图 11-100 所示进行设置。然后在隔挡中绘制多线，其中上部间距为 360mm，最下层间距为 560mm，如图 11-101 所示。将隔挡复制到书柜的竖线上，然后删除多余线段，如图 11-102 所示。

图 11-99　绘制书柜隔挡

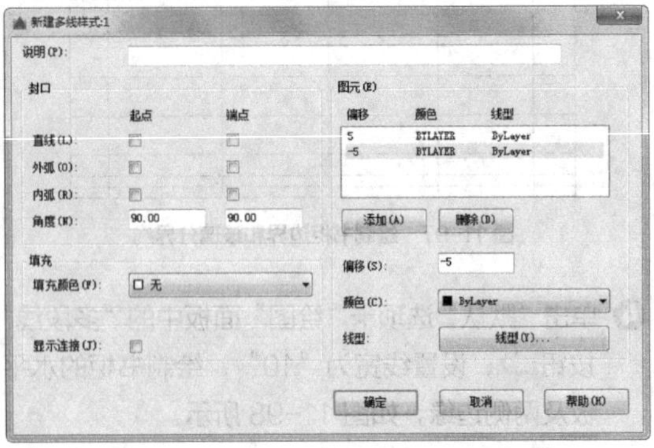

图 11-100　设置多线样式

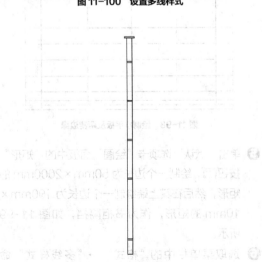

图 11-101　绘制多线

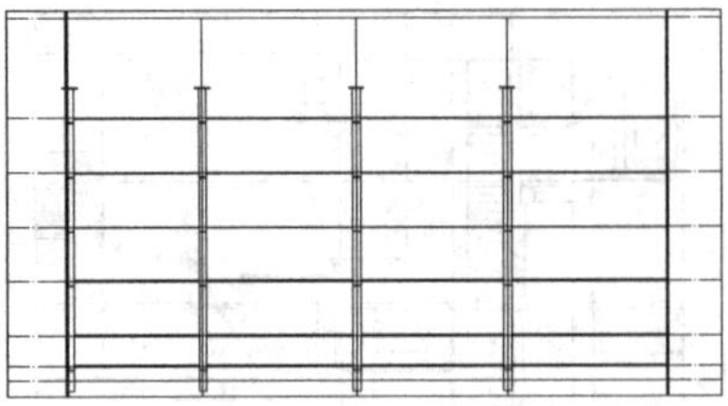

图 11-102　复制隔挡

❼ 单击“默认”选项卡“绘图”面板中的“矩形”按钮，在空白处绘制一个边长为 500mm × 300mm 的矩形。单击“默认”选项卡“绘图”面板中的“直线”按钮，然后在矩形中绘制竖直直线进行分割，间距自己定义即可，如图 11-103 所示。

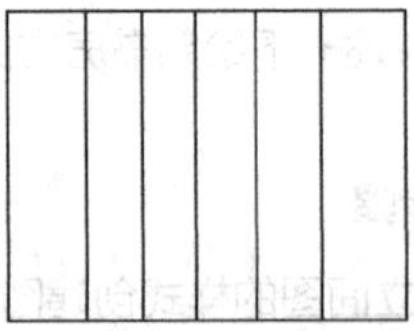

图 11-103　绘制矩形和直线

❽ 单击“默认”选项卡“绘图”面板中的“直线”按钮，绘制一条水平直线。单击“绘图”工具栏中的“圆”按钮，绘制圆形代表书名，如图 11-104 所示。然后将图书造型复制到书架上。同样方法绘制其他图书的造型，如图 11-105 所示。

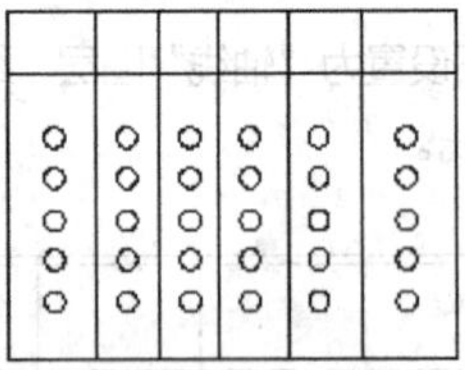

图 11-104　绘制图书造型

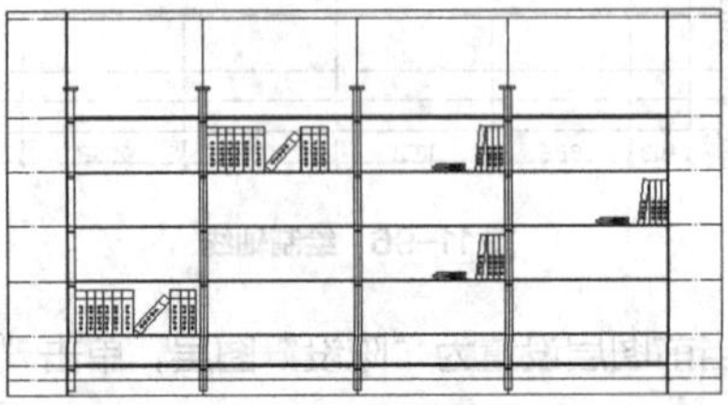

图 11-105　插入图书造型

❾ 下面绘制玻璃纹路。单击“默认”选项卡“绘图”

面板中的“直线”按钮，绘制斜向 45° 的直线，如图 11-106 所示。

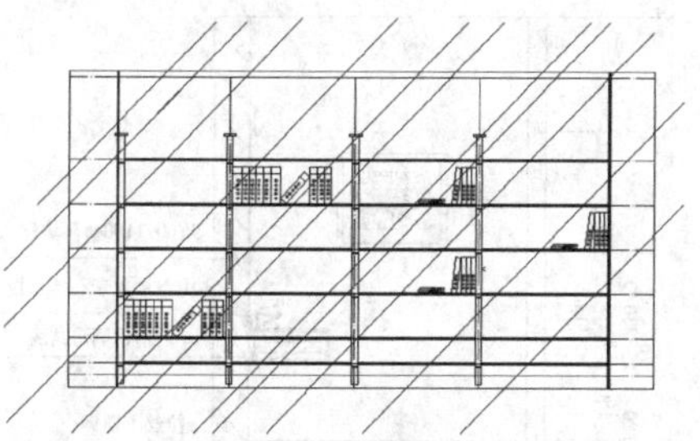

图 11-106　绘制斜线

⑩ 单击“默认”选项卡“修改”面板中的“修剪”按钮，将玻璃内轮廓外部和底部抽屉处的直线剪切掉，如图 11-107 所示。

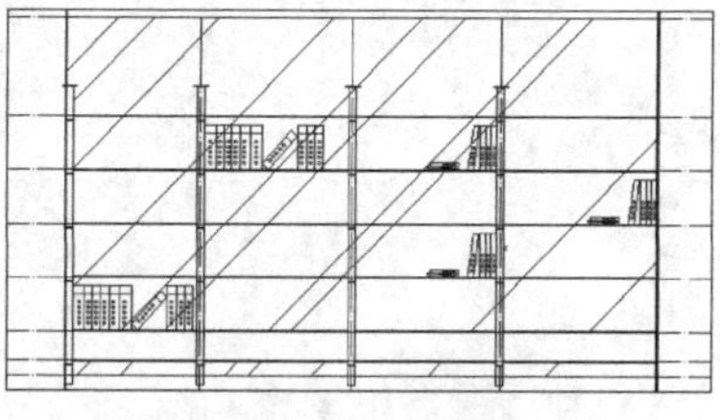

图 11-107　修剪斜线

⑪ 单击“默认”选项卡“修改”面板中的“打断”按钮，将图中的部分斜线打断，结果如图 11-108 所示。

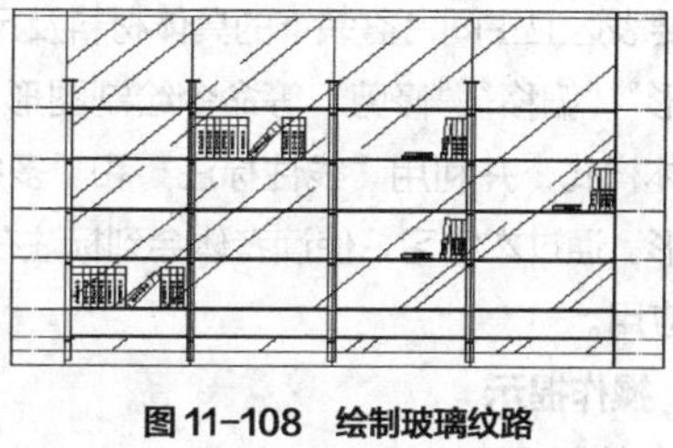

图 11-108　绘制玻璃纹路

⑫ 最后添加尺寸标注和文字标注，如图 11-109 所示。

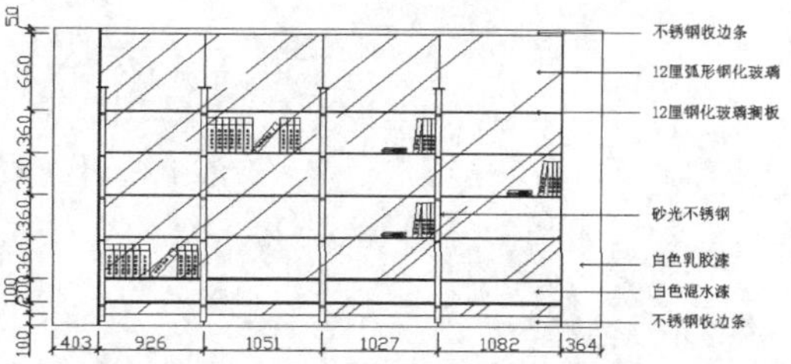

图 11-109　添加尺寸标注和文字标注

11.5 上机实验

【练习 1】绘制餐厅 A 立面图

1. 目的要求

本练习绘制如图11-110所示的餐厅A立面图。通过本练习，可以帮助读者进一步熟悉和掌握立面图的绘制方法。

2. 操作提示

（1）绘制轴线。

（2）绘制墙线。

（3）绘制立面墙上的装饰物。

（4）添加尺寸和文字等标注。

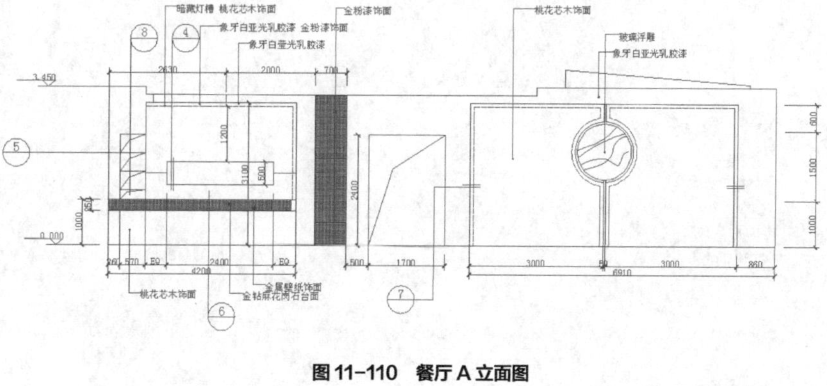

图 11-110　餐厅 A 立面图

【练习 2】绘制卫生间台盆剖面图

1. 目的要求

本练习绘制如图11-111所示的卫生间台盆剖面图，主要表达卫生间台盆装饰的具体材料及尺寸。利用“矩形”“偏移”“修剪”等命令绘制图形，最后，设置字体样式，并利用“线性标注”和“多行文字”标注图形。通过本练习，使读者体会到标注在图形绘制中的应用。

2. 操作提示

（1）绘制矩形。

（2）偏移矩形。

（3）绘制图块。

（4）修剪并填充图形。

（5）添加文字与尺寸标注。

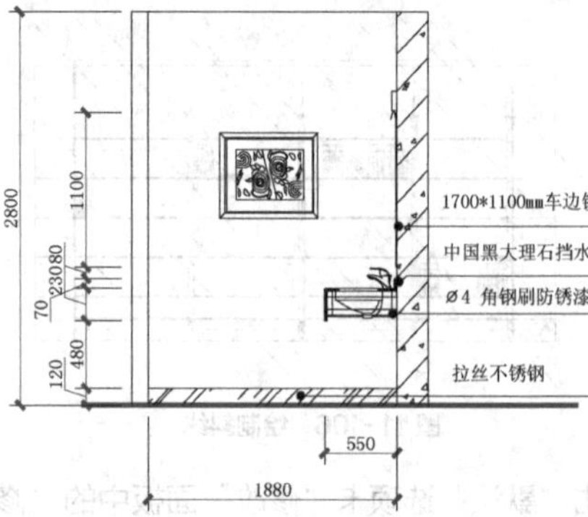

图 11-111 卫生间台盆剖面图

第3篇　别墅室内设计实例

本篇主要围绕一个典型的别墅建筑室内设计案例展开讲述，包括设计思想分析，建筑平面图、室内平面图、立面图、地坪图和顶棚图等图样的设计过程。

本篇内容通过实例进一步加深读者对 AutoCAD 功能的理解，掌握典型空间室内设计的基本方法和技巧。

第 12 章

绘制别墅建筑平面图

建筑平面图（除屋顶平面图外）是指用假想的水平剖切面，在建筑各层窗台上方将整幢房屋剖开所得到的水平剖面图。建筑平面图是表达建筑物的基本图样之一，它主要反映建筑物的平面布局情况。通常情况下，建筑平面图应该表达以下内容。

- 墙（或柱）的位置和尺度。
- 门、窗的类型、位置和尺度。
- 其他细部的配置和位置情况，如楼梯、家具和各种卫生设备等。
- 室外台阶、花池等建筑小品的大小和位置。
- 建筑物及其各部分的平面尺寸标注。
- 各层地面的标高。通常情况下，首层平面的室内地坪标高定为 ±0.000。

重点与难点

- 别墅空间室内设计思想
- 绘制别墅首层平面图
- 绘制别墅二层平面图
- 绘制屋顶平面图

12.1 别墅空间室内设计思想

别墅一般有两种类型：一是住宅型别墅，大多建造在城市郊区，或独立或群体，环境幽雅恬静，有花园绿地，交通便捷，便于上下班；二是休闲型别墅，则建造在人口稀少、风景优美、山清水秀的风景区，供周末和假期度假消遣或疗养、避暑之用。

别墅造型外观雅致美观，独幢独户，庭院视野宽阔，花园树茂草盛，有较大绿地。有的依山傍水，景观宜人，使住户能享受大自然之美，有心旷神怡之感；别墅还有附属的汽车间、门房间、花棚等；社区型的别墅大都是整体开发建造的，整个别墅区有数十幢独立独户别墅住宅，区内公共设施完备，有中心花园、水池绿地，还设有健身房、文化娱乐场所及购物场所等。

就建筑功能而言，别墅平面需要设置的空间虽然不多，但应齐全，满足日常生活不同需要。根据日常起居和生活质量的要求，别墅空间平面一般设置下面一些房间。

（1）厅：门厅、客厅和餐厅等。

（2）卧室：主人房、次卧室、儿童房、客人房等。

（3）房间：书房、家庭团聚室、娱乐室、衣帽间等。

（4）生活配套：厨房、卫生间、淋浴间、运动健身房等。

（5）其他房间：工人房、洗衣房、储藏间、车库等。

在上述各个房间中，门厅、客厅、餐厅、厨房、卫生间、淋浴间等多设置在首层平面中，次卧室、儿童房、主人房和衣帽间等多设置在2层或3层平面中。别墅建筑平面图与普通住宅居室建筑平面图绘制方法类似，同样是先建立各个功能房间的开间和进深轴线，然后按轴线位置绘制各个功能房间墙体及相应的门窗洞口的平面造型，最后绘制楼梯、阳台及管道等辅助空间的平面图形，同时标注相应的尺寸和文字说明。

12.2 绘制别墅首层平面图

别墅首层平面图的主要绘制思路为：首先绘制这栋别墅的定位轴线，接着在已有轴线的基础上绘出别墅的墙线，然后借助已有图库或图形模块绘制别墅的门窗和室内的家具、洁具，最后进行尺寸和文字标注。别墅的首层平面图如图12-1所示。

扫一扫

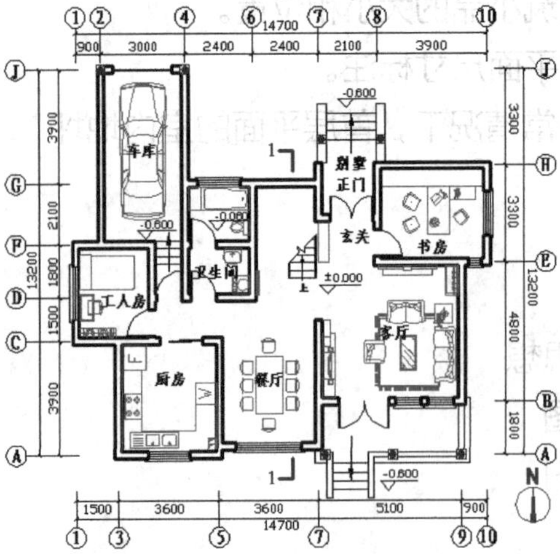

图12-1 别墅的首层平面图

12.2.1 设置绘图环境

STEP 绘制步骤

❶ 创建图形文件。

启动 AutoCAD 2018 中文版软件，选择菜单栏中的“格式”→“单位”命令，打开“图形单位”对话框，设置角度“类型”为“十进制度数”，角度“精度”为0，如图12-2所示。单击“方向”按钮，系统打开“方向控制”对话框，将“方向控制”设置为“东”，如图12-3所示。依次单击“确定”按钮。关闭对话框。

❷ 命名图形。

单击快速访问工具栏中的“保存”按钮，打

开“图形另存为”对话框。在“文件名”文本框中输入图形名称“别墅首层平面图”，如图 12-4 所示。单击“保存”按钮，完成对新建图形文件的保存。

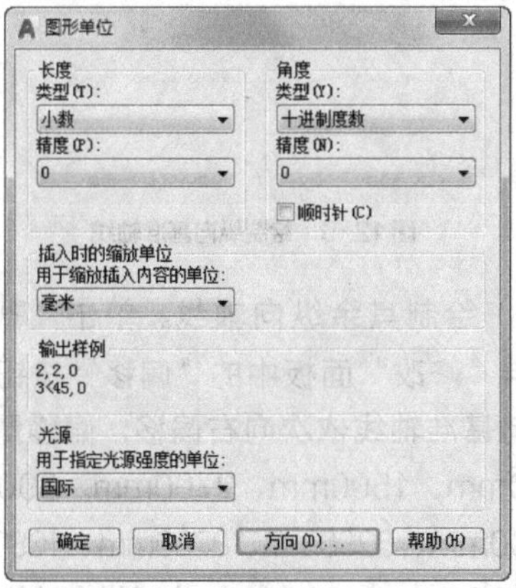

图 12-2 “图形单位”对话框

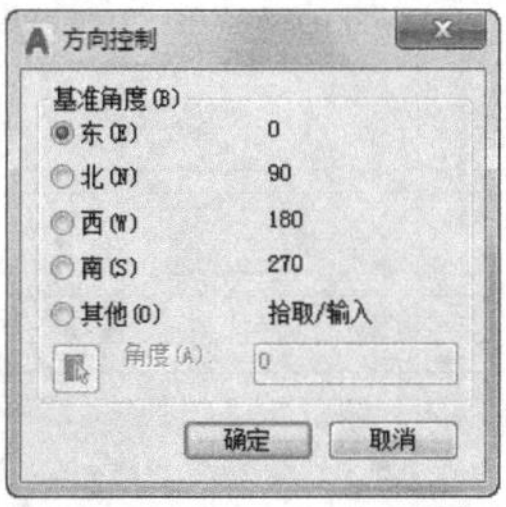

图 12-3 “方向控制”对话框

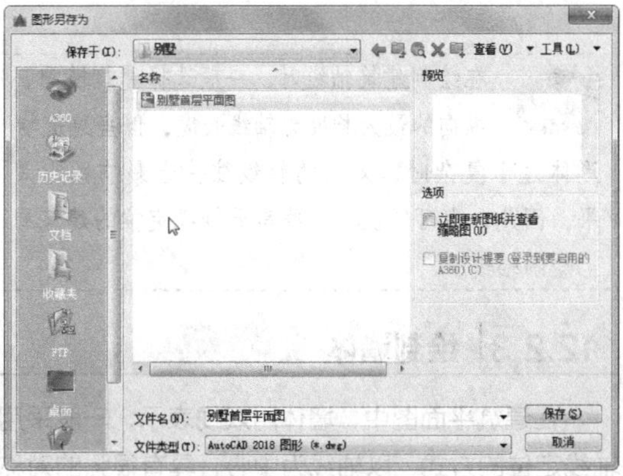

图 12-4 命名图形

❸ 设置图层。

单击“默认”选项卡“图层”面板中的“图层特性”按钮，打开图层特性管理器，依次创建平面图中的基本图层，如轴线、墙体、楼梯、门窗、家具、地坪、标注和文字等，并设置图层属性，如图 12-5 所示。

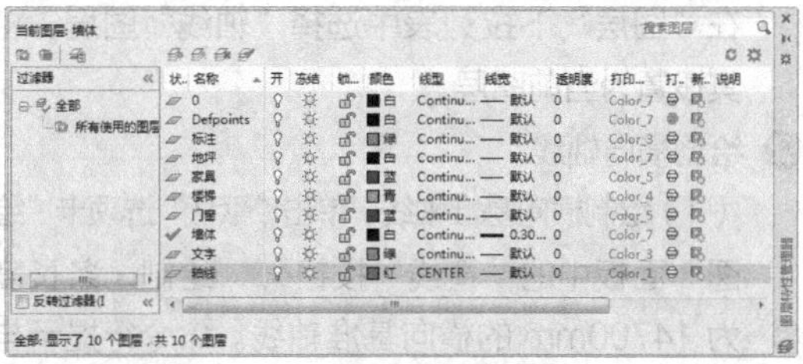

图 12-5 图层特性管理器

> **注意** 在使用AutoCAD 2018绘图过程中，应经常性地保存已绘制的图形文件，以避免因软件系统的不稳定导致软件的瞬间关闭而无法及时保存文件，丢失大量已绘制的信息。AutoCAD 2018软件有自动保存图形文件的功能，使用者只需在绘图时，将该功能激活即可。具体设置步骤如下：选择菜单栏中的“工具”→“选项”命令，打开“选项”对话框；单击“打开和保存”选项卡，在“文件安全措施”选项组中勾选“自动保存”复选框，根据个人需要在“保存间隔分钟数”文本框中输入具体数字，然后单击“确定”按钮，完成设置，如图12-6所示。

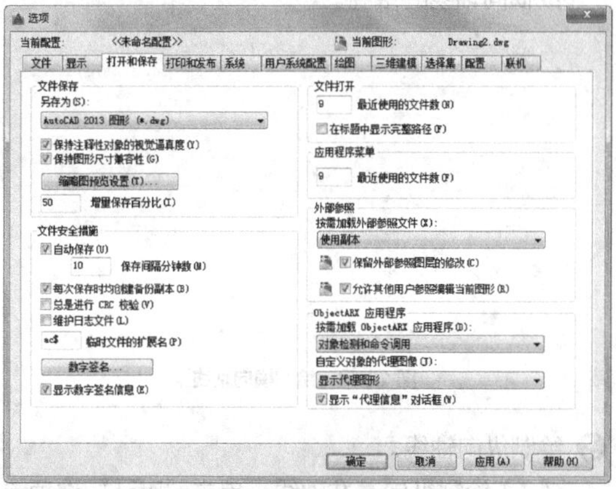

图 12-6 自动保存设置

12.2.2 绘制建筑轴线

建筑轴线是在绘制建筑平面图时布置墙体和门窗的依据，同样也是建筑施工定位的重要依据。在轴线的绘制过程中，主要使用的绘图命令是“直线”命令和“偏移”命令。

STEP 绘制步骤

❶ 选择图层。

在“图层”下拉列表中选择“轴线”图层，将其设置为当前图层。

❷ 绘制横向轴线。

（1）绘制横向基准轴线。单击“默认”选项卡“绘图”面板中的“直线”按钮，绘制一条长度为 14700mm 的横向基准轴线。命令行提示与操作如下。

```
命令：_line
指定第一个点：(适当指定一点)
指定下一点或 [放弃(U)]: @14700，0↙
指定下一点或 [放弃(U)]:↙
```

绘制结果如图 12-7 所示。

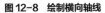

图 12-7　绘制横向基准轴线

（2）绘制横向轴线。单击“默认”选项卡“修改”面板中的“偏移”按钮，将横向基准轴线依次向下偏移，偏移距离分别为 3300mm、3900mm、5100mm、6000mm、6600mm、7800mm、8590mm、9300mm、11400mm、12900mm、13200mm，如图 12-8 所示，完成横向轴线的绘制。

图 12-8　绘制横向轴线

❸ 绘制纵向轴线。

（1）绘制纵向基准轴线。单击“默认”选项卡“绘图”面板中的“直线”按钮，以前面绘制的横向基准轴线的左端点为起点，垂直向下绘制一条长度为 13200mm 的纵向基准轴线。命令行提示与操作如下。

```
命令：_line
指定第一个点：(指定横向基准与曲线的左端点)
指定下一点或 [放弃(U)]: @0，-13200↙
指定下一点或 [放弃(U)]:↙
```

绘制结果如图 12-9 所示。

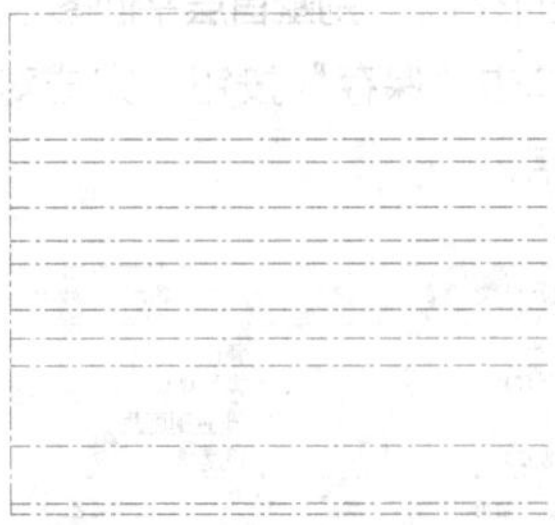

图 12-9　绘制纵向基准轴线

（2）绘制其余纵向轴线。单击“默认”选项卡“修改”面板中的“偏移”按钮，将纵向基准轴线依次向右偏移，偏移量分别为 900mm、1500mm、2700mm、3900mm、5100mm、6300mm、8700mm、10800mm、13800mm、14700mm，完成纵向轴线的绘制，如图 12-10 所示。

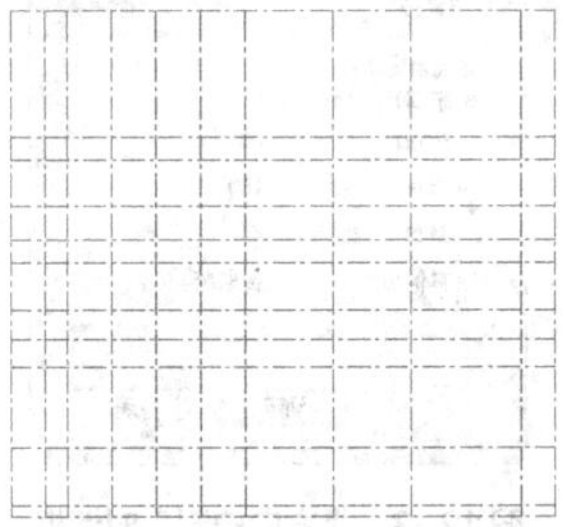

图 12-10　绘制纵向轴线

> **注意** 在绘制建筑轴线时，一般选择建筑横向、纵向的最大长度为轴线长度，但当建筑物形体过于复杂时，太长的轴线往往会影响图形效果，因此，也可以仅在一些需要轴线定位的建筑局部绘制轴线。

12.2.3 绘制墙体

在建筑平面图中，墙体用双线表示，一般采用轴线定位的方式，以轴线为中心，具有很强的对称关系，因此绘制墙体通常有3种方法。

（1）单击“默认”选项卡“修改”面板中的“偏移”按钮，直接偏移轴线，将轴线向两侧偏移一定距离，得到双线，然后将所得双线转移至“墙体”图层。

（2）选择菜单栏中的“绘图”→“多线”命

令，直接绘制墙体。

（3）当墙体要求填充成实体颜色时，也可以单击“默认”选项卡“绘图”面板中的“多段线”按钮，直接绘制墙体，将线宽设置为墙厚即可。

本节选用第二种方法，即利用“多线”命令绘制墙体。

STEP 绘制步骤

❶ 定义多线样式。

在使用“多线”命令绘制墙体前，应首先对多线样式进行设置。

（1）选择菜单栏中的“格式”→“多线样式”命令，打开“多线样式”对话框，如图 12-11 所示。

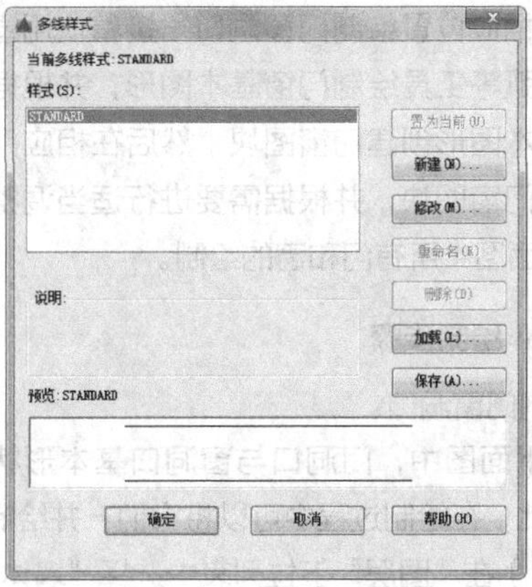

图 12-11 “多线样式”对话框

（2）单击“新建”按钮，在打开的“创建新的多线样式”对话框中，输入新样式名“240 墙”，如图 12-12 所示。

图 12-12 命名多线样式

（3）单击“继续”按钮，打开“新建多线样式：240 墙”对话框，将图元偏移量的首行设置为“120”，第二行设置为“-120”，如图 12-13 所示。

（4）单击“确定”按钮，返回“多线样式”对话框。在“样式”列表框中选择“240 墙”多线样式，并将其置为当前，如图 12-14 所示。

单击“确定”按钮，关闭对话框。

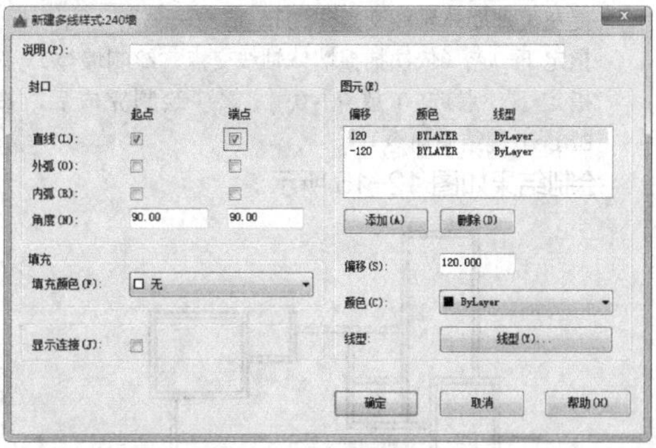

图 12-13 设置多线样式

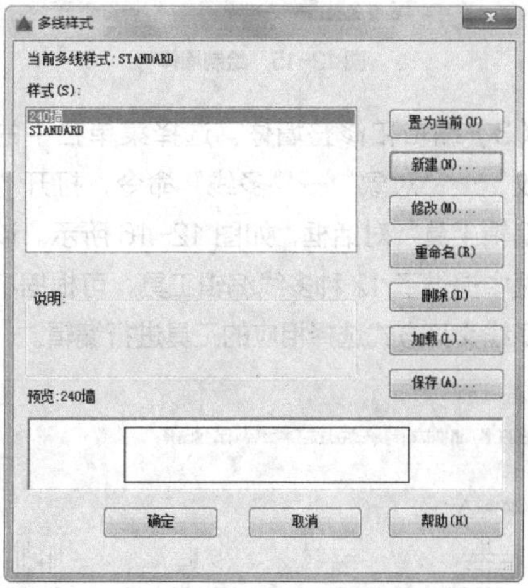

图 12-14 将多线样式“240 墙”置为当前

❷ 绘制墙体。

（1）在“图层”下拉列表中选择“墙体”图层，将其设置为当前图层。

（2）选择菜单栏中的“绘图”→“多线”命令，绘制墙体。命令行提示与操作如下。

```
命令：_mline
当前设置：对正 = 上，比例 = 20.00，样式 = 240 墙
指定起点或 [对正 (J)/ 比例 (S)/ 样式 (ST)]：J↙（在命令行输入“J”，重新设置多线的对正方式）
输入对正类型 [上 (T)/ 无 (Z)/ 下 (B)] <上>：Z↙（在命令行输入“Z”，选择“无”为当前对正方式）
当前设置：对正 = 无，比例 = 20.00，样式 = 240 墙
指定起点或 [对正 (J)/ 比例 (S)/ 样式 (ST)]：S↙（在命令行输入“S”，重新设置多线比例）
输入多线比例 <20.00>：1↙（在命令行输入“1”，作为当前多线比例）
```

当前设置：对正 = 无，比例 = 1.00，样式 = 240 墙
指定起点或 [对正(J)/比例(S)/样式(ST)]：(捕捉左上部墙体轴线交点作为起点)
指定下一点（依次捕捉墙体轴线交点，绘制墙体）
指定下一点或 [放弃(U)]：↙（绘制完成后，按 Enter 键结束命令）

绘制结果如图 12-15 所示。

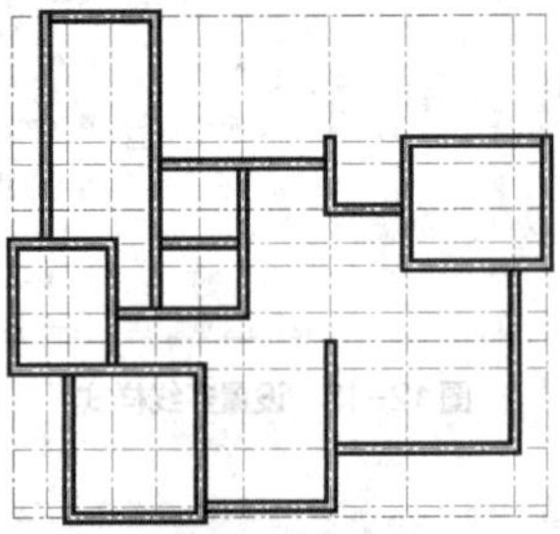

图 12-15 绘制墙体

（3）编辑和修整墙体。选择菜单栏中的“修改”→“对象”→“多线”命令，打开“多线编辑工具”对话框，如图 12-16 所示。该对话框中提供了 12 种多线编辑工具，可根据不同的多线交叉方式选择相应的工具进行编辑。

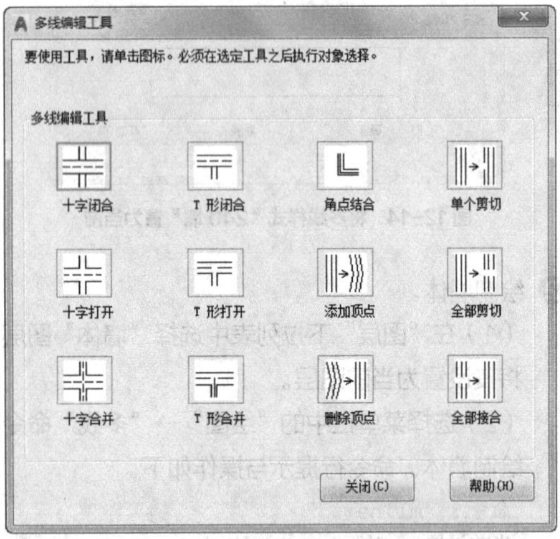

图 12-16 “多线编辑工具”对话框

如果少数较复杂的墙体结合处无法找到相应的多线编辑工具进行编辑，则可以单击“默认”选项卡“修改”面板中的“分解”按钮，将多线分解，然后单击“默认”选项卡“修改”面板中的“修剪”按钮，对该结合处的线条进行修整。另外，一些内部墙体并不在主要轴线上，可以通过添加辅助轴线，并单击“默认”选项卡“修改”面板中的“修剪”按钮或“延伸”按钮，进行绘制和修整。

编辑和修整后的墙体如图 12-17 所示。

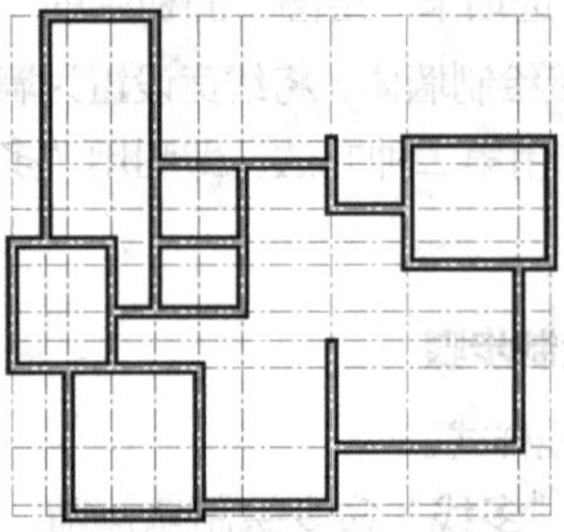

图 12-17 编辑和修整后的墙体

12.2.4 绘制门窗

建筑平面图中门窗的绘制过程基本如下：首先在墙体相应位置绘制门窗洞口；接着使用直线、矩形和圆弧等工具绘制门窗基本图形，并根据所绘门窗的基本图形创建门窗图块；然后在相应门窗洞口处插入门窗图块，并根据需要进行适当调整，进而完成平面图中所有门和窗的绘制。

STEP 绘制步骤

❶ 绘制门窗洞口。

在平面图中，门洞口与窗洞口基本形状相同，因此，在绘制过程中可以将它们一并绘制。

（1）在“图层”下拉列表中选择“墙体”图层，将其设置为当前图层。

（2）绘制门窗洞口基本图形。单击“默认”选项卡“绘图”面板中的“直线”按钮，绘制一条长度为 240mm 的竖直线段；然后，单击“默认”选项卡“修改”面板中的“偏移”按钮，将线段向右偏移 1000mm，即得到门窗洞口基本图形，如图 12-18 所示。

图 12-18 门窗洞口基本图形

（3）绘制门洞。下面以正门门洞（1500mm×240mm）为例，介绍平面图中门洞的绘制方法。单击“插入”选项卡“块定义”面板中的“创建块”按钮，打开“块定义”对话框。在“名称”文本框中输入“门洞”；单击“选择对象”按钮，

选中如图 12-18 所示的图形；单击“拾取点”按钮，选择左侧门洞线上端的端点为插入点；单击“确定”按钮，如图 12-19 所示，完成“门洞”图块的创建。

图 12-19 “块定义”对话框

单击“插入”选项卡“块”面板中的“插入块”按钮，打开“插入”对话框，在“名称”下拉列表中选择“门洞”，在“比例”选项组中将 *X* 方向的比例设置为 1.5，如图 12-20 所示。单击“确定”按钮，在图中选择左侧墙线交点作为基点，插入正门门洞图块，如图 12-21 所示。单击“默认”选项卡“修改”面板中的“移动”按钮，在图中选择已插入的正门门洞图块，将其水平向右移动 300mm。命令行提示与操作如下。

```
命令： _move
选择对象： 找到 1 个（在图中选择正门门洞图块）
选择对象： ↙
指定基点或 [位移(D)] <位移>：（捕捉图块插入点作为移动基点）
指定第二个点或 <使用第一个点作为位移>：@300,0 ↙（在命令行中输入第二点相对位置坐标）
```

图 12-20 “插入”对话框

移动结果如图 12-22 所示。

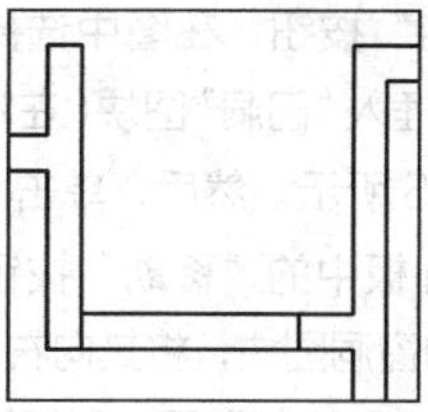

图 12-21 插入正门门洞图块

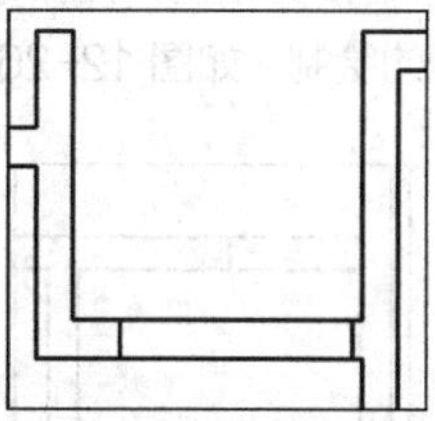

图 12-22 移动正门门洞图块

最后，单击“默认”选项卡“修改”面板中的“修剪”按钮，修剪洞口处多余的墙线，完成正门门洞的绘制，如图 12-23 所示。

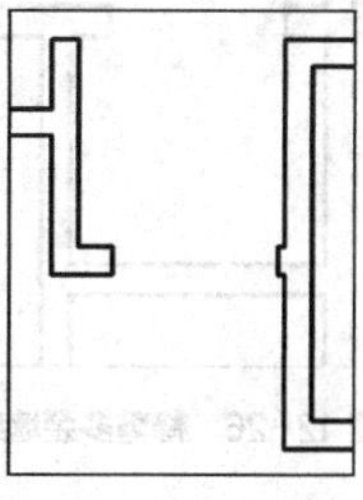

图 12-23 修剪多余墙线

（4）绘制窗洞。下面以卫生间窗户洞口（1500mm×240mm）为例，介绍如何绘制窗洞。首先，单击“插入”选项卡“块”面板中的“插入块”按钮，打开“插入”对话框，在“名称”下拉列表中选择“门洞”，将 *X* 方向的比例设置为 1.5，如图 12-24 所示。由于门窗洞口基本形状一致，因此没有必要创建新的窗洞图块，可以直接利用已有门洞图块进行绘制。

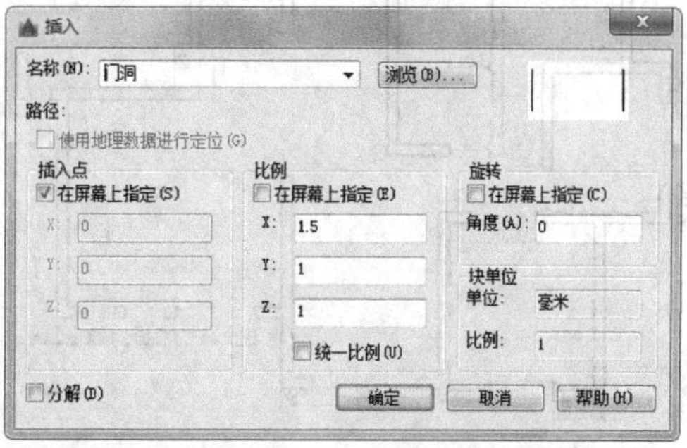

图 12-24 “插入”对话框

单击“确定”按钮，在图中选择左侧墙线交点作为基点，插入“门洞”图块（在本处实为窗洞），如图 12-25 所示。然后，单击“默认”选项卡“修改”面板中的“移动”按钮，在图中选择已插入的窗洞图块，将其向右移动 330mm。最后，单击“默认”选项卡“修改”面板中的“修剪”按钮，修剪窗洞口处多余的墙线，完成卫生间窗洞的绘制，如图 12-26 所示。

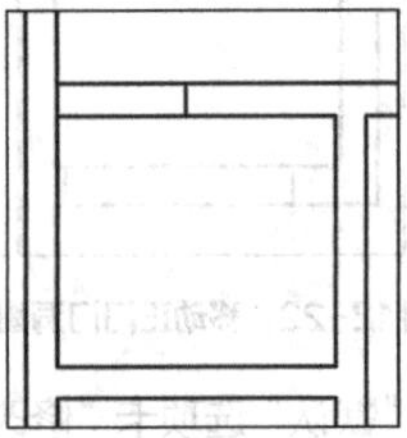

图 12-25　插入窗洞图块

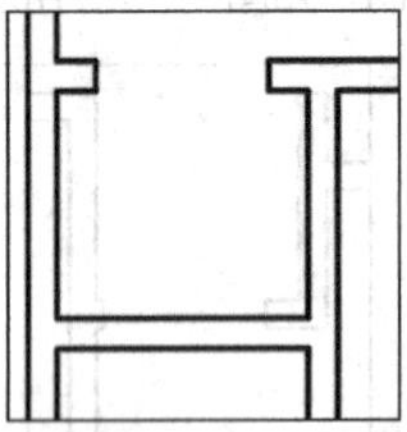

图 12-26　修剪多余墙线

（5）绘制其余门洞和窗洞。根据以上介绍的平面门洞和窗洞的绘制方法，利用已经创建的“门洞”图块，完成别墅首层平面所有门洞和窗洞的绘制，如图 12-27 所示。

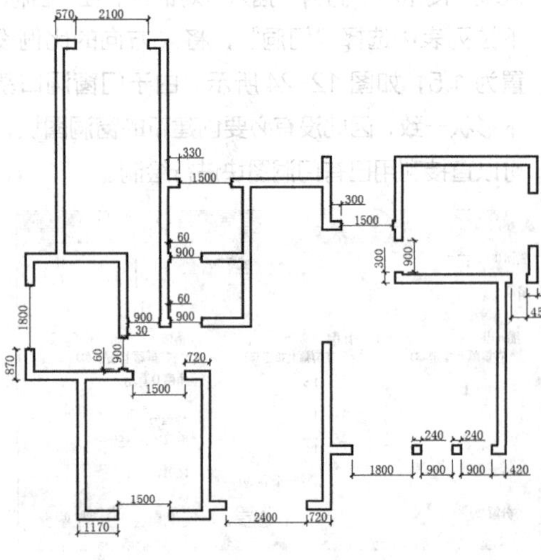

图 12-27　绘制门洞和窗洞

❷ 绘制平面门。

从开启方式上看，门的常见形式主要有平开门、弹簧门、推拉门、折叠门、旋转门、升降门和卷帘门等。门的尺寸主要满足人流通行、交通疏散、家具搬运的要求，而且应符合建筑模数的有关规定。在平面图中，单扇门的宽度一般为 800 ～ 1000mm，双扇门则为 1200 ～ 1800mm。

门的绘制步骤为：先画出门的基本图形，然后将其创建成图块，最后将门图块插入已绘制好的相应门洞口位置。在插入门图块的同时，还应调整图块的比例大小和旋转角度，以适应平面图中不同宽度和角度的门洞口。

下面通过两个有代表性的实例来介绍一下别墅平面图中不同种类的门的绘制方法。

（1）单扇平开门：单扇平开门主要应用于卧室、书房和卫生间等这一类私密性较强、来往人流较少的房间。

下面以别墅首层书房的单扇门（宽 900mm）为例，介绍单扇平开门的绘制方法。

① 在“图层”下拉列表中选择“门窗”图层，将其设置为当前图层。

② 单击“默认”选项卡“绘图”面板中的“矩形”按钮，绘制一个边长为 40mm × 900mm 的矩形门扇。命令行提示与操作如下。

```
命令：_rectang
指定第一个角点或 [倒角(C)/标高(E)/圆角(F)/厚度(T)/宽度(W)]:(在绘图空白区域内任取一点)
指定另一个角点或 [面积(A)/尺寸(D)/旋转(R)]: @40，900↙
```

绘制结果如图 12-28 所示。

图 12-28　绘制矩形门扇

③ 单击“默认”选项卡“绘图”面板中的“圆弧”按钮，以矩形门扇右上角顶点为起点，右下角顶点为圆心，绘制一条圆心角为 90°、半径

为 900mm 的圆弧。命令行提示与操作如下。

命令： _arc
指定圆弧的起点或 [圆心 (C)]：(选取矩形门扇右上角顶点为圆弧起点)
指定圆弧的第二个点或 [圆心 (C) / 端点 (E)]：C ↙
指定圆弧的圆心：(选取矩形门扇右下角顶点为圆心)
指定圆弧的端点或 [角度 (A) / 弦长 (L)]:A ↙
指定夹角：90 ↙

绘制结果如图 12-29 所示。

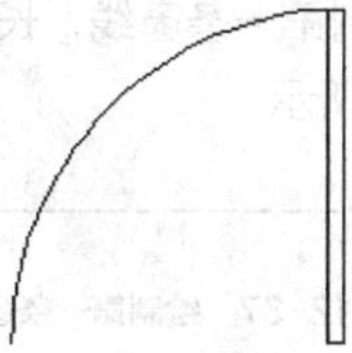

图 12-29 900 宽单扇平开门

④ 单击“插入”选项卡“块定义”面板中的“创建块”按钮，打开“块定义”对话框。在“名称”文本框中输入“900 宽单扇平开门”；单击“选择对象”按钮，选取如图 12-29 所示的单扇平开门的基本图形为块定义对象；单击“拾取点”按钮，选择矩形门扇右下角顶点为基点，如图 12-30 所示；最后，单击“确定”按钮，完成“900 宽单扇平开门”图块的创建。

图 12-30 “块定义”对话框

⑤ 单击“插入”选项卡“块”面板中的“插入块”按钮，打开“插入”对话框。在“名称”下拉列表中选择“900 宽单扇平开门”，输入旋转角度为“-90”，如图 12-31 所示，然后单击“确定”按钮，在平面图中选择书房门洞下方墙线的中点作为插入点，插入门图块，如图 12-32 所示，完成书房门的绘制。

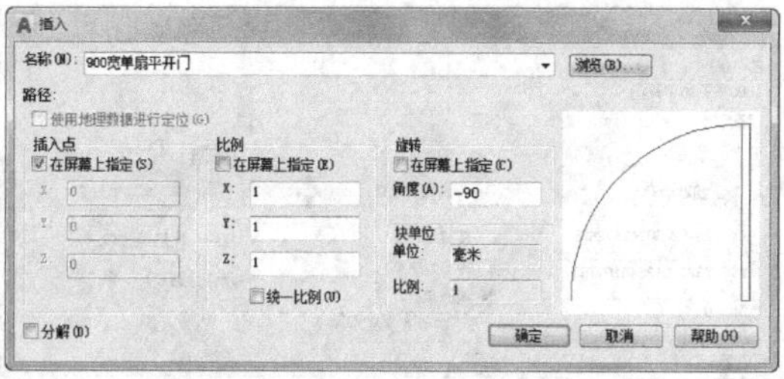

图 12-31 “插入”对话框

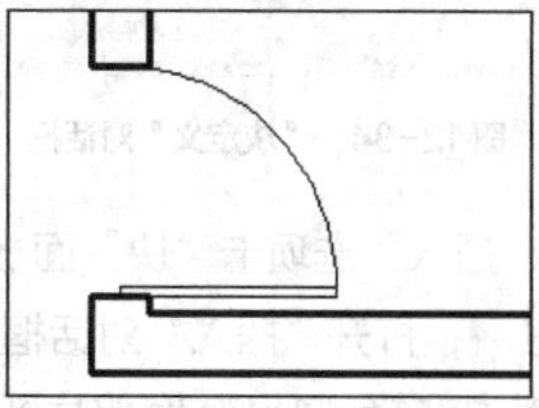

图 12-32 绘制书房门

（2）双扇平开门：在别墅平面图中，别墅正门以及客厅的阳台门均设计为双扇平开门。下面以别墅正门（宽 1500mm）为例，介绍双扇平开门的绘制方法。

① 在“图层”下拉列表中选择“门窗”图层，将其设置为当前图层。

② 参照上面所述单扇平开门画法，绘制宽度为 750mm 的单扇平开门。

③ 单击“默认”选项卡“修改”面板中的“镜像”按钮，将已绘制完成的单扇平开门进行水平方向的镜像操作，得到宽 1500mm 的双扇平开门，如图 12-33 所示。

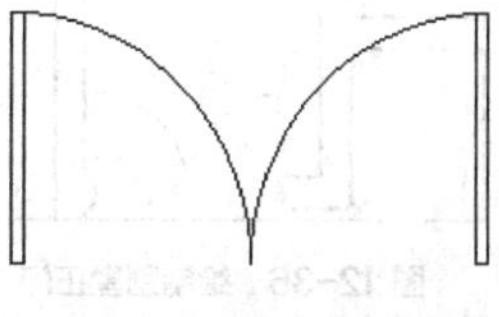

图 12-33 1500 宽双扇平开门

④ 单击“插入”选项卡“块定义”面板中的“创建块”按钮，打开“块定义”对话框。在“名称”文本框中输入“1500 宽双扇平开门”；单击“选择对象”按钮，选取双扇平开门的基本图形为块定义对象；单击“拾取点”按钮，选择右侧矩形门扇右下角顶点为基点，如图 12-34 所示；单击“确定”按钮，完成“1500 宽双扇平开门”图块的创建。

图 12-34 “块定义”对话框

⑤ 单击“插入”选项卡“块”面板中的“插入块”按钮，打开“插入”对话框，在“名称”下拉列表中选择“1500 宽双扇平开门”，如图 12-35 所示。然后，单击“确定”按钮，在图中选择正门门洞右侧墙线的中点作为插入点，插入门图块，如图 12-36 所示，完成别墅正门的绘制。

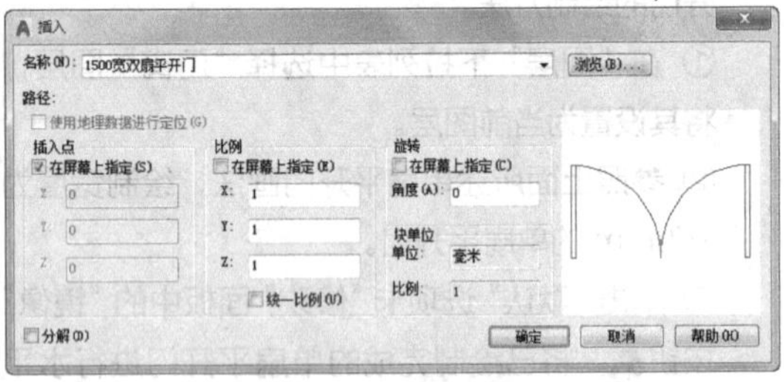

图 12-35 “插入”对话框

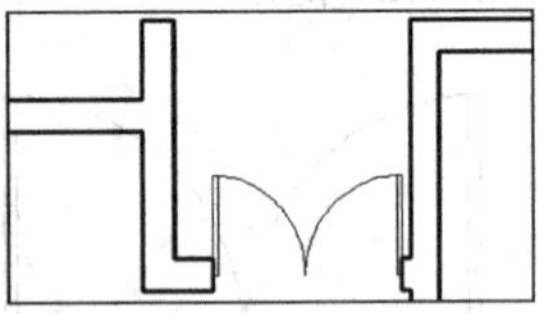

图 12-36 绘制别墅正门

❸ 绘制平面窗。

从开启方式上看，常见窗的形式主要有固定窗、平开窗、横式旋窗、立式转窗和推拉窗等。窗洞口的宽度和高度尺寸均为 300mm 的扩大模数；在平面图中，一般平开窗的窗扇宽度为 400 ~ 600mm，固定窗和推拉窗的尺寸可更大一些。

窗的绘制步骤与门的绘制步骤基本相同，首先画出窗体的基本形状，然后将其创建成图块，最后将图块插入已绘制好的相应窗洞位置。在插入窗图块的同时，可以调整图块的比例大小和旋转角度，以适应不同宽度和角度的窗洞口。下面以餐厅外窗（宽 2400mm）为例，介绍平面窗的绘制方法。

（1）在“图层”下拉列表中选择“门窗”图层，将其设置其为当前图层。

（2）单击“默认”选项卡“绘图”面板中的“直线”按钮，绘制第一条窗线，长度为 1000mm，如图 12-37 所示。

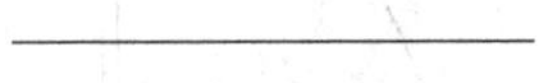

图 12-37 绘制第一条窗线

（3）单击“默认”选项卡“修改”面板中的“矩形阵列”按钮，选择上一步所绘窗线，设置行数为 4，列数为 1，行间距为 80，列间距为 1，阵列窗线。命令行提示与操作如下。

命令：_arrayrect
选择对象：找到 1 个（选择上一步所绘窗线）
选择对象：↙
类型 = 矩形 关联 = 是
选择夹点以编辑阵列或 [关联 (AS) / 基点 (B) / 计数 (COU) / 间距 (S) / 列数 (COL) / 行数 (R) / 层数 (L) / 退出 (X)] <退出>: cou↙
输入列数数或 [表达式 (E)] <4>: 1↙
输入行数数或 [表达式 (E)] <3>: 4↙
选择夹点以编辑阵列或 [关联 (AS) / 基点 (B) / 计数 (COU) / 间距 (S) / 列数 (COL) / 行数 (R) / 层数 (L) / 退出 (X)] <退出>: s↙
指定列之间的距离或 [单位单元 (U)] <1500>: ↙
指定行之间的距离 <1>: 80↙

阵列结果如图 12-38 所示。

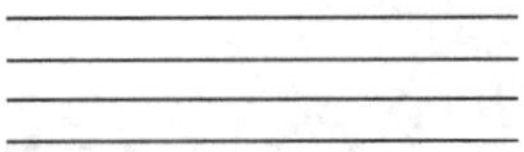

图 12-38 窗的基本图形

（4）单击“插入”选项卡“块定义”面板中的“创建块”按钮，打开“块定义”对话框，在“名称”文本框中输入“窗”；单击“选择对象”按钮，选取如图 12-38 所示的窗的基本图形为块定义对象；单击“拾取点”按钮，选择第一条窗线左端点为基点，如图 12-39 所示；然后，单击“确定”按钮，完成“窗”图块的创建。

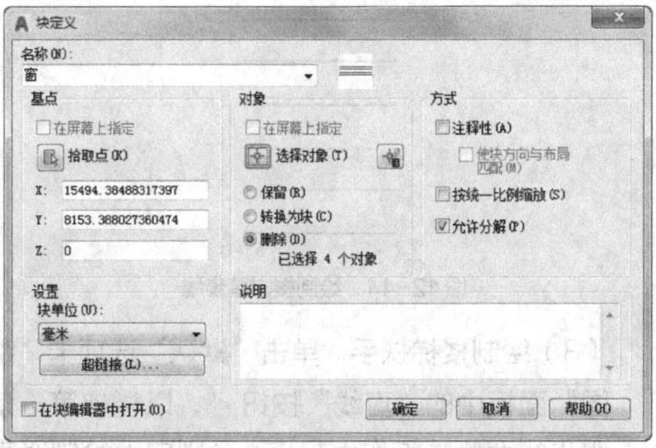

图12-39 “块定义”对话框

（5）单击“插入”选项卡“块”面板中的“插入块”按钮，打开“插入”对话框，在“名称”下拉列表中选择“窗”，将X方向的比例设置为“2.4”；然后，单击“确定”按钮，在图中选择餐厅窗洞左侧墙线的上端点作为插入点，插入“窗”图块，如图12-40所示。

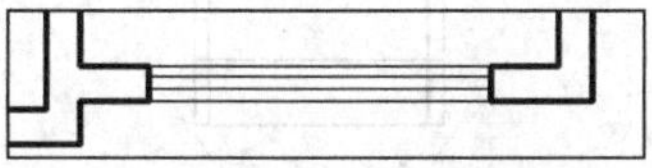

图12-40 绘制餐厅外窗

（6）绘制窗台。首先，单击“默认”选项卡“绘图”面板中的“矩形”按钮，绘制一个边长为1000mm×100mm的矩形；接着，单击“插入”选项卡“块定义”面板中的“创建块”按钮，将所绘矩形定义为“窗台”图块，将矩形上侧长边的中点设置为图块基点；然后，单击“插入”选项卡“块”面板中的“插入块”按钮，打开“插入”对话框，在“名称”下拉列表中选择“窗台”，并将X方向的比例设置为“2.6”；最后，单击“确定”按钮，选择餐厅窗最外侧窗线中点作为插入点，插入“窗台”图块，如图12-41所示。

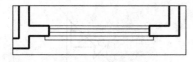

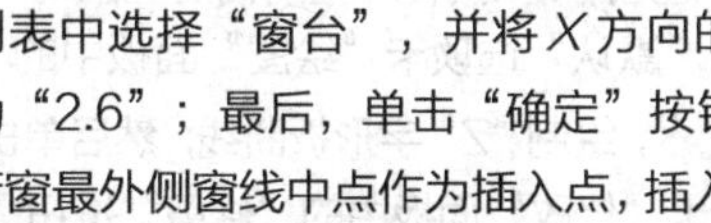

图12-41 绘制窗台

❹ 绘制其余门和窗。

根据以上介绍的平面门窗绘制方法，利用已经创建的门窗图块，完成别墅首层平面所有门和窗的绘制，如图12-42所示。

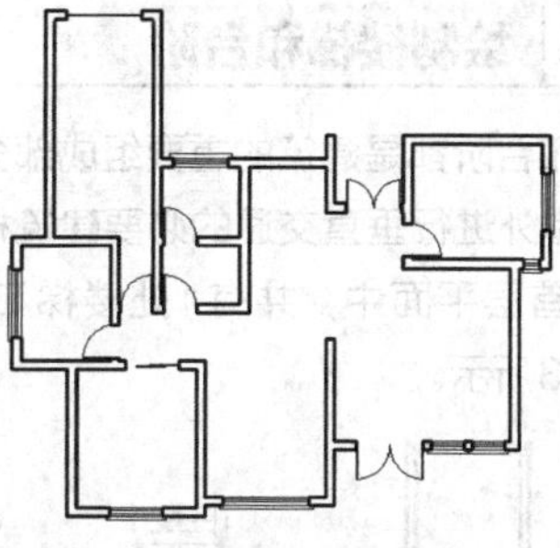

图12-42 绘制平面门窗

以上所讲的是AutoCAD中最基本的门、窗绘制方法，下面介绍另外两种绘制门窗的方法。

（1）在建筑设计中，门和窗的样式、尺寸随着房间功能和开间的变化而不同。逐个绘制每一扇门和每一扇窗是既费时又费力的事。因此，绘图者常常选择借助图库来绘制门窗。通常来说，在图库中有多种不同样式和大小的门、窗可供选择和调用，这给设计者和绘图者提供了很大的方便。在本例中，笔者推荐使用门窗图库。在本例别墅的首层平面图中，共有9扇门，其中5扇为900mm宽的单扇平开门，1扇为1500mm宽的双扇平开门，1扇为1800mm宽的双扇平开门，1扇为推拉门，还有1扇为车库升降门。在图库中，很容易就可以找到以上这几种样式的门的图形模块（参见光盘）。

AutoCAD图库的使用方法很简单，主要步骤如下。

① 打开图库文件，在图库中选择所需的图形模块，并将选中对象进行复制。

② 将复制的图形模块粘贴到所要绘制的图样中。

③ 根据实际情况的需要，单击“默认”选项卡“修改”面板中的“旋转”按钮、“镜像”按钮或“缩放”按钮，对图形模块进行适当的修改和调整。

（2）在AutoCAD 2018中，还可以借助“工具选项板”中的“建筑”选项卡提供的“公制样例”来绘制门窗。利用这种方法添加门窗时，可以根据需要直接对门窗的尺度和角度进行设置和调整，使用起来比较方便。然而，需要注意的是，“工具选项板”中仅提供普通平开门的绘制，而且利用其所绘制的平面窗中的玻璃为单线形式，而非建筑平面图中常用的双线形式，因此，不推荐初学者使用这种方法绘制门窗。

12.2.5 绘制楼梯和台阶

楼梯和台阶都是建筑的重要组成部分，是人们在室内和室外进行垂直交通的必要建筑构件。在本例别墅的首层平面中，共有1处楼梯和3处台阶，如图12-43所示。

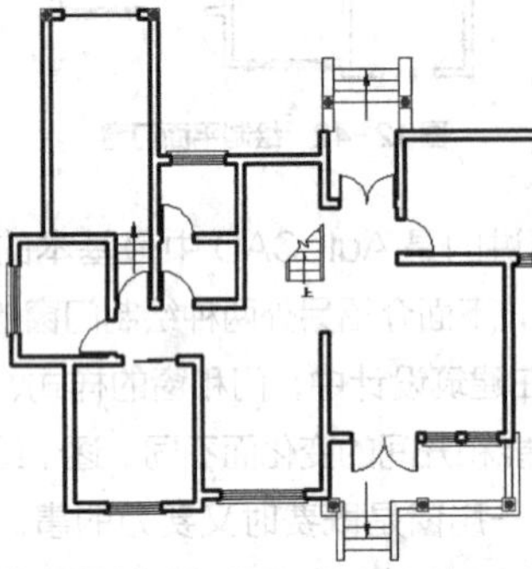

图12-43 楼梯和台阶

STEP 绘制步骤

❶ 绘制楼梯。

楼梯是上下楼层之间的交通通道，通常由楼梯段、休息平台和栏杆（或栏板）组成。在本例别墅中，楼梯为常见的双跑式。楼梯宽度为900mm，踏步宽为260mm，高为175mm；楼梯平台净宽960mm。本节只介绍首层楼梯平面画法，至于二层楼梯画法，将在后面的章节中进行介绍。

首层楼梯平面的绘制过程分为3个阶段：首先绘制楼梯踏步线；然后在踏步线两侧（或一侧）绘制楼梯扶手；最后绘制楼梯剖断线及用来标识方向的带箭头引线和文字，进而完成楼梯平面的绘制。

具体绘制方法如下。

（1）在“图层”下拉列表中选择“楼梯”图层，将其设置为当前图层。

（2）绘制楼梯踏步线。单击“默认”选项卡“绘图”面板中的“直线”按钮，以平面图上相应位置点作为起点（通过计算得到的第一级踏步的位置），绘制长度为1020mm的水平踏步线。然后，单击“默认”选项卡“修改”面板中的“矩形阵列”按钮，选择已绘制的第一条踏步线为阵列对象，输入行数为6，列数为1，行间距为260，列间距为1，阵列踏步线，结果如图12-44所示。

图12-44 绘制楼梯踏步线

（3）绘制楼梯扶手。单击“默认”选项卡“绘图”面板中的“直线”按钮，以楼梯第一条踏步线两侧端点作为起点，分别向上绘制竖直方向线段，长度为1500mm。然后，单击“默认”选项卡“修改”面板中的“偏移”按钮，将所绘两线段向梯段中央偏移，偏移量为60mm（即扶手宽度），如图12-45所示。

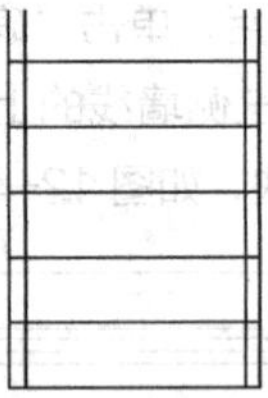

图12-45 绘制楼梯扶手

（4）绘制剖断线。单击“默认”选项卡“绘图”面板中的“构造线”按钮，设置角度为45°，绘制剖断线并使其通过楼梯右侧栏杆线的上端点。命令行提示与操作如下。

```
命令：_xline
指定点或 [水平(H)/垂直(V)/角度(A)/二等分(B)/偏移(O)]: A↙
输入构造线的角度 (0) 或 [参照(R)]: 45↙
指定通过点：(选取右侧栏杆线的上端点为通过点)
指定通过点：(选择左侧栏杆线上一点)
```

单击“默认”选项卡“绘图”面板中的“直线”按钮，绘制“Z”字形折断线；然后单击“默认”选项卡“修改”面板中的“修剪”按钮，修剪楼梯踏步线和栏杆线，如图12-46所示。

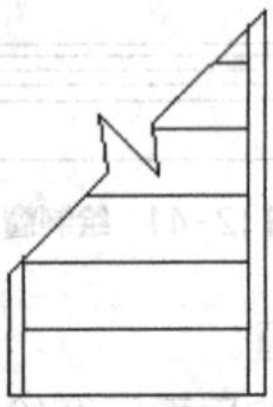

图12-46 绘制楼梯剖断线

（5）绘制带箭头引线。首先，在命令行中输入

“QLEADER”命令，并选择选项“S”，设置引线样式；在打开的“引线设置”对话框中进行如下设置：在“引线和箭头”选项卡中，选择“引线”为“直线”，“箭头”为“实心闭合”，如图 12-47 所示；在“注释”选项卡中，选择“注释类型”为“无”，如图 12-48 所示。单击“确定”按钮。关闭对话框。然后，以第一条楼梯踏步线中点为起点，垂直向上绘制长度为 750mm 的带箭头引线；再单击“默认”选项卡“修改”面板中的“旋转”按钮，将带箭头引线旋转 180°；最后，单击“默认”选项卡“修改”面板中的“移动”按钮，将引线向下移动 60mm，结果如图 12-49 所示。

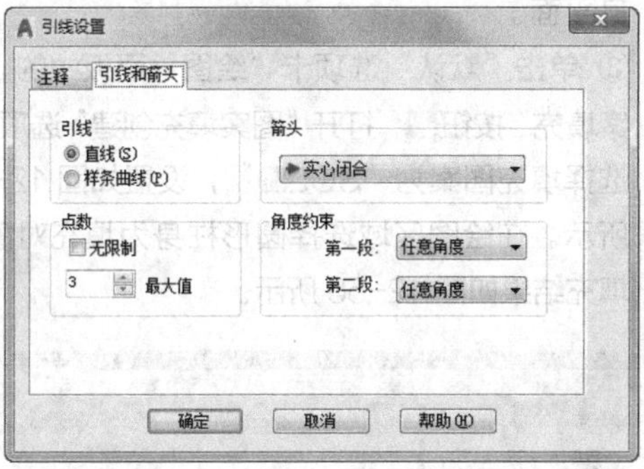

图 12-47 引线设置——引线和箭头

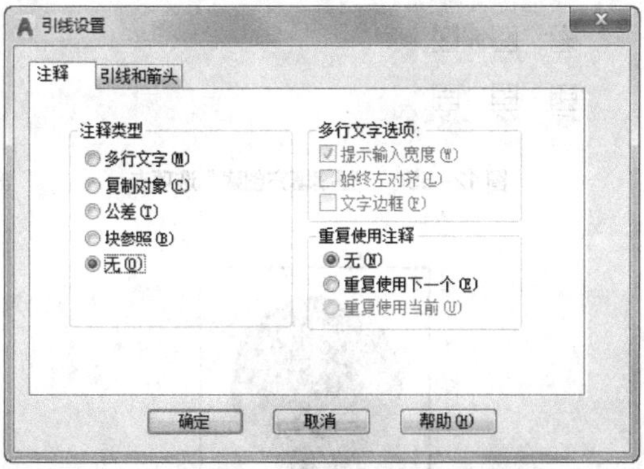

图 12-48 引线设置——注释

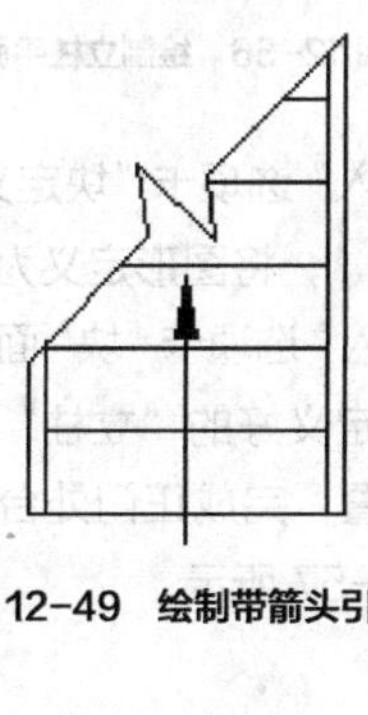

图 12-49 绘制带箭头引线

（6）标注文字。单击“默认”选项卡“注释”面板中的“多行文字”按钮A，设置文字高度为 300，在引线下端输入文字“上”，完成楼梯的绘制，结果如图 12-50 所示。

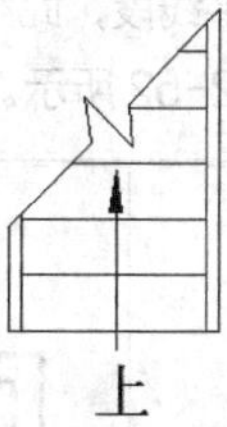

图 12-50 首层楼梯平面图

> **提示** 楼梯平面图是距地面1m以上位置，用一个假想的剖切平面，沿水平方向剖开（尽量剖到楼梯间的门窗），然后向下做投影得到的投影图。楼梯平面一般来说是分层绘制的，在绘制时，按照特点可分为底层平面、标准层平面和顶层平面。
>
> 在楼梯平面图中，各层被剖切到的楼梯，按国标规定，均在平面图中以一根45°的折断线表示。在每一梯段处画有一个长箭头，并注写“上”或“下”字标明方向。
>
> 楼梯的底层平面图中，只有一个被剖切的梯段及栏板，和一个注有“上”字的长箭头。

❷ 绘制台阶。

本例中，有 3 处台阶，其中室内台阶一处，室外台阶两处。下面以正门处台阶为例介绍台阶的绘制方法。

台阶的绘制思路与前面介绍的楼梯平面绘制思路基本相似，因此，可以参考楼梯画法进行绘制。具体绘制方法如下。

（1）单击“默认”选项卡“图层”面板中的“图层特性”按钮，打开图层特性管理器，创建新图层，将新图层命名为“台阶”，设置图层属性，并将其设置为当前图层，如图 12-51 所示。

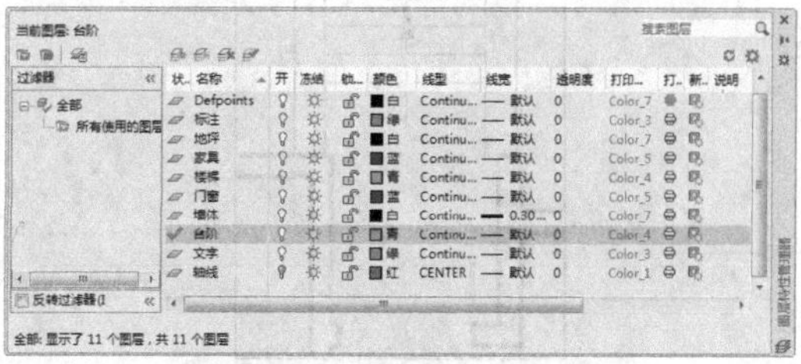

图 12-51 新建“台阶”图层

（2）单击“默认”选项卡“绘图”面板中的“直线”按钮，以别墅正门中点为起点，垂直向上绘制一条长度为 3600mm 的辅助线段；然后，以辅助线段的上端点为中点，绘制一条长度为 1770mm 的水平线段，此线段则为台阶第一条踏步线，如图 12-52 所示。

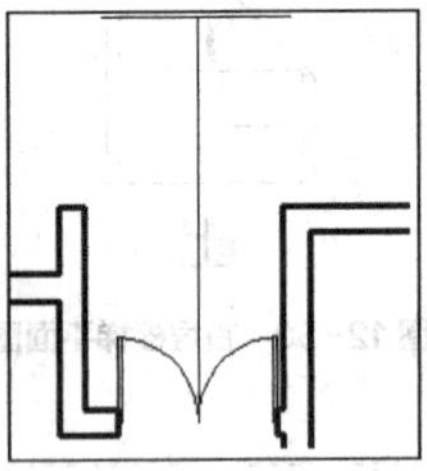

图 12-52　绘制第一条踏步线

（3）单击“默认”选项卡“修改”面板中的“矩形阵列”按钮，选择第一条踏步线为阵列对象，输入行数为 4，列数为 1，行间距为 -300，列间距为 0；完成第二、三、四条踏步线的绘制，如图 12-53 所示。

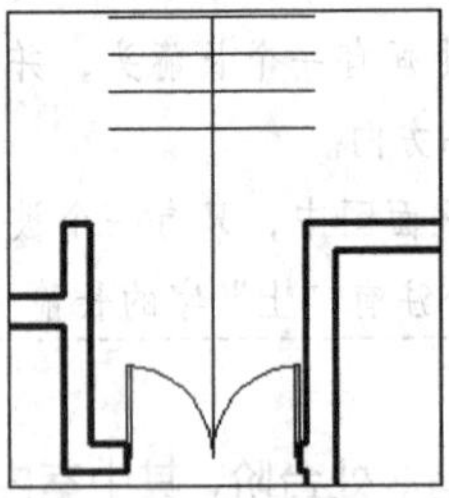

图 12-53　绘制台阶踏步线

（4）单击“默认”选项卡“绘图”面板中的“矩形”按钮，在踏步线的左右两侧分别绘制两个尺寸为 340mm×1980mm 的矩形，作为两侧条石平面。

（5）绘制方向箭头。选择菜单栏中的“标注”→“多重引线”命令，在台阶踏步的中间位置绘制带箭头的引线，指示踏步方向，如图 12-54 所示。

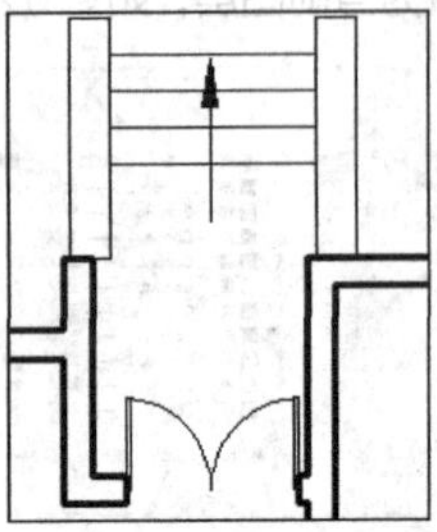

图 12-54　添加方向箭头

（6）绘制立柱。在本例中，两个室外台阶处均有立柱，其平面形状为圆形，内部填充为实心，下面为方形基座。由于立柱的形状、大小基本相同，可以将其做成图块，再把图块插入各相应点即可。具体绘制方法如下。

① 单击“默认”选项卡“图层”面板中的“图层特性”按钮，打开图层特性管理器，创建新图层，将新图层命名为“立柱”，并将其设置为当前图层。

② 单击“默认”选项卡“绘图”面板中的“矩形”按钮，绘制边长为 340mm 的正方形基座；单击“默认”选项卡“绘图”面板中的“圆”按钮，绘制直径为 240mm 的圆形柱身平面。

③ 单击“默认”选项卡“绘图”面板中的“图案填充”按钮，打开“图案填充创建”选项卡，选择填充图案为“SOLID”，设置如图 12-55 所示。在绘图区域选择圆形柱身为填充对象，填充结果如图 12-56 所示。

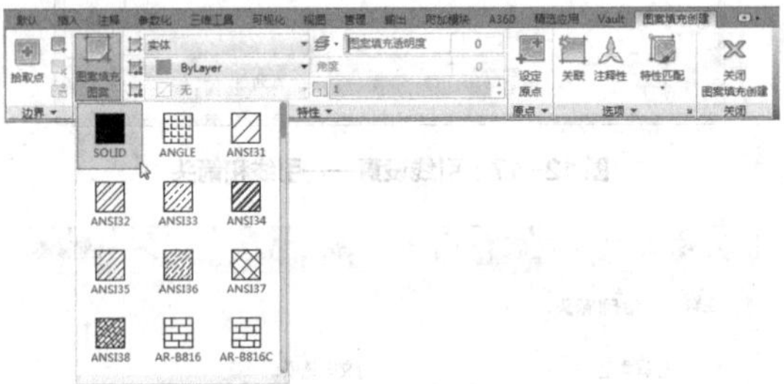

图 12-55　“图案填充创建”选项卡

图 12-56　绘制立柱平面

④ 单击“插入”选项卡“块定义”面板中的“创建块”按钮，将图形定义为“立柱”图块。

⑤ 单击“插入”选项卡“块”面板中的“插入块”按钮，将定义好的“立柱”图块，插入平面图中相应位置，完成正门处台阶平面的绘制，结图如图 12-57 所示。

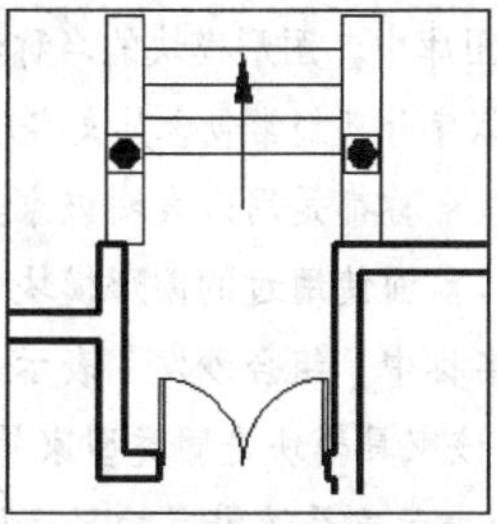

图 12-57 正门处台阶平面图

按照相同的方法，绘制其他两处台阶，结果如图 12-43 所示。

12.2.6 绘制家具

在建筑平面图中，通常要绘制室内家具，以增强平面图的视觉效果。在本例别墅的首层平面中，共有7种不同功能的房间，分别是客厅、工人房、厨房、餐厅、书房、卫生间和车库。不同功能种类的房间内所布置的家具也有所不同，对于这些种类和尺寸都不尽相同的室内家具，如果利用直线、偏移等简单的二维绘图和编辑工具逐一绘制，不仅绘制过程烦琐，容易出错，而且浪费绘图者的时间和精力。因此，笔者推荐借助AutoCAD图库来完成平面家具的绘制。

AutoCAD图库的使用方法，在前面介绍门窗画法的时候曾有所提及。下面将结合首层客厅家具和卫生间洁具的绘制实例，详细讲述AutoCAD图库的用法。

STEP 绘制步骤

❶ 绘制客厅家具。

客厅是主人会客和休闲的空间，因此，在客厅里通常会布置沙发、茶几、电视柜等家具。绘制客厅家具的步骤如下。

（1）在“图层”下拉列表中选择“家具”图层，将其设置为当前图层。

（2）单击快速访问工具栏中的“打开”按钮，在打开的“选择文件”对话框中，打开“配套资源/源文件/CAD图库”，如图 12-58 所示。

（3）在名称为“沙发和茶几”的一栏中，选择“组合沙发—004P”图形模块，如图 12-59 所示，然后单击鼠标右键，在快捷菜单中选择“复制”命令。

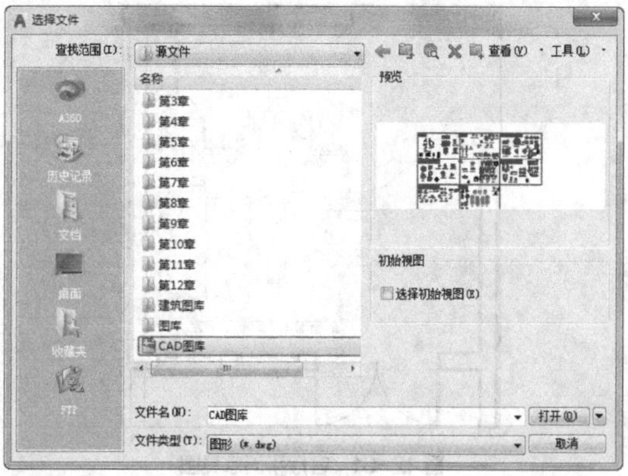

图 12-58 打开图库文件

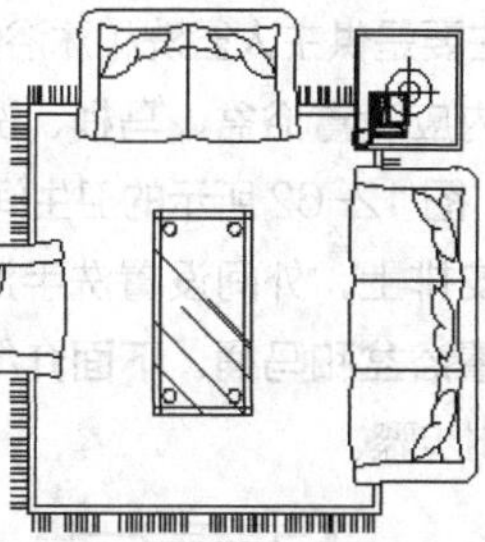

图 12-59 组合沙发模块

（4）返回“别墅首层平面图”的绘图界面，选择菜单栏中的“编辑”→“粘贴为块”命令，将复制的组合沙发图形插入客厅平面相应位置。

（5）在图库的“灯具和电器”一栏中，选择“电视柜 P”模块，如图 12-60 所示，将其复制并粘贴到首层平面图中；单击“默认”选项卡“修改”面板中的“旋转”按钮，将该图形模块以自身中心点为基点旋转 90°，然后将其插入客厅相应位置。

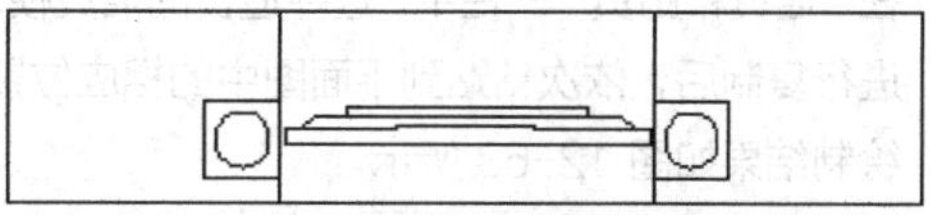

图 12-60 电视柜模块

（6）按照同样方法，在图库中分别选择“电视墙 P”“文化墙 P”“柜子—01P”“射灯组 P”图形模块进行复制，并在客厅平面内依次插入这些家具模块，绘制结果如图 12-61 所示。

> **提示** 在使用图库插入家具模块时，经常会遇到家具尺寸太大或太小、角度与实际要求不一致或在家具组合图块中，部分家具需要更改等情况。

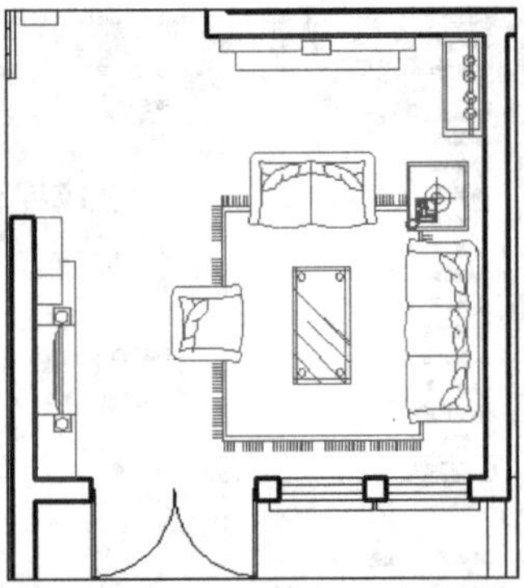

图 12-61　客厅平面家具图

❷ 绘制卫生间洁具。

卫生间主要是供主人盥洗和沐浴的房间，因此，卫生间内应设置浴盆、马桶、洗手池和洗衣机等设施。图 12-62 所示的卫生间由两部分组成，在家具安排上，外间设置洗手池和洗衣机，内间则设置浴盆和马桶。下面介绍一下卫生间洁具的绘制步骤。

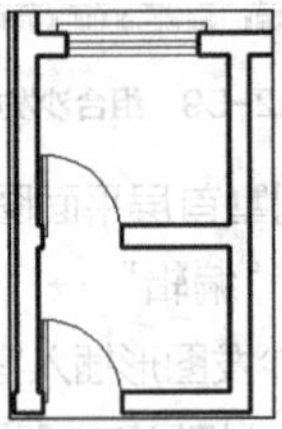

图 12-62　卫生间平面图

（1）在“图层”下拉列表中选择“家具”图层，将其设置为当前图层。

（2）打开“配套资源 / 源文件 /CAD 图库”，在“洁具和厨具”一栏中，选择适合的洁具模块，进行复制后，依次粘贴到平面图中的相应位置，绘制结果如图 12-63 所示。

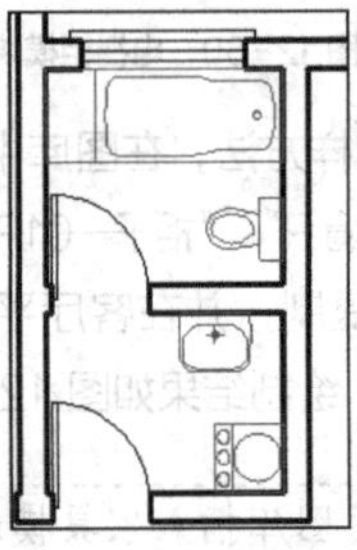

图 12-63　绘制卫生间洁具

按照同样的方法，完成工人房、厨房、书房、餐厅和车库中家具和汽车等物品的绘制。

> **提示**　在图库中，图形模块的名称经常很简要，除汉字外还经常包含英文字母或数字，通常来说，这些名称都是用来表明该家具的特性或尺寸的。例如，前面使用过的图形模块“组合沙发—004P”，其名称中“组合沙发”表示家具的性质；“004”表示该家具模块是同类型家具中的第4个；字母“P”则表示这是该家具的平面图形。例如，一个床模块名称为“单人床9×20”，就是表示该单人床宽度为900mm、长度为2000mm。有了这些简单明了的名称，绘图者就可以依据自己的实际需要快捷地选择有用的图形模块，而无须费神地辨认和测量了。

12.2.7 平面标注

在别墅的首层平面图中，标注主要包括4部分，即轴线编号、平面标高、尺寸标注和文字标注。完成标注后的首层平面图，如图 12-64 所示。

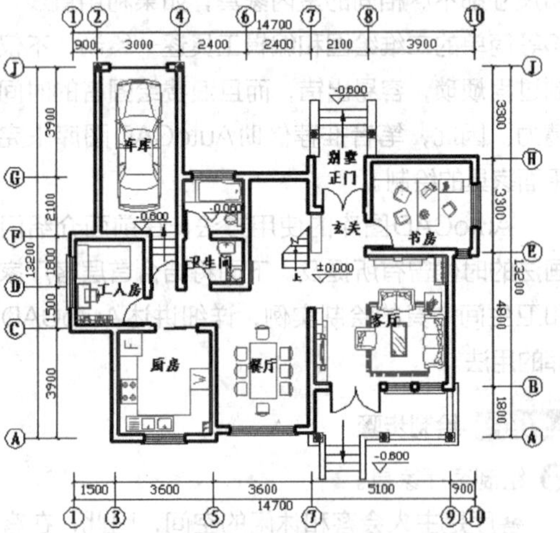

图 12-64　首层平面标注

下面将依次介绍这4种标注的绘制方法。

1. 轴线编号

在平面形状较简单或对称的房屋中，平面图的轴线编号一般标注在图形的下方及左侧。对于较复杂或不对称的房屋，图形上方和右侧也可以标注。在本例中，由于平面形状不对称，因此需要在上、下、左、右4个方向均标注轴线编号。

STEP 绘制步骤

❶ 单击“默认”选项卡“图层”面板中的“图层特

性”按钮，打开图层特性管理器，创建新图层，将新图层命名为“轴线编号”，其属性按默认设置，并将其设置为当前图层。

❷ 单击“默认”选项卡“绘图”面板中的“直线”按钮，以轴线端点为绘制直线的起点，竖直向下绘制长为 3000mm 的短直线，完成第一条轴线延长线的绘制。

❸ 单击“默认”选项卡“绘图”面板中的“圆”按钮，以已绘的轴线延长线端点为圆心，绘制半径为 350mm 的圆。然后，单击“默认”选项卡“修改”面板中的“移动”按钮，向下移动所绘制的圆，移动距离为 350mm，如图 12-65 所示。

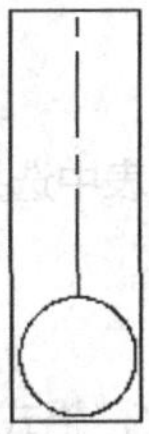

图 12-65　绘制第一条轴线的延长线及编号圆

❹ 重复上述步骤，完成其他轴线延长线及编号圆的绘制。

❺ 单击“默认”选项卡“注释”面板中的“多行文字”按钮A，设置文字“样式”为“仿宋 GB2312”，文字高度为“300”；在每个轴线端点处的圆内输入相应的轴线编号，如图 12-66 所示。

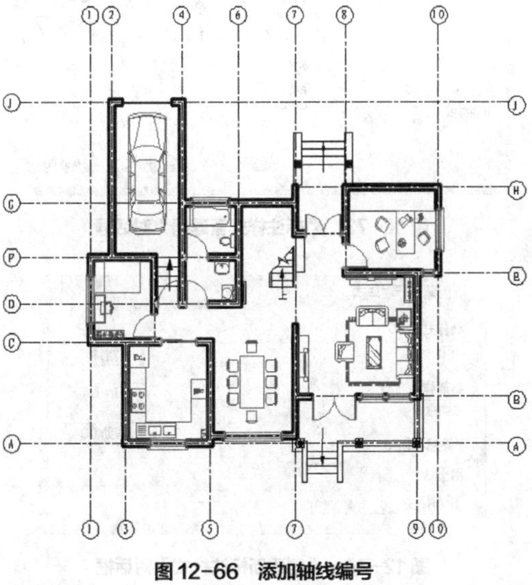

图 12-66　添加轴线编号

注意　平面图上水平方向的轴线编号用阿拉伯数字，从左向右依次编写；竖直方向的编号，用大写英文字母自下而上顺次编写。I、O及Z三个字母不得用于轴线编号，以免与数字1、0及2混淆。

如果两条相邻轴线间距较小而导致它们的编号有重叠时，可以通过“移动”命令将这两条轴线的编号分别向两侧移动少许距离。

2. 平面标高

建筑物中的某一部分与所确定的标准基点的高度差称为该部位的标高，在图样中通常用标高符号结合数字来表示。建筑制图标准规定，标高符号应以直角等腰三角形表示，如图 12-67 所示。

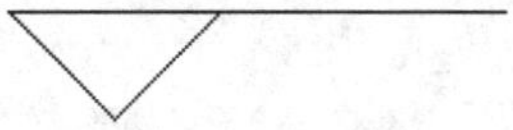

图 12-67　标高符号

STEP 绘制步骤

❶ 在“图层”下拉列表中选择“标注”图层，将其设置为当前图层。

❷ 单击“默认”选项卡“绘图”面板中的“多边形”按钮，绘制边长为 350mm 的正方形，如图 12-68 所示。

图 12-68　绘制正方形

❸ 单击“默认”选项卡“修改”面板中的“旋转”按钮，将正方形旋转 45°；然后单击“默认”选项卡“绘图”面板中的“直线”按钮，连接正方形左右两个端点，绘制水平对角线，如图 12-69 所示。

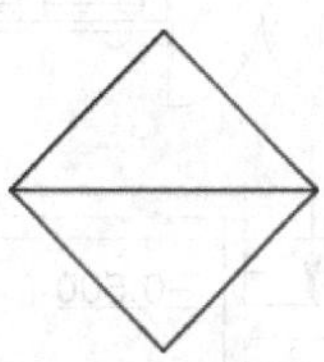

图 12-69　旋转并绘制对角线

❹ 选中水平对角线，将十字光标移动到其右端夹点处单击，将夹点激活（此时，夹点呈红色），然后光标向右延伸，在命令行中输入 600 后回车，完成绘制。单击“默认”选项卡“修改”面板中的“修剪”按钮 ，对多余线段进行修剪，结果如图 12-67 所示。

❺ 单击“插入”选项卡“块定义”面板中的“创建块”按钮 ，将标高符号定义为“标高”图块，如图 12-70 所示。

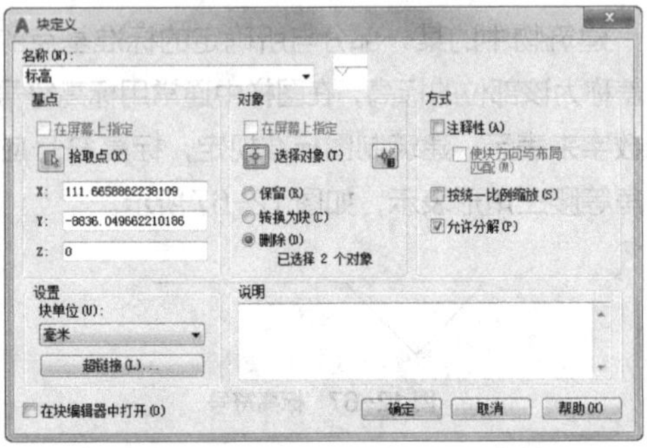

图 12-70 “块定义”对话框

❻ 单击“插入”选项卡“块”面板中的“插入块”按钮 ，将已创建的“标高”图块插入平面图中需要标高的位置，如图 12-71 所示。

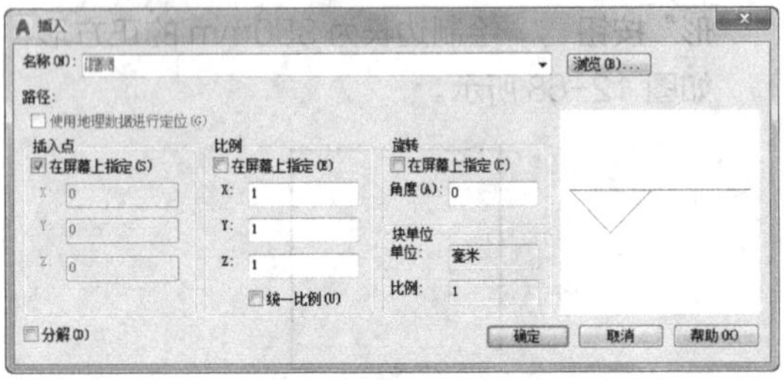

图 12-71 “插入”对话框

❼ 单击“默认”选项卡“注释”面板中的“多行文字”按钮 A，设置字体为“仿宋 -GB2312”，文字高度为“300”，在标高符号的长直线上方添加具体的标高数值。

图 12-72 所示为台阶处室外地面标高。

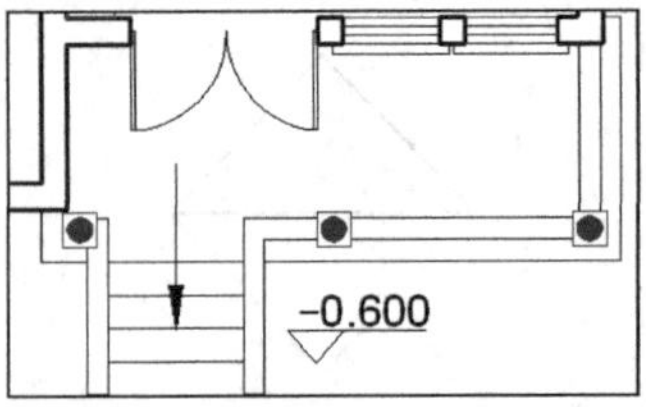

图 12-72 台阶处室外地面标高

> **提示** 一般来说，在平面图上绘制的标高反映的是相对标高，而不是绝对标高。绝对标高指的是以我国青岛市附近的黄海海平面作为零点面测定的高度尺寸。
>
> 通常情况下，室内标高要高于室外标高，主要使用房间标高要高于卫生间、阳台标高。在绘图中，常见的是将建筑首层室内地面的高度设置为零点，标作 ±0.000；低于此高度的建筑部位标高值为负值，在标高数字前加“-”号；高于此高度的部位标高值为正值，标高数字前不加任何符号。

3. 尺寸标注

本例中采用的尺寸标注分两道，一道为各轴线之间的距离，另一道为平面总长度和总宽度。

STEP 绘制步骤

❶ 在“图层”下拉列表中选择“标注”图层，将其设置为当前图层。

❷ 设置标注样式。

① 选择菜单栏中的“格式”→“标注样式”命令，打开“标注样式管理器”对话框，如图 12-73 所示；单击“新建”按钮，打开“创建新标注样式”对话框，在“新样式名”文本框中输入“平面标注”，如图 12-74 所示。

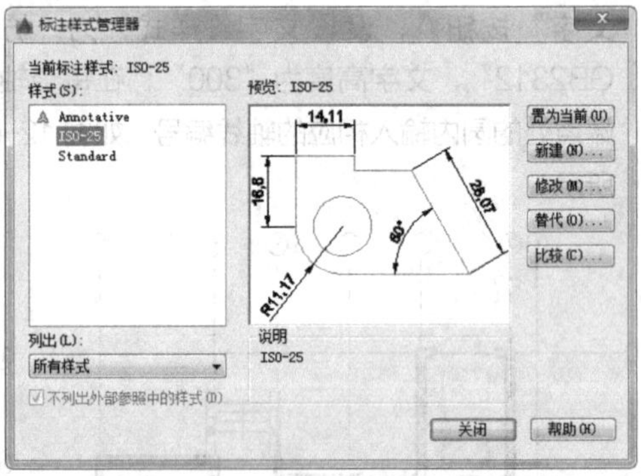

图 12-73 “标注样式管理器”对话框

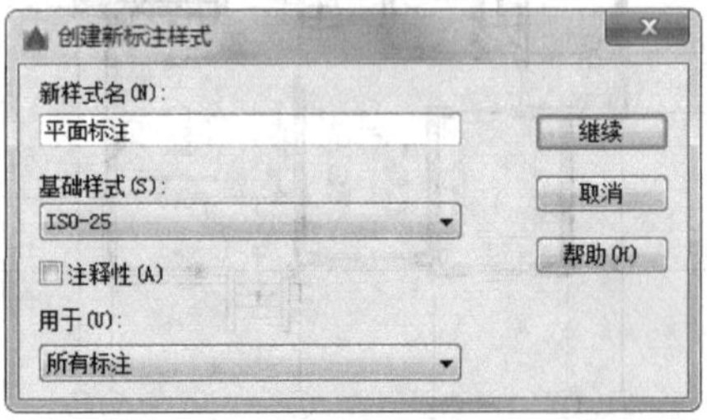

图 12-74 “创建新标注样式”对话框

② 单击“继续”按钮，打开“新建标注样式：平面标注”对话框。选择“线”选项卡，在“基线间距”文本框中输入“200”，在“超出尺寸线”文本框中输入“200”，在“起点偏移量”文本框中输入“300”，如图 12-75 所示。

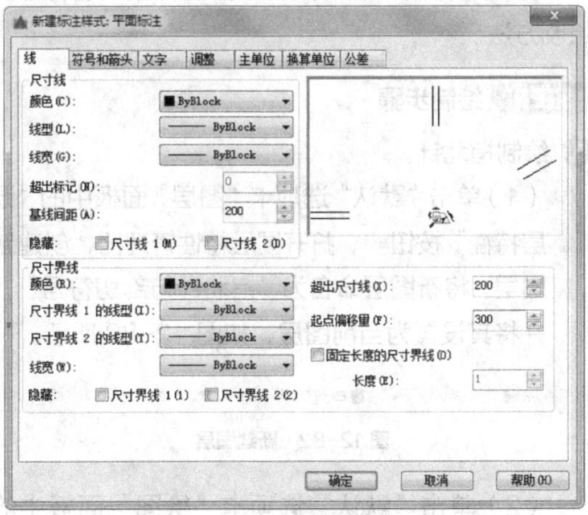

图 12-75 “线”选项卡

③ 选择“符号和箭头”选项卡，在“箭头”选项组的“第一个”和“第二个”下拉列表中均选择“建筑标记”选项，在“引线”下拉列表中选择“实心闭合”选项，在“箭头大小”文本框中输入“250”，如图 12-76 所示。

图 12-76 “符号和箭头”选项卡

④ 选择“文字”选项卡，在“文字高度”文本框中输入“300”，在“从尺寸线偏移”文本框中输入“100”，如图 12-77 所示。

⑤ 选择“主单位”选项卡，在“线性标注”选项组的“精度”下拉列表中选择“0”，其他选项采用默认值，如图 12-78 所示。

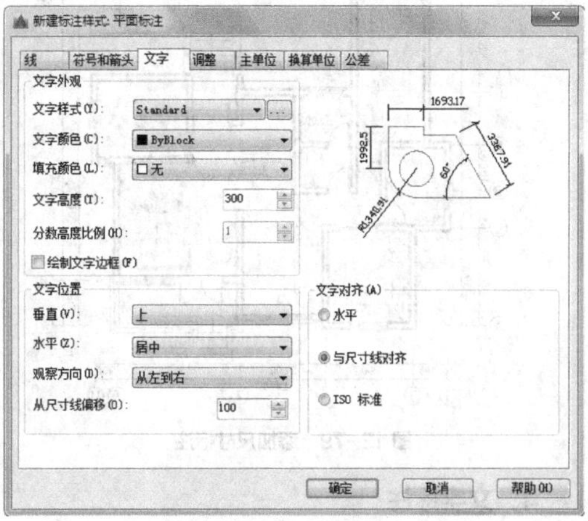

图 12-77 “文字”选项卡

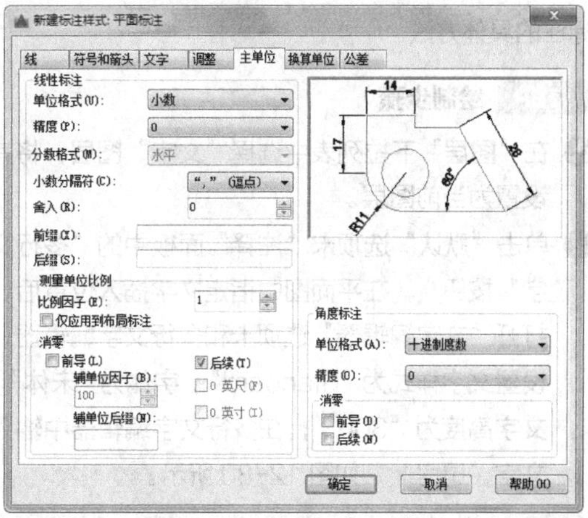

图 12-78 “主单位”选项卡

⑥ 单击“确定”按钮，返回“标注样式管理器”对话框。在“样式”列表框中选择“平面标注”标注样式，单击“置为当前”按钮，然后单击“关闭”按钮，完成标注样式的设置。

❸ 单击“默认”选项卡“注释”面板中的“线性”按钮和“连续”按钮，标注相邻两轴线之间的距离。

❹ 单击“默认”选项卡“注释”面板中的“线性”按钮，在已绘制的尺寸标注的外侧，对建筑平面横向和纵向的总长度进行尺寸标注。

❺ 完成尺寸标注后，单击“默认”选项卡“图层”面板中的“图层特性”按钮，打开图层特性管理器，关闭“轴线”图层，结果如图 12-79 所示。

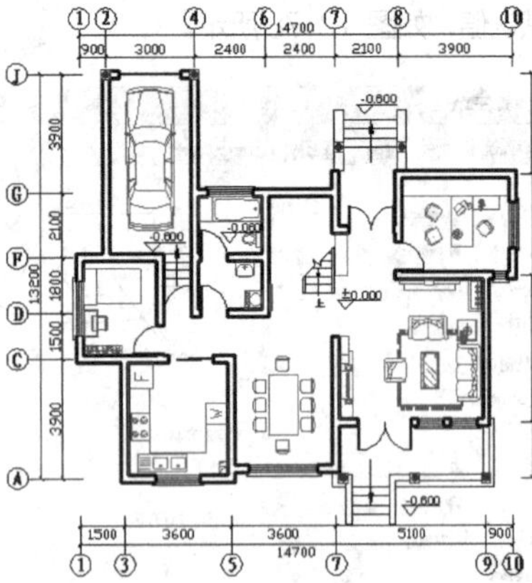

图 12-79　添加尺寸标注

4. 文字标注

在平面图中，各房间的功能可以用文字进行标注。下面以首层平面中的厨房为例，介绍添加文字标注的具体方法。

STEP 绘制步骤

❶ 在“图层”下拉列表中选择“文字”图层，将其设置为当前图层。

❷ 单击“默认”选项卡“注释”面板中的“多行文字”按钮A，在平面图中指定文字插入位置后，打开“文字编辑器”选项卡和多行文字编辑器，设置文字样式为“Standard”，字体为“宋体”，文字高度为“300”，在多行文字编辑器中输入文字“厨房”，如图 12-80 所示。

图 12-80　“文字编辑器”选项卡和多行文字编辑器

❸ 拖动“宽度控制”滑块来调整文本框的宽度，然后，单击“关闭”按钮，完成该处的文字标注，结果如图 12-81 所示。

图 12-81　标注厨房文字

12.2.8 绘制指北针和剖切符号

在建筑首层平面图中应绘制指北针以标明建筑方位；如果需要绘制建筑的剖面图，则还应在首层平面图中画出剖切符号以标明剖面剖切位置。

下面将分别介绍平面图中指北针和剖切符号的绘制方法。

STEP 绘制步骤

❶ 绘制指北针。

（1）单击“默认”选项卡“图层”面板中的“图层特性”按钮，打开图层特性管理器，创建新图层，将新图层命名为“指北针与剖切符号”，并将其设置为当前图层，如图 12-82 所示。

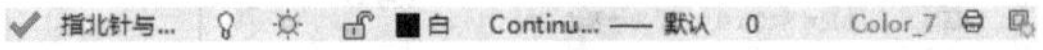

图 12-82　新建图层

（2）单击“默认”选项卡“绘图”面板中的“圆”按钮，在平面图的右下角绘制直径为 1200mm 的圆，如图 12-83 所示。

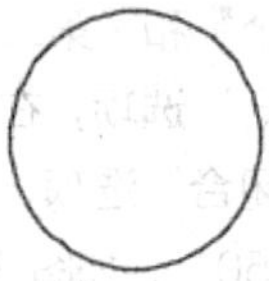

图 12-83　绘制圆

（3）单击“默认”选项卡“绘图”面板中的“直线”按钮，绘制圆的竖直方向直径作为辅助线，如图 12-84 所示。

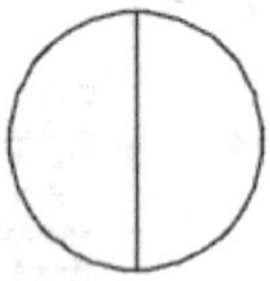

图 12-84　绘制辅助线

（4）单击“默认”选项卡“修改”面板中的“偏移”按钮，将辅助线分别向左右两侧偏移，偏移量均为 75mm，如图 12-85 所示。

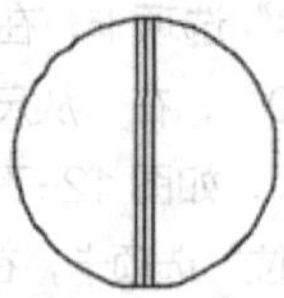

图 12-85　偏移辅助线

（5）单击“默认”选项卡“绘图”面板中的“直线”按钮，将两条偏移线与圆的下方交点同辅助线上端点连接起来；然后，单击“默认”选项卡“修改”面板中的“删除”按钮，删除三条辅助线（原有辅助线及两条偏移线），结果如图 12-86 所示。

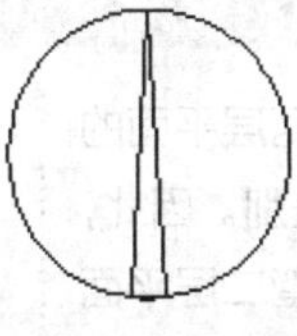

图 12-86 绘制直线并删除辅助线

（6）单击“默认”选项卡“绘图”面板中的“图案填充”按钮，打开“图案填充创建”选项卡，设置如图 12-87 所示，对所绘图形的中间部分进行填充。

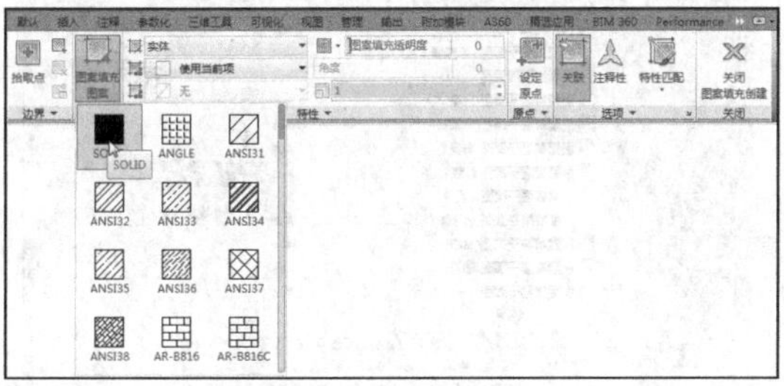

图 12-87 “图案填充创建”选项卡

（7）单击“默认”选项卡“注释”面板中的“多行文字”按钮A，设置文字高度为“500”，在指北针正上方书写大写的英文字母“N”，表示平面图的正北方向，如图 12-88 所示。

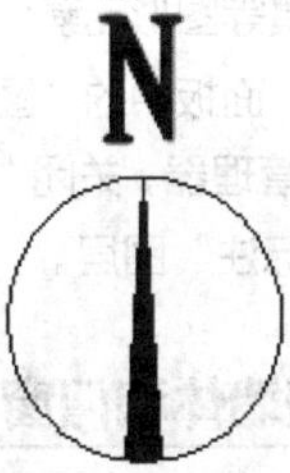

图 12-88 指北针

❷ 绘制剖切符号。

（1）单击“默认”选项卡“绘图”面板中的“直线”按钮，在平面图中绘制剖切面的定位线，并使得该定位线两端伸出被剖切外墙面的距离均为 1000mm，如图 12-89 所示。

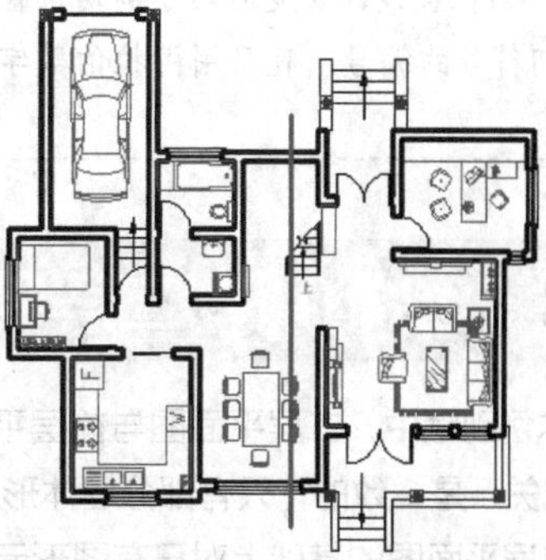

图 12-89 绘制剖切面定位线

（2）单击“默认”选项卡“绘图”面板中的“直线”按钮，分别以剖切面定位线的两端点为起点，向剖面图投影方向绘制剖视方向线，长度为 500mm。

（3）单击“默认”选项卡“绘图”面板中的“圆”按钮，分别以定位线两端点为圆心，绘制两个半径为 700mm 的圆。

（4）单击“默认”选项卡“修改”面板中的“修剪”按钮，修剪两圆之间的定位线；然后删除两圆，得到两条剖切位置线。

（5）将剖切位置线和剖视方向线的线宽都设置为 0.30mm。

（6）单击“默认”选项卡“注释”面板中的“多行文字”按钮A，设置文字高度为“300”，在平面图两侧剖视方向线的端部书写剖切符号的编号“1”，如图 12-90 所示，完成首层平面图中剖切符号的绘制。

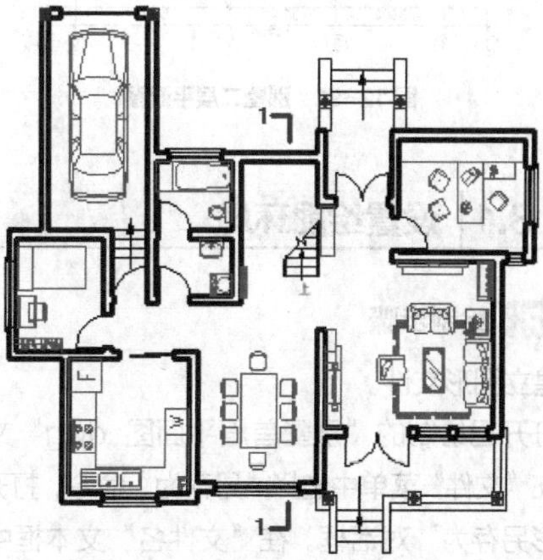

图 12-90 绘制剖切符号

提示 剖面的剖切符号，应由剖切位置线及剖视方向线组成，均应以粗实线绘制。剖视方向线应垂直于剖切位置线，长度应短于剖切位置线，绘图时，剖面剖切符号不宜与图面上的图线相接触。
剖面剖切符号的编号，宜采用阿拉伯数字，按顺序由左至右、由下至上连续编排，并应注写在剖视方向线的端部。

12.3 绘制别墅二层平面图

在本例别墅中，二层平面图与首层平面图在设计中有很多相同之处，两层平面的基本轴线关系是一致的，只有部分墙体形状和内部房间的设置存在着一些差别。因此，可以在首层平面图的基础上对已有图形元素进行修改和添加，进而完成别墅二层平面图的绘制。

扫一扫

别墅二层平面图的绘制是在首层平面图绘制的基础上进行的。首先，在首层平面图中已有墙线的基础上，根据本层实际情况修补墙体线条；然后，在图库中选择适合的门窗和家具模块，将其插入平面图中相应位置；最后，进行尺寸标注和文字说明。下面就按照这个思路绘制别墅的二层平面图（见图12-91）。

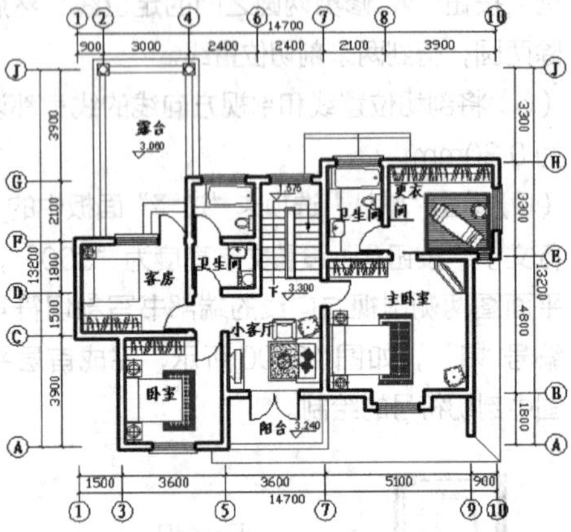

图 12-91　别墅二层平面图

12.3.1 设置绘图环境

STEP 绘制步骤

❶ 建立图形文件。

打开已绘制的“别墅首层平面图 .dwg”文件，在“文件”菜单中选择“另存为”命令，打开“图形另存为”对话框。在“文件名”文本框中输入新的图形文件的名称为“别墅二层平面图”，如图 12-92 所示。然后单击“保存”按钮，建立图形文件。

图 12-92　“图形另存为”对话框

❷ 清理图形元素。

首先，单击“默认”选项卡“修改”面板中的“删除”按钮，删除首层平面图中所有文字、室内外台阶和部分家具等图形元素；然后，单击“默认”选项卡“图层”面板中的“图层特性”按钮，打开图层特性管理器，关闭“轴线”“家具”“轴线编号”和“标注”图层。

12.3.2 修整墙体和门窗

STEP 绘制步骤

❶ 修补墙体。

（1）在“图层”下拉列表中选择“墙体”图层，将其设置为当前图层。

（2）单击“默认”选项卡“修改”面板中的“删

除”按钮，删除多余的墙体和门窗（与首层平面中位置和大小相同的门窗可保留）。

（3）选择“多线”命令，补充绘制二层平面墙体，参照 12.2.3 节中介绍的首层墙体画法，绘制结果如图 12-93 所示。

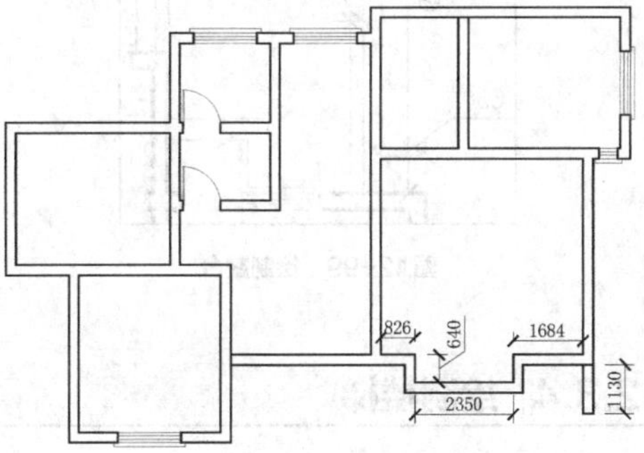

图 12-93 修补二层墙体

❷ 绘制门窗。

二层平面中门窗的绘制，主要借助已有的门窗图块来完成。单击“插入”选项卡“块”面板中的“插入块”按钮，选择在首层平面绘制过程中创建的门窗图块，进行适当的比例和角度调整后，插入二层平面图中。绘制结果如图 12-94 所示。

（1）单击“插入”选项卡“块”面板中的“插入块”按钮，在二层平面相应的门窗位置插入门窗洞图块，并修剪洞口处多余墙线。

（2）单击“插入”选项卡“块”面板中的“插入块”按钮，在新绘制的门窗洞口位置，根据需要插入门窗图块，并对该图块作适当的比例或角度调整。

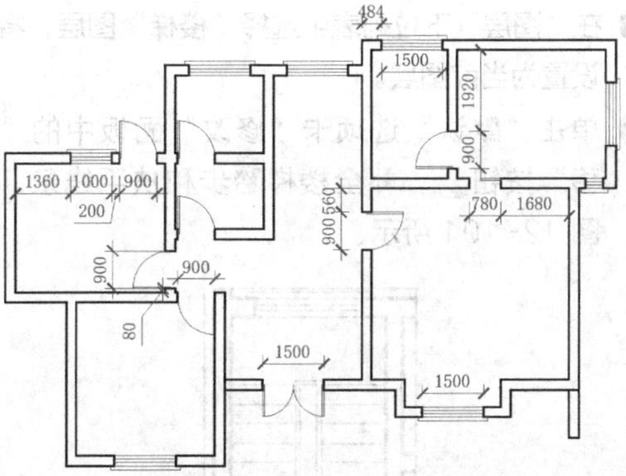

图 12-94 绘制二层平面门窗

（3）在新插入的窗平面外侧绘制窗台，具体做法可参考前面章节。

12.3.3 绘制阳台和露台

在二层平面中，有一处阳台和一处露台，两者绘制方法较相似，主要利用“默认”选项卡“绘图”面板中的“矩形”按钮和“默认”选项卡“修改”面板中的“修剪”按钮进行绘制。

下面分别介绍阳台和露台的绘制步骤。

STEP 绘制步骤

❶ 绘制阳台。

阳台平面为两个矩形的组合，外部较大矩形长为 3600mm，宽为 1800mm；较小矩形，长为 3400mm，宽为 1600mm。

（1）单击“默认”选项卡“图层”面板中的“图层特性”按钮，打开图层特性管理器，创建新图层，将新图层命名为“阳台”，并将其设置为当前图层。

（2）单击“默认”选项卡“绘图”面板中的“矩形”按钮，指定阳台左侧纵墙与横向外墙的交点为第一角点，分别绘制尺寸为 3600 mm × 1800 mm 和 3400 mm × 1600 mm 的两个矩形，如图 12-95 所示。命令行提示与操作如下。

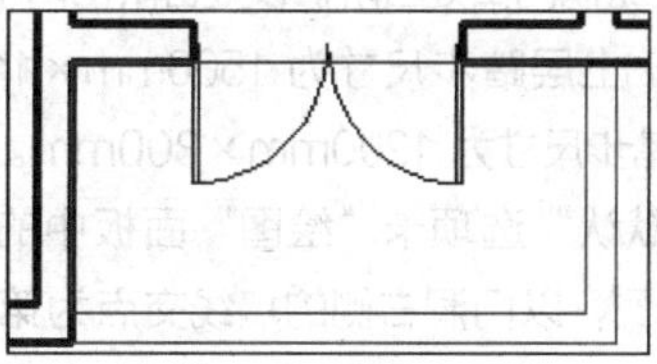

图 12-95 绘制矩形阳台

命令：_rectang
指定第一个角点或 [倒角 (C) / 标高 (E) / 圆角 (F) / 厚度 (T) / 宽度 (W)]：（点取阳台左侧纵墙与横向外墙的交点为第一角点）
指定另一个角点或 [面积 (A) / 尺寸 (D) / 旋转 (R)]：@3600，-1800 ↙
命令：_rectang
指定第一个角点或 [倒角 (C) / 标高 (E) / 圆角 (F) / 厚度 (T) / 宽度 (W)]：（点取阳台左侧纵墙与横向外墙的交点为第一角点）
指定另一个角点或 [面积 (A) / 尺寸 (D) / 旋转 (R)]：@3400， -1600 ↙

（3）单击“默认”选项卡“修改”面板中的“修剪”按钮，修剪多余线条，完成阳台的绘制，结果如图 12-96 所示。

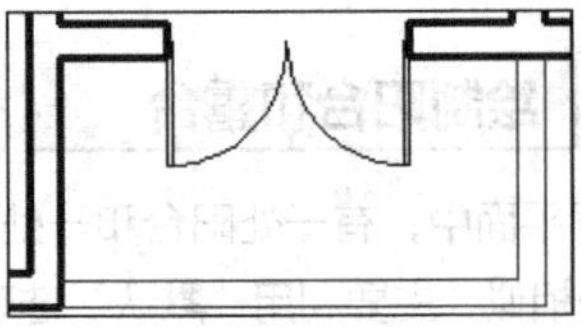

图 12-96 修剪阳台线条

❷ 绘制露台。

（1）单击“默认”选项卡“图层”面板中的“图层特性”按钮，打开图层特性管理器，创建新图层，将新图层命名为“露台”，并将其设置为当前图层，如图 12-97 所示。

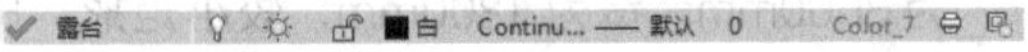

图 12-97 新建图层

（2）单击“默认”选项卡“绘图”面板中的“矩形”按钮，绘制露台矩形外轮廓线，矩形尺寸为 3720mm×6240mm；然后，单击“默认”选项卡“修改”面板中的“修剪”按钮，修剪多余线条。

（3）露台周围结合立柱设计有花式栏杆，选择菜单栏中的“绘图”→“多线”命令，绘制扶手平面，多线间距为 200mm。

（4）绘制门口处台阶。该处台阶由两个矩形踏步组成，上层踏步尺寸为 1500mm×1100mm，下层踏步尺寸为 1200mm×800mm。首先，单击“默认”选项卡“绘图”面板中的“矩形”按钮，以门洞右侧的墙线交点为第一角点，分别绘制这两个矩形踏步平面，如图 12-98 所示。然后，单击“默认”选项卡“修改”面板中的“修剪”按钮，修剪多余线条，完成台阶的绘制。

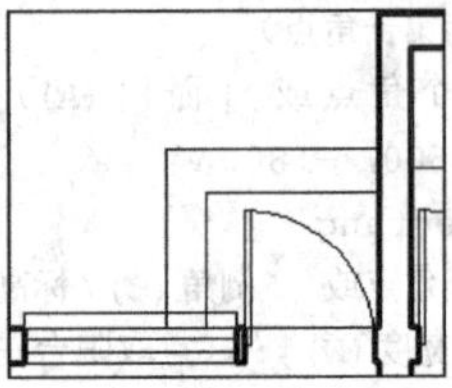

图 12-98 绘制露台门口处台阶

露台绘制结果如图 12-99 所示。

露台外围线段向内偏移，偏移距离为 285mm、200mm，露台上立柱平面矩形底座大小为 320mm×320mm，内部立柱圆半径为 120mm。

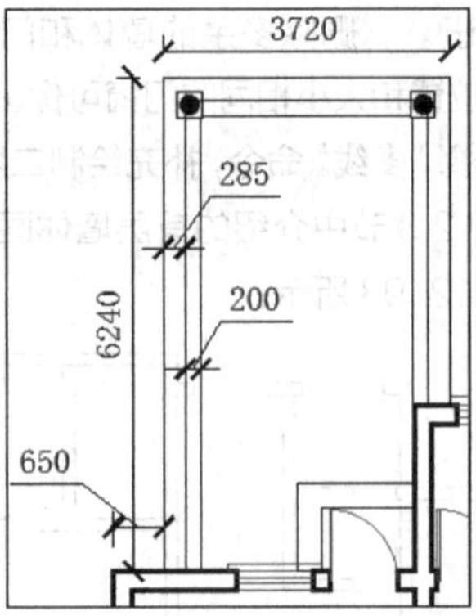

图 12-99 绘制露台

12.3.4 绘制楼梯

别墅中的楼梯共有两跑梯段，首跑 9 个踏步，次跑 10 个踏步，中间楼梯井宽 240mm（楼梯井较通常情况宽一些，做室内装饰用）。本层为别墅的顶层，因此本层楼梯应根据顶层楼梯平面的特点进行绘制，绘制结果如图 12-100 所示。

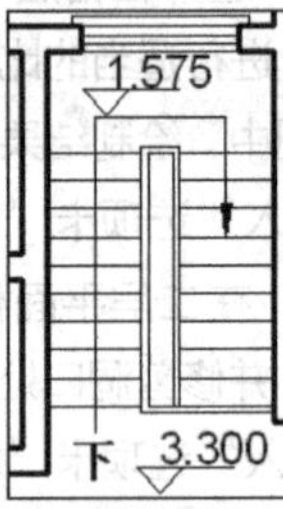

图 12-100 绘制二层平面楼梯

STEP 绘制步骤

❶ 在“图层”下拉列表中选择“楼梯”图层，将其设置为当前图层。

❷ 单击“默认”选项卡“修改”面板中的“偏移”按钮，补全楼梯踏步和扶手线条，如图 12-101 所示。

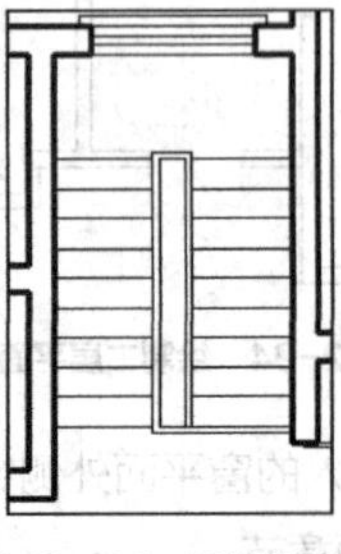

图 12-101 修补楼梯线

❸ 在命令行内输入“QLEADER”命令，在梯段的中央位置绘制带箭头引线并标注方向文字，如图 12-102 所示。

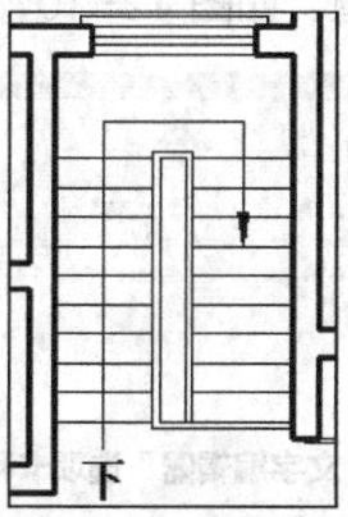

图 12-102 添加带箭头引线和方向文字

❹ 在楼梯平台处添加平面标高图块，结果如图 12-100 所示。

> 提示 在二层平面图中，由于剖切平面在安全栏板之上，因此该层楼梯的平面图形中应包括两段完整的梯段、楼梯平台及安全栏板。在二层楼梯口处有一个注有“下”字的长箭头，表示方向。

12.3.5 绘制雨篷

在别墅中有两处雨篷，其中一处位于别墅北面的正门上方，另一处则位于别墅南面和东面的转角部分。

下面以正门处雨篷为例，介绍雨篷平面的绘制方法。

正门处雨篷宽度为3660mm，其出挑长度为1500mm。

STEP 绘制步骤

❶ 单击“默认”选项卡“图层”面板中的“图层特性”按钮，打开图层特性管理器，创建新图层，将新图层命名为“雨篷”，并将其设置为当前图层，如图 12-103 所示。

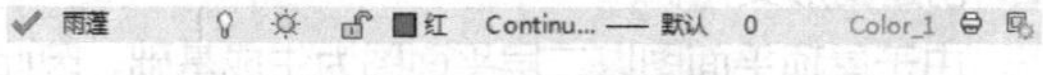

图 12-103 新建图层

❷ 单击“默认”选项卡“绘图”面板中的“矩形”按钮，绘制尺寸为 3660mm × 1500mm 的矩形雨篷平面。

❸ 单击“默认”选项卡“修改”面板中的“偏移”按钮，将雨篷最外侧边向内偏移 150mm，得到雨篷外侧线脚。

❹ 单击“默认”选项卡“修改”面板中的“修剪”按钮，修剪被遮挡的部分矩形线条，完成雨篷的绘制，如图 12-104 所示。

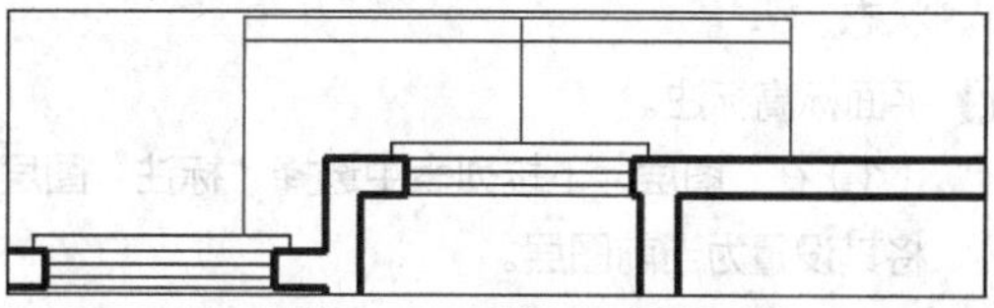

图 12-104 绘制正门处雨篷

12.3.6 绘制家具

同首层平面一样，二层平面中家具的绘制要借助图库来进行，绘制结果如图12-105所示。

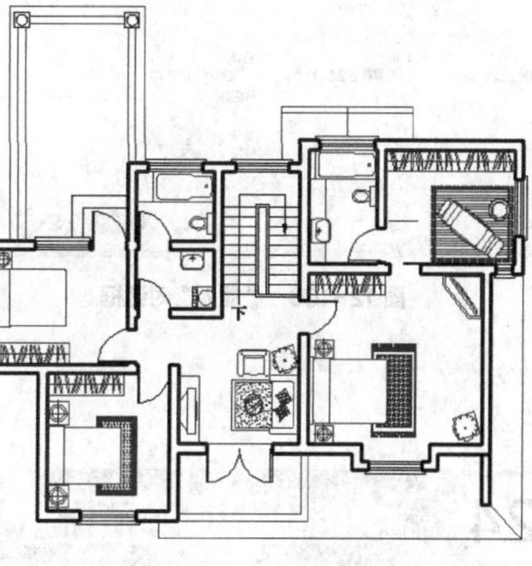

图 12-105 绘制家具

STEP 绘制步骤

❶ 在“图层”下拉列表中选择“家具”图层，将其设置为当前图层。

❷ 单击快速访问工具栏中的“打开”按钮，在打开的“选择文件”对话框中，选择“配套资源 / 源文件 /CAD 图库”路径，将图库打开。

❸ 在图库中选择所需的家具图形模块进行复制，依次粘贴到二层平面图中相应位置。

12.3.7 平面标注

STEP 绘制步骤

❶ 尺寸标注与定位轴线编号。

二层平面的定位轴线和尺寸标注与首层平面基本一致，无须另做改动，直接沿用首层平面的轴线和尺寸标注结果即可，具体做法如下。

单击“默认”选项卡“图层”面板中的“图层特性”按钮，打开图层特性管理器，选择“轴线”“轴线编号”和“标注”图层，使它们均保持可见状态。

❷ 平面标高标注。

（1）在“图层”下拉列表中选择“标注”图层，将其设置为当前图层。

（2）单击“插入”选项卡“块”面板中的“插入块”按钮，打开“插入”对话框，如图12-106所示，将已创建的“标高”图块插入平面图中需要标高的位置。

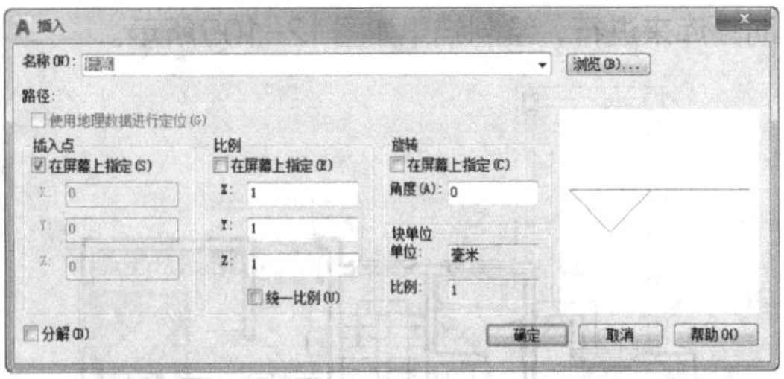

图12-106 “插入”对话框

（3）单击“默认”选项卡“注释”面板中的“多行文字”按钮A，设置字体为“宋体”，文字高度为“300”，在标高符号的长直线上方添加具体的标注数值，如图12-107所示。

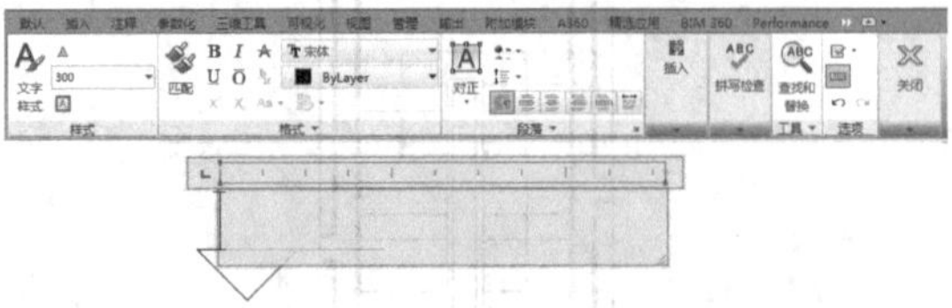

图12-107 “文字编辑器”选项卡和多行文字编辑器

❸ 文字标注。

（1）在“图层”下拉列表中选择“文字”图层，将其设置为当前图层。

（2）单击“默认”选项卡“注释”面板中的“多行文字”按钮A，设置字体为“宋体”，文字高度为“300”，标注二层平面中各房间的名称。

12.4 绘制屋顶平面图

屋顶平面图是建筑平面图的一种类型。绘制建筑屋顶平面图，不仅能表现屋顶的形状、尺寸和特征，还可以从另一个角度更好地帮助人们设计和理解建筑。

扫一扫

在本例中，别墅的屋顶设计为复合式坡顶，由几个不同大小、不同朝向的坡屋顶组合而成。因此在绘制过程中，应该认真分析它们之间的结合关系，并将这种结合关系准确地表现出来。

别墅屋顶平面图的主要绘制思路为：首先根据已有平面图绘制出外墙轮廓线，接着偏移外墙轮廓线得到屋顶檐线，并对屋顶的组成关系进行分析，确定屋脊线条，然后绘制烟囱平面和其他可见部分的平面投影，最后对屋顶平面进行尺寸和标高标注。下面就按照这个思路绘制别墅的屋顶平面图。

12.4.1 设置绘图环境

STEP 绘制步骤

❶ 创建图形文件。

由于屋顶平面图以二层平面图为生成基础，因此不必新建图形文件，可借助已经绘制的二层平面图进行创建。打开已绘制的“别墅二层平面图.dwg”图形文件，在“文件”下拉菜单中选择“另存为”命令，打开“图形另存为”对话框，在“文件名”文本框中输入新的图形名称为“别墅屋顶平面图”，如图12-108所示；然后，单击“保存”按钮，建立图形文件。

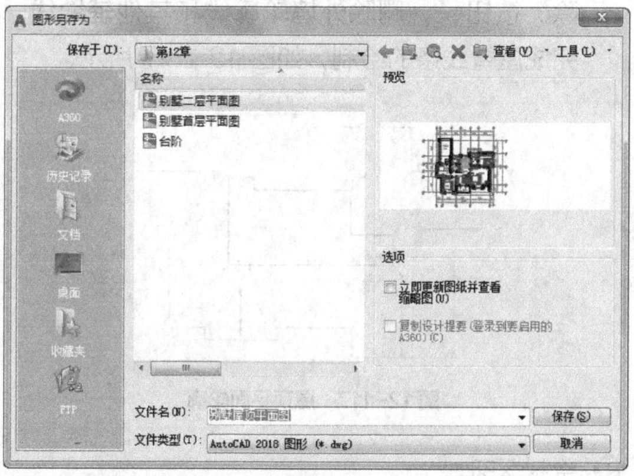

图 12-108 “图形另存为”对话框

❷ 清理图形元素。

（1）单击“默认”选项卡“修改”面板中的“删除”按钮，删除二层平面图中“家具”“楼梯”和“门窗”图层里的所有图形元素。

（2）单击“默认”选项卡“图层”面板中的“图层特性”按钮，打开图层特性管理器，关闭除“墙体”图层以外的所有可见图层。

12.4.2 绘制屋顶平面

STEP 绘制步骤

❶ 绘制外墙轮廓线。

屋顶平面轮廓由建筑的平面轮廓决定，因此，首先要根据二层平面图中的墙体线条，生成外墙轮廓线。

（1）单击“默认”选项卡“图层”面板中的“图层特性”按钮，打开图层特性管理器，创建新图层，将新图层命名为“外墙轮廓线”，并将其设置为当前图层，如图 12-109 所示。

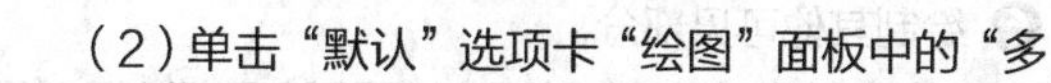

图 12-109 新建图层

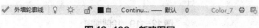

（2）单击“默认”选项卡“绘图”面板中的“多段线”按钮，在二层平面图中捕捉外墙端点，绘制闭合的外墙轮廓线，如图 12-110 所示。

❷ 分析屋顶组成。

本例别墅的屋顶是由几个坡屋顶组合而成的。在绘制过程中，可以先将屋顶分解成几部分，将每部分单独绘制后，再重新组合。在这里，笔者推荐将该屋顶划分为 5 部分，如图 12-111 所示。

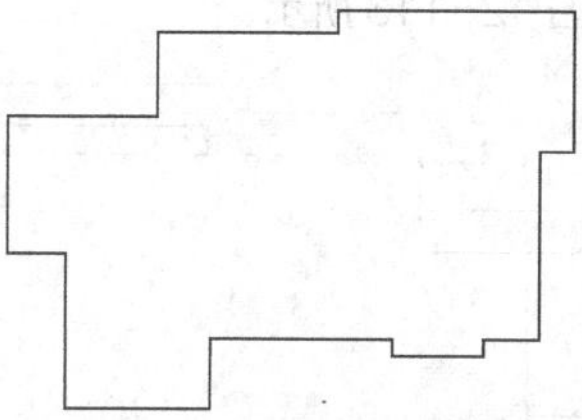

图 12-110 绘制外墙轮廓线

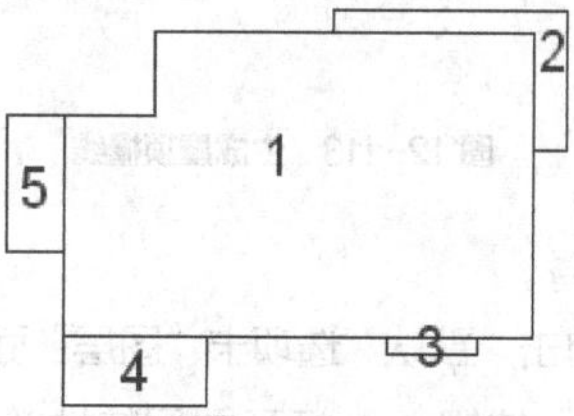

图 12-111 屋顶分解示意图

❸ 绘制檐线。

坡屋顶出檐宽度一般根据平面的尺寸和屋面坡度确定。在本别墅中，双坡顶出檐 500mm 或 600mm，四坡顶出檐 900mm，坡屋顶结合处的出檐尺度视结合方式而定。下面以“分屋顶 4”为例，介绍屋顶檐线的绘制方法。

（1）单击“默认”选项卡“图层”面板中的“图层特性”按钮，打开图层特性管理器，创建新图层，将新图层命名为“檐线”，并将其设置为当前图层。

（2）单击“默认”选项卡“修改”面板中的“偏移”按钮，将“分屋顶 4”的两侧短边分别向外偏移 600mm，前侧长边向外偏移 500mm。

（3）单击“默认”选项卡“修改”面板中的“延伸”按钮，将偏移后的 3 条线段延伸，使其相交，生成一组檐线，如图 12-112 所示。

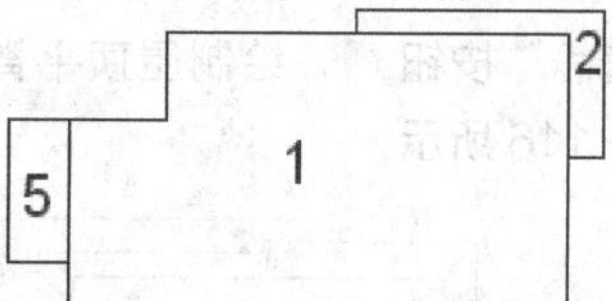

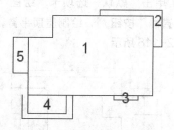

图 12-112 生成“分屋顶 4”檐线

（4）按照上述画法依次生成其他分屋顶的檐线；然后，单击“默认”选项卡“修改”面板中的“修剪”按钮，对檐线结合处进行修整，结果如图 12-113 所示。

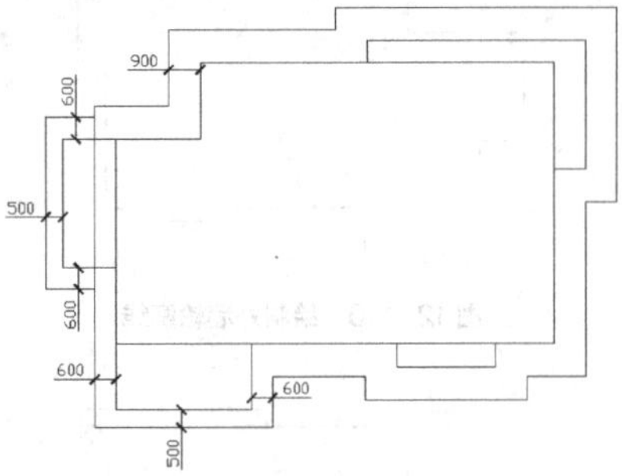

图 12-113 生成屋顶檐线

❹ 绘制屋脊。

（1）单击“默认”选项卡“图层”面板中的“图层特性”按钮，打开图层特性管理器，创建新图层，将新图层命名为“屋脊”，并将其设置为当前图层，如图 12-114 所示。

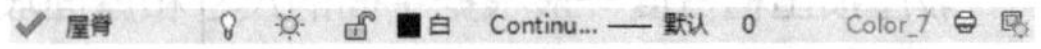

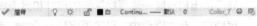

图 12-114 新建“屋脊”图层

（2）单击“默认”选项卡“绘图”面板中的“直线”按钮，在每个檐线交点处绘制倾斜角度为 45°（或 315°）的直线，生成屋顶垂脊定位线，结果如图 12-115 所示。

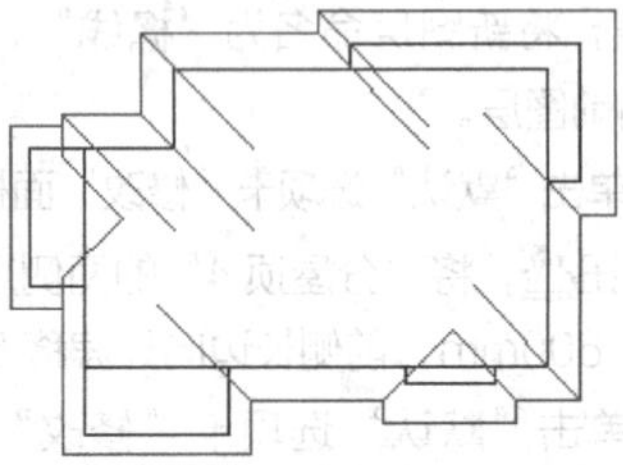

图 12-115 绘制屋顶垂脊定位线

（3）单击“默认”选项卡“绘图”面板中的“直线”按钮，绘制屋顶平脊，结果如图 12-116 所示。

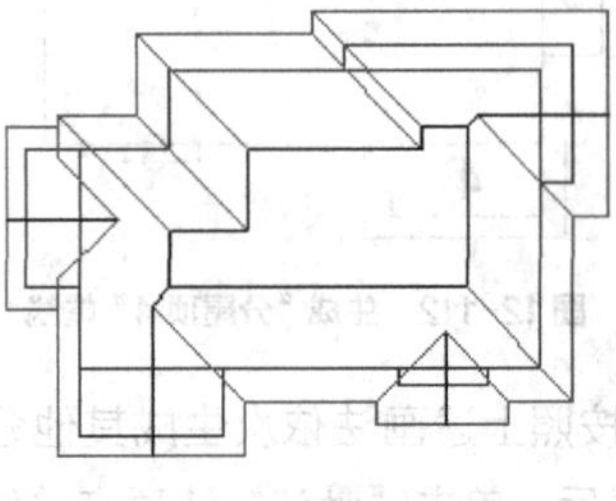

图 12-116 绘制屋顶平脊

（4）单击“默认”选项卡“修改”面板中的“删除”按钮，删除外墙轮廓线和其他辅助线，完成屋脊线条的绘制，如图 12-117 所示。

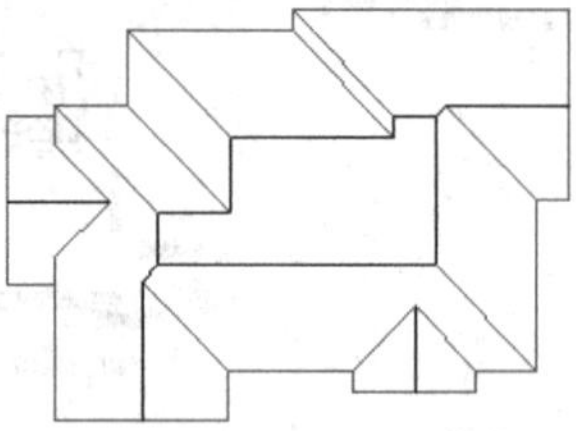

图 12-117 屋顶平面轮廓

❺ 绘制烟囱。

（1）单击“默认”选项卡“图层”面板中的“图层特性”按钮，打开图层特性管理器，创建新图层，将新图层命名为“烟囱”，并将其设置为当前图层，如图 12-118 所示。

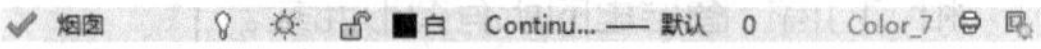

图 12-118 新建“烟囱”图层

（2）单击“默认”选项卡“绘图”面板中的“矩形”按钮，绘制烟囱平面，尺寸为 750mm×900mm。

然后，单击“默认”选项卡“修改”面板中的“偏移”按钮，将矩形向内偏移，偏移量为 120mm（120mm 为烟囱材料厚度）。

（3）将绘制的烟囱平面插入屋顶平面相应位置，并修剪多余线条，结果如图 12-119 所示。

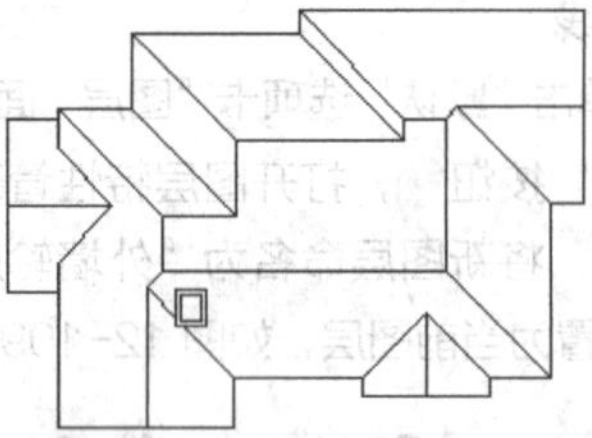

图 12-119 绘制烟囱

❻ 绘制其他可见部分。

（1）单击“默认”选项卡“图层”面板中的“图层特性”按钮，打开图层特性管理器，打开“阳台”“露台”“立柱”和“雨篷”图层。

（2）单击“默认”选项卡“修改”面板中的“删除”按钮，删除平面图中被屋顶遮住的部分，结果如图 12-120 所示。

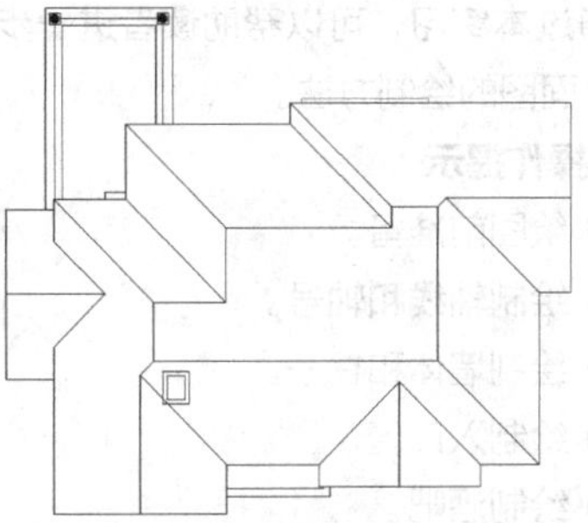

图 12-120 屋顶平面

12.4.3 尺寸与标高标注

STEP 绘制步骤。

❶ 尺寸标注。

（1）在“图层”下列表中选择“标注”图层，将其设置为当前图层。

（2）选择菜单栏中的“标注”→“线性”和“连续”命令，在屋顶平面图中添加尺寸标注。

❷ 屋顶平面标高标注。

（1）单击“插入”选项卡“块”面板中的“插入块”按钮，系统打开“插入”对话框，如图 12-121 所示，在坡屋顶和烟囱处添加标高符号。

（2）单击“默认”选项卡“注释”面板中的“多行文字”按钮A，在标高符号上方添加相应的标高数值。

❸ 绘制轴线编号。

由于屋顶平面图中的定位轴线及编号都与二层平面相同。因此可以继续沿用原有轴线编号图形。具体操作如下。

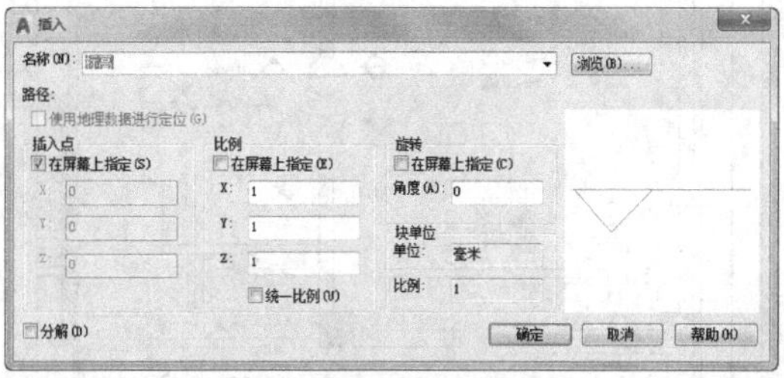

图 12-121 “插入”对话框

单击“默认”选项卡“图层”面板中的“图层特性”按钮，打开图层特性管理器，打开“轴线编号”图层，使其保持可见状态，对图层中的内容无须做任何改动，结果如图 12-122 所示。

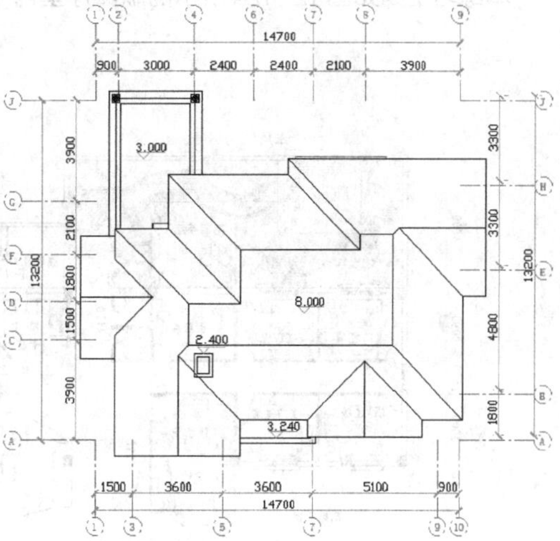

图 12-122 屋顶平面图

12.5 上机实验

【练习 1】绘制办公室室内设计平面图

1. 目的要求

本练习绘制如图 12-123 所示的办公室室内设计平面图。通过本练习，可以帮助读者进一步熟悉和掌握室内平面图的绘制方法。

2. 操作提示

（1）绘制轴线。

（2）绘制外部墙线。

（3）绘制柱子。

（4）绘制内部墙线。

（5）补添柱子。

（6）绘制室内装饰。

（7）添加尺寸、文字标注。

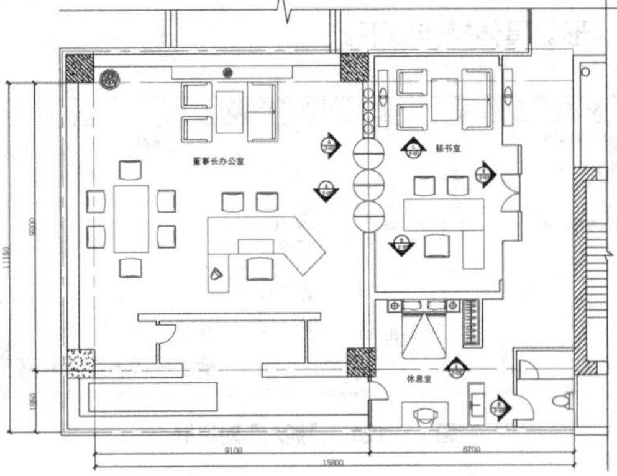

图 12-123　办公室室内设计平面图

【练习 2】绘制歌舞厅室内平面图

1. 目的要求

本练习绘制如图 12-124 所示的歌舞厅室内平面图。通过本练习，可以帮助读者进一步熟悉和掌握室内平面图的绘制方法。

2. 操作提示

（1）绘图前准备。

（2）绘制轴线和轴号。

（3）绘制墙体和柱子。

（4）绘制入口区。

（5）绘制酒吧。

（6）绘制歌舞区。

（7）绘制包房区。

（8）绘制屋顶花园。

（9）标注尺寸、文字及符号。

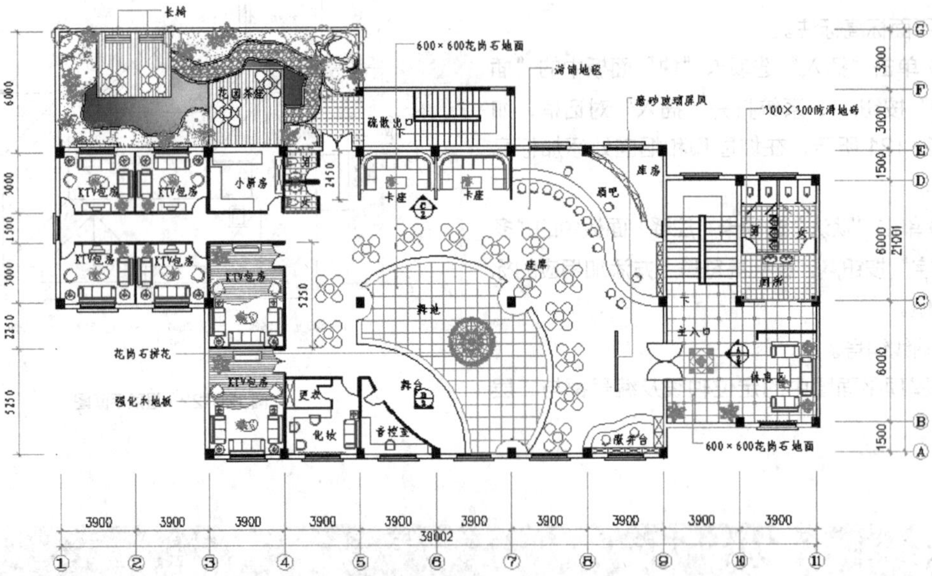

图 12-124　歌舞厅室内平面图

第 13 章

绘制别墅建筑室内设计图

室内设计图是反映建筑物内部空间装饰和装修情况的图样。室内设计是指根据空间的使用性质、所处环境和相应标准，运用物质技术及艺术手段，创造出功能合理、舒适美观、符合人的生理和心理要求的室内环境。它包括四个组成部分，即空间形象的设计、室内装修设计、室内物理环境设计、室内陈设艺术设计。

通常情况下，建筑室内设计图中应表达以下内容。

- 室内平面功能分析和布局。
- 室内墙面装饰材料和构造做法。
- 家具、洁具及其他室内陈设的位置和尺寸。
- 室内地面和顶棚的材料及装修做法。
- 室内各主要部位的标高。
- 各房间灯具的类型和位置。

重点与难点

- 绘制客厅平面图
- 绘制客厅立面图
- 绘制别墅首层地坪图
- 绘制别墅首层顶棚平面图

13.1 绘制客厅平面图

客厅平面图的主要绘制思路为：首先利用已绘制的首层平面图生成客厅平面图轮廓，然后在客厅平面中添加各种家具图形；最后对所绘制的客厅平面图进行尺寸标注，如有必要，还要添加室内方向索引符号进行方向标识。下面按照这个思路绘制别墅客厅的平面图（见图 13-1）。

扫一扫

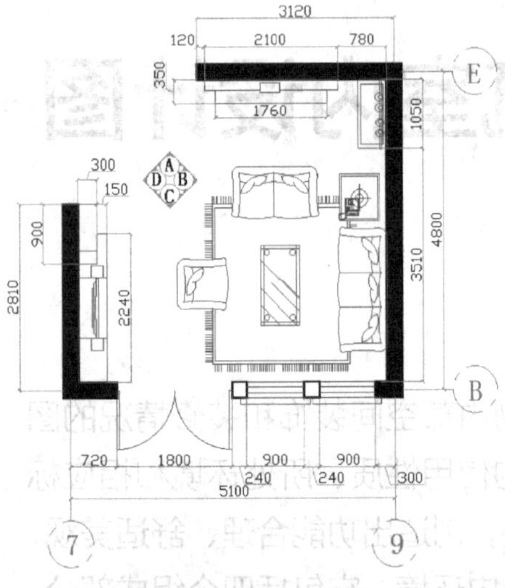

图 13-1 别墅客厅平面图

13.1.1 设置绘图环境

STEP 绘制步骤

❶ 创建图形文件。

打开随书源文件中的“别墅首层平面图.dwg”文件，选择菜单栏中的“文件”→“另存为”命令，打开“图形另存为”对话框。在“文件名”文本框中输入新的图形文件名“客厅平面图”，如图 13-2 所示。单击“保存”按钮，建立图形文件。

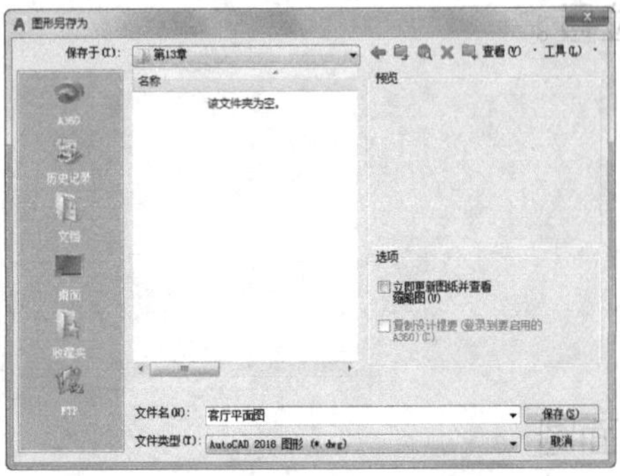

图 13-2 “图形另存为”对话框

❷ 清理图形元素。

（1）单击“默认”选项卡“修改”面板中的“删除”按钮，删除平面图中多余的图形元素，仅保留客厅四周的墙线及门窗。

（2）单击“默认”选项卡“绘图”面板中的“图案填充”按钮，打开“图案填充创建”选项卡，选择填充图案为“SOLID”，填充客厅墙体，填充结果如图 13-3 所示。

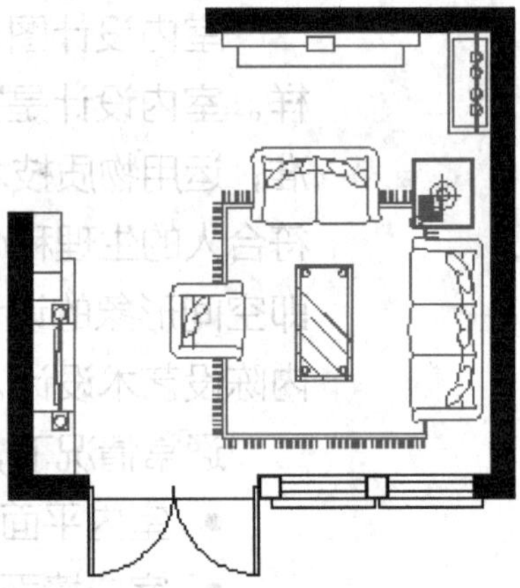

图 13-3 填充客厅墙体

13.1.2 室内平面标注

STEP 绘制步骤

❶ 轴线标识。

单击“默认”选项卡“图层”面板中的“图层特性”按钮，打开图层特性管理器，选择“轴线”和“轴线编号”图层，并将它们打开，除保留客厅相关轴线与轴号外，删除所有多余的轴线和轴号。

❷ 尺寸标注。

（1）在“图层”下拉列表中选择“标注”图层，将其设置为当前图层。

（2）单击“默认”选项卡“注释”面板中的“标

注样式”按钮，打开“标注样式管理器”对话框。单击“新建”按钮，弹出“创建新标注样式”对话框，创建新的标注样式，并将其命名为“室内标注”，如图 13-4 所示。

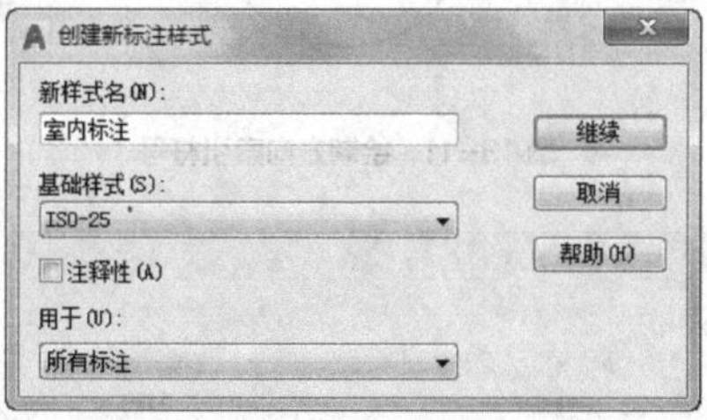

图 13-4 “创建新标注样式”对话框

（3）单击“继续”按钮，打开“新建标注样式：室内标注”对话框，选择“符号和箭头”选项卡，在“箭头”选项组的“第一个”和“第二个”下拉列表中均选择“建筑标记”选项，在“引线”下拉列表中选择“点”选项，在“箭头大小”微调框中输入 50，如图 13-5 所示。

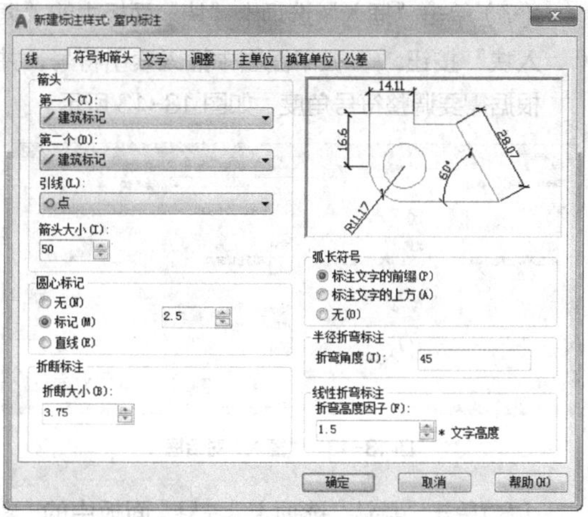

图 13-5 “符号和箭头”选项卡

选择“文字”选项卡，在“文字外观”选项组的“文字高度”微调框中输入 150，如图 13-6 所示。

（4）完成设置后，单击“确定”按钮，返回“标注样式管理器”对话框，将新建的“室内标注”设置为当前标注样式，如图 13-7 所示。单击“关闭”按钮，关闭对话框。

（5）在“标注”下拉菜单中选择“线性”命令，对客厅平面中的墙体、门窗和主要家具的平面尺寸进行标注，标注结果如图 13-8 所示。

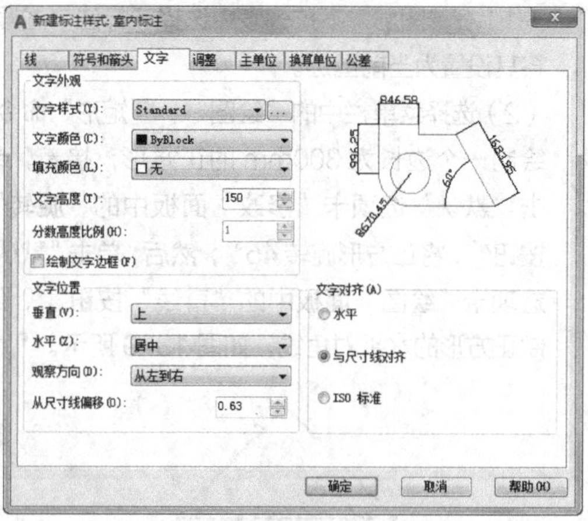

图 13-6 “文字”选项卡

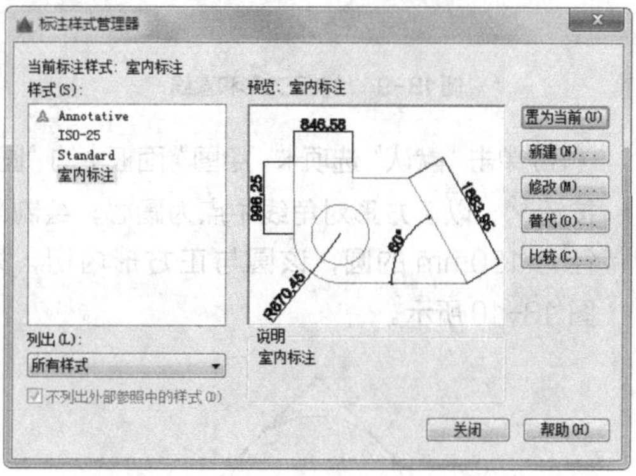

图 13-7 “标注样式管理器”对话框

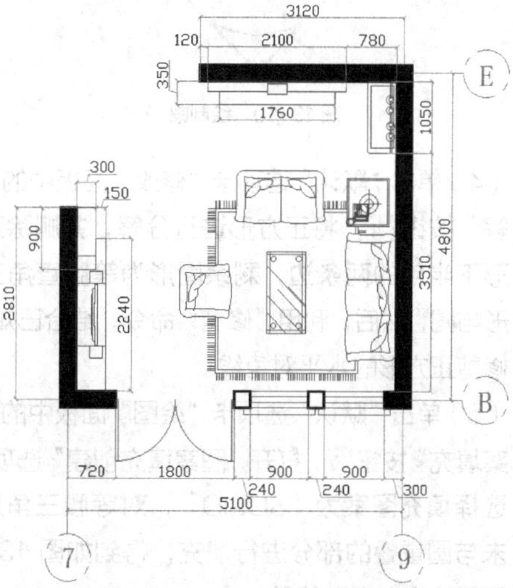

图 13-8 添加轴线标识和尺寸标注

❸ 添加方向索引符号。

在绘制一组室内设计图样时，为了统一室内方向标识，通常要在平面图中添加方向索引符号。

（1）在“图层”下拉列表中选择“标注”图层，将其设置为当前图层。

（2）选择菜单栏中的“绘图”→“矩形”命令，绘制一个边长为 300mm 的正方形；接着，单击“默认”选项卡“修改”面板中的“旋转”按钮，将正方形旋转 45°；然后，单击“默认”选项卡“绘图”面板中的“直线”按钮，绘制正方形的水平对角线，如图 13-9 所示。

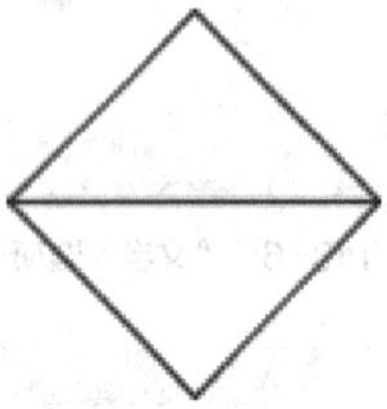

图 13-9 绘制正方形和直线

（3）单击“默认”选项卡“绘图”面板中的“圆”按钮，以正方形对角线中点为圆心，绘制半径为 150mm 的圆，该圆与正方形内切，如图 13-10 所示。

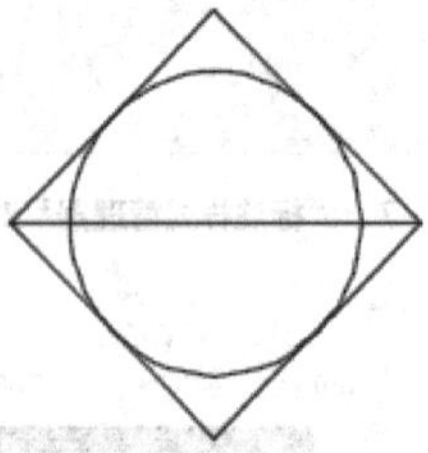

图 13-10 绘制圆

（4）单击“默认”选项卡“修改”面板中的“分解”按钮，将正方形进行分解，并删除正方形下半部的两条边，剩余图形为等腰直角三角形与圆；然后，利用“修剪”命令，结合已知圆，修剪正方形的水平对角线。

（5）单击“默认”选项卡“绘图”面板中的“图案填充”按钮，打开“图案填充创建”选项卡，选择填充图案为“SOLID”，对等腰三角形中未与圆重叠的部分进行填充，得到如图 13-11 所示的方向索引符号。

（6）单击“插入”选项卡“块定义”面板中的“创建块”按钮，将所绘方向索引符号定义为图块，命名为“室内索引符号”，如图 13-12 所示。

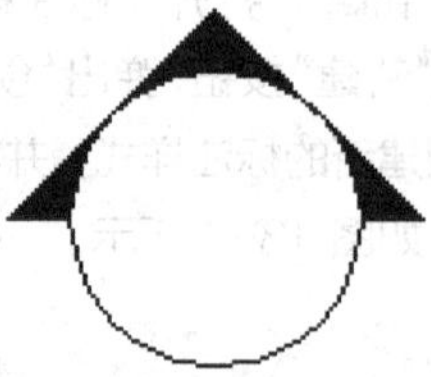

图 13-11 绘制方向索引符号

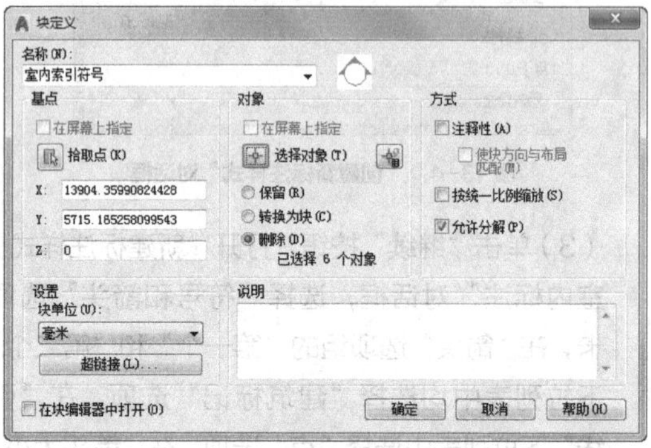

图 13-12 “块定义”对话框

（7）单击“插入”选项卡“块”面板中的“插入块”按钮，在平面图中插入索引符号，并根据需要调整符号角度，如图 13-13 所示。

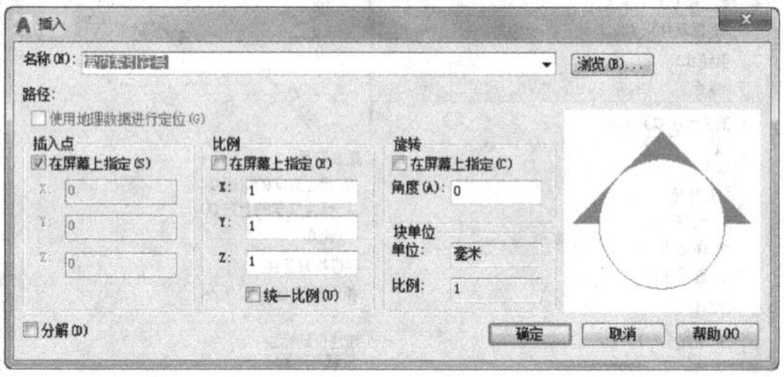

图 13-13 “插入”对话框

（8）单击“默认”选项卡“注释”面板中的“多行文字”按钮A，在索引符号圆内添加字母或数字进行标识，如图 13-14 所示。继续操作，添加其他方向索引符号，结果如图 13-1 所示。

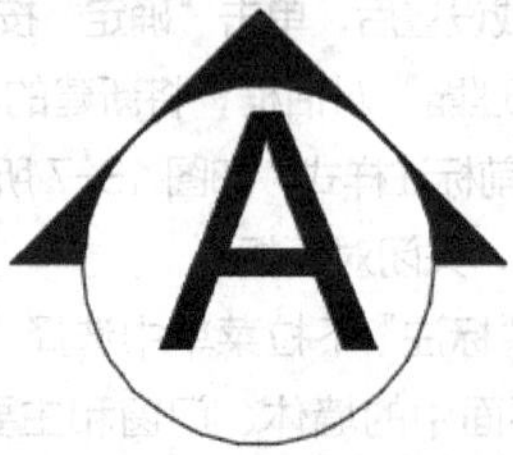

图 13-14 标注字母

13.2 绘制客厅 A 立面图

扫一扫

室内立面图主要反映室内墙面装修与装饰的情况。从这一节开始，本章拟用两节的篇幅介绍室内立面图的绘制过程，选取的实例分别为别墅客厅中A和B两个方向的立面。

在别墅客厅中，A立面装饰元素主要包括文化墙、装饰柜及柜子上方的装饰画和射灯。

客厅立面图的主要绘制思路为：首先利用已绘制的客厅平面图生成墙体和楼板剖立面，然后利用图库中的图形模块绘制各种家具立面，最后对所绘制的客厅立面图进行尺寸标注和文字说明。下面按照这个思路绘制别墅客厅的A立面图（见图13-15）。

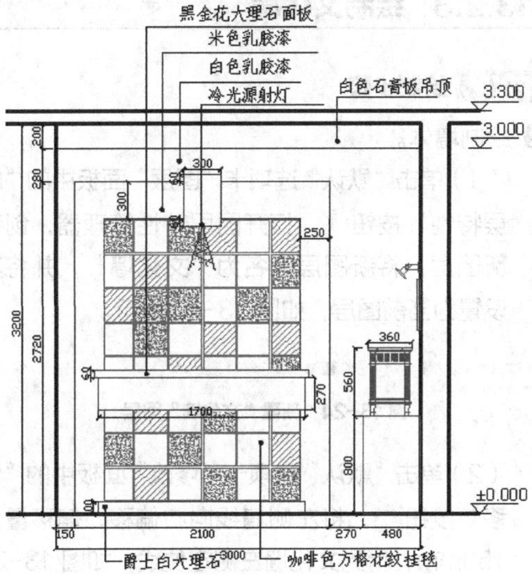

图 13-15 客厅 A 立面图

13.2.1 设置绘图环境

STEP 绘制步骤

❶ 创建图形文件。

打开已绘制的“客厅平面图 .dwg”文件，选择菜单栏中的“文件”→“另存为”命令，打开“图形另存为”对话框。在“文件名”文本框中输入新的图形文件名“客厅 A 立面图”，单击“保存”按钮，建立图形文件。

❷ 清理图形元素。

（1）单击“默认”选项卡“图层”面板中的“图层特性”按钮，打开图层特性管理器，关闭与绘制对象相关不大的图层，如“轴线”“轴线编号”图层等。

（2）选择菜单栏中的“修改”→“修剪”命令，清理平面图中多余的家具和墙体线条。

（3）清理并调整标注后，所得平面图形如图 13-16 所示。

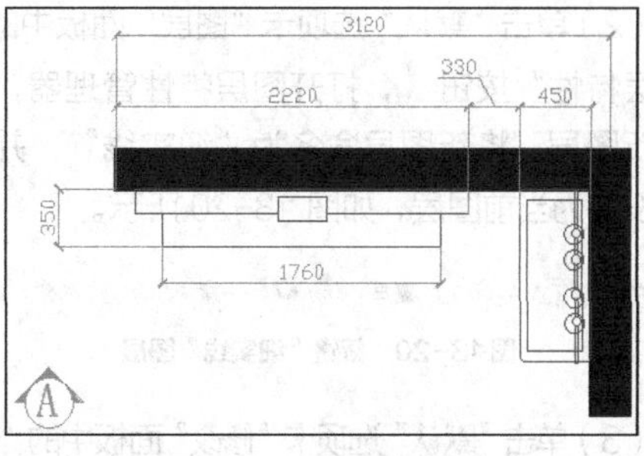

图 13-16 清理后的平面图形

13.2.2 绘制地面、楼板与墙体

STEP 绘制步骤

在室内立面图中，被剖切的墙线和楼板线都用粗实线表示。

❶ 绘制室内地坪。

（1）单击“默认”选项卡“图层”面板中的“图层特性”按钮，打开图层特性管理器，创建新图层，将新图层命名为“粗实线”，设置该图层的线宽为 0.30mm，并将其设置为当前图层，如图 13-17 所示。

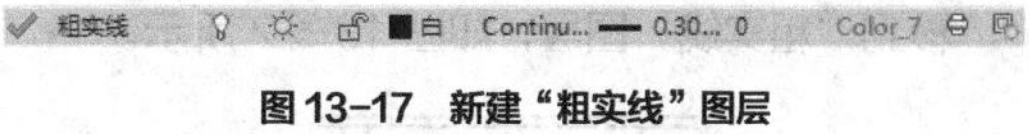

图 13-17 新建“粗实线”图层

（2）单击“默认”选项卡“绘图”面板中的“直线”按钮，在平面图上方绘制长度为 4000mm 的室内地坪线，其标高为 ±0.000，如图 13-18 所示。

图 13-18 绘制地坪线

❷ 绘制楼板线和梁线。

（1）单击“默认”选项卡“修改”面板中的“偏移”按钮，将室内地坪线连续向上偏移两次，偏移量依次为 3200mm 和 100mm，得到楼板定位线，如图 13-19 所示。

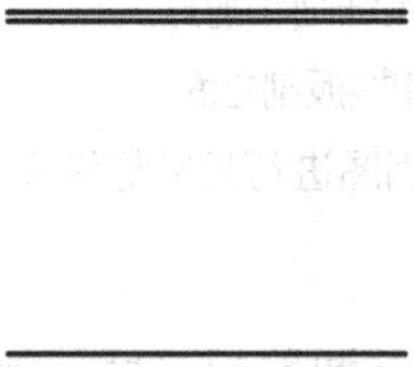

图 13-19　偏移地坪线

（2）单击“默认”选项卡“图层”面板中的“图层特性”按钮，打开图层特性管理器，创建新图层，将新图层命名为“细实线”，并将其设置为当前图层，如图 13-20 所示。

图 13-20　新建“细实线”图层

（3）单击“默认”选项卡“修改”面板中的“偏移”按钮，将室内地坪线向上偏移 3000mm，得到梁底定位线，如图 13-21 所示。

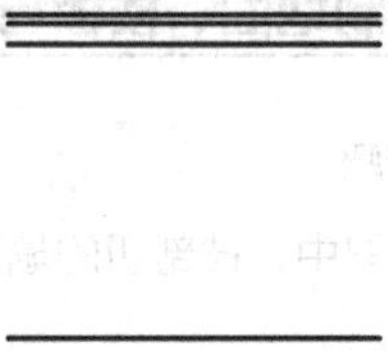

图 13-21　偏移地坪线

（4）将所绘梁底定位线转移到“细实线”图层。

❸ 绘制墙体。

（1）单击“默认”选项卡“绘图”面板中的“直线”按钮，由平面图中的墙体位置，生成立面图中的墙体定位线，将绘制的墙体定位线转移到“粗实线”图层，如图 13-22 所示。

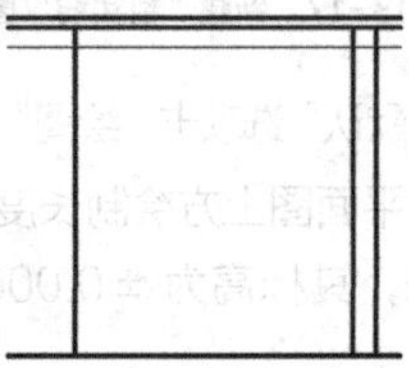

图 13-22　绘制墙体定位线

（2）单击“默认”选项卡“修改”面板中的“修剪”按钮，对墙线、楼板线及梁底定位线进行修剪，如图 13-23 所示。

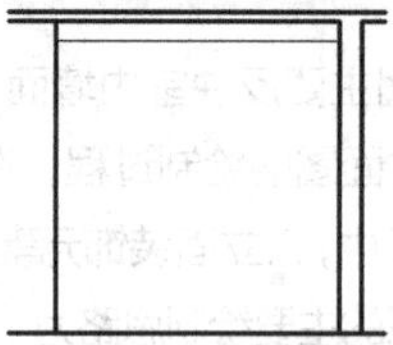

图 13-23　修剪线段

13.2.3 绘制文化墙

STEP 绘制步骤

❶ 绘制墙体。

（1）单击“默认”选项卡“图层”面板中的“图层特性”按钮，打开图层特性管理器，创建新图层，将新图层命名为“文化墙”，并将其设置为当前图层，如图 13-24 所示。

图 13-24　新建“文化墙”图层

（2）单击“默认”选项卡“修改”面板中的“偏移”按钮，将左侧墙线向右偏移，偏移量为 150mm，得到文化墙左侧定位线，如图 13-25 所示。

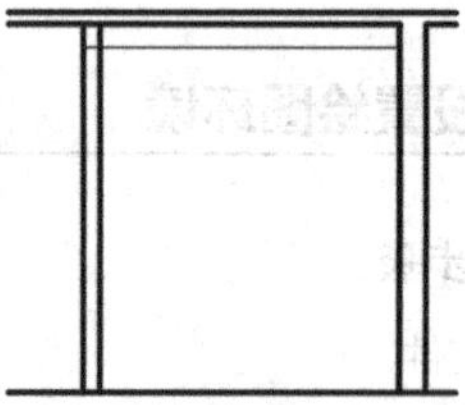

图 13-25　偏移墙线

（3）单击“默认”选项卡“绘图”面板中的“矩形”按钮，以定位线与室内地坪线交点为左下角点绘制“矩形 1”，尺寸为 2100mm×2720mm；然后利用“删除”命令，删除定位线，如图 13-26 所示。

（4）单击“默认”选项卡“绘图”面板中的“矩形”按钮，依次绘制“矩形 2”“矩形 3”“矩形 4”“矩形 5”和“矩形 6”，各矩形尺寸依次为 1600mm×2420mm、1700mm×100mm、300mm×420mm、1760mm×60mm 和

1700mm×270mm，使得各矩形底边中点均与“矩形 1”底边中点重合。

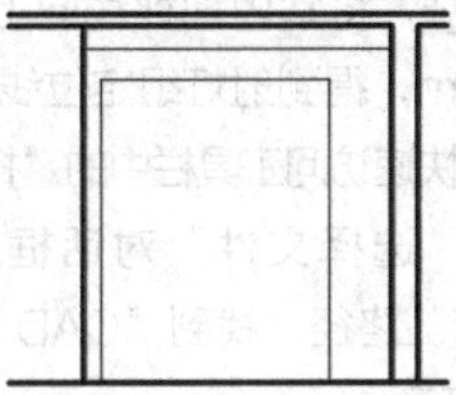

图 13-26 绘制矩形

（5）单击“默认”选项卡“修改”面板中的“移动”按钮，依次向上移动“矩形 4”“矩形 5”和“矩形 6”，移动距离分别为 2360mm、1120mm、850mm。

（6）选择菜单栏中的“修改”→“修剪”命令，修剪多余线条，结果如图 13-27 所示。

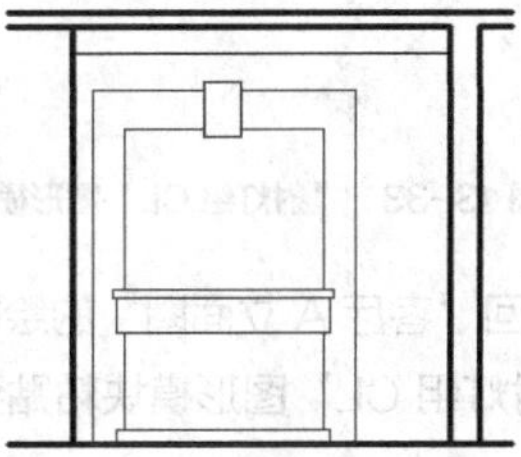

图 13-27 绘制文化墙墙体

❷ 绘制装饰挂毯。

（1）单击快速访问工具栏中的“打开”按钮，在打开的“选择文件”对话框中，选择“配套资源: \源文件”路径，找到“CAD 图库 .dwg”文件并将其打开。

（2）在名称为“装饰”的一栏中，选择“挂毯”图形模块进行复制，如图 13-28 所示。

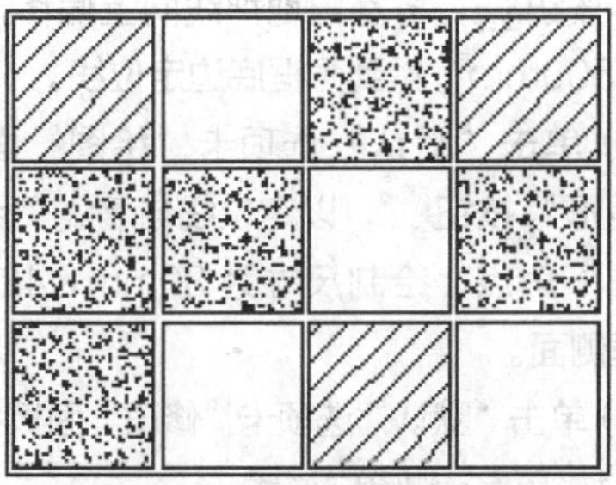

图 13-28 “挂毯”图形模块

返回“客厅 A 立面图”的绘图界面，将复制的图形模块粘贴到立面图右侧空白区域。

（3）由于“挂毯”图形模块尺寸为 1140mm×840mm，小于铺放挂毯的矩形区域（1600mm×2320mm），因此，有必要对挂毯模块进行重新编辑。

① 单击“默认”选项卡“修改”面板中的“分解”按钮，将“挂毯”图形模块进行分解。

② 利用“复制”命令，以挂毯中的方格图形为单元，复制并拼贴成新的挂毯图形。

③ 将编辑后的挂毯图形填充到文化墙中央矩形区域，结果如图 13-29 所示。

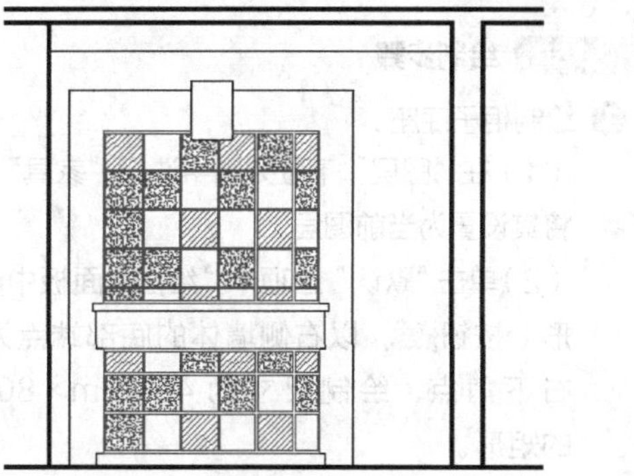

图 13-29 绘制装饰挂毯

❸ 绘制筒灯。

（1）单击快速访问工具栏中的“打开”按钮，在打开的“选择文件”对话框中，选择“配套资源: \源文件”路径，找到“CAD 图库 .dwg”文件并将其打开。

（2）在名称为“灯具和电器”的一栏中，选择“筒灯立面”图形模块，如图 13-30 所示；选中该图形模块后，单击鼠标右键，在快捷菜单中选择“带基点复制”命令，选取筒灯图形上端顶点作为基点。

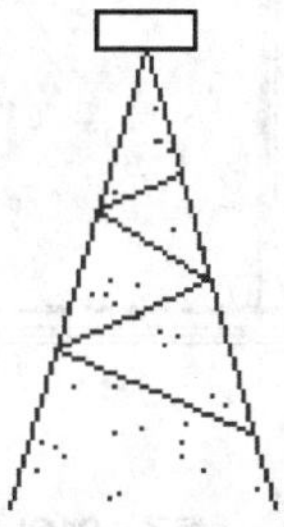

图 13-30 “筒灯立面”图形模块

（3）返回“客厅 A 立面图”的绘图界面，将复制的“筒灯立面”图形模块粘贴到文化墙中“矩形 4”的下方，如图 13-31 所示。

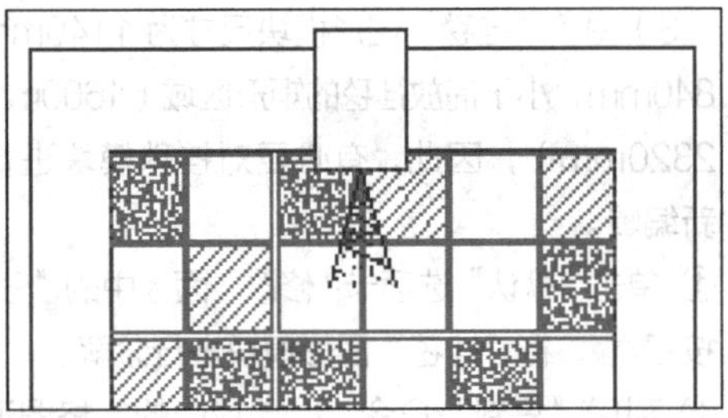

图 13-31 绘制筒灯

13.2.4 绘制家具

STEP 绘制步骤

❶ 绘制柜子底座。

（1）在“图层”下拉列表中选择“家具”图层，将其设置为当前图层。

（2）单击“默认”选项卡“绘图”面板中的“矩形”按钮，以右侧墙体的底部端点为矩形右下角点，绘制尺寸为 480mm × 800mm 的矩形。

❷ 绘制装饰柜。

（1）单击快速访问工具栏中的“打开”按钮，在打开的“选择文件”对话框中，选择“光盘：\图库”路径，找到“CAD 图库 .dwg”文件并将其打开。

（2）在名称为“柜子”的一栏中，选择“柜子—01CL”图形模块，如图 13-32 所示；选中该图形模块，将其复制。

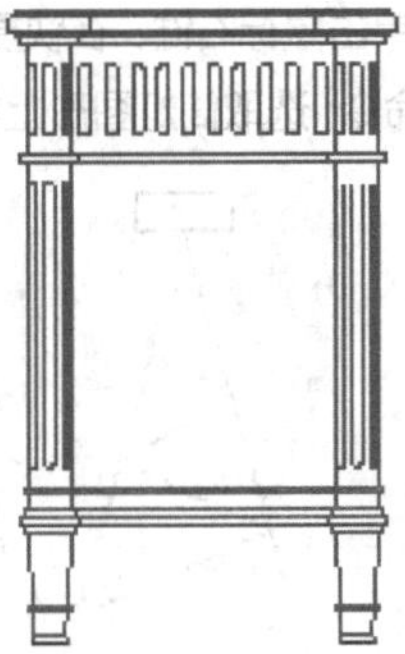

图 13-32 “柜子—01CL”图形模块

（3）返回“客厅 A 立面图”的绘图界面，将复制的图形模块粘贴到已绘制的柜子底座上方。

❸ 绘制射灯组。

（1）单击“默认”选项卡“修改”面板中的“偏移”按钮，将室内地坪线向上偏移，偏移量为 2000mm，得到射灯组定位线。

（2）单击快速访问工具栏中的“打开”按钮，在打开的“选择文件”对话框中，选择“光盘：\图库”路径，找到“CAD 图库 .dwg”文件并将其打开。

（3）在名称为“灯具”的一栏中，选择“射灯组 CL”图形模块，如图 13-33 所示；选中该图形模块后，单击鼠标右键，在快捷菜单中选择“复制”命令。

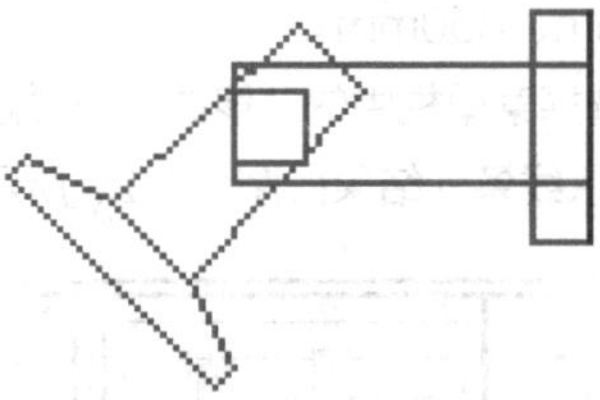

图 13-33 “射灯组 CL”图形模块

（4）返回“客厅 A 立面图”的绘图界面，将复制的“射灯组 CL”图形模块粘贴到已绘制的定位线处。

（5）单击“默认”选项卡“修改”面板中的“删除”按钮，删除定位线。

❹ 绘制装饰画。

在装饰柜与射灯组之间的墙面上，挂有裱框装饰画一幅。从本图中，只看到画框侧面，其立面可用相应大小的矩形表示。

具体绘制方法如下。

（1）单击“默认”选项卡“修改”面板中的“偏移”按钮，将室内地坪线向上偏移，偏移量为 1500mm，得到画框底边定位线。

（2）单击“默认”选项卡“绘图”面板中的“矩形”按钮，以定位线与墙线交点作为矩形右下角点，绘制尺寸为 30mm × 420mm 的画框侧面。

（3）单击“默认”选项卡“修改”面板中的“删除”按钮，删除定位线。

图 13-34 所示为以装饰柜为中心的家具组合立面。

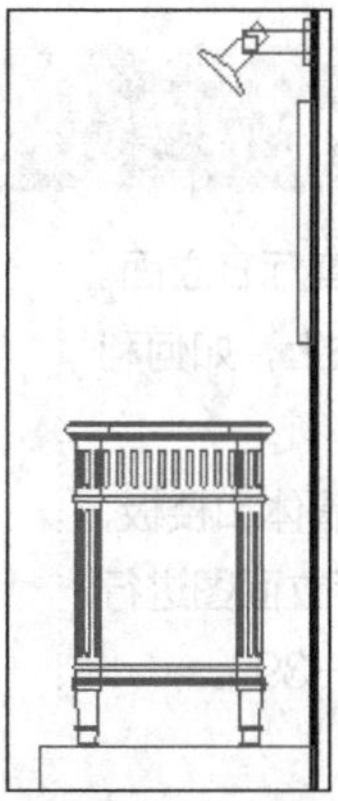

图 13-34 以装饰柜为中心的家具组合立面

13.2.5 室内立面标注

STEP 绘制步骤

❶ 室内立面标高标注。

（1）在“图层”下拉列表中选择“标注”图层，将其设置为当前图层。

（2）单击“插入”选项卡“块”面板中的“插入块”按钮，系统打开“插入”对话框，如图 13-35 所示，在立面图中地坪、楼板和梁的位置插入标高符号。

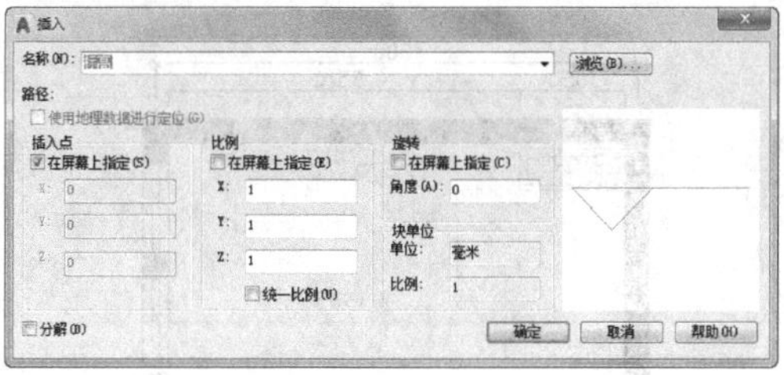

图 13-35 “插入”对话框

（3）单击“默认”选项卡“注释”面板中的“多行文字”按钮A，在标高符号的长直线上方添加标高数值，如图 13-36 所示。

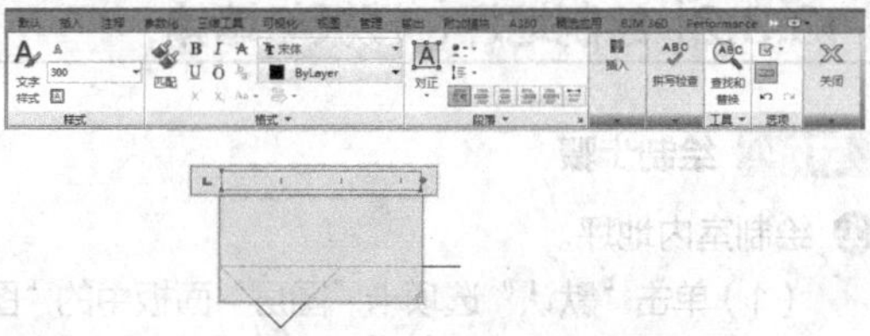

图 13-36 “文字编辑器”选项卡

❷ 尺寸标注。

在室内立面图中，对家具的尺寸和空间位置关系都要使用“线性”标注命令进行标注。

（1）在“图层”下拉列表中选择“标注”图层，将其设置为当前图层。

（2）单击“默认”选项卡“注释”面板中的“标注样式”按钮，打开“标注样式管理器”对话框，选择“室内标注”作为当前标注样式，如图 13-37 所示。

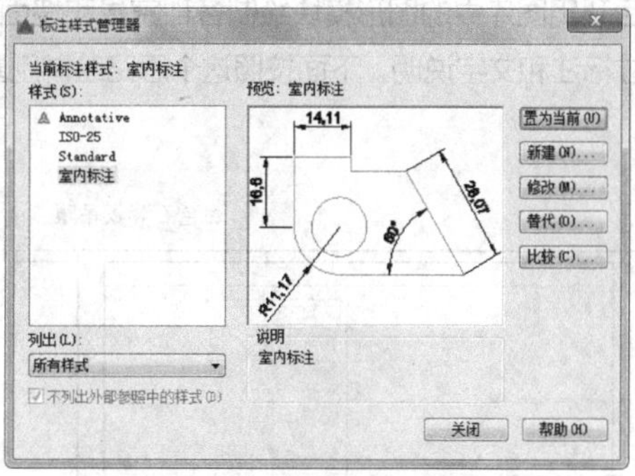

图 13-37 “标注样式管理器”对话框

（3）单击“默认”选项卡“注释”面板中的“线性”按钮，对家具的尺寸和空间位置关系进行标注，结果如图 13-38 所示。

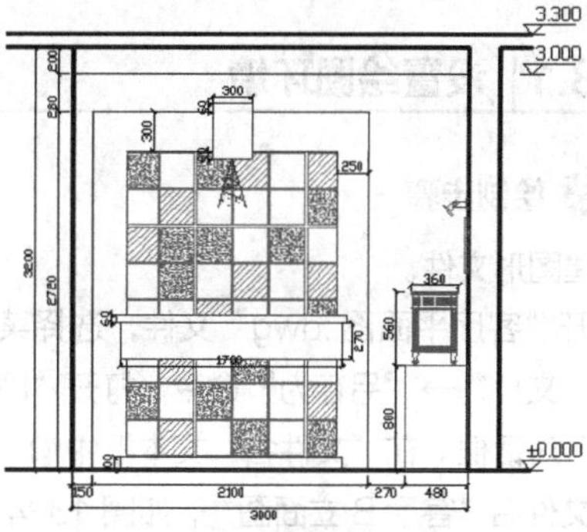

图 13-38 室内立面尺寸标注

❸ 文字说明。

在室内立面图中通常用文字说明来表达各部位表面的装饰材料和装修做法。

（1）在“图层”下拉列表中选择“文字”图层，将其设置为当前图层。

（2）在命令行输入“QLEADER”命令，绘制标注引线。

（3）单击“默认”选项卡“注释”面板中的“多行文字”按钮A，设置字体为“仿宋 GB2312”，文字高度为“100”，在引线一端添加文字说明。

（4）标注的结果如图 13-15 所示。

13.3 绘制客厅 B 立面图

本节介绍的仍然是别墅室内立面图的绘制方法，本节选用实例为别墅客厅B立面。在客厅B立面图中，室内设计上以沙发、茶几和墙面装饰为主；在绘制方法上，如何利用已有图库插入家具模块仍然是绘制的重点。

客厅B立面图的主要绘制思路为：首先利用已绘制的客厅平面图生成墙体和楼板，然后利用图库中的图形模块绘制各种家具和墙面装饰，最后对所绘制的客厅立面图进行尺寸标注和文字说明。下面按照这个思路绘制别墅客厅B的立面图（见图13-39）。

扫一扫

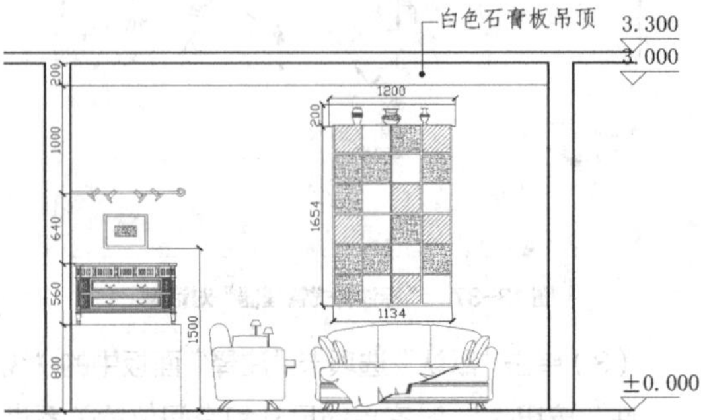

图 13-39 客厅 B 立面图

13.3.1 设置绘图环境

STEP 绘制步骤

❶ 创建图形文件。

打开“客厅平面图 .dwg”文件，选择菜单栏中的“文件”→“另存为”命令，打开“图形另存为”对话框。在“文件名”文本框中输入新的图形文件名“客厅 B 立面图”，如图 13-40 所示。单击“保存”按钮，建立图形文件。

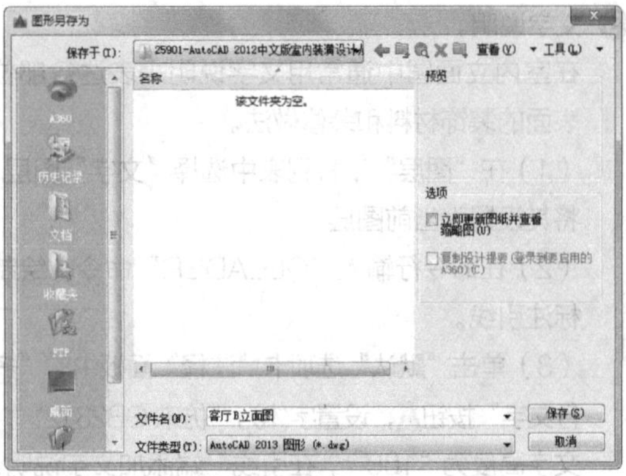

图 13-40 “图形另存为”对话框

❷ 清理图形元素。

（1）单击“默认”选项卡“图层”面板中的“图层特性”按钮，打开图层特性管理器，关闭与绘制对象相关不大的图层，如“轴线”“轴线编号”图层等。

（2）单击“默认”选项卡“修改”面板中的“旋转”按钮，将平面图进行旋转，旋转角度为 90°。

（3）单击“默认”选项卡“修改”面板中的“删除”按钮和“修剪”按钮，清理平面图中多余的家具和墙体线条。

（4）清理并调整标注后，所得平面图形如图 13-41 所示。

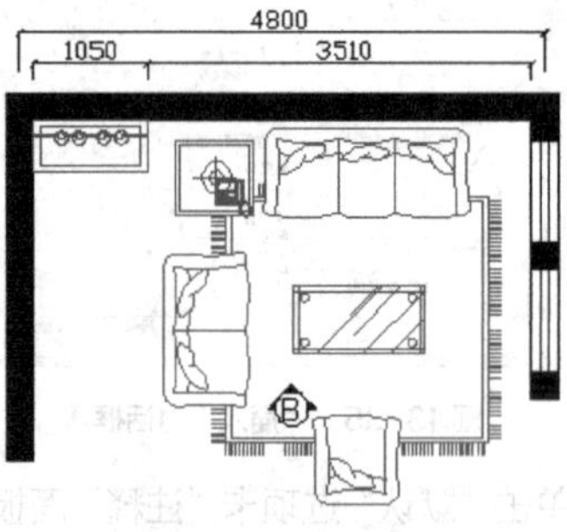

图 13-41 清理后的平面图形

13.3.2 绘制地坪、楼板与墙体

STEP 绘制步骤

❶ 绘制室内地坪。

（1）单击“默认”选项卡“图层”面板中的“图层特性”按钮，打开图层特性管理器，创建新图层，图层名称为“粗实线”，设置图层线宽为 0.30mm，并将其设置为当前图层，如

图 13-42 所示。

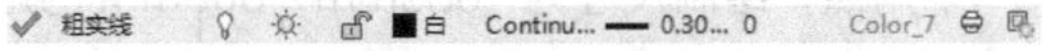

图 13-42 新建图层

（2）单击“默认”选项卡“绘图”面板中的“直线”按钮，在平面图上方绘制长度为 6000mm 的客厅室内地坪线，标高为 ±0.000，如图 13-43 所示。

图 13-43 绘制地坪线

❷ 绘制楼板。

（1）单击“默认”选项卡“修改”面板中的“偏移”按钮，将室内地坪线连续向上偏移两次，偏移量依次为 3200mm 和 100mm，得到楼板位置，如图 13-44 所示。

图 13-44 偏移地坪线

（2）单击“默认”选项卡“图层”面板中的“图层特性”按钮，打开图层特性管理器，创建新图层，将新图层命名为“细实线”，并将其设置为当前图层，如图 13-45 所示。

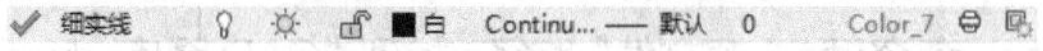

图 13-45 创建图层

（3）单击“默认”选项卡“修改”面板中的“偏移”按钮，将室内地坪线向上偏移 3000mm，得到梁底位置，如图 13-46 所示。

图 13-46 定位梁底位置

（4）将偏移得到的梁底定位线转移到“细实线”图层。

❸ 绘制墙体。

（1）单击“默认”选项卡“绘图”面板中的“直线”按钮，由平面图中的墙体位置，生成立面墙体定位线，并将立面墙体定位线移动到“粗实线”图层，如图 13-47 所示。

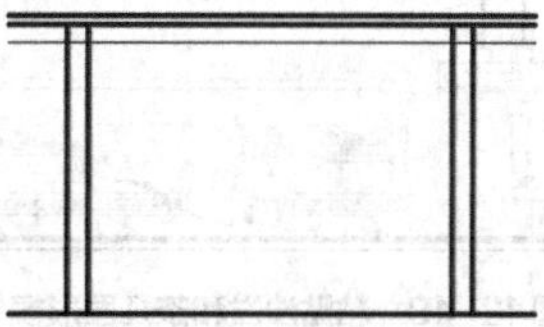

图 13-47 绘制墙体定位线

（2）单击“默认”选项卡“修改”面板中的“修剪”按钮，对墙线和楼板线进行修剪，得到墙体、楼板和梁的轮廓线，如图 13-48 所示。

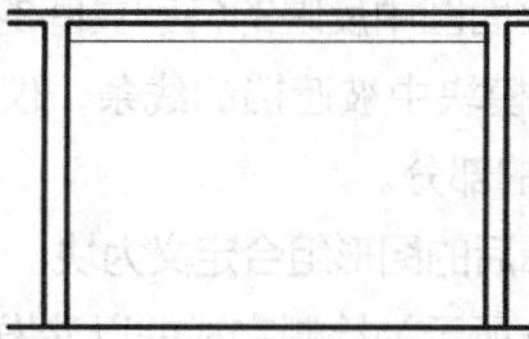

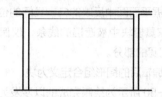

图 13-48 修剪墙线和楼板线

13.3.3 绘制家具

在客厅 B 立面图中，需要着重绘制的是两个家具装饰组合。第一个是以沙发为中心的家具组合，包括三人沙发、双人沙发、长茶几和位于沙发侧面用来摆放电话和台灯的小茶几。另外一个是位于左侧的，以装饰柜为中心的家具组合，包括装饰柜及底座、裱框装饰画和射灯组。

STEP 绘制步骤

❶ 绘制沙发与茶几。

（1）在“图层”下拉列表中选择“家具”图层，将其设置为当前图层。

（2）单击快速访问工具栏中的“打开”按钮，在打开的“选择文件”对话框中，选择“光盘：\图库”路径，找到“CAD 图库 .dwg”文件并将其打开。

（3）在名称为“沙发和茶几”的一栏中，选择“沙发—002B”“沙发—002C”“茶几—03L”和“小茶几与台灯”4 个图形模块，分别对它们进行复制。

（4）返回“客厅 B 立面图”的绘图界面，按照平面图中提供的各家具之间的位置关系，将复制的家具模块依次粘贴到立面图中相应位置，如图 13-49 所示。

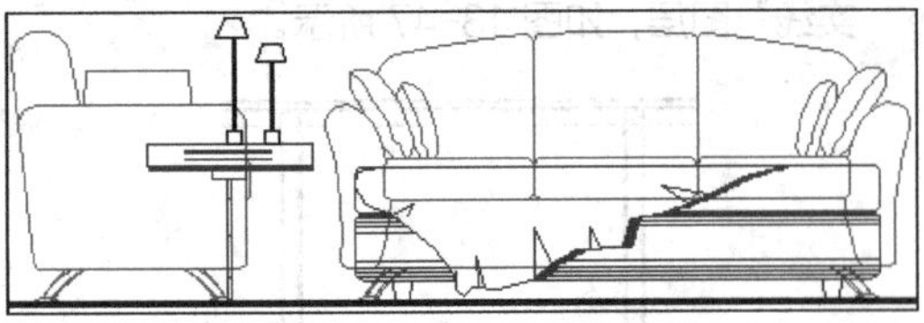

图 13-49　粘贴沙发和茶几图形模块

（5）由于各图形模块在此方向上的立面投影有交叉重合现象，因此有必要对这些家具进行重新组合，具体方法如下。

① 将图中的沙发和茶几图形模块分别进行分解。

② 根据平面图中反映的各家具间的位置关系，删除家具模块中被遮挡的线条，仅保留立面投影中可见的部分。

③ 将编辑后的图形组合定义为块。

图 13-50 所示为绘制完成的以沙发为中心的家具组合。

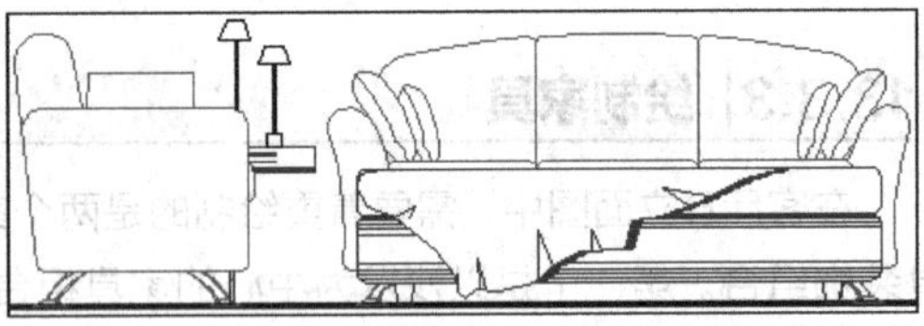

图 13-50　重新组合家具图形模块

注意　在图库中，很多家具图形模块都是以个体为单元进行绘制的，因此，当多个家具模块被选取并插入同一室内立面图中时，由于投影位置的重叠，不同家具模块间难免会出现互相重叠和相交的情况，线条变得繁多且杂乱。对于这种情况，可以采用重新编辑模块的方法进行处理，具体步骤如下。

首先，利用“分解”命令，将相交或重叠的家具模块分别进行分解。

然后，利用“修剪”和“删除”命令，根据家具立面图投影的前后次序，清除图形中被遮挡的线条，仅保留家具立面投影的可见部分。

最后，将编辑后得到的图形定义为块，避免因分解后的线条过于繁杂而影响图形的绘制。

❷ 绘制装饰柜。

（1）单击“默认”选项卡“绘图”面板中的“矩形”按钮，以左侧墙体的底部端点为矩形左下角点，绘制尺寸为 1050mm×800mm 的矩形底座。

（2）单击快速访问工具栏中的“打开”按钮，在打开的“选择文件”对话框中，选择“配套资源：\源文件”路径，找到“CAD 图库 .dwg”文件并将其打开。

（3）在名称为“装饰”的一栏中，选择“柜子—01ZL”图形模块，如图 13-51 所示，选中该图形模块进行复制。

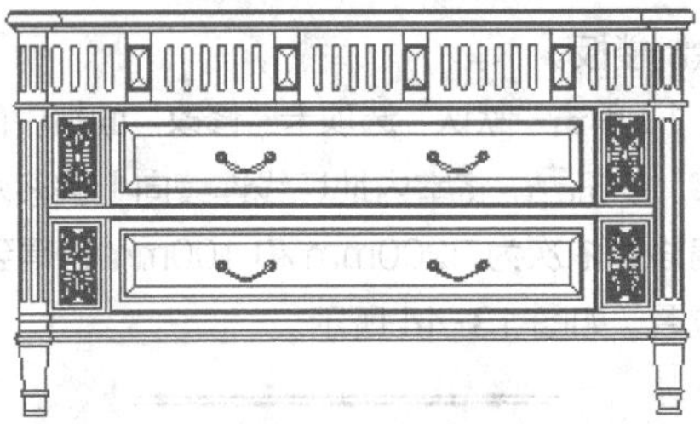

图 13-51　装饰柜

（4）返回“客厅 B 立面图”的绘图界面，将复制的图形模块粘贴到已绘制的柜子底座上方。

❸ 绘制射灯组与装饰画。

（1）单击“默认”选项卡“修改”面板中的“偏移”按钮，将室内地坪线向上偏移，偏移量为 2000mm，得到射灯组定位线。

（2）单击快速访问工具栏中的“打开”按钮，在打开的“选择文件”对话框中，选择“配套资源：\源文件”路径，找到“CAD 图库 .dwg”文件并将其打开。

（3）在名称为“灯具和电器”的一栏中，选择“射灯组 ZL”图形模块，如图 13-52 所示，选中该图形模块进行复制。

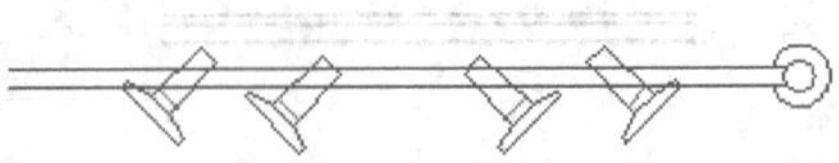

图 13-52　射灯组

（4）返回“客厅 B 立面图”的绘图界面，将复制的模块粘贴到已绘制的定位线处。

（5）单击“默认”选项卡“修改”面板中的“删除”按钮，删除定位线。

（6）打开图库文件，在名称为“装饰”的一栏中，选择“装饰画 01”图形模块，如图 13-53 所示。

对该图形模块进行“带基点复制”，复制基点为画框底边中点。

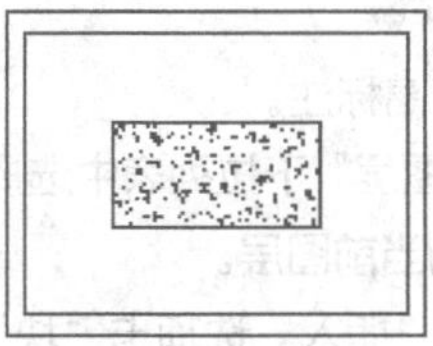

图 13-53 装饰画

（7）返回“客厅 B 立面图”的绘图界面，以装饰柜底座的底边中点为插入点，将复制的模块粘贴到立面图中。

（8）单击“默认”选项卡“修改”面板中的“移动”按钮，将装饰画模块竖直向上移动，移动距离为 1500mm。

图 13-54 所示为绘制完成的以装饰柜为中心的家具组合。

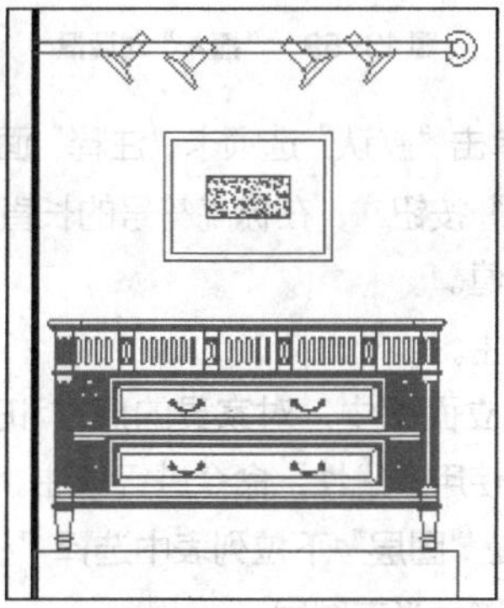

图 13-54 以装饰柜为中心的家具组合

13.3.4 绘制墙面装饰

STEP 绘制步骤

❶ 绘制矩形壁龛。

（1）单击“默认”选项卡“图层”面板中的“图层特性”按钮，打开图层特性管理器，创建新图层，将新图层命名为“墙面装饰”，并将其设置为当前图层，如图 13-55 所示。

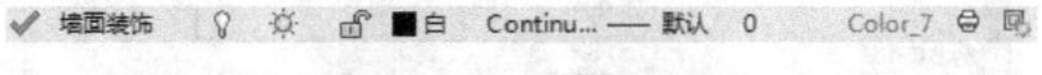

图 13-55 新建图层

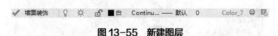

（2）单击“默认”选项卡“修改”面板中的“偏移”按钮，将梁底面投影线向下偏移 180mm，得到“辅助线 1”；再次利用“偏移”命令，将右侧墙线向左偏移 900mm，得到“辅助线 2”。

（3）单击“默认”选项卡“绘图”面板中的“矩形”按钮，以“辅助线 1”与“辅助线 2”的交点为矩形右上角点，绘制尺寸为 1200mm×200mm 的矩形壁龛。

（4）单击“默认”选项卡“修改”面板中的“删除”按钮，删除两条辅助线。

❷ 绘制挂毯。

在壁龛下方，垂挂一条咖啡色挂毯作为墙面装饰。此处挂毯与 A 立面图中文化墙内的挂毯均为同一花纹样式，不同的是此处挂毯面积较小。因此，可以继续利用前面章节中介绍过的挂毯图形模块进行绘制。

（1）重新编辑挂毯模块。将挂毯模块进行分解，然后以挂毯表面花纹方格为单元，重新编辑模块，得到规格为 6×4 的方格花纹挂毯模块（6、4 分别指方格的行数与列数），如图 13-56 所示。

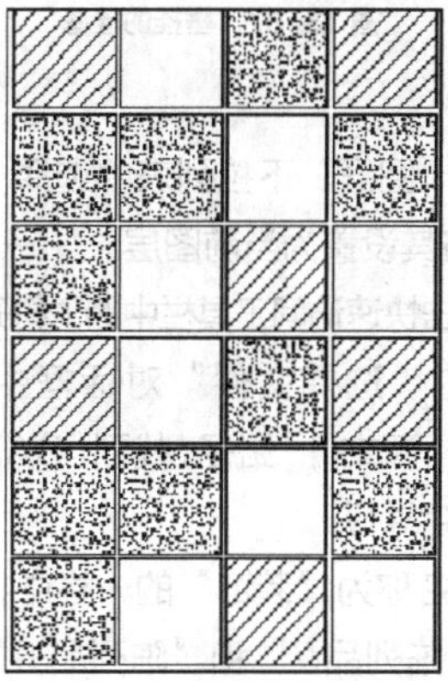

图 13-56 重新编辑挂毯模块

（2）绘制挂毯垂挂效果。挂毯的垂挂方式是将挂毯上端伸入壁龛，用壁龛内侧的细木条将挂毯上端压实固定，并使挂毯垂挂在壁龛下方墙面上。

① 单击“默认”选项卡“修改”面板中的“移动”按钮，将绘制好的新挂毯模块，移动到矩形壁龛下方，使其上侧边线中点与壁龛下侧边线中点重合。

② 单击“默认”选项卡“修改”面板中的“移动”按钮，将挂毯模块竖直向上移动 40mm。

③ 单击“默认”选项卡“修改”面板中的“分解”

按钮，将新挂毯模块进行分解。

④ 单击“默认”选项卡“修改”面板中的“偏移”按钮，将挂毯上侧边线向下偏移，偏移量为30mm。

⑤ 利用“修改”菜单中的“修剪”和“删除”命令，以偏移线为边界，修剪并删除挂毯上端的多余部分，然后修剪壁龛下侧边线与挂毯重合的部分。绘制结果如图 13-57 所示。

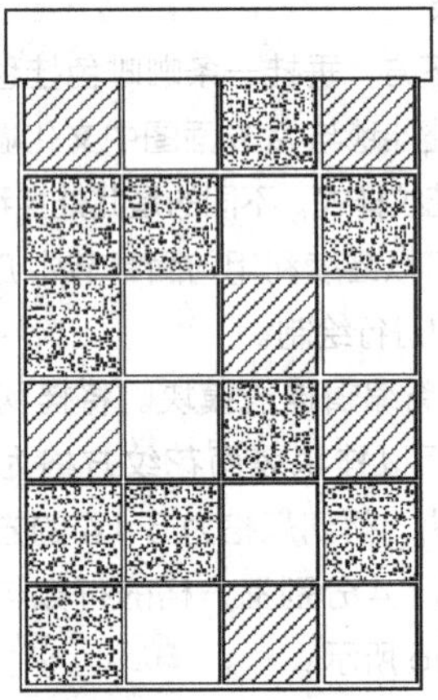

图 13-57　垂挂的挂毯

❸ 绘制瓷器。

（1）在“图层”下拉列表中选择“墙面装饰”图层，将其设置为当前图层。

（2）单击快速访问工具栏中的“打开”按钮，在打开的“选择文件”对话框中，选择“配套资源：\源文件”路径，找到“CAD 图库 .dwg”文件并将其打开。

（3）在名称为“装饰”的一栏中，选择“陈列品 6”“陈列品 7”和“陈列品 8”图形模块，对选中的图形模块进行复制，并将其粘贴到 B 立面图中。

（4）根据壁龛的高度，分别对每个图形模块的尺寸比例进行适当调整，然后将它们依次插入壁龛中，如图 13-58 所示。

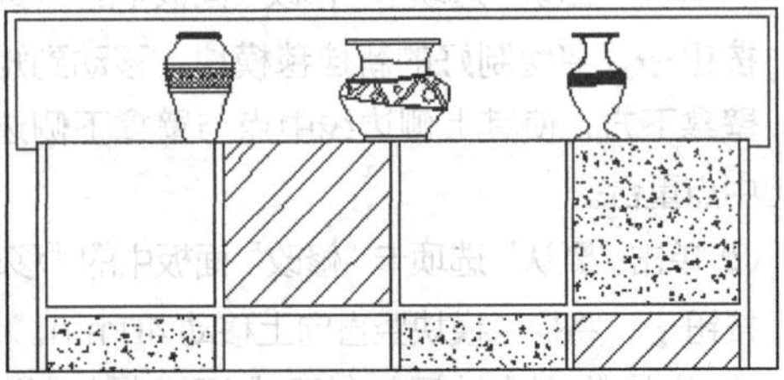

图 13-58　绘制壁龛中的瓷器

13.3.5 立面标注

STEP 绘制步骤

❶ 室内立面标高标注。

（1）在“图层”下拉列表中选择“标注”图层，将其设置为当前图层。

（2）单击“插入”选项卡“块”面板中的“插入块”按钮，系统打开“插入”对话框，如图 13-59 所示，在立面图中地坪、楼板和梁的位置插入标高符号。

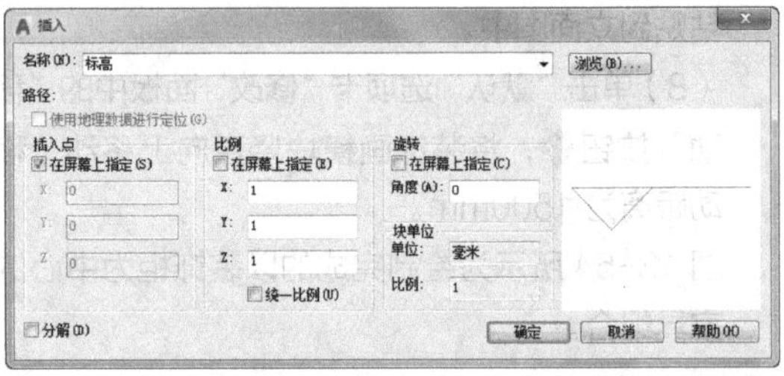

图 13-59　“插入”对话框

（3）单击“默认”选项卡“注释”面板中的“多行文字”按钮A，在标高符号的长直线上方添加标高数值。

❷ 尺寸标注。

在室内立面图中，对家具的尺寸和空间位置关系都要使用“线性”命令进行标注。

（1）在“图层”下拉列表中选择“标注”图层，将其设置为当前图层。

（2）单击“默认”选项卡“注释”面板中的“标注样式”按钮，打开“标注样式管理器”对话框，选择“室内标注”作为当前标注样式，如图 13-60 所示。

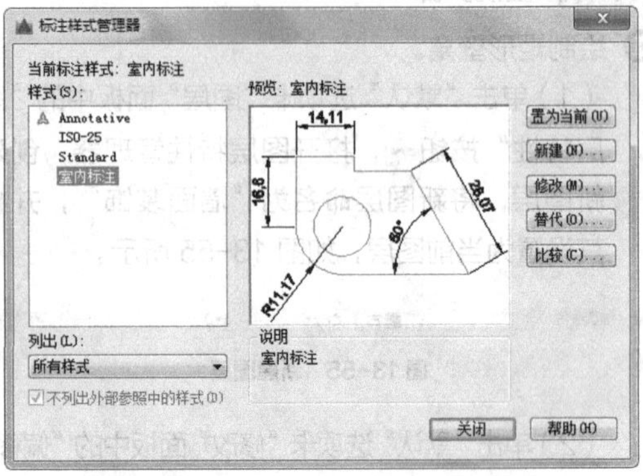

图 13-60　“标注样式管理器”对话框

（3）单击“默认”选项卡“注释”面板中的“线性”按钮，对家具的尺寸和空间位置关系进行标注。

❸ 文字说明。

在室内立面图中，通常用文字说明来表达各部位表面的装饰材料和装修做法。

（1）在“图层”下拉列表中选择“文字”图层，将其设置为当前图层。

（2）在命令行输入“QLEADER”命令，绘制标注引线。

（3）单击“默认”选项卡“注释”面板中的“多行文字”按钮A，设置字体为“仿宋 GB2312”，文字高度为“100”，在引线一端添加文字说明。标注结果如图 13-39 所示。

图 13-61 和图 13-62 所示为别墅客厅 C 立面图和 D 立面图。读者可参考前面介绍的室内立面图画法，绘制这两个方向的室内立面图。

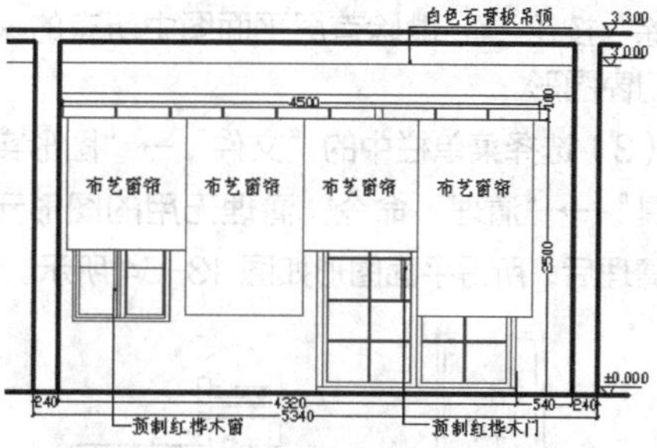

图 13-61 别墅客厅 C 立面图

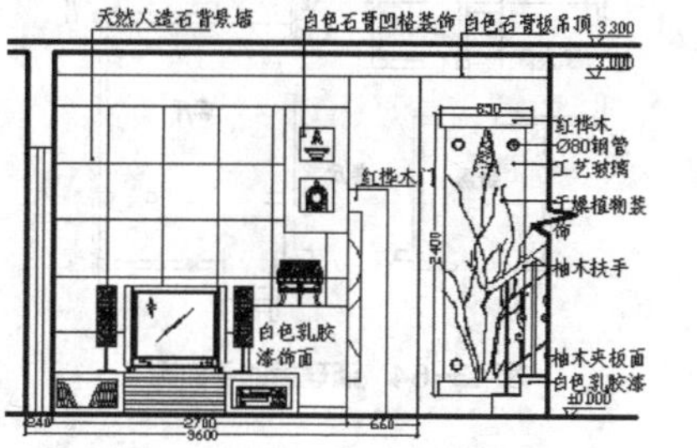

图 13-62 别墅客厅 D 立面图

13.4 绘制别墅首层地坪图

室内地坪图是表达建筑物内部各房间地面材料铺装情况的图样。由于各房间地面用材因房间功能的差异而有所不同，因此在图样中通常选用不同的填充图案结合文字来表达。如何用图案填充绘制地坪材料及如何绘制引线、添加文字标注，是本节学习的重点。

扫一扫

别墅首层地坪图的绘制思路为：首先，由已知的首层平面图生成平面墙体轮廓；接着，在各门窗洞口位置绘制投影线；然后，根据各房间地面材料类型，选取适当的填充图案对各房间地面进行填充；最后，添加尺寸和文字标注。下面就按照这个思路绘制别墅的首层地坪图（见图 13-63）。

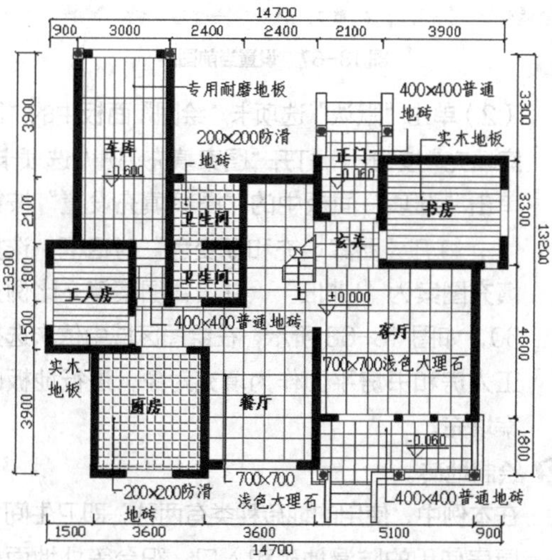

图 13-63 别墅首层地坪图

13.4.1 设置绘图环境

STEP 绘制步骤

❶ 创建图形文件。

打开已绘制的“别墅首层平面图.dwg”文件，在“文件”菜单中选择“另存为”命令，打开“图形另存为”对话框。在“文件名”文本框中输入新的图形名称“别墅首层地坪图”。单击“保存”按钮，建立图形文件。

❷ 清理图形元素。

（1）单击“默认”选项卡“图层”面板中的“图层特性”按钮，打开图层特性管理器，关闭“轴线”“轴线编号”和“标注”图层。

（2）单击“默认”选项卡“修改”面板中的“删

除”按钮，删除首层平面图中所有的家具和门窗图形。

（3）选择菜单栏中的“文件”→“图形实用工具”→“清理”命令，清理无用的图形元素。清理后，所得平面图形如图 13-64 所示。

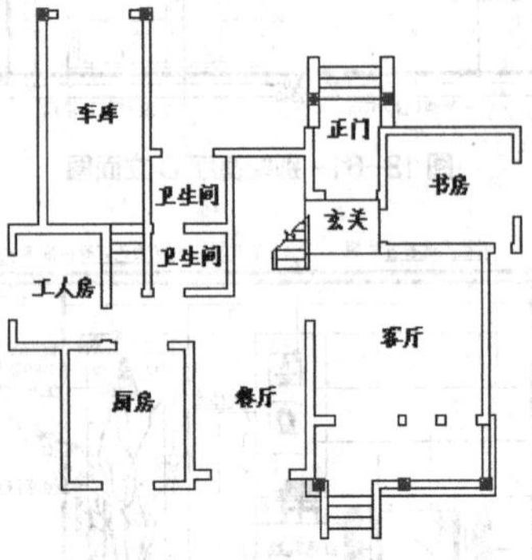

图 13-64　清理后的平面图

13.4.2 补充平面元素

STEP 绘制步骤

❶ 填充平面墙体。

（1）在“图层”下拉列表中选择“墙体”图层，将其设置为当前图层。

（2）单击“默认”选项卡“绘图”面板中的“图案填充”按钮，打开“图案填充创建”选项卡。单击“选项”面板中的“图案填充设置”按钮，打开“图案填充和渐变色”对话框，在对话框中选择填充图案为“SOLID”，如图 13-65 所示。在绘图区域中拾取墙体内部点，选择墙体作为填充对象进行填充。

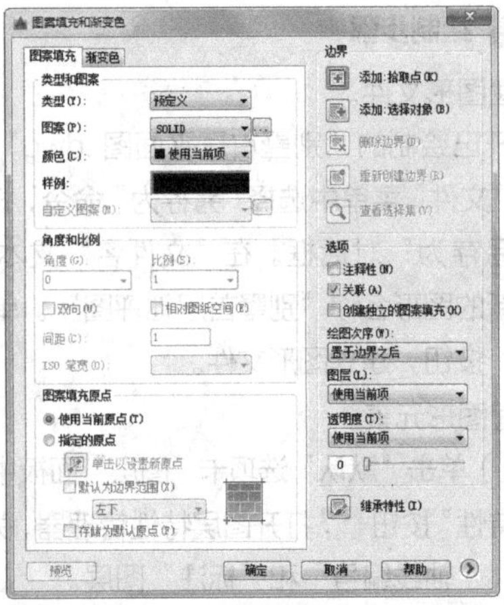

图 13-65　“图案填充和渐变色”对话框

❷ 绘制门窗投影线。

（1）在“图层”下拉列表中选择“门窗”图层，将其设置为当前图层。

（2）单击“默认”选项卡“绘图”面板中的“直线”按钮，在门窗洞口处，绘制洞口平面投影线，如图 13-66 所示。

图 13-66　补充平面元素

13.4.3 绘制地板

STEP 绘制步骤

❶ 绘制木地板。

在首层平面中，铺装木地板的房间包括工人房和书房。

（1）单击“默认”选项卡“图层”面板中的“图层特性”按钮，打开图层特性管理器，将“地坪”图层设置为当前图层，如图 13-67 所示。

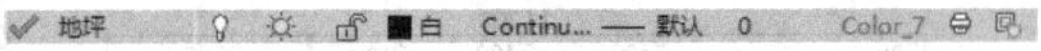

图 13-67　设置当前图层

（2）单击“默认”选项卡“绘图”面板中的“图案填充”按钮，打开“图案填充创建”选项卡。单击“选项”面板中的“图案填充设置”按钮，打开“图案填充和渐变色”对话框，选择填充图案为“LINE”，并设置图案填充比例为 60，如图 13-68 所示；在绘图区域中依次选择工人房和书房平面作为填充对象，进行地板图案填充。

❷ 绘制地砖。

在本例中，使用的地砖种类有两种，即卫生间、厨房使用的防滑地砖和入口、阳台等处地面使用的普通地砖。

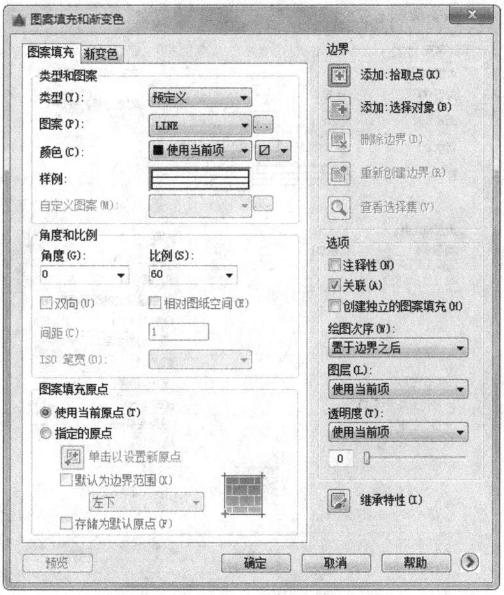

图 13-68　木地板图案填充设置

（1）绘制防滑地砖。在卫生间和厨房里，地面的铺装材料为 200mm × 200mm 防滑地砖。

① 单击“默认”选项卡“绘图”面板中的“图案填充”按钮，打开“图案填充创建”选项卡。单击“选项”面板中的“图案填充设置”按钮，打开“图案填充和渐变色”对话框，选择填充图案为“ANGLE”，并设置图案填充比例为 30，如图 13-69 所示。

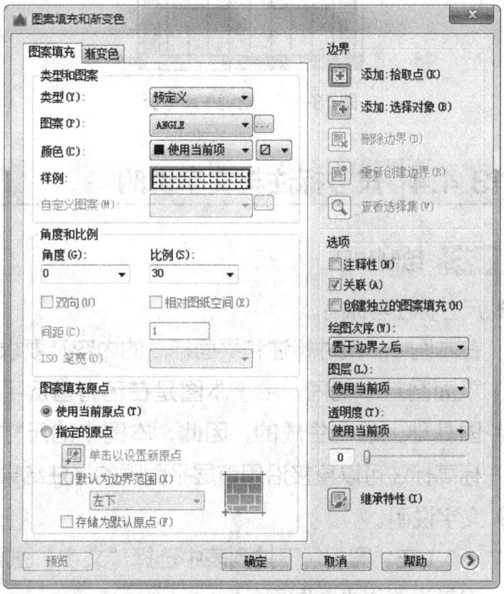

图 13-69　防滑地砖图案填充设置

② 在绘图区域中依次选择卫生间和厨房平面作为填充对象，进行防滑地砖图案的填充。图 13-70 所示为卫生间地板绘制效果。

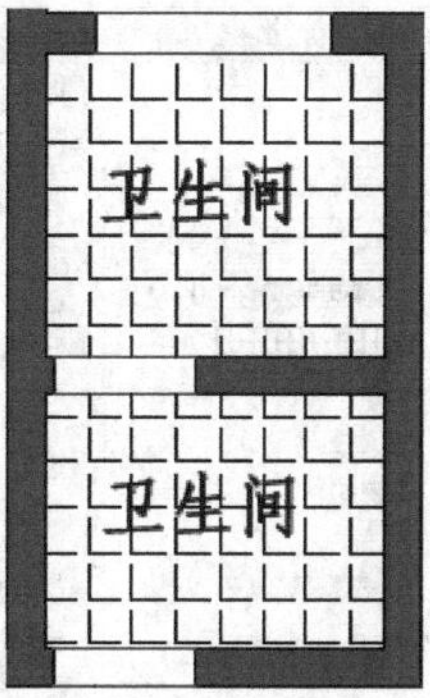

图 13-70　绘制卫生间防滑地砖

（2）绘制普通地砖。在正门入口、从车库进入室内的放口和阳台处，地面的铺装材料为 400mm × 400mm 普通地砖。

打开“图案填充和渐变色”对话框，选择填充图案为“NET”，并设置图案填充比例为 120；在绘图区域中依次选择正门入口、从车库进入室内的入口和阳台平面作为填充对象，进行普通地砖图案的填充。图 13-71 所示为正门入口处地板绘制效果。

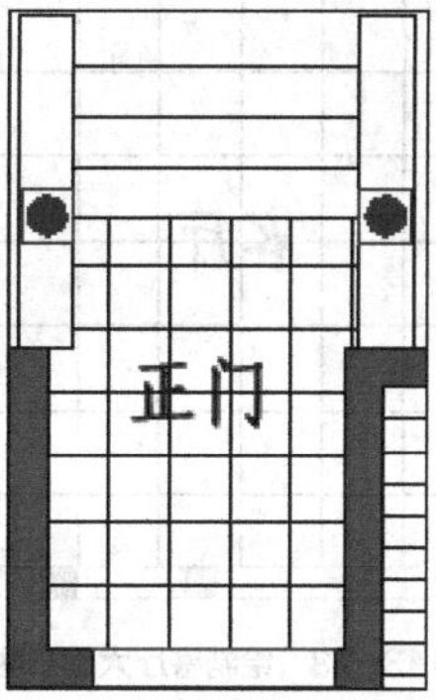

图 13-71　绘制正门入口地砖

❸ 绘制大理石地面。

通常客厅和餐厅的地面材料可以有很多种选择，如普通地砖、耐磨木地板等。在本例中，设计者选择在客厅、餐厅和走廊地面铺装浅色大理石材料，其优点是光亮、易清洁而且耐磨损。

（1）单击“默认”选项卡“绘图”面板中的“图案填充”按钮，打开“图案填充创建”选项卡。单击“选项”面板中的“图案填充设置”按钮，打开“图案填充和渐变色”对话框，选择填充图案为“NET”，并设置图案填充比例为 210，如图 13-72 所示。

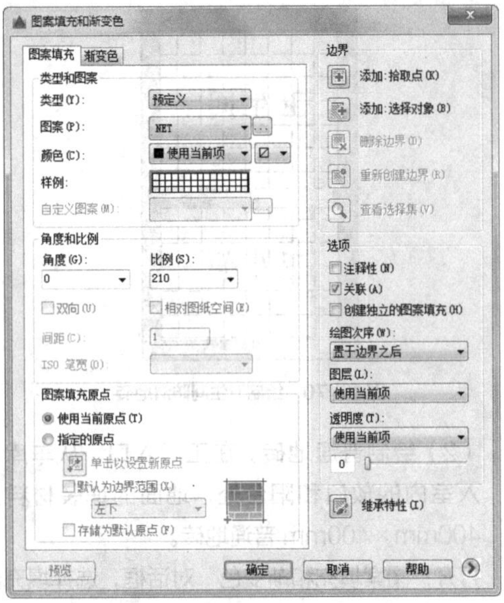

图 13-72　大理石地面图案填充设置

（2）在绘图区域中依次选择客厅、餐厅和走廊平面作为填充对象，进行大理石地面图案的填充。图 13-73 所示为客厅地板绘制效果。

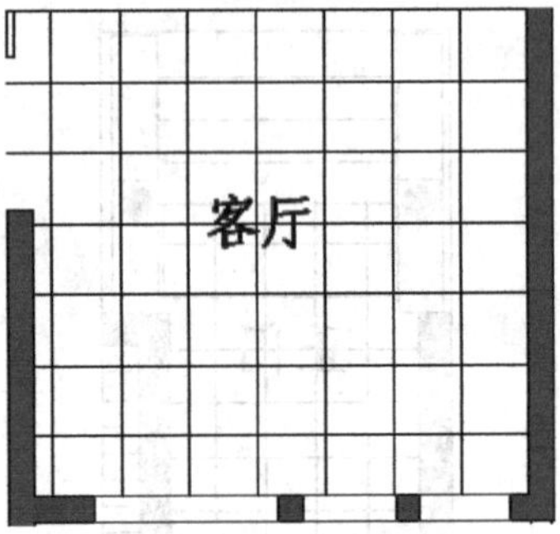

图 13-73　绘制客厅大理石地板

❹ 绘制车库地板。

本例中车库地板材料采用的是车库专用耐磨地板。

（1）单击“默认”选项卡“绘图”面板中的“图案填充”按钮，打开“图案填充创建”选项卡。单击“选项”面板中的“图案填充设置”按钮，打开“图案填充和渐变色”对话框，选择填充图案为“GRATE”，并设置图案填充角度为 90°，比例为 400，如图 13-74 所示。

（2）在绘图区域中选择车库平面作为填充对象，进行车库地面图案的填充，如图 13-75 所示。

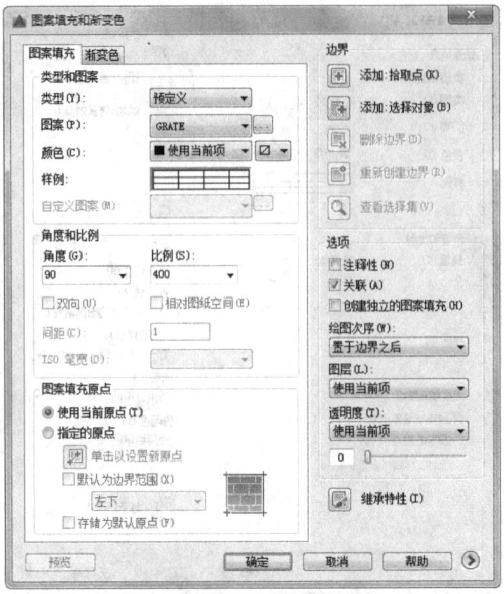

图 13-74　车库地板图案填充设置

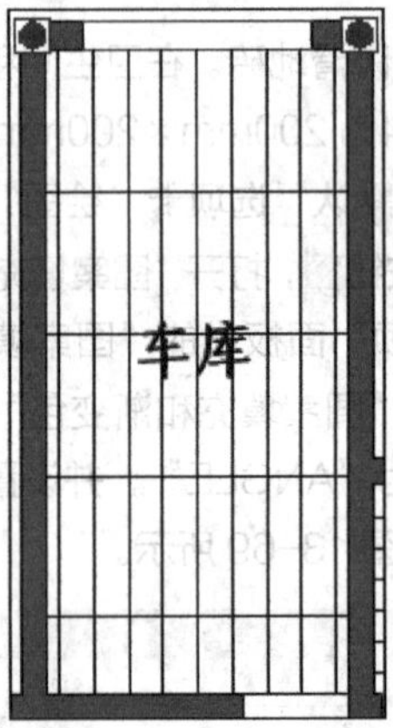

图 13-75　绘制车库地板

13.4.4 尺寸标注与文字说明

STEP 绘制步骤

❶ 尺寸标注与标高。

在本图中，尺寸标注和平面标高的内容及要求与平面图基本相同。由于本图是在已有首层平面图基础上绘制生成的，因此，本图中的尺寸与标高标注可以直接沿用首层平面图的标注结果。

❷ 文字说明。

（1）在“图层”下拉列表中选择“文字”图层，将其设置为当前图层。

（2）在命令行输入“QLEADER”命令，并设置引线的箭头形式为“点”，箭头大小为“60”，如图 13-76 所示。

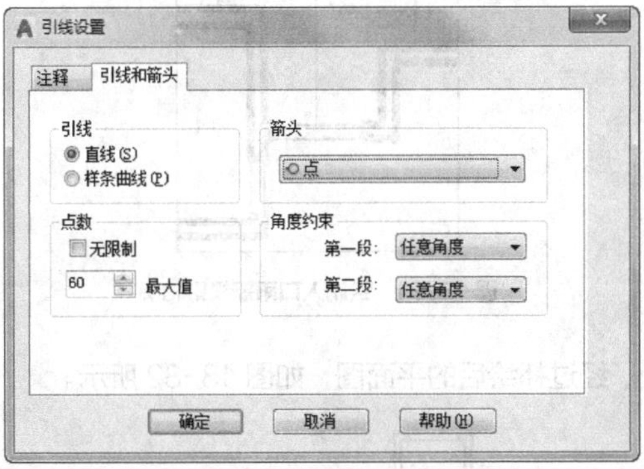

图 13-76　“引线设置”对话框

（3）单击“默认”选项卡“注释”面板中的“多行文字”按钮A，设置字体为“仿宋”，文字高度为“300”，如图 13-77 所示，在引线一端添加文字说明，标明该房间地面的铺装材料。最后的绘制结果如图 13-63 所示。

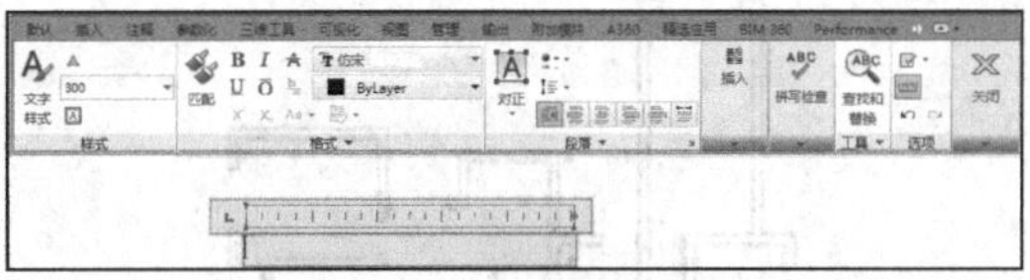

图 13-77　“文字编辑器”选项卡

13.5 绘制别墅首层顶棚平面图

建筑室内顶棚图主要表达的是建筑室内各房间顶棚的材料和装修做法，以及灯具的布置情况。由于各房间的使用功能不同，其顶棚的材料和做法均有各自不同的特点，常需要使用图形填充结合适当文字加以说明。因此，如何使用图案填充绘制顶棚材料及如何绘制引线、添加文字标注，仍是绘制过程中的重点。

扫一扫

别墅首层顶棚图的主要绘制思路为：首先，清理首层平面图，留下墙体轮廓，并在各门窗洞口位置绘制投影线；然后绘制吊顶，并根据各房间选用的照明方式绘制灯具；最后进行文字说明和尺寸标注。下面按照这个思路绘制别墅首层顶棚平面图（见图 13-78）。

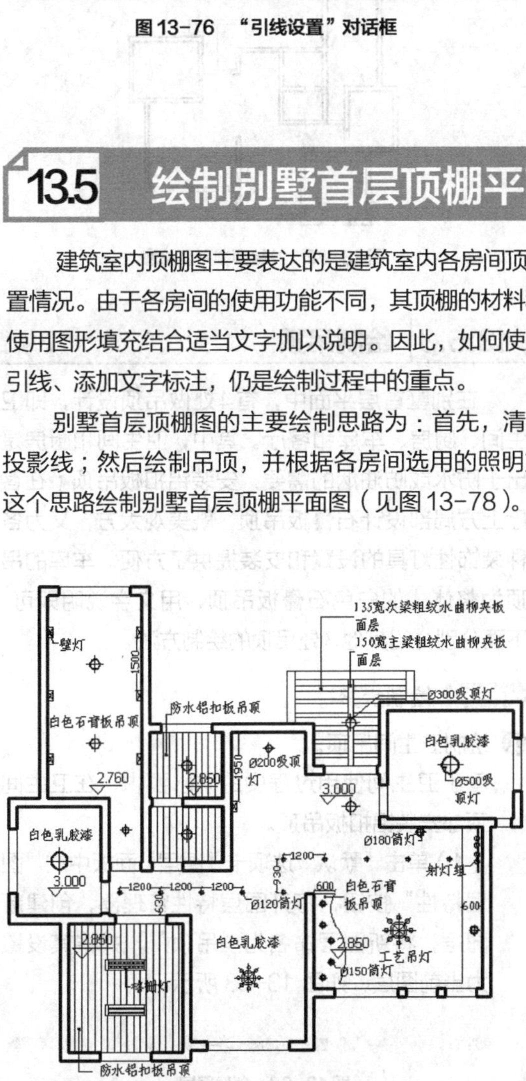

图 13-78　别墅首层顶棚平面图

13.5.1 设置绘图环境

STEP 绘制步骤

❶ 创建图形文件。

打开已绘制的“别墅首层平面图 .dwg”文件，在“文件”菜单中选择“另存为”命令，打开“图形另存为”对话框。在“文件名”文本框中输入新的图形文件名“别墅首层顶棚平面图”。单击“保存”按钮，建立图形文件。

❷ 清理图形元素。

（1）单击“默认”选项卡“图层”面板中的“图层特性”按钮，打开图层特性管理器，关闭“轴线”“轴线编号”和“标注”图层。

（2）单击“默认”选项卡“修改”面板中的“删除”按钮，删除首层平面图中的家具、门窗图形及所有文字。

（3）选择菜单栏中的“文件”→“图形实用工具”→“清理”命令，清理无用的图层和其他图形元素。清理后，所得平面图形如图 13-79 所示。

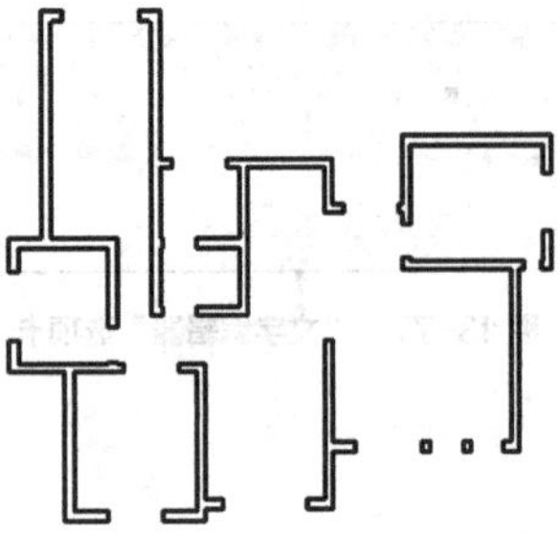

图 13-79　清理后的平面图

13.5.2 补绘平面轮廓

STEP 绘制步骤

❶ 绘制门窗投影线。

（1）在“图层”下拉列表中选择“门窗”图层，将其设置为当前图层。

（2）单击“默认”选项卡“绘图”面板中的“直线”按钮，在门窗洞口处，绘制洞口投影线。

❷ 绘制入口雨篷轮廓。

（1）单击“默认”选项卡“图层”面板中的“图层特性”按钮，打开图层特性管理器，创建新图层，将新图层命名为“雨篷”，并将其设置为当前图层，如图 13-80 所示。

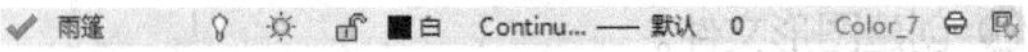

图 13-80　创建图层

（2）单击“默认”选项卡“绘图”面板中的“直线”按钮，以正门外侧投影线中点为起点，向上绘制长度为 2700mm 的雨篷中心线。然后，以中心线的上侧端点为中点，绘制长度为 3660mm 的水平边线。

（3）单击“默认”选项卡“修改”面板中的“偏移”按钮，将雨篷中心线分别向两侧偏移，偏移量均为 1830mm，得到屋顶两侧边线。

（4）重复“偏移”命令，将所有边线均向内偏移 240mm，修剪后得到入口雨篷轮廓线，如图 13-81 所示。

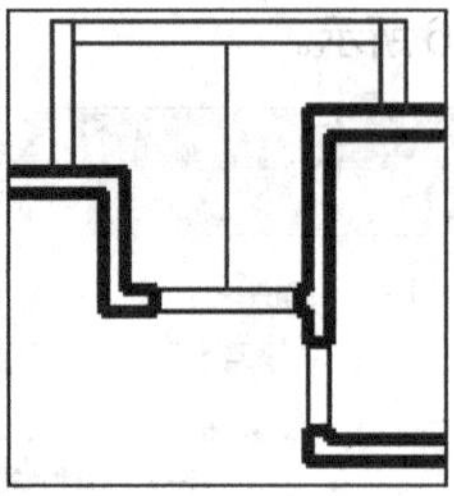

图 13-81　绘制入口雨篷投影轮廓

经过补绘后的平面图，如图 13-82 所示。

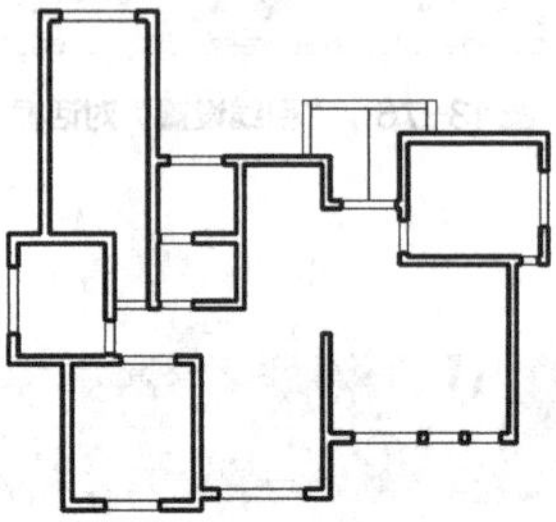

图 13-82　补绘顶棚平面轮廓

13.5.3 绘制吊顶

在别墅首层平面中，有4处做吊顶设计，即卫生间、厨房、车库和客厅。其中，卫生间和厨房是出于防水或防油烟的需要，安装铝扣板吊顶；在客厅上方局部设计石膏板吊顶，既美观大方，又为各种装饰性灯具的设置和安装提供了方便。车库的吊顶为整体式的白色石膏板吊顶，用文字说明即可，下面分别介绍其他3处吊顶的绘制方法。

STEP 绘制步骤

❶ 绘制卫生间吊顶。

基于卫生间使用过程中的防水要求，在卫生间顶部安装铝扣板吊顶。

（1）单击“默认”选项卡“图层”面板中的“图层特性”按钮，打开图层特性管理器，创建新图层，将新图层命名为“吊顶”，并将其设置为当前图层，如图 13-83 所示。

图 13-83　创建图层

（2）单击“默认”选项卡“绘图”面板中的“图案填充”按钮，打开“图案填充创建”选项卡。单击“选项”面板中的“图案填充设置”按钮，打开“图案填充和渐变色”对话框，选择填充图案为“LINE”，并设置图案填充角度为 90，比例为 60，如图 13-84 所示。

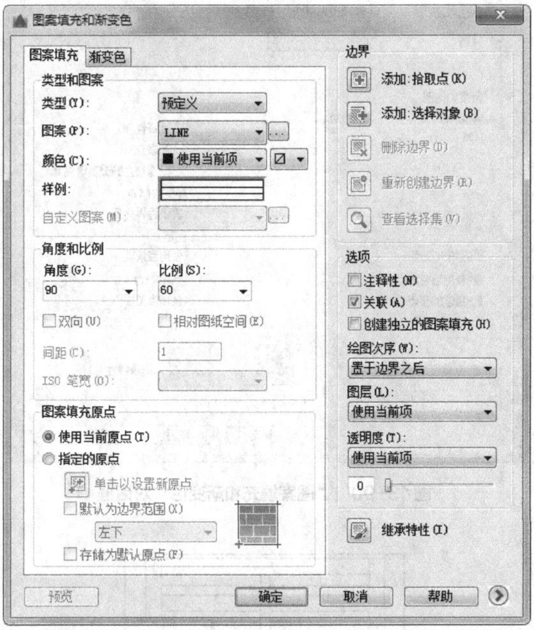

图 13-84 “图案填充和渐变色”对话框

（3）在绘图区域中选择卫生间顶棚平面作为填充对象，进行图案填充，如图 13-85 所示。

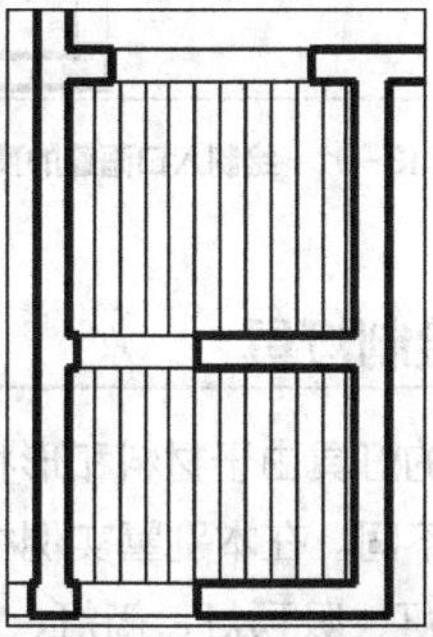

图 13-85 绘制卫生间吊顶

❷ 绘制厨房吊顶。

基于厨房使用过程中的防水和防油烟的要求，在厨房顶部安装铝扣板吊顶。

（1）在“图层”下拉列表中选择“吊顶”图层，将其设置为当前图层。

（2）单击“默认”选项卡“绘图”面板中的“图案填充”按钮，打开“图案填充创建”选项卡。单击“选项”面板中的“图案填充设置”按钮，打开“图案填充和渐变色”对话框，选择填充图案为“LINE”，并设置图案填充角度为 90，比例为 60。

（3）在绘图区域中选择厨房顶棚平面作为填充对象，进行图案填充，如图 13-86 所示。

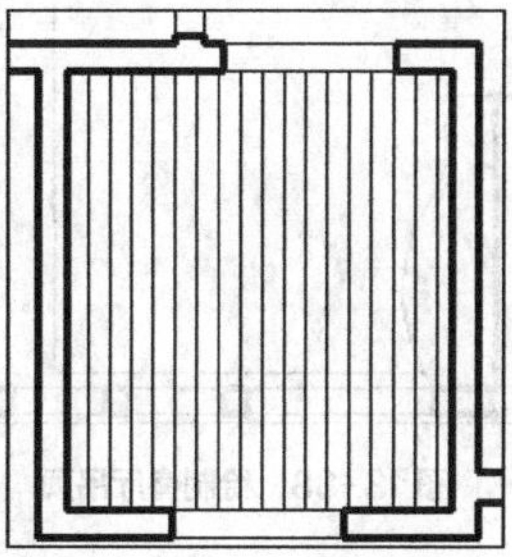

图 13-86 绘制厨房吊顶

❸ 绘制客厅吊顶。

客厅吊顶的方式为周边式，不同于前面介绍的卫生间和厨房所采用的完全式吊顶。客厅吊顶的重点部位在西面电视墙的上方。

（1）单击“默认”选项卡“绘图”面板中的“样条曲线拟合”按钮，以客厅西侧墙线为基准线，绘制样条曲线，如图 13-87 所示。

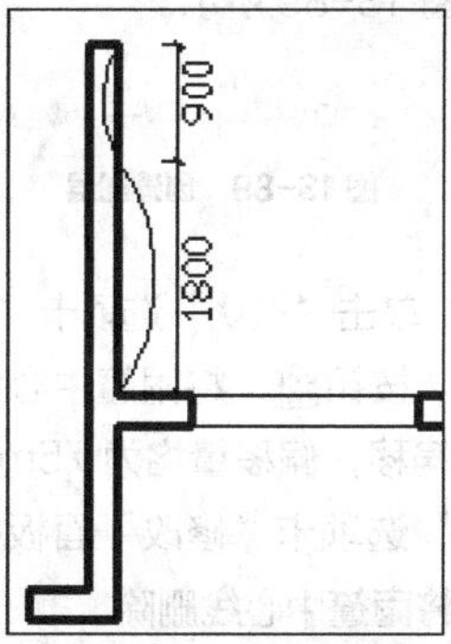

图 13-87 绘制样条曲线

（2）单击“默认”选项卡“修改”面板中的“移动”按钮，将样条曲线水平向右移动，移动距离为 600mm。

（3）单击“默认”选项卡“绘图”面板中的“直线”按钮，连接样条曲线与墙线的端点。

（4）单击“默认”选项卡“修改”面板中的“偏移”按钮，将客厅顶棚东、南两个方向的轮廓线向内偏移，偏移量分别为 600mm 和 150mm，得到“轮廓线 1”和“轮廓线 2”。

（5）单击“默认”选项卡“修改”面板中的“修剪”按钮，修剪吊顶轮廓线条，完成客厅吊顶的绘制，如图 13-88 所示。

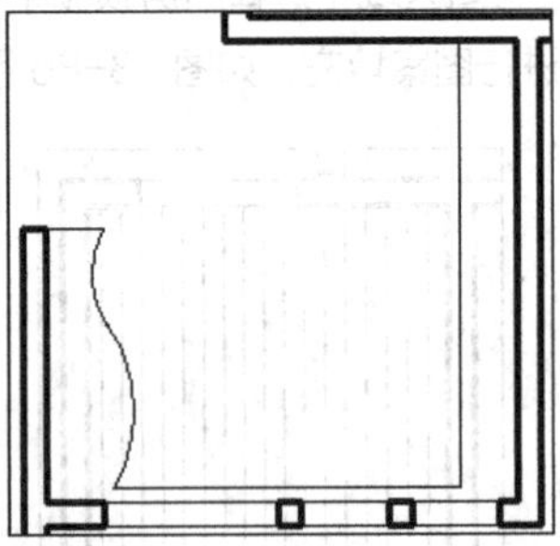

图 13-88　绘制客厅吊顶

13.5.4 绘制入口雨篷顶棚

别墅正门入口雨篷的顶棚由一条竖直的主梁和两侧数条对称布置的次梁组成。

STEP 绘制步骤

❶ 单击“默认”选项卡“图层”面板中的“图层特性”按钮，打开图层特性管理器，创建新图层，将新图层命名为“顶棚”，并将其设置为当前图层，如图 13-89 所示。

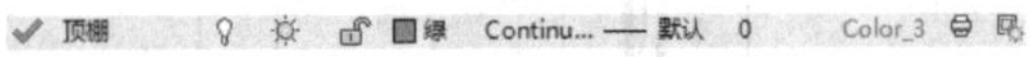

图 13-89　创建图层

❷ 绘制主梁。单击“默认”选项卡“修改”面板中的“偏移”按钮，将雨篷中心线依次向左右两侧进行偏移，偏移量均为 75mm；然后，单击“默认”选项卡“修改”面板中的“删除”按钮，将雨篷中心线删除。

❸ 绘制次梁。单击“默认”选项卡“绘图”面板中的“图案填充”按钮，打开“图案填充创建”选项卡。单击“选项”面板中的“图案填充设置”按钮，打开“图案填充和渐变色”对话框，选择填充图案为“STEEL”，并设置图案填充角度为 135，比例为 135，如图 13-90 所示。

❹ 在绘图区域中选择主梁两侧区域作为填充对象，进行图案填充，如图 13-91 所示。

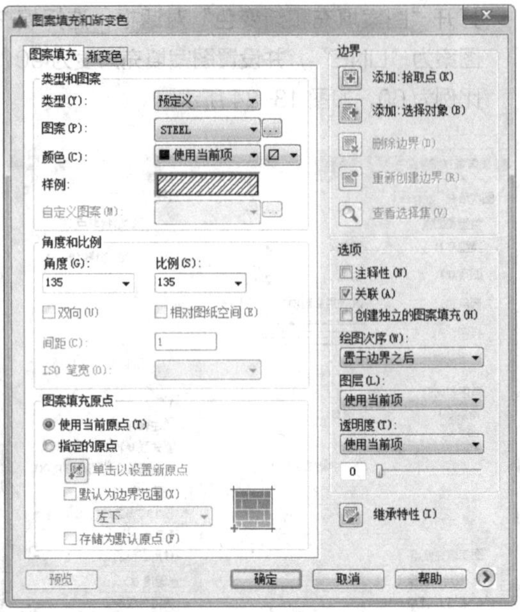

图 13-90　“图案填充和渐变色”对话框

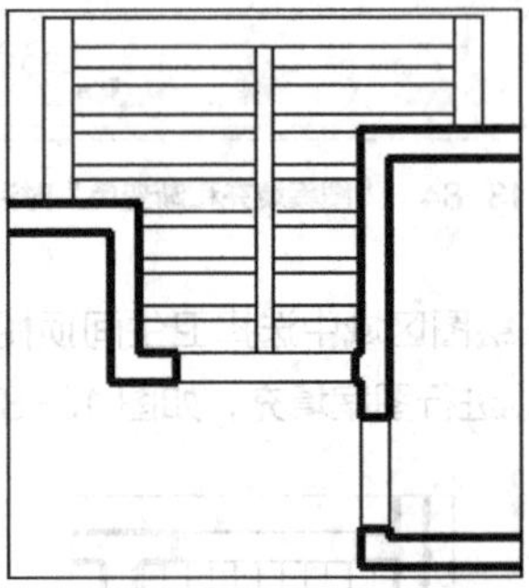

图 13-91　绘制入口雨篷的顶棚

13.5.5 绘制灯具

不同种类的灯具由于材料和形状的差异，其平面图形也大有不同。在本别墅实例中，灯具种类主要包括工艺吊灯、吸顶灯、筒灯、射灯和壁灯等。在AutoCAD图样中，并不需要详细描绘出各种灯具的具体式样，一般情况下，每种灯具都是用灯具图例来表示的。下面分别介绍几种灯具图例的绘制方法。

STEP 绘制步骤

❶ 绘制工艺吊灯。

工艺吊灯仅在客厅和餐厅使用，与其他灯具相比，形状比较复杂。

（1）单击“默认”选项卡“图层”面板中的“图层特性”按钮，打开图层特性管理器，创建新图层，将新图层命名为“灯具”，并将其设置为当前图层，如图 13-92 所示。

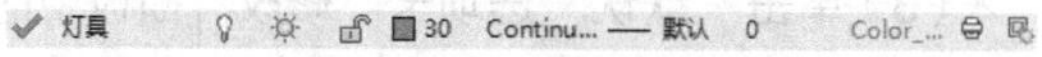

图 13-92　创建图层

（2）单击“默认”选项卡“绘图”面板中的“圆”按钮，绘制两个同心圆，它们的半径分别为 150mm 和 200mm，如图 13-93 所示。

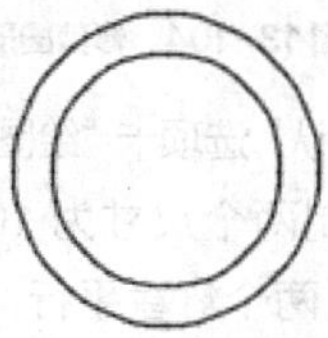

图 13-93　绘制同心圆

（3）单击“默认”选项卡“绘图”面板中的“直线”按钮，以圆心为端点，向右绘制一条长度为 400mm 的水平线段，如图 13-94 所示。

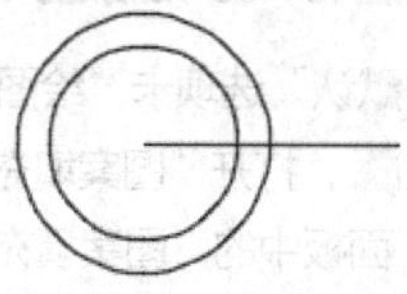

图 13-94　绘制水平线段

（4）单击“默认”选项卡“绘图”面板中的“圆”按钮，以线段右端点为圆心，绘制一个较小的圆，其半径为 50mm，如图 13-95 所示。

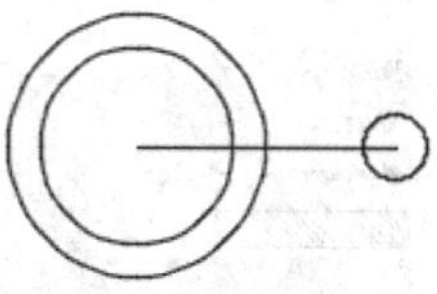

图 13-95　绘制小圆

（5）单击“默认”选项卡“修改”面板中的“移动”按钮，水平向左移动小圆，移动距离为 100mm，如图 13-96 所示。

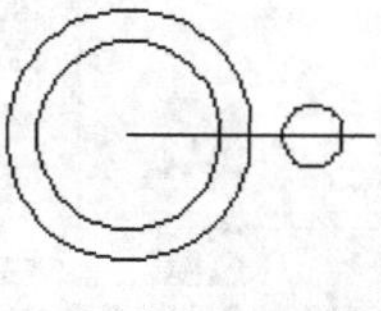

图 13-96　移动小圆

（6）单击“默认”选项卡“修改”面板中的“环形阵列”按钮，输入项目总数为 8，填充角度为 360，选择同心圆圆心为阵列中心点，选择图 13-96 中的水平线段和右侧小圆为阵列对象，生成工艺吊灯图例，如图 13-97 所示。

图 13-97　工艺吊灯图例

❷ 绘制吸顶灯。

在别墅首层平面中，使用最广泛的灯具要算吸顶灯了。别墅入口、卫生间、书房、工人房和车库等房间都使用吸顶灯来进行照明。

常用的吸顶灯图例有圆形和矩形两种。在这里，主要介绍圆形吸顶灯图例。

（1）单击“默认”选项卡“绘图”面板中的“圆”按钮，绘制两个同心圆，它们的半径分别为 90mm 和 120mm，如图 13-98 所示。

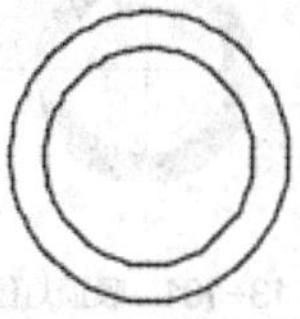

图 13-98　绘制同心圆

（2）单击“默认”选项卡“绘图”面板中的“直线”按钮，绘制两条互相垂直的直径；激活已绘直径的两端点，将直径向两侧分别拉伸，每个端点处拉伸量均为 40mm，得到一个正交十字，如图 13-99 所示。

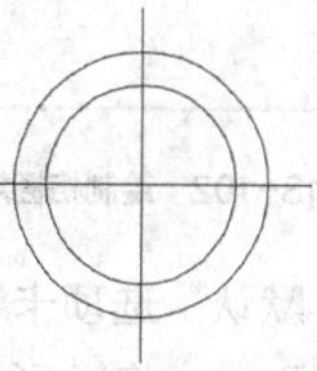

图 13-99　绘制十字交叉线

（3）单击“默认”选项卡“绘图”面板中的“图案填充”按钮，打开“图案填充创建”选项卡。单击“选项”面板中的“图案填充设置”按钮，打开“图案填充和渐变色”对话框，选择填充图案为“SOLID”，如图 13-100 所示，对同心圆中的圆环部分进行填充。图 13-101 所示为绘制完成的吸顶灯图例。

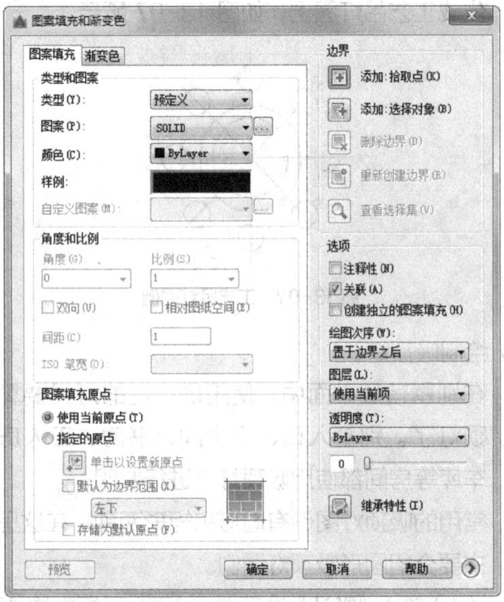

图 13-100 “图案填充和渐变色”对话框

图 13-101 吸顶灯图例

❸ 绘制格栅灯。

在别墅中，格栅灯是专用于厨房的照明灯具。

（1）单击“默认”选项卡“绘图”面板中的“矩形”按钮，绘制尺寸为 1200mm×300mm 的矩形格栅灯轮廓，如图 13-102 所示。

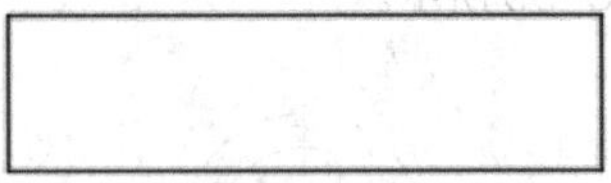
图 13-102 绘制格栅灯轮廓

（2）单击“默认”选项卡“修改”面板中的“分解”按钮，将矩形分解。然后，单击“默认”选项卡“修改”面板中的“偏移”按钮，将矩形两条短边分别向内偏移，偏移量均为 80mm，两长边向内偏移，偏移量均为 70mm，如图 13-103 所示。

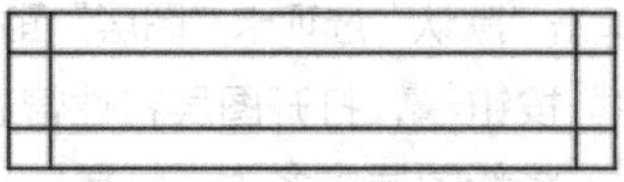
图 13-103 偏移直线

（3）单击“默认”选项卡“修改”面板中的“修剪”按钮，对偏移后的图形进行修剪处理，如图 13-104 所示。

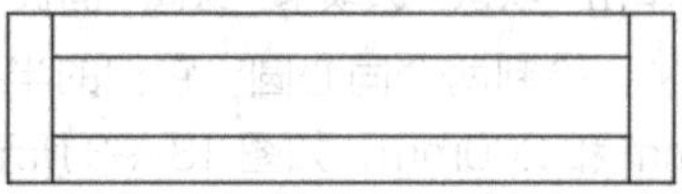
图 13-104 修剪图形

（4）单击“默认”选项卡“绘图”面板中的“矩形”按钮，绘制两个尺寸为 1040 mm×45mm 的矩形灯管，两个灯管平行，间距为 70mm，如图 13-105 所示。

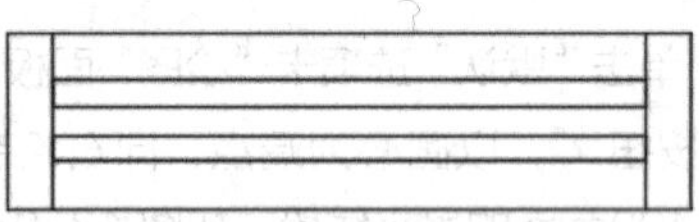
图 13-105 绘制矩形

（5）单击“默认”选项卡“绘图”面板中的“图案填充”按钮，打开“图案填充创建”选项卡。单击“选项”面板中的“图案填充设置”按钮，打开“图案填充和渐变色”对话框，选择填充图案为“ANSI32”，并设置填充比例为 10，如图 13-106 所示，对两矩形灯管区域进行填充。

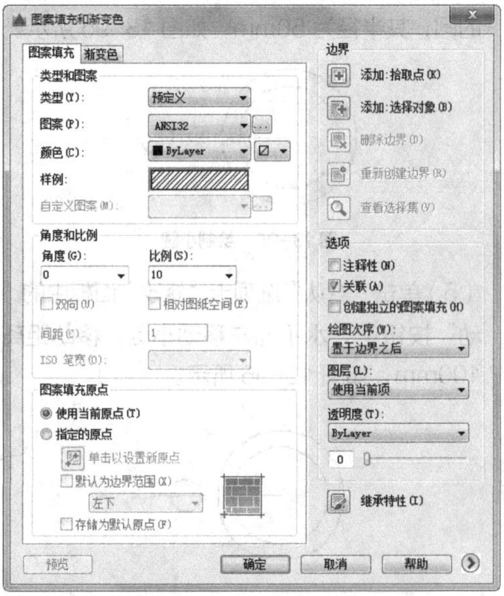

图 13-106 “图案填充和渐变色”对话框

图 13-107 所示为绘制完成的格栅灯图例。

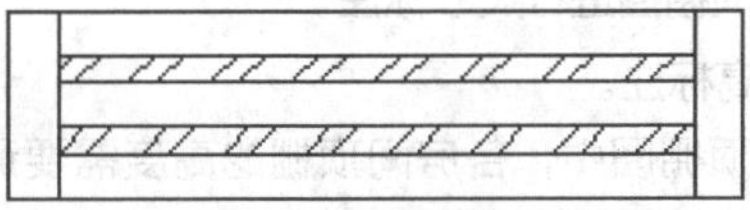

图 13-107　格栅灯图例

❹ 绘制筒灯。

筒灯体积较小，主要应用于室内装饰照明和走廊照明。

常见筒灯图例由两个同心圆和一个十字组成。

（1）单击“默认”选项卡“绘图”面板中的“圆”按钮，绘制两个同心圆，它们的半径分别为 45mm 和 60mm，如图 13-108 所示。

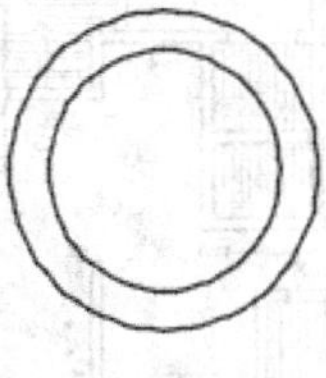

图 13-108　绘制同心圆

（2）单击“默认”选项卡“绘图”面板中的“直线”按钮，绘制两条互相垂直的直径，如图 13-109 所示。

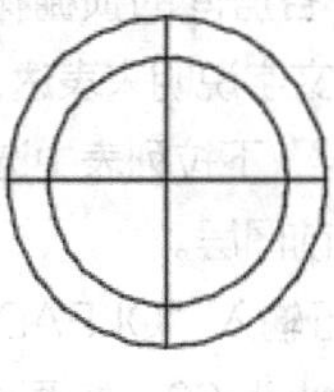

图 13-109　绘制直径

（3）激活已绘两条直径的所有端点，将两条直径分别向其两端方向拉伸，每个方向拉伸量均为 20mm，得到正交的十字。

图 13-110 所示为绘制完成的筒灯图例。

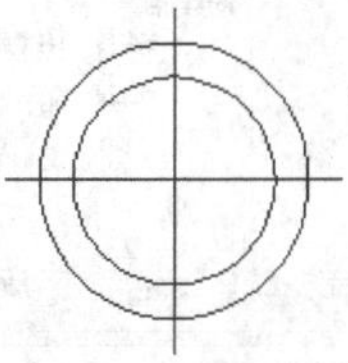

图 13-110　筒灯图例

❺ 绘制壁灯。

在别墅中，车库和楼梯侧墙面都通过设置壁灯来辅助照明。本例中使用的壁灯图例由矩形及两条对角线组成。

（1）单击“默认”选项卡“绘图”面板中的“矩形”按钮，绘制尺寸为 300mm × 150mm 的矩形，如图 13-111 所示。

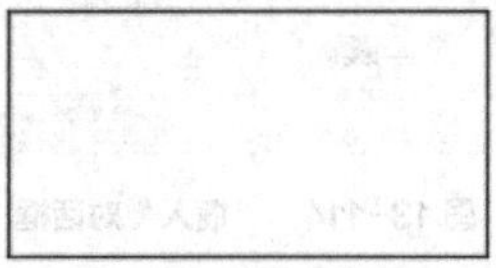

图 13-111　绘制矩形

（2）单击“默认”选项卡“绘图”面板中的“直线”按钮，绘制矩形的两条对角线。

图 13-112 所示为绘制完成的壁灯图例。

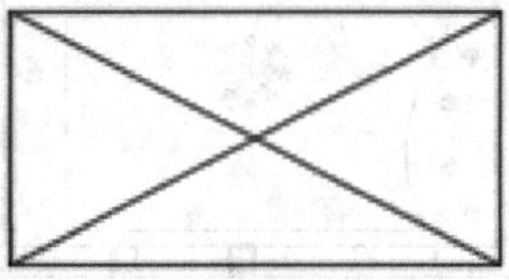

图 13-112　壁灯图例

❻ 绘制射灯组。

射灯组的平面图例在绘制客厅平面图时已有介绍，具体绘制方法可参看前面章节内容。

❼ 在顶棚图中插入灯具图例。

（1）单击“插入”选项卡“块定义”面板中的“创建块”按钮，系统打开“块定义”对话框，如图 13-113 所示，将所绘制的各种灯具图例分别定义为图块。

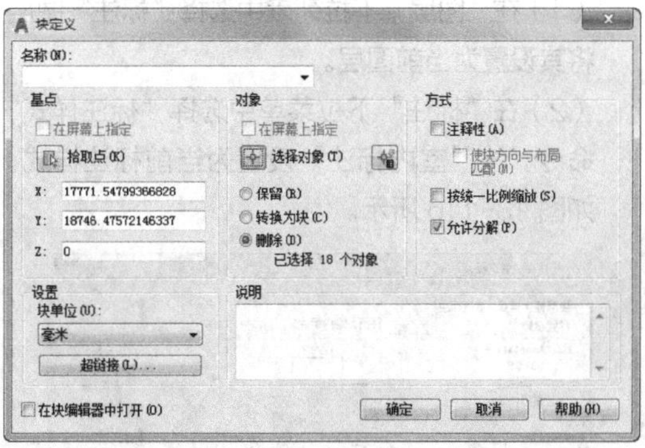

图 13-113　“块定义”对话框

（2）单击“插入”选项卡“块”面板中的“插入块”按钮，系统打开“插入”对话框，如图 13-114 所示，根据各房间或空间的功能，选择适合的灯具图例并根据需要设置图块比例，然后将其插入顶棚中相应位置。

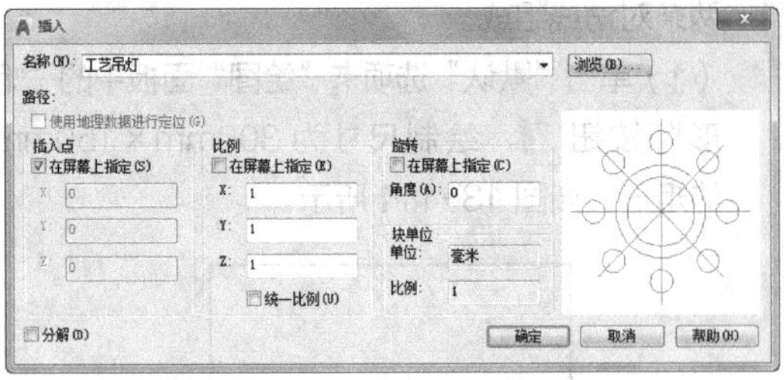

图 13-114 “插入”对话框

图 13-115 所示为客厅顶棚灯具布置效果。

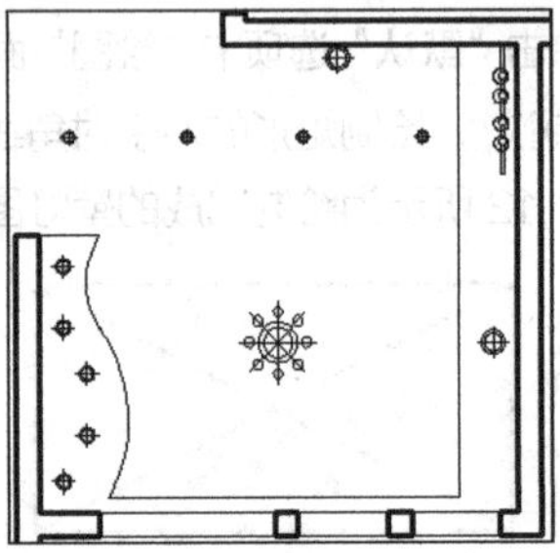

图 13-115 客厅顶棚灯具

13.5.6 尺寸标注与文字说明

STEP 绘制步骤

❶ 尺寸标注。

在顶棚图中，尺寸标注的内容主要包括灯具和吊顶的尺寸及它们的水平位置。这里的尺寸标注依然同前面一样，是通过“线性”命令来完成的。

（1）在“图层”下拉列表中选择“标注”图层，将其设置为当前图层。

（2）在“标注”下拉菜单中选择“标注样式”命令，将“室内标注”设置为当前标注样式，如图 13-116 所示。

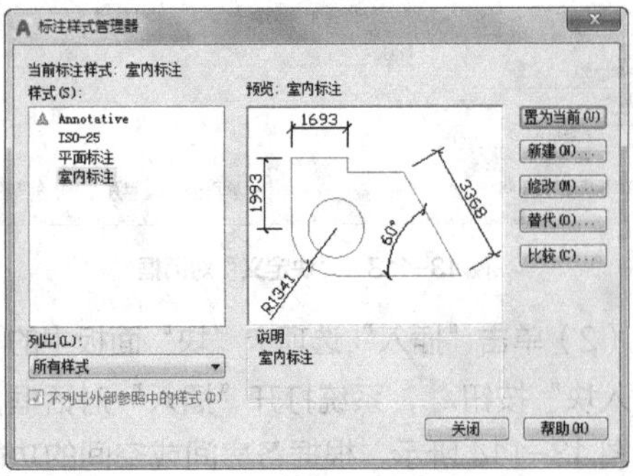

图 13-116 “标注样式管理器”对话框

（3）在“标注”下拉菜单中选择“线性”命令，对顶棚图进行尺寸标注。

❷ 标高标注。

在顶棚图中，各房间顶棚的高度需要通过标高来表示。

（1）单击“插入”选项卡“块”面板中的“插入块”按钮，将标高符号插入各房间顶棚位置。

（2）单击“默认”选项卡“注释”面板中的“多行文字”按钮A，在标高符号的长直线上方添加相应的标高数值。

标注结果如图 13-117 所示。

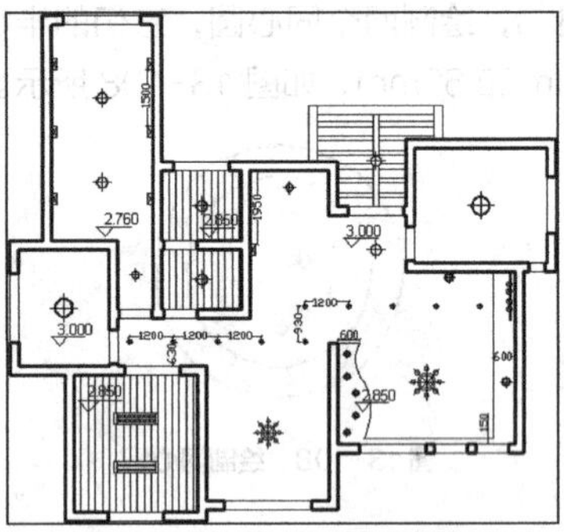

图 13-117 添加尺寸与标高标注

❸ 文字说明。

在顶棚图中，各房间的顶棚材料做法和灯具的类型都要通过文字说明来表达。

（1）在“图层”下拉列表中选择“文字”图层，将其设置为当前图层。

（2）在命令行输入“QLEADER”命令，并设置引线箭头大小为 60，如图 13-118 所示。然后绘制标注文字的引线。

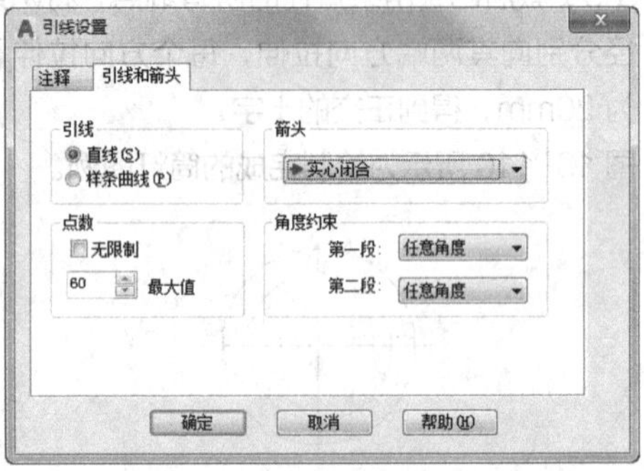

图 13-118 “引线设置”对话框

（3）单击“绘图”工具栏中的“多行文字”按钮A，系统打开“文字编辑器”选项卡，如

图 13-119 所示，设置字体为“宋体”，文字高度为“200”，在引线的一端添加文字说明。最后的绘制结果如图 13-78 所示。

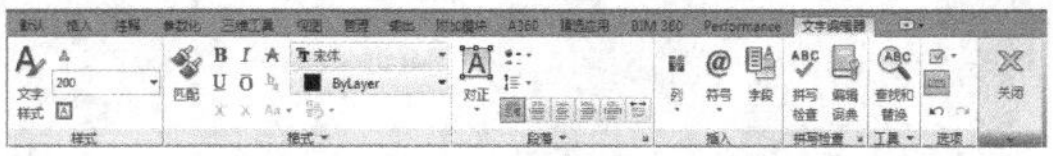

图 13-119 “文字编辑器”选项卡

13.6 上机实验

【练习 1】绘制按摩包房平面布置图

1. 目的要求

本练习通过如图 13-120 所示的按摩包房平面布置图的实践，要求读者掌握平面布置图的完整绘制过程和方法。

2. 操作提示

（1）绘制墙体。

（2）绘制家具。

（3）标注尺寸和文字。

【练习 2】绘制豪华包房平面布置图

1. 目的要求

本练习通过如图 13-121 所示的豪华包房平面布置图的实践，要求读者进一步掌握平面布置图的完整绘制过程和方法。

2. 操作提示

（1）绘制辅助线。

（2）绘制墙体。

（3）绘制家具。

（4）标注尺寸和文字。

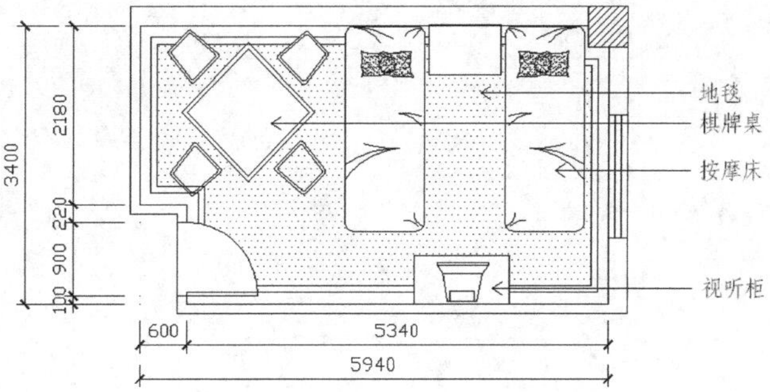

图 13-120 按摩包房平面布置图

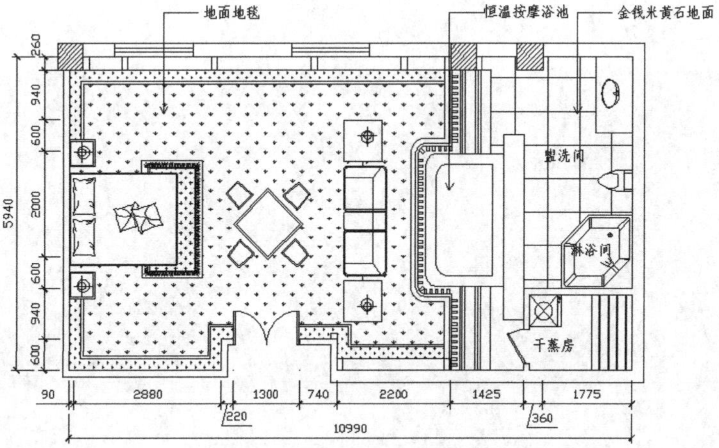

图 13-121 豪华包房平面布置图

第4篇　咖啡吧室内设计实例

本篇主要围绕一个典型的咖啡吧室内设计案例展开讲述，包括设计思想分析、建筑平面图、装饰平面图、顶棚图、地面平面图、立面图和详图等图例的设计过程。

本篇内容通过实例进一步加深读者对 AutoCAD 功能的理解和掌握，以及典型休闲空间室内设计的基本方法和技巧。

第14章

绘制咖啡吧室内设计平面及顶棚图

咖啡吧是现代都市人休闲生活中的重要场所，作为一种典型的都市商业建筑，咖啡吧一般设施健全，环境幽雅，是喧嚣都市内难得的安静去处。

本章将以某写字楼底层咖啡吧室内设计为例，讲述咖啡吧这类休闲商业建筑室内设计的基本思路和方法。

重点与难点

- 绘制咖啡吧建筑平面图
- 绘制咖啡吧装饰平面图
- 绘制咖啡吧顶棚平面图
- 绘制咖啡吧地面平面图

14.1 设计思想

消费者喝咖啡之际，不仅对于咖啡在感官上的吸引力有所反应，甚至对于整个环境，如服务、广告、包装及其他各种附带因素也会有所反应，而其中最重要的因素之一就是休闲环境。

如何巧妙地运用空间美学，对咖啡吧的营业空间加以表现，设计出理想的喝咖啡环境，这是咖啡吧经营者需要解决的重要问题。

消费者在喝咖啡时往往会选择充满适合自己所需氛围的咖啡吧，因此在从事咖啡吧室内设计时，必须考虑下列几项重点。

（1）应先确定消费者群体。

（2）了解消费者对咖啡吧的气氛有何期望。

（3）了解哪些气氛能加强消费者对咖啡吧的信赖度及引起情绪上的反应。

（4）对于所构想的气氛，应与竞争店的气氛作一比较，以分析彼此的优劣点。

商业建筑的室内装潢设计有不同的风格，大商场、大酒店有豪华的外观装饰，具有现代感，咖啡吧也应的自己的风格和特点。在具体装潢上，可从以下两方面去设计。

（1）装潢要具有广告效应，即要给消费者以强烈的视觉刺激。可以把咖啡吧门面装饰成独特或怪异的形状，争取在外观上别出心裁，以吸引消费者。

（2）装潢要结合咖啡的特点加以联想，新颖独特的装潢不仅是对消费者视觉上的刺激，更重要的是使消费者没进店门就知道里面可能有什么东西。

咖啡吧内的装饰和设计，主要注意以下几个问题。

（1）防止人流进入咖啡吧后拥挤。

（2）吧台应设置在显眼处，以便消费者咨询。

（3）咖啡吧内的布置要体现一种独特的与咖啡适应的气氛。

（4）咖啡吧中应尽量设置一个休息之处，备好座椅。

（5）充分利用各种色彩。墙壁、天花板、灯、咖啡和饮料的陈列组成了咖啡吧内部环境。

不同的色彩对人的心理刺激不一样。以紫色为基调，布置显得华丽、高贵；以黄色为基调，布置显得柔和；以蓝色为基调，布置显得不可捉摸；以深色为基调，布置显得大方、整洁；以红色为基调，布置显得热烈。色彩运用不是单一的，而是综合的。不同时期、不同季节、节假日，色彩运用不一样；冬天与夏天的色彩运用也不一样。不同的人对色彩的反应不一样，儿童对红、黄、蓝色反应强烈，年轻女性对流行色的反应敏锐。在这方面，灯光的运用尤其重要。

（6）咖啡吧内最好在光线较暗或微弱处设置一面镜子。

这样做好处在于镜子可以反射灯光，使咖啡更显亮、更醒目、更具有光泽。有的咖啡吧将整面墙设计为镜子，除了上述好处外，还给人一种空间增大了的假象。

（7）收银台设置在吧台两侧且应高于吧台。

下面具体讲述咖啡吧的室内设计的思路和方法。

14.2 绘制咖啡吧建筑平面图

扫一扫

就建筑功能而言，咖啡吧平面需要设置的空间虽然不多，但应齐全，以满足消费者的基本需要。咖啡吧平面一般设置下面一些单元。

（1）厅：门厅和消费大厅等。

（2）辅助房间：厨房、更衣室等。

（3）生活配套：卫生间、吧台等。

其中消费大厅是主体，应设置尽量大的空间。厨房由于磨制咖啡时容易发出声响，不利于创造幽静的消费氛围，所以要尽量与消费大厅间隔开来或加强隔音措施。卫生间等方便设施应该尽量充裕而宽敞，满足大量消费人群的需要，同时提供一种温馨而舒适的环境。

咖啡吧建筑平面图与其他建筑平面图绘制方法类似，同样是先建立各个功能单元的开间和进深轴线，然后按轴线位置绘制各个功能开间墙体及相应的门窗洞口的平面造型，再绘制楼梯、电梯井及管道等辅助空间的平面图形，最后标注相应的尺寸和文字说明。本节绘制的咖啡吧建筑平面图如图 14-1 所示。

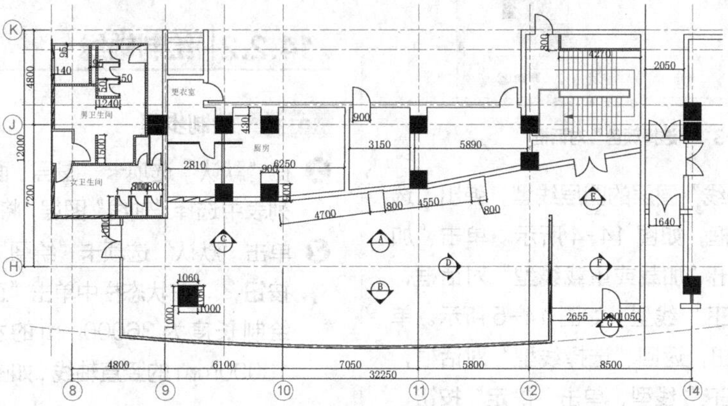

图 14-1　咖啡吧建筑平面图

14.2.1 绘图前准备

STEP 绘制步骤

❶ 建立新文件。

在具体的设计工作中，为了图纸统一，许多项目需要一个统一标准，如文字样式、标注样式、图层等。建立标准绘图环境的有效方法是使用样板文件，样板文件保存了各种标准设置。这样，每当建立新图时，新图以样板文件为原型，使得新图与原图具有相同的绘图标准。AutoCAD 样板文件的扩展名为“.dwt”，用户可根据需要建立自己的样板文件。

本节建立名为“咖啡吧建筑平面图”的图形文件。

❷ 设置绘图区域。

AutoCAD 的绘图空间很大，绘图时要设定绘图区域。

选择菜单栏中的“格式”→“图形界限”命令，来设定绘图区大小。命令行提示与操作如下。

```
命令：_limits
重新设置模型空间界限：
指定左下角点或 [开（ON）/关（OFF）] <0.0000,0.0000>：↙
指定右上角点 <420.0000,297.0000>：42000,29700 ↙
```

❸ 设置图层、颜色、线型及线宽。

绘图时应考虑图样划分为哪些图层及按什么样的标准划分。图层设置合理，会使图形信息更加清晰有序。

（1）单击“默认”选项卡“图层”面板中的“图层特性”按钮，弹出图层特性管理器，如图 14-2 所示。单击“新建图层”按钮，将新建图层的名称修改为“轴线”。

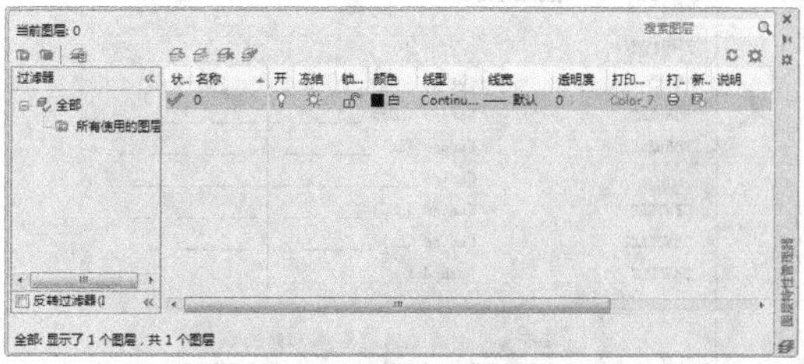

图 14-2　图层特性管理器

（2）单击“轴线”图层的图层颜色，弹出“选择颜色”对话框，选择红色为“轴线”图层的颜色，如图 14-3 所示。单击“确定”按钮，关闭对话框。

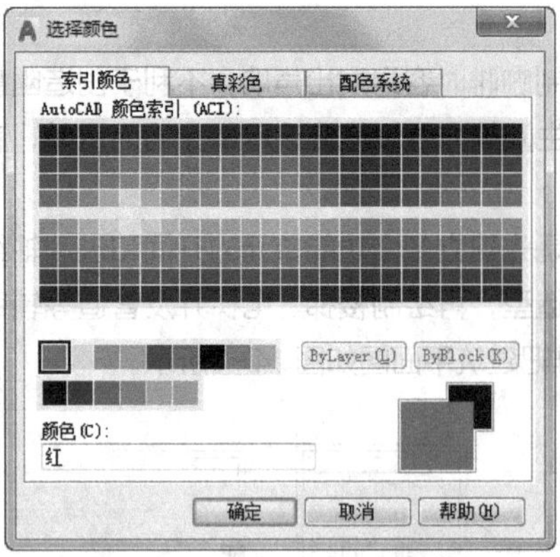

图 14-3 “选择颜色”对话框

（3）单击“轴线”图层的图层线型，弹出“选择线型”对话框，如图 14-4 所示。单击“加载”按钮，弹出“加载或重载线型”对话框，选择“CENTER”线型，如图 14-5 所示。单击“确定”按钮，返回“选择线型”对话框，选择“CENTER”线型，单击“确定”按钮，完成线型的设置。

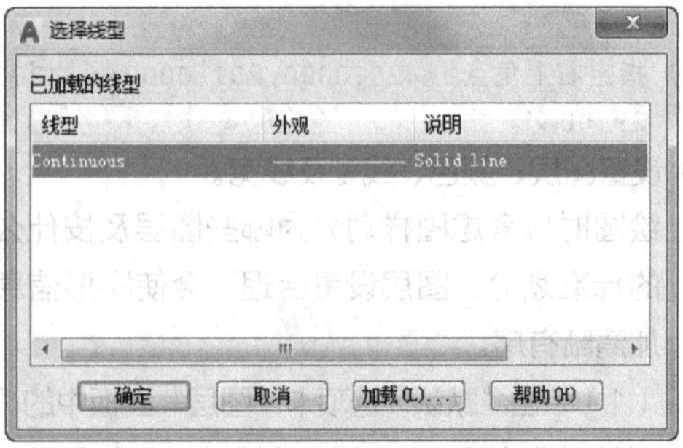

图 14-4 “选择线型”对话框

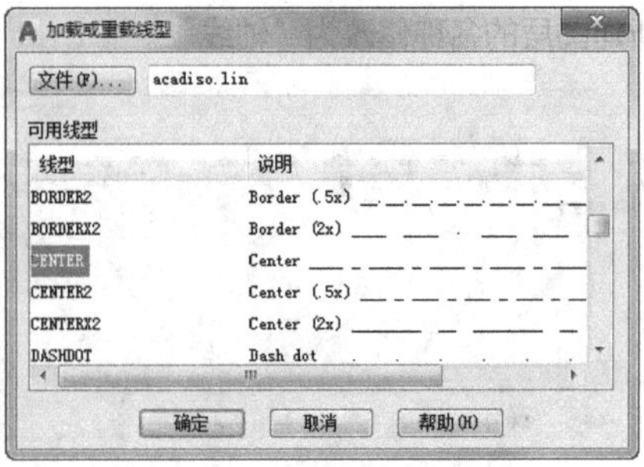

图 14-5 “加载或重载线型”对话框

同样方法创建其他图层，结果如图 14-6 所示。

> **注意** 如果绘制的是共享工程中的图形或是基于一组图层标准的图形，删除图层时要小心。

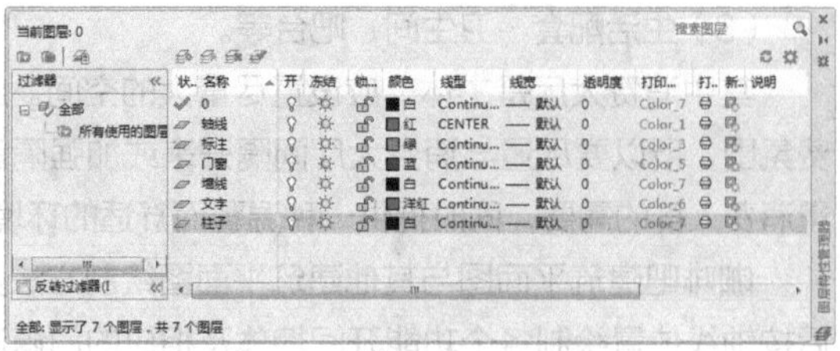

图 14-6 图层特性管理器

14.2.2 绘制轴线

STEP 绘制步骤

❶ 在“默认”选项卡“图层”面板的“图层”下拉列表中选择“轴线”图层，将其设置为当前图层。

❷ 单击“默认”选项卡“绘图”面板中的“直线”按钮，在状态栏中单击“正交模式”按钮，绘制长度为 36000mm 的水平轴线和长度为 19000mm 的竖直轴线，如图 14-7 所示。

图 14-7 绘制正交轴线

❸ 选中上一步绘制的直线，单击鼠标右键，在弹出的快捷菜单中选择“特性”命令，如图 14-8 所示，在弹出的“特性”选项板中修改线型比例为“30”，结果如图 14-9 所示。

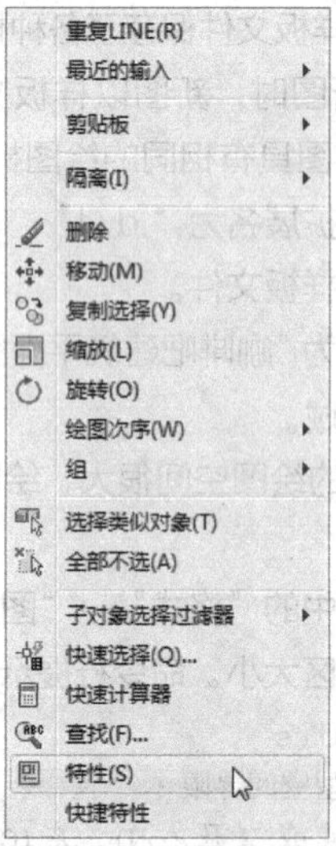

图 14-8 快捷菜单

图 14-9 修改线型比例

❹ 单击“默认”选项卡“修改”面板中的“偏移”按钮，将竖直轴线向右偏移，偏移距离分别为 1100mm、4800mm、3050mm、3050mm、7050mm、5800mm、8500mm，将水平轴线向上偏移，偏移距离分别为 7200mm、3800mm、1000mm，如图 14-10 所示。

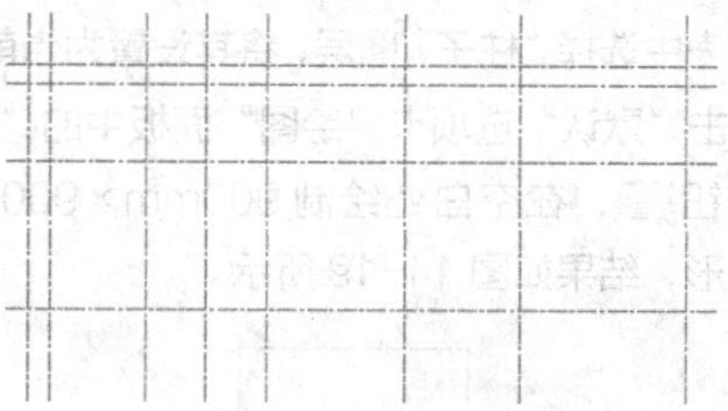

图 14-10 偏移轴线

❺ 将起始水平直线向下偏移 3000mm 做为辅助线，单击“默认”选项卡“绘图”面板中的“圆弧”按钮，连接偏移直线的两个端点绘制一段圆弧，绘制完成后将辅助线删除掉，结果如图 14-11 所示。

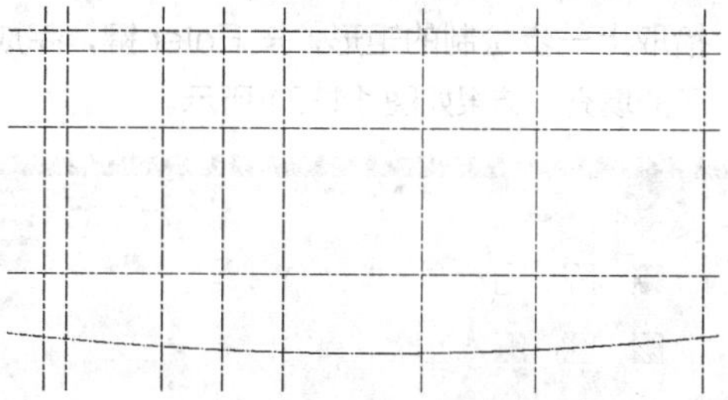

图 14-11 绘制圆弧

❻ 绘制轴号。

（1）单击“默认”选项卡“绘图”面板中的“圆”按钮，绘制一个半径为 500mm 的圆，圆心在轴线的端点，单击“默认”选项卡“修改”面板中的“移动”按钮，将绘制的圆向下移动 500 如图 14-12 所示。

（2）选取菜单栏中的“绘图”→“块”→“定义属性”命令，弹出“属性定义”对话框，在“标记”文本框中输入“轴号”，如图 14-13 所示。单击“确定”按钮，在圆心位置写入一个块的属性值。设置完成后的效果如图 14-14 所示。

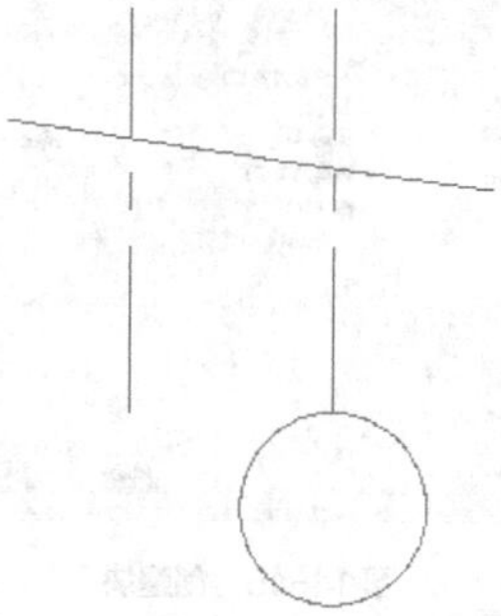

图 14-12 绘制圆

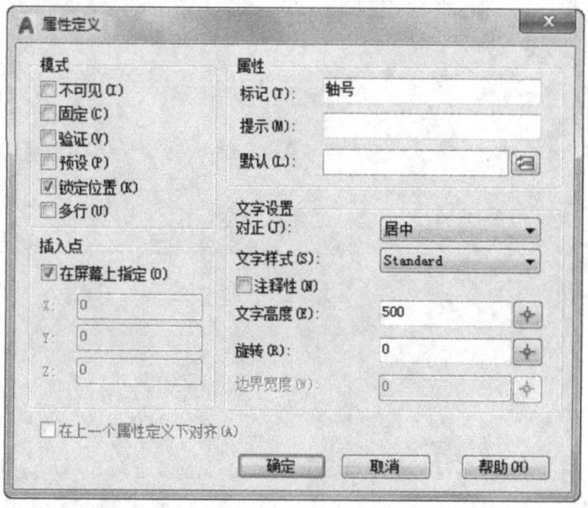

图 14-13 块属性定义

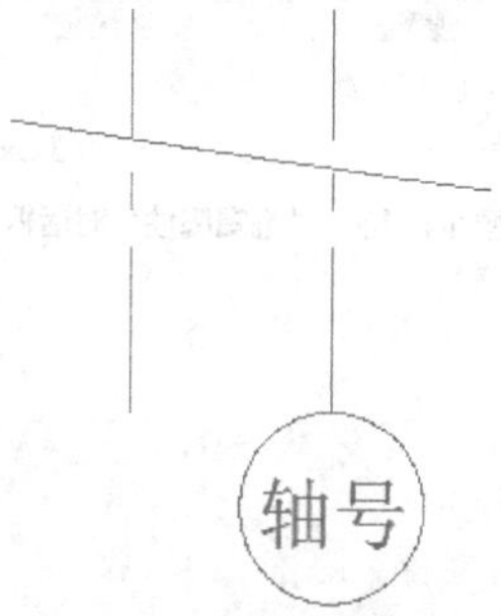

图 14-14 在圆心位置写入属性值

（3）单击“默认”选项卡“绘图”面板中的“创建块”按钮，弹出“块定义”对话框，如图 14-15 所示。在“名称”文本框中写入“轴号”，指定圆心为基点；选择整个圆和刚才的“轴号”标记为对象，单击“确定”按钮，弹出如图 14-16 所示的“编辑属性”对话框，输入轴号为“8”，单击“确定”按钮，然后将绘制的圆向下移动500，轴号效果图如图14-17所示。

图14-15　创建块

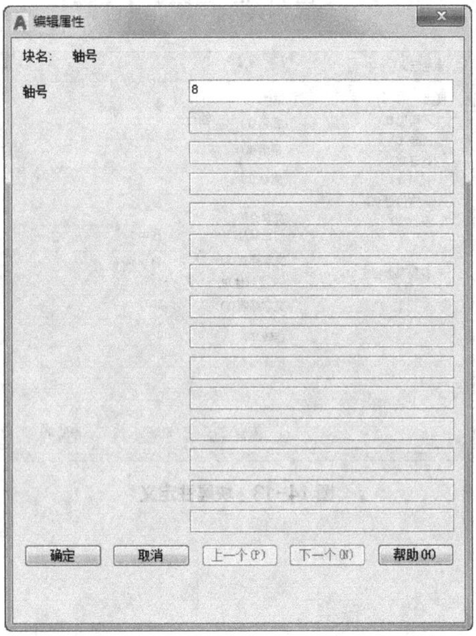

图14-16　“编辑属性”对话框

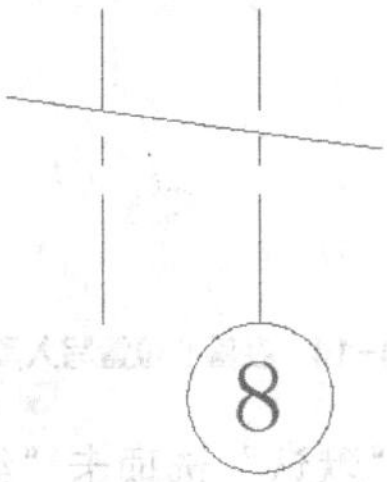

图14-17　输入轴号

（4）单击“插入”选项卡“块”面板中的“插入块”按钮，选择“轴号”图块，利用“编辑属性”对话框创建轴号，结果如图14-18所示。

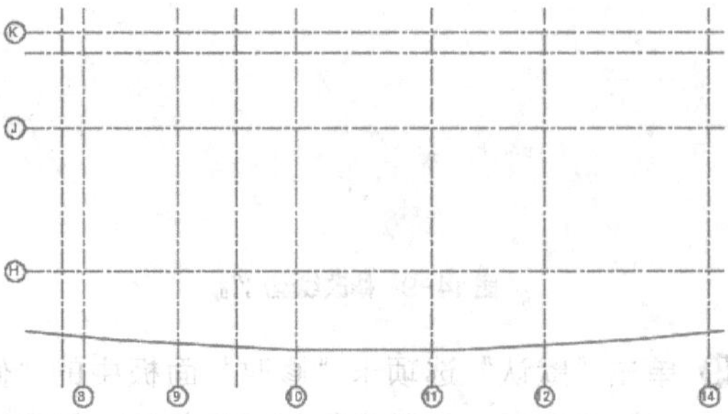

图14-18　标注轴号

14.2.3 绘制柱子

STEP 绘制步骤

❶ 在“默认”选项卡“图层”面板的“图层”下拉列表中选择“柱子”图层，将其设置为当前图层。

❷ 单击“默认”选项卡“绘图”面板中的“矩形”按钮，在空白处绘制900mm×900mm的矩形，结果如图14-19所示。

图14-19　绘制矩形

❸ 单击“默认”选项卡“绘图”面板中的“图案填充”按钮，弹出“图案填充创建”选项卡，选择填充图案为“SOLID”，如图14-20所示，拾取上一步绘制的矩形，按Enter键，完成柱子的填充，结果如图14-21所示。

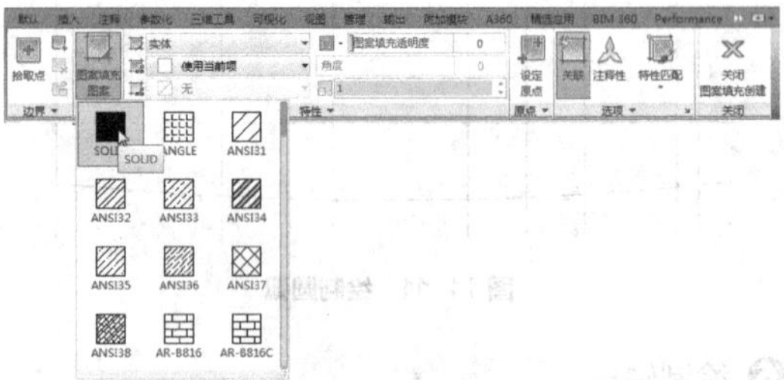

图14-20　“图案填充创建”选项卡

图14-21　柱子

❹ 单击“默认”选项卡“修改”面板中的“复制”按钮，将上一步绘制的柱子复制到如图 14-22 所示的位置。

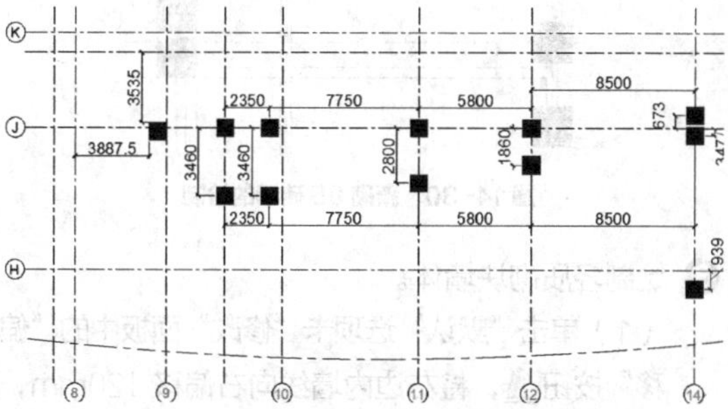

图 14-22 布置柱子

14.2.4 绘制墙线、门窗、洞口

STEP 绘制步骤

❶ 绘制 240 墙体。

（1）在“默认”选项卡“图层”面板的“图层”下拉列表中选择“墙线”图层，将其设置为当前图层。

（2）单击“默认”选项卡“修改”面板中的“偏移”按钮，将轴线“J”向上偏移 1000mm，将轴线“H”向上偏移 2480mm，将轴线“9”向左偏移 2192.5mm，将轴线“12”向右偏移 1260mm，将轴线“14”向左偏移 2500mm。

（3）选择菜单栏中的“格式”→“多线样式”命令，弹出如图 14-23 所示的“多线样式”对话框。

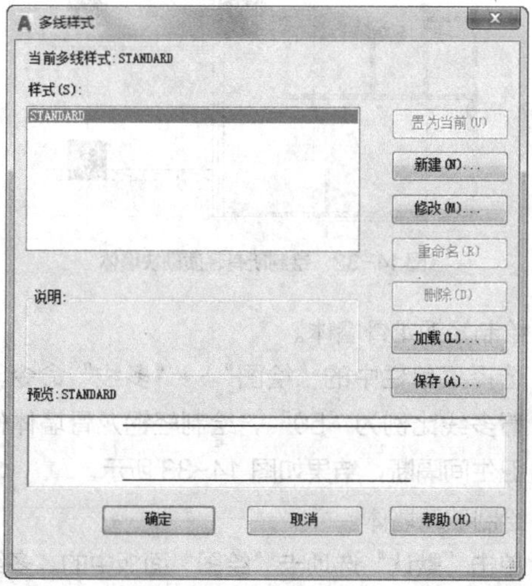

图 14-23 “多线样式”对话框

单击“新建”按钮，弹出“创建新的多线样式”对话框，输入新样式名为“240”，如图 14-24 所示。单击“继续”按钮，弹出“新建多线样式：240”对话框，在“偏移”文本框中分别输入 120 和 -120，如图 14-25 所示。单击“确定”按钮，返回“多线样式”对话框。单击“确定”按钮，关闭对话框。

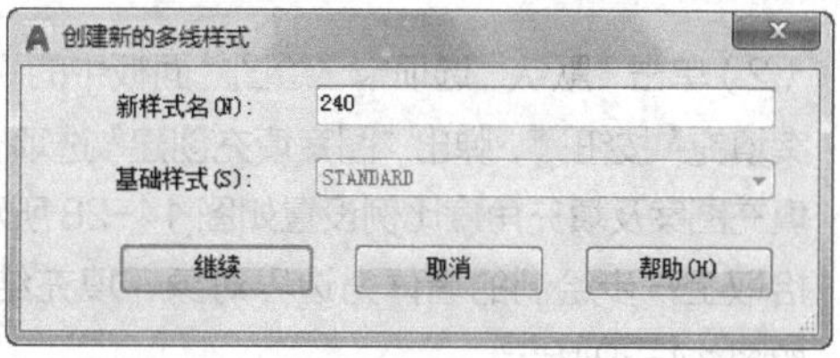

图 14-24 “创建新的多线样式”对话框

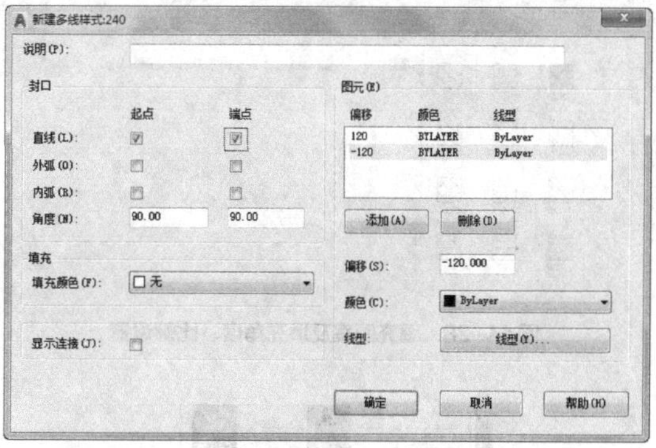

图 14-25 “新建多线样式：240”对话框

（4）选择菜单栏中的“绘图”→“多线”命令，绘制主要墙体，结果如图 14-26 所示。

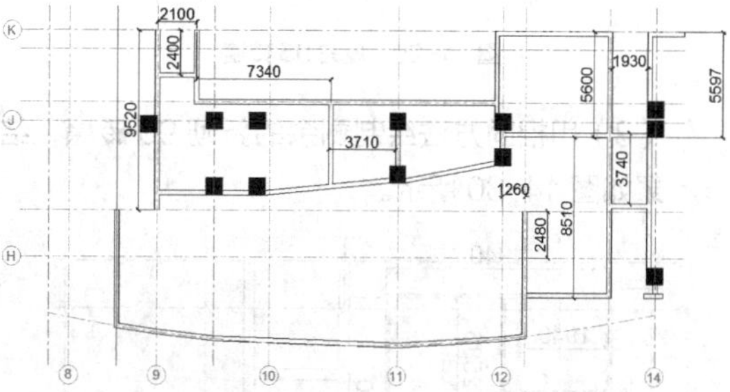

图 14-26 绘制 240 墙体

❷ 绘制新砌 95 砖墙。

（1）单击“默认”选项卡“绘图”面板中的“直线”按钮，绘制一段长 3850mm 的直线。单击“修改”工具栏中的“偏移”按钮，将直线向下偏移 95mm。单击“默认”选项卡“绘图”面板中的“直线”按钮，将上述两条直线连

接起来，如图 14-27 所示。

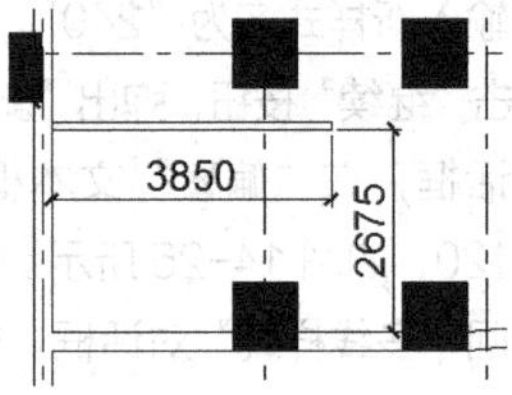

图 14-27 绘制新砌 95 砖墙的轮廓线

（2）单击“默认”选项卡“绘图”面板中的“图案填充”按钮，弹出“图案填充创建”选项卡，填充图案及填充角度比例设置如图 14-28 所示。拾取上一步绘制的墙体为边界对象，填充结果如图 14-29 所示。

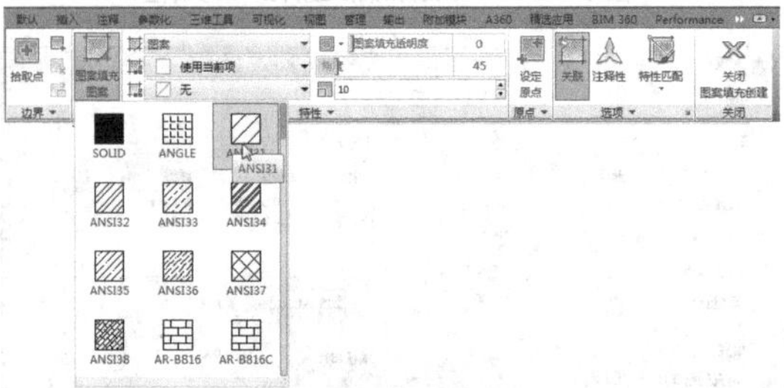

图 14-28 填充图案及填充角度、比例设置

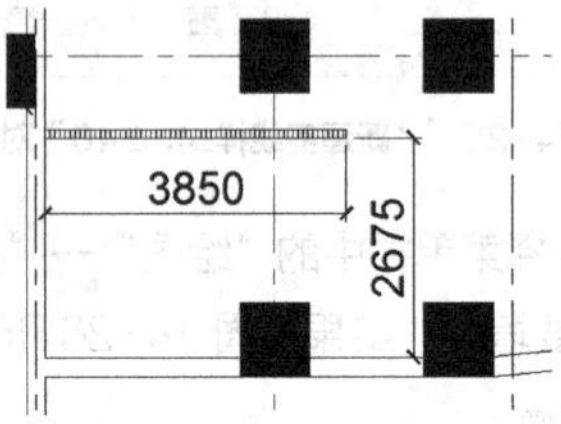

图 14-29 填充 95 砖墙

（3）用相同方法绘制剩余的新砌 95 砖墙，结果如图 14-30 所示。

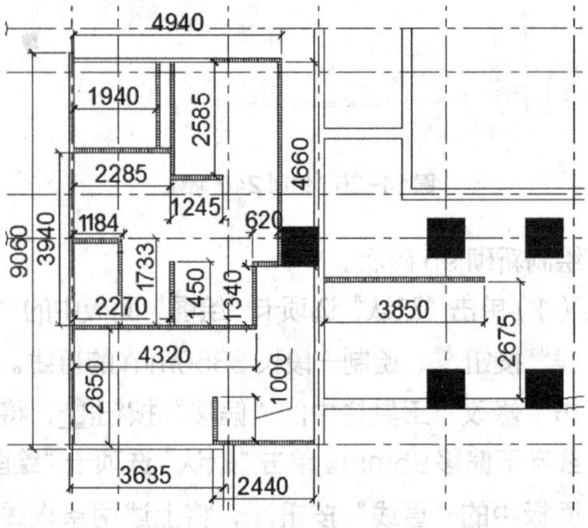

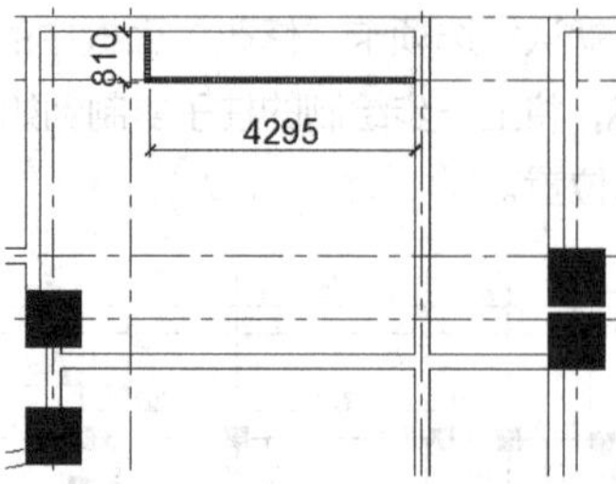

图 14-30 新砌 95 砖墙的绘制

❸ 绘制轻质砌块墙体。

（1）单击“默认”选项卡“修改”面板中的“偏移”按钮，将左边内墙线向右偏移 120mm，将底边内墙线向上偏移 120mm，并修剪相关线段。单击“默认”选项卡“绘图”面板中的“直线”按钮，绘制一些竖直直线和斜线，表示轻质砌块，如图 14-31 所示。

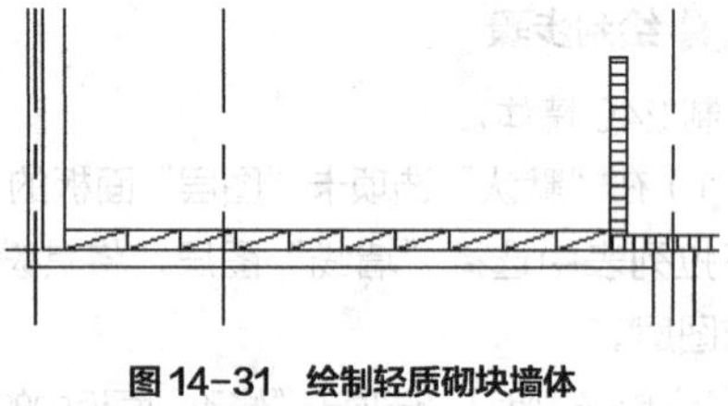

图 14-31 绘制轻质砌块墙体

（2）用相同方法绘制剩余的轻质砌块墙体，并修剪相关图线，结果如图 14-32 所示。

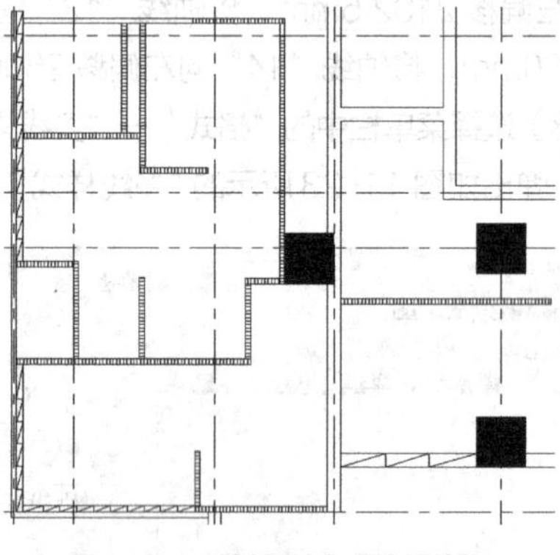

图 14-32 绘制所有轻质砌块墙体

❹ 绘制轻钢龙骨墙体。

选择菜单栏中的“绘图”→“多线”命令，设置多线比例为“50”，绘制轻钢龙骨墙体作为卫生间隔断，结果如图 14-33 所示。

❺ 绘制玻璃墙体。

单击“默认”选项卡“绘图”面板中的“多线”按钮，绘制玻璃墙体，最后完成所有墙体的绘制，如图 14-34 所示。

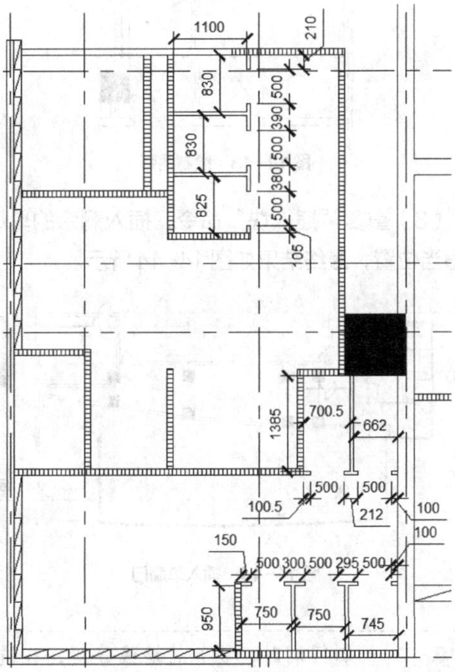

图 14-33 绘制轻钢龙骨墙体

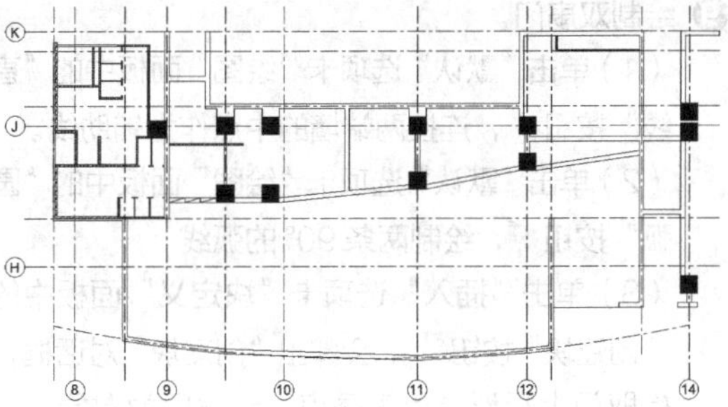

图 14-34 绘制所有墙体

❻ 绘制打单台。

（1）单击“默认”选项卡“绘图”面板中的“矩形”按钮，绘制一个 1000×1000 的矩形，如图 14-35 所示。

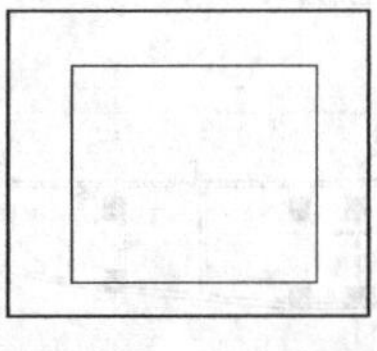

图 14-35 绘制矩形

（2）单击“默认”选项卡“修改”面板中的“偏移”按钮，矩形向外偏移 30，将作为装饰柱，如图 14-36 所示。

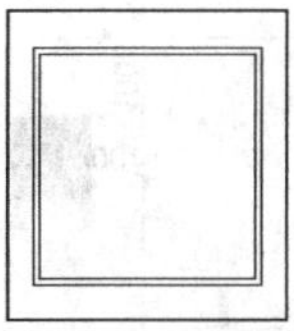

图 14-36 偏移矩形

（3）单击“默认”选项卡“绘图”面板中的“直线”按钮，在矩形内绘制四条连接线。并选取连接线中点绘制两条垂直线，如图 14-37 所示。

图 14-37 绘制线段

（4）单击“默认”选项卡“修改”面板中的“修剪”按钮，修剪图形完成装饰柱的轮廓绘制，如图 14-38 所示。

图 14-38 修剪图形

（5）单击“默认”选项卡“绘图”面板中的“图案填充”按钮，将小矩形填充为黑色。完成打单台的绘制，如图 14-39 所示。

图 14-39 装饰柱图形

（6）单击“默认”选项卡“修改”面板中的“移动”按钮，将上步绘制的打单台移动搭配适当位置，最终结果如图 14-40 所示。

❼ 绘制洞口。

（1）单击“默认”选项卡“图层”面板中的“图层特性”按钮，在其下拉列表中选择“门窗”

选项，将其设置为当前图层。

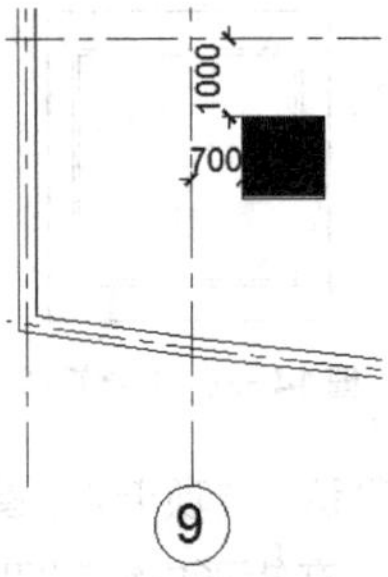

图 14-40　移动打单台

（2）单击“默认”选项卡“绘图”面板中的“直线”按钮，绘制长度为 900 的洞口，单击“默认”选项卡“修改”面板中的“移动”按钮，向左偏移洞口 1050 的距离，单击“默认”选项卡“修改”面板中的“分解”按钮，将墙线进行分解，单击“默认”选项卡“修改”面板中的“修剪”按钮，对多余的线进行修剪，然后封闭端线，结果如图 14-41 所示。

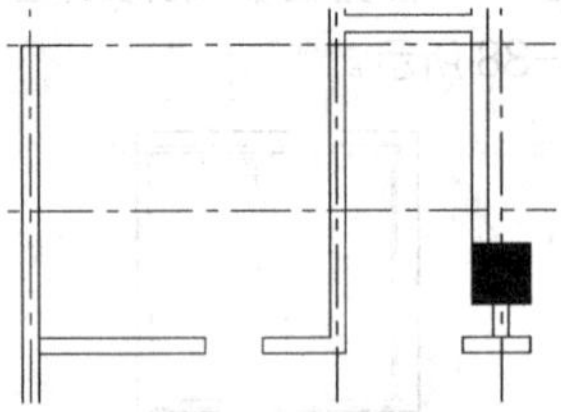

图 14-41　修剪直线

❽ 绘制单扇门。

（1）单击“默认”选项卡“绘图”面板中的“直线”按钮，绘制一段长为 1000 的直线，单击“默认”选项卡“绘图”面板中的“圆弧”按钮，绘制一个角度为 90 的弧线，结果如图 14-42 所示。

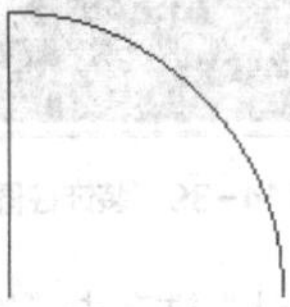

图 14-42　绘制单扇门

（2）单击“插入”选项卡“块定义”面板中的“创建块”按钮和“块”面板“插入块”按钮，将单扇门门定义为块，并按适当比例插入到适当的位置，结果如图 14-43 所示。

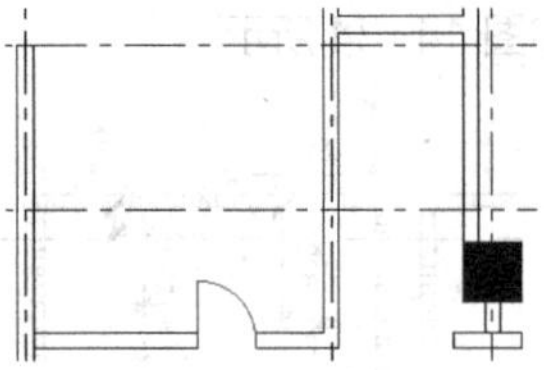

图 14-43　绘制圆弧

（3）重复“插入块”命令，插入剩余的单扇门到适当位置，最终结果如图 14-44 所示。

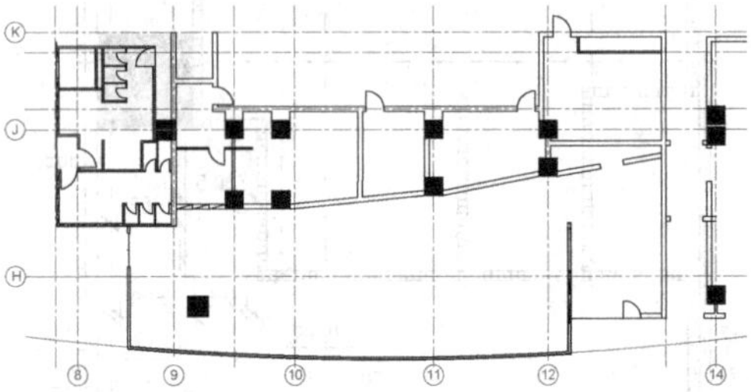

图 14-44　插入单扇门

> **注意**　绘制门洞时，要先将墙线分解，在进行修剪。

❾ 绘制双扇门。

（1）单击“默认”选项卡“绘图”面板中的“直线”按钮，连接两端墙的中点作为辅助线。

（2）单击“默认”选项卡“绘图”面板中的“圆弧”按钮，绘制两条 90° 的弧线。

（3）单击“插入”选项卡“块定义”面板中的“创建块”按钮，会弹出“创建块”对话框，拾取门上矩形端点为基点，选取门为对象，输入名称为“双开门”，单击“确定”按钮，完成双开门块的创建。

（4）单击“插入”选项卡“块”面板中的“插入块”按钮，会弹出“插入块”对话框，将上步创建的双开门图块插入到适当位置，结果如图 14-45 所示。

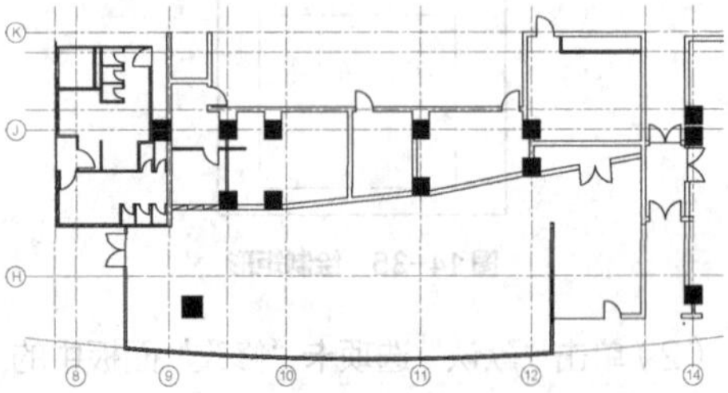

图 14-45　绘制双扇门

14.2.5 绘制楼梯及台阶

STEP 绘制步骤

❶ 绘制台阶。

（1）单击“默认”选项卡“图层”面板中的“图层特性”按钮，新建“台阶”图层属性默认，将其设置为当前图层。图层设置如图 14-46 所示。

图 14-46 台阶图层设置

（2）单击“默认”选项卡“绘图”面板中的“直线”按钮，绘制一段长度为 1860 的水平直线。

（3）单击“默认”选项卡“修改”面板中的“偏移”按钮，将直线向下偏移距离 250 连续向下偏移两次。结果如图 14-47 所示。

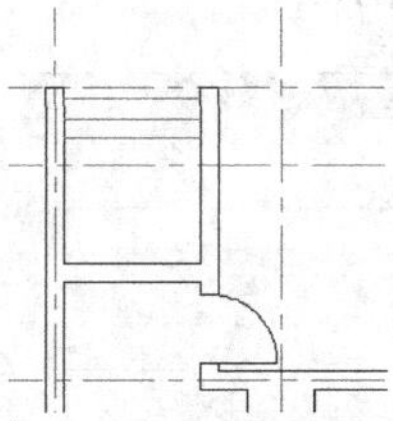

图 14-47 绘制台阶

❷ 绘制楼梯。

（1）单击“默认”选项卡“图层”面板中的“图层特性”按钮，新建“楼梯”图层属性默认，将其设置为当前图层。图层设置如图 14-48 所示。

图 14-48 楼梯图层设置

（2）单击“默认”选项卡“绘图”面板中的“矩形”按钮，绘制一个 3700×400 的矩形。单击“默认”选项卡“修改”面板中的“偏移”按钮。将绘制的矩形向外偏移 50，如图 14-49 所示。

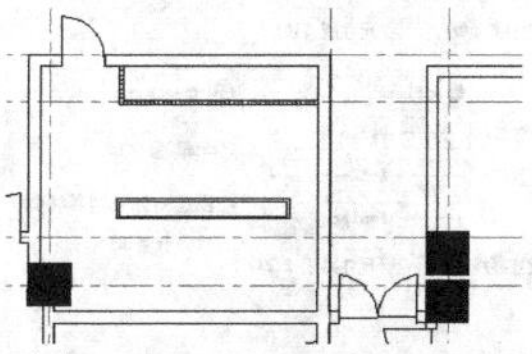

图 14-49 绘制楼梯扶手

（3）单击“默认”选项卡“绘图”面板中的“直线”按钮，绘制出一条长 1900 的直线。单击“默认”选项卡“修改”面板中的“偏移”按钮，将绘制的直线向内偏移 250，结果如图 14-50 所示。

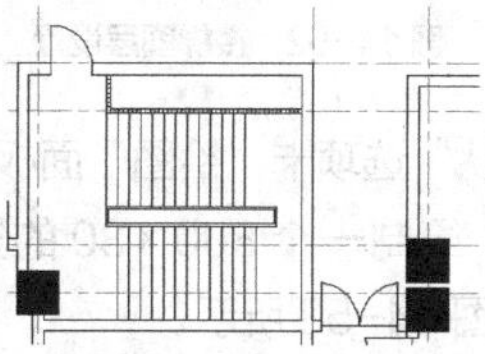

图 14-50 绘制楼梯踏步

（4）单击“默认”选项卡“绘图”面板中的“多段线”按钮，绘制方向线，命令行提示如下。

```
命令：_pline
指定起点：
当前线宽为 300.0000
指定下一个点或 [圆弧(A)/半宽(H)/长度(L)/放弃(U)/宽度(W)]: w
指定起点宽度 <300.0000>: 0
指定端点宽度 <0.0000>: 200
指定下一个点或 [圆弧(A)/半宽(H)/长度(L)/放弃(U)/宽度(W)]:
指定下一点或 [圆弧(A)/闭合(C)/半宽(H)/长度(L)/放弃(U)/宽度(W)]: w
指定起点宽度 <200.0000>: 0
指定端点宽度 <0.0000>: 0
指定下一点或 [圆弧(A)/闭合(C)/半宽(H)/长度(L)/放弃(U)/宽度(W)]:
指定下一点或 [圆弧(A)/闭合(C)/半宽(H)/长度(L)/放弃(U)/宽度(W)]:
指定下一点或 [圆弧(A)/闭合(C)/半宽(H)/长度(L)/放弃(U)/宽度(W)]:
指定下一点或 [圆弧(A)/闭合(C)/半宽(H)/长度(L)/放弃(U)/宽度(W)]:
```

完成楼梯的绘制，如图 14-51 所示。

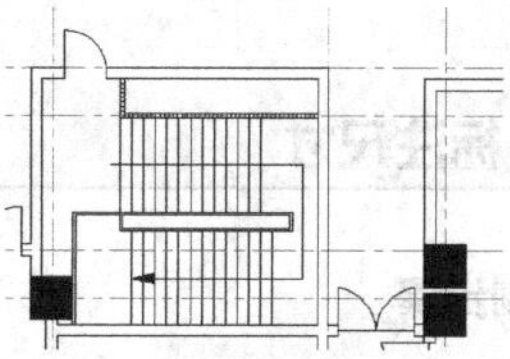

图 14-51 完成楼梯绘制

14.2.6 绘制装饰凹槽

STEP 绘制步骤

❶ 单击“默认”选项卡“图层”面板中的“图层特

性”按钮，新建“装饰凹槽”图层属性默认，将其设置为当前图层，图层设置如图 14-52 所示。

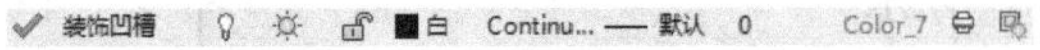

图 14-52 楼梯图层设置

❷ 单击“默认”选项卡“绘图”面板中的“矩形”按钮，绘制一个 800×30 的矩形作为装饰凹槽，如图 14-53 所示。

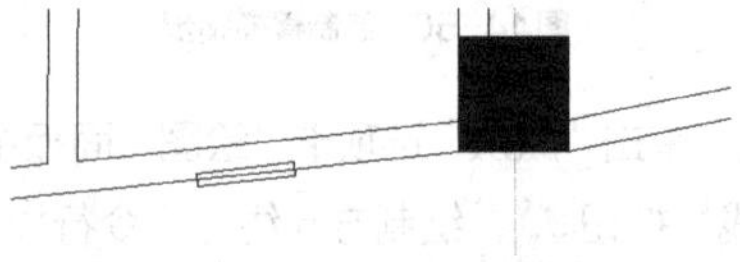

图 14-53 绘制装饰凹槽

❸ 单击“默认”选项卡“修改”面板中的“修剪”按钮，对装饰凹槽进行修剪，结果如图 14-54 所示。

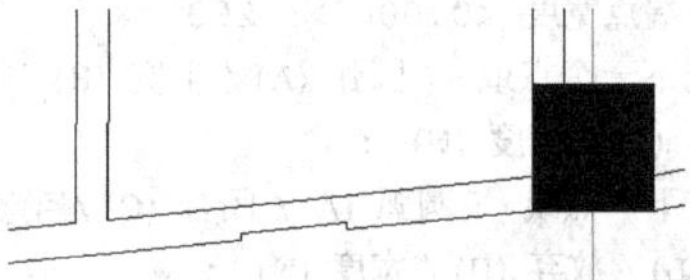

图 14-54 修剪装饰凹槽

❹ 利用上述方法绘制剩余装饰凹槽，如图 14-55 所示。

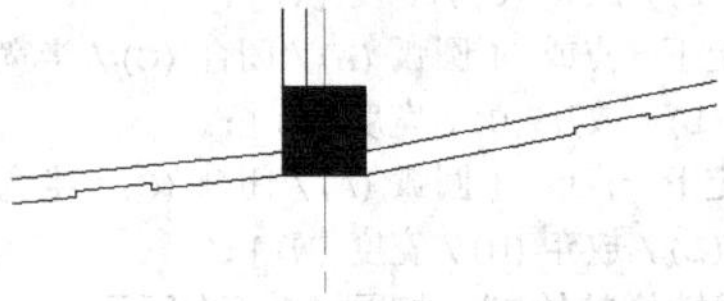

图 14-55 修剪装饰凹槽

14.2.7 标注尺寸

STEP 绘制步骤

❶ 设置标注样式。

（1）单击“默认”选项卡“图层”面板中的“图层特性”按钮，将“标注”图层设置为当前图层。

（2）单击“默认”选项卡“注释”面板中的“标注样式”按钮，会弹出“标注样式管理器”对话框，如图 14-56 所示。

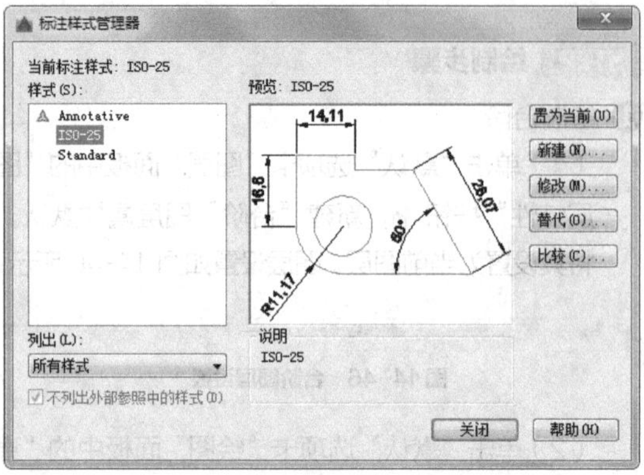

图 14-56 “标注样式管理器”对话框

（3）单击“新建”按钮，会弹出“创建新标注样式”对话框，输入新样式名为“建筑”，如图 14-57 所示。

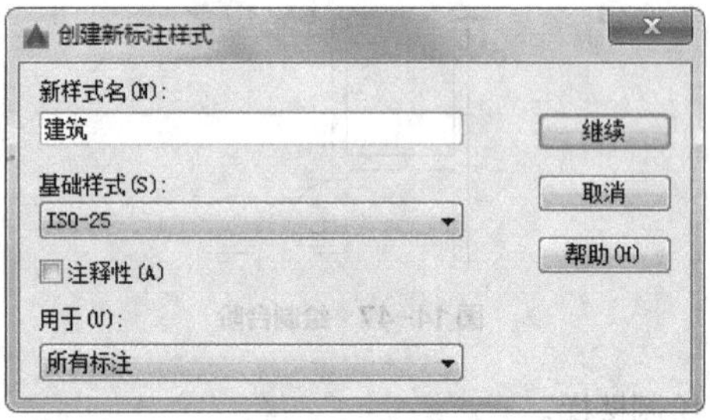

图 14-57 “创建新标注样式”对话框

（4）单击“继续”按钮，会弹出“修改标注样式：建筑”对话框，各个选项卡，设置参数如图 14-58 所示。设置完参数后，单击“确定”按钮，返回到“标注样式管理器”对话框，将“建筑”样式置为当前标注样式。

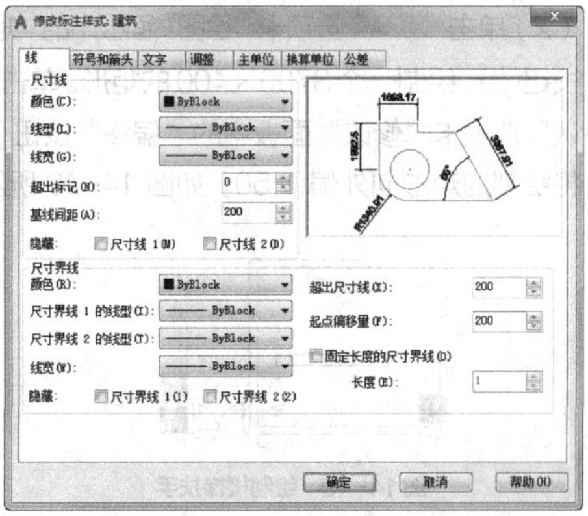

图 14-58 “修改标注样式：建筑”对话框

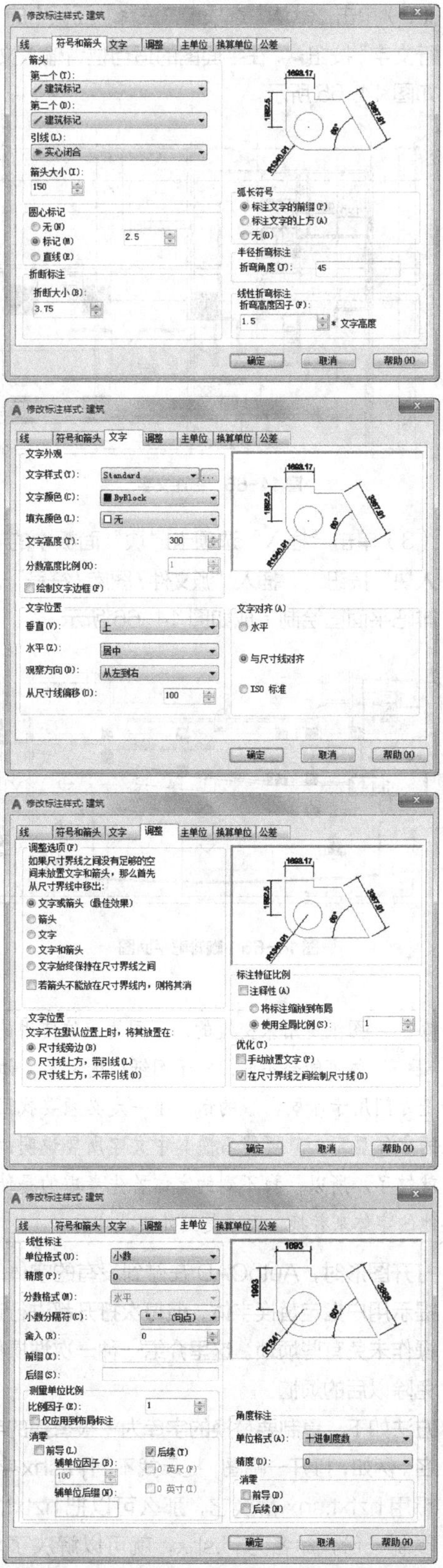

图 14-58 "修改标注样式：建筑"对话框（续）

❷ 标注图形。

（1）单击"注释"选项卡"标注"面板中的"线性"按钮和"连续"按钮，标注细节尺寸，如图 14-59 所示。

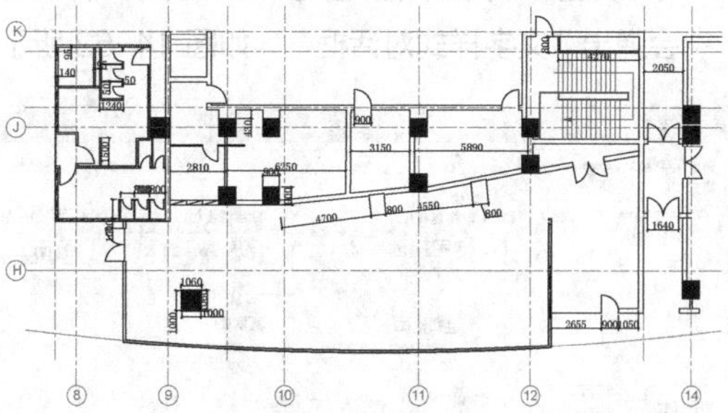

图 14-59 细节标注

（2）单击"注释"选项卡"标注"面板中的"线性"按钮和"连续"按钮，标注第一道尺寸，如图 14-60 所示。

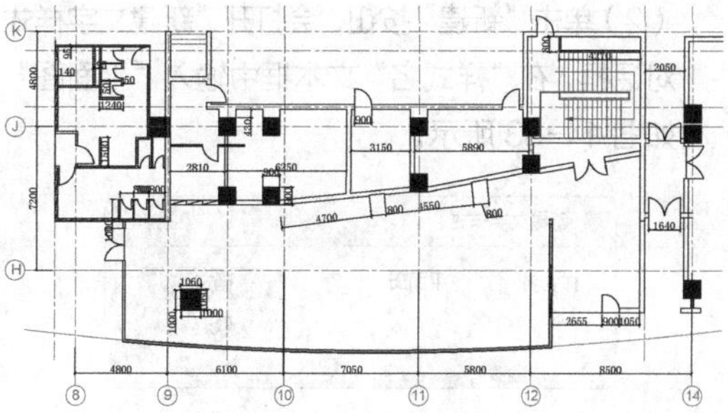

图 14-60 标注第一道尺寸

（3）单击"注释"选项卡"标注"面板中的"线性"按钮和"连续"按钮，标注图形总尺寸，如图 14-61 所示。

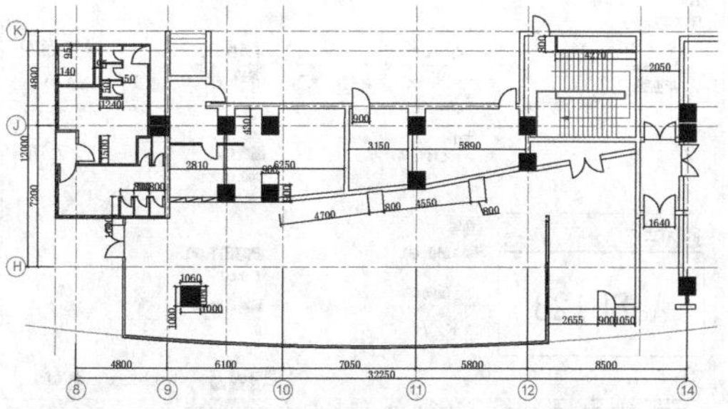

图 14-61 标注图形总尺寸

14.2.8 标注文字

在工程图中，设计人员需要用文字对图形进行文字说明，适当的设置文字样式会使图纸看起来干净整洁。

STEP 绘制步骤

❶ 设置文字样式。

（1）选择菜单栏中的“格式”→“文字样式”命令，会弹出“文字样式对话框”，如图 14-62 所示。

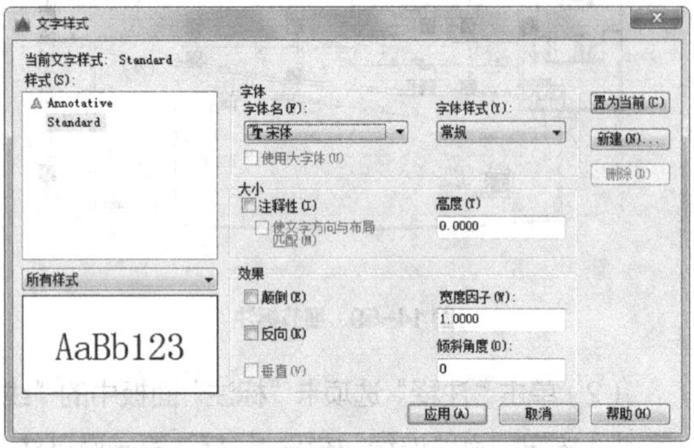

图 14-62 “文字样式”对话框

（2）单击“新建”按钮，会打开“新建文字样式”对话框，在“样式名”文本框中输入“平面图”，如图 14-63 所示。

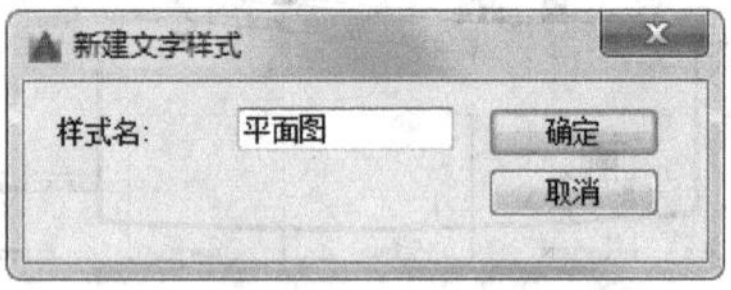

图 14-63 “新建文字样式”对话框

（3）在“高度”文本框中输入“300”，其他设置如图 14-64 所示。

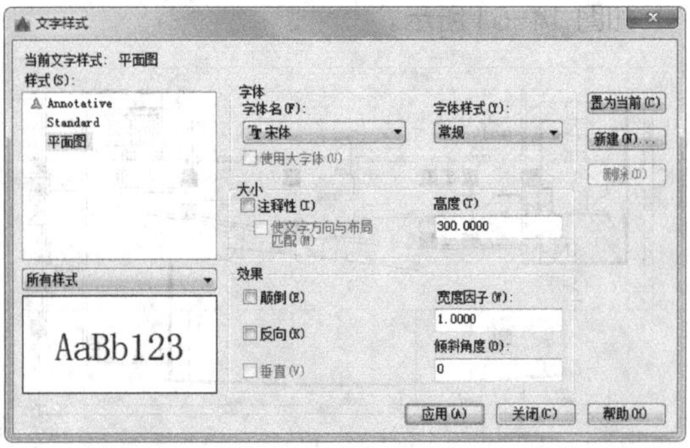

图 14-64 设置文字样式

❷ 标注文字。

（1）单击“默认”选项卡“图层”面板中的“图层特性”按钮，在其下拉列表中选择“文字”选项，将其设置为当前图层。

（2）单击“默认”选项卡“注释”面板中的“多行文字”按钮A，在平面图的适当位置输入文字，如图 14-65 所示。

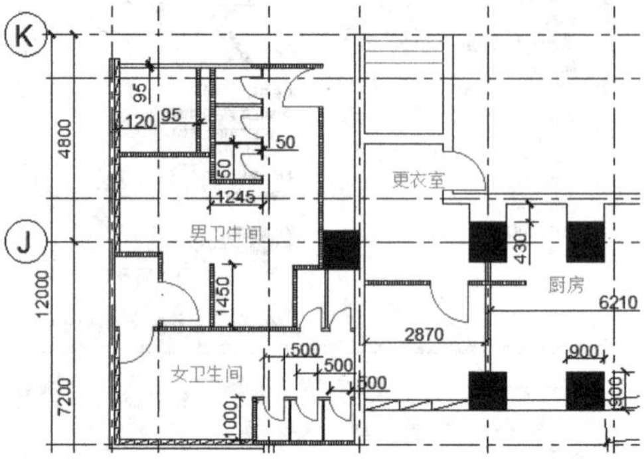

图 14-65 标注文字

（3）单击“插入”选项卡“块”面板中的“插入块”按钮，插入“源文件 / 图库 / 符号”。咖啡吧平面图绘制完成如图 14-66 所示。

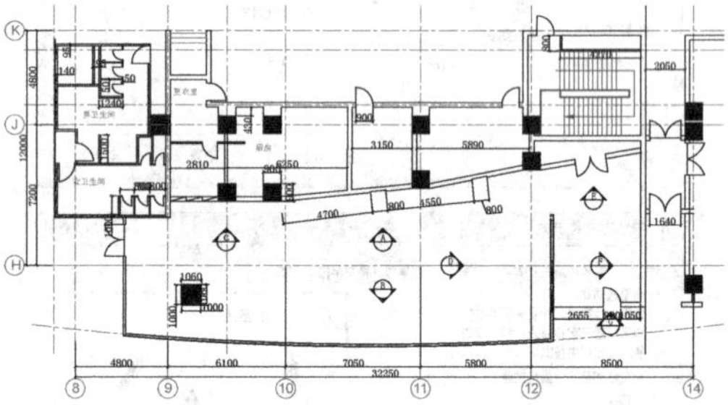

图 14-66 咖啡吧平面图

注意 图纸是用来交流的，不同的单位使用的字体可能会不同，对于图纸中的文字，如果不是专门用于印刷出版的话，不一定必须要找回原来的字体显示。只要能看懂其中文字所要说明的内容就够了。所以，找不到的字体首先考虑的是使用其他的字体来替换，而不是到处查找字体。

打开图形时，AutoCAD 在碰到没有的字体时会提示用户指定替换字体，但每次打开都进行这样操作未免有些烦琐。这里介绍一种一次性操作，免除以后的烦恼。

方法如下：复制要替换的字库为将被替换的字库名。例如，打开一幅图，提示找不到 jd.shx 字库，想用 hztxt.shx 替换它，那么可以把 hztxt.shx 复制一份，命名为 jd.shx，就可以解决了。不过这种办法的缺点显而易见，太占用磁盘空间。

14.3 绘制咖啡吧装饰平面图

随着社会的发展，人们的生活水平不断提高，对休闲场所要求也逐步提高。咖啡吧是在人们工作繁忙后一个缓解疲劳的最佳场所，所以咖啡吧的设计首要目标是休闲，要求里面设施健全，环境幽雅。

扫一扫

本例咖啡吧吧厅开阔，能同时容纳多人，室内布置了花台、电视，布局合理。前厅位置宽阔人流畅通，避免人流过多相互交叉和干扰。下面介绍图14-67所示的咖啡吧装饰平面的设计。

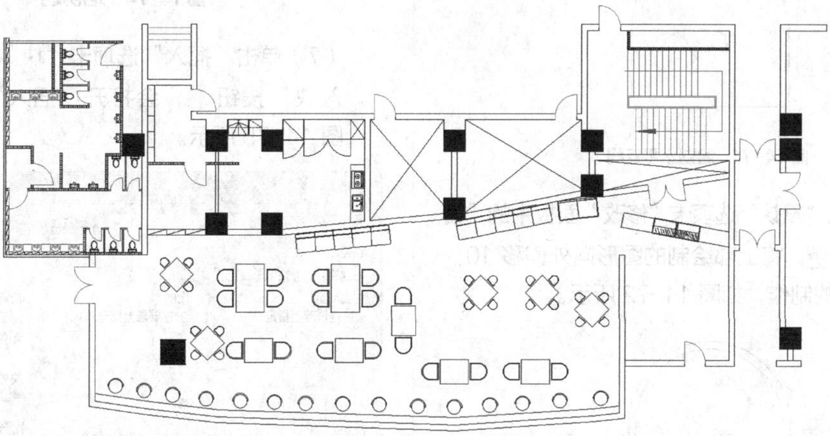

图14-67 咖啡吧装饰平面图

14.3.1 绘制准备

在绘图过程中，绘图准备占有重要位置，整理好图形，使图形看起来整洁而不杂乱，对初学者来说可以节省后面绘制装饰平面图的时间。

STEP 绘制步骤

❶ 单击“快速访问”工具栏中的“打开”按钮，打开前面绘制的“咖啡吧建筑平面图”，并将其另存为“咖啡吧平面布置图”。

❷ 关闭“标注”图层、“文字”图层和”轴线”图层。

❸ 单击“默认”选项卡“图层”面板中的“图层特性”按钮，新建“装饰”图层，将其设置为当前图层。图层设置如图14-68所示。

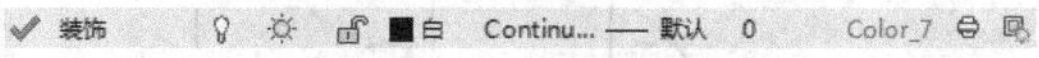

图14-68 装饰图层设置

14.3.2 绘制所需图块

图块是多个对象组成一个整体，在图形中图块可以反复使用，大大节省了绘图时间。下面我们绘制家具并将其制作成图块布置到模型中。

STEP 绘制步骤

❶ 绘制餐桌椅。

（1）单击“默认”选项卡“绘图”面板中的“矩形”按钮，在空白位置绘制200×100的矩形，如图14-69所示。

图14-69 绘制矩形

（2）单击“默认”选项卡“绘图”面板中的“圆弧”按钮，起点为矩形左上端点，终点为矩形右上端点，绘制一段圆弧，如图14-70所示。

（3）单击“默认”选项卡“修改”面板中的“修剪”按钮，修剪图形，如图14-71所示。

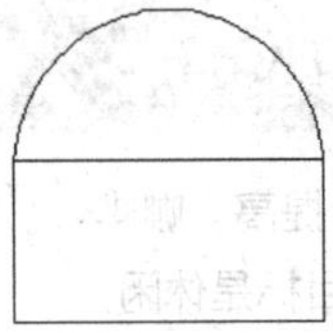

图 14-70　绘制圆弧

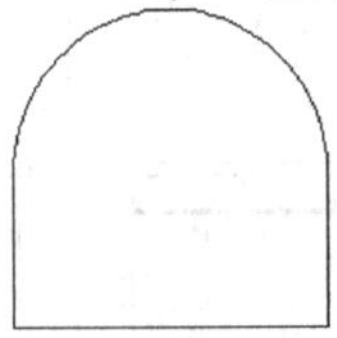

图 14-71　绘制水平直线

（4）单击“默认”选项卡“修改”面板中的“偏移”按钮，将上部绘制的图形向外偏移 10，完成椅子的制作，如图 14-72 所示。

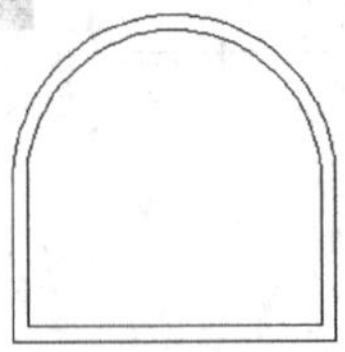

图 14-72　椅子

（5）单击“插入”选项卡“定义块”面板中的“创建块”按钮，会打开“块定义”对话框，在“名称”文本框中输入“餐椅 1”。单击“拾取点”按钮，选择“餐椅 1”的坐垫下中点为基点，单击“选择对象”按钮，选择全部对象，结果如图 14-73 所示。

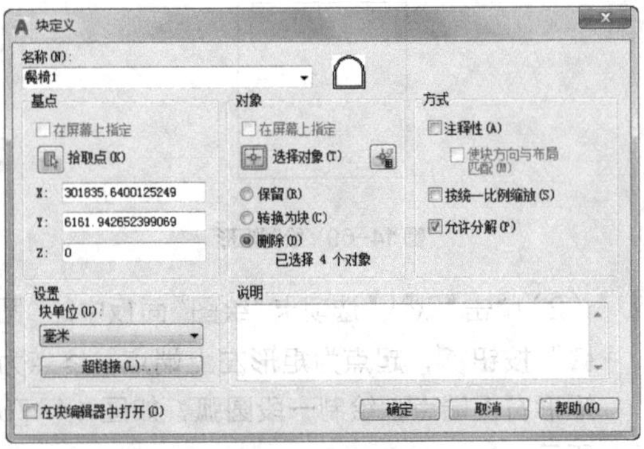

图 14-73　定义餐椅图块

（6）单击“默认”选项卡“绘图”面板中的“矩形”按钮，绘制一个尺寸为 300×500 的矩形桌子，如图 14-74 所示。

图 14-74　矩形桌子

（7）单击“插入”选项卡“块”面板中的“插入块”按钮，会打开“插入”对话框，如图 14-75 所示。

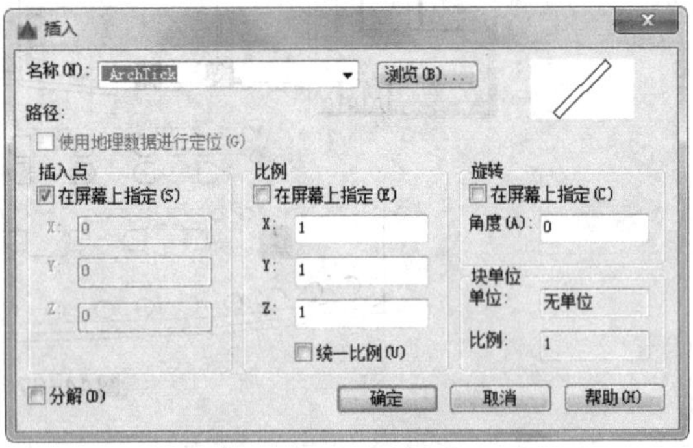

图 14-75　“插入”对话框

（8）在“名称”下拉列表中选择“餐椅 1”选项，指定桌子任意一点为插入点，旋转角度为“90”，指定比例为 0.8，结果如图 14-76 所示。

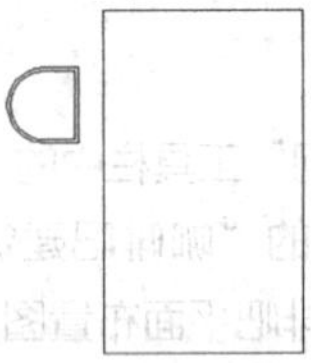

图 14-76　插入椅子图块

（9）继续插入椅子图形，结果如图 14-77 所示，将绘制的图形创建为块，名称为“餐桌椅 1”。

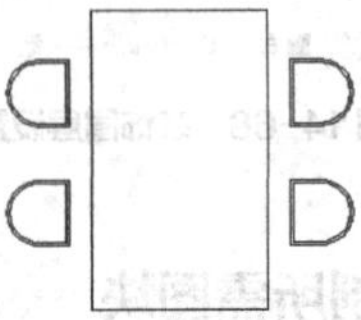

图 14-77　插入全部椅子

> **注意** 在图形插入块时，可以对相关参数如插入点、插入比例及插入角度进行设置。

（10）利用上述方法绘制两人座桌椅，结果如图 14-78 所示，将绘制的图形创建为块，名称为“餐桌椅 2”。

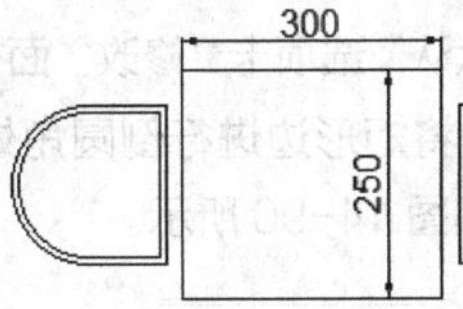

图 14-78　插入椅子

❷ 绘制四人座桌椅。

（1）单击“默认”选项卡“绘图”面板中的“矩形”按钮，绘制一个尺寸为 500×500 的矩形桌子，如图 14-79 所示。

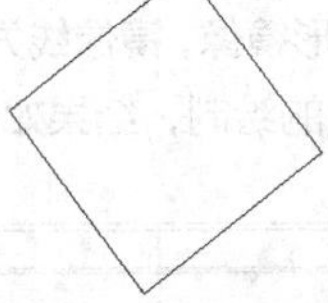

图 14-79　“插入”对话框

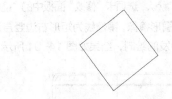

（2）单击“插入”选项卡“块”面板中的“插入块”按钮，会打开“插入”对话框。在“名称”下拉列表中选择“餐椅 1”选项，指定桌子上边中点为插入点，旋转角度为“45”，结果如图 14-80 所示。

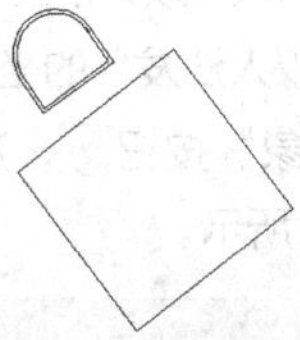

图 14-80　插入椅子

（3）继续插入椅子图形，结果如图 14-81 所示，将绘制的图形创建为块，名称为“餐桌椅 3”。

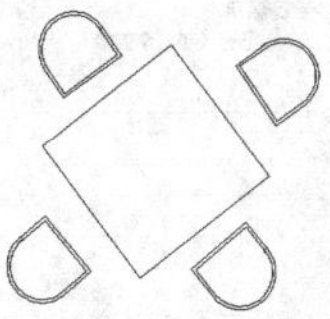

图 14-81　插入全部椅子

❸ 绘制卡座沙发。

（1）单击“默认”选项卡“绘图”面板中的“矩形”按钮，绘制一个尺寸为 200×200 的矩形，如图 14-82 所示。

图 14-82　绘制矩形

（2）单击“默认”选项卡“修改”面板中的“分解”按钮，将上部绘制的矩形分解。

（3）单击“默认”选项卡“修改”面板中的“偏移”按钮，将矩形上边向下偏移 50，如图 14-83 所示。

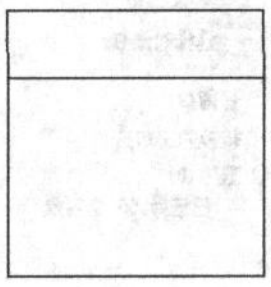

图 14-83　偏移直线

（4）单击“默认”选项卡“修改”面板中的“偏移”按钮，将矩形上边和上部偏移的直线分别向下偏移 5，如图 14-84 所示。

图 14-84　偏移直线

（5）单击“默认”选项卡“修改”面板中的“圆角”按钮，将矩形上两边和底边进行圆角处理，圆角半径为 15，结果如图 14-85 所示。

图 14-85　圆角处理

（6）单击“默认”选项卡“修改”面板中的“复

制”按钮，将上部绘制的图形复制 4 个，完成卡座沙发的绘制，如图 14-86 所示。

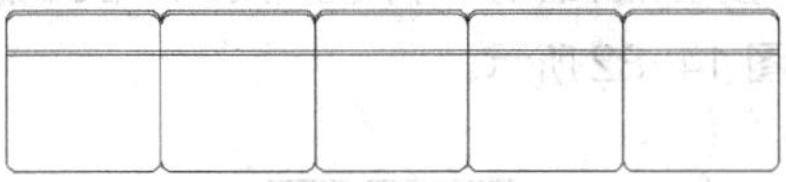

图 14-86　卡座沙发

（7）单击“插入”选项卡“块定义”面板中的“创建块”按钮，会打开“块定义”对话框，在“名称”文本框中输入“卡坐沙发”。单击“拾取点”按钮，选择“卡坐沙发”的坐垫下中点为基点，单击“选择对象”按钮，选择全部对象，结果如图 14-87 所示。

图 14-87　卡座沙发图块图块

❹ 绘制双人沙发。

（1）单击“默认”选项卡“绘图”面板中的“矩形”按钮，绘制一个尺寸为 200×200 的矩形，如图 14-88 所示。

图 14-88　绘制矩形

（2）单击“默认”选项卡“修改”面板中的“分解”按钮，将上部绘制的矩形分解。

（3）单击“默认”选项卡“修改”面板中的“偏移”按钮，将矩形上边向下偏移 2、15、2 将矩形左边竖直边和矩形下边分别向外偏移 5，如图 14-89 所示。

图 14-89　偏移直线

（4）单击“默认”选项卡“修改”面板中的“圆角”按钮，将矩形边进行倒圆角处理。圆角半径为 15，如图 14-90 所示。

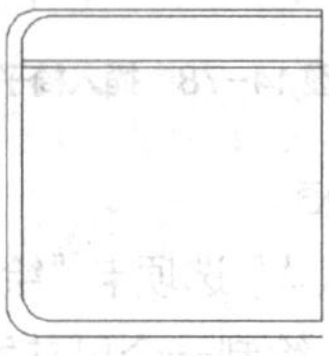

图 14-90　矩形倒圆角

（5）单击“默认”选项卡“修改”面板中的“镜像”按钮，将图形镜像，镜像线为矩形右边竖直边。完成双人沙发的绘制，结果如图 14-91 所示。

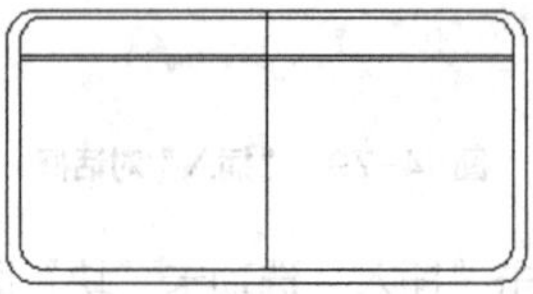

图 14-91　双人沙发的绘制

（6）单击“插入”选项卡“定义块”面板中的“创建块”按钮，会打开“块定义”对话框，在“名称”文本框中输入“双人沙发”。单击“拾取点”按钮，选择“双人沙发”的坐垫下中点为基点，单击“选择对象”按钮，选择全部对象，结果如图 14-92 所示。

图 14-92　卡座沙发图块

❺ 绘制吧台椅。

（1）单击“默认”选项卡“绘图”面板中的“圆”按钮，绘制一个直径为 140 的圆，如图 14-93 所示。

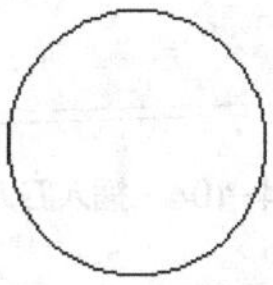

图 14-93　绘制圆

（2）单击“默认”选项卡“修改”面板中的“偏移”按钮，将圆向外偏移 10，如图 14-94 所示。

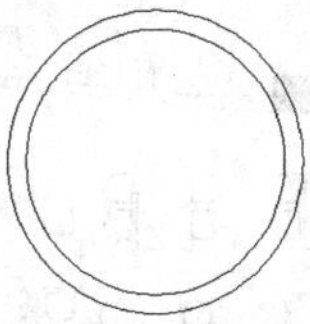

图 14-94　偏移圆

（3）单击“默认”选项卡“绘图”面板中的“直线”按钮，绘制内圆与外圆的连接线，如图 14-95 所示。

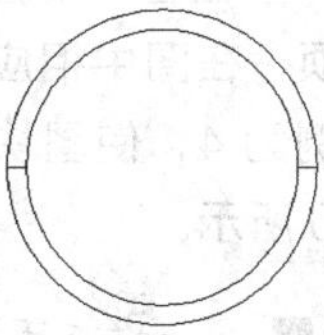

图 14-95　绘制连接线

（4）单击“默认”选项卡“修改”面板中的“修剪”按钮，修剪图形，完成吧台椅的绘制，如图 14-96 所示。

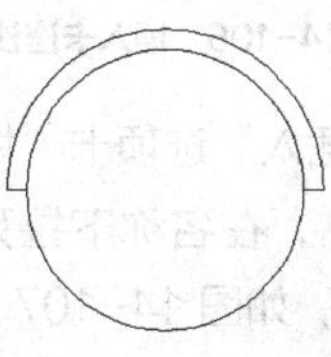

图 14-96　吧台椅的绘制

（5）单击“插入”选项卡“块定义”面板中的“创建块”按钮，会打开“块定义”对话框，在“名称”文本框中输入“吧台椅”。单击“拾取点”按钮，选择“吧台椅”的坐垫下中点为基点，单击“选择对象”按钮，选择全部对象，结果如图 14-97 所示。

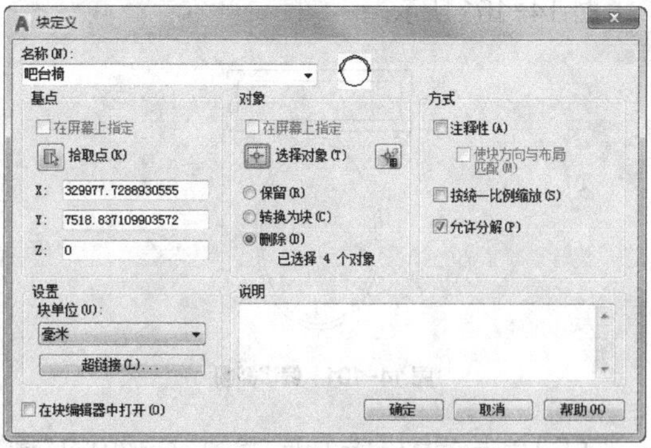

图 14-97　吧台椅图块

❻ 绘制座便器。

（1）单击“默认”选项卡“绘图”面板中的“矩形”按钮，在空白位置绘制 350×110 的矩形，再单击“默认”选项卡“修改”面板中的“偏移”按钮，将矩形向内偏移 20，如图 14-98 所示。

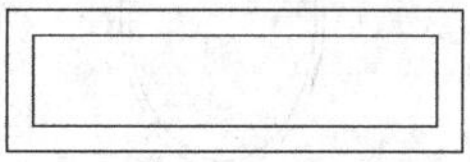

图 14-98　偏移矩形

（2）单击“默认”选项卡“绘图”面板中的“椭圆”按钮，绘制一个长轴直径为 350，短轴直径为 240 的椭圆，如图 14-99 所示。

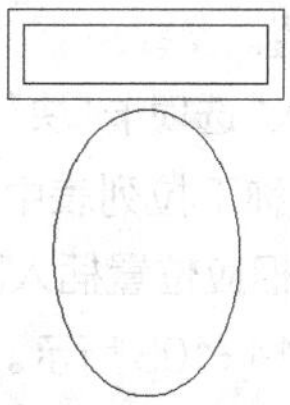

图 14-99　绘制椭圆

（3）单击“默认”选项卡“绘图”面板中的“圆弧”按钮，绘制两段圆弧，结果如图 14-100 所示。

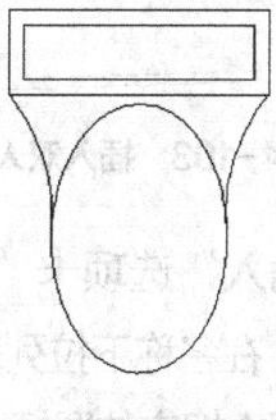

图 14-100　绘制圆弧

（4）单击“默认”选项卡“修改”面板中的“偏移”按钮，将椭圆向内偏移 10，结果如图 14-101 所示。

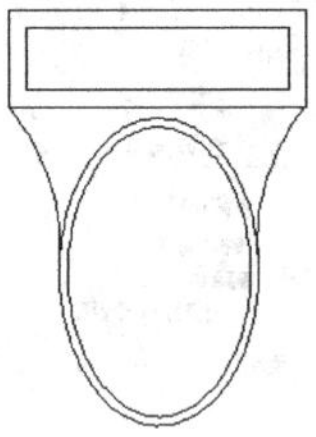

图 14-101 偏移椭圆

（5）单击“默认”选项卡“绘图”面板中的“圆”按钮，绘制一个半径为 5 的圆。完成座便器的绘制，如图 14-102 所示。将绘制的图形创建为块，名称为“坐便器”。

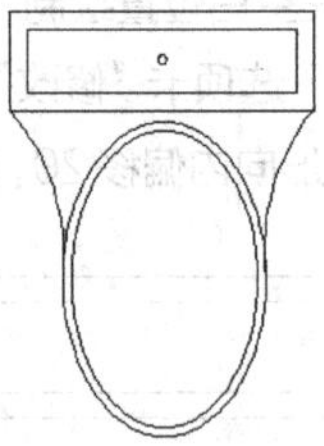

图 14-102 偏移小圆

14.3.3 布置咖啡吧

STEP 绘制步骤

❶ 咖啡吧大厅布置。

（1）单击“插入”选项卡“块”面板中的“插入块”按钮，在名称下拉列表中选择“餐桌椅 1”选项，在图中相应位置插入图块，调整插入比例为 4，如图 14-103 所示。

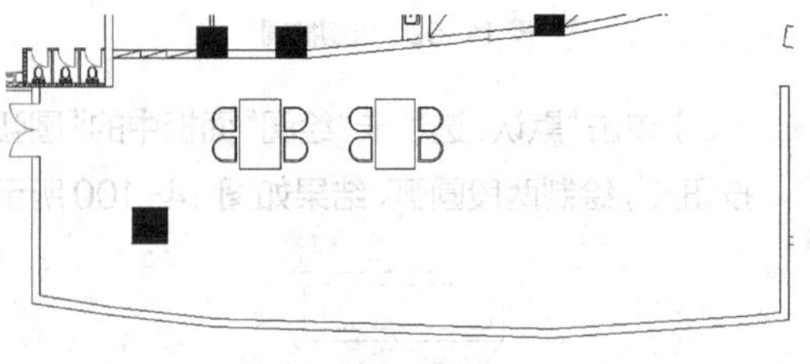

图 14-103 插入双人座椅

（2）单击“插入”选项卡“块”面板中的“插入块”按钮，在名称下拉列表中选择“四人座桌椅”选项，在图中相应位置插入图块，调整插入比例为 2，使图块与图形相匹配，如图 14-104 所示。

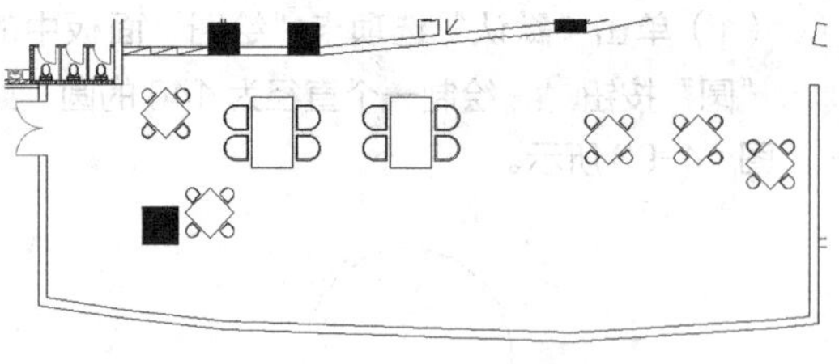

图 14-104 插入四人座椅

（3）单击“插入”选项卡“块”面板中的“插入块”按钮，在名称下拉列表中选择“双人桌椅”选项，在图中相应位置插入图块，适当的调整插入比例，使图块与图形相匹配，如图 14-105 所示。

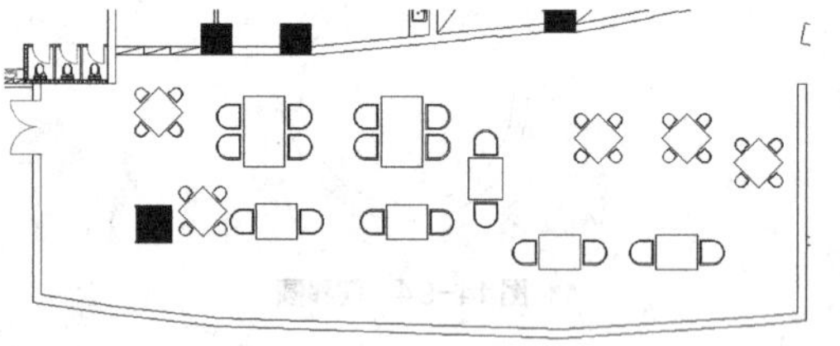

图 14-105 插入双人座椅

（4）单击“插入”选项卡“块”面板中的“插入块”按钮，在名称下拉列表中选择“卡座沙发”选项，在图中相应位置插入图块，调整插入比例为 4，使图块与图形相匹配，如图 14-106 所示。

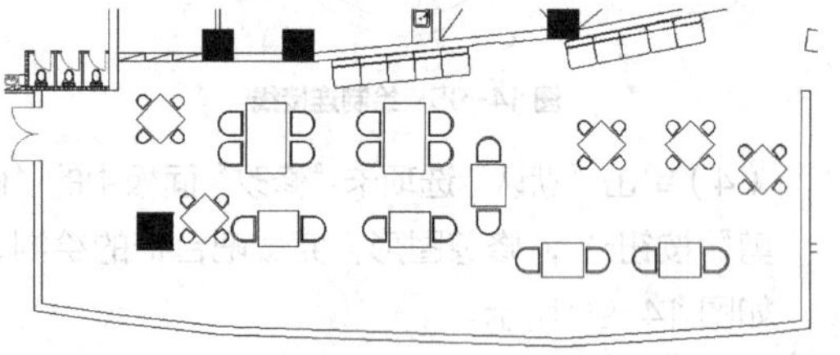

图 14-106 插入卡座沙发

（5）单击“插入”选项卡“块”面板中的“插入块”按钮，在名称下拉列表中选择“2 人座沙发”选项，如图 14-107 所示。

（6）单击“默认”选项卡“修改”面板中的“偏移”按钮，选择弧度墙体向内偏移 300，绘制出吧台桌子。

（7）单击“插入”选项卡“块”面板中的“插入块”按钮，在名称下拉列表中选择“吧台椅”选项，插入吧台椅，如图 14-108 所示。

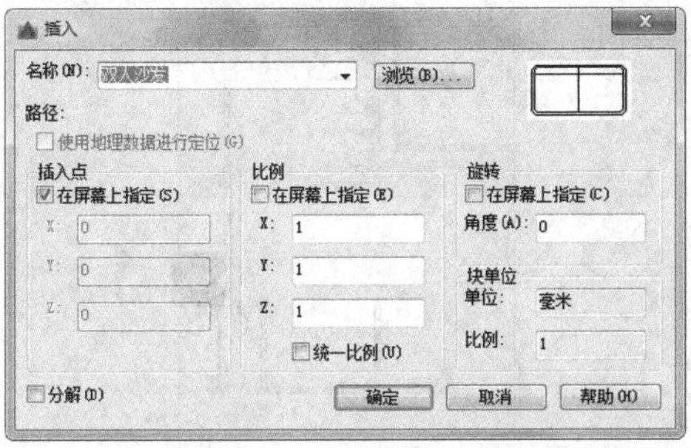

图 14-107 “插入”对话框

（8）利用上述方法插入图块，完成咖啡吧大厅装饰布置图的绘制，结果如图 14-108 所示。

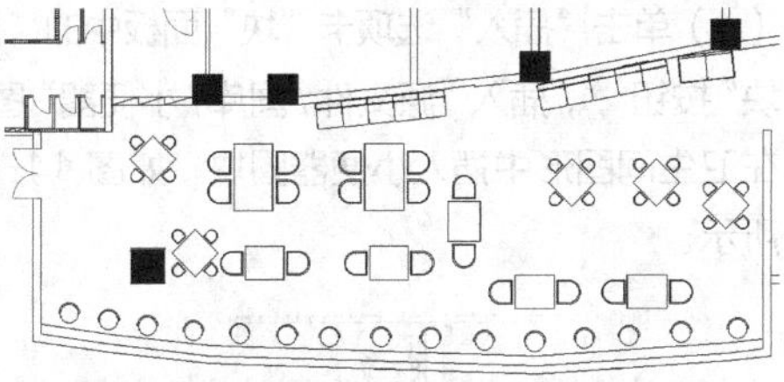

图 14-108 咖啡吧大厅装饰布置图

❷ 咖啡吧前厅布置。

咖啡吧前厅是咖啡吧的入口，也是顾客对咖啡吧产生第一印象的地方。

（1）单击“默认”选项卡“绘图”面板中的“矩形”按钮，绘制一个 4720×600 的矩形，在刚绘制的矩形内绘制一个 1600×600 的矩形，结果如图 14-109 所示。

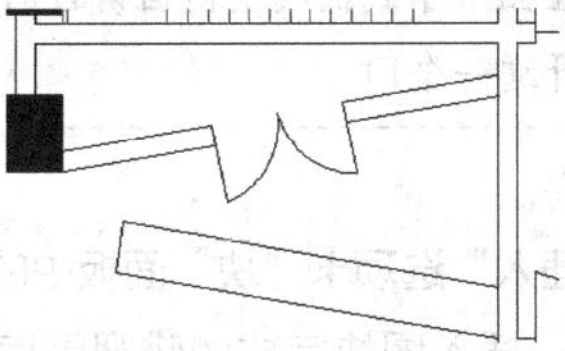

图 14-109 绘制矩形

（2）单击“默认”选项卡“修改”面板中的“偏移”按钮，将上步绘制的矩形向外偏移 20，如图 14-110 所示。

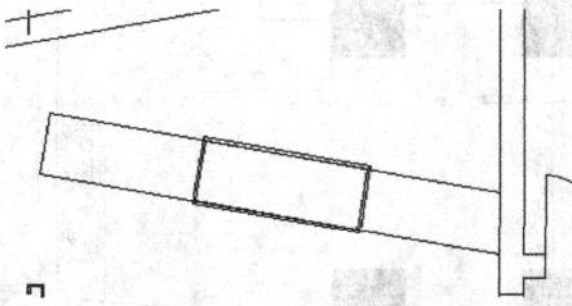

图 14-110 偏移矩形

（3）单击“默认”选项卡“绘图”面板中的“直线”按钮，拾取矩形上边中点为起点绘制一条垂直直线，取内部矩形左边中点为起点绘制一条水平直线。

（4）单击“默认”选项卡“修改”面板中的“偏移”按钮，将垂直直线分别向两侧偏移 30。

（5）单击“默认”选项卡“修改”面板中的“修剪”按钮，修剪图形结果如图 14-111 所示。

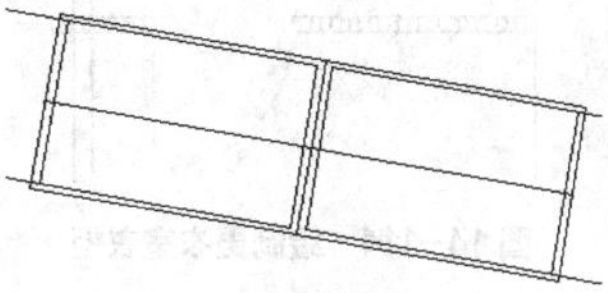

图 14-111 修剪图形

（6）单击“默认”选项卡“绘图”面板中的“直线”按钮，在矩形内部绘制直线细化图形，结果如图 14-112 所示。

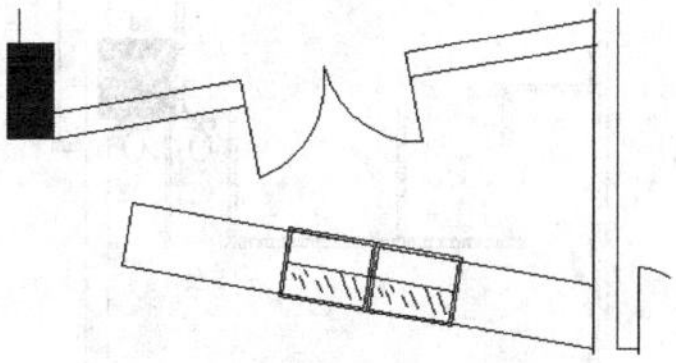

图 14-112 细化图形

（7）单击“默认”选项卡“绘图”面板中的“直线”按钮，在图形内部绘制两条交叉直线，如图 14-113 所示。

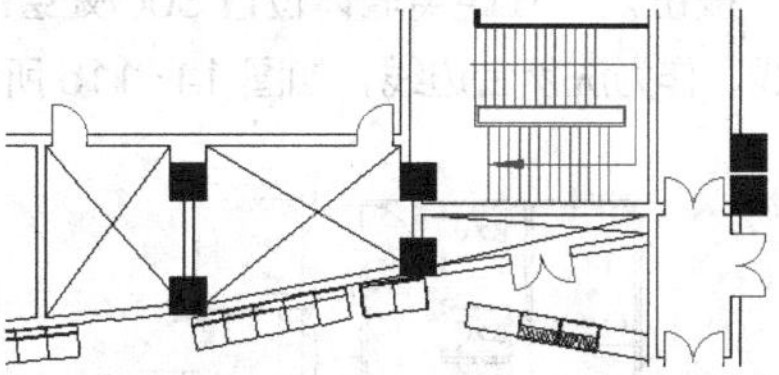

图 14-113 绘制交叉线

❸ 咖啡吧更衣室布置。

单击“默认”选项卡“绘图”面板中的“直线”按钮，绘制更衣室的更衣柜。绘制方法过于简单，使用命令我们前面已经讲述过，在这就不再详细阐述，如图 14-114 所示。

❹ 咖啡吧卫生间布置。

（1）单击“插入”选项卡“块”面板中的“插入块”按钮，在名称下拉列表中选择“坐便器”选项，在卫生间图形中插入座便器图块，如图 14-115 所示。

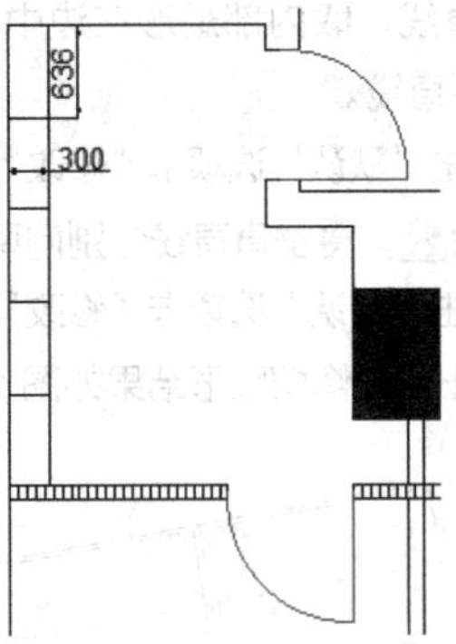

图 14-114　绘制更衣室衣柜

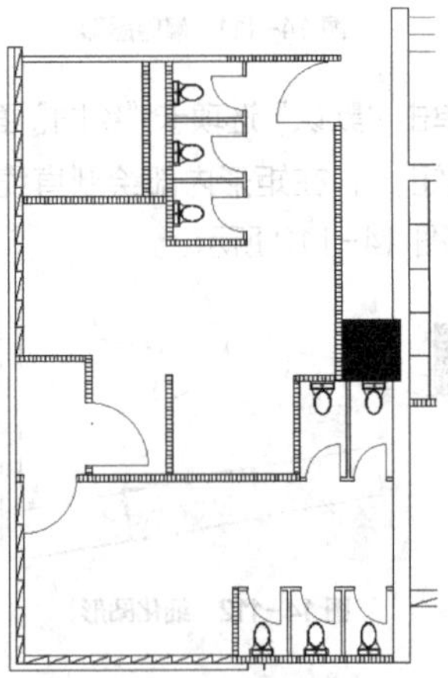

图 14-115　插入座便器图块

（2）单击“默认”选项卡“绘图”面板中的“直线”按钮，在距离墙体位置 300 处绘制一条直线，作为洗手台边线，如图 14-116 所示。

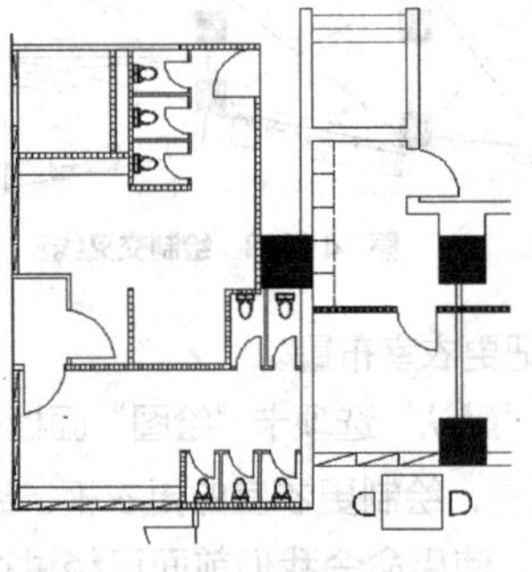

图 14-116　绘制洗手台边线

（3）单击“插入”选项卡“块”面板中的“插入块”按钮，插入“源文件 / 图库 / 洗脸盆”图块，在卫生间图形中插入洗手盆图块，设置比例为 0.6，如图 14-117 所示。

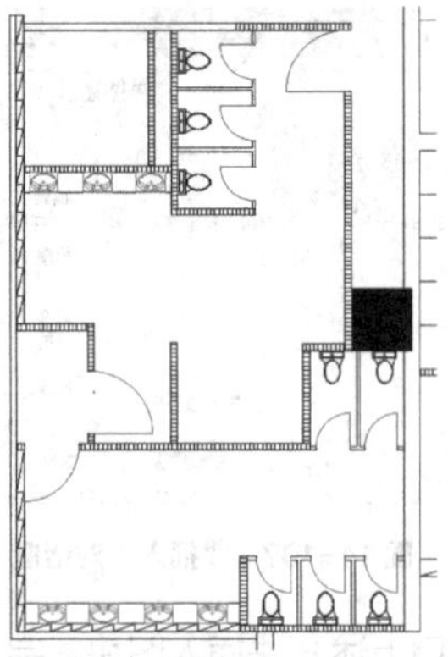

图 14-117　插入洗手盆图形

（4）单击“插入”选项卡“块”面板中的“插入块”按钮，插入“源文件 / 图库 / 小便器”图块，在卫生间图形中插入小便器图块，如图 14-118 所示。

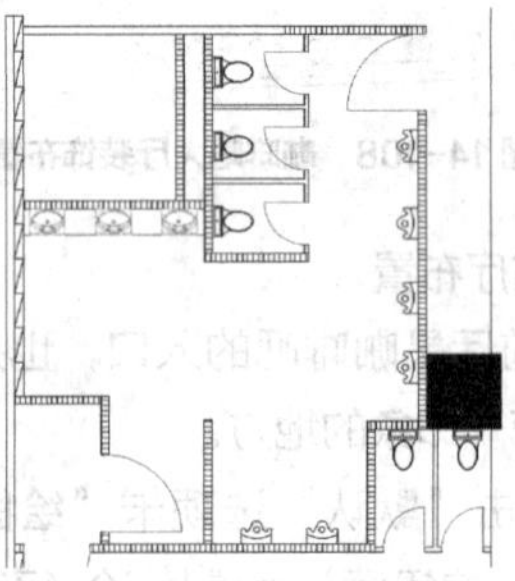

图 14-118　插入小便器图形

> **注意**　在图形中我们利用前面讲过的方法为厨房开通一个门。

❺ 布置厨房。

单击“插入”选项卡“块”面板中的“插入块”按钮，插入图块完成咖啡吧厨房装饰平面图的绘制，如图 14-119 所示，至此完成咖啡吧装饰平面图的绘制。

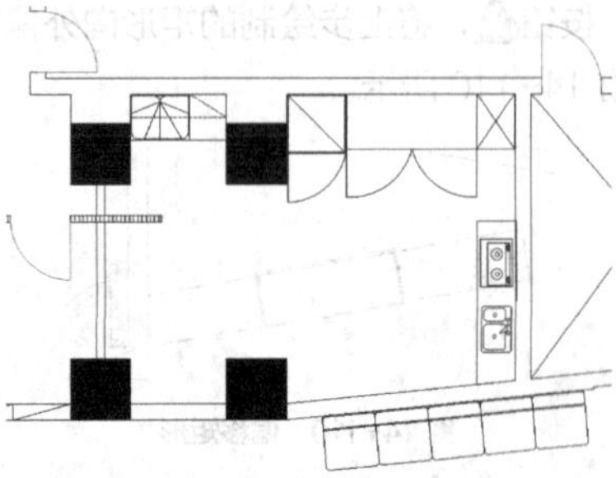

图 14-119　咖啡吧装饰平面图的绘制

14.4 绘制咖啡吧顶棚平面图

本例咖啡吧做了一个错层吊顶，中间以开间区域自然分开。其中，咖啡厅为方通管顶棚，需要在靠近厨房顶棚沿线布置装饰吊灯，在中间区域布置射灯，灯具布置不要过密，要形成一种相对柔和的光线氛围，厨房为烤漆格栅扣板顶棚。由于厨房为工作场所，灯具在保证亮度前提下则可以根据需要相对随意布置；门厅顶棚为相对明亮的白色乳胶漆饰面的纸面石膏板，这样可以使空间高度相对充裕，再配以软管射灯和格栅射灯，使整个门厅显得清新明亮，如图14-120所示。

扫一扫

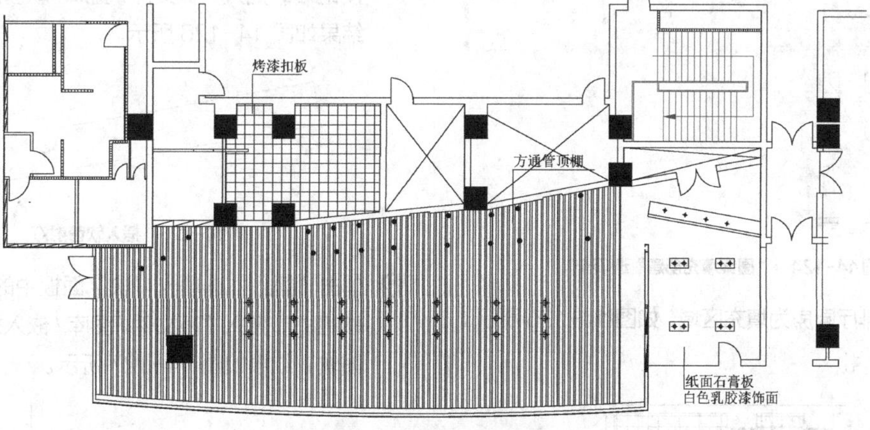

图14-120 顶棚平面图

14.4.1 绘制准备

STEP 绘制步骤

❶ 单击“快速访问”工具栏中的“打开”按钮，打开前面绘制的“咖啡吧平面布置图”，并将其另存为“咖啡吧顶面布置图”。

❷ 关闭“家具”“轴线”“台阶”“尺寸”图层。删除卫生间隔断、洗手台和装饰物品。

❸ 单击“默认”选项卡“绘图”面板中的“直线”按钮，绘制一条直线，结果如图14-121所示。

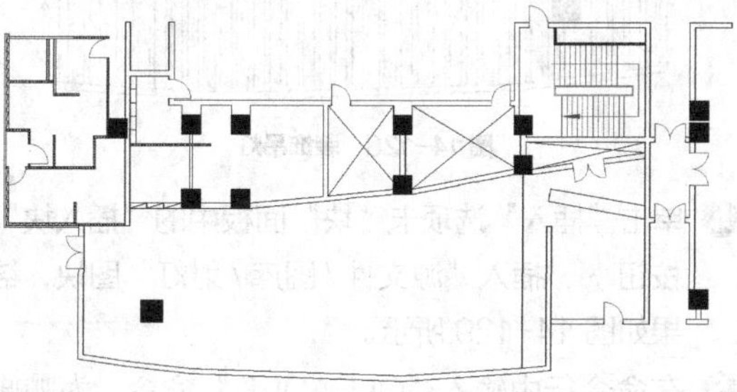

图14-121 整理图形

14.4.2 绘制吊顶

STEP 绘制步骤

❶ 单击“默认”选项卡“绘图”面板中的“图案填充”按钮，会弹出“图案填充创建”选项卡，对其设置如图14-122所示。

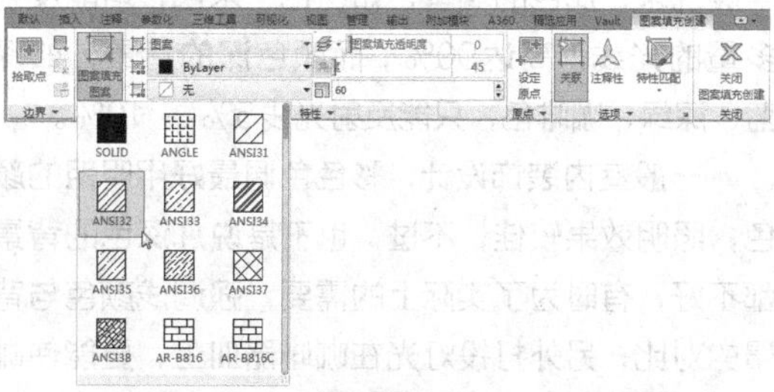

图14-122 “图案填充创建”选项卡

❷ 选择咖啡厅吊顶为填充区域，如图14-123所示。

❸ 单击“默认”选项卡“绘图”面板中的“图案填充”按钮，会弹出“图案填充创建”选项卡，对其设置，如图14-124所示。

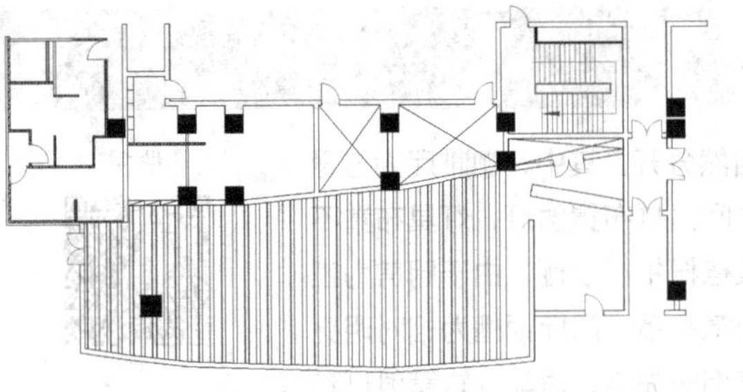

图 14-123　填充咖啡厅

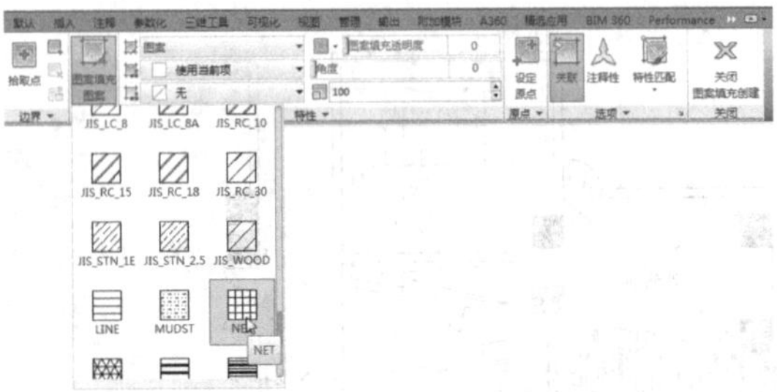

图 14-124　“图案填充创建”选项卡

❹ 选择咖啡厅厨房为填充区域，如图 14-125 所示。

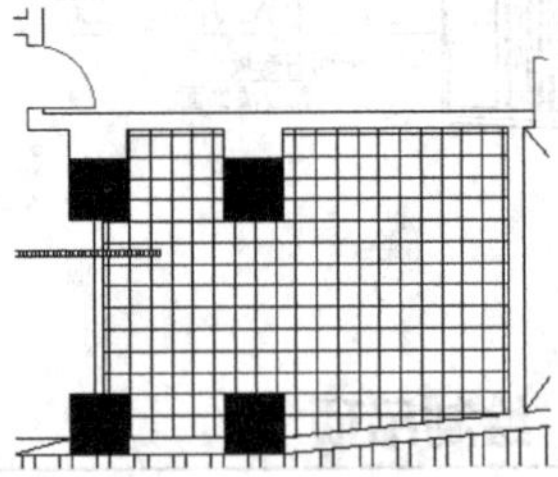

图 14-125　填充厨房区域

14.4.3 布置灯具

灯饰有纯为照明或兼作装饰用，在装置的时候，一般说来，浅色的墙壁，如白色、米色，均能反射多量的光线，高达90%；而颜色深的背景，如深蓝、深绿、咖啡色，只能反射光线5% ~ 10%。

一般室内装饰设计，彩色色调最好用明朗的颜色，照明效果较佳，不过，也不是说凡深色的背景都不好，有时为了实际上的需要，强调浅颜色与背景的对比，另外打投灯光在咖啡器皿上，更能使咖啡品牌显眼或富有立体感。

因此，咖啡馆灯光的总亮度要低于周围，以显示咖啡馆的特性，使咖啡馆形成优雅的休闲环境，这样，才能使顾客循灯光进入温馨的咖啡馆。如果光线过于暗淡，会使咖啡馆显出一种沉闷的感觉，不利于顾客品尝咖啡。

其次，光线用来吸引顾客对咖啡的注意力。因此，灯暗的吧台，咖啡可能显得古老而神秘的吸引力。咖啡制品，本来就是以褐色为主，深色的、颜色较暗的咖啡，都会吸收较多的光，所以若使用较柔和的日光灯照射，整个咖啡馆的气氛就会舒适起来。

下面具体讲述本例咖啡吧中灯具的具体布置。

STEP 绘制步骤

❶ 单击“插入”选项卡“块”面板中的“插入块”按钮，插入“源文件 / 图库 / 软管射灯”图块，结果如图 14-126 所示。

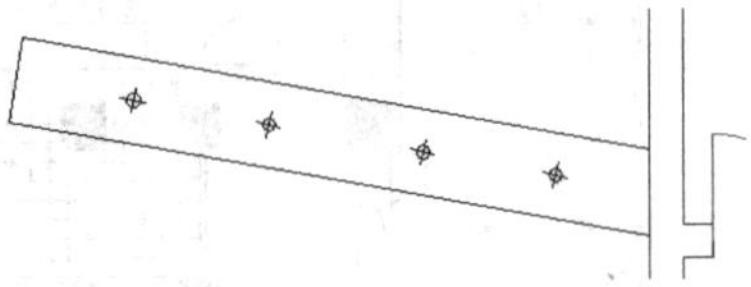

图 14-126　插入软管射灯

❷ 单击“插入”选项卡“块”面板中的“插入块”按钮，插入“源文件 / 图库 / 嵌入式格栅射灯”图块，结果如图 14-127 所示。

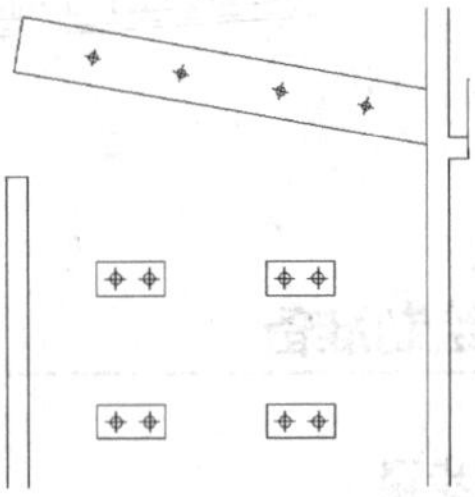

图 14-127　嵌入式格栅射灯

❸ 单击“插入”选项卡“块”面板中的“插入块”按钮，插入“源文件 / 图库 / 装饰吊灯”图块，结果如图 14-128 所示。

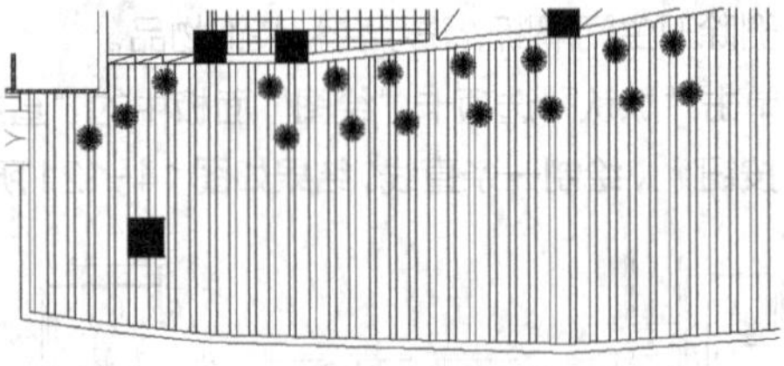

图 14-128　装饰吊灯

❹ 单击“插入”选项卡“块”面板中的“插入块”按钮，插入“源文件 / 图库 / 射灯”图块，结果如图 14-129 所示。

❺ 在命令行中输入“QLEADER”命令，为咖啡厅顶棚添加文字说明，如图 14-130 所示。

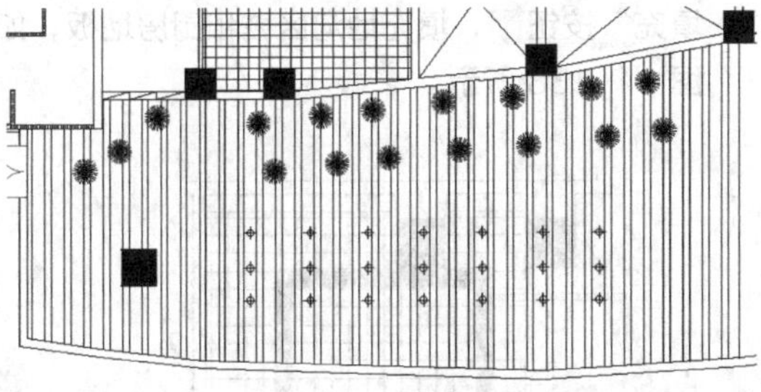

图 14-129 插入射灯

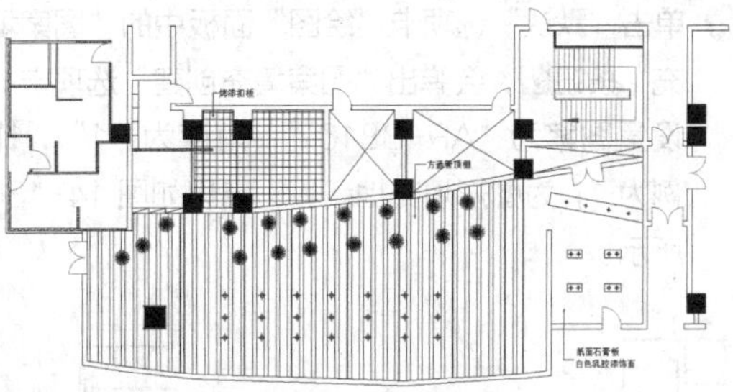

图 14-130 输入文字说明

14.5 绘制咖啡吧地面平面图

咖啡吧是一种典型的休闲建筑，所以其室内地面设计就必须相对考究，要从中折射出一种安逸舒适的气氛，在用材和布置方面要尽量繁复。本例中，采用深灰色地形岩和条形木地板交错排列（平面造型可以相对新奇），中间间隔以下置LED灯的喷沙玻璃隔栅，通过地面灯光的投射，与顶棚灯光交相辉映，使整个大厅显得朦胧迷离、如梦如幻，同时又使深灰色地形岩和条形木地板界限分明，几何图案美感得到了进一步强化。门厅采用深灰色地形岩，厨房采用防滑地砖配以不锈钢格栅地沟，则是以突出实用性的简化处理，如图 14-131 所示。

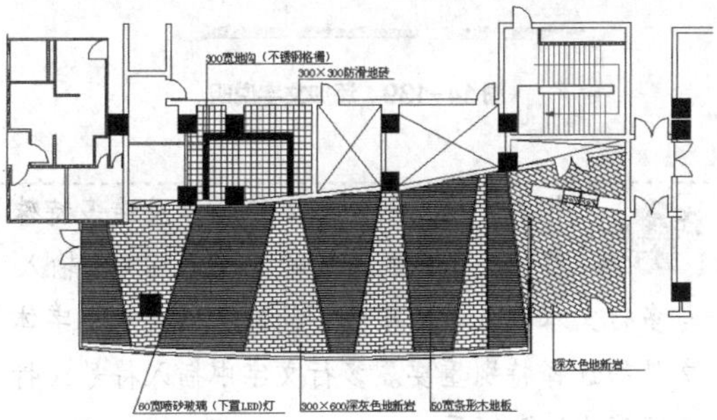

图 14-131 咖啡吧地面平面图

STEP 绘制步骤

❶ 单击“默认”选项卡“绘图”面板中的“直线”按钮，绘制一条直线，单击“默认”选项卡“修改”面板中的“偏移”按钮，将绘制的直线向外偏移 60，结果如图 14-132 所示。

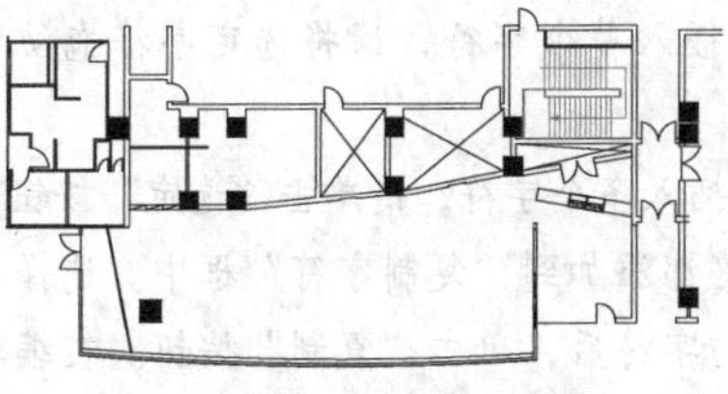

图 14-132 绘制喷砂玻璃

❷ 利用上述方法完成所有喷砂玻璃的绘制，如图 14-133 所示。

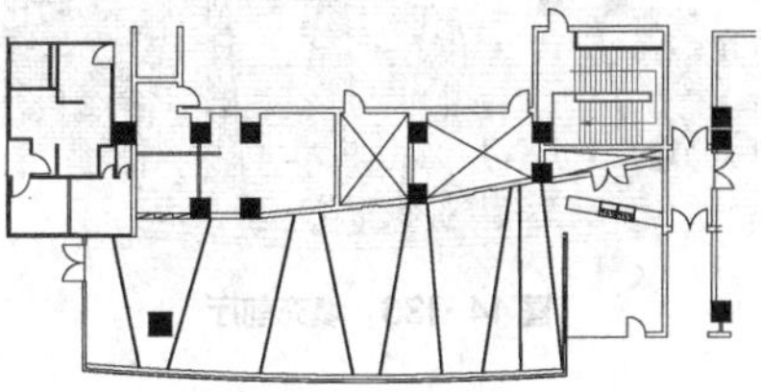

图 14-133 绘制所有喷砂玻璃

❸ 单击“默认”选项卡“绘图”面板中的“图案填充”按钮，会弹出“图案填充创建”选项卡。设置图案为“ANSI31”，角度为“315”，比例为 80，为图形填充条形木地板，结果如图 14-134 所示。

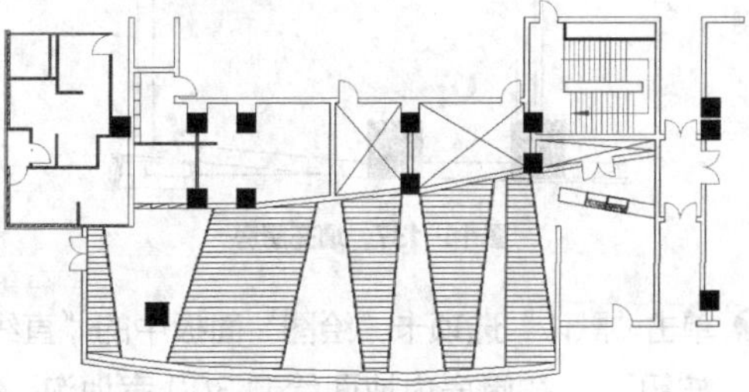

图 14-134 填充条形地板

❹ 单击“默认”选项卡“绘图”面板中的“图案填充”按钮，会弹出“图案填充创建”选项卡。设置图案为“AR-B816”，角度为“1”，比例为 1，为图形填充地新岩，结果如图 14-135 所示。

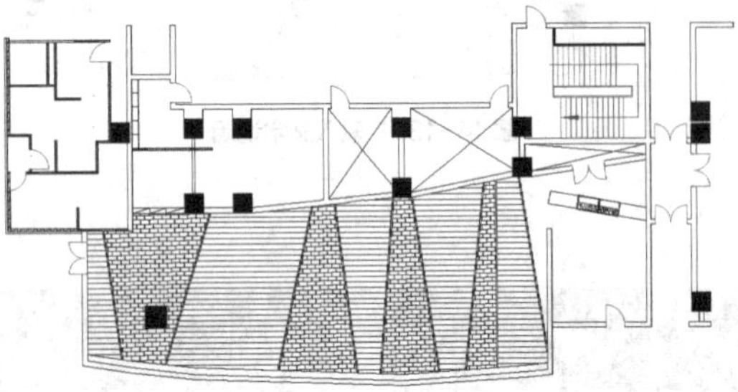

图 14-135　填充地形岩

❺ 单击“默认”选项卡“绘图”面板中的“图案填充”按钮，会弹出“图案填充创建”选项卡。设置图案为“AR-B816”，角度为“1”，比例为 1，为前厅填充地砖，如图 14-136 所示。

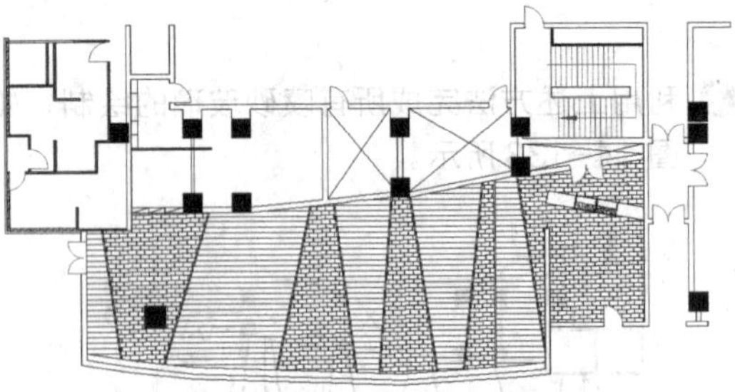

图 14-136　填充前厅

❻ 单击“默认”选项卡“修改”面板中的“偏移”按钮，选择厨房水平直线连续向内偏移 300，选择厨房竖直墙线连续向内偏移 300，结果如图 14-137 所示。

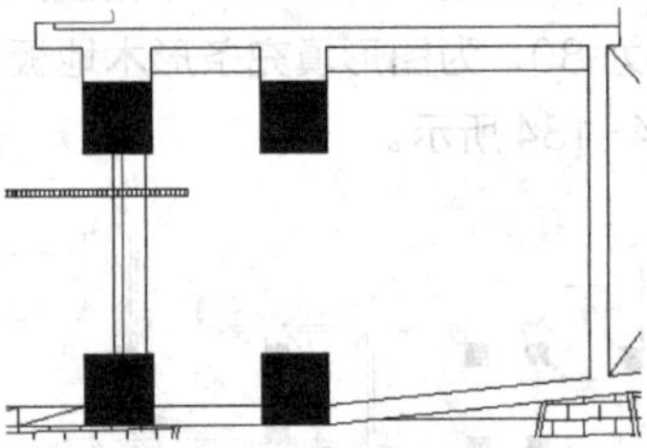

图 14-137　填充厨房

❼ 单击“默认”选项卡“绘图”面板中的“直线”按钮，在厨房内地面绘制 300 宽地沟，并单击“默认”选项卡“绘图”面板中的“图案填充”按钮，填充地沟区域和厨房地板，如图 14-138 所示。

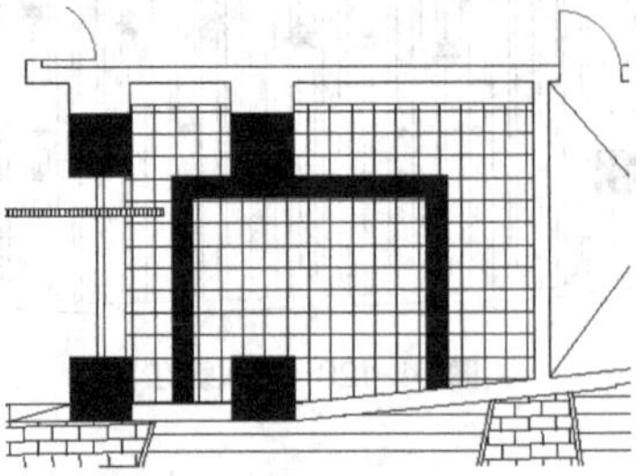

图 14-138　填充地沟图形

❽ 在命令行中输入“QLEADER”命令，为咖啡厅地面添加文字说明，如图 14-139 所示。

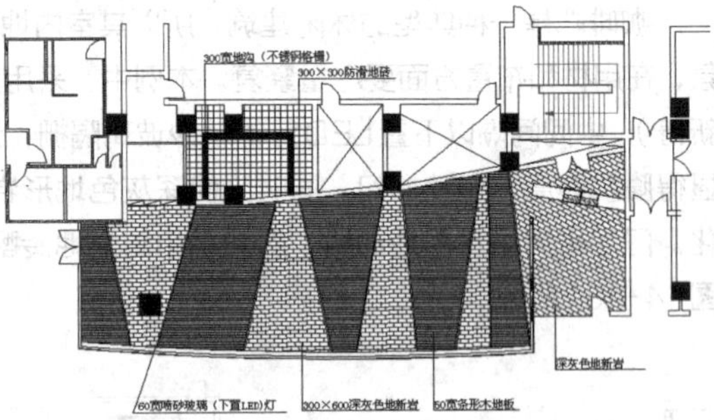

图 14-139　添加文字说明

注意

作为室内工程制图可能会涉及诸多特殊符号，特殊符号的输入在单行文本输入与多行文本输入是有很大不同的，以及对于字体文件的选择特别重要。多行文字中插入符号或特殊字符的步骤如下。

（1）双击多行文字对象，打开在位文字编辑器。

（2）在展开的选项板上单击“符号”按钮，如图14-140所示。

（3）单击符号列表上的某符号，或单击“其他”显示“字符映射表”对话框，如图14-141所示。在“字符映射表”对话框中，选择一种字体，然后选择一种字符，并使用以下方法之一。

1）要插入单个字符，请将选定字符拖动到编辑器中；

2）要插入多个字符，请单击“选定”按钮，将所有字符都添加到“复制字符”框中。选择了所有所需的字符后，单击“复制”按钮。在编辑器中单击鼠标右键，然后单击“粘贴”按钮。

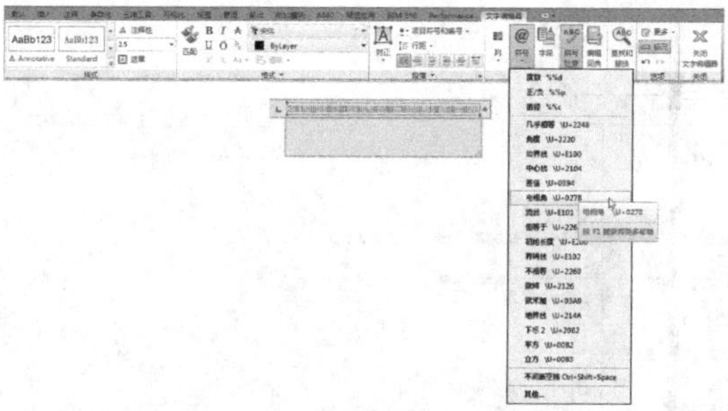

图 14-140 “符号”命令按钮

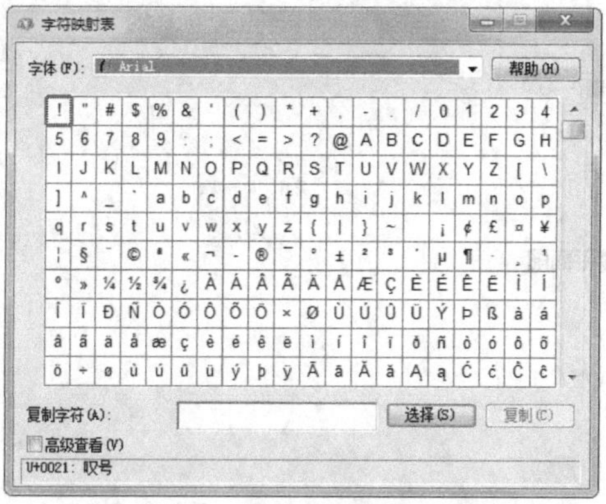

图 14-141 “字符映射表”对话框

关于特殊符号的运用，用户可以适当记住一些常用符号的ASC代码，同时也可以试从软键盘中输入，即右键单击输入法工具条，会弹出相关字符的输入，如图14-142所示。

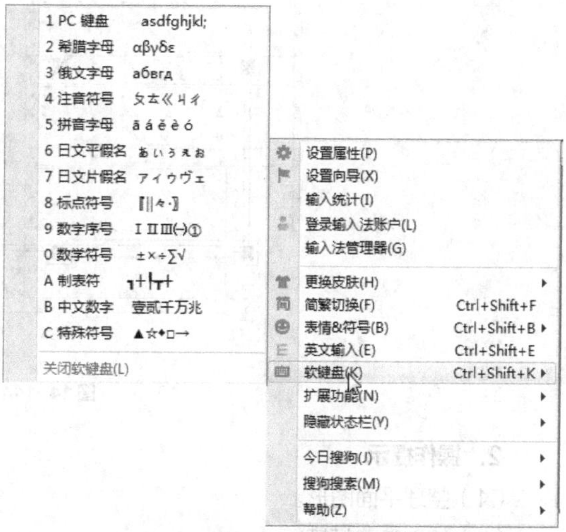

图 14-142 软键盘输入特殊字符

14.6 上机实验

【练习 1】绘制餐厅装饰平面图

1. 目的要求

本例图14-143所示的采用的实例是人流较小、相对简单的宾馆大堂，它属于小型建筑，大堂也作为宾馆饭店使用来招待吃饭的客人。该宾馆设有大堂，服务台、雅间、阳台、卫生间等。

2. 操作提示

（1）绘制平面。

（2）绘制室内装饰。

（3）布置室内装饰。

（4）添加尺寸文字标注。

【练习 2】绘制餐厅顶棚平面图

1. 目的要求

在讲解顶棚图绘制的过程中，按室内平面图修改、顶棚造型绘制、灯具布置、文字尺寸标注、符号标注及线宽设置的顺序进行。绘制图14-144所示的餐厅顶棚布置图。

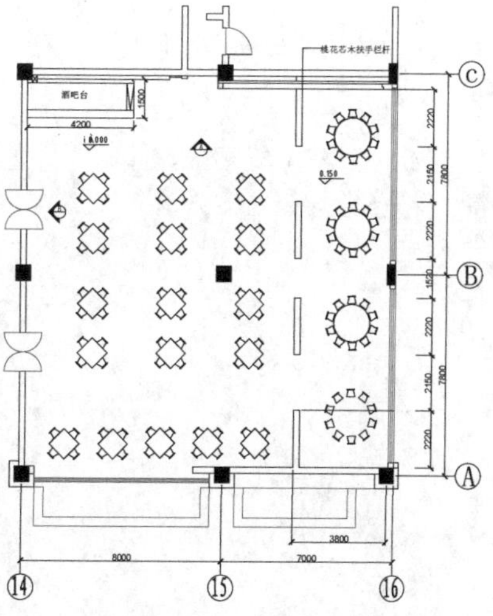

图 14-143 餐厅装饰平面图

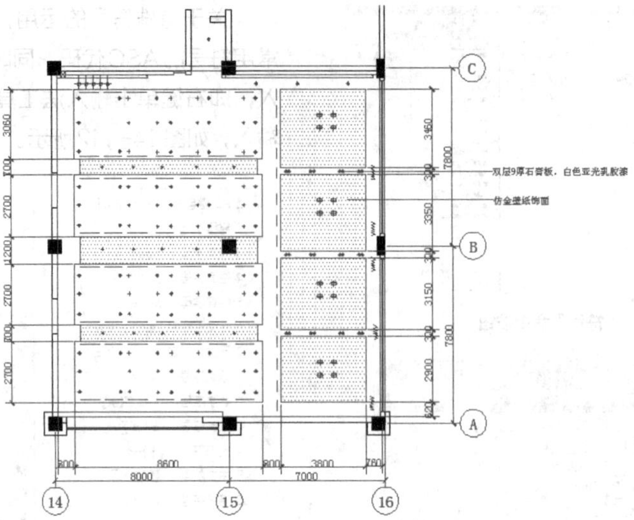

图 14-144 餐厅顶棚平面图

2. 操作提示

（1）整理平面图形。

（2）绘制暗藏灯槽。

（3）绘制灯具。

（4）添加尺寸标注。

第 15 章

绘制咖啡吧室内设计立面及详图

立面设计是体现咖啡吧休闲气质的一个重要体现途径，所以必须重视咖啡吧的立面设计。

本章将在上一章的基础上继续讲解设计咖啡吧立面图和详图的方法和技巧。

重点与难点

- 绘制咖啡吧立面图
- 绘制玻璃台面节点详图

15.1 绘制咖啡吧立面图

A立面是咖啡吧内部立面，如图15-1所示，所以可以在此立面进行休闲设计，用以渲染舒适安逸的气氛。其主体为振纹不锈钢和麦哥利水波纹木贴皮交错布置。在振纹不锈钢装饰区域可以布置墙体电视显示屏，用以播放一些音乐和风景影像，再配置一些绿色盆景或装饰古董，显得文化气息扑面而来、浪漫情调浓郁。在麦哥利水波纹木贴皮装饰区域配置一些卡坐区沙发，整个布局显得和谐舒适。

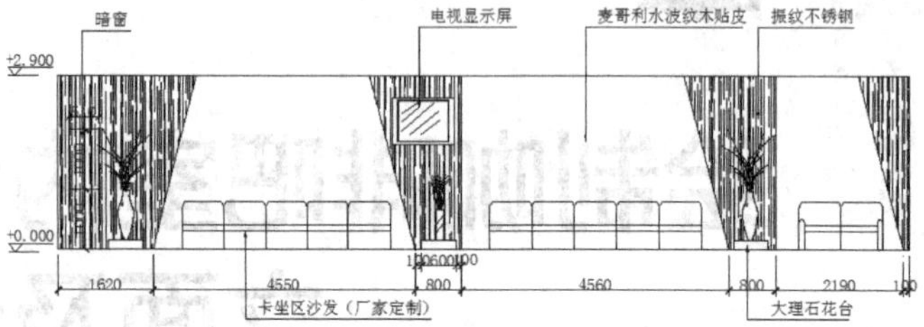

图15-1 A立面图

如图15-2所示，B立面是咖啡吧与外界的分隔立面，所以此立面的首要功能是要突出一种朦胧的隔离感，又要适当考虑外界光线的穿透。其主体为不锈钢立柱分隔的蚀刻玻璃隔墙，再配以各种灯光投射装饰。既有一种明显的区域隔离感，同时又通过打在蚀刻玻璃的灯光反射出的模糊柔和的光，营造出一种怡然自得的氛围。

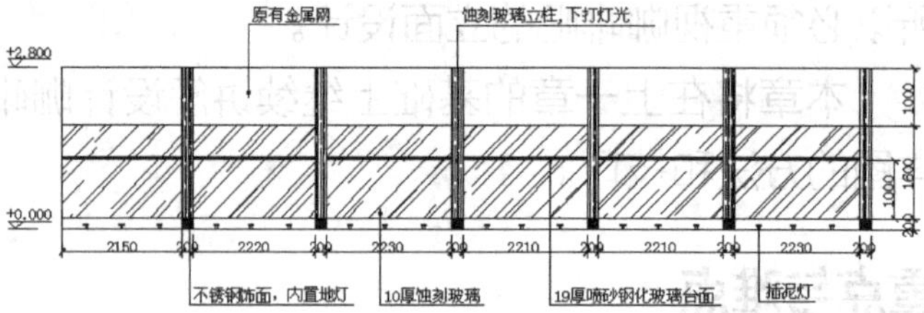

图15-2 B立面图

15.1.1 绘制咖啡吧A立面图

扫一扫

STEP 绘制步骤

❶ 绘制立面图。

（1）单击“默认”选项卡“图层”面板中的“图形特性”按钮，新建“立面”图层属性默认，将其设置为当前图层，图层设置如图15-3所示。

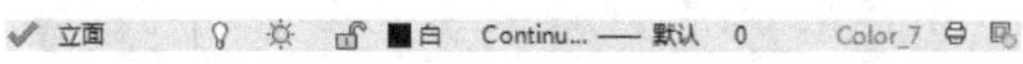

图15-3 台阶图层设置

（2）单击“默认”选项卡“绘图”面板中的“矩形”按钮，绘制14620×2900的矩形，并将其进行分解，结果如图15-4所示。

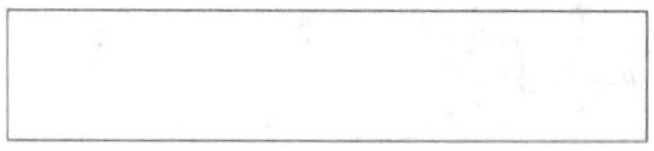

图15-4 绘制矩形

（3）单击“默认”选项卡“修改”面板中的“分解”按钮，将上步绘制的矩形进行分解。

（4）单击“默认”选项卡“修改”面板中的“偏移”按钮，将最左端竖直线向右偏移，偏移距离为1620、4550、800、4560、800、2190。结果如图15-5所示。

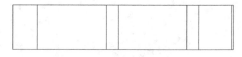

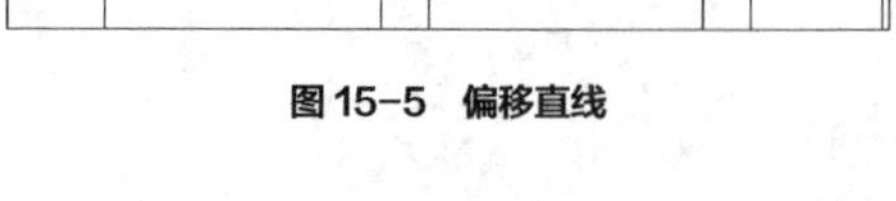

图15-5 偏移直线

（5）单击“默认”选项卡“修改”面板中的“旋转”按钮。将偏移的直线以下端点为旋转基点，分别旋转 -15°、15°、15°、15°，如图 15-6 所示。

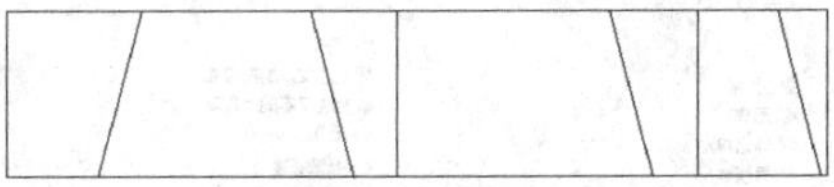

图 15-6 旋转直线

（6）单击“绘图”工具栏中的“图案填充”按钮。设置填充图案为“AR-RROOF”，设置角度为“90”，设置比例“5”，如图 15-7 所示。

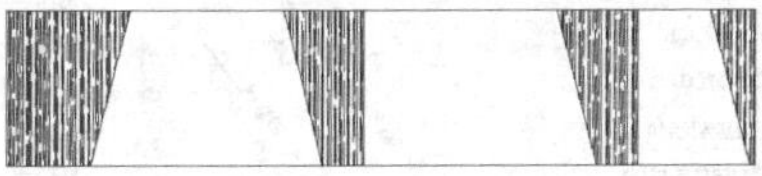

图 15-7 填充图案

（7）单击“默认”选项卡“绘图”面板中的“矩形”按钮，绘制一个 720×800 的矩形，如图 15-8 所示。

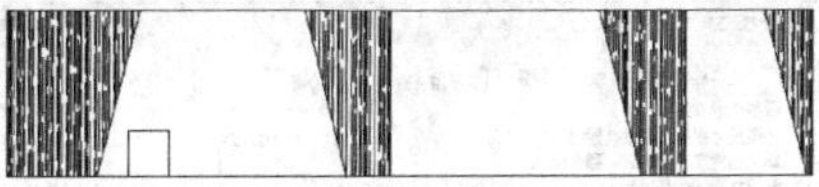

图 15-8 绘制矩形

（8）单击“默认”选项卡“修改”面板中的“分解”按钮，将上步绘制的矩形进行分解。

（9）单击“默认”选项卡“修改”面板中的“偏移”按钮，选择分解矩形的最上边分别向下偏移 400、100，如图 15-9 所示。

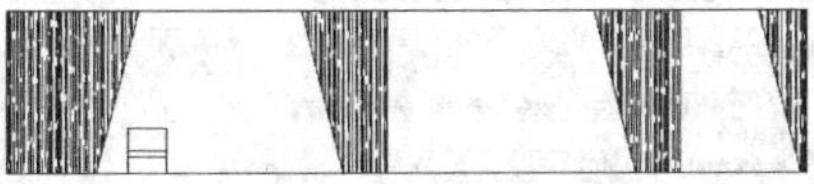

图 15-9 偏移直线

（10）单击“默认”选项卡“修改”面板中的“圆角”按钮，选择圆角上边进行圆角处理。圆角半径为 100，如图 15-10 所示。

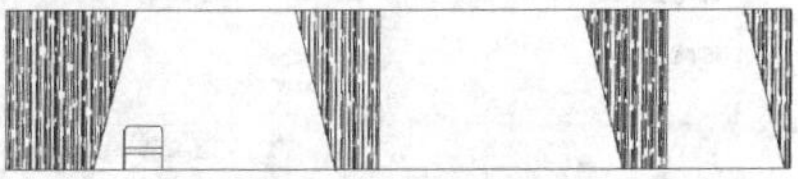

图 15-10 圆角处理

（11）单击“默认”选项卡“修改”面板中的“复制”按钮，选择图形进行复制，如图 15-11 所示。

图 15-11 复制图形

（12）两人座沙发的绘制方法与五人座沙发的绘制方法基本相同。我们不再详细阐述，结果如图 15-12 所示。

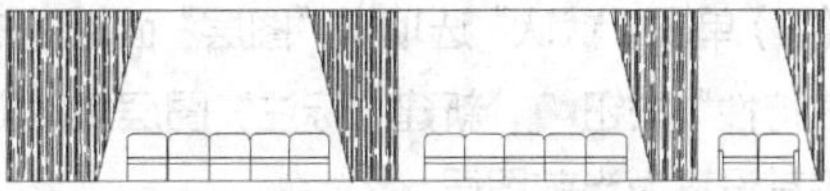

图 15-12 绘制其他图形

（13）单击“默认”选项卡“绘图”面板中的“矩形”按钮，绘制一个 500×150 的矩形。

（14）单击“默认”选项卡“修改”面板中的“分解”按钮，将图形中的填充区域进行分解。

（15）单击“默认”选项卡“修改”面板中的“修剪”按钮，修剪花台内区域，如图 15-13 所示。

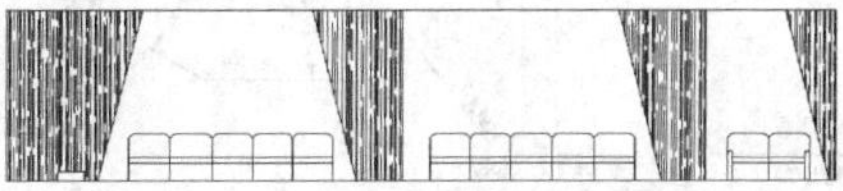

图 15-13 绘制花台

（16）调用相同方法绘制剩余花台，并单击“插入”选项卡“块”面板中的“插入块”按钮，在花台上方插入装饰物。单击“默认”选项卡“修改”面板中的“修剪”按钮，将插入图形内多余线段进行修剪，如图 15-14 所示。

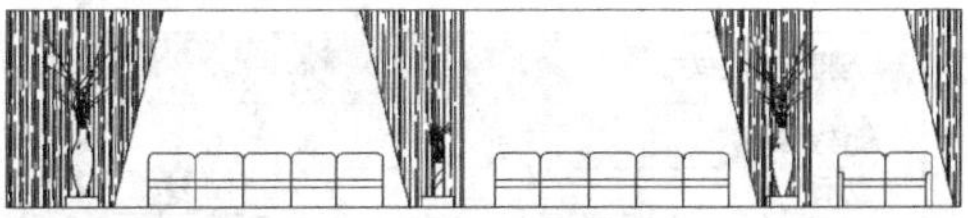

图 15-14 插入装饰瓶

（17）单击“插入”选项卡“块”面板中的“插入块”按钮，在图形中适当位置插入“电视显示屏”图块，并单击“默认”选项卡“修改”面板中的“修剪”按钮，将插入图形内多余线段进行修剪，如图 15-15 所示。

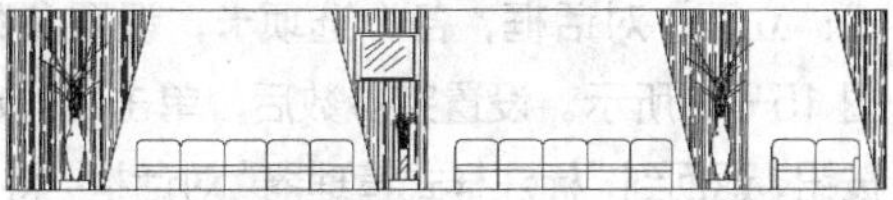

图 15-15 修剪图形

（18）单击“绘图”工具栏中的“矩形”按钮，绘制一个矩形作为暗窗，如图 15-16 所示。

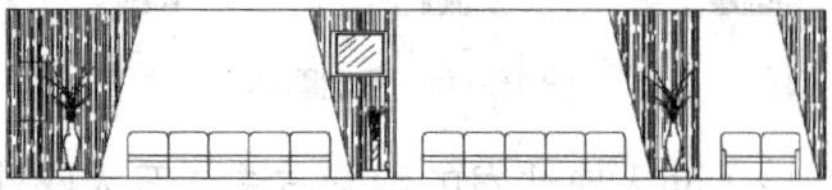

图 15-16 绘制暗窗

❷ 标注尺寸。

（1）单击“默认”选项卡“图层”面板中的“图形特性”按钮，新建“标注”图层属性默认，将其设置为当前图层。

（2）单击“默认”选项卡“注释”面板中的“标注样式”按钮，会弹出“标注样式管理器”对话框，如图 15-17 所示。

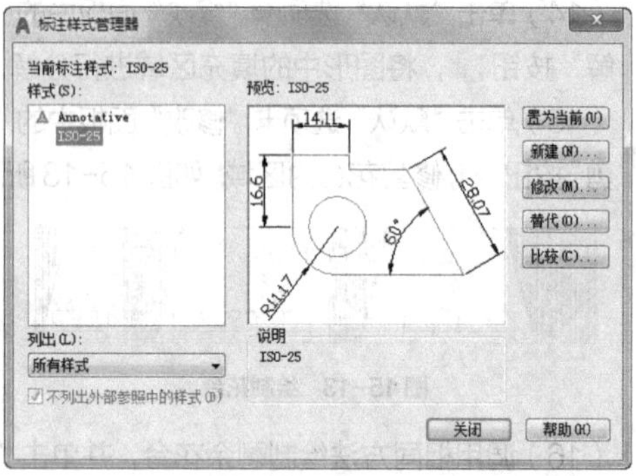

图 15-17 “标注样式管理器”对话框

（3）单击“新建”按钮，会弹出“创建新标注样式”对话框，输入新样式名为“立面”，如图 15-18 所示。

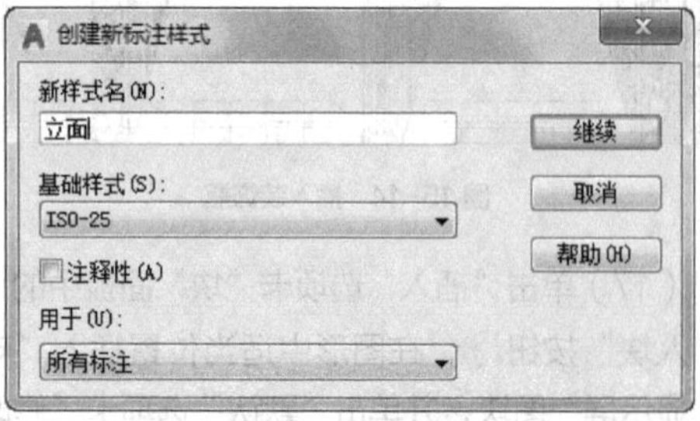

图 15-18 “创建新标注样式”对话框

（4）单击“继续”按钮，会弹出“修改标注样式：立面”对话框，各个选项卡，设置参数如图 15-19 所示。设置完参数后，单击“确定”按钮，返回到“标注样式管理器”对话框，将“建筑”样式置为当前标注样式。

图 15-19 “修改标注样式：立面”对话框

（5）单击“默认”选项卡“注释”面板中的“线

性”按钮，标注立面图尺寸，如图 15-20 所示。

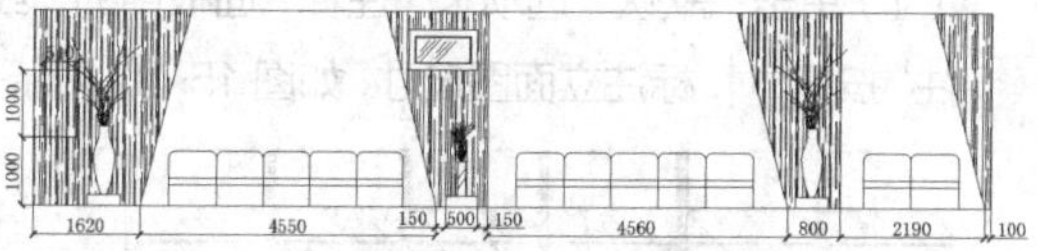

图 15-20 标注立面图

（6）单击“插入”选项卡“块”面板中的“插入块”按钮，在图形中适当位置插入“标高”，如图 15-21 所示。

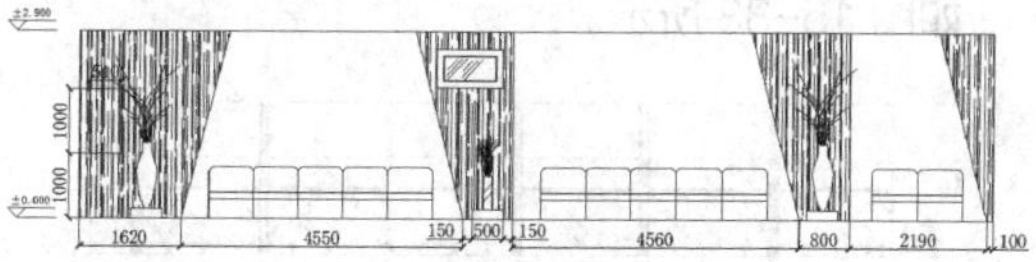

图 15-21 插入标高

❸ 标注文字。

（1）单击“默认”选项卡“注释”面板中的“文字样式”按钮，会弹出“文字样式”对话框，新建“说明”文字样式，设置高度为 150，并将其置为当前。

（2）在命令行中输入“QLEADER”命令，标注文字说明，如图 15-22 所示。

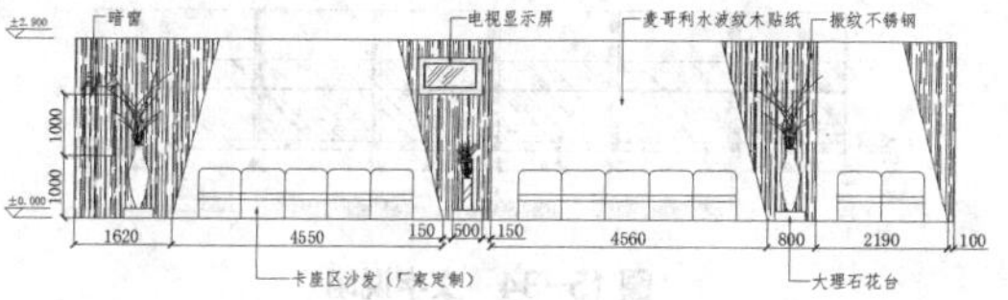

图 15-22 文字说明

15.1.2 绘制咖啡吧 B 立面图

扫一扫

STEP 绘制步骤

❶ 绘制图形。

（1）单击“默认”选项卡“绘图”面板中的“矩形”按钮，绘制 14450×2800 的矩形，如图 15-23 所示。

（2）单击“默认”选项卡“修改”面板中的“分解”按钮，将上步绘制的矩形进行分解。

（3）单击“默认”选项卡“修改”面板中的“偏移”按钮，将最左端竖直线向右偏移，偏移距离为 2150、200、2220、200、2230、200、2210、200、2210、200、2230，将最上端水平直线向下偏移，偏移距离 1000、1600，结果如图 15-24 所示。

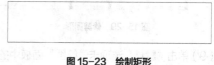

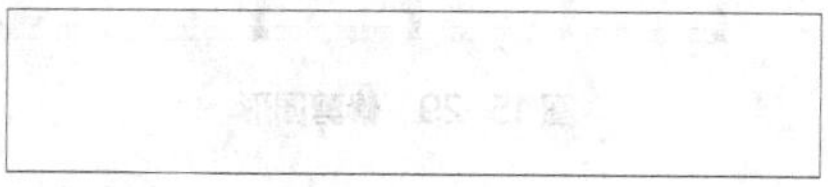

图 15-23 绘制矩形

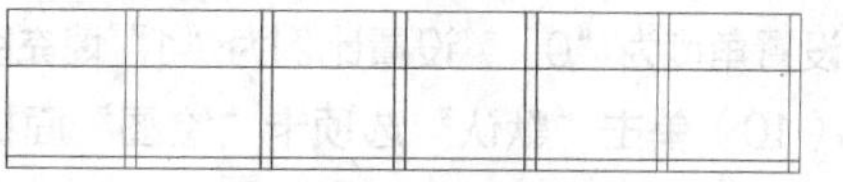

图 15-24 偏移直线

（4）单击“默认”选项卡“修改”面板中的“修剪”按钮，修剪多余线段，如图 15-25 所示。

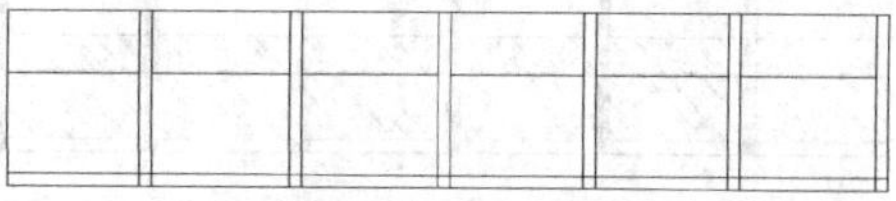

图 15-25 修剪图形

（5）单击“默认”选项卡“绘图”面板中的“图案填充”按钮，设置填充图案为“AR-RROOF”，设置角度为“90”，设置比例“3”填充图形，如图 15-26 所示。

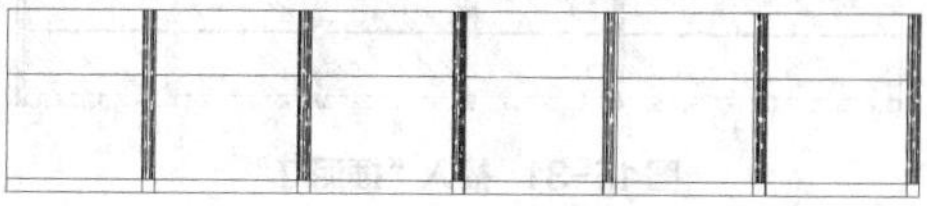

图 15-26 填充图案

（6）单击“默认”选项卡“绘图”面板中的“图案填充”按钮，设置填充图案为“SOLID”，填充图形，如图 15-27 所示。

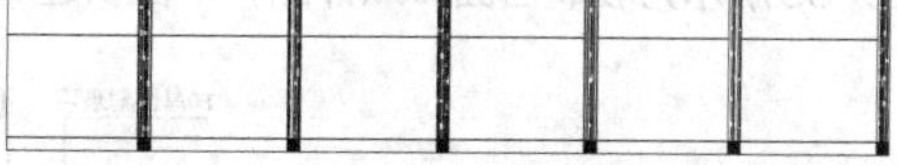

图 15-27 填充图案

（7）单击“默认”选项卡“修改”面板中的“偏移”按钮，选矩形底边向上偏移 1200、50，如图 15-28 所示。

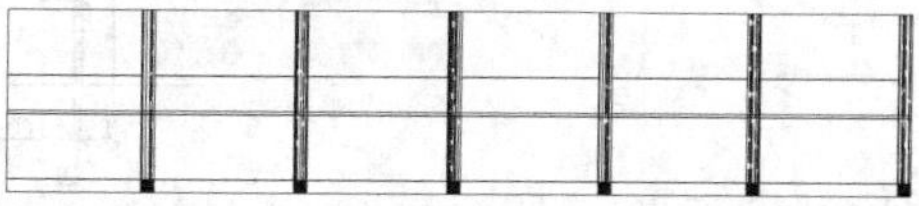

图 15-28 偏移直线

（8）单击“默认”选项卡“修改”面板中的“修剪”按钮，修剪多余线段，如图 15-29 所示。

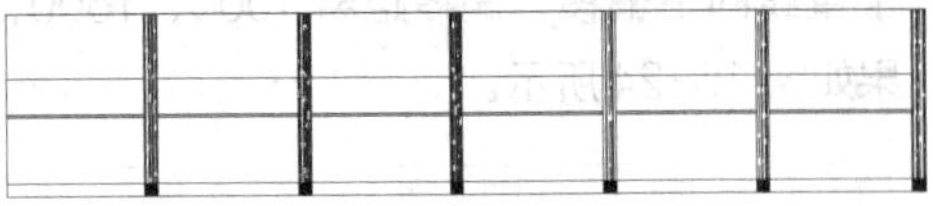

图 15-29 修剪图形

（9）单击“默认”选项卡“绘图”面板中的“图案填充”按钮，设置填充图案为“SOLID”，设置角度为“0”，设置比例为“1”填充图形。

（10）单击“默认”选项卡“绘图”面板中的“图案填充”按钮，设置填充图案为“AR-RROOF”设置角度为“45”，设置比例为“20”填充图形，如图 15-30 所示。

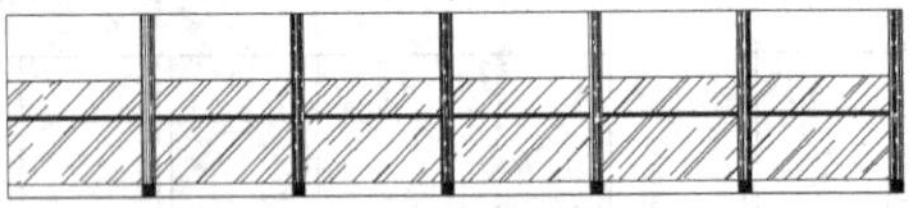

图 15-30 填充图形

（11）单击“插入”选项卡“块”面板中的“插入块”按钮，在名称下拉列表中选择“插泥灯”选项，在图中相应位置插入图块，如图 15-31 所示。

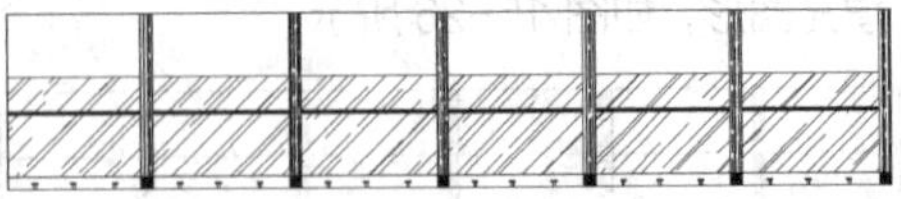

图 15-31 插入“插泥灯”

❷ 标注尺寸和文字。

（1）单击“默认”选项卡“注释”面板中的“线性”按钮，标注立面图尺寸，如图 15-32 所示。

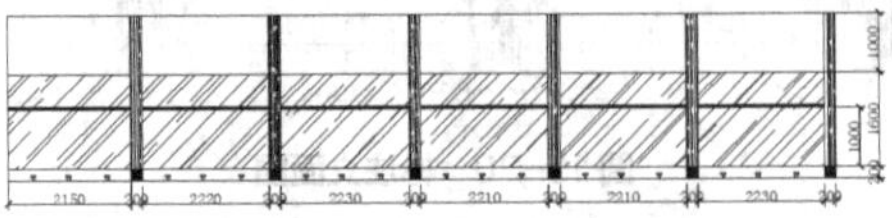

图 15-32 标注立面图

（2）单击“插入”选项卡“块”面板中的“插入块”按钮，在图形中适当位置插入“标高”，如图 15-33 所示。

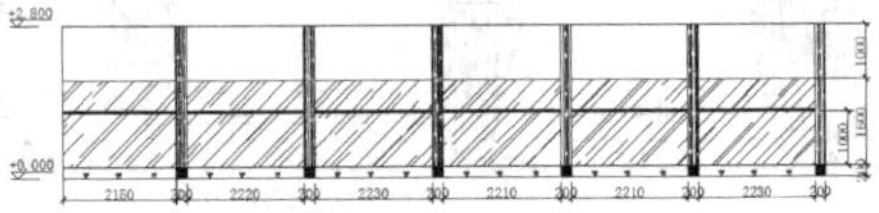

图 15-33 插入标高

（3）单击“默认”选项卡“注释”面板中的“文字样式”按钮，会弹出“文字样式”对话框，新建“说明”文字样式，设置高度为 150，并将其置为当前。

（4）在命令行中输入“QLEADER”命令，标注文字说明，结果如图 15-34 所示。

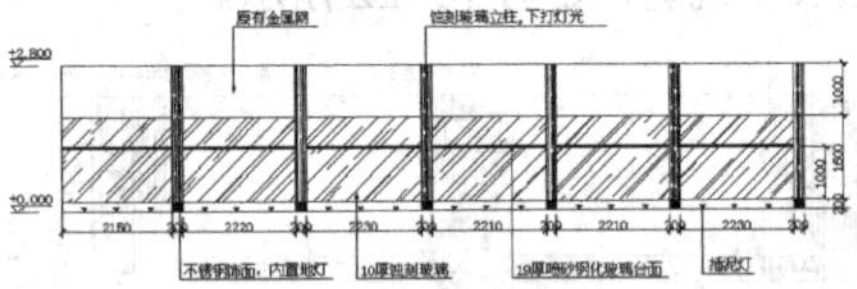

图 15-34 文字说明

15.2 绘制玻璃台面节点详图

对于一些在前面图样中表达不够清楚而又相对重要的室内设计单元，可以通过节点详图加以详细表达，图 15-35 所示为玻璃台面节点详图，下面讲述其设计方法。

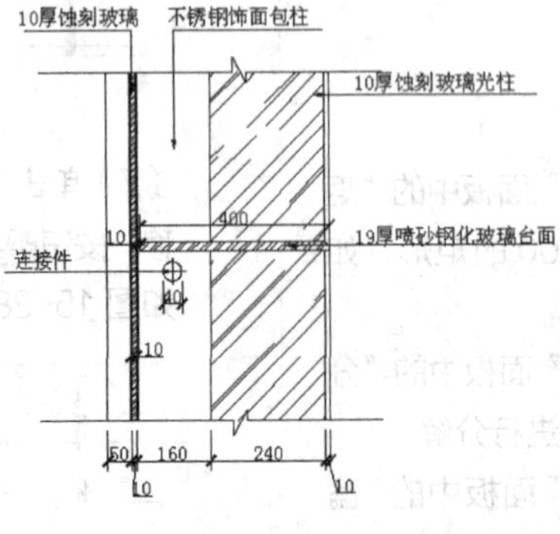

图 15-35 玻璃台面节点详图

STEP 绘制步骤

❶ 单击“默认”选项卡“绘图”面板中的“直线”按钮，绘制一条竖直直线，结果如图 15-36 所示。

图 15-36 绘制直线

❷ 单击“默认”选项卡“修改”面板中的“偏移”按钮，将左端竖直线向右偏移，偏移距离 50、10、160、240、10，结果如图 15-37 所示。

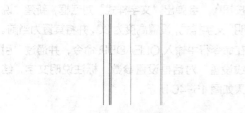

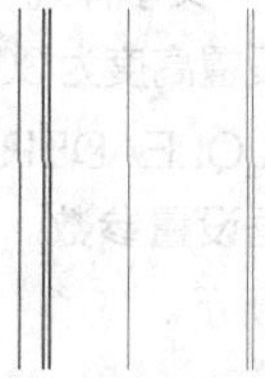

图 15-37 偏移直线

❸ 单击“默认”选项卡“修改”面板中的“偏移”按钮，将左端第 2、3 根竖直直线分别向外侧偏移，偏移距离为 3，结果如图 15-38 所示。

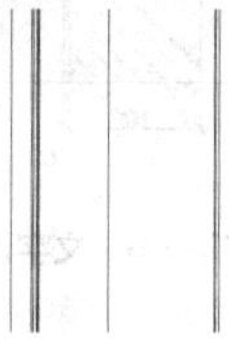

图 15-38 偏移直线

❹ 单击“默认”选项卡“绘图”面板中的“直线”按钮和“修改”面板中的“修剪”按钮，绘制图形的折弯线，如图 15-39 所示。

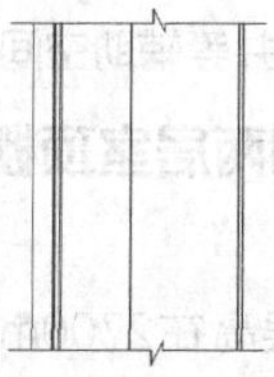

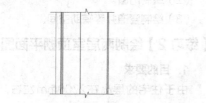

图 15-39 绘制折弯线

❺ 单击“默认”选项卡“修改”面板中的“偏移”按钮，将最右端竖直直线向左偏移，偏移距离为 400。

❻ 单击“默认”选项卡“绘图”面板中的“直线”按钮，取上步偏移的竖直直线中点为起点绘制一条水平直线，如图 15-40 所示。

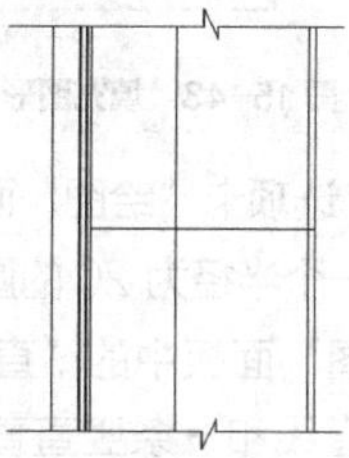

图 15-40 绘制水平直线

❼ 单击“默认”选项卡“修改”面板中的“偏移”按钮，将上步绘制的水平直线分别向两侧偏移，偏移距离为 9.5，如图 15-41 所示。

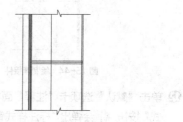

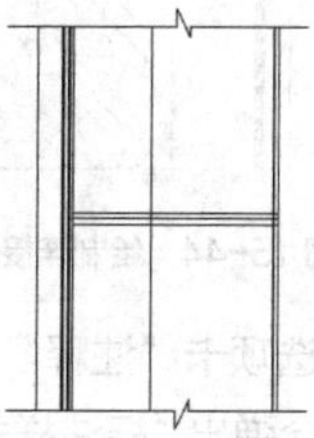

图 15-41 偏移水平直线

❽ 单击“默认”选项卡“修改”面板中的“修剪”按钮，图形进行修剪。单击“默认”选项卡“修改”面板中的“删除”按钮，删除多余线段，如图 15-42 所示。

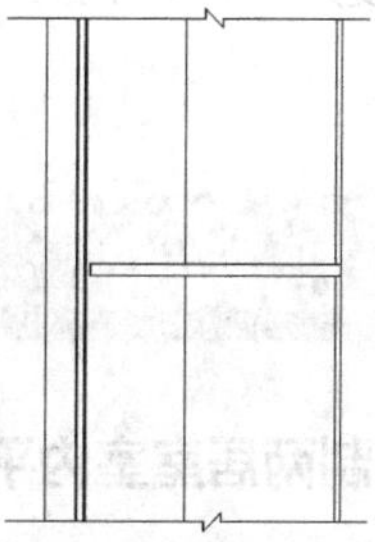

图 15-42 图形圆角处理

❾ 单击“默认”选项卡“修改”面板中的“圆角”按钮，对图形采用不修剪模式下的圆角处理，圆角半径为 20。

❿ 单击“默认”选项卡“绘图”面板中的“图案填充”按钮，对图形进行图案填充，如图 15-43 所示。

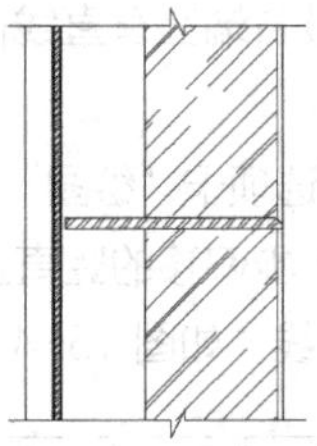

图 15-43　填充图形

⑪ 单击“默认”选项卡“绘图”面板中的“圆”按钮，绘制一个半径为 20 的圆，单击“默认”选项卡“绘图”面板中的“直线”按钮，绘制一条水平直线和一条竖直直线，完成连接件的绘制，如图 15-44 所示。

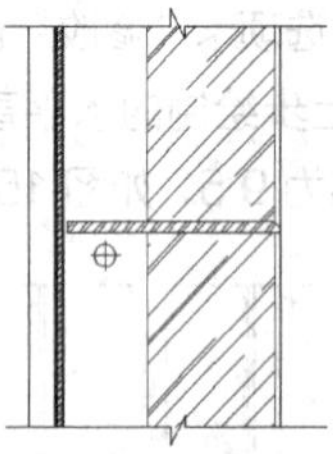

图 15-44　绘制连接件

⑫ 单击“默认”选项卡“注释”面板中的“标注样式”按钮，会弹出“标注样式管理器”对话框，新建“详图”标注样式。

⑬ 在“线”选项卡中设置超出尺寸线为 30，起点偏移量为 20；“符号和箭头”选项卡中设置箭头符号为“建筑标记”，箭头大小为 20；“文字”选项卡中设置文字大小为 30；“主单位”选项卡中设置精度为“0”，小数分割符为“句点”。

⑭ 单击“注释”选项卡“标注”面板中的“线性”按钮和“连续”按钮，标注详图尺寸，如图 15-45 所示。

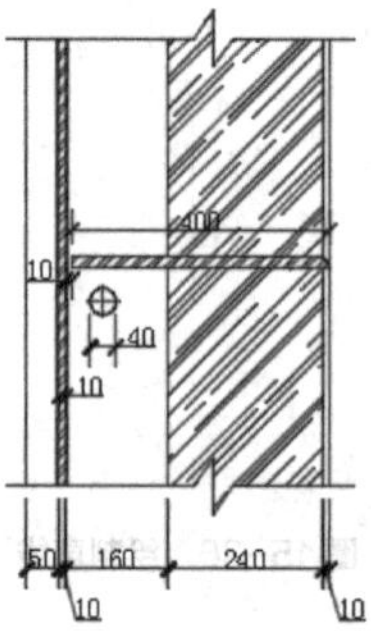

图 15-45　标注尺寸

⑮ 单击“默认”选项卡“注释”面板中的“文字样式”按钮，会弹出“文字样式”对话框，新建“说明”文字样式，设置高度为 30，并将其置为当前。

⑯ 在命令行中输入 QLEADER 命令，并通过“引线设置”对话框设置参数。标注说明文字，结果如图 15-46 所示。

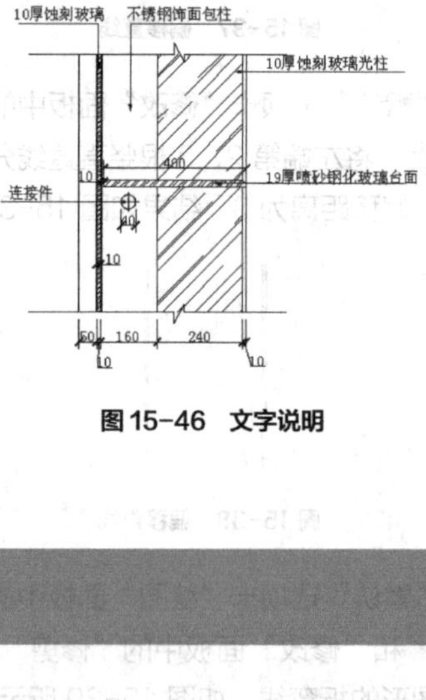

图 15-46　文字说明

15.3 上机实验

【练习 1】绘制两居室室内平面图

1. 目的要求

在本例图 15-47 所示的小户型室内平面图中，大部分房间是方正的矩形形状。一般先建立房间的开间和进深轴线，然后根据轴线绘制房间墙体，再创建门窗洞口造型，最后完成小户型的建筑图形。

2. 操作提示

（1）绘制墙体。

（2）绘制门窗。

（3）绘制管道井等辅助空间。

【练习 2】绘制两居室顶棚平面图

1. 目的要求

由于住宅的层高在2700mm左右，相对比较矮，因此不建议做复杂的造型，但在门厅处可以设计局部的造型，卫生间、厨房等安装铝扣板顶棚吊顶。顶棚一般通过刷不同色彩乳胶漆得到很好的效果，如图15-48所示，一般取没有布置家具和洁具等设施的居室平面进行顶棚设计。

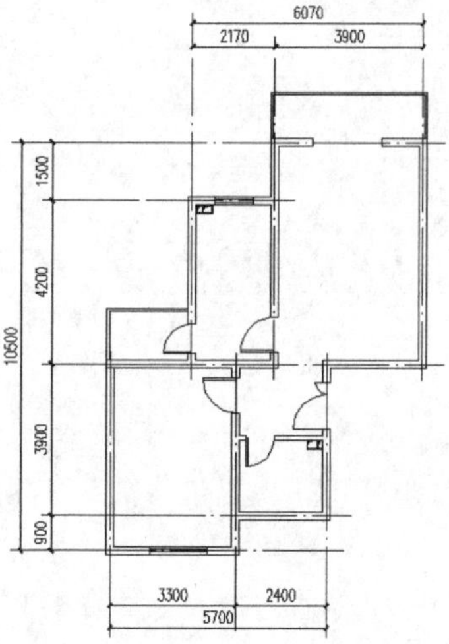

图15-47　室内平面图

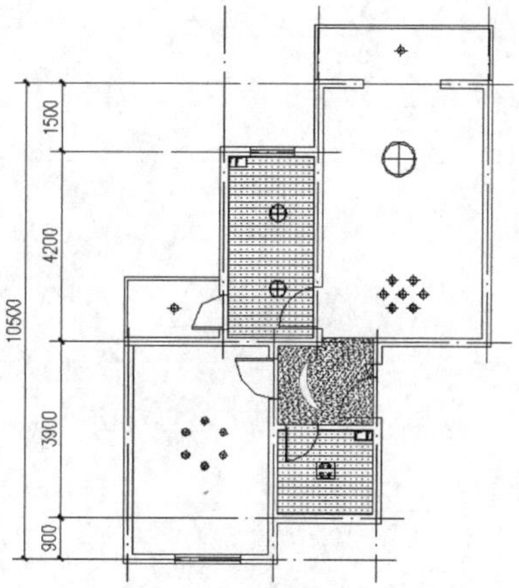

图15-48　两居室顶棚平面图

2. 操作提示

（1）绘制顶棚造型。

（2）插入所需图块。

（3）布置灯具。